응용이 보이는 선형대수학

파이썬과 함께하는 선형대수학 이론과 응용

이건명 지음

한빛아카데미
Hanbit Academy, Inc.

지은이 **이건명** kmlee@chungbuk.ac.kr

카이스트 전산학과를 졸업하였고, 동 대학교 대학원에서 인공지능 분야로 공학석사, 공학박사 학위를 취득하였다. 1996년 이후부터 충북대학교에서 소프트웨어학과 교수로 재직 중이다. 또한 프랑스 INSA Lyon에서 박사 후 연구원, 미국 실리콘 밸리의 PSI사에서 연구원, 콜로라도대학교 덴버 캠퍼스에서 객원 교수, 인디애나대학교에서 객원 학자를 지냈으며, International Journal of Fuzzy Logic and Intelligent Systems의 편집장을 역임했다. 최근에는 머신러닝, 딥러닝 등의 인공지능 기술, 블록체인 기술 등의 연구에 힘쓰고 있다. 저서로는 『인공지능 : 튜링 테스트에서 딥러닝까지』(생능출판사, 2018), 『인공지능 시대의 인문학』(신아사, 2018)이 있다.

응용이 보이는 선형대수학

초판발행 2020년 7월 6일
6쇄발행 2025년 1월 16일

지은이 이건명 / **펴낸이** 전태호
펴낸곳 한빛아카데미(주) / **주소** 서울시 서대문구 연희로2길 62 한빛아카데미(주) 2층
전화 02-336-7112 / **팩스** 02-336-7199
등록 2013년 1월 14일 제2017-000063호 / **ISBN** 979-11-5664-500-9 93410

책임편집 김은정 / **기획** 김은정 / **편집** 조우리 / **교정** 김우섭 / **진행** 조우리
디자인 김연정 / **전산편집** 임희남 / **제작** 박성우, 김정우
영업 김태진, 김성삼, 이정훈, 임현기, 이성훈, 김주성 / **마케팅** 김호철, 심지연

이 책에 대한 의견이나 오탈자 및 잘못된 내용은 출판사 홈페이지나 아래 이메일로 알려주십시오.
파본은 구매처에서 교환하실 수 있습니다. 책값은 뒤표지에 표시되어 있습니다.
홈페이지 www.hanbit.co.kr / **이메일** question@hanbit.co.kr

지은이 머리말

선형대수학은 대부분의 공학 전공에서 기본적으로 배우는 전공필수 과목이다. 그러나 많은 학생들은 선형대수학을 번거로운 계산만 반복하는 과목으로 생각하며 흥미를 느끼지 못한다. 이는 수학적인 면만 지나치게 강조된 선형대수학을 접하는 데서 오는 이유가 아닐까 한다. 수학의 관점뿐만 아니라 해당 전공의 응용 관점에서 선형대수학을 바라본다면 흥미와 이해력을 높일 수 있을 것이다. 아는 만큼 보인다는 말처럼, 선형대수학의 이론과 응용에 대한 이해가 깊어질수록 공학적 도구로서의 가치가 보일 것이다.

본 교재는 머신러닝, 데이터 분석과 처리 등을 학습하고자 하는 학생 및 연구자를 대상으로 기획하였다. 이에 따라 공학의 관점에서 선형대수학의 큰 그림을 볼 수 있도록 책을 구성하였다. 각 주제별로 개념에 대한 정의, 정의를 기반으로 유도한 정리 및 증명, 관련 예제를 제시하고 선형대수학 이론과 관련된 다양한 응용 분야를 다룬다. 장 마무리의 연습문제를 풀어보고 파이썬 프로그래밍 실습을 병행하면 더 큰 학습 효과를 얻을 것이다.

선형대수학에서 연산은 그 방법과 성질을 이해하기 위한 목적으로 중요하다. 특히, 선형대수학 기법을 도구로 활용할 때는 일반적으로 큰 행렬이나 벡터를 대상으로 하기 때문에 컴퓨터 프로그램으로 연산을 수행한다. 그러나 연산 위주로만 학습하는 것은 바람직하지 않다. 선형대수학은 개념과 의미를 명확하게 이해하고 관련 성질을 습득한 후 응용 대상 및 방법을 파악하는 것을 목표로 학습해야 한다.

공학 전공에서는 간혹 증명 과정을 생략하는 경향이 있으나, 증명 없이 정리를 학습하는 것은 온당한 학습 태도가 아니다. 본 교재에서는 고급 이론이 필요한 몇 가지를 제외한 모든 정리의 증명을 제시한다. 지면의 제약이 있어 일부 증명은 QR코드를 통해 온라인으로 제공한다. 증명을 직접 하지 않더라도 한 번 읽어보면 해당 정리를 사용하는 데 마음의 부담이 덜할 것이다.

본 교재는 일반적인 선형대수학 과정보다 다소 넓은 범위를 다룬다. 선형대수학 이론과 관련된 다양한 응용 분야를 상세히 다루고, 이를 구현하는 파이썬 프로그래밍 실습을 포함한다는 점이 그 이유이다. 따라서 선형대수학의 기본 과정을 학습하는 경우, 일부 주제는 건너뛰어도 된다.

마지막으로 집필 방향 결정에 도움을 주신 김은정 편집자, 원고를 꼼꼼히 읽고 개선해주신 조우리 편집자, 책의 출간을 위해 애써주신 한빛아카데미(주) 관계자들께 감사를 드린다. 또한 원고 구성과 문제 개발에 도움을 준 이정민에게 고마움을 전한다. 끝으로 늘 곁에서 함께 해준 사랑하는 아내와 자녀들에게 감사한 마음을 전한다.

2020년 6월

지은이 이건명

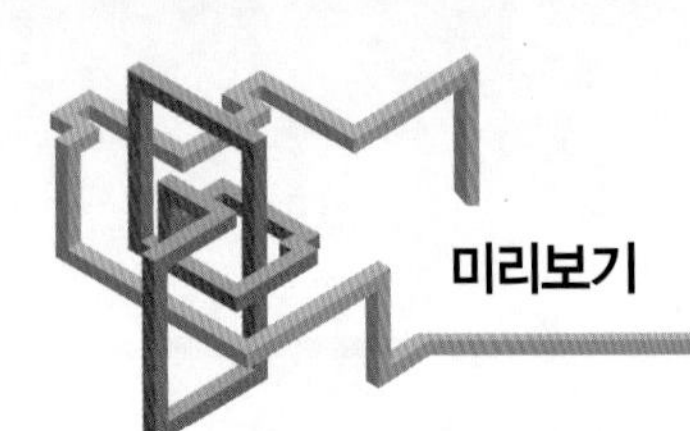

미리보기

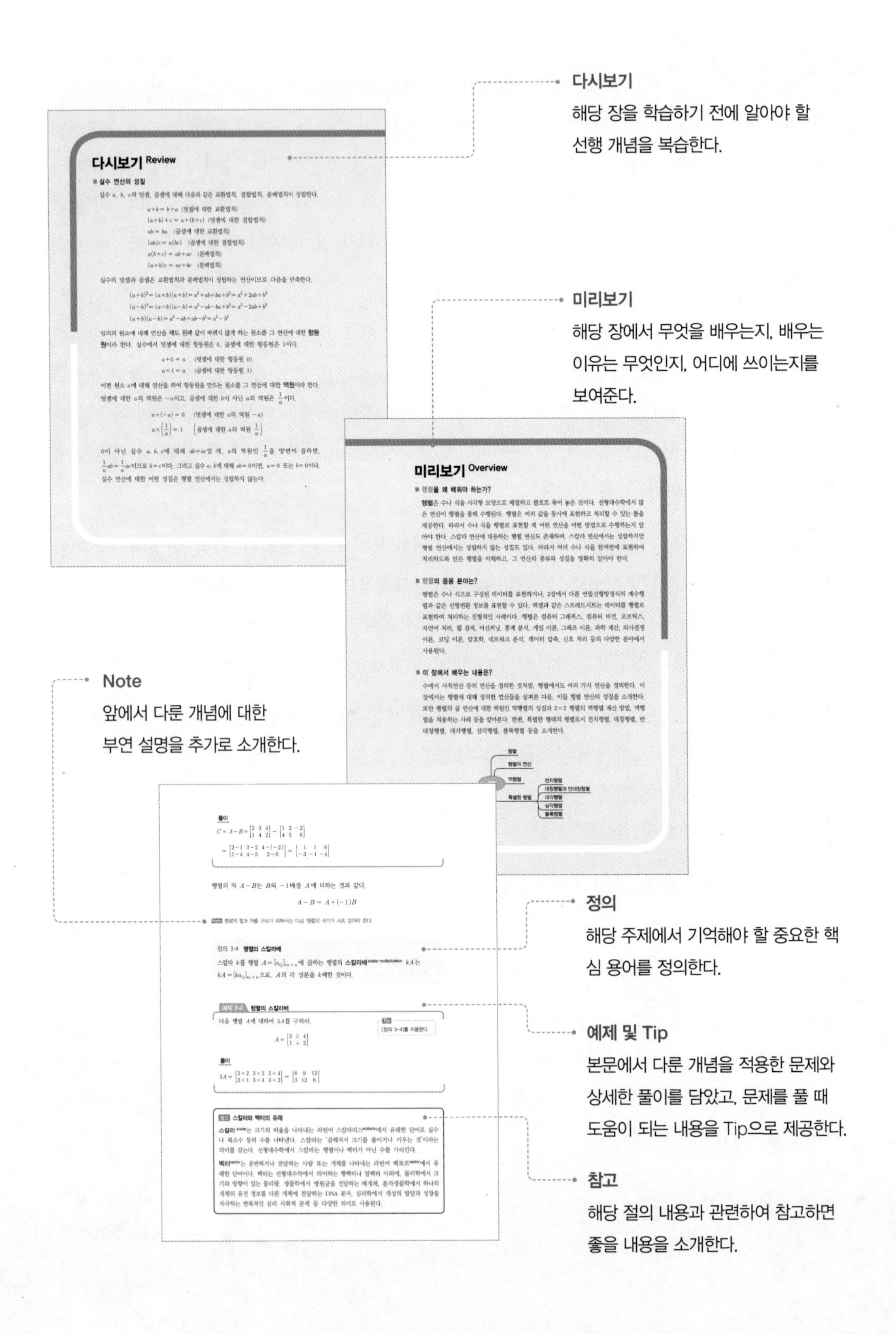

다시보기
해당 장을 학습하기 전에 알아야 할
선행 개념을 복습한다.
미리보기
해당 장에서 무엇을 배우는지, 배우는
이유는 무엇인지, 어디에 쓰이는지를
보여준다.
Note
앞에서 다룬 개념에 대한
부연 설명을 추가로 소개한다.
정의
해당 주제에서 기억해야 할 중요한 핵
심 용어를 정의한다.
예제 및 Tip
본문에서 다룬 개념을 적용한 문제와
상세한 풀이를 담았고, 문제를 풀 때
도움이 되는 내용을 Tip으로 제공한다.
참고
해당 절의 내용과 관련하여 참고하면
좋을 내용을 소개한다.

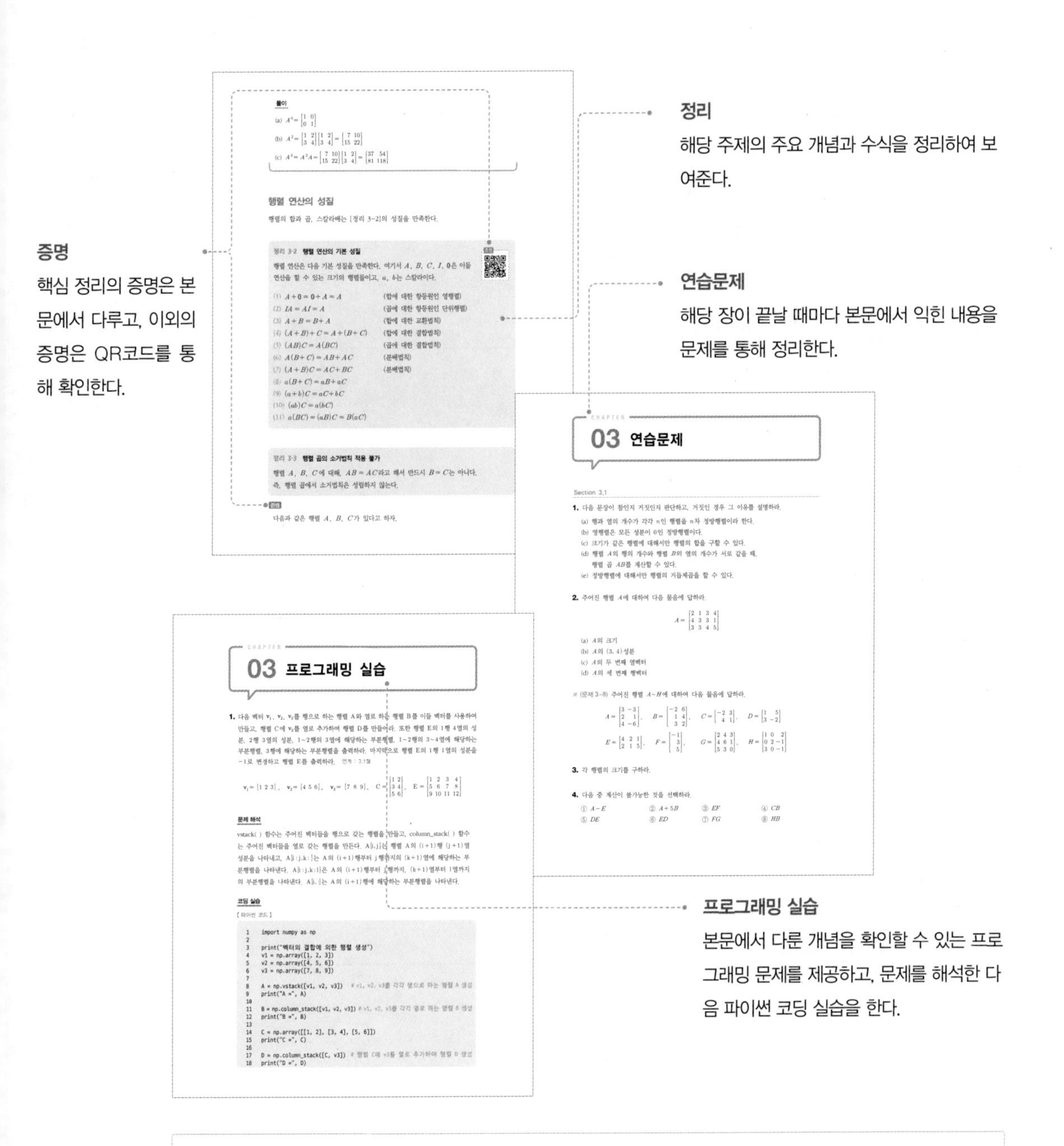

강의자용 강의보조자료 다운로드

한빛출판네트워크(http://www.hanbit.co.kr) → [교수전용] 클릭 → [강의자료] 클릭

학습자용 연습문제 정답, 파이썬 설치방법, 파이썬 소스코드 다운로드

한빛출판네트워크(http://www.hanbit.co.kr) → [SUPPORT] 클릭 → [자료실] 클릭

목차

* 각 장 앞부분에는 선행 개념을 복습하는 다시보기(Review)와
해당 장을 개략적으로 살펴보는 미리보기(Overview)가 있다.

Chapter 04 역행렬

Chapter 05 행렬식

Chapter 06 벡터

Chapter 07 선형변환

목차

Chapter 08 고윳값과 고유벡터

Chapter 09 직교성

Chapter 10 대각화와 대칭

Chapter 11 특잇값 분해

Chapter

01

선형대수학의 개요

Introduction to Linear Algebra

Contents

다시보기 Review

■ 수의 체계

수학에서 다루는 수 중 범위가 가장 넓은 것은 복소수이고, 복소수의 범위에 실수와 순허수가 포함된다. 일반적으로 사용하는 수는 실수이지만, 공학에서는 종종 복소수를 사용한다.

복소수 complex number는 $2+5i$와 같이 $a+bi$의 형태로 표현하는 수로, a를 **실수부**, b를 **허수부**라고 한다. 실수부와 허수부가 모두 0이 아닌 수를 **허수** imaginary number라고 하며, 실수부가 0인 bi와 같은 수를 **순허수** pure imaginary number라고 한다. i는 **허수단위** imaginary unit라고 불리는 수이며, $i^2=-1$인 성질을 만족한다.

실수 real number는 2와 같이 허수부가 없는 수를 의미한다. **유리수** rational number는 실수 중에서 $\frac{p}{q}$와 같이 분수 형태로 표현할 수 있는 수를 말한다. 이때 p와 q는 정수이고, $q \neq 0$이다. 유리수는 0, 1, -2와 같은 **정수** integer와 $\frac{1}{3}$, $\frac{7}{15}$과 같이 정수가 아닌 유리수로 구성된다. **무리수** irrational number는 분수로 표현할 수 없는 $\sqrt{2}$나 π와 같은 수를 의미한다. 수 체계에서의 포함 관계는 다음과 같다.

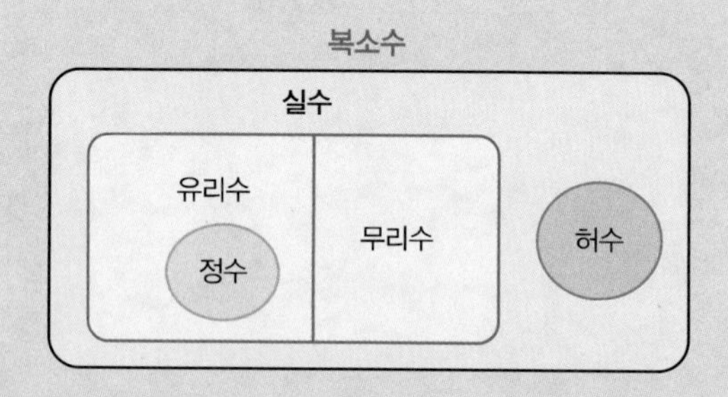

■ 허수단위 i의 도입 이유

허수단위 i는 $x^2+4=0$과 같은 이차방정식을 풀기 위한 목적으로 처음 도입되었다. 즉 i를 도입하면, $x^2+4=x^2-(-4)=x^2-(2i)^2=(x+2i)(x-2i)=0$과 같이 식을 인수분해하여 $x=2i$와 $x=-2i$를 해로 구할 수 있다.

■ 공학에서의 허수단위 j

전자공학 등의 분야에서 전류를 나타내는 기호로 i를 사용한다. 따라서 이들 분야에서는 전류 기호 i와의 혼동을 피하기 위해 기호 j를 허수단위로 사용하기도 한다.

미리보기 Overview

■ 선형대수학을 왜 배워야 하는가?

선형대수학은 연립선형방정식, 행렬, 벡터공간, 선형변환, 행렬 분해 등을 다루는 수학 분야로, 데이터 분석 및 해석이 필요한 공학과 과학 분야에서 기본적으로 이해해야 하는 이론을 다룬다. 선형대수학은 특히 공학이나 과학에서 기술, 원리를 명확하게 표현하고 전달하는 데 사용하는 언어의 역할을 한다고 할 만큼 이공계 전공자들에게 중요하다.

■ 선형대수학의 응용 분야는?

공학과 과학에서는 어떤 시스템의 데이터를 수집하여 해당 시스템의 특성을 분석하거나, 특정 입출력 관계를 만드는 시스템을 설계하여 구현하는 일이 자주 있다. 이때, 선형대수학의 기법을 많이 사용한다. 예를 들면 표로 표현된 데이터, 영상 데이터, 텍스트 데이터, 그래프 데이터 등이 행렬로 표현되고 처리된다. 또한 시스템의 입출력 특성이 행렬을 이용한 변환으로 표현되어 설계되고 분석되기도 한다.

■ 이 장에서 배우는 내용은?

이 장에서는 먼저 선형대수학 학습에 필요한 기본적인 수학 개념을 복습한 다음, 선형대수학에서 다루는 내용을 간단히 알아본다. 여기서는 앞으로 다룰 개념과 이론을 간단히 소개하기 때문에 설명이 다소 추상적이다. 구체적인 내용은 앞으로 책 전체를 통해 자세히 알아볼 것이다. 끝으로 선형대수학의 이론을 적용하는 몇 가지 실제 사례를 간략히 소개한다.

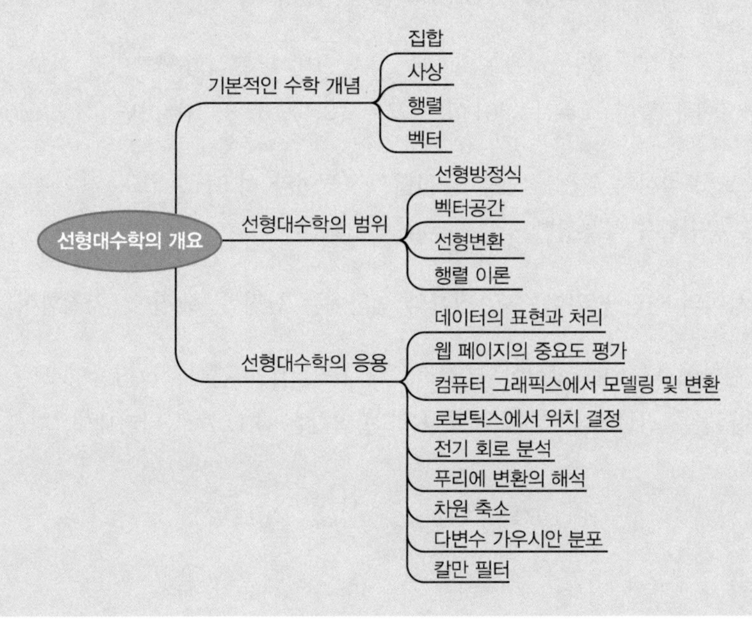

SECTION

1.1 기본적인 수학 개념

선형대수학 학습에 필요한 기본 개념으로 집합, 사상과 함수를 먼저 살펴본다. 그런 다음, 선형대수학의 핵심 개념인 행렬과 벡터에 대해 간단히 알아본다.

집합

집합 set은 특정한 조건을 만족하는 어떤 대상들의 모임을 말한다. 집합에 포함되는 각 대상을 **원소** element라고 한다. 예를 들면, 10 이하인 자연수 중 짝수의 집합은 2, 4, 6, 8, 10의 원소로 구성된다. 집합을 표현할 때는 $\{2, 4, 6, 8, 10\}$과 같이 중괄호 { } 안에 원소를 나열하는 **원소나열법** tabular form이나, $\{2n \mid n = 1, 2, 3, 4, 5\}$와 같이 집합에 속하는 원소들의 공통 성질을 조건으로 제시하는 **조건제시법** set builder form을 사용한다.

'원소 x가 집합 X에 포함된다'는 것은 기호 $x \in X$로 표현한다. 또한 '원소 y가 집합 X에 포함되지 않는다'는 것은 기호 $y \not\in X$로 표현한다. 다음은 집합에 포함되는 원소와 포함되지 않는 원소를 나타낸 예이다.

$$2 \in \{2, 4, 6, 8, 10\}$$
$$3 \not\in \{2n \mid n = 1, 2, 3, 4, 5\}$$

집합 A의 모든 원소가 집합 B에 속할 때 A를 B의 **부분집합** subset이라 하고, $A \subset B$로 표현한다. 예를 들어 $A = \{2, 6\}$이고 $B = \{2, 4, 6, 8, 10\}$이면, $A \subset B$이다.

어떠한 원소도 포함하지 않는 집합을 **공집합** empty set이라 하고, $\varnothing$ 또는 $\{\}$로 나타낸다. 모든 집합은 공집합을 부분집합으로 갖는다.

이제 집합 사이의 연산을 알아보자. 집합의 연산에는 합집합, 교집합, 차집합이 있다.

둘 이상의 집합에 대하여, **합집합** union은 [그림 1-1(a)]와 같이 각 집합의 모든 원소를 한 군데 모아 놓은 집합이다. 집합 A와 B의 합집합은 $A \cup B$로 나타내며, 다음과 같이 정의한다.

$$A \cup B = \{x \mid x \in A \quad \text{또는} \quad x \in B\}$$

둘 이상의 집합에 대하여, **교집합** intersection은 [그림 1-1(b)]와 같이 각 집합이 공통으로 포함하는 원소로 이루어진 집합이다. 집합 A와 B의 교집합은 $A \cap B$로 나타내며, 다음과 같이 정의한다.

$$A \cap B = \{x \mid x \in A \quad \text{그리고} \quad x \in B\}$$

집합 A와 B에 대하여, **차집합** difference $A-B$는 [그림 1-1(c)]와 같이 A에는 속하지만 B에는 속하지 않는 원소만을 모아 놓은 집합이다. 차집합 $A-B$는 다음과 같이 정의한다.

$$A - B = \{x \mid x \in A \quad \text{그리고} \quad x \notin B\}$$

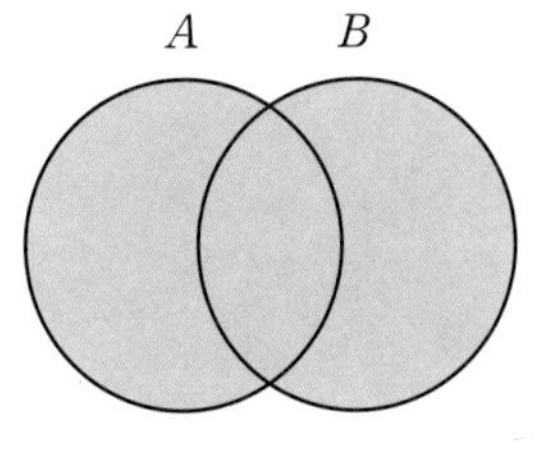

(a) 합집합 $A \cup B$

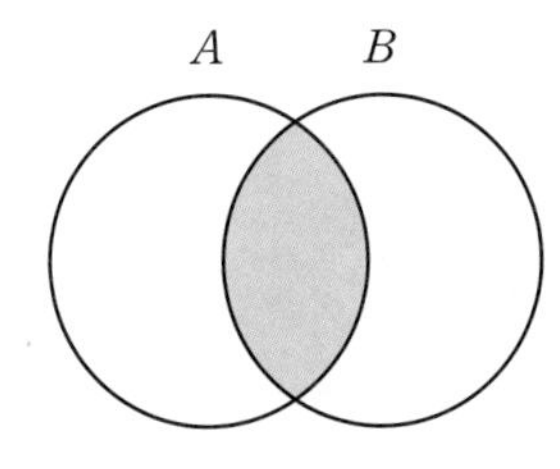

(b) 교집합 $A \cap B$

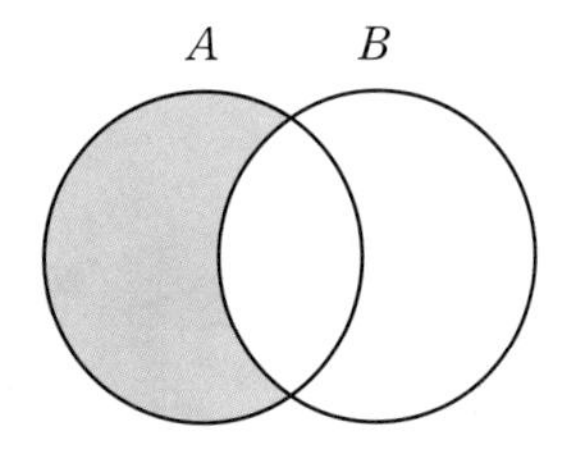

(c) 차집합 $A-B$

[그림 1-1] **집합의 연산**

예제 1-1 집합의 연산

주어진 집합 A, B에 대하여 다음 물음에 답하라.

$$A = \{a, b, c\} \qquad B = \{b, c, e, f\}$$

> **Tip** 집합 연산의 정의를 이용한다.

(a) A의 모든 부분집합을 구하라.
(b) A와 B의 합집합을 구하라.
(c) A와 B의 교집합을 구하라.
(d) $A-B$를 구하라.

풀이

(a) $\varnothing$, $\{a\}$, $\{b\}$, $\{c\}$, $\{a, b\}$, $\{b, c\}$, $\{a, c\}$, $\{a, b, c\}$
(b) $A \cup B = \{a, b, c, e, f\}$
(c) $A \cap B = \{b, c\}$
(d) $A-B = \{a\}$

사상

집합 A와 B에 대해서 A의 각 원소가 B의 어떤 원소 하나에 대응될 때, 이 관계를 A에서 B로의 **사상**mapping f라고 하고, 다음과 같은 기호로 표현한다.

$$f : A \rightarrow B$$

[그림 1-2]는 $A = \{$홍길동, 임꺽정, 장길산, 일지매, 전우치$\}$, $B = \{$짜장, 짬뽕, 볶음밥, 만두, 소면$\}$에 대한 사상 f의 예이다. 여기서 대응시키려는 집합 A를 **정의역**domain 또는 **정의구역**이라 하고, 대응되는 집합 B를 **공역**codomain 또는 **공변역**이라고 한다.

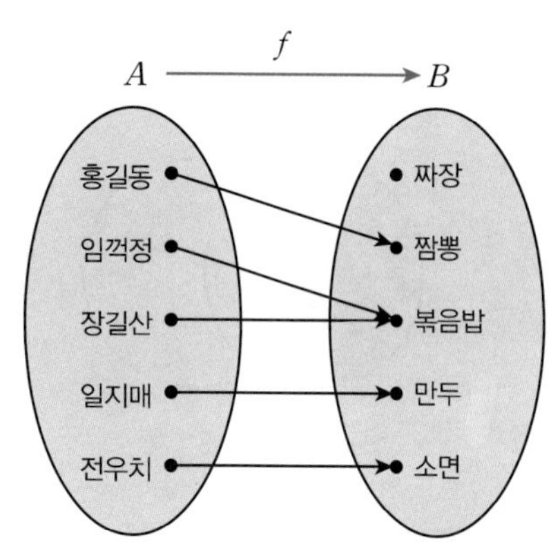

[그림 1-2] **사상의 예**

사상 f에 의해, 정의역의 어떤 원소 a_i에 대응하는 공역의 원소 b_i를 사상 f에 의한 a_i의 **상**image이라 하고, $f(a_i) = b_i$로 표현한다. [그림 1-2]의 사상에서 상은 다음과 같다.

$$f(\text{홍길동}) = \text{짬뽕}$$
$$f(\text{임꺽정}) = \text{볶음밥}$$
$$f(\text{장길산}) = \text{볶음밥}$$
$$f(\text{일지매}) = \text{만두}$$
$$f(\text{전우치}) = \text{소면}$$

정의역 원소의 상을 모아 놓은 집합을 **치역**range이라고 한다. [그림 1-2]의 사상 f에 대한 치역은 $\{$짬뽕, 볶음밥, 만두, 소면$\}$이다. 따라서 치역은 공역의 부분집합이다.

공역과 치역이 동일한 사상을 **전사**surjection 또는 **위로의 사상**onto mapping이라고 한다. [그림 1-3]은 전사의 예이다.

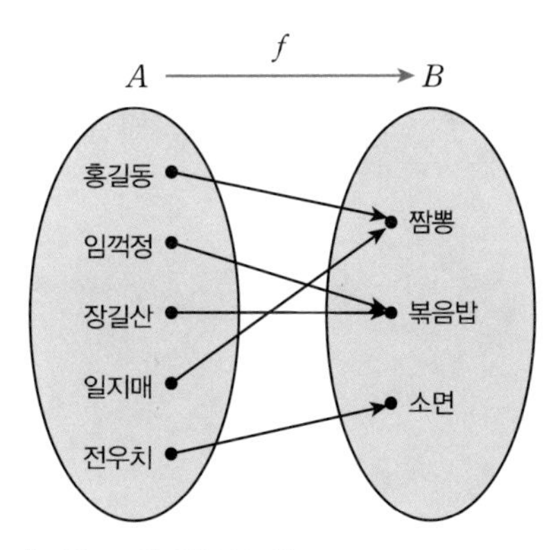

[그림 1-3] **전사의 예**

정의역의 원소가 서로 다르면 대응하는 상도 서로 다른 사상, 즉 $a_i \neq a_j$이면 $f(a_i) \neq f(a_j)$인 사상을 **단사** injection 또는 **일대일 사상** one-to-one mapping이라고 한다. [그림 1-4]는 단사의 예이다.

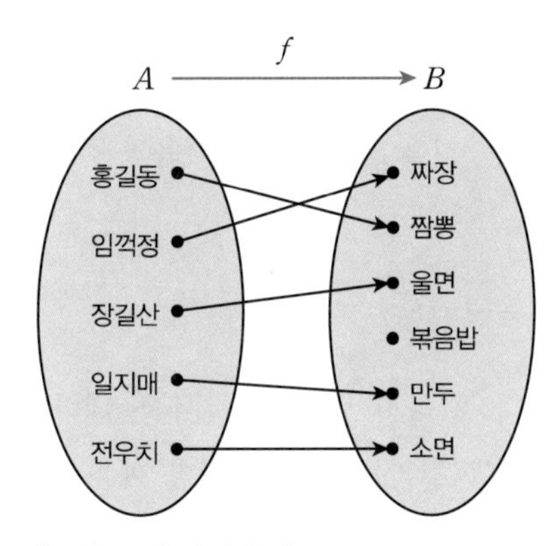

[그림 1-4] **단사의 예**

전사이면서 동시에 단사인 사상을 **전단사** bijection 또는 **일대일 대응** one-to-one correspondence이라고 한다. [그림 1-5]는 전단사의 예이다.

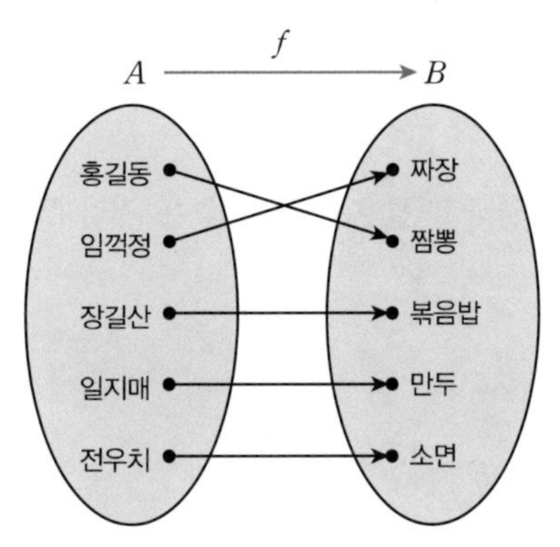

[그림 1-5] **전단사의 예**

집합 A에서 집합 B로의 사상 f가 전단사일 때, B의 원소 b를 $f(a)=b$인 A의 원소 a로 대응시키는 사상을 f의 **역사상** inverse mapping이라 하고, f^{-1}로 나타낸다. [그림 1-5]의 사상 f에 대한 역사상 f^{-1}는 [그림 1-6]과 같다.

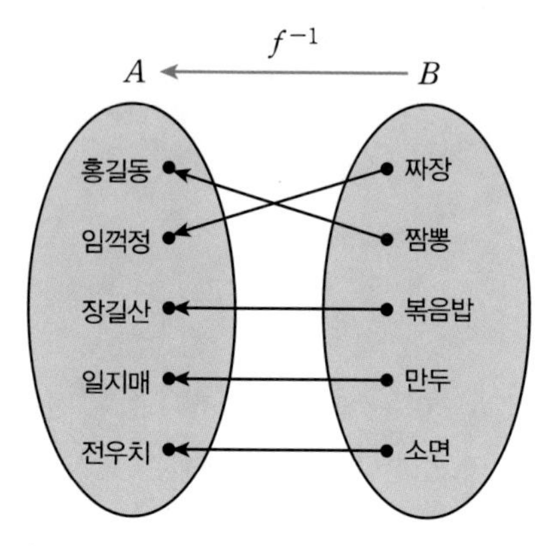

[그림 1-6] **전단사에 대한 역사상의 예**

전단사에서는 정의역의 어떤 원소를 사상하고 나서, 다시 역사상하면 자신이 된다. 예를 들어, [그림 1-5]의 사상에 대해서 '홍길동'을 사상한 다음 이를 역사상하면 다음과 같이 자신이 된다.

$$f^{-1}(f(\text{홍길동})) = f^{-1}(\text{짬뽕}) = \text{홍길동}$$

마찬가지로 전단사에서는 공역의 어떤 원소를 역사상한 다음, 다시 사상해도 자신이 된다. 다음은 [그림 1-5]의 사상에서 '짬뽕'을 역사상한 다음, 그 결과를 다시 사상한 예이다.

$$f(f^{-1}(\text{짬뽕})) = f(\text{홍길동}) = \text{짬뽕}$$

Note 사상과 함수(function)의 의미가 추상대수학(abstract algebra), 범주론(category theory) 등의 고급 수학에서는 약간 다르게 정의되지만, 이 둘은 일반적으로 동의어로 사용된다.

행렬

행렬 matrix은 다음과 같이 수나 식을 사각형 모양으로 배열하고 괄호로 묶어 놓은 것을 말한다.

$$\begin{bmatrix} 2 & 4 & 1 \\ 5 & 7 & 2 \end{bmatrix} \qquad \begin{bmatrix} a & a^2 & a^3 \\ a+b & a & 2b^2 \\ b^2 & ab & 3b \end{bmatrix}$$

여기서 행렬에 배열된 수나 식을 **성분**entry 또는 **원소**element라고 한다. 행렬에서 가로줄을 **행**row, 세로줄을 **열**column이라 한다. 예를 들면, 행렬 $\begin{bmatrix} 2 & 4 & 1 \\ 5 & 7 & 2 \end{bmatrix}$에서 1행은 $[2 \ \ 4 \ \ 1]$이고, 2열은 $\begin{bmatrix} 4 \\ 7 \end{bmatrix}$이다.

행렬의 일반적인 형태는 m행 n열로 구성된 것으로, 이를 **$m \times n$ 행렬** 또는 **m행 n열의 행렬**이라고 한다. $m \times n$ 행렬은 'm by n 행렬'이라고 읽는다.

$$\begin{bmatrix} a_{11} & a_{12} & \cdots & a_{1n} \\ a_{21} & a_{22} & \cdots & a_{2n} \\ \vdots & \vdots & \ddots & \vdots \\ a_{m1} & a_{m2} & \cdots & a_{mn} \end{bmatrix}$$

위 행렬에서 a_{ij}는 i행 j열의 성분이며, **(i, j) 성분**이라고 한다.

Note 행렬을 $\begin{bmatrix} a & b \\ c & d \end{bmatrix}$와 같은 대괄호가 아닌 $\begin{pmatrix} a & b \\ c & d \end{pmatrix}$와 같은 소괄호를 사용하여 나타내기도 한다.

행과 열의 수가 같은 행렬을 **정방행렬**square matrix 또는 **정사각행렬**이라 한다. 특히, 행과 열의 수가 n인 행렬을 **n차 정방행렬**이라 한다. 다음은 2차 정방행렬과 n차 정방행렬의 예이다.

$$\begin{bmatrix} 1 & 2 \\ 3 & 4 \end{bmatrix} \qquad \begin{bmatrix} a_{11} & a_{12} & \cdots & a_{1n} \\ a_{21} & a_{22} & \cdots & a_{2n} \\ \vdots & \vdots & \ddots & \vdots \\ a_{n1} & a_{n2} & \cdots & a_{nn} \end{bmatrix}$$

n차 정방행렬에서 $(1,\ 1)$ 성분의 위치부터 $(n,\ n)$ 성분의 위치까지 대각선상에 있는 성분 a_{11}, a_{22}, $\cdots$, a_{nn}을 **주대각 성분**principal diagonal element이라고 한다.

주대각 성분을 제외한 모든 성분이 0인 다음과 같은 행렬을 **대각행렬**diagonal matrix이라 한다.

$$\begin{bmatrix} 1 & 0 & 0 \\ 0 & 2 & 0 \\ 0 & 0 & 1 \end{bmatrix}$$

그중에서도 주대각 성분이 모두 1이고 나머지 성분은 모두 0인 정방행렬을 **단위행렬**unit matrix 또는 **항등행렬**identity matrix이라 한다. 단위행렬은 I 또는 E로 표기하는데, 일반적으로 I를 사용한다. 다음은 단위행렬의 예이다.

$$\begin{bmatrix} 1 & 0 \\ 0 & 1 \end{bmatrix} \qquad \begin{bmatrix} 1 & 0 & 0 \\ 0 & 1 & 0 \\ 0 & 0 & 1 \end{bmatrix} \qquad \begin{bmatrix} 1 & 0 & 0 & 0 \\ 0 & 1 & 0 & 0 \\ 0 & 0 & 1 & 0 \\ 0 & 0 & 0 & 1 \end{bmatrix}$$

어떤 행렬 A에서 모든 행을 각각 대응하는 열로 바꾼 행렬, 즉 1행을 1열로, 2행을 2열로, …, n행을 n열로 바꾼 행렬을 B라고 할 때, B를 A의 **전치행렬**transpose matrix이라 하고 $A^{\top}$로 표기한다. $A^{\top}$는 'A의 전치행렬' 또는 'A transpose'라고 읽는다. 다음은 행렬 A와 전치행렬 $A^{\top}$의 예이다.

$$A = \begin{bmatrix} 2 & 4 & 1 \\ 5 & 7 & 2 \end{bmatrix}, \quad A^{\top} = \begin{bmatrix} 2 & 5 \\ 4 & 7 \\ 1 & 2 \end{bmatrix}$$

행렬 A와 전치행렬 $A^{\top}$가 동일하면, 즉 $A = A^{\top}$이면, 이 행렬 A를 **대칭행렬**symmetric matrix이라고 한다. 다음은 대칭행렬의 예이다.

$$A = \begin{bmatrix} 1 & 2 & 3 \\ 2 & 4 & 5 \\ 3 & 5 & 2 \end{bmatrix}, \quad A^{\top} = \begin{bmatrix} 1 & 2 & 3 \\ 2 & 4 & 5 \\ 3 & 5 & 2 \end{bmatrix}$$

예제 1-2 행렬의 정의

주어진 다음 행렬 A에 대하여 다음 물음에 답하라.

$$A = \begin{bmatrix} 2 & 3 & 4 \\ 4 & 8 & 2 \\ 1 & 2 & 1 \end{bmatrix}$$

(a) A의 2행을 구하라.

(b) A의 3열을 구하라.

(c) A의 전치행렬을 구하라.

(d) A가 대칭행렬인지 보여라.

> **Tip**
> 행렬의 정의를 이용한다.

풀이

(a) $[4\ 8\ 2]$

(b) $\begin{bmatrix} 4 \\ 2 \\ 1 \end{bmatrix}$

(c) $A^{\top} = \begin{bmatrix} 2 & 4 & 1 \\ 3 & 8 & 2 \\ 4 & 2 & 1 \end{bmatrix}$

(d) A와 (c)에서 구한 $A^{\top}$가 일치하지 않으므로, A는 대칭행렬이 아니다.

행렬에 대한 기본 연산으로 합(덧셈), 차(뺄셈), 스칼라배, 곱 연산 등이 있다. 행렬 A와 B에 대한 **합**sum과 **차**difference는 두 행렬의 크기가 동일할 때만 적용할 수 있으며, 각각 대응하는 A와 B의 성분끼리 더하고 뺀다. 다음은 행렬의 합과 차의 예이다.

$$A = \begin{bmatrix} 1 & 2 \\ 3 & 4 \\ 5 & 6 \end{bmatrix}, \quad B = \begin{bmatrix} 6 & 5 \\ 4 & 3 \\ 2 & 1 \end{bmatrix}$$

$$A+B = \begin{bmatrix} 1 & 2 \\ 3 & 4 \\ 5 & 6 \end{bmatrix} + \begin{bmatrix} 6 & 5 \\ 4 & 3 \\ 2 & 1 \end{bmatrix} = \begin{bmatrix} 1+6 & 2+5 \\ 3+4 & 4+3 \\ 5+2 & 6+1 \end{bmatrix} = \begin{bmatrix} 7 & 7 \\ 7 & 7 \\ 7 & 7 \end{bmatrix}$$

$$A-B = \begin{bmatrix} 1 & 2 \\ 3 & 4 \\ 5 & 6 \end{bmatrix} - \begin{bmatrix} 6 & 5 \\ 4 & 3 \\ 2 & 1 \end{bmatrix} = \begin{bmatrix} 1-6 & 2-5 \\ 3-4 & 4-3 \\ 5-2 & 6-1 \end{bmatrix} = \begin{bmatrix} -5 & -3 \\ -1 & 1 \\ 3 & 5 \end{bmatrix}$$

행렬 A에 스칼라 c를 **스칼라배(스칼라곱)**scalar multiplication하는 연산 cA는 행렬의 각 성분 a_{ij}에 스칼라 c를 곱하는 것이다. 다음은 위 행렬 A에 10을 스칼라배한 $10A$의 결과이다.

$$10A = 10\begin{bmatrix} 1 & 2 \\ 3 & 4 \\ 5 & 6 \end{bmatrix} = \begin{bmatrix} 1\times 10 & 2\times 10 \\ 3\times 10 & 4\times 10 \\ 5\times 10 & 6\times 10 \end{bmatrix} = \begin{bmatrix} 10 & 20 \\ 30 & 40 \\ 50 & 60 \end{bmatrix}$$

행렬 A와 B의 **곱**muliplication AB는 A의 열 개수와 B의 행 개수가 같을 때만 가능하다. $m\times n$ 행렬 A와 $n\times p$ 행렬 B의 곱인 AB를 행렬 C로 나타낼 때, C는 $m\times p$ 행렬로 다음과 같이 정의된다.

$$A = \begin{bmatrix} a_{11} & a_{12} & \cdots & a_{1n} \\ a_{21} & a_{22} & \cdots & a_{2n} \\ \vdots & \vdots & \ddots & \vdots \\ a_{m1} & a_{m2} & \cdots & a_{mn} \end{bmatrix}, \ B = \begin{bmatrix} b_{11} & b_{12} & \cdots & b_{1p} \\ b_{21} & b_{22} & \cdots & b_{2p} \\ \vdots & \vdots & \ddots & \vdots \\ b_{n1} & b_{n2} & \cdots & b_{np} \end{bmatrix} \quad \Rightarrow \quad AB = C = \begin{bmatrix} c_{11} & c_{12} & \cdots & c_{1p} \\ c_{21} & c_{22} & \cdots & c_{2p} \\ \vdots & \vdots & \ddots & \vdots \\ c_{m1} & c_{m2} & \cdots & c_{mp} \end{bmatrix}$$

C의 (i, j) 성분 c_{ij}는 A의 i행 $[a_{i1}\ a_{i2}\ \cdots\ a_{in}]$과 B의 j열 $\begin{bmatrix} b_{1j} \\ b_{2j} \\ \vdots \\ b_{nj} \end{bmatrix}$에서 대응하는 성분들의 곱을 합한 값으로, 다음과 같다.

$$c_{ij} = a_{i1}b_{1j} + \cdots + a_{in}b_{nj} = \sum_{k=1}^{n} a_{ik}b_{kj} \quad (\text{단, } 1 \le i, j \le n)$$

다음은 두 2×2 행렬의 곱을 계산하는 과정이다.

$$\begin{bmatrix} 1 & 2 \\ 3 & 4 \end{bmatrix}\begin{bmatrix} 5 & 6 \\ 7 & 8 \end{bmatrix} = \begin{bmatrix} 1\times 5+2\times 7 & 1\times 6+2\times 8 \\ 3\times 5+4\times 7 & 3\times 6+4\times 8 \end{bmatrix} = \begin{bmatrix} 19 & 22 \\ 43 & 50 \end{bmatrix}$$

벡터

선형대수학에서 **벡터**vector는 행이나 열이 하나 밖에 없는 행렬을 가리킨다. 하나의 행으로 구성된 벡터는 **행벡터**row vector, 하나의 열로 구성된 벡터는 **열벡터**column vector라고 한다. 다음 예에서 A는 열벡터이고, B는 행벡터이다.

$$A = \begin{bmatrix} 1 \\ 3 \\ 5 \end{bmatrix}, \quad B = \begin{bmatrix} 4 & 6 & 7 & 9 \end{bmatrix}$$

벡터도 행렬이기 때문에 벡터에 대한 합, 차, 스칼라배, 곱 연산은 행렬에서의 연산을 그대로 사용한다.

예제 1-3 행렬과 벡터의 연산

$A = \begin{bmatrix} 3 & 0 \\ -1 & 2 \\ 1 & 1 \end{bmatrix}$, $B = \begin{bmatrix} -3 & -1 \\ 2 & 1 \\ 4 & 3 \end{bmatrix}$, $C = \begin{bmatrix} 1 & 2 & 3 \\ 2 & 0 & 1 \end{bmatrix}$, $D = \begin{bmatrix} 1 \\ 2 \\ 3 \end{bmatrix}$일 때, 다음 식을 계산하라.

Tip
행렬의 연산 방법을 이용한다.

(a) $A+2B$ (b) AC (c) $3D$

풀이

(a) $A+2B = \begin{bmatrix} 3 & 0 \\ -1 & 2 \\ 1 & 1 \end{bmatrix} + 2\begin{bmatrix} -3 & -1 \\ 2 & 1 \\ 4 & 3 \end{bmatrix} = \begin{bmatrix} 3 & 0 \\ -1 & 2 \\ 1 & 1 \end{bmatrix} + \begin{bmatrix} -6 & -2 \\ 4 & 2 \\ 8 & 6 \end{bmatrix} = \begin{bmatrix} -3 & -2 \\ 3 & 4 \\ 9 & 7 \end{bmatrix}$

(b) $AC = \begin{bmatrix} 3 & 0 \\ -1 & 2 \\ 1 & 1 \end{bmatrix}\begin{bmatrix} 1 & 2 & 3 \\ 2 & 0 & 1 \end{bmatrix} = \begin{bmatrix} 3\times1+0\times2 & 3\times2+0\times0 & 3\times3+0\times1 \\ -1\times1+2\times2 & -1\times2+2\times0 & -1\times3+2\times1 \\ 1\times1+1\times2 & 1\times2+1\times0 & 1\times3+1\times1 \end{bmatrix} = \begin{bmatrix} 3 & 6 & 9 \\ 3 & -2 & -1 \\ 3 & 2 & 4 \end{bmatrix}$

(c) $3D = 3\begin{bmatrix} 1 \\ 2 \\ 3 \end{bmatrix} = \begin{bmatrix} 3 \\ 6 \\ 9 \end{bmatrix}$

SECTION

1.2 선형대수학의 범위

선형대수학은 연립선형방정식, 벡터공간, 선형변환, 행렬을 다루는 수학 분야이다. 선형대수학은 공학, 과학뿐만 아니라 경제학, 경영학, 사회학 등 거의 모든 학문 분야에서 널리 활용되는 중요한 수학적 도구이다.

[그림 1-7]은 선형대수학에서 다루는 주요 주제와 세부 항목을 개괄적으로 보인 것이다.

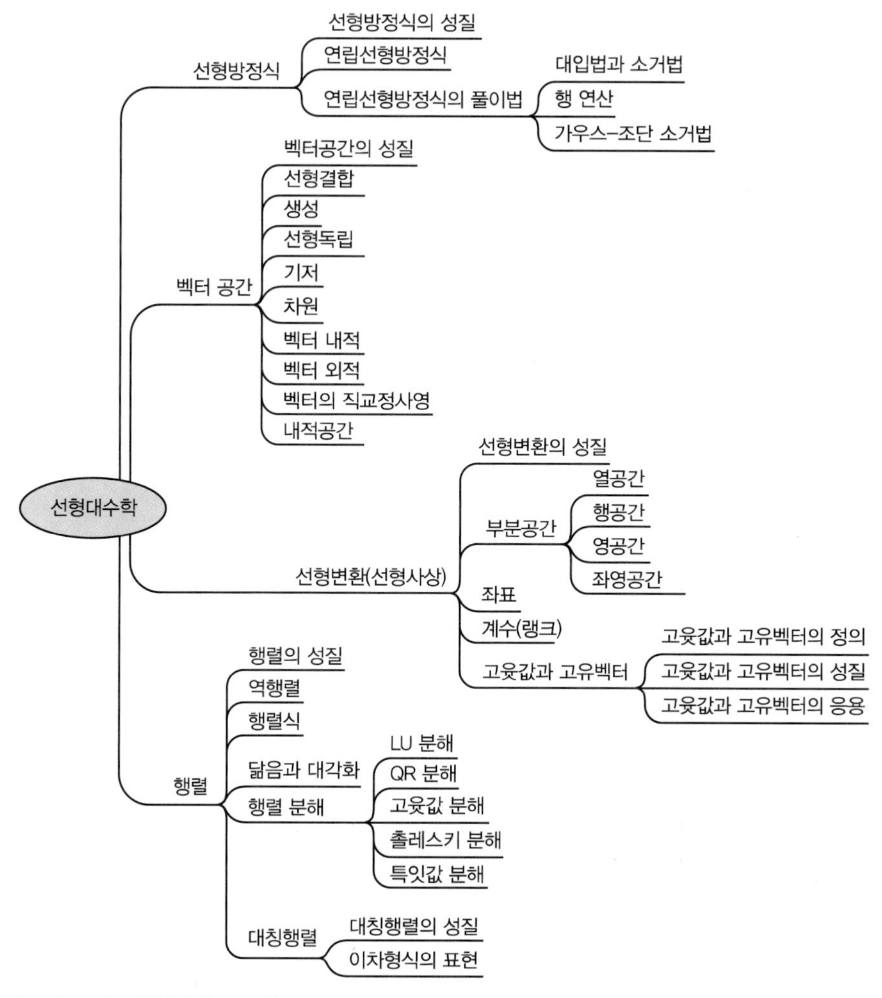

[그림 1-7] 선형대수학의 범위

이 절에서는 선형대수학의 주요 주제인 선형방정식, 벡터와 벡터공간, 선형변환, 행렬에 대해 간단히 살펴본다. 선형대수학을 처음 공부한다면 아직 이해하기 쉽지 않은 낯선 용어들이겠지만, 앞으로 학습할 내용에 대한 맛보기로 미리 소개한다. 구체적인 내용은 앞으로 상세히 다룰 것이다. 이 책의 전체 내용을 학습한 후에 [그림 1-7]을 다시 보면 이해될 것이다.

선형방정식

방정식equation은 $5x+3=13$과 같이 문자를 포함하는 등식으로, 변수의 값에 따라 참 또는 거짓이 되는 식을 말한다. **선형방정식**linear equation은 최고차항의 차수가 1인 방정식으로, 이를 **일차방정식**이라고도 한다. 또 여러 선형방정식이 모여 있는 것을 **연립선형방정식**system of linear equations이라 한다. 다음은 미지수가 3개인 선형방정식 3개로 구성된 연립선형방정식이다.

$$\begin{cases} 2x_1+3x_2+3x_3=9 \\ 3x_1+4x_2+2x_3=0 \\ -2x_1+2x_2+3x_3=2 \end{cases}$$

이들 선형방정식을 모두 만족하는 미지수들의 값을 **해**solution라고 한다.

위 연립선형방정식은 다음과 같이 행렬과 벡터를 사용하여 표현할 수도 있다.

$$\begin{bmatrix} 2 & 3 & 3 \\ 3 & 4 & 2 \\ -2 & 2 & 3 \end{bmatrix} \begin{bmatrix} x_1 \\ x_2 \\ x_3 \end{bmatrix} = \begin{bmatrix} 9 \\ 0 \\ 2 \end{bmatrix}$$

2장과 4장에서는 연립선형방정식의 해에 대한 특성, 행렬을 사용하여 연립선형방정식을 표현하는 방법 및 연산 방법, 체계적으로 해를 구하는 방법 등을 구체적으로 알아본다.

벡터공간

벡터는 보통 행이나 열이 하나인 행렬을 가리킨다. 다음은 벡터 간의 합과 스칼라배의 예이다.

$$\begin{bmatrix} 1 \\ 2 \\ 3 \end{bmatrix} + \begin{bmatrix} 2 \\ 4 \\ 6 \end{bmatrix} = \begin{bmatrix} 3 \\ 6 \\ 9 \end{bmatrix}, \qquad 3\begin{bmatrix} 1 \\ 2 \\ 3 \end{bmatrix} = \begin{bmatrix} 3 \\ 6 \\ 9 \end{bmatrix}$$

선형대수학에서 벡터는 보다 넓은 의미로 서로 더하거나 스칼라배할 수 있는 것을 가리키기도 하며, 이러한 벡터들의 모음을 **벡터공간**vector space이라고 한다. 이에 대해서는 6장에서 자세히 살펴본다.

사실, **수**number도 넓게 보면 벡터이다. $2+3=5$와 $2 \cdot 3=6$과 같이 합 연산과 스칼라배를 할 수 있기 때문이다.

수와 문자의 곱으로 이루어진 x^2, $5y^3$과 같은 항들의 합으로 이루어지는 **다항식**polynomial도 벡터이다. 왜냐하면 다음 예에서 보는 것처럼 다항식 $p(x)$와 $q(x)$를 더하면 다항식이고, 다항식에 스칼라배를 해도 다항식이기 때문이다.

$$\begin{aligned} p(x) &= 1+x-2x^2+3x^3 \\ q(x) &= 2x+4x^2-6x^3+8x^4 \\ p(x)+q(x) &= 1+3x+2x^2-3x^3+8x^4 \\ 3p(x) &= 3+3x-6x^2+9x^3 \end{aligned}$$

또한 동일한 크기의 행렬들도 벡터이다. 예를 들면, 3×2 행렬 M_1과 M_2에 대해서 다음과 같이 합 연산과 스칼라배를 한 결과가 모두 3×2 행렬이기 때문에 이러한 3×2 행렬들도 넓은 의미로는 벡터이다.

$$M_1 = \begin{bmatrix} 2 & 4 \\ 3 & 6 \\ 4 & 8 \end{bmatrix}, \qquad M_2 = \begin{bmatrix} 1 & 3 \\ 2 & 2 \\ 3 & 1 \end{bmatrix}$$

$$M_1 + M_2 = \begin{bmatrix} 3 & 7 \\ 5 & 8 \\ 7 & 9 \end{bmatrix}, \qquad 3M_1 = \begin{bmatrix} 6 & 12 \\ 9 & 18 \\ 12 & 24 \end{bmatrix}$$

Note 선형대수학의 기본 과정에서 위와 같은 것은 행렬이라고 하며, 벡터는 하나의 열이나 행만을 갖는 행렬을 의미한다. 위에서는 벡터가 선형대수학의 기본 과정에서 다루는 것보다 넓은 의미로 사용됨을 알려주기 위해, 넓은 의미의 벡터 사례를 몇 가지 소개하고 있다.

벡터에 0을 곱한 결과를 **영벡터**zero vector라 한다. 영벡터의 예는 다음과 같다.

$$0 \cdot 5 = 0 \qquad\qquad 0\begin{bmatrix} 1 \\ 2 \\ 3 \end{bmatrix} = \begin{bmatrix} 0 \\ 0 \\ 0 \end{bmatrix}$$

$$0(1+x-2x^2+3x^3) = 0 \qquad\qquad 0\begin{bmatrix} 2 & 4 \\ 3 & 6 \\ 4 & 8 \end{bmatrix} = \begin{bmatrix} 0 & 0 \\ 0 & 0 \\ 0 & 0 \end{bmatrix}$$

영벡터는 보통 $\mathbf{0}$ 또는 $\boldsymbol{O}$로 나타내는데, 이때 굵은 글꼴을 사용한다.

Note 선형대수학의 기본 과정에서 영벡터는 성분이 모두 0인 하나의 열이나 행만을 갖는 행렬을 의미한다.

앞에서 살펴본 것처럼 다양한 종류의 벡터가 있지만, 이 책에서는 행이나 열이 하나인 행렬로 표현되는 벡터를 대상으로 한다. 6장에서는 벡터공간에 대한 구체적인 의미와 성질, 벡터의 선형결합linear combination, 벡터 생성span, 벡터의 노름norm과 내적inner product, 벡터의 정사영orthogonal projection, 내적공간inner product space 등에 대해 살펴본다.

선형변환

어떤 사상 f가 벡터 $\boldsymbol{v}$와 $\boldsymbol{w}$, 스칼라 c에 대해 다음 두 성질을 모두 만족하면 선형변환linear transformation이라고 한다. 선형변환을 **선형사상**linear mapping이라고도 한다.

(1) $f(\boldsymbol{v}+\boldsymbol{w}) = f(\boldsymbol{v})+f(\boldsymbol{w})$

(2) $f(c\boldsymbol{v}) = cf(\boldsymbol{v})$

예를 들어, 사상 $g(x) = 2x$는 다음과 같이 위의 두 성질을 만족하므로 선형변환이다.

(1) $g(x_i)+g(x_j) = 2x_i+2x_j$이고 $g(x_i+x_j)=2(x_i+x_j)= 2x_i+2x_j$이므로,
선형변환의 첫 번째 성질인 $g(x_i)+g(x_j) = g(x_i+x_j)$를 만족한다.

(2) $g(cx_i)=2cx_i$이고 $cg(x_i)= 2cx_i$이므로,
선형변환의 두 번째 성질인 $g(cx_i)=cg(x_i)$의 성질을 만족한다.

한편, 사상 $h(x)= 2x-1$은 다음과 같이 위의 두 성질을 만족하지 못하므로 선형변환이 아니다.

(1) $h(x_i+x_j)= 2x_i+2x_j-1$이고 $h(x_i)+h(x_j)=2x_i+2x_j-2$이므로,
선형변환의 첫 번째 성질인 $h(x_i+x_j) = h(x_i)+h(x_j)$를 만족하지 못한다.

(2) $h(cx_i)= 2cx_i-1$이고 $ch(x_i)=2cx_i-c$이므로,
선형변환의 두 번째 성질인 $h(cx_i)= ch(x_i)$를 만족하지 못한다.

선형변환의 두 성질 중 하나라도 만족하지 못하면 선형변환이 아니다. 위 예에서 보는 바와 같이 $f(x)=0$이 선형방정식일 때, $y=f(x)$가 항상 선형변환인 것은 아니다.

7장에서는 선형변환의 성질과 선형변환과 관련 있는 부분공간subspace, 기저basis, 좌표coordinate, 차원dimension, 계수(랭크)rank 등에 대해서 알아본다. 8장에서는 행렬을 이용한 선형변환에서의 고윳값eigenvalue과 고유벡터eigenvector에 대해서 알아본다.

참고 선형의 의미

선형linear은 선을 나타내는 라틴어 리네아리스 lineáris에서 유래한 단어로, 기본적으로 직선과 같이 똑바른 관계 또는 성질을 나타낸다. 선형인 성질을 갖는 대표적인 방정식으로 일차방정식이 있다. $2x+y=3$과 같이 변수가 2개인 일차방정식은 [그림 1-8(a)]처럼 직선에 해당하고, $x+y+2z=4$와 같이 변수가 3개인 일차방정식은 [그림 1-8(b)]처럼 평면에 해당한다. 이와 같이 '선형'은 기하학적으로 직선 또는 평면처럼 똑바르고 평평하다는 의미를 가진다.

일차방정식이 아닌 $-x^2+3y-4=0$은 [그림 1-8(c)]와 같은 곡선에 해당하고, $x^2+2xy+3z^2=5$는 [그림 1-8(d)]와 같은 곡면에 해당한다. 이처럼 곡선 또는 곡면에 해당하는 성질을 **비선형**nonlinear이라고 한다.

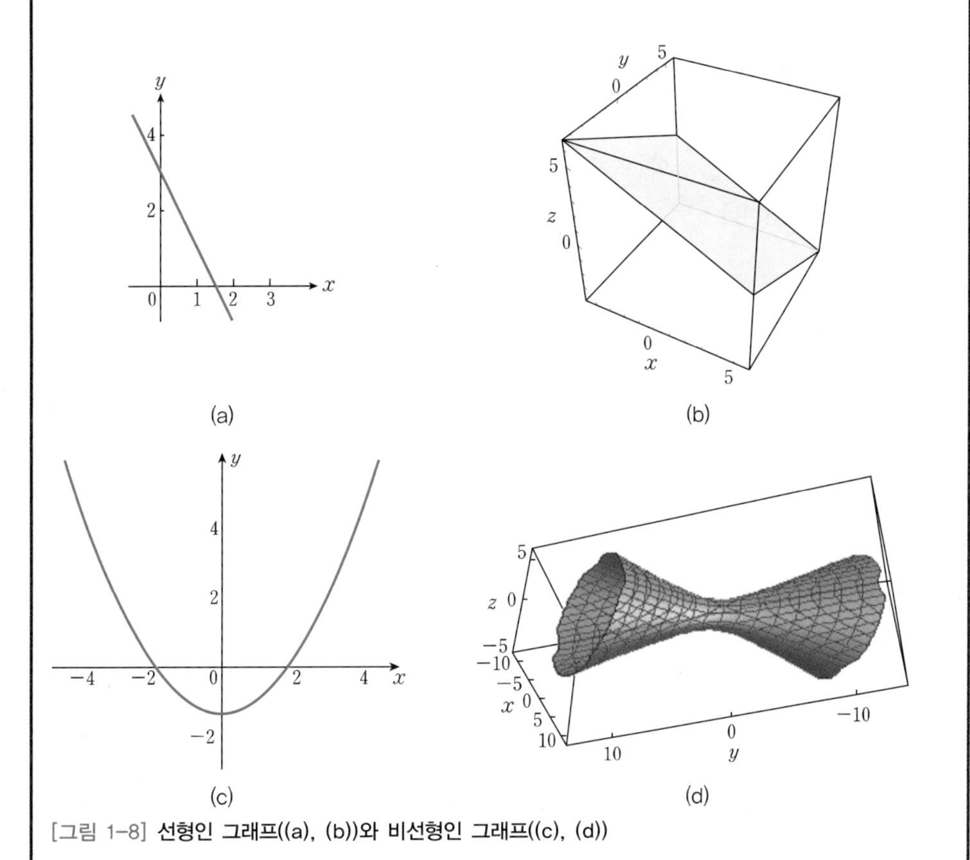

[그림 1-8] **선형인 그래프((a), (b))와 비선형인 그래프((c), (d))**

한편, 선형변환에서 선형은 일차식인지 아닌지와 상관없이 어떤 사상 f가 $f(\mathbf{v}+\mathbf{w})=f(\mathbf{v})+f(\mathbf{w})$와 $f(c\mathbf{v})=cf(\mathbf{v})$를 만족함을 의미한다. $f(x, y)=2x-3y-4$와 같이 일차식으로 표현되는 사상은 기하학적 의미로 보면 선형이지만, 선형변환의 의미로 보면 선형이 아니다. $f(x, y)=3x-5y$와 같이 일차식의 상수항이 0이면 선형변환이다. 선형의 성질은 일반적으로 기하학적 의미로 사용하지만, 고급 선형대수학 이론에서는 선형변환의 의미로 주로 사용한다.

예제 1-4 선형변환

다음 사상이 선형변환인지 판단하라.

(a) $f(x) = x + x^2$　　　(b) $g(x) = 5x + 4$

> **Tip** 선형변환의 조건을 확인한다.

풀이

(a) $f(x_i + x_j) = x_i + x_j + (x_i + x_j)^2 = x_i^2 + 2x_i x_j + x_j^2 + x_i + x_j$이고,

$f(x_i) + f(x_j) = x_i + x_i^2 + x_j + x_j^2$이므로, $f(x_i + x_j) \neq f(x_i) + f(x_j)$이다.

따라서 $f(x)$는 선형변환이 아니다.

(b) $g(x_i + x_j) = 5x_i + 5x_j + 4$이고, $g(x_i) + g(x_j) = 5x_i + 5x_j + 8$이므로,

$g(x_i + x_j) \neq g(x_i) + g(x_j)$이다. 따라서 $g(x)$는 선형변환이 아니다.

예제 1-5 행렬과 선형변환

사상 $f(\boldsymbol{v}) = A\boldsymbol{v}$가 행렬 A와 벡터 $\boldsymbol{v}$의 곱이라면, $f(\boldsymbol{v})$는 선형변환인지 판단하라.

> **Tip** 선형변환의 조건을 확인한다.

풀이

$f(\boldsymbol{x}_i + \boldsymbol{x}_j) = A(\boldsymbol{x}_i + \boldsymbol{x}_j) = A\boldsymbol{x}_i + A\boldsymbol{x}_j$이고 $f(\boldsymbol{x}_i) + f(\boldsymbol{x}_j) = A\boldsymbol{x}_i + A\boldsymbol{x}_j$이므로,

$f(\boldsymbol{x}_i + \boldsymbol{x}_j) = f(\boldsymbol{x}_i) + f(\boldsymbol{x}_j)$의 성질을 만족한다.

한편, $f(c\boldsymbol{x}_i) = Ac\boldsymbol{x}_i = cA\boldsymbol{x}_i$이고 $cf(\boldsymbol{x}_i) = cA\boldsymbol{x}_i$이므로, $f(c\boldsymbol{x}_i) = cf(\boldsymbol{x}_i)$의 성질을 만족한다. 따라서 임의의 행렬과 벡터를 곱하여 변환하는 것은 선형변환이다.

행렬 이론

행렬은 선형대수학에서 가장 기본적인 표현 도구이다. 3장에서는 행렬에 대해 정의된 합, 곱 연산과 각각에 대한 항등원identity인 **영행렬**과 **단위행렬**에 대해 살펴본다. 4장에서는 곱셈의 역원인 **역행렬**inverse matrix의 성질과 계산 방법, 응용 사례에 대해 알아본다. 5장에서는 역행렬의 유무를 판정하기 위한 **행렬식**determinant과 그 성질에 대해 학습한다.

자연수를 자연수의 곱으로 인수분해하는 것처럼, 행렬을 다른 행렬의 곱으로 표현하는 것을 **행렬 분해**matrix decomposition라고 한다. 여러 가지 행렬 분해 방법 중 가장 널리 사용하는 것으로, 4장에서 LU 분해, 9장에서 QR 분해, 10장에서 고윳값 분해, 촐레스키 분해, 11장에서 특잇값 분해 등을 알아본다. 또한, 10장에서는 행렬을 대각행렬로 변환하는 연산인 **대각화**diagonalization에 대해 알아본다.

다항식에서 문자 두 개의 곱으로 표현되는 이차항(예를 들면, x^2, xy, y^2)으로만 구성되는 $3x^2+4xy+y^2$과 같은 식을 **이차형식**quadratic form이라고 한다. 이러한 이차형식은 대칭행렬을 사용하여 다음과 같이 표현할 수 있다. 여기서 우변의 가운데 행렬이 대칭행렬이다.

$$3x^2+4xy+y^2 = \begin{bmatrix} x & y \end{bmatrix} \begin{bmatrix} 3 & 2 \\ 2 & 1 \end{bmatrix} \begin{bmatrix} x \\ y \end{bmatrix}$$

위와 같이 대칭행렬을 사용하여 이차형식을 표현할 때, 대칭행렬의 성질에 따른 이차형식의 특징에 대해서는 10장에서 살펴본다.

Note 이차형식(quadratic form)은 $3x^2+4xy+y^2$과 같이 모든 항의 차수가 2인 반면, 이차식(quadratic expression)은 $3x^2+2xy+5x-6y+3$과 같이 최고차항의 차수가 2이다. 따라서 이차형식은 이차식이지만, 이차식이 항상 이차형식인 것은 아니다.

SECTION
1.3 선형대수학의 응용

선형대수학은 이공계 전공자들이 제대로 이해하고 익숙하게 활용할 수 있어야 하는 기본적인 수학 이론이다. 선형대수학은 이공계의 다양한 분야에서 응용된다. 이 책의 각 장에서는 해당 장에서 학습한 이론이 적용되는 대표적인 사례들을 소개한다. 이 절에서는 선형대수학이 응용되는 몇 가지 사례를 맛보기로 간단히 소개한다.

데이터의 표현과 처리

■ 표로 표현되는 정형화된 데이터의 처리

[그림 1-9]는 어떤 도시의 평균 강수일수를 나타내는 표이다. 이와 같이 표로 나타낸 정형화된 데이터는 자연스럽게 행렬로 표현할 수 있다. 행렬로 표현된 데이터는 행렬 연산을 통해서 처리할 수 있고, 이들 연산을 통해 유용한 정보를 추출할 수 있다. 대표적인 스프레드시트 프로그램인 엑셀Excel은 데이터를 행렬 형태로 표현하고 처리한다.

	1월	2월	3월	4월	5월	6월	7월	8월	9월	10월	11월	12월
2014	7.2	11.1	9.3	7.9	8	11.2	15	17.9	7.3	6.6	8.5	10.9
2015	10.2	6.4	5.5	14.3	6.3	10.2	15	11.2	7.1	6.4	16.2	11
2016	6.2	7.5	8.4	12	9.2	10.1	12.5	7.8	13.2	11.1	9.1	8.5
2017	7.8	7	6.7	9	5.5	8.1	17	14.7	6	7.2	5.6	7
2018	7.2	2.8	11	10.5	12	9.4	8	10.7	11	6	12	7.3
2019	3.9	7	8.2	11.1	6	6.9	10.7	12.8	9.5	4	8	7.4

[그림 1-9] **표로 정형화된 데이터의 예**

■ 사진과 영상 데이터의 표현과 처리

사진과 영상도 행렬로 표현할 수 있다. [그림 1-10]은 **흑백영상**binary image에서 밝은 부분은 1로, 어두운 부분은 0으로 하여 행렬로 표시하는 것을 보여준다.

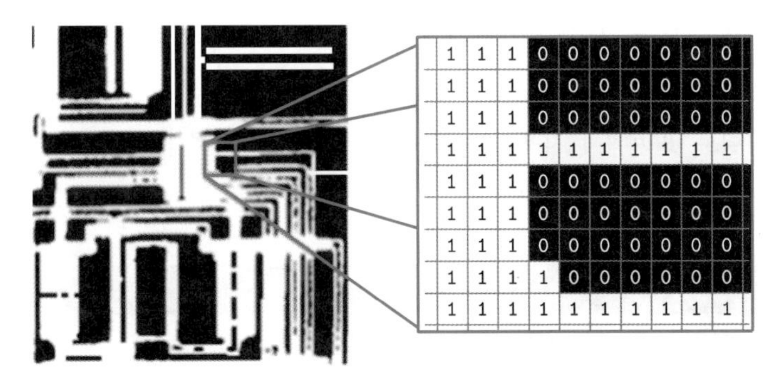

[그림 1-10] **흑백영상의 행렬 표현**

회색조영상gray image은 흑백영상과는 달리 밝기의 단계를 갖는다. [그림 1-11]과 같이 회색조영상은 구간 [0, 1] 사이의 값을 성분으로 갖는 행렬로 표현할 수 있다.

[그림 1-11] **회색조영상의 행렬 표현**

영상을 목적에 따라 변환하는 영상처리image processing의 다양한 작업들이 행렬에 대한 연산으로 수행될 수 있다. 영상처리에 사용되는 여러 알고리즘이나 기법은 선형대수학의 개념이나 기법을 사용하여 표현되거나 개발되었다.

■ 텍스트 데이터의 표현과 처리

단어들로 구성된 문서가 모여 있는 **텍스트 데이터**text data도 행렬로 표현할 수 있다. [표 1-1]의 각 행은 하나의 문서를 나타내며, 이러한 문서들은 [표 1-2]와 같은 행렬로 표현할 수 있다. [표 1-2]에서 각 열은 하나의 문서를 각 행은 문서에 나타나는 단어를 나타내며, (i, j) 성분은 해당 문서(j)에 단어(i)가 나타나는 빈도를 의미한다. 11.2절에서는 이러한 텍스트 데이터를 행렬로 표현해서 사용하는 정보 검색 분야의 사례를 소개한다.

[표 1-1] **텍스트 데이터의 예**

문서	내용
c_1	Human machine interface for Lab ABS computer application
c_2	A survey of user opinion of computer system response time
c_3	The EPS user interface management system
c_4	System and human system engineering testing of EPS
c_5	Relation of user-perceived response time to error measurement
m_1	The generation of random, binary, unordered trees
m_2	The intersection graph of paths in trees
m_3	Graph minors TV : Widths of trees and well-quasi-ordering
m_4	Graph minors: A survey

[표 1-2] **텍스트 데이터의 행렬 표현**

단어	문서								
	c_1	c_2	c_3	c_4	c_5	m_1	m_2	m_3	m_4
computer	1	1	0	0	0	0	0	0	0
EPS	0	0	1	1	0	0	0	0	0
human	1	0	0	1	0	0	0	0	0
interface	1	0	1	0	0	0	0	0	0
response	0	1	0	0	1	0	0	0	0
system	0	1	1	2	0	0	0	0	0
time	0	1	0	0	1	0	0	0	0
user	0	1	1	0	1	0	0	0	0
graph	0	0	0	0	0	0	1	1	1
minors	0	0	0	0	0	0	0	1	1
survey	0	1	0	0	0	0	0	0	1
trees	0	0	0	0	0	1	1	1	0

■ 그래프 데이터의 표현과 처리

그래프graph 형태의 데이터는 행렬로 표현할 수 있다. [그림 1-12]는 독일의 쾨니히스베르크Königsberg 다리를 나타낸 지도와 이를 그래프로 표현한 것이다. [그림 1-12(a)]의 지도에서 A, B, C, D는 지역을 나타내고 a, b, c, d, e, f, g는 다리를 나타낸다. [그림

1-12(b)]는 지도를 그래프로 나타낸 것으로, A, B, C, D는 지역을 나타내는 노드node이고, a, b, c, d, e, f, g는 해당 지역 간의 다리를 나타내는 에지edge이다. 그래프는 [그림 1-12(c)]와 같은 행렬로 표현할 수 있다. 여기서 행렬의 성분은 지역 사이에 다리가 있으면 1, 없으면 0으로 나타낸다. 10.4절에서 그래프를 행렬로 표현하여 그래프 분석에 활용하는 사례를 소개한다.

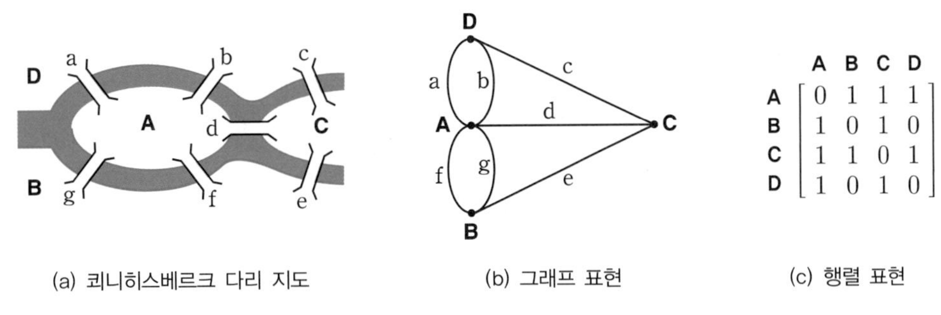

[그림 1-12] **지도의 그래프 표현과 행렬 표현**

■ 소셜 네트워크 데이터의 표현과 처리

소셜 네트워크social network는 [그림 1-13(a)]와 같이 개인 간의 연결 관계를 나타내는 것이다. 이러한 소셜 네트워크는 [그림 1-13(b)]와 같이 행렬로 표현할 수 있는데, 개인 간의 연결 관계가 있으면 성분이 1이고, 그렇지 않으면 0이다. 이러한 방법으로 수백만 명 이상의 사람들에 대한 복잡한 소셜 네트워크도 행렬로 표현하고 분석하여 의미 있는 정보를 추출하기도 한다.

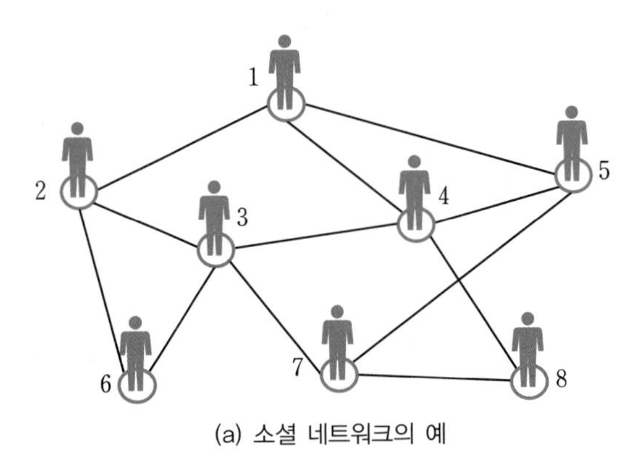

(a) 소셜 네트워크의 예

	1	2	3	4	5	6	7	8
1	0	1	0	1	1	0	0	0
2	1	0	1	0	0	1	0	0
3	0	1	0	1	0	1	1	0
4	1	0	1	0	1	0	0	1
5	1	0	0	1	0	0	1	0
6	0	1	1	0	0	0	0	0
7	0	0	1	0	1	0	0	1
8	0	0	0	1	0	0	1	0

(b) 행렬 표현

[그림 1-13] **소셜 네트워크의 행렬 표현**

웹 페이지의 중요도 평가

인터넷상의 웹 페이지는 하이퍼링크hyperlink를 통해 연결된다. 이러한 웹 페이지를 노드로 간주하고 하이퍼링크에 의한 연결 관계를 에지로 표현하면, [그림 1-13]에서처럼 그래프와 행렬로 표현할 수 있다. 구글의 검색 엔진에서 사용하는 **페이지랭크**PageRank라는 알고리즘은 웹 페이지의 연결 관계를 행렬로 표현한 다음, 행렬 연산을 통해서 각 페이지의 중요도를 결정한다. [그림 1-14]에서 각 노드는 웹 페이지를 나타내고, 에지는 하이퍼링크를 나타내며, 노드 안의 값은 페이지랭크 알고리즘을 적용하여 계산한 해당 웹 페이지의 중요도를 나타낸다. 페이지랭크 알고리즘은 8.3절에서 소개한다.

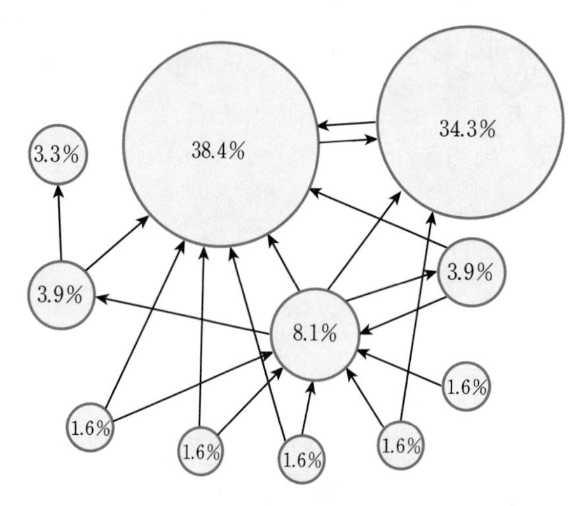

[그림 1-14] **웹 페이지 사이의 연결 관계와 중요도**

컴퓨터 그래픽스에서의 모델링 및 변환

컴퓨터 그래픽스computer graphics는 화면에 나타낼 물체를 데이터로 모델링하여 표현하고 이들 데이터에 대한 연산을 통해 그림을 생성하는 분야로서, 물체 모델을 변환하는 데 선형변환 기법을 필수적으로 사용한다. [그림 1-15]와 같이 물체의 이동을 행렬에 의한 변환으로 처리할 수 있다.

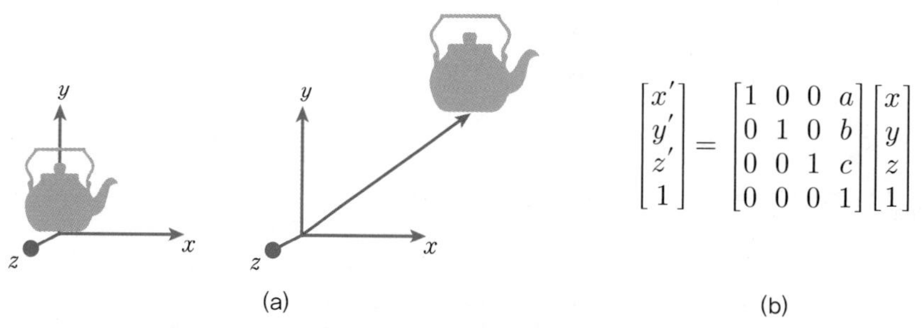

[그림 1-15] **컴퓨터 그래픽스에서 행렬 연산에 의한 물체의 이동**

데이터로 표현된 물체를 이동시키는 연산은 [그림 1-15(b)]와 같이 행렬 곱을 이용해 수행할 수 있다. 한편, [그림 1-16]과 같이 가상의 카메라 위치 및 방향 변화에 따라 카메라에 찍힐 그림을 만드는 컴퓨터 그래픽스에서도 행렬 연산을 사용한다. 7.1절에서는 컴퓨터 그래픽스에서 이러한 선형대수학의 기법을 적용하는 사례를 소개한다.

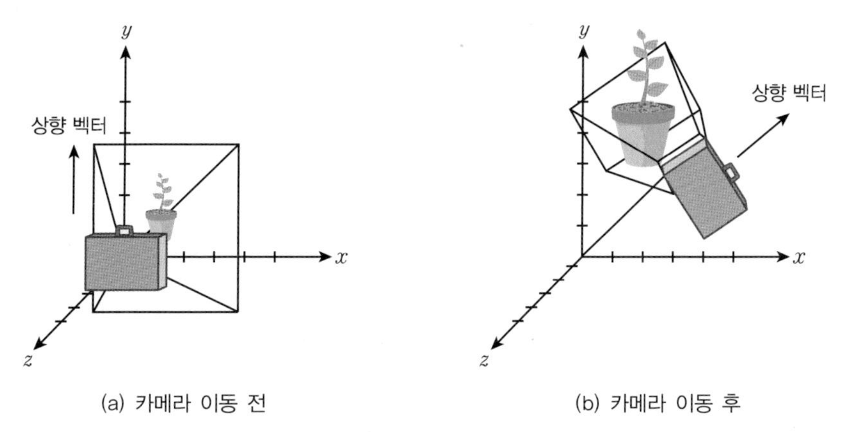

[그림 1-16] **컴퓨터 그래픽스에서 카메라 위치와 방향에 따른 그림 생성**

로보틱스에서의 위치 결정

로보틱스robotics 분야에서는 [그림 1-17]과 같은 로봇 팔을 움직일 때 각 관절joint의 각도에 따라 단말의 위치를 결정하는 일이 필요하다. 이러한 단말의 위치를 계산하는 것도 행렬 연산을 통해서 수행한다.

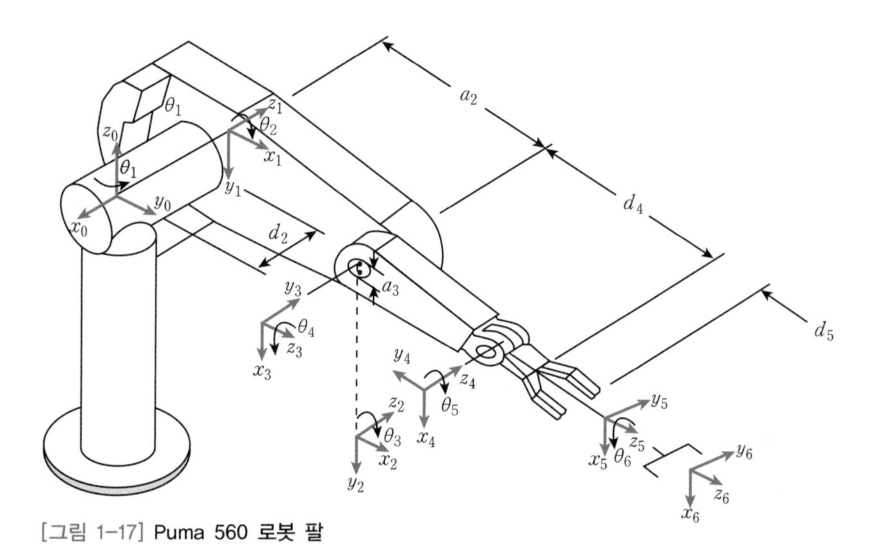

[그림 1-17] **Puma 560 로봇 팔**

다음 식은 Puma 560 로봇 팔의 각 관절 각도에 따라 행렬의 곱으로 단말의 위치를 계산하는 식을 보여준다. 이와 같이 로보틱스 분야에서도 선형대수학이 중요하다.

$$T_1(\theta_1)=\begin{pmatrix}\cos\theta_1 & -\sin\theta_1 & 0 & 0\\ \sin\theta_1 & \cos\theta_1 & 0 & 0\\ 0 & 0 & 1 & 0\\ 0 & 0 & 0 & 1\end{pmatrix}\qquad T_2(\theta_2)=\begin{pmatrix}\cos\theta_2 & -\sin\theta_2 & 0 & 0\\ 0 & 0 & 1 & d_2\\ -\sin\theta_2 & -\cos\theta_2 & 0 & 0\\ 0 & 0 & 0 & 1\end{pmatrix}$$

$$T_3(\theta_3)=\begin{pmatrix}\cos\theta_3 & -\sin\theta_3 & 0 & a_2\\ \sin\theta_3 & \cos\theta_3 & 0 & 0\\ 0 & 0 & 1 & d_3\\ 0 & 0 & 0 & 1\end{pmatrix}\qquad T_4(\theta_4)=\begin{pmatrix}\cos\theta_4 & -\sin\theta_4 & 0 & a_3\\ 0 & 0 & -1 & -d_4\\ \sin\theta_4 & \cos\theta_4 & 0 & 0\\ 0 & 0 & 0 & 1\end{pmatrix}$$

$$T_5(\theta_5)=\begin{pmatrix}\cos\theta_5 & -\sin\theta_5 & 0 & 0\\ 0 & 0 & 1 & 0\\ -\sin\theta_5 & -\cos\theta_5 & 0 & 0\\ 0 & 0 & 0 & 1\end{pmatrix}\qquad T_6(\theta_6)=\begin{pmatrix}\cos\theta_6 & -\sin\theta_6 & 0 & 0\\ 0 & 0 & -1 & 0\\ \sin\theta_6 & \cos\theta_6 & 0 & 0\\ 0 & 0 & 0 & 1\end{pmatrix}$$

$$\Rightarrow\quad T_1(\theta_1)T_2(\theta_2)T_3(\theta_3)T_4(\theta_4)T_5(\theta_5)T_6(\theta_6)\begin{pmatrix}x\\ y\\ z\\ 1\end{pmatrix}$$

전기 회로 분석

[그림 1-18]과 같은 전기 회로에서 전류 및 전압 세기의 관계를 방정식으로 표현할 수 있다. 전기 회로는 어떤 교차점에 들어온 전류의 양과 나간 전류의 양의 합이 같다는 **키르히호프의 전류 법칙**Kirchhoff's Current Law과 하나의 닫힌 루프loop에서 전원 전압과 소비되는 전압 강하의 합은 0이라는 **키르히호프의 전압 법칙**Kirchhoff's Voltage Law을 만족한다.

[그림 1-18(a)]의 전기 회로에 대한 전류 및 전압의 관계는 [그림 1-18(b)]와 같은 연립선형방정식으로 표현할 수 있다. 2.3절에서 전기 회로 문제를 해결하는 사례를 소개한다.

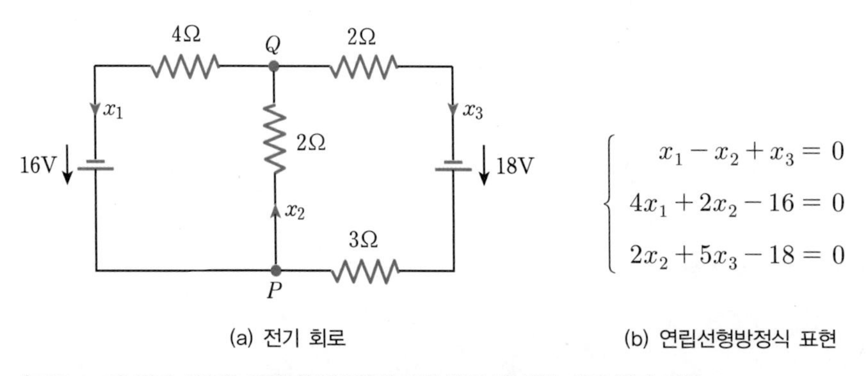

$$\begin{cases} x_1 - x_2 + x_3 = 0 \\ 4x_1 + 2x_2 - 16 = 0 \\ 2x_2 + 5x_3 - 18 = 0 \end{cases}$$

(a) 전기 회로 (b) 연립선형방정식 표현

[그림 1-18] 전기 회로와 연립선형방정식에 의한 전류 및 전압 세기 관계 표현

변수가 많은 연립선형방정식을 행렬로 표현해 선형대수학의 알고리즘을 적용하면 쉽게 해를 구할 수 있다.

푸리에 변환의 해석

공학이나 과학의 이론을 전개하고 표현하는 데 선형대수학의 개념과 표기법이 널리 사용된다.

예를 들면, $f(x)$로 표현된 신호 또는 데이터를 $F(\omega)$로 표현하는 다음과 같은 **푸리에 변환** Fourier transform이 있다.

$$\text{신호 또는 데이터} \quad f(x) = \frac{1}{2\pi}\int_{-\infty}^{\infty} F(\omega)e^{i\omega x}d\omega$$

$$\text{푸리에 변환} \quad F(\omega) = \int_{-\infty}^{\infty} f(x)e^{-i\omega x}dx$$

푸리에 변환은 함수 $f(x)$를 복소 지수함수 $e^{i\omega x}$들을 기저로 하는 벡터공간의 좌표 표현으로 해석할 수 있다. 푸리에 변환에 대한 자세한 내용은 9.4절에서 소개한다.

차원 축소

고차원 공간에서 표현되는 데이터를 저차원 공간의 데이터로 변환하는 것을 **차원 축소** dimensionality reduction라고 한다. [그림 1-19]는 3차원 데이터를 2차원 데이터로 변환하는 예이다. 차원 축소는 벡터공간의 변환으로 볼 수 있다. 가능하면 많은 정보를 유지하면서 차원을 축소하는 방법이 현재 꾸준히 개발되고 있다. 대표적인 차원 축소 방법인 **주성분 분석(PCA)** Principal Component Analysis은 행렬의 고윳값과 고유벡터를 활용하므로 주성분 분석을 제대로 이해하려면 선형대수학의 기본 이론을 알아야 한다. 8.3절에서 주성분 분석에 대해 구체적으로 살펴본다.

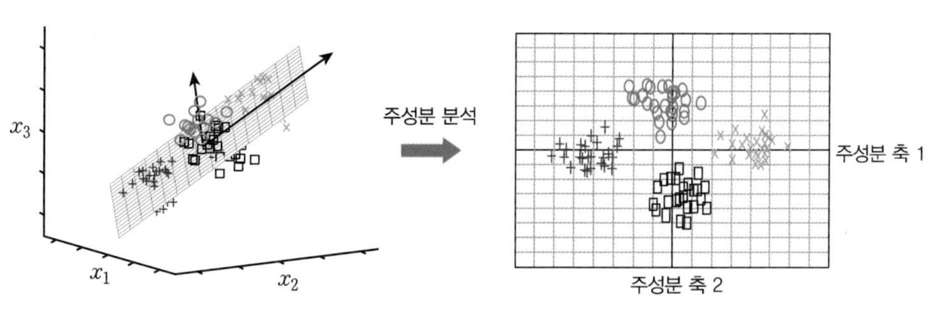

[그림 1-19] **주성분 분석에 의한 데이터의 차원 축소**

다변수 가우시안 분포

다음은 **다변수 가우시안 분포** multivariate Gaussian distribution에 대한 식이다.

$$p(X_1, \cdots, X_n) = \frac{1}{\sqrt{(2\pi)^n |\Sigma|}} \exp\left(-\frac{1}{2}(X-\mu)^\top \Sigma^{-1}(X-\mu)\right)$$

여기서 $\boldsymbol{\mu}$는 평균벡터, Σ는 공분산 행렬, $|\Sigma|$는 공분산 행렬의 행렬식, Σ^{-1}는 공분산 행렬의 역행렬이다. 위 식의 의미를 이해하려면 선형대수학의 기본적인 개념인 행렬식, 역행렬 등을 알아야 한다. [그림 1-20]은 변수가 2개인 가우시안 분포를 나타낸다.

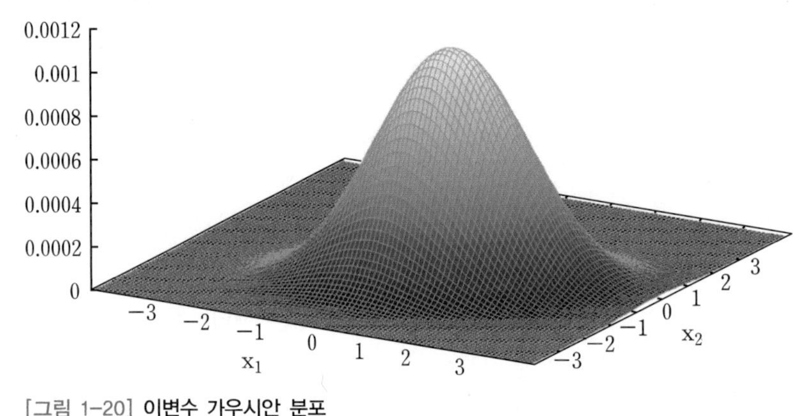

[그림 1-20] **이변수 가우시안 분포**

칼만 필터

로봇, 미사일 등의 위치를 확률적으로 추정하기 위해 사용하는 대표적인 기법으로 **칼만 필터** Kalman filter가 있다. 칼만 필터는 현재 위치 $\boldsymbol{x}_t$와 위치에 대한 공분산 행렬 P_t를 추정하기 위해 위치 변환 행렬 A와 관측 위치 $\boldsymbol{z}_t$를 이용하여 다음의 예측 단계와 갱신 단계를 반복한다.

$$\text{예측 단계} : \boldsymbol{x}_t^- = A\hat{\boldsymbol{x}}_{t-1}$$

$$P_t^- = AP_{t-1}A^\top + Q_t$$

$$\text{갱신 단계} : \hat{\boldsymbol{x}}_t = A\boldsymbol{x}_t^- + K_t(\boldsymbol{z}_t - H\boldsymbol{x}_t^-)$$

$$P_t = (I - K_t H)P_t^-$$

$$K_t = P_t^- H^\top (HP_t^- H^\top + R)^{-1}$$

위와 같은 행렬 연산의 의미를 명확히 이해하기 위해서는 선형대수학에 익숙해야 한다.

이처럼 선형대수학의 개념과 기법은 공학과 과학에서 널리 사용된다. 전공과 관련 있는 심화 내용은 선형대수학에 대한 이해가 전제되는 경우가 많다. 그러므로 선형대수학은 개념을 명확히 이해하고 성질들을 증명하면서 학습하는 것이 바람직하다.

Chapter

01 연습문제

Section 1.1

1. 다음 문장이 참인지 거짓인지 판단하고, 거짓인 경우 그 이유를 설명하라.

(a) 집합에는 동일한 원소가 여러 개 포함될 수 있다.
(b) 공집합은 모든 집합의 부분집합이다.
(c) 어떤 사상에 대하여, 정의역에 있는 한 원소의 상이 공역에 존재하지 않을 수 있다.
(d) 전사인 사상에서는 공역의 각 원소에 대응되는 정의역의 원소가 존재한다.
(e) 일대일 대응인 사상에서 공역의 각 원소에 대한 역사상의 원소가 존재한다.
(f) 단위행렬은 주대각 성분만 1이고 나머지는 0인 정방행렬이다.
(g) 행렬 A와 전치행렬 $A^{\top}$는 항상 크기가 동일하다.
(h) 임의의 행렬 A와 B는 서로 곱할 수 있다.
(i) 벡터는 행렬이라고 할 수 있다.

2. 다음 중 집합 $A = \{a, b, c, d, e\}$의 부분집합이 아닌 것을 모두 찾으라.

① $\{a, c, e\}$ ② $\{\{a\}, \{b\}, \{c\}\}$ ③ $\{\ \}$ ④ $\{a, b, c, d, e\}$

3. 주어진 그림과 같은 사상 f에 대하여 다음 물음에 답하라.

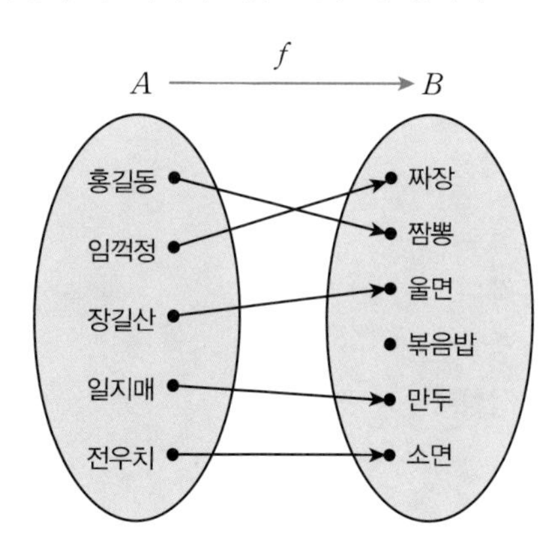

(a) 사상 f의 정의역은 무엇인가?
(b) 사상 f의 공역은 무엇인가?
(c) 사상 f의 치역은 무엇인가?
(d) 사상 f에 의한 '전우치'의 상은 무엇인가?
(e) 사상 f는 일대일 대응인가?

4. $A = \begin{bmatrix} 2 & 5 \\ 1 & 3 \\ 4 & 1 \end{bmatrix}$, $B = \begin{bmatrix} 4 & -1 \\ 2 & 3 \\ 6 & 2 \end{bmatrix}$, $C = \begin{bmatrix} 1 & 2 & 2 \\ 3 & 4 & 5 \end{bmatrix}$일 때, 다음 식을 계산하라.

(a) $A+B$ (b) $B-A$ (c) BC (d) CA

5. 2×3 행렬 A의 성분 a_{ij}가 다음과 같이 정의될 때, 행렬 A의 모든 성분의 합을 구하라.

$$a_{ij} = \begin{cases} j & i \leq j\text{일 때} \\ -i+j & i > j\text{일 때} \end{cases}$$

6. 다음은 3~5월 동안 학생 5명의 선형대수학 퀴즈 점수를 나타낸 것이다.

	3월	4월	5월
홍길동	a_{11}	a_{12}	a_{13}
임꺽정	a_{21}	a_{22}	a_{23}
장길산	a_{31}	a_{32}	a_{33}
일지매	a_{41}	a_{42}	a_{43}
전우치	a_{51}	a_{52}	a_{53}

위 데이터에 대해서 행렬 A, B, C가 다음과 같이 정의된다고 하자.

$$A = \begin{bmatrix} a_{11} & a_{12} & a_{13} \\ a_{21} & a_{22} & a_{23} \\ a_{31} & a_{32} & a_{33} \\ a_{41} & a_{42} & a_{43} \\ a_{51} & a_{52} & a_{53} \end{bmatrix}, \quad B = \begin{bmatrix} \frac{1}{3} \\ \frac{1}{3} \\ \frac{1}{3} \end{bmatrix}, \quad C = [0\ 0\ 1\ 0\ 0]$$

이때 CAB는 어떤 결과를 제공하는가?

① 3월 선형대수학 평균 점수
② 4월 선형대수학 평균 점수
③ 5월 선형대수학 평균 점수
④ 3개월 동안 장길산의 선형대수학 평균 점수

Section 1.2

7. 다음 문장이 참인지 거짓인지 판단하고, 거짓인 경우 그 이유를 설명하라.

(a) 연립선형방정식은 선형방정식이 여러 개 모여 있는 것이다.
(b) 다항식은 넓은 의미에서 벡터로 간주할 수 있다.
(c) 어떤 벡터에 0을 사용하여 스칼라배하면 영벡터가 된다.

(d) 행렬에 벡터를 곱하여 벡터를 변환하는 것은 선형변환이다.

(e) 이차방정식은 이차형식으로 표현할 수 있다.

8. 행렬 $A = \begin{bmatrix} 2 & 0 \\ 0 & 2 \end{bmatrix}$와 선형변환 $T(\boldsymbol{x}) = A\boldsymbol{x}$가 있다고 하자. $\boldsymbol{u} = \begin{bmatrix} 1 \\ -3 \end{bmatrix}$과 $\boldsymbol{v} = \begin{bmatrix} a \\ b \end{bmatrix}$의 선형변환 결과를 구하라.

9. 행렬 $A = \begin{bmatrix} \frac{1}{3} & 0 & 0 \\ 0 & \frac{1}{3} & 0 \\ 0 & 0 & \frac{1}{3} \end{bmatrix}$과 선형변환 $T(\boldsymbol{x}) = A\boldsymbol{x}$가 있다고 하자. $\boldsymbol{u} = \begin{bmatrix} 3 \\ 6 \\ -9 \end{bmatrix}$와 $\boldsymbol{v} = \begin{bmatrix} a \\ b \\ c \end{bmatrix}$의 선형변환 결과를 구하라.

Section 1.3

10. 다음 문장이 참인지 거짓인지 판단하고, 거짓인 경우 그 이유를 설명하라.

(a) 흑백영상이나 회색조영상은 행렬로 표현할 수 있다.

(b) 그래프로 표현되는 데이터는 행렬로 표현할 수 있다.

(c) 컴퓨터 그래픽스에서는 데이터로 표현된 물체를 변환하기 위해 행렬 연산을 사용한다.

11. 다음 그래프를 행렬 A로 표현하라. 행렬 A의 성분 a_{ij}는 노드 i에서 노드 j로 가는 에지가 있을 때는 1, 그렇지 않을 때는 0으로 표현한다.

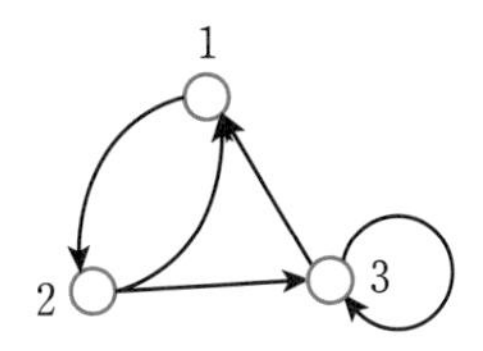

12. [표 1-2]의 행렬 표현을 참고하여 다음과 같은 문서들을 행렬로 표현하라. 표에서 첫 번째 열은 문서의 이름이고, 두 번째 열은 해당 문서에 있는 문장이다(단, 아래 단어들의 빈도만 확인하고, 대소문자는 구별하지 않는다).

linear, algebra, matrix, vector, mathematics, equations, theory

문서	내용
d_1	We will begin our journey through linear algebra with matrix and vector
d_2	Linear algebra is the branch of mathematics concerning linear equations
d_3	This is a basic subject on matrix theory and linear algebra
d_4	It is the study of linear sets of equations and their transformation
d_5	The concepts of Linear Algebra are crucial for understanding the theory

Chapter

01 프로그래밍 실습

1. 먼저 정수의 개수를 입력받은 다음, 해당하는 개수만큼의 정수를 입력받아 합을 계산하는 함수 calc( )를 작성하라. 연계 : 1.1절

문제 해석

파이썬에서 입력을 받는 함수 input( )과 읽은 값을 정수로 변환하는 함수 int( )를 사용한다.

코딩 실습

【파이썬 코드】

```
1    def calc(n):
2        sum = 0
3        for i in range(0,n):
4            sum += int(input())
5        return sum
6
7    print("Input the number of values to be added => ")
8    count = int(input())
9    while count <= 0:
10       count = int(input())
11   print("Sum = ",  calc(count))
```

프로그램 설명

1행의 def는 함수 calc( )를 정의하는 부분이다. 3행의 range(0, n)은 0에서 n−1까지의 정수를 순서대로 리스트로 만들어내는 함수이다. 4행의 input( )은 키보드로 입력한 값을 받아들이는 함수이다. 4행의 int( )는 받아들인 값을 정수로 변환하여 반환한다. 프로그램 실행 결과에서 'Input the number of values to be added =>' 이후에 3, 10, 20, 30을 입력하면 네 수의 합인 60을 얻는다.

2. 다음과 같은 행렬 A와 벡터 v를 파이썬으로 정의하고, 이를 출력하는 프로그램을 작성하라. 연계 : 1.1절

$$A = \begin{bmatrix} 1 & 2 & 3 \\ 4 & 5 & 6 \\ 7 & 8 & 9 \end{bmatrix}, \quad v = \begin{bmatrix} 1 \\ 2 \\ 3 \end{bmatrix}$$

문제 해석

명령 프롬프트 창에 다음을 입력하여 numpy 패키지를 설치한다. numpy에서는 array( )를 사용하여 행렬과 벡터를 생성한다.

```
> pip install numpy
```

코딩 실습

【 파이썬 코드 】

```
1    import numpy as np
2
3    A = np.array([[1, 2, 3],     # 3x3 행렬 A 생성
4                  [4, 5, 6],
5                  [7, 8, 9]])
6
7    v = np.array([[1],           # 3x1 행렬인 벡터 v 생성
8                  [2],
9                  [3]])
10   print("A =", A)
11   print("v =", v)
```

프로그램 설명

1행의 import numpy as np는 numpy를 np라는 이름으로 사용한다는 의미이다. 특정 패키지를 사용하려면 이와 같이 import 문을 사용한다. 3행의 array( ) 함수는 3×3 행렬 A를 생성하고, 7행의 array( ) 함수는 3×1 행렬인 벡터 v를 생성한다.

3. 다음과 같은 행렬과 벡터들의 크기를 출력하는 프로그램을 작성하라. 연계 : 1.1절

$$A = \begin{bmatrix} 1 & 2 & 3 \\ 4 & 5 & 6 \\ 7 & 8 & 9 \end{bmatrix}, \quad v = \begin{bmatrix} 1 \\ 2 \\ 3 \end{bmatrix}, \quad w = \begin{bmatrix} 1 & 2 & 3 \end{bmatrix}, \quad B = \begin{bmatrix} 1 & 2 & 3 \\ 4 & 5 & 6 \end{bmatrix}$$

문제 해석

numpy에서는 array( )를 이용해 행렬과 벡터를 생성하고, shape를 이용해 크기를 출력한다.

코딩 실습

【 파이썬 코드 】

```
1    import numpy as np
2
3    A = np.array([[1, 2, 3],      # 3x3 행렬 A 생성
4                  [4, 5, 6],
5                  [7, 8, 9]])
6
7    v = np.array([[1],            # 3x1 벡터 v 생성
8                  [2],
9                  [3]])
10   print("A =", A)
11   print("v =", v)
12
13   print("A.shape =", A.shape)  # 행렬 A의 크기
14   print("v.shape =", v.shape)  # 벡터 v의 크기
15
16   w = np.array([1, 2, 3])      # 1x3 벡터 w 생성
17   print("w =", w)
18   print("w.shape =", w.shape)  # 벡터 w의 크기
19
20   B = np.array([[1, 2, 3], [4, 5, 6]])  # 2x3 행렬 B 생성
21   print("B = ", B)
22   print("B.shape =", B.shape)  # 행렬 B의 크기
```

프로그램 설명

3~5행과 7~9행은 각각 다음의 행렬 A와 벡터 $\mathbf{v}$를 생성한다.

$$\mathrm{A} = \begin{bmatrix} 1 & 2 & 3 \\ 4 & 5 & 6 \\ 7 & 8 & 9 \end{bmatrix}, \qquad \mathbf{v} = \begin{bmatrix} 1 \\ 2 \\ 3 \end{bmatrix}$$

13~14행의 A.shape와 v.shape는 행렬과 벡터의 크기 정보를 제공한다. 3×3 행렬 A의 shape는 $(3,3)$이고, 3×1 벡터 $\mathbf{v}$의 shape는 $(3,1)$이다.

16행과 20행은 다음과 같은 벡터 $\mathbf{w}$와 행렬 B를 생성한다.

$$\mathbf{w} = [1\ \ 2\ \ 3] \qquad \mathrm{B} = \begin{bmatrix} 1 & 2 & 3 \\ 4 & 5 & 6 \end{bmatrix}$$

18행의 w.shape는 1×3 벡터 $\mathbf{w}$의 크기 정보를 제공하는데, (3,)와 같은 형태로 제공한다. (3,)는 크기가 1×3임을 의미한다. 이때 (3)의 형태가 아니라 (3,)의 형태임에 주의하자. 2×3 행렬 B의 shape는 $(2,3)$이다.

Chapter

02

선형방정식

Linear Equation

Contents

다시보기 Review

■ 방정식

방정식equation은 $5x+3=13$과 같이 문자를 포함하는 등식으로, 문자의 값에 따라 참 또는 거짓이 된다. 방정식을 만족하는 문자의 값을 방정식의 **해** 또는 **근**이라 하고, 해를 구하는 것을 '방정식을 푼다'라고 한다.

방정식에서 x, y, z 등의 문자는 아직 모르는 값이므로 **미지수**unknown number라 한다. $2x-4=8$과 같이 방정식에 미지수의 개수가 하나이면 **일원방정식**이라 하고, $3x-2y=10$과 같이 둘이면 **이원방정식**이라 한다.

문자와 문자의 차수가 서로 동일한 항들을 **동류항**similar term이라 한다. 예를 들어, $3xyz^2$과 $-2xyz^2$은 동류항이지만, $3abc$와 $3cdf$는 동류항이 아니다. 문자의 차수가 0 이상의 정수인 항들로 구성된 식을 **다항식**polynomial이라 한다. 다항식을 동류항끼리 계산하여 간단히 하는 것을 '다항식을 정리한다'라고 한다.

다항식 $(x^3+3x+4)-(x^3-2x^2+4)$를 정리하면, $(x^3-x^3)+(2x^2)+(3x)+(4-4)=2x^2+3x$가 된다.

다항식을 정리했을 때, 항의 차수 중 가장 큰 값을 **다항식의 차수**degree of polynomial라 한다. 두 개 이상의 미지수를 포함한 항의 차수는 항에 포함된 각 미지수의 지수들의 합이다. 예를 들면 $x^4+3x^2y^3-z+5=0$에서 x^4의 차수는 4, $3x^2y^3$의 차수는 5, $-z$의 차수는 1, 5의 차수는 0이다. 따라서 다항식 $x^4+3x^2y^3-z+5$의 차수는 5이다.

$5x+4y=12$와 같이 항의 최고 차수가 1이면 **일차방정식**이라 하고, $2x^2+3y=5$와 같이 항의 최고 차수가 2이면 **이차방정식**이라 한다. 선형대수학에서는 일차방정식을 주로 **선형방정식**이라 한다. $2x+3y=4$와 같이 미지수가 2개이고 최고 차수가 1인 방정식을 **이원일차방정식**이라 한다.

두 개 이상의 미지수를 포함하는 두 개 이상의 방정식을 이들 미지수가 동시에 만족해야 할 때, 이들 방정식을 **연립방정식**simultaneous equations이라 한다. 다음은 연립방정식의 예이다.

$$\begin{cases} 2x+2y=24 \\ 5x-4y=-3 \end{cases} \qquad \begin{cases} x^2+3xy-4y^2=0 \\ x^3-2y^3=28 \end{cases}$$

미리보기 Overview

■ 연립선형방정식의 풀이법을 왜 배워야 하는가?

미지수들 간의 관계를 일차식으로 표현한 선형방정식이 여러 개 모여 있는 것을 **연립선형방정식**이라 한다. 연립선형방정식을 푸는 방법은 중등 수학에서 다루는 비교적 쉬운 주제이다. 공학이나 과학에서 마주치는 수학 문제의 75% 이상이 연립선형방정식 풀이와 관련이 있다. 실제 문제를 표현하는 연립선형방정식은 다수의 미지수를 포함한 많은 선형방정식으로 구성되기도 한다. 이러한 문제를 다루려면 연립선형방정식의 성질과 체계적인 풀이법을 알아야 한다.

■ 연립선형방정식의 풀이법의 응용 분야는?

미지수들 간의 제약 조건이 여러 선형방정식으로 표현되는 문제는 연립선형방정식의 풀이법으로 해결할 수 있다. 중등 수학 수준에서 다루는 연립선형방정식의 미지수는 두세 개 정도로 적지만, 이공계의 실제 문제에서는 수백 개 이상의 미지수를 포함하는 연립선형방정식도 있다. 이 경우에는 컴퓨터 프로그램을 사용하여 연립선형방정식의 해를 구해야 한다.

■ 이 장에서 배우는 내용은?

이 장에서는 먼저 어떤 경우에 연립선형방정식의 해가 존재하는지를 살펴본다. 연립선형방정식의 해를 찾는 방법으로 중등 수학에서 다룬 대입법과 소거법을 다시 학습한다. 다음으로 연립선형방정식을 행렬과 벡터의 곱인 행렬방정식으로 표현하는 방법과 첨가행렬로 표현하는 방법을 알아본다. 그리고 연립선형방정식의 해에 영향을 주지 않으면서 연립선형방정식을 조작하는 행 연산과, 첨가행렬에 대한 행 사다리꼴 행렬에 대해 알아본다. 이어서 미지수가 많은 연립선형방정식의 해를 구하는 체계적인 방법인 가우스-조단 소거법을 살펴본다. 끝으로 연립선형방정식을 적용하는 응용 사례로, 다항식 곡선 맞춤 문제와 네트워크 분석 문제를 소개한다.

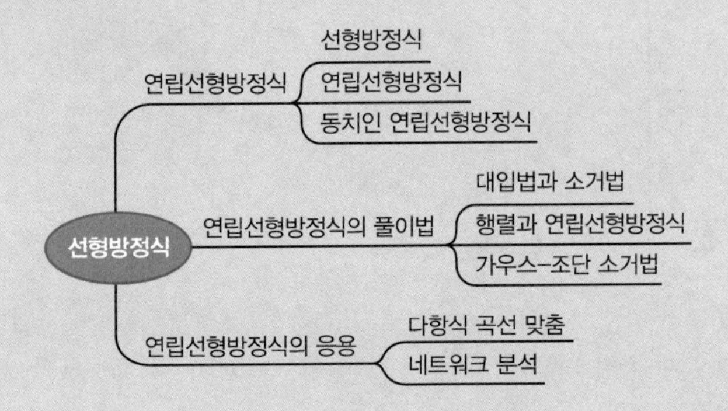

SECTION

2.1 연립선형방정식

선형방정식

정의 2-1 선형방정식

미지수를 나타내는 변수 x_1, x_2, $\cdots$, x_n과 상수 a_1, a_2, $\cdots$, a_n, b에 대하여, $a_1x_1 + a_2x_2 + \cdots + a_nx_n = b$와 같은 방정식을 **선형방정식**linear equation이라 한다. 선형방정식은 **일차방정식**이라고도 한다.

다음 두 방정식은 최고 차수가 1인 방정식이므로 선형방정식이다.

$$x_1 - x_2 + 1 = 0$$
$$x_1 - x_2 + 2x_3 - 2 = 0$$

이들 방정식은 [그림 2-1]과 같은 그래프로 나타낼 수 있다. [그림 2-1(a)]의 그래프는 $x_1 - x_2 + 1 = 0$을 만족하는 점 $(x_1,\ x_2)$들을 그린 것이다. 이처럼 미지수가 2개인 선형방정식은 2차원 평면에서 직선으로 표현된다. [그림 2-1(b)]의 그래프는 $x_1 - x_2 + 2x_3 - 2 = 0$을 만족하는 점 $(x_1,\ x_2,\ x_3)$들을 나타낸 것이다. 미지수가 3개인 선형방정식은 3차원 공간에서 평면으로 표현된다.

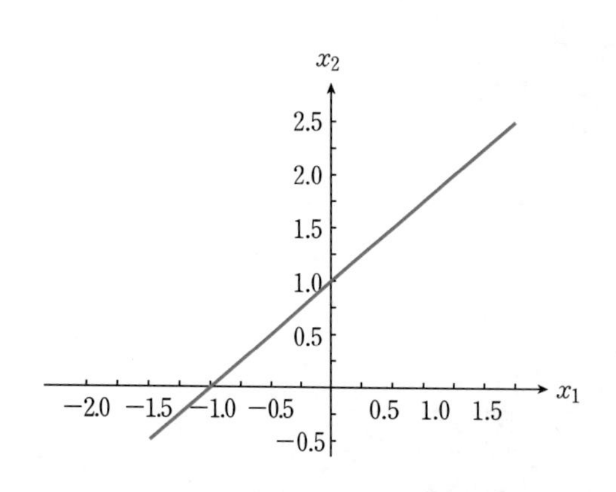

(a) $x_1 - x_2 + 1 = 0$의 그래프

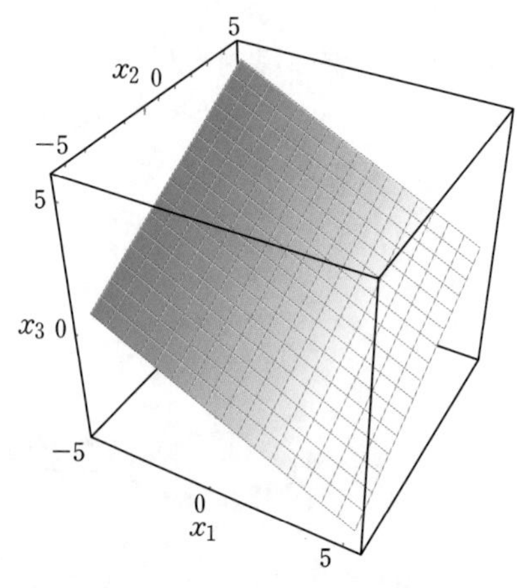

(b) $x_1 - x_2 + 2x_3 - 2 = 0$의 그래프

[그림 2-1] 선형방정식의 그래프

4개 이상의 미지수를 포함하는 선형방정식은 4차원 이상의 공간에 표현된다. 그렇지만 3차원까지만 그래프로 그릴 수 있기 때문에, 이들 선형방정식은 눈에 보이는 그래프로 표현할 수 없다. 4개 이상의 미지수를 포함하는 선형방정식을 만족하는 점들이 구성하는 고차원 공간상의 면을 초평면 hyperplane 이라고 한다.

Note 그래프는 [그림 2-1]과 같이 방정식을 공간상에 그려놓은 것을 의미하기도 하고, [그림 1-12(b)]와 같이 노드와 에지로 구성된 데이터를 의미하기도 한다.

예제 2-1 선형방정식

다음의 각 방정식이 선형방정식인지 아닌지 설명하라.

(a) $3x+4y-5z-8=0$

(b) $x-2xy+4z-2=0$

(c) $2a-\sqrt{5}b+c=0$

Tip 방정식의 최고 차수가 1인지 확인한다.

풀이

(a) 최고 차수가 1이므로 선형방정식이다.

(b) xy항의 차수가 2이므로 선형방정식이 아니다.

(c) 최고 차수가 1이므로 선형방정식이다.

연립선형방정식

정의 2-2 연립선형방정식

특정 미지수에 대한 선형방정식들이 모여 있는 것을 **연립선형방정식** system of linear equations 또는 **선형시스템** linear system 이라고 한다.

다음은 미지수 x_1, x_2, x_3에 대한 선형방정식 3개로 구성된 연립선형방정식이다.

$$\begin{cases} x_1 + 2x_2 + x_3 = 3 \\ 3x_1 - 2x_2 - 3x_3 = -1 \\ 2x_1 + 3x_2 + x_3 = 4 \end{cases}$$

연립선형방정식의 모든 방정식을 만족하는 미지수의 값들을 연립선형방정식의 **해** solution 라고 한다. 위 연립선형방정식의 해는 $x_1 = 2$, $x_2 = -1$, $x_3 = 3$이다. 즉, 이들 값은 위 3개의 선형방정식을 모두 만족한다. 연립선형방정식의 해를 모아놓은 집합을 **해집합** solution set 이라고 한다.

앞의 예와 같이 어떤 연립선형방정식은 유일한 해를 갖는다. 한편, 연립선형방정식의 해가 존재하지 않는 경우도 있고, 무수히 많은 경우도 있다. [그림 2-2]는 연립선형방정식의 해가 존재하는 형태를 그래프로 표현한 것이다.

[그림 2-2(a)]는 해가 유일하게 즉, 한 개만 존재하는 경우이다. 여기서는 두 직선이 한 점에서 만나고, 만나는 점은 두 직선의 방정식을 모두 만족하기 때문에 연립선형방정식의 해에 해당한다. [그림 2-2(b)]는 두 직선이 평행인 경우로, 어떤 점에서도 만나지 않기 때문에 해가 존재하지 않는다. [그림 2-2(c)]는 두 직선이 겹치는 상황으로, 직선상의 모든 점이 해가 된다. 즉 이 경우에는 무수히 많은 해가 존재한다.

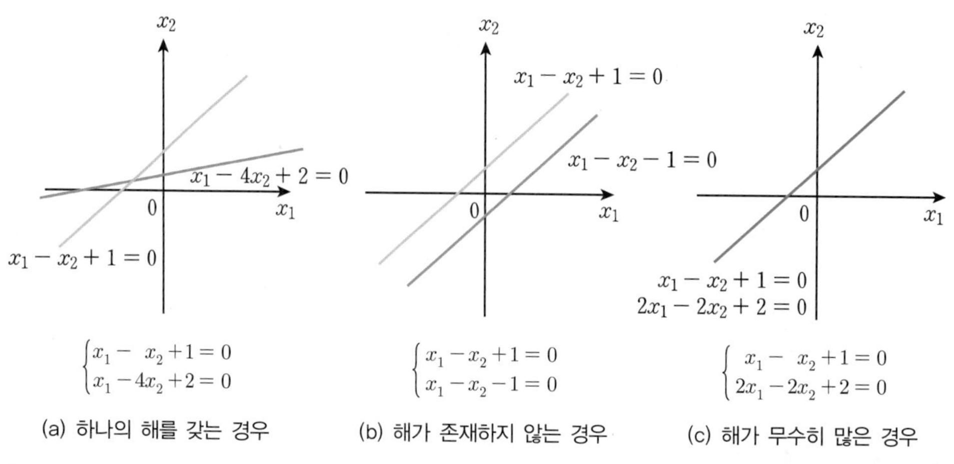

$\begin{cases} x_1 - x_2 + 1 = 0 \\ x_1 - 4x_2 + 2 = 0 \end{cases}$ $\begin{cases} x_1 - x_2 + 1 = 0 \\ x_1 - x_2 - 1 = 0 \end{cases}$ $\begin{cases} x_1 - x_2 + 1 = 0 \\ 2x_1 - 2x_2 + 2 = 0 \end{cases}$

(a) 하나의 해를 갖는 경우 (b) 해가 존재하지 않는 경우 (c) 해가 무수히 많은 경우

[그림 2-2] **연립선형방정식의 그래프**

정의 2-3 연립선형방정식의 불능과 부정

연립선형방정식의 해가 존재하지 않으면, 이 연립선형방정식은 **불능**impossible 또는 **모순**inconsistent이라 한다. 또한 연립선형방정식의 해가 무수히 많으면, 이 연립선형방정식은 **부정**indeterminate이라 한다.

위 정의에 따르면, [그림 2-2(b)]의 연립선형방정식은 불능이고 [그림 2-2(c)]의 연립선형방정식은 부정이다. 연립선형방정식의 해는 해가 유일한 경우, 불능인 경우, 부정인 경우 중 하나에 해당한다. 예를 들면, 해를 두 개만 가지는 연립선형방정식은 존재하지 않는다.

Note 연립방정식의 해가 무수히 많은 상황을 '부정'이라고 하는데, 이는 '不定(하나로 정해지지 않음)'을 의미하지, '否定(그렇지 않다고 단정. 긍정의 반대말)'의 의미가 아니다.

예제 2-2 **연립선형방정식**

다음 연립선형방정식의 그래프를 그려서 해의 개수를 구하라.

(a) $\begin{cases} x_1+x_2-2=0 \\ x_1-x_2-1=0 \end{cases}$　　(b) $\begin{cases} 2x_1-\ x_2-3=0 \\ -4x_1+2x_2+6=0 \end{cases}$

(c) $\begin{cases} x_1+\ x_2-1=0 \\ x_1-\ x_2-1=0 \\ -x_1+3x_2-3=0 \end{cases}$

Tip
[그림 2-2]와 같이 각 선형방정식의 그래프를 그려서 동시에 만나는 점의 개수를 확인한다.

풀이

(a) 두 선형방정식이 다음 그림과 같이 한 점에서 만나므로, 이 연립선형방정식의 해는 한 개이다.

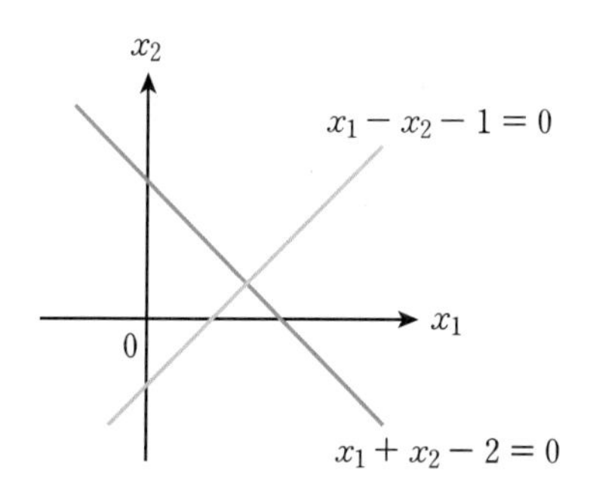

(b) 두 선형방정식이 다음 그림과 같이 동일한 직선을 나타내므로, 무수히 많은 해가 존재한다. 즉, 이 연립선형방정식은 부정이다.

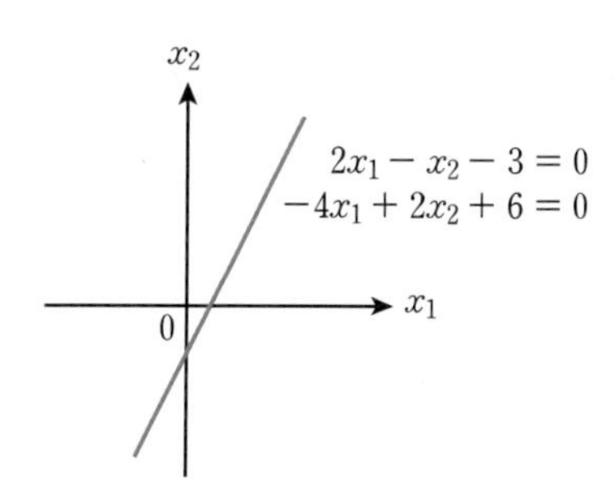

(c) 세 선형방정식은 다음 그림과 같이 동시에 만나는 점이 없으므로, 해가 존재하지 않는다. 즉, 이 연립선형방정식은 불능이다.

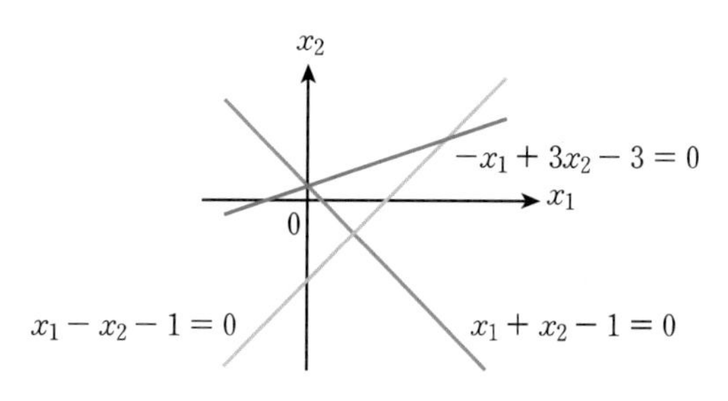

동치인 연립선형방정식

정의 2-4 동치인 연립선형방정식

같은 미지수에 대하여, 두 연립선형방정식이 동일한 해집합을 가지면, 두 연립선형방정식은 **동치**equivalent라고 한다.

다음과 같이 해가 $x_1 = 3$, $x_2 = -2$, $x_3 = 4$인 연립선형방정식이 있다고 하자.

$$\begin{cases} x_1 + 2x_2 + x_3 = 3 \\ 3x_1 - 2x_2 - 3x_3 = 1 \\ 2x_1 + 3x_2 + x_3 = 4 \end{cases}$$

이 연립선형방정식에서 첫 번째 방정식과 두 번째 방정식의 위치를 다음과 같이 바꾼다고 해도 해는 바뀌지 않는다. 즉, 방정식의 배치 순서를 바꾸어도 원래 연립선형방정식과 동치이다.

$$\begin{cases} 3x_1 - 2x_2 - 3x_3 = 1 \\ x_1 + 2x_2 + x_3 = 3 \\ 2x_1 + 3x_2 + x_3 = 4 \end{cases}$$

다음과 같이 원래의 연립선형방정식에서 첫 번째 방정식의 양변에 3을 곱해도 해는 바뀌지 않는다. 즉, 방정식에 0이 아닌 상수배를 해도 원래 연립선형방정식과 동치이다.

$$\begin{cases} 3x_1 + 6x_2 + 3x_3 = 9 \\ 3x_1 - 2x_2 - 3x_3 = 1 \\ 2x_1 + 3x_2 + x_3 = 4 \end{cases}$$

또한 다음과 같이 원래의 연립선형방정식에서 첫 번째 방정식에 2를 곱하여 세 번째 방정식에 더해도 해는 바뀌지 않는다. 즉, 어떤 방정식의 0이 아닌 상수배를 다른 방정식에 더해도 원래 연립선형방정식과 동치이다.

$$\begin{cases} x_1 + 2x_2 + x_3 = 3 \\ 3x_1 - 2x_2 - 3x_3 = 1 \\ 4x_1 + 7x_2 + 3x_3 = 10 \end{cases}$$

위에서 살펴본 것과 같이 연립선형방정식에 대한 이들 세 가지 연산은 동치인 연립선형방정식을 만들어낸다.

정리 2-1 동치인 연립선형방정식을 만드는 연산

(1) 두 선형방정식의 위치를 교환하는 것

(2) 선형방정식의 양변에 0이 아닌 상수를 곱하는 것

(3) 특정 선형방정식의 0이 아닌 상수배를 다른 선형방정식에 더하는 것

예제 2-3 동치인 연립선형방정식

다음 연립선형방정식 ①, ②가 서로 동치인지 확인하라.

Tip

[정리 2-1]의 연산을 이용하여 연립선형방정식 ①로부터 연립선형방정식 ②를 만든다.

(a) ① $\begin{cases} -12x_1 + 9x_2 = 7 \\ 9x_1 - 12x_2 = 6 \end{cases}$ ② $\begin{cases} -12x_1 + 9x_2 = 7 \\ 3x_1 - 4x_2 = 3 \end{cases}$

(b) ① $\begin{cases} x_1 + 2x_2 - 3x_3 - 2 = 0 \\ 3x_1 - x_2 + 4x_3 - 1 = 0 \\ 2x_1 + 3x_2 - x_3 + 2 = 0 \end{cases}$ ② $\begin{cases} -x_1 - 2x_2 + 3x_3 + 2 = 0 \\ 2x_1 + 3x_2 - x_3 + 2 = 0 \\ 3x_1 - x_2 + 4x_3 - 1 = 0 \end{cases}$

풀이

(a) ①의 첫 번째 방정식과 ②의 첫 번째 방정식은 서로 같지만, ①의 두 번째 방정식과 ②의 두 번째 방정식은 같게 만들 수 없다. 따라서 연립선형방정식 ①, ②는 동치가 아니다.

(b) ①의 첫 번째 방정식에 −1을 곱하고, 두 번째와 세 번째 방정식을 서로 교환하면 연립선형방정식 ②가 만들어진다. 따라서 연립선형방정식 ①, ②는 서로 동치이다.

SECTION

2.2 연립선형방정식의 풀이법

대입법과 소거법

미지수가 2, 3개 정도인 연립선형방정식의 해는 중등 수학에서 사용하는 대입법이나 소거법을 사용하여 쉽게 구할 수 있다. **대입법**substitution method은 특정 미지수를 다른 미지수(들)의 식으로 표현하여, 해당 미지수에 이 식을 대입해서 해를 구하는 방법이다. 다음 연립선형방정식에 대입법을 적용해보자.

$$\begin{cases} x_1 + 2x_2 = 5 & \cdots ① \\ 2x_1 + 3x_2 = 8 & \cdots ② \end{cases}$$

①을 x_1에 대한 식으로 바꾸면 다음과 같다.

$$x_1 = -2x_2 + 5 \ \cdots \ ③$$

②의 x_1에 ③의 우변을 대입하면 다음과 같다.

$$2(-2x_2+5)+3x_2 = 8 \quad \Rightarrow \quad -x_2+10 = 8 \quad \Rightarrow \quad x_2 = 2$$

$x_2 = 2$를 ③의 x_2에 대입하면, x_1은 다음과 같다.

$$x_1 = -2x_2+5 = -2(2)+5 = 1$$

따라서 해는 $x_1 = 1$, $x_2 = 2$이다.

예제 2-4 대입법

다음 연립선형방정식의 해를 대입법으로 구하라.

$$\begin{cases} x+3y-5=0 \\ 2x-3y-1=0 \end{cases}$$

> **Tip**
> 하나의 미지수를 다른 미지수로 표현한 다음, 다른 방정식의 그 미지수에 대입하여 해를 구한다.

풀이

첫 번째 방정식을 ①, 두 번째 방정식을 ②라고 하자.

①을 x에 대해서 정리하면 다음과 같다.

$$x = -3y+5 \ \cdots \ ③$$

②의 x에 ③의 우변을 대입하면 다음과 같다.

$$2(-3y+5)-3y-1 = -9y+9 = 0$$

$-9y = -9$이므로 $y = 1$이다. 이제 $y = 1$을 ①에 대입하면 다음과 같다.

$$x+3(1)-5 = x-2 = 0 \quad \Rightarrow \quad x = 2$$

그러므로 해는 $x = 2$, $y = 1$이다.

소거법elimination method에서는 [정리 2-1]의 동치인 연립선형방정식을 만드는 연산을 사용해 방정식에서 미지수를 없애는 방법으로 해를 구한다. 다음 연립선형방정식에 소거법을 적용해보자.

$$\begin{cases} x_1 + 2x_2 = 5 \ \cdots \ ① \\ 2x_1 + 3x_2 = 8 \ \cdots \ ② \end{cases}$$

①에 -2를 곱하면, 다음 연립선형방정식이 만들어진다.

$$\begin{cases} -2x_1 - 4x_2 = -10 \ \cdots \ ③ \\ 2x_1 + 3x_2 = 8 \qquad \cdots \ ② \end{cases}$$

③과 ②를 더하면, x_1이 소거되어 $-x_2 = -2$만 남는다. 따라서 $x_2 = 2$이다. $x_2 = 2$를 ①에 대입하면 다음과 같다.

$$x_1 + 2(2) = 5$$

그러므로 해는 $x_1 = 1$, $x_2 = 2$이다.

예제 2-5 소거법

다음 연립선형방정식의 해를 소거법으로 구하라.

$$\begin{cases} 2x - y + z = 3 \\ x - 2y + z = 0 \\ x + y - 2z = -3 \end{cases}$$

Tip
미지수를 하나씩 제거하며 해를 구한다.

풀이

첫 번째 방정식을 ①, 두 번째 방정식을 ②, 세 번째 방정식을 ③이라고 하자.
①$-2\times$②를 하면 다음과 같다.

$$3y - z = 3 \quad \cdots \quad ④$$

①$-2\times$③을 하면 다음과 같다.

$$-3y + 5z = 9 \quad \cdots \quad ⑤$$

④+⑤를 하면, $4z = 12$이므로 $z = 3$이다. $z = 3$을 ①과 ②에 대입하면 다음과 같다.

$$\begin{cases} 2x - \ \ y = 0 & \cdots \ ⑥ \\ \ \ x - 2y = -3 & \cdots \ ⑦ \end{cases}$$

⑥$-2\times$⑦을 하면, $3y = 6$이므로 $y = 2$이다. $y = 2$를 ⑥에 대입하면, $x = 1$이다.
따라서 해는 $x = 1$, $y = 2$, $z = 3$이다.

미지수의 개수가 적을 때는 대입법과 소거법으로 해를 직접 구할 수 있지만, 미지수가 열 개만 넘어도 적용하기 곤란하다. 실제 공학이나 과학 문제에서는 미지수의 개수가 수십 개 이상인 경우도 적지 않다. 이 경우에는 컴퓨터 프로그램을 사용하여 해를 구하는 것이 바람직하다. 이를 위해서는 손수 하던 과정을 정형화하고 체계화하는 것이 필요한데, 일반적으로 이 과정에서 행렬을 사용한다. 이제 연립선형방정식을 행렬을 이용해 표현하는 방법과 해를 구하는 과정을 살펴보자.

행렬과 연립선형방정식

■ 연립선형방정식의 행렬 표현

연립선형방정식은 행렬을 사용하여 간단하게 표현할 수 있다. 다음과 같은 연립선형방정식이 있다고 하자.

$$\begin{cases} \ \ x_1 + 2x_2 + \ \ x_3 = 3 \\ 3x_1 - 2x_2 - 3x_3 = -1 \\ 2x_1 + 3x_2 + \ \ x_3 = 4 \end{cases}$$

이 연립선형방정식은 다음과 같이 행렬과 벡터의 곱으로 표현할 수 있다.

$$\begin{bmatrix} 1 & 2 & 1 \\ 3 & -2 & -3 \\ 2 & 3 & 1 \end{bmatrix} \begin{bmatrix} x_1 \\ x_2 \\ x_3 \end{bmatrix} = \begin{bmatrix} 3 \\ -1 \\ 4 \end{bmatrix}$$

여기서 사용되는 행렬과 벡터들을 다음과 같이 기호로 나타내보자.

$$A = \begin{bmatrix} 1 & 2 & 1 \\ 3 & -2 & -3 \\ 2 & 3 & 1 \end{bmatrix}, \quad \boldsymbol{x} = \begin{bmatrix} x_1 \\ x_2 \\ x_3 \end{bmatrix}, \quad \boldsymbol{b} = \begin{bmatrix} 3 \\ -1 \\ 4 \end{bmatrix}$$

이 경우 위 연립선형방정식은 $A\boldsymbol{x} = \boldsymbol{b}$와 같이 표현할 수 있다.

이때 A는 **계수행렬**coefficient matrix, $\boldsymbol{b}$는 **상수벡터**constant vector라고 한다.

Note 선형대수학에서 '계수'는 수식에서 미지수에 곱해지는 상수인 '係數(coefficient)'와 7장의 [정의 7-9]에서 소개하는 행렬의 열공간 차원인 '階數(rank)'를 함께 가리키는 용어이다. 이들 '계수'의 한자와 영단어는 각각 다르지만, 한글 용어가 동일하므로 주의해야 한다. 이 책에서는 문맥상 '계수'의 의미를 혼동할 수 있는 부분에 영어를 병기하여 의미를 명확히 나타낸다.

정의 2-5 행렬방정식

연립선형방정식을 행렬과 벡터의 곱으로 $A\boldsymbol{x} = \boldsymbol{b}$와 같이 표현한 것을 **행렬방정식**matrix equation이라고 한다.

예제 2-6 연립선형방정식의 행렬방정식 표현

다음 연립선형방정식을 행렬방정식으로 표현하라.

$$\begin{cases} 3x_1 - 2x_2 + 5x_3 + x_4 = 5 \\ x_1 + 4x_2 + 2x_3 - 6x_4 = 2 \\ 7x_1 + 5x_2 + x_3 - 3x_4 = 1 \\ 2x_1 + x_2 - 3x_3 + 4x_4 = 4 \end{cases}$$

Tip 방정식의 계수와 상수로 행렬과 벡터를 구성한다.

풀이

$$\begin{bmatrix} 3 & -2 & 5 & 1 \\ 1 & 4 & 2 & -6 \\ 7 & 5 & 1 & -3 \\ 2 & 1 & -3 & 4 \end{bmatrix} \begin{bmatrix} x_1 \\ x_2 \\ x_3 \\ x_4 \end{bmatrix} = \begin{bmatrix} 5 \\ 2 \\ 1 \\ 4 \end{bmatrix}$$

[정리 2-1]의 동치인 연립선형방정식을 만드는 연산을 연립선형방정식에 적용하면, 이에 따라 행렬방정식도 변하게 된다.

다음 연립선형방정식과 행렬방정식을 살펴보자.

$$\begin{cases} x_1 + 2x_2 + x_3 = 3 \\ 3x_1 - 2x_2 - 3x_3 = -1 \\ 2x_1 + 3x_2 + x_3 = 4 \end{cases} \quad \Leftrightarrow \quad \begin{bmatrix} 1 & 2 & 1 \\ 3 & -2 & -3 \\ 2 & 3 & 1 \end{bmatrix} \begin{bmatrix} x_1 \\ x_2 \\ x_3 \end{bmatrix} = \begin{bmatrix} 3 \\ -1 \\ 4 \end{bmatrix}$$

연립선형방정식의 첫 번째 방정식을 ①, 두 번째 방정식을 ②, 세 번째 방정식을 ③이라고 하자.

①과 ②의 위치를 바꾼 연립선형방정식에 대한 행렬방정식은 다음과 같다. 이때 계수행렬과 상수벡터에서 대응되는 행은 교환된다.

$$\begin{cases} 3x_1 - 2x_2 - 3x_3 = -1 \\ x_1 + 2x_2 + x_3 = 3 \\ 2x_1 + 3x_2 + x_3 = 4 \end{cases} \quad \Leftrightarrow \quad \begin{bmatrix} 3 & -2 & -3 \\ 1 & 2 & 1 \\ 2 & 3 & 1 \end{bmatrix} \begin{bmatrix} x_1 \\ x_2 \\ x_3 \end{bmatrix} = \begin{bmatrix} -1 \\ 3 \\ 4 \end{bmatrix}$$

①에 3을 곱한 경우에 대한 행렬방정식은 다음과 같다. 이때 계수행렬과 상수벡터의 해당 행에 3이 곱해진다.

$$\begin{cases} 3x_1 + 6x_2 + 3x_3 = 9 \\ 3x_1 - 2x_2 - 3x_3 = -1 \\ 2x_1 + 3x_2 + x_3 = 4 \end{cases} \quad \Leftrightarrow \quad \begin{bmatrix} 3 & 6 & 3 \\ 3 & -2 & -3 \\ 2 & 3 & 1 \end{bmatrix} \begin{bmatrix} x_1 \\ x_2 \\ x_3 \end{bmatrix} = \begin{bmatrix} 9 \\ -1 \\ 4 \end{bmatrix}$$

①에 2를 곱하여 ③에 더해주면, 다음과 같은 행렬방정식으로 표현된다. 이때 계수행렬과 상수벡터의 1행에 2를 곱한 것이 3행에 더해진다.

$$\begin{cases} x_1 + 2x_2 + x_3 = 3 \\ 3x_1 - 2x_2 - 3x_3 = -1 \\ 4x_1 + 7x_2 + 3x_3 = 10 \end{cases} \quad \Leftrightarrow \quad \begin{bmatrix} 1 & 2 & 1 \\ 3 & -2 & -3 \\ 4 & 7 & 3 \end{bmatrix} \begin{bmatrix} x_1 \\ x_2 \\ x_3 \end{bmatrix} = \begin{bmatrix} 3 \\ -1 \\ 10 \end{bmatrix}$$

앞에서 살펴본 바와 같이 동치인 연립선형방정식을 만드는 연산은 대응하는 행렬방정식에 대한 행 연산으로 수행될 수 있다. 이를 정리하면 [정리 2-2]와 같다.

정리 2-2 동치인 연립선형방정식을 만드는 연산과 행렬방정식의 행 연산

(1) 두 선형방정식의 위치를 교환하는 것은 행렬방정식의 계수행렬과 상수벡터에서 대응하는 두 행을 교환하는 것과 같다.

(2) 선형방정식의 양변에 0이 아닌 상수를 곱하는 것은 행렬방정식의 계수행렬과 상수벡터에서 대응하는 행에 해당 상수를 곱하는 것과 같다.

(3) 특정 선형방정식의 0이 아닌 상수배를 다른 선형방정식에 더하는 것은 행렬방정식의 계수행렬과 상수벡터에서 대응하는 한 행의 상수배를 다른 행에 더하는 것과 같다.

예제 2-7 동치인 행렬방정식

행렬방정식으로 표현된 다음 연립선형방정식 ①, ②가 동치인지 확인하라.

> **Tip**
> [정리 2-2]의 연산을 사용하여 행렬방정식 ①로부터 행렬방정식 ②를 만든다.

(a) ① $\begin{bmatrix} 1 & 2 & 3 \\ 2 & 0 & -1 \\ 0 & 2 & 4 \end{bmatrix}\begin{bmatrix} x_1 \\ x_2 \\ x_3 \end{bmatrix} = \begin{bmatrix} 2 \\ 3 \\ 5 \end{bmatrix}$ ② $\begin{bmatrix} 2 & 0 & -1 \\ 1 & 2 & 3 \\ 2 & 6 & 10 \end{bmatrix}\begin{bmatrix} x_1 \\ x_2 \\ x_3 \end{bmatrix} = \begin{bmatrix} 3 \\ 2 \\ 9 \end{bmatrix}$

(b) ① $\begin{bmatrix} 1 & 1 & 2 \\ 3 & -1 & -1 \\ 0 & 0 & 1 \end{bmatrix}\begin{bmatrix} x_1 \\ x_2 \\ x_3 \end{bmatrix} = \begin{bmatrix} 1 \\ 3 \\ -1 \end{bmatrix}$ ② $\begin{bmatrix} 1 & 1 & 2 \\ 4 & 0 & 1 \\ 0 & 0 & 1 \end{bmatrix}\begin{bmatrix} x_1 \\ x_2 \\ x_3 \end{bmatrix} = \begin{bmatrix} 1 \\ 3 \\ -1 \end{bmatrix}$

풀이

(a) ①의 첫 번째 방정식의 2배를 세 번째 방정식에 더하고, 첫 번째와 두 번째 방정식을 서로 교환하면 ②의 행렬방정식이 만들어진다. 따라서 행렬방정식 ①, ②는 서로 동치이다.

(b) ①의 첫 번째 방정식을 두 번째 방정식에 더하면 ②의 계수행렬이 만들어진다. 하지만 ②의 상수벡터의 두 번째 성분 3은 $1+3=4$가 아니기 때문에 행렬방정식 ①, ②는 서로 동치가 아니다.

■ 행 사다리꼴 행렬과 기약행 사다리꼴 행렬

연립선형방정식을 표현한 행렬방정식의 행 연산을 통해 연립선형방정식의 해를 구할 수 있다. 먼저 앞으로 사용할 용어인 추축성분, 행 사다리꼴 행렬, 기약행 사다리꼴 행렬에 대해 살펴보자.

정의 2-6 추축성분(피벗)

행렬에서 각 행의 맨 왼쪽에 있는 0이 아닌 성분을 **추축성분** pivot entry 또는 **피벗** pivot이라 한다.

행렬 $\begin{bmatrix} 4 & -8 & 5 \\ 0 & 0 & -8 \\ 0 & 5 & 9 \end{bmatrix}$에서 1행의 추축성분은 4, 2행의 추축성분은 -8, 3행의 추축성분은 5이다.

정의 2-7 행 사다리꼴 행렬

다음 조건 (1), (2), (3)을 만족하는 행렬을 **행 사다리꼴 행렬** row echelon form matrix 이라 한다.

(1) 모든 성분이 0인 행은 맨 아래에 위치한다.
(2) 모든 행의 추축성분은 위쪽 행의 추축성분보다 오른쪽 열에 있다.
(3) 모든 추축성분은 1이고, 추축성분 아래쪽의 모든 성분은 0이다.

다음 행렬은 행 사다리꼴 행렬이다.

$$\begin{bmatrix} \mathbf{1} & 4 & 5 \\ 0 & \mathbf{1} & 3 \\ 0 & 0 & \mathbf{1} \end{bmatrix} \quad \begin{bmatrix} \mathbf{1} & 2 & 3 \\ 0 & 0 & \mathbf{1} \\ 0 & 0 & 0 \end{bmatrix} \quad \begin{bmatrix} \mathbf{1} & 2 & 3 & 4 \\ 0 & 0 & \mathbf{1} & 5 \\ 0 & 0 & 0 & 0 \end{bmatrix}$$

반면, 다음 행렬은 행 사다리꼴 행렬이 아니다.

$$\begin{bmatrix} 2 & 4 & 5 \\ 0 & 1 & 3 \\ 0 & 0 & 1 \end{bmatrix} \quad \begin{bmatrix} 0 & 0 & 0 \\ 0 & 1 & 1 \end{bmatrix} \quad \begin{bmatrix} 0 & 1 \\ 1 & 0 \end{bmatrix}$$

첫 번째 행렬은 1행의 추축성분이 1이 아니고, 두 번째 행렬은 모든 성분이 0인 행이 그렇지 않은 행보다 위에 위치하고, 세 번째 행렬은 위쪽 행의 추축성분이 아래쪽 행의 추축성분보다 오른쪽에 있으므로, 이들 행렬은 행 사다리꼴 행렬이 아니다.

정의 2-8 기약행 사다리꼴 행렬

모든 추축성분이 해당 열에서 0이 아닌 유일한 성분인 행 사다리꼴 행렬을 **기약행 사다리꼴 행렬** reduced row echelon form matrix 또는 **축약행 사다리꼴 행렬**이라 한다.

다음은 기약행 사다리꼴 행렬의 예이다.

$$\begin{bmatrix} \mathbf{1} & 0 & 0 \\ 0 & \mathbf{1} & 0 \\ 0 & 0 & \mathbf{1} \end{bmatrix} \quad \begin{bmatrix} \mathbf{1} & 0 & 0 & 1 \\ 0 & \mathbf{1} & 0 & 2 \\ 0 & 0 & \mathbf{1} & 3 \end{bmatrix} \quad \begin{bmatrix} \mathbf{1} & 2 & 0 & 0 \\ 0 & 0 & 0 & \mathbf{1} \\ 0 & 0 & 0 & 0 \end{bmatrix} \quad \begin{bmatrix} \mathbf{1} & 2 & 0 & 1 \\ 0 & 0 & \mathbf{1} & 1 \\ 0 & 0 & 0 & 0 \end{bmatrix}$$

추축성분의 위와 아래에 있는 모든 성분이 0이므로, 이들 행렬은 모두 기약행 사다리꼴 행렬이다.

Note 기약행 사다리꼴 행렬은 영어로 reduced row echelon form matrix이므로 약자로 rref 행렬이라고도 한다.

예제 2-8 **행 사다리꼴 행렬과 기약행 사다리꼴 행렬**

다음 각 행렬이 행 사다리꼴 행렬인지 기약행 사다리꼴 행렬인지 설명하라.

> **Tip**
> 추축성분과 추축성분 위아래 성분들의 값을 확인한다.

(a) $A = \begin{bmatrix} 1 & 3 & 0 \\ 0 & 2 & 3 \\ 0 & 0 & 1 \end{bmatrix}$ (b) $B = \begin{bmatrix} 1 & 0 & 0 & 0 \\ 0 & 1 & 0 & 2 \\ 0 & 0 & 1 & 0 \end{bmatrix}$

(c) $C = \begin{bmatrix} 1 & 0 & 0 & 4 \\ 0 & 0 & 1 & 5 \\ 0 & 0 & 0 & 0 \end{bmatrix}$ (d) $D = \begin{bmatrix} 1 & 0 & 5 & 1 \\ 0 & 0 & 1 & 1 \\ 0 & 0 & 0 & 1 \end{bmatrix}$

풀이

(a) A는 2행의 추축성분이 1이 아니므로 행 사다리꼴 행렬이 아니다.

(b) B는 모든 추축성분이 1이고 추축성분의 위아래 모든 성분이 0이므로, 행 사다리꼴 행렬이면서 기약행 사다리꼴 행렬이다.

(c) C도 B와 같은 이유로 행 사다리꼴 행렬이면서 기약행 사다리꼴 행렬이다.

(d) D는 2행과 3행의 추축성분의 위쪽 성분이 0이 아니므로, 행 사다리꼴 행렬이지만, 기약행 사다리꼴 행렬은 아니다.

가우스-조단 소거법

이제 행렬방정식 $A\boldsymbol{x} = \boldsymbol{b}$에 대한 행 연산을 통해, 해 $\boldsymbol{x}$를 구하는 방법을 살펴보자. 우선 $A\boldsymbol{x} = \boldsymbol{b}$에서 행렬 A가 단위행렬 I라면 해는 $\boldsymbol{x} = \boldsymbol{b}$임을 알 수 있다. 예를 들어, 다음과 같은 행렬방정식이 있다고 하자.

$$\begin{bmatrix} 1 & 0 & 0 \\ 0 & 1 & 0 \\ 0 & 0 & 1 \end{bmatrix} \begin{bmatrix} x_1 \\ x_2 \\ x_3 \end{bmatrix} = \begin{bmatrix} 3 \\ -2 \\ 4 \end{bmatrix}$$

이 행렬방정식을 연립선형방정식 형태로 전개하면, $x_1 = 3$, $x_2 = -2$, $x_3 = 4$와 같이 각 미지수의 값이 결정된다.

행렬방정식 $A\boldsymbol{x} = \boldsymbol{b}$에 어떤 행 연산을 하여 좌변의 행렬 A를 단위행렬 I로 만들 수 있다면, 이 행렬방정식의 해를 바로 구할 수 있다. 한편, 연립선형방정식은 $A\boldsymbol{x} = \boldsymbol{b}$ 형태의 행렬방정식으로 표현할 수 있다. [정리 2-2]에 따르면, 동치인 연립선형방정식의 연산은 행렬방정식의 행 연산과 같다. 따라서 $A\boldsymbol{x} = \boldsymbol{b}$에 행 연산을 하여 A 부분을 I로 만들면, 연립선형방정식의 해를 구할 수 있다.

다음 행렬방정식의 계수행렬이 단위행렬 I가 되도록 [정리 2-2]의 행 연산을 적용해보자.

$$\begin{bmatrix} 1 & 2 & 1 \\ 2 & 3 & 1 \\ 3 & -2 & -3 \end{bmatrix}\begin{bmatrix} x_1 \\ x_2 \\ x_3 \end{bmatrix} = \begin{bmatrix} 3 \\ 4 \\ -1 \end{bmatrix}$$

1행에 -2를 곱하여 2행에 더한다($R_2 \leftarrow -2R_1 + R_2$, 여기서 R_1, R_2는 각각 1행과 2행을 나타낸다).

$$\begin{bmatrix} 1 & 2 & 1 \\ 0 & -1 & -1 \\ 3 & -2 & -3 \end{bmatrix}\begin{bmatrix} x_1 \\ x_2 \\ x_3 \end{bmatrix} = \begin{bmatrix} 3 \\ -2 \\ -1 \end{bmatrix}$$

1행에 -3을 곱하여 3행에 더한다($R_3 \leftarrow -3R_1 + R_3$).

$$\begin{bmatrix} 1 & 2 & 1 \\ 0 & -1 & -1 \\ 0 & -8 & -6 \end{bmatrix}\begin{bmatrix} x_1 \\ x_2 \\ x_3 \end{bmatrix} = \begin{bmatrix} 3 \\ -2 \\ -10 \end{bmatrix}$$

2행에 -1을 곱한다($R_2 \leftarrow -R_2$).

$$\begin{bmatrix} 1 & 2 & 1 \\ 0 & 1 & 1 \\ 0 & -8 & -6 \end{bmatrix}\begin{bmatrix} x_1 \\ x_2 \\ x_3 \end{bmatrix} = \begin{bmatrix} 3 \\ 2 \\ -10 \end{bmatrix}$$

2행에 8을 곱하여 3행에 더한다($R_3 \leftarrow 8R_2 + R_3$).

$$\begin{bmatrix} 1 & 2 & 1 \\ 0 & 1 & 1 \\ 0 & 0 & 2 \end{bmatrix}\begin{bmatrix} x_1 \\ x_2 \\ x_3 \end{bmatrix} = \begin{bmatrix} 3 \\ 2 \\ 6 \end{bmatrix}$$

2행에 -2를 곱하여 1행에 더한다($R_1 \leftarrow -2R_2 + R_1$).

$$\begin{bmatrix} 1 & 0 & -1 \\ 0 & 1 & 1 \\ 0 & 0 & 2 \end{bmatrix}\begin{bmatrix} x_1 \\ x_2 \\ x_3 \end{bmatrix} = \begin{bmatrix} -1 \\ 2 \\ 6 \end{bmatrix}$$

3행에 $\frac{1}{2}$을 곱한다$\left(R_3 \leftarrow \frac{1}{2}R_3\right)$.

$$\begin{bmatrix} 1 & 0 & -1 \\ 0 & 1 & 1 \\ 0 & 0 & 1 \end{bmatrix}\begin{bmatrix} x_1 \\ x_2 \\ x_3 \end{bmatrix} = \begin{bmatrix} -1 \\ 2 \\ 3 \end{bmatrix}$$

3행을 1행에 더한다($R_1 \leftarrow R_3 + R_1$).

$$\begin{bmatrix} 1 & 0 & 0 \\ 0 & 1 & 1 \\ 0 & 0 & 1 \end{bmatrix} \begin{bmatrix} x_1 \\ x_2 \\ x_3 \end{bmatrix} = \begin{bmatrix} 2 \\ 2 \\ 3 \end{bmatrix}$$

3행에 -1을 곱하여 2행에 더한다($R_2 \leftarrow -R_3 + R_2$).

$$\begin{bmatrix} 1 & 0 & 0 \\ 0 & 1 & 0 \\ 0 & 0 & 1 \end{bmatrix} \begin{bmatrix} x_1 \\ x_2 \\ x_3 \end{bmatrix} = \begin{bmatrix} 2 \\ -1 \\ 3 \end{bmatrix}$$

따라서 해는 $x_1 = 2$, $x_2 = -1$, $x_3 = 3$이다.

위 예에서 본 것처럼 행렬방정식에 행 연산을 할 때 미지수 벡터 $[x_1\ x_2\ x_3]^\top$가 매번 똑같이 나타나기 때문에, 이 부분을 제외하고 계수행렬과 상수벡터를 묶어 아래와 같이 간단히 표현할 수 있다. 이렇게 표현한 행렬을 **첨가행렬**augmented matrix이라 한다.

$$\begin{bmatrix} 1 & 2 & 1 \\ 0 & -1 & -1 \\ 3 & -2 & -3 \end{bmatrix} \begin{bmatrix} x_1 \\ x_2 \\ x_3 \end{bmatrix} = \begin{bmatrix} 3 \\ -2 \\ -1 \end{bmatrix} \quad \Rightarrow \quad \left[\begin{array}{ccc|c} 1 & 2 & 1 & 3 \\ 0 & -1 & -1 & -2 \\ 3 & -2 & -3 & -1 \end{array}\right]$$

예제 2-9 첨가행렬

다음 연립선형방정식을 첨가행렬로 표현하라.

$$\begin{cases} 3x_1 - 2x_2 + 5x_3 + x_4 = 5 \\ x_1 + 4x_2 + 2x_3 - 6x_4 = 2 \\ 7x_1 + 5x_2 + x_3 - 3x_4 = 1 \\ 2x_1 + x_2 - 3x_3 + 4x_4 = 4 \end{cases}$$

Tip
연립선형방정식의 계수행렬과 상수벡터로 구성한다.

풀이

$$\left[\begin{array}{cccc|c} 3 & -2 & 5 & 1 & 5 \\ 1 & 4 & 2 & -6 & 2 \\ 7 & 5 & 1 & -3 & 1 \\ 2 & 1 & -3 & 4 & 4 \end{array}\right]$$

연립선형방정식을 표현한 행렬방정식의 계수행렬 부분을 기약행 사다리꼴 행렬로 변환하기 위해서 가우스-조단 소거법Gauss-Jordan elimination method을 사용할 수 있다. 가우스-조단 소거법은 기약행 사다리꼴을 만드는 체계화된 절차로, [정리 2-2]의 행 연산이 행렬에 어떤 순서로 적용되어야 기약행 사다리꼴을 만들 수 있는지 알려준다. 다음은 가우스-조단 소거법으로 해를 구하는 과정이다.

[1단계] 연립선형방정식을 첨가행렬로 변환한다.

[2단계] 첫 번째 행부터 마지막 행까지 [3단계]부터 [5단계]의 과정을 반복해서 수행한다. 이때 현재 고려하는 행 번호를 i라고 하자.

[3단계] i열부터 마지막 열까지, 위쪽 행의 추축성분이 아래쪽 행의 추축성분과 같은 위치에 있거나 왼쪽에 있도록 행을 교환한다.

[4단계] i행의 추축성분이 j열에 있다면, i행을 (i, j) 성분의 값으로 나누어 추축성분의 값이 1이 되도록 만든다.

[5단계] 이 추축성분을 제외한 j열의 모든 성분이 0이 되도록 i행의 상수배를 다른 행들에 더한다.

[6단계] 계수행렬 부분에 모든 성분이 0인 행이 있고, 이 행에 대응하는 '|' 이후의 값이 0이 아니면, '해가 없다(불능이다)'라고 판정한다.

[7단계] 0이 아닌 성분이 포함된 행의 개수가 미지수의 개수보다 적다면, '무수히 많은 해가 존재한다(부정이다)'라고 판정한다.

[8단계] [6단계]와 [7단계]에 해당하지 않는 경우라면, 기약행 사다리꼴 행렬에서 해를 읽는다.

Note 이 장의 [프로그램 실습 문제 2]에서 가우스-조단 소거법을 구현하는 프로그램을 소개한다.

참고 가우스-조단 소거법의 유래

가우스-조단 소거법의 명칭은 독일 수학자 카를 프리드리히 가우스Carl Friedrich Gauss와 독일의 측지학자 빌헬름 조단Wilhelm Jordan의 이름에서 유래하였다. 연립선형방정식의 풀이법은 약 2천 년 전의 중국 고대 수학책인 구장산술에 이미 소개되었다. 방정식이란 용어도 구장산술의 제8장인 방정 장에서 유래했다.

가우스-조단 소거법을 천문학에 적용한 역사적으로 유명한 사례가 있다. 시실리의 천문학자 주세페 피아치Giuseppe Piazzi는 태양계 소행성대에 있는 왜소행성인 케레스Ceres의 궤도를 1801년 1월 1일부터 40일 동안 관측하다가 케레스의 위치를 잃어버렸다. 가우스는 피아치의 관측데이터를 사용하여 구성한 17개 선형방정식으로 된 연립선형방정식을 풀어서 케레스의 궤도를 추정했다. 그해 12월 31일에 독일 천문학자인 하인리히 빌헬름 올베르스Heinrich Wilhelm Olbers는 가우스가 계산한 궤도에서 케레스를 다시 발견했다.

가우스는 연립선형방정식을 푸는 과정에서 행 사다리꼴 행렬을 사용했고, 조단은 가우스의 방법에 이어 기약행 사다리꼴 행렬을 사용하는 방법을 만들었다. 그래서 이러한 연립선형방정식의 풀이법을 가우스-조단 소거법이라고 한다.

예제 2-10 가우스-조단 소거법

가우스-조단 소거법을 적용하여 다음 연립선형방정식의 해를 구하라.

$$\begin{cases} 2x_1+2x_2+4x_3=18 \\ \ \ x_1+3x_2+2x_3=13 \\ 3x_1+\ \ x_2+3x_3=14 \end{cases}$$

> **Tip**
> 먼저 첨가행렬로 표현한 다음, 첨가행렬에 행 연산을 적용하여 계수행렬 부분을 기약행 사다리꼴로 변환한다.

풀이

우선 연립선형방정식을 첨가행렬로 표현한다.

$$\left[\begin{array}{ccc|c} 2 & 2 & 4 & 18 \\ 1 & 3 & 2 & 13 \\ 3 & 1 & 3 & 14 \end{array}\right]$$

행 연산을 적용하여 첨가행렬의 계수행렬 부분을 기약행 사다리꼴 행렬로 변환한다.

$$\left[\begin{array}{ccc|c} 2 & 2 & 4 & 18 \\ 1 & 3 & 2 & 13 \\ 3 & 1 & 3 & 14 \end{array}\right] \xrightarrow{\left(R_1 \leftarrow \frac{1}{2}R_1\right)} \left[\begin{array}{ccc|c} 1 & 1 & 2 & 9 \\ 1 & 3 & 2 & 13 \\ 3 & 1 & 3 & 14 \end{array}\right]$$

$$\xrightarrow{(R_2 \leftarrow -R_1+R_2)} \left[\begin{array}{ccc|c} 1 & 1 & 2 & 9 \\ 0 & 2 & 0 & 4 \\ 3 & 1 & 3 & 14 \end{array}\right]$$

$$\xrightarrow{(R_3 \leftarrow -3R_1+R_3)} \left[\begin{array}{ccc|c} 1 & 1 & 2 & 9 \\ 0 & 2 & 0 & 4 \\ 0 & -2 & -3 & -13 \end{array}\right]$$

$$\xrightarrow{\left(R_2 \leftarrow \frac{1}{2}R_2\right)} \left[\begin{array}{ccc|c} 1 & 1 & 2 & 9 \\ 0 & 1 & 0 & 2 \\ 0 & -2 & -3 & -13 \end{array}\right]$$

$$\xrightarrow{(R_3 \leftarrow 2R_2+R_3)} \left[\begin{array}{ccc|c} 1 & 1 & 2 & 9 \\ 0 & 1 & 0 & 2 \\ 0 & 0 & -3 & -9 \end{array}\right]$$

$$\xrightarrow{(R_1 \leftarrow -R_2+R_1)} \left[\begin{array}{ccc|c} 1 & 0 & 2 & 7 \\ 0 & 1 & 0 & 2 \\ 0 & 0 & -3 & -9 \end{array}\right]$$

$$\xrightarrow{\left(R_3 \leftarrow -\frac{1}{3}R_3\right)} \left[\begin{array}{ccc|c} 1 & 0 & 2 & 7 \\ 0 & 1 & 0 & 2 \\ 0 & 0 & 1 & 3 \end{array}\right]$$

$$\xrightarrow{(R_1 \leftarrow -2R_3+R_1)} \left[\begin{array}{ccc|c} 1 & 0 & 0 & 1 \\ 0 & 1 & 0 & 2 \\ 0 & 0 & 1 & 3 \end{array}\right]$$

위 기약행 사다리꼴 행렬로부터 해가 $x_1=1$, $x_2=2$, $x_3=3$임을 알 수 있다.

예제 2-11 첨가행렬의 첫 행의 맨 왼쪽 성분이 0인 경우

가우스-조단 소거법을 적용하여 다음 연립선형방정식의 해를 구하라.

$$\begin{cases} \quad\quad 2x_2 + \ x_3 = 1 \\ 2x_1 + 4x_2 - 2x_3 = 2 \\ 3x_1 + 5x_2 - 5x_3 = 1 \end{cases}$$

> **Tip**
> 먼저 첨가행렬로 표현한 다음, 첨가행렬에 행 연산을 적용하여 계수행렬 부분을 기약행 사다리꼴로 변환한다.

풀이

우선 연립선형방정식을 첨가행렬로 표현한다.

$$\left[\begin{array}{ccc|c} 0 & 2 & 1 & 1 \\ 2 & 4 & -2 & 2 \\ 3 & 5 & -5 & 1 \end{array}\right]$$

행 연산을 적용하여 첨가행렬의 계수행렬 부분을 기약행 사다리꼴 행렬로 변환한다.

$$\left[\begin{array}{ccc|c} 0 & 2 & 1 & 1 \\ 2 & 4 & -2 & 2 \\ 3 & 5 & -5 & 1 \end{array}\right] \xrightarrow{(R_1 \leftrightarrow R_2)} \left[\begin{array}{ccc|c} 2 & 4 & -2 & 2 \\ 0 & 2 & 1 & 1 \\ 3 & 5 & -5 & 1 \end{array}\right]$$

$$\xrightarrow{\left(R_1 \leftarrow \frac{1}{2} R_1\right)} \left[\begin{array}{ccc|c} 1 & 2 & -1 & 1 \\ 0 & 2 & 1 & 1 \\ 3 & 5 & -5 & 1 \end{array}\right]$$

$$\xrightarrow{(R_3 \leftarrow -3R_1 + R_3)} \left[\begin{array}{ccc|c} 1 & 2 & -1 & 1 \\ 0 & 2 & 1 & 1 \\ 0 & -1 & -2 & -2 \end{array}\right]$$

$$\xrightarrow{\left(R_2 \leftarrow \frac{1}{2} R_2\right)} \left[\begin{array}{ccc|c} 1 & 2 & -1 & 1 \\ 0 & 1 & \frac{1}{2} & \frac{1}{2} \\ 0 & -1 & -2 & -2 \end{array}\right]$$

$$\xrightarrow{(R_1 \leftarrow -2R_2 + R_1)} \left[\begin{array}{ccc|c} 1 & 0 & -2 & 0 \\ 0 & 1 & \frac{1}{2} & \frac{1}{2} \\ 0 & -1 & -2 & -2 \end{array}\right]$$

$$\xrightarrow{(R_3 \leftarrow R_2 + R_3)} \left[\begin{array}{ccc|c} 1 & 0 & -2 & 0 \\ 0 & 1 & \frac{1}{2} & \frac{1}{2} \\ 0 & 0 & -\frac{3}{2} & -\frac{3}{2} \end{array}\right]$$

$$\xrightarrow{\left(R_3 \leftarrow -\frac{2}{3} R_3\right)} \left[\begin{array}{ccc|c} 1 & 0 & -2 & 0 \\ 0 & 1 & \frac{1}{2} & \frac{1}{2} \\ 0 & 0 & 1 & 1 \end{array}\right]$$

$$\xrightarrow{(R_1 \leftarrow 2R_3 + R_1)} \left[\begin{array}{ccc|c} 1 & 0 & 0 & 2 \\ 0 & 1 & \frac{1}{2} & \frac{1}{2} \\ 0 & 0 & 1 & 1 \end{array}\right]$$

$$\xrightarrow{\left(R_2 \leftarrow -\frac{1}{2}R_3 + R_2\right)} \left[\begin{array}{ccc|c} 1 & 0 & 0 & 2 \\ 0 & 1 & 0 & 0 \\ 0 & 0 & 1 & 1 \end{array}\right]$$

따라서 해는 $x_1 = 2$, $x_2 = 0$, $x_3 = 1$이다.

■ 불능인 연립선형방정식의 풀이법

다음 연립선형방정식에 가우스-조단 소거법을 적용해보자.

$$\begin{cases} x_1 + 2x_2 - 3x_3 = 2 \\ 6x_1 + 3x_2 - 9x_3 = 6 \\ 7x_1 + 14x_2 - 21x_3 = 13 \end{cases}$$

먼저 위 연립선형방정식을 첨가행렬로 표현한다.

$$\left[\begin{array}{ccc|c} 1 & 2 & -3 & 2 \\ 6 & 3 & -9 & 6 \\ 7 & 14 & -21 & 13 \end{array}\right]$$

행 연산을 적용하여 첨가행렬의 계수행렬 부분을 기약행 사다리꼴 행렬로 변환한다.

$$\left[\begin{array}{ccc|c} 1 & 2 & -3 & 2 \\ 6 & 3 & -9 & 6 \\ 7 & 14 & -21 & 13 \end{array}\right] \xrightarrow{(R_2 \leftarrow -6R_1 + R_2)} \left[\begin{array}{ccc|c} 1 & 2 & -3 & 2 \\ 0 & -9 & 9 & -6 \\ 7 & 14 & -21 & 13 \end{array}\right]$$

$$\xrightarrow{(R_3 \leftarrow -7R_1 + R_3)} \left[\begin{array}{ccc|c} 1 & 2 & -3 & 2 \\ 0 & -9 & 9 & -6 \\ 0 & 0 & 0 & -1 \end{array}\right]$$

마지막 행렬의 3행은 $0x_1 + 0x_2 + 0x_3 = -1$을 나타내는데, 결국 $0 = -1$이라는 성립할 수 없는 관계를 나타내므로 모순이다. 이처럼 첨가행렬에 대한 행 연산 과정에서 상수벡터에 해당하는 맨 오른쪽 값은 0이 아니지만 나머지는 0인 행이 나오면, 이는 모순이 있는 연립선형방정식이다. 즉 이 연립선형방정식은 불능이다.

예제 2-12 불능인 연립선형방정식에 대한 가우스-조단 소거법

가우스-조단 소거법을 적용하여 다음 연립선형방정식의 해를 구하라.

$$\begin{cases} x_1 - 3x_2 - 6x_3 = 2 \\ 3x_1 - 8x_2 - 17x_3 = -1 \\ x_1 - 4x_2 - 7x_3 = 10 \end{cases}$$

Tip
먼저 첨가행렬로 표현한 다음, 첨가행렬에 행 연산을 적용하여 계수행렬 부분을 기약행 사다리꼴로 변환한다.

풀이

우선 연립선형방정식을 첨가행렬로 표현한다.

$$\left[\begin{array}{ccc|c} 1 & -3 & -6 & 2 \\ 3 & -8 & -17 & -1 \\ 1 & -4 & -7 & 10 \end{array}\right]$$

행 연산을 적용하여 첨가행렬의 계수행렬 부분을 기약행 사다리꼴 행렬로 변환한다.

$$\left[\begin{array}{ccc|c} 1 & -3 & -6 & 2 \\ 3 & -8 & -17 & -1 \\ 1 & -4 & -7 & 10 \end{array}\right] \xrightarrow{(R_2 \leftarrow -3R_1 + R_2)} \left[\begin{array}{ccc|c} 1 & -3 & -6 & 2 \\ 0 & 1 & 1 & -7 \\ 1 & -4 & -7 & 10 \end{array}\right]$$

$$\xrightarrow{(R_3 \leftarrow -R_1 + R_3)} \left[\begin{array}{ccc|c} 1 & -3 & -6 & 2 \\ 0 & 1 & 1 & -7 \\ 0 & -1 & -1 & 8 \end{array}\right]$$

$$\xrightarrow{(R_3 \leftarrow R_2 + R_3)} \left[\begin{array}{ccc|c} 1 & -3 & -6 & 2 \\ 0 & 1 & 1 & -7 \\ 0 & 0 & 0 & 1 \end{array}\right]$$

마지막 행렬의 3행은 $0x_1 + 0x_2 + 0x_3 = 1$, 즉 $0 = 1$을 의미하므로, 이 연립선형방정식의 해는 존재하지 않는다. 즉, 이 연립선형방정식은 불능이다.

■ 부정인 연립선형방정식의 풀이법

다음 연립선형방정식에 가우스-조단 소거법을 적용해보자.

$$\begin{cases} \quad\quad\;\; 4x_2 + \;\, x_3 = 2 \\ 2x_1 + 6x_2 - 2x_3 = 3 \\ 4x_1 + 8x_2 - 5x_3 = 4 \end{cases}$$

먼저 위 연립선형방정식을 첨가행렬로 표현한다.

$$\left[\begin{array}{ccc|c} 0 & 4 & 1 & 2 \\ 2 & 6 & -2 & 3 \\ 4 & 8 & -5 & 4 \end{array}\right]$$

행 연산을 적용하여 첨가행렬의 계수행렬 부분을 기약행 사다리꼴 행렬로 변환한다.

$$\left[\begin{array}{ccc|c} 0 & 4 & 1 & 2 \\ 2 & 6 & -2 & 3 \\ 4 & 8 & -5 & 4 \end{array}\right] \xrightarrow{(R_1 \leftrightarrow R_2)} \left[\begin{array}{ccc|c} 2 & 6 & -2 & 3 \\ 0 & 4 & 1 & 2 \\ 4 & 8 & -5 & 4 \end{array}\right]$$

$$\xrightarrow{\left(R_1 \leftarrow \frac{1}{2}R_1\right)} \left[\begin{array}{ccc|c} 1 & 3 & -1 & \frac{3}{2} \\ 0 & 4 & 1 & 2 \\ 4 & 8 & -5 & 4 \end{array}\right]$$

$$\xrightarrow{(R_3 \leftarrow -4R_1 + R_3)} \left[\begin{array}{ccc|c} 1 & 3 & -1 & \frac{3}{2} \\ 0 & 4 & 1 & 2 \\ 0 & -4 & -1 & -2 \end{array}\right]$$

$$\xrightarrow{\left(R_2 \leftarrow \frac{1}{4}R_2\right)} \left[\begin{array}{ccc|c} 1 & 3 & -1 & \frac{3}{2} \\ 0 & 1 & \frac{1}{4} & \frac{1}{2} \\ 0 & -4 & -1 & -2 \end{array}\right]$$

$$\xrightarrow[(R_3 \leftarrow 4R_2 + R_3)]{(R_1 \leftarrow -3R_2 + R_1)} \left[\begin{array}{ccc|c} 1 & 0 & -\frac{7}{4} & 0 \\ 0 & 1 & \frac{1}{4} & \frac{1}{2} \\ 0 & 0 & 0 & 0 \end{array}\right]$$

마지막 첨가행렬에서 1행과 2행은 다음과 같은 방정식으로 나타낼 수 있다.

$$x_1 - \frac{7}{4}x_3 = 0 \quad \Rightarrow \quad x_1 = \frac{7}{4}x_3$$

$$x_2 + \frac{1}{4}x_3 = \frac{1}{2} \quad \Rightarrow \quad x_2 = -\frac{1}{4}x_3 + \frac{1}{2}$$

3행의 성분은 모두 0이기 때문에, 미지수 x_3의 값은 하나로 고정되지 않는다. x_3에 어떤 값 t를 대입해도 연립선형방정식의 해가 존재한다. 따라서 첫 번째 행과 두 번째 행에서 얻은 방정식에 $x_3 = t$를 대입하면 다음과 같이 해를 표현할 수 있다.

$$x_1 = \frac{7}{4}t, \quad x_2 = -\frac{1}{4}t + \frac{1}{2}, \quad x_3 = t$$

이때 어떤 값이든 될 수 있는 t와 같은 변수를 **자유변수** free variable라고 한다. 자유변수 t에는 어떤 값을 대입해도 해가 된다. 다음은 t에 4와 -2를 각각 대입한 경우의 해이다.

$$t = 4 \quad \Rightarrow \quad (x_1, x_2, x_3) = \left(7, -\frac{1}{2}, 4\right)$$

$$t = -2 \quad \Rightarrow \quad (x_1, x_2, x_3) = \left(-\frac{7}{2}, 1, -2\right)$$

t에 어떤 값을 대입해도 해가 존재하기 때문에 이 연립선형방정식의 해는 무수히 많다. 즉, 자유변수를 갖는 연립선형방정식의 해는 무수히 많다. 이러한 연립선형방정식을 부정이라고 한다.

예제 2-13 부정인 연립선형방정식에 대한 가우스-조단 소거법

가우스-조단 소거법을 적용하여 다음 연립선형방정식의 해를 구하라.

$$\begin{cases} x_1 + \quad\;\; 3x_3 = 4 \\ x_1 + x_2 + \;\; x_3 = 7 \\ \quad\; -x_2 + 2x_3 = -3 \end{cases}$$

> **Tip**
> 먼저 첨가행렬로 표현한 다음, 첨가행렬에 행 연산을 적용하여 계수행렬 부분을 기약행 사다리꼴로 변환한다.

풀이

우선 연립선형방정식을 첨가행렬로 표현한다.

$$\left[\begin{array}{ccc|c} 1 & 0 & 3 & 4 \\ 1 & 1 & 1 & 7 \\ 0 & -1 & 2 & -3 \end{array}\right]$$

행 연산을 적용하여 첨가행렬의 계수행렬 부분을 기약행 사다리꼴 행렬로 변환한다.

$$\left[\begin{array}{ccc|c} 1 & 0 & 3 & 4 \\ 1 & 1 & 1 & 7 \\ 0 & -1 & 2 & -3 \end{array}\right] \xrightarrow{(R_2 \leftarrow -R_1 + R_2)} \left[\begin{array}{ccc|c} 1 & 0 & 3 & 4 \\ 0 & 1 & -2 & 3 \\ 0 & -1 & 2 & -3 \end{array}\right]$$

$$\xrightarrow{(R_3 \leftarrow R_2 + R_3)} \left[\begin{array}{ccc|c} 1 & 0 & 3 & 4 \\ 0 & 1 & -2 & 3 \\ 0 & 0 & 0 & 0 \end{array}\right]$$

마지막 행렬에서 3행의 성분이 모두 0이므로, 미지수의 개수보다 0이 아닌 행의 개수가 적어 이 연립선형방정식은 무수히 많은 해를 갖는 부정인 연립선형방정식이다. x_3에 자유변수 t를 대입하면, $x_1 + 3t = 4$와 $x_2 - 2t = 3$이 된다. 따라서 해는 다음과 같이 표현할 수 있다.

$$x_1 = -3t + 4,\ x_2 = 2t + 3,\ x_3 = t$$

■ 미지수의 개수가 방정식의 개수보다 적은 연립선형방정식의 풀이법

미지수의 개수가 방정식의 개수보다 적은 경우에도 마찬가지로 가우스-조단 소거법을 적용한다.

예제 2-14 미지수의 개수가 방정식의 개수보다 적은 경우

가우스-조단 소거법을 적용하여 다음 연립선형방정식의 해를 구하라.

$$\begin{cases} x_1 + x_2 = 1 \\ 2x_1 - x_2 = 5 \\ 3x_1 + 4x_2 = 2 \end{cases}$$

> **Tip**
> 먼저 첨가행렬로 표현한 다음, 첨가행렬에 행 연산을 적용하여 계수행렬 부분을 기약행 사다리꼴로 변환한다.

풀이

우선 연립선형방정식을 첨가행렬로 표현한다.

$$\left[\begin{array}{cc|c} 1 & 1 & 1 \\ 2 & -1 & 5 \\ 3 & 4 & 2 \end{array}\right]$$

행 연산을 적용하여 첨가행렬의 계수행렬 부분을 기약행 사다리꼴 행렬로 변환한다.

$$\left[\begin{array}{cc|c} 1 & 1 & 1 \\ 2 & -1 & 5 \\ 3 & 4 & 2 \end{array}\right] \xrightarrow{(R_2 \leftarrow -2R_1 + R_2)} \left[\begin{array}{cc|c} 1 & 1 & 1 \\ 0 & -3 & 3 \\ 3 & 4 & 2 \end{array}\right]$$

$$\xrightarrow{(R_3 \leftarrow -3R_1 + R_3)} \left[\begin{array}{cc|c} 1 & 1 & 1 \\ 0 & -3 & 3 \\ 0 & 1 & -1 \end{array}\right]$$

$$\xrightarrow{\left(R_2 \leftarrow -\frac{1}{3}R_2\right)} \left[\begin{array}{cc|c} 1 & 1 & 1 \\ 0 & 1 & -1 \\ 0 & 1 & -1 \end{array}\right]$$

$$\xrightarrow{(R_3 \leftarrow -R_2 + R_3)} \left[\begin{array}{cc|c} 1 & 1 & 1 \\ 0 & 1 & -1 \\ 0 & 0 & 0 \end{array}\right]$$

$$\xrightarrow{(R_1 \leftarrow -R_2 + R_1)} \left[\begin{array}{cc|c} 1 & 0 & 2 \\ 0 & 1 & -1 \\ 0 & 0 & 0 \end{array}\right]$$

따라서 해는 $x_1 = 2$, $x_2 = -1$이다.

■ 미지수의 개수가 방정식의 개수보다 많은 연립선형방정식의 풀이법

미지수의 개수가 방정식의 개수보다 많은 경우에도 마찬가지로 가우스-조단 소거법을 적용한다. 해가 존재하는 연립선형방정식이라면 무수히 많은 해가 존재할 수 있다.

예제 2-15 미지수의 개수가 방정식의 개수보다 많은 경우

가우스-조단 소거법을 적용하여 다음 연립선형방정식의 해를 구하라.

$$\begin{cases} 2x_1 + 4x_2 - 2x_3 + 2x_4 + 4x_5 = 2 \\ x_1 + 2x_2 - x_3 + 2x_4 = 4 \\ 3x_1 + 6x_2 - 2x_3 + x_4 + 9x_5 = 1 \\ 5x_1 + 10x_2 - 4x_3 + 5x_4 + 9x_5 = 9 \end{cases}$$

Tip
먼저 첨가행렬로 표현한 다음, 첨가행렬에 행 연산을 적용하여 계수행렬 부분을 기약행 사다리꼴로 변환한다.

풀이

우선 연립선형방정식을 첨가행렬로 표현한다.

$$\left[\begin{array}{ccccc|c} 2 & 4 & -2 & 2 & 4 & 2 \\ 1 & 2 & -1 & 2 & 0 & 4 \\ 3 & 6 & -2 & 1 & 9 & 1 \\ 5 & 10 & -4 & 5 & 9 & 9 \end{array}\right]$$

행 연산을 적용하여 첨가행렬의 계수행렬 부분을 기약행 사다리꼴 행렬로 변환한다.

$$\left[\begin{array}{ccccc|c} 2 & 4 & -2 & 2 & 4 & 2 \\ 1 & 2 & -1 & 2 & 0 & 4 \\ 3 & 6 & -2 & 1 & 9 & 1 \\ 5 & 10 & -4 & 5 & 9 & 9 \end{array}\right] \xrightarrow{\left(R_1 \leftarrow \frac{1}{2}R_1\right)} \left[\begin{array}{ccccc|c} 1 & 2 & -1 & 1 & 2 & 1 \\ 1 & 2 & -1 & 2 & 0 & 4 \\ 3 & 6 & -2 & 1 & 9 & 1 \\ 5 & 10 & -4 & 5 & 9 & 9 \end{array}\right]$$

$$\xrightarrow{\substack{(R_2 \leftarrow -R_1 + R_2) \\ (R_3 \leftarrow -3R_1 + R_3) \\ (R_4 \leftarrow -5R_1 + R_4)}} \left[\begin{array}{ccccc|c} 1 & 2 & -1 & 1 & 2 & 1 \\ 0 & 0 & 0 & 1 & -2 & 3 \\ 0 & 0 & 1 & -2 & 3 & -2 \\ 0 & 0 & 1 & 0 & -1 & 4 \end{array}\right]$$

$$\xrightarrow{(R_2 \leftrightarrow R_3)} \left[\begin{array}{ccccc|c} 1 & 2 & -1 & 1 & 2 & 1 \\ 0 & 0 & 1 & -2 & 3 & -2 \\ 0 & 0 & 0 & 1 & -2 & 3 \\ 0 & 0 & 1 & 0 & -1 & 4 \end{array}\right]$$

$$\xrightarrow{\substack{(R_1 \leftarrow R_2 + R_1) \\ (R_4 \leftarrow -R_2 + R_4)}} \left[\begin{array}{ccccc|c} 1 & 2 & 0 & -1 & 5 & -1 \\ 0 & 0 & 1 & -2 & 3 & -2 \\ 0 & 0 & 0 & 1 & -2 & 3 \\ 0 & 0 & 0 & 2 & -4 & 6 \end{array}\right]$$

$$\xrightarrow{\substack{(R_1 \leftarrow R_3 + R_1) \\ (R_2 \leftarrow 2R_3 + R_2) \\ (R_4 \leftarrow -2R_3 + R_4)}} \left[\begin{array}{ccccc|c} 1 & 2 & 0 & 0 & 3 & 2 \\ 0 & 0 & 1 & 0 & -1 & 4 \\ 0 & 0 & 0 & 1 & -2 & 3 \\ 0 & 0 & 0 & 0 & 0 & 0 \end{array}\right]$$

마지막 행렬에서 2열과 5열에 대응하는 추축성분이 없으므로, 미지수 x_2, x_5에 대해서 자유변수를 도입하여 $x_2 = s$, $x_5 = t$라고 하자. 이때 이 연립선형방정식은 다음과 같이 표현되는 무수히 많은 해를 갖는다.

$$x_1 = -2s - 3t + 2,\ x_2 = s,\ x_3 = t + 4,\ x_4 = 2t + 3,\ x_5 = t$$

참고 가우스 소거법과 가우스-조단 소거법

지금까지 가우스-조단 소거법으로 연립선형방정식의 해를 구하는 방법을 소개했다. 연립선형방정식의 해를 구하는 방법으로는 **가우스 소거법** Gaussian elimination method도 있다. 가우스-조단 소거법은 첨가행렬의 계수행렬 부분을 기약행 사다리꼴 행렬로 변환해서 해를 구하는 반면, 가우스 소거법은 첨가행렬의 계수행렬 부분을 행 사다리꼴 행렬로 변환해서 해를 구한다. 가우스 소거법은 행 사다리꼴 행렬에서 마지막 변수(미지수)의 값을 구한 다음, 대입법을 적용하여 뒤에 있는 변수 값부터 차례로 구한다.
가우스-조단 소거법은 연립선형방정식을 풀 때도 사용하지만, 역행렬 계산이나 LU 분해에도 사용한다. 역행렬을 구하거나 LU 분해를 하는 방법은 4장에서 자세히 살펴본다.

SECTION

2.3 연립선형방정식의 응용

연립선형방정식은 다양한 분야에서 응용된다. 여기서는 평면상의 특정 점들을 지나는 다항식을 찾는 다항식 곡선 맞춤 문제와 네트워크 분석 문제에서의 응용 사례를 소개한다.

다항식 곡선 맞춤

평면상에 다음과 같은 n개의 점이 있다고 하자.

$$(x_1,\ y_1),\ (x_2,\ y_2),\ \cdots,\ (x_n,\ y_n)$$

[그림 2-3]과 같이 이들 점을 지나는 다음과 같은 m차 다항식을 찾는 것을 **다항식 곡선 맞춤** polynomial curve fitting이라고 한다.

$$p(x) = a_0 + a_1 x + a_2 x^2 + \cdots + a_m x^m$$

위 다항식에 주어진 n개의 점을 대입하면, 다음과 같은 연립선형방정식이 만들어진다.

$$\begin{cases} a_0 + a_1 x_1 + a_2 x_1^2 + \cdots + a_m x_1^m = y_1 \\ a_0 + a_1 x_2 + a_2 x_2^2 + \cdots + a_m x_2^m = y_2 \\ \qquad \vdots \\ a_0 + a_1 x_n + a_2 x_n^2 + \cdots + a_m x_n^m = y_n \end{cases}$$

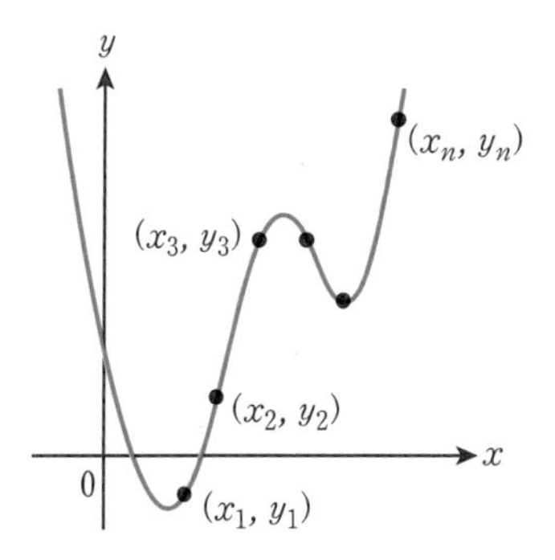

[그림 2-3] 다항식 곡선 맞춤

앞에서 살펴본 연립선형방정식에서 미지수는 다항식의 계수인 a_0, a_1, a_2, $\cdots$, a_m 이다. 따라서 연립선형방정식에 대한 첨가행렬은 다음과 같다.

$$\left[\begin{array}{ccccc|c} 1 & x_1 & x_1^2 & \cdots & x_1^m & y_1 \\ 1 & x_2 & x_2^2 & \cdots & x_2^m & y_2 \\ & & & \vdots & & \\ 1 & x_n & x_n^2 & \cdots & x_n^m & y_n \end{array}\right]$$

Note 다항식 곡선 맞춤은 비밀 정보의 일부만을 알고 있는 n명 중에서 $m+1$명이 참여할 때, 전체 비밀 정보를 복구해내는 보안 문제에서 사용된다. 여기에서 비밀 정보는 m차 다항식의 계수인 a_0, a_1, a_2, $\cdots$, a_m 이고, 각 개인이 가지고 있는 정보는 다항식을 만족하는 한 점 (x_i, y_i) 이다. 이때 $m+1$명이 가진 점들에 대해서 연립선형방정식을 구성하면 비밀 정보인 다항식의 계수를 결정할 수 있다. 정보 보안에서는 이러한 기법을 Shamir threshold method라고 한다.

예제 2-16 다항식 곡선 맞춤

xy 평면상의 점 $(1, 4)$, $(2, 0)$, $(3, 12)$를 지나는 다항식 $p(x)=a_0+a_1x+a_2x^2$을 구하라.

Tip
각 점의 좌푯값을 다항식에 대입하여 연립선형방정식을 만들고 다항식의 계수를 결정한다.

풀이

각 점의 x 값을 다항식에 넣어 결과가 y 값이 되도록 하는 방정식을 만들면 다음과 같다.

$$\begin{aligned} p(1) &= a_0+a_1\cdot 1+a_2\cdot 1^2 = a_0+a_1+a_2 = 4 \\ p(2) &= a_0+a_1\cdot 2+a_2\cdot 2^2 = a_0+2a_1+4a_2 = 0 \\ p(3) &= a_0+a_1\cdot 3+a_2\cdot 3^2 = a_0+3a_1+9a_2 = 12 \end{aligned}$$

위 연립선형방정식의 첨가행렬은 다음과 같다.

$$\left[\begin{array}{ccc|c} 1 & 1 & 1 & 4 \\ 1 & 2 & 4 & 0 \\ 1 & 3 & 9 & 12 \end{array}\right]$$

첨가행렬에 가우스-조단 소거법을 적용하면 다음과 같다.

$$\left[\begin{array}{ccc|c} 1 & 1 & 1 & 4 \\ 1 & 2 & 4 & 0 \\ 1 & 3 & 9 & 12 \end{array}\right] \xrightarrow[(R_3 \leftarrow -R_1+R_3)]{(R_2 \leftarrow -R_1+R_2)} \left[\begin{array}{ccc|c} 1 & 1 & 1 & 4 \\ 0 & 1 & 3 & -4 \\ 0 & 2 & 8 & 8 \end{array}\right]$$

$$\xrightarrow[(R_3 \leftarrow -2R_2+R_3)]{(R_1 \leftarrow -R_2+R_1)} \left[\begin{array}{ccc|c} 1 & 0 & -2 & 8 \\ 0 & 1 & 3 & -4 \\ 0 & 0 & 2 & 16 \end{array}\right]$$

$$\xrightarrow{\left(R_3 \leftarrow \frac{1}{2}R_3\right)} \left[\begin{array}{ccc|c} 1 & 0 & -2 & 8 \\ 0 & 1 & 3 & -4 \\ 0 & 0 & 1 & 8 \end{array}\right]$$

$$\xrightarrow[(R_2 \leftarrow -3R_3+R_2)]{(R_1 \leftarrow 2R_3+R_1)} \left[\begin{array}{ccc|c} 1 & 0 & 0 & 24 \\ 0 & 1 & 0 & -28 \\ 0 & 0 & 1 & 8 \end{array}\right]$$

따라서 연립선형방정식의 해는 다음과 같다.

$$a_0 = 24,\ a_1 = -28,\ a_2 = 8$$

그러므로 이 점들을 지나는 다항식은 다음과 같다.

$$p(x) = 24 - 28x + 8x^2$$

네트워크 분석

지선branch과 교차점junction으로 구성되는 **네트워크**network는 전자공학, 교통량 분석, 경제학 등 다양한 분야에서 사용된다. [그림 2-4]와 같은 네트워크에서 교차점에 들어오는 흐름의 양은 교차점에서 나가는 흐름의 양과 같다. 이를 방정식으로 표현하면 $x_1 + x_2 = 24$ 이다.

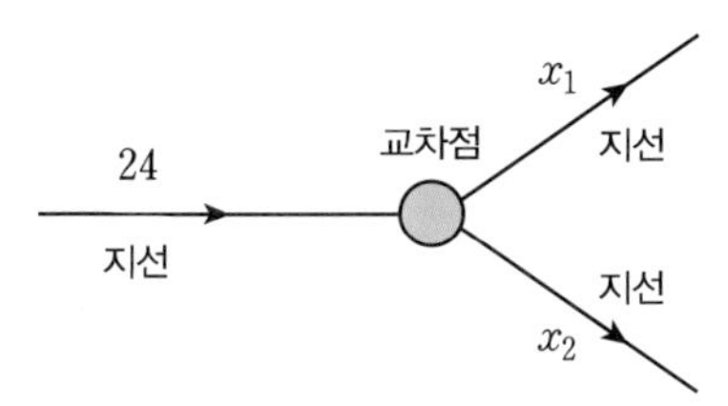

[그림 2-4] **네트워크**

이와 같이 각 교차점에서 선형방정식이 만들어지기 때문에, 여러 교차점이 있는 네트워크의 경우 연립선형방정식을 만들 수 있다. 이러한 연립선형방정식을 풀면 네트워크에서 각 지선의 흐름량 또는 교통량을 분석할 수 있다.

예제 2-17 네트워크 분석

[그림 2-5]와 같은 교통량 네트워크가 있을 때, 미지수인 x_1, x_2, x_3, x_4, x_5 값을 결정하라.

Tip
각 교차점의 교통량 관계를 선형방정식으로 표현한다.

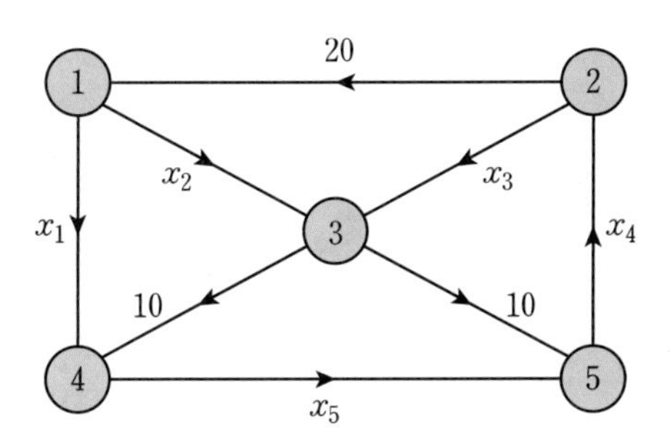

[그림 2-5] **교통량 네트워크**

풀이

각 교차점의 교통량 관계를 연립선형방정식으로 표현하면 다음과 같다.

$$\begin{cases} x_1 + x_2 = 20 \\ x_3 - x_4 = -20 \\ x_2 + x_3 = 20 \\ x_1 - x_5 = -10 \\ -x_4 + x_5 = -10 \end{cases}$$

위 연립선형방정식을 첨가행렬로 표현하면 다음과 같다.

$$\left[\begin{array}{ccccc|c} 1 & 1 & 0 & 0 & 0 & 20 \\ 0 & 0 & 1 & -1 & 0 & -20 \\ 0 & 1 & 1 & 0 & 0 & 20 \\ 1 & 0 & 0 & 0 & -1 & -10 \\ 0 & 0 & 0 & -1 & 1 & -10 \end{array}\right]$$

이 첨가행렬에 가우스-조단 소거법을 적용하면 다음과 같이 기약행 사다리꼴 행렬이 만들어진다.

$$\left[\begin{array}{ccccc|c} 1 & 1 & 0 & 0 & 0 & 20 \\ 0 & 0 & 1 & -1 & 0 & -20 \\ 0 & 1 & 1 & 0 & 0 & 20 \\ 1 & 0 & 0 & 0 & -1 & -10 \\ 0 & 0 & 0 & -1 & 1 & -10 \end{array}\right] \xrightarrow{(R_4 \leftarrow -R_1 + R_4)} \left[\begin{array}{ccccc|c} 1 & 1 & 0 & 0 & 0 & 20 \\ 0 & 0 & 1 & -1 & 0 & -20 \\ 0 & 1 & 1 & 0 & 0 & 20 \\ 0 & -1 & 0 & 0 & -1 & -30 \\ 0 & 0 & 0 & -1 & 1 & -10 \end{array}\right]$$

$$\xrightarrow{(R_2 \leftrightarrow R_3)} \left[\begin{array}{ccccc|c} 1 & 1 & 0 & 0 & 0 & 20 \\ 0 & 1 & 1 & 0 & 0 & 20 \\ 0 & 0 & 1 & -1 & 0 & -20 \\ 0 & -1 & 0 & 0 & -1 & -30 \\ 0 & 0 & 0 & -1 & 1 & -10 \end{array}\right]$$

$$\xrightarrow{(R_4 \leftarrow R_2 + R_4)} \left[\begin{array}{ccccc|c} 1 & 1 & 0 & 0 & 0 & 20 \\ 0 & 1 & 1 & 0 & 0 & 20 \\ 0 & 0 & 1 & -1 & 0 & -20 \\ 0 & 0 & 1 & 0 & -1 & -10 \\ 0 & 0 & 0 & -1 & 1 & -10 \end{array}\right]$$

$$\xrightarrow{(R_1 \leftarrow -R_2 + R_1)} \left[\begin{array}{ccccc|c} 1 & 0 & -1 & 0 & 0 & 0 \\ 0 & 1 & 1 & 0 & 0 & 20 \\ 0 & 0 & 1 & -1 & 0 & -20 \\ 0 & 0 & 1 & 0 & -1 & -10 \\ 0 & 0 & 0 & -1 & 1 & -10 \end{array}\right]$$

$$\xrightarrow[\substack{(R_2 \leftarrow -R_3 + R_2) \\ (R_4 \leftarrow -R_3 + R_4)}]{(R_1 \leftarrow R_3 + R_1)} \left[\begin{array}{ccccc|c} 1 & 0 & 0 & -1 & 0 & -20 \\ 0 & 1 & 0 & 1 & 0 & 40 \\ 0 & 0 & 1 & -1 & 0 & -20 \\ 0 & 0 & 0 & 1 & -1 & 10 \\ 0 & 0 & 0 & -1 & 1 & -10 \end{array}\right]$$

$$\xrightarrow[(R_3 \leftarrow R_4 + R_3),\ (R_5 \leftarrow R_4 + R_5)]{(R_1 \leftarrow R_4 + R_1),\ (R_2 \leftarrow -R_4 + R_2)} \left[\begin{array}{ccccc|c} 1 & 0 & 0 & 0 & -1 & -10 \\ 0 & 1 & 0 & 0 & 1 & 30 \\ 0 & 0 & 1 & 0 & -1 & -10 \\ 0 & 0 & 0 & 1 & -1 & 10 \\ 0 & 0 & 0 & 0 & 0 & 0 \end{array}\right]$$

마지막 첨가행렬에서 5행의 성분이 모두 0이므로 이 연립선형방정식은 부정이고, 해는 다음 조건을 만족한다.

$$\begin{aligned} x_1 &= \quad x_5 - 10 \\ x_2 &= -x_5 + 30 \\ x_3 &= \quad x_5 - 10 \\ x_4 &= \quad x_5 + 10 \end{aligned}$$

따라서 $x_5 = s$라고 하면 미지수인 교통량은 다음과 같다.

$$x_1 = s - 10,\ x_2 = -s + 30,\ x_3 = s - 10,\ x_4 = s + 10,\ x_5 = s$$

예제 2-18 전기 회로 분석

[그림 2-6]과 같은 전기 회로가 있을 때, 전류 I_1, I_2, I_3의 값을 결정하라.

Tip
키르히호프 법칙을 적용하여 전류 및 전압의 관계를 방정식으로 표현한다.

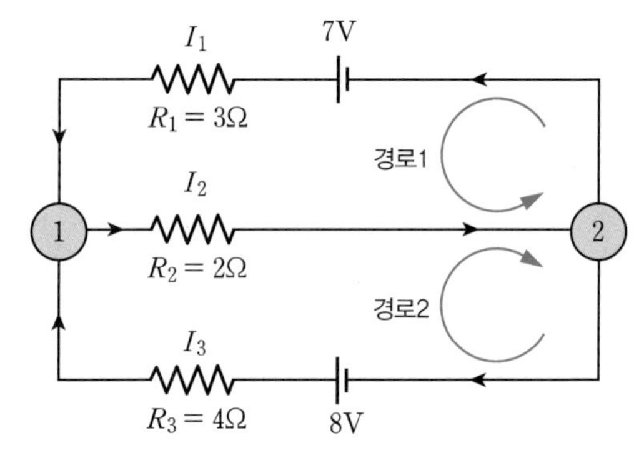

[그림 2-6] **전기 회로**

풀이

어떤 분기점에 들어온 전류의 양과 나간 전류의 양의 합이 같다는 키르히호프의 전류 법칙을 이용하면 [그림 2-6]의 ①에서 다음과 같은 방정식이 만들어진다.

$$I_1 - I_2 + I_3 = 0$$

하나의 닫힌 경로에서 전압(전위차)의 합은 0이라는 키르히호프의 전압 법칙을 이용하면, 다음 두 개의 방정식이 만들어진다. 여기에서 저항에서의 전압(전위차) V는 저항을 통과하는 전류 I와 저항 크기 R의 곱이다. 즉, $V = IR$이다.

$$\text{경로 1}:\ R_1 I_1 + R_2 I_2 = 3I_1 + 2I_2 = 7$$

$$\text{경로 2}:\ R_2 I_2 + R_3 I_3 = 2I_2 + 4I_3 = 8$$

이들 선형방정식을 모으면 다음 연립선형방정식이 된다.

$$\begin{cases} I_1 - I_2 + I_3 = 0 \\ 3I_1 + 2I_2 = 7 \\ 2I_2 + 4I_3 = 8 \end{cases}$$

위 연립선형방정식의 첨가행렬은 다음과 같다.

$$\left[\begin{array}{ccc|c} 1 & -1 & 1 & 0 \\ 3 & 2 & 0 & 7 \\ 0 & 2 & 4 & 8 \end{array}\right]$$

위 첨가행렬에 가우스-조단 소거법을 적용하면 다음과 같다.

$$\left[\begin{array}{ccc|c} 1 & -1 & 1 & 0 \\ 3 & 2 & 0 & 7 \\ 0 & 2 & 4 & 8 \end{array}\right] \xrightarrow{(R_2 \leftarrow -3R_1 + R_2)} \left[\begin{array}{ccc|c} 1 & -1 & 1 & 0 \\ 0 & 5 & -3 & 7 \\ 0 & 2 & 4 & 8 \end{array}\right]$$

$$\xrightarrow{\left(R_2 \leftarrow \frac{1}{5}R_2\right)} \left[\begin{array}{ccc|c} 1 & -1 & 1 & 0 \\ 0 & 1 & -\frac{3}{5} & \frac{7}{5} \\ 0 & 2 & 4 & 8 \end{array}\right]$$

$$\xrightarrow[(R_3 \leftarrow -2R_2 + R_3)]{(R_1 \leftarrow R_2 + R_1)} \left[\begin{array}{ccc|c} 1 & 0 & \frac{2}{5} & \frac{7}{5} \\ 0 & 1 & -\frac{3}{5} & \frac{7}{5} \\ 0 & 0 & \frac{26}{5} & \frac{26}{5} \end{array}\right]$$

$$\xrightarrow{\left(R_3 \leftarrow \frac{5}{26}R_3\right)} \left[\begin{array}{ccc|c} 1 & 0 & \frac{2}{5} & \frac{7}{5} \\ 0 & 1 & -\frac{3}{5} & \frac{7}{5} \\ 0 & 0 & 1 & 1 \end{array}\right]$$

$$\xrightarrow[\left(R_2 \leftarrow \frac{3}{5}R_3 + R_2\right)]{\left(R_1 \leftarrow -\frac{2}{5}R_3 + R_1\right)} \left[\begin{array}{ccc|c} 1 & 0 & 0 & 1 \\ 0 & 1 & 0 & 2 \\ 0 & 0 & 1 & 1 \end{array}\right]$$

따라서 각 전류의 세기는 다음과 같다.

$$I_1 = 1\,\mathrm{A},\ I_2 = 2\,\mathrm{A},\ I_3 = 1\,\mathrm{A}$$

여기서 A는 전류의 단위인 암페어이다.

Chapter

02 연습문제

Section 2.1

1. 다음 문장이 참인지 거짓인지 판단하고, 거짓인 경우 그 이유를 설명하라.

(a) 이원 일차방정식은 2차원 공간에서 직선을 나타내고, 삼원 일차방정식은 3차원 공간에서 평면을 나타낸다.

(b) 연립선형방정식의 해는 각 선형방정식이 나타내는 공간상의 직선, 평면, 또는 초평면이 모두 함께 만나는 위치에 해당한다.

(c) 연립선형방정식이 해를 갖지 않으면, 해당 연립선형방정식은 부정이라고 한다.

(d) 특정 미지수에 대한 두 연립선형방정식의 해가 서로 동일하면, 두 연립선형방정식은 동치라고 한다.

(e) 연립선형방정식에 있는 하나의 선형방정식의 양변에 0이 아닌 상수를 곱해도 동치인 연립선형방정식이 된다.

2. 다음 중에서 선형방정식을 찾고, 선형방정식이 아닌 것은 아닌 이유를 설명하라. 여기에서 문자는 모두 미지수를 나타낸다.

(a) $2x_1+3x_2+4x_3=1$

(b) $5x-3y=-t$

(c) $a^2+2ab+b=4$

(d) $x+2xy+y=16$

(e) $x^{-2}+3y=0$

(f) $x_1+\sqrt{3}\,x_2+\pi x_3=5.7$

(g) $xy+yz+xz=0$

(h) $\dfrac{2}{3}a+\dfrac{1}{a}=12$

3. 다음 연립선형방정식의 그래프를 그려서 불능인 것을 찾으라.

(a) $\begin{cases} x_1-3x_2=-3 \\ 2x_1+\ x_2=\ 8 \end{cases}$

(b) $\begin{cases} x_1-3x_2=6 \\ 2x_1-6x_2=6 \end{cases}$

(c) $\begin{cases} 2x_1+3x_2=4 \\ 4x_1+6x_2=8 \end{cases}$

4. 다음 연립선형방정식의 그래프를 그려서 부정인 것을 찾으라.

(a) $\begin{cases} x+y=2 \\ x-y=3 \end{cases}$

(b) $\begin{cases} 2x-y=-4 \\ -2x+y=\ 2 \end{cases}$

(c) $\begin{cases} x-2y=\ 3 \\ -x+2y=-3 \end{cases}$

5. 다음 연립선형방정식의 그래프를 그려서 해의 개수를 구하라.

(a) $\begin{cases} 2x+y=4 \\ 2x-y=2 \end{cases}$

(b) $\begin{cases} x+\ y=1 \\ x-\ y=1 \\ -x+3y=3 \end{cases}$

(c) $\begin{cases} x-\ y=1 \\ 2x+3y=3 \end{cases}$

6. 다음과 같은 x_1, x_2에 대한 연립선형방정식이 있다고 하자. 여기서 a_1, a_2, b_1, b_2는 상수이다.

$$\begin{cases} a_1x_1 + x_2 = b_1 \\ a_2x_1 + x_2 = b_2 \end{cases}$$

(a) $a_1 \neq a_2$일 때, 이 연립선형방정식은 하나의 해만 가짐을 보여라.

(b) $a_1 = a_2$일 때, 이 연립선형방정식은 $b_1 = b_2$인 경우에만 부정임을 보여라.

Section 2.2

7. 다음 문장이 참인지 거짓인지 판단하고, 거짓인 경우 그 이유를 설명하라.

(a) 행렬의 행에서 맨 왼쪽에 있는 0이 아닌 성분을 추축성분 또는 피벗이라 한다.

(b) 행 사다리꼴 행렬에서 추축성분의 위아래 성분들은 모두 0이다.

(c) 기약행 사다리꼴 행렬의 모든 행에는 추축성분이 있다.

(d) 첨가행렬에 가우스-조단 소거법을 적용할 때, 맨 오른쪽 성분만 0이 아닌 값이고 나머지는 모두 0인 행이 나타나면 해당 연립선형방정식은 부정이다.

(e) 해가 존재한다고 가정할 때, 첨가행렬에 가우스-조단 소거법을 적용하여 행 전체에서 0이 아닌 행의 개수가 미지수의 개수보다 적어지면 해당 연립선형방정식은 무수히 많은 해를 갖는다.

8. 다음 연립선형방정식을 대입법으로 풀어라.

(a) $\begin{cases} 2x_1 + 3x_2 = 8 \\ 5x_1 - 4x_2 = -3 \end{cases}$ (b) $\begin{cases} x_1 + 2x_2 = 3 \\ x_1 - x_2 = 4 \end{cases}$ (c) $\begin{cases} x_1 + 2x_2 = 4 \\ x_1 - x_2 = 1 \end{cases}$

9. 다음 연립선형방정식을 소거법으로 풀어라.

(a) $\begin{cases} x_1 + 5x_2 = 7 \\ -2x_1 - 7x_2 = -5 \end{cases}$ (b) $\begin{cases} 3x_1 + 6x_2 = -3 \\ 5x_1 + 7x_2 = 10 \end{cases}$ (c) $\begin{cases} x_1 + 2x_2 = -13 \\ 3x_1 - 2x_2 = 1 \end{cases}$

10. 다음 연립선형방정식을 첨가행렬로 나타내라.

(a) $\begin{cases} x_1 + x_2 + 2x_3 = -2 \\ x_1 + 4x_2 + 3x_3 = 1 \\ 2x_1 + 2x_2 + x_3 = 2 \end{cases}$ (b) $\begin{cases} 2x_1 + 4x_2 - 3x_3 = 5 \\ x_2 + 2x_3 = 7 \\ 3x_1 + 2x_2 + 2x_3 = -4 \end{cases}$

(c) $\begin{cases} x_1 - 6x_2 + 3x_4 = 4 \\ x_2 - 4x_3 + 8x_4 = -3 \\ -x_1 + 2x_2 + x_3 + 4x_4 = 1 \\ -x_1 + 3x_2 + 4x_4 = 5 \end{cases}$

11. 다음 중 기약행 사다리꼴 행렬을 찾으라.

① $\begin{bmatrix} 1&2&0&2&0 \\ 0&0&1&2&0 \\ 0&0&0&1&2 \\ 0&0&0&0&0 \end{bmatrix}$ ② $\begin{bmatrix} 0&1&2&0&3 \\ 0&0&0&1&4 \\ 0&0&0&0&0 \end{bmatrix}$ ③ $\begin{bmatrix} 1&1&0&2 \\ 0&0&0&0 \\ 0&0&1&2 \end{bmatrix}$ ④ $\begin{bmatrix} 0&1&1&2&2 \\ 1&0&1&0&0 \end{bmatrix}$

12. 가우스-조단 소거법을 적용하여 다음 연립선형방정식의 해를 구하라.

(a) $\begin{cases} x_1 - 5x_2 + 4x_3 = -3 \\ 2x_1 - 7x_2 + 3x_3 = -2 \\ -2x_1 + x_2 + 7x_3 = -1 \end{cases}$ (b) $\begin{cases} 3x_1 + 6x_2 - 3x_3 = 6 \\ 2x_1 + 7x_2 + 4x_3 = 28 \\ 2x_1 - 6x_2 + 4x_3 = 2 \end{cases}$

(c) $\begin{cases} x_2 + 5x_3 = -4 \\ x_1 + 4x_2 + 3x_3 = -2 \\ 2x_1 + 7x_2 + x_3 = -2 \end{cases}$ (d) $\begin{cases} 2x_1 - 6x_3 = -8 \\ x_2 + 2x_3 = 3 \\ 3x_1 + 6x_2 - 2x_3 = -4 \end{cases}$

(e) $\begin{cases} x_1 - 6x_2 = 5 \\ x_2 - 4x_3 + x_4 = 0 \\ -x_1 + 6x_2 + x_3 + 5x_4 = 3 \\ -x_2 + 5x_3 + 4x_4 = 0 \end{cases}$ (f) $\begin{cases} 2x_1 - 4x_4 = -10 \\ 3x_2 + 3x_3 = 0 \\ x_3 + 4x_4 = -1 \\ -3x_1 + 2x_2 + 3x_3 + x_4 = 5 \end{cases}$

(g) $\begin{cases} x_2 + x_3 - x_4 = 0 \\ x_1 - x_2 + 3x_3 - x_4 = -2 \\ x_1 + x_2 + x_3 + x_4 = 1 \end{cases}$ (h) $\begin{cases} x_1 + x_2 - 2x_3 = 5 \\ 2x_1 + 3x_2 + 4x_3 = 2 \end{cases}$

(i) $\begin{cases} 3x_1 + 6x_2 + 14x_3 = 22 \\ 7x_1 + 14x_2 + 30x_3 = 46 \\ 4x_1 + 8x_2 + 7x_3 = 6 \end{cases}$ (j) $\begin{cases} 3x_1 + 5x_2 + 3x_3 = 25 \\ 7x_1 + 9x_2 + 19x_3 = 65 \\ -4x_1 + 5x_2 + 11x_3 = 5 \end{cases}$

13. 주어진 첨가행렬에 대하여 다음 물음에 답하라.

$$\left[\begin{array}{ccc|c} 1 & 1 & 3 & 2 \\ 1 & 2 & 4 & 3 \\ 1 & 3 & a & b \end{array}\right]$$

(a) a와 b가 어떤 조건일 때, 이에 대응하는 연립선형방정식이 불능인가?

(b) a와 b가 어떤 조건일 때, 이에 대응하는 연립선형방정식이 부정인가?

14. 주어진 연립선형방정식에 대하여 다음 물음에 답하라.

$$\begin{cases} x_1 + 2x_2 + 3x_3 = 4 \\ x_1 + kx_2 + 4x_3 = 6 \\ x_1 + 2x_2 + (k+2)x_3 = 6 \end{cases}$$

(a) 유일한 해를 갖기 위한 k 값은 무엇인가?

(b) 해가 존재하지 않을 때의 k 값은 무엇인가?

(c) 무수히 많은 해를 갖게 될 때의 k 값은 무엇인가?

15. 다음 화학반응식의 균형을 맞추려면 좌변과 우변의 각 원자 개수가 서로 일치해야 한다. 이때 균형을 맞추는 정수 a, b, c, d를 찾으라.

$$a\mathrm{NO_2} + b\mathrm{H_2O} \rightarrow c\mathrm{HNO_2} + d\mathrm{HNO_3}$$

16. 다음 화학반응식의 균형을 맞추는 정수 a, b, c, d를 찾으라.

$$a\mathrm{C_6H_6} + b\mathrm{O_2} \rightarrow c\mathrm{C} + d\mathrm{H_2O}$$

17. 학과 거북이가 총 5마리 있고, 이들의 다리 개수의 합은 16이다. 연립선형방정식을 만들어 학과 거북이의 수를 구하라.

18. 양 5마리와 염소 2마리의 가격은 100만 원이고, 양 2마리와 염소 5마리의 가격은 82만 원이다. 양과 염소의 마리당 가격을 구하라.

19. 오리 한 마리는 동전 4개, 참새 5마리는 동전 1개, 닭은 동전 1개에 팔린다. 동전 100개로 전체 100마리를 사려면, 각각 몇 마리씩 사야하는지 구하라.

Section 2.3

---

20. 다음 점들을 지나는 다항식 $p(x)=a_0+a_1x+a_2x^2+a_3x^3+a_4x^4$을 구하라.

$$(-2,\ 3),\ (-1,\ 5),\ (0,\ 1),\ (1,\ 4),\ (2,\ 10)$$

21. 다음 점들을 지나는 다항식 $f(x,\ y)=c_1+c_2x+c_3y+c_4x^2+c_5xy+c_6y^2=0$을 구하라.

$$(0,\ 0),\ (1,\ 0),\ (2,\ 0),\ (0,\ 1),\ (0,\ 2)$$

22. 다음 그림과 같은 교통량 네트워크에서 지선 x_1, x_2, x_3, x_4의 값을 구하라.

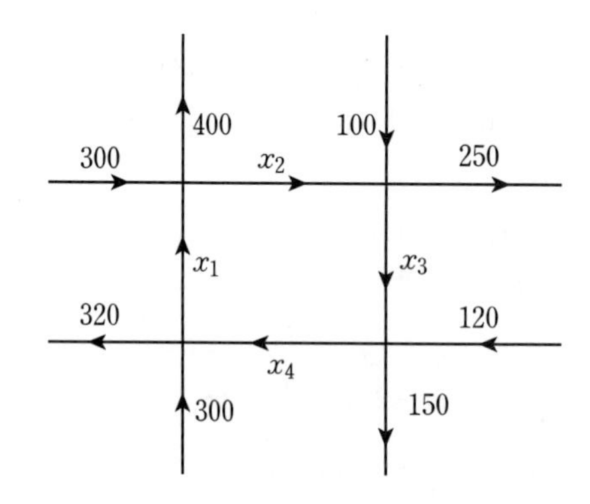

23. 다음 그림과 같은 교통량 네트워크에서 지선 x_1, x_2, x_3, x_4, x_5, x_6, x_7의 값을 구하라.

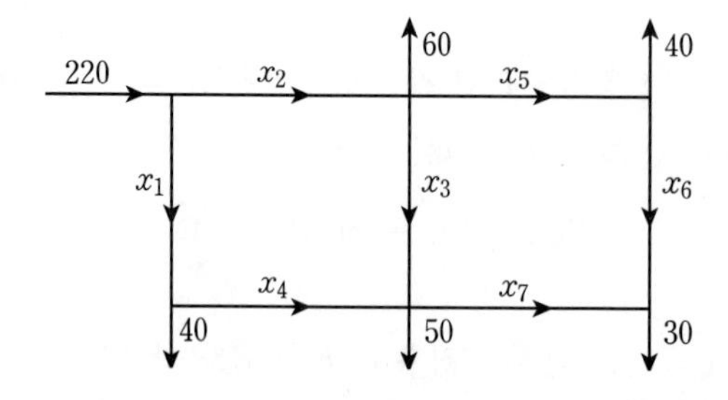

24. 다음 그림과 같은 전기 회로에서 각 저항의 전류 세기를 구하라.

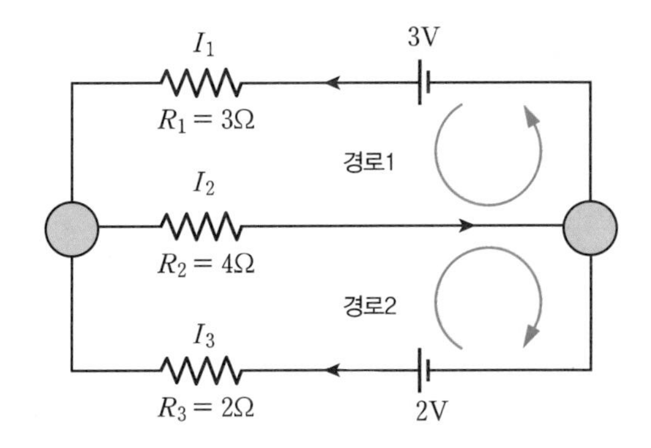

25. 다음 그림과 같은 전기 회로에서 각 저항의 전류 세기를 구하라.

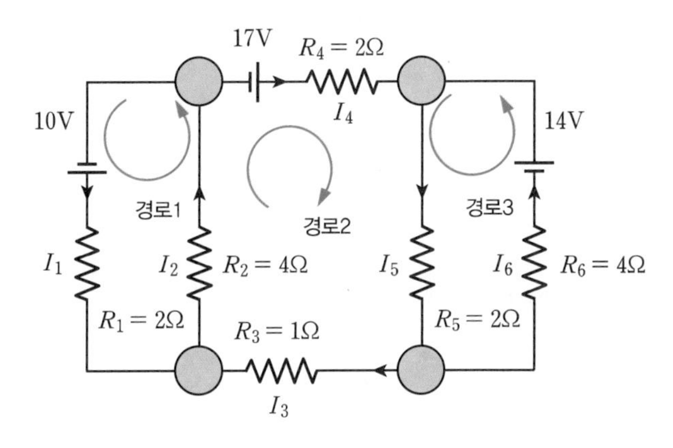

Chapter

02 프로그래밍 실습

1. 2×3 영행렬, 모든 성분이 1인 2×2 행렬, 모든 성분이 3인 3×2 행렬, 2×2 단위행렬을 만들어 출력하는 프로그램을 작성하라. 연계 : 2.1절

문제 해석

앞서 1장에서 numpy의 array() 함수를 이용해 행렬과 벡터를 만드는 과정을 연습했다. 이 문제에서는 특별한 형태를 가진 행렬을 더 빠르고 간단하게 만들 수 있는 함수들을 사용한다. zeros(n, m) 함수는 $n\times m$ 영행렬을 생성하고, ones(n, m) 함수는 모든 성분이 1인 $n\times m$ 행렬을 생성한다. full((n, m), e) 함수는 모든 성분이 e인 $n\times m$ 행렬을 생성한다. eye(n) 함수는 $n\times n$ 단위행렬을 생성한다.

코딩 실습

【 파이썬 코드 】

```
1    import numpy as np
2
3    a = np.zeros((2, 3))          # 2×3 영행렬
4    print("a =", a)
5
6    b = np.ones((2, 2))           # 모든 성분이 1인 2×2 행렬
7    print("b =", b)
8
9    c = np.full((3, 2), 3)        # 모든 성분이 3인 3×2 행렬
10   print("c =", c)
11
12   d = np.eye(2)                 # 2×2 단위행렬
13   print("d =", d)
```

프로그램 설명

numpy를 사용하여 행렬을 만들 때 활용할 수 있는 여러 함수를 보여준다.

2. 가우스-조단 소거법을 수행하는 gauss( )라는 함수를 정의하고, 이 함수를 이용하여 다음 연립선형방정식의 해를 구하라. gauss(A)의 입력으로 주어지는 A는 주어진 연립선형방정식에 대한 첨가행렬이다. 연계 : 2.2절

$$\begin{cases} 2x_1+2x_2+4x_3=18 \\ x_1+3x_2+2x_3=13 \\ 3x_1+x_2+3x_3=14 \end{cases}$$

문제 해석

앞에서 소개한 가우스-조단 소거법에 따라 주어진 연립선형방정식에 대한 첨가행렬을 기약행 사다리꼴 행렬로 변환하여 해를 구한다. 다음 파이썬 코드는 유일한 해가 존재하는 경우의 해를 제공한다.

코딩 실습

【파이썬 코드】

```
1    import numpy as np
2
3    # 행렬 A를 출력하는 함수
4    def pprint(msg, A):
5        print("---", msg, "---")
6        (n,m) = A.shape
7        for i in range(0, n):
8            line = ""
9            for j in range(0, m):
10               line += "{0:.2f}".format(A[i,j]) + "\t"
11               if j == n-1:
12                   line += "¦ "
13           print(line)
14       print("")
15
16
17   # 가우스-조단 소거법을 수행하는 함수
18   def gauss(A):
19       (n,m) = A.shape
20
21       for i in range(0, min(n,m)):
22           # i번째 열에서 절댓값이 최대인 성분의 행 선택
23           maxEl = abs(A[i,i])
24           maxRow = i
25           for k in range(i+1, n):
26               if abs(A[k,i]) > maxEl:
27                   maxEl = abs(A[k,i])
28                   maxRow = k
29
30           # 현재 i번째 행과 최댓값을 갖는 행 maxRow의 교환
31           for k in range(i, m):
32               tmp = A[maxRow,k]
33               A[maxRow,k] = A[i,k]
34               A[i,k] = tmp
35
36           # 추축성분을 1로 만들기
37           piv = A[i,i]
38           for k in range(i, m):
39               A[i,k] = A[i,k]/piv
40
41           # 현재 i번째 열의 i번째 행을 제외한 모두 성분을 0으로 만들기
42           for k in range(0, n):
43               if k != i:
```

```
44                c = A[k,i]/A[i,i]
45                for j in range(i, m):
46                    if i == j:
47                        A[k,j] = 0
48                    else:
49                        A[k,j] = A[k,j] - c * A[i,j]
50
51          pprint(str(i+1)+"번째 반복", A)  # 중간 과정 출력
52
53      # Ax=b의 해 반환
54      x = np.zeros(m-1)
55      for i in range(0, m-1):
56          x[i] = A[i,m-1]
57      return x
58
59  # 주어진 문제
60  # 2x_1+2x_2+4x_3 = 18
61  # x_1+3x_2+2x_3 = 13
62  # 3x_1+x_2+3x_3 = 14
63
64
65  # 주어진 연립선형방정식에 대한 첨가행렬
66  A = np.array([[2., 2., 4., 18.], [1., 3., 2., 13.], [3., 1., 3., 14.]])
67
68  pprint("주어진 문제", A)   # 첨가행렬 출력
69  x = gauss(A)              # 가우스-조단 소거법 적용
70
71  # 출력 생성
72  (n,m) = A.shape
73  line = "해:\t"
74  for i in range(0, m-1):
75      line += "{0:.2f}".format(x[i]) + "\t"
76  print(line)
```

프로그램 설명

18행의 gauss( ) 함수는 가우스-조단 소거법에 따라 첨가행렬을 기약행 사다리꼴 행렬로 변환한다. 이 함수에서는 해당 열에서 절댓값이 가장 큰 성분을 추축성분으로 선택한다.

Chapter

03

행렬

Matrix

Contents

다시보기 Review

■ 실수 연산의 성질

실수 a, b, c의 덧셈, 곱셈에 대해 다음과 같은 교환법칙, 결합법칙, 분배법칙이 성립한다.

$$a+b = b+a \quad (\text{덧셈에 대한 교환법칙})$$
$$(a+b)+c = a+(b+c) \quad (\text{덧셈에 대한 결합법칙})$$
$$ab = ba \quad (\text{곱셈에 대한 교환법칙})$$
$$(ab)c = a(bc) \quad (\text{곱셈에 대한 결합법칙})$$
$$a(b+c) = ab+ac \quad (\text{분배법칙})$$
$$(a+b)c = ac+bc \quad (\text{분배법칙})$$

실수의 덧셈과 곱셈은 교환법칙과 분배법칙이 성립하는 연산이므로 다음을 만족한다.

$$(a+b)^2 = (a+b)(a+b) = a^2+ab+ba+b^2 = a^2+2ab+b^2$$
$$(a-b)^2 = (a-b)(a-b) = a^2-ab-ba+b^2 = a^2-2ab+b^2$$
$$(a+b)(a-b) = a^2-ab+ab-b^2 = a^2-b^2$$

임의의 원소에 대해 연산을 해도 원래 값이 바뀌지 않게 하는 원소를 그 연산에 대한 **항등원**이라 한다. 실수에서 덧셈에 대한 항등원은 0, 곱셈에 대한 항등원은 1이다.

$$a+0 = a \quad (\text{덧셈에 대한 항등원 } 0)$$
$$a\times 1 = a \quad (\text{곱셈에 대한 항등원 } 1)$$

어떤 원소 a에 대해 연산을 하여 항등원을 만드는 원소를 그 연산에 대한 **역원**이라 한다. 덧셈에 대한 a의 역원은 $-a$이고, 곱셈에 대한 0이 아닌 a의 역원은 $\frac{1}{a}$이다.

$$a+(-a) = 0 \quad (\text{덧셈에 대한 } a\text{의 역원 } -a)$$
$$a\times\left(\frac{1}{a}\right) = 1 \quad \left(\text{곱셈에 대한 } a\text{의 역원 } \frac{1}{a}\right)$$

0이 아닌 실수 a, b, c에 대해 $ab=ac$일 때, a의 역원인 $\frac{1}{a}$을 양변에 곱하면, $\frac{1}{a}ab=\frac{1}{a}ac$이므로 $b=c$이다. 그리고 실수 a, b에 대해 $ab=0$이면, $a=0$ 또는 $b=0$이다. 실수 연산에 대한 어떤 성질은 행렬 연산에서는 성립하지 않는다.

미리보기 Overview

■ 행렬을 왜 배워야 하는가?

행렬은 수나 식을 사각형 모양으로 배열하고 괄호로 묶어 놓은 것이다. 선형대수학에서 많은 연산이 행렬을 통해 수행된다. 행렬은 여러 값을 동시에 표현하고 처리할 수 있는 틀을 제공한다. 따라서 수나 식을 행렬로 표현할 때 어떤 연산을 어떤 방법으로 수행하는지 알아야 한다. 스칼라 연산에 대응하는 행렬 연산도 존재하며, 스칼라 연산에서는 성립하지만 행렬 연산에서는 성립하지 않는 성질도 있다. 따라서 여러 수나 식을 한꺼번에 표현하여 처리하도록 만든 행렬을 이해하고, 그 연산의 종류와 성질을 명확히 알아야 한다.

■ 행렬의 응용 분야는?

행렬은 수나 식으로 구성된 데이터를 표현하거나, 2장에서 다룬 연립선형방정식의 계수행렬과 같은 선형변환 정보를 표현할 수 있다. 엑셀과 같은 스프레드시트는 데이터를 행렬로 표현하여 처리하는 전형적인 사례이다. 행렬은 컴퓨터 그래픽스, 컴퓨터 비전, 로보틱스, 자연어 처리, 웹 검색, 머신러닝, 통계 분석, 게임 이론, 그래프 이론, 과학 계산, 의사결정 이론, 코딩 이론, 암호학, 네트워크 분석, 데이터 압축, 신호 처리 등의 다양한 분야에서 사용된다.

■ 이 장에서 배우는 내용은?

수에서 사칙연산 등의 연산을 정의한 것처럼, 행렬에서도 여러 가지 연산을 정의한다. 이 장에서는 행렬에 대해 정의한 연산들을 살펴본 다음, 이들 행렬 연산의 성질을 소개한다. 또한 행렬의 곱 연산에 대한 역원인 역행렬의 성질과 2×2 행렬의 역행렬 계산 방법, 역행렬을 적용하는 사례 등을 알아본다. 한편, 특별한 형태의 행렬로서 전치행렬, 대칭행렬, 반대칭행렬, 대각행렬, 삼각행렬, 블록행렬 등을 소개한다.

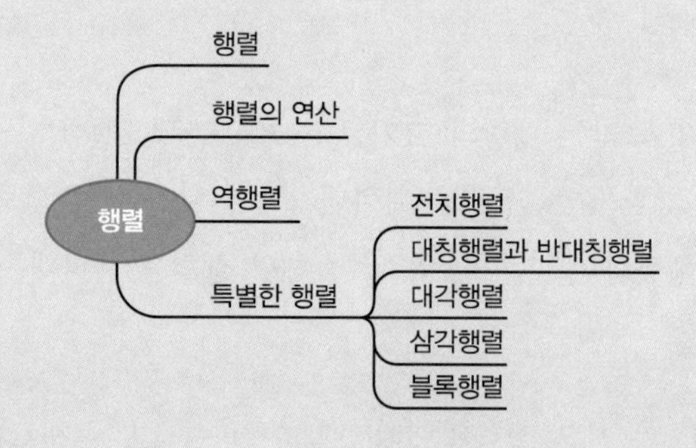

SECTION

3.1 행렬

1장에서 행렬에 대해 이미 소개했지만, 여기서 다시 행렬의 의미와 연산에 대해 자세히 살펴본다.

정의 3-1 행렬

수나 식을 사각형 모양으로 배열하고 괄호로 묶어 놓은 것을 **행렬**matrix이라 한다.

행렬에서 가로줄을 **행**row, 세로줄을 **열**column이라 한다. m개의 행과 n개의 열이 있는 다음과 같은 행렬을 $m \times n$ **행렬**, m**행** n**열의 행렬**, 또는 m **by** n **행렬**이라 한다.

$$A = \begin{bmatrix} a_{11} & a_{12} & \cdots & a_{1n} \\ a_{21} & a_{22} & \cdots & a_{2n} \\ \vdots & \vdots & \ddots & \vdots \\ a_{m1} & a_{m2} & \cdots & a_{mn} \end{bmatrix}$$

행렬 A에서 i행 $[a_{i1} \ a_{i2} \ \cdots \ a_{in}]$을 i번째 **행벡터**row vector라고 하고, j열 $\begin{bmatrix} a_{1j} \\ a_{2j} \\ \vdots \\ a_{mj} \end{bmatrix}$를 j번째 **열벡터**column vector라고 한다. 또한 행렬 A에서 i행의 j번째 성분 a_{ij}를 $(i,\ j)$ **성분**이라 한다. 행과 열의 번호는 1부터 시작한다.

Note 파이썬, C 등의 프로그래밍 언어에서 행렬을 배열로 표현할 때는 행과 열의 번호가 0부터 시작하므로 주의해야 한다.

m개의 행과 n개의 열을 갖는 행렬의 **크기**는 $m \times n$으로 표현한다. 크기가 $m \times n$인 행렬 A는 $A = [a_{ij}]_{m \times n}$과 같은 형태로 나타내기도 한다. 일반적으로 행렬은 A와 같은 대문자로 나타내고, 행렬의 성분은 a_{ij}와 같이 해당 행렬을 나타내는 알파벳의 소문자와 첨자로 나타낸다.

행의 개수와 열의 개수가 같은 행렬을 **정방행렬**square matrix 또는 **정사각행렬**이라 한다. 행과 열의 개수가 n인 정방행렬을 n**차 정방행렬**square matrix of order n이라 한다.

행과 열의 번호가 같은 성분인 a_{11}, a_{22}, $\cdots$, a_{nn}을 **주대각 성분**main diagonal entry이라고 한다.

$$\begin{bmatrix} a_{11} & a_{12} & \cdots & a_{1n} \\ a_{21} & a_{22} & \cdots & a_{2n} \\ \vdots & \vdots & \ddots & \vdots \\ a_{n1} & a_{n2} & \cdots & a_{nn} \end{bmatrix}$$

모든 주대각 성분은 1이고 주대각 성분이 아닌 성분들은 모두 0인 정방행렬을 **단위행렬** unit matrix 또는 **항등행렬**identity matrix이라 하고, 이를 기호 I로 나타낸다. 다음은 3×3 단위행렬이다.

$$I = \begin{bmatrix} 1 & 0 & 0 \\ 0 & 1 & 0 \\ 0 & 0 & 1 \end{bmatrix}$$

단위행렬의 크기가 명확히 나타나도록 $n\times n$ 단위행렬을 I_n으로도 나타낸다. I_3는 위와 같은 3×3 단위행렬을 나타낸다.

단위행렬을 어떤 벡터나 행렬에 곱하는 것은 해당 벡터나 행렬의 각 성분에 1을 곱하는 것과 같다. 즉, 단위행렬과 임의의 벡터나 행렬을 곱하면 결과는 다음과 같이 항상 원래 벡터나 행렬과 같다.

$$\begin{bmatrix} 1 & 0 & 0 \\ 0 & 1 & 0 \\ 0 & 0 & 1 \end{bmatrix}\begin{bmatrix} x_1 \\ x_2 \\ x_3 \end{bmatrix} = \begin{bmatrix} x_1 \\ x_2 \\ x_3 \end{bmatrix}, \qquad \begin{bmatrix} 1 & 0 & 0 \\ 0 & 1 & 0 \\ 0 & 0 & 1 \end{bmatrix}\begin{bmatrix} a & b & c \\ d & e & f \\ g & h & i \end{bmatrix} = \begin{bmatrix} a & b & c \\ d & e & f \\ g & h & i \end{bmatrix}$$

모든 성분이 0인 행렬을 **영행렬**zero matrix이라 한다. 다음은 영행렬의 예이다.

$$\begin{bmatrix} 0 & 0 \\ 0 & 0 \end{bmatrix} \qquad \begin{bmatrix} 0 & 0 & 0 \\ 0 & 0 & 0 \\ 0 & 0 & 0 \end{bmatrix} \qquad \begin{bmatrix} 0 & 0 & 0 & 0 \\ 0 & 0 & 0 & 0 \\ 0 & 0 & 0 & 0 \end{bmatrix}$$

영행렬은 굵은 글꼴의 $\mathbf{0}$ 또는 알파벳 $\boldsymbol{O}$로 표현한다.

예제 3-1 행렬 용어

주어진 행렬에 대하여 다음 물음에 답하라.

> **Tip** 앞에서 설명한 행렬 용어를 참고한다.

$$A=\begin{bmatrix}1&4&7\\2&5&8\\6&3&2\end{bmatrix},\quad B=\begin{bmatrix}2\\5\\8\end{bmatrix},\quad C=[-4\ \ 9],\quad D=\begin{bmatrix}2&4&8&4\\4&8&3&1\\7&3&0&5\end{bmatrix}$$

(a) 어떤 행렬이 정방행렬인가?

(b) B의 크기는 얼마인가?

(c) C의 크기는 얼마인가?

(d) D의 (2, 3) 성분은 무엇인가?

(e) A의 두 번째 행벡터는 무엇인가?

(f) D의 세 번째 열벡터는 무엇인가?

풀이

(a) 정방행렬은 행과 열의 개수가 같은 것이므로, 행렬 A만 정방행렬이다.

(b) 행렬의 크기는 '행의 개수×열의 개수'로 표현하므로, 행렬 B의 크기는 3×1이다.

(c) 행렬 C는 한 개의 행에 두 개의 열이 있으므로, C의 크기는 1×2이다.

(d) D의 (2, 3) 성분은 두 번째 행의 세 번째 열에 해당하는 성분이므로 3이다.

(e) A의 2행에 해당하는 1×3 행렬 $[2\ 5\ 8]$이다.

(f) D의 3열에 해당하는 3×1 행렬 $\begin{bmatrix}8\\3\\0\end{bmatrix}$이다.

참고 행렬의 유래

1848년 제임스 조지프 실베스터James Joseph Sylvester는 매트릭스matrix를 행렬을 가리키는 용어로 처음 사용하였다. 매트릭스는 원래 '어머니'를 의미하는 라틴어 마테르mater에서 파생된 용어로 자궁을 의미하며, '둘러 싸는 것', '원천이 되는 것'을 의미하기도 한다.

SECTION

3.2 행렬의 연산

수에서 덧셈, 곱셈 등의 연산이 정의된 것처럼 행렬에서도 이러한 연산들이 정의된다.

정의 3-2 행렬의 합

같은 크기의 행렬 $A=[a_{ij}]_{m\times n}$과 $B=[b_{ij}]_{m\times n}$의 **합**sum인 행렬 $C=[c_{ij}]_{m\times n}$의 성분 c_{ij}는 대응하는 성분들의 합 $c_{ij}=a_{ij}+b_{ij}$이다.

예제 3-2 행렬의 합

다음 행렬 A와 B의 합 $C=A+B$를 구하라.

$$A=\begin{bmatrix}2&3&4\\1&4&2\end{bmatrix},\quad B=\begin{bmatrix}1&2&-2\\4&5&6\end{bmatrix}$$

Tip
[정의 3-2]를 이용한다.

풀이

$$C=A+B=\begin{bmatrix}2&3&4\\1&4&2\end{bmatrix}+\begin{bmatrix}1&2&-2\\4&5&6\end{bmatrix}$$

$$=\begin{bmatrix}2+1&3+2&4-2\\1+4&4+5&2+6\end{bmatrix}=\begin{bmatrix}3&5&2\\5&9&8\end{bmatrix}$$

정의 3-3 행렬의 차

같은 크기의 행렬 $A=[a_{ij}]_{m\times n}$과 $B=[b_{ij}]_{m\times n}$의 **차**difference인 행렬 $C=[c_{ij}]_{m\times n}$의 성분 c_{ij}는 대응하는 성분들 간의 차 $c_{ij}=a_{ij}-b_{ij}$이다.

예제 3-3 행렬의 차

다음 행렬 A와 B의 차 $C=A-B$를 구하라.

$$A=\begin{bmatrix}2&3&4\\1&4&2\end{bmatrix},\quad B=\begin{bmatrix}1&2&-2\\4&5&6\end{bmatrix}$$

Tip
[정의 3-3]을 이용한다.

풀이

$$C = A - B = \begin{bmatrix} 2 & 3 & 4 \\ 1 & 4 & 2 \end{bmatrix} - \begin{bmatrix} 1 & 2 & -2 \\ 4 & 5 & 6 \end{bmatrix}$$

$$= \begin{bmatrix} 2-1 & 3-2 & 4-(-2) \\ 1-4 & 4-5 & 2-6 \end{bmatrix} = \begin{bmatrix} 1 & 1 & 6 \\ -3 & -1 & -4 \end{bmatrix}$$

행렬의 차 $A-B$는 B의 -1배를 A에 더하는 것과 같다.

$$A - B = A + (-1)B$$

Note 행렬의 합과 차를 구하기 위해서는 대상 행렬의 크기가 서로 같아야 한다.

정의 3-4 행렬의 스칼라배

스칼라 k를 행렬 $A = [a_{ij}]_{m \times n}$에 곱하는 행렬의 **스칼라배**scalar multiplication kA는 $kA = [ka_{ij}]_{m \times n}$으로, A의 각 성분을 k배한 것이다.

예제 3-4 행렬의 스칼라배

다음 행렬 A에 대하여 $3A$를 구하라.

$$A = \begin{bmatrix} 2 & 3 & 4 \\ 1 & 4 & 2 \end{bmatrix}$$

Tip
[정의 3-4]를 이용한다.

풀이

$$3A = \begin{bmatrix} 3\times 2 & 3\times 3 & 3\times 4 \\ 3\times 1 & 3\times 4 & 3\times 2 \end{bmatrix} = \begin{bmatrix} 6 & 9 & 12 \\ 3 & 12 & 6 \end{bmatrix}$$

참고 스칼라와 벡터의 유래

스칼라scalar는 크기의 비율을 나타내는 라틴어 스칼라리스scalaris에서 유래한 단어로 실수나 복소수 등의 수를 나타낸다. 스칼라는 '곱해져서 크기를 줄이거나 키우는 것'이라는 의미를 갖는다. 선형대수학에서 스칼라는 행렬이나 벡터가 아닌 수를 가리킨다.

벡터vector는 운반하거나 전달하는 사람 또는 개체를 나타내는 라틴어 벡토르vector에서 유래한 단어이다. 벡터는 선형대수학에서 의미하는 행벡터나 열벡터 이외에, 물리학에서 크기와 방향이 있는 물리량, 생물학에서 병원균을 전달하는 매개체, 분자생물학에서 하나의 개체의 유전 정보를 다른 개체에 전달하는 DNA 분자, 심리학에서 개성의 발달과 성장을 자극하는 반복적인 심리 사회적 문제 등 다양한 의미로 사용된다.

예제 3-5 행렬의 합과 차 및 행렬의 스칼라배

주어진 행렬에 대하여 다음 계산이 가능한지 판정하고, 가능한 경우 계산하라.

> **Tip** 행렬의 합과 차는 크기가 같은 행렬 간에 수행될 수 있다.

$$A=\begin{bmatrix}1&-3\\2&4\\6&-5\end{bmatrix},\quad B=\begin{bmatrix}-2&5\\5&4\\8&1\end{bmatrix},\quad C=\begin{bmatrix}-4&2&3\end{bmatrix}$$

$$D=\begin{bmatrix}2&4&8&4\\4&8&3&1\\7&3&0&5\end{bmatrix},\quad E=\begin{bmatrix}-2&3\\4&1\\3&5\end{bmatrix},\quad F=\begin{bmatrix}1&2&-3\\2&3&4\end{bmatrix}$$

(a) $A+B$ (b) $2B$ (c) $A-3B$

(d) $A+F$ (e) $C-2E$

풀이

(a) $$A+B=\begin{bmatrix}1&-3\\2&4\\6&-5\end{bmatrix}+\begin{bmatrix}-2&5\\5&4\\8&1\end{bmatrix}=\begin{bmatrix}1+(-2)&-3+5\\2+5&4+4\\6+8&-5+1\end{bmatrix}=\begin{bmatrix}-1&2\\7&8\\14&-4\end{bmatrix}$$

(b) $$2B=2\begin{bmatrix}-2&5\\5&4\\8&1\end{bmatrix}=\begin{bmatrix}2\times(-2)&2\times5\\2\times5&2\times4\\2\times8&2\times1\end{bmatrix}=\begin{bmatrix}-4&10\\10&8\\16&2\end{bmatrix}$$

(c) $$A-3B=\begin{bmatrix}1&-3\\2&4\\6&-5\end{bmatrix}-3\begin{bmatrix}-2&5\\5&4\\8&1\end{bmatrix}=\begin{bmatrix}1+6&-3-15\\2-15&4-12\\6-24&-5-3\end{bmatrix}=\begin{bmatrix}7&-18\\-13&-8\\-18&-8\end{bmatrix}$$

(d) A의 크기는 3×2, F의 크기는 2×3이므로, 크기가 달라 $A+F$를 계산할 수 없다.

(e) C의 크기는 1×3, E의 크기는 3×2이므로, $C-2E$를 계산할 수 없다.

정의 3-5 행렬의 곱

행렬 $A=[a_{ij}]_{m\times p}$와 $B=[b_{jk}]_{p\times n}$의 **곱**multiplication인 행렬 $AB=[c_{ik}]_{m\times n}$의 성분 c_{ik}는 다음과 같다.

$$c_{ik}=a_{i1}b_{1k}+a_{i2}b_{2k}+\cdots+a_{ip}b_{pk}=\sum_{j=1}^{p}a_{ij}b_{jk}$$

즉 성분 c_{ik}는 행렬 A의 i행과 B의 j열에 대응하는 위치의 각 성분을 서로 곱한 다음 더한 결과이다.

Note 행렬 A와 B의 곱 AB는 A의 열의 개수와 B의 행의 개수가 같을 때만 정의된다.

예제 3-6 **행렬의 곱**

다음 행렬 A와 B의 곱 AB를 구하라.

> **Tip**
> [정의 3-5]를 이용한다.

$$A=\begin{bmatrix}2&3\\3&1\\4&5\end{bmatrix},\qquad B=\begin{bmatrix}1&2&3\\2&3&4\end{bmatrix}$$

풀이

먼저 AB의 (1, 1) 성분을 계산해보자. 이를 위해서는 A의 1행과 B의 1열에 대응하는 각 성분을 다음과 같이 서로 곱한 후 더한다.

$$[2\ \ 3]\begin{bmatrix}1\\2\end{bmatrix}=2\times1+3\times2=8$$

이 과정을 모든 성분에 대해 반복하면, 다음과 같은 3×3 행렬을 얻을 수 있다.

$$AB=\begin{bmatrix}2&3\\3&1\\4&5\end{bmatrix}\begin{bmatrix}1&2&3\\2&3&4\end{bmatrix}=\begin{bmatrix}2\times1+3\times2&2\times2+3\times3&2\times3+3\times4\\3\times1+1\times2&3\times2+1\times3&3\times3+1\times4\\4\times1+5\times2&4\times2+5\times3&4\times3+5\times4\end{bmatrix}=\begin{bmatrix}8&13&18\\5&9&13\\14&23&32\end{bmatrix}$$

정리 3-1 **행렬 곱의 교환법칙 적용 불가**

행렬 A와 B의 곱에서 교환법칙은 성립하지 않는다. 즉 일반적으로 $AB\neq BA$이다.

증명

$A=\begin{bmatrix}2&3\\3&1\\4&5\end{bmatrix}$와 $B=\begin{bmatrix}1&2&3\\2&3&4\end{bmatrix}$에 대해 AB와 BA를 구하면 각각 다음과 같다.

$$AB=\begin{bmatrix}2&3\\3&1\\4&5\end{bmatrix}\begin{bmatrix}1&2&3\\2&3&4\end{bmatrix}=\begin{bmatrix}8&13&18\\5&9&13\\14&23&32\end{bmatrix}$$

$$BA=\begin{bmatrix}1&2&3\\2&3&4\end{bmatrix}\begin{bmatrix}2&3\\3&1\\4&5\end{bmatrix}=\begin{bmatrix}20&20\\29&29\end{bmatrix}$$

여기에서 $AB\neq BA$이다. 따라서 행렬 곱에서 교환법칙이 성립하지 않는다.

■

n개의 성분을 갖는 열벡터는 $n\times1$ 행렬이다. 따라서 $m\times n$ 행렬 A와 n개의 성분을 갖는 열벡터 $\boldsymbol{v}$의 곱은 행렬 곱으로 계산할 수 있다. 행렬 $A=[a_{ij}]_{m\times n}$과 벡터 $\boldsymbol{v}=\begin{bmatrix}v_1\\v_2\\\vdots\\v_n\end{bmatrix}$의

곱인 $Av = \begin{bmatrix} c_1 \\ c_2 \\ \vdots \\ c_m \end{bmatrix}$의 각 성분 c_i는 다음과 같이 계산된다.

$$c_i = a_{i1}v_1 + a_{i2}v_2 + \cdots + a_{in}v_n$$

즉 c_i는 행렬 A의 i행과 v에 대응하는 위치의 성분을 곱한 후 더한 결과이다.

예제 3-7 행렬의 곱

다음 행렬 A와 열벡터 v의 곱 Av를 구하라.

$$A = \begin{bmatrix} 2 & 3 \\ 3 & 1 \\ 4 & 5 \end{bmatrix}, \quad v = \begin{bmatrix} 2 \\ -3 \end{bmatrix}$$

> **Tip** 행렬 곱의 정의를 이용하여 계산한다.

풀이

$$Av = \begin{bmatrix} 2\times 2+3\times(-3) \\ 3\times 2+1\times(-3) \\ 4\times 2+5\times(-3) \end{bmatrix} = \begin{bmatrix} -5 \\ 3 \\ -7 \end{bmatrix}$$

예제 3-8 행렬의 곱

주어진 행렬에 대하여 다음을 계산하라.

$$A = \begin{bmatrix} 1 & 4 & 7 \\ 2 & 5 & 8 \\ 6 & 3 & 2 \end{bmatrix}, \quad B = \begin{bmatrix} 0 \\ 1 \\ 0 \end{bmatrix}, \quad C = \begin{bmatrix} 0 & 0 & 1 \end{bmatrix}, \quad I = \begin{bmatrix} 1 & 0 & 0 \\ 0 & 1 & 0 \\ 0 & 0 & 1 \end{bmatrix}$$

> **Tip** 행렬 곱의 정의를 이용하여 계산한다.

(a) AB (b) CA (c) CI (d) IB

풀이

(a) $AB = \begin{bmatrix} 1 & 4 & 7 \\ 2 & 5 & 8 \\ 6 & 3 & 2 \end{bmatrix}\begin{bmatrix} 0 \\ 1 \\ 0 \end{bmatrix} = \begin{bmatrix} 4 \\ 5 \\ 3 \end{bmatrix}$

(b) $CA = \begin{bmatrix} 0 & 0 & 1 \end{bmatrix}\begin{bmatrix} 1 & 4 & 7 \\ 2 & 5 & 8 \\ 6 & 3 & 2 \end{bmatrix} = \begin{bmatrix} 6 & 3 & 2 \end{bmatrix}$

(c) $CI = \begin{bmatrix} 0 & 0 & 1 \end{bmatrix}\begin{bmatrix} 1 & 0 & 0 \\ 0 & 1 & 0 \\ 0 & 0 & 1 \end{bmatrix} = \begin{bmatrix} 0 & 0 & 1 \end{bmatrix}$

(d) $IB = \begin{bmatrix} 1 & 0 & 0 \\ 0 & 1 & 0 \\ 0 & 0 & 1 \end{bmatrix}\begin{bmatrix} 0 \\ 1 \\ 0 \end{bmatrix} = \begin{bmatrix} 0 \\ 1 \\ 0 \end{bmatrix}$

예제 3-9 **행렬의 곱**

주어진 행렬에 대하여 다음 계산이 가능한지 판정하고, 가능한 경우 계산 결과로 만들어지는 행렬의 크기를 구하라.

> **Tip**
> 행렬의 곱 AB는 A의 열의 개수와 B의 행의 개수가 같을 때 수행할 수 있다.

$$A=\begin{bmatrix}1 & -3\\ 2 & 4\\ 6 & -5\end{bmatrix},\quad B=\begin{bmatrix}-2 & 5\\ 5 & 4\\ 8 & 1\end{bmatrix},\quad C=\begin{bmatrix}-4 & 2 & 3\end{bmatrix}$$

$$D=\begin{bmatrix}2 & 4 & 8 & 4\\ 4 & 8 & 3 & 1\\ 7 & 3 & 0 & 5\end{bmatrix},\quad E=\begin{bmatrix}-2 & 3\\ 4 & 1\\ 3 & 5\end{bmatrix},\quad F=\begin{bmatrix}1 & 2 & -3\\ 2 & 3 & 4\end{bmatrix}$$

(a) AF (b) CD (c) FB

(d) BF (e) DF (f) BC

풀이

(a) A의 크기는 3×2이고 F의 크기는 2×3이므로, AF의 크기는 3×3이다.

(b) C의 크기는 1×3이고 D의 크기는 3×4이므로, CD의 크기는 1×4이다.

(c) F의 크기는 2×3이고 B의 크기는 3×2이므로, FB의 크기는 2×2이다.

(d) B의 크기는 3×2이고 F의 크기는 2×3이므로, BF의 크기는 3×3이다.

(e) D의 크기는 3×4이고 F의 크기는 2×3이므로, DF는 계산할 수 없다.

(f) B의 크기는 3×2이고 C의 크기는 1×3이므로, BC는 계산할 수 없다.

정의 3-6 **행렬의 거듭제곱**

$n\times n$ 행렬 A에 대해, A^k은 A를 k번 거듭제곱한 것을 나타낸다. 행렬의 거듭제곱은 다음 성질을 만족한다.

(1) $A^0=I$

(2) $(A^b)^c=A^{bc}$

(3) $A^bA^c=A^{b+c}$

예제 3-10 **행렬의 거듭제곱**

행렬 $A=\begin{bmatrix}1 & 2\\ 3 & 4\end{bmatrix}$에 대해 다음 행렬의 거듭제곱을 구하라.

> **Tip**
> [정의 3-6]을 이용한다.

(a) A^0 (b) A^2 (c) A^3

풀이

(a) $A^0 = \begin{bmatrix} 1 & 0 \\ 0 & 1 \end{bmatrix}$

(b) $A^2 = \begin{bmatrix} 1 & 2 \\ 3 & 4 \end{bmatrix}\begin{bmatrix} 1 & 2 \\ 3 & 4 \end{bmatrix} = \begin{bmatrix} 7 & 10 \\ 15 & 22 \end{bmatrix}$

(c) $A^3 = A^2 A = \begin{bmatrix} 7 & 10 \\ 15 & 22 \end{bmatrix}\begin{bmatrix} 1 & 2 \\ 3 & 4 \end{bmatrix} = \begin{bmatrix} 37 & 54 \\ 81 & 118 \end{bmatrix}$

행렬 연산의 성질

행렬의 합과 곱, 스칼라배는 [정리 3-2]의 성질을 만족한다.

정리 3-2 행렬 연산의 기본 성질

행렬 연산은 다음 기본 성질을 만족한다. 여기서 A, B, C, I, $\mathbf{0}$은 이들 연산을 할 수 있는 크기의 행렬들이고, a, b는 스칼라이다.

(1) $A + \mathbf{0} = \mathbf{0} + A = A$ (합에 대한 항등원인 영행렬)

(2) $IA = AI = A$ (곱에 대한 항등원인 단위행렬)

(3) $A + B = B + A$ (합에 대한 교환법칙)

(4) $(A+B)+C = A+(B+C)$ (합에 대한 결합법칙)

(5) $(AB)C = A(BC)$ (곱에 대한 결합법칙)

(6) $A(B+C) = AB + AC$ (분배법칙)

(7) $(A+B)C = AC + BC$ (분배법칙)

(8) $a(B+C) = aB + aC$

(9) $(a+b)C = aC + bC$

(10) $(ab)C = a(bC)$

(11) $a(BC) = (aB)C = B(aC)$

정리 3-3 행렬 곱의 소거법칙 적용 불가

행렬 A, B, C에 대해, $AB = AC$라고 해서 반드시 $B = C$는 아니다. 즉, 행렬 곱에서 소거법칙은 성립하지 않는다.

증명

다음과 같은 행렬 A, B, C가 있다고 하자.

$$A = \begin{bmatrix} 1 & 0 \\ 0 & 0 \end{bmatrix}, \quad B = \begin{bmatrix} 1 & 2 \\ 0 & 1 \end{bmatrix}, \quad C = \begin{bmatrix} 1 & 2 \\ 0 & 0 \end{bmatrix}$$

AB와 AC를 계산해보자.

$$AB = \begin{bmatrix} 1 & 2 \\ 0 & 0 \end{bmatrix}, \quad AC = \begin{bmatrix} 1 & 2 \\ 0 & 0 \end{bmatrix}$$

여기서 보는 바와 같이 $B \neq C$임에도 불구하고 $AB = AC$이다. 따라서 $AB = AC$이더라도 A를 소거하고 $B = C$라고 할 수는 없다.

■

정리 3-4 $AB = 0$인 행렬

$AB = 0$일 때 일반적으로 $A = 0$ 또는 $B = 0$이라고 할 수 없다.

증명

다음은 영행렬이 아닌 두 행렬의 곱이 영행렬인 예이다.

$$\begin{bmatrix} 1 & 2 \\ 0 & 0 \end{bmatrix}\begin{bmatrix} -2 & 0 \\ 1 & 0 \end{bmatrix} = \begin{bmatrix} 0 & 0 \\ 0 & 0 \end{bmatrix}$$

따라서 두 행렬의 곱이 영행렬이라도, 곱해진 두 행렬 중 하나가 영행렬이라고 할 수는 없다.

■

정리 3-5 행렬 합과 차의 거듭제곱

행렬의 분배법칙에 의해 $(A+B)^2$과 $(A-B)^2$을 전개하면 다음과 같다.

$$(A+B)^2 = (A+B)(A+B) = AA + AB + BA + BB = A^2 + AB + BA + B^2$$
$$(A-B)^2 = (A-B)(A-B) = AA - AB - BA + BB = A^2 - AB - BA + B^2$$

행렬 곱에서는 교환법칙이 성립하지 않기 때문에 일반적으로 다음과 같다.

$$(A+B)^2 \neq A^2 + 2AB + B^2$$
$$(A-B)^2 \neq A^2 - 2AB + B^2$$

증명

[정리 3-1]에 의해 $AB \neq BA$이므로, $(A+B)^2 = A^2 + AB + BA + B^2 \neq A^2 + 2AB + B^2$이다. 마찬가지로 $(A-B)^2 = A^2 - AB - BA + B^2 \neq A^2 - 2AB + B^2$이다.

■

예제 3-11 행렬 연산의 성질

A, B, C는 $n \times n$ 행렬이고, 0이 $n \times n$ 영행렬일 때, 다음 중 옳은 것을 찾으라.

> **Tip**
> 행렬 연산의 성질을 이용한다.

① $AB = BA$

② $(A+B)(A-B) = A^2 - B^2$

③ $A(B+C) = AB + AC$

④ $AB = 0$이면, $A = 0$ 또는 $B = 0$이다.

풀이

① [정리 3-1]에 의해 $AB = BA$는 거짓이다.

② $(A+B)(A-B) = A^2 - AB + BA - B^2$이고 $AB \neq BA$이기 때문에, $(A+B)(A-B) = A^2 - B^2$은 거짓이다.

③ 행렬 연산에서 분배법칙이 성립하므로 $A(B+C) = AB + AC$는 참이다.

④ [정리 3-4]에 의해 $AB = 0$이면서 A와 B 모두 영행렬이 아닌 것도 있으므로, (d)는 거짓이다.

SECTION

3.3 역행렬

실수의 곱에 대한 항등원은 1이고, 0이 아닌 실수 a의 곱에 대한 역원은 $\frac{1}{a}$이다. 이때 역원을 a^{-1}로 표현하며, 실수 a와 그 역원 a^{-1}의 곱은 항등원인 1이다. 즉, $a\times a^{-1} = a^{-1}\times a = 1$이다. 이와 유사하게 행렬 곱에 대한 항등원은 단위행렬 I이다. 행렬 A의 곱에 대한 역원을 역행렬이라 한다.

정의 3-7 역행렬

정방행렬 $A=[a_{ij}]_{n\times n}$에 대해 다음 성질을 만족하는 행렬 B를 A의 **역행렬**inverse matrix이라 한다.

$$AB = BA = I_n$$

A의 역행렬은 A^{-1}로 나타내고, A^{-1}는 'A의 역행렬' 또는 'A inverse'라고 읽는다. I_n은 $n\times n$ 단위행렬이다. 행렬과 역행렬의 곱은 단위행렬이 되어야 하므로, 다음 성질을 만족한다.

$$AA^{-1} = A^{-1}A = I_n$$

예제 3-12 역행렬

다음 행렬 A와 B가 서로 역행렬인지 보여라.

$$A=\begin{bmatrix}1 & 2\\1 & 3\end{bmatrix},\quad B=\begin{bmatrix}3 & -2\\-1 & 1\end{bmatrix}$$

Tip
$AB=BA=I_2$인지 확인한다.

풀이

AB와 BA를 계산해보자.

$$AB=\begin{bmatrix}1 & 2\\1 & 3\end{bmatrix}\begin{bmatrix}3 & -2\\-1 & 1\end{bmatrix}=\begin{bmatrix}1 & 0\\0 & 1\end{bmatrix}=I_2$$

$$BA=\begin{bmatrix}3 & -2\\-1 & 1\end{bmatrix}\begin{bmatrix}1 & 2\\1 & 3\end{bmatrix}=\begin{bmatrix}1 & 0\\0 & 1\end{bmatrix}=I_2$$

따라서 A와 B는 서로 역행렬이다. 즉 $A^{-1}=B$이고, $B^{-1}=A$이다.

Note 역행렬은 정방행렬에 대해서만 정의된다.

정의 3-8 가역행렬과 비가역행렬

역행렬이 존재할 때 행렬은 **가역**invertible이라 하고, 그렇지 않을 때는 **비가역**noninvertible이라 한다. 역행렬이 존재하는 행렬은 **가역행렬**invertible matrix, **비특이행렬**nonsingular matrix 또는 **정칙행렬**regular matrix이라 한다. 역행렬이 없는 행렬은 **비가역행렬**noninvertible matrix 또는 **특이행렬**singular matrix이라고 한다.

예제 3-13 가역행렬

다음 행렬 A가 가역행렬인지 보여라.

$$A=\begin{bmatrix}2 & -3 & 5\\ 1 & 7 & 4\\ 0 & 0 & 0\end{bmatrix}$$

Tip
$AB=I$가 가능한지 확인한다.

풀이

A의 마지막 행의 성분이 모두 0이므로, A에 어떤 3×3 행렬 B를 곱하더라도 결과는 다음과 같이 마지막 행의 성분이 모두 0이다.

$$AB=\begin{bmatrix}* & * & *\\ * & * & *\\ 0 & 0 & 0\end{bmatrix}$$

여기서 *는 임의의 수를 나타낸다. 마지막 행 때문에 AB는 단위행렬이 될 수 없으므로, A는 역행렬을 가질 수 없다. 따라서 $A=\begin{bmatrix}2 & -3 & 5\\ 1 & 7 & 4\\ 0 & 0 & 0\end{bmatrix}$은 비가역행렬이다.

Note 4장에서는 역행렬의 계산 방법을 알아보고, 5장에서는 역행렬을 직접 구하지 않고 역행렬의 존재 여부를 확인할 수 있는 행렬식에 대해서 알아본다.

참고 역행렬이 존재하지 않는 행렬을 특이행렬이라고 하는 이유

무작위로 정방행렬을 만들어서 역행렬을 계산해보면, 역행렬이 존재하지 않는 경우가 매우 드물게 나타난다. 실제로 역행렬이 존재하지 않는 행렬이 특이한 경우이므로, 이런 행렬을 특이행렬이라고도 한다.

정리 3-6 역행렬의 유일성

n차 정방행렬 A가 가역이면, A의 역행렬은 유일하다.

증명

만약 행렬 B와 C가 둘 다 A의 역행렬이라면, 다음 관계가 성립한다.

$$BA = AB = I_n, \quad CA = AC = I_n$$

B를 다음과 같이 전개해보자.

$$B = BI_n = B(AC) = (BA)C = I_nC = C$$

결국 두 역행렬이 같다(즉, $B = C$)는 결과가 나오므로, 역행렬이 존재한다면 유일하다.

■

정리 3-7 2×2 행렬의 역행렬

행렬 $A = \begin{bmatrix} a & b \\ c & d \end{bmatrix}$에 대하여 $ad - bc \neq 0$이면,

역행렬은 $A^{-1} = \dfrac{1}{ad-bc}\begin{bmatrix} d & -b \\ -c & a \end{bmatrix}$이다.

증명

Note n이 3 이상인 n차 정방행렬의 역행렬을 구하는 방법은 4장에서 자세히 소개한다.

예제 3-14 역행렬

다음 행렬이 가역행렬인지 판정하고, 가역행렬인 경우 역행렬을 구하라.

(a) $A = \begin{bmatrix} 2 & -3 \\ 1 & 7 \end{bmatrix}$ (b) $B = \begin{bmatrix} 2 & 4 \\ 1 & -3 \end{bmatrix}$ (c) $C = \begin{bmatrix} 2 & 4 \\ 1 & 2 \end{bmatrix}$

Tip [정리 3-7]의 역행렬 공식을 이용한다.

풀이

[정리 3-7]에 따르면 행렬 $\begin{bmatrix} a & b \\ c & d \end{bmatrix}$에 대해서 $ad - bc$의 값이 0이 아니면 역행렬이 존재하고, 0이면 역행렬이 존재하지 않는다.

(a) $(2)(7) - (-3)(1) = 17 \neq 0$이므로 A는 가역행렬이고, A의 역행렬은 다음과 같다.

$$A^{-1} = \frac{1}{(2)(7) - (-3)(1)}\begin{bmatrix} 7 & 3 \\ -1 & 2 \end{bmatrix} = \frac{1}{17}\begin{bmatrix} 7 & 3 \\ -1 & 2 \end{bmatrix}$$

(b) $(2)(-3) - (4)(1) = -10 \neq 0$이므로 B는 가역행렬이고, B의 역행렬은 다음과 같다.

$$B^{-1} = \frac{1}{(2)(-3) - (4)(1)}\begin{bmatrix} -3 & -4 \\ -1 & 2 \end{bmatrix} = \frac{1}{10}\begin{bmatrix} 3 & 4 \\ 1 & -2 \end{bmatrix}$$

(c) $(2)(2) - (4)(1) = 0$이므로 C는 비가역행렬이다.

역행렬은 [정리 3-8]의 성질을 만족한다.

정리 3-8 역행렬의 성질

n차 정방행렬 A, B가 가역이고, α는 0이 아닌 스칼라일 때, 다음 성질을 만족한다.

(1) A^{-1}는 가역이고, $(A^{-1})^{-1} = A$이다.

(2) AB는 가역이고, $(AB)^{-1} = B^{-1}A^{-1}$이다.

(3) αA는 가역이고, $(\alpha A)^{-1} = \frac{1}{\alpha}A^{-1}$이다.

(4) A^k은 가역이고, $(A^{-1})^k = (A^k)^{-1}$이다(여기서 k는 0 이상의 정수이다).

증명

(1) A^{-1}가 가역이라는 것은 $A^{-1}B = BA^{-1} = I$인 역행렬 B가 존재한다는 의미이다. 한편, A의 역행렬인 A^{-1}는 $AA^{-1} = A^{-1}A = I$인 성질을 만족한다. $A^{-1}B = BA^{-1} = I$에서 A^{-1}의 역행렬인 B의 역할을 A가 한다고 볼 수 있다. 따라서 A^{-1}는 가역이고, A^{-1}의 역행렬 $(A^{-1})^{-1}$는 A이다.

(2) AB와 $B^{-1}A^{-1}$를 곱해서 단위행렬이 되는지 확인해보자.

$$\begin{aligned}(AB)(B^{-1}A^{-1}) &= ABB^{-1}A^{-1} = A(BB^{-1})A^{-1} = AI_nA^{-1} \\ &= AA^{-1} = I_n \\ (B^{-1}A^{-1})(AB) &= B^{-1}A^{-1}AB = B^{-1}(A^{-1}A)B \\ &= B^{-1}I_nB = B^{-1}B = I_n\end{aligned}$$

따라서 $(AB)^{-1} = B^{-1}A^{-1}$임을 알 수 있다. AB의 역행렬 $(AB)^{-1}$가 존재하면, AB는 가역행렬이다.

(3) αA와 $\frac{1}{\alpha}A^{-1}$를 곱해서 단위행렬이 되는지 확인한다.

$$(\alpha A)\left(\frac{1}{\alpha}A^{-1}\right) = \alpha\frac{1}{\alpha}AA^{-1} = I_n$$

$$\left(\frac{1}{\alpha}A^{-1}\right)(\alpha A) = \frac{1}{\alpha}\alpha A^{-1}A = I_n$$

따라서 αA의 역행렬은 $\frac{1}{\alpha}A^{-1}$이다.

(4) $k=0$인 경우에는 자명하게 성립하므로 모든 자연수 k에 대하여 수학적 귀납법을 이용하여 증명한다. $k=1$인 경우에는 $(A^{-1})^1 = A^{-1} = (A^1)^{-1}$이므로 성질이 성립

한다. $k=n-1$인 경우 $(A^{-1})^{n-1}=(A^{n-1})^{-1}$이 성립한다고 가정하면, $k=n$인 경우 다음이 성립한다.

$$\begin{aligned}(A^{-1})^n &= (A^{-1})^{n-1}A^{-1} \\ &= (A^{n-1})^{-1}A^{-1} \quad (\because \text{ 가정 : } (A^{-1})^{n-1}=(A^{n-1})^{-1}) \\ &= (AA^{n-1})^{-1} \quad (\because \text{ 성질 (2)}) \\ &= (A^n)^{-1}\end{aligned}$$

따라서 0 이상의 정수 k에 대하여 성질 (4)가 성립한다.

■

예제 3-15 역행렬

주어진 행렬 A와 B에 대하여 다음 물음에 답하라.

$$A=\begin{bmatrix}1 & -3\\ 2 & -4\end{bmatrix},\quad B=\begin{bmatrix}-2 & 5\\ -1 & 3\end{bmatrix}$$

Tip
2×2 행렬의 역행렬 계산 공식과 [정리 3-8]의 성질을 이용한다.

(a) A와 B의 역행렬을 구하라.

(b) AB의 역행렬을 구하라.

(c) $4A$의 역행렬을 구하라.

(d) A^2의 역행렬을 구하라.

풀이

(a) [정리 3-8]을 이용하면 다음과 같다.

$$A^{-1}=\frac{1}{-4+6}\begin{bmatrix}-4 & 3\\ -2 & 1\end{bmatrix}=\begin{bmatrix}-2 & \frac{3}{2}\\ -1 & \frac{1}{2}\end{bmatrix}$$

$$B^{-1}=\frac{1}{-6+5}\begin{bmatrix}3 & -5\\ 1 & -2\end{bmatrix}=\begin{bmatrix}-3 & 5\\ -1 & 2\end{bmatrix}$$

(b) $(AB)^{-1}=B^{-1}A^{-1}$이므로, $(AB)^{-1}=B^{-1}A^{-1}=\begin{bmatrix}-3 & 5\\ -1 & 2\end{bmatrix}\begin{bmatrix}-2 & \frac{3}{2}\\ -1 & \frac{1}{2}\end{bmatrix}=\begin{bmatrix}1 & -2\\ 0 & -\frac{1}{2}\end{bmatrix}$이다.

(c) $(\alpha A)^{-1}=\frac{1}{\alpha}A^{-1}$이므로, $(4A)^{-1}=\frac{1}{4}\begin{bmatrix}-2 & \frac{3}{2}\\ -1 & \frac{1}{2}\end{bmatrix}=\begin{bmatrix}-\frac{1}{2} & \frac{3}{8}\\ -\frac{1}{4} & \frac{1}{8}\end{bmatrix}$이다.

(d) $(A^2)^{-1}=(A^{-1})^2$이므로, $(A^2)^{-1}=\begin{bmatrix}-2 & \frac{3}{2}\\ -1 & \frac{1}{2}\end{bmatrix}\begin{bmatrix}-2 & \frac{3}{2}\\ -1 & \frac{1}{2}\end{bmatrix}=\begin{bmatrix}\frac{5}{2} & -\frac{9}{4}\\ \frac{3}{2} & -\frac{5}{4}\end{bmatrix}$이다.

예제 3-16 역행렬을 이용한 행렬방정식의 풀이법

행렬 A와 B가 다음과 같다고 하자.

$$A = \begin{bmatrix} 3 & 1 \\ 5 & 2 \end{bmatrix}, \quad B = \begin{bmatrix} 1 & 2 \\ 3 & 4 \end{bmatrix}$$

A^{-1}를 사용하여 $AX = B$를 만족하는 2×2 행렬 X를 구하라.

> **Tip**
> 2×2 행렬의 역행렬 계산 공식을 이용해 A의 역행렬을 구하고, 역행렬을 행렬 방정식 양변 앞에 곱한다.

풀이

A의 역행렬 A^{-1}를 구하면 다음과 같다.

$$A^{-1} = \frac{1}{6-5}\begin{bmatrix} 2 & -1 \\ -5 & 3 \end{bmatrix} = \begin{bmatrix} 2 & -1 \\ -5 & 3 \end{bmatrix}$$

$AX = B$의 양변 앞에 A^{-1}를 다음과 같이 곱한다.

$$A^{-1}AX = A^{-1}B \quad \Rightarrow \quad IX = A^{-1}B$$

$$\Rightarrow \quad X = A^{-1}B$$

그러므로 X는 다음과 같이 구할 수 있다.

$$X = A^{-1}B = \begin{bmatrix} 2 & -1 \\ -5 & 3 \end{bmatrix}\begin{bmatrix} 1 & 2 \\ 3 & 4 \end{bmatrix} = \begin{bmatrix} -1 & 0 \\ 4 & 2 \end{bmatrix}$$

SECTION

3.4 특별한 행렬

이 절에서는 전치행렬, 대칭행렬, 반대칭행렬, 대각행렬, 삼각행렬, 블록행렬의 정의와 성질에 대해 알아본다.

전치행렬

정의 3-9 전치행렬

행렬 $A=[a_{ij}]_{m\times n}$의 행과 열을 바꾸어 놓은 행렬을 **전치행렬** transpose matrix이라 하고, $A^{\top}$로 나타낸다. 전치행렬 $A^{\top}=[a'_{ij}]_{n\times m}$의 성분 a'_{ij}는 A의 a_{ji}와 같다. $A^{\top}$는 'A의 전치행렬' 또는 'A transpose'라고 읽는다.

Note 전치는 한자로 '회전할 전(轉)', '둘 치(置)'이다. 따라서 전치행렬은 '행렬을 돌려놓은 것'을 의미한다.

예제 3-17 전치행렬

다음 행렬의 전치행렬을 구하라.

(a) $A=\begin{bmatrix}1&2&3\\4&5&6\end{bmatrix}$ (b) $B=\begin{bmatrix}3&2&1\\4&5&6\\7&8&9\end{bmatrix}$

Tip [정의 3-9]를 이용한다.

풀이

(a) $A^{\top}=\begin{bmatrix}1&4\\2&5\\3&6\end{bmatrix}$ (b) $B^{\top}=\begin{bmatrix}3&4&7\\2&5&8\\1&6&9\end{bmatrix}$

정리 3-9 전치행렬의 성질

행렬 A, B와 스칼라 α에 대해 다음 성질이 성립한다.

(1) $(A^{\top})^{\top} = A$

(2) $(A+B)^{\top} = A^{\top}+B^{\top}$

(3) $(AB)^{\top} = B^{\top}A^{\top}$

(4) $(\alpha A)^{\top} = \alpha A^{\top}$

(5) A가 가역이면, $(A^{\top})^{-1} = (A^{-1})^{\top}$이다.

증명

행렬 $A = [a_{ij}]_{m\times n}$과 전치행렬 $A^{\top} = [a'_{ij}]_{n\times m}$의 성분 간에는 $a'_{ij} = a_{ji}$의 관계가 성립한다.

(1) $(A^{\top})^{\top}$는 A의 행과 열을 바꾼 다음, 다시 행과 열을 바꾸므로 원래 행렬 A가 된다.

(2) 행렬 $A = [a_{ij}]_{m\times n}$, $B = [b_{ij}]_{m\times n}$에 대해 $A+B = [a_{ij}+b_{ij}]_{m\times n} = [c_{ij}]_{m\times n}$이다. 여기서 $c_{ij} = a_{ij}+b_{ij}$이다.

$(A+B)^{\top} = [c'_{ij}]_{n\times m}$이고, $c'_{ij} = c_{ji} = a_{ji}+b_{ji}$이다.

$A^{\top} = [a'_{ij}]_{n\times m}$이고 $a'_{ij} = a_{ji}$이다. 마찬가지로, $B^{\top} = [b'_{ij}]_{n\times m}$이고 $b'_{ij} = b_{ji}$이다. $A^{\top}+B^{\top} = [c''_{ij}]_{n\times m} = [a'_{ij}+b'_{ij}]_{n\times m}$이므로 $c''_{ij} = a'_{ij}+b'_{ij} = a_{ji}+$ $c''_{ij} = a'_{ij}+b'_{ij} = a_{ji}+b_{ji}$이다.

따라서 $c'_{ij} = c''_{ij} = a_{ji}+b_{ji}$이므로, $(A+B)^{\top} = A^{\top}+B^{\top}$이다.

(3) 행렬 $A = [a_{ij}]_{m\times n}$, $B = [b_{ij}]_{n\times p}$에 대한 곱이 $AB = [c_{ij}]_{m\times p}$라고 하자. 이들의 전치행렬은 각각 $A^{\top} = [a'_{ij}]_{n\times m}$, $B^{\top} = [b'_{ij}]_{p\times n}$, $(AB)^{\top} = [c'_{ij}]_{p\times m}$으로 나타내자.

$(AB)^{\top}$에서 $(i,\ j)$ 성분 c'_{ij}는 AB에서 $(j,\ i)$ 성분이므로 다음과 같다.

$$c'_{ij} = c_{ji} = a_{j1}b_{1i}+a_{j2}b_{2i}+\cdots+a_{jn}b_{ni} = \sum_{k=1}^{n} a_{jk}b_{ki}$$

$B^{\top}A^{\top} = [d_{ij}]_{p\times m}$에서 $(i,\ j)$ 성분 d_{ij}는 $B^{\top}$의 i행 $(b'_{i1}\ b'_{i2}\ \cdots\ b'_{in})$과

$A^{\top}$의 j열 $\begin{bmatrix} a'_{1j} \\ a'_{2j} \\ \vdots \\ a'_{nj} \end{bmatrix}$의 곱이다.

한편, $b'_{ik} = b_{ki}$이고 $a'_{jk} = a_{kj}$이므로 d_{ij}는 다음과 같다.

$$\begin{aligned} d_{ij} &= b'_{i1}a'_{1j} + b'_{i2}a'_{2j} + \cdots + b'_{in}a'_{nj} \\ &= a_{j1}b_{1i} + a_{j2}b_{2i} + \cdots + a_{jn}b_{ni} = \sum_{k=1}^{n} a_{jk}b_{ki} \end{aligned}$$

$(AB)^\top$에서 (i, j) 성분 c'_{ij}와 $B^\top A^\top = [d_{ij}]_{p\times m}$에서 (i, j) 성분 d_{ij}가 서로 같음을 확인할 수 있다. 따라서 $(AB)^\top = B^\top A^\top$이다.

(4) $A = [a_{ij}]_{m\times n}$에 대해서, $\alpha A = \alpha[a_{ij}]_{m\times n} = [\alpha a_{ij}]_{m\times n}$이다.
$(\alpha A)^\top$에서 (i, j) 성분은 αA에서 (j, i) 성분이므로 αa_{ji}이다.
$\alpha A^\top$에서 (i, j) 성분은 α를 A의 (j, i) 성분에 곱한 것이므로 αa_{ji}이다.
그러므로 $(\alpha A)^\top = \alpha A^\top$이다.

(5) A가 가역이므로 $AA^{-1} = I$, $A^{-1}A = I$이다. 두 식의 양변에 전치행렬을 취하고 성질 (3)을 적용해보자.

$$(AA^{-1})^\top = (A^{-1})^\top A^\top = I, \qquad (A^{-1}A)^\top = A^\top(A^{-1})^\top = I$$

위 식으로부터 $A^\top$의 역행렬 $(A^\top)^{-1}$로서 $(A^{-1})^\top$가 존재함을 알 수 있다.
따라서 A가 가역이면, $A^\top$도 가역이고, $(A^\top)^{-1} = (A^{-1})^\top$이다.

■

예제 3-18 **전치행렬**

주어진 행렬 A, B에 대하여 다음 물음에 답하라.

$$A=\begin{bmatrix}1 & 2\\ 3 & 4\end{bmatrix} \qquad B=\begin{bmatrix}-2 & 4\\ 1 & 3\end{bmatrix}$$

> **Tip**
> 행렬의 행과 열을 바꾼 것이 전치행렬임을 이용한다.

(a) $(A^{\top})^{\top}$를 구하여 A와 같은지 확인하라.

(b) $(A+B)^{\top}$와 $A^{\top}+B^{\top}$가 같은지 확인하라.

(c) $(AB)^{\top}$와 $B^{\top}A^{\top}$가 같은지 확인하라.

(d) $(3A)^{\top}$와 $3A^{\top}$가 같은지 확인하라.

(e) $(A^{\top})^{-1}$와 $(A^{-1})^{\top}$가 같은지 확인하라.

풀이

(a) $$(A^{\top})^{\top}=\left(\begin{bmatrix}1 & 2\\ 3 & 4\end{bmatrix}^{\top}\right)^{\top}=\left(\begin{bmatrix}1 & 3\\ 2 & 4\end{bmatrix}\right)^{\top}=\begin{bmatrix}1 & 2\\ 3 & 4\end{bmatrix}=A$$

(b) $$(A+B)^{\top}=\left(\begin{bmatrix}1 & 2\\ 3 & 4\end{bmatrix}+\begin{bmatrix}-2 & 4\\ 1 & 3\end{bmatrix}\right)^{\top}=\left(\begin{bmatrix}-1 & 6\\ 4 & 7\end{bmatrix}\right)^{\top}=\begin{bmatrix}-1 & 4\\ 6 & 7\end{bmatrix}$$

$$A^{\top}+B^{\top}=\begin{bmatrix}1 & 2\\ 3 & 4\end{bmatrix}^{\top}+\begin{bmatrix}-2 & 4\\ 1 & 3\end{bmatrix}^{\top}=\begin{bmatrix}1 & 3\\ 2 & 4\end{bmatrix}+\begin{bmatrix}-2 & 1\\ 4 & 3\end{bmatrix}=\begin{bmatrix}-1 & 4\\ 6 & 7\end{bmatrix}$$

(c) $$(AB)^{\top}=\left(\begin{bmatrix}1 & 2\\ 3 & 4\end{bmatrix}\begin{bmatrix}-2 & 4\\ 1 & 3\end{bmatrix}\right)^{\top}=\left(\begin{bmatrix}0 & 10\\ -2 & 24\end{bmatrix}\right)^{\top}=\begin{bmatrix}0 & -2\\ 10 & 24\end{bmatrix}$$

$$B^{\top}A^{\top}=\begin{bmatrix}-2 & 4\\ 1 & 3\end{bmatrix}^{\top}\begin{bmatrix}1 & 2\\ 3 & 4\end{bmatrix}^{\top}=\begin{bmatrix}-2 & 1\\ 4 & 3\end{bmatrix}\begin{bmatrix}1 & 3\\ 2 & 4\end{bmatrix}=\begin{bmatrix}0 & -2\\ 10 & 24\end{bmatrix}$$

(d) $$(3A)^{\top}=\left(3\begin{bmatrix}1 & 2\\ 3 & 4\end{bmatrix}\right)^{\top}=\left(\begin{bmatrix}3 & 6\\ 9 & 12\end{bmatrix}\right)^{\top}=\begin{bmatrix}3 & 9\\ 6 & 12\end{bmatrix}$$

$$3A^{\top}=3\left(\begin{bmatrix}1 & 2\\ 3 & 4\end{bmatrix}\right)^{\top}=3\begin{bmatrix}1 & 3\\ 2 & 4\end{bmatrix}=\begin{bmatrix}3 & 9\\ 6 & 12\end{bmatrix}$$

(e) $$(A^{\top})^{-1}=\left(\begin{bmatrix}1 & 2\\ 3 & 4\end{bmatrix}^{\top}\right)^{-1}=\left(\begin{bmatrix}1 & 3\\ 2 & 4\end{bmatrix}\right)^{-1}=-\frac{1}{2}\begin{bmatrix}4 & -3\\ -2 & 1\end{bmatrix}$$

$$(A^{-1})^{\top}=\left(\begin{bmatrix}1 & 2\\ 3 & 4\end{bmatrix}^{-1}\right)^{\top}=\left(-\frac{1}{2}\begin{bmatrix}4 & -2\\ -3 & 1\end{bmatrix}\right)^{\top}=-\frac{1}{2}\begin{bmatrix}4 & -3\\ -2 & 1\end{bmatrix}$$

대칭행렬과 반대칭행렬

정의 3-10 대칭행렬과 반대칭행렬

정방행렬 A가 자신의 전치행렬 $A^{\top}$와 같으면($A = A^{\top}$), A를 **대칭행렬**symmetric matrix이라 한다.

정방행렬 A가 $A^{\top} = -A$를 만족하면, A를 **반대칭행렬**skew-symmetric matrix이라 한다.

대칭행렬 $A = [a_{ij}]_{n \times n}$에서는 주대각 성분을 기준으로 대칭되는 위치에 있는 성분이 같은 값이다. 즉 $a_{ij} = a_{ji}$이다.

반대칭행렬 $B = [b_{ij}]_{n \times n}$에서는 주대각 성분을 기준으로 대칭되는 위치에 있는 성분의 절댓값은 같고 부호는 다르다. 즉 $b_{ij} = -b_{ji}$이다. 또한 반대칭행렬의 주대각 성분은 모두 0이어야 한다. 즉 $b_{ii} = 0$이다.

예제 3-19 대칭행렬과 반대칭행렬

다음 행렬 A와 B가 대칭행렬인지 반대칭행렬인지 확인하라.

(a) $A = \begin{bmatrix} 1 & 2 & 3 \\ 2 & 4 & 5 \\ 3 & 5 & 6 \end{bmatrix}$ (b) $B = \begin{bmatrix} 0 & 2 & 3 \\ -2 & 0 & 5 \\ -3 & -5 & 0 \end{bmatrix}$

Tip
[정의 3-10]을 만족하는지 확인한다.

풀이

(a) A의 성분들이 $a_{ij} = a_{ji}$를 만족하므로, A는 대칭행렬이다.

(b) B의 주대각 성분은 모두 0이고, 그 외의 성분들은 $b_{ij} = -b_{ji}$를 만족하므로, B는 반대칭행렬이다.

정리 3-10 정방행렬과 전치행렬의 합과 차

(1) 정방행렬 A에 대해 $A + A^{\top}$는 대칭행렬이고 $A - A^{\top}$는 반대칭행렬이다.

(2) $A = \frac{1}{2}(A + A^{\top}) + \frac{1}{2}(A - A^{\top})$이다. 즉 정방행렬 A는 대칭행렬인 $\frac{1}{2}(A + A^{\top})$와 반대칭행렬인 $\frac{1}{2}(A - A^{\top})$의 합으로 나타낼 수 있다.

증명

(1) $(A+A^{\top})^{\top} = A^{\top}+A$이므로, $A+A^{\top}$는 대칭행렬이다. 또한 $(A-A^{\top})^{\top} = A^{\top}-A = -(A-A^{\top})$이므로, $A-A^{\top}$는 반대칭행렬이다.

(2) $\frac{1}{2}(A+A^{\top})+\frac{1}{2}(A-A^{\top})$를 전개하면 다음과 같다.

$$\frac{1}{2}(A+A^{\top})+\frac{1}{2}(A-A^{\top}) = \frac{1}{2}A+\frac{1}{2}A^{\top}+\frac{1}{2}A-\frac{1}{2}A^{\top} = A$$

(1)에 의해, $A+A^{\top}$가 대칭행렬이므로, $\frac{1}{2}(A+A^{\top})$는 대칭행렬이다.

마찬가지로, (1)에 의해, $A-A^{\top}$가 반대칭행렬이므로, $\frac{1}{2}(A-A^{\top})$는 반대칭행렬이다. 따라서 정방행렬은 대칭행렬과 반대칭행렬의 합으로 나타낼 수 있다.

■

예제 3-20 대칭행렬과 반대칭행렬의 합

행렬 A를 대칭행렬과 반대칭행렬의 합으로 나타내라.

$$A = \begin{bmatrix} 5 & 2 & 1 \\ 3 & 6 & 4 \\ 2 & 7 & 2 \end{bmatrix}$$

Tip [정리 3-10]을 이용한다.

풀이

$$\begin{aligned} A &= \frac{1}{2}(A+A^{\top})+\frac{1}{2}(A-A^{\top}) \\ &= \frac{1}{2}\left(\begin{bmatrix} 5 & 2 & 1 \\ 3 & 6 & 4 \\ 2 & 7 & 2 \end{bmatrix}+\begin{bmatrix} 5 & 3 & 2 \\ 2 & 6 & 7 \\ 1 & 4 & 2 \end{bmatrix}\right)+\frac{1}{2}\left(\begin{bmatrix} 5 & 2 & 1 \\ 3 & 6 & 4 \\ 2 & 7 & 2 \end{bmatrix}-\begin{bmatrix} 5 & 3 & 2 \\ 2 & 6 & 7 \\ 1 & 4 & 2 \end{bmatrix}\right) \\ &= \frac{1}{2}\begin{bmatrix} 10 & 5 & 3 \\ 5 & 12 & 11 \\ 3 & 11 & 4 \end{bmatrix}+\frac{1}{2}\begin{bmatrix} 0 & -1 & -1 \\ 1 & 0 & -3 \\ 1 & 3 & 0 \end{bmatrix} \end{aligned}$$

따라서 A는 다음과 같이 대칭행렬과 반대칭행렬의 합으로 표현할 수 있다.

$$\begin{bmatrix} 5 & 2 & 1 \\ 3 & 6 & 4 \\ 2 & 7 & 2 \end{bmatrix} = \begin{bmatrix} 5 & \frac{5}{2} & \frac{3}{2} \\ \frac{5}{2} & 6 & \frac{11}{2} \\ \frac{3}{2} & \frac{11}{2} & 2 \end{bmatrix} + \begin{bmatrix} 0 & -\frac{1}{2} & -\frac{1}{2} \\ \frac{1}{2} & 0 & -\frac{3}{2} \\ \frac{1}{2} & \frac{3}{2} & 0 \end{bmatrix}$$

대각행렬

정의 3-11 대각행렬

주대각 성분 이외의 성분이 모두 0인 정방행렬을 **대각행렬** diagonal matrix 이라 한다. 주대각 성분이 a_{11}, a_{22}, $\cdots$, a_{nn}인 n차 대각행렬은 $diag(a_{11},\ a_{22},\ \cdots,\ a_{nn})$으로 표기한다.

정리 3-11 대각행렬의 곱

증명

크기가 서로 같은 대각행렬 $A = diag(a_{11},\ a_{22},\ \cdots,\ a_{nn})$과 $B = diag(b_{11},\ b_{22},\ \cdots,\ b_{nn})$의 곱은 $AB = diag(a_{11}b_{11},\ a_{22}b_{22},\ \cdots,\ a_{nn}b_{nn})$으로, 대각행렬의 곱 또한 대각행렬이다.

예제 3-21 대각행렬의 곱

행렬 $A = diag(1,\ 2,\ 3)$과 $B = diag(2,\ 4,\ 6)$의 곱을 구하라.

Tip
[정리 3-11]을 이용한다.

풀이

$$A = diag(1,\ 2,\ 3) = \begin{bmatrix} 1 & 0 & 0 \\ 0 & 2 & 0 \\ 0 & 0 & 3 \end{bmatrix} \qquad B = diag(2,\ 4,\ 6) = \begin{bmatrix} 2 & 0 & 0 \\ 0 & 4 & 0 \\ 0 & 0 & 6 \end{bmatrix}$$

따라서 AB를 계산하면 다음과 같다.

$$AB = \begin{bmatrix} 1 & 0 & 0 \\ 0 & 2 & 0 \\ 0 & 0 & 3 \end{bmatrix} \begin{bmatrix} 2 & 0 & 0 \\ 0 & 4 & 0 \\ 0 & 0 & 6 \end{bmatrix} = \begin{bmatrix} 2 & 0 & 0 \\ 0 & 8 & 0 \\ 0 & 0 & 18 \end{bmatrix} = diag(2,\ 8,\ 18)$$

정리 3-12 대각행렬과 행렬의 곱

m차 대각행렬 D_m을 행렬 $A = [a_{ij}]_{m \times n}$의 앞에 곱하면, A의 각 행에 그에 대응하는 D_m의 주대각 성분이 곱해진다. 마찬가지로 n차 대각행렬 D_n을 A의 뒤에 곱하면, A의 각 열에 그에 대응하는 D_n의 주대각 성분이 곱해진다.

다음과 같은 행렬 $A = \begin{bmatrix} a_{11} & a_{12} & a_{13} & a_{14} \\ a_{21} & a_{22} & a_{23} & a_{24} \\ a_{31} & a_{32} & a_{33} & a_{34} \end{bmatrix}$ 와 대각행렬 $D_3 = diag(2,\ 3,\ 4)$가 있다고 하자. $D_3 A$를 계산하면 다음과 같다.

$$D_3 A = \begin{bmatrix} 2 & 0 & 0 \\ 0 & 3 & 0 \\ 0 & 0 & 4 \end{bmatrix} \begin{bmatrix} a_{11} & a_{12} & a_{13} & a_{14} \\ a_{21} & a_{22} & a_{23} & a_{24} \\ a_{31} & a_{32} & a_{33} & a_{34} \end{bmatrix} = \begin{bmatrix} 2a_{11} & 2a_{12} & 2a_{13} & 2a_{14} \\ 3a_{21} & 3a_{22} & 3a_{23} & 3a_{24} \\ 4a_{31} & 4a_{32} & 4a_{33} & 4a_{34} \end{bmatrix}$$

여기서 보는 바와 같이 대각행렬을 앞에 곱하면 대각행렬의 주대각 성분이 각 행에 곱해진다. 즉 첫 번째 행에는 첫 번째 주대각 성분이, 두 번째 행에는 두 번째 주대각 성분이, 세 번째 행에는 세 번째 주대각 성분이 곱해진다.

행렬 A의 뒤에 $D_4 = diag(2,\ 3,\ 4,\ 5)$를 곱해보자.

$$AD_4 = \begin{bmatrix} a_{11} & a_{12} & a_{13} & a_{14} \\ a_{21} & a_{22} & a_{23} & a_{24} \\ a_{31} & a_{32} & a_{33} & a_{34} \end{bmatrix} \begin{bmatrix} 2 & 0 & 0 & 0 \\ 0 & 3 & 0 & 0 \\ 0 & 0 & 4 & 0 \\ 0 & 0 & 0 & 5 \end{bmatrix} = \begin{bmatrix} 2a_{11} & 3a_{12} & 4a_{13} & 5a_{14} \\ 2a_{21} & 3a_{22} & 4a_{23} & 5a_{24} \\ 2a_{31} & 3a_{32} & 4a_{33} & 5a_{34} \end{bmatrix}$$

대각행렬을 뒤에 곱하면 대각행렬의 주대각 성분이 각 열에 곱해진다.
대각행렬과 일반적인 $m \times n$ 행렬의 곱에 대해서도 이러한 성질이 성립한다.

예제 3-22 대각행렬의 연산

주어진 행렬 A, B, C에 대하여 다음 행렬의 연산 결과를 구하라.

> **Tip**
> [정리 3-11]과 [정리 3-12]를 이용한다.

$$A = diag(3,\ 4,\ 5,\ 2),\ B = diag(1,\ 3,\ 2,\ 5),\ C = \begin{bmatrix} 1 & 2 & 3 & 4 \\ 2 & 3 & 4 & 5 \\ 3 & 4 & 2 & 1 \\ 3 & 2 & 1 & 0 \end{bmatrix}$$

(a) $A+B$ (b) AB (c) AC

풀이

(a) $A+B = diag(3,\ 4,\ 5,\ 2) + diag(1,\ 3,\ 2,\ 5) = diag(4,\ 7,\ 7,\ 7)$

(b) $AB = diag(3,\ 4,\ 5,\ 2) \cdot diag(1,\ 3,\ 2,\ 5) = diag(3,\ 12,\ 10,\ 10)$

(c) $AC = \begin{bmatrix} 3 & 0 & 0 & 0 \\ 0 & 4 & 0 & 0 \\ 0 & 0 & 5 & 0 \\ 0 & 0 & 0 & 2 \end{bmatrix} \begin{bmatrix} 1 & 2 & 3 & 4 \\ 2 & 3 & 4 & 5 \\ 3 & 4 & 2 & 1 \\ 3 & 2 & 1 & 0 \end{bmatrix} = \begin{bmatrix} 3 & 6 & 9 & 12 \\ 8 & 12 & 16 & 20 \\ 15 & 20 & 10 & 5 \\ 6 & 4 & 2 & 0 \end{bmatrix}$

정의 3-12 대각합

정방행렬 $A=[a_{ij}]_{n\times n}$의 **대각합** trace $tr(A)$는 주대각 성분의 합이다.

$$tr(A)=a_{11}+a_{22}+\cdots+a_{nn}$$

Note A의 대각합 $tr(A)$를 'A의 트레이스'라 부르기도 한다.

행렬 $A=\begin{bmatrix}2&5&7\\6&0&3\\5&9&1\end{bmatrix}$의 대각합은 $tr(A)=a_{11}+a_{22}+a_{33}=2+0+1=3$이다.

정리 3-13 대각합의 성질

(1) n차 정방행렬 A, B에 대해, $tr(A+B)=tr(A)+tr(B)$이다.

(2) n차 정방행렬 A와 스칼라 c에 대해, $tr(cA)=c\cdot tr(A)$이다.

(3) $n\times m$ 행렬 A와 $m\times n$ 행렬 B에 대해, $tr(AB)=tr(BA)$이다.

(4) n차 정방행렬 A, B, C에 대해, $tr(ABC)=tr(CAB)=tr(BCA)$이다.

증명

정방행렬 $A=[a_{ij}]_{n\times n}$, $B=[b_{ij}]_{n\times n}$, $C=[c_{ij}]_{n\times n}$과 스칼라 c가 있다고 하자.

(1) $tr(A+B)=\sum_{i=1}^{n}(a_{ii}+b_{ii})=\sum_{i=1}^{n}a_{ii}+\sum_{i=1}^{n}b_{ii}=tr(A)+tr(B)$

(2) $tr(cA)=\sum_{i=1}^{n}ca_{ii}=c\sum_{i=1}^{n}a_{ii}=c\cdot tr(A)$

(3) $tr(AB)=\sum_{i=1}^{n}\sum_{j=1}^{m}a_{ij}b_{ji}=\sum_{j=1}^{m}\sum_{i=1}^{n}b_{ji}a_{ij}=tr(BA)$

(4) $tr(ABC)=tr((AB)C)=tr(C(AB))=tr(CAB)$ ($\because$성질 (3))

$tr(ABC)=tr(A(BC))=tr((BC)A)=tr(BCA)$ ($\because$성질 (3))

따라서 $tr(ABC)=tr(CAB)=tr(BCA)$이다.

■

예제 3-23 대각합의 성질

행렬 $A=\begin{bmatrix}2&3&-1\\1&8&1\end{bmatrix}$과 $B=\begin{bmatrix}2&3\\-3&1\\1&-1\end{bmatrix}$에 대해 $tr(AB)=tr(BA)$임을 보여라.

Tip
[정의 3-12]를 이용하여 대각합을 구한다.

풀이

$$AB=\begin{bmatrix}2&3&-1\\1&8&1\end{bmatrix}\begin{bmatrix}2&3\\-3&1\\1&-1\end{bmatrix}=\begin{bmatrix}-6&10\\-21&10\end{bmatrix} \quad \Rightarrow \quad tr(AB)=(-6)+10=4$$

$$BA=\begin{bmatrix}2&3\\-3&1\\1&-1\end{bmatrix}\begin{bmatrix}2&3&-1\\1&8&1\end{bmatrix}=\begin{bmatrix}7&30&1\\-5&-1&4\\1&-5&-2\end{bmatrix} \quad \Rightarrow \quad tr(BA)=7+(-1)+(-2)=4$$

그러므로 $tr(AB)=tr(BA)$이다.

예제 3-24 대각합의 성질

n차 정방행렬 A, B, C에 대하여, 다음 각 관계식의 참, 거짓을 판정하라.

> **Tip**
> [정리 3-13]을 이용한다.

(a) $tr(B^{-1}AB)=tr(A)$

(b) $tr(ABC)=tr(ACB)$

풀이

(a) $tr(B^{-1}AB)=tr(B^{-1}(AB))=tr((AB)B^{-1})=tr(ABB^{-1})=tr(A)$

(b) 다음과 같은 행렬 A, B, C가 있다고 하자.

$$A=\begin{bmatrix}1&2\\3&4\end{bmatrix},\quad B=\begin{bmatrix}1&-2\\-3&-4\end{bmatrix},\quad C=\begin{bmatrix}1&-1\\0&1\end{bmatrix}$$

ABC와 ACB를 직접 계산하여 대각합을 구하면 다음과 같다.

$$ABC=\begin{bmatrix}-5&-5\\-9&-13\end{bmatrix} \quad \Rightarrow \quad tr(ABC)=-5+(-13)=-18$$

$$ACB=\begin{bmatrix}-2&-6\\0&-10\end{bmatrix} \quad \Rightarrow \quad tr(ACB)=-2+(-10)=-12$$

$tr(ABC)=tr(ACB)$를 만족하지 않는 사례가 존재하므로, $tr(ABC)\neq tr(ACB)$이다.

삼각행렬

정의 3-13 상삼각행렬과 하삼각행렬

주대각 성분 아래쪽의 모든 성분이 0인 정방행렬을 **상삼각행렬** upper triangular matrix이라 한다. 상삼각행렬 $U_n=[u_{ij}]_{n\times n}$에서 $i>j$이면 $u_{ij}=0$이다.

주대각 성분 위쪽의 모든 성분이 0인 정방행렬을 **하삼각행렬** lower triangular matrix이라 한다. 하삼각행렬 $L_n=[l_{ij}]_{n\times n}$에서 $i<j$이면 $l_{ij}=0$이다.

상삼각행렬과 하삼각행렬을 통틀어 **삼각행렬** triangular matrix이라고 한다.

다음 행렬 A는 상삼각행렬이고, 행렬 B는 하삼각행렬이다.

$$A = \begin{bmatrix} 1 & 5 & 6 \\ 0 & 3 & 8 \\ 0 & 0 & 4 \end{bmatrix}, \quad B = \begin{bmatrix} 7 & 0 & 0 \\ 1 & 4 & 0 \\ 5 & 2 & 3 \end{bmatrix}$$

정리 3-14 삼각행렬의 곱

증명

(1) 상삼각행렬과 상삼각행렬의 곱은 상삼각행렬이다.

(2) 하삼각행렬과 하삼각행렬의 곱은 하삼각행렬이다.

예제 3-25 삼각행렬

상삼각행렬 A와 B를 곱하고, 그 결과가 상삼각행렬인지 확인하라.

Tip
[정리 3-14]를 이용한다.

$$A = \begin{bmatrix} 1 & 2 & 4 \\ 0 & 3 & 1 \\ 0 & 0 & 2 \end{bmatrix}, \quad B = \begin{bmatrix} 2 & 1 & 3 \\ 0 & 2 & 4 \\ 0 & 0 & 3 \end{bmatrix}$$

풀이

$$AB = \begin{bmatrix} 1 & 2 & 4 \\ 0 & 3 & 1 \\ 0 & 0 & 2 \end{bmatrix} \begin{bmatrix} 2 & 1 & 3 \\ 0 & 2 & 4 \\ 0 & 0 & 3 \end{bmatrix} = \begin{bmatrix} 2 & 5 & 23 \\ 0 & 6 & 15 \\ 0 & 0 & 6 \end{bmatrix}$$

두 상삼각행렬 A와 B의 곱 AB는 상삼각행렬이다.

블록행렬

정의 3-14 블록행렬

행렬의 특정 행과 열 사이를 경계로 나누어 부분행렬로 표현한 것을 **블록행렬**block matrix 또는 **구획행렬**이라고 한다.

다음은 행렬 A를 부분행렬로 나누어 표현한 것이다. 여기서는 2행과 3행 사이, 3열과 4열 사이, 5열과 6열 사이를 분할한 것이다.

$$A = \left[\begin{array}{ccc|cc|c} 3 & 0 & -1 & 5 & 9 & -2 \\ -5 & 2 & 4 & 0 & -3 & 1 \\ \hline -8 & -6 & 3 & 1 & 7 & -4 \end{array}\right]$$

블록행렬은 다음과 같이 분할된 각 부분행렬로 행렬 A를 표현한다.

$$A = \begin{bmatrix} A_{11} & A_{12} & A_{13} \\ A_{21} & A_{22} & A_{23} \end{bmatrix}$$

이때 각 부분행렬은 다음과 같다.

$$A_{11} = \begin{bmatrix} 3 & 0 & -1 \\ -5 & 2 & 4 \end{bmatrix}, \quad A_{12} = \begin{bmatrix} 5 & 9 \\ 0 & -3 \end{bmatrix}, \quad A_{13} = \begin{bmatrix} -2 \\ 1 \end{bmatrix}$$
$$A_{21} = [-8 \ \ -6 \ \ 3], \quad A_{22} = [1 \ \ 7], \quad A_{23} = [-4]$$

정리 3-15 블록행렬의 합

크기가 서로 같은 행렬 A와 B가 동일한 방법으로 분할한 블록행렬인 경우, 두 행렬의 합은 대응되는 부분행렬들 간의 합을 통해 계산할 수 있다.

동일한 크기의 행렬 A와 B가 대응하는 부분행렬들의 크기가 서로 같도록 다음과 같이 분할되어 있다고 하자.

$$A = \begin{bmatrix} A_{11} & A_{12} & A_{13} \\ A_{21} & A_{22} & A_{23} \end{bmatrix}, \quad B = \begin{bmatrix} B_{11} & B_{12} & B_{13} \\ B_{21} & B_{22} & B_{23} \end{bmatrix}$$

이때 두 행렬의 합 $A+B$는 대응하는 성분 간의 합이므로, 블록행렬을 사용하여 다음과 같이 계산할 수 있다.

$$A + B = \begin{bmatrix} A_{11}+B_{11} & A_{12}+B_{12} & A_{13}+B_{13} \\ A_{21}+B_{21} & A_{22}+B_{22} & A_{23}+B_{23} \end{bmatrix}$$

예제 3-26 블록행렬

다음과 같이 분할된 행렬 A와 B가 있다고 하자.

Tip
[정리 3-15]를 이용한다.

$$A = \left[\begin{array}{cc:c} 1 & 1 & 4 \\ 4 & 5 & 1 \\ \hdashline 3 & 0 & 2 \end{array}\right] = \begin{bmatrix} A_{11} & A_{12} \\ A_{21} & A_{22} \end{bmatrix}$$

$$B = \left[\begin{array}{cc:c} 2 & 1 & 2 \\ 0 & 3 & 4 \\ \hdashline 5 & 0 & 3 \end{array}\right] = \begin{bmatrix} B_{11} & B_{12} \\ B_{21} & B_{22} \end{bmatrix}$$

$A+B=C$인 C를 다음과 같이 동일한 형태로 분할한 경우의 부분행렬들을 구하라.

$$C = \begin{bmatrix} C_{11} & C_{12} \\ C_{21} & C_{22} \end{bmatrix}$$

풀이

대응하는 부분행렬의 합을 통해서 다음과 같이 계산한다.

$$C_{11} = A_{11} + B_{11} = \begin{bmatrix} 1 & 1 \\ 4 & 5 \end{bmatrix} + \begin{bmatrix} 2 & 1 \\ 0 & 3 \end{bmatrix} = \begin{bmatrix} 3 & 2 \\ 4 & 8 \end{bmatrix}$$

$$C_{12} = A_{12} + B_{12} = \begin{bmatrix} 4 \\ 1 \end{bmatrix} + \begin{bmatrix} 2 \\ 4 \end{bmatrix} = \begin{bmatrix} 6 \\ 5 \end{bmatrix}$$

$$C_{21} = A_{21} + B_{21} = [3\ 0] + [5\ 0] = [8\ 0]$$

$$C_{22} = A_{22} + B_{22} = [2] + [3] = [5]$$

정리 3-16 블록행렬의 스칼라배

부분행렬로 분할되어 표현된 행렬 A에 스칼라 c를 곱하는 것은 각 부분행렬에 c를 스칼라배한 것과 같다.

행렬 A가 다음과 같이 분할되어 있다고 하자.

$$A = \begin{bmatrix} A_{11} & A_{12} & A_{13} \\ A_{21} & A_{22} & A_{23} \end{bmatrix}$$

이때 행렬 A의 스칼라배인 cA는 각 성분에 c를 곱하는 것이므로, 다음과 같이 각 부분행렬의 스칼라배로 계산할 수 있다.

$$cA = \begin{bmatrix} cA_{11} & cA_{12} & cA_{13} \\ cA_{21} & cA_{22} & cA_{23} \end{bmatrix}$$

정리 3-17 블록행렬의 곱

블록행렬로 분할되어 표현된 행렬 A와 B는 대응하는 부분행렬 A_{ij}의 열의 개수와 B_{jk}의 행의 개수가 일치할 때, 다음과 같이 두 행렬의 곱 $C = AB$를 계산할 수 있다.

$$C_{ik} = \sum_j A_{ij} B_{jk}$$

분할행렬 A와 B를 곱할 때, 대응하는 A의 부분행렬의 열의 개수와 B의 부분행렬의 행의 개수가 같도록 A, B가 다음과 같이 분할되어 있다고 하자.

$$A = \begin{bmatrix} A_{11} & A_{12} & A_{13} \\ A_{21} & A_{22} & A_{23} \end{bmatrix}, \quad B = \begin{bmatrix} B_{11} & B_{12} \\ B_{21} & B_{22} \\ B_{31} & B_{32} \end{bmatrix}$$

이때 두 행렬의 곱 AB는 다음과 같이 계산할 수 있다.

$$AB = \begin{bmatrix} A_{11}B_{11} + A_{12}B_{21} + A_{13}B_{31} & A_{11}B_{12} + A_{12}B_{22} + A_{13}B_{32} \\ A_{21}B_{11} + A_{22}B_{21} + A_{23}B_{31} & A_{21}B_{12} + A_{22}B_{22} + A_{23}B_{32} \end{bmatrix}$$

예제 3-27 블록행렬

다음과 같이 분할된 행렬 A와 B에 대해, 블록행렬의 곱으로 AB를 구하라.

> **Tip** [정리 3-17]을 이용한다.

$$A = \left[\begin{array}{ccc:cc} 2 & -3 & 1 & 0 & -4 \\ 1 & 5 & -2 & 3 & -1 \\ \hdashline 0 & -4 & -2 & 7 & -1 \end{array}\right] = \begin{bmatrix} A_{11} & A_{12} \\ A_{21} & A_{22} \end{bmatrix}, \qquad B = \left[\begin{array}{cc} 6 & 4 \\ -2 & 1 \\ -3 & 7 \\ \hdashline -1 & 3 \\ 5 & 2 \end{array}\right] = \begin{bmatrix} B_{11} \\ B_{21} \end{bmatrix}$$

풀이

[정리 3-17]에 따라 A와 B의 곱은 다음과 같이 계산할 수 있다.

$$AB = \begin{bmatrix} A_{11} & A_{12} \\ A_{21} & A_{22} \end{bmatrix}\begin{bmatrix} B_{11} \\ B_{21} \end{bmatrix} = \begin{bmatrix} A_{11}B_{11} + A_{12}B_{21} \\ A_{21}B_{11} + A_{22}B_{21} \end{bmatrix}$$

$$= \begin{bmatrix} \begin{bmatrix} 2 & -3 & 1 \\ 1 & 5 & -2 \end{bmatrix}\begin{bmatrix} 6 & 4 \\ -2 & 1 \\ -3 & 7 \end{bmatrix} + \begin{bmatrix} 0 & -4 \\ 3 & -1 \end{bmatrix}\begin{bmatrix} -1 & 3 \\ 5 & 2 \end{bmatrix} \\ \begin{bmatrix} 0 & -4 & -2 \end{bmatrix}\begin{bmatrix} 6 & 4 \\ -2 & 1 \\ -3 & 7 \end{bmatrix} + \begin{bmatrix} 7 & -1 \end{bmatrix}\begin{bmatrix} -1 & 3 \\ 5 & 2 \end{bmatrix} \end{bmatrix}$$

$$= \begin{bmatrix} \begin{bmatrix} 15 & 12 \\ 2 & -5 \end{bmatrix} + \begin{bmatrix} -20 & -8 \\ -8 & 7 \end{bmatrix} \\ \begin{bmatrix} 14 & -18 \end{bmatrix} + \begin{bmatrix} -12 & 19 \end{bmatrix} \end{bmatrix} = \begin{bmatrix} -5 & 4 \\ -6 & 2 \\ 2 & 1 \end{bmatrix}$$

정리 3-18 열벡터와 행벡터의 곱

증명

$m \times 1$ 벡터 $\boldsymbol{u}$와 $n \times 1$ 벡터 $\boldsymbol{v}$가 있을 때, 열벡터인 $\boldsymbol{u}$와 행벡터인 $\boldsymbol{v}^\top$의 곱 $\boldsymbol{uv}^\top$는 $m \times n$ 행렬이 된다.

$$\boldsymbol{uv}^\top = \begin{bmatrix} u_1 \\ u_2 \\ \vdots \\ u_m \end{bmatrix}\begin{bmatrix} v_1 & v_2 & \cdots & v_n \end{bmatrix} = \begin{bmatrix} u_1v_1 & u_1v_2 & \cdots & u_1v_n \\ u_2v_1 & u_2v_2 & \cdots & u_2v_n \\ \vdots & \vdots & \ddots & \vdots \\ u_mv_1 & u_mv_2 & \cdots & u_mv_n \end{bmatrix}$$

다음과 같은 벡터 $\boldsymbol{u}$와 $\boldsymbol{v}$가 있을 때, $\boldsymbol{u}\boldsymbol{v}^\top$는 2×3 행렬이 된다.

$$\boldsymbol{u}=\begin{bmatrix}1\\3\end{bmatrix},\quad \boldsymbol{v}=\begin{bmatrix}2\\4\\6\end{bmatrix} \quad\Rightarrow\quad \boldsymbol{u}\boldsymbol{v}^\top=\begin{bmatrix}1\\3\end{bmatrix}[2\ 4\ 6]=\begin{bmatrix}2 & 4 & 6\\6 & 12 & 18\end{bmatrix}$$

정리 3-19 열벡터와 행벡터의 곱에 의한 행렬 곱의 표현

$m\times n$ 행렬 A와 $n\times p$ 행렬 B의 곱은 A의 열벡터 $\boldsymbol{a}_i$와 B의 행벡터 $\boldsymbol{b}_j^\top$의 곱으로 다음과 같이 표현할 수 있다.

$$AB=\boldsymbol{a}_1\boldsymbol{b}_1^\top+\boldsymbol{a}_2\boldsymbol{b}_2^\top+\cdots+\boldsymbol{a}_n\boldsymbol{b}_n^\top$$

여기서 행렬 A와 B는 다음과 같이 각각 열벡터와 행벡터로 분할하여 표현한 것이다.

$$A=[\boldsymbol{a}_1\ \ \boldsymbol{a}_2\ \cdots\ \boldsymbol{a}_n],\qquad B=\begin{bmatrix}\boldsymbol{b}_1^\top\\\boldsymbol{b}_2^\top\\\vdots\\\boldsymbol{b}_n^\top\end{bmatrix}$$

예제 3-28 행렬 곱의 표현

다음과 같은 행렬 A와 B의 곱 AB를 직접 계산한 것과, A의 열벡터와 B의 행벡터의 곱들의 합으로 계산한 것을 비교하라.

> **Tip**
> [정리 3-19]의 행렬 곱의 계산 방법을 이용한다.

$$A=\begin{bmatrix}1 & 2\\2 & 4\end{bmatrix},\qquad B=\begin{bmatrix}2 & 4 & 6\\3 & 5 & 7\end{bmatrix}$$

풀이

$$AB=\begin{bmatrix}1 & 2\\2 & 4\end{bmatrix}\begin{bmatrix}2 & 4 & 6\\3 & 5 & 7\end{bmatrix}=\begin{bmatrix}8 & 14 & 20\\16 & 28 & 40\end{bmatrix}$$

$$\boldsymbol{a}_1\boldsymbol{b}_1^\top+\boldsymbol{a}_2\boldsymbol{b}_2^\top=\begin{bmatrix}1\\2\end{bmatrix}[2\ 4\ 6]+\begin{bmatrix}2\\4\end{bmatrix}[3\ 5\ 7]=\begin{bmatrix}2 & 4 & 6\\4 & 8 & 12\end{bmatrix}+\begin{bmatrix}6 & 10 & 14\\12 & 20 & 28\end{bmatrix}=\begin{bmatrix}8 & 14 & 20\\16 & 28 & 40\end{bmatrix}$$

AB를 직접 계산한 것과 $\boldsymbol{a}_1\boldsymbol{b}_1^\top+\boldsymbol{a}_2\boldsymbol{b}_2^\top$로 계산한 것의 결과가 같다.

참고 행렬과 텐서

벡터와 행렬의 개념을 확장한 것으로 **텐서**tensor가 있다. 텐서는 텐서플로TensorFlow, 파이토치PyTorch 등과 같은 머신러닝machine learning이나 딥러닝deep learning 등의 프로그램 개발 환경에서 다차원 배열multidimensional array을 가리키는 용어이다. 텐서에서는 랭크rank라는 개념을 사용하는데, [그림 3-1]과 같이 랭크에 따라 배열의 형태를 갖는 것을 텐서라고 한다.

랭크 0인 텐서는 스칼라이고, 랭크 1인 텐서는 1차원 배열로서 벡터에 해당한다. 랭크 2인 텐서는 2차원 배열로서 행렬에 해당하고, 랭크 1인 텐서들을 원소로 하는 배열이다. 랭크 3인 텐서는 3차원 배열로서, 랭크 2인 텐서들을 원소로 하는 배열이다.

랭크 4인 텐서는 랭크 3인 텐서들의 배열이다. 마찬가지로 랭크 n인 텐서는 랭크 $n-1$인 텐서들의 배열이다. [그림 3-1]의 각 랭크에서 색깔 표시된 것을 하나의 원소로 간주하면, 각 텐서는 배열로 볼 수 있다.

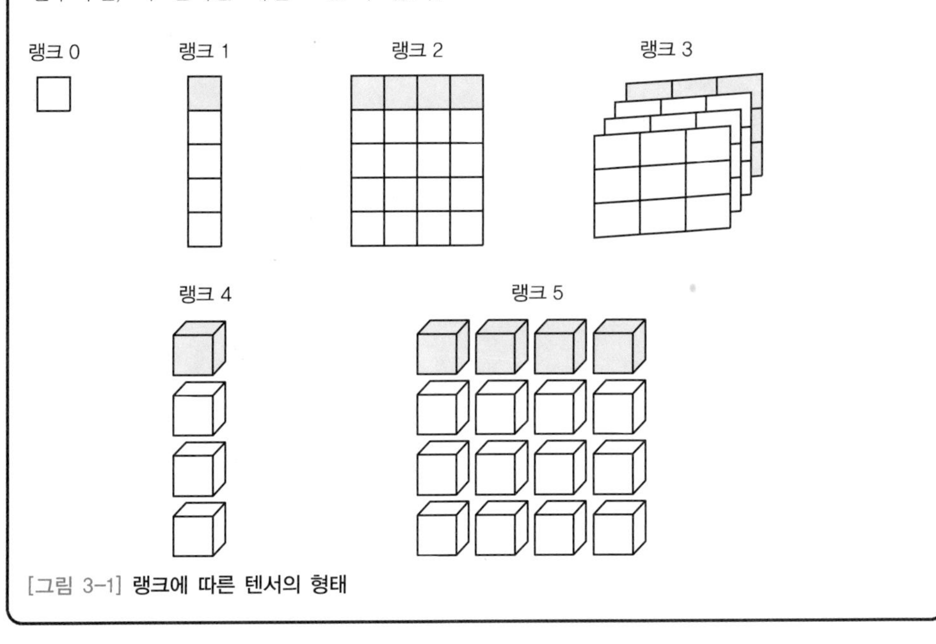

[그림 3-1] **랭크에 따른 텐서의 형태**

Chapter

03 연습문제

Section 3.1

1. 다음 문장이 참인지 거짓인지 판단하고, 거짓인 경우 그 이유를 설명하라.

(a) 행과 열의 개수가 각각 n인 행렬을 n차 정방행렬이라 한다.

(b) 영행렬은 모든 성분이 0인 정방행렬이다.

(c) 크기가 같은 두 행렬이 주어졌을 때만 행렬의 합이 정의된다.

(d) 행렬 A의 행의 개수와 행렬 B의 열의 개수가 서로 같을 때, 행렬 곱 AB를 계산할 수 있다.

(e) 정방행렬에 대해서만 행렬의 거듭제곱을 할 수 있다.

2. 주어진 행렬 A에 대하여 다음 물음에 답하라.

$$A=\begin{bmatrix} 2 & 1 & 3 & 4 \\ 4 & 3 & 3 & 1 \\ 3 & 3 & 4 & 5 \end{bmatrix}$$

(a) A의 크기

(b) A의 $(3, 4)$성분

(c) A의 두 번째 열벡터

(d) A의 세 번째 행벡터

※ **(문제 3~8)** 주어진 행렬 A~H에 대하여 다음 물음에 답하라.

$$A=\begin{bmatrix} 3 & -3 \\ 2 & 1 \\ 4 & -6 \end{bmatrix},\quad B=\begin{bmatrix} -2 & 6 \\ 1 & 4 \\ 3 & 2 \end{bmatrix},\quad C=\begin{bmatrix} -2 & 3 \\ 4 & 1 \end{bmatrix},\quad D=\begin{bmatrix} 1 & 5 \\ 3 & -2 \end{bmatrix}$$

$$E=\begin{bmatrix} 4 & 2 & 1 \\ 2 & 1 & 5 \end{bmatrix},\quad F=\begin{bmatrix} -1 \\ 3 \\ 5 \end{bmatrix},\quad G=\begin{bmatrix} 2 & 4 & 3 \\ 4 & 6 & 1 \\ 5 & 3 & 0 \end{bmatrix},\quad H=\begin{bmatrix} 1 & 0 & 2 \\ 0 & 2 & -1 \\ 3 & 0 & -1 \end{bmatrix}$$

3. 각 행렬의 크기를 구하라.

4. 다음 중 계산이 불가능한 것을 선택하라.

① $A-E$　② $A+5B$　③ EF　④ CB

⑤ DE　⑥ ED　⑦ FG　⑧ HB

5. 다음 행렬 연산을 하라.

(a) $A+B$ (b) $A-2B$ (c) $4C$ (d) C^2

6. 다음 행렬 연산을 하라.

(a) AC (b) BE (c) EF (d) GF

7. 다음 행렬 연산을 하라.

(a) CD (b) DC (c) HF (d) AE

8. 다음 행렬 연산을 하라.

(a) $(A+B)C$ (b) $(AC)D$ (c) $2(G+H)$ (d) $E(3F)$

9. $AB=0$을 만족하는 영행렬이 아닌 2×2 행렬 A와 B의 예를 들어라.

Section 3.2

10. 다음 문장이 참인지 거짓인지 판단하고, 거짓인 경우 그 이유를 설명하라.

(a) 행렬 A, B, C가 모두 $n\times m$ 행렬일 때, 항상 $(A+B)+C=A+(B+C)$이다.

(b) 행렬 A, B가 모두 $n\times n$ 행렬일 때, 항상 $AB=BA$이다.

(c) 행렬 A, B, C에 대해 $AB=AC$이면, 항상 $B=C$이다.

(d) 행렬 A, B가 모두 $n\times n$ 행렬일 때, $(A-B)^2=A^2-AB-BA+B^2$이다.

11. $A=\begin{bmatrix} 2 & -5 \\ 3 & -2 \end{bmatrix}$에 대하여 다음 행렬 연산을 하라.

(a) $3I_2-A$ (b) $(3I_2)A$

12. 주어진 행렬 A에 대하여 다음 행렬 연산을 하라.

$$A=\begin{bmatrix} 5 & -1 & 3 \\ -4 & 3 & -6 \\ -3 & 1 & 2 \end{bmatrix}$$

(a) $A-5I_3$ (b) $(5I_3)A$

13. 주어진 행렬 A, B에 대하여 $AB=BA$를 만족하는 k 값을 구하라.

$$A=\begin{bmatrix} 2 & 3 \\ -1 & 2 \end{bmatrix},\quad B=\begin{bmatrix} 1 & 9 \\ -3 & k \end{bmatrix}$$

14. 주어진 행렬 A, B, C에 대하여 행렬 B와 C가 서로 다르지만, $AB=AC$임을 계산을 통해 보여라.

$$A=\begin{bmatrix} 3 & -6 \\ -1 & 2 \end{bmatrix},\quad B=\begin{bmatrix} -1 & 1 \\ 3 & 4 \end{bmatrix},\quad C=\begin{bmatrix} -3 & -5 \\ 2 & 1 \end{bmatrix}$$

15. 주어진 행렬 $A=\begin{bmatrix} 3 & -6 \\ -2 & 4 \end{bmatrix}$에 대하여, $AB=0$, $BA=0$을 만족하는 행렬 B를 구하라.

Section 3.3

16. 다음 문장이 참인지 거짓인지 판단하고, 거짓인 경우 그 이유를 설명하라.

(a) 역행렬은 정방행렬에 대해서만 정의된다.

(b) 특이행렬은 역행렬이 존재하지 않는 행렬을 말하고, 가역행렬은 역행렬이 존재하는 행렬을 말한다.

(c) 특이행렬의 개수는 가역행렬의 개수보다 훨씬 적다.

(d) 하나의 행렬에 대해 여러 개의 역행렬이 존재할 수 있다.

(e) 행렬 A와 B가 모두 가역이면, $(AB)^{-1}=A^{-1}B^{-1}$이다.

17. $A=\begin{bmatrix} 1 & -3 \\ -3 & 5 \end{bmatrix}$이고 $AB=\begin{bmatrix} -3 & -11 \\ 1 & 17 \end{bmatrix}$일 때, 행렬 B를 구하라.

18. 다음 각 행렬의 역행렬을 구하라.

(a) $\begin{bmatrix} 5 & 7 \\ 2 & 4 \end{bmatrix}$ (b) $\begin{bmatrix} 2 & 6 \\ 1 & 7 \end{bmatrix}$ (c) $\begin{bmatrix} 1 & 5 \\ -1 & 2 \end{bmatrix}$ (d) $\begin{bmatrix} 1 & 3 \\ 2 & 5 \end{bmatrix}$

19. [연습문제 18]의 결과와 [정리 3-8]을 이용하여 다음 행렬의 역행렬을 구하라.

(a) $4\begin{bmatrix} 5 & 7 \\ 2 & 4 \end{bmatrix}$ (b) $\begin{bmatrix} 5 & -3 \\ -2 & 1 \end{bmatrix}$

20. [연습문제 18]의 결과와 [정리 3-8]을 이용하여 우변의 행렬의 역행렬을 구하라.

(a) $\begin{bmatrix} 1 & 5 \\ -1 & 2 \end{bmatrix}\begin{bmatrix} 1 & 3 \\ 2 & 5 \end{bmatrix}=\begin{bmatrix} 11 & 28 \\ 3 & 7 \end{bmatrix}$ (b) $\begin{bmatrix} 1 & 3 \\ 2 & 5 \end{bmatrix}\begin{bmatrix} 1 & 3 \\ 2 & 5 \end{bmatrix}=\begin{bmatrix} 7 & 18 \\ 12 & 31 \end{bmatrix}$

21. 행렬 A에 대해 $A\begin{bmatrix} 3 \\ 2 \end{bmatrix}=\begin{bmatrix} 1 \\ -1 \end{bmatrix}$, $A\begin{bmatrix} 1 \\ 1 \end{bmatrix}=\begin{bmatrix} 3 \\ 7 \end{bmatrix}$일 때, $A\begin{bmatrix} 5 \\ 3 \end{bmatrix}$의 값을 구하라.

22. 행렬 $\begin{bmatrix} 2 & 3 \\ 5 & k \end{bmatrix}$의 역행렬이 존재하기 위해서 k는 어떤 값이어야 하는지 설명하라.

23. 다음 문장이 참인지 거짓인지 판단하고, 거짓인 경우 그 이유를 설명하라.

(a) 행렬 A가 가역이면 $(A^{\top})^{-1} = (A^{-1})^{\top}$ 이다.

(b) 행렬 A가 반대칭행렬이면 $A = A^{\top}$ 이다.

(c) 정방행렬 A는 대칭행렬과 반대칭행렬의 합으로 나타낼 수 있다.

(d) $m \times n$ 행렬 A와 $n \times p$ 행렬 B의 곱 AB는 A의 열벡터 $\boldsymbol{a}_i$와 B의 행벡터 $\boldsymbol{b}_j^{\top}$를 이용하여 $AB = \boldsymbol{a}_1\boldsymbol{b}_1^{\top} + \boldsymbol{a}_2\boldsymbol{b}_2^{\top} + \cdots + \boldsymbol{a}_n\boldsymbol{b}_n^{\top}$로 표현할 수 있다.

(e) 하삼각행렬과 하삼각행렬의 곱은 하삼각행렬이다.

24. 다음 중 행렬의 종류와 예가 잘못 짝지어진 것을 찾으라.

① 단위행렬 $\begin{bmatrix} 1 & 0 & 0 \\ 0 & 1 & 0 \\ 0 & 0 & 1 \end{bmatrix}$　② 대각행렬 $\begin{bmatrix} 2 & 0 & 0 \\ 0 & 5 & 0 \\ 0 & 0 & 7 \end{bmatrix}$

③ 삼각행렬 $\begin{bmatrix} 6 & 2 & 4 \\ 0 & 1 & 5 \\ 0 & 0 & 3 \end{bmatrix}$　④ 대칭행렬 $\begin{bmatrix} 5 & 0 & 4 \\ 1 & 1 & 2 \\ 4 & 2 & 3 \end{bmatrix}$

25. 행렬 $A = \begin{bmatrix} 1 & 2 & 3 \\ 2 & 5 & 6 \\ 1 & 3 & 8 \end{bmatrix}$에 대하여 다음 행렬 연산을 하라.

(a) $diag(1, 2, 4) \cdot A$　(b) $A \cdot diag(1, 2, 4)$

(c) $diag(1, 1, 1) \cdot A$　(d) $diag(1, 3, 5, 2) \cdot diag(-1, 2, 3, 1)$

26. 주어진 행렬 A~E에 대하여 다음 행렬 연산을 하라.

$$A = \begin{bmatrix} 3 & 0 & 0 \\ 0 & 2 & 0 \\ 0 & 0 & 5 \end{bmatrix},\ B = \begin{bmatrix} 1 & 0 & 0 \\ 4 & 2 & 0 \\ -1 & 3 & 4 \end{bmatrix},\ C = \begin{bmatrix} 10 & 0 & 0 \\ 1 & 0 & 0 \\ 2 & 1 & 5 \end{bmatrix},\ D = \begin{bmatrix} 2 & 4 & 1 \\ 0 & 3 & 4 \\ 0 & 0 & 7 \end{bmatrix},\ E = \begin{bmatrix} 9 & 6 & 3 \\ 0 & -2 & 4 \\ 0 & 0 & 11 \end{bmatrix}$$

(a) BA　(b) BC　(c) DE　(d) ABC　(e) $E^{\top}$

27. 다음 열벡터 $\boldsymbol{u}$와 행벡터 $\boldsymbol{v}$의 곱 $\boldsymbol{uv}$를 계산하라.

$$\boldsymbol{u} = \begin{bmatrix} 2 \\ 4 \\ 1 \end{bmatrix}, \qquad \boldsymbol{v} = [1\ 3\ 2]$$

28. 행렬 A가 다음과 같이 부분행렬들로 분할될 때, 부분행렬 A_{12}를 구하라.

$$A = \left[\begin{array}{ccc:c} 1 & 5 & 3 & 13 \\ 7 & 4 & 2 & -1 \\ \hdashline 11 & 1 & 3 & -2 \end{array}\right]$$

29. 행렬 $A=\begin{bmatrix}2&1&3\\4&5&2\\6&3&4\end{bmatrix}$를 대칭행렬과 반대칭행렬의 합으로 표현하라.

30. [정리 3-8]에서 보인 $(AB)^{-1}=B^{-1}A^{-1}$를 이용하여 다음 물음에 답하라.

(a) $(ABC)^{-1}=C^{-1}B^{-1}A^{-1}$임을 보여라.

(b) $(ABCD)^{-1}$를 각 행렬의 역행렬을 이용하여 나타내라.

(c) (a)와 (b)의 결과를 통해 행렬 곱의 역행렬을 어떻게 구하는지 서술하라.

31. 다음과 같은 n차 대각행렬이 있다.

$$A=\begin{bmatrix}a_{11}&0&\cdots&0\\0&a_{22}&\cdots&0\\\vdots&\vdots&&\vdots\\0&0&\cdots&a_{nn}\end{bmatrix}$$

(a) [정리 3-11]을 이용하여 A^2을 구하라.

(b) 위의 결과를 토대로 임의의 자연수 k에 대해 A^k을 구하라.

32. 행렬이 상삼각행렬인 동시에 하삼각행렬이면 어떤 행렬인지 설명하라.

33. 다음을 증명하라.

(a) 행렬 A가 가역이고 반대칭행렬이면, A^{-1}도 반대칭행렬이다.

(b) 행렬 A와 B가 반대칭행렬이면, $A+B$, $A-B$, $A^{\top}$도 반대칭행렬이다. 그리고 임의의 실수 k에 대하여 kA도 반대칭행렬이다.

34. A와 B가 $n\times n$ 대칭행렬이라고 할 때, 다음 각 행렬이 대칭인지 반대칭인지 확인하라.

(a) $C=A+B$ (b) $D=A^2$ (c) $E=AB$ (d) $F=AB+BA$

35. 주어진 행렬에 대하여 다음 각 블록행렬의 곱을 계산하라.

$$I=\begin{bmatrix}1&0\\0&1\end{bmatrix},\quad E=\begin{bmatrix}0&1\\1&0\end{bmatrix},\quad \mathbf{0}=\begin{bmatrix}0&0\\0&0\end{bmatrix},\quad C=\begin{bmatrix}1&0\\-1&1\end{bmatrix},\quad D=\begin{bmatrix}2&0\\0&2\end{bmatrix}$$

$$B=\begin{bmatrix}B_{11}&B_{12}\\B_{21}&B_{22}\end{bmatrix},\quad B_{11}=\begin{bmatrix}1&1\\1&2\end{bmatrix},\quad B_{12}=\begin{bmatrix}1&1\\1&1\end{bmatrix},\quad B_{21}=\begin{bmatrix}3&1\\3&2\end{bmatrix},\quad B_{22}=\begin{bmatrix}1&1\\1&2\end{bmatrix}$$

(a) $\begin{bmatrix}\mathbf{0}&I\\I&\mathbf{0}\end{bmatrix}\begin{bmatrix}B_{11}&B_{12}\\B_{21}&B_{22}\end{bmatrix}$ (b) $\begin{bmatrix}C&\mathbf{0}\\\mathbf{0}&C\end{bmatrix}\begin{bmatrix}B_{11}&B_{12}\\B_{21}&B_{22}\end{bmatrix}$ (c) $\begin{bmatrix}D&I\\I&E\end{bmatrix}\begin{bmatrix}B_{11}&B_{12}\\B_{21}&B_{22}\end{bmatrix}$

Chapter

03 프로그래밍 실습

1. 다음 벡터 v_1, v_2, v_3를 행으로 하는 행렬 A와 열로 하는 행렬 B를 이들 벡터를 사용하여 만들고, 행렬 C에 v_3를 열로 추가하여 행렬 D를 만들어라. 또한 행렬 E의 1행 4열의 성분, 2행 3열의 성분, 1~2행의 3열에 해당하는 부분행렬, 1~2행의 3~4열에 해당하는 부분행렬, 3행에 해당하는 부분행렬을 출력하라. 마지막으로 행렬 E의 1행 1열의 성분을 −1로 변경하고 행렬 E를 출력하라. 연계 : 3.1절

$$v_1 = [1\ 2\ 3],\quad v_2 = [4\ 5\ 6],\quad v_3 = [7\ 8\ 9],\quad C = \begin{bmatrix} 1 & 2 \\ 3 & 4 \\ 5 & 6 \end{bmatrix},\quad E = \begin{bmatrix} 1 & 2 & 3 & 4 \\ 5 & 6 & 7 & 8 \\ 9 & 10 & 11 & 12 \end{bmatrix}$$

문제 해석

vstack( ) 함수는 주어진 벡터들을 행으로 갖는 행렬을 만들고, column_stack( ) 함수는 주어진 벡터들을 열로 갖는 행렬을 만든다. A[i,j]는 행렬 A의 (i+1)행 (j+1)열 성분을 나타내고, A[i:j,k:]는 A의 (i+1)행부터 j행까지의 (k+1)열에 해당하는 부분행렬을 나타낸다. A[i:j,k:l]은 A의 (i+1)행부터 j행까지, (k+1)열부터 l열까지의 부분행렬을 나타낸다. A[i,:]는 A의 (i+1)행에 해당하는 부분행렬을 나타낸다.

코딩 실습

【 파이썬 코드 】

```
1   import numpy as np
2
3   print("벡터의 결합에 의한 행렬 생성")
4   v1 = np.array([1, 2, 3])
5   v2 = np.array([4, 5, 6])
6   v3 = np.array([7, 8, 9])
7
8   A = np.vstack([v1, v2, v3])  # v1, v2, v3를 각각 행으로 하는 행렬 A 생성
9   print("A =", A)
10
11  B = np.column_stack([v1, v2, v3]) # v1, v2, v3를 각각 열로 하는 행렬 B 생성
12  print("B =", B)
13
14  C = np.array([[1, 2], [3, 4], [5, 6]])
15  print("C =", C)
16
17  D = np.column_stack([C, v3])  # 행렬 C에 v3를 열로 추가하여 행렬 D 생성
18  print("D =", D)
```

```
19
20  print("행렬의 성분 접근")
21  E = np.array([[1, 2, 3, 4], [5, 6, 7, 8], [9, 10, 11, 12]])
22
23  print("E[0,3] =", E[0,3])           # 1행 4열의 성분
24  print("E[1,2] =", E[1,2])           # 2행 3열의 성분
25
26  print("E[0:2, 2] =", E[0:2, 2])     # E의 1~2행의 3열에 해당하는 부분행렬
27  print("E[0:2, 2:4] =", E[0:2, 2:4]) # E의 1~2행의 3~4열에 해당하는 부분행렬
28  print("E[2, :] =", E[2, :])         # E의 3행에 해당하는 부분행렬
29
30  print("성분의 변경")
31  print("E =", E)
32
33  print("E[0,0] = ", E[0, 0])
34  E[0, 0] = -1                         # E의 1행 1열 성분을 -1로 변경
35  print(E)
36  print("E[0,0] = ", E[0, 0])
```

프로그램 설명

행렬과 벡터를 사용하는 연산을 할 때, 벡터를 행이나 열로 간주하고 결합하여 행렬을 생성하거나, 기존 행렬에 새로운 열을 추가하는 등의 방법을 사용한다. 또한 행렬의 특정 위치의 성분에 접근하거나 대체하는 등의 작업을 수행한다.

2. 다음과 같은 행렬과 벡터를 이용하여 $A+B$, $A-B$, $3A$, $2\mathbf{v}$, AB, AC, $A\mathbf{v}$, A^2, A^3, A와 B의 대응 성분별 곱셈 A*B, A와 B의 대응 성분별 나눗셈 A/B, 성분별 거듭제곱 A**2, $A^\top$, $\mathbf{v}^\top$, 대각행렬 diag(1, 2, 3)의 생성, D_{11}, D_{12}, D_{21}, D_{22}를 사용한 블록행렬 D의 생성 연산을 수행하고 결과를 출력하는 프로그램을 작성하라. 연계 : 3.2절

$$A=\begin{bmatrix}1&2\\3&4\end{bmatrix},\quad B=\begin{bmatrix}2&2\\1&3\end{bmatrix},\quad C=\begin{bmatrix}4&5&6\\7&8&9\end{bmatrix},\quad \mathbf{v}=\begin{bmatrix}10\\20\end{bmatrix}$$

$$D_{11}=\begin{bmatrix}1&2\\3&4\end{bmatrix},\quad D_{12}=\begin{bmatrix}5\\6\end{bmatrix},\quad D_{21}=\begin{bmatrix}7&7\end{bmatrix},\quad D_{22}=\begin{bmatrix}8\end{bmatrix},\quad D=\begin{bmatrix}D_{11}&D_{12}\\D_{21}&D_{22}\end{bmatrix}$$

문제 해석

행렬 곱에는 numpy에서 제공하는 matmul( ) 함수를 사용하고, 행렬의 거듭제곱에는 numpy에서 제공하는 linalg.matrix_power( ) 함수를 사용하고, 블록행렬을 생성할 때는 block( ) 함수를 사용한다.

코딩 실습

【 파이썬 코드 】

```
1     import numpy as np
2
3     # 행렬 A를 출력하는 함수
4     def pprint(msg, A):
5         print("---", msg, "---")
6         (n,m) = A.shape
7         for i in range(0, n):
8             line = ""
9             for j in range(0, m):
10                line += "{0:.2f}".format(A[i,j]) + "\t"
11            print(line)
12        print("")
13
14    A = np.array([[1., 2.], [3., 4.]])
15    B = np.array([[2., 2.], [1., 3.]])
16    C = np.array([[4., 5., 6.], [7., 8., 9.]])
17    v = np.array([[10.], [20.]])
18
19    pprint("A+B", A+B)          # 행렬의 합 A+B
20    pprint("A-B", A-B)          # 행렬의 차 A-B
21
22    pprint("3*A ", 3*A)         # 행렬의 스칼라배 3A
23    pprint("2*v ", 2*v)         # 벡터의 스칼라배 2v
24
25    pprint("matmul(A,B)", np.matmul(A,B))        # 행렬의 곱 AB
26    pprint("matmul(A,C)", np.matmul(A,C))        # 행렬의 곱 AC
27    pprint("A*v", A*v)                           # 행렬과 벡터의 곱 Av
28
29    pprint("matrix_power(A, 2)", np.linalg.matrix_power(A, 2)) # 행렬의 거듭제곱 A2
30    pprint("matrix_power(A, 3)", np.linalg.matrix_power(A, 3)) # 행렬의 거듭제곱 A3
31
32    pprint("A*B", A*B)          # 행렬의 성분별 곱셈 A*B
33    pprint("A/B", A/B)          # 행렬의 성분별 나눗셈 A/B
34    pprint("A**2 == A*A", A**2) # 행렬의 성분별 거듭제곱 A**2
35
36    pprint("A.T", A.T)          # 행렬의 전치 AT
37    pprint("v.T", v.T)          # 벡터의 전치 vT
38
39    M = np.diag([1, 2, 3])      # 대각행렬 diag(1,2,3) 생성
40    pprint("diag(1,2,3) =", M)
41
42    D11 = np.array([[1, 2], [3, 4]])
43    D12 = np.array([[5], [6]])
44    D21 = np.array([[7, 7]])
45    D22 = np.array([[8]])
46    D = np.block([[D11, D12], [D21, D22]])       # 블록행렬 D 생성
47    pprint("block matrix", D)
```

프로그램 설명

같은 크기의 행렬의 합 또는 차는 19~20행의 A+B 또는 A−B로 연산을 수행한다. n×1 행렬인 벡터의 합 또는 차도 마찬가지로 A+B 또는 A−B로 연산을 수행한다.

행렬이나 벡터에 대한 스칼라배는 22~23행의 3*B 또는 2*v와 같이 연산을 수행한다. 반면, 행렬 간의 곱은 A*B와 같이 하는 것이 아니라, numpy에서 제공하는 matmul( ) 함수를 사용하여 25행과 같이 np.matmul(A,B)로 수행한다. 32행의 A*B는 행렬 A와 B의 대응하는 성분별로 곱하는 연산을 수행한다.

A^2 또는 A^3과 같은 행렬의 거듭제곱은 numpy에서 제공하는 linalg.matrix_power( ) 함수를 사용하여 29~30행과 같이 np.linalg.matrix_power(A,2)로 수행한다.

대응하는 성분별로 곱셈이나 나눗셈을 하려면, 32~33행과 같이 A*B, A/B를 사용하고, 대응하는 성분별로 거듭제곱을 하려면, 34행과 같이 A**2를 사용한다.

행렬 A 또는 벡터 v를 전치하려면, 36~37행과 같이 A.T 또는 v.T를 사용한다.

대각행렬을 만들 때는 39행과 같이 np.diag( ) 함수를 사용한다. 여기서 M은 임의의 행렬 이름으로 다른 문자를 사용해도 된다. 마지막으로 블록행렬을 생성할 때는 46행과 같이 np.block( ) 함수를 사용한다.

Chapter

04

역행렬

Inverse Matrix

Contents

다시보기 Review

■ 연산에서 역원의 역할

미지수 x가 포함된 $ax=b$와 같은 식에서 a가 0이 아니라면, 양변에 $\frac{1}{a}$을 곱해서 다음과 같이 x를 구할 수 있다.

$$\frac{1}{a}\times ax=\frac{1}{a}\times b \qquad \Rightarrow \qquad x=\frac{b}{a}$$

$\frac{1}{a}\times a=1$이므로 좌변은 x이다. 여기서 1을 곱셈에 대한 항등원, $\frac{1}{a}$을 a의 역원이라고 한다.

행렬 A가 포함된 $A\boldsymbol{x}=\boldsymbol{b}$와 같은 행렬방정식이 있을 때, 벡터 $\boldsymbol{x}$를 구하기 위해서는 위에서와 마찬가지로 항등원을 만들어주는 역원이 필요하다. 행렬의 곱에서 항등원은 다음과 같은 단위행렬 I이다.

$$\begin{bmatrix}1 & 0\\0 & 1\end{bmatrix} \qquad \begin{bmatrix}1 & 0 & 0\\0 & 1 & 0\\0 & 0 & 1\end{bmatrix}$$

어떤 행렬 A나 벡터 $\boldsymbol{a}$에 단위행렬 I를 곱해도 해당 행렬이나 벡터는 변하지 않는다.

$$IA=A, \quad I\boldsymbol{a}=\boldsymbol{a}$$

행렬 A의 곱에 대한 역원을 A의 역행렬이라 하며, A^{-1}로 나타낸다. 행렬의 곱에 대해 역행렬은 다음 성질을 만족한다.

$$AA^{-1}=I, \quad A^{-1}A=I$$

스칼라 a의 곱에 대한 역원은 a가 0이면 존재하지 않는다. 한편, 행렬에서는 영행렬뿐만 아니라 영행렬이 아닌 행렬에 대해서도 역행렬이 존재하지 않는 경우가 있다.

미리보기 Overview

■ 역행렬을 왜 배워야 하는가?

실수 a, b, c에 대한 등식 $ab=c$가 있을 때, 좌변의 ab에서 a를 없애려면 실수 곱셈의 역원인 $\frac{1}{a}$을 양변에 곱해야 한다. 마찬가지로 행렬에 대해 곱 연산이 정의되어 있으므로, 행렬방정식에서 특정 행렬을 제거하려면 역원이 필요하다. 행렬의 곱 연산에 대한 역원을 **역행렬**이라 한다. 정방행렬 A의 곱에 대한 항등원은 단위행렬 I이고, 역원인 A^{-1}는 $AA^{-1}=A^{-1}A=I$를 만족한다. 행렬로 표현되는 식을 다룰 때 역행렬은 기본적으로 사용되므로, 역행렬의 계산 방법과 성질을 반드시 알아야 한다.

■ 역행렬의 응용 분야는?

연립선형방정식을 행렬방정식 $A\boldsymbol{x}=\boldsymbol{b}$로 표현하고, 역행렬 A^{-1}를 행렬방정식의 양변 앞에 곱하면, 연립선형방정식의 해 $\boldsymbol{x}=A^{-1}\boldsymbol{b}$를 구할 수 있다. 한편, 행렬과 벡터의 곱은 정의역의 벡터를 공역으로 선형변환하는 사상 역할을 한다. 따라서 역행렬은 선형변환에 대한 역변환을 나타낸다. 즉, 역행렬은 공역의 벡터에 대응하는 정의역의 벡터를 찾아주는 사상 역할을 한다. 또한 컴퓨터 그래픽스, 로보틱스 등의 분야에서 3차원 공간에서의 선형변환과 역변환 연산을 할 때도 역행렬이 유용하게 사용된다.

■ 이 장에서 배우는 내용은?

3장에서 2×2 행렬의 역행렬을 쉽게 계산하는 방법을 이미 살펴봤다. 하지만 더 큰 행렬의 역행렬을 쉽게 계산하는 공식은 없다. 이 장에서는 크기에 상관없이 역행렬을 계산하는 체계적인 절차를 알아본다. 먼저 역행렬 계산에 유용하게 사용되는 기본행렬을 알아보고, 기본행렬의 곱에 해당하는 행 연산을 통해 역행렬 계산 방법을 살펴본다. 그리고 역행렬을 이용하여 연립선형방정식과 행렬방정식의 해를 구하는 방법을 알아본다. 또한 선형방정식의 모든 상수항이 0인 동차 연립선형방정식의 해를 소개한다. 다음으로 행렬을 하삼각행렬과 상삼각행렬의 곱으로 표현하는 LU 분해와 이를 활용하여 연립선형방정식의 해를 구하는 방법과 역행렬을 구하는 방법을 살펴본다. 끝으로, 큰 행렬을 블록행렬로 표현하여 블록행렬의 역행렬을 구하는 방법을 알아본다.

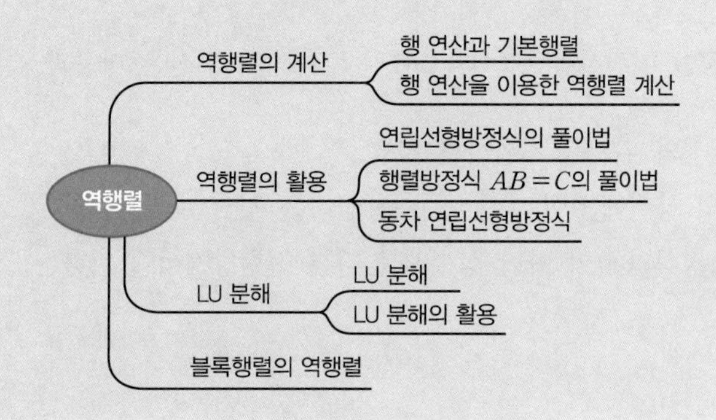

SECTION

4.1 역행렬의 계산

행렬 A와 역행렬 A^{-1}는 $AA^{-1}=A^{-1}A=I$의 성질을 만족한다. 2×2 행렬의 역행렬은 [정리 3-7]의 식으로 쉽게 계산할 수 있지만, n이 3 이상인 n차 정방행렬의 역행렬을 쉽게 계산하는 공식은 없다. 이 절에서는 임의의 n차 정방행렬의 역행렬을 구하는 방법을 알아본다.

행 연산과 기본행렬

정의 4-1 기본행렬

단위행렬의 두 행을 교환하거나, 한 행에 0이 아닌 상수를 곱하거나, 한 행의 상수배를 다른 행에 더하여 만든 행렬을 **기본행렬**elementary matrix이라 한다.

다음은 단위행렬 $I_3=\begin{bmatrix}1&0&0\\0&1&0\\0&0&1\end{bmatrix}$로부터 만든 기본행렬의 예이다.

$$E_1=\begin{bmatrix}0&1&0\\1&0&0\\0&0&1\end{bmatrix},\quad E_2=\begin{bmatrix}1&0&0\\0&1&0\\0&0&5\end{bmatrix},\quad E_3=\begin{bmatrix}1&0&0\\0&1&0\\-4&0&1\end{bmatrix}$$

E_1은 I_3의 1행과 2행을 서로 교환해서 만든 기본행렬이다.

E_2는 I_3의 3행에 5를 곱해서 만든 기본행렬이다.

E_3는 I_3의 1행의 -4배를 3행에 더하여 만든 기본행렬이다.

[정리 2-1]의 동치인 연립선형방정식을 만드는 세 가지 연산은 다음과 같다.

(1) 두 선형방정식의 위치를 교환하는 것

(2) 선형방정식의 양변에 0이 아닌 상수를 곱하는 것

(3) 특정 선형방정식의 0이 아닌 상수배를 다른 선형방정식에 더하는 것

이들 연산은 각각 기본행렬의 곱으로 수행할 수 있다. 예를 들어, 다음과 같은 3×3 행렬 A, 3×1 벡터 $\boldsymbol{x}$와 $\boldsymbol{b}$에 대한 행렬방정식 $A\boldsymbol{x}=\boldsymbol{b}$가 있다고 하자.

$$A=\begin{bmatrix} a & b & c \\ d & e & f \\ g & h & i \end{bmatrix}, \quad \boldsymbol{x}=\begin{bmatrix} x_1 \\ x_2 \\ x_3 \end{bmatrix}, \quad \boldsymbol{b}=\begin{bmatrix} b_1 \\ b_2 \\ b_3 \end{bmatrix}$$

E_1을 $A\boldsymbol{x}=\boldsymbol{b}$의 양변 앞에 곱해보자.

$$E_1A\boldsymbol{x}=E_1\boldsymbol{b} \quad \Rightarrow \quad \begin{bmatrix} 0 & 1 & 0 \\ 1 & 0 & 0 \\ 0 & 0 & 1 \end{bmatrix}\begin{bmatrix} a & b & c \\ d & e & f \\ g & h & i \end{bmatrix}\boldsymbol{x}=\begin{bmatrix} 0 & 1 & 0 \\ 1 & 0 & 0 \\ 0 & 0 & 1 \end{bmatrix}\begin{bmatrix} b_1 \\ b_2 \\ b_3 \end{bmatrix}$$

$$\Rightarrow \quad \begin{bmatrix} d & e & f \\ a & b & c \\ g & h & i \end{bmatrix}\boldsymbol{x}=\begin{bmatrix} b_2 \\ b_1 \\ b_3 \end{bmatrix}$$

E_1을 양변에 곱하면, 1행과 2행을 교환하는 것과 같은 결과를 얻는다.

다음으로 E_2를 $A\boldsymbol{x}=\boldsymbol{b}$의 양변 앞에 곱해보자.

$$E_2A\boldsymbol{x}=E_2\boldsymbol{b} \quad \Rightarrow \quad \begin{bmatrix} 1 & 0 & 0 \\ 0 & 1 & 0 \\ 0 & 0 & 5 \end{bmatrix}\begin{bmatrix} a & b & c \\ d & e & f \\ g & h & i \end{bmatrix}\boldsymbol{x}=\begin{bmatrix} 1 & 0 & 0 \\ 0 & 1 & 0 \\ 0 & 0 & 5 \end{bmatrix}\begin{bmatrix} b_1 \\ b_2 \\ b_3 \end{bmatrix}$$

$$\Rightarrow \quad \begin{bmatrix} a & b & c \\ d & e & f \\ 5g & 5h & 5i \end{bmatrix}\boldsymbol{x}=\begin{bmatrix} b_1 \\ b_2 \\ 5b_3 \end{bmatrix}$$

E_2를 양변에 곱하면, 3행을 5배하는 것과 같은 결과를 얻는다.

마지막으로 E_3를 $A\boldsymbol{x}=\boldsymbol{b}$의 양변 앞에 곱해보자.

$$E_3A\boldsymbol{x}=E_3\boldsymbol{b} \quad \Rightarrow \quad \begin{bmatrix} 1 & 0 & 0 \\ 0 & 1 & 0 \\ -4 & 0 & 1 \end{bmatrix}\begin{bmatrix} a & b & c \\ d & e & f \\ g & h & i \end{bmatrix}\boldsymbol{x}=\begin{bmatrix} 1 & 0 & 0 \\ 0 & 1 & 0 \\ -4 & 0 & 1 \end{bmatrix}\begin{bmatrix} b_1 \\ b_2 \\ b_3 \end{bmatrix}$$

$$\Rightarrow \quad \begin{bmatrix} a & b & c \\ d & e & f \\ g-4a & h-4b & i-4c \end{bmatrix}\boldsymbol{x}=\begin{bmatrix} b_1 \\ b_2 \\ b_3-4b_1 \end{bmatrix}$$

E_3를 양변에 곱하면, 1행의 -4배를 3행에 더하는 것과 같은 결과를 얻는다.

따라서 다음 [정리 4-1]이 성립한다.

정리 4-1 기본행렬과 행 연산

행렬방정식의 양변에 기본행렬을 곱하는 것은 동치인 연립선형방정식을 만드는 연산을 하는 것과 같다.

예제 4-1 기본행렬

4×4 행렬에 대하여, 다음 행 연산에 대응하는 기본행렬을 구하라.

(a) 1행과 3행을 교환하는 연산

(b) 3행을 3배로 만드는 연산

(c) 1행의 2배를 3행에 더하여 3행을 교체하는 연산

Tip

행을 교환하는 연산은 단위행렬의 행을 교환하고, 행을 상수배하는 연산은 단위행렬의 해당 행을 상수배하고, 행을 상수배하여 더하는 연산은 단위행렬의 한 행을 상수배하여 다른 행에 더하면 된다.

풀이

(a) $\begin{bmatrix} 0 & 0 & 1 & 0 \\ 0 & 1 & 0 & 0 \\ 1 & 0 & 0 & 0 \\ 0 & 0 & 0 & 1 \end{bmatrix}$ (b) $\begin{bmatrix} 1 & 0 & 0 & 0 \\ 0 & 1 & 0 & 0 \\ 0 & 0 & 3 & 0 \\ 0 & 0 & 0 & 1 \end{bmatrix}$ (c) $\begin{bmatrix} 1 & 0 & 0 & 0 \\ 0 & 1 & 0 & 0 \\ 2 & 0 & 1 & 0 \\ 0 & 0 & 0 & 1 \end{bmatrix}$

정리 4-2 기본행렬의 역행렬

기본행렬은 가역행렬이며, 기본행렬의 역행렬은 기본행렬이다.

증명

엄밀한 증명은 아니지만, 편의상 3×3 기본행렬을 예로 들어 [정리 4-2]를 증명한다. 기본행렬은 행을 교환하는 것, 행을 상수배하는 것, 한 행의 상수배를 다른 행에 더하는 것으로 나눠볼 수 있다. 각 경우에 대한 역행렬의 형태와 가역성 여부를 살펴보자.

■ **두 행을 교환하는 기본행렬**

단위행렬의 두 행(1행과 2행)을 교환하는 기본행렬 E_1의 역행렬 E_1^{-1}는 다음과 같다.

$$E_1 = \begin{bmatrix} 0 & 1 & 0 \\ 1 & 0 & 0 \\ 0 & 0 & 1 \end{bmatrix}, \quad E_1^{-1} = \begin{bmatrix} 0 & 1 & 0 \\ 1 & 0 & 0 \\ 0 & 0 & 1 \end{bmatrix}$$

$E_1 E_1^{-1} = E_1^{-1} E_1 = I_3$이므로, E_1의 역행렬이 존재하고, $E_1^{-1} = E_1$이다. 즉 두 행을

교환하는 기본행렬의 역행렬은 그 두 행을 다시 교환하는 행렬이다. 즉 두 행을 서로 교환한 다음, 다시 해당 두 행을 서로 교환하면 원래 행렬이 된다. 역행렬 E_1^{-1}는 E_1과 같기 때문에, E_1^{-1}도 기본행렬이다.

■ **한 행을 상수배하는 기본행렬**

단위행렬의 3행을 a배하는 기본행렬 E_2의 역행렬 E_2^{-1}는 다음과 같다.

$$E_2 = \begin{bmatrix} 1 & 0 & 0 \\ 0 & 1 & 0 \\ 0 & 0 & a \end{bmatrix}, \quad E_2^{-1} = \begin{bmatrix} 1 & 0 & 0 \\ 0 & 1 & 0 \\ 0 & 0 & \dfrac{1}{a} \end{bmatrix}$$

$E_2E_2^{-1} = E_2^{-1}E_2 = I_3$이므로, E_2의 역행렬이 존재한다. 즉 한 행을 a배하는 기본행렬의 역행렬은 그 행을 $\dfrac{1}{a}$배하는 행렬이다. 따라서 역행렬 E_2^{-1}도 기본행렬이다.

■ **한 행의 상수배를 다른 행에 더하는 기본행렬**

단위행렬의 1행의 a배를 3행에 더해서 만든 기본행렬 E_3의 역행렬 E_3^{-1}는 다음과 같다.

$$E_3 = \begin{bmatrix} 1 & 0 & 0 \\ 0 & 1 & 0 \\ a & 0 & 1 \end{bmatrix}, \quad E_3^{-1} = \begin{bmatrix} 1 & 0 & 0 \\ 0 & 1 & 0 \\ -a & 0 & 1 \end{bmatrix}$$

$E_3E_3^{-1} = E_3^{-1}E_3 = I_3$이므로, E_3의 역행렬이 존재한다. 즉 한 행의 a배를 다른 행에 더하여 만든 기본행렬의 역행렬은 더해지는 행에서 더한 행의 a배를 빼는 행렬이다. 따라서 역행렬 E_3^{-1}도 기본행렬이다.

그러므로 모든 기본행렬은 가역행렬이며, 기본행렬의 역행렬은 기본행렬이다.

■

예제 4-2 **기본행렬의 역행렬**

다음 기본행렬의 역행렬을 구하라.

$$E_1 = \begin{bmatrix} 0 & 1 & 0 & 0 \\ 1 & 0 & 0 & 0 \\ 0 & 0 & 1 & 0 \\ 0 & 0 & 0 & 1 \end{bmatrix}, \quad E_2 = \begin{bmatrix} 1 & 0 & 0 & 0 \\ 0 & 1 & 0 & 0 \\ 0 & 0 & 5 & 0 \\ 0 & 0 & 0 & 1 \end{bmatrix}, \quad E_3 = \begin{bmatrix} 1 & 0 & 0 & 0 \\ 0 & 1 & 0 & 0 \\ 0 & 0 & 1 & 0 \\ 2 & 0 & 0 & 1 \end{bmatrix}$$

Tip
직접 계산하지 않고, [정리 4-2]의 증명을 참고하여 바로 구한다.

풀이

E_1은 단위행렬의 1행과 2행을 교환하는 기본행렬이므로, E_1^{-1}는 E_1과 동일한 형태를 갖는다.

$$E_1^{-1} = \begin{bmatrix} 0 & 1 & 0 & 0 \\ 1 & 0 & 0 & 0 \\ 0 & 0 & 1 & 0 \\ 0 & 0 & 0 & 1 \end{bmatrix}$$

E_2는 단위행렬의 3행을 5배하는 것으로, E_2^{-1}는 3행을 $\frac{1}{5}$배하는 기본행렬이다.

$$E_2^{-1} = \begin{bmatrix} 1 & 0 & 0 & 0 \\ 0 & 1 & 0 & 0 \\ 0 & 0 & \frac{1}{5} & 0 \\ 0 & 0 & 0 & 1 \end{bmatrix}$$

E_3는 단위행렬의 1행의 2배를 4행에 더하는 것으로, E_3^{-1}는 1행의 2배를 4행에서 빼는 기본행렬이다.

$$E_3^{-1} = \begin{bmatrix} 1 & 0 & 0 & 0 \\ 0 & 1 & 0 & 0 \\ 0 & 0 & 1 & 0 \\ -2 & 0 & 0 & 1 \end{bmatrix}$$

정의 4-2 행 동치

행렬 A와 B에 대하여, A를 B로 바꾸는 다음과 같은 일련의 기본행렬 $E_1, E_2, \cdots, E_n$이 있으면, A와 B는 **행 동치** row equivalence 라고 하며, $A \sim B$로 표기한다.

$$B = E_n E_{n-1} \cdots E_1 A$$

예제 4-3 행 동치

행렬 A와 B가 행 동치인지 보여라.

$$A = \begin{bmatrix} 3 & 15 \\ 2 & 10 \end{bmatrix}, \quad B = \begin{bmatrix} 1 & 5 \\ 0 & 0 \end{bmatrix}$$

> **Tip**
> A를 B로 변환하는 일련의 기본행렬을 찾는다.

풀이

행렬 A의 앞에 다음과 같은 기본행렬 E_1, E_2, E_3를 순차적으로 곱하면 B와 같아진다.

$$E_1 = \begin{bmatrix} \frac{1}{3} & 0 \\ 0 & 1 \end{bmatrix}, \quad E_2 = \begin{bmatrix} 1 & 0 \\ 0 & \frac{1}{2} \end{bmatrix}, \quad E_3 = \begin{bmatrix} 1 & 0 \\ -1 & 1 \end{bmatrix},$$

$$E_3 E_2 E_1 A = \begin{bmatrix} 1 & 0 \\ -1 & 1 \end{bmatrix} \begin{bmatrix} 1 & 0 \\ 0 & \frac{1}{2} \end{bmatrix} \begin{bmatrix} \frac{1}{3} & 0 \\ 0 & 1 \end{bmatrix} \begin{bmatrix} 3 & 15 \\ 2 & 10 \end{bmatrix} = \begin{bmatrix} 1 & 5 \\ 0 & 0 \end{bmatrix} = B$$

따라서 A와 B는 행 동치이다.

행 연산을 이용한 역행렬 계산

정리 4-3 기본행렬 곱에 의한 역행렬 계산

행렬 A를 단위행렬 I로 변환하는 일련의 기본행렬의 곱 $E_n \cdots E_2 E_1$은 A의 역행렬 A^{-1}이다.

증명

정방행렬 A의 앞에 일련의 기본행렬을 곱해서 만든 행렬이 최종적으로 단위행렬 I가 된다고 하자.

$$A \to A_1 \to A_2 \to \cdots \to A_n = I$$

각 단계에서 적용되는 기본행렬을 E_i라고 하면, 이들 행렬은 다음과 같이 나타낼 수 있다.

$$\begin{aligned} A_1 &= E_1 A \\ A_2 &= E_2 A_1 = E_2 E_1 A \\ A_3 &= E_3 A_2 = E_3 E_2 E_1 A \\ &\vdots \\ A_n &= E_n A_{n-1} = E_n \cdots E_2 E_1 A = I \end{aligned}$$

마지막 줄은 $E_n \cdots E_2 E_1 A = I$를 나타내는데, 이는 $A^{-1} = E_n \cdots E_2 E_1$임을 의미한다. 따라서 행렬 A를 단위행렬로 변환하는 일련의 기본행렬의 곱 $E_n \cdots E_2 E_1$은 A의 역행렬이다.

■

예제 4-4 기본행렬의 곱을 이용한 역행렬 계산

다음 기본행렬 E_1, E_2, E_3, E_4를 순서대로 행렬 A의 앞에 곱한 다음, A의 역행렬을 구하라.

$$A = \begin{bmatrix} -2 & 4 \\ 5 & -14 \end{bmatrix}, \quad E_1 = \begin{bmatrix} -\frac{1}{2} & 0 \\ 0 & 1 \end{bmatrix}, \quad E_2 = \begin{bmatrix} 1 & 0 \\ -5 & 1 \end{bmatrix},$$

$$E_3 = \begin{bmatrix} 1 & 0 \\ 0 & -\frac{1}{4} \end{bmatrix}, \quad E_4 = \begin{bmatrix} 1 & 2 \\ 0 & 1 \end{bmatrix}$$

Tip 기본행렬을 순서대로 행렬 A에 곱한 결과가 단위행렬인 것을 확인하면, 이들 기본행렬의 곱이 A의 역행렬이다.

풀이

기본행렬 E_1, E_2, E_3, E_4를 순서대로 행렬 A의 앞에 곱해보자.

$$E_4E_3E_2E_1A = \begin{bmatrix}1 & 2\\0 & 1\end{bmatrix}\begin{bmatrix}1 & 0\\0 & -\frac{1}{4}\end{bmatrix}\begin{bmatrix}1 & 0\\-5 & 1\end{bmatrix}\begin{bmatrix}-\frac{1}{2} & 0\\0 & 1\end{bmatrix}\begin{bmatrix}-2 & 4\\5 & -14\end{bmatrix}$$

$$= \frac{1}{8}\begin{bmatrix}-14 & -4\\-5 & -2\end{bmatrix}\begin{bmatrix}-2 & 4\\5 & -14\end{bmatrix} = \begin{bmatrix}1 & 0\\0 & 1\end{bmatrix}$$

행렬 A에 이들 기본행렬을 곱하면 단위행렬이 된다.

그러므로 기본행렬의 곱인 $E_4E_3E_2E_1$은 A의 역행렬 A^{-1}이다.

$$A^{-1} = E_4E_3E_2E_1 = \frac{1}{8}\begin{bmatrix}-14 & -4\\-5 & -2\end{bmatrix}$$

정리 4-4 행 연산에 의한 역행렬 계산

정방행렬 A에 대하여, 첨가행렬 $[A \mid I]$의 A 부분이 단위행렬 I가 되도록 행 연산한 결과로 만들어지는 $[I \mid B]$에서 B는 A의 역행렬 A^{-1}이다.

증명

[정리 4-3]에 따르면 행렬 v를 단위행렬로 변환하기 위해 A에 곱하는 기본행렬의 곱이 A의 역행렬 A^{-1}이다. 역행렬 A^{-1}를 별도로 계산하기 위해, 행 연산 과정에서 A에 곱하는 기본행렬을 다음과 같은 순서로 단위행렬 I에도 곱한다.

$$[E_nE_{n-1}\cdots E_2E_1A \quad | \quad E_nE_{n-1}\cdots E_2E_1I]$$

일련의 기본행렬 곱을 통해 왼쪽 부분인 $E_nE_{n-1}\cdots E_2E_1A = I$가 될 때, 오른쪽 부분에 있는 $E_nE_{n-1}\cdots E_2E_1I$는 A의 역행렬 A^{-1}가 된다.

기본행렬을 곱하는 것은 행 연산을 하는 것과 같기 때문에, 첨가행렬 $[A \mid I]$의 A 부분이 I가 되도록 행 연산을 한 결과인 $[I \mid B]$에서 B는 A의 역행렬 A^{-1}가 된다.

■

행렬 $A = \begin{bmatrix}1 & 2\\3 & 4\end{bmatrix}$에 대한 첨가행렬 $[A \mid I]$에 행 연산을 하여 역행렬을 구해보자. 우선 $[A \mid I]$ 형태의 첨가행렬을 만든다.

$$\left[\begin{array}{cc|cc}1 & 2 & 1 & 0\\3 & 4 & 0 & 1\end{array}\right]$$

다음과 같이 A를 단위행렬 I로 변환하는 행 연산을 한다.

$$\left[\begin{array}{cc|cc} 1 & 2 & 1 & 0 \\ 3 & 4 & 0 & 1 \end{array}\right] \xrightarrow{\left(R_2 \leftarrow \frac{1}{3}R_2\right)} \left[\begin{array}{cc|cc} 1 & 2 & 1 & 0 \\ 1 & \frac{4}{3} & 0 & \frac{1}{3} \end{array}\right]$$

$$\xrightarrow{(R_2 \leftarrow -R_1 + R_2)} \left[\begin{array}{cc|cc} 1 & 2 & 1 & 0 \\ 0 & -\frac{2}{3} & -1 & \frac{1}{3} \end{array}\right]$$

$$\xrightarrow{\left(R_2 \leftarrow -\frac{3}{2}R_2\right)} \left[\begin{array}{cc|cc} 1 & 2 & 1 & 0 \\ 0 & 1 & \frac{3}{2} & -\frac{1}{2} \end{array}\right]$$

$$\xrightarrow{(R_1 \leftarrow -2R_2 + R_1)} \left[\begin{array}{cc|cc} 1 & 0 & -2 & 1 \\ 0 & 1 & \frac{3}{2} & -\frac{1}{2} \end{array}\right]$$

따라서 A의 역행렬은 $\begin{bmatrix} -2 & 1 \\ \frac{3}{2} & -\frac{1}{2} \end{bmatrix}$이다.

한편, 2×2 행렬에 대한 역행렬 공식으로 역행렬을 계산하면 다음과 같다.

$$\frac{1}{ad-bc}\begin{bmatrix} d & -b \\ -c & a \end{bmatrix} = -\frac{1}{2}\begin{bmatrix} 4 & -2 \\ -3 & 1 \end{bmatrix} = \begin{bmatrix} -2 & 1 \\ \frac{3}{2} & -\frac{1}{2} \end{bmatrix}$$

따라서 행 연산을 통해 계산한 결과와 역행렬 공식을 통해 계산한 결과는 같다.

예제 4-5 참가행렬의 행 연산을 통한 역행렬 계산

행렬 $A = \begin{bmatrix} 1 & 3 & 3 \\ 1 & 4 & 3 \\ 1 & 3 & 4 \end{bmatrix}$에 행 연산을 하여 역행렬을 구하라.

Tip

$[A \mid I]$ 형태의 첨가행렬로 표현한 다음, A가 단위행렬 I가 되도록 행 연산을 한다.

풀이

먼저 첨가행렬 $[A \mid I]$를 다음과 같이 만든다.

$$\left[\begin{array}{ccc|ccc} 1 & 3 & 3 & 1 & 0 & 0 \\ 1 & 4 & 3 & 0 & 1 & 0 \\ 1 & 3 & 4 & 0 & 0 & 1 \end{array}\right]$$

첨가행렬에서 A 부분이 단위행렬이 되도록 행 연산을 한다.

$$\left[\begin{array}{ccc|ccc} 1 & 3 & 3 & 1 & 0 & 0 \\ 1 & 4 & 3 & 0 & 1 & 0 \\ 1 & 3 & 4 & 0 & 0 & 1 \end{array}\right] \xrightarrow{(R_2 \leftarrow -R_1 + R_2)} \left[\begin{array}{ccc|ccc} 1 & 3 & 3 & 1 & 0 & 0 \\ 0 & 1 & 0 & -1 & 1 & 0 \\ 1 & 3 & 4 & 0 & 0 & 1 \end{array}\right]$$

$$\xrightarrow{(R_3 \leftarrow -R_1 + R_3)} \left[\begin{array}{ccc|ccc} 1 & 3 & 3 & 1 & 0 & 0 \\ 0 & 1 & 0 & -1 & 1 & 0 \\ 0 & 0 & 1 & -1 & 0 & 1 \end{array}\right]$$

$$\xrightarrow{(R_1 \leftarrow -3R_2 + R_1)} \left[\begin{array}{ccc|ccc} 1 & 0 & 3 & 4 & -3 & 0 \\ 0 & 1 & 0 & -1 & 1 & 0 \\ 0 & 0 & 1 & -1 & 0 & 1 \end{array}\right]$$

$$\xrightarrow{(R_1 \leftarrow -3R_3 + R_1)} \left[\begin{array}{ccc|ccc} 1 & 0 & 0 & 7 & -3 & -3 \\ 0 & 1 & 0 & -1 & 1 & 0 \\ 0 & 0 & 1 & -1 & 0 & 1 \end{array}\right]$$

첨가행렬의 왼쪽 부분이 단위행렬 I이므로, 오른쪽 부분이 A의 역행렬이 된다.

$$A^{-1} = \begin{bmatrix} 7 & -3 & -3 \\ -1 & 1 & 0 \\ -1 & 0 & 1 \end{bmatrix}$$

SECTION

4.2 역행렬의 활용

연립선형방정식의 풀이법

정리 4-5 역행렬과 연립선형방정식의 해

연립선형방정식을 나타내는 행렬방정식 $Ax = b$에서 A가 가역인 n차 정방행렬이고 b가 $n \times 1$ 행렬일 때, $x = A^{-1}b$는 유일한 해이다.

증명

A가 가역이면 역행렬 A^{-1}가 존재한다. $Ax = b$의 양변 앞에 A^{-1}를 곱하자.

$$A^{-1}Ax = A^{-1}b \quad \Rightarrow \quad Ix = A^{-1}b$$
$$\Rightarrow \quad x = A^{-1}b$$

따라서 $Ax = b$의 해는 $x = A^{-1}b$이다. 이제 $Ax = b$의 해가 유일함을 보이자. 다음과 같이 두 개의 해 x_1과 x_2가 있다고 가정하고 이들이 같음을 보이면 된다.

$$Ax_1 = b, \quad Ax_2 = b$$

각 행렬방정식의 양변 앞에 역행렬 A^{-1}를 곱하여 다음과 같이 x_1과 x_2를 계산한다.

$$A^{-1}Ax_1 = A^{-1}b \quad \Rightarrow \quad x_1 = A^{-1}b$$
$$A^{-1}Ax_2 = A^{-1}b \quad \Rightarrow \quad x_2 = A^{-1}b$$

따라서 $x_1 = x_2 = A^{-1}b$이므로, $x = A^{-1}b$는 유일한 해이다.

■

예제 4-6 역행렬을 이용한 연립선형방정식의 풀이

역행렬을 이용해 다음 연립선형방정식의 해를 구하라.

$$\begin{cases} 2x_1 - x_2 + x_3 = -2 \\ x_1 + 3x_2 - x_3 = 10 \\ x_1 + 2x_3 = -8 \end{cases}$$

> **Tip**
> 연립선형방정식을 행렬방정식으로 표현한 다음, 계수행렬의 역행렬을 구해서 해를 구한다.

풀이

우선 연립선형방정식을 다음과 같이 행렬방정식 $A\boldsymbol{x} = \boldsymbol{b}$의 형태로 표현한다.

$$\begin{bmatrix} 2 & -1 & 1 \\ 1 & 3 & -1 \\ 1 & 0 & 2 \end{bmatrix}\begin{bmatrix} x_1 \\ x_2 \\ x_3 \end{bmatrix} = \begin{bmatrix} -2 \\ 10 \\ -8 \end{bmatrix}$$

행 연산을 통해 계수행렬 $A = \begin{bmatrix} 2 & -1 & 1 \\ 1 & 3 & -1 \\ 1 & 0 & 2 \end{bmatrix}$의 역행렬을 구해보자.

먼저 첨가행렬 형태 $[A \mid I]$로 표현하면 다음과 같다.

$$\left[\begin{array}{ccc|ccc} 2 & -1 & 1 & 1 & 0 & 0 \\ 1 & 3 & -1 & 0 & 1 & 0 \\ 1 & 0 & 2 & 0 & 0 & 1 \end{array}\right]$$

행 연산을 적용하여 계수행렬 부분을 단위행렬로 변환한다.

$$\left[\begin{array}{ccc|ccc} 2 & -1 & 1 & 1 & 0 & 0 \\ 1 & 3 & -1 & 0 & 1 & 0 \\ 1 & 0 & 2 & 0 & 0 & 1 \end{array}\right] \xrightarrow{\left(R_1 \leftarrow \frac{1}{2}R_1\right)} \left[\begin{array}{ccc|ccc} 1 & -\frac{1}{2} & \frac{1}{2} & \frac{1}{2} & 0 & 0 \\ 1 & 3 & -1 & 0 & 1 & 0 \\ 1 & 0 & 2 & 0 & 0 & 1 \end{array}\right]$$

$$\xrightarrow{(R_2 \leftarrow -R_1 + R_2)} \left[\begin{array}{ccc|ccc} 1 & -\frac{1}{2} & \frac{1}{2} & \frac{1}{2} & 0 & 0 \\ 0 & \frac{7}{2} & -\frac{3}{2} & -\frac{1}{2} & 1 & 0 \\ 1 & 0 & 2 & 0 & 0 & 1 \end{array}\right]$$

$$\xrightarrow{(R_3 \leftarrow -R_1 + R_3)} \left[\begin{array}{ccc|ccc} 1 & -\frac{1}{2} & \frac{1}{2} & \frac{1}{2} & 0 & 0 \\ 0 & \frac{7}{2} & -\frac{3}{2} & -\frac{1}{2} & 1 & 0 \\ 0 & \frac{1}{2} & \frac{3}{2} & -\frac{1}{2} & 0 & 1 \end{array}\right]$$

$$\xrightarrow{(R_1 \leftarrow R_3 + R_1)} \left[\begin{array}{ccc|ccc} 1 & 0 & 2 & 0 & 0 & 1 \\ 0 & \frac{7}{2} & -\frac{3}{2} & -\frac{1}{2} & 1 & 0 \\ 0 & \frac{1}{2} & \frac{3}{2} & -\frac{1}{2} & 0 & 1 \end{array}\right]$$

$$\xrightarrow{\left(R_2 \leftarrow \frac{2}{7}R_2\right)} \left[\begin{array}{ccc|ccc} 1 & 0 & 2 & 0 & 0 & 1 \\ 0 & 1 & -\frac{3}{7} & -\frac{1}{7} & \frac{2}{7} & 0 \\ 0 & \frac{1}{2} & \frac{3}{2} & -\frac{1}{2} & 0 & 1 \end{array}\right]$$

$$\xrightarrow{\left(R_3 \leftarrow -\frac{1}{2}R_2 + R_3\right)} \left[\begin{array}{ccc|ccc} 1 & 0 & 2 & 0 & 0 & 1 \\ 0 & 1 & -\frac{3}{7} & -\frac{1}{7} & \frac{2}{7} & 0 \\ 0 & 0 & \frac{12}{7} & -\frac{3}{7} & -\frac{1}{7} & 1 \end{array}\right]$$

$$\xrightarrow{\left(R_3 \leftarrow \frac{7}{12}R_3\right)} \left[\begin{array}{ccc|ccc} 1 & 0 & 2 & 0 & 0 & 1 \\ 0 & 1 & -\frac{3}{7} & -\frac{1}{7} & \frac{2}{7} & 0 \\ 0 & 0 & 1 & -\frac{1}{4} & -\frac{1}{12} & \frac{7}{12} \end{array}\right]$$

$$\xrightarrow{(R_1 \leftarrow -2R_3 + R_1)} \left[\begin{array}{ccc|ccc} 1 & 0 & 0 & \frac{1}{2} & \frac{1}{6} & -\frac{1}{6} \\ 0 & 1 & -\frac{3}{7} & -\frac{1}{7} & \frac{2}{7} & 0 \\ 0 & 0 & 1 & -\frac{1}{4} & -\frac{1}{12} & \frac{7}{12} \end{array}\right]$$

$$\xrightarrow{\left(R_2 \leftarrow \frac{3}{7}R_3 + R_2\right)} \left[\begin{array}{ccc|ccc} 1 & 0 & 0 & \frac{1}{2} & \frac{1}{6} & -\frac{1}{6} \\ 0 & 1 & 0 & -\frac{1}{4} & \frac{1}{4} & \frac{1}{4} \\ 0 & 0 & 1 & -\frac{1}{4} & -\frac{1}{12} & \frac{7}{12} \end{array}\right]$$

따라서 $A^{-1} = \begin{bmatrix} \frac{1}{2} & \frac{1}{6} & -\frac{1}{6} \\ -\frac{1}{4} & \frac{1}{4} & \frac{1}{4} \\ -\frac{1}{4} & -\frac{1}{12} & \frac{7}{12} \end{bmatrix}$이다.

행렬방정식 $A\boldsymbol{x} = \boldsymbol{b}$의 양변 앞에 다음과 같이 A^{-1}를 곱한다.

$$A^{-1}A\boldsymbol{x} = A^{-1}\boldsymbol{b} \quad \Rightarrow \quad \begin{bmatrix} \frac{1}{2} & \frac{1}{6} & -\frac{1}{6} \\ -\frac{1}{4} & \frac{1}{4} & \frac{1}{4} \\ -\frac{1}{4} & -\frac{1}{12} & \frac{7}{12} \end{bmatrix} \begin{bmatrix} 2 & -1 & 1 \\ 1 & 3 & -1 \\ 1 & 0 & 2 \end{bmatrix} \begin{bmatrix} x_1 \\ x_2 \\ x_3 \end{bmatrix} = \begin{bmatrix} \frac{1}{2} & \frac{1}{6} & -\frac{1}{6} \\ -\frac{1}{4} & \frac{1}{4} & \frac{1}{4} \\ -\frac{1}{4} & -\frac{1}{12} & \frac{7}{12} \end{bmatrix} \begin{bmatrix} -2 \\ 10 \\ -8 \end{bmatrix}$$

$$\Rightarrow \quad \begin{bmatrix} 1 & 0 & 0 \\ 0 & 1 & 0 \\ 0 & 0 & 1 \end{bmatrix} \begin{bmatrix} x_1 \\ x_2 \\ x_3 \end{bmatrix} = \begin{bmatrix} 2 \\ 1 \\ -5 \end{bmatrix}$$

$$\Rightarrow \begin{bmatrix} x_1 \\ x_2 \\ x_3 \end{bmatrix} = \begin{bmatrix} 2 \\ 1 \\ -5 \end{bmatrix}$$

그러므로 해는 $x_1 = 2$, $x_2 = 1$, $x_3 = -5$이다.

행렬방정식 $AB = C$의 풀이법

행렬방정식 $AB = C$에 대하여, 행렬 A와 C가 주어질 때 B를 구하는 문제를 생각해 보자. A가 가역행렬이라면, 행렬방정식의 양변 앞에 A^{-1}를 곱해서 다음과 같이 B를 구할 수 있다.

$$\begin{aligned} AB = C \quad &\Rightarrow \quad A^{-1}AB = A^{-1}C \\ &\Rightarrow \quad IB = A^{-1}C \\ &\Rightarrow \quad B = A^{-1}C \end{aligned}$$

예제 4-7 역행렬을 이용한 행렬방정식의 풀이

행렬 A와 C가 다음과 같이 주어질 때, $AB = C$를 만족하는 행렬 B를 A의 역행렬을 사용하여 구하라.

$$A = \begin{bmatrix} 1 & 2 & 3 \\ 2 & 5 & 3 \\ 1 & 0 & 8 \end{bmatrix}, \quad C = \begin{bmatrix} 2 & 3 & 4 \\ 1 & 5 & 6 \\ 4 & 2 & 1 \end{bmatrix}$$

Tip
역행렬을 구해 행렬방정식의 양변 앞에 곱한다.

풀이

먼저 첨가행렬 형태 $[A \mid I]$로 표현하면 다음과 같다.

$$[A \mid I] = \left[\begin{array}{ccc|ccc} 1 & 2 & 3 & 1 & 0 & 0 \\ 2 & 5 & 3 & 0 & 1 & 0 \\ 1 & 0 & 8 & 0 & 0 & 1 \end{array}\right]$$

행 연산을 적용하여 A를 단위행렬로 변환한다.

$$\left[\begin{array}{ccc|ccc} 1 & 2 & 3 & 1 & 0 & 0 \\ 2 & 5 & 3 & 0 & 1 & 0 \\ 1 & 0 & 8 & 0 & 0 & 1 \end{array}\right] \xrightarrow{(R_2 \leftarrow -2R_1 + R_2)} \left[\begin{array}{ccc|ccc} 1 & 2 & 3 & 1 & 0 & 0 \\ 0 & 1 & -3 & -2 & 1 & 0 \\ 1 & 0 & 8 & 0 & 0 & 1 \end{array}\right]$$

$$\xrightarrow{(R_3 \leftarrow -R_1 + R_3)} \left[\begin{array}{ccc|ccc} 1 & 2 & 3 & 1 & 0 & 0 \\ 0 & 1 & -3 & -2 & 1 & 0 \\ 0 & -2 & 5 & -1 & 0 & 1 \end{array}\right]$$

$$\xrightarrow{(R_3 \leftarrow 2R_2 + R_3)} \left[\begin{array}{ccc|ccc} 1 & 2 & 3 & 1 & 0 & 0 \\ 0 & 1 & -3 & -2 & 1 & 0 \\ 0 & 0 & -1 & -5 & 2 & 1 \end{array}\right]$$

$$\xrightarrow{(R_1 \leftarrow -2R_2 + R_1)} \left[\begin{array}{ccc|ccc} 1 & 0 & 9 & 5 & -2 & 0 \\ 0 & 1 & -3 & -2 & 1 & 0 \\ 0 & 0 & -1 & -5 & 2 & 1 \end{array}\right]$$

$$\xrightarrow{(R_3 \leftarrow -R_3)} \left[\begin{array}{ccc|ccc} 1 & 0 & 9 & 5 & -2 & 0 \\ 0 & 1 & -3 & -2 & 1 & 0 \\ 0 & 0 & 1 & 5 & -2 & -1 \end{array}\right]$$

$$\xrightarrow{(R_1 \leftarrow -9R_3 + R_1)} \left[\begin{array}{ccc|ccc} 1 & 0 & 0 & -40 & 16 & 9 \\ 0 & 1 & -3 & -2 & 1 & 0 \\ 0 & 0 & 1 & 5 & -2 & -1 \end{array}\right]$$

$$\xrightarrow{(R_2 \leftarrow 3R_3 + R_2)} \left[\begin{array}{ccc|ccc} 1 & 0 & 0 & -40 & 16 & 9 \\ 0 & 1 & 0 & 13 & -5 & -3 \\ 0 & 0 & 1 & 5 & -2 & -1 \end{array}\right]$$

따라서 $A^{-1} = \begin{bmatrix} -40 & 16 & 9 \\ 13 & -5 & -3 \\ 5 & -2 & -1 \end{bmatrix}$이다.

$B = A^{-1}C$의 관계를 사용하여 B를 계산하면 다음과 같다.

$$B = A^{-1}C = \begin{bmatrix} -40 & 16 & 9 \\ 13 & -5 & -3 \\ 5 & -2 & -1 \end{bmatrix} \begin{bmatrix} 2 & 3 & 4 \\ 1 & 5 & 6 \\ 4 & 2 & 1 \end{bmatrix} = \begin{bmatrix} -28 & -22 & -55 \\ 9 & 8 & 19 \\ 4 & 3 & 7 \end{bmatrix}$$

예제 4-8 비가역행렬에 대한 행렬방정식의 해

행렬 A와 C가 다음과 같이 주어질 때, $AB = C$를 만족하는 행렬 B가 존재하는지 A의 역행렬을 사용하여 확인하라.

> **Tip**
> 행렬 A의 역행렬의 존재 유무를 확인한다.

$$A = \begin{bmatrix} 4 & 3 \\ 8 & 6 \end{bmatrix}, \quad C = \begin{bmatrix} 1 & 3 \\ 8 & 6 \end{bmatrix}$$

풀이

먼저 행렬 A의 역행렬이 존재하는지 확인하자.

2×2 행렬 $\begin{bmatrix} a & b \\ c & d \end{bmatrix}$의 역행렬은 $\begin{bmatrix} a & b \\ c & d \end{bmatrix}^{-1} = \dfrac{1}{ad-bc} \begin{bmatrix} d & -b \\ -c & a \end{bmatrix}$인데, A에 대해 $ad - bc = (4)(6) - (3)(8) = 0$이므로 A의 역행렬은 존재하지 않는다. 따라서 행렬방정식 $AB = C$의 해는 A의 역행렬을 사용하여 구할 수 없다. 실제로 이 행렬방정식을 만족하는 B는 존재하지 않는다.

동차 연립선형방정식

정의 4-3 동차 연립선형방정식

$Ax = 0$ 형태의 연립선형방정식을 **동차 연립선형방정식**homogeneous system of linear equations이라 한다.

다음과 같이 상수항이 모두 0인 연립선형방정식을 동차 연립선형방정식이라 한다.

$$\begin{cases} x_1 + 2x_2 + x_3 = 0 \\ 3x_1 - x_2 - 3x_3 = 0 \\ 2x_1 + 3x_2 + x_3 = 0 \end{cases}$$

위 연립선형방정식을 행렬방정식으로 표현하면 다음과 같이 상수벡터가 영벡터이다.

$$\begin{bmatrix} 1 & 2 & 1 \\ 3 & -1 & -3 \\ 2 & 3 & 1 \end{bmatrix} \begin{bmatrix} x_1 \\ x_2 \\ x_3 \end{bmatrix} = \begin{bmatrix} 0 \\ 0 \\ 0 \end{bmatrix}$$

동차 연립선형방정식의 각 선형방정식은 좌표계에서 원점을 지난다. 따라서 동차 연립선형방정식은 항상 원점을 해로 갖는다.

정의 4-4 동차 연립선형방정식의 자명해

동차 연립선형방정식 $Ax = 0$에서 $x = 0$를 **자명해**trivial solution라 하고, $x \neq 0$인 해를 **비자명해**non-trivial solution라 한다.

연립선형방정식은 해를 갖지 않거나, 해를 하나만 갖거나, 무수히 많은 해를 갖는다. 그런데 동차 연립선형방정식은 반드시 자명해를 갖기 때문에, 자명해 하나만 갖거나 무수히 많은 해를 갖는다.

정리 4-6 가역행렬과 동차 연립선형방정식의 해

동차 연립선형방정식 $Ax = 0$에서 A가 가역이라면, 자명해만 존재한다.

증명

A가 가역행렬이라면 A^{-1}가 존재한다. A^{-1}를 $A\boldsymbol{x}=\mathbf{0}$의 양변 앞에 곱해보자.

$$A^{-1}A\boldsymbol{x}=A^{-1}\mathbf{0} \quad \Rightarrow \quad I\boldsymbol{x}=\mathbf{0}$$
$$\Rightarrow \quad \boldsymbol{x}=\mathbf{0}$$

따라서 A가 가역행렬이면, $A\boldsymbol{x}=\mathbf{0}$는 자명해 $\boldsymbol{x}=\mathbf{0}$만을 갖는다.

■

예제 4-9 동차 연립선형방정식의 해

다음 연립선형방정식의 해를 구하라.

$$\begin{cases} x_1+\ x_2+\ x_3=0 \\ 2x_1+3x_2+2x_3=0 \\ 3x_1+8x_2+2x_3=0 \end{cases}$$

Tip

연립선형방정식을 행렬방정식으로 표현한 다음, 계수행렬의 역행렬을 구해 행렬방정식의 양변 앞에 곱한다.

풀이

위 연립선형방정식을 행렬방정식으로 표현하면 다음과 같다.

$$\begin{bmatrix} 1 & 1 & 1 \\ 2 & 3 & 2 \\ 3 & 8 & 2 \end{bmatrix}\begin{bmatrix} x_1 \\ x_2 \\ x_3 \end{bmatrix}=\begin{bmatrix} 0 \\ 0 \\ 0 \end{bmatrix}$$

계수행렬의 역행렬을 구하면 다음과 같다.

$$\begin{bmatrix} 1 & 1 & 1 \\ 2 & 3 & 2 \\ 3 & 8 & 2 \end{bmatrix}^{-1}=\begin{bmatrix} 10 & -6 & 1 \\ -2 & 1 & 0 \\ -7 & 5 & -1 \end{bmatrix}$$

[정리 4-6]에 따라 위 연립선형방정식은 $x_1=0,\ x_2=0,\ x_3=0$인 자명해만을 갖는다.

정리 4-7 비자명해를 갖는 동차 연립선형방정식

미지수의 개수가 선형방정식의 개수보다 많은 동차 연립선형방정식 $A\boldsymbol{x}=\mathbf{0}$는 비자명해를 갖는다.

증명

동차 연립선형방정식 $A\boldsymbol{x}=\mathbf{0}$에서 미지수의 개수가 n이고 방정식의 개수가 m이라고 하자. 또한 계수행렬 A의 기약행 사다리꼴 행렬을 B라고 하자. 그러면 $A\boldsymbol{x}=\mathbf{0}$와 $B\boldsymbol{x}=\mathbf{0}$는 동치인 행렬방정식이므로, B에서 모든 성분이 0은 아닌 행의 개수 k는 방정식의 개수 m보다 작거나 같다. 가정에 의해 $m<n$이고 $k\le m$이므로, $k<n$이다. 따라서

$(n-k)$개의 미지수를 임의의 값으로 설정하여 $B\boldsymbol{x}=\mathbf{0}$를 만족하는 해를 찾을 수 있다. 따라서 자명해인 영벡터 $\mathbf{0}$뿐만 아니라 무수히 많은 비자명해를 갖는다.

■

예제 4-10 비자명해를 갖는 동차 연립선형방정식

다음 동차 연립선형방정식의 해를 구하라.

$$\begin{cases} x_1 + x_2 + x_3 - x_4 = 0 \\ x_1 \qquad\qquad\quad + x_4 = 0 \\ x_1 + 2x_2 + x_3 \qquad = 0 \end{cases}$$

> **Tip**
> 행 연산을 통해 첨가행렬을 기약행 사다리꼴 행렬로 변환하여 해를 구한다.

풀이

먼저 주어진 연립선형방정식을 첨가행렬로 표현한다.

$$\left[\begin{array}{cccc|c} 1 & 1 & 1 & -1 & 0 \\ 1 & 0 & 0 & 1 & 0 \\ 1 & 2 & 1 & 0 & 0 \end{array}\right]$$

위 첨가행렬을 다음과 같이 행 연산을 통해 기약행 사다리꼴 행렬로 변환한다.

$$\left[\begin{array}{cccc|c} 1 & 1 & 1 & -1 & 0 \\ 1 & 0 & 0 & 1 & 0 \\ 1 & 2 & 1 & 0 & 0 \end{array}\right] \xrightarrow{(R_2 \leftarrow -R_1 + R_2)} \left[\begin{array}{cccc|c} 1 & 1 & 1 & -1 & 0 \\ 0 & -1 & -1 & 2 & 0 \\ 1 & 2 & 1 & 0 & 0 \end{array}\right]$$

$$\xrightarrow{(R_3 \leftarrow -R_1 + R_3)} \left[\begin{array}{cccc|c} 1 & 1 & 1 & -1 & 0 \\ 0 & -1 & -1 & 2 & 0 \\ 0 & 1 & 0 & 1 & 0 \end{array}\right]$$

$$\xrightarrow{(R_2 \leftarrow -R_2)} \left[\begin{array}{cccc|c} 1 & 1 & 1 & -1 & 0 \\ 0 & 1 & 1 & -2 & 0 \\ 0 & 1 & 0 & 1 & 0 \end{array}\right]$$

$$\xrightarrow{(R_3 \leftarrow -R_2 + R_3)} \left[\begin{array}{cccc|c} 1 & 1 & 1 & -1 & 0 \\ 0 & 1 & 1 & -2 & 0 \\ 0 & 0 & -1 & 3 & 0 \end{array}\right]$$

$$\xrightarrow{(R_1 \leftarrow -R_2 + R_1)} \left[\begin{array}{cccc|c} 1 & 0 & 0 & 1 & 0 \\ 0 & 1 & 1 & -2 & 0 \\ 0 & 0 & -1 & 3 & 0 \end{array}\right]$$

$$\xrightarrow{(R_2 \leftarrow R_3 + R_2)} \left[\begin{array}{cccc|c} 1 & 0 & 0 & 1 & 0 \\ 0 & 1 & 0 & 1 & 0 \\ 0 & 0 & -1 & 3 & 0 \end{array}\right]$$

$$\xrightarrow{(R_3 \leftarrow -R_3)} \left[\begin{array}{cccc|c} 1 & 0 & 0 & 1 & 0 \\ 0 & 1 & 0 & 1 & 0 \\ 0 & 0 & 1 & -3 & 0 \end{array}\right]$$

마지막 첨가행렬에 대응하는 연립선형방정식은 다음과 같다.

$$\begin{cases} x_1 + \ \ x_4 = 0 \\ x_2 + \ \ x_4 = 0 \\ x_3 - 3x_4 = 0 \end{cases}$$

x_4에 자유변수 t를 대입하면 해는 다음과 같다.

$$x_1 = -t,\ x_2 = -t,\ x_3 = 3t,\ x_4 = t$$

$t = 0$일 때는 자명해에 해당하며, 임의의 t에 대해 항상 해가 존재하므로, 주어진 연립 선형방정식의 해는 무수히 많다.

정방행렬 A에 대하여, [정리 4-8]의 가역행렬 정리에 있는 각 명제는 서로 동치이다. 즉 이들 중 하나라도 성립하면, 나머지 명제도 모두 성립한다.

정리 4-8 가역행렬 정리 invertible matrix theorem

n차 정방행렬 A에 대하여, 다음 명제들은 동치이다.

(1) A는 가역행렬이다.
(2) A는 $n \times n$ 단위행렬 I_n과 행 동치이다.
(3) A는 n개의 추축성분을 갖는다.
(4) $A\boldsymbol{x} = \boldsymbol{0}$의 해는 자명해뿐이다.
(5) A의 열벡터들은 선형독립 linear independent 인 집합을 이룬다.
(6) $\mathbb{R}^n$의 벡터 $\boldsymbol{b}$에 대하여, $A\boldsymbol{x} = \boldsymbol{b}$는 항상 하나의 해를 갖는다.
(7) A의 열벡터들은 $\mathbb{R}^n$을 생성 span 한다.
(8) $CA = I$를 만족하는 $n \times n$ 행렬 C가 존재한다.
(9) $AD = I$를 만족하는 $n \times n$ 행렬 D가 존재한다.
(10) $A^\top$는 가역행렬이다.

증명

여기서는 이후에 학습할 선형독립, 생성 등의 개념을 다루므로, 위 동치 관계의 일부만을 증명한다.

(1) $\Rightarrow$ (2)

[정리 4-3]의 증명에 따라, A가 가역행렬이면 기본행렬의 곱을 통해 단위행렬로 변환할 수 있다. 따라서 A는 단위행렬 I_n과 행 동치이다.

(1) ⇒ (3)

[정리 4-4]의 증명에 따르면, A의 역행렬은 첨가행렬 $[A \mid I_n]$을 $[I_n \mid B]$로 변환할 때 B와 같다. 따라서 A를 기약행 사다리꼴 행렬로 변환하면 I_n이 되어야 하므로, A에는 n개의 추축성분이 있어야 한다.

(1) ⇒ (4)

[정리 4-5]에 따르면 가역행렬 A에 대하여, $A\boldsymbol{x} = \boldsymbol{0}$는 자명해만을 갖는다.

(1) ⇒ (5)

앞으로 다룰 [정리 5-16]에 의해 가역행렬의 행렬식은 0이 아니다. 또한 [정리 6-2]에 의해 행렬식이 0이 아니면 열벡터가 선형독립이다.

(1) ⇒ (6)

[정리 4-5]에 의해, A가 가역행렬이면 $A\boldsymbol{x} = \boldsymbol{b}$는 유일한 해를 갖는다.

(3) ⇒ (7)

앞으로 다룰 [정의 7-9]에 따르면 열공간의 차원이 계수rank이고, [정리 7-10]에 따르면 추축열의 개수가 행렬의 계수이므로, A의 열벡터들은 $\mathbb{R}^n$ 공간을 생성한다.

(1) ⇒ (8), (9)

A가 가역행렬이므로 A의 역행렬이 존재한다. 따라서 (8)과 (9)를 만족하는 행렬 C와 D는 A의 역행렬이다.

(1) ⇒ (10)

[정리 3-9]의 (5)에 의해서 A가 가역행렬이면, $A^{\top}$도 가역행렬이다.

■

Note [정리 4-8]의 가역행렬 정리에서 언급한 선형독립, 계수, 열공간, 생성 등의 개념은 앞으로 다룰 주제이다.

SECTION
4.3 LU 분해

$6 = 2 \cdot 3$ 또는 $x^2 - y^2 = (x-y)(x+y)$와 같이 정수나 수식을 다른 정수나 수식의 곱으로 표현하는 것을 **인수분해**factorization라고 한다. 마찬가지로 $A = BC$ 또는 $A = DEF$와 같이 행렬을 2개 이상의 행렬의 곱으로 나타내는 것을 **행렬 분해**matrix decomposition라 한다. 대표적인 행렬 분해 방법으로 LU 분해, QR 분해, 고윳값 분해, 촐레스키 분해, 특잇값 분해 등이 있다. 여기서는 LU 분해에 대해 알아본다.

LU 분해

정의 4-5 LU 분해

임의의 행렬 A를 하삼각행렬 L과 상삼각행렬 U의 곱인 $A = LU$로 표현하는 것을 LU 분해LU matrix decomposition 또는 **LU 행렬 분해**라고 한다.

Note LU 분해에서 L은 하삼각행렬을 의미하는 Lower triangular matrix를 나타내고, U는 상삼각행렬을 의미하는 Uppper triangular matrix를 나타낸다.

LU 분해는 행렬 A를 [그림 4-1]과 같이 하삼각행렬 L과 상삼각행렬 U의 곱 형태로 표현하는 것을 의미한다. 여기에서 알파벳과 *는 임의의 수를 나타낸다.

$$A = \begin{bmatrix} 1 & 0 & 0 & 0 \\ * & 1 & 0 & 0 \\ * & * & 1 & 0 \\ * & * & * & 1 \end{bmatrix} \begin{bmatrix} a & * & * & * \\ 0 & b & * & * \\ 0 & 0 & c & * \\ 0 & 0 & 0 & d \end{bmatrix} \qquad A = \begin{bmatrix} w & 0 & 0 & 0 \\ * & x & 0 & 0 \\ * & * & y & 0 \\ * & * & * & z \end{bmatrix} \begin{bmatrix} 1 & * & * & * \\ 0 & 1 & * & * \\ 0 & 0 & 1 & * \\ 0 & 0 & 0 & 1 \end{bmatrix} \qquad A = \begin{bmatrix} i & 0 & 0 & 0 \\ * & j & 0 & 0 \\ * & * & k & 0 \\ * & * & * & l \end{bmatrix} \begin{bmatrix} p & * & * & * \\ 0 & q & * & * \\ 0 & 0 & r & * \\ 0 & 0 & 0 & s \end{bmatrix}$$

(a) (b) (c)

[그림 4-1] LU 분해의 형태

[그림 4-1]과 같이 하나의 행렬 A가 여러 형태로 LU 분해될 수 있다. [그림 4-1(a)]는 주대각 성분이 모두 1인 **단위 하삼각행렬**unit lower triangular matrix을 이용한 LU 분해이고, [그림 4-1(b)]는 주대각 성분이 모두 1인 **단위 상삼각행렬**unit upper triangular matrix을 이용한 LU 분해이다. [그림 4-1(c)]는 주대각 성분에 대한 제약 조건 없이 LU 분해한 경우이다.

다음은 행렬 A를 단위 하삼각행렬을 이용하여 LU 분해한 예이다.

$$A = \begin{bmatrix} 1 & 2 & 4 \\ 3 & 8 & 14 \\ 2 & 6 & 13 \end{bmatrix} = \begin{bmatrix} 1 & 0 & 0 \\ 3 & 1 & 0 \\ 2 & 1 & 1 \end{bmatrix} \begin{bmatrix} 1 & 2 & 4 \\ 0 & 2 & 2 \\ 0 & 0 & 3 \end{bmatrix}$$

LU 분해에서는 일반적으로 단위 하삼각행렬을 사용하여 행렬을 분해한다. LU 분해는 정방행렬뿐만 아니라 다음과 같은 직사각행렬에도 적용할 수 있다.

$$\begin{bmatrix} 1 & 2 & -3 & 1 \\ -1 & 3 & 2 & 0 \\ 2 & 4 & 0 & 7 \end{bmatrix} = \begin{bmatrix} 1 & 0 & 0 \\ -1 & 1 & 0 \\ 2 & 0 & 1 \end{bmatrix} \begin{bmatrix} 1 & 2 & -3 & 1 \\ 0 & 5 & -1 & 1 \\ 0 & 0 & 6 & 5 \end{bmatrix}$$

그러나 모든 행렬을 LU 분해할 수 있는 것은 아니다. 다음 행렬은 LU 분해할 수 없다.

$$\begin{bmatrix} 1 & 0 & 0 \\ 0 & 0 & 2 \\ 0 & 1 & -1 \end{bmatrix}$$

정리 4-9 LU 분해가 성립할 조건

행렬 A에 대하여, 한 행에 0이 아닌 상수를 곱하는 행 연산과, 위쪽 행의 상수배를 어떤 행에 더하는 행 연산을 적용하여 상삼각행렬로 만들 수 있으면, 해당 행렬은 LU 분해할 수 있다.

증명

[정리 4-1]에 따르면, 행렬 A에 기본행렬 E를 곱하여 각각의 행 연산을 수행할 수 있다. 행렬 A를 상삼각행렬 U로 변환하는 행 연산은 다음과 같이 일련의 기본행렬을 곱하는 것으로 나타낼 수 있다.

$$E_n E_{n-1} \cdots E_2 E_1 A = U$$

기본행렬 E_i는 역행렬을 갖기 때문에, A를 다음과 같이 나타낼 수 있다.

$$A = E_1^{-1} E_2^{-1} \cdots E_{n-1}^{-1} E_n^{-1} U$$

한 행에 0이 아닌 상수를 곱하는 행 연산에 대응하는 기본행렬 E_p는 대각행렬이고, 이 행렬의 역행렬 E_p^{-1}도 대각행렬이다. 대각행렬은 하삼각행렬이라 할 수 있다. 한편, 위쪽 행의 상수배를 어떤 행에 더하는 행 연산에 대응하는 기본행렬 E_q는 하삼각행렬이고, E_q^{-1}도 하삼각행렬이다. [정리 3-14]의 (2)에 따라 하삼각행렬의 곱은 하삼각행렬이다. 그러므로 $E_1^{-1} E_2^{-1} \cdots E_{n-1}^{-1} E_n^{-1}$는 하삼각행렬이다. 이 역행렬들의 곱을 다음과 같이 L이라 하자.

$$E_1^{-1}E_2^{-1}\cdots E_{n-1}^{-1}E_n^{-1}=L$$

따라서 행 연산을 통해 행렬 A를 상삼각행렬 U로 변환할 수 있다면, 다음과 같이 A를 하삼각행렬 L과 상삼각행렬 U의 곱으로 나타내는 LU 분해를 할 수 있다.

$$A=E_1^{-1}E_2^{-1}\cdots E_{n-1}^{-1}E_n^{-1}U=LU$$

■

Note [정리 4-9]의 조건을 만족해야 행렬을 LU 분해할 수 있다. 이 조건을 만족하지 않는 행렬 A는 LU 분해할 수 있는 형태로 행들을 교환해야 LU 분해할 수 있다. 이 경우 LU 분해는 $PA=LU$와 같은 형태가 되는데, 여기서 P는 행들을 서로 교환하게 하는 순열행렬(permutation matrix)이다.

예제 4-11 기본행렬을 이용한 LU 분해

기본행렬을 이용하여 다음 행렬 A를 LU 분해하라.

$$A=\begin{bmatrix}1&-1&2\\2&1&0\\0&4&2\end{bmatrix}$$

Tip
행 연산에 해당하는 기본행렬을 순차적으로 적용한다.

풀이

행렬 A를 상삼각행렬로 변환하는 행 연산에 대응하는 기본행렬을 곱하면 다음과 같다.

$$E_1=\begin{bmatrix}1&0&0\\-2&1&0\\0&0&1\end{bmatrix}\quad\Rightarrow\quad E_1A=\begin{bmatrix}1&0&0\\-2&1&0\\0&0&1\end{bmatrix}\begin{bmatrix}1&-1&2\\2&1&0\\0&4&2\end{bmatrix}=\begin{bmatrix}1&-1&2\\0&3&-4\\0&4&2\end{bmatrix}$$

$$E_2=\begin{bmatrix}1&0&0\\0&1&0\\0&-\frac{4}{3}&1\end{bmatrix}\quad\Rightarrow\quad E_2E_1A=\begin{bmatrix}1&0&0\\0&1&0\\0&-\frac{4}{3}&1\end{bmatrix}\begin{bmatrix}1&-1&2\\0&3&-4\\0&4&2\end{bmatrix}=\begin{bmatrix}1&-1&2\\0&3&-4\\0&0&\frac{22}{3}\end{bmatrix}$$

따라서 상삼각행렬 U는 다음과 같다.

$$U=\begin{bmatrix}1&-1&2\\0&3&-4\\0&0&\frac{22}{3}\end{bmatrix}$$

한편, 하삼각행렬 L은 다음과 같이 계산한다.

$$L=E_1^{-1}E_2^{-1}=\begin{bmatrix}1&0&0\\2&1&0\\0&0&1\end{bmatrix}\begin{bmatrix}1&0&0\\0&1&0\\0&\frac{4}{3}&1\end{bmatrix}=\begin{bmatrix}1&0&0\\2&1&0\\0&\frac{4}{3}&1\end{bmatrix}$$

그러므로 A를 LU 분해하면 다음과 같다.

$$A=\begin{bmatrix}1&-1&2\\2&1&0\\0&4&2\end{bmatrix}=\begin{bmatrix}1&0&0\\2&1&0\\0&\frac{4}{3}&1\end{bmatrix}\begin{bmatrix}1&-1&2\\0&3&-4\\0&0&\frac{22}{3}\end{bmatrix}$$

[예제 4-11]과 같이 행 연산을 통해 LU 분해할 수도 있지만, 다음 [정리 4-10]의 성질을 이용하면 더 쉽게 LU 분해할 수 있다.

정리 4-10 LU 분해의 하삼각행렬과 상삼각행렬

행렬 A를 다음과 같은 단위 하삼각행렬 L과 상삼각행렬 U를 사용하여 $A=LU$로 LU 분해한다고 하자.

$$A=\begin{bmatrix}a_{11}&a_{12}&\cdots&a_{1n}\\a_{21}&a_{22}&\cdots&a_{2n}\\\vdots&\vdots&\ddots&\vdots\\a_{n1}&a_{n2}&\cdots&a_{nn}\end{bmatrix},\quad L=\begin{bmatrix}1&0&\cdots&0\\l_{21}&1&\cdots&0\\\vdots&\vdots&\ddots&\vdots\\l_{n1}&l_{n2}&\cdots&1\end{bmatrix},\quad U=\begin{bmatrix}u_{11}&u_{12}&\cdots&u_{1n}\\0&u_{22}&\cdots&u_{2n}\\\vdots&\vdots&\ddots&\vdots\\0&0&\cdots&u_{nn}\end{bmatrix}$$

이때 L의 성분 l_{ij}와 U의 성분 u_{ij}는 다음과 같은 값을 갖는다.

$$i>j\text{일 때, } l_{ij}=\left(a_{ij}-\sum_{k=1}^{j-1}l_{ik}u_{kj}\right)\Big/ u_{jj}$$

$$i\le j\text{일 때, } u_{ij}=a_{ij}-\sum_{k=1}^{i-1}l_{ik}u_{kj}$$

증명

$A=LU$에서 a_{ij}는 L의 i행과 U의 j열을 곱한 결과이다.

$i>j$인 경우에는 $a_{ij}=\sum_{k=1}^{j-1}l_{ik}u_{kj}+l_{ij}u_{jj}$이므로, $l_{ij}=\left(a_{ij}-\sum_{k=1}^{j-1}l_{ik}u_{kj}\right)\Big/ u_{jj}$이다.

$i\le j$인 경우에는 $a_{ij}=\sum_{k=1}^{i-1}l_{ik}u_{kj}+u_{ij}$이므로, $u_{ij}=a_{ij}-\sum_{k=1}^{i-1}l_{ik}u_{kj}$이다.

■

Note [정리 4-10]의 공식으로 LU 분해할 경우, l_{ij}를 계산할 때 u_{jj}가 분모로 사용되므로 계산 과정에서 $u_{jj}=0$이면 해당 행렬을 LU 분해할 수 없다.

예제 4-12 **LU 분해**

다음 행렬 A를 LU 분해하라.

$$A = \begin{bmatrix} 1 & 2 & 3 \\ 1 & 3 & 5 \\ 1 & 5 & 12 \end{bmatrix}$$

> **Tip**
> [정리 4-10]을 이용하여 각 삼각행렬의 성분을 구한다.

풀이

[정리 4-10]을 이용하여 단위 하삼각행렬 L의 성분 l_{ij}와 상삼각행렬 U의 성분 u_{ij}를 결정한다. 단, L과 U의 성분을 계산할 때 상대 행렬의 성분을 사용하므로 다음 순서에 따라 성분을 결정한다.

$$u_{11} = a_{11} = 1$$

$$u_{12} = a_{12} = 2$$

$$u_{13} = a_{13} = 3$$

$$l_{21} = \frac{a_{21}}{u_{11}} = 1$$

$$u_{22} = a_{22} - l_{21}u_{12} = 3 - 1 \cdot 2 = 1$$

$$u_{23} = a_{23} - l_{21}u_{13} = 5 - 1 \cdot 3 = 2$$

$$l_{31} = \frac{a_{31}}{u_{11}} = \frac{1}{1} = 1$$

$$l_{32} = \frac{a_{32} - l_{31}u_{12}}{u_{22}} = \frac{5 - 1 \cdot 2}{1} = 3$$

$$u_{33} = a_{33} - l_{31}u_{13} - l_{32}u_{23} = 12 - 1 \cdot 3 - 3 \cdot 2 = 3$$

그러므로 L과 U는 각각 다음과 같다.

$$L = \begin{bmatrix} 1 & 0 & 0 \\ 1 & 1 & 0 \\ 1 & 3 & 1 \end{bmatrix}, \quad U = \begin{bmatrix} 1 & 2 & 3 \\ 0 & 1 & 2 \\ 0 & 0 & 3 \end{bmatrix}$$

따라서 A를 LU 분해하면 다음과 같다.

$$\begin{bmatrix} 1 & 2 & 3 \\ 1 & 3 & 5 \\ 1 & 5 & 12 \end{bmatrix} = \begin{bmatrix} 1 & 0 & 0 \\ 1 & 1 & 0 \\ 1 & 3 & 1 \end{bmatrix} \begin{bmatrix} 1 & 2 & 3 \\ 0 & 1 & 2 \\ 0 & 0 & 3 \end{bmatrix}$$

참고 LU 분해 알고리즘

다음은 [정리 4-10]을 이용해 행렬 $A=[a_{ij}]_{n\times n}$을 LU 분해하는 **두리틀 알고리즘**Doolittle's algorithm이다.

```
begin
    for i = 1, ..., n
        for j = i, ..., n
            u_ij = a_ij
            for k = 1, ..., i
                u_ij = u_ij - l_ik u_kj
        l_ii = 1
        if i < n
            p = i+1
            for j = 1, ..., p
            l_pj = a_pj
                for k = 1, ..., j
                    l_pj = l_pj - l_pk u_kj
                l_pj = l_pj / u_jj
end
```

Note 이 장의 [프로그래밍 실습 문제 2]에서 두리틀 알고리즘의 구현에 대해 다룬다.

LU 분해의 활용

LU 분해는 연립선형방정식의 해를 구하거나 역행렬을 구하는 등의 용도로 사용된다. 먼저 행렬 A와 벡터 $\boldsymbol{x}$의 곱인 $A\boldsymbol{x}$를, A의 LU 분해인 $A=LU$를 사용하여 수행하는 과정을 살펴보자. $A\boldsymbol{x}$에서 A 대신에 LU를 넣어보자.

$$A\boldsymbol{x} = (LU)\boldsymbol{x}$$

$U\boldsymbol{x}$를 먼저 계산한 다음($\boldsymbol{y} = U\boldsymbol{x}$), $L\boldsymbol{y}$를 수행하여 $A\boldsymbol{x}$를 다음과 같이 계산할 수 있다.

$$A\boldsymbol{x} = (LU)\boldsymbol{x} = L(U\boldsymbol{x}) = L\boldsymbol{y}$$

즉 [그림 4-2]와 같이 $A\boldsymbol{x}$는 $\boldsymbol{y} = U\boldsymbol{x}$와 $\boldsymbol{b} = L\boldsymbol{y}$를 순차적으로 수행하여 계산할 수 있다.

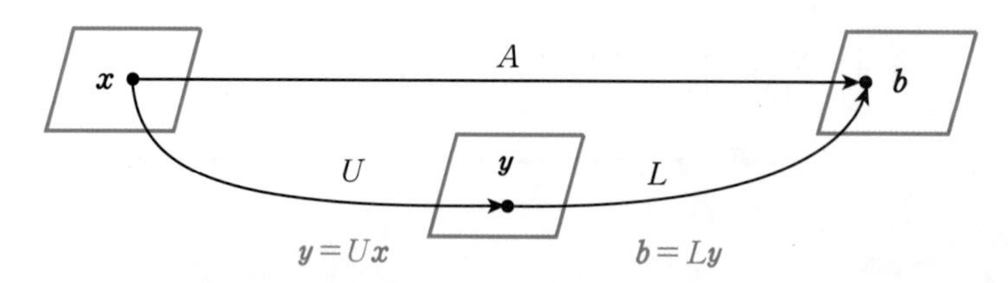

[그림 4-2] LU 분해를 이용한 $A\boldsymbol{x}$의 계산

한편, A와 $\boldsymbol{b}$가 주어진 상태에서 $A\boldsymbol{x}=\boldsymbol{b}$를 만족하는 $\boldsymbol{x}$를 구해야 한다면, 직접 $A\boldsymbol{x}=\boldsymbol{b}$를 만족하는 $\boldsymbol{x}$를 찾는 대신에, 먼저 $L\boldsymbol{y}=\boldsymbol{b}$를 만족하는 $\boldsymbol{y}$를 찾은 다음, $U\boldsymbol{x}=\boldsymbol{y}$를 만족하는 $\boldsymbol{x}$를 찾는 방법을 사용할 수도 있다.

■ LU 분해를 이용한 연립선형방정식의 풀이법

연립선형방정식의 해를 구하는 데 LU 분해 결과를 사용할 수 있다. 예를 들어, 다음과 같은 연립선형방정식이 있다고 하자.

$$\begin{cases} 3x_1-7x_2-2x_3+2x_4=-9 \\ -3x_1+5x_2+x_3=5 \\ 6x_1-4x_2-5x_4=7 \\ -9x_1+5x_2-5x_3+12x_4=11 \end{cases}$$

위 연립선형방정식은 다음과 같은 행렬을 이용하여 행렬방정식 $A\boldsymbol{x}=\boldsymbol{b}$로 나타낼 수 있다.

$$A=\begin{bmatrix} 3 & -7 & -2 & 2 \\ -3 & 5 & 1 & 0 \\ 6 & -4 & 0 & -5 \\ -9 & 5 & -5 & 12 \end{bmatrix},\quad \boldsymbol{x}=\begin{bmatrix} x_1 \\ x_2 \\ x_3 \\ x_4 \end{bmatrix},\quad \boldsymbol{b}=\begin{bmatrix} -9 \\ 5 \\ 7 \\ 11 \end{bmatrix}$$

행렬 A를 $A=LU$로 LU 분해하면 다음과 같다.

$$A=\begin{bmatrix} 3 & -7 & -2 & 2 \\ -3 & 5 & 1 & 0 \\ 6 & -4 & 0 & -5 \\ -9 & 5 & -5 & 12 \end{bmatrix}=\begin{bmatrix} 1 & 0 & 0 & 0 \\ -1 & 1 & 0 & 0 \\ 2 & -5 & 1 & 0 \\ -3 & 8 & 3 & 1 \end{bmatrix}\begin{bmatrix} 3 & -7 & -2 & 2 \\ 0 & -2 & -1 & 2 \\ 0 & 0 & -1 & 1 \\ 0 & 0 & 0 & -1 \end{bmatrix}$$

$$L=\begin{bmatrix} 1 & 0 & 0 & 0 \\ -1 & 1 & 0 & 0 \\ 2 & -5 & 1 & 0 \\ -3 & 8 & 3 & 1 \end{bmatrix}\qquad U=\begin{bmatrix} 3 & -7 & -2 & 2 \\ 0 & -2 & -1 & 2 \\ 0 & 0 & -1 & 1 \\ 0 & 0 & 0 & -1 \end{bmatrix}$$

$A\boldsymbol{x}=LU\boldsymbol{x}=\boldsymbol{b}$에서 $U\boldsymbol{x}=\boldsymbol{y}$라 하자. $L\boldsymbol{y}=\boldsymbol{b}$의 해인 $\boldsymbol{y}$를 첨가행렬을 사용하여 구하면 다음과 같다.

$$[L\mid\boldsymbol{b}]=\left[\begin{array}{cccc|c} 1 & 0 & 0 & 0 & -9 \\ -1 & 1 & 0 & 0 & 5 \\ 2 & -5 & 1 & 0 & 7 \\ -3 & 8 & 3 & 1 & 11 \end{array}\right]\sim\left[\begin{array}{cccc|c} 1 & 0 & 0 & 0 & -9 \\ 0 & 1 & 0 & 0 & -4 \\ 0 & 0 & 1 & 0 & 5 \\ 0 & 0 & 0 & 1 & 1 \end{array}\right]=[I\mid\boldsymbol{y}]$$

따라서 $\boldsymbol{y}=\begin{bmatrix} -9 \\ -4 \\ 5 \\ 1 \end{bmatrix}$이다.

이제 $U\boldsymbol{x}=\boldsymbol{y}$의 해인 $\boldsymbol{x}$를 첨가행렬을 사용하여 구하면 다음과 같다.

$$[U \mid \boldsymbol{y}]=\left[\begin{array}{cccc|c}3 & -7 & -2 & 2 & -9 \\ 0 & -2 & -1 & 2 & -4 \\ 0 & 0 & -1 & 1 & 5 \\ 0 & 0 & 0 & -1 & 1\end{array}\right] \sim \left[\begin{array}{cccc|c}1 & 0 & 0 & 0 & 3 \\ 0 & 1 & 0 & 0 & 4 \\ 0 & 0 & 1 & 0 & -6 \\ 0 & 0 & 0 & 1 & -1\end{array}\right]=[I \mid \boldsymbol{x}]$$

따라서 주어진 연립선형방정식의 해는 $\boldsymbol{x}=\begin{bmatrix}3\\4\\-6\\-1\end{bmatrix}$이다.

■ LU 분해를 이용한 역행렬 계산

행렬 A의 역행렬을 B라고 하면 $AB=I$이다. A의 LU 분해를 $A=LU$라 하고, 행렬 B를 열벡터 $\boldsymbol{b}_1, \boldsymbol{b}_2, \cdots, \boldsymbol{b}_n$을 사용하여 $B=\left[\boldsymbol{b}_1\ \boldsymbol{b}_2\ \cdots\ \boldsymbol{b}_n\right]$으로 나타내자.

$$AB=A\left[\boldsymbol{b}_1\ \boldsymbol{b}_2 \cdots\ \boldsymbol{b}_n\right]=I$$

A와 B의 i열 $\boldsymbol{b}_i$를 곱하면 다음과 같다.

$$A\boldsymbol{b}_1=A\begin{bmatrix}b_{11}\\b_{21}\\\vdots\\b_{n1}\end{bmatrix}=\begin{bmatrix}1\\0\\\vdots\\0\end{bmatrix},\quad A\boldsymbol{b}_2=A\begin{bmatrix}b_{12}\\b_{22}\\\vdots\\b_{n2}\end{bmatrix}=\begin{bmatrix}0\\1\\\vdots\\0\end{bmatrix},\quad \cdots,\quad A\boldsymbol{b}_n=A\begin{bmatrix}b_{1n}\\b_{2n}\\\vdots\\b_{nn}\end{bmatrix}=\begin{bmatrix}0\\0\\\vdots\\1\end{bmatrix}$$

A의 LU 분해를 이용하면 위 행렬방정식 n개를 풀 수 있고, n개의 행렬방정식을 풀어서 $\boldsymbol{b}_1, \boldsymbol{b}_2, \cdots, \boldsymbol{b}_n$을 구하면 A의 역행렬인 B를 구할 수 있다. 그러므로 LU 분해를 이용한 행렬방정식 풀이를 n번 하면 A의 역행렬을 구할 수 있다.

예제 4-13 LU 분해를 이용한 역행렬 계산

LU 분해를 이용하여 주어진 행렬 A의 역행렬 A^{-1}를 구하라.

$$A=\begin{bmatrix}1&2&3\\2&3&4\\4&2&1\end{bmatrix}$$

Tip
3개의 행렬방정식 문제로 나타내고 LU 분해를 이용하여 해결한다.

풀이

A의 역행렬이 $C=\left[\boldsymbol{c}_1\ \boldsymbol{c}_2\ \boldsymbol{c}_3\right]$이고, 3×3 단위행렬이 $I_3=\left[\boldsymbol{i}_1\ \boldsymbol{i}_2\ \boldsymbol{i}_3\right]$라고 하자. 이때 역행렬을 구하는 문제는 다음과 같은 3개의 행렬방정식을 푸는 것과 같다.

$$A\boldsymbol{c}_1=A\begin{bmatrix}c_{11}\\c_{21}\\c_{31}\end{bmatrix}=\begin{bmatrix}1\\0\\0\end{bmatrix},\quad A\boldsymbol{c}_2=A\begin{bmatrix}c_{12}\\c_{22}\\c_{32}\end{bmatrix}=\begin{bmatrix}0\\1\\0\end{bmatrix},\quad A\boldsymbol{c}_3=A\begin{bmatrix}c_{13}\\c_{23}\\c_{33}\end{bmatrix}=\begin{bmatrix}0\\0\\1\end{bmatrix}$$

A를 LU 분해하면 다음과 같다.

$$A=\begin{bmatrix}1&2&3\\2&3&4\\4&2&1\end{bmatrix}=\begin{bmatrix}1&0&0\\2&1&0\\4&6&1\end{bmatrix}\begin{bmatrix}1&2&3\\0&-1&-2\\0&0&1\end{bmatrix}$$

LU 분해를 이용하여 위 3개의 행렬방정식의 해를 구하면 다음과 같다.

$$[L\mid \boldsymbol{i}_1]=\left[\begin{array}{ccc|c}1&0&0&1\\2&1&0&0\\4&6&1&0\end{array}\right]\sim\left[\begin{array}{ccc|c}1&0&0&1\\0&1&0&-2\\0&0&1&8\end{array}\right]=[I_3\mid \boldsymbol{y}_1]$$

$$\Rightarrow\quad [U\mid \boldsymbol{y}_1]=\left[\begin{array}{ccc|c}1&2&3&1\\0&-1&-2&-2\\0&0&1&8\end{array}\right]\sim\left[\begin{array}{ccc|c}1&0&0&5\\0&1&0&-14\\0&0&1&8\end{array}\right]=[I_3\mid \boldsymbol{c}_1]$$

$$\Rightarrow\quad \boldsymbol{c}_1=\begin{bmatrix}5\\-14\\8\end{bmatrix}$$

$$[L\mid \boldsymbol{i}_2]=\left[\begin{array}{ccc|c}1&0&0&0\\2&1&0&1\\4&6&1&0\end{array}\right]\sim\left[\begin{array}{ccc|c}1&0&0&0\\0&1&0&1\\0&0&1&-6\end{array}\right]=[I_3\mid \boldsymbol{y}_2]$$

$$\Rightarrow\quad [U\mid \boldsymbol{y}_2]=\left[\begin{array}{ccc|c}1&2&3&0\\0&-1&-2&1\\0&0&1&-6\end{array}\right]\sim\left[\begin{array}{ccc|c}1&0&0&-4\\0&1&0&11\\0&0&1&-6\end{array}\right]=[I_3\mid \boldsymbol{c}_2]$$

$$\Rightarrow\quad \boldsymbol{c}_2=\begin{bmatrix}-4\\11\\-6\end{bmatrix}$$

$$[L\mid \boldsymbol{i}_3]=\left[\begin{array}{ccc|c}1&0&0&0\\2&1&0&0\\4&6&1&1\end{array}\right]\sim\left[\begin{array}{ccc|c}1&0&0&0\\0&1&0&0\\0&0&1&1\end{array}\right]=[I_3\mid \boldsymbol{y}_3]$$

$$\Rightarrow\quad [U\mid \boldsymbol{y}_3]=\left[\begin{array}{ccc|c}1&2&3&0\\0&-1&-2&0\\0&0&1&1\end{array}\right]\sim\left[\begin{array}{ccc|c}1&0&0&1\\0&1&0&-2\\0&0&1&1\end{array}\right]=[I_3\mid \boldsymbol{c}_3]$$

$$\Rightarrow\quad \boldsymbol{c}_3=\begin{bmatrix}1\\-2\\1\end{bmatrix}$$

따라서 A의 역행렬 A^{-1}는 다음과 같다.

$$A^{-1}=C=[\boldsymbol{c}_1\ \boldsymbol{c}_2\ \boldsymbol{c}_3]=\begin{bmatrix}5&-4&1\\-14&11&-2\\8&-6&1\end{bmatrix}$$

참고 **역행렬 계산 및 연립선형방정식 풀이법의 비교**

역행렬을 구하는 방법으로 지금까지 [정리 4-4]의 기약행 사다리꼴 행렬을 만드는 행 연산을 이용하는 방법과 이 절에서 소개한 LU 분해를 활용하는 방법을 살펴보았다. 두 방법 모두 행 연산을 기본적으로 사용한다. 하지만 두 방법을 구현한 프로그램의 실행 시간에는 차이가 있다. n차 정방행렬인 경우에 각 방법은 다음 식이 나타내는 개수만큼의 연산을 수행한다.

- 기약행 사다리꼴 행렬을 이용하는 방법 : $\dfrac{8n^4}{3}+12n^3+\dfrac{4n^2}{3}$
- LU 분해를 이용하는 방법 : $\dfrac{32n^3}{3}+12n^2+\dfrac{20n}{3}$

따라서 LU 분해를 이용하여 역행렬을 구하는 것이 더 효율적이다.

연립선형방정식의 해를 구하는 방법으로 지금까지 기약행 사다리꼴 행렬을 만드는 가우스-조단 소거법, LU 분해를 이용하는 방법, 역행렬을 이용하는 방법을 살펴보았다. 역행렬을 이용하는 방법은 역행렬을 구하는 과정 및 역행렬과 상수벡터를 곱하는 과정에서 소수점 아래 부분에 오차가 누적되는 현상을 보인다. 이런 이유로 공학 및 과학 분야에서 연립선형방정식의 해를 구할 때 역행렬을 이용하는 방법은 권장하지 않는다. 한편, 연립선형방정식의 해를 구하는 가우스-조단 소거법과 LU 분해를 이용하는 방법은 모두 $\dfrac{8n^3}{3}+12n^2+\dfrac{4n}{3}$개의 연산을 수행하므로, 역행렬을 이용하는 방법보다 빠르다. 따라서 이들 방법을 역행렬을 이용하는 방법보다 선호한다.

SECTION

4.4 블록행렬의 역행렬

큰 행렬을 부분행렬로 구성된 블록행렬로 간주하여 처리하는 것이 유용할 때가 있다. 여기서는 큰 행렬의 역행렬을 블록행렬의 연산으로 계산하는 방법에 대해 알아본다.

Note 선형대수학의 기본 과정에서는 이 절을 건너뛰어도 된다.

정의 4-6 블록 상삼각행렬

다음과 같은 형태를 갖는 블록행렬을 **블록 상삼각행렬**block upper triangular matrix이라 한다.

$$A = \begin{bmatrix} A_{11} & A_{12} \\ 0 & A_{22} \end{bmatrix}$$

여기서 $\mathbf{0}$은 영행렬을 나타내고, A_{11}, A_{12}, A_{22}는 임의의 크기의 정방행렬이다.

다음은 블록 상삼각행렬의 예이다.

$$\begin{bmatrix} 1 & 2 & 3 & 4 & 5 & 6 \\ 4 & 7 & 8 & 1 & 2 & 5 \\ 3 & 1 & 2 & 4 & 1 & 3 \\ 0 & 0 & 0 & 6 & 4 & 1 \\ 0 & 0 & 0 & 3 & 9 & 4 \\ 0 & 0 & 0 & 6 & 5 & 2 \end{bmatrix} = \begin{bmatrix} A_{11} & A_{12} \\ 0 & A_{22} \end{bmatrix}$$

여기서 $A_{11} = \begin{bmatrix} 1 & 2 & 3 \\ 4 & 7 & 8 \\ 3 & 1 & 2 \end{bmatrix}$, $A_{12} = \begin{bmatrix} 4 & 5 & 6 \\ 1 & 2 & 5 \\ 4 & 1 & 3 \end{bmatrix}$, $\mathbf{0} = \begin{bmatrix} 0 & 0 & 0 \\ 0 & 0 & 0 \\ 0 & 0 & 0 \end{bmatrix}$, $A_{22} = \begin{bmatrix} 6 & 4 & 1 \\ 3 & 9 & 4 \\ 6 & 5 & 2 \end{bmatrix}$이다.

정리 4-11 블록 상삼각행렬의 역행렬

증명

블록 상삼각행렬 $A = \begin{bmatrix} A_{11} & A_{12} \\ 0 & A_{22} \end{bmatrix}$의 부분행렬 A_{11}, A_{12}, A_{22}가 모두 가역행렬이면, A의 역행렬은 다음과 같다.

$$A^{-1} = \begin{bmatrix} A_{11}^{-1} & -A_{11}^{-1}A_{12}A_{22}^{-1} \\ 0 & A_{22}^{-1} \end{bmatrix}$$

예제 4-14 **블록 상삼각행렬의 역행렬 계산**

다음 행렬 A의 역행렬을 구하라.

> **Tip** [정리 4-11]을 이용한다.

$$A=\begin{bmatrix}1&2&5&2\\3&5&-7&-3\\0&0&1&3\\0&0&4&11\end{bmatrix}$$

풀이

$A_{11}=\begin{bmatrix}1&2\\3&5\end{bmatrix}$, $A_{12}=\begin{bmatrix}5&2\\-7&-3\end{bmatrix}$, $A_{22}=\begin{bmatrix}1&3\\4&11\end{bmatrix}$, $\mathbf{0}=\begin{bmatrix}0&0\\0&0\end{bmatrix}$이라 하면, A는 다음과 같은 블록 상삼각행렬로 표현할 수 있다.

$$A=\begin{bmatrix}A_{11}&A_{12}\\\mathbf{0}&A_{22}\end{bmatrix}$$

A_{11}^{-1}, A_{12}^{-1}, A_{22}^{-1}, $-A_{11}^{-1}A_{12}A_{22}^{-1}$를 각각 구하면 다음과 같다.

$$A_{11}^{-1}=\begin{bmatrix}-5&2\\3&-1\end{bmatrix},\quad A_{12}^{-1}=\begin{bmatrix}3&2\\-7&-5\end{bmatrix},\quad A_{22}^{-1}=\begin{bmatrix}-11&3\\4&-1\end{bmatrix}$$

$$-A_{11}^{-1}A_{12}A_{22}^{-1}=-\begin{bmatrix}-5&2\\3&-1\end{bmatrix}\begin{bmatrix}5&2\\-7&-3\end{bmatrix}\begin{bmatrix}-11&3\\4&-1\end{bmatrix}=\begin{bmatrix}-365&101\\206&-57\end{bmatrix}$$

따라서 [정리 4-11]을 이용하면, 다음과 같이 역행렬 A^{-1}를 구할 수 있다.

$$A^{-1}=\begin{bmatrix}A_{11}^{-1}&-A_{11}^{-1}A_{12}A_{22}^{-1}\\0&A_{22}^{-1}\end{bmatrix}=\begin{bmatrix}-5&2&-365&101\\3&-1&206&-57\\0&0&-11&3\\0&0&4&-1\end{bmatrix}$$

정의 4-7 **블록 대각행렬**

다음과 같은 형태를 갖는 블록행렬을 **블록 대각행렬** block diagonal matrix이라 한다.

$$A=\begin{bmatrix}A_{11}&\mathbf{0}\\\mathbf{0}&A_{22}\end{bmatrix}$$

여기서 $\mathbf{0}$은 영행렬을 나타내고, A_{11}과 A_{22}는 각각 임의의 크기의 정방행렬이다.

정리 4-12 블록 대각행렬의 역행렬

블록 대각행렬 $A = \begin{bmatrix} A_{11} & \mathbf{0} \\ \mathbf{0} & A_{22} \end{bmatrix}$의 부분행렬 A_{11}, A_{22}가 모두 가역행렬이면, A의 역행렬은 다음과 같다.

$$A^{-1} = \begin{bmatrix} A_{11}^{-1} & \mathbf{0} \\ \mathbf{0} & A_{22}^{-1} \end{bmatrix}$$

증명

[정리 4-11]에서 $A_{12} = \mathbf{0}$인 경우가 블록 대각행렬이므로, [정리 4-11]의 A_{12}에 영행렬을 대입하면, 블록 대각행렬의 역행렬을 얻는다.

■

예제 4-15 블록 대각행렬의 역행렬 계산

다음 행렬 A의 역행렬을 구하라.

Tip
[정리 4-12]를 이용한다.

$$A = \begin{bmatrix} 2 & 1 & 0 & 0 \\ 3 & 2 & 0 & 0 \\ 0 & 0 & 1 & 4 \\ 0 & 0 & 2 & 7 \end{bmatrix}$$

풀이

$A_{11} = \begin{bmatrix} 2 & 1 \\ 3 & 2 \end{bmatrix}$, $A_{22} = \begin{bmatrix} 1 & 4 \\ 2 & 7 \end{bmatrix}$, $\mathbf{0} = \begin{bmatrix} 0 & 0 \\ 0 & 0 \end{bmatrix}$이라 하면, A는 다음과 같은 블록 대각행렬로 표현할 수 있다.

$$A = \begin{bmatrix} A_{11} & \mathbf{0} \\ \mathbf{0} & A_{22} \end{bmatrix}$$

A_{11}^{-1}, A_{22}^{-1}를 각각 구하면 다음과 같다.

$$A_{11}^{-1} = \begin{bmatrix} 2 & -1 \\ -3 & 2 \end{bmatrix} \qquad A_{22}^{-1} = \begin{bmatrix} -7 & 4 \\ 2 & -1 \end{bmatrix}$$

따라서 [정리 4-12]를 이용하면, 다음과 같이 역행렬 A^{-1}를 구할 수 있다.

$$A^{-1} = \begin{bmatrix} A_{11}^{-1} & \mathbf{0} \\ \mathbf{0} & A_{22}^{-1} \end{bmatrix} = \begin{bmatrix} 2 & -1 & 0 & 0 \\ -3 & 2 & 0 & 0 \\ 0 & 0 & -7 & 4 \\ 0 & 0 & 2 & -1 \end{bmatrix}$$

블록행렬로 표현된 행렬의 역행렬을 표현할 때, 유용하게 사용되는 행렬 연산식으로 [정의 4-8]의 슈어 보수행렬이 있다.

정의 4-8 슈어 보수행렬

블록행렬 $M = \begin{bmatrix} A & B \\ C & D \end{bmatrix}$에 대하여, D의 **슈어 보수행렬**Schur complement matrix은 $A - BD^{-1}C$이고, A의 슈어 보수행렬은 $D - CA^{-1}B$이다.

예제 4-16 슈어 보수행렬 계산

다음과 같은 부분행렬 A, B, C, D로 구성된 블록행렬 M에 대하여, D의 슈어 보수행렬을 구하라.

> Tip
> 슈어 보수행렬의 정의를 이용한다.

$$A = \begin{bmatrix} 1 & 2 \\ 3 & 5 \end{bmatrix}, \quad B = \begin{bmatrix} 5 & 2 \\ -7 & -3 \end{bmatrix}, \quad C = \begin{bmatrix} 1 & 0 \\ 0 & 1 \end{bmatrix}, \quad D = \begin{bmatrix} 1 & 3 \\ 4 & 11 \end{bmatrix}$$

$$M = \begin{bmatrix} A & B \\ C & D \end{bmatrix} = \begin{bmatrix} 1 & 2 & 5 & 2 \\ 3 & 5 & -7 & -3 \\ 1 & 0 & 1 & 3 \\ 0 & 1 & 4 & 11 \end{bmatrix}$$

풀이

슈어 보수행렬의 정의를 이용하여 D의 슈어 보수행렬을 계산하면 다음과 같다.

$$\begin{aligned} A - BD^{-1}C &= \begin{bmatrix} 1 & 2 \\ 3 & 5 \end{bmatrix} - \begin{bmatrix} 5 & 2 \\ -7 & -3 \end{bmatrix} \begin{bmatrix} 1 & 3 \\ 4 & 11 \end{bmatrix}^{-1} \begin{bmatrix} 1 & 0 \\ 0 & 1 \end{bmatrix} \\ &= \begin{bmatrix} 1 & 2 \\ 3 & 5 \end{bmatrix} - \begin{bmatrix} 5 & 2 \\ -7 & -3 \end{bmatrix} \begin{bmatrix} -11 & 3 \\ 4 & -1 \end{bmatrix} \begin{bmatrix} 1 & 0 \\ 0 & 1 \end{bmatrix} \\ &= \begin{bmatrix} 1 & 2 \\ 3 & 5 \end{bmatrix} - \begin{bmatrix} -47 & 13 \\ 65 & -18 \end{bmatrix} \\ &= \begin{bmatrix} 48 & -11 \\ -62 & 23 \end{bmatrix} \end{aligned}$$

블록행렬로 표현되는 행렬의 역행렬은 다음 [정리 4-13]과 같이 부분행렬들을 사용하여 계산할 수 있다. 이 정리를 보면 역행렬 안에 슈어 보수행렬이 포함된 것을 알 수 있다.

정리 4-13 블록행렬의 역행렬

블록행렬 $M=\begin{bmatrix} A & B \\ C & D \end{bmatrix}$의 역행렬 M^{-1}는 부분행렬 D가 가역행렬일 때 다음과 같다.

$$M^{-1}=\begin{bmatrix} (A-BD^{-1}C)^{-1} & -(A-BD^{-1}C)^{-1}BD^{-1} \\ -D^{-1}C(A-BD^{-1}C)^{-1} & D^{-1}+D^{-1}C(A-BD^{-1}C)^{-1}BD^{-1} \end{bmatrix}$$

$$=\begin{bmatrix} I & 0 \\ -D^{-1}C & I \end{bmatrix}\begin{bmatrix} (A-BD^{-1}C)^{-1} & 0 \\ 0 & D^{-1} \end{bmatrix}\begin{bmatrix} I & -BD^{-1} \\ 0 & I \end{bmatrix}$$

예제 4-17 블록행렬의 역행렬 계산

다음 행렬 M을 2×2 부분행렬로 구성된 블록행렬로 간주하여 역행렬을 구하라.

> **Tip** [정리 4-13]을 이용한다.

$$M=\begin{bmatrix} 1 & 0 & 0 & 1 \\ 0 & 2 & 1 & 2 \\ 2 & 1 & 0 & 1 \\ 2 & 0 & 1 & 4 \end{bmatrix}$$

풀이

행렬 M이 다음과 같은 2×2 부분행렬로 $M=\begin{bmatrix} A & B \\ C & D \end{bmatrix}$와 같이 표현된다고 하자.

$$A=\begin{bmatrix} 1 & 0 \\ 0 & 2 \end{bmatrix},\quad B=\begin{bmatrix} 0 & 1 \\ 1 & 2 \end{bmatrix},\quad C=\begin{bmatrix} 2 & 1 \\ 2 & 0 \end{bmatrix},\quad D=\begin{bmatrix} 0 & 1 \\ 1 & 4 \end{bmatrix}$$

[정리 4-13]에 따라, M^{-1}를 계산하는 데 사용되는 부분행렬들을 구하면 다음과 같다.

$$D^{-1}=\begin{bmatrix} -4 & 1 \\ 1 & 0 \end{bmatrix}$$

$$BD^{-1}=\begin{bmatrix} 0 & 1 \\ 1 & 2 \end{bmatrix}\begin{bmatrix} -4 & 1 \\ 1 & 0 \end{bmatrix}=\begin{bmatrix} 1 & 0 \\ -2 & 1 \end{bmatrix}$$

$$A-BD^{-1}C=\begin{bmatrix} 1 & 0 \\ 0 & 2 \end{bmatrix}-\begin{bmatrix} 1 & 0 \\ -2 & 1 \end{bmatrix}\begin{bmatrix} 2 & 1 \\ 2 & 0 \end{bmatrix}=\begin{bmatrix} 1 & 0 \\ 0 & 2 \end{bmatrix}-\begin{bmatrix} 2 & 1 \\ -2 & -2 \end{bmatrix}=\begin{bmatrix} -1 & -1 \\ 2 & 4 \end{bmatrix}$$

$$(A-BD^{-1}C)^{-1}=\begin{bmatrix} -2 & -0.5 \\ 1 & 0.5 \end{bmatrix}$$

$$D^{-1}C=\begin{bmatrix} -4 & 1 \\ 1 & 0 \end{bmatrix}\begin{bmatrix} 2 & 1 \\ 2 & 0 \end{bmatrix}=\begin{bmatrix} -6 & -4 \\ 2 & 1 \end{bmatrix}$$

따라서 M^{-1}는 다음과 같다.

$$M^{-1}=\begin{bmatrix} I & 0 \\ -D^{-1}C & I \end{bmatrix}\begin{bmatrix} (A-BD^{-1}C)^{-1} & 0 \\ 0 & D^{-1} \end{bmatrix}\begin{bmatrix} I & -BD^{-1} \\ 0 & I \end{bmatrix}$$

$$=\begin{bmatrix} 1 & 0 & 0 & 0 \\ 0 & 1 & 0 & 0 \\ 6 & 4 & 1 & 0 \\ -2 & -1 & 0 & 1 \end{bmatrix}\begin{bmatrix} -2 & -0.5 & 0 & 0 \\ 1 & 0.5 & 0 & 0 \\ 0 & 0 & -4 & 1 \\ 0 & 0 & 1 & 0 \end{bmatrix}\begin{bmatrix} 1 & 0 & -1 & 0 \\ 0 & 1 & 2 & -1 \\ 0 & 0 & 1 & 0 \\ 0 & 0 & 0 & 1 \end{bmatrix}$$

$$=\begin{bmatrix} -2 & -0.5 & 1 & 0.5 \\ 1 & 0.5 & 0 & -0.5 \\ -8 & -1 & 2 & 2 \\ 3 & 0.5 & -1 & -0.5 \end{bmatrix}$$

참고 블록행렬의 유용성

행렬의 크기가 커지면 컴퓨터 프로그램으로 행렬 연산을 처리하는 것이 곤란해진다. 예를 들어, $1,000 \times 1,000$ 행렬이라면 성분이 1,000,000개이다. 그런데 공학이나 과학에서 다루는 행렬은 $1,000,000 \times 1,000,000$의 크기인 경우도 있다. 이때 성분은 10^{12}개나 된다. 각 성분이 1 바이트byte를 사용하여 저장된다고 하더라도, 이러한 행렬을 저장하려면 1 테라바이트terabyte의 메모리를 사용해야 하는데, 이 정도의 주메모리main memory 공간을 가지는 컴퓨터는 찾아보기 어렵다.

이러한 크기의 행렬을 그 상태로는 처리할 수 없지만, 블록행렬로 분할하여 처리하면 일반 컴퓨터의 주메모리를 사용해도 충분히 역행렬 계산, 곱셈 등의 행렬 연산을 수행할 수 있다. 또한 멀티코어를 가지는 CPU나 GPU를 사용하는 환경에서는 병렬 처리를 하는 프로그램을 사용하여 블록행렬을 고속으로 처리할 수도 있다. 이러한 이유로 블록행렬을 이용한 행렬 연산이 최근 중요해졌다.

Chapter

04 연습문제

Section 4.1

1. 다음 문장이 참인지 거짓인지 판단하고, 거짓인 경우 그 이유를 설명하라.

(a) 행렬방정식의 양변 앞에 어떠한 기본행렬을 곱해도 해는 같다.

(b) 모든 기본행렬에 대해 역행렬이 존재한다.

(c) 어떤 행렬 A에 기본행렬을 곱해서 단위행렬이 되면, 역행렬 A^{-1}를 구할 수 있다.

(d) 대각행렬이면서 특정 주대각 성분이 0이 아닌 k 값인 기본행렬을 행렬방정식의 양변 앞에 곱하면, k 값이 있는 행에 해당하는 선형방정식에 k배를 하는 것과 같다.

2. 3×3 행렬에 대하여 다음 행 연산을 하는 기본행렬을 구하라.

(a) $R_2 \leftarrow 2R_1 + R_2$ (b) $R_1 \leftrightarrow R_2$ (c) $R_2 \leftarrow 5R_2$ (d) $R_3 \leftarrow -R_1 + R_3$

3. 다음 기본행렬이 수행하는 행 연산이 무엇인지 설명하라.

(a) $\begin{bmatrix} 1 & 0 & 0 & 0 \\ 0 & 1 & 0 & 0 \\ 0 & 0 & 1 & 0 \\ 3 & 0 & 0 & 1 \end{bmatrix}$ (b) $\begin{bmatrix} 1 & 0 & 0 & 0 \\ 0 & 1 & 0 & 0 \\ 0 & 0 & 5 & 0 \\ 0 & 0 & 0 & 1 \end{bmatrix}$ (c) $\begin{bmatrix} 0 & 1 & 0 \\ 1 & 0 & 0 \\ 0 & 0 & 1 \end{bmatrix}$ (d) $\begin{bmatrix} 1 & 0 & -2 \\ 0 & 1 & 0 \\ 0 & 0 & 1 \end{bmatrix}$

4. 다음 기본행렬의 역행렬을 구하라.

(a) $\begin{bmatrix} 0 & 0 & 1 & 0 \\ 0 & 1 & 0 & 0 \\ 1 & 0 & 0 & 0 \\ 0 & 0 & 0 & 1 \end{bmatrix}$ (b) $\begin{bmatrix} 1 & 0 & 0 & 0 \\ 0 & 1 & 0 & 0 \\ 0 & 0 & 1 & 0 \\ 0 & 0 & 0 & 4 \end{bmatrix}$ (c) $\begin{bmatrix} 1 & 0 & 0 & 0 \\ 0 & 1 & 0 & 0 \\ 0 & 0 & 1 & 0 \\ 0 & 3 & 0 & 1 \end{bmatrix}$ (d) $\begin{bmatrix} 1 & 0 & -2 \\ 0 & 1 & 0 \\ 0 & 0 & 1 \end{bmatrix}$

5. 다음 행 연산에 해당하는 기본행렬을 구하라.

(a) 4×4 행렬의 3행에 5배를 하는 기본행렬 R_1

(b) 5×5 행렬의 2행과 3행을 교환하는 기본행렬 R_2

(c) 4×4 행렬에서 2행의 4배를 3행에 더하는 기본행렬 R_3

6. 두 행렬이 행 동치인지 보여라.

(a) $\begin{bmatrix} 0 & 0 \\ 3 & 3 \end{bmatrix}$, $\begin{bmatrix} -2 & 2 \\ 2 & 0 \end{bmatrix}$ (b) $\begin{bmatrix} 4 & 1 & 3 \\ -3 & 1 & 1 \end{bmatrix}$, $\begin{bmatrix} 4 & 1 & 3 \\ 7 & 9 & 2 \end{bmatrix}$

7. 다음 행렬의 역행렬을 구하라.

(a) $\begin{bmatrix} 8 & 6 \\ 5 & 4 \end{bmatrix}$ (b) $\begin{bmatrix} 3 & 2 \\ 8 & 5 \end{bmatrix}$ (c) $\begin{bmatrix} 7 & 3 \\ -6 & -3 \end{bmatrix}$ (d) $\begin{bmatrix} 2 & -4 \\ 4 & -6 \end{bmatrix}$

8. 행 연산을 이용하여 다음 행렬의 역행렬을 구하라.

(a) $\begin{bmatrix} -1 & -2 \\ -3 & -4 \end{bmatrix}$ (b) $\begin{bmatrix} 3 & 4 \\ 1 & 2 \end{bmatrix}$ (c) $\begin{bmatrix} 1 & 0 & 5 \\ 1 & 1 & 1 \\ 0 & 1 & -4 \end{bmatrix}$ (d) $\begin{bmatrix} 0 & 1 & 2 \\ 1 & 0 & 3 \\ 4 & -3 & 8 \end{bmatrix}$

9. 역행렬을 이용하여 다음 연립선형방정식의 해를 구하라.

(a) $\begin{cases} 8x_1 + 6x_2 = 2 \\ 5x_1 + 4x_2 = -1 \end{cases}$ (b) $\begin{cases} 7x_1 + 3x_2 = -9 \\ -6x_1 - 3x_2 = 4 \end{cases}$

10. 다음 각 행렬의 역행렬이 존재하는지 확인하고, 존재한다면 그 역행렬을 구하라.

(a) $\begin{bmatrix} 1 & -3 \\ 4 & -9 \end{bmatrix}$ (b) $\begin{bmatrix} 3 & 6 \\ 4 & 7 \end{bmatrix}$ (c) $\begin{bmatrix} 1 & 0 & -2 \\ -3 & 1 & 4 \\ 2 & -3 & 4 \end{bmatrix}$ (d) $\begin{bmatrix} 1 & 2 & -1 \\ -4 & -7 & 3 \\ -2 & -6 & 4 \end{bmatrix}$

Section 4.2

11. 다음 문장이 참인지 거짓인지 판단하고, 거짓인 경우 그 이유를 설명하라.

(a) $AB = C$에 대하여, 가역행렬인 A와 C를 알면, B를 결정할 수 있다.

(b) 동차 연립선형방정식은 영벡터인 자명해를 반드시 갖는다.

(c) 동차 연립선형방정식 $A\boldsymbol{x} = \boldsymbol{0}$에서 A가 가역행렬인 경우, 자명해뿐만 아니라 무수히 많은 해를 가질 수도 있다.

(d) 가역행렬은 단위행렬과 행 동치이다.

12. 역행렬을 이용하여 다음 연립선형방정식의 해를 구하라.

(a) $\begin{cases} x_1 + 2x_2 + 3x_3 = 1 \\ 2x_1 + 5x_2 + 3x_3 = 3 \\ x_1 \qquad\quad + 8x_3 = -1 \end{cases}$ (b) $\begin{cases} 2x_1 + 3x_2 - x_3 = 2 \\ x_1 + 2x_2 + x_3 = -1 \\ 2x_1 + x_2 - 6x_3 = 4 \end{cases}$

13. 역행렬을 이용하여 다음 행렬방정식의 해 B를 구하라.

(a) $\begin{bmatrix} 1 & 3 \\ 2 & 4 \end{bmatrix} B = \begin{bmatrix} 10 & 7 \\ 14 & 10 \end{bmatrix}$ (b) $\begin{bmatrix} 1 & 3 \\ 2 & 5 \end{bmatrix} B = \begin{bmatrix} 0 & 9 \\ 1 & 16 \end{bmatrix}$

(c) $\begin{bmatrix} 1 & 2 \\ 4 & 9 \end{bmatrix} B = \begin{bmatrix} 1 & -1 \\ 5 & -6 \end{bmatrix}$ (d) $\begin{bmatrix} 0 & 2 \\ 1 & 1 \end{bmatrix} B = \begin{bmatrix} 6 & 0 \\ 3 & 3 \end{bmatrix}$

(e) $\begin{bmatrix} 1 & 1 & 1 \\ 2 & 3 & 2 \\ 3 & 8 & 2 \end{bmatrix} B = \begin{bmatrix} 2 & -1 & 5 \\ 5 & -2 & 11 \\ 11 & -3 & 18 \end{bmatrix}$ (f) $\begin{bmatrix} 1 & 1 & 1 \\ 1 & 2 & 3 \\ 1 & 3 & 6 \end{bmatrix} B = \begin{bmatrix} 3 & 3 \\ 5 & 9 \\ 7 & 18 \end{bmatrix}$

14. 다음 연립선형방정식 중 동차 연립선형방정식을 모두 선택하라.

① $\begin{cases} 8x_1 + 6x_2 = 0 \\ 5x_1 + 4x_2 = 7 \end{cases}$
② $\begin{cases} 3x_1 + 4x_2 = 0 \\ 7x_1 + \ x_2 = -10 \end{cases}$

③ $\begin{cases} 5x_1 + 3x_2 = 0 \\ 10x_1 + 6x_2 = 0 \end{cases}$
④ $\begin{cases} 2x_1 - 9x_2 + 7x_3 = 2 \\ 5x_1 + 4x_3 = -1 \\ 10x_2 + 2x_4 = 0 \end{cases}$

15. 다음 동차 연립선형방정식의 해를 구하라.

(a) $\begin{cases} 3x_1 + 5x_2 = 0 \\ 5x_1 + 8x_2 = 0 \end{cases}$
(b) $\begin{cases} x_1 + 2x_2 = 0 \\ 4x_1 + 8x_2 = 0 \end{cases}$

(c) $\begin{cases} x_1 + 3x_2 + 3x_3 = 0 \\ x_1 + 4x_2 + 8x_3 = 0 \\ 2x_1 + 7x_2 + 12x_3 = 0 \end{cases}$
(d) $\begin{cases} x_1 + x_2 + x_3 = 0 \\ x_1 + 3x_2 + 3x_3 = 0 \\ x_1 + 4x_2 + 9x_3 = 0 \end{cases}$

16. 다음 동차 연립선형방정식이 비자명해를 갖는지 보여라.

$$\begin{cases} x_1 + x_2 = 0 \\ 2x_1 - x_2 = 0 \end{cases}$$

17. 다음과 같은 동차 연립선형방정식이 있다고 하자.

$$\begin{cases} (a-\lambda)x_1 + bx_2 = 0 \\ cx_1 + (d-\lambda)x_2 = 0 \end{cases}$$

이 연립선형방정식이 비자명해를 갖기 위한 조건이 다음과 같음을 보여라.

$$\lambda^2 - (a+d)\lambda + ad - bc = 0$$

Section 4.3

18. 다음 문장이 참인지 거짓인지 판단하고, 거짓인 경우 그 이유를 설명하라.

(a) 행렬을 LU 분해할 때, 상삼각행렬의 주대각 성분은 반드시 1이어야 한다.

(b) LU 분해가 가능한 행렬을 행 사다리꼴 행렬로 변환하여 상삼각행렬을 구성하고, 이때 사용한 행 연산에 대응하는 기본행렬들의 역행렬을 이용하여 하삼각행렬을 구성하여 LU 분해할 수 있다.

(c) $A = LU$로 LU 분해한 행렬 A와 벡터 $\boldsymbol{x}$를 곱하는 연산 $A\boldsymbol{x}$는, U에 $\boldsymbol{x}$를 곱한 결과인 $\boldsymbol{y} = U\boldsymbol{x}$에 대해 $L\boldsymbol{y}$를 계산하는 것과 같다.

(d) $n \times n$ 행렬의 역행렬을 구하는 문제는 n개의 연립선형방정식을 푸는 문제로 변환하여 해결할 수 있다.

(e) 연립선형방정식의 해를 구할 때, 역행렬을 이용하는 것보다 LU 분해를 이용하는 것의 계산이 더 적다.

19. 다음 행렬 A를 LU 분해하라.

(a) $A=\begin{bmatrix}1&2\\2&6\end{bmatrix}$ (b) $A=\begin{bmatrix}2&6&2\\-3&-8&0\\4&9&2\end{bmatrix}$

(c) $A=\begin{bmatrix}1&1&-1\\6&2&2\\-3&4&1\end{bmatrix}$ (d) $A=\begin{bmatrix}2&-1&3\\4&2&1\\-6&-1&2\end{bmatrix}$

20. LU 분해를 이용하여 다음 연립선형방정식의 해를 구하라.

(a) $\begin{cases}x_1-x_2=2\\-x_1+2x_2-x_3=0\\-x_2+2x_3=1\end{cases}$ (b) $\begin{cases}x_1+2x_2+x_3=2\\2x_1+3x_2+3x_3=1\\-3x_1-10x_2+2x_3=0\end{cases}$

Section 4.4

21. 다음 문장이 참인지 거짓인지 판단하고, 거짓인 경우 그 이유를 설명하라.

(a) 블록행렬 $A=\begin{bmatrix}A_{11}&0\\0&A_{22}\end{bmatrix}$의 부분행렬 A_{11}, A_{22}가 모두 가역행렬이면, A의 역행렬은 $A^{-1}=\begin{bmatrix}A_{11}^{-1}&0\\0&A_{22}^{-1}\end{bmatrix}$이다.

(b) 블록행렬 $M=\begin{bmatrix}A&B\\C&D\end{bmatrix}$에 대하여, D의 슈어 보수행렬은 $A-BC^{-1}D$이다.

(c) 블록행렬 $A=\begin{bmatrix}A_{11}&A_{12}\\0&A_{22}\end{bmatrix}$의 부분행렬 A_{11}, A_{12}, A_{22}가 모두 가역행렬이면, A의 역행렬은 $A^{-1}=\begin{bmatrix}A_{11}^{-1}&-A_{11}^{-1}A_{12}A_{22}^{-1}\\0&A_{22}^{-1}\end{bmatrix}$이다.

22. 다음 부분행렬 A, B, C, D로 구성된 블록행렬 M에 대하여, A의 슈어 보수행렬을 구하라.

$$A=\begin{bmatrix}2&1\\5&3\end{bmatrix},\quad B=\begin{bmatrix}5&2\\-7&-3\end{bmatrix},\quad C=\begin{bmatrix}1&0\\0&1\end{bmatrix},\quad D=\begin{bmatrix}11&3\\4&1\end{bmatrix}$$

$$M=\begin{bmatrix}A&B\\C&D\end{bmatrix}=\begin{bmatrix}2&1&5&2\\5&3&-7&-3\\1&0&11&3\\0&1&4&1\end{bmatrix}$$

23. 블록행렬의 역행렬 계산 방법을 이용하여 다음 행렬 A의 역행렬을 구하라.

(a) $A=\begin{bmatrix}5&5&0&0\\1&2&0&0\\0&0&6&4\\0&0&4&2\end{bmatrix}$ (b) $A=\begin{bmatrix}2&5&5&2\\1&3&-7&-3\\0&0&3&1\\0&0&11&4\end{bmatrix}$ (c) $A=\begin{bmatrix}0&5&2&0\\-9&-10&-4&4\\1&2&2&4\\3&5&4&6\end{bmatrix}$

Chapter

04 프로그래밍 실습

1. 다음 행렬 A의 역행렬을 구한 다음, 행렬 A와 구한 역행렬의 곱이 단위행렬 I인지 확인하라. 그 다음 난수random number로 3×3 행렬 B를 만들고 그 역행렬을 구한 후, B와 B의 역행렬을 곱하여 결과를 출력하라. 또한 다음 행렬 C와 D에 대한 행렬방정식 $C\mathbf{x} = D$의 해를 역행렬을 이용하여 구한 다음, 해가 맞는지 확인하라. 연계 : 4.2절

$$A = \begin{bmatrix} 1.0 & 2.0 \\ 3.0 & 4.0 \end{bmatrix}, \quad C = \begin{bmatrix} 5.0 & 3.0 & 2.0 & 1.0 \\ 6.0 & 2.0 & 4.0 & 5.0 \end{bmatrix}, \quad D = \begin{bmatrix} 4.0 \\ 2.0 \\ 5.0 \\ 1.0 \end{bmatrix}$$

문제 해석

행렬 A의 역행렬 A^{-1}는 numpy에 있는 linalg.matrix_power(A, −1) 또는 linalg.inv(A)를 사용하여 계산할 수 있다. 난수로 3×3 행렬 B를 만들 때는 np.random.rand(3,3) 함수를 사용한다. $C\mathbf{x} = D$의 해 $\mathbf{x}$는 C의 역행렬을 이용하여 $\mathbf{x} = C^{-1}D$를 계산하여 구한다.

코딩 실습

【 파이썬 코드 】

```
1   import numpy as np
2
3   # 행렬 A를 출력하는 함수
4   def pprint(msg, A):
5       print("---", msg, "---")
6       (n,m) = A.shape
7       for i in range(0, n):
8           line = ""
9           for j in range(0, m):
10              line += "{0:.2f}".format(A[i,j]) + "\t"
11          print(line)
12      print("")
13
14  A = np.array([[1., 2.], [3., 4.]])
15  pprint("A", A)
16
17  Ainv1 = np.linalg.matrix_power(A, -1) # matrix_power( )를 사용한 역행렬 A-1 계산
18  pprint("linalg.matrix_power(A, -1) => Ainv1", Ainv1)
19
20  Ainv2 = np.linalg.inv(A)          # inv( )를 사용한 역행렬 A-1 계산
21  pprint("np.linalg.inv(A) => Ainv2", Ainv2)
```

```
22
23  pprint("A*Ainv1", np.matmul(A, Ainv1))     # 행렬 A와 역행렬 A-1의 곱
24  pprint("A*Ainv2", np.matmul(A, Ainv2))     # 행렬 A와 역행렬 A-1의 곱
25
26  B = np.random.rand(3,3)                    # 난수를 이용한 3x3 행렬 B 생성
27  pprint("B =", B)
28  Binv = np.linalg.inv(B)                    # 역행렬 B-1 계산
29  pprint("Binv =", Binv)
30  pprint("B*Binv =", np.matmul(B, Binv))     # 행렬 B와 역행렬 B-1의 곱
31
32  # CX = D의 해 계산
33  C = np.array([[5, 3, 2, 1], [6, 2, 4, 5], [7, 4, 1, 3], [4, 3, 5, 2]])
34  D = np.array([[4], [2], [5], [1]])
35  x = np.matmul(np.linalg.inv(C), D)
36  pprint("x", x)                             # 해 x 출력
37  pprint("C*x", np.matmul(C, x))             # C*x의 결과가 D와 같은지 확인
```

프로그램 설명

행렬 A의 역행렬은 17행 또는 20행과 같이 numpy의 linalg.matrix_power(A, −1) 또는 linalg.inv(A)를 사용하여 계산할 수 있다. 23~24행은 행렬 A와 이 행렬의 역행렬을 곱했을 때, 단위행렬이 되는지 확인해보기 위한 코드이다. 26행의 random.rand (3,3)은 3×3 행렬을 무작위로 생성한다. 행렬 B는 난수로 만들어진 행렬이므로, 코드를 실행할 때마다 다른 행렬이 만들어진다. 28행과 30행은 3×3 행렬 B의 역행렬을 계산한 다음, B와 B의 역행렬을 곱했을 때 단위행렬이 되는지 보여주는 코드이다. 33~35행은 다음과 같은 연립선형방정식의 해를 계산하는 코드이다.

$$\begin{cases} 5x_1 + 3x_2 + 2x_3 + \ \ x_4 = 4 \\ 6x_1 + 2x_2 + 4x_3 + 5x_4 = 2 \\ 7x_1 + 4x_2 + \ \ x_3 + 3x_4 = 5 \\ 4x_1 + 3x_2 + 5x_3 + 2x_4 = 1 \end{cases}$$

2. 임의의 크기의 정방행렬 A를 LU 분해하는 함수 LU(A)를 사용하여 Ax = b의 해를 구하는 프로그램을 작성하라. [프로그래밍 실습 문제 1]의 연립선형방정식을 행렬방정식 Ax = b로 간주하고, 작성한 함수로 계수행렬 A를 LU 분해하여 이 연립선형방정식의 해를 구하라.
연계 : 4.3절

문제 해석

LU 분해는 4.3절에서 소개한 두리틀 알고리즘을 이용하여 구현한다. Ax = b 형태로 주어지는 연립선형방정식의 해를 구하기 위해 [그림 4-2]와 같이 Ly = b의 해 y를 구한 다음, Ux = y의 해 x를 구한다.

코딩 실습

【 파이썬 코드 】

```
1    import numpy as np
2
3    #LU 분해 함수
4    def LU(A):
5        (n,m) = A.shape
6        L = np.zeros((n,n))      # 행렬 L 초기화
7        U = np.zeros((n,n))      # 행렬 U 초기화
8
9        # 행렬 L과 U 계산
10       for i in range(0, n):
11           for j in range(i, n):
12               U[i, j] = A[i, j]
13               for k in range(0, i):
14                   U[i, j] = U[i, j] - L[i, k]*U[k, j]
15           L[i,i] = 1
16           if i < n-1:
17               p = i + 1
18               for j in range(0,p):
19                   L[p, j] = A[p, j]
20                   for k in range(0, j):
21                       L[p, j] = L[p, j] - L[p, k]*U[k, j]
22                   L[p,j] = L[p,j]/U[j,j]
23       return L, U
24
25   # LU 분해를 이용한 Ax=b의 해 구하기
26   def LUSolver(A, b):
27       L, U = LU(A)
28       n = len(L)
29       # Ly=b 계산
30       y = np.zeros((n,1))
31       for i in range(0,n):
32           y[i] = b[i]
33           for k in range(0,i):
34               y[i] -= y[k]*L[i,k]
35       # Ux=y 계산
36       x = np.zeros((n,1))
37       for i in range(n-1, -1, -1):
38           x[i] = y[i]
39           if i < n-1:
40               for k in range(i+1,n):
41                   x[i] -= x[k]*U[i,k]
42           x[i] = x[i]/float(U[i,i])
43       return x
44
45   A = np.array([[5, 3, 2, 1], [6, 2, 4, 5], [7, 4, 1, 3], [4, 3, 5, 2]])
46   b = np.array([[4], [2], [5], [1]])
47
48   # 행렬 A의 LU 분해
49   L, U = LU(A)
50   pprint("A", A)
51   pprint("L", L)
```

```
52  pprint("U", U)
53
54  # LU 분해를 이용한 Ax=b의 해 구하기
55  x = LUSolver(A,b)
56  pprint("x", x)
```

프로그램 설명

4 ~ 23행의 함수 LU(A)는 정방행렬 A를 LU 분해하는 두리틀 알고리즘을 구현한 것으로 하삼각행렬 L과 상삼각행렬 U를 반환한다. 따라서 정방행렬이 아닌 행렬에는 적용할 수 없는 함수이다. LU 분해가 되지 않는 정방행렬도 존재하는데, 이러한 행렬의 행들을 서로 교환하면 LU 분해가 가능할 수도 있다. 26 ~ 43행의 함수 LUSolver(A, b)는 행렬방정식 Ax = b의 해 x를 [그림 4-2]와 같이 계수행렬 A의 LU 분해 결과를 이용하여 구한다. 50 ~ 56행에서 사용한 pprint( ) 함수는 [프로그래밍 실습 문제 1]의 4 ~ 12행 코드를 이 문제의 코드 1행 뒤에 복사하면 구현된다.

Chapter

05

행렬식

Determinant

Contents

다시보기 Review

■ 역행렬

정방행렬이 아닌 행렬은 역행렬을 갖지 않는다. 하지만, 모든 정방행렬이 역행렬을 갖는 것도 아니다. 행렬 A의 역행렬을 구하려면 [정리 4-4]와 같이, 먼저 첨가행렬 $[A|I]$에서 A 부분이 기약행 사다리꼴 행렬이 되도록 행 연산을 한다. 기약행 사다리꼴 행렬을 만들 때 $[A|I]$에서 A 부분이 단위행렬 I가 된다면, I 부분이 A의 역행렬이 된다. 만약 A 부분이 단위행렬이 되지 않는다면, A의 역행렬은 존재하지 않는다.

행 연산을 이용하여 역행렬의 존재 여부를 확인할 수 있지만, 역행렬이 존재하지 않다면 기약행 사다리꼴 행렬을 만들기 위한 행 연산은 부질없는 일이다. 역행렬을 계산하는 번거로운 과정을 시작하기 전에 역행렬의 존재 여부를 간단히 확인할 수 있다면 매우 유용할 것이다. 이때 사용할 수 있는 것이 '행렬식'이다.

■ 행렬식의 활용

행렬식은 역행렬이 존재하지 않으면 0, 존재하면 0이 아닌 값을 주는 행렬에 대한 함수이다. 즉 행렬식 det는 다음과 같이 임의의 $n \times n$ 정방행렬을 실숫값으로 사상하는 함수이다.

$$\det: \mathbb{R}^{n \times n} \to \mathbb{R}$$

역행렬의 존재 여부를 확인하기 위해 도입된 행렬식의 여러 성질이 규명되었다. 행렬식의 성질은 선형대수학에서 행렬 및 행렬을 통한 선형변환의 다양한 성질을 증명하는 데 사용된다.

행렬식은 행렬의 곱으로 나타낼 수 있는 선형변환의 기하학적 특성에 대한 정보를 제공한다. 선형변환은 7장에서 자세히 알아본다. 2차원 도형을 행렬을 사용하여 선형변환하면, 해당 행렬의 행렬식은 넓이 변화율을 나타낸다. 한편 3차원 도형인 경우, 이때 사용된 행렬의 행렬식은 부피 변화율을 나타낸다. 1.3절에서 소개한 아래의 다변수 가우시안 분포식에 공분산 행렬 Σ의 행렬식 $|\Sigma|$가 있는 것도 이러한 변화율과 관계가 있다.

$$p(X_1, \cdots, X_n) = \frac{1}{\sqrt{(2\pi)^n |\Sigma|}} \exp\left(-\frac{1}{2}(X-\mu)^\top \Sigma^{-1}(X-\mu)\right)$$

행렬식은 8장에서 다루는 고윳값과 고유벡터를 찾을 때 사용되는 중요한 개념이기도 하다.

미리보기 Overview

■ 행렬식을 왜 배워야 하는가?

모든 행렬의 역행렬이 존재하는 것은 아니다. 역행렬을 계산하는 것은 계산 비용이 클 뿐만 아니라, 컴퓨터 프로그램을 사용하더라도 소수점 아래 값의 오차 누적에 따라 잘못된 역행렬을 찾는 등의 오류가 발생할 수도 있다. 따라서 역행렬을 구할 때, 역행렬의 존재 여부를 먼저 확인하는 것이 바람직한 경우가 있다. 행렬식은 역행렬의 존재 여부를 확인하기 위해 만들어진 행렬에 대한 함수이다. 행렬식은 역행렬의 존재 여부를 확인하는 용도 이외에도 역행렬 계산, 연립선형방정식의 풀이, 선형변환의 기하학적 특성 및 행렬 자체에 대한 여러 정보 제공 등 다양한 영역에서 사용된다. 따라서 행렬식의 정의, 특성을 이해해야 한다.

■ 행렬식의 응용 분야는?

행렬로 표현된 데이터나 모델을 다루는 이공계 분야의 문제를 다룰 때 역행렬을 구해야 하는 상황이 빈번하게 발생한다. 이러한 상황에서 역행렬의 존재 여부를 확인하는 데 행렬식을 사용한다. 또한 행렬을 통한 선형변환에서 넓이 또는 부피 변화율 등의 기하학적 변환 특성을 파악하는 데 행렬식을 사용하기도 한다. 행렬식을 이용하면 역행렬을 계산할 수 있으며, 행렬식을 이용한 크래머 공식을 통해 연립선형방정식의 해를 구할 수도 있다. 또한 공간상의 특정 점들을 지나는 방정식을 구할 수도 있다. 특히 행렬식은 공학 및 과학에서 다양한 이론의 수식 전개에도 종종 사용된다.

■ 이 장에서 배우는 내용은?

이 장에서는 먼저 행렬식의 의미를 이해하고, 2×2 행렬과 3×3 행렬의 행렬식을 도출하는 과정을 살펴본 후, 임의의 n차 정방행렬의 행렬식에 대해 알아본다. 다음으로 전치행렬, 기본행렬을 곱한 행렬, 행렬의 곱, 삼각행렬, 대각행렬, 역행렬 등의 행렬식에 관한 성질을 알아본다. 또한 큰 행렬의 행렬식을 계산할 때 유용한 블록행렬의 행렬식의 특성을 알아본다. 끝으로, 행렬식의 기하학적 의미와 적용 사례를 살펴보고, 연립선형방정식의 풀이법, 역행렬 계산 등에서의 행렬식의 활용에 대해 알아본다.

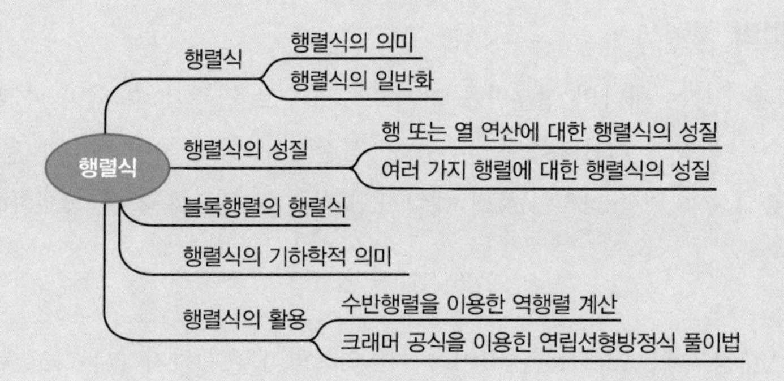

SECTION

5.1 행렬식

행렬식의 의미

정의 5-1 행렬식

행렬식[determinant]은 정방행렬 A를 실숫값으로 대응시키는 함수로, $\det(A)$ 또는 $|A|$로 표기한다. 행렬식은 역행렬이 존재하지 않으면 0, 그렇지 않으면 0이 아닌 값을 갖는다.

행렬식은 정방행렬에 대해서만 정의된다는 점에 주목하자. 다음은 선형대수학에서 행렬식이 활용되는 대표적인 사례이다.

(1) 행렬식은 행렬 A가 가역행렬인지 판별한다. 즉 역행렬 A^{-1}가 존재하는지 판별한다.
(2) 행렬 A를 사용하여 선형변환을 할 때, 넓이 또는 부피의 변화율을 계산한다.
(3) 행렬식을 활용하여 역행렬을 계산한다.
(4) 행렬식을 활용하여 연립선형방정식의 해를 구한다.
(5) 행렬의 고윳값과 고유벡터를 계산하는 데 행렬식을 사용한다.

Note 고윳값과 고유벡터는 8장에서 자세히 다룬다.

행렬식의 기본 역할은 역행렬의 존재 여부를 판정하는 것이다. 이를 위해 역행렬이 존재하지 않는 정방행렬의 경우 행렬식을 0으로 정의한다. 먼저 1×1, 2×2, 3×3 행렬의 행렬식을 살펴본다.

■ 1×1 행렬의 행렬식

1×1 행렬 $A=[a]$는 하나의 성분만을 가지므로 실수로 간주할 수 있다. 한편, 역행렬은 실수의 역수를 확장한 개념으로 볼 수 있다. 실수에서 $a=0$이면 역수가 정의되지 않는다. 그러므로 1×1 행렬 $A=[a]$의 행렬식 $\det[a]$를 다음과 같이 정의한다.

$$\det[a]=a$$

따라서 $a=0$인 경우에는 $\det[a]=0$이 되어, 역행렬이 존재하지 않는다고 판정한다.

■ 2×2 행렬의 행렬식

[정리 3-7]에 따르면, 2×2 행렬 $A = \begin{bmatrix} a & b \\ c & d \end{bmatrix}$의 역행렬은 다음과 같은 형태이다.

$$A^{-1} = \frac{1}{ad-bc}\begin{bmatrix} d & -b \\ -c & a \end{bmatrix}$$

A^{-1}가 정의되기 위해서는 분모인 $ad-bc$가 0이 되지 않아야 한다. 따라서 2×2 행렬의 행렬식은 $\det\begin{bmatrix} a & b \\ c & d \end{bmatrix} = ad-bc$로 정의한다. $\det\begin{bmatrix} a & b \\ c & d \end{bmatrix}$가 0이면, 역행렬이 존재하지 않는다. 예를 들면, $\begin{bmatrix} 1 & 2 \\ 1 & 2 \end{bmatrix}$의 행렬식이 $\det\begin{bmatrix} 1 & 2 \\ 1 & 2 \end{bmatrix} = 1\times 2 - 2\times 1 = 0$이므로, $\begin{bmatrix} 1 & 2 \\ 1 & 2 \end{bmatrix}$의 역행렬은 존재하지 않는다.

■ 3×3 행렬의 행렬식

3×3 행렬의 역행렬이 존재하기 위한 조건을 알아보기 위해, [정리 4-4]의 행 연산을 이용하여 다음 행렬 A의 역행렬을 만드는 과정을 살펴보자.

$$A = \begin{bmatrix} a_{11} & a_{12} & a_{13} \\ a_{21} & a_{22} & a_{23} \\ a_{31} & a_{32} & a_{33} \end{bmatrix}$$

[정리 4-4]에 따르면, 첨가행렬 $[A \mid I]$에서 A 부분을 단위행렬로 만드는 행 연산을 I 부분에 한 결과로 첨가행렬의 I 부분에 나타나는 행렬이 A의 역행렬이다.

첨가행렬 $[A \mid I]$의 A 부분을 단위행렬로 만들기 위해 먼저 A를 행 사다리꼴 행렬로 만든다. I 부분은 생략하고 A 부분에 대해서만 살펴보면 다음과 같다.

$$A = \begin{bmatrix} a_{11} & a_{12} & a_{13} \\ a_{21} & a_{22} & a_{23} \\ a_{31} & a_{32} & a_{33} \end{bmatrix} \xrightarrow[(R_3 \leftarrow a_{11}R_3)]{(R_2 \leftarrow a_{11}R_2)} \begin{bmatrix} a_{11} & a_{12} & a_{13} \\ a_{11}a_{21} & a_{11}a_{22} & a_{11}a_{23} \\ a_{11}a_{31} & a_{11}a_{32} & a_{11}a_{33} \end{bmatrix}$$

$$\xrightarrow[(R_3 \leftarrow -a_{31}R_1 + R_2)]{(R_2 \leftarrow -a_{21}R_1 + R_2)} \begin{bmatrix} a_{11} & a_{12} & a_{13} \\ 0 & a_{11}a_{22}-a_{12}a_{21} & a_{11}a_{23}-a_{13}a_{21} \\ 0 & a_{11}a_{32}-a_{12}a_{31} & a_{11}a_{33}-a_{13}a_{31} \end{bmatrix}$$

$$\xrightarrow[+(a_{11}a_{22}-a_{12}a_{21})R_3)]{(R_3 \leftarrow -(a_{11}a_{32}-a_{12}a_{31})R_2} \begin{bmatrix} a_{11} & a_{12} & a_{13} \\ 0 & a_{11}a_{22}-a_{12}a_{21} & a_{11}a_{23}-a_{13}a_{21} \\ 0 & 0 & a_{11}\Delta \end{bmatrix}$$

여기서 $\Delta = a_{11}a_{22}a_{33} + a_{12}a_{23}a_{31} + a_{13}a_{21}a_{32} - a_{11}a_{23}a_{32} - a_{12}a_{21}a_{33} - a_{13}a_{22}a_{31}$이다. 이 행 사다리꼴 행렬을 단위행렬로 변환하려면, 3행의 $a_{11}\Delta$가 0이 되지 않아야 한다. 일단 $a_{11} \neq 0$이라고 가정하면, Δ는 0이 아니어야 한다.

이러한 이유로 3×3 행렬 $A = \begin{bmatrix} a_{11} & a_{12} & a_{13} \\ a_{21} & a_{22} & a_{23} \\ a_{31} & a_{32} & a_{33} \end{bmatrix}$의 행렬식은 다음과 같이 정의된다.

$$\det(A) = a_{11}a_{22}a_{33} + a_{12}a_{23}a_{31} + a_{13}a_{21}a_{32} - a_{11}a_{23}a_{32} - a_{12}a_{21}a_{33} - a_{13}a_{22}a_{31}$$

3×3 행렬 A의 1열과 2열을 행렬 A의 오른쪽 옆에 추가하면, 다음과 같은 방식으로 행렬식의 공식을 쉽게 기억할 수 있다.

$$\left| \begin{matrix} a_{11} & a_{12} & a_{13} \\ a_{21} & a_{22} & a_{23} \\ a_{31} & a_{32} & a_{33} \end{matrix} \right| \begin{matrix} a_{11} & a_{12} \\ a_{21} & a_{22} \\ a_{31} & a_{32} \end{matrix}$$

왼쪽 위에서 오른쪽 아래로 가는 사선상의 항들은 곱해서 더하고($a_{11}a_{22}a_{33} + a_{12}a_{23}a_{31} + a_{13}a_{21}a_{32}$), 오른쪽 위에서 왼쪽 아래로 가는 사선상의 항들은 곱해서 빼면($-a_{11}a_{23}a_{32} - a_{12}a_{21}a_{33} - a_{13}a_{22}a_{31}$) A의 행렬식이 된다. 즉, 행렬식 $\det(A)$는 다음과 같다.

$$\det(A) = a_{11}a_{22}a_{33} + a_{12}a_{23}a_{31} + a_{13}a_{21}a_{32} - a_{11}a_{23}a_{32} - a_{12}a_{21}a_{33} - a_{13}a_{22}a_{31}$$

이와 같이 3×3 행렬의 행렬식을 계산하는 방법을 **사루스**Sarrus **방법**이라 한다.

앞에서 살펴본 1×1, 2×2, 3×3 행렬의 행렬식을 정리하면 [정의 5-2]와 같다.

정의 5-2 1×1 행렬, 2×2 행렬, 3×3 행렬의 행렬식

(1) $\det[a] = a$

(2) $\det\begin{bmatrix} a & b \\ c & d \end{bmatrix} = ad - bc$

(3) $\det\begin{bmatrix} a_{11} & a_{12} & a_{13} \\ a_{21} & a_{22} & a_{23} \\ a_{31} & a_{32} & a_{33} \end{bmatrix} = a_{11}a_{22}a_{33} + a_{12}a_{23}a_{31} + a_{13}a_{21}a_{32} - a_{11}a_{23}a_{32} - a_{12}a_{21}a_{33} - a_{13}a_{22}a_{31}$

예제 5-1 **행렬식의 계산**

다음 행렬의 행렬식을 구하고, 역행렬이 존재하는지 판단하라.

> **Tip**
> [정의 5-1]과 [정의 5-2]를 이용한다.

(a) $A = \begin{bmatrix} 2 & 3 \\ 4 & 1 \end{bmatrix}$ (b) $B = \begin{bmatrix} 2 & 3 \\ 4 & 6 \end{bmatrix}$

(c) $C = \begin{bmatrix} 1 & 2 & 3 \\ 3 & 2 & 1 \\ 4 & 4 & 5 \end{bmatrix}$ (d) $D = \begin{bmatrix} 1 & 2 & 3 \\ 3 & 2 & 4 \\ 2 & 4 & 6 \end{bmatrix}$

풀이

(a) $\det(A) = 2\times 1 - 3\times 4 = -10$

행렬 A의 행렬식이 0이 아니므로, A의 역행렬이 존재한다.

(b) $\det(B) = 2\times 6 - 3\times 4 = 0$

행렬 B의 행렬식이 0이므로, B의 역행렬이 존재하지 않는다.

(c) $\det(C) = 1\times 2\times 5 + 2\times 1\times 4 + 3\times 3\times 4 - 3\times 2\times 4 - 1\times 1\times 4 - 2\times 3\times 5 = -4$

행렬 C의 행렬식이 0이 아니므로, C의 역행렬이 존재한다.

(d) $\det(D) = 1\times 2\times 6 + 2\times 4\times 2 + 3\times 3\times 4 - 3\times 2\times 2 - 1\times 4\times 4 - 2\times 3\times 6 = 0$

행렬 D의 행렬식이 0이므로, D의 역행렬이 존재하지 않는다.

행렬식의 일반화

정의 5-3 **소행렬식**

행렬 A에서 성분 a_{ij}가 있는 i행과 j열을 제거한 행렬의 행렬식을 A_{ij}로 표현하고, 이를 a_{ij}의 **소행렬식** minor determinant 이라 한다.

예를 들면, 행렬 $A = \begin{bmatrix} a_{11} & a_{12} & a_{13} \\ a_{21} & a_{22} & a_{23} \\ a_{31} & a_{32} & a_{33} \end{bmatrix}$에 대한 소행렬식은 다음과 같다.

$$\mathrm{A}_{11} = \det\begin{bmatrix} a_{22} & a_{23} \\ a_{32} & a_{33} \end{bmatrix} \quad \mathrm{A}_{12} = \det\begin{bmatrix} a_{21} & a_{23} \\ a_{31} & a_{33} \end{bmatrix} \quad \mathrm{A}_{13} = \det\begin{bmatrix} a_{21} & a_{22} \\ a_{31} & a_{32} \end{bmatrix}$$

$$\mathrm{A}_{21} = \det\begin{bmatrix} a_{12} & a_{13} \\ a_{32} & a_{33} \end{bmatrix} \quad \mathrm{A}_{22} = \det\begin{bmatrix} a_{11} & a_{13} \\ a_{31} & a_{33} \end{bmatrix} \quad \mathrm{A}_{23} = \det\begin{bmatrix} a_{11} & a_{12} \\ a_{31} & a_{32} \end{bmatrix}$$

$$\mathrm{A}_{31} = \det\begin{bmatrix} a_{12} & a_{13} \\ a_{22} & a_{23} \end{bmatrix} \quad \mathrm{A}_{32} = \det\begin{bmatrix} a_{11} & a_{13} \\ a_{21} & a_{23} \end{bmatrix} \quad \mathrm{A}_{33} = \det\begin{bmatrix} a_{11} & a_{12} \\ a_{21} & a_{22} \end{bmatrix}$$

예제 5-2 소행렬식의 계산

다음 행렬 A의 소행렬식을 구하라.

> **Tip**
> [정의 5-3]을 이용한다.

$$A = \begin{bmatrix} 1 & 2 & 3 \\ 3 & 2 & 1 \\ 4 & 4 & 5 \end{bmatrix}$$

(a) A_{11} (b) A_{12} (c) A_{13} (d) A_{23}

풀이

(a) $\mathrm{A}_{11} = \det\begin{bmatrix} 2 & 1 \\ 4 & 5 \end{bmatrix} = 2\times5 - 1\times4 = 6$

(b) $\mathrm{A}_{12} = \det\begin{bmatrix} 3 & 1 \\ 4 & 5 \end{bmatrix} = 3\times5 - 1\times4 = 11$

(c) $\mathrm{A}_{13} = \det\begin{bmatrix} 3 & 2 \\ 4 & 4 \end{bmatrix} = 3\times4 - 2\times4 = 4$

(d) $\mathrm{A}_{23} = \det\begin{bmatrix} 1 & 2 \\ 4 & 4 \end{bmatrix} = 1\times4 - 2\times4 = -4$

■ 행을 이용한 3×3 행렬의 행렬식 표현

3×3 행렬의 행렬식은 1행 $[a_{11}\ a_{12}\ a_{13}]$의 성분을 기준으로 정리하면 다음과 같이 표현된다.

$$\begin{aligned}
\det\begin{bmatrix} a_{11} & a_{12} & a_{13} \\ a_{21} & a_{22} & a_{23} \\ a_{31} & a_{32} & a_{33} \end{bmatrix} &= a_{11}a_{22}a_{33} + a_{12}a_{23}a_{31} + a_{13}a_{21}a_{32} - a_{11}a_{23}a_{32} - a_{12}a_{21}a_{33} - a_{13}a_{22}a_{31} \\
&= a_{11}(a_{22}a_{33} - a_{23}a_{32}) + a_{12}(a_{23}a_{31} - a_{21}a_{33}) + a_{13}(a_{21}a_{32} - a_{22}a_{31}) \\
&= a_{11}\det\begin{bmatrix} a_{22} & a_{23} \\ a_{32} & a_{33} \end{bmatrix} - a_{12}\det\begin{bmatrix} a_{21} & a_{23} \\ a_{31} & a_{33} \end{bmatrix} + a_{13}\det\begin{bmatrix} a_{21} & a_{22} \\ a_{31} & a_{32} \end{bmatrix} \\
&= a_{11}\mathrm{A}_{11} - a_{12}\mathrm{A}_{12} + a_{13}\mathrm{A}_{13}
\end{aligned}$$

위에 보는 바와 같이 3×3 행렬의 행렬식은 1행의 성분 a_{1i}와 해당 성분의 소행렬식 A_{1i}의 곱을 합한 형태인데, 두 번째 성분 a_{12}에 해당하는 부분만 -1이 곱해져 있다.

행렬 $A = \begin{bmatrix} 1 & 2 & 3 \\ 3 & 2 & 1 \\ 4 & 4 & 5 \end{bmatrix}$에 대해 1행을 기준으로 한 행렬식 공식을 적용하면, A의 행렬식은 다음과 같다.

$$\det(A) = 1 \times \det\begin{bmatrix} 2 & 1 \\ 4 & 5 \end{bmatrix} - 2 \times \det\begin{bmatrix} 3 & 1 \\ 4 & 5 \end{bmatrix} + 3 \times \det\begin{bmatrix} 3 & 2 \\ 4 & 4 \end{bmatrix}$$
$$= 1(10-4) - 2(15-4) + 3(12-8) = -4$$

■ 열을 이용한 3×3 행렬의 행렬식 표현

행렬식은 열을 기준으로도 정리할 수 있다. 1열 $[a_{11}\ a_{21}\ a_{31}]^\top$의 성분을 기준으로 행렬식을 정리하면 다음과 같다.

$$\begin{aligned}
\det\begin{bmatrix} a_{11} & a_{12} & a_{13} \\ a_{21} & a_{22} & a_{23} \\ a_{31} & a_{32} & a_{33} \end{bmatrix} &= a_{11}a_{22}a_{33} + a_{12}a_{23}a_{31} + a_{13}a_{21}a_{32} - a_{11}a_{23}a_{32} - a_{12}a_{21}a_{33} - a_{13}a_{22}a_{31} \\
&= a_{11}(a_{22}a_{33} - a_{23}a_{32}) + a_{21}(a_{13}a_{32} - a_{12}a_{33}) + a_{31}(a_{12}a_{23} - a_{13}a_{22}) \\
&= a_{11}\det\begin{bmatrix} a_{22} & a_{23} \\ a_{32} & a_{33} \end{bmatrix} - a_{21}\det\begin{bmatrix} a_{12} & a_{13} \\ a_{32} & a_{33} \end{bmatrix} + a_{31}\det\begin{bmatrix} a_{12} & a_{13} \\ a_{22} & a_{23} \end{bmatrix} \\
&= a_{11}\mathrm{A}_{11} - a_{21}\mathrm{A}_{21} + a_{31}\mathrm{A}_{31}
\end{aligned}$$

행렬 $A = \begin{bmatrix} 1 & 2 & 3 \\ 3 & 2 & 1 \\ 4 & 4 & 5 \end{bmatrix}$에 대해, 1열을 기준으로 한 행렬식 공식을 적용하면, A의 행렬식은 다음과 같다.

$$\det(A) = 1 \times \det\begin{bmatrix} 2 & 1 \\ 4 & 5 \end{bmatrix} - 3 \times \det\begin{bmatrix} 2 & 3 \\ 4 & 5 \end{bmatrix} + 4 \times \det\begin{bmatrix} 2 & 3 \\ 2 & 1 \end{bmatrix}$$
$$= 1(10-4) - 3(10-12) + 4(2-6) = -4$$

이처럼 3×3 행렬의 행렬식은 특정 행 또는 열을 기준으로 전개할 수 있다. 그리고 이러한 행렬식의 표현 방법은 일반적인 $n \times n$ 행렬에도 그대로 적용된다.

정리 5-1 $n \times n$ 행렬의 행렬식에 대한 라플라스 전개

$n \times n$ 행렬 A의 행렬식 $\det(A)$는 특정 행 또는 열의 성분 a_{ij}와 해당 성분의 소행렬식 A_{ij}의 곱에 $(-1)^{i+j}$을 곱한 값의 합으로 표현할 수 있다.

(1) i**행** $[a_{i1}\ a_{i2}\ \cdots\ a_{in}]$**을 기준으로 한 행렬식**

$$\begin{aligned}
\det(A) &= (-1)^{i+1}a_{i1}\mathrm{A}_{i1} + (-1)^{i+2}a_{i2}\mathrm{A}_{i2} + \cdots + (-1)^{i+n}a_{in}\mathrm{A}_{in} \\
&= \sum_{k=1}^{n}(-1)^{i+k}a_{ik}\mathrm{A}_{ik}
\end{aligned}$$

(2) j열 $[a_{1j}\ a_{2j}\ \cdots\ a_{nj}]^{\top}$를 기준으로 한 행렬식

$$\begin{aligned}\det(A) &= (-1)^{1+j}a_{1j}\mathrm{A}_{1j} + (-1)^{2+j}a_{2j}\mathrm{A}_{2j} + \cdots + (-1)^{n+j}a_{nj}\mathrm{A}_{nj} \\ &= \sum_{k=1}^{n}(-1)^{k+j}a_{kj}\mathrm{A}_{kj}\end{aligned}$$

이와 같이 행렬식을 표현하는 것을 **라플라스 전개**Laplace expansion라고 한다.

예제 5-3 라플라스 전개를 이용한 행렬식 계산

다음 행렬 A의 행렬식을 구하라.

> **Tip**
> [정리 5-1]의 라플라스 전개에 대한 행렬식의 공식을 이용한다.

$$A = \begin{bmatrix} 1 & 1 & 2 & 1 \\ 3 & 1 & 4 & 5 \\ 7 & 6 & 1 & 2 \\ 1 & 1 & 3 & 4 \end{bmatrix}$$

풀이

1행을 기준으로 [정리 5-1]을 적용하여 행렬식을 계산한다.

$$\det(A) = 1\begin{vmatrix} 1 & 4 & 5 \\ 6 & 1 & 2 \\ 1 & 3 & 4 \end{vmatrix} - 1\begin{vmatrix} 3 & 4 & 5 \\ 7 & 1 & 2 \\ 1 & 3 & 4 \end{vmatrix} + 2\begin{vmatrix} 3 & 1 & 5 \\ 7 & 6 & 2 \\ 1 & 1 & 4 \end{vmatrix} - 1\begin{vmatrix} 3 & 1 & 4 \\ 7 & 6 & 1 \\ 1 & 1 & 3 \end{vmatrix}$$

위 행렬식은 3×3 행렬의 행렬식을 계산해야 구할 수 있는데, 이들도 마찬가지 방법으로 계산하면 된다. 컴퓨터 프로그램으로 구현할 때는 재귀적 함수 호출을 사용하면 된다.

$$\begin{vmatrix} 1 & 4 & 5 \\ 6 & 1 & 2 \\ 1 & 3 & 4 \end{vmatrix} = 1\begin{vmatrix} 1 & 2 \\ 3 & 4 \end{vmatrix} - 4\begin{vmatrix} 6 & 2 \\ 1 & 4 \end{vmatrix} + 5\begin{vmatrix} 6 & 1 \\ 1 & 3 \end{vmatrix} = -5$$

$$\begin{vmatrix} 3 & 4 & 5 \\ 7 & 1 & 2 \\ 1 & 3 & 4 \end{vmatrix} = 3\begin{vmatrix} 1 & 2 \\ 3 & 4 \end{vmatrix} - 4\begin{vmatrix} 7 & 2 \\ 1 & 4 \end{vmatrix} + 5\begin{vmatrix} 7 & 1 \\ 1 & 3 \end{vmatrix} = -10$$

$$\begin{vmatrix} 3 & 1 & 5 \\ 7 & 6 & 2 \\ 1 & 1 & 4 \end{vmatrix} = 3\begin{vmatrix} 6 & 2 \\ 1 & 4 \end{vmatrix} - 1\begin{vmatrix} 7 & 2 \\ 1 & 4 \end{vmatrix} + 5\begin{vmatrix} 7 & 6 \\ 1 & 1 \end{vmatrix} = 45$$

$$\begin{vmatrix} 3 & 1 & 4 \\ 7 & 6 & 1 \\ 1 & 1 & 3 \end{vmatrix} = 3\begin{vmatrix} 6 & 1 \\ 1 & 3 \end{vmatrix} - 1\begin{vmatrix} 7 & 1 \\ 1 & 3 \end{vmatrix} + 4\begin{vmatrix} 7 & 6 \\ 1 & 1 \end{vmatrix} = 35$$

따라서 $\det(A)$는 다음과 같다.

$$\det(A) = 1(-5) - 1(-10) + 2(45) - 1(35) = 60$$

Note 이 장의 [프로그래밍 실습 문제 1]의 코드에서 13행의 함수 determinant( )는 재귀적 함수 호출을 통해 행렬식을 계산한다.

참고 행렬식의 표기법

행렬 A의 행렬식은 $\det(A)$ 또는 $|A|$로 표기한다. 한편, 다음과 같은 행렬이 있다고 하자.

$$\begin{bmatrix} a & b & c \\ d & e & f \\ g & h & i \end{bmatrix}$$

위 행렬의 행렬식은 다음 두 가지 형태로 나타낼 수 있다.

$$\det\begin{bmatrix} a & b & c \\ d & e & f \\ g & h & i \end{bmatrix} \quad \text{또는} \quad \begin{vmatrix} a & b & c \\ d & e & f \\ g & h & i \end{vmatrix}$$

한편, 기호 $|\ |$는 대상에 따라 나타내는 의미가 다음과 같이 다르다.

- a가 $4, -5$와 같은 수일 때, $|a|$는 절댓값을 의미한다.
- A가 행렬일 때, $|A|$는 A의 행렬식을 의미한다.
- A가 $\{x, y, z\}$와 같이 집합일 때, $|A|$는 A의 원소 개수를 의미한다.

정의 5-4 여인수

행렬식을 계산할 때 사용되는 a_{ij}의 소행렬식 A_{ij}와 $(-1)^{i+j}$을 곱한 것을 a_{ij}의 **여인수**cofactor라 하고 C_{ij}로 나타낸다.

$$C_{ij} = (-1)^{i+j}\mathrm{A}_{ij}$$

예제 5-4 여인수 계산

다음 행렬 A에 대한 여인수를 각각 구하라.

Tip
[정의 5-4]를 이용한다.

$$A = \begin{bmatrix} 1 & 1 & 2 \\ 3 & 1 & 4 \\ 7 & 6 & 1 \end{bmatrix}$$

(a) C_{11} (b) C_{12} (c) C_{22} (d) C_{31}

풀이

(a) $\mathrm{A}_{11} = \begin{vmatrix} 1 & 4 \\ 6 & 1 \end{vmatrix} = (1)(1) - (4)(6) = -23$이므로,

a_{11}의 여인수는 $C_{11} = (-1)^{1+1}\mathrm{A}_{11} = (1)(-23) = -23$이다.

(b) $\mathrm{A}_{12} = \begin{vmatrix} 3 & 4 \\ 7 & 1 \end{vmatrix} = (3)(1) - (4)(7) = -25$이므로,

a_{12}의 여인수는 $C_{12} = (-1)^{1+2}\mathrm{A}_{12} = (-1)(-25) = 25$이다.

(c) $A_{22} = \begin{vmatrix} 1 & 2 \\ 7 & 1 \end{vmatrix} = (1)(1) - (2)(7) = -13$이므로,

a_{22}의 여인수는 $C_{22} = (-1)^{2+2}A_{22} = (1)(-13) = -13$이다.

(d) $A_{31} = \begin{vmatrix} 1 & 2 \\ 1 & 4 \end{vmatrix} = (1)(4) - (2)(1) = 2$이므로,

a_{31}의 여인수는 $C_{31} = (-1)^{3+1}A_{31} = (1)(2) = 2$이다.

정리 5-2 행렬식의 여인수 전개

n차 정방행렬의 행렬식을 여인수를 이용하여 다음과 같이 표현하는 것을 **여인수 전개** cofactor expansion라고 한다.

(1) **i행에 대한 여인수 전개**

$$\det(A) = a_{i1}C_{i1} + a_{i2}C_{i2} + \cdots + a_{in}C_{in} = \sum_{j=1}^{n} a_{ij}C_{ij}$$

(2) **j열에 대한 여인수 전개**

$$\det(A) = a_{1j}C_{1j} + a_{2j}C_{2j} + \cdots + a_{nj}C_{nj} = \sum_{i=1}^{n} a_{ij}C_{ij}$$

증명

(1) 여인수를 이용하면, [정리 5-1]의 i행을 기준으로 한 행렬식의 라플라스 전개는 다음과 같이 표현할 수 있다.

$$\begin{aligned}\det(A) &= a_{i1}A_{i1} - a_{i2}A_{i2} + \cdots + (-1)^{1+n}a_{in}A_{in} \\ &= a_{i1}C_{i1} + a_{i2}C_{i2} + \cdots + a_{in}C_{in}\end{aligned}$$

(2) 마찬가지로 j열을 기준으로 한 행렬식의 라플라스 전개는 다음과 같이 표현할 수 있다.

$$\begin{aligned}\det(A) &= a_{1j}A_{1j} - a_{2j}A_{2j} + \cdots + (-1)^{n+1}a_{nj}A_{nj} \\ &= a_{1j}C_{1j} + a_{2j}C_{2j} + \cdots + a_{nj}C_{nj}\end{aligned}$$

■

예제 5-5 여인수 전개를 이용한 행렬식 계산

여인수 전개를 이용하여 행렬 A의 행렬식을 구하라.

$$A = \begin{bmatrix} 2 & -3 & 1 \\ 4 & 2 & 2 \\ 1 & 0 & -1 \end{bmatrix}$$

Tip
[정리 5-2]의 여인수 전개에 대한 행렬식의 공식을 이용한다.

풀이

1행을 기준으로 여인수 전개하여 A의 행렬식을 계산하면 다음과 같다.

$$\begin{aligned}\det\begin{bmatrix}2 & -3 & 1\\ 4 & 2 & 2\\ 1 & 0 & -1\end{bmatrix} &= 2C_{11}-3C_{12}+1C_{13}\\ &= 2\begin{vmatrix}2 & 2\\ 0 & -1\end{vmatrix}-3(-1)\begin{vmatrix}4 & 2\\ 1 & -1\end{vmatrix}+1\begin{vmatrix}4 & 2\\ 1 & 0\end{vmatrix}\\ &= 2(-2)+3(-6)+1(-2) = -24\end{aligned}$$

3×3 행렬의 행렬식을 다시 살펴보자.

$$\det\begin{bmatrix}a_{11} & a_{12} & a_{13}\\ a_{21} & a_{22} & a_{23}\\ a_{31} & a_{32} & a_{33}\end{bmatrix} = a_{11}a_{22}a_{33}+a_{12}a_{23}a_{31}+a_{13}a_{21}a_{32}-a_{11}a_{23}a_{32}-a_{12}a_{21}a_{33}-a_{13}a_{22}a_{31}$$

$a_{11}a_{22}a_{33}$, $a_{13}a_{21}a_{32}$, $a_{11}a_{23}a_{32}$, $\cdots$에서 각 항에 있는 a_{ij}의 첨자를 보면, i에 해당하는 부분(행 번호)에는 1, 2, 3이 순서대로 나타나고, j에 해당하는 부분(열 번호)에는 $\{1, 2, 3\}$의 순열permutation이 하나씩 나타난다. 즉 행렬식에 나타나는 항은 각 행과 열에서 중복 없이 성분을 뽑아 곱한 것이다. $a_{13}a_{21}a_{32}$는 1행에서는 3열의 성분, 2행에서는 1열의 성분, 3행에서는 2열의 성분을 선택한 것이다. 이 경우 선택한 열의 순서에 따라 순열을 $\sigma=[3, 1, 2]$로 나타낸다.

열 번호 $\{1, 2, 3\}$에 대해 만들 수 있는 전체 순열 S_3는 다음과 같다.

$$S_3 = \{[1, 2, 3], [2, 3, 1], [3, 1, 2], [1, 3, 2], [2, 1, 3], [3, 2, 1]\}$$

전체 순열 S_3에 대응하는 항은 다음과 같다.

$$a_{11}a_{22}a_{33},\ a_{12}a_{23}a_{31},\ a_{13}a_{21}a_{32},\ a_{11}a_{23}a_{32},\ a_{12}a_{21}a_{33},\ a_{13}a_{22}a_{31}$$

행렬식을 계산할 때는 이들 항에 1 또는 -1을 곱한 다음 더하는데, 여기에는 흥미로운 규칙이 있다. 열 번호에 해당하는 순열을 오름차순으로 만들기 위해 두 원소의 자리를 바꾼 횟수가 짝수이면 1, 홀수이면 -1을 곱한다.

예를 들면, 순열 $\sigma=[3, 1, 2]$는 $[3, 1, 2] \to [1, 3, 2] \to [1, 2, 3]$과 같이 자리를 두 번 바꿔서 오름차순인 $[1, 2, 3]$으로 만들 수 있다. 즉 자리를 짝수 번 바꾸므로, $[3, 1, 2]$에 해당하는 항 $a_{13}a_{21}a_{32}$에는 1을 곱한다. 한편, 순열 $\sigma=[2, 1, 3]$은 $[2, 1, 3] \to [1, 2, 3]$과 같이 자리를 한 번 바꿔서 오름차순인 $[1, 2, 3]$으로 만들 수 있다. 즉 자리를 홀수 번 바꾸므로, $[2, 1, 3]$에 해당하는 항 $a_{12}a_{21}a_{33}$에는 -1을 곱한다. 이러한 성질에 따라 행렬식은 [정리 5-3]의 라이프니츠 공식으로 표현할 수 있다.

정리 5-3 행렬식의 라이프니츠 공식

n차 정방행렬 A의 행렬식 $\det(A)$는 다음 두 가지 방법으로 계산할 수 있다.

(1) $\det(A) = \sum_{\sigma \in S_n} sgn(\sigma) a_{1\sigma_1} a_{2\sigma_2} \cdots a_{n\sigma_n}$

(2) $\det(A) = \sum_{\sigma \in S_n} sgn(\sigma) a_{\sigma_1 1} a_{\sigma_2 2} \cdots a_{\sigma_n n}$

이를 행렬식의 **라이프니츠 공식**Leibniz formula이라고 한다. 여기서 S_n은 1부터 n까지의 자연수에 대한 순열들의 집합을 나타내고, σ는 순열을 나타내며, σ_i는 순열 σ에서 i번째 값을 나타낸다. 한편, $sgn(\sigma)$는 순열 σ가 오름차순이 되도록 두 성분끼리 자리를 바꿀 때 짝수 번 바꾸면 1, 홀수 번 바꾸면 -1의 값을 갖는 함수로, 각 항의 부호를 의미한다.

3×3 행렬의 행렬식을 라이프니츠 공식으로 전개해보자. 각 순열에 대응하는 항과 부호는 다음과 같다.

순열 σ	항	자리바꿈 횟수	부호 $sgn(\sigma)$
[1, 2, 3]	$a_{11}a_{22}a_{33}$	0	1
[2, 3, 1]	$a_{12}a_{23}a_{31}$	2	1
[3, 1, 2]	$a_{13}a_{21}a_{32}$	2	1
[1, 3, 2]	$a_{11}a_{23}a_{32}$	1	-1
[2, 1, 3]	$a_{12}a_{21}a_{33}$	1	-1
[3, 2, 1]	$a_{13}a_{22}a_{31}$	1	-1

위 표의 내용을 [정리 5-3]에 적용하여 $\det(A)$를 나타내면 다음과 같다.

$$\det(A) = a_{11}a_{22}a_{33} + a_{12}a_{23}a_{31} + a_{13}a_{21}a_{32} - a_{11}a_{23}a_{32} - a_{12}a_{21}a_{33} - a_{13}a_{22}a_{31}$$

이는 [정의 5-2]에서 정의한 3×3 행렬의 행렬식과 동일하다.

예제 5-6 오름차순 변환을 위한 자리바꿈

다음 순열을 오름차순으로 변환하기 위한 자리바꿈 횟수를 계산하라.

(a) [3, 1, 2, 4] (b) [4, 1, 2, 3] (c) [1, 4, 3, 2]

> **Tip**
> [1, 2, 3, 4]가 순서대로 나오도록 차례로 자리를 바꾼다.

풀이

(a) [3, 1, 2, 4] → [1, 3, 2, 4] → [1, 2, 3, 4] : 자리바꿈 2회

(b) [4, 1, 2, 3] → [1, 4, 2, 3] → [1, 2, 4, 3] → [1, 2, 3, 4] : 자리바꿈 3회

(c) [1, 4, 3, 2] → [1, 2, 3, 4] : 자리바꿈 1회

SECTION

5.2 행렬식의 성질

행 또는 열 연산에 대한 행렬식의 성질

행 연산은 연립선형방정식의 풀이법, 역행렬 계산 등에 사용되는 대표적인 연산이다. 이 절에서는 행렬에 행 연산을 적용할 때 행렬식에 어떤 영향을 미치는지 살펴본다. 또한 열 연산이 행렬식에 미치는 영향도 함께 살펴본다.

정리 5-4 한 행(또는 열)에 스칼라를 곱한 행렬의 행렬식

(1) 한 행에 스칼라 c를 곱하면 행렬식에도 c가 곱해진다.

(2) 한 열에 스칼라 c를 곱하면 행렬식에도 c가 곱해진다.

증명

(1) 행렬 A의 r행에 c를 곱하여 다음과 같이 행렬 B가 만들어진다고 하자.

$$A = \begin{bmatrix} a_{11} & a_{12} & \cdots & a_{1n} \\ \vdots & \vdots & \ddots & \vdots \\ a_{r1} & a_{r2} & \cdots & a_{rn} \\ \vdots & \vdots & \ddots & \vdots \\ a_{n1} & a_{n2} & \cdots & a_{nn} \end{bmatrix}, \quad B = \begin{bmatrix} b_{11} & b_{12} & \cdots & b_{1n} \\ \vdots & \vdots & \ddots & \vdots \\ b_{r1} & b_{r2} & \cdots & b_{rn} \\ \vdots & \vdots & \ddots & \vdots \\ b_{n1} & b_{n2} & \cdots & b_{nn} \end{bmatrix} = \begin{bmatrix} a_{11} & a_{12} & \cdots & a_{1n} \\ \vdots & \vdots & \ddots & \vdots \\ ca_{r1} & ca_{r2} & \cdots & ca_{rn} \\ \vdots & \vdots & \ddots & \vdots \\ a_{n1} & a_{n2} & \cdots & a_{nn} \end{bmatrix}$$

A의 행렬식을 r행을 기준으로 한 여인수 전개를 이용하여 표현하면 다음과 같다.

$$\det(A) = \sum_{j=1}^{n} a_{rj} C_{rj}$$

한편 B의 행렬식을 r행을 기준으로 표현하면 다음과 같다.

$$\det(B) = \sum_{j=1}^{n} ca_{rj} C_{rj} = c\sum_{j=1}^{n} a_{rj} C_{rj} = c\det(A)$$

따라서 행렬 A의 한 행에 c를 곱해서 만든 행렬 B가 있을 때, 행렬식은 c배가 된다.

$$\det(B) = c\det(A)$$

(2) 이번에는 행렬 A의 s열에 c를 곱하여 다음과 같이 행렬 B가 만들어진다고 하자.

$$A = \begin{bmatrix} a_{11} & \cdots & a_{1s} & \cdots & a_{1n} \\ a_{21} & \cdots & a_{2s} & \cdots & a_{2n} \\ \vdots & \ddots & \vdots & \ddots & \vdots \\ a_{n1} & \cdots & a_{ns} & \cdots & a_{nn} \end{bmatrix}, \quad B = \begin{bmatrix} b_{11} & \cdots & b_{1s} & \cdots & b_{1n} \\ b_{21} & \cdots & b_{2s} & \cdots & b_{2n} \\ \vdots & \ddots & \vdots & \ddots & \vdots \\ b_{n1} & \cdots & b_{ns} & \cdots & b_{nn} \end{bmatrix} = \begin{bmatrix} a_{11} & \cdots & ca_{1s} & \cdots & a_{1n} \\ a_{21} & \cdots & ca_{2s} & \cdots & a_{2n} \\ \vdots & \ddots & \vdots & \ddots & \vdots \\ a_{n1} & \cdots & ca_{ns} & \cdots & a_{nn} \end{bmatrix}$$

A의 행렬식을 s열을 기준으로 한 여인수 전개를 이용하여 표현하면 다음과 같다.

$$\det(A) = \sum_{j=1}^{n} a_{js} C_{js}$$

한편, B의 행렬식을 s열을 기준으로 표현하면 다음과 같다.

$$\det(B) = \sum_{j=1}^{n} ca_{js} C_{js} = c\sum_{j=1}^{n} a_{js} C_{js} = c\det(A)$$

따라서 행렬 A의 한 열에 c를 곱해서 만든 행렬 B가 있을 때, 행렬식은 c배가 된다.

$$\det(B) = c\det(A)$$

■

예제 5-7 한 행(또는 열)에 스칼라를 곱한 행렬의 행렬식

$A = \begin{bmatrix} 1 & 2 & 3 \\ 4 & 1 & 5 \\ 2 & 5 & 6 \end{bmatrix}$ 의 행렬식이 $\det(A) = 7$임을 이용하여 다음 행렬의 행렬식을 구하라.

Tip
[정리 5-4]를 이용한다.

(a) $B = \begin{bmatrix} 3 & 6 & 9 \\ 4 & 1 & 5 \\ 2 & 5 & 6 \end{bmatrix}$ (b) $C = \begin{bmatrix} 3 & 2 & 3 \\ 12 & 1 & 5 \\ 6 & 5 & 6 \end{bmatrix}$

풀이

(a) B는 A의 1행에 3을 곱해서 만든 것이므로,
[정리 5-4]에 의해 $\det(B) = 3\det(A)$이다. 따라서 $\det(B) = 3 \times 7 = 21$이다.

(b) C는 A의 1열에 3을 곱해서 만든 것이므로,
[정리 5-4]에 의해 $\det(C) = 3\det(A)$이다. 따라서 $\det(C) = 3 \times 7 = 21$이다.

정리 5-5 스칼라배한 행렬의 행렬식

n차 정방행렬 A에 스칼라 k를 곱하면, $\det(kA) = k^n \det(A)$이다.

증명

kA는 모든 행에 k를 곱하는 것이므로, [정리 5-4]에 의해서 $\det(kA) = k^n \det(A)$이다.

■

예제 5-8 **스칼라배한 행렬의 행렬식**

$A=\begin{bmatrix} 1 & 2 & 3 \\ 4 & 1 & 5 \\ 2 & 5 & 6 \end{bmatrix}$의 행렬식이 $\det(A)=7$임을 이용하여 다음 행렬 B의 행렬식을 구하라.

Tip [정리 5-5]를 이용한다.

$$B=\begin{bmatrix} 3 & 6 & 9 \\ 12 & 3 & 15 \\ 6 & 15 & 18 \end{bmatrix}$$

풀이

$B=3A$이므로, [정리 5-5]에 따르면 $\det(B)=3^3\det(A)=27\times 7=189$이다.

정리 5-6 **한 행(또는 열)만 서로 다른 두 행렬을 더하여 만든 행렬의 행렬식**

증명

(1) r행을 제외하고는 서로 같은 두 행렬 A_1과 A_2가 있다고 하자. 행렬 B의 r행이 A_1의 r행과 A_2의 r행을 더한 것과 같고, 나머지 행이 A_1과 A_2의 행들과 서로 같다면 $\det(B)=\det(A_1)+\det(A_2)$이다.

(2) s열을 제외하고는 서로 같은 두 행렬 A_1과 A_2가 있다고 하자. 행렬 B의 s열이 A_1의 s열과 A_2의 s열을 더한 것과 같고, 나머지 열이 A_1과 A_2의 열들과 서로 같다면 $\det(B)=\det(A_1)+\det(A_2)$이다.

예제 5-9 **한 행(또는 열)만 서로 다른 두 행렬을 더하여 만든 행렬의 행렬식**

행렬 $A=\begin{bmatrix} 1 & 2 & 3 \\ 4 & 1 & 5 \\ 2 & 5 & 6 \end{bmatrix}$, $B=\begin{bmatrix} 1 & 3 & 3 \\ 4 & 2 & 5 \\ 2 & 1 & 6 \end{bmatrix}$, $C=\begin{bmatrix} 1 & 2 & 3 \\ 1 & 5 & 2 \\ 2 & 5 & 6 \end{bmatrix}$에 대하여, $\det(A)=7$, $\det(B)=-35$, $\det(C)=1$임을 이용하여, 다음 행렬 D와 E의 행렬식을 구하라.

Tip [정리 5-6]을 이용한다.

(a) $D=\begin{bmatrix} 1 & 5 & 3 \\ 4 & 3 & 5 \\ 2 & 6 & 6 \end{bmatrix}$ (b) $E=\begin{bmatrix} 1 & 2 & 3 \\ 5 & 6 & 7 \\ 2 & 5 & 6 \end{bmatrix}$

풀이

(a) D의 2열은 A와 B의 2열의 합이고, 나머지 열은 A와 B의 열들과 같으므로, [정리 5-6]에 따르면 $\det(D)=\det(A)+\det(B)$이다.
따라서 $\det(D)=7+(-35)=-28$이다.

(b) E의 2행은 A와 C의 2행의 합이고, 나머지 행은 A와 C의 행들과 같으므로,

[정리 5-6]에 따르면 $\det(E) = \det(A) + \det(C)$이다.

따라서 $\det(E) = 7 + 1 = 8$이다.

정리 5-7 두 행(또는 열)을 서로 교환한 행렬의 행렬식

증명

행렬 A의 임의의 두 행 또는 두 열을 서로 교환하여 만든 행렬을 B라고 하면, $\det(B) = -\det(A)$이다.

예제 5-10 두 행(또는 열)을 서로 교환한 행렬의 행렬식

행렬 $A = \begin{bmatrix} 1 & 2 & 3 \\ 4 & 1 & 5 \\ 2 & 5 & 6 \end{bmatrix}$의 행렬식이 $\det(A) = 7$임을 이용하여,

다음 행렬 B와 C의 행렬식을 구하라.

Tip [정리 5-7]을 이용한다.

(a) $B = \begin{bmatrix} 1 & 3 & 2 \\ 4 & 5 & 1 \\ 2 & 6 & 5 \end{bmatrix}$ (b) $C = \begin{bmatrix} 4 & 1 & 5 \\ 1 & 2 & 3 \\ 2 & 5 & 6 \end{bmatrix}$

풀이

(a) B는 A의 2열과 3열을 서로 교환한 것과 같으므로,

[정리 5-7]에 따르면 $\det(B) = -\det(A) = -7$이다. 즉, $\det(B) = -7$이다.

(b) C는 A의 1행과 2행을 서로 교환한 것과 같으므로,

[정리 5-7]에 따르면 $\det(C) = -\det(A) = -7$이다. 즉, $\det(C) = -7$이다.

정리 5-8 중복된 행(또는 열)을 갖는 행렬의 행렬식

증명

(1) 중복된 두 개의 행을 갖는 행렬의 행렬식은 0이다.

(2) 중복된 두 개의 열을 갖는 행렬의 행렬식은 0이다.

예제 5-11 중복된 행(또는 열)을 갖는 행렬의 행렬식

다음 두 행렬의 행렬식을 구하라.

Tip [정리 5-8]을 이용한다.

(a) $A = \begin{bmatrix} 3 & 3 & 2 \\ 4 & 4 & 1 \\ 2 & 2 & 5 \end{bmatrix}$ (b) $B = \begin{bmatrix} 3 & 4 & 5 \\ 1 & 1 & 3 \\ 3 & 4 & 5 \end{bmatrix}$

풀이

(a) A의 1열과 2열이 서로 같으므로 [정리 5-8]에 따르면, $\det(A)=0$이다.

(b) B는 1행과 3행이 서로 같으므로 [정리 5-8]에 따르면, $\det(B)=0$이다.

정리 5-9 행(또는 열)의 스칼라배를 다른 행(또는 열)에 더한 행렬의 행렬식

(1) 한 행의 스칼라배를 다른 행에 더해도 행렬식은 바뀌지 않는다.

(2) 한 열의 스칼라배를 다른 열에 더해도 행렬식은 바뀌지 않는다.

증명

예제 5-12 한 행(또는 열)의 스칼라배를 다른 행(또는 열)에 더한 행렬의 행렬식

행렬 $A=\begin{bmatrix}1&2&3\\4&1&5\\2&5&6\end{bmatrix}$의 행렬식이 $\det(A)=7$임을 이용하여 다음 행렬의 행렬식을 구하라.

Tip
[정리 5-9]를 이용한다.

(a) $B=\begin{bmatrix}1&2&3\\5&3&8\\2&5&6\end{bmatrix}$ (b) $C=\begin{bmatrix}1&2&7\\4&1&7\\2&5&16\end{bmatrix}$

풀이

(a) 행렬 B의 2행은 A의 1행을 2행에 더한 것이므로,
[정리 5-9]에 의해 $\det(B)=\det(A)$이다. 따라서 $\det(B)=7$이다.

(b) 행렬 C의 3열은 A의 2열의 2배를 3열에 더한 것이므로,
[정리 5-9]에 의해 $\det(C)=\det(A)$이다. 따라서 $\det(C)=7$이다.

여러 가지 행렬에 대한 행렬식의 성질

정리 5-10 전치행렬의 행렬식

행렬 A와 전치행렬 $A^{\top}$의 행렬식은 같다. 즉 $\det(A)=\det(A^{\top})$이다.

증명

예제 5-13 전치행렬의 행렬식

다음 행렬 A와 전치행렬 $A^{\top}$의 행렬식을 구하고 값을 비교하라.

$$A=\begin{bmatrix}1&2&2\\3&2&4\\2&2&1\end{bmatrix},\qquad A^{\top}=\begin{bmatrix}1&3&2\\2&2&2\\2&4&1\end{bmatrix}$$

Tip
[정리 5-1]의 라플라스 전개를 이용하여 행렬식을 계산하고, [정리 5-10]을 확인한다.

풀이

$$\det(A)=1\begin{vmatrix}2&4\\2&1\end{vmatrix}-2\begin{vmatrix}3&4\\2&1\end{vmatrix}+2\begin{vmatrix}3&2\\2&2\end{vmatrix}=1(-6)-2(-5)+2(2)=8$$

$$\det(A^{\top})=1\begin{vmatrix}2&2\\4&1\end{vmatrix}-3\begin{vmatrix}2&2\\2&1\end{vmatrix}+2\begin{vmatrix}2&2\\2&4\end{vmatrix}=1(-6)-3(-2)+2(4)=8$$

그러므로 $\det(A)=\det(A^{\top})$이다.

정리 5-11 단위행렬의 행렬식

단위행렬 I의 행렬식은 $\det(I)=1$이다.

증명

예제 5-14 단위행렬의 행렬식

다음 행렬 I의 행렬식을 구하라.

$$I=\begin{bmatrix}1&0&0\\0&1&0\\0&0&1\end{bmatrix}$$

Tip
[정의 5-2]의 행렬식 정의를 이용하여 [정리 5-11]을 확인한다.

풀이

$\det(I)=(1)(1)(1)=1$

정리 5-12 기본행렬의 행렬식

(1) 행을 교환하는 기본행렬 E_1의 행렬식은 $\det(E_1)=-1$이다.

(2) 한 행을 $k(\neq 0)$배하는 기본행렬 E_2의 행렬식은 $\det(E_2)=k$이다.

(3) 어떤 행의 상수배를 다른 행에 더하는 기본행렬 E_3의 행렬식은 $\det(E_3)=1$이다.

증명

(1) 행을 교환하는 기본행렬 E_1은 단위행렬의 행을 교환하여 만든 것이다. 단위행렬의 행렬식은 1이고, [정리 5-7]에 의해 두 행을 교환하면 행렬식의 부호가 바뀐다. 따라서 $\det(E_1) = -1$이다.

(2) 어떤 행을 $k(\neq 0)$배하는 기본행렬 E_2는 단위행렬의 해당 행을 k배하여 만든 것이다. [정리 5-4]에 따르면, 한 행을 k배하면 행렬식도 k배가 된다. 따라서 $\det(E_2) = k$이다.

(3) 어떤 행의 상수배를 다른 행에 더하는 기본행렬 E_3는 단위행렬에서 어떤 행의 상수배를 다른 행에 더하여 만든 것이다. [정리 5-9]에 따르면, 어떤 행의 상수배를 다른 행에 더해도 행렬식은 바뀌지 않는다. 따라서 $\det(E_3) = 1$이다.

■

예제 5-15 기본행렬의 행렬식

다음 각 기본행렬의 의미를 설명하고 행렬식을 구하라.

Tip
[정리 5-12]를 이용한다.

(a) $E_1 = \begin{bmatrix} 1 & 0 & 0 \\ 0 & 0 & 1 \\ 0 & 1 & 0 \end{bmatrix}$ (b) $E_2 = \begin{bmatrix} 1 & 0 & 0 & 0 \\ 0 & 1 & 0 & 0 \\ 0 & 0 & 5 & 0 \\ 0 & 0 & 0 & 1 \end{bmatrix}$ (c) $E_3 = \begin{bmatrix} 1 & 0 & 0 & 0 \\ 0 & 1 & 0 & 0 \\ 3 & 0 & 1 & 0 \\ 0 & 0 & 0 & 1 \end{bmatrix}$

풀이

(a) E_1은 단위행렬의 2행과 3행을 교환하는 기본행렬로, $\det(E_1) = -1$이다.

(b) E_2는 단위행렬의 3행을 5배하는 기본행렬로, $\det(E_2) = 5$이다.

(c) E_3는 단위행렬의 1행의 3배를 3행에 더하는 기본행렬로, $\det(E_3) = 1$이다.

정리 5-13 기본행렬을 곱한 행렬의 행렬식

E가 기본행렬이고 A가 E와 같은 크기의 행렬일 때,
$\det(EA) = \det(E)\det(A)$이다.

증명

예제 5-16 기본행렬을 곱한 행렬의 행렬식

다음 행렬 E와 A에 대해 $\det(EA)$와 $\det(E)\det(A)$를 구하여 비교하라.

$$E=\begin{bmatrix}1&0&0\\0&0&1\\0&1&0\end{bmatrix},\quad A=\begin{bmatrix}1&2&3\\0&3&4\\0&0&5\end{bmatrix}$$

> **Tip** 각 행렬식의 곱과 행렬 곱의 행렬식을 계산하여 [정리 5-13]을 확인한다.

풀이

행렬 곱 EA는 다음과 같다.

$$EA=\begin{bmatrix}1&0&0\\0&0&1\\0&1&0\end{bmatrix}\begin{bmatrix}1&2&3\\0&3&4\\0&0&5\end{bmatrix}=\begin{bmatrix}1&2&3\\0&0&5\\0&3&4\end{bmatrix}$$

먼저 $\det(EA)$를 계산하면 다음과 같다.

$$\det(EA)=-(1)(5)(3)=-15$$

한편, $\det(E)$와 $\det(A)$를 각각 구하면 다음과 같다.

$$\det(E)=-(1)(1)(1)=-1$$
$$\det(A)=(1)(3)(5)=15$$

따라서 $\det(E)\det(A)=(-1)(15)=-15$이다.
그러므로 $\det(EA)=\det(E)\det(A)$이다.

정리 5-14 성분이 모두 0인 행(또는 열)을 포함한 행렬의 행렬식

성분이 모두 0인 행 또는 열을 포함한 n차 정방행렬 A의 행렬식은 $\det(A)=0$이다. 즉 이러한 행렬은 비가역행렬이다.

증명

예제 5-17 성분이 모두 0인 행(또는 열)을 포함한 행렬의 행렬식

다음 행렬 A와 B의 행렬식을 구하라.

$$A=\begin{bmatrix}5&6&7&4\\0&0&0&0\\6&5&8&2\\9&6&3&8\end{bmatrix},\quad B=\begin{bmatrix}2&4&0&7\\6&6&0&4\\3&8&0&3\\2&4&0&5\end{bmatrix}$$

> **Tip** [정리 5-14]를 이용한다.

풀이

행렬 A의 2행의 성분이 모두 0이므로, [정리 5-14]에 의해 $\det(A)=0$이다.
행렬 B의 3열의 성분이 모두 0이므로, [정리 5-14]에 의해 $\det(B)=0$이다.

정리 5-15 행렬 곱의 행렬식

행렬 A와 B에 대해 $\det(AB) = \det(A)\det(B)$이다.

증명

예제 5-18 행렬 곱의 행렬식

행렬 A와 행렬 B가 다음과 같을 때, $\det(AB)$와 $\det(A)\det(B)$를 구하여 비교하라.

$$A = \begin{bmatrix} 1 & 2 & 1 \\ 3 & 2 & 1 \\ 1 & 3 & 5 \end{bmatrix}, \qquad B = \begin{bmatrix} 3 & 1 & 2 \\ 2 & 4 & 1 \\ 4 & 5 & 1 \end{bmatrix}$$

Tip
각 행렬식의 곱과 행렬 곱의 행렬식을 계산하여 [정리 5-15]를 확인한다.

풀이

$$\det(AB) = \begin{vmatrix} 11 & 14 & 5 \\ 17 & 16 & 9 \\ 29 & 38 & 10 \end{vmatrix} = 11\begin{vmatrix} 16 & 9 \\ 38 & 10 \end{vmatrix} - 14\begin{vmatrix} 17 & 9 \\ 29 & 10 \end{vmatrix} + 5\begin{vmatrix} 17 & 16 \\ 29 & 38 \end{vmatrix} = 182$$

$$\det(A) = \begin{vmatrix} 1 & 2 & 1 \\ 3 & 2 & 1 \\ 1 & 3 & 5 \end{vmatrix} = 1\begin{vmatrix} 2 & 1 \\ 3 & 5 \end{vmatrix} - 2\begin{vmatrix} 3 & 1 \\ 1 & 5 \end{vmatrix} + 1\begin{vmatrix} 3 & 2 \\ 1 & 3 \end{vmatrix} = -14$$

$$\det(B) = \begin{vmatrix} 3 & 1 & 2 \\ 2 & 4 & 1 \\ 4 & 5 & 1 \end{vmatrix} = 3\begin{vmatrix} 4 & 1 \\ 5 & 1 \end{vmatrix} - 1\begin{vmatrix} 2 & 1 \\ 4 & 1 \end{vmatrix} + 2\begin{vmatrix} 2 & 4 \\ 4 & 5 \end{vmatrix} = -13$$

따라서 $\det(A)\det(B) = (-14)(-13) = 182$이다.
그러므로 $\det(AB) = \det(A)\det(B)$이다.

정리 5-16 가역행렬의 행렬식

가역행렬의 행렬식은 0이 아니다.

증명

[정리 4-3]에 의해 가역행렬 A는 기본행렬의 곱으로 다음과 같이 표현할 수 있다.

$$A = E_1 E_2 \cdots E_n$$

또한 [정리 5-13]에 따르면 위 식은 다음과 같이 표현할 수 있다.

$$\det(A) = \det(E_1)\det(E_2)\cdots\det(E_n)$$

[정리 5-12]에 따르면 기본행렬 E_i의 행렬식은 0이 아니다. 즉 우변의 값은 0일 수 없다. 따라서 가역행렬의 행렬식은 0이 아니다.

■

정리 5-17 삼각행렬의 행렬식

삼각행렬의 행렬식은 주대각 성분의 곱이다.

증명

예제 5-19 삼각행렬의 행렬식

다음 행렬 A의 행렬식을 구하라.

Tip
[정리 5-17]을 이용한다.

$$A=\begin{bmatrix} 1 & 0 & 0 & 0 & 0 \\ -1 & 3 & 0 & 0 & 0 \\ -2 & -6 & 2 & 0 & 0 \\ -3 & -3 & 2 & 5 & 0 \\ -5 & 7 & -3 & -2 & 2 \end{bmatrix}$$

풀이

A는 삼각행렬이므로, [정리 5-17]에 의해 $\det(A)=1\times3\times2\times5\times2=60$이다.

정리 5-18 대각행렬의 행렬식

대각행렬의 행렬식은 주대각 성분의 곱이다.

증명

예제 5-20 대각행렬의 행렬식

다음 행렬 A의 행렬식을 구하라.

Tip
[정리 5-18]을 이용한다.

$$A=\begin{bmatrix} 2 & 0 & 0 & 0 & 0 \\ 0 & 2 & 0 & 0 & 0 \\ 0 & 0 & 3 & 0 & 0 \\ 0 & 0 & 0 & 5 & 0 \\ 0 & 0 & 0 & 0 & 2 \end{bmatrix}$$

풀이

A는 대각행렬이므로, [정리 5-18]에 의해 $\det(B)=2\times2\times3\times5\times2=120$이다.

정리 5-19 반대칭행렬의 행렬식

홀수 차, 즉 $(2n+1)$차 정방행렬이 반대칭행렬이면 행렬식은 0이다.

증명

$A^{\top} = -A$의 성질을 만족하는 행렬 A를 반대칭행렬이라 한다.

$$\begin{aligned} \det(A) &= \det(A^{\top}) && (\because \text{[정리 5-10]}) \\ &= \det(-A) && (\because \text{반대칭행렬의 정의}(A^{\top} = -A)) \\ &= (-1)^{2n+1}\det(A) && (\because \text{[정리 5-5]}) \\ &= -\det(A) \end{aligned}$$

따라서 $\det(A) = -\det(A)$이어야 하므로, $\det(A) = 0$이다.

한편, 짝수 차, 즉 $2n$차 정방행렬이 반대칭행렬인 경우에는 행렬식이 0이 아닐 수 있다.

■

예제 5-21 반대칭행렬의 행렬식

행렬 A와 B의 행렬식을 구하라.

Tip
[정리 5-19]를 이용한다.

(a) $A = \begin{bmatrix} 0 & 3 & 5 & 7 & 9 \\ -3 & 0 & 6 & 8 & -1 \\ -5 & -6 & 0 & -2 & 5 \\ -7 & -8 & 2 & 0 & 5 \\ -9 & 1 & -5 & -5 & 0 \end{bmatrix}$ (b) $B = \begin{bmatrix} 0 & 4 \\ -4 & 0 \end{bmatrix}$

풀이

(a) A는 5차 반대칭행렬이므로, [정리 5-19]에 의해 $\det(A) = 0$이다.

(b) B는 반대칭행렬이지만, 짝수인 2차 정방행렬이므로 [정리 5-19]를 이용하여 행렬식을 구할 수 없다. 따라서 B의 행렬식을 직접 구하면 다음과 같다.

$$\det(B) = 0 - (4)(-4) = 16$$

정리 5-20 역행렬의 행렬식

역행렬 A^{-1}의 행렬식 $\det(A^{-1})$는 A의 행렬식의 역수이다.

$$\det(A^{-1}) = \frac{1}{\det(A)}$$

증명

행렬 A와 역행렬 A^{-1}의 곱은 단위행렬 I이다.

$$AA^{-1} = I$$

여기에 행렬식을 적용하면 다음과 같다.

$$\det(AA^{-1}) = \det(I) \quad \Rightarrow \quad \det(A)\det(A^{-1}) = 1$$

따라서 $\det(A^{-1}) = \dfrac{1}{\det(A)}$이다.

■

예제 5-22 역행렬의 행렬식

행렬 A와 역행렬 A^{-1}의 행렬식을 구하여 비교하라.

$$A = \begin{bmatrix} 1 & 3 & 3 \\ 1 & 4 & 3 \\ 1 & 3 & 4 \end{bmatrix}, \qquad A^{-1} = \begin{bmatrix} 7 & -3 & -3 \\ -1 & 1 & 0 \\ -1 & 0 & 1 \end{bmatrix}$$

Tip
각 행렬의 행렬식을 계산하여 [정리 5-20]을 확인한다.

풀이

$$\det(A) = \begin{vmatrix} 1 & 3 & 3 \\ 1 & 4 & 3 \\ 1 & 3 & 4 \end{vmatrix} = 1\begin{vmatrix} 4 & 3 \\ 3 & 4 \end{vmatrix} - 3\begin{vmatrix} 1 & 3 \\ 1 & 4 \end{vmatrix} + 3\begin{vmatrix} 1 & 4 \\ 1 & 3 \end{vmatrix} = 1$$

$$\det(A^{-1}) = \begin{bmatrix} 7 & -3 & -3 \\ -1 & 1 & 0 \\ -1 & 0 & 1 \end{bmatrix} = 7\begin{vmatrix} 1 & 0 \\ 0 & 1 \end{vmatrix} + 3\begin{vmatrix} -1 & 0 \\ -1 & 1 \end{vmatrix} - 3\begin{vmatrix} -1 & 1 \\ -1 & 0 \end{vmatrix} = 1$$

여기서 $\det(A^{-1}) = \dfrac{1}{\det(A)}$의 관계가 성립함을 알 수 있다.

SECTION

5.3 블록행렬의 행렬식

정리 5-21 영행렬과 단위행렬을 부분행렬로 갖는 블록행렬의 행렬식 (1)

$n\times n$ 행렬 A, $m\times m$ 단위행렬 I_m, $n\times m$ 행렬 B, $m\times n$ 영행렬 $\mathbf{0}$을 부분행렬로 갖는 블록행렬 $M=\begin{bmatrix} A & B \\ 0 & I_m \end{bmatrix}$의 행렬식은 $\det\begin{bmatrix} A & B \\ 0 & I_m \end{bmatrix}=\det(A)$이다.

증명

마지막 행을 추가해가면서, 즉 m을 늘려가면서 수학적 귀납법을 통해 증명한다.

(i) $m=1$일 때, M은 다음과 같은 $(n+1)\times(n+1)$ 행렬이 된다.

$$M=\begin{bmatrix} & & b_1 \\ & A & \vdots \\ & & b_n \\ 0 & \cdots\ 0 & 1 \end{bmatrix}$$

[정리 5-2]에 따라, M의 행렬식을 마지막 행에 대해 여인수 전개하여 표현하면 다음과 같다.

$$\det\begin{bmatrix} & & b_1 \\ & A & \vdots \\ & & b_n \\ 0 & \cdots\ 0 & 1 \end{bmatrix}=(-1)^{(n+1)+(n+1)}\det(A)=\det(A)$$

(ii) $m=k$일 때, $\det\begin{bmatrix} A & B \\ 0 & I_k \end{bmatrix}=\det(A)$가 성립한다고 가정한다. 즉 $n\times n$ 행렬 A, $n\times k$ 행렬 B, $k\times k$ 단위행렬 I_k, $k\times n$ 영행렬 $\mathbf{0}$에 대하여 위 식이 성립한다.

(iii) $m=k+1$일 때, 다음과 같이 마지막 행에 대해 여인수 전개하여 행렬식을 구할 수 있다.

$$\det\begin{bmatrix} A & B \\ \mathbf{0} & I_{k+1} \end{bmatrix} = \det\begin{bmatrix} A & B' & B'' \\ \mathbf{0}' & I_k & \begin{matrix} 0 \\ \vdots \\ 0 \end{matrix} \\ 0 \cdots 0 & 0 \cdots 0 & 1 \end{bmatrix}$$

($\begin{matrix}0 \\ \vdots \\ 0\end{matrix}$: k개, $0 \cdots 0$: n개, $0 \cdots 0$: k개)

$$= (-1)^{(n+k+1)+(n+k+1)} \det\begin{bmatrix} A & B' \\ \mathbf{0}' & I_k \end{bmatrix}$$

$$= \det\begin{bmatrix} A & B' \\ \mathbf{0}' & I_k \end{bmatrix}$$

여기서 B'은 $n \times k$ 행렬, B''은 $n \times 1$ 행렬, $\mathbf{0}'$은 $k \times n$ 영행렬이므로, (ii)에 의해 $\det\begin{bmatrix} A & B' \\ \mathbf{0}' & I_k \end{bmatrix} = \det(A)$이다. 따라서 $\det\begin{bmatrix} A & B \\ \mathbf{0} & I_{k+1} \end{bmatrix} = \det(A)$가 성립한다.

그러므로 수학적 귀납법에 의해, [정리 5-21]이 성립함을 알 수 있다.

■

예제 5-23 영행렬과 단위행렬을 부분행렬로 갖는 블록행렬의 행렬식 (1)

행렬 M의 행렬식을 구하라.

> **Tip** [정리 5-21]을 이용한다.

$$M = \begin{bmatrix} 1 & 2 & 3 & 4 \\ 2 & 5 & 9 & 7 \\ 0 & 0 & 1 & 0 \\ 0 & 0 & 0 & 1 \end{bmatrix}$$

풀이

$A = \begin{bmatrix} 1 & 2 \\ 2 & 5 \end{bmatrix}$, $B = \begin{bmatrix} 3 & 4 \\ 9 & 7 \end{bmatrix}$, $\mathbf{0} = \begin{bmatrix} 0 & 0 \\ 0 & 0 \end{bmatrix}$, $I_2 = \begin{bmatrix} 1 & 0 \\ 0 & 1 \end{bmatrix}$이라고 하면, 행렬 M은 $M = \begin{bmatrix} A & B \\ \mathbf{0} & I_2 \end{bmatrix}$으로 나타낼 수 있다. 따라서 M의 행렬식은 [정리 5-21]에 의해 다음과 같다.

$$\det(M) = \det\begin{bmatrix} 1 & 2 \\ 2 & 5 \end{bmatrix} = 1 \times 5 - 2 \times 2 = 1$$

정리 5-22 영행렬과 단위행렬을 부분행렬로 갖는 블록행렬의 행렬식 (2)

증명

$n \times n$ 행렬 A, $m \times m$ 단위행렬 I_m, $m \times n$ 행렬 B, $n \times m$ 영행렬 $\mathbf{0}$을 부분행렬로 갖는 블록행렬 $M = \begin{bmatrix} I_m & B \\ \mathbf{0} & A \end{bmatrix}$의 행렬식은 $\det\begin{bmatrix} I_m & B \\ \mathbf{0} & A \end{bmatrix} = \det(A)$이다.

예제 5-24 **영행렬과 단위행렬을 부분행렬로 갖는 블록행렬의 행렬식 (2)**

행렬 M의 행렬식을 구하라.

> **Tip**
> [정리 5-22]를 이용한다.

$$M=\begin{bmatrix}1&0&3&4\\0&1&9&7\\0&0&1&2\\0&0&2&5\end{bmatrix}$$

풀이

$I_2=\begin{bmatrix}1&0\\0&1\end{bmatrix}$, $B=\begin{bmatrix}3&4\\9&7\end{bmatrix}$, $\mathbf{0}=\begin{bmatrix}0&0\\0&0\end{bmatrix}$, $A=\begin{bmatrix}1&2\\2&5\end{bmatrix}$라고 하면, 행렬 M은 $M=\begin{bmatrix}I_2&B\\\mathbf{0}&A\end{bmatrix}$로 나타낼 수 있다. 따라서 M의 행렬식은 [정리 5-22]에 의해 다음과 같다.

$$\det(M)=\det\begin{bmatrix}1&2\\2&5\end{bmatrix}=1\times5-2\times2=1$$

정리 5-23 **영행렬을 부분행렬로 갖는 블록행렬의 행렬식 (1)**

증명

$n\times n$ 행렬 A, $m\times m$ 행렬 B, $n\times m$ 행렬 D, $m\times n$ 영행렬 $\mathbf{0}$을 부분행렬로 갖는 블록행렬 $M=\begin{bmatrix}A&D\\\mathbf{0}&B\end{bmatrix}$의 행렬식은 $\det\begin{bmatrix}A&D\\\mathbf{0}&B\end{bmatrix}=\det(A)\det(B)$이다.

예제 5-25 **영행렬을 부분행렬로 갖는 블록행렬의 행렬식 (1)**

행렬 M의 행렬식을 구하라.

> **Tip**
> [정리 5-23]을 이용한다.

$$M=\begin{bmatrix}5&2&7&0\\2&5&1&8\\0&0&4&2\\0&0&5&3\end{bmatrix}$$

풀이

$A=\begin{bmatrix}5&2\\2&5\end{bmatrix}$, $B=\begin{bmatrix}4&2\\5&3\end{bmatrix}$, $\mathbf{0}=\begin{bmatrix}0&0\\0&0\end{bmatrix}$, $D=\begin{bmatrix}7&0\\1&8\end{bmatrix}$이라고 하면, 행렬 M은 $M=\begin{bmatrix}A&D\\\mathbf{0}&B\end{bmatrix}$로 나타낼 수 있다. 따라서 M의 행렬식은 [정리 5-23]에 의해 다음과 같다.

$$\det(M)=\det\begin{bmatrix}5&2\\2&5\end{bmatrix}\det\begin{bmatrix}4&2\\5&3\end{bmatrix}=(25-4)\times(12-10)=42$$

정리 5-24 영행렬을 부분행렬로 갖는 블록행렬의 행렬식 (2)

증명

$n \times n$ 행렬 A, $m \times m$ 행렬 B, $m \times n$ 행렬 C, $n \times m$ 영행렬 0을 부분행렬로 갖는 블록행렬 $M = \begin{bmatrix} A & 0 \\ C & B \end{bmatrix}$의 행렬식은 $\det\begin{bmatrix} A & 0 \\ C & B \end{bmatrix} = \det(A)\det(B)$이다.

예제 5-26 영행렬을 부분행렬로 갖는 블록행렬의 행렬식 (2)

행렬 M의 행렬식을 구하라.

Tip
[정리 5-24]를 이용한다.

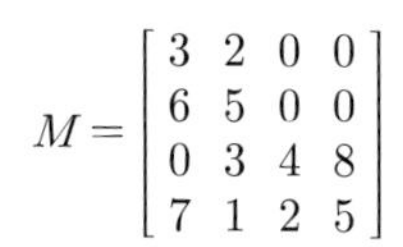

$$M = \begin{bmatrix} 3 & 2 & 0 & 0 \\ 6 & 5 & 0 & 0 \\ 0 & 3 & 4 & 8 \\ 7 & 1 & 2 & 5 \end{bmatrix}$$

풀이

$A = \begin{bmatrix} 3 & 2 \\ 6 & 5 \end{bmatrix}$, $B = \begin{bmatrix} 4 & 8 \\ 2 & 5 \end{bmatrix}$, $C = \begin{bmatrix} 0 & 3 \\ 7 & 1 \end{bmatrix}$, $0 = \begin{bmatrix} 0 & 0 \\ 0 & 0 \end{bmatrix}$이라 하면, 행렬 M은 $M = \begin{bmatrix} A & 0 \\ C & B \end{bmatrix}$로 나타낼 수 있다. 따라서 M의 행렬식은 [정리 5-24]에 의해 다음과 같다.

$$\det(M) = \det\begin{bmatrix} 3 & 2 \\ 6 & 5 \end{bmatrix} \det\begin{bmatrix} 4 & 8 \\ 2 & 5 \end{bmatrix} = (15-12)(20-16) = 12$$

정리 5-25 블록행렬의 행렬식

증명

$n \times n$ 행렬 A, $m \times m$ 행렬 B, $m \times n$ 행렬 C, $n \times m$ 행렬 D를 부분행렬로 갖는 블록행렬 $M = \begin{bmatrix} A & D \\ C & B \end{bmatrix}$의 행렬식은 다음과 같다.

(1) A가 가역행렬이면, $\det\begin{bmatrix} A & D \\ C & B \end{bmatrix} = \det(A)\det(B - CA^{-1}D)$이다.

(2) B가 가역행렬이면, $\det\begin{bmatrix} A & D \\ C & B \end{bmatrix} = \det(B)\det(A - DB^{-1}C)$이다.

예제 5-27 **블록행렬의 행렬식**

행렬 M의 행렬식을 구하라.

> **Tip**
> [정리 5-25]를 이용한다.

$$M=\begin{bmatrix} 3 & 2 & 1 & 0 \\ 5 & 3 & 0 & 1 \\ 1 & 0 & 5 & 2 \\ 0 & 1 & 2 & 5 \end{bmatrix}$$

풀이

$A=\begin{bmatrix} 3 & 2 \\ 5 & 3 \end{bmatrix}$, $B=\begin{bmatrix} 5 & 2 \\ 2 & 5 \end{bmatrix}$, $C=\begin{bmatrix} 1 & 0 \\ 0 & 1 \end{bmatrix}$, $D=\begin{bmatrix} 1 & 0 \\ 0 & 1 \end{bmatrix}$이라 하고, [정리 5-25]의 (1)을 적용해 보자.

$$\det(A)=\det\begin{bmatrix} 3 & 2 \\ 5 & 3 \end{bmatrix}=9-10=-1$$

$$\begin{aligned} \det(B-CA^{-1}D) &= \det\left(\begin{bmatrix} 5 & 2 \\ 2 & 5 \end{bmatrix}-\begin{bmatrix} 1 & 0 \\ 0 & 1 \end{bmatrix}\begin{bmatrix} 3 & 2 \\ 5 & 3 \end{bmatrix}^{-1}\begin{bmatrix} 1 & 0 \\ 0 & 1 \end{bmatrix}\right) \\ &= \det\left(\begin{bmatrix} 5 & 2 \\ 2 & 5 \end{bmatrix}+\begin{bmatrix} 3 & -2 \\ -5 & 3 \end{bmatrix}\right) \\ &= \det\begin{bmatrix} 8 & 0 \\ -3 & 8 \end{bmatrix}=64 \end{aligned}$$

그러므로 $\det\begin{bmatrix} A & D \\ C & B \end{bmatrix}=\det(A)\det(B-CA^{-1}D)=(-1)\times 64=-64$이다.

SECTION

5.4 행렬식의 기하학적 의미

정리 5-26 평행사변형의 넓이와 행렬식

2차원 공간에서 $(0,\ 0)$, $(a,\ c)$, $(b,\ d)$, $(a+b,\ c+d)$를 꼭짓점으로 하는 평행사변형의 넓이는 다음과 같다.

$$\left|\det\begin{bmatrix} a & b \\ c & d \end{bmatrix}\right| = |ad-bc|$$

증명

2×2 행렬 $A=\begin{bmatrix} a & b \\ c & d \end{bmatrix}$에 2차원 공간의 좌표 $(0,\ 0)$, $(1,\ 0)$, $(0,\ 1)$, $(1,\ 1)$에 해당하는 벡터를 곱하면, 다음과 같이 좌표가 변환된다.

$$A\begin{bmatrix} 0 \\ 0 \end{bmatrix}=\begin{bmatrix} 0 \\ 0 \end{bmatrix} \quad \Rightarrow \quad (0,\ 0) \ \rightarrow\ (0,\ 0)$$

$$A\begin{bmatrix} 1 \\ 0 \end{bmatrix}=\begin{bmatrix} a \\ c \end{bmatrix} \quad \Rightarrow \quad (1,\ 0) \ \rightarrow\ (a,\ c)$$

$$A\begin{bmatrix} 0 \\ 1 \end{bmatrix}=\begin{bmatrix} b \\ d \end{bmatrix} \quad \Rightarrow \quad (0,\ 1) \ \rightarrow\ (b,\ d)$$

$$A\begin{bmatrix} 1 \\ 1 \end{bmatrix}=\begin{bmatrix} a+b \\ c+d \end{bmatrix} \quad \Rightarrow \quad (1,\ 1) \ \rightarrow\ (a+b,\ c+d)$$

위와 같이 한 변의 길이가 1인 정사각형의 각 꼭짓점의 좌표 $(0,\ 0)$, $(1,\ 0)$, $(0,\ 1)$, $(1,\ 1)$을 A를 통해 변환하면, [그림 5-1(b)]와 같은 평행사변형이 된다.

[그림 5-1(b)]의 평행사변형의 넓이를 구해보자. $(0,\ 0)$, $(a+b, 0)$, $(a+b,\ c+d)$, $(0, c+d)$를 꼭짓점으로 하는 사각형에서 평행사변형에 포함되지 않는 부분을 빼면 다음과 같은 식이 만들어진다.

$$\begin{aligned} \text{평행사변형의 넓이} &= (a+c)(b+d)-\frac{1}{2}bd-\frac{1}{2}c(a+2b)-\frac{1}{2}ac-\frac{1}{2}b(2c+d) \\ &= ac+ad+bc+bd-\frac{1}{2}bd-\frac{1}{2}ac-bc-\frac{1}{2}ac-bc-\frac{1}{2}bd \\ &= ad-bc \end{aligned}$$

따라서 이 평행사변형의 넓이는 행렬 A의 행렬식과 같다. 한편 넓이는 음수일 수 없으므로, 평행사변형의 넓이를 다음과 같이 행렬식의 절댓값으로 나타낸다.

$$\left|\det\begin{bmatrix} a & b \\ c & d \end{bmatrix}\right| = |ad - bc|$$

[그림 5-1(a)]의 정사각형의 넓이는 1이고, [그림 5-1(b)]의 평행사변형의 넓이는 $|ad-bc|$이다.

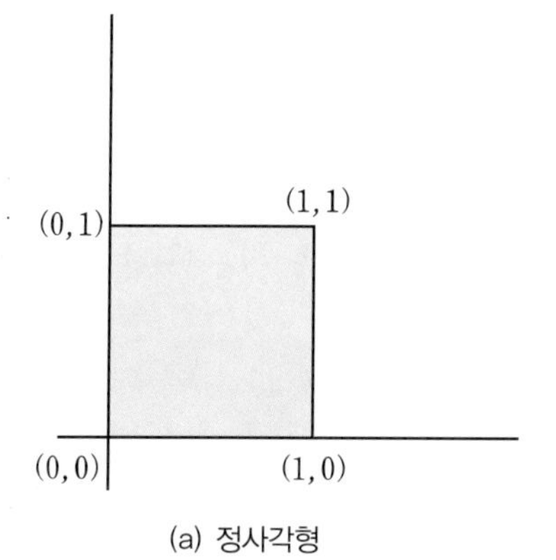

(a) 정사각형

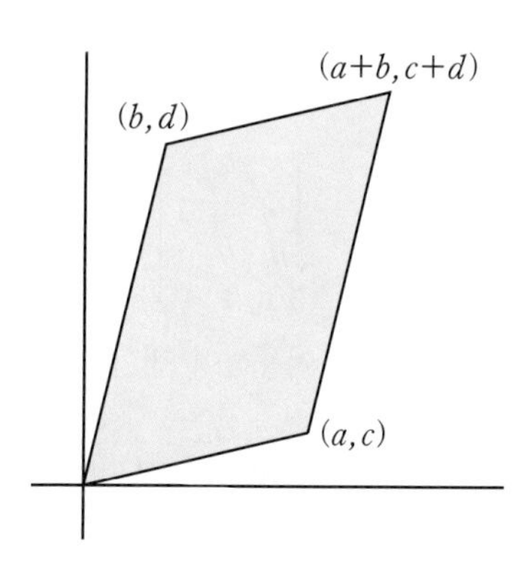

(b) 평행사변형

[그림 5-1] $\begin{bmatrix} a & b \\ c & d \end{bmatrix}$**를 이용한 단위 넓이 정사각형의 변환**

■

예제 5-28 평행사변형의 넓이와 행렬식

(0, 0), (3, 2), (4, 4), (1, 2)를 꼭짓점으로 하는 평행사변형의 넓이를 구하라.

> **Tip** [정리 5-26]을 이용한다.

풀이

주어진 점을 꼭짓점으로 하는 평행사변형은 다음 그림과 같은 모양이다. [정리 5-26]을 이용하면 $\det\begin{bmatrix} 3 & 2 \\ 1 & 2 \end{bmatrix} = 6-2 = 4$이므로, 이 평행사변형의 넓이는 4이다.

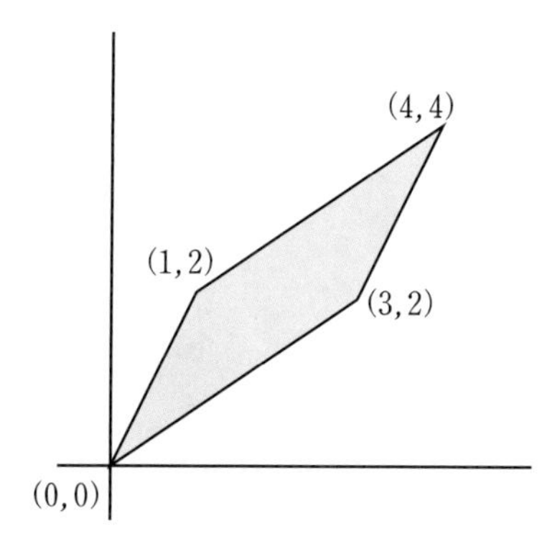

정리 5-27 평행육면체의 부피와 행렬식

3차원 공간에서 $(0, 0, 0)$, (a, d, g), (b, e, h), (c, f, i), $(b+c, e+f, h+i)$, $(a+c, d+f, g+i)$, $(a+b, d+e, g+h)$, $(a+b+c, d+e+g, g+h+i)$를 꼭짓점으로 하는 평행육면체의 부피는 다음과 같다.

$$\left|\det\begin{bmatrix} a & b & c \\ d & e & f \\ g & h & i \end{bmatrix}\right| = |aei+bfg+cdh-ceg-bdi-afh|$$

증명

3×3 행렬 B를 $B=\begin{bmatrix} a & b & c \\ d & e & f \\ g & h & i \end{bmatrix}$라고 하자. [그림 5-2(a)]의 정육면체의 꼭짓점 $(0, 0, 0)$, $(1, 0, 0)$, $(0, 1, 0)$, $(0, 0, 1)$, $(0, 1, 1)$, $(1, 0, 1)$, $(1, 1, 0)$, $(1, 1, 1)$을 행렬 B를 이용하여 변환하면 다음과 같다.

$$\begin{aligned}
(0, 0, 0) &\to (0, 0, 0)\\
(1, 0, 0) &\to (a, d, g)\\
(0, 1, 0) &\to (b, e, h)\\
(0, 0, 1) &\to (c, f, i)\\
(0, 1, 1) &\to (b+c, e+f, h+i)\\
(1, 0, 1) &\to (a+c, d+f, g+i)\\
(1, 1, 0) &\to (a+b, d+e, g+h)\\
(1, 1, 1) &\to (a+b+c, d+e+f, g+h+i)
\end{aligned}$$

[그림 5-2(b)]의 평행육면체의 부피는 $|aei+bfg+cdh-ceg-bdi-afh|$이다. 이 값은 행렬 B의 행렬식의 절댓값에 해당한다. 즉 부피는 다음과 같다.

$$\text{평행육면체의 부피} = |\det(B)| = |aei+bfg+cdh-ceg-bdi-afh|$$

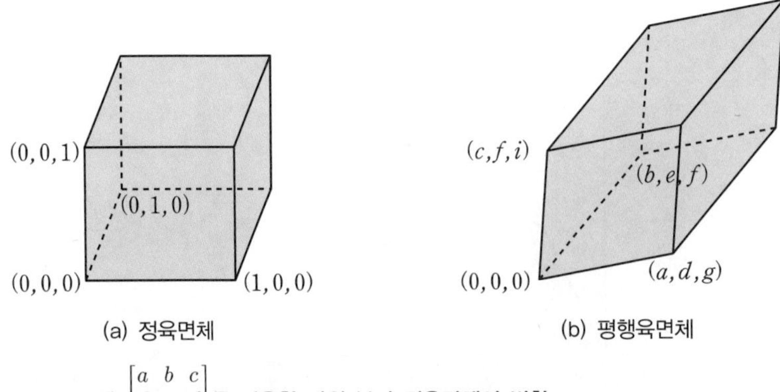

[그림 5-2] $\begin{bmatrix} a & b & c \\ d & e & f \\ g & h & i \end{bmatrix}$를 이용한 단위 부피 정육면체의 변환

평행육면체의 부피가 행렬식의 절댓값이 되는 것은 [정리 6-20]에서 벡터의 내적과 외적의 개념을 이용하여 다시 증명한다.

■

[정리 5-26]의 증명에 따르면, 2차원 공간에 있는 평면도형의 2×2 행렬에 의한 변환에서 행렬식의 절댓값은 행렬이 단위 넓이 정사각형을 평행사변형으로 변환할 때의 평행사변형의 넓이이므로, 행렬변환에 의한 넓이 변화율을 나타낸다. 또한 [정리 5-27]의 증명에 따르면, 3차원 공간에 있는 입체도형의 3×3 행렬에 의한 변환에서 행렬식의 절댓값은 행렬이 단위 부피 정육면체를 평행육면체로 변환할 때의 평행육면체의 부피이므로, 행렬변환에 의한 부피 변화율을 나타낸다.

예제 5-29 평행육면체의 부피와 행렬식

행렬 A를 이용하여 입체도형을 변환할 때 부피가 얼마나 증가하는지 계산하라.

$$A=\begin{bmatrix}1 & 3 & 2\\ 2 & 4 & 3\\ 1 & 3 & 4\end{bmatrix}$$

Tip
3×3 행렬의 행렬식의 절댓값은 입체도형의 부피 변화율을 나타낸다.

풀이

$$\det(A)=\begin{vmatrix}1 & 3 & 2\\ 2 & 4 & 3\\ 1 & 3 & 4\end{vmatrix}=1\begin{vmatrix}4 & 3\\ 3 & 4\end{vmatrix}-3\begin{vmatrix}2 & 3\\ 1 & 4\end{vmatrix}+2\begin{vmatrix}2 & 4\\ 1 & 3\end{vmatrix}=1(7)-3(5)+2(2)=-4$$

3×3 행렬의 행렬식의 절댓값이 부피 변화율이므로, 행렬 A에 의한 변환으로 입체도형의 부피가 4배 증가한다.

정리 5-28 동차 연립선형방정식과 행렬식

동차 연립선형방정식이 자명해만을 가지려면, 계수행렬의 행렬식은 0이 아니어야 한다.

증명

$A\boldsymbol{x}=\mathbf{0}$로 표현되는 자명해만을 가지는 동차 연립선형방정식이 있다고 하면, [정리 4-8]에 따라 A의 역행렬이 존재한다. A의 역행렬이 존재하면, 기본행렬을 곱해서 다음과 같이 A를 단위행렬 I로 변환할 수 있다.

$$E_nE_{n-1}\cdots E_1A=I$$

양변에 행렬식을 취하면 다음과 같다.

$$\det(E_n E_{n-1} \cdots E_1 A) = \det(E_n)\det(E_{n-1}) \cdots \det(E_1)\det(A) = \det(I) = 1$$

기본행렬의 행렬식은 0이 아니므로, 즉 $\det(E_i) \neq 0$이므로, $\det(A) \neq 0$이어야 한다.

■

예제 5-30 동차 연립선형방정식과 행렬식

다음 동차연립선형방정식이 자명해만 가질 때, a의 조건을 찾으라.

Tip
[정리 5-28]을 이용한다.

$$\begin{cases} ax + 2y = 0 \\ 4x + 3y = 0 \end{cases}$$

풀이

주어진 연립선형방정식을 행렬방정식으로 표현하면 다음과 같다.

$$\begin{bmatrix} a & 2 \\ 4 & 3 \end{bmatrix}\begin{bmatrix} x \\ y \end{bmatrix} = \begin{bmatrix} 0 \\ 0 \end{bmatrix}$$

[정리 5-28]에 따라, 자명해만 가지려면 계수행렬의 행렬식이 0이 아니어야 한다.

$$\det\begin{bmatrix} a & 2 \\ 4 & 3 \end{bmatrix} = 3a - 8 \neq 0$$

따라서 $a \neq \dfrac{8}{3}$이어야 한다.

정리 5-29 3차원 공간의 평면의 방정식과 행렬식

증명

3차원 공간의 서로 다른 세 점 (x_1, y_1, z_1), (x_2, y_2, z_2), (x_3, y_3, z_3)를 지나는 평면의 방정식 $ax + by + cz + d = 0$에 대해 다음이 성립한다.

$$\det\begin{bmatrix} x & y & z & 1 \\ x_1 & y_1 & z_1 & 1 \\ x_2 & y_2 & z_2 & 1 \\ x_3 & y_3 & z_3 & 1 \end{bmatrix} = 0$$

예제 5-31 평면의 방정식과 행렬식

행렬식을 이용하여 세 점 $(1, 1, 0)$, $(2, 0, 1)$, $(0, 1, 2)$를 지나는 평면의 방정식을 구하라.

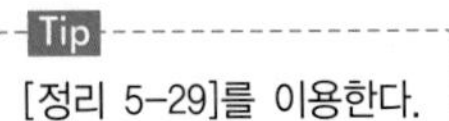

풀이

[정리 5-29]에 따라 다음 행렬식을 0으로 하는 식을 찾는다.

$$\det\begin{bmatrix} x & y & z & 1 \\ 1 & 1 & 0 & 1 \\ 2 & 0 & 1 & 1 \\ 0 & 1 & 2 & 1 \end{bmatrix} = x\begin{vmatrix} 1 & 0 & 1 \\ 0 & 1 & 1 \\ 1 & 2 & 1 \end{vmatrix} - y\begin{vmatrix} 1 & 0 & 1 \\ 2 & 1 & 1 \\ 0 & 2 & 1 \end{vmatrix} + z\begin{vmatrix} 1 & 1 & 1 \\ 2 & 0 & 1 \\ 0 & 1 & 1 \end{vmatrix} - \begin{vmatrix} 1 & 1 & 0 \\ 2 & 0 & 1 \\ 0 & 1 & 2 \end{vmatrix}$$
$$= -2x - 3y - z + 5 = 0$$

따라서 이들 세 점을 지나는 평면의 방정식은 $2x+3y+z-5=0$이다.

정리 5-30 이차곡선의 방정식과 행렬식

서로 다른 세 점 (x_1, y_1), (x_2, y_2), (x_3, y_3)를 지나는 이차곡선의 방정식 $a(x^2+y^2)+bx+cy+d=0$에 대해 다음이 성립한다.

$$\det\begin{bmatrix} x^2+y^2 & x & y & 1 \\ x_1^2+y_1^2 & x_1 & y_1 & 1 \\ x_2^2+y_2^2 & x_2 & y_2 & 1 \\ x_3^2+y_3^2 & x_3 & y_3 & 1 \end{bmatrix} = 0$$

예제 5-32 이차곡선의 방정식과 행렬식

행렬식을 이용하여 세 점 $(1, 7)$, $(6, 2)$, $(4, 6)$을 지나는 $a(x^2+y^2)+bx+cy+d=0$ 형태의 이차곡선의 방정식을 구하라.

> **Tip**
> [정리 5-30]을 이용한다.

풀이

[정리 5-30]에 따라 다음 행렬식을 0으로 하는 식을 찾는다.

$$\det\begin{vmatrix} x^2+y^2 & x & y & 1 \\ 50 & 1 & 7 & 1 \\ 40 & 6 & 2 & 1 \\ 52 & 4 & 6 & 1 \end{vmatrix} = (x^2+y^2)\begin{vmatrix} 1 & 7 & 1 \\ 6 & 2 & 1 \\ 4 & 6 & 1 \end{vmatrix} - x\begin{vmatrix} 50 & 7 & 1 \\ 40 & 2 & 1 \\ 52 & 6 & 1 \end{vmatrix} + y\begin{vmatrix} 50 & 1 & 1 \\ 40 & 6 & 1 \\ 52 & 4 & 1 \end{vmatrix} - \begin{vmatrix} 50 & 1 & 7 \\ 40 & 6 & 2 \\ 52 & 4 & 6 \end{vmatrix}$$
$$= 10(x^2+y^2) - 20x - 40y - 200 = 0$$

따라서 이들 세 점을 지나는 이차곡선의 방정식은 $10(x^2+y^2)-20x-40y-200=0$이다.

평면의 방정식, 이차곡선의 방정식뿐만 아니라, 다른 도형들도 이를 표현하는 방정식의 형태와 방정식을 만족하는 점들이 주어질 때, 행렬식을 이용한 유사한 방법으로 도형의 방정식을 구할 수 있다.

SECTION
5.5 행렬식의 활용

행렬식은 다양한 용도로 사용된다. 여기서는 행렬식이 역행렬 계산과 연립선형방정식 풀이에 활용되는 사례를 소개한다.

수반행렬을 이용한 역행렬 계산

정의 5-5 수반행렬

n차 정방행렬 $A=[a_{ij}]$에 대하여, 여인수를 성분으로 갖는 행렬의 전치행렬 $[C_{ij}]^\top$를 **수반행렬**adjoint matrix이라 하고, $adj\,A$로 나타낸다.

$$adj\,A=\begin{bmatrix} C_{11} & C_{12} & \cdots & C_{1n} \\ C_{21} & C_{22} & \cdots & C_{2n} \\ \vdots & \vdots & \ddots & \vdots \\ C_{n1} & C_{n2} & \cdots & C_{nn} \end{bmatrix}^\top = \begin{bmatrix} C_{11} & C_{21} & \cdots & C_{n1} \\ C_{12} & C_{22} & \cdots & C_{n2} \\ \vdots & \vdots & \ddots & \vdots \\ C_{1n} & C_{2n} & \cdots & C_{nn} \end{bmatrix}$$

예제 5-33 수반행렬의 계산

행렬 A에 대한 수반행렬을 구하라.

$$A=\begin{bmatrix} 1 & 4 & 3 \\ 2 & 3 & 2 \\ 4 & 2 & 5 \end{bmatrix}$$

> **Tip**
> 먼저 각 성분에 대한 소행렬식을 계산한 다음, 행과 열의 번호에 따라 부호를 결정하여 여인수를 구하고, 각 여인수를 수반행렬의 대응하는 위치에 넣는다.

풀이

먼저 소행렬식을 계산한다.

$$A_{11}=\begin{vmatrix} 3 & 2 \\ 2 & 5 \end{vmatrix}=11 \qquad A_{12}=\begin{vmatrix} 2 & 2 \\ 4 & 5 \end{vmatrix}=2 \qquad A_{13}=\begin{vmatrix} 2 & 3 \\ 4 & 2 \end{vmatrix}=-8$$

$$A_{21}=\begin{vmatrix} 4 & 3 \\ 2 & 5 \end{vmatrix}=14 \qquad A_{22}=\begin{vmatrix} 1 & 3 \\ 4 & 5 \end{vmatrix}=-7 \qquad A_{23}=\begin{vmatrix} 1 & 4 \\ 4 & 2 \end{vmatrix}=-14$$

$$A_{31}=\begin{vmatrix} 4 & 3 \\ 3 & 2 \end{vmatrix}=-1 \qquad A_{32}=\begin{vmatrix} 1 & 3 \\ 2 & 2 \end{vmatrix}=-4 \qquad A_{33}=\begin{vmatrix} 1 & 4 \\ 2 & 3 \end{vmatrix}=-5$$

$(-1)^{i+j}$ 값에 따라 부호를 붙여 여인수를 계산한다.

$$C_{11}=11 \qquad C_{12}=-2 \qquad C_{13}=-8$$
$$C_{21}=-14 \qquad C_{22}=-7 \qquad C_{23}=14$$
$$C_{31}=-1 \qquad C_{32}=4 \qquad C_{33}=-5$$

여인수를 이용하여 수반행렬 $adj\,A$를 계산하면 다음과 같다.

$$adj\,A=\begin{bmatrix} C_{11} & C_{21} & C_{31} \\ C_{12} & C_{22} & C_{32} \\ C_{13} & C_{23} & C_{33} \end{bmatrix}=\begin{bmatrix} 11 & -14 & -1 \\ -2 & -7 & 4 \\ -8 & 14 & -5 \end{bmatrix}$$

정리 5-31 행렬 A와 수반행렬 $adjA$의 곱

행렬 A와 수반행렬 $adjA$의 곱은 행렬식 $|A|$와 단위행렬 I를 곱한 것과 같다.

$$A \cdot adjA = |A|I$$

따라서 위 식을 전개하면 다음과 같다.

$$A \cdot adjA = \begin{bmatrix} a_{11} & a_{12} & \cdots & a_{1n} \\ a_{21} & a_{22} & \cdots & a_{2n} \\ \vdots & \vdots & \ddots & \vdots \\ a_{n1} & a_{n2} & \cdots & a_{nn} \end{bmatrix}\begin{bmatrix} C_{11} & C_{21} & \cdots & C_{n1} \\ C_{12} & C_{22} & \cdots & C_{n2} \\ \vdots & \vdots & \ddots & \vdots \\ C_{1n} & C_{2n} & \cdots & C_{nn} \end{bmatrix} = \begin{bmatrix} |A| & 0 & \cdots & 0 \\ 0 & |A| & \cdots & 0 \\ \vdots & \vdots & \ddots & \vdots \\ 0 & 0 & \cdots & |A| \end{bmatrix}$$

예제 5-34 행렬과 수반행렬의 곱

행렬 A에 대해 $A \cdot adjA$와 $|A|I$를 구하여 비교하라.

$$A=\begin{bmatrix} 1 & 4 & 3 \\ 2 & 3 & 2 \\ 4 & 2 & 5 \end{bmatrix}$$

Tip
A의 수반행렬과 행렬식을 구하여 $A \cdot adjA$와 $|A|I$의 계산 결과를 비교한다.

풀이

[예제 5-33]에서 구한 A의 수반행렬 $adj\,A$는 다음과 같다.

$$adj\,A=\begin{bmatrix} 11 & -14 & -1 \\ -2 & -7 & 4 \\ -8 & 14 & -5 \end{bmatrix}$$

따라서 $A \cdot adjA$는 다음과 같다.

$$A \cdot adjA=\begin{bmatrix} 1 & 4 & 3 \\ 2 & 3 & 2 \\ 4 & 2 & 5 \end{bmatrix}\begin{bmatrix} 11 & -14 & -1 \\ -2 & -7 & 4 \\ -8 & 14 & -5 \end{bmatrix}=\begin{bmatrix} -21 & 0 & 0 \\ 0 & -21 & 0 \\ 0 & 0 & -21 \end{bmatrix}$$

한편, A의 행렬식을 계산하면 다음과 같다.

$$|A| = (1)(3)(5) + (4)(2)(4) + (3)(2)(2) - (1)(2)(2) - (4)(2)(5) - (3)(3)(4) = -21$$

따라서 $|A|I$는 다음과 같다.

$$|A|I = \begin{bmatrix} -21 & 0 & 0 \\ 0 & -21 & 0 \\ 0 & 0 & -21 \end{bmatrix}$$

그러므로 $A \cdot adjA = |A|I$가 성립한다.

정리 5-32 수반행렬 $adjA$를 이용한 역행렬 계산

가역행렬 A의 역행렬 A^{-1}는 수반행렬 $adj\,A$를 이용하여 다음과 같이 표현할 수 있다.

$$A^{-1} = \frac{1}{|A|} adj\,A$$

증명

$A \cdot adjA = |A|I$의 양변을 0이 아닌 $|A|$로 나누면 다음 식이 만들어진다.

$$\frac{1}{|A|} A \cdot adj\,A = I \qquad \Rightarrow \qquad A\left(\frac{1}{|A|} adj\,A\right) = I$$

따라서 $\frac{1}{|A|} adj\,A$가 A의 역행렬이다.

■

예제 5-35 수반행렬을 이용한 역행렬 계산

수반행렬을 이용하여 행렬 A의 역행렬을 구하라.

$$A = \begin{bmatrix} 1 & 4 & 3 \\ 2 & 3 & 2 \\ 4 & 2 & 5 \end{bmatrix}$$

Tip

$A^{-1} = \frac{1}{|A|} adj\,A$의 관계를 이용한다.

풀이

[예제 5-33]과 [예제 5-34]에서 구한 A의 수반행렬 $adj\,A$와 행렬식 $|A|$는 다음과 같다.

$$adj\,A = \begin{bmatrix} 11 & -14 & -1 \\ -2 & -7 & 4 \\ -8 & 14 & -5 \end{bmatrix}, \quad |A| = -21$$

[정리 5-32]에 따라, 역행렬 A^{-1}는 다음과 같다.

$$A^{-1} = \frac{1}{|A|} adj\,A = -\frac{1}{21} \begin{bmatrix} 11 & -14 & -1 \\ -2 & -7 & 4 \\ -8 & 14 & -5 \end{bmatrix}$$

정리 5-33 수반행렬 $adj A$의 행렬식

n차 정방행렬 A의 수반행렬 $adj\,A$의 행렬식 $|adj\,A|$는 다음과 같이 표현할 수 있다.

$$|adj\,A| = |A|^{n-1}$$

예제 5-36 수반행렬 $adj A$의 행렬식

행렬 A에 대한 수반행렬의 행렬식 $|adj\,A|$와 $|A|^2$를 구하여 비교하라.

$$A = \begin{bmatrix} 1 & 4 & 3 \\ 2 & 3 & 2 \\ 4 & 2 & 5 \end{bmatrix}$$

> **Tip**
> 수반행렬과 원래 행렬의 행렬식을 구하여 [정리 5-33]을 확인한다.

풀이

[예제 5-33]과 [예제 5-34]에서 구한 A의 수반행렬 $adj\,A$와 행렬식 $|A|$는 다음과 같다.

$$adj\,A = \begin{bmatrix} 11 & -14 & -1 \\ -2 & -7 & 4 \\ -8 & 14 & -5 \end{bmatrix}, \quad |A| = -21$$

따라서 $adj\,A$의 행렬식을 계산하면 다음과 같다.

$$\begin{aligned} |adj\,A| &= 11\begin{vmatrix} -7 & 4 \\ 14 & -5 \end{vmatrix} - (-14)\begin{vmatrix} -2 & 4 \\ -8 & -5 \end{vmatrix} - 1\begin{vmatrix} -2 & -7 \\ -8 & 14 \end{vmatrix} \\ &= (11)(-21) + (14)(42) - (1)(-84) = 441 \end{aligned}$$

따라서 $|A|^2 = (-21)^2 = 441$이므로, $|adj\,A| = |A|^2$이다.

정리 5-34 가역행렬의 곱과 수반행렬

n차 가역행렬 A와 B에 대해서 $adj(AB) = (adj\,B)(adj\,A)$이다.

증명

[정리 5-32]에 의해 $(AB)^{-1} = \dfrac{adj\,(AB)}{|AB|}$이다. $(AB)^{-1} = B^{-1}A^{-1}$이고 $|AB| = |A||B|$이므로, $adj\,(AB) = |A||B|B^{-1}A^{-1}$이다. 한편, $A^{-1} = \dfrac{adj\,A}{|A|}$, $B^{-1} = \dfrac{adj\,B}{|B|}$이므로, $adj\,A = |A|A^{-1}$이고 $adj\,B = |B|B^{-1}$이다.

따라서 다음 관계가 성립한다.

$$adj(AB) = |A||B|B^{-1}A^{-1} = |A||B|\frac{adj\,B}{|B|}\frac{adj\,A}{|A|} = (adjB)(adjA)$$

그러므로 $adj(AB) = (adj\,B)(adj\,A)$이다.

■

예제 5-37 가역행렬의 곱과 수반행렬

다음 행렬 A와 B의 곱에 대한 수반행렬을 구하라.

$$A = \begin{bmatrix} 1 & 2 \\ 3 & 4 \end{bmatrix} \qquad B = \begin{bmatrix} 2 & 1 \\ 3 & 2 \end{bmatrix}$$

Tip
[정리 5-34]를 이용한다.

풀이

A의 여인수는 $C_{11} = \mathrm{A}_{11} = 4$, $C_{12} = -\mathrm{A}_{12} = -3$, $C_{21} = -\mathrm{A}_{21} = -2$, $C_{22} = \mathrm{A}_{22} = 1$이므로, A의 수반행렬 $adj\,A$는 다음과 같다.

$$adj\,A = \begin{bmatrix} C_{11} & C_{21} \\ C_{12} & C_{22} \end{bmatrix} = \begin{bmatrix} 4 & -2 \\ -3 & 1 \end{bmatrix}$$

B의 여인수는 $C_{11} = \mathrm{B}_{11} = 2$, $C_{12} = -\mathrm{B}_{12} = -3$, $C_{21} = -\mathrm{B}_{21} = -1$, $C_{22} = \mathrm{B}_{22} = 2$이므로, B의 수반행렬 $adj\,B$는 다음과 같다.

$$adj\,B = \begin{bmatrix} C_{11} & C_{21} \\ C_{12} & C_{22} \end{bmatrix} = \begin{bmatrix} 2 & -1 \\ -3 & 2 \end{bmatrix}$$

[정리 5-34]에 따르면 $adj(AB) = (adj\,B)(adj\,A)$이므로, $adj(AB)$는 다음과 같다.

$$adj(AB) = \begin{bmatrix} 2 & -1 \\ -3 & 2 \end{bmatrix}\begin{bmatrix} 4 & -2 \\ -3 & 1 \end{bmatrix} = \begin{bmatrix} 11 & -5 \\ -18 & 8 \end{bmatrix}$$

이제 $adj(AB)$를 직접 구하기 위해 AB를 계산해보자.

$$AB = \begin{bmatrix} 1 & 2 \\ 3 & 4 \end{bmatrix}\begin{bmatrix} 2 & 1 \\ 3 & 2 \end{bmatrix} = \begin{bmatrix} 8 & 5 \\ 18 & 11 \end{bmatrix}$$

AB의 여인수는 $C_{11} = 11$, $C_{12} = -18$, $C_{21} = -5$, $C_{22} = 8$이므로, $adj(AB)$를 구하면 다음과 같다.

$$adj(AB) = \begin{bmatrix} 11 & -5 \\ -18 & 8 \end{bmatrix}$$

여기에서 $adj(AB) = (adj\,B)(adj\,A)$임을 알 수 있다.

크래머 공식을 이용한 연립선형방정식 풀이법

정리 5-35 크래머 공식 Cramer's rule

행렬방정식 $A\boldsymbol{x} = \boldsymbol{b}$에 대해서 A가 가역행렬이면, 해 $\boldsymbol{x}$의 각 성분 x_i는 다음과 같다.

$$x_i = \frac{|M_i|}{|A|}$$

여기서 M_i는 A의 i열을 $\boldsymbol{b}$로 바꾼 행렬이다.

증명

다음과 같은 연립선형방정식이 있다고 하자.

$$\begin{cases} a_{11}x_1 + a_{12}x_2 + \cdots + a_{1n}x_n = b_1 \\ a_{21}x_1 + a_{22}x_2 + \cdots + a_{2n}x_n = b_2 \\ \qquad\qquad\vdots \\ a_{n1}x_1 + a_{n2}x_2 + \cdots + a_{nn}x_n = b_n \end{cases}$$

계수행렬 A, 변수벡터 $\boldsymbol{x}$, 상수벡터 $\boldsymbol{b}$를 사용하여 이를 행렬방정식으로 표현하면 다음과 같다.

$$A = \begin{bmatrix} a_{11} & a_{12} & \cdots & a_{1n} \\ a_{21} & a_{22} & \cdots & a_{2n} \\ \vdots & \vdots & \ddots & \vdots \\ a_{n1} & a_{n2} & \cdots & a_{nn} \end{bmatrix}, \quad \boldsymbol{x} = \begin{bmatrix} x_1 \\ x_2 \\ \vdots \\ x_n \end{bmatrix}, \quad \boldsymbol{b} = \begin{bmatrix} b_1 \\ b_2 \\ \vdots \\ b_n \end{bmatrix} \quad \Rightarrow \quad A\boldsymbol{x} = \boldsymbol{b}$$

역행렬 A^{-1}가 존재하면 연립선형방정식의 해는 다음과 같다.

$$\boldsymbol{x} = A^{-1}\boldsymbol{b}$$

[정리 5-32]의 수반행렬을 이용한 역행렬 $A^{-1} = \frac{1}{|A|} adj\,A$를 이용하면, 연립선형방정식의 해는 다음과 같이 표현된다.

$$\boldsymbol{x} = \frac{1}{|A|} adjA \cdot \boldsymbol{b} = \frac{1}{|A|} \begin{bmatrix} C_{11} & C_{21} & \cdots & C_{n1} \\ C_{12} & C_{22} & \cdots & C_{n2} \\ \vdots & \vdots & \ddots & \vdots \\ C_{1n} & C_{2n} & \cdots & C_{nn} \end{bmatrix} \begin{bmatrix} b_1 \\ b_2 \\ \vdots \\ b_n \end{bmatrix}$$

따라서 해 $\boldsymbol{x}$의 i번째 성분 x_i는 다음과 같이 계산된다.

$$x_i = \frac{1}{|A|}(b_1 C_{1i} + b_2 C_{2i} + \cdots + b_n C_{ni})$$

아래와 같이 행렬 A에 대해 i열을 벡터 $\boldsymbol{b}$로 대체한 행렬을 M_i라 하자.

$$A=\begin{bmatrix} a_{11} & a_{12} & \cdots & a_{1i} & \cdots & a_{1n} \\ a_{21} & a_{22} & \cdots & a_{2i} & \cdots & a_{2n} \\ \vdots & \vdots & \ddots & \vdots & \ddots & \vdots \\ a_{n1} & a_{n2} & \cdots & a_{ni} & \cdots & a_{nn} \end{bmatrix} \Rightarrow M_i=\begin{bmatrix} a_{11} & a_{12} & \cdots & b_1 & \cdots & a_{1n} \\ a_{21} & a_{22} & \cdots & b_2 & \cdots & a_{2n} \\ \vdots & \vdots & \ddots & \vdots & \ddots & \vdots \\ a_{n1} & a_{n2} & \cdots & b_n & \cdots & a_{nn} \end{bmatrix}$$

여기서 [정리 5-2]를 이용하여 M_i의 i열을 기준으로 여인수 전개하면 $|M_i| = b_1C_{1i} + b_2C_{2i} + \cdots + b_nC_{ni}$가 된다. 따라서 $A\boldsymbol{x} = \boldsymbol{b}$에 대하여, 해 $\boldsymbol{x}$의 i번째 성분 x_i는 다음과 같다.

$$x_i = \frac{1}{|A|}(b_1C_{1i} + b_2C_{2i} + \cdots + b_nC_{ni}) = \frac{|M_i|}{|A|}$$

■

예제 5-38 크래머 공식을 이용한 연립선형방정식의 풀이법

크래머 공식을 이용하여 다음 연립선형방정식의 해를 구하라.

$$\begin{cases} x_1 + 2x_2 + x_3 = 5 \\ 2x_1 + 2x_2 + x_3 = 6 \\ x_1 + 2x_2 + 3x_3 = 9 \end{cases}$$

Tip

크래머 공식의 $x_i = \frac{|M_i|}{|A|}$를 이용한다.

풀이

계수행렬 A와 상수벡터 $\boldsymbol{b}$는 다음과 같다.

$$A=\begin{bmatrix} 1 & 2 & 1 \\ 2 & 2 & 1 \\ 1 & 2 & 3 \end{bmatrix}, \quad \boldsymbol{b}=\begin{bmatrix} 5 \\ 6 \\ 9 \end{bmatrix}$$

$x_i = \frac{|M_i|}{|A|}$를 계산하는 데 필요한 행렬식을 먼저 구한다. 행렬 M_i는 아래와 같이 A의 i열을 $\boldsymbol{b}$로 바꾼 행렬로 나타낸다.

$$|A|=\begin{vmatrix} 1 & 2 & 1 \\ 2 & 2 & 1 \\ 1 & 2 & 3 \end{vmatrix}=-4, \quad |M_1|=\begin{vmatrix} 5 & 2 & 1 \\ 6 & 2 & 1 \\ 9 & 2 & 3 \end{vmatrix}=-4,$$

$$|M_2|=\begin{vmatrix} 1 & 5 & 1 \\ 2 & 6 & 1 \\ 1 & 9 & 3 \end{vmatrix}=-4, \quad |M_3|=\begin{vmatrix} 1 & 2 & 5 \\ 2 & 2 & 6 \\ 1 & 2 & 9 \end{vmatrix}=-8$$

따라서 해를 구하면 다음과 같다.

$$x_1 = \frac{|M_1|}{|A|} = \frac{-4}{-4} = 1, \ x_2 = \frac{|M_2|}{|A|} = \frac{-4}{-4} = 1, \ x_3 = \frac{|M_3|}{|A|} = \frac{-8}{-4} = 2$$

참고 **연립선형방정식의 풀이법 비교**

지금까지 연립선형방정식의 풀이법으로 네 가지를 살펴보았다. 2장에서는 기약행 사다리꼴 행렬을 만드는 **가우스-조단 소거법**, 4장에서는 **LU 분해**를 이용하는 방법과 **역행렬**을 이용하는 방법, 그리고 이 장에서는 **크래머 공식**을 이용하는 방법을 살펴보았다. 계수행렬이 가역행렬이면 연립선형방정식을 푸는 데 이 네 가지 방법을 모두 이용할 수 있다. 그렇지만 계수행렬이 비가역행렬이면 가우스-조단 소거법만 이용할 수 있다.

크래머 공식은 n차원 행렬에 대하여 $(n+1)$번의 행렬식 계산을 해야 한다. 일반적으로 행렬식 계산을 두 번 하는 것이 가우스-조단 소거법을 이용하는 것보다 더 많은 연산을 필요로 한다. 따라서 크래머 공식을 이용하여 연립선형방정식의 해를 구할 수는 있지만, 실제로 계산할 때는 가우스-조단 소거법을 이용하는 것이 효율적이다.

Chapter

05 연습문제

Section 5.1

1. 다음 문장이 참인지 거짓인지 판단하고, 거짓인 경우 그 이유를 설명하라.

(a) 행렬식이 0이 아닌 행렬은 가역행렬이다.

(b) 행렬 $A=\begin{bmatrix} a & b \\ c & d \end{bmatrix}$의 행렬식은 $\det(A)=ac-bd$ 이다.

(c) 행렬 $A=\begin{bmatrix} a_{11} & a_{12} & a_{13} \\ a_{21} & a_{22} & a_{23} \\ a_{31} & a_{32} & a_{33} \end{bmatrix}$에 대한 a_{12}의 소행렬식 A_{12}는 $\det\begin{bmatrix} a_{21} & a_{23} \\ a_{31} & a_{33} \end{bmatrix}$이다.

(d) $\det\begin{bmatrix} a_{11} & a_{12} & a_{13} \\ a_{21} & a_{22} & a_{23} \\ a_{31} & a_{32} & a_{33} \end{bmatrix}=-a_{11}\mathrm{A}_{11}+a_{21}\mathrm{A}_{21}-a_{31}\mathrm{A}_{31}$ 이다.

(e) 행렬 $A=\begin{bmatrix} a_{11} & a_{12} & a_{13} \\ a_{21} & a_{22} & a_{23} \\ a_{31} & a_{32} & a_{33} \end{bmatrix}$에 대하여, a_{23}의 여인수 C_{23}은 $-\mathrm{A}_{23}$이다. 여기서 A_{23}은 a_{23}의 소행렬식을 나타낸다.

2. 다음 행렬의 행렬식을 구하라.

(a) $A=\begin{bmatrix} 2 & 1 \\ 4 & 5 \end{bmatrix}$

(b) $B=\begin{bmatrix} 4 & 3 \\ 1 & 7 \end{bmatrix}$

3. 다음 행렬의 행렬식을 구하라.

(a) $C=\begin{bmatrix} 5 & 2 & 3 \\ 3 & -1 & 1 \\ 6 & 4 & 2 \end{bmatrix}$

(b) $D=\begin{bmatrix} 3 & 2 & 3 \\ 6 & 1 & 2 \\ 1 & 2 & 5 \end{bmatrix}$

4. 다음 행렬의 행렬식을 구하라.

$$A=\begin{bmatrix} a_{11} & a_{12} & a_{13} & a_{14} \\ a_{21} & a_{22} & a_{23} & a_{24} \\ a_{31} & a_{32} & a_{33} & a_{34} \\ a_{41} & a_{42} & a_{43} & a_{44} \end{bmatrix}$$

5. 다음 행렬의 소행렬식을 구하라.

$$A=\begin{bmatrix}1&2&3\\3&2&1\\4&4&5\end{bmatrix}$$

(a) A_{11} (b) A_{12} (c) A_{13} (d) A_{23}

6. 다음 순열을 오름차순으로 변환하기 위한 자리바꿈 횟수를 계산하라.

(a) [3, 1, 4, 2] (b) [2, 1, 4, 3] (c) [3, 4, 2, 1] (d) [5, 2, 1, 4, 3]

7. 다음 행렬식을 구하라.

(a) $\begin{vmatrix}1&5&-6\\-1&-4&4\\-2&-7&9\end{vmatrix}$ (b) $\begin{vmatrix}1&5&-3\\3&-3&3\\2&13&-7\end{vmatrix}$

8. 다음 행렬식을 구하라.

(a) $\begin{vmatrix}1&3&0&2\\-2&-5&7&4\\3&5&2&1\\1&-1&2&-3\end{vmatrix}$ (b) $\begin{vmatrix}1&3&3&-4\\0&1&2&-5\\2&5&4&-3\\-3&-7&-5&2\end{vmatrix}$

9. 다음 행렬식을 구하라.

$$\begin{vmatrix}1&3&-1&0&-2\\0&2&-4&-1&-6\\-2&-6&2&2&9\\2&7&-3&8&-7\\3&5&5&2&7\end{vmatrix}$$

10. 행렬식을 이용하여 다음 행렬이 가역행렬인지 확인하라.

(a) $\begin{bmatrix}2&3&0\\1&2&4\\1&2&1\end{bmatrix}$ (b) $\begin{bmatrix}5&0&-1\\1&-3&-2\\0&5&2\end{bmatrix}$ (c) $\begin{bmatrix}2&0&0&8\\1&-6&-5&0\\3&8&6&0\\0&7&5&4\end{bmatrix}$

11. 다음 연립선형방정식이 자명해만 가지도록 하는 실수 s의 조건을 찾으라.

(a) $\begin{cases}6sx_1+4x_2=5\\9x_1+2sx_2=-2\end{cases}$ (b) $\begin{cases}3sx_1-5x_2=3\\9x_1+5sx_2=2\end{cases}$

12. 다음 연립선형방정식이 자명해만 가지도록 하는 실수 s의 조건을 찾으라.

(a) $\begin{cases}sx_1-2sx_2=-1\\3x_1+6sx_2=4\end{cases}$ (b) $\begin{cases}2sx_1+x_2=1\\3sx_1+6sx_2=2\end{cases}$

13. 다음 문장이 참인지 거짓인지 판단하고, 거짓인 경우 그 이유를 설명하라.

(a) 행렬의 한 행을 k배하면 행렬식도 k배가 된다.
(b) 행렬에서 두 행을 서로 교환하면 행렬식의 부호가 바뀐다.
(c) 행렬에서 두 개 이상의 행이 서로 같으면 행렬식은 0이다.
(d) 행렬에서 한 행의 k배를 다른 행에 더하면 행렬식이 바뀐다.
(e) 행렬을 전치행렬로 만들면 행렬식의 부호가 바뀐다.
(f) 모든 기본행렬의 행렬식은 1이다.
(g) 두 행렬 A, B에 대하여, $\det(AB) = \det(A)\det(B)$ 이다.
(h) 삼각행렬의 행렬식은 주대각 성분의 합이다.
(i) 가역행렬 A와 역행렬 A^{-1}에 대해서 $\det(A) = \dfrac{1}{\det(A^{-1})}$ 이다.
(j) A가 행렬식이 -1인 n차 정방행렬일 때, $-A$의 행렬식은 -1이다.
(k) 행렬 A의 모든 행이 서로 다르면, A의 행렬식은 0이 아니다.

14. 다음과 같은 행렬식이 있다고 하자.

$$\begin{vmatrix} a & b & c \\ d & e & f \\ g & h & i \end{vmatrix} = 6$$

주어진 행렬식을 이용하여 다음 행렬식을 구하라.

(a) $\begin{vmatrix} a & b & c \\ d & e & f \\ 3g & 3h & 3i \end{vmatrix}$ (b) $\begin{vmatrix} a & b & c \\ g & h & i \\ d & e & f \end{vmatrix}$ (c) $\begin{vmatrix} a & b & c \\ 2d+a & 2e+b & 2f+c \\ g & h & i \end{vmatrix}$

15. n차 정방행렬 A와 B의 행렬식이 각각 $\det(A) = 3$, $\det(B) = -2$일 때, 다음 물음에 답하라.

(a) $\det(A^3)$ (b) $\det(A^{-1})$ (c) $\det(2A)$ (d) $\det(AA^{-1})$ (e) $\det(AB^{-1})$

16. 다음 행렬 B에 대하여, $\det(B^3)$을 구하라.

$$B = \begin{bmatrix} 1 & 0 & 1 \\ 1 & 1 & 2 \\ 1 & 2 & 1 \end{bmatrix}$$

17. $\det(A) = 2$일 때, $\det(A^5)$을 구하라.

18. 정방행렬 A, B와 가역행렬 P에 대해서, $A = P^{-1}BP$이면 $\det(A) = \det(B)$임을 보여라.

Section 5.3

19. 다음 행렬의 행렬식을 구하라.

(a) $\begin{bmatrix} 3 & 2 & 5 & 6 \\ 6 & 5 & 6 & 7 \\ 0 & 0 & 4 & 8 \\ 0 & 0 & 2 & 5 \end{bmatrix}$ (b) $\begin{bmatrix} 0 & 5 & 2 & 3 & -1 \\ -5 & 0 & 6 & 7 & 2 \\ -2 & -6 & 0 & 4 & 8 \\ -3 & -7 & -4 & 0 & 1 \\ 1 & -2 & -8 & -1 & 0 \end{bmatrix}$

(c) $\begin{bmatrix} 5 & 6 & 0 & 0 \\ 3 & 7 & 0 & 0 \\ 1 & 2 & 2 & 1 \\ 3 & 1 & 3 & 7 \end{bmatrix}$ (d) $\begin{bmatrix} 4 & 5 & 2 & 0 \\ 3 & 1 & 0 & 2 \\ 1 & 0 & 2 & 6 \\ 0 & 1 & 1 & 5 \end{bmatrix}$ (e) $\begin{bmatrix} 4 & 2 & 0 & 4 \\ 1 & 5 & 2 & 3 \\ 0 & 0 & 2 & 0 \\ 0 & 0 & 0 & 1 \end{bmatrix}$

20. $A^{-1}=\begin{bmatrix} 1 & 0 & 0 \\ 2 & 1 & 0 \\ 0 & 0 & \frac{1}{2} \end{bmatrix}$일 때, $AB=A^2+A$인 행렬 B의 행렬식을 구하라.

Section 5.4

21. (0, 0), (4, 2), (5, 6), (9, 8)을 꼭짓점으로 갖는 평행사변형의 넓이를 구하라.

22. 행렬 A를 이용하여 입체도형을 변환할 때, 부피가 얼마나 증가하는지 계산하라.

$$A=\begin{bmatrix} 2 & 3 & 4 \\ 2 & 1 & 3 \\ 1 & 3 & 5 \end{bmatrix}$$

23. 행렬식을 이용하여 세 점 (1, 2, −1), (−2, 2, 1), (3, 1, 2)를 지나는 평면의 방정식을 구하라.

24. 행렬식을 이용하여 세 점 (5, −3, 2), (3, 2, −1), (1, 4, −3)을 지나는 평면의 방정식을 구하라.

Section 5.5

25. 다음 행렬의 수반행렬을 구하라.

(a) $\begin{bmatrix} 2 & 1 & 3 \\ -1 & -2 & 0 \\ 2 & -2 & 1 \end{bmatrix}$ (b) $\begin{bmatrix} 2 & -3 & 1 \\ 4 & 2 & 2 \\ 1 & 0 & -2 \end{bmatrix}$

26. 크래머 공식을 이용하여 다음 연립선형방정식의 해를 구하라.

(a) $\begin{cases} 5x_1+7x_2=3 \\ 2x_1+4x_2=1 \end{cases}$

(b) $\begin{cases} 4x_1+\ \ x_2=6 \\ 5x_1+2x_2=7 \end{cases}$

(c) $\begin{cases} 3x_1-2x_2=7 \\ -5x_1+6x_2=-5 \end{cases}$

(d) $\begin{cases} -5x_1+3x_2=9 \\ 3x_1-\ \ x_2=-5 \end{cases}$

(e) $\begin{cases} 2x_1+x_2 \qquad\quad =7 \\ -3x_1+ \qquad x_3=-8 \\ \qquad\ x_2+2x_3=-3 \end{cases}$

(f) $\begin{cases} 2x_1+x_2+\ \ x_3=4 \\ -x_1+ \qquad 2x_3=2 \\ 3x_1+x_2+3x_3=-2 \end{cases}$

27. 수반행렬을 이용하여 다음 행렬의 역행렬을 구하라.

(a) $\begin{bmatrix} 2 & 5 & 5 \\ -1 & -1 & 0 \\ 2 & 4 & 3 \end{bmatrix}$

(b) $\begin{bmatrix} 1 & 0 & 1 \\ 0 & 1 & 1 \\ 2 & 0 & 1 \end{bmatrix}$

(c) $\begin{bmatrix} 2 & 1 & 2 \\ 3 & 2 & 2 \\ 1 & 2 & 3 \end{bmatrix}$

28. $\det(A)=2$이고, $\det(adj\,A)=32$일 때, 행렬 A가 몇 차 정방행렬인지 보여라.

29. $A=\begin{bmatrix} 1 & 0 & 7 \\ 1 & 1 & 7 \\ 7 & 1 & 1 \end{bmatrix}$일 때, $adj\,A \cdot A$를 구하라.

30. A가 가역행렬이면 $adj\,A$도 가역행렬이며, $(adj\,A)^{-1}=\det(A^{-1})A=adj\,A^{-1}$임을 증명하라.

31. $\det(A)=1$이면 $adj(adj\,A)=A$임을 증명하라.

Chapter

05 프로그래밍 실습

1. 임의의 크기의 정방행렬에 대한 행렬식을 계산하는 프로그램을 작성하고, 이를 이용하여 다음 행렬 A의 행렬식을 구하라. 연계 : 5.1절

$$A = \begin{bmatrix} -4 & 0 & 2 & -1 & 0 \\ 1 & 3 & -3 & -1 & 4 \\ 2 & 0 & 1 & 3 & 0 \\ -2 & 1 & -3 & -1 & 5 \\ 1 & -5 & 1 & 0 & 5 \end{bmatrix}$$

문제 해석

주어진 행렬의 한 행을 기준으로 소행렬식을 계산하여 대응하는 성분과 곱해서 행렬식을 계산한다. 행렬의 크기가 2×2가 될 때까지 재귀적으로 함수를 호출한다.

코딩 실습

【 파이썬 코드 】

```
1   import numpy as np
2
3   def getMinorMatrix(A,i,j): # 행렬 A의 i행과 j열을 제거하고 만든 행렬 생성
4       n = len(A)
5       M = np.zeros((n-1, n-1))
6       for a in range(0,n-1):
7           k = a if (a < i) else a+1
8           for b in range(0, n-1):
9               l = b if (b < j) else b+1
10              M[a, b] = A[k, l]
11      return M
12
13  def determinant(M):  # 행렬식 계산
14      if len(M) == 2:  # 2x2 행렬의 행렬식 계산
15          return M[0,0]*M[1,1]-M[0,1]*M[1,0]
16
17      detVal = 0
18      for c in range(len(M)):
19          detVal += ((-1)**c)*M[0,c]*determinant(getMinorMatrix(M,0,c))
20      return detVal
21
22  A = np.array([[-4, 0, 2, -1, 0], [1, 3, -3, -1, 4], [2, 0, 1, 3, 0],
23               [-2, 1, -3, -1, 5], [1, -5, 1, 0, 5]])
24  print("A = ", A)
25  print("det(A) = ", determinant(A))
```

프로그램 설명

18~19행에서 행렬 M의 첫 번째 행의 각 성분과 이에 대한 여인수를 곱하여 행렬식을 계산한다. 행렬의 크기가 2×2이면 15행에서 바로 행렬식이 계산된다. 3×3 크기 이상의 행렬에 대해서는 3행의 함수 getMinorMatrix( )에 의해 지정된 성분에 대응하는 행과 열을 제외한 행렬이 만들어지고, 이에 대한 행렬식이 계산된다.

2. 수반행렬을 이용한 역행렬 계산 방법을 구현하여, 다음 행렬 A의 역행렬을 계산하라.

연계 : 5.5절

$$A = \begin{bmatrix} -4 & 0 & 2 & -1 & 0 \\ 1 & 3 & -3 & -1 & 4 \\ 2 & 0 & 1 & 3 & 0 \\ -2 & 1 & -3 & -1 & 5 \\ 1 & -5 & 1 & 0 & 5 \end{bmatrix}$$

문제 해석

[정의 5-5]에서 여인수를 이용하여 정의한 수반행렬을 구한 다음, [정리 5-32]의 수반행렬을 이용한 역행렬 계산 방법을 이용한다. 행렬식은 numpy에서 제공하는 linalg.det( )를 사용하여 구한다.

코딩 실습

【 파이썬 코드 】

```
1    import numpy as np
2
3    def cofactor(A, i, j):            # 여인수 계산
4        (n,m) = A.shape
5        M = np.zeros((n-1, m-1))
6        for a in range(0, n-1):
7            k = a if (a < i) else a+1
8            for b in range(0, m-1):
9                l = b if (b < j) else b+1
10               M[a,b] = A[k, l]
11
12       return (-1)**(i+j)*np.linalg.det(M)
13
14   def inverseByAdjointMatrix(A):    # 수반행렬을 이용한 A의 역행렬 계산
15       detA = np.linalg.det(A)       # A의 행렬식 계산
16       (n,m) = A.shape
17       adjA = np.zeros((n, m))
18
19       for i in range(0,n):          # 수반행렬 생성
20           for j in range(0, m):
21               adjA[j,i] = cofactor(A, i, j)
22       if detA != 0.0:
23           return (1./detA) * adjA
24       else:
25           return 0
```

```
26
27  A = np.array([[-4, 0, 2, -1, 0], [1, 3, -3, -1, 4], [2, 0, 1, 3, 0],
28                [-2, 1, -3, -1, 5], [1, -5, 1, 0, 5]])
29  print("A = ", A)
30
31  Ainv = inverseByAdjointMatrix(A)
32  print("A inverse = ", Ainv)
```

프로그램 설명

3행의 함수 cofactor( )는 [정의 5-5]에 따라 주어진 행렬 A의 (i,j) 성분 A[i,j]에 대한 여인수를 계산한다. 14행의 함수 inverseByAdjointMatrix( )는 [정리 5-32]에 따라 수반행렬을 이용하여 역행렬을 계산한다.

3. 크래머 공식을 이용하여 연립선형방정식의 해를 구하는 방법을 구현하여, 다음 연립선형방정식의 해를 구하라. 연계 : 5.5절

$$\begin{cases} 2x_1 - x_2 + 5x_3 + x_4 = -3 \\ 3x_1 + 2x_2 + 2x_3 - 6x_4 = -32 \\ x_1 + 3x_2 + 3x_3 - x_4 = -47 \\ 5x_1 - 2x_2 - 3x_3 + 3x_4 = 49 \end{cases}$$

문제 해석

[정리 5-35]의 크래머 공식을 이용하여 연립선형방정식의 해를 구하는 프로그램을 작성한다. 이때 [정의 5-5]의 여인수를 이용하여 정의한 수반행렬을 구하고, numpy에서 제공하는 linalg.det( )를 사용하여 행렬식을 구한다.

코딩 실습

【 파이썬 코드 】

```
1   import numpy as np
2
3   def solveByCramer(A, B): # 크래머 공식을 이용한 연립선형방정식 AX=B의 풀이
4       X = np.zeros(len(B))
5       C = np.copy(A)
6       for i in range(0, len(B)):
7           for j in range(0, len(B)):
8               C[j,i] = B[j]
9               if i>0:
10                  C[j,i-1] = A[j,i-1]
11          X[i] = np.linalg.det(C)/np.linalg.det(A)
12      return X
13
14  # AX = B의 해
15  A = np.array([[2,-1,5,1], [3,2,2,-6], [1,3,3,-1], [5,-2,-3,3]])
```

```
16  B = np.array([[-3], [-32], [-47], [49]])
17  X = solveByCramer(A, B)
18  print("A = ", A)
19  print("B = ", B)
20  print("X = ", X)
```

프로그램 설명

3행의 함수 solveByCramer( )는 [정리 5-35]의 크래머 공식에 따라 연립선형방정식의 해를 구한다. 주어진 연립선형방정식을 $AX=B$ 형태의 행렬방정식으로 나타낼 때, A와 B는 다음과 같다.

$$A=\begin{bmatrix} 2 & -1 & 5 & 1 \\ 3 & 2 & 2 & -6 \\ 1 & 3 & 3 & -1 \\ 5 & -2 & -3 & 3 \end{bmatrix}, \quad B=\begin{bmatrix} -3 \\ -32 \\ -47 \\ 49 \end{bmatrix}$$

Chapter

06

벡터

Vector

Contents

다시보기 Review

■ 벡터와 스칼라

행렬에서 하나의 행을 행벡터, 하나의 열을 열벡터라고 부른다. 벡터가 행렬의 행이나 열만을 가리키는 것은 아니다. **벡터**는 보통 $n \times 1$ 또는 $1 \times n$ 행렬을 가리킨다. 또한 방향과 크기가 있는 변위, 속도, 가속도, 힘, 운동량, 전기장 등의 물리량을 가리키기도 한다. 이러한 벡터는 무엇을 가리키든 기본적으로 여러 값들로 구성된다.

한편, **스칼라**는 크기만을 갖는 양을 나타내는 것으로 하나의 값으로 표현된다. 예를 들면, $1, 12, a$ 등과 같이 수 또는 수를 나타내는 기호는 스칼라이다. 반면, $[1\ 23\ 52\ 4]$, $(1, 23, 52, 4)$, $\begin{bmatrix} 2 \\ 3 \end{bmatrix}$, $\begin{bmatrix} 3a \\ b \end{bmatrix}$ 등과 같이 여러 수나 기호로 구성된 것은 벡터이다.

■ 집합의 닫힘

'정수집합은 덧셈에 대해 **닫혀있다** closed'와 같은 표현을 사용할 때가 있다. 이는 임의의 두 정수를 더하면 정수가 된다는 의미이다. 어떤 원소들의 집합 A와 이들 원소에 대해 정의된 연산 $\circ$가 있다고 하자. 집합 A에 있는 임의의 두 원소 a와 b에 대해 $\circ$ 연산을 한 결과인 $a \circ b$가 집합 A에 항상 존재할 때, 'A는 $\circ$ 연산에 대해 닫혀있다'고 한다. 정수집합은 덧셈, 뺄셈, 곱셈에 대해서는 닫혀있지만, 나눗셈에 대해서는 닫혀있지 않다. 반면, 실수집합이나 복소수집합은 덧셈, 뺄셈, 곱셈, 나눗셈 모두에 대해 닫혀있다(단, 0으로 나누는 것은 제외한다).

■ 교환법칙, 결합법칙, 분배법칙

집합 S가 어떤 두 연산 $\circ$, $\cdot$에 대해 닫혀있고, a, b, c가 집합 S의 임의의 원소라고 하자.

(1) **교환법칙** commutative law

$a \circ b = b \circ a$를 만족하면, 연산 $\circ$에 대해 교환법칙이 성립한다고 한다.

(2) **결합법칙** associative law

$(a \circ b) \circ c = a \circ (b \circ c)$를 만족하면 연산 $\circ$에 대해 결합법칙이 성립한다고 한다.

(3) **분배법칙** distributive law

$a \circ (b \cdot c) = (a \circ b) \cdot (a \circ c)$와 $a \cdot (b \circ c) = (a \cdot b) \circ (a \cdot c)$를 만족하면, 두 연산 $\circ$, $\cdot$에 대해 분배법칙이 성립한다고 한다.

미리보기 Overview

■ 벡터를 왜 배워야 하는가?

물리학에서 벡터는 크기와 방향이 있는 물리량이다. 벡터는 화살표를 사용하여 표현할 수 있는데, 이 화살표는 $n \times 1$ 또는 $1 \times n$ 행렬인 벡터로 표현할 수 있다. 벡터는 크기와 방향이 있는 물리량뿐만 아니라, 여러 성분으로 구성되는 데이터, 공간상의 점, 선분, 물체 위치 등을 나타낼 수 있다. 또한 이러한 대상에 대한 연산을 벡터 연산으로 수행할 수 있다.

■ 벡터의 응용 분야는?

벡터의 표현 방법과 연산은 다양한 분야에서 사용된다. 정해진 개수의 수치로 구성된 데이터는 하나의 벡터로 나타낼 수 있고, 데이터 처리 연산은 벡터 연산으로 수행할 수 있다. 한편 연산이나 함수식 등에 벡터를 사용하면 표현을 간결하게 할 수 있다.

■ 이 장에서 배우는 내용은?

이 장에서는 벡터에 정의된 연산을 먼저 살펴보고, 벡터의 합과 스칼라배 연산에 대해 닫혀있는 벡터공간을 소개한다. 또한 벡터의 선형결합, 선형독립, 선형종속 등을 알아보고, 벡터공간의 생성과 기저 및 차원에 대한 개념을 소개한다. 또한 벡터방정식을 벡터의 선형결합으로 해석하는 것을 알아본다. 다음으로 벡터의 크기를 의미하는 노름 개념을 살펴본 후, 벡터 연산인 벡터의 내적과 그 성질에 대해 알아본다. 더불어 내적이 정의된 벡터공간인 내적공간을 소개한다. 또한 3차원 공간에서 정의되는 벡터의 외적과 그 적용 사례를 살펴보고, 직선과 평면에서 벡터를 응용하는 사례를 소개한다.

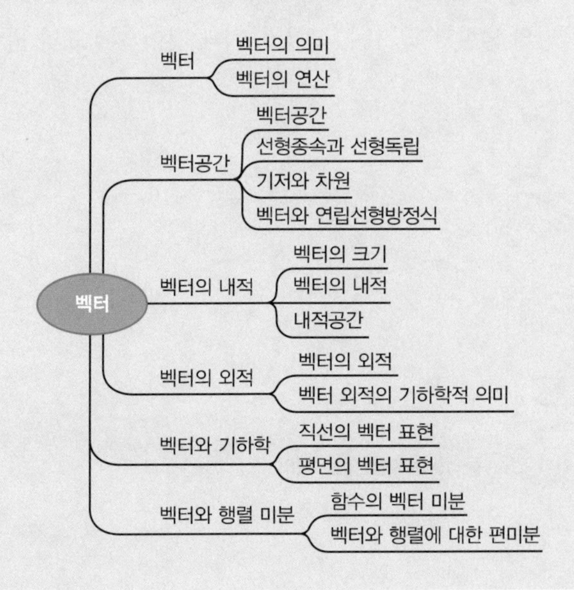

SECTION 6.1 벡터

벡터의 의미

벡터는 기본적으로 다음과 같이 수 또는 기호의 1차원 배열로 표현된다.

$$\boldsymbol{a} = \begin{bmatrix} 2 \\ 6 \\ 3 \end{bmatrix}, \quad \boldsymbol{b} = [2 \ \ 6 \ \ 3], \quad \boldsymbol{c} = (2,\ 6,\ 3)$$

$$\boldsymbol{x} = \begin{bmatrix} a \\ b \end{bmatrix}, \quad \boldsymbol{y} = [c \ \ d], \quad \vec{v} = (a,\ b,\ c)$$

벡터를 표현할 때 $\boldsymbol{a}$, $\boldsymbol{x}$와 같은 굵은 소문자나 $\vec{v}$와 같이 화살표를 붙인 문자가 사용된다. 또한 벡터는 $[a \ b \ c]$와 같이 행렬로 표현하기도 하고, (x, y, z)와 같이 순서쌍으로 표현하기도 한다.

이러한 벡터는 방향과 크기가 있는 물리량, 시작점과 끝점이 있는 선분, 좌표공간상의 위치 등의 정보를 표현하는 데 사용할 수 있다.

■ 방향과 크기가 있는 물리량을 나타내는 벡터

변위, 속도, 가속도, 힘, 풍속, 전기장 등은 방향과 크기가 있는 물리량이다. 이러한 물리량을 나타내는 벡터의 방향과 크기는 [그림 6-1]과 같이 화살표의 방향과 길이로 나타낼 수 있다.

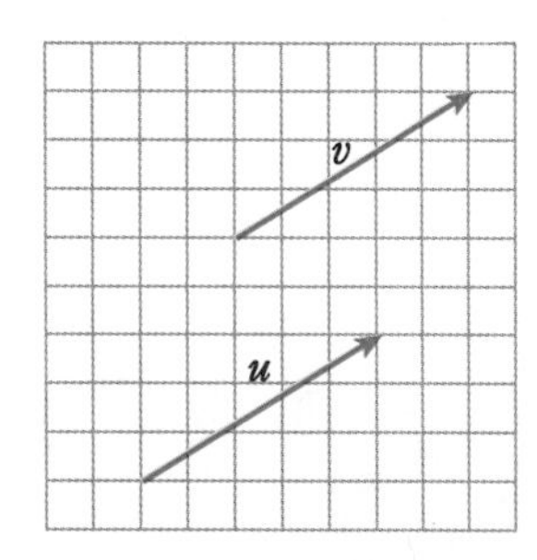

[그림 6-1] 방향과 크기가 있는 물리량을 나타내는 벡터

[그림 6-1]에서 v에 해당하는 방향과 크기의 물리량은 x축 방향으로 5칸, y축 방향으로 3칸만큼 이동하는 것으로 볼 수 있으므로, 다음과 같은 벡터 v로 표현할 수 있다.

$$v = \begin{bmatrix} 5 \\ 3 \end{bmatrix}$$

[그림 6-1]에서 u와 v는 서로 다른 위치에 있어 다른 벡터로 보인다. 하지만 방향과 크기만 고려하면 u는 v와 서로 같으므로, 다음과 같이 u는 v와 동일한 벡터로 표현된다.

$$u = \begin{bmatrix} 5 \\ 3 \end{bmatrix}$$

벡터가 방향과 크기를 갖는 물리량을 나타낼 때, 이와 같이 위치와 무관하게 벡터의 방향과 크기가 같으면 동일한 벡터이다.

■ 시작점과 끝점이 있는 선분을 나타내는 벡터

[그림 6-2]와 같이 시작점 P에서 끝점 Q로의 방향을 가진 선분을 $\overrightarrow{PQ}$로 나타낸다. 이를 벡터로 표현할 때는, 시작점과 끝점에 대한 x축 방향의 좌푯값 차이와 y축 방향의 좌푯값 차이를 이용하여 다음과 같이 나타낼 수 있다.

$$\overrightarrow{PQ} = \begin{bmatrix} 5 \\ 3 \end{bmatrix} \quad \text{또는} \quad v = \begin{bmatrix} 5 \\ 3 \end{bmatrix}$$

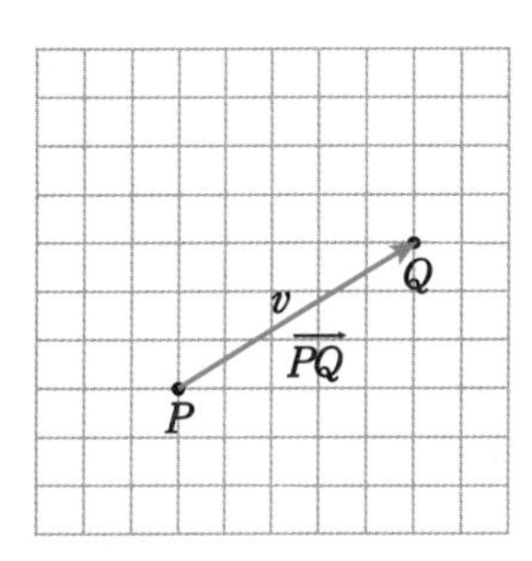

[그림 6-2] 시작점과 끝점이 있는 선분을 나타내는 벡터

■ 좌표공간상의 위치를 나타내는 벡터

좌표공간에서 원점을 기준으로 특정 위치 P를 나타내기 위해 벡터를 사용할 수 있다. [그림 6-3]에서 P의 위치는 x축 방향으로 5칸, y축 방향으로 3칸만큼 이동한 곳이므로 다음과 같이 벡터로 표현할 수 있다.

$$v = \begin{bmatrix} 5 \\ 3 \end{bmatrix}$$

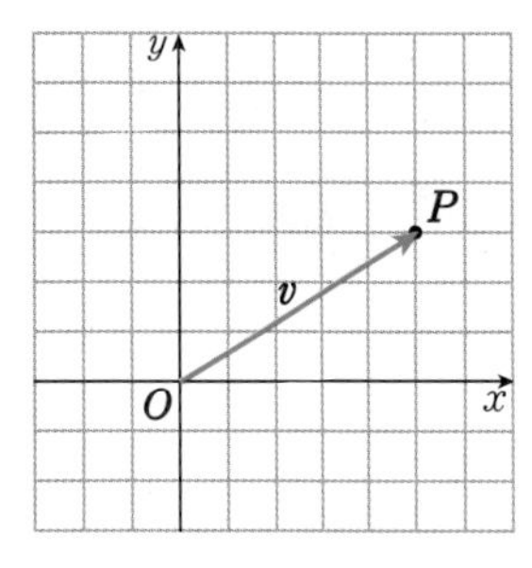

[그림 6-3] **좌표공간상의 위치를 나타내는 벡터**

예제 6-1 벡터의 표현

공항에서 시속 500km의 비행기 A가 동쪽을 기준으로 30° 방향으로 한 시간 동안 비행하고, 시속 400km의 비행기 B가 동쪽으로 한 시간 동안 비행한다. 격자에서 한 변의 길이를 100km라고 하고, 이들 비행기의 비행경로를 벡터로 그려보아라.

풀이

이들 비행기의 비행경로를 벡터로 표현하면 [그림 6-4]와 같다.

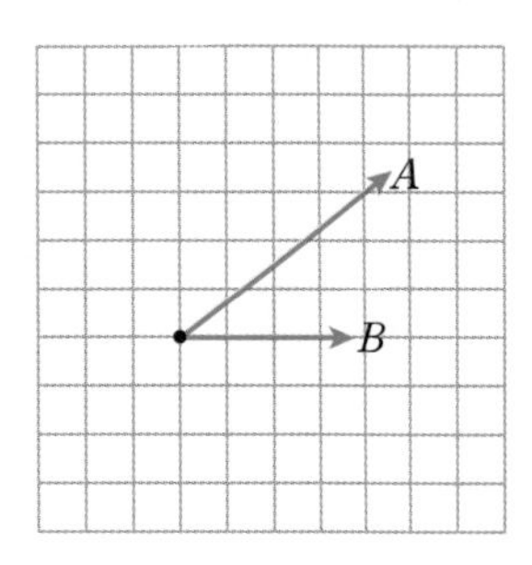

[그림 6-4] **비행경로의 벡터 표현**

정의 6-1 벡터의 성분

벡터 $(x_1, x_2, \cdots, x_n)$을 구성하는 $x_1, x_2, \cdots, x_n$을 벡터의 **성분**component이라 한다.

예를 들어, $\boldsymbol{v} = (1, 2, 3)$이 있을 때, 1, 2, 3 각각은 $\boldsymbol{v}$의 성분이다.

정의 6-2 벡터의 동치

벡터 $\boldsymbol{a} = (a_1, a_2, \cdots, a_n)$과 $\boldsymbol{b} = (b_1, b_2, \cdots, b_n)$의 대응하는 각 성분이 서로 같으면, 즉 $a_i = b_i (i = 1, \cdots, n)$이면, 두 벡터는 **동치**equal 또는 **상등**이라고 하고 $\boldsymbol{a} = \boldsymbol{b}$로 나타낸다.

다음 벡터 $\boldsymbol{a}$와 $\boldsymbol{b}$는 동치, 즉 $\boldsymbol{a} = \boldsymbol{b}$이지만, $\boldsymbol{a}$와 $\boldsymbol{c}$는 동치가 아니다.

$$\boldsymbol{a} = (4, 5, 7, 2), \quad \boldsymbol{b} = (4, 5, 7, 2), \quad \boldsymbol{c} = (4, 5, 7, 2, 6)$$

정의 6-3 영벡터

영벡터zero vector, null vector는 모든 성분이 0인 벡터이다.

다음은 영벡터의 예이다.

$$\begin{bmatrix} 0 \\ 0 \end{bmatrix}, \quad \begin{bmatrix} 0 \\ 0 \\ 0 \end{bmatrix}, \quad [0\ 0\ 0\ 0\ 0], \quad (0, 0, 0, 0)$$

정의 6-4 2차원 벡터, 3차원 벡터, n차원 벡터

2개의 성분을 갖는 벡터는 **2차원 벡터**, 3개의 성분을 갖는 벡터는 **3차원 벡터**, n개의 성분을 갖는 벡터는 **n차원 벡터**라 한다.

예를 들어, $\begin{bmatrix} 2 \\ 5 \end{bmatrix}$는 2차원 벡터, $[3\ 5\ 9]$는 3차원 벡터, $(4, 8, 10, -5)$는 4차원 벡터이다.

벡터의 연산

벡터는 1차원 행렬로 간주할 수 있으므로, 행렬에 정의된 연산을 그대로 사용한다. 먼저 벡터에 대한 기본 연산인 스칼라배와 벡터 합에 대해 살펴본다.

정의 6-5 벡터의 스칼라배

벡터 $\boldsymbol{v}$와 스칼라 c에 대해, $c\boldsymbol{v}$는 c에 의한 $\boldsymbol{v}$의 **스칼라배**라 한다. 이는 $\boldsymbol{v}$의 각 성분에 c를 곱한 것이다.

[그림 6-5]와 같이 $\boldsymbol{v} = \begin{bmatrix} 3 \\ 2 \end{bmatrix}$를 2배하면 $2\boldsymbol{v} = \begin{bmatrix} 2\times 3 \\ 2\times 2 \end{bmatrix} = \begin{bmatrix} 6 \\ 4 \end{bmatrix}$가 되고, -1배하면 $-\boldsymbol{v} = \begin{bmatrix} -3 \\ -2 \end{bmatrix}$가 된다.

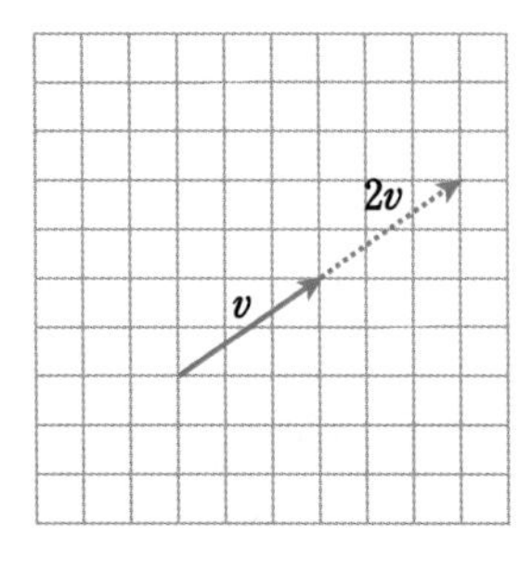

(a) 스칼라가 양수인 경우

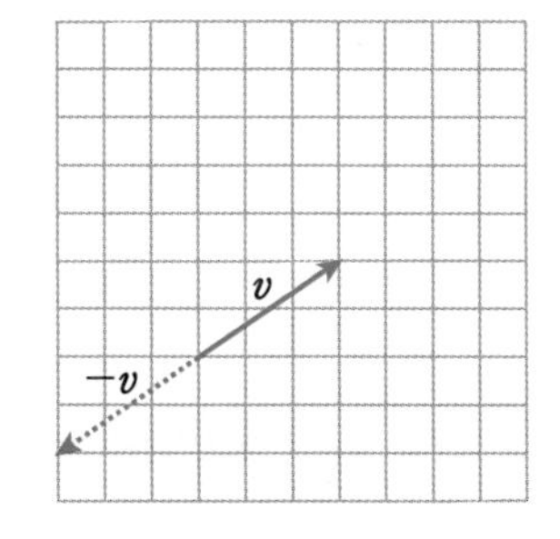

(b) 스칼라가 음수인 경우

[그림 6-5] **벡터의 스칼라배**

[그림 6-5]에서 보는 바와 같이 벡터의 스칼라배를 할 때, 스칼라 c가 양수이면 같은 방향의 벡터가 되고, c가 음수이면 반대 방향의 벡터가 되며, $c=0$이면 영벡터가 된다. 한편, c의 절댓값이 1보다 작으면 크기가 줄어들고, 1보다 크면 크기가 늘어난다.

정의 6-6 벡터의 합

$\boldsymbol{v} = (v_1,\ v_2,\ \cdots,\ v_n)$과 $\boldsymbol{u} = (u_1,\ u_2,\ \cdots,\ u_n)$에 대한 벡터의 **합** $\boldsymbol{v}+\boldsymbol{u}$는 대응하는 각 성분들을 서로 더한 것으로 다음과 같다.

$$\boldsymbol{v}+\boldsymbol{u} = (v_1+u_1,\ v_2+u_2,\ \cdots,\ v_n+u_n)$$

예를 들면 $\boldsymbol{v} = \begin{bmatrix} 2 \\ 1 \end{bmatrix}$과 $\boldsymbol{u} = \begin{bmatrix} 2 \\ 4 \end{bmatrix}$의 합 $\boldsymbol{v} + \boldsymbol{u}$는 다음과 같이 계산된다.

$$\boldsymbol{v} + \boldsymbol{u} = \begin{bmatrix} 2 \\ 1 \end{bmatrix} + \begin{bmatrix} 2 \\ 4 \end{bmatrix} = \begin{bmatrix} 2+2 \\ 1+4 \end{bmatrix} = \begin{bmatrix} 4 \\ 5 \end{bmatrix}$$

[그림 6-6]에서 보는 바와 같이, $\boldsymbol{v}$와 $\boldsymbol{u}$의 합은 원점에서 출발하는 두 벡터를 변으로 갖는 평행사변형의 대각선 벡터로 볼 수 있다. 다시 말해, 원점으로부터 x축 방향으로 두 벡터의 첫 번째 성분 2와 2를 더한 4만큼, y축 방향으로 두 벡터의 두 번째 성분 4와 1을 더한 5만큼 이동하므로, 벡터의 합은 평행사변형의 대각선 방향의 벡터에 해당한다.

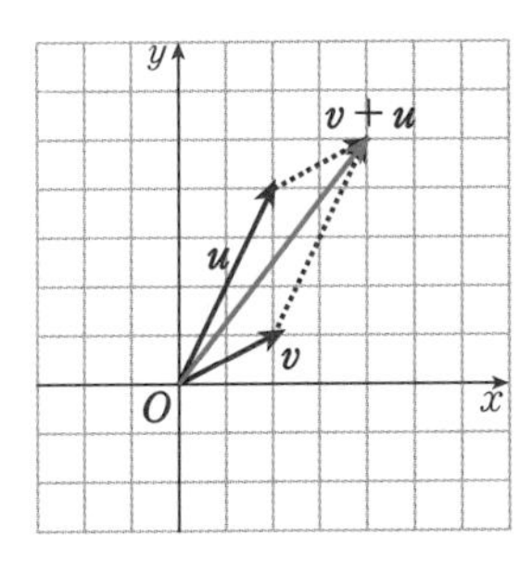

[그림 6-6] 두 벡터의 합

벡터의 합은 [그림 6-7(a)]에서처럼 $\boldsymbol{v}$의 끝점에 $\boldsymbol{u}$의 시작점이 위치하도록 할 때, $\boldsymbol{v}$의 시작점에서 $\boldsymbol{u}$의 끝점으로의 벡터가 된다. 또한 벡터의 합은 [그림 6-7(b)]에서처럼 $\boldsymbol{u}$의 끝점에 $\boldsymbol{v}$의 시작점이 위치하도록 할 때, $\boldsymbol{u}$의 시작점에서 $\boldsymbol{v}$의 끝점으로의 벡터가 된다. 따라서 $\boldsymbol{v} + \boldsymbol{u} = \boldsymbol{u} + \boldsymbol{v}$로 벡터 합에서는 교환법칙이 성립한다.

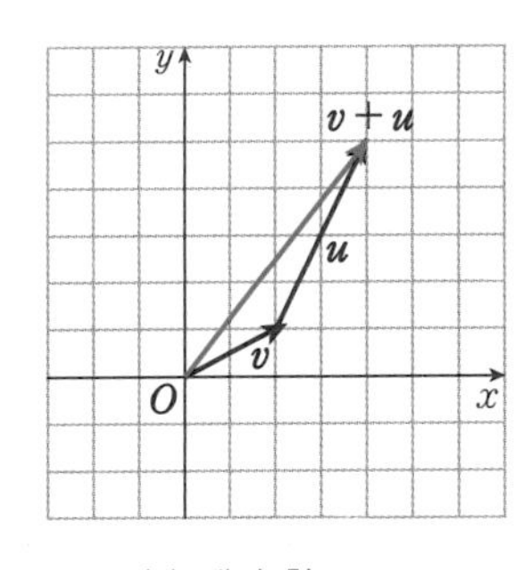

(a) 벡터 합 $\boldsymbol{v} + \boldsymbol{u}$

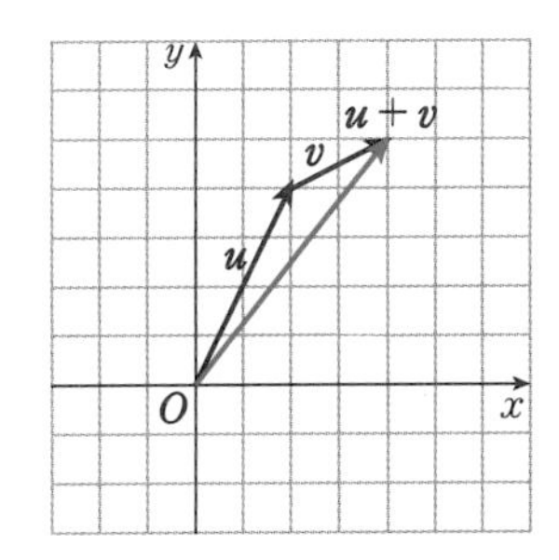

(b) 벡터 합 $\boldsymbol{u} + \boldsymbol{v}$

[그림 6-7] 벡터 합의 교환법칙

정의 6-7 벡터의 차

$\boldsymbol{v} = (v_1,\ v_2,\ \cdots,\ v_n)$과 $\boldsymbol{u} = (u_1,\ u_2,\ \cdots,\ u_n)$에 대한 벡터의 **차** $\boldsymbol{v}-\boldsymbol{u}$는 대응하는 각 성분들 사이에서 뺄셈을 하는 것으로 다음과 같다.

$$\boldsymbol{v}-\boldsymbol{u} = (v_1-u_1,\ v_2-u_2,\ \cdots,\ v_n-u_n)$$

두 벡터 $\boldsymbol{v}$와 $\boldsymbol{u}$에 대한 벡터의 차 $\boldsymbol{v}-\boldsymbol{u}$는 $\boldsymbol{v}+(-\boldsymbol{u})$로 표현되는 벡터 합이다.

$$\boldsymbol{v}-\boldsymbol{u} = \boldsymbol{v}+(-\boldsymbol{u})$$

[그림 6-8]은 $\boldsymbol{v}-\boldsymbol{u}$의 연산을 보여준다. 그림과 같이 $\boldsymbol{v}-\boldsymbol{u}$의 연산은 $\boldsymbol{v}+(-\boldsymbol{u})$로 생각하고, $-\boldsymbol{u}$는 $\boldsymbol{u}$를 -1배하여 계산할 수 있다.

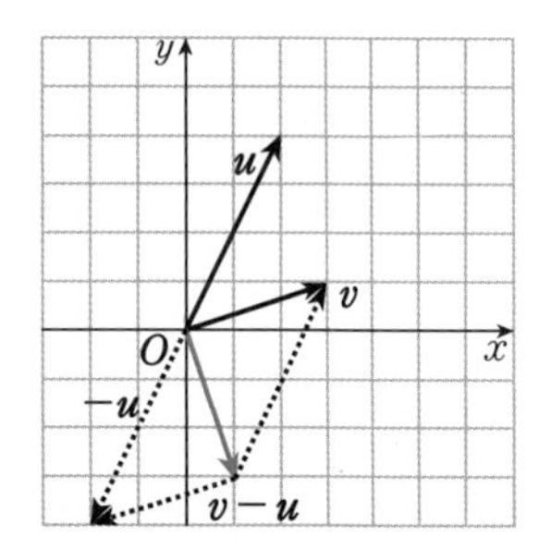

[그림 6-8] **두 벡터의 차**

예제 6-2 벡터의 연산

주어진 벡터에 대하여, 다음 벡터 연산의 결과를 구하라.

$\boldsymbol{a} = (4,\ -5)$, $\boldsymbol{b} = (3,\ 6)$, $\boldsymbol{c} = (2,\ 3,\ -1)$, $\boldsymbol{d} = (5,\ 2,\ 1)$

(a) $\boldsymbol{a}+2\boldsymbol{b}$　　　　(b) $\boldsymbol{c}-\boldsymbol{d}$

Tip 벡터 연산의 정의를 이용한다.

풀이

대응하는 성분끼리 연산을 적용한다.

(a) $\boldsymbol{a}+2\boldsymbol{b} = (4,\ -5)+2(3,\ 6) = (10,\ 7)$

(b) $\boldsymbol{c}-\boldsymbol{d} = (2,\ 3,\ -1)-(5,\ 2,\ 1) = (2-5,\ 3-2,\ -1-1) = (-3,\ 1,\ -2)$

예제 6-3 벡터 연산의 응용

벡터 $\boldsymbol{v}$가 (분당) 속도를 나타낸다고 하자. 자동차가 속도 $1.2\boldsymbol{v}$로 5분 동안 달린 다음, $-\boldsymbol{v}$로 10분 동안 달린 결과를 벡터로 표현하라.

Tip 벡터 연산의 정의를 이용한다.

풀이

5분 동안 $1.2\boldsymbol{v}$의 속도로 달린 결과는 $5 \cdot 1.2\boldsymbol{v} = 6\boldsymbol{v}$이고, 10분 동안 $-\boldsymbol{v}$의 속도로 달린 결과는 $10 \cdot (-\boldsymbol{v}) = -10\boldsymbol{v}$이다. 따라서 최종 결과는 $6\boldsymbol{v} + (-10\boldsymbol{v}) = -4\boldsymbol{v}$이다.

정리 6-1 벡터 연산의 성질

증명

α, β가 실수인 스칼라이고, $\boldsymbol{u}$, $\boldsymbol{v}$, $\boldsymbol{w}$가 n차원 실수벡터, $\boldsymbol{0}$가 n차원 영벡터라 하자. 이때 다음과 같은 성질이 성립한다.

(1) $\boldsymbol{u} + \boldsymbol{v} = \boldsymbol{v} + \boldsymbol{u}$

(2) $\boldsymbol{u} + (\boldsymbol{v} + \boldsymbol{w}) = (\boldsymbol{u} + \boldsymbol{v}) + \boldsymbol{w}$

(3) $\boldsymbol{u} + \boldsymbol{0} = \boldsymbol{0} + \boldsymbol{u} = \boldsymbol{u}$

(4) $\boldsymbol{u} + (-\boldsymbol{u}) = (-\boldsymbol{u}) + \boldsymbol{u} = \boldsymbol{0}$

(5) $\alpha(\boldsymbol{u} + \boldsymbol{v}) = \alpha\boldsymbol{u} + \alpha\boldsymbol{v}$

(6) $(\alpha + \beta)\boldsymbol{u} = \alpha\boldsymbol{u} + \beta\boldsymbol{u}$

(7) $\alpha(\beta\boldsymbol{u}) = (\alpha\beta)\boldsymbol{u}$

(8) $1\boldsymbol{u} = \boldsymbol{u}$

예제 6-4 벡터 연산의 성질

다음 벡터 $\boldsymbol{u}, \boldsymbol{v}, \boldsymbol{w}$와 스칼라 a, b, c에 대하여, 다음 연산을 벡터의 합으로 표현하라.

Tip [정리 6-1]의 벡터 연산의 성질을 이용한다.

(a) $a(\boldsymbol{u} + b\boldsymbol{v}) + c(a\boldsymbol{v} + \boldsymbol{w})$

(b) $(-a\boldsymbol{u} + b\boldsymbol{v}) - 0(a\boldsymbol{v} + c\boldsymbol{w}) + (b + a)(\boldsymbol{u} + c\boldsymbol{w})$

풀이

(a) $a(\boldsymbol{u} + b\boldsymbol{v}) + c(a\boldsymbol{v} + \boldsymbol{w}) = a\boldsymbol{u} + ab\boldsymbol{v} + ca\boldsymbol{v} + c\boldsymbol{w} = a\boldsymbol{u} + (ab + ac)\boldsymbol{v} + c\boldsymbol{w}$

(b) $(-a\boldsymbol{u} + b\boldsymbol{v}) - 0(a\boldsymbol{v} + c\boldsymbol{w}) + (b + a)(\boldsymbol{u} + c\boldsymbol{w}) = (-a\boldsymbol{u} + b\boldsymbol{v}) - \boldsymbol{0} + (b + a)\boldsymbol{u} + bc\boldsymbol{w} + ac\boldsymbol{w}$

$= (-a + b + a)\boldsymbol{u} + b\boldsymbol{v} + (bc + ac)\boldsymbol{w} = b\boldsymbol{u} + b\boldsymbol{v} + (bc + ac)\boldsymbol{w}$

SECTION
6.2 벡터공간

벡터공간

이 절에서는 벡터공간의 의미와 부분공간의 성질에 대해 알아본다.

정의 6-8 벡터공간

공집합이 아닌 임의의 집합 V에 합(+) 연산, 스칼라배(·) 연산이 정의되어 있다고 하자. 임의의 벡터 $\boldsymbol{u}$, $\boldsymbol{v}$, $\boldsymbol{w}$와 스칼라 α, β에 대하여, 다음 성질을 만족하는 집합 V를 주어진 연산에 대한 **벡터공간**vector space이라 한다.

(1) $\boldsymbol{u}, \boldsymbol{v} \in V$이면, $\boldsymbol{u}+\boldsymbol{v} \in V$이다. (벡터 합 연산에 대해 닫혀있다.)

(2) $\alpha\boldsymbol{u} \in V$ (스칼라배 연산에 대해 닫혀있다.)

(3) $\boldsymbol{u}+\boldsymbol{v}=\boldsymbol{v}+\boldsymbol{u}$ (벡터 합에 대한 교환법칙)

(4) $\boldsymbol{u}+(\boldsymbol{v}+\boldsymbol{w})=(\boldsymbol{u}+\boldsymbol{v})+\boldsymbol{w}$ (벡터 합에 대한 결합법칙)

(5) $\boldsymbol{u}+\boldsymbol{0}=\boldsymbol{u}$인 영벡터 $\boldsymbol{0}$가 V에 단 하나 존재한다. (벡터 합에 대한 항등원)

(6) V의 모든 벡터 $\boldsymbol{u}$에 대해,
$\boldsymbol{u}+(-\boldsymbol{u})=\boldsymbol{0}$를 만족하는 $-\boldsymbol{u}$가 존재한다. (벡터 합에 대한 역원)

(7) $\alpha(\boldsymbol{u}+\boldsymbol{v})=\alpha\boldsymbol{u}+\alpha\boldsymbol{v}$ (스칼라배에 대한 분배법칙)

(8) $(\alpha+\beta)\boldsymbol{u}=\alpha\boldsymbol{u}+\beta\boldsymbol{u}$ (스칼라배에 대한 분배법칙)

(9) $\alpha(\beta\boldsymbol{u})=(\alpha\beta)\boldsymbol{u}$ (스칼라배에 대한 결합법칙)

(10) $1\boldsymbol{u}=\boldsymbol{u}$ (스칼라배에 대한 항등원)

이러한 벡터공간 V의 원소를 **벡터**vector라 한다.

벡터공간은 쉽게 말하면 벡터 합과 스칼라배 연산에 대해 닫혀있는 벡터들의 집합이다. '**닫혀있다**'는 것은 연산 결과가 해당 집합에 포함된다는 의미이다. 벡터의 성분이 모두 실수인 벡터공간을 **실벡터공간**real vector space이라 하고, 벡터의 성분이 모두 복소수인 벡터공간을 **복소벡터공간**complex vector space이라 한다.

예를 들어, 다음과 같은 2차원 실수벡터의 집합 V는 벡터 합과 스칼라배 연산에 대해 닫혀있는 실벡터공간이다.

$$\begin{bmatrix}1\\2\end{bmatrix} \in V, \quad \begin{bmatrix}3\\-4\end{bmatrix} \in V \quad \Rightarrow \quad \begin{bmatrix}1\\2\end{bmatrix} + \begin{bmatrix}3\\-4\end{bmatrix} = \begin{bmatrix}4\\-2\end{bmatrix} \in V, \quad 3\begin{bmatrix}1\\2\end{bmatrix} = \begin{bmatrix}3\\6\end{bmatrix} \in V$$

다음은 2차원 복소벡터공간 C에 속하는 벡터들의 예이다.

$$\begin{bmatrix}i\\2\end{bmatrix} \in C, \quad \begin{bmatrix}2+2i\\1-3i\end{bmatrix} \in C \quad \Rightarrow \quad \begin{bmatrix}i\\2\end{bmatrix} + \begin{bmatrix}2+2i\\1-3i\end{bmatrix} = \begin{bmatrix}2+3i\\3-3i\end{bmatrix} \in C,$$

$$2i\begin{bmatrix}i\\2\end{bmatrix} = \begin{bmatrix}-2\\4i\end{bmatrix} \in C$$

정의 6-9 $\mathbb{R}^2$ 공간, $\mathbb{R}^3$ 공간, $\mathbb{R}^n$ 공간

2차원 실수벡터로 구성된 벡터공간을 **$\mathbb{R}^2$ 공간**, 3차원 실수벡터로 구성된 벡터공간을 **$\mathbb{R}^3$ 공간**, n차원 실수벡터로 구성된 벡터공간을 **$\mathbb{R}^n$ 공간**이라 한다.

[정리 6-1]에 따르면 $\mathbb{R}^n$ 공간의 벡터들은 벡터공간의 성질을 만족한다. 따라서 $\mathbb{R}^2$ 공간, $\mathbb{R}^3$ 공간, $\mathbb{R}^n$ 공간은 벡터공간이다.

Note $\mathbb{R}^2$ 공간은 2차원 공간인 평면에 해당하고, $\mathbb{R}^3$ 공간은 우리가 활동하는 3차원 공간에 해당한다. $\mathbb{R}^2$, $\mathbb{R}^3$, $\mathbb{R}^n$ 공간 등은 일상에서 사용하는 거리 개념이 적용되므로 유클리드 공간(Euclidean space)이라고도 한다.

앞으로 특별한 언급을 하지 않는 한, 벡터공간은 실벡터공간 $\mathbb{R}^n$을 가리킨다. 복소벡터공간은 9.4절의 푸리에 변환 및 신호 처리 등에서 일부 사용된다.

벡터공간을 구성하는 벡터는 지금까지 살펴본 $n \times 1$ 또는 $1 \times n$ 행렬로 표현된 벡터뿐만 아니라, 합과 스칼라배 연산에 대해 닫혀있는 다른 것도 될 수 있다. 예를 들면, n차 이하 다항식의 집합은 벡터공간이다. 다음 [예제 6-5]를 통해 다항식의 집합에 대한 벡터공간을 살펴보자.

예제 6-5 다항식 집합에 대한 벡터공간

다음과 같은 n차 이하의 다항식의 집합 V가 벡터공간임을 확인하라.

$$V = \{a_n x^n + a_{n-1}x^{n-1} + \cdots + a_1 x + a_0 \mid a_i \in \mathbb{R}\ (i=0, \cdots, n),\ n\text{은 양의 정수}\}$$

Tip
벡터 합과 스칼라배 연산에 대해 닫혀있고 영벡터가 존재하는지 확인한다.

풀이

벡터공간 V에 속하는 다음과 같은 n차 이하의 다항식 $p(x)$와 $q(x)$가 있다고 하자.

$$p(x) = a_n x^n + a_{n-1} x^{n-1} + \cdots + a_1 x + a_0$$
$$q(x) = b_n x^n + b_{n-1} x^{n-1} + \cdots + b_1 x + b_0$$

먼저 두 다항식의 합 $p(x)+q(x)$를 계산해보자.

$$p(x)+q(x) = (a_n+b_n)x^n + (a_{n-1}+b_{n-1})x^{n-1} + \cdots + (a_1+b_1)x + (a_0+b_0)$$

$p(x)+q(x)$도 n차 이하의 다항식이므로, 벡터공간 V 안의 다항식은 벡터 합 연산에 대해 닫혀있다. 즉 $p(x) \in V$이고 $q(x) \in V$이면, $p(x)+q(x) \in V$이다.

다음으로 $p(x)$에 임의의 실수 c를 곱해보자.

$$cp(x) = ca_n x^n + ca_{n-1} x^{n-1} + \cdots + ca_1 x + ca_0$$

다항식의 계수인 $ca_i\,(i=0, \cdots, n)$는 실수이므로, 벡터공간 V 안의 다항식은 스칼라배 연산에 대해 닫혀있다. 즉 $p(x) \in V$이고 $c \in \mathbb{R}$ 이면, $cp(x) \in V$이다.

한편, 영벡터에 해당하는 다항식 $0x^n + 0x^{n-1} + \cdots + 0x + 0 = 0$도 벡터공간 V에 속한다.

이들 성질을 이용하면 [정의 6-8]의 나머지 성질도 성립함을 보일 수 있다. 따라서 n차 이하의 다항식의 집합은 합 연산과 스칼라배 연산에 대한 벡터공간이다.

한편, n차 다항식 $a_n x^n + a_{n-1} x^{n-1} + \cdots + a_1 x + a_0$의 계수만 뽑아서 $(a_n, a_{n-1}, \cdots, a_1, a_0)$로 나타내면 일반적인 벡터 형태로 표현할 수도 있다.

예제 6-6 동일한 크기의 행렬 집합에 대한 벡터공간

실수 성분들로 구성된 2×2 행렬의 집합 V가 행렬의 합과 스칼라배 연산에 대해 벡터공간임을 보여라.

$$V = \left\{ \begin{bmatrix} a & b \\ c & d \end{bmatrix} \middle| \, a, b, c, d \in \mathbb{R} \right\}$$

Tip
벡터 합과 스칼라배 연산에 대해 닫혀있고 영벡터가 존재하는지 확인한다.

풀이

V에 속하는 행렬 $\boldsymbol{u} = \begin{bmatrix} u_{11} & u_{12} \\ u_{21} & u_{22} \end{bmatrix}$와 $\boldsymbol{v} = \begin{bmatrix} v_{11} & v_{12} \\ v_{21} & v_{22} \end{bmatrix}$가 있다고 하자.

$u_{ij} \in \mathbb{R}$ 이고 $v_{ij} \in \mathbb{R}$ 이므로, $\boldsymbol{u}+\boldsymbol{v} = \begin{bmatrix} u_{11}+v_{11} & u_{12}+v_{12} \\ u_{21}+v_{21} & u_{22}+v_{22} \end{bmatrix} \in V$이다.

$\alpha \in \mathbb{R}$ 이면 $\alpha u_{ij} \in \mathbb{R}$ 이므로, $\alpha \boldsymbol{u} = \begin{bmatrix} \alpha u_{11} & \alpha u_{12} \\ \alpha u_{21} & \alpha u_{22} \end{bmatrix} \in V$이다.

$\begin{bmatrix}0&0\\0&0\end{bmatrix}\in V$에 대해, $\boldsymbol{u}+\begin{bmatrix}0&0\\0&0\end{bmatrix}=\begin{bmatrix}u_{11}&u_{12}\\u_{21}&u_{22}\end{bmatrix}+\begin{bmatrix}0&0\\0&0\end{bmatrix}=\begin{bmatrix}u_{11}&u_{12}\\u_{21}&u_{22}\end{bmatrix}=\boldsymbol{u}$ 이므로, $\begin{bmatrix}0&0\\0&0\end{bmatrix}$은 V에 존재하는 영벡터임을 알 수 있다.

이들 성질을 이용하면 [정의 6-8]의 다른 성질도 성립함을 보일 수 있다. 따라서 V는 벡터공간이다.

다양한 형태의 벡터공간이 존재하지만, 선형대수학 기본 과정에서는 1차원 배열 형태로 표현되는 벡터를 주로 다룬다.

정의 6-10 영벡터공간

영벡터 $\mathbf{0}$ 하나로만 구성된 벡터공간을 **영벡터공간** zero vector space 이라 한다.

영벡터공간 $V=\{\mathbf{0}\}$에 대하여, $\mathbf{0}+\mathbf{0}=\mathbf{0}$이므로 벡터 합 연산에 대해 닫혀있고, $\alpha\mathbf{0}=\mathbf{0}$이므로 스칼라배 연산에 대해 닫혀있다. 따라서 영벡터공간은 벡터공간이다.

정의 6-11 부분공간

벡터공간 V의 부분집합 S가 다음 조건들을 만족하면, S를 V의 **부분공간** subspace 이라 한다.

(1) S는 영벡터를 포함한다. 즉 $\mathbf{0}\in S$이다.
(2) 임의의 $\boldsymbol{x}\in S$, $\boldsymbol{y}\in S$에 대해서, $\boldsymbol{x}+\boldsymbol{y}\in S$이다.
(3) 임의의 스칼라 α와 벡터 $\boldsymbol{x}\in S$에 대해서, $\alpha\boldsymbol{x}\in S$이다.

예제 6-7 부분공간

집합 $S=\left\{\begin{bmatrix}v_1\\v_2\\v_3\end{bmatrix}\middle|\, v_1=v_2\text{이고 } v_1, v_2, v_3\in\mathbb{R}\right\}$가 $\mathbb{R}^3$의 부분공간임을 확인하라.

Tip
영벡터가 존재하고 벡터 합과 스칼라배 연산에 대해 닫혀있는지 확인한다.

풀이

(1) $v_1=0, v_2=0, v_3=0$이면, $v_1=v_2$이고 $v_1, v_2, v_3\in\mathbb{R}$ 이므로, $\mathbf{0}=\begin{bmatrix}0\\0\\0\end{bmatrix}\in S$이다.
따라서 S는 영벡터 $\mathbf{0}$를 포함한다.

(2) $\boldsymbol{u} = \begin{bmatrix} u_1 \\ u_2 \\ u_3 \end{bmatrix} \in S$와 $\boldsymbol{v} = \begin{bmatrix} v_1 \\ v_2 \\ v_3 \end{bmatrix} \in S$에 대해, $\boldsymbol{u}+\boldsymbol{v} = \begin{bmatrix} u_1+v_1 \\ u_2+v_2 \\ u_3+v_3 \end{bmatrix}$이다.

$u_1+v_1 = u_2+v_2$이고, $u_1+v_1 \in \mathbb{R}$, $u_2+v_2 \in \mathbb{R}$, $u_3+v_3 \in \mathbb{R}$ 이므로, $\boldsymbol{u}+\boldsymbol{v} \in S$이다.

(3) $\alpha \in \mathbb{R}$과 $\boldsymbol{v} = \begin{bmatrix} v_1 \\ v_2 \\ v_3 \end{bmatrix} \in S$에 대해, $\alpha\boldsymbol{v} = \begin{bmatrix} \alpha v_1 \\ \alpha v_2 \\ \alpha v_3 \end{bmatrix}$이다.

$\alpha v_1 = \alpha v_2$이고, $\alpha v_1 \in \mathbb{R}$, $\alpha v_2 \in \mathbb{R}$, $\alpha v_3 \in \mathbb{R}$ 이므로, $\alpha\boldsymbol{v} \in S$이다.

따라서 [정의 6-11]에 의해, S는 $\mathbb{R}^3$의 부분공간이다.

예제 6-8 부분공간

집합 $S = \left\{ \begin{bmatrix} v_1 \\ v_2 \end{bmatrix} \middle| 2v_1 = 3v_2 \text{이고 } v_1, v_2 \in \mathbb{R} \right\}$가 $\mathbb{R}^2$의 부분공간임을 확인하라.

> **Tip** 영벡터가 존재하고 벡터 합과 스칼라배 연산에 대해 닫혀있는지 확인한다.

풀이

(1) $\mathbf{0} = \begin{bmatrix} 0 \\ 0 \end{bmatrix}$에 대해 $2 \cdot 0 = 3 \cdot 0$이고 $0 \in \mathbb{R}$ 이므로, $\mathbf{0} \in S$이다.

(2) $\boldsymbol{u} = \begin{bmatrix} u_1 \\ u_2 \end{bmatrix} \in S$와 $\boldsymbol{v} = \begin{bmatrix} v_1 \\ v_2 \end{bmatrix} \in S$에 대해, $\boldsymbol{u}+\boldsymbol{v} = \begin{bmatrix} u_1+v_1 \\ u_2+v_2 \end{bmatrix}$이다. $2u_1 = 3u_2$, $2v_1 = 3v_2$ 이므로, $2(u_1+v_1) = 3(u_2+v_2)$이고, $u_1+v_1 \in \mathbb{R}$, $u_2+v_2 \in \mathbb{R}$ 이다. 따라서 $\boldsymbol{u}+\boldsymbol{v} \in S$ 이다.

(3) $\alpha \in \mathbb{R}$과 $\boldsymbol{v} = \begin{bmatrix} v_1 \\ v_2 \end{bmatrix} \in S$에 대해, $\alpha\boldsymbol{v} = \begin{bmatrix} \alpha v_1 \\ \alpha v_2 \end{bmatrix}$이다. $2v_1 = 3v_2$이므로 $2\alpha v_1 = 3\alpha v_2$이고, $\alpha v_1 \in \mathbb{R}$, $\alpha v_2 \in \mathbb{R}$ 이다. 따라서 $\alpha\boldsymbol{v} \in S$이다.

따라서 [정의 6-11]에 의해, S는 $\mathbb{R}^2$의 부분공간이다.

선형종속과 선형독립

정의 6-12 선형결합

벡터공간 V의 원소인 벡터 $\boldsymbol{v}_1, \boldsymbol{v}_2, \cdots, \boldsymbol{v}_n$과 스칼라 $c_1, c_2, \cdots, c_n$에 대해서, 다음과 같이 이들 벡터를 스칼라배한 결과의 합으로 $\boldsymbol{v}$를 표현하는 것을 $\boldsymbol{v}_1, \boldsymbol{v}_2, \cdots, \boldsymbol{v}_n$의 **선형결합** linear combination 또는 **일차결합**이라 한다.

$$\boldsymbol{v} = c_1\boldsymbol{v}_1 + c_2\boldsymbol{v}_2 + \cdots + c_n\boldsymbol{v}_n$$

예를 들어 $v_1 = \begin{bmatrix} 1 \\ 2 \\ -1 \end{bmatrix}$, $v_2 = \begin{bmatrix} 2 \\ -1 \\ 4 \end{bmatrix}$, $v = \begin{bmatrix} 0 \\ 5 \\ -6 \end{bmatrix}$이 있을 때

$$v = \begin{bmatrix} 0 \\ 5 \\ -6 \end{bmatrix} = 2\begin{bmatrix} 1 \\ 2 \\ -1 \end{bmatrix} + (-1)\begin{bmatrix} 2 \\ -1 \\ 4 \end{bmatrix} = 2v_1 + (-1)v_2$$

이므로, v는 v_1, v_2의 선형결합이다.

예제 6-9 벡터의 선형결합

다음 벡터 w를 벡터 u와 v의 선형결합으로 표현하라.

$$w = \begin{bmatrix} 7 \\ 4 \\ -3 \end{bmatrix}, \quad u = \begin{bmatrix} 1 \\ -2 \\ -5 \end{bmatrix}, \quad v = \begin{bmatrix} 2 \\ 5 \\ 6 \end{bmatrix}$$

> **Tip**
> w가 u와 v의 선형결합이면 $w = c_1u + c_2v$로 표현할 수 있다.

풀이

$c_1u + c_2v = w$를 만족하는 c_1, c_2를 찾는다.

$$c_1\begin{bmatrix} 1 \\ -2 \\ -5 \end{bmatrix} + c_2\begin{bmatrix} 2 \\ 5 \\ 6 \end{bmatrix} = \begin{bmatrix} 7 \\ 4 \\ -3 \end{bmatrix} \quad \Rightarrow \quad \begin{bmatrix} c_1 + 2c_2 \\ -2c_1 + 5c_2 \\ -5c_1 + 6c_2 \end{bmatrix} = \begin{bmatrix} 7 \\ 4 \\ -3 \end{bmatrix}$$

위 식을 행렬방정식으로 바꾸면 다음과 같다.

$$\begin{bmatrix} 1 & 2 \\ -2 & 5 \\ -5 & 6 \end{bmatrix}\begin{bmatrix} c_1 \\ c_2 \end{bmatrix} = \begin{bmatrix} 7 \\ 4 \\ -3 \end{bmatrix}$$

위 행렬방정식을 첨가행렬로 표현하고 행 연산을 적용해보자.

$$\left[\begin{array}{cc|c} 1 & 2 & 7 \\ -2 & 5 & 4 \\ -5 & 6 & -3 \end{array}\right] \xrightarrow[(R_3 \leftarrow 5R_1 + R_3)]{(R_2 \leftarrow 2R_1 + R_2)} \left[\begin{array}{cc|c} 1 & 2 & 7 \\ 0 & 9 & 18 \\ 0 & 16 & 32 \end{array}\right]$$

$$\xrightarrow{(R_2 \leftarrow \frac{1}{9}R_2)} \left[\begin{array}{cc|c} 1 & 2 & 7 \\ 0 & 1 & 2 \\ 0 & 16 & 32 \end{array}\right]$$

$$\xrightarrow{(R_3 \leftarrow -16R_2 + R_3)} \left[\begin{array}{cc|c} 1 & 2 & 7 \\ 0 & 1 & 2 \\ 0 & 0 & 0 \end{array}\right]$$

$$\xrightarrow{(R_1 \leftarrow -2R_2 + R_1)} \left[\begin{array}{cc|c} 1 & 0 & 3 \\ 0 & 1 & 2 \\ 0 & 0 & 0 \end{array}\right]$$

행렬방정식의 해는 $c_1 = 3$, $c_2 = 2$이다. 따라서 w를 u와 v의 선형결합으로 표현하면 $w = 3u + 2v$이다.

정의 6-13 선형종속과 선형독립

벡터공간 V의 원소인 벡터 $\boldsymbol{v}_1$, $\boldsymbol{v}_2$, $\cdots$, $\boldsymbol{v}_n$과 적어도 하나는 0이 아닌 스칼라 c_1, c_2, $\cdots$, c_n에 대해 다음 식이 성립하면,

$$c_1\boldsymbol{v}_1 + c_2\boldsymbol{v}_2 + \cdots + c_n\boldsymbol{v}_n = \mathbf{0}$$

$\boldsymbol{v}_1$, $\boldsymbol{v}_2$, $\cdots$, $\boldsymbol{v}_n$은 **선형종속** linearly dependent 또는 **일차종속**이라 한다. 즉, 한 벡터를 다른 벡터들의 선형결합으로 표현할 수 있으면, 이들 벡터는 선형종속이다. 한편,

$$c_1\boldsymbol{v}_1 + c_2\boldsymbol{v}_2 + \cdots + c_n\boldsymbol{v}_n = \mathbf{0}$$

을 만족하는 스칼라가 $c_1 = c_2 = \cdots = c_n = 0$뿐이라면, $\boldsymbol{v}_1$, $\boldsymbol{v}_2$, $\cdots$, $\boldsymbol{v}_n$은 **선형독립** linearly independent 또는 **일차독립**이라 한다.

예를 들어, $\boldsymbol{u} = \begin{bmatrix} 1 \\ 1 \end{bmatrix}$, $\boldsymbol{v} = \begin{bmatrix} 1 \\ 0 \end{bmatrix}$이 선형종속인지 선형독립인지 살펴보자.
먼저 $c_1\boldsymbol{u} + c_2\boldsymbol{v} = \mathbf{0}$를 만족하는 c_1, c_2를 찾는다.

$$c_1\begin{bmatrix} 1 \\ 1 \end{bmatrix} + c_2\begin{bmatrix} 1 \\ 0 \end{bmatrix} = \begin{bmatrix} 0 \\ 0 \end{bmatrix}$$

$c_1 + c_2 = 0$이고 $c_1 = 0$이므로, $c_2 = 0$이다. 따라서 위 식을 만족하는 스칼라는 $c_1 = c_2 = 0$뿐이므로, $\boldsymbol{u}$와 $\boldsymbol{v}$는 선형독립이다.

[그림 6-9]는 선형종속과 선형독립인 벡터를 보여준다. [그림 6-9(a)]는 벡터 $\boldsymbol{u}_1$, $\boldsymbol{u}_2$, $\boldsymbol{u}_3$가 동일한 평면 P 위에 위치한 상황이다. 이 경우 두 벡터의 선형결합으로 나머지 벡터를 표현할 수 있으므로, $\boldsymbol{u}_1$, $\boldsymbol{u}_2$, $\boldsymbol{u}_3$는 선형종속이다. 반면, [그림 6-9(b)]에서 벡터 $\boldsymbol{v}_2$와 $\boldsymbol{v}_3$는 동일한 평면 P 위에 위치하지만 $\boldsymbol{v}_1$은 그렇지 않다. 이 경우 두 벡터의 선형결합으로 나머지 벡터를 표현할 수 없으므로, $\boldsymbol{v}_1$, $\boldsymbol{v}_2$, $\boldsymbol{v}_3$는 선형독립이다.

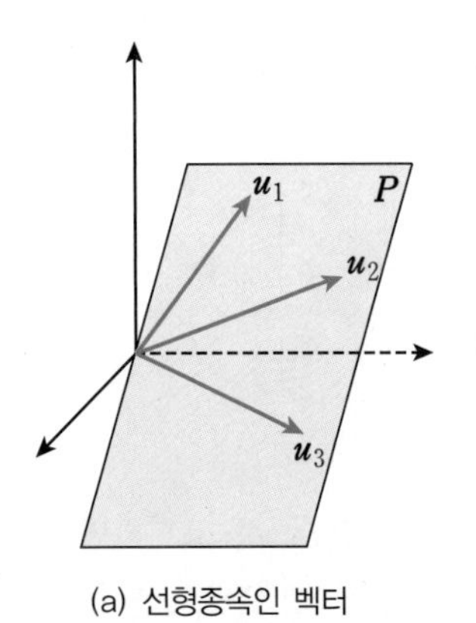

(a) 선형종속인 벡터

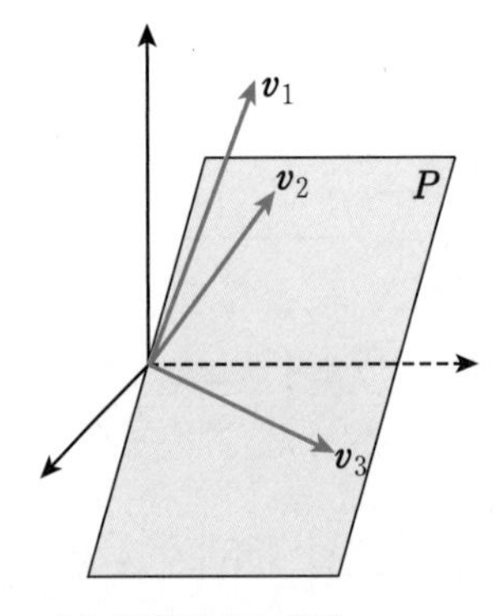

(b) 선형독립인 벡터

[그림 6-9] **선형종속과 선형독립**

예제 6-10 선형종속과 선형독립 판단

다음 세 벡터가 선형종속인지 선형독립인지를 판단하라.

$$\boldsymbol{u}=\begin{bmatrix}1\\2\\1\end{bmatrix},\quad \boldsymbol{v}=\begin{bmatrix}1\\0\\2\end{bmatrix},\quad \boldsymbol{w}=\begin{bmatrix}5\\6\\7\end{bmatrix}$$

> **Tip**
> $c_1\boldsymbol{u}+c_2\boldsymbol{v}+c_3\boldsymbol{w}=\boldsymbol{0}$를 만족하는 스칼라를 구하여, 모두 0으로 구성되어 있는지 확인한다.

풀이

$c_1\boldsymbol{u}+c_2\boldsymbol{v}+c_3\boldsymbol{w}=\boldsymbol{0}$를 만족하는 c_1, c_2, c_3를 찾는다.

$$c_1\begin{bmatrix}1\\2\\1\end{bmatrix}+c_2\begin{bmatrix}1\\0\\2\end{bmatrix}+c_3\begin{bmatrix}5\\6\\7\end{bmatrix}=\boldsymbol{0}\qquad\Rightarrow\qquad\begin{bmatrix}c_1+\ \ c_2+5c_3\\2c_1\qquad\ +6c_3\\c_1+2c_2+7c_3\end{bmatrix}=\begin{bmatrix}0\\0\\0\end{bmatrix}$$

이를 행렬방정식으로 표현하면 다음과 같다.

$$\begin{bmatrix}1&1&5\\2&0&6\\1&2&7\end{bmatrix}\begin{bmatrix}c_1\\c_2\\c_3\end{bmatrix}=\begin{bmatrix}0\\0\\0\end{bmatrix}$$

위 행렬방정식을 첨가행렬로 표현하고 행 연산을 적용해보자.

$$\left[\begin{array}{ccc|c}1&1&5&0\\2&0&6&0\\1&2&7&0\end{array}\right]\xrightarrow[(R_3\leftarrow -R_1+R_3)]{(R_2\leftarrow -2R_1+R_2)}\left[\begin{array}{ccc|c}1&1&5&0\\0&-2&-4&0\\0&1&2&0\end{array}\right]$$

$$\xrightarrow{\left(R_2\leftarrow -\frac{1}{2}R_2\right)}\left[\begin{array}{ccc|c}1&1&5&0\\0&1&2&0\\0&1&2&0\end{array}\right]$$

$$\xrightarrow[(R_3\leftarrow -R_2+R_3)]{(R_1\leftarrow -R_2+R_1)}\left[\begin{array}{ccc|c}1&0&3&0\\0&1&2&0\\0&0&0&0\end{array}\right]$$

따라서 $c_1+3c_3=0$, $c_2+2c_3=0$이다. $c_3=t$라 하면, $c_1=-3t$, $c_2=-2t$가 된다. $c_1\boldsymbol{u}+c_2\boldsymbol{v}+c_3\boldsymbol{w}=\boldsymbol{0}$에 이 값을 대입하면, $-3t\boldsymbol{u}-2t\boldsymbol{v}+t\boldsymbol{w}=\boldsymbol{0}$이고, $t=1$이라 하면, $-3\boldsymbol{u}-2\boldsymbol{v}+\boldsymbol{w}=\boldsymbol{0}$의 관계가 성립한다. 따라서 $\boldsymbol{u}$, $\boldsymbol{v}$, $\boldsymbol{w}$는 선형종속이다.

정리 6-2 벡터공간 $\mathbb{R}^n$에서 선형독립 조건

벡터공간 $\mathbb{R}^n$의 원소인 n개의 벡터 $\boldsymbol{v}_1=\begin{bmatrix}v_{11}\\v_{21}\\\vdots\\v_{n1}\end{bmatrix}$, $\boldsymbol{v}_2=\begin{bmatrix}v_{12}\\v_{22}\\\vdots\\v_{n2}\end{bmatrix}$, $\cdots$, $\boldsymbol{v}_n=\begin{bmatrix}v_{1n}\\v_{2n}\\\vdots\\v_{nn}\end{bmatrix}$에 대하여, 다음 행렬식 Δ가 0이 아닐 때, $\boldsymbol{v}_1$, $\boldsymbol{v}_2$, $\cdots$, $\boldsymbol{v}_n$은 선형독립이다.

$$\Delta = \begin{vmatrix} v_{11} & v_{12} & \cdots & v_{1n} \\ v_{21} & v_{22} & \cdots & v_{2n} \\ \vdots & \vdots & \ddots & \vdots \\ v_{n1} & v_{n2} & \cdots & v_{nn} \end{vmatrix}$$

증명

선형독립의 정의에 의해 $\boldsymbol{v}_1$, $\boldsymbol{v}_2$, $\cdots$, $\boldsymbol{v}_n$이 선형독립이면, $c_1\boldsymbol{v}_1 + c_2\boldsymbol{v}_2 + \cdots + c_n\boldsymbol{v}_n = \boldsymbol{0}$를 만족하는 스칼라는 $c_1 = c_2 = \cdots = c_n = 0$뿐이다. $c_1\boldsymbol{v}_1 + c_2\boldsymbol{v}_2 + \cdots + c_n\boldsymbol{v}_n = \boldsymbol{0}$를 벡터 성분으로 표현하면 다음과 같다.

$$c_1\begin{bmatrix} v_{11} \\ v_{21} \\ \vdots \\ v_{n1} \end{bmatrix} + c_2\begin{bmatrix} v_{12} \\ v_{22} \\ \vdots \\ v_{n2} \end{bmatrix} + \cdots + c_n\begin{bmatrix} v_{1n} \\ v_{2n} \\ \vdots \\ v_{nn} \end{bmatrix} = \begin{bmatrix} 0 \\ 0 \\ \vdots \\ 0 \end{bmatrix}$$

이를 행렬방정식으로 표현하면 다음과 같다.

$$\begin{bmatrix} v_{11} & v_{12} & \cdots & v_{1n} \\ v_{21} & v_{22} & \cdots & v_{2n} \\ \vdots & \vdots & \ddots & \vdots \\ v_{n1} & v_{n2} & \cdots & v_{nn} \end{bmatrix}\begin{bmatrix} c_1 \\ c_2 \\ \vdots \\ c_n \end{bmatrix} = \begin{bmatrix} 0 \\ 0 \\ \vdots \\ 0 \end{bmatrix}$$

위 행렬방정식은 4.2절에서 소개한 동차 연립선형방정식의 형태이다. [정리 4-6]에 따라, 동차 연립선형방정식에서 계수행렬이 가역행렬이면 해 $[c_1\ c_2 \cdots\ c_n]^\top$는 자명해인 영벡터 $[0\ 0 \cdots\ 0]^\top$뿐이고, 비가역행렬이면 방정식의 해는 무수히 많다. 즉, 계수행렬이 가역이면 선형독립, 비가역이면 선형종속이다.

[정의 5-1]의 행렬식의 정의에 따르면, 가역행렬의 행렬식은 0이 아니고 비가역행렬의 행렬식은 0이다. 따라서 주어진 행렬식 Δ가 0이 아니면 계수행렬은 가역행렬이므로, $c_1\boldsymbol{v}_1 + c_2\boldsymbol{v}_2 + \cdots + c_n\boldsymbol{v}_n = \boldsymbol{0}$를 만족하는 스칼라는 $c_1 = c_2 = \cdots = c_n = 0$뿐이다. 그러므로 $\boldsymbol{v}_1$, $\boldsymbol{v}_2$, $\cdots$, $\boldsymbol{v}_n$은 선형독립이다.

■

예제 6-11 행렬식을 통한 선형종속과 선형독립의 판단

다음 세 벡터가 선형종속인지 선형독립인지를 판단하라.

$$\boldsymbol{u} = \begin{bmatrix} 1 \\ 1 \\ 1 \end{bmatrix},\quad \boldsymbol{v} = \begin{bmatrix} 0 \\ 2 \\ 2 \end{bmatrix},\quad \boldsymbol{w} = \begin{bmatrix} 0 \\ 0 \\ 3 \end{bmatrix}$$

Tip
주어진 벡터를 열벡터로 하는 행렬의 행렬식이 0인지 확인한다.

풀이

이들 벡터를 열벡터로 하는 행렬 $A=\begin{bmatrix}1&0&0\\1&2&0\\1&2&3\end{bmatrix}$의 행렬식을 구한다. 행렬 A는 삼각행렬이므로 행렬식은 주대각 성분의 곱으로 쉽게 계산된다.

$$\det(A)=\begin{vmatrix}1&0&0\\1&2&0\\1&2&3\end{vmatrix}=1\cdot 2\cdot 3=6$$

따라서 행렬식이 0이 아니므로 이들 벡터는 선형독립이다.

정의 6-14 벡터공간의 생성

벡터공간 V의 모든 벡터를 $\boldsymbol{v}_1$, $\boldsymbol{v}_2$, $\cdots$, $\boldsymbol{v}_n$의 선형결합으로 나타낼 수 있으면, $\boldsymbol{v}_1$, $\boldsymbol{v}_2$, $\cdots$, $\boldsymbol{v}_n$이 벡터공간 V를 **생성**span한다고 한다. 즉, 모든 $\boldsymbol{v}\in V$에 대해 $c_1\boldsymbol{v}_1+c_2\boldsymbol{v}_2+\cdots+c_n\boldsymbol{v}_n=\boldsymbol{v}$를 만족하는 스칼라 $c_1, c_2, \cdots, c_n$이 존재하면, $\boldsymbol{v}_1$, $\boldsymbol{v}_2$, $\cdots$, $\boldsymbol{v}_n$이 벡터공간 V를 생성한다고 한다.

이때 이 벡터들의 집합 $S=\{\boldsymbol{v}_1, \boldsymbol{v}_2, \cdots, \boldsymbol{v}_n\}$을 벡터공간 V의 **생성집합**spanning set이라 한다. 집합 S가 벡터공간 V를 생성한다는 것을 다음과 같이 표현한다.

$$V=\mathrm{span}(S)$$

예를 들어 $\boldsymbol{v}_1=\begin{bmatrix}2\\3\end{bmatrix}$과 $\boldsymbol{v}_2=\begin{bmatrix}1\\2\end{bmatrix}$는 2차원 실벡터공간 $\mathbb{R}^2$를 생성한다. 임의의 2차원 벡터 $\begin{bmatrix}a\\b\end{bmatrix}$에 대하여 $c_1\begin{bmatrix}2\\3\end{bmatrix}+c_2\begin{bmatrix}1\\2\end{bmatrix}=\begin{bmatrix}a\\b\end{bmatrix}$를 만족하는 c_1과 c_2가 있는지 확인해보자.

$$\begin{bmatrix}2c_1+1c_2\\3c_1+2c_2\end{bmatrix}=\begin{bmatrix}a\\b\end{bmatrix}\quad\Rightarrow\quad\begin{bmatrix}2&1\\3&2\end{bmatrix}\begin{bmatrix}c_1\\c_2\end{bmatrix}=\begin{bmatrix}a\\b\end{bmatrix}$$

위 행렬방정식의 양변에 $\begin{bmatrix}2&1\\3&2\end{bmatrix}$의 역행렬을 곱하면 다음 결과가 나온다.

$$\begin{bmatrix}c_1\\c_2\end{bmatrix}=\begin{bmatrix}2&-1\\-3&2\end{bmatrix}\begin{bmatrix}a\\b\end{bmatrix}=\begin{bmatrix}2a-b\\-3a+2b\end{bmatrix}$$

따라서 임의의 벡터 $\begin{bmatrix}a\\b\end{bmatrix}$는 $\boldsymbol{v}_1$과 $\boldsymbol{v}_2$를 사용하여 다음과 같이 표현할 수 있다.

$$\begin{bmatrix}a\\b\end{bmatrix}=(2a-b)\boldsymbol{v}_1+(-3a+2b)\boldsymbol{v}_2$$

그러므로 $\boldsymbol{v}_1$과 $\boldsymbol{v}_2$는 $\mathbb{R}^2$ 공간을 생성한다. 즉, $\text{span}(\{\boldsymbol{v}_1, \boldsymbol{v}_2\}) = \mathbb{R}^2$이다.

벡터공간은 벡터의 선형결합이 차지하는 공간이다. [그림 6-10]은 $\boldsymbol{u}$와 $\boldsymbol{v}$가 생성하는 벡터공간을 나타낸다.

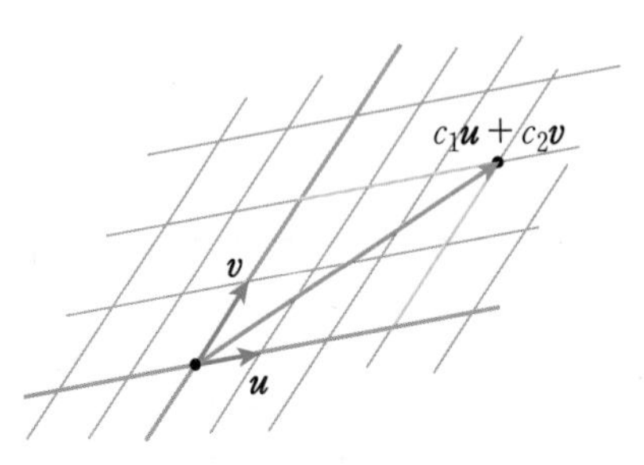

[그림 6-10] $\boldsymbol{u}$와 $\boldsymbol{v}$가 생성하는 벡터공간

예제 6-12 벡터공간의 생성

다음 벡터 $\boldsymbol{u}$, $\boldsymbol{v}$가 생성하는 공간 $\text{span}(\{\boldsymbol{u}, \boldsymbol{v}\})$를 구하라.

$$\boldsymbol{u} = \begin{bmatrix} 1 \\ 2 \end{bmatrix}, \quad \boldsymbol{v} = \begin{bmatrix} 3 \\ 6 \end{bmatrix}$$

Tip
$\boldsymbol{u}$와 $\boldsymbol{v}$의 선형결합이 나타내는 벡터공간을 구한다.

풀이

$\boldsymbol{u}$와 $\boldsymbol{v}$의 선형결합은 다음과 같다. 여기에서 c_1과 c_2는 스칼라이다.

$$c_1\boldsymbol{u} + c_2\boldsymbol{v} = c_1\begin{bmatrix} 1 \\ 2 \end{bmatrix} + c_2\begin{bmatrix} 3 \\ 6 \end{bmatrix} = (c_1 + 3c_2)\begin{bmatrix} 1 \\ 2 \end{bmatrix}$$

따라서 $\text{span}(\{\boldsymbol{u}, \boldsymbol{v}\})$는 $\begin{bmatrix} 1 \\ 2 \end{bmatrix}$를 스칼라배한 벡터의 집합이다.

예제 6-13 벡터공간의 생성

다음 세 벡터가 $\mathbb{R}^3$ 공간을 생성하는지 확인하라.

$$\boldsymbol{u} = \begin{bmatrix} -1 \\ 0 \\ 1 \end{bmatrix}, \quad \boldsymbol{v} = \begin{bmatrix} 2 \\ 1 \\ 1 \end{bmatrix}, \quad \boldsymbol{w} = \begin{bmatrix} 0 \\ 1 \\ 3 \end{bmatrix}$$

Tip
$c_1\boldsymbol{u} + c_2\boldsymbol{v} + c_3\boldsymbol{w} = \begin{bmatrix} x \\ y \\ z \end{bmatrix}$를 만족하는 c_1, c_2, c_3가 있는지 확인한다.

풀이

임의의 벡터 $\begin{bmatrix} x \\ y \\ z \end{bmatrix}$에 대해 $c_1\boldsymbol{u} + c_2\boldsymbol{v} + c_3\boldsymbol{w} = \begin{bmatrix} x \\ y \\ z \end{bmatrix}$를 만족하는 c_1, c_2, c_3가 있다면, $\{\boldsymbol{u}, \boldsymbol{v}, \boldsymbol{w}\}$는 $\mathbb{R}^3$ 공간을 생성한다.

$$c_1\begin{bmatrix}-1\\0\\1\end{bmatrix}+c_2\begin{bmatrix}2\\1\\1\end{bmatrix}+c_3\begin{bmatrix}0\\1\\3\end{bmatrix}=\begin{bmatrix}x\\y\\z\end{bmatrix} \quad\Rightarrow\quad \begin{bmatrix}-c_1+2c_2\\ c_2+\ c_3\\ c_1+\ c_2+3c_3\end{bmatrix}=\begin{bmatrix}x\\y\\z\end{bmatrix}$$

이를 행렬방정식으로 표현하면 다음과 같다.

$$\begin{bmatrix}-1&2&0\\0&1&1\\1&1&3\end{bmatrix}\begin{bmatrix}c_1\\c_2\\c_3\end{bmatrix}=\begin{bmatrix}x\\y\\z\end{bmatrix}$$

계수행렬의 행렬식을 계산해보자.

$$\begin{vmatrix}-1&2&0\\0&1&1\\1&1&3\end{vmatrix}=-1\begin{vmatrix}1&1\\1&3\end{vmatrix}-2\begin{vmatrix}0&1\\1&3\end{vmatrix}+0\begin{vmatrix}0&1\\1&1\end{vmatrix}=-(2)-2(-1)+0(-1)=0$$

행렬식이 0이므로, 해 $(c_1,\ c_2,\ c_3)$는 유일하지 않다. 즉, 행렬식이 0인 경우에는 방정식의 해가 무수히 많거나, 해가 존재하지 않는다. 예를 들어 $\begin{bmatrix}x\\y\\z\end{bmatrix}=\begin{bmatrix}0\\1\\6\end{bmatrix}$인 경우, 방정식의 해가 존재하지 않는다. 다음과 같이 첨가행렬에 대한 행 연산을 통해 이를 확인할 수 있다.

$$\left[\begin{array}{ccc|c}-1&2&0&0\\0&1&1&1\\1&1&3&6\end{array}\right]\xrightarrow{(R_3\leftarrow R_1+R_3)}\left[\begin{array}{ccc|c}-1&2&0&0\\0&1&1&1\\0&3&3&6\end{array}\right]$$

$$\xrightarrow{(R_3\leftarrow -3R_2+R_3)}\left[\begin{array}{ccc|c}-1&2&0&0\\0&1&1&1\\0&0&0&3\end{array}\right]$$

마지막 첨가행렬의 3행은 $0=3$이라는 모순된 결과를 나타내므로, 이 행렬방정식의 해는 존재하지 않는다. 따라서 $\{\boldsymbol{u},\ \boldsymbol{v},\ \boldsymbol{w}\}$는 $\mathbb{R}^3$ 공간을 생성하지 못한다.

기저와 차원

정의 6-15 벡터공간의 기저

벡터공간 V에 속한 벡터집합 $\{\boldsymbol{v}_1, \boldsymbol{v}_2, \cdots, \boldsymbol{v}_n\}$이 다음 두 조건을 만족하면, 이를 벡터공간 V의 **기저**basis라고 한다.

(1) $\{\boldsymbol{v}_1, \boldsymbol{v}_2, \cdots, \boldsymbol{v}_n\}$은 선형독립이다.

(2) $\{\boldsymbol{v}_1, \boldsymbol{v}_2, \cdots, \boldsymbol{v}_n\}$은 V를 생성한다.

예제 6-14 벡터공간의 기저

$v_1 = \begin{bmatrix} 1 \\ 0 \end{bmatrix}$과 $v_2 = \begin{bmatrix} 0 \\ 1 \end{bmatrix}$로 구성된 벡터집합 $\{v_1, v_2\}$가 $\mathbb{R}^2$ 공간의 기저임을 보여라.

> **Tip** 해당 벡터집합이 선형독립이고, 벡터공간을 생성하는지 확인한다.

풀이

(1) 기저가 되기 위해서는 $\{v_1, v_2\}$가 선형독립이어야 한다. 즉 $c_1 v_1 + c_2 v_2 = \mathbf{0}$를 만족하는 스칼라가 $c_1 = 0, c_2 = 0$뿐이어야 한다.

$$c_1 \begin{bmatrix} 1 \\ 0 \end{bmatrix} + c_2 \begin{bmatrix} 0 \\ 1 \end{bmatrix} = \begin{bmatrix} 0 \\ 0 \end{bmatrix}$$

위 식을 전개하면 $c_1 = 0$, $c_2 = 0$이므로, v_1과 v_2는 선형독립이다.

(2) 기저가 되기 위해서는 벡터집합 $\{v_1, v_2\}$가 $\mathbb{R}^2$ 공간을 생성해야 한다. 즉 임의의 벡터 $v = \begin{bmatrix} a \\ b \end{bmatrix}$를 v_1과 v_2의 선형결합 $c_1 v_1 + c_2 v_2 = v$로 표현할 수 있어야 한다.

$$c_1 \begin{bmatrix} 1 \\ 0 \end{bmatrix} + c_2 \begin{bmatrix} 0 \\ 1 \end{bmatrix} = \begin{bmatrix} a \\ b \end{bmatrix}$$

위 식에서 $c_1 = a$, $c_2 = b$로 놓으면, 임의의 벡터 v를 v_1과 v_2의 선형결합으로 표현할 수 있다. 그러므로 $\{v_1, v_2\}$는 $\mathbb{R}^2$ 공간의 기저이다.

정리 6-3 기저의 임의성

벡터공간의 기저는 여러 개일 수 있다.

증명

여기서는 엄밀한 증명을 하는 대신, 한 벡터공간에 여러 기저가 있는 사례를 통해 위 정리가 참임을 보인다. [예제 6-14]에서 벡터집합 $\left\{\begin{bmatrix} 1 \\ 0 \end{bmatrix}, \begin{bmatrix} 0 \\ 1 \end{bmatrix}\right\}$이 $\mathbb{R}^2$ 공간의 기저임을 보였다.

이번에는 벡터집합 $\left\{\begin{bmatrix} 1 \\ 1 \end{bmatrix}, \begin{bmatrix} 0 \\ 1 \end{bmatrix}\right\}$이 $\mathbb{R}^2$ 공간의 기저임을 보이자. $v_1 = \begin{bmatrix} 1 \\ 1 \end{bmatrix}$, $v_2 = \begin{bmatrix} 0 \\ 1 \end{bmatrix}$이라 할 때, $c_1 v_1 + c_2 v_2 = \mathbf{0}$를 만족하는 스칼라가 $c_1 = 0, c_2 = 0$뿐이면 v_1과 v_2는 선형독립이다.

$$c_1 \begin{bmatrix} 1 \\ 1 \end{bmatrix} + c_2 \begin{bmatrix} 0 \\ 1 \end{bmatrix} = \begin{bmatrix} 0 \\ 0 \end{bmatrix}$$

위 식을 전개하면 $c_1 = 0$, $c_1 + c_2 = 0$이므로, $c_2 = 0$이다. 따라서 v_1과 v_2는 선형독립이다. 이제 $\mathbb{R}^2$ 공간의 임의의 벡터 $v = \begin{bmatrix} a \\ b \end{bmatrix}$를 v_1과 v_2의 선형결합 $c_1 v_1 + c_2 v_2 = v$로 표현

할 수 있으면 이들의 벡터집합은 기저이다.

$$c_1\begin{bmatrix}1\\1\end{bmatrix}+c_2\begin{bmatrix}0\\1\end{bmatrix}=\begin{bmatrix}a\\b\end{bmatrix}$$

위 식을 풀면, $c_1=a$이고 $c_1+c_2=b$이므로 $c_2=-a+b$이다. 따라서 이들 벡터도 $\mathbb{R}^2$ 공간의 기저이다. 이처럼 벡터공간에는 여러 기저가 있을 수 있다.

■

정의 6-16 실벡터공간의 표준기저

실벡터공간 $\mathbb{R}^n$의 기저 중 하나의 성분만 1이고, 나머지는 모두 0인 벡터로만 구성된 기저를 **표준기저**standard basis 또는 **자연기저**natural basis라고 한다.

벡터공간 $\mathbb{R}^2$의 표준기저는 $\left\{\begin{bmatrix}1\\0\end{bmatrix},\begin{bmatrix}0\\1\end{bmatrix}\right\}$이고, 벡터공간 $\mathbb{R}^3$의 표준기저는 $\left\{\begin{bmatrix}1\\0\\0\end{bmatrix},\begin{bmatrix}0\\1\\0\end{bmatrix},\begin{bmatrix}0\\0\\1\end{bmatrix}\right\}$이다. $\mathbb{R}^3$ 공간의 표준기저는 다음과 같이 벡터 기호 $\boldsymbol{i}$, $\boldsymbol{j}$, $\boldsymbol{k}$로 나타내기도 한다.

$$\boldsymbol{i}=\begin{bmatrix}1\\0\\0\end{bmatrix},\quad \boldsymbol{j}=\begin{bmatrix}0\\1\\0\end{bmatrix},\quad \boldsymbol{k}=\begin{bmatrix}0\\0\\1\end{bmatrix}$$

한편, 벡터공간 $\mathbb{R}^n$의 표준기저는 $\left\{\begin{bmatrix}1\\0\\\vdots\\0\end{bmatrix},\begin{bmatrix}0\\1\\\vdots\\0\end{bmatrix},\cdots,\begin{bmatrix}0\\0\\\vdots\\1\end{bmatrix}\right\}$이다. 벡터공간 $\mathbb{R}^n$에서 i번째 성분만 1이고 나머지 성분은 모두 0인 벡터를 $\boldsymbol{e}_i$로 나타낼 때, 기저는 $\{\boldsymbol{e}_1, \boldsymbol{e}_2, \cdots, \boldsymbol{e}_n\}$이다.

예제 6-15 $\mathbb{R}^4$ 공간의 표준기저

$\mathbb{R}^4$ 공간의 표준기저를 구하라.

Tip
[정의 6-16]에 따라 $\{\boldsymbol{e}_1, \boldsymbol{e}_2, \boldsymbol{e}_3, \boldsymbol{e}_4\}$를 구한다.

풀이

$\mathbb{R}^4$ 공간의 표준기저는 다음과 같이 $\{\boldsymbol{e}_1, \boldsymbol{e}_2, \boldsymbol{e}_3, \boldsymbol{e}_4\}$이다.

$$\boldsymbol{e}_1=\begin{bmatrix}1\\0\\0\\0\end{bmatrix},\quad \boldsymbol{e}_2=\begin{bmatrix}0\\1\\0\\0\end{bmatrix},\quad \boldsymbol{e}_3=\begin{bmatrix}0\\0\\1\\0\end{bmatrix},\quad \boldsymbol{e}_4=\begin{bmatrix}0\\0\\0\\1\end{bmatrix}$$

정리 6-4 기저에 의한 벡터 표현의 유일성

벡터공간 V의 기저 S에 대해, V에 있는 임의의 벡터 $\boldsymbol{v}$를 S에 속한 벡터의 선형결합으로 표현하는 방법은 유일하다.

증명

$S = \{\boldsymbol{u}_1, \boldsymbol{u}_2, \cdots, \boldsymbol{u}_n\}$이 벡터공간 V의 기저라고 하자. 기저의 정의에 따르면, 벡터공간 V의 임의의 벡터 $\boldsymbol{v}$는 기저벡터의 선형결합으로 표현할 수 있다. $\boldsymbol{v}$를 S에 속한 벡터의 선형결합으로 표현하는 방법이 다음과 같이 두 가지 있다고 가정해보자.

$$\boldsymbol{v} = a_1\boldsymbol{u}_1 + a_2\boldsymbol{u}_2 + \cdots + a_n\boldsymbol{u}_n$$
$$\boldsymbol{v} = b_1\boldsymbol{u}_1 + b_2\boldsymbol{u}_2 + \cdots + b_n\boldsymbol{u}_n$$

위의 첫 번째 식에서 두 번째 식을 빼면 다음과 같다.

$$(a_1 - b_1)\boldsymbol{u}_1 + (a_2 - b_2)\boldsymbol{u}_2 + \cdots + (a_n - b_n)\boldsymbol{u}_n = \boldsymbol{0}$$

두 선형결합이 서로 다르다고 가정했으므로 어떤 i에 대해 $a_i \neq b_i$이다. 이는 [정의 6-13]의 선형독립 정의에 위배된다. 따라서 V에 있는 임의의 벡터 $\boldsymbol{v}$를 기저 S에 속한 벡터의 선형결합으로 표현하는 방법은 유일하다.

■

예제 6-16 기저를 이용한 벡터 표현

다음 벡터 $\boldsymbol{w}$를 기저 $\{\boldsymbol{u}, \boldsymbol{v}\}$의 선형결합으로 표현하라.

$$\boldsymbol{u} = \begin{bmatrix} 3 \\ -7 \end{bmatrix} \qquad \boldsymbol{v} = \begin{bmatrix} 7 \\ 3 \end{bmatrix} \qquad \boldsymbol{w} = \begin{bmatrix} 5 \\ -2 \end{bmatrix}$$

Tip
$\boldsymbol{w} = c_1\boldsymbol{u} + c_2\boldsymbol{v}$를 만족하는 c_1과 c_2를 구한다.

풀이

$\boldsymbol{w}$를 기저 $\{\boldsymbol{u}, \boldsymbol{v}\}$의 선형결합으로 표현하면 $\boldsymbol{w} = c_1\boldsymbol{u} + c_2\boldsymbol{v}$의 형태가 되어야 한다.

$$\begin{bmatrix} 5 \\ -2 \end{bmatrix} = c_1\begin{bmatrix} 3 \\ -7 \end{bmatrix} + c_2\begin{bmatrix} 7 \\ 3 \end{bmatrix}$$

위 식을 행렬방정식으로 나타내면 다음과 같다.

$$\begin{bmatrix} 3 & 7 \\ -7 & 3 \end{bmatrix}\begin{bmatrix} c_1 \\ c_2 \end{bmatrix} = \begin{bmatrix} 5 \\ -2 \end{bmatrix}$$

위 행렬방정식의 해를 구하면 다음과 같다.

$$\begin{bmatrix} c_1 \\ c_2 \end{bmatrix} = \frac{1}{58}\begin{bmatrix} 3 & -7 \\ 7 & 3 \end{bmatrix}\begin{bmatrix} 5 \\ -2 \end{bmatrix} = \frac{1}{58}\begin{bmatrix} 29 \\ 29 \end{bmatrix} = \begin{bmatrix} 1/2 \\ 1/2 \end{bmatrix}$$

따라서 $\boldsymbol{w}$는 다음과 같이 기저 $\{\boldsymbol{u}, \boldsymbol{v}\}$의 선형결합으로 표현할 수 있다.

$$\boldsymbol{w} = \frac{1}{2}\boldsymbol{u} + \frac{1}{2}\boldsymbol{v}$$

정의 6-17 벡터공간의 차원

벡터공간 V의 기저에 있는 벡터의 개수를 벡터공간의 **차원**dimension이라 하고, $\dim(V)$로 표기한다.

벡터공간 $\mathbb{R}^3$의 표준기저는 $\left\{\begin{bmatrix}1\\0\\0\end{bmatrix}, \begin{bmatrix}0\\1\\0\end{bmatrix}, \begin{bmatrix}0\\0\\1\end{bmatrix}\right\}$이다. 기저에 3개의 벡터가 있으므로, $\mathbb{R}^3$의 차원은 3이고, $\dim(\mathbb{R}^3) = 3$으로 표기한다.

한편, 영벡터공간의 차원은 0으로 간주한다. 즉 $\dim(\{\boldsymbol{0}\}) = 0$이다.

예제 6-17 벡터공간의 차원

다음 벡터집합이 기저인지 보이고 차원을 구하라.

(a) $\left\{\begin{bmatrix}1\\2\end{bmatrix}, \begin{bmatrix}2\\1\end{bmatrix}\right\}$ (b) $\left\{\begin{bmatrix}1\\0\\0\end{bmatrix}, \begin{bmatrix}0\\1\\0\end{bmatrix}\right\}$

Tip
$\boldsymbol{w} = c_1\boldsymbol{u} + c_2\boldsymbol{v}$를 만족하는 c_1과 c_2를 구한다.

풀이

(a) $\begin{bmatrix}1\\2\end{bmatrix} = c\begin{bmatrix}2\\1\end{bmatrix}$을 만족하는 c가 존재하지 않으므로, $\begin{bmatrix}1\\2\end{bmatrix}$와 $\begin{bmatrix}2\\1\end{bmatrix}$은 선형독립이다.
이제 임의의 벡터 $\begin{bmatrix}x\\y\end{bmatrix}$를 $\begin{bmatrix}1\\2\end{bmatrix}$와 $\begin{bmatrix}2\\1\end{bmatrix}$의 선형결합으로 표현할 수 있는지 알아보자.

$$c_1\begin{bmatrix}1\\2\end{bmatrix} + c_2\begin{bmatrix}2\\1\end{bmatrix} = \begin{bmatrix}x\\y\end{bmatrix} \quad \Rightarrow \quad \begin{bmatrix}1 & 2\\2 & 1\end{bmatrix}\begin{bmatrix}c_1\\c_2\end{bmatrix} = \begin{bmatrix}x\\y\end{bmatrix}$$

위 행렬방정식의 양변에 $\begin{bmatrix}1 & 2\\2 & 1\end{bmatrix}$의 역행렬을 곱하면, c_1과 c_2는 다음과 같다.

$$\begin{bmatrix}c_1\\c_2\end{bmatrix} = -\frac{1}{3}\begin{bmatrix}1 & -2\\-2 & 1\end{bmatrix}\begin{bmatrix}x\\y\end{bmatrix} = -\frac{1}{3}\begin{bmatrix}x-2y\\-2x+y\end{bmatrix}$$

위 결과를 통해, 임의의 벡터 $\begin{bmatrix}x\\y\end{bmatrix}$는 다음과 같이 주어진 벡터의 선형결합으로 표현된다.

$$\begin{bmatrix}x\\y\end{bmatrix} = \frac{-x+2y}{3}\begin{bmatrix}1\\2\end{bmatrix} + \frac{2x-y}{3}\begin{bmatrix}2\\1\end{bmatrix}$$

따라서 $\begin{bmatrix}1\\2\end{bmatrix}$와 $\begin{bmatrix}2\\1\end{bmatrix}$은 $\mathbb{R}^2$를 생성한다. 그러므로 $\left\{\begin{bmatrix}1\\2\end{bmatrix}, \begin{bmatrix}2\\1\end{bmatrix}\right\}$은 $\mathbb{R}^2$의 기저이며, 차원은 2이다.

(b) $\begin{bmatrix}1\\0\\0\end{bmatrix} = c\begin{bmatrix}0\\1\\0\end{bmatrix}$을 만족하는 c가 존재하지 않으므로, $\begin{bmatrix}1\\0\\0\end{bmatrix}$과 $\begin{bmatrix}0\\1\\0\end{bmatrix}$은 선형독립이다. 이들 벡터는 $\mathbb{R}^3$ 공간에 존재하지만, $\mathbb{R}^3$ 공간을 생성하지는 못한다. 따라서 $\left\{\begin{bmatrix}1\\0\\0\end{bmatrix}, \begin{bmatrix}0\\1\\0\end{bmatrix}\right\}$은 $\mathbb{R}^3$ 공간의 기저는 아니다. 그렇지만 $\left\{\begin{bmatrix}1\\0\\0\end{bmatrix}, \begin{bmatrix}0\\1\\0\end{bmatrix}\right\}$은 $\begin{bmatrix}1\\0\\0\end{bmatrix}$과 $\begin{bmatrix}0\\1\\0\end{bmatrix}$이 생성하는 공간의 기저는 될 수 있고, 이 부분공간의 차원은 2이다.

정리 6-5 기저와 선형독립

$\{u_1, u_2, \cdots, u_n\}$이 벡터공간 V의 기저라 하자. V상의 벡터집합 $\{v_1, v_2, \cdots, v_l\}$은 $l > n$일 때 항상 선형종속이다.
한편, $\{v_1, v_2, \cdots, v_l\}$이 선형독립이면 $l \leq n$이다.

예제 6-18 벡터집합의 선형종속과 선형독립

다음 각 벡터집합이 선형종속인지 선형독립인지, 그리고 기저인지 보여라.

(a) $\left\{\begin{bmatrix}1\\2\end{bmatrix}, \begin{bmatrix}2\\3\end{bmatrix}, \begin{bmatrix}2\\1\end{bmatrix}\right\}$

(b) $\left\{\begin{bmatrix}1\\2\\3\end{bmatrix}, \begin{bmatrix}0\\2\\1\end{bmatrix}\right\}$

(c) $\left\{\begin{bmatrix}1\\2\\1\end{bmatrix}, \begin{bmatrix}2\\5\\1\end{bmatrix}, \begin{bmatrix}1\\4\\0\end{bmatrix}\right\}$

Tip
[정리 6-5]에 따라 벡터공간의 차원과 벡터의 개수를 먼저 비교하고, 한 벡터를 다른 벡터의 선형결합으로 표현할 수 있는지 확인한다.

풀이

(a) 2차원 공간에 3개의 벡터가 주어져 있으므로, $\left\{\begin{bmatrix}1\\2\end{bmatrix}, \begin{bmatrix}2\\3\end{bmatrix}, \begin{bmatrix}2\\1\end{bmatrix}\right\}$은 선형종속이다. 따라서 기저가 아니다.

(b) $\begin{bmatrix}1\\2\\3\end{bmatrix} = c\begin{bmatrix}0\\2\\1\end{bmatrix}$을 만족하는 c가 존재하지 않으므로, $\left\{\begin{bmatrix}1\\2\\3\end{bmatrix}, \begin{bmatrix}0\\2\\1\end{bmatrix}\right\}$은 선형독립이다. 그러나 두 벡터로는 $\mathbb{R}^3$ 공간을 생성할 수 없으므로, $\mathbb{R}^3$ 공간의 기저는 아니다. 하지만 $\begin{bmatrix}1\\2\\3\end{bmatrix}$과 $\begin{bmatrix}0\\2\\1\end{bmatrix}$이 생성하는 공간의 기저는 될 수 있다.

(c) $c_1\begin{bmatrix}1\\2\\1\end{bmatrix}+c_2\begin{bmatrix}2\\5\\1\end{bmatrix}+c_3\begin{bmatrix}1\\4\\0\end{bmatrix}=\begin{bmatrix}0\\0\\0\end{bmatrix}$을 만족하는 c_1, c_2, c_3를 구한다. 이 식을 행렬방정식으로 표현하면 다음과 같다.

$$\begin{bmatrix}1&2&1\\2&5&4\\1&1&0\end{bmatrix}\begin{bmatrix}c_1\\c_2\\c_3\end{bmatrix}=\begin{bmatrix}0\\0\\0\end{bmatrix}$$

계수행렬 $\begin{bmatrix}1&2&1\\2&5&4\\1&1&0\end{bmatrix}$의 행렬식을 구하면 다음과 같다.

$$\begin{aligned}\det\begin{bmatrix}1&2&1\\2&5&4\\1&1&0\end{bmatrix}&=1\cdot5\cdot0+2\cdot4\cdot1+1\cdot2\cdot1-1\cdot5\cdot1-2\cdot2\cdot0-1\cdot4\cdot1\\&=0+8+2-5-0-4=1\end{aligned}$$

행렬식이 0이 아니므로 $\begin{bmatrix}1&2&1\\2&5&4\\1&1&0\end{bmatrix}$의 역행렬이 존재하고, $\begin{bmatrix}c_1\\c_2\\c_3\end{bmatrix}=\begin{bmatrix}1&2&1\\2&5&4\\1&1&0\end{bmatrix}^{-1}\begin{bmatrix}0\\0\\0\end{bmatrix}=\begin{bmatrix}0\\0\\0\end{bmatrix}$이다. 즉, $c_1=c_2=c_3=0$이다. 따라서 $\left\{\begin{bmatrix}1\\2\\1\end{bmatrix},\begin{bmatrix}2\\5\\1\end{bmatrix},\begin{bmatrix}1\\4\\0\end{bmatrix}\right\}$은 선형독립이다. 선형독립인 세 개의 벡터는 $\mathbb{R}^3$ 공간을 생성할 수 있다. 따라서 이들 벡터집합은 기저이다.

정의 6-18 순서기저와 좌표벡터

기저 $B=\{\boldsymbol{v}_1, \boldsymbol{v}_2, \cdots, \boldsymbol{v}_n\}$의 벡터에 순서를 부여한 기저를 **순서기저**ordered basis라 한다. 벡터 $\boldsymbol{v}$를 순서기저벡터의 선형결합인 $\boldsymbol{v}=c_1\boldsymbol{v}_1+c_2\boldsymbol{v}_2+\cdots+c_n\boldsymbol{v}_n$으로 표현할 때, 각 $c_1, c_2, \cdots, c_n$을 **기저 B에 대한 벡터 $\boldsymbol{v}$의 좌표**coordinate라 하고, 이들 좌표를 다음과 같이 순서에 따라 벡터의 성분으로 나열한 $[\boldsymbol{v}]_B$를 **좌표벡터**coordinate vector라고 한다.

$$[\boldsymbol{v}]_B=\begin{bmatrix}c_1\\c_2\\\vdots\\c_n\end{bmatrix}$$

3차원 공간은 다음 세 개의 벡터로 구성된 표준기저로 생성할 수 있다.

$$\boldsymbol{e}_1=\begin{bmatrix}1\\0\\0\end{bmatrix},\quad \boldsymbol{e}_2=\begin{bmatrix}0\\1\\0\end{bmatrix},\quad \boldsymbol{e}_3=\begin{bmatrix}0\\0\\1\end{bmatrix}$$

벡터 $\begin{bmatrix} 2 \\ 3 \\ 1 \end{bmatrix}$은 다음과 같이 표준기저를 사용하여 표현할 수 있다.

$$\begin{bmatrix} 2 \\ 3 \\ 1 \end{bmatrix} = 2\begin{bmatrix} 1 \\ 0 \\ 0 \end{bmatrix} + 3\begin{bmatrix} 0 \\ 1 \\ 0 \end{bmatrix} + \begin{bmatrix} 0 \\ 0 \\ 1 \end{bmatrix} = 2\boldsymbol{e}_1 + 3\boldsymbol{e}_2 + \boldsymbol{e}_3$$

이때 이 벡터의 좌표는 2, 3, 1이고, 좌표벡터는 $\begin{bmatrix} 2 \\ 3 \\ 1 \end{bmatrix}$이다. 표준기저와 좌표는 [그림 6-11]과 같이 나타낼 수 있다.

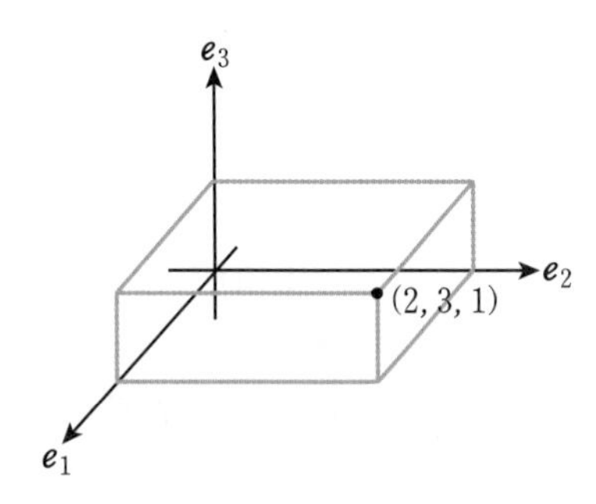

[그림 6-11] **표준기저와 좌표**

예제 6-19 순서기저로 표현한 벡터의 좌표벡터

순서기저 $B = \{\boldsymbol{v}_1, \boldsymbol{v}_2, \boldsymbol{v}_3\}$를 사용하여 표현한 다음 벡터 $\boldsymbol{v}$의 좌표벡터를 구하라.

Tip
[정의 6-18]을 이용한다.

$$\boldsymbol{v} = 4\boldsymbol{v}_1 - 3\boldsymbol{v}_2 + 5\boldsymbol{v}_3$$

풀이

순서기저 B에 있는 벡터의 순서에 따라 대응하는 계수로 $\boldsymbol{v}$의 좌표벡터 $[\boldsymbol{v}]_B$를 다음과 같이 나타낸다.

$$[\boldsymbol{v}]_B = \begin{bmatrix} 4 \\ -3 \\ 5 \end{bmatrix}$$

[정의 6-8]에서 정의한 벡터공간은 성분이 수인 벡터에 대해서만 정의되는 것은 아니다. 다음 [예제 6-20]은 2차 다항식의 집합인 벡터공간의 기저와 좌표벡터에 대한 예이다.

예제 6-20 순서기저로 표현한 벡터의 좌표벡터

순서기저 $B=\{1, x, x^2\}$을 사용하여 표현한 다음 벡터 $\boldsymbol{v}$의 좌표벡터를 구하라.

> Tip
> [정의 6-18]을 이용한다.

$$\boldsymbol{v} = 5 + 3x - 2x^2$$

풀이

순서기저 B의 벡터의 순서에 따라 대응하는 계수로 $\boldsymbol{v}$의 좌표벡터 $[\boldsymbol{v}]_B$를 다음과 같이 나타낸다.

$$[\boldsymbol{v}]_B = \begin{bmatrix} 5 \\ 3 \\ -2 \end{bmatrix}$$

정리 6-6 기저변환

기저 $\{\boldsymbol{v}_1, \boldsymbol{v}_2, \cdots, \boldsymbol{v}_m\}$을 사용하는 $\mathbb{R}^m$의 좌표계에서 $(c_1, c_2, \cdots, c_m)$의 좌표벡터를 갖는 $\boldsymbol{v}$는 기저 $\{\boldsymbol{u}_1, \boldsymbol{u}_2, \cdots, \boldsymbol{u}_m\}$을 사용하는 $\mathbb{R}^m$의 좌표계에서 다음을 만족하는 $(d_1, d_2, \cdots, d_m)$의 좌표벡터를 갖는다.

$$\boldsymbol{d} = U^{-1} V \boldsymbol{c}$$

여기에서 $\boldsymbol{c}$, $\boldsymbol{d}$, U, V는 다음과 같고, U는 가역행렬이다.

$$\boldsymbol{c} = \begin{bmatrix} c_1 \\ c_2 \\ \vdots \\ c_m \end{bmatrix} \qquad \boldsymbol{d} = \begin{bmatrix} d_1 \\ d_2 \\ \vdots \\ d_m \end{bmatrix} \qquad U = \begin{bmatrix} | & | & & | \\ \boldsymbol{u}_1 & \boldsymbol{u}_2 & \cdots & \boldsymbol{u}_m \\ | & | & & | \end{bmatrix} \qquad V = \begin{bmatrix} | & | & & | \\ \boldsymbol{v}_1 & \boldsymbol{v}_2 & \cdots & \boldsymbol{v}_m \\ | & | & & | \end{bmatrix}$$

예제 6-21 기저변환에 따른 좌표벡터 계산

$\begin{bmatrix} 4 \\ 5 \end{bmatrix}$는 기저 $\left\{\begin{bmatrix} 1 \\ 1 \end{bmatrix}, \begin{bmatrix} 1 \\ -1 \end{bmatrix}\right\}$을 사용하여 표현한 벡터 $\boldsymbol{v}$의 좌표벡터이다. 기저 $\left\{\begin{bmatrix} 2 \\ 3 \end{bmatrix}, \begin{bmatrix} 1 \\ 0 \end{bmatrix}\right\}$을 사용하여 표현한 벡터 $\boldsymbol{v}$의 좌표벡터를 구하라.

> Tip
> [정리 6-6]을 이용한다.

풀이

[정리 6-6]에 따라 각 행렬을 구하고 계산하면 다음과 같다.

$$V = \begin{bmatrix} 1 & 1 \\ 1 & -1 \end{bmatrix} \qquad U = \begin{bmatrix} 2 & 1 \\ 3 & 0 \end{bmatrix}$$

$$U^{-1}V = \begin{bmatrix} 2 & 1 \\ 3 & 0 \end{bmatrix}^{-1} \begin{bmatrix} 1 & 1 \\ 1 & -1 \end{bmatrix} = \begin{bmatrix} 0 & \frac{1}{3} \\ 1 & -\frac{2}{3} \end{bmatrix} \begin{bmatrix} 1 & 1 \\ 1 & -1 \end{bmatrix} = \begin{bmatrix} \frac{1}{3} & -\frac{1}{3} \\ \frac{1}{3} & \frac{5}{3} \end{bmatrix}$$

따라서 좌표벡터는 다음과 같이 계산할 수 있다.

$$U^{-1}Vc = \begin{bmatrix} \frac{1}{3} & -\frac{1}{3} \\ \frac{1}{3} & \frac{5}{3} \end{bmatrix} \begin{bmatrix} 4 \\ 5 \end{bmatrix} = \begin{bmatrix} -\frac{1}{3} \\ \frac{29}{3} \end{bmatrix}$$

따라서 기저 $\left\{ \begin{bmatrix} 2 \\ 3 \end{bmatrix}, \begin{bmatrix} 1 \\ 0 \end{bmatrix} \right\}$에 대한 v의 좌표벡터는 $\begin{bmatrix} -\frac{1}{3} \\ \frac{29}{3} \end{bmatrix}$이다.

벡터와 연립선형방정식

다음과 같은 연립선형방정식이 있다고 하자.

$$\begin{cases} 2x_1 + 2x_2 + 4x_3 = 18 \\ x_1 + 3x_2 + 2x_3 = 13 \\ 3x_1 + x_2 + 3x_3 = 14 \end{cases}$$

이 연립선형방정식을 행렬방정식으로 표현하면 다음과 같다.

$$\begin{bmatrix} 2 & 2 & 4 \\ 1 & 3 & 2 \\ 3 & 1 & 3 \end{bmatrix} \begin{bmatrix} x_1 \\ x_2 \\ x_3 \end{bmatrix} = \begin{bmatrix} 18 \\ 13 \\ 14 \end{bmatrix}$$

위 연립선형방정식은 다음과 같이 벡터의 선형결합으로 표현할 수도 있다. 연립선형방정식을 벡터의 선형결합으로 표현한 것을 **벡터방정식**vector equation이라 한다.

$$x_1 \begin{bmatrix} 2 \\ 1 \\ 3 \end{bmatrix} + x_2 \begin{bmatrix} 2 \\ 3 \\ 1 \end{bmatrix} + x_3 \begin{bmatrix} 4 \\ 2 \\ 3 \end{bmatrix} = \begin{bmatrix} 18 \\ 13 \\ 14 \end{bmatrix}$$

행렬방정식 $A\boldsymbol{x} = \boldsymbol{b}$의 계수행렬 A를 다음과 같이 열벡터 $\boldsymbol{a}_1$, $\boldsymbol{a}_2$, $\boldsymbol{a}_3$로 표현해보자.

$$A = [\boldsymbol{a}_1 \ \boldsymbol{a}_2 \ \boldsymbol{a}_3], \quad \boldsymbol{x} = \begin{bmatrix} x_1 \\ x_2 \\ x_3 \end{bmatrix}, \quad \boldsymbol{b} = \begin{bmatrix} b_1 \\ b_2 \\ b_3 \end{bmatrix}$$

$$A\boldsymbol{x} = [\boldsymbol{a}_1 \ \boldsymbol{a}_2 \ \boldsymbol{a}_3]\boldsymbol{x} = x_1\boldsymbol{a}_1 + x_2\boldsymbol{a}_2 + x_3\boldsymbol{a}_3 = \boldsymbol{b}$$

즉 행렬방정식 $A\boldsymbol{x}=\boldsymbol{b}$는 행렬 A의 열벡터의 선형결합으로 표현할 수 있다. 따라서 행렬방정식 $A\boldsymbol{x}=\boldsymbol{b}$의 해는 $\boldsymbol{b}$에 대한 A의 열벡터의 선형결합을 찾는 것과 같다.

정리 6-7 행렬과 벡터 곱의 선형결합 표현

행렬 $A=\begin{bmatrix} a_{11} & a_{12} & \cdots & a_{1n} \\ a_{21} & a_{22} & \cdots & a_{2n} \\ \vdots & \vdots & \ddots & \vdots \\ a_{n1} & a_{n2} & \cdots & a_{nn} \end{bmatrix}$을 다음 n개의 열벡터를 사용하여 $A=[\boldsymbol{a}_1\ \boldsymbol{a}_2 \cdots \boldsymbol{a}_n]$으로 표현하자.

$$\boldsymbol{a}_1=\begin{bmatrix} a_{11} \\ a_{21} \\ \vdots \\ a_{n1} \end{bmatrix},\quad \boldsymbol{a}_2=\begin{bmatrix} a_{12} \\ a_{22} \\ \vdots \\ a_{n2} \end{bmatrix},\quad \cdots,\quad \boldsymbol{a}_n=\begin{bmatrix} a_{1n} \\ a_{2n} \\ \vdots \\ a_{nn} \end{bmatrix}$$

이때 행렬 A와 벡터 $\boldsymbol{x}=\begin{bmatrix} x_1 \\ x_2 \\ \vdots \\ x_n \end{bmatrix}$의 곱 $A\boldsymbol{x}$는 다음과 같은 A의 열벡터의 선형결합과 같다.

$$A\boldsymbol{x}=x_1\boldsymbol{a}_1+x_2\boldsymbol{a}_2+\cdots+x_n\boldsymbol{a}_n$$

증명

$$A\boldsymbol{x}=\begin{bmatrix} a_{11} & a_{12} & \cdots & a_{1n} \\ a_{21} & a_{22} & \cdots & a_{2n} \\ \vdots & \vdots & \ddots & \vdots \\ a_{n1} & a_{n2} & \cdots & a_{nn} \end{bmatrix}\begin{bmatrix} x_1 \\ x_2 \\ \vdots \\ x_n \end{bmatrix}=\begin{bmatrix}\boldsymbol{a}_1\ \boldsymbol{a}_2\ \cdots\ \boldsymbol{a}_n\end{bmatrix}\begin{bmatrix} x_1 \\ x_2 \\ \vdots \\ x_n \end{bmatrix}=x_1\boldsymbol{a}_1+x_2\boldsymbol{a}_2+\cdots+x_n\boldsymbol{a}_n$$

■

예제 6-22 행렬과 벡터 곱의 선형결합 표현

다음 행렬과 벡터의 곱을 행렬의 열벡터의 선형결합으로 표현하라.

> **Tip**
> [정리 6-7]을 이용한다.

$$\begin{bmatrix} 2 & 4 & 5 & 1 \\ 4 & 7 & 1 & 3 \\ 1 & 2 & 5 & 6 \end{bmatrix}\begin{bmatrix} x_1 \\ x_2 \\ x_3 \\ x_4 \end{bmatrix}$$

풀이

$$\begin{bmatrix} 2 & 4 & 5 & 1 \\ 4 & 7 & 1 & 3 \\ 1 & 2 & 5 & 6 \end{bmatrix}\begin{bmatrix} x_1 \\ x_2 \\ x_3 \\ x_4 \end{bmatrix}=x_1\begin{bmatrix} 2 \\ 4 \\ 1 \end{bmatrix}+x_2\begin{bmatrix} 4 \\ 7 \\ 2 \end{bmatrix}+x_3\begin{bmatrix} 5 \\ 1 \\ 5 \end{bmatrix}+x_4\begin{bmatrix} 1 \\ 3 \\ 6 \end{bmatrix}$$

정리 6-8 행렬과 벡터 곱에 의한 행렬 곱의 표현

증명

$d \times n$ 행렬 $A = [\boldsymbol{a}_1\ \boldsymbol{a}_2 \cdots \boldsymbol{a}_n]$과 $n \times m$ 행렬 $B = [\boldsymbol{b}_1\ \boldsymbol{b}_2 \cdots \boldsymbol{b}_m]$의 곱은 다음과 같이 행렬과 벡터의 곱으로 표현할 수 있다.

$$AB = A[\boldsymbol{b}_1\ \boldsymbol{b}_2 \cdots \boldsymbol{b}_m] = [A\boldsymbol{b}_1\ A\boldsymbol{b}_2 \cdots A\boldsymbol{b}_m]$$

예제 6-23 행렬과 벡터 곱에 의한 행렬 곱의 표현

다음 행렬 A, B에 대해서 AB와 $[A\boldsymbol{b}_1\ A\boldsymbol{b}_2]$를 계산하여 비교하라. 여기서 $\boldsymbol{b}_1$과 $\boldsymbol{b}_2$는 각각 B의 첫 번째, 두 번째 열벡터를 나타낸다.

Tip
[정리 6-8]을 이용한다.

$$A = \begin{bmatrix} 1 & 2 & 3 \\ 4 & 5 & 2 \end{bmatrix}, \quad B = \begin{bmatrix} 3 & 1 \\ 6 & 7 \\ 4 & 5 \end{bmatrix}$$

풀이

AB를 계산하면 다음과 같다.

$$AB = \begin{bmatrix} 1 & 2 & 3 \\ 4 & 5 & 2 \end{bmatrix} \begin{bmatrix} 3 & 1 \\ 6 & 7 \\ 4 & 5 \end{bmatrix} = \begin{bmatrix} 27 & 30 \\ 50 & 49 \end{bmatrix}$$

$[A\boldsymbol{b}_1\ A\boldsymbol{b}_2]$를 계산하면 다음과 같다.

$$\begin{aligned} [A\boldsymbol{b}_1\ A\boldsymbol{b}_2] &= \left[\begin{bmatrix} 1 & 2 & 3 \\ 4 & 5 & 2 \end{bmatrix} \begin{bmatrix} 3 \\ 6 \\ 4 \end{bmatrix} \quad \begin{bmatrix} 1 & 2 & 3 \\ 4 & 5 & 2 \end{bmatrix} \begin{bmatrix} 1 \\ 7 \\ 5 \end{bmatrix} \right] \\ &= \left[3\begin{bmatrix} 1 \\ 4 \end{bmatrix} + 6\begin{bmatrix} 2 \\ 5 \end{bmatrix} + 4\begin{bmatrix} 3 \\ 2 \end{bmatrix} \quad 1\begin{bmatrix} 1 \\ 4 \end{bmatrix} + 7\begin{bmatrix} 2 \\ 5 \end{bmatrix} + 5\begin{bmatrix} 3 \\ 2 \end{bmatrix} \right] = \begin{bmatrix} 27 & 30 \\ 50 & 49 \end{bmatrix} \end{aligned}$$

따라서 $AB = [A\boldsymbol{b}_1\ A\boldsymbol{b}_2]$이다.

SECTION

6.3 벡터의 내적

벡터의 크기

벡터나 행렬처럼 여러 성분으로 구성된 것은 크기를 직관적으로 말하기 어려우므로, 이들의 크기를 계산하는 함수가 정의되어 있다. 크기를 계산하는 이러한 함수를 노름이라 한다.

정의 6-19 노름

벡터의 크기를 계산하는 함수를 벡터의 **노름**norm이라고 한다. 벡터 $\boldsymbol{u}$의 노름은 $\|\boldsymbol{u}\|$로 표현하며, 노름은 다음 성질을 만족한다. 여기서 $\boldsymbol{u}$와 $\boldsymbol{v}$는 벡터이고, α는 스칼라이다.

(1) $\| \boldsymbol{u} \| \geq 0$

(2) $\| \alpha \boldsymbol{u} \| = |\alpha| \| \boldsymbol{u} \|$

(3) $\| \boldsymbol{u} + \boldsymbol{v} \| \leq \| \boldsymbol{u} \| + \| \boldsymbol{v} \|$

(4) $\| \boldsymbol{u} \| = 0$인 경우는 $\boldsymbol{u} = \boldsymbol{0}$일 때뿐이다.

이러한 성질을 만족하는 여러 가지 벡터 노름이 존재한다. 일반적으로 사용하는 노름은 다음과 같이 정의되는 유클리드 노름이다.

정의 6-20 유클리드 노름

벡터 $\boldsymbol{v} = (v_1,\ v_2,\ \cdots,\ v_n)$에 대해 **유클리드 노름**Euclidean norm은 다음과 같이 정의된다.

$$\|\boldsymbol{v}\| = \sqrt{v_1^2 + v_2^2 + \cdots + v_n^2}$$

벡터의 노름이라고 하면 보통 유클리드 노름을 말한다.

참고 벡터 노름의 종류

벡터 노름에는 [정의 6-20]의 유클리드 노름 이외에도, 다음과 같이 정의되는 L_1 **노름**, p**-노름**, **최댓값 노름** maximum norm 등이 있다.

$$L_1 \text{ 노름 } : \|\boldsymbol{x}\|_1 = \sum_{i=1}^{n} |x_i|$$

$$p\text{-노름}(p \geq 1) \ : \ \|\boldsymbol{x}\|_p = \left(\sum_{i=1}^{n} |x_i|^p\right)^{\frac{1}{p}}$$

$$\text{최댓값 노름 } : \|\boldsymbol{x}\|_\infty = \max(|x_1|, \cdots, |x_n|)$$

p-노름에서 $n=1$인 경우가 L_1 노름이고, $n=2$인 경우가 유클리드 노름이다. 유클리드 노름을 L_2 노름이라고도 한다.

예제 6-24 벡터 노름

다음 벡터의 유클리드 노름, L_1 노름, $p=2$인 p-노름, 최댓값 노름을 각각 구하라.

> **Tip** 각 벡터 노름의 정의에 따라 계산한다.

$$\boldsymbol{v} = \begin{bmatrix} 1 \\ -2 \\ 3 \end{bmatrix}$$

풀이

- 유클리드 노름 : $\|\boldsymbol{v}\| = \sqrt{v_1^2 + v_2^2 + v_3^2} = \sqrt{1^2 + (-2)^2 + 3^2} = \sqrt{14}$
- L_1 노름 : $\|\boldsymbol{v}\|_1 = \sum_{i=1}^{3} |v_i| = |1| + |-2| + |3| = 6$
- $p=2$인 p-노름 : $\|\boldsymbol{v}\|_2 = \left(\sum_{i=1}^{3} |x_i|^2\right)^{\frac{1}{2}} = (|1|^2 + |-2|^2 + |3|^2)^{\frac{1}{2}} = \sqrt{14}$
- 최댓값 노름 : $\|\boldsymbol{v}\|_\infty = \max(|v_1|, |v_2|, |v_3|) = \max(|1|, |-2|, |3|) = 3$

앞으로 특별히 다른 언급이 없으면, 벡터의 노름은 유클리드 노름을 의미한다.

정의 6-21 단위벡터

노름이 1인 벡터를 **단위벡터**unit vector라고 한다.

임의의 벡터 v의 단위벡터 u는 $\frac{v}{\|v\|}$와 같이 해당 벡터 v의 노름으로 나누면 된다.

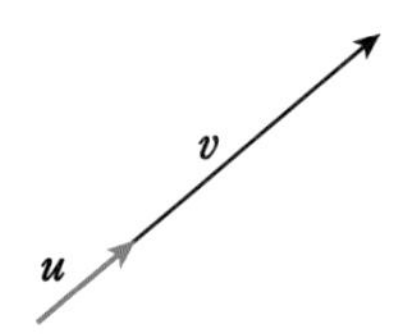

[그림 6-12] **단위벡터**

예제 6-25 단위벡터의 계산

다음 벡터 v의 단위벡터 u를 구하라.

$$v = \begin{bmatrix} 1 \\ 2 \\ 3 \end{bmatrix}$$

Tip
벡터에 벡터 노름의 역수를 스칼라배한다.

풀이

v의 노름 $\|v\|$를 계산하면 다음과 같다.

$$\|v\| = \sqrt{1^2 + 2^2 + 3^2} = \sqrt{14}$$

따라서 v의 단위벡터 u는 다음과 같다.

$$u = \frac{v}{\|v\|} = \begin{bmatrix} \frac{1}{\sqrt{14}} \\ \frac{2}{\sqrt{14}} \\ \frac{3}{\sqrt{14}} \end{bmatrix}$$

벡터의 내적

벡터의 내적은 두 벡터를 하나의 스칼라에 대응시키는 대표적인 벡터 연산 중 하나이다. 벡터의 내적은 다음과 같이 정의된다.

정의 6-22 내적

$\boldsymbol{u}=\begin{bmatrix} u_1 \\ u_2 \\ \vdots \\ u_n \end{bmatrix}$과 $\boldsymbol{v}=\begin{bmatrix} v_1 \\ v_2 \\ \vdots \\ v_n \end{bmatrix}$의 **내적**inner product, dot product은 다음과 같은 스칼라로 정의되며, $\boldsymbol{u} \cdot \boldsymbol{v}$ 또는 $\langle \boldsymbol{u}, \boldsymbol{v} \rangle$로 나타낸다. $\boldsymbol{u} \cdot \boldsymbol{v}$는 '$\boldsymbol{u}$와 $\boldsymbol{v}$의 내적' 또는 '$\boldsymbol{u}$ dot $\boldsymbol{v}$'라고 읽는다.

$$\boldsymbol{u} \cdot \boldsymbol{v} = \boldsymbol{u}^\top \boldsymbol{v} = [u_1 \ u_2 \ \cdots \ u_n] \begin{bmatrix} v_1 \\ v_2 \\ \vdots \\ v_n \end{bmatrix} = u_1v_1 + u_2v_2 + \cdots + u_nv_n$$

예제 6-26 내적 계산

다음 $\boldsymbol{v}_1$과 $\boldsymbol{v}_2$에 대하여, $\boldsymbol{v}_1 \cdot \boldsymbol{v}_2$와 $\boldsymbol{v}_2 \cdot \boldsymbol{v}_1$을 계산하라.

$$\boldsymbol{v}_1 = \begin{bmatrix} 1 \\ 4 \\ 3 \end{bmatrix}, \quad \boldsymbol{v}_2 = \begin{bmatrix} -2 \\ 5 \\ 3 \end{bmatrix}$$

Tip
내적의 정의에 따라 계산한다.

풀이

$$\boldsymbol{v}_1 \cdot \boldsymbol{v}_2 = [1\ 4\ 3] \begin{bmatrix} -2 \\ 5 \\ 3 \end{bmatrix} = 1(-2)+4(5)+3(3) = 27$$

$$\boldsymbol{v}_2 \cdot \boldsymbol{v}_1 = [-2\ 5\ 3] \begin{bmatrix} 1 \\ 4 \\ 3 \end{bmatrix} = (-2)(1)+5(4)+3(3) = 27$$

벡터의 내적은 대응하는 성분끼리 순서대로 곱하여 더하므로, 교환법칙 $\boldsymbol{v}_1 \cdot \boldsymbol{v}_2 = \boldsymbol{v}_2 \cdot \boldsymbol{v}_1$이 성립한다.

정리 6-9 벡터의 내적과 노름

내적의 정의에 따라, 동일한 벡터 $\boldsymbol{v}$에 대한 내적은 다음과 같은 관계를 만족한다.

$$\boldsymbol{v} \cdot \boldsymbol{v} = \boldsymbol{v}^{\top}\boldsymbol{v} = \|\boldsymbol{v}\|^2$$

즉 $\|\boldsymbol{v}\| = \sqrt{\boldsymbol{v} \cdot \boldsymbol{v}}$로, 벡터의 노름은 자신과의 내적에 대한 제곱근이다.

증명

$$\boldsymbol{v} = \begin{bmatrix} v_1 \\ v_2 \\ \vdots \\ v_n \end{bmatrix} \text{일 때,} \quad \boldsymbol{v} \cdot \boldsymbol{v} = \begin{bmatrix} v_1 \\ v_2 \\ \vdots \\ v_n \end{bmatrix} \cdot \begin{bmatrix} v_1 \\ v_2 \\ \vdots \\ v_n \end{bmatrix} = \begin{bmatrix} v_1 \; v_2 \; \cdots \; v_n \end{bmatrix} \begin{bmatrix} v_1 \\ v_2 \\ \vdots \\ v_n \end{bmatrix} = v_1^2 + v_2^2 + \cdots + v_n^2$$

$= \|\boldsymbol{v}\|^2$이다. 따라서 $\boldsymbol{v} \cdot \boldsymbol{v} = \boldsymbol{v}^{\top}\boldsymbol{v} = \|\boldsymbol{v}\|^2$이다.

■

벡터의 내적은 다음 [정리 6-10]의 성질을 만족한다. 이들 성질은 벡터 연산을 할 때 활용할 수 있다.

정리 6-10 내적의 성질

증명

$\mathbb{R}^n$ 공간에서 벡터 $\boldsymbol{x}$, $\boldsymbol{y}$, $\boldsymbol{z}$와 스칼라 c에 대해 다음 성질이 성립한다.

(1) $\boldsymbol{x} \cdot \boldsymbol{y} = \boldsymbol{y} \cdot \boldsymbol{x}$ (교환법칙)

(2) $(\boldsymbol{x} + \boldsymbol{y}) \cdot \boldsymbol{z} = \boldsymbol{x} \cdot \boldsymbol{z} + \boldsymbol{y} \cdot \boldsymbol{z}$ (분배법칙)

(3) $\boldsymbol{z} \cdot (\boldsymbol{x} + \boldsymbol{y}) = \boldsymbol{z} \cdot \boldsymbol{x} + \boldsymbol{z} \cdot \boldsymbol{y}$ (분배법칙)

(4) $c(\boldsymbol{x} \cdot \boldsymbol{y}) = (c\boldsymbol{x}) \cdot \boldsymbol{y} = \boldsymbol{x} \cdot (c\boldsymbol{y})$

(5) $\boldsymbol{x} \cdot \boldsymbol{x} = \|\boldsymbol{x}\|^2 \geq 0$

(6) $\boldsymbol{x} = 0$일 때만 $\boldsymbol{x} \cdot \boldsymbol{x} = 0$이다.

두 벡터의 시작점을 일치시킬 때 만들어지는 사잇각에 대한 정보를 다음과 같이 벡터의 내적으로부터 얻을 수 있다.

정리 6-11 벡터의 내적과 사잇각

$\mathbb{R}^n$ 공간에서 두 벡터 $\boldsymbol{x}$와 $\boldsymbol{y}$의 내적은 다음과 같은 관계를 만족한다.

$$\boldsymbol{x} \cdot \boldsymbol{y} = \|\boldsymbol{x}\|\|\boldsymbol{y}\|\cos\theta$$

여기서 $\|\boldsymbol{x}\|$는 벡터 $\boldsymbol{x}$의 길이를 나타내는 노름이고, θ는 두 벡터 사이의 각이다.

증명

아래 그림과 같은 세 벡터 $\boldsymbol{x}$, $\boldsymbol{y}$, $\boldsymbol{y}-\boldsymbol{x}$로 구성된 삼각형을 살펴보자.

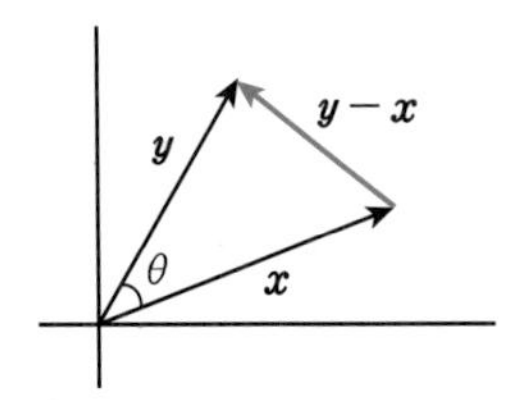

위 삼각형에 대해 제2코사인법칙을 적용하면 다음 관계식이 성립한다.

$$\|\boldsymbol{y}-\boldsymbol{x}\|^2 = \|\boldsymbol{x}\|^2 + \|\boldsymbol{y}\|^2 - 2\|\boldsymbol{x}\|\|\boldsymbol{y}\|\cos\theta$$

위 식으로부터 다음과 같은 관계식을 유도할 수 있다.

$$\begin{aligned}
\|\boldsymbol{x}\|\|\boldsymbol{y}\|\cos\theta &= \frac{1}{2}\left(\|\boldsymbol{x}\|^2 + \|\boldsymbol{y}\|^2 - \|\boldsymbol{y}-\boldsymbol{x}\|^2\right) \\
&= \frac{1}{2}\left(\|\boldsymbol{x}\|^2 + \|\boldsymbol{y}\|^2 - (\boldsymbol{y}-\boldsymbol{x})^\top(\boldsymbol{y}-\boldsymbol{x})\right) \\
&= \frac{1}{2}\left(\|\boldsymbol{x}\|^2 + \|\boldsymbol{y}\|^2 - (\boldsymbol{y}^\top\boldsymbol{y} - \boldsymbol{y}^\top\boldsymbol{x} - \boldsymbol{x}^\top\boldsymbol{y} + \boldsymbol{x}^\top\boldsymbol{x})\right) \\
&= \frac{1}{2}\left(\|\boldsymbol{x}\|^2 + \|\boldsymbol{y}\|^2 - (\|\boldsymbol{y}\|^2 - 2\boldsymbol{x}^\top\boldsymbol{y} + \|\boldsymbol{x}\|^2)\right) \\
&= \boldsymbol{x}^\top\boldsymbol{y} = \boldsymbol{x}\cdot\boldsymbol{y}
\end{aligned}$$

따라서 거리가 정의되는 $\mathbb{R}^n$ 공간에서는 $\boldsymbol{x} \cdot \boldsymbol{y} = \|\boldsymbol{x}\|\|\boldsymbol{y}\|\cos\theta$의 관계가 성립한다.

■

예제 6-27 벡터의 사잇각 계산

다음 벡터 $\boldsymbol{x}$와 $\boldsymbol{y}$ 사이의 각을 계산하라.

$$\boldsymbol{x}=\begin{bmatrix}0\\1\\1\end{bmatrix},\quad \boldsymbol{y}=\begin{bmatrix}1\\1\\0\end{bmatrix}$$

> **Tip**
> $\cos\theta=\dfrac{\boldsymbol{x}\cdot\boldsymbol{y}}{\|\boldsymbol{x}\|\|\boldsymbol{y}\|}$를 이용한다.

풀이

$\boldsymbol{x}\cdot\boldsymbol{y}=\|\boldsymbol{x}\|\|\boldsymbol{y}\|\cos\theta$의 관계로부터 $\cos\theta=\dfrac{\boldsymbol{x}\cdot\boldsymbol{y}}{\|\boldsymbol{x}\|\|\boldsymbol{y}\|}$의 관계식을 얻을 수 있다.

$$\|\boldsymbol{x}\|=\sqrt{1^2+1^2}=\sqrt{2},\ \|\boldsymbol{y}\|=\sqrt{1^2+1^2}=\sqrt{2}$$

$$\boldsymbol{x}\cdot\boldsymbol{y}=(0)(1)+(1)(1)+(1)(0)=1$$

위 결과에 따라 $\cos\theta=\dfrac{\boldsymbol{x}\cdot\boldsymbol{y}}{\|\boldsymbol{x}\|\|\boldsymbol{y}\|}=\dfrac{1}{\sqrt{2}\sqrt{2}}=\dfrac{1}{2}$이다. 따라서 $\theta=60^\circ$이다.

예제 6-28 내적을 포함한 벡터 식의 계산

벡터 $\boldsymbol{x}$와 $\boldsymbol{y}$ 사이의 각이 120°이고, 크기가 $\|\boldsymbol{x}\|=1$, $\|\boldsymbol{y}\|=2$일 때 $(\boldsymbol{x}+2\boldsymbol{y})\cdot(\boldsymbol{x}-\boldsymbol{y})$를 구하라.

> **Tip**
> [정리 6-10]과 [정리 6-11]을 이용한다.

풀이

$\boldsymbol{x}\cdot\boldsymbol{y}=\|\boldsymbol{x}\|\|\boldsymbol{y}\|\cos 120^\circ=1\cdot 2\cdot\left(-\dfrac{1}{2}\right)=-1$이다.

[정리 6-10]의 내적의 성질을 이용하여 $(\boldsymbol{x}+2\boldsymbol{y})\cdot(\boldsymbol{x}-\boldsymbol{y})$를 전개하면 다음과 같다.

$$\begin{aligned}(\boldsymbol{x}+2\boldsymbol{y})\cdot(\boldsymbol{x}-\boldsymbol{y})&=\boldsymbol{x}\cdot\boldsymbol{x}-\boldsymbol{x}\cdot\boldsymbol{y}+2\boldsymbol{y}\cdot\boldsymbol{x}-2\boldsymbol{y}\cdot\boldsymbol{y}\\&=\boldsymbol{x}\cdot\boldsymbol{x}+\boldsymbol{x}\cdot\boldsymbol{y}-2\boldsymbol{y}\cdot\boldsymbol{y}\\&=\|\boldsymbol{x}\|^2+\boldsymbol{x}\cdot\boldsymbol{y}-2\|\boldsymbol{y}\|^2\\&=1^2-1-(2)(2^2)=-8\end{aligned}$$

그러므로 $(\boldsymbol{x}+2\boldsymbol{y})\cdot(\boldsymbol{x}-\boldsymbol{y})=-8$이다.

예제 6-29 **벡터 합 연산을 이용한 힘의 계산**

아래 그림과 같이 쇠구슬에 20N과 15N의 힘이 가해질 때 쇠구슬에 가해지는 알짜힘net force의 크기를 구하라. 여기서 힘은 벡터이다.

> **Tip**
> 벡터의 합 연산과 제2코사인법칙을 이용한다.

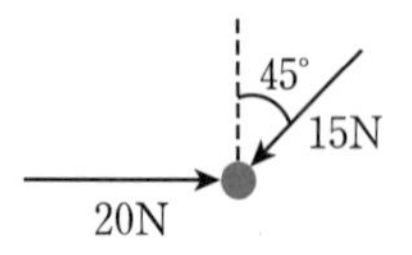

풀이

힘은 벡터이므로, 한 벡터의 끝점에 다른 벡터의 시작점을 위치시켜 두 벡터의 합을 표현하면 다음 그림과 같다. 이때 두 벡터의 합은 $\boldsymbol{f}$로 표현된 벡터이다.

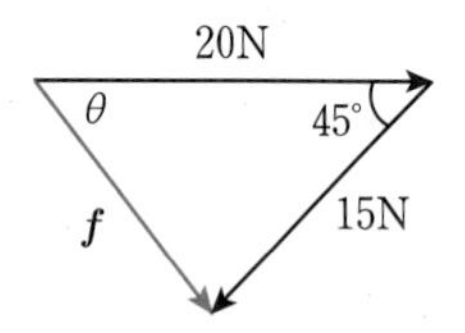

여기서 벡터 $\boldsymbol{f}$의 크기 $\|\boldsymbol{f}\|$는 [정리 6-11]의 증명에서 사용한 제2코사인법칙을 이용하면 다음과 같이 구할 수 있다.

$$\begin{aligned}\|\boldsymbol{f}\|^2 &= 20^2 + 15^2 - 2 \cdot 20 \cdot 15 \cdot \cos 45^\circ \\ &= 20^2 + 15^2 - 2 \cdot 20 \cdot 15 \cdot \frac{1}{\sqrt{2}} \\ &= 625 - 300\sqrt{2} \approx 200.74\end{aligned}$$

따라서 $\|\boldsymbol{f}\| \approx \sqrt{200.74} \approx 14.17$이다.

그러므로 쇠구슬에 가해지는 알짜힘의 크기는 약 14.17N이다.

참고 **내적과 유사도**

벡터 $\boldsymbol{x}$와 $\boldsymbol{y}$의 내적 $\boldsymbol{x} \cdot \boldsymbol{y} = \|\boldsymbol{x}\|\|\boldsymbol{y}\|\cos\theta$는 두 벡터의 크기(노름)와 두 벡터의 사잇각 θ에 대한 $\cos\theta$를 곱한 것이다. 코사인 값은 각도가 0°일 때 가장 크다. 벡터의 크기를 무시하는 경우, 두 벡터의 사잇각 크기가 작을수록 두 벡터는 유사하다고 볼 수 있다. 벡터로 표현되는 두 대상의 유사도를 측정하는 것으로, 다음과 같이 두 벡터의 사잇각에 대한 코사인 값으로 정의되는 **코사인 거리** cosine distance가 있다.

$$\cos\theta = \frac{\boldsymbol{x} \cdot \boldsymbol{y}}{\|\boldsymbol{x}\|\|\boldsymbol{y}\|}$$

코사인 거리는 벡터로 표현되는 질문query과 유사한 정보를 찾는 정보 검색 등에서 사용된다. 벡터의 크기에 큰 차이가 없다면, 코사인 거리를 사용하는 대신 단지 내적으로 유사도를 계산하기도 한다.

[그림 6-13]은 **신경망** neural network에서 기본적인 계산 단위인 **뉴런** neuron의 형태이다. 뉴런은 입력 벡터 $\boldsymbol{x} = (x_0, x_1, \cdots, x_d)$와 가중치 벡터 $\boldsymbol{w} = (w_0, w_1, \cdots, w_d)$에 대해 다음과 같은 계산을 한 결과 y를 출력한다.

$$y = f(\boldsymbol{w} \cdot \boldsymbol{x})$$

여기서 함수 $f(s)$는 $f(s) = \dfrac{1}{1+e^{-s}}$로 정의되는 **시그모이드** sigmoid 함수와 같은 것이고, $\boldsymbol{w} \cdot \boldsymbol{x}$는 $\boldsymbol{w}$와 $\boldsymbol{x}$의 내적이다. 뉴런에서 내적 연산 $\boldsymbol{w} \cdot \boldsymbol{x}$는 가중치 벡터 $\boldsymbol{w}$와 입력 벡터 $\boldsymbol{x}$가 얼마나 유사한지 측정하는 역할을 한다.

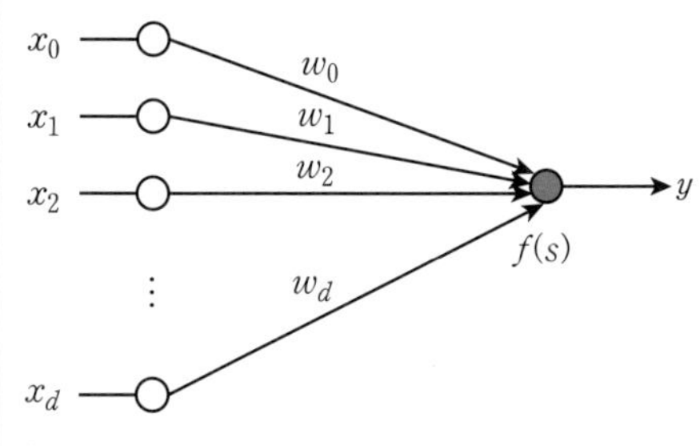

[그림 6-13] **뉴런**

딥러닝 deep learning 신경망 모델, 신호 처리, 영상 처리 등에서 사용되는 [그림 6-14]의 **컨볼루션** convolution 연산도 일종의 벡터의 내적으로 볼 수 있다. [그림 6-14]에서 $\boldsymbol{x} = (x_0, x_1, x_2, x_4, x_5, x_6, x_8, x_9, x_{10})$은 입력 벡터이고, $\boldsymbol{w} = (w_0, w_1, \cdots, w_8)$은 가중치 벡터이다. 컨볼루션 연산은 $\boldsymbol{w} \cdot \boldsymbol{x}$ 즉, 두 벡터의 내적을 구하는 것이다. 신경망 등에서는 데이터로부터 문제 해결에 필요한 가중치 벡터를 알고리즘적으로 결정하는데, 이러한 과정을 **학습** learning이라 한다.

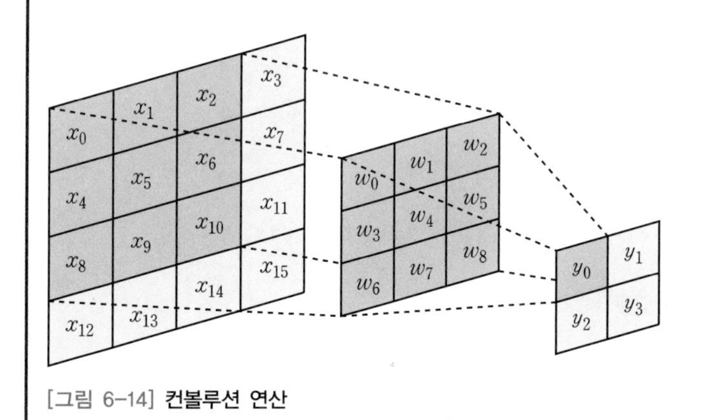

[그림 6-14] **컨볼루션 연산**

벡터 내적의 절댓값과 두 벡터의 노름의 곱은 다음 [정리 6-12]의 코시-슈바르츠 부등식을 만족한다.

정리 6-12 코시-슈바르츠 부등식 Cauchy-Schwarz inequality

$\mathbb{R}^n$ 공간에서 임의의 두 벡터 $\boldsymbol{x}$와 $\boldsymbol{y}$에 대해서 다음 성질이 성립한다.

$$|\boldsymbol{x} \cdot \boldsymbol{y}| \leq \|\boldsymbol{x}\|\|\boldsymbol{y}\|$$

증명

먼저 $\boldsymbol{x} \cdot \boldsymbol{y} = \|\boldsymbol{x}\|\|\boldsymbol{y}\|\cos\theta$의 양변에 절댓값을 취한다.

$$|\boldsymbol{x} \cdot \boldsymbol{y}| = |\|\boldsymbol{x}\|\|\boldsymbol{y}\|\cos\theta|$$

$|\cos\theta| \leq 1$이므로 다음 식이 성립한다.

$$\begin{aligned} |\boldsymbol{x} \cdot \boldsymbol{y}| &= |\|\boldsymbol{x}\|\|\boldsymbol{y}\|\cos\theta| \\ &= \|\boldsymbol{x}\|\|\boldsymbol{y}\||\cos\theta| \\ &\leq \|\boldsymbol{x}\|\|\boldsymbol{y}\| \cdot 1 = \|\boldsymbol{x}\|\|\boldsymbol{y}\| \end{aligned}$$

따라서 $|\boldsymbol{x} \cdot \boldsymbol{y}| \leq \|\boldsymbol{x}\|\|\boldsymbol{y}\|$이다. 등호는 벡터 중 하나가 영벡터이거나, 한 벡터가 다른 벡터의 스칼라배일 때 성립한다.

■

예제 6-30 코시-슈바르츠 부등식

다음 두 벡터 $\boldsymbol{x}$와 $\boldsymbol{y}$의 내적의 절댓값과 두 벡터의 노름의 곱을 구하여 크기를 비교하라.

$$\boldsymbol{x} = (1,\ 2,\ 3),\ \ \boldsymbol{y} = (-2,\ 1,\ 3)$$

> **Tip**
> 코시-슈바르츠 부등식의 성질이 성립하는지 확인한다.

풀이

벡터 $\boldsymbol{x}$와 $\boldsymbol{y}$의 내적의 절댓값을 구하면 다음과 같다.

$$|\boldsymbol{x} \cdot \boldsymbol{y}| = |(1,\ 2,\ 3) \cdot (-2,\ 1,\ 3)| = |(1)(-2) + (2)(1) + (3)(3)| = 9$$

벡터 $\boldsymbol{x}$와 $\boldsymbol{y}$의 노름의 곱을 구하면 다음과 같다.

$$\begin{aligned} \|\boldsymbol{x}\|\|\boldsymbol{y}\| &= \|(1,\ 2,\ 3)\|\|(-2,\ 1,\ 3)\| = \sqrt{1^2+2^2+3^2}\sqrt{(-2)^2+1^2+3^2} \\ &= \sqrt{14}\sqrt{14} = 14 \end{aligned}$$

따라서 두 벡터 $\boldsymbol{x}$와 $\boldsymbol{y}$에 대해, $|\boldsymbol{x} \cdot \boldsymbol{y}| \leq \|\boldsymbol{x}\|\|\boldsymbol{y}\|$의 관계가 성립한다.

두 벡터 합의 노름과 각 벡터의 노름의 합은 다음 [정리 6-13]의 부등식 관계를 만족한다.

정리 6-13 벡터의 삼각부등식 triangle inequality

$\mathbb{R}^n$ 공간에서 임의의 두 벡터 $\boldsymbol{x}$와 $\boldsymbol{y}$에 대해서 다음 성질이 성립한다.

$$\|\boldsymbol{x}+\boldsymbol{y}\| \leq \|\boldsymbol{x}\|+\|\boldsymbol{y}\|$$

증명

$\|\boldsymbol{x}+\boldsymbol{y}\|^2$을 구하면 다음과 같다.

$$\begin{aligned}\|\boldsymbol{x}+\boldsymbol{y}\|^2 &= (\boldsymbol{x}+\boldsymbol{y}) \cdot (\boldsymbol{x}+\boldsymbol{y}) \\ &= \boldsymbol{x} \cdot \boldsymbol{x}+\boldsymbol{x} \cdot \boldsymbol{y}+\boldsymbol{y} \cdot \boldsymbol{x}+\boldsymbol{y} \cdot \boldsymbol{y} \\ &= \|\boldsymbol{x}\|^2+2\boldsymbol{x} \cdot \boldsymbol{y}+\|\boldsymbol{y}\|^2\end{aligned}$$

코시-슈바르츠 부등식에 의해 $2\boldsymbol{x} \cdot \boldsymbol{y} \leq 2\|\boldsymbol{x}\|\|\boldsymbol{y}\|$이므로, 다음이 성립한다.

$$\|\boldsymbol{x}+\boldsymbol{y}\|^2 \leq \|\boldsymbol{x}\|^2+2\|\boldsymbol{x}\|\|\boldsymbol{y}\|+\|\boldsymbol{y}\|^2 = (\|\boldsymbol{x}\|+\|\boldsymbol{y}\|)^2$$

따라서 다음과 같이 삼각부등식이 성립한다.

$$\|\boldsymbol{x}+\boldsymbol{y}\| \leq \|\boldsymbol{x}\|+\|\boldsymbol{y}\|$$

다음 그림은 두 벡터 $\boldsymbol{x}$, $\boldsymbol{y}$가 평행하지 않을 때, 벡터 $\boldsymbol{x}$, $\boldsymbol{y}$, $\boldsymbol{x}+\boldsymbol{y}$의 크기를 나타낸 것으로, $\|\boldsymbol{x}+\boldsymbol{y}\| \leq \|\boldsymbol{x}\|+\|\boldsymbol{y}\|$는 삼각형에서 한 변의 길이가 다른 두 변 길이의 합보다 작다는 삼각형의 성질을 의미하기도 한다.

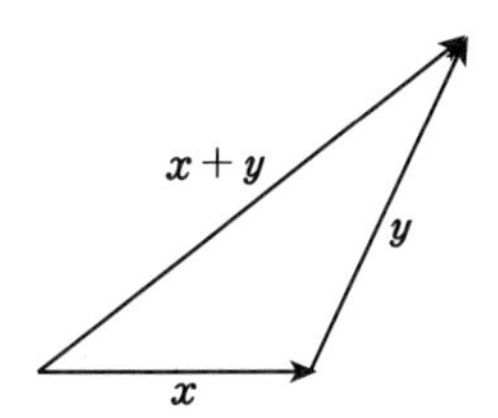

■

예제 6-31 벡터의 삼각부등식

다음 두 벡터 $\boldsymbol{x}$와 $\boldsymbol{y}$에 대해, $\|\boldsymbol{x}+\boldsymbol{y}\|$와 $\|\boldsymbol{x}\|+\|\boldsymbol{y}\|$의 크기를 비교하라.

$$\boldsymbol{x} = (1,\ 2,\ 3), \quad \boldsymbol{y} = (-2,\ 1,\ 3)$$

Tip
벡터 노름의 정의를 이용한다.

풀이

$\|\boldsymbol{x}+\boldsymbol{y}\|$를 구하면 다음과 같다.

$$\|\boldsymbol{x}+\boldsymbol{y}\| = \|(1,\ 2,\ 3)+(-2,\ 1,\ 3)\| = \|(-1,\ 3,\ 6)\| = \sqrt{(-1)^2+3^2+6^2} = \sqrt{46}$$

$\|x\|+\|y\|$를 구하면 다음과 같다.

$$\begin{aligned}\|x\|+\|y\| &= \|(1,\ 2,\ 3)\|+\|(-2,\ 1,\ 3)\| = \sqrt{1^2+2^2+3^2}+\sqrt{(-2)^2+1^2+3^2} \\ &= \sqrt{14}+\sqrt{14} = 2\sqrt{14} = \sqrt{56}\end{aligned}$$

따라서 두 벡터 x와 y에 대해, $\|x+y\| \leq \|x\|+\|y\|$의 관계가 성립한다.

평면상에서 두 직선이 수직인 것과 같이, 벡터공간에서도 두 벡터가 직교할 수 있다. 벡터의 직교는 다음 [정의 6-23]과 같이 정의한다.

정의 6-23 벡터의 직교

벡터 x와 y가 $x \cdot y = 0$을 만족하면, 벡터 x와 y는 **직교**orthogonal한다고 하고, 이를 $x \perp y$로 표기한다.

예를 들면, $x = \begin{bmatrix} 2 \\ 4 \end{bmatrix}$와 $y = \begin{bmatrix} -2 \\ 1 \end{bmatrix}$은 $x \cdot y = (2)(-2)+(4)(1) = 0$이므로 직교한다.

$x \cdot y = 0$인 경우, 두 벡터가 영벡터가 아니라면 $x \cdot y = \|x\|\|y\|\cos\theta = 0$이므로, $\cos\theta = 0$이어야 한다. 따라서 $x \cdot y = 0$이면, [그림 6-15]와 같이 x와 y 사이의 각은 $90°$이다.

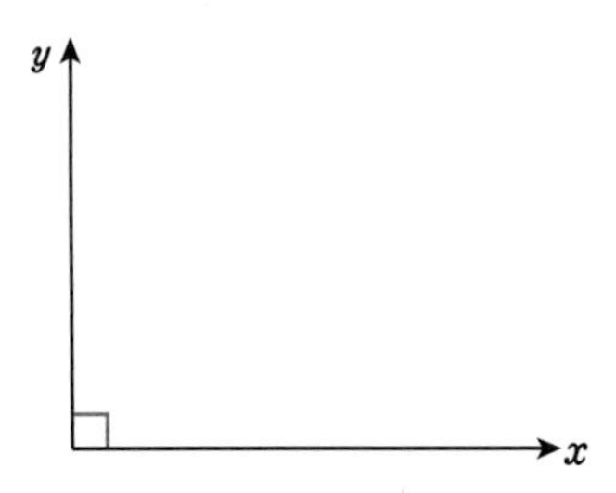

[그림 6-15] 직교하는 벡터 x와 y

예제 6-32 벡터의 직교

다음 중 벡터 x와 y가 직교하는 것을 찾으라.

① $x = (2,\ 1),\ y = (-2,\ 2)$

② $x = (2,\ 3),\ y = (-1,\ 3)$

③ $x = (2,\ 1,\ 3),\ y = (-1,\ 2,\ 3)$

④ $x = (1,\ 2,\ 3),\ y = (-2,\ -2,\ 2)$

Tip
벡터 내적이 0인지 확인한다.

풀이

각각에 대해서 내적이 0인지 확인한다.

① $\boldsymbol{x} \cdot \boldsymbol{y} = (2, 1) \cdot (-2, 2) = 2 \cdot (-2) + 1 \cdot 2 = -2$
② $\boldsymbol{x} \cdot \boldsymbol{y} = (2, 3) \cdot (-1, 3) = 2 \cdot (-1) + 3 \cdot 3 = -2 + 9 = 7$
③ $\boldsymbol{x} \cdot \boldsymbol{y} = (2, 1, 3) \cdot (-1, 2, 3) = 2 \cdot (-1) + 1 \cdot 2 + 3 \cdot 3 = -2 + 2 + 9 = 9$
④ $\boldsymbol{x} \cdot \boldsymbol{y} = (1, 2, 3) \cdot (-2, -2, 2) = 1 \cdot (-2) + 2 \cdot (-2) + 3 \cdot 2 = -2 - 4 + 6 = 0$

따라서 ④의 두 벡터 $\boldsymbol{x}$와 $\boldsymbol{y}$만 직교한다.

벡터의 직교 성질을 통해, 다음 [정리 6-14]의 피타고라스 정리가 성립함을 알 수 있다.

정리 6-14 피타고라스 정리 Pythagorean theorem

$\mathbb{R}^n$ 공간에서 임의의 두 벡터 $\boldsymbol{x}$와 $\boldsymbol{y}$가 직교한다면 다음 관계가 성립한다.

$$\|\boldsymbol{x} + \boldsymbol{y}\|^2 = \|\boldsymbol{x}\|^2 + \|\boldsymbol{y}\|^2$$

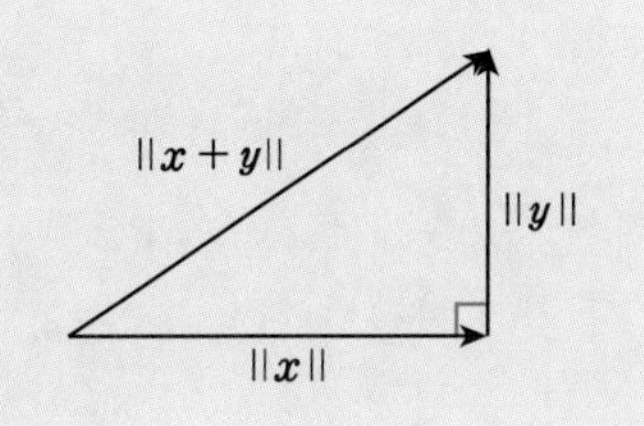

증명

$\|\boldsymbol{x} + \boldsymbol{y}\|^2$을 구하면 다음과 같다.

$$\begin{aligned} \|\boldsymbol{x} + \boldsymbol{y}\|^2 &= (\boldsymbol{x} + \boldsymbol{y}) \cdot (\boldsymbol{x} + \boldsymbol{y}) \\ &= \boldsymbol{x} \cdot \boldsymbol{x} + \boldsymbol{x} \cdot \boldsymbol{y} + \boldsymbol{y} \cdot \boldsymbol{x} + \boldsymbol{y} \cdot \boldsymbol{y} \\ &= \|\boldsymbol{x}\|^2 + 2\boldsymbol{x} \cdot \boldsymbol{y} + \|\boldsymbol{y}\|^2 \end{aligned}$$

두 벡터 $\boldsymbol{x}$와 $\boldsymbol{y}$가 직교하므로 $\boldsymbol{x} \cdot \boldsymbol{y} = 0$이다. 따라서 $\|\boldsymbol{x} + \boldsymbol{y}\|^2 = \|\boldsymbol{x}\|^2 + \|\boldsymbol{y}\|^2$가 성립한다.

■

예제 6-33 피타고라스 정리

어떤 삼각형의 두 변이 다음 벡터 $\boldsymbol{x}$와 $\boldsymbol{y}$에 대응할 때, 나머지 변의 크기를 구하라.

$$\boldsymbol{x} = (2, 3), \quad \boldsymbol{y} = (-3, 2)$$

Tip

먼저 벡터의 직교 성질을 이용하여 삼각형의 두 변이 직각을 이루는지 확인하고, [정리 6-14]의 피타고라스 정리를 이용한다.

풀이

두 벡터 $\boldsymbol{x}$와 $\boldsymbol{y}$의 내적을 구하면 다음과 같다.

$$\boldsymbol{x} \cdot \boldsymbol{y} = (2,\ 3) \cdot (-3,\ 2) = 2 \cdot (-3) + 3 \cdot 2 = 0$$

두 벡터의 내적이 0이므로, 이들 벡터에 대응하는 두 변은 직각을 이룬다. 따라서 [정리 6-14]의 피타고라스 정리를 이용하면 빗변에 해당하는 벡터의 크기는 다음과 같다.

$$\|\boldsymbol{x}+\boldsymbol{y}\| = \sqrt{\|\boldsymbol{x}\|^2 + \|\boldsymbol{y}\|^2} = \sqrt{2^2 + 3^2 + (-3)^2 + 2^2} = \sqrt{26}$$

정리 6-15 평행사변형 등식 parallelogram equality

$\mathbb{R}^n$ 공간에서 두 벡터 $\boldsymbol{x}$와 $\boldsymbol{y}$에 대해 다음 성질이 성립한다.

$$\|\boldsymbol{x}+\boldsymbol{y}\|^2 + \|\boldsymbol{x}-\boldsymbol{y}\|^2 = 2(\|\boldsymbol{x}\|^2 + \|\boldsymbol{y}\|^2)$$

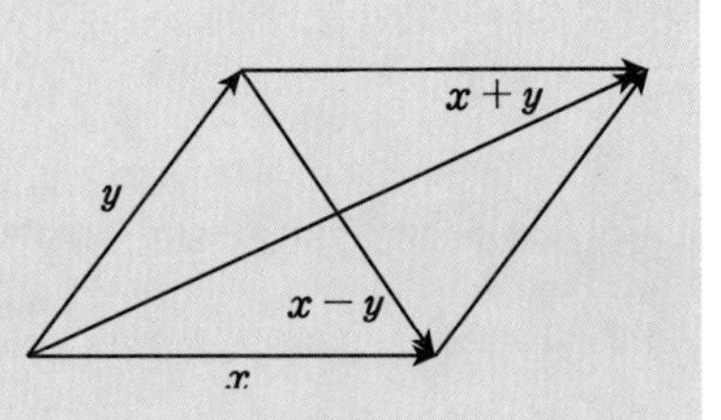

평행사변형에서 $\boldsymbol{x}+\boldsymbol{y}$와 $\boldsymbol{x}-\boldsymbol{y}$는 각각 대각선에 해당하므로, 위 등식은 평행사변의 대각선 길이 제곱의 합은 각 변의 길이 제곱의 합의 2배와 같다는 의미이다.

증명

$\|\boldsymbol{x}+\boldsymbol{y}\|^2 + \|\boldsymbol{x}-\boldsymbol{y}\|^2$을 구하면 다음과 같다.

$$\begin{aligned}\|\boldsymbol{x}+\boldsymbol{y}\|^2 + \|\boldsymbol{x}-\boldsymbol{y}\|^2 &= (\boldsymbol{x}+\boldsymbol{y}) \cdot (\boldsymbol{x}+\boldsymbol{y}) + (\boldsymbol{x}-\boldsymbol{y}) \cdot (\boldsymbol{x}-\boldsymbol{y}) \\ &= \boldsymbol{x} \cdot \boldsymbol{x} + 2\boldsymbol{x} \cdot \boldsymbol{y} + \boldsymbol{y} \cdot \boldsymbol{y} + \boldsymbol{x} \cdot \boldsymbol{x} - 2\boldsymbol{x} \cdot \boldsymbol{y} + \boldsymbol{y} \cdot \boldsymbol{y} \\ &= 2\boldsymbol{x} \cdot \boldsymbol{x} + 2\boldsymbol{y} \cdot \boldsymbol{y} \\ &= 2(\|\boldsymbol{x}\|^2 + \|\boldsymbol{y}\|^2)\end{aligned}$$

따라서 $\|\boldsymbol{x}+\boldsymbol{y}\|^2 + \|\boldsymbol{x}-\boldsymbol{y}\|^2 = 2(\|\boldsymbol{x}\|^2 + \|\boldsymbol{y}\|^2)$이다.

■

예제 6-34 평행사변형 등식

평행사변형의 두 변이 다음 벡터 $\boldsymbol{x}$와 $\boldsymbol{y}$에 대응할 때, 평행사변형의 두 대각선 길이 제곱의 합을 구하라.

$$\boldsymbol{x} = (2,\ 3),\ \ \boldsymbol{y} = (3,\ 1)$$

Tip
[정리 6-15]의 평행사변형 등식을 이용한다.

풀이

평행사변형 등식에 따르면, $\|\boldsymbol{x}+\boldsymbol{y}\|^2+\|\boldsymbol{x}-\boldsymbol{y}\|^2=2(\|\boldsymbol{x}\|^2+\|\boldsymbol{y}\|^2)$이다.
$\boldsymbol{x}$와 $\boldsymbol{y}$의 길이 제곱을 구하면 다음과 같다.

$$\|\boldsymbol{x}\|^2=2^2+3^2=13,\quad \|\boldsymbol{y}\|^2=3^2+1^2=10$$

따라서 $\|\boldsymbol{x}+\boldsymbol{y}\|^2+\|\boldsymbol{x}-\boldsymbol{y}\|^2=2(\|\boldsymbol{x}\|^2+\|\boldsymbol{y}\|^2)=2(13+10)=46$이다.

어떤 벡터가 주어질 때 특정 벡터 방향의 성분을 알고 싶은 경우가 있다. 이때 다음 [정의 6-24]의 정사영을 이용한다.

정의 6-24 정사영

벡터 $\boldsymbol{x}$, $\boldsymbol{y}$에 대하여, 벡터 $\boldsymbol{x}$의 $\boldsymbol{y}$ 방향의 성분을 $\boldsymbol{x}$의 $\boldsymbol{y}$ 위로의 **정사영**orthogonal projection이라 하고 $\text{proj}_{\boldsymbol{y}}\boldsymbol{x}$로 나타낸다.

$\boldsymbol{x}$의 $\boldsymbol{y}$ 위로의 정사영 $\text{proj}_{\boldsymbol{y}}\boldsymbol{x}$는 [그림 6-16]과 같이 $\boldsymbol{x}$의 $\boldsymbol{y}$ 방향의 성분을 의미한다.

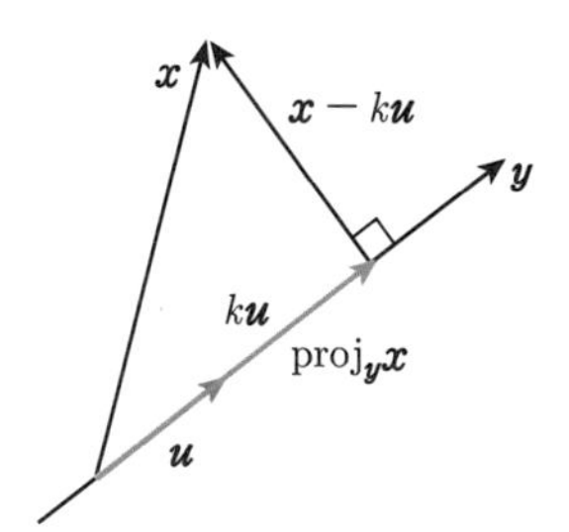

[그림 6-16] **정사영** $\text{proj}_{\boldsymbol{y}}\boldsymbol{x}$

정리 6-16 벡터의 정사영

벡터 $\boldsymbol{x}$, $\boldsymbol{y}$에 대하여, $\boldsymbol{x}$의 $\boldsymbol{y}$ 위로의 정사영 $\text{proj}_{\boldsymbol{y}}\boldsymbol{x}$는 다음과 같다.

$$\text{proj}_{\boldsymbol{y}}\boldsymbol{x}=\frac{\boldsymbol{x}\cdot\boldsymbol{y}}{\boldsymbol{y}\cdot\boldsymbol{y}}\boldsymbol{y}$$

증명

[그림 6-16]과 같이 $\boldsymbol{y}$ 방향의 단위벡터를 $\boldsymbol{u}$라 하자.

$$u=\frac{\boldsymbol{y}}{\|\boldsymbol{y}\|}$$

$\boldsymbol{x}$의 $\boldsymbol{y}$ 위로의 정사영을 단위벡터 $\boldsymbol{u}$를 사용하여 $\text{proj}_{\boldsymbol{y}}\boldsymbol{x} = k\boldsymbol{u}$로 나타내자. 이때 $\boldsymbol{x}$에서 정사영 $k\boldsymbol{u}$를 뺀 성분인 $\boldsymbol{x} - k\boldsymbol{u}$는 $\boldsymbol{u}$와 직교한다. 즉, $(\boldsymbol{x} - k\boldsymbol{u}) \cdot \boldsymbol{u} = 0$이 성립한다. 이를 전개하여 k에 대해 정리하면 다음과 같다.

$$\boldsymbol{x} \cdot \boldsymbol{u} - k\boldsymbol{u} \cdot \boldsymbol{u} = 0 \quad \Rightarrow \quad k = \frac{\boldsymbol{x} \cdot \boldsymbol{u}}{\boldsymbol{u} \cdot \boldsymbol{u}}$$

따라서 $\boldsymbol{x}$의 $\boldsymbol{y}$ 위로의 정사영을 구하면 다음과 같다.

$$\text{proj}_{\boldsymbol{y}}\boldsymbol{x} = k\boldsymbol{u} = \frac{\boldsymbol{x} \cdot \boldsymbol{u}}{\boldsymbol{u} \cdot \boldsymbol{u}}\boldsymbol{u}$$

한편, $\text{proj}_{\boldsymbol{y}}\boldsymbol{x} = \frac{\boldsymbol{x} \cdot \boldsymbol{u}}{\boldsymbol{u} \cdot \boldsymbol{u}}\boldsymbol{u}$에 $\boldsymbol{u} = \frac{\boldsymbol{y}}{\|\boldsymbol{y}\|}$를 대입하여 전개하면 다음과 같다.

$$\begin{aligned}\text{proj}_{\boldsymbol{y}}\boldsymbol{x} &= \frac{\boldsymbol{x} \cdot \boldsymbol{u}}{\boldsymbol{u} \cdot \boldsymbol{u}}\boldsymbol{u} \\ &= \left(\boldsymbol{x} \cdot \frac{\boldsymbol{y}}{\|\boldsymbol{y}\|}\right)\frac{\boldsymbol{y}}{\|\boldsymbol{y}\|} \qquad (\because \|\boldsymbol{u}\|^2 = \boldsymbol{u} \cdot \boldsymbol{u} = 1) \\ &= \frac{\boldsymbol{x} \cdot \boldsymbol{y}}{\|\boldsymbol{y}\|\|\boldsymbol{y}\|}\boldsymbol{y} \\ &= \frac{\boldsymbol{x} \cdot \boldsymbol{y}}{\boldsymbol{y} \cdot \boldsymbol{y}}\boldsymbol{y}\end{aligned}$$

그러므로 $\text{proj}_{\boldsymbol{y}}\boldsymbol{x} = \frac{\boldsymbol{x} \cdot \boldsymbol{y}}{\boldsymbol{y} \cdot \boldsymbol{y}}\boldsymbol{y}$이다.

■

예제 6-35 정사영

벡터 $\boldsymbol{x} = (1, 2, 3)$과 $\boldsymbol{y} = (2, -2, 1)$에 대해 $\boldsymbol{x}$의 $\boldsymbol{y}$ 위로의 정사영 $\text{proj}_{\boldsymbol{y}}\boldsymbol{x}$를 구하라.

Tip
[정리 6-16]을 이용한다.

풀이

[정리 6-16]을 이용한다.

$$\begin{aligned}\text{proj}_{\boldsymbol{y}}\boldsymbol{x} = \frac{\boldsymbol{x} \cdot \boldsymbol{y}}{\boldsymbol{y} \cdot \boldsymbol{y}}\boldsymbol{y} &= \frac{(1, 2, 3) \cdot (2, -2, 1)}{(2, -2, 1) \cdot (2, -2, 1)}(2, -2, 1) \\ &= \frac{1}{9}(2, -2, 1)\end{aligned}$$

따라서 $\boldsymbol{x}$의 $\boldsymbol{y}$ 위로의 정사영은 $\text{proj}_{\boldsymbol{y}}\boldsymbol{x} = \frac{1}{9}(2, -2, 1)$이다.

내적공간

지금까지 $\mathbb{R}^n$ 공간에 대한 내적을 살펴보았다. 다음 [정의 6-25]에서 이러한 내적이 정의된 실벡터공간을 살펴보자.

정의 6-25 내적공간

내적이 정의된 실벡터공간을 **내적공간** inner product space 이라 한다. 즉 실벡터공간 V에 있는 임의의 두 벡터 $\boldsymbol{x}$와 $\boldsymbol{y}$에 대해, 다음 조건을 만족하는 내적 $\langle \boldsymbol{x}, \boldsymbol{y} \rangle$가 정의되면, 이 벡터공간을 내적공간이라 한다.

(1) 임의의 $\boldsymbol{x} \in V$에 대해, $\langle \boldsymbol{x}, \boldsymbol{x} \rangle \geq 0$이다. 특히, $\boldsymbol{x} = \boldsymbol{0}$일 때만 $\langle \boldsymbol{x}, \boldsymbol{x} \rangle = 0$이다.
(2) 임의의 $\boldsymbol{x}, \boldsymbol{y} \in V$에 대해, $\langle \boldsymbol{x}, \boldsymbol{y} \rangle = \langle \boldsymbol{y}, \boldsymbol{x} \rangle$이다.
(3) 임의의 $\boldsymbol{x}, \boldsymbol{y}, \boldsymbol{z} \in V$, 스칼라 α, β에 대해, $\langle \alpha\boldsymbol{x} + \beta\boldsymbol{y}, \boldsymbol{z} \rangle = \alpha\langle \boldsymbol{x}, \boldsymbol{z} \rangle + \beta\langle \boldsymbol{y}, \boldsymbol{z} \rangle$이다.

$\mathbb{R}^n$ 공간은 다음과 같은 내적이 정의된 대표적인 내적공간이다.

$$\langle \boldsymbol{x}, \boldsymbol{y} \rangle = \boldsymbol{x}^\top \boldsymbol{y}$$

$\mathbb{R}^n$ 공간에서는 내적을 $\langle \boldsymbol{x}, \boldsymbol{y} \rangle$보다는 $\boldsymbol{x} \cdot \boldsymbol{y}$로 나타낸다. $\mathbb{R}^n$ 공간에 있는 $\boldsymbol{w} = (w_1, w_2, \cdots, w_n)$의 모든 성분이 양의 실수라면, 다음과 같이 정의된 연산도 내적이다.

$$\langle \boldsymbol{x}, \boldsymbol{y} \rangle = \sum_{i=1}^{n} w_i x_i y_i$$

일반화된 내적공간 V에서 벡터 $\boldsymbol{v}$의 크기를 나타내는 노름은 $\mathbb{R}^n$ 공간에서와 마찬가지로 다음과 같이 정의된다.

$$\|\boldsymbol{v}\| = \sqrt{\langle \boldsymbol{v}, \boldsymbol{v} \rangle}$$

일반화된 내적공간 V에서 벡터 $\boldsymbol{u}$의 벡터 $\boldsymbol{v}$ 위로의 정사영 $\text{proj}_{\boldsymbol{v}}\boldsymbol{u}$는 다음과 같다.

$$\text{proj}_{\boldsymbol{v}}\boldsymbol{u} = \frac{\langle \boldsymbol{u}, \boldsymbol{v} \rangle}{\langle \boldsymbol{v}, \boldsymbol{v} \rangle}\boldsymbol{v}$$

예제 6-36 내적공간

$\mathbb{R}^n$ 공간의 $\boldsymbol{x}=(x_1, x_2, \cdots, x_n)$과 $\boldsymbol{y}=(y_1, y_2, \cdots, y_n)$에 대해, 모든 성분이 양의 실수인 $\boldsymbol{w}=(w_1, w_2, \cdots, w_n)$을 사용하여 다음과 같이 정의한 연산 $\langle \boldsymbol{x}, \boldsymbol{y} \rangle$가 내적임을 보여라.

> **Tip**
> [정의 6-25]의 내적공간의 세 가지 조건을 만족함을 보인다.

$$\langle \boldsymbol{x}, \boldsymbol{y} \rangle = \sum_{i=1}^{n} w_i x_i y_i$$

풀이

$\langle \boldsymbol{x}, \boldsymbol{y} \rangle$가 내적임을 보이기 위해 [정의 6-25]의 세 가지 조건이 성립함을 보인다.

(1) 임의의 $\boldsymbol{x} \in \mathbb{R}^n$에 대해 $\langle \boldsymbol{x}, \boldsymbol{x} \rangle \geq 0$이고, $\boldsymbol{x}=\mathbf{0}$일 때만 $\langle \boldsymbol{x}, \boldsymbol{x} \rangle = 0$임을 보이자.
주어진 연산에 의해, $\langle \boldsymbol{x}, \boldsymbol{x} \rangle = w_1 x_1^2 + w_2 x_2^2 + \cdots + w_n x_n^2$이다.
여기서 모든 i에 대해 $w_i > 0$이고 $x_i^2 \geq 0$이므로 $\langle \boldsymbol{x}, \boldsymbol{x} \rangle \geq 0$이다.
한편 $\boldsymbol{x}=\mathbf{0}$라면, 모든 i에 대해 $x_i = 0$이므로, $\langle \boldsymbol{x}, \boldsymbol{x} \rangle = 0$이다.
따라서 $\boldsymbol{x}=\mathbf{0}$일 때만 $\langle \boldsymbol{x}, \boldsymbol{x} \rangle = 0$이다.

(2) 임의의 $\boldsymbol{x}, \boldsymbol{y} \in \mathbb{R}^n$에 대해 $\langle \boldsymbol{x}, \boldsymbol{y} \rangle = \langle \boldsymbol{y}, \boldsymbol{x} \rangle$임을 보이자.
주어진 연산에 의해, $\langle \boldsymbol{x}, \boldsymbol{y} \rangle = \sum_{i=1}^{n} w_i x_i y_i$이고 $\langle \boldsymbol{y}, \boldsymbol{x} \rangle = \sum_{i=1}^{n} w_i y_i x_i$이다.
따라서 $\langle \boldsymbol{x}, \boldsymbol{y} \rangle = \langle \boldsymbol{y}, \boldsymbol{x} \rangle$이다.

(3) 임의의 $\boldsymbol{x}, \boldsymbol{y}, \boldsymbol{z} \in \mathbb{R}^n$, 스칼라 α, β에 대해 $\langle \alpha\boldsymbol{x} + \beta\boldsymbol{y}, \boldsymbol{z} \rangle = \alpha\langle \boldsymbol{x}, \boldsymbol{z} \rangle + \beta\langle \boldsymbol{y}, \boldsymbol{z} \rangle$임을 보이자. $\boldsymbol{z}=(z_1, z_2, \cdots, z_n)$이라고 하면, 다음 식이 성립한다.

$$\langle \alpha\boldsymbol{x} + \beta\boldsymbol{y}, \boldsymbol{z} \rangle = \sum_{i=1}^{n} (\alpha w_i x_i + \beta w_i y_i) z_i = \sum_{i=1}^{n} (\alpha w_i x_i z_i + \beta w_i y_i z_i)$$

$$\alpha\langle \boldsymbol{x}, \boldsymbol{z} \rangle + \beta\langle \boldsymbol{y}, \boldsymbol{z} \rangle = \alpha\sum_{i=1}^{n} w_i x_i z_i + \beta\sum_{i=1}^{n} w_i y_i z_i = \sum_{i=1}^{n} (\alpha w_i x_i z_i + \beta w_i y_i z_i)$$

따라서 $\langle \alpha\boldsymbol{x} + \beta\boldsymbol{y}, \boldsymbol{z} \rangle = \alpha\langle \boldsymbol{x}, \boldsymbol{z} \rangle + \beta\langle \boldsymbol{y}, \boldsymbol{z} \rangle$이다.

위 세 가지 조건을 모두 만족하므로 $\langle \boldsymbol{x}, \boldsymbol{y} \rangle$는 내적이다.

$\mathbb{R}^{m \times n}$ 공간의 행렬 A와 B에 대해, 다음과 같이 정의된 내적을 갖는 행렬로 구성된 벡터공간은 내적공간이다.

$$\langle A, B \rangle = \sum_{i=1}^{m} \sum_{j=1}^{n} a_{ij} b_{ij}$$

다음 [예제 6-37]은 이러한 행렬에 대해 정의된 내적의 예이다.

예제 6-37 행렬에 대한 내적공간

$\mathbb{R}^{m\times n}$ 공간의 행렬 $A=[a_{ij}]_{m\times n}$과 $B=[b_{ij}]_{m\times n}$에 대해, 다음과 같이 정의된 연산 $\langle A, B\rangle$가 내적임을 보여라.

$$\langle A, B\rangle = \sum_{i=1}^{m}\sum_{j=1}^{n} a_{ij}b_{ij}$$

Tip
[정의 6-25]의 내적공간의 세 가지 조건을 만족함을 보인다.

풀이

$\langle A, B\rangle$가 내적임을 보이기 위해 [정의 6-25]의 세 가지 조건이 성립함을 보인다.

(1) 임의의 $A\in\mathbb{R}^{m\times n}$에 대해 $\langle A, A\rangle\geq 0$이고, $A=\mathbf{0}$일 때만 $\langle A, A\rangle=0$임을 보이자.

주어진 연산에 의해, $\langle A, A\rangle = \sum_{i=1}^{m}\sum_{j=1}^{n} a_{ij}a_{ij} = \sum_{i=1}^{m}\sum_{j=1}^{n} a_{ij}^2$이다.

여기서 모든 i, j에 대해 $a_{ij}^2\geq 0$이므로, $\langle A, A\rangle\geq 0$이다.

한편 $A=\mathbf{0}$이라면, 모든 i, j에 대해 $a_{ij}^2=0$이므로, $\langle A, A\rangle=0$이다.

따라서 $A=\mathbf{0}$일 때만 $\langle A, A\rangle=0$이다.

(2) 임의의 $A, B\in\mathbb{R}^{m\times n}$에 대해 $\langle A, B\rangle=\langle B, A\rangle$임을 보이자.

주어진 연산에 의해, $\langle A, B\rangle = \sum_{i=1}^{m}\sum_{j=1}^{n} a_{ij}b_{ij}$이고 $\langle B, A\rangle = \sum_{i=1}^{m}\sum_{j=1}^{n} b_{ij}a_{ij}$이다.

따라서 $\langle A, B\rangle=\langle B, A\rangle$이다.

(3) 임의의 $A, B, C\in\mathbb{R}^{m\times n}$, 스칼라 α, β에 대해 $\langle \alpha A+\beta B, C\rangle=\alpha\langle A, C\rangle+\beta\langle B, C\rangle$임을 보이자. $C=[c_{ij}]_{m\times n}$이라 하면, 다음 식이 성립한다.

$$\langle \alpha A+\beta B, C\rangle = \sum_{i=1}^{m}\sum_{j=1}^{n}(\alpha a_{ij}+\beta b_{ij})c_{ij}$$

$$\alpha\langle A, C\rangle+\beta\langle B, C\rangle = \sum_{i=1}^{m}\sum_{j=1}^{n}\alpha a_{ij}c_{ij}+\sum_{i=1}^{m}\sum_{j=1}^{n}\beta b_{ij}c_{ij}$$

따라서 $\langle \alpha A+\beta B, C\rangle=\alpha\langle A, C\rangle+\beta\langle B, C\rangle$이다.

위 세 가지 조건을 만족하므로 $\langle A, B\rangle$는 내적이다.

구간 $[a, b]$에서 연속인 실함수 $f(x)$, $g(x)$에 대해, 다음과 같이 정의된 내적을 갖는 함수로 구성된 벡터공간은 내적공간이다.

$$\langle f, g \rangle = \int_a^b f(x)g(x)dx$$

$w(x)$가 구간 $[a, b]$에서 연속인 실함수라면, 다음과 같이 정의된 연산도 내적이다.

$$\langle f, g \rangle = \int_a^b w(x)f(x)g(x)dx$$

다음 [예제 6-38]은 함수에 대해 정의된 내적과 노름의 예이다.

예제 6-38 함수의 내적과 노름

구간 $[0, 1]$에서 연속인 함수 $f(x)$, $g(x)$에 대해 내적을 다음과 같이 정의한다고 하자.

$$\langle f, g \rangle = \int_0^1 f(x)g(x)dx$$

이때 다음 함수 f, g의 내적과, 각 함수의 노름을 구하라.

$$f(t) = t - 3t^2, \quad g(t) = t^2$$

> **Tip**
> 함수의 내적과 [정의 6-19]의 노름의 정의를 이용한다.

풀이

두 함수의 내적 $\langle f, g \rangle$를 구하면 다음과 같다.

$$\langle f, g \rangle = \int_0^1 (t-3t^2)t^2 dt = \int_0^1 (t^3 - 3t^4)dt = \left.\frac{t^4}{4} - \frac{3}{5}t^5\right|_0^1 = \frac{1}{4} - \frac{3}{5} = -\frac{7}{20}$$

f의 노름을 구하면 다음과 같다.

$$\begin{aligned}\|f\| &= \sqrt{\int_0^1 (t-3t^2)^2 dt} = \sqrt{\int_0^1 (t^2 - 6t^3 + 9t^4)dt} \\ &= \sqrt{\left(\frac{t^3}{3} - \frac{6}{4}t^4 + \frac{9}{5}t^5\right)\Big|_0^1} = \sqrt{\frac{1}{3} - \frac{3}{2} + \frac{9}{5}} = \sqrt{\frac{19}{30}}\end{aligned}$$

g의 노름을 구하면 다음과 같다.

$$\|g\| = \sqrt{\int_0^1 t^4 dt} = \sqrt{\left.\frac{t^5}{5}\right|_0^1} = \sqrt{\frac{1}{5}} = \frac{1}{\sqrt{5}}$$

정의 6-26 노름공간

노름이 정의된 벡터공간을 **노름공간** normed space이라 한다. 즉 벡터공간 V에 있는 임의의 벡터 $\boldsymbol{v}$에 대해, 다음 조건을 만족하는 노름 $\|\boldsymbol{v}\|$가 정의되면, 이 벡터공간을 노름공간이라 한다.

(1) 임의의 $\boldsymbol{v} \in V$에 대해 $\|\boldsymbol{v}\| \geq 0$이다. 특히, $\boldsymbol{v} = \mathbf{0}$일 때만 $\|\boldsymbol{v}\| = 0$이다.
(2) 임의의 $\boldsymbol{v} \in V$와 스칼라 α에 대해, $\|\alpha\boldsymbol{v}\| = |\alpha|\|\boldsymbol{v}\|$이다.
(3) 임의의 $\boldsymbol{u}, \boldsymbol{v} \in V$에 대해, $\|\boldsymbol{u}+\boldsymbol{v}\| \leq \|\boldsymbol{u}\|+\|\boldsymbol{v}\|$이다.

벡터공간 $\mathbb{R}^n$에 있는 벡터 $\boldsymbol{v} \in \mathbb{R}^n$의 노름을 $\|\boldsymbol{v}\| = \sqrt{\boldsymbol{v}^\top \boldsymbol{v}}$로 정의하면, $\mathbb{R}^n$ 공간은 노름공간이 된다. 벡터공간 V에 내적이 정의되면, 벡터 $\boldsymbol{v} \in V$의 노름 $\|\boldsymbol{v}\|$는 $\|\boldsymbol{v}\| = \sqrt{\boldsymbol{v} \cdot \boldsymbol{v}}$로 정의되므로 내적공간은 당연히 노름공간이 된다. 반면, 노름이 정의된다고 내적이 정의되지는 않으므로, 노름공간이 항상 내적공간인 것은 아니다. 벡터공간에서 내적공간과 노름공간은 [그림 6-17]과 같은 포함관계를 갖는다.

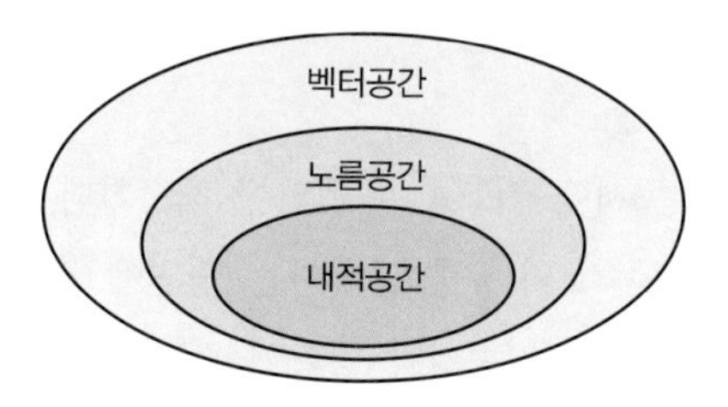

[그림 6-17] **벡터공간, 노름공간, 내적공간의 포함관계**

예제 6-39 노름공간과 내적공간

노름공간이지만 내적공간은 아닌 벡터공간의 예를 찾으라.

> **Tip**
> 노름 중에서 내적으로 표현되지 않는 것을 찾아본다.

풀이

벡터공간 $\mathbb{R}^n$의 노름을 최댓값 노름 $\|\boldsymbol{x}\|_\infty = \max(|x_1|, \cdots, |x_n|)$으로 하면, 이 벡터공간은 노름공간이다. 한편, 최댓값 노름은 내적으로 표현될 수 없다. 따라서 최댓값 노름을 사용하는 $\mathbb{R}^n$ 공간은 노름공간이기는 하지만, 내적공간은 아니다.

SECTION

6.4 벡터의 외적

벡터의 외적

3차원 실벡터공간인 $\mathbb{R}^3$ 공간에서 정의되는 특별한 벡터 연산으로 외적이 있다. 외적은 두 벡터에 동시에 직교하는 벡터를 구할 때 사용한다.

정의 6-27 외적

$\mathbb{R}^3$ 공간의 벡터 $\boldsymbol{x} = (x_1, x_2, x_3)$와 $\boldsymbol{y} = (y_1, y_2, y_3)$의 **외적**cross product,vector product $\boldsymbol{x} \times \boldsymbol{y}$는 다음과 같이 정의된다. $\boldsymbol{x} \times \boldsymbol{y}$는 '$\boldsymbol{x}$ cross $\boldsymbol{y}$'라고 읽는다.

$$\boldsymbol{x} \times \boldsymbol{y} = (x_2y_3 - x_3y_2,\ x_3y_1 - x_1y_3,\ x_1y_2 - x_2y_1)$$

$\mathbb{R}^3$ 공간의 두 벡터 $\boldsymbol{x}$, $\boldsymbol{y}$의 외적 $\boldsymbol{x} \times \boldsymbol{y}$는 $\boldsymbol{x}$와 $\boldsymbol{y}$에 동시에 직교하는 벡터에 해당한다. $\boldsymbol{x}$와 $\boldsymbol{y}$가 평행하지 않으면, [그림 6-18]과 같이 $\boldsymbol{x} \times \boldsymbol{y}$는 $\boldsymbol{x}$와 $\boldsymbol{y}$를 포함하는 평면에 직교하는 벡터가 된다. $\boldsymbol{x} \times \boldsymbol{y}$의 방향은 오른손 법칙에 따라 엄지손가락 방향에 해당한다.

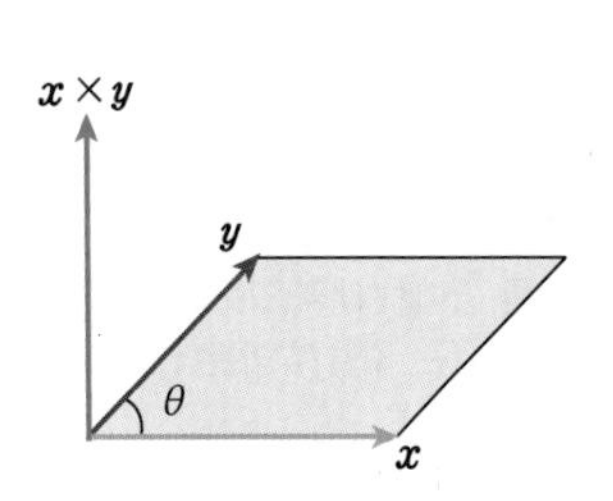

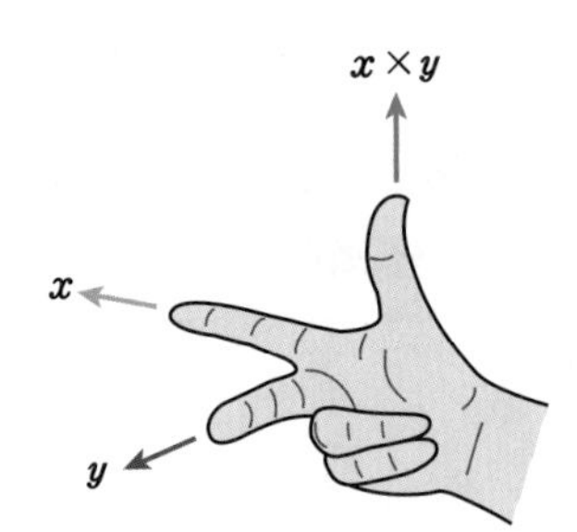

[그림 6-18] **벡터의 외적**

외적은 $\mathbb{R}^3$ 공간의 x축, y축, z축에 대한 표준기저 $\boldsymbol{i}=(1, 0, 0)$, $\boldsymbol{j}=(0, 1, 0)$, $\boldsymbol{k}=(0, 0, 1)$을 사용하여 다음과 같이 행렬식으로 표현할 수도 있다.

$$\begin{aligned}\boldsymbol{x}\times\boldsymbol{y} &= \begin{vmatrix} \boldsymbol{i} & \boldsymbol{j} & \boldsymbol{k} \\ x_1 & x_2 & x_3 \\ y_1 & y_2 & y_3 \end{vmatrix} \\ &= \begin{vmatrix} x_2 & x_3 \\ y_2 & y_3 \end{vmatrix}\boldsymbol{i} - \begin{vmatrix} x_1 & x_3 \\ y_1 & y_3 \end{vmatrix}\boldsymbol{j} + \begin{vmatrix} x_1 & x_2 \\ y_1 & y_2 \end{vmatrix}\boldsymbol{k} \\ &= \left(\begin{vmatrix} x_2 & x_3 \\ y_2 & y_3 \end{vmatrix}, -\begin{vmatrix} x_1 & x_3 \\ y_1 & y_3 \end{vmatrix}, \begin{vmatrix} x_1 & x_2 \\ y_1 & y_2 \end{vmatrix}\right) \\ &= (x_2y_3-x_3y_2,\ x_3y_1-x_1y_3,\ x_1y_2-x_2y_1)\end{aligned}$$

참고 외적의 공식 유도

$\mathbb{R}^3$ 공간에서 벡터 $\boldsymbol{x}=(x_1, x_2, x_3)$와 $\boldsymbol{y}=(y_1, y_2, y_3)$에 동시에 직교하는 벡터 $\boldsymbol{z}=(z_1, z_2, z_3)$가 있다고 하자. 이들 벡터는 서로 직교하므로 다음 관계가 성립한다.

$$\boldsymbol{x}\cdot\boldsymbol{z}=(x_1, x_2, x_3)\cdot(z_1, z_2, z_3)=x_1z_1+x_2z_2+x_3z_3=0$$
$$\boldsymbol{y}\cdot\boldsymbol{z}=(y_1, y_2, y_3)\cdot(z_1, z_2, z_3)=y_1z_1+y_2z_2+y_3z_3=0$$

이들 관계로부터 다음 연립선형방정식을 얻는다.

$$\begin{cases} x_1z_1+x_2z_2+x_3z_3=0 & \cdots ① \\ y_1z_1+y_2z_2+y_3z_3=0 & \cdots ② \end{cases}$$

①의 양변에 y_3를 곱한 식에서 ②의 양변에 x_3를 곱한 식을 빼면 다음 방정식을 얻는다.

$$(x_1y_3-x_3y_1)z_1+(x_2y_3-x_3y_2)z_2=0$$

위 방정식에 대해 다음 값은 해가 될 수 있다.

$$z_1=x_2y_3-x_3y_2, \qquad z_2=x_3y_1-x_1y_3$$

위 값들을 ①에 대입하면 $z_3=x_1y_2-x_2y_1$이다.
따라서 $\boldsymbol{z}=(x_2y_3-x_3y_2, x_3y_1-x_1y_3, x_1y_2-x_2y_1)$은 두 벡터 $\boldsymbol{x}$와 $\boldsymbol{y}$에 모두 직교하는 벡터로, 외적 $\boldsymbol{x}\times\boldsymbol{y}$와 일치함을 알 수 있다.

예제 6-40 외적 계산

벡터 $\boldsymbol{x} = (1,\ 2,\ 3)$과 $\boldsymbol{y} = (-1,\ 1,\ 2)$의 외적 $\boldsymbol{x}\times\boldsymbol{y}$를 계산하라.

Tip
[정의 6-27]의 외적의 정의를 이용한다.

풀이

$$\boldsymbol{x}\times\boldsymbol{y} = \begin{vmatrix} \boldsymbol{i} & \boldsymbol{j} & \boldsymbol{k} \\ 1 & 2 & 3 \\ -1 & 1 & 2 \end{vmatrix}$$

$$= \begin{vmatrix} 2 & 3 \\ 1 & 2 \end{vmatrix}\boldsymbol{i} - \begin{vmatrix} 1 & 3 \\ -1 & 2 \end{vmatrix}\boldsymbol{j} + \begin{vmatrix} 1 & 2 \\ -1 & 1 \end{vmatrix}\boldsymbol{k}$$

$$= \left(\begin{vmatrix} 2 & 3 \\ 1 & 2 \end{vmatrix},\ -\begin{vmatrix} 1 & 3 \\ -1 & 2 \end{vmatrix},\ \begin{vmatrix} 1 & 2 \\ -1 & 1 \end{vmatrix}\right)$$

$$= (4-3,\ -(2+3),\ 1+2) = (1,\ -5,\ 3)$$

정리 6-17 $\mathbb{R}^3$ 공간 벡터의 표준기저에 대한 외적의 성질

증명

$\mathbb{R}^3$ 공간의 표준기저 $\boldsymbol{i},\ \boldsymbol{j},\ \boldsymbol{k}$의 외적에 대하여, 다음 성질이 성립한다.

(1) $\boldsymbol{i}\times\boldsymbol{i} = \boldsymbol{j}\times\boldsymbol{j} = \boldsymbol{k}\times\boldsymbol{k} = \boldsymbol{0}$

(2) $\boldsymbol{i}\times\boldsymbol{j} = \boldsymbol{k},\ \boldsymbol{j}\times\boldsymbol{k} = \boldsymbol{i},\ \boldsymbol{k}\times\boldsymbol{i} = \boldsymbol{j}$

(3) $\boldsymbol{i}\times\boldsymbol{k} = -\boldsymbol{j},\ \boldsymbol{j}\times\boldsymbol{i} = -\boldsymbol{k},\ \boldsymbol{k}\times\boldsymbol{j} = -\boldsymbol{i}$

정리 6-18 $\mathbb{R}^3$ 공간 벡터의 외적의 성질

$\mathbb{R}^3$ 공간의 벡터 $\boldsymbol{x},\ \boldsymbol{y},\ \boldsymbol{z}$와 스칼라 c에 대해서 다음 성질이 성립한다.

(1) $\boldsymbol{x}\times\boldsymbol{y} = -\boldsymbol{y}\times\boldsymbol{x}$

(2) $\boldsymbol{x}\times(\boldsymbol{y}+\boldsymbol{z}) = (\boldsymbol{x}\times\boldsymbol{y}) + (\boldsymbol{x}\times\boldsymbol{z})$

(3) $(\boldsymbol{x}+\boldsymbol{y})\times\boldsymbol{z} = (\boldsymbol{x}\times\boldsymbol{z}) + (\boldsymbol{y}\times\boldsymbol{z})$

(4) $c(\boldsymbol{x}\times\boldsymbol{y}) = (c\boldsymbol{x})\times\boldsymbol{y} = \boldsymbol{x}\times(c\boldsymbol{y})$

(5) $\boldsymbol{x}\times\boldsymbol{0} = \boldsymbol{0}\times\boldsymbol{x} = \boldsymbol{0}$

(6) $\boldsymbol{x}\times\boldsymbol{x} = \boldsymbol{0}$

증명

$\boldsymbol{x} = (x_1,\ x_2,\ \cdots,\ x_n)$, $\boldsymbol{y} = (y_1,\ y_2,\ \cdots,\ y_n)$, $\boldsymbol{z} = (z_1,\ z_2,\ \cdots,\ z_n)$이라 하자.

(1) $\boldsymbol{x}\times\boldsymbol{y} = (x_2y_3 - x_3y_2,\ x_3y_1 - x_1y_3,\ x_1y_2 - x_2y_1)$

$$\boldsymbol{y}\times\boldsymbol{x} = (y_2x_3 - y_3x_2,\ y_3x_1 - y_1x_3,\ y_1x_2 - y_2x_1)$$

$$= -(x_2y_3 - x_3y_2,\ x_3y_1 - x_1y_3,\ x_1y_2 - x_2y_1) = -\boldsymbol{x}\times\boldsymbol{y}$$

(2) $\boldsymbol{x}\times(\boldsymbol{y}+\boldsymbol{z})=(x_2(y_3+z_3)-x_3(y_2+z_2),\ x_3(y_1+z_1)-x_1(y_3+z_3),$

$x_1(y_2+z_2)-x_2(y_1+z_1))$

$=(x_2y_3-x_3y_2+x_2z_3-x_3z_2,\ x_3y_1-x_1y_3+x_3z_1-x_1z_3,$

$x_1y_2-x_2y_1+x_1z_2-x_2z_1)$

$=(x_2y_3-x_3y_2,\ x_3y_1-x_1y_3,\ x_1y_2-x_2y_1)+$

$(x_2z_3-x_3z_2,\ x_3z_1-x_1z_3,\ x_1z_2-x_2z_1)$

$=(\boldsymbol{x}\times\boldsymbol{y})+(\boldsymbol{x}\times\boldsymbol{z})$

(3) $(\boldsymbol{x}+\boldsymbol{y})\times\boldsymbol{z}=((x_2+y_2)z_3-(x_3+y_3)z_2,\ (x_3+y_3)z_1-(x_1+y_1)z_3,$

$(x_1+y_1)z_2-(x_2+y_2)z_1)$

$=(x_2z_3-x_3z_2+y_2z_3-y_3z_2,\ x_3z_1-x_1z_3+y_3z_1-y_1z_3,$

$x_1z_2-x_2z_1+y_1z_2-y_2z_1)$

$=(x_2z_3-x_3z_2,\ x_3z_1-x_1z_3,\ x_1z_2-x_2z_1)+$

$(y_2z_3-y_3z_2,\ y_3z_1-y_1z_3,\ y_1z_2-y_2z_1)$

$=(\boldsymbol{x}\times\boldsymbol{z})+(\boldsymbol{y}\times\boldsymbol{z})$

(4) $c(\boldsymbol{x}\times\boldsymbol{y})=(cx_2y_3-cx_3y_2,\ cx_3y_1-cx_1y_3,\ cx_1y_2-cx_2y_1)$

$(c\boldsymbol{x})\times\boldsymbol{y}=(cx_2y_3-cx_3y_2,\ cx_3y_1-cx_1y_3,\ cx_1y_2-cx_2y_1)$

$\boldsymbol{x}\times(c\boldsymbol{y})=(cx_2y_3-cx_3y_2,\ cx_3y_1-cx_1y_3,\ cx_1y_2-cx_2y_1)$

(5) $\boldsymbol{x}\times\mathbf{0}=(0,\ 0,\ \cdots,\ 0)=\mathbf{0}$

$\mathbf{0}\times\boldsymbol{x}=(0,\ 0,\ \cdots,\ 0)=\mathbf{0}$

(6) $\boldsymbol{x}\times\boldsymbol{x}=(x_2x_3-x_3x_2,\ x_3x_1-x_1x_3,\ x_1x_2-x_2x_1)=(0,\ 0,\ \cdots,\ 0)=\mathbf{0}$

■

예제 6-41 외적 계산

$\boldsymbol{x}=(1,\ 2,\ 3)$과 $\boldsymbol{y}=(-1,\ 1,\ 2)$에 대한 외적 $\boldsymbol{x}\times\boldsymbol{y}$와 $\boldsymbol{y}\times\boldsymbol{x}$를 구하라.

Tip
[정의 6-27]의 외적의 정의를 이용한다.

풀이

$$\boldsymbol{x}\times\boldsymbol{y}=(x_2y_3-x_3y_2,\ x_3y_1-x_1y_3,\ x_1y_2-x_2y_1)$$
$$=(4-3,\ -3-2,\ 1+2)=(1,\ -5,\ 3)$$

$$y \times x = (y_2x_3 - y_3x_2,\ y_3x_1 - y_1x_3,\ y_1x_2 - y_2x_1)$$
$$= (3-4,\ 2+3,\ -2-1) = (-1,\ 5,\ -3) = -(1,\ -5,\ 3)$$

따라서 $\boldsymbol{x} \times \boldsymbol{y} = -\boldsymbol{y} \times \boldsymbol{x}$임을 알 수 있다.

참고 외적 용어의 혼용

벡터의 외적은 두 종류의 연산을 가리키는 데 사용된다. 하나는 [정의 6-27]에서 정의한 3차원 공간의 두 벡터 $\boldsymbol{x}$와 $\boldsymbol{y}$에 수직인 벡터를 만들어내는 외적cross product $\boldsymbol{x} \times \boldsymbol{y}$이다. 다른 하나는 두 개의 벡터 $\boldsymbol{x}$와 $\boldsymbol{y}$에 대해서 $\boldsymbol{x}\boldsymbol{y}^\top$ 연산을 하는 외적outer product $\boldsymbol{x} \otimes \boldsymbol{y}$이다. 외적 $\boldsymbol{x} \times \boldsymbol{y}$의 결과는 [정의 6-27]에서 본 바와 같이 벡터이지만, 외적 $\boldsymbol{x} \otimes \boldsymbol{y}$의 결과는 행렬이다. 예를 들어 $\boldsymbol{x}$와 $\boldsymbol{y}$가 3차원 벡터이면, 외적 $\boldsymbol{x} \otimes \boldsymbol{y}$의 결과는 다음과 같이 3×3 행렬이다.

$$\boldsymbol{x} = \begin{bmatrix} u_1 \\ u_2 \\ u_3 \end{bmatrix}, \quad \boldsymbol{y} = \begin{bmatrix} v_1 \\ v_2 \\ v_3 \end{bmatrix}, \quad \boldsymbol{x} \times \boldsymbol{y} = \begin{bmatrix} x_1y_1 & x_1y_2 & x_1y_3 \\ x_2y_1 & x_2y_2 & x_2y_3 \\ x_3y_1 & x_3y_2 & x_3y_3 \end{bmatrix}$$

외적 $\boldsymbol{x} \times \boldsymbol{y}$는 $\mathbb{R}^3$ 공간의 벡터에 대해서만 적용되며, 외적 $\boldsymbol{x} \otimes \boldsymbol{y}$는 차원에 상관없이 적용될 수 있다. 이처럼 외적은 두 종류의 연산을 가리키므로, 외적이 언급되면 둘 중에 어떤 외적을 의미하는지 유의해야 한다.

벡터 외적의 기하학적 의미

평면과 직교하는 벡터를 법선벡터라고 한다. [그림 6-19]는 평면에 대한 법선벡터를 보여준다. 그림에서 각 평면의 법선벡터는 평면을 구성하는 선분에 해당하는 벡터들의 외적을 통해 구할 수 있다. 컴퓨터 그래픽스에서 물체 표면에 현실감을 더하도록 색상을 입히는 작업인 쉐이딩shading을 할 때, 평면의 법선벡터는 매우 중요하게 사용된다. $\mathbb{R}^3$ 공간에서 평면의 법선벡터를 구할 때 외적을 사용한다.

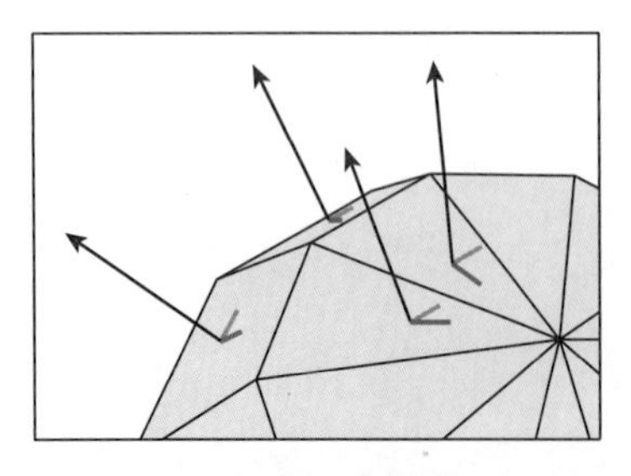

[그림 6-19] **평면의 법선벡터**

외적은 평행사변형이나 삼각형의 넓이, 평행육면체의 부피를 계산하는 데도 사용된다.

정리 6-19 $\mathbb{R}^3$ 공간에 있는 벡터 외적의 노름과 평행사변형의 넓이

$\mathbb{R}^3$ 공간에서 벡터 $\boldsymbol{x}$, $\boldsymbol{y}$의 외적의 노름 $\|\boldsymbol{x}\times\boldsymbol{y}\|$는 $\boldsymbol{x}$와 $\boldsymbol{y}$가 만드는 평행사변형의 넓이이다.

증명

$\boldsymbol{x}\times\boldsymbol{y}=(x_2y_3-x_3y_2,\ x_3y_1-x_1y_3,\ x_1y_2-x_2y_1)$을 이용하면 다음이 성립한다.

$$\begin{aligned}\|\boldsymbol{x}\times\boldsymbol{y}\|^2&=(x_2y_3-x_3y_2)^2+(x_3y_1-x_1y_3)^2+(x_1y_2-x_2y_1)^2\\&=x_2^2y_3^2+x_3^2y_2^2+x_3^2y_1^2+x_1^2y_3^2+x_1^2y_2^2+x_2^2y_1^2-2x_2x_3y_2y_3-2x_1x_3y_1y_3\\&\quad-2x_1x_2y_1y_2\end{aligned}$$

한편, $\|\boldsymbol{x}\|^2\|\boldsymbol{y}\|^2-(\boldsymbol{x}\cdot\boldsymbol{y})^2$을 구하면 다음과 같다.

$$\begin{aligned}\|\boldsymbol{x}\|^2\|\boldsymbol{y}\|^2-(\boldsymbol{x}\cdot\boldsymbol{y})^2&=(x_1^2+x_2^2+x_3^2)(y_1^2+y_2^2+y_3^2)-(x_1y_1+x_2y_2+x_3y_3)^2\\&=x_2^2y_3^2+x_3^2y_2^2+x_3^2y_1^2+x_1^2y_3^2+x_1^2y_2^2+x_2^2y_1^2-2x_2x_3y_2y_3\\&\quad-2x_1x_3y_1y_3-2x_1x_2y_1y_2\end{aligned}$$

따라서 $\|\boldsymbol{x}\times\boldsymbol{y}\|^2=\|\boldsymbol{x}\|^2\|\boldsymbol{y}\|^2-(\boldsymbol{x}\cdot\boldsymbol{y})^2$이다. 이 성질을 이용하면, 다음이 성립한다.

$$\begin{aligned}\|\boldsymbol{x}\times\boldsymbol{y}\|^2&=\|\boldsymbol{x}\|^2\|\boldsymbol{y}\|^2-(\boldsymbol{x}\cdot\boldsymbol{y})^2\\&=\|\boldsymbol{x}\|^2\|\boldsymbol{y}\|^2-\|\boldsymbol{x}\|^2\|\boldsymbol{y}\|^2\cos^2\theta\\&=\|\boldsymbol{x}\|^2\|\boldsymbol{y}\|^2(1-\cos^2\theta)\\&=\|\boldsymbol{x}\|^2\|\boldsymbol{y}\|^2\sin^2\theta\end{aligned}$$

그러므로 $\|\boldsymbol{x}\times\boldsymbol{y}\|=\|\boldsymbol{x}\|\|\boldsymbol{y}\|\sin\theta$이다.

$\|\boldsymbol{x}\|\|\boldsymbol{y}\|\sin\theta$는 다음 그림과 같이 $\boldsymbol{x}$와 $\boldsymbol{y}$를 양변으로 하는 평행사변형의 밑변 길이 $\|\boldsymbol{x}\|$와 높이 $\|\boldsymbol{y}\|\sin\theta$의 곱을 나타내므로, $\|\boldsymbol{x}\times\boldsymbol{y}\|$는 $\boldsymbol{x}$와 $\boldsymbol{y}$가 만드는 평행사변형의 넓이이다.

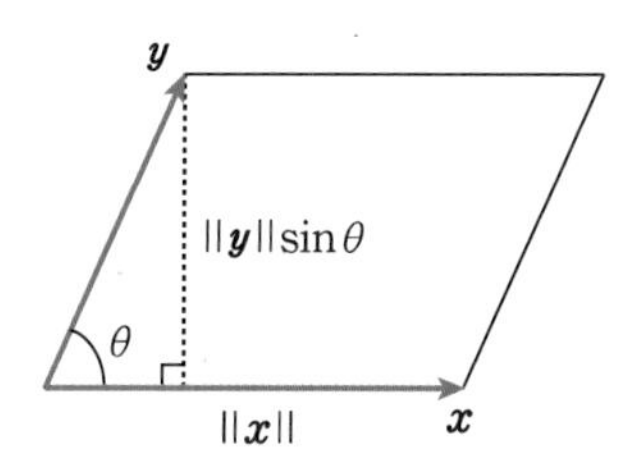

■

예제 6-42 삼각형의 넓이

세 점 $A=(1,\ 2,\ 3)$, $B=(0,\ 5,\ 2)$, $C=(2,\ 2,\ 4)$를 꼭짓점으로 하는 삼각형의 넓이를 구하라.

> **Tip**
> 외적의 노름을 이용하여 평행사변형의 넓이를 구한다. 평행사변형 넓이의 절반이 삼각형의 넓이이다.

풀이

평행사변형의 두 변에 대응하는 벡터를 구하면 $\overrightarrow{AB}=(-1,\ 3,\ -1)$, $\overrightarrow{AC}=(1,\ 0,\ 1)$이다. 이 두 벡터에 대해, 외적 $\overrightarrow{AB}\times\overrightarrow{AC}$를 구하면 다음과 같다.

$$\begin{aligned}\overrightarrow{AB}\times\overrightarrow{AC} &= \begin{vmatrix}3 & -1\\ 0 & 1\end{vmatrix}\boldsymbol{i}-\begin{vmatrix}-1 & -1\\ 1 & 1\end{vmatrix}\boldsymbol{j}+\begin{vmatrix}-1 & 3\\ 1 & 0\end{vmatrix}\boldsymbol{k}\\ &= \left(\begin{vmatrix}3 & -1\\ 0 & 1\end{vmatrix},\ -\begin{vmatrix}-1 & -1\\ 1 & 1\end{vmatrix},\ \begin{vmatrix}-1 & 3\\ 1 & 0\end{vmatrix}\right)\\ &= (3,\ 0,\ -3)\end{aligned}$$

즉, $\overrightarrow{AB}\times\overrightarrow{AC}$의 노름은 $\sqrt{3^2+0^2+(-3)^2}=3\sqrt{2}$이므로, 평행사변형의 넓이는 $3\sqrt{2}$이다. 삼각형의 넓이는 평행사변형 넓이의 $\frac{1}{2}$이므로, 삼각형의 넓이는 $\frac{3\sqrt{2}}{2}$이다.

$\mathbb{R}^3$ 공간의 벡터에 대한 특별한 연산으로 다음 [정의 6-28]의 스칼라 삼중적이 있다.

정의 6-28 스칼라 삼중적

$\mathbb{R}^3$ 공간의 벡터 $\boldsymbol{x}$, $\boldsymbol{y}$, $\boldsymbol{z}$에 대한 연산 $\boldsymbol{x}\cdot(\boldsymbol{y}\times\boldsymbol{z})$를 **스칼라 삼중적**scalar triple product 또는 **삼중곱**이라고 한다.

정리 6-20 $\mathbb{R}^3$ 공간에서의 스칼라 삼중적의 절댓값과 평행육면체의 부피

$\mathbb{R}^3$ 공간의 벡터 $\boldsymbol{x}=(x_1,\ x_2,\ x_3)$, $\boldsymbol{y}=(y_1,\ y_2,\ y_3)$, $\boldsymbol{z}=(z_1,\ z_2,\ z_3)$에 대한 스칼라 삼중적의 절댓값 $|\boldsymbol{x}\cdot(\boldsymbol{y}\times\boldsymbol{z})|$는 이들 벡터가 만드는 평행육면체의 부피이다.

증명

$\boldsymbol{x}=(x_1,\ x_2,\ x_3)$, $\boldsymbol{y}=(y_1,\ y_2,\ y_3)$, $\boldsymbol{z}=(z_1,\ z_2,\ z_3)$에 대하여 스칼라 삼중적 $\boldsymbol{x}\cdot(\boldsymbol{y}\times\boldsymbol{z})$를 전개하면 다음과 같은 행렬식이 된다.

$$\begin{aligned}\boldsymbol{x}\cdot(\boldsymbol{y}\times\boldsymbol{z}) &= (x_1,\ x_2,\ x_3)\cdot\left(\begin{vmatrix}y_2 & y_3\\ z_2 & z_3\end{vmatrix},\ -\begin{vmatrix}y_1 & y_3\\ z_1 & z_3\end{vmatrix},\ \begin{vmatrix}y_1 & y_2\\ z_1 & z_2\end{vmatrix}\right)\\ &= x_1\begin{vmatrix}y_2 & y_3\\ z_2 & z_3\end{vmatrix}-x_2\begin{vmatrix}y_1 & y_3\\ z_1 & z_3\end{vmatrix}+x_3\begin{vmatrix}y_1 & y_2\\ z_1 & z_2\end{vmatrix}=\begin{vmatrix}x_1 & x_2 & x_3\\ y_1 & y_2 & y_3\\ z_1 & z_2 & z_3\end{vmatrix}\end{aligned}$$

[정리 6-19]에 따르면 $\|\boldsymbol{y}\times\boldsymbol{z}\|$는 $\boldsymbol{y}$와 $\boldsymbol{z}$를 양변으로 하는 평행사변형의 넓이이고, $\boldsymbol{x}\cdot\dfrac{\boldsymbol{y}\times\boldsymbol{z}}{\|\boldsymbol{y}\times\boldsymbol{z}\|}$는 $\boldsymbol{y}$와 $\boldsymbol{z}$를 포함한 평면에 수직인 방향의 단위벡터로 $\boldsymbol{x}$를 정사영한 것으로, 평행육면체의 높이에 해당한다. 따라서 아래 그림과 같이 평행육면체의 세 변이 $\boldsymbol{x}$, $\boldsymbol{y}$, $\boldsymbol{z}$에 대응될 때, $|\boldsymbol{x}\cdot(\boldsymbol{y}\times\boldsymbol{z})|$는 평행육면체의 부피가 된다. 그러므로 스칼라 삼중적의 절댓값은 이들 벡터로 만들어지는 평행육면체의 부피와 같다.

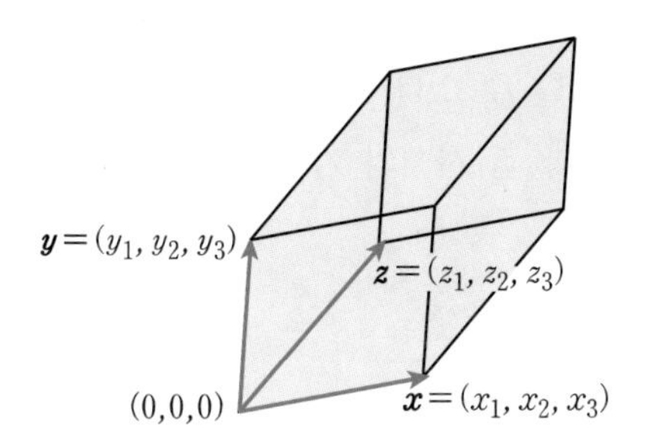

■

예제 6-43 평행육면체의 부피

네 점 $A=(1, 2, 3)$, $B=(0, 5, 2)$, $C=(2, 2, 4)$, $D=(2, 4, 1)$에 대해, 선분 $\overline{AB}$, $\overline{AC}$, $\overline{AD}$로 만들어지는 평행육면체의 부피를 구하라.

Tip
[정리 6-20]을 이용한다.

풀이

이들 선분에 대응하는 벡터를 구한다.

$$\overrightarrow{AB}=(-1, 3, -1),\quad \overrightarrow{AC}=(1, 0, 1),\quad \overrightarrow{AD}=(1, 2, -2)$$

이들 벡터에 대한 스칼라 삼중적 $\overrightarrow{AB}\cdot(\overrightarrow{AC}\times\overrightarrow{AD})$를 계산한다.

$$\begin{aligned}\overrightarrow{AB}\cdot(\overrightarrow{AC}\times\overrightarrow{AD}) &= \begin{vmatrix}-1 & 3 & -1\\ 1 & 0 & 1\\ 1 & 2 & -2\end{vmatrix} = (-1)\begin{vmatrix}0 & 1\\ 2 & -2\end{vmatrix} - 3\begin{vmatrix}1 & 1\\ 1 & -2\end{vmatrix} + (-1)\begin{vmatrix}1 & 0\\ 1 & 2\end{vmatrix}\\ &= -(-2)-3(-3)-(2) = 2+9-2 = 9\end{aligned}$$

따라서 [정리 6-20]에 의해 평행육면체의 부피는 9이다.

SECTION

6.5 벡터와 기하학

기하학에서 다루는 여러 문제들을 벡터 연산으로 해결할 수 있다. 여기서는 직선의 방정식, 방향코사인, 직선의 내분점, 평면의 방정식, 평면과 점 사이의 거리 등을 벡터 연산으로 수행하는 방법을 소개한다.

Note 이 절은 선형대수학의 기본 과정에서는 건너뛰어도 되는 주제이다.

직선의 벡터 표현

$\mathbb{R}^n$ 공간의 직선은 다음 [정리 6-21]과 같이 벡터를 사용한 방정식으로 표현할 수 있다.

정리 6-21 $\mathbb{R}^n$ 공간의 직선

$\mathbb{R}^n$ 공간에서 점 $\boldsymbol{a}$를 지나고 벡터 $\boldsymbol{d}$에 평행인 직선의 점 $\boldsymbol{p}$는 다음과 같이 표현된다.

$$\boldsymbol{p} = \boldsymbol{a} + t\boldsymbol{d}$$

여기서 t는 실수이고, $\boldsymbol{d}$는 직선의 **방향벡터**direction vector라고 한다.

다음 [그림 6-20]에서 보는 바와 같이, 점 $\boldsymbol{a}$를 지나고 벡터 $\boldsymbol{d}$에 평행인 직선의 점 $\boldsymbol{p}$는 벡터 $\boldsymbol{a}$와 $\boldsymbol{d}$의 스칼라배인 $t\boldsymbol{d}$의 합으로 표현된다.

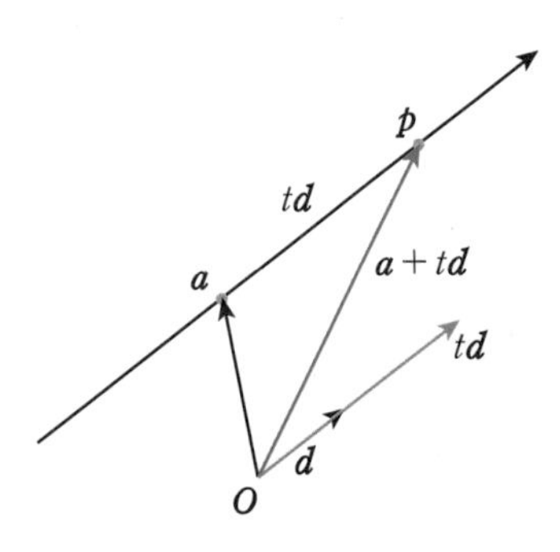

[그림 6-20] **방향벡터와 직선**

$\mathbb{R}^3$ 공간에서 점 (x_1, y_1, z_1)을 지나고, 벡터 $\boldsymbol{d}=(l, m, n)$에 평행인 직선의 점 (x, y, z)는 [정리 6-21]에 의해 다음과 같이 표현된다.

$$(x, y, z)=(x_1, y_1, z_1)+t(l, m, n)$$

위 식을 각 성분별로 나타내면 다음과 같다.

$$x=x_1+tl, \ y=y_1+tm, \ z=z_1+tn$$

따라서 위 식을 t에 대해서 정리하면 다음과 같은 관계식이 성립한다. 이를 (x_1, y_1, z_1)을 지나고, 벡터 $\boldsymbol{d}=(l, m, n)$에 평행인 **직선의 방정식**이라 한다.

$$\frac{x-x_1}{l}=\frac{y-y_1}{m}=\frac{z-z_1}{n}$$

예제 6-44 직선의 방정식

$\mathbb{R}^3$ 공간에서 점 $(2, 3, 4)$를 지나고, 벡터 $\boldsymbol{d}=(3, 4, 2)$에 평행인 직선의 방정식을 구하라.

> **Tip**
> 직선의 방정식
> $\frac{x-x_1}{l}=\frac{y-y_1}{m}=\frac{z-z_1}{n}$
> 을 이용한다.

풀이

직선의 방정식을 구하면 다음과 같다.

$$\frac{x-2}{3}=\frac{y-3}{4}=\frac{z-4}{2}$$

$\mathbb{R}^3$ 공간에서 벡터와 표준기저벡터 사이의 각도는 벡터의 방향을 나타낸다.

정의 6-29 $\mathbb{R}^3$ 공간에서 벡터의 방향각

$\mathbb{R}^3$ 공간에서 벡터 $\boldsymbol{v}$가 표준기저벡터와 이루는 각을 **방향각** directional angle 이라고 한다.

벡터 $\boldsymbol{v}=(v_x, v_y, v_z)$가 $\mathbb{R}^3$ 공간의 표준기저벡터 $\boldsymbol{e}_1$, $\boldsymbol{e}_2$, $\boldsymbol{e}_3$와 이루는 각을 각각 α, β, γ라고 하면, 방향각은 [그림 6-21]과 같이 나타낼 수 있다.

$$\boldsymbol{e}_1=\begin{bmatrix}1\\0\\0\end{bmatrix}, \quad \boldsymbol{e}_2=\begin{bmatrix}0\\1\\0\end{bmatrix}, \quad \boldsymbol{e}_3=\begin{bmatrix}0\\0\\1\end{bmatrix}$$

이때 방향각은 [정리 6-11]의 벡터의 내적과 사잇각 성질을 통해 다음과 같이 계산된다.

$$\cos\alpha = \frac{\boldsymbol{v} \cdot \boldsymbol{e}_1}{\|\boldsymbol{v}\|\|\boldsymbol{e}_1\|} = \frac{v_x}{\|\boldsymbol{v}\|}, \quad \alpha = \cos^{-1}\frac{v_x}{\|\boldsymbol{v}\|}$$

$$\cos\beta = \frac{\boldsymbol{v} \cdot \boldsymbol{e}_2}{\|\boldsymbol{v}\|\|\boldsymbol{e}_2\|} = \frac{v_y}{\|\boldsymbol{v}\|}, \quad \beta = \cos^{-1}\frac{v_y}{\|\boldsymbol{v}\|}$$

$$\cos\gamma = \frac{\boldsymbol{v} \cdot \boldsymbol{e}_3}{\|\boldsymbol{v}\|\|\boldsymbol{e}_3\|} = \frac{v_z}{\|\boldsymbol{v}\|}, \quad \gamma = \cos^{-1}\frac{v_z}{\|\boldsymbol{v}\|}$$

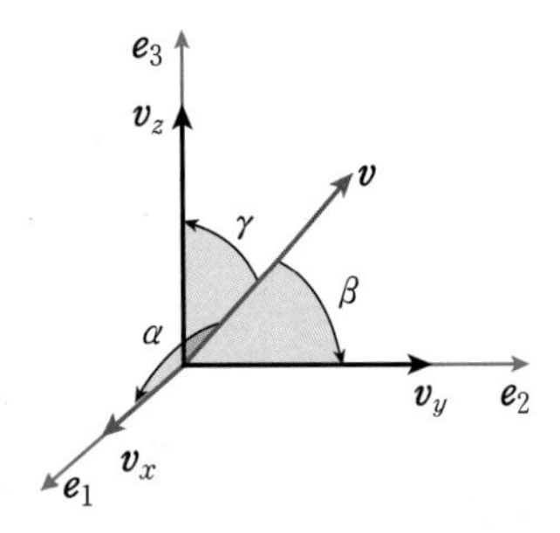

[그림 6-21] **벡터 v의 방향각 α, β, γ**

예제 6-45 **$\mathbb{R}^3$ 공간 벡터의 방향각**

$\mathbb{R}^3$ 공간에서 벡터 $(3, -2, 6)$의 방향각을 각각 구하라.

Tip
방향각 계산 방법을 이용한다.

풀이

$\boldsymbol{v} = (3, -2, 6)$이라고 할 때, 이 벡터의 크기 $\|\boldsymbol{v}\|$는 다음과 같다.

$$\|\boldsymbol{v}\| = \sqrt{3^2 + (-2)^2 + 6^2} = 7$$

따라서 주어진 벡터가 표준기저벡터 $\boldsymbol{e}_1$, $\boldsymbol{e}_2$, $\boldsymbol{e}_3$와 이루는 방향각 α, β, γ는 다음과 같다.

$$\alpha = \cos^{-1}\frac{v_x}{\|\boldsymbol{v}\|} = \cos^{-1}\left(\frac{3}{7}\right) \approx 64.6^\circ$$

$$\beta = \cos^{-1}\frac{v_y}{\|\boldsymbol{v}\|} = \cos^{-1}\left(-\frac{2}{7}\right) \approx 106.6^\circ$$

$$\gamma = \cos^{-1}\frac{v_z}{\|\boldsymbol{v}\|} = \cos^{-1}\left(\frac{6}{7}\right) \approx 31.0^\circ$$

정리 6-22 $\mathbb{R}^3$ 공간에서 벡터의 방향코사인의 성질

$\mathbb{R}^3$ 공간에서 벡터 $\boldsymbol{v}$의 방향각을 α, β, γ라고 할 때, 이들 방향각의 코사인 값을 **방향코사인**direction cosine 또는 **방향여현**이라고 한다. 이들 방향코사인의 제곱의 합은 1이다.

$$\cos^2\alpha+\cos^2\beta+\cos^2\gamma=1$$

증명

벡터 $\boldsymbol{v}=(v_x, v_y, v_z)$라고 할 때, 방향코사인은 다음과 같다.

$$\cos\alpha=\frac{v_x}{\|\boldsymbol{v}\|},\ \cos\beta=\frac{v_y}{\|\boldsymbol{v}\|},\ \cos\gamma=\frac{v_z}{\|\boldsymbol{v}\|}$$

따라서 다음과 같은 관계가 성립한다.

$$\cos^2\alpha+\cos^2\beta+\cos^2\gamma=\frac{v_x^2}{\|\boldsymbol{v}\|^2}+\frac{v_y^2}{\|\boldsymbol{v}\|^2}+\frac{v_z^2}{\|\boldsymbol{v}\|^2}=\frac{v_x^2+v_y^2+v_z^2}{\|\boldsymbol{v}\|^2}=\frac{\|\boldsymbol{v}\|^2}{\|\boldsymbol{v}\|^2}=1$$

■

예제 6-46 $\mathbb{R}^3$ 공간 벡터의 방향코사인

$\mathbb{R}^3$ 공간에서 벡터 $(3, -2, 6)$의 방향코사인을 구하라.

> **Tip**
> [정리 6-22]의 방향코사인의 성질을 이용한다.

풀이

$\boldsymbol{v}=(3, -2, 6)$이라고 할 때, 이 벡터의 크기 $\|\boldsymbol{v}\|$는 다음과 같다.

$$\|\boldsymbol{v}\|=\sqrt{3^2+(-2)^2+6^2}=7$$

따라서 주어진 벡터가 표준기저벡터 $\boldsymbol{e}_1$, $\boldsymbol{e}_2$, $\boldsymbol{e}_3$와 이루는 방향각 α, β, γ에 대한 방향코사인은 다음과 같다.

$$\cos\alpha=\frac{v_x}{\|\boldsymbol{v}\|}=\frac{3}{7},\quad \cos\beta=\frac{v_y}{\|\boldsymbol{v}\|}=-\frac{2}{7},\quad \cos\gamma=\frac{v_z}{\|\boldsymbol{v}\|}=\frac{6}{7}$$

정리 6-23 선분 내분점의 위치벡터

$\mathbb{R}^n$ 공간의 두 점 A와 B를 연결한 선분을 크기의 비 $m:n$으로 나누는 위치의 점 X를 **내분점**internally dividing point이라고 한다. 이러한 내분점의 위치벡터 $\overrightarrow{OX}$는 다음과 같다(단, O는 원점이다).

$$\overrightarrow{OX}=\frac{n}{m+n}\overrightarrow{OA}+\frac{m}{m+n}\overrightarrow{OB}$$

증명

다음 그림과 같이 점 A와 B를 연결한 선분을 크기의 비 $m:n$으로 나누는 내분점 X가 있다고 하자.

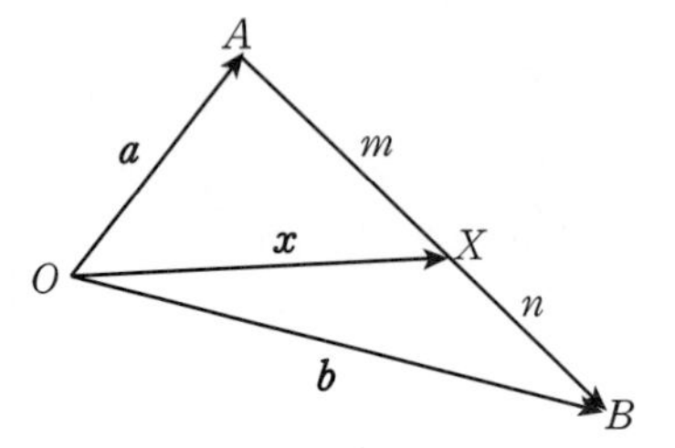

이때 벡터 $\overrightarrow{AX}$의 크기는 벡터 $\overrightarrow{XB}$의 크기의 $\frac{m}{n}$배이므로 다음과 같은 관계가 성립한다.

$$\overrightarrow{AX} = \frac{m}{n}\overrightarrow{XB} \quad \Rightarrow \quad n\overrightarrow{AX} = m\overrightarrow{XB}$$

$\overrightarrow{AX}$와 $\overrightarrow{XB}$를 원점 O에 대한 위치벡터로 나타내어 위 식에 대입하면 다음과 같이 내분점 X에 대한 위치벡터 $\overrightarrow{OX}$가 결정된다.

$$\begin{aligned} n\overrightarrow{AX} = m\overrightarrow{XB} \quad &\Rightarrow \quad n(\overrightarrow{OX} - \overrightarrow{OA}) = m(\overrightarrow{OB} - \overrightarrow{OX}) \\ &\Rightarrow \quad n\overrightarrow{OX} + m\overrightarrow{OX} = n\overrightarrow{OA} + m\overrightarrow{OB} \\ &\Rightarrow \quad \overrightarrow{OX} = \frac{n}{m+n}\overrightarrow{OA} + \frac{m}{m+n}\overrightarrow{OB} \end{aligned}$$

■

예제 6-47 선분의 내분점

두 점 $A=(2, -3, 1)$과 $B=(2, 2, 1)$을 연결하는 선분 AB를 크기의 비 $2:3$으로 나누는 내분점 X를 구하라.

Tip
[정리 6-23]의 내분점의 위치벡터에 대한 성질을 이용한다.

풀이

[정리 6-23]의 내분점의 위치벡터에 대한 성질을 이용하면, $m=2$, $n=3$에 해당한다. 따라서 $\overrightarrow{OX}$를 구하면 다음과 같다.

$$\begin{aligned} \overrightarrow{OX} &= \frac{n}{m+n}\overrightarrow{OA} + \frac{m}{m+n}\overrightarrow{OB} \\ &= \frac{3}{5}\overrightarrow{OA} + \frac{2}{5}\overrightarrow{OB} = \frac{3}{5}(2, -3, 1) + \frac{2}{5}(2, 2, 1) \\ &= (2, -1, 1) \end{aligned}$$

따라서 내분점은 $X=(2, -1, 1)$이다.

평면의 벡터 표현

$\mathbb{R}^n$ 공간에 있는 평면의 방정식은 벡터의 내적을 사용하여 다음 [정리 6-24]와 같이 나타낼 수 있다.

정리 6-24 $\mathbb{R}^n$ 공간의 평면

$\mathbb{R}^n$ 공간에서 점 $\boldsymbol{a}$를 포함하면서 벡터 $\boldsymbol{w}$와 직교하는 평면상의 점 $\boldsymbol{p}$는 다음과 같이 표현된다.

$$\boldsymbol{w} \cdot (\boldsymbol{p} - \boldsymbol{a}) = 0$$

평면과 직교하는 벡터 $\boldsymbol{w}$를 **법선벡터**normal vector라고 한다.

증명

아래 그림은 평면상의 점 $\boldsymbol{a}$와 점 $\boldsymbol{p}$를 지나는 벡터 $\boldsymbol{p}-\boldsymbol{a}$와, 평면에 수직인 벡터 $\boldsymbol{w}$가 직교하는 것을 나타낸다.

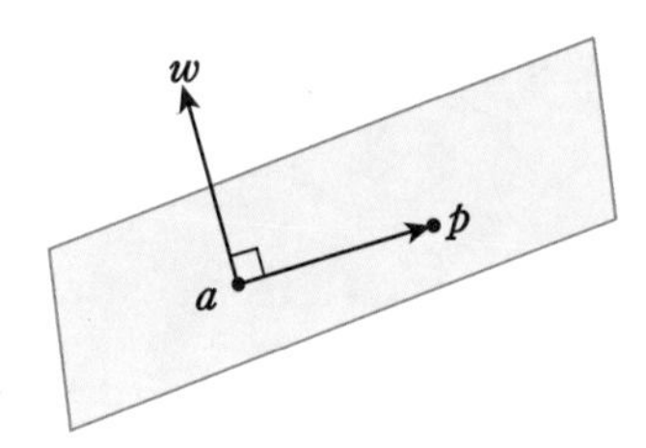

벡터 $\boldsymbol{p}-\boldsymbol{a}$와 벡터 $\boldsymbol{w}$가 직교하므로, 평면상의 점 $\boldsymbol{p}$에 대해 $\boldsymbol{w} \cdot (\boldsymbol{p} - \boldsymbol{a}) = 0$이 성립한다. 즉, 점 $\boldsymbol{a}$를 포함하면서 벡터 $\boldsymbol{w}$와 직교하는 평면의 방정식은 $\boldsymbol{w} \cdot (\boldsymbol{p} - \boldsymbol{a}) = 0$이다. ■

평면의 방정식 $\boldsymbol{w} \cdot (\boldsymbol{p}-\boldsymbol{a}) = 0$을 정리하면 $\boldsymbol{w} \cdot \boldsymbol{p} - \boldsymbol{w} \cdot \boldsymbol{a} = 0$이다. 여기서 $\boldsymbol{w}$와 $\boldsymbol{a}$는 이미 주어진 값이므로, $\boldsymbol{w} \cdot \boldsymbol{a} = -c$라고 하면 평면의 방정식은 다음과 같이 표현할 수 있다.

$$\boldsymbol{w} \cdot \boldsymbol{p} + c = 0 \quad \text{또는} \quad \boldsymbol{w}^\top \boldsymbol{p} + c = 0$$

$\mathbb{R}^3$ 공간에서 점 $\boldsymbol{a} = (x_1,\ x_2,\ x_3)$를 포함하면서 법선벡터 $\boldsymbol{w} = (a,\ b,\ c)$를 갖는 평면상의 점 $\boldsymbol{p} = (x,\ y,\ z)$는 [정리 6-24]에 의해 다음과 같은 관계를 만족한다.

$$(a,\ b,\ c) \cdot \big((x,\ y,\ z) - (x_1,\ y_1,\ z_1)\big) = 0$$

$$(a,\ b,\ c) \cdot (x - x_1,\ y - y_1,\ z - z_1) = 0$$

따라서 $\mathbb{R}^3$ 공간상의 평면은 다음과 같은 방정식으로 표현된다. 이를 점 $\boldsymbol{a}=(x_1,\ x_2,\ x_3)$를 포함하면서 법선벡터 $\boldsymbol{w}=(a,\ b,\ c)$를 갖는 **평면의 방정식**이라 한다.

$$a(x-x_1)+b(y-y_1)+c(z-z_1)=0$$

예제 6-48 평면의 방정식

$\mathbb{R}^3$ 공간에서 점 $(2,\ 3,\ 4)$를 지나고, 법선벡터 $\boldsymbol{w}=(-3,\ 1,\ 2)$를 갖는 평면의 방정식을 구하라.

> **Tip**
> 평면의 방정식
> $a(x-x_1)+b(y-y_1)+c(z-z_1)=0$
> 을 이용한다.

풀이

평면의 방정식을 구하면 다음과 같다.

$$-3(x-2)+(y-3)+2(z-4)=0$$

$\mathbb{R}^n$ 공간에서 평면과 임의의 점 사이의 거리는 다음 [정리 6-25]와 같이 계산할 수 있다.

Note 평면과 점 사이의 거리를 구하는 방법은 기하학뿐만 아니라 컴퓨터 그래픽스, SVM(Support Vector Machine) 등의 머신러닝에서도 사용된다.

정리 6-25 $\mathbb{R}^n$ 공간에서의 평면과 점 사이의 거리

$\mathbb{R}^n$ 공간에서 점 $\boldsymbol{a}$를 포함하면서 벡터 $\boldsymbol{w}$와 직교하는 평면과 점 $\boldsymbol{p}$ 사이의 거리 d는 다음과 같이 표현된다.

$$d=\frac{|(\boldsymbol{p}-\boldsymbol{a})\cdot\boldsymbol{w}|}{\|\boldsymbol{w}\|}$$

증명

아래 그림과 같이 벡터 $\boldsymbol{p}-\boldsymbol{a}$의 벡터 $\boldsymbol{w}$ 위로의 정사영의 길이가 평면과 점 $\boldsymbol{p}$ 사이의 거리이다.

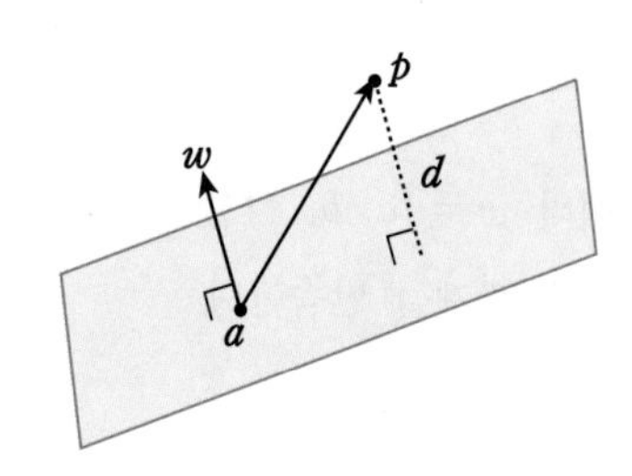

[정리 6-16]에 따라 벡터 $\boldsymbol{p}-\boldsymbol{a}$의 벡터 $\boldsymbol{w}$ 위로의 정사영 $\boldsymbol{d}$를 구하면 다음과 같다.

$$\boldsymbol{d}=\frac{(\boldsymbol{p}-\boldsymbol{a})\cdot\boldsymbol{w}}{\boldsymbol{w}\cdot\boldsymbol{w}}\boldsymbol{w}$$

평면과 점 사이의 거리 d는 정사영 $\boldsymbol{d}$의 길이, 즉 노름과 같다.

$$d=\|\boldsymbol{d}\|=\frac{|(\boldsymbol{p}-\boldsymbol{a})\cdot\boldsymbol{w}|}{\boldsymbol{w}\cdot\boldsymbol{w}}\|\boldsymbol{w}\|=\frac{|(\boldsymbol{p}-\boldsymbol{a})\cdot\boldsymbol{w}|}{\|\boldsymbol{w}\|^2}\|\boldsymbol{w}\|$$
$$=\frac{|(\boldsymbol{p}-\boldsymbol{a})\cdot\boldsymbol{w}|}{\|\boldsymbol{w}\|}$$

■

$\mathbb{R}^3$ 공간에서 점 $\boldsymbol{a}=(x_1,\ x_2,\ x_3)$를 포함하면서 법선벡터 $\boldsymbol{w}=(a,\ b,\ c)$를 갖는 평면과 점 $\boldsymbol{p}=(x,\ y,\ z)$ 사이의 거리는 [정리 6-25]에 의해 다음과 같은 관계를 만족한다.

$$d=\frac{|(\boldsymbol{p}-\boldsymbol{a})\cdot\boldsymbol{w}|}{\|\boldsymbol{w}\|}=\frac{|(x-x_1,\ y-y_1,\ z-z_1)\cdot(a,\ b,\ c)|}{\|(a,\ b,\ c)\|}$$
$$=\frac{|ax+by+cz-ax_1-by_1-cz_1|}{\sqrt{a^2+b^2+c^2}}$$

예제 6-49 평면과 점 사이의 거리

$\mathbb{R}^3$ 공간에서 점 $\boldsymbol{a}=(2,\ 3,\ 4)$를 지나고 법선벡터 $\boldsymbol{w}=(1,\ 2,\ 2)$를 갖는 평면과 점 $\boldsymbol{p}=(0,\ 1,\ 2)$ 사이의 거리를 구하라.

> **Tip**
> 평면과 점 사이의 거리 공식을 이용한다.

풀이

거리 d를 나타내는 다음 관계식을 이용한다.

$$d=\frac{|(\boldsymbol{p}-\boldsymbol{a})\cdot\boldsymbol{w}|}{\|\boldsymbol{w}\|}=\frac{|ax+by+cz-ax_1-by_1-cz_1|}{\sqrt{a^2+b^2+c^2}}$$
$$=\frac{|1\times0+2\times1+2\times2-1\times2-2\times3-2\times4|}{\sqrt{1^2+2^2+2^2}}=\frac{10}{3}$$

따라서 거리 d는 $\frac{10}{3}$이다.

SECTION

6.6 벡터와 행렬 미분

다변수함수나 행렬 또는 벡터를 미분해야 경우가 있다. 이러한 미분의 결과는 벡터나 행렬이 된다. 여기에서는 이러한 미분의 형태에 대해 알아본다.

Note 이 절은 선형대수학의 기본 과정에서는 건너뛰어도 된다. 신경망, 딥러닝 등의 머신러닝에서 학습 기법을 다룰 때 벡터와 행렬의 미분이 유용하게 사용된다.

함수의 벡터 미분

$f(x_1, x_2) = x_1^2 + 2x_2^2 - x_1x_2$와 같이 두 개 이상의 변수를 포함하는 함수를 **다변수함수** multivariate function라고 한다.

정의 6-30 다변수함수의 벡터 미분과 그래디언트

다변수함수 $f(x_1, x_2, \cdots, x_n)$의 벡터 $\boldsymbol{x} = \begin{bmatrix} x_1 \\ x_2 \\ \vdots \\ x_n \end{bmatrix}$에 대한 미분 $\dfrac{\partial f}{\partial \boldsymbol{x}}$는 다음과 같이 각 변수에 대한 f의 편미분을 성분으로 갖는 벡터이다.

$$\frac{\partial f}{\partial \boldsymbol{x}} = \begin{bmatrix} \dfrac{\partial f}{\partial x_1} \\ \dfrac{\partial f}{\partial x_2} \\ \vdots \\ \dfrac{\partial f}{\partial x_n} \end{bmatrix}$$

$\dfrac{\partial f}{\partial \boldsymbol{x}}$를 f의 **그래디언트** gradient라고 하며, ∇f로도 표기한다.

Note 기호 ∇는 나블라(nabla) 또는 델(del)이라고 읽는다.

참고 다변수함수의 벡터 미분에 대한 분모중심 표현과 분자중심 표현

다변수함수 $f(x_1, x_2, \cdots, x_n)$의 벡터 $\boldsymbol{x} = \begin{bmatrix} x_1 \\ x_2 \\ \vdots \\ x_n \end{bmatrix}$에 대한 미분 $\dfrac{\partial f}{\partial \boldsymbol{x}}$를 [정의 6-30]과 같이 열벡터로 나타낸 것을 **분모중심**denominator layout **표현**, 다음과 같이 행벡터로 나타낸 것을 **분자중심**numerator layout **표현**이라 한다.

$$\frac{\partial f}{\partial \boldsymbol{x}} = \begin{bmatrix} \dfrac{\partial f}{\partial x_1} & \dfrac{\partial f}{\partial x_2} & \cdots & \dfrac{\partial f}{\partial x_n} \end{bmatrix}$$

분모중심 표현과 분자중심 표현은 전치 관계이다. 두 표현 모두 실제로 사용되며, 어떤 표현이든 일관되게 사용하면 된다. 여기서는 분모중심 표현을 사용한다.

예제 6-50 다변수함수의 그래디언트

함수 $f(x_1, x_2) = x_1^2 + 2x_2^2 - x_1x_2$의 그래디언트 ∇f를 구하고, $(1,2)$에서의 그래디언트를 계산하라.

Tip
[정의 6-30]을 이용한다.

풀이

먼저 x_1과 x_2에 대해 함수 f의 편미분을 각각 구한다.

$$\frac{\partial f}{\partial x_1} = 2x_1 - x_2 \qquad \frac{\partial f}{\partial x_2} = 4x_2 - x_1$$

[정의 6-30]에 따라 그래디언트 ∇f는 다음과 같다.

$$\nabla f = \begin{bmatrix} \dfrac{\partial f}{\partial x_1} \\ \dfrac{\partial f}{\partial x_2} \end{bmatrix} = \begin{bmatrix} 2x_1 - x_2 \\ 4x_2 - x_1 \end{bmatrix}$$

따라서 $(1,2)$에서의 그래디언트 $\nabla f(1,2)$를 계산하면 다음과 같다.

$$\nabla f(1,2) = \begin{bmatrix} 2(1) - 2 \\ 4(2) - 1 \end{bmatrix} = \begin{bmatrix} 0 \\ 7 \end{bmatrix}$$

그래디언트 ∇f는 주어진 위치 $(x_1, x_2, \cdots, x_n)$에서 함수 f의 값이 가장 커지는 인접한 위치 방향으로의 벡터에 해당한다. 예를 들면, [예제 6-50]의 함수 $f(x_1, x_2)$에 대하여 $\nabla f = \begin{bmatrix} 2x_1 - x_2 \\ 4x_2 - x_1 \end{bmatrix}$이므로 $(2,3)$에서 f의 값이 가장 커지는 인접한 위치 방향으로의 벡터는 $\begin{bmatrix} 1 \\ 10 \end{bmatrix}$이다.

Note 함수의 최솟값 위치를 찾는 최적화 문제에 사용하는 경사하강법(gradient descent method)에서는 그래디언트의 반대 방향으로 위치를 조금씩 움직이면서 최솟값의 위치를 찾는다. 경사하강법은 머신러닝의 다양한 학습 알고리즘에서 널리 사용된다.

한편, 그래디언트는 함수에서 지역적으로 가장 큰 변화를 일으키는 방향의 변화율로도 볼 수 있다. 따라서 현재 위치 $\boldsymbol{x}$의 인접위치 $\boldsymbol{x}+\boldsymbol{\delta}$에서의 함숫값을 다음과 같이 근사하여 표현할 수 있다.

$$f(\boldsymbol{x}+\boldsymbol{\delta}) = f(\boldsymbol{x}) + \boldsymbol{\delta}^{\top} \nabla f$$

$F(x_1, x_2) = \begin{bmatrix} f_1(x_1, x_2) \\ f_2(x_1, x_2) \end{bmatrix} = \begin{bmatrix} x_1^2 + 2x_2 \\ 3x_1x_2 \end{bmatrix}$와 같이 함수를 성분으로 갖는 함수를 **벡터함수** vector function라고 한다.

정의 6-31 벡터함수의 스칼라 미분

벡터함수 $F(x_1, x_2, \cdots, x_n) = \begin{bmatrix} f_1(x_1, x_2, \cdots, x_n) \\ f_2(x_1, x_2, \cdots, x_n) \\ \vdots \\ f_n(x_1, x_2, \cdots, x_n) \end{bmatrix}$의 변수 x_i에 대한 미분 $\dfrac{\partial F}{\partial x_i}$는 다음과 같이 F의 각 성분의 x_i에 대한 편미분을 성분으로 갖는 벡터이다.

$$\frac{\partial F}{\partial x_i} = \begin{bmatrix} \dfrac{\partial f_1}{\partial x_i} & \dfrac{\partial f_2}{\partial x_i} & \cdots & \dfrac{\partial f_n}{\partial x_i} \end{bmatrix}$$

예제 6-51 벡터함수의 스칼라 미분

함수 $F(x_1, x_2) = \begin{bmatrix} 2x_1^2 + 3x_2^2 - x_1x_2 \\ 4x_1 - 2x_1x_2^3 \end{bmatrix}$을 x_1에 대해 미분하라.

Tip [정의 6-31]을 이용한다.

풀이

[정의 6-31]에 따라 $F(x_1, x_2)$를 x_1에 대해 미분하면 다음과 같다.

$$\frac{\partial F(x_1, x_2)}{\partial x_1} = \begin{bmatrix} 4x_1 - x_2 & -2x_2^3 + 4 \end{bmatrix}$$

정의 6-32 벡터함수의 벡터 미분과 야코비안 행렬

벡터함수 $F(x_1, x_2, \cdots, x_n) = \begin{bmatrix} f_1(x_1, x_2, \cdots, x_n) \\ f_2(x_1, x_2, \cdots, x_n) \\ \vdots \\ f_n(x_1, x_2, \cdots, x_n) \end{bmatrix}$ 의 벡터 $\boldsymbol{x} = \begin{bmatrix} x_1 \\ x_2 \\ \vdots \\ x_n \end{bmatrix}$ 에 대한 미분 $\dfrac{\partial F}{\partial \boldsymbol{x}}$ 는 다음과 같이 벡터함수의 각 성분의 편미분을 성분으로 갖는 행렬이다.

$$\frac{\partial F}{\partial \boldsymbol{x}} = \begin{bmatrix} \dfrac{\partial f_1}{\partial x_1} & \dfrac{\partial f_2}{\partial x_1} & \cdots & \dfrac{\partial f_n}{\partial x_1} \\ \dfrac{\partial f_1}{\partial x_2} & \dfrac{\partial f_2}{\partial x_2} & \cdots & \dfrac{\partial f_n}{\partial x_2} \\ \vdots & \vdots & \cdots & \vdots \\ \dfrac{\partial f_1}{\partial x_n} & \dfrac{\partial f_2}{\partial x_n} & \cdots & \dfrac{\partial f_n}{\partial x_n} \end{bmatrix}$$

$\dfrac{\partial F}{\partial \boldsymbol{x}}$ 를 **야코비안 행렬**Jacobian matrix 또는 **자코비안 행렬**이라 하며, J_F로 나타내기도 한다.

예제 6-52 야코비안 행렬

벡터함수 $F(x_1, x_2) = \begin{bmatrix} x_1^2 + 2x_2 \\ 3x_1x_2 \end{bmatrix}$ 의 야코비안 행렬 J_F를 구하고, $(1,2)$에서의 야코비안 행렬을 계산하라.

Tip
[정의 6-32]를 이용한다.

풀이

먼저 x_1과 x_2에 대해 함수 f_1과 f_2의 편미분을 구한다.

$$\frac{\partial f_1}{\partial x_1} = 2x_1 \qquad \frac{\partial f_2}{\partial x_1} = 3x_2$$

$$\frac{\partial f_1}{\partial x_2} = 2 \qquad \frac{\partial f_2}{\partial x_2} = 3x_1$$

[정의 6-32]에 따라 야코비안 행렬 J_F를 구하면 다음과 같다.

$$J_F = \begin{bmatrix} \dfrac{\partial f_1}{\partial x_1} & \dfrac{\partial f_2}{\partial x_1} \\ \dfrac{\partial f_1}{\partial x_2} & \dfrac{\partial f_2}{\partial x_2} \end{bmatrix} = \begin{bmatrix} 2x_1 & 3x_2 \\ 2 & 3x_1 \end{bmatrix}$$

따라서 $(1,2)$에서의 야코비안 행렬 $J_F(1,2)$를 계산하면 다음과 같다.

$$J_F(1,2) = \begin{bmatrix} 2(1) & 3(2) \\ 2 & 3(1) \end{bmatrix} = \begin{bmatrix} 2 & 6 \\ 2 & 3 \end{bmatrix}$$

야코비안 행렬은 다변수 벡터함수의 미분에 해당하므로, 벡터함수의 지역적 변화가 가장 큰 방향의 변화율을 나타낸다고 볼 수 있다. 따라서 현재 위치 $\boldsymbol{x}$의 인접위치 $\boldsymbol{x}+\boldsymbol{\delta}$에서의 함숫값을 다음과 같이 근사하여 표현할 수 있다.

$$F(\boldsymbol{x}+\boldsymbol{\delta}) \approx F(\boldsymbol{x}) + J_F \boldsymbol{\delta}$$

정의 6-33 다변수함수의 2차 미분과 헤시안 행렬

다변수함수 $f(x_1, x_2, \cdots, x_n)$의 벡터 $\boldsymbol{x} = \begin{bmatrix} x_1 \\ x_2 \\ \vdots \\ x_n \end{bmatrix}$에 대한 2차 미분 $\dfrac{\partial^2 f}{\partial \boldsymbol{x}^2}$은 다음과 같이 각 성분이 f의 2차 편미분으로 구성되는 행렬이다.

$$\frac{\partial^2 f}{\partial \boldsymbol{x}^2} = \begin{bmatrix} \dfrac{\partial^2 f}{\partial x_1^2} & \dfrac{\partial^2 f}{\partial x_1 \partial x_2} & \cdots & \dfrac{\partial^2 f}{\partial x_1 \partial x_n} \\ \dfrac{\partial^2 f}{\partial x_2 \partial x_1} & \dfrac{\partial^2 f}{\partial x_2^2} & \cdots & \dfrac{\partial^2 f}{\partial x_2 \partial x_n} \\ \vdots & \vdots & \cdots & \vdots \\ \dfrac{\partial^2 f}{\partial x_n \partial x_1} & \dfrac{\partial^2 f}{\partial x_n \partial x_2} & \cdots & \dfrac{\partial^2 f}{\partial x_n^2} \end{bmatrix}$$

$\dfrac{\partial^2 f}{\partial \boldsymbol{x}^2}$을 **헤시안 행렬**Hessian matrix이라 하며, $H(f)$로 나타내기도 한다.

예제 6-53 다변수함수의 헤시안 행렬

다변수함수 $f(x_1, x_2) = x_1^3 + 2x_1 - 6x_1x_2 + x_2^2 - 5x_2 + 10$의 헤시안 행렬 $H(f)$를 구하고, $(2,1)$에서의 헤시안 행렬을 계산하라.

Tip
[정의 6-33]을 이용한다.

풀이

먼저 x_1과 x_2에 대해 함수 f의 2차 편미분을 구한다.

$$\frac{\partial^2 f}{\partial x_1^2} = \frac{\partial}{\partial x_1}\frac{\partial f}{\partial x_1} = \frac{\partial(3x_1^2 - 6x_2 + 2)}{\partial x_1} = 6x_1$$

$$\frac{\partial^2 f}{\partial x_1 \partial x_2} = \frac{\partial}{\partial x_1}\frac{\partial f}{\partial x_2} = \frac{\partial(2x_2 - 6x_1 - 5)}{\partial x_1} = -6$$

$$\frac{\partial^2 f}{\partial x_2 \partial x_1} = \frac{\partial}{\partial x_2}\frac{\partial f}{\partial x_1} = \frac{\partial(3x_1^2 - 6x_2 + 2)}{\partial x_2} = -6$$

$$\frac{\partial^2 f}{\partial x_2^2} = \frac{\partial}{\partial x_2}\frac{\partial f}{\partial x_2} = \frac{\partial(2x_2 - 6x_1 - 5)}{\partial x_2} = 2$$

[정의 6-33]에 따라 헤시안 행렬 $H(f)$는 다음과 같다.

$$H(f)=\begin{bmatrix}\dfrac{\partial^2 f}{\partial x_1^2} & \dfrac{\partial^2 f}{\partial x_1 \partial x_2}\\ \dfrac{\partial^2 f}{\partial x_2 \partial x_1} & \dfrac{\partial^2 f}{\partial x_2^2}\end{bmatrix}=\begin{bmatrix}6x_1 & -6\\ -6 & 2\end{bmatrix}$$

따라서 $(2,1)$에서의 헤시안 행렬 $H(f(2,1))$을 계산하면 다음과 같다.

$$H(f(2,1))=\begin{bmatrix}6(2) & -6\\ -6 & 2\end{bmatrix}=\begin{bmatrix}12 & -6\\ -6 & 2\end{bmatrix}$$

헤시안 행렬은 2차 편미분을 성분으로 갖기 때문에, 다변수함수의 **곡률** curvature의 특성을 나타낸다. 현재 위치 $\boldsymbol{x}$의 인접위치 $\boldsymbol{x}+\boldsymbol{\delta}$에서의 다변수함수의 값을 다음과 같이 그래디언트와 헤시안 행렬을 통해 근사하여 표현할 수 있다.

$$f(\boldsymbol{x}+\boldsymbol{\delta})=f(\boldsymbol{x})+\boldsymbol{\delta}^\top \nabla f+\frac{1}{2}\boldsymbol{\delta}^\top H(f)\boldsymbol{\delta}$$

정의 6-34 다변수함수의 라플라시안

다변수함수 $f(x_1, x_2, \cdots, x_n)$의 **라플라시안** Laplacian $\nabla^2 f$는 다음과 같이 f의 각 변수에 대한 2차 편미분의 합이다.

$$\nabla^2 f=\frac{\partial^2 f}{\partial x_1^2}+\frac{\partial^2 f}{\partial x_2^2}+\cdots+\frac{\partial^2 f}{\partial x_n^2}$$

예제 6-54 다변수함수의 라플라시안

다변수함수 $f(x_1, x_2)=x_1^3+2x_1-6x_1x_2+x_2^2-5x_2+10$의 라플라시안 $\nabla^2 f$를 구하고, $(2,3)$에서의 라플라시안을 계산하라.

Tip
[정의 6-34]를 이용한다.

풀이

[예제 6-53]에서 계산한 x_1과 x_2에 대한 f의 2차 편미분을 사용하여, [정의 6-34]에 따라 라플라시안 $\nabla^2 f$를 구하면 다음과 같다.

$$\nabla^2 f=\frac{\partial^2 f}{\partial x_1^2}+\frac{\partial^2 f}{\partial x_2^2}=6x_1+2$$

따라서 $(2,3)$에서의 라플라시안 $\nabla^2 f(2,3)$을 계산하면 다음과 같다.

$$\nabla^2 f = 6(2) + 2 = 14$$

정의 6-35 다변수함수의 행렬 미분

다변수함수 $f(x_1, x_2, \cdots, x_n)$의 행렬 $A = \begin{bmatrix} a_{11} & a_{12} & \cdots & a_{1n} \\ a_{21} & a_{22} & \cdots & a_{2n} \\ \vdots & \vdots & \ddots & \vdots \\ a_{n1} & a_{n2} & \cdots & a_{nn} \end{bmatrix}$에 대한 미분 $\frac{\partial f}{\partial A}$는 다음과 같이 f의 성분 a_{ij}에 대한 편미분을 성분으로 갖는 행렬이다.

$$\frac{\partial f}{\partial A} = \begin{bmatrix} \frac{\partial f}{\partial a_{11}} & \frac{\partial f}{\partial a_{12}} & \cdots & \frac{\partial f}{\partial a_{1n}} \\ \frac{\partial f}{\partial a_{21}} & \frac{\partial f}{\partial a_{22}} & \cdots & \frac{\partial f}{\partial a_{2n}} \\ \vdots & \vdots & \ddots & \vdots \\ \frac{\partial f}{\partial a_{n1}} & \frac{\partial f}{\partial a_{n2}} & \cdots & \frac{\partial f}{\partial a_{nn}} \end{bmatrix}$$

예제 6-55 다변수함수의 행렬 미분

다변수함수 $f(x_1, x_2, x_3, x_4) = x_1^3 + 4x_2 + 3x_2x_3 + x_3^2 - 2x_3x_4 + 10$을 $\begin{bmatrix} x_1 & x_2 \\ x_3 & x_4 \end{bmatrix}$에 대해 미분하라.

Tip
[정의 6-35]를 이용한다.

풀이

[정의 6-35]에 따라 $f(x_1, x_2, x_3, x_4)$를 $\begin{bmatrix} x_1 & x_2 \\ x_3 & x_4 \end{bmatrix}$에 대해 미분하면 다음과 같다.

$$\begin{bmatrix} 3x_1^2 & 3x_3 + 4 \\ 3x_2 + 2x_3 - 2x_4 & -2x_3 \end{bmatrix}$$

정의 6-36 행렬의 스칼라 미분

행렬함수 $M(x_1, x_2, \cdots, x_n) = \begin{bmatrix} f_{11}(x_1, x_2, \cdots, x_n) & \cdots & f_{1n}(x_1, x_2, \cdots, x_n) \\ f_{21}(x_1, x_2, \cdots, x_n) & \cdots & f_{2n}(x_1, x_2, \cdots, x_n) \\ \vdots & \ddots & \vdots \\ f_{n1}(x_1, x_2, \cdots, x_n) & \cdots & f_{nn}(x_1, x_2, \cdots, x_n) \end{bmatrix}$의 스칼라 변수 x_i에 대한 미분 $\frac{\partial M}{\partial x_i}$는 다음과 같이 행렬함수의 각 성분의 변수 x_i에 대한 편미

분을 성분으로 갖는 행렬이다.

$$\frac{\partial M}{\partial x_i} = \begin{bmatrix} \frac{\partial f_{11}}{\partial x_i} & \frac{\partial f_{12}}{\partial x_i} & \cdots & \frac{\partial f_{1n}}{\partial x_i} \\ \frac{\partial f_{21}}{\partial x_i} & \frac{\partial f_{22}}{\partial x_i} & \cdots & \frac{\partial f_{2n}}{\partial x_i} \\ \vdots & \vdots & \ddots & \vdots \\ \frac{\partial f_{n1}}{\partial x_i} & \frac{\partial f_{n2}}{\partial x_i} & \cdots & \frac{\partial f_{nn}}{\partial x_i} \end{bmatrix}$$

예제 6-56 행렬의 스칼라 미분

$\begin{bmatrix} 2x^2 & 3x^3+x & 5 \\ 2x+4 & 4x^2 & 3x^3+2x-6 \end{bmatrix}$ 을 x에 대해 미분하라.

Tip
[정의 6-36]을 이용한다.

풀이

[정의 6-36]에 따라 주어진 행렬함수를 x에 대해 미분하면 다음과 같다.

$$\begin{bmatrix} 4x & 9x^2+1 & 0 \\ 2 & 8x & 9x^2+2 \end{bmatrix}$$

참고 벡터와 행렬의 미분 형태

벡터와 행렬의 미분 형태는 다음 표와 같다. 표에서 가로줄은 미분 대상을, 세로줄은 미분 기준을 나타낸다. 각 칸은 미분 형태와 미분 결과(스칼라, 벡터, 행렬)를 보여준다. 색칠된 칸은 해당 미분에 대한 일반적인 정의가 없는 경우이다.

기준 \ 대상	스칼라	벡터	행렬
스칼라	$\frac{\partial y}{\partial x}$ (스칼라)	$\frac{\partial \mathbf{v}}{\partial x}$ (벡터)	$\frac{\partial \mathbf{M}}{\partial x}$ (행렬)
벡터	$\frac{\partial y}{\partial \mathbf{u}}$ (벡터)	$\frac{\partial \mathbf{v}}{\partial \mathbf{u}}$ (행렬)	
행렬	$\frac{\partial y}{\partial M}$ (행렬)		

벡터와 행렬에 대한 편미분

벡터나 행렬을 포함한 식을 벡터나 행렬에 대해 편미분해야 하는 경우가 있다. 여기에서는 이러한 편미분의 대표적인 형태를 알아본다.

정리 6-26 벡터와 행렬에 대한 편미분

(1) 벡터 $\boldsymbol{v}, \boldsymbol{w}$에 대해, $\dfrac{\partial \boldsymbol{v}^\top \boldsymbol{w}}{\partial \boldsymbol{v}} = \dfrac{\partial \boldsymbol{w}^\top \boldsymbol{v}}{\partial \boldsymbol{v}} = \boldsymbol{w}$이다.

(2) 벡터 $\boldsymbol{v}$에 대해, $\dfrac{\partial \boldsymbol{v}^\top \boldsymbol{v}}{\partial \boldsymbol{v}} = 2\boldsymbol{v}$이다.

(3) 벡터 $\boldsymbol{v}$와 행렬 A에 대해, $\dfrac{\partial A\boldsymbol{v}}{\partial \boldsymbol{v}} = A^\top$이다.

(4) $\boldsymbol{v}, \boldsymbol{w}$와 행렬 A에 대해, $\dfrac{\partial \boldsymbol{v}^\top A \boldsymbol{w}}{\partial A} = \boldsymbol{v}\boldsymbol{w}^\top$이다.

(5) 벡터 $\boldsymbol{v}, \boldsymbol{w}$와 행렬 A에 대해, $\dfrac{\partial \boldsymbol{v}^\top A^\top \boldsymbol{w}}{\partial A} = \boldsymbol{w}\boldsymbol{v}^\top$이다.

(6) 벡터 $\boldsymbol{v}$와 행렬 A에 대해, $\dfrac{\partial \boldsymbol{v}^\top A \boldsymbol{v}}{\partial \boldsymbol{v}} = A\boldsymbol{v} + A^\top \boldsymbol{v}$이다.

이때 A가 대칭행렬이면, $\dfrac{\partial \boldsymbol{v}^\top A \boldsymbol{v}}{\partial \boldsymbol{v}} = 2A\boldsymbol{v}$이다.

정리 6-27 행렬식의 행렬 미분

가역행렬 $A = [a_{ij}]_{n \times n}$에 대해, $\dfrac{\partial \det(A)}{\partial A} = (adj\,A)^\top$이다.

정리 6-28 로그 행렬식의 행렬 미분

가역행렬 $A = [a_{ij}]_{n \times n}$에 대해, $\dfrac{\partial \log(\det(A))}{\partial A} = (A^\top)^{-1}$이다.

Chapter

06 연습문제

Section 6.1

1. 다음 문장이 참인지 거짓인지 판단하고, 거짓인 경우 그 이유를 설명하라.

(a) 벡터는 방향과 크기가 있는 물리량을 나타내는 데 사용할 수 있다.
(b) 벡터는 시작점과 끝점이 있으므로 위치가 정해져 있다.
(c) 같은 차원의 벡터들은 서로 더할 수 있다.
(d) 벡터를 스칼라배하기 위해서는 벡터와 스칼라가 동일한 차원을 가져야 한다.
(e) 벡터의 합 연산에 대한 역원은 반드시 존재한다.
(f) 벡터의 합 연산에 대한 항등원은 스칼라 1이다.

2. 아래 그림은 정사각형 네 개로 구성되어 있다. $\overrightarrow{AB}=p$, $\overrightarrow{AD}=q$라고 할 때, 다음 각 식이 참인지 거짓인지 판단하라.

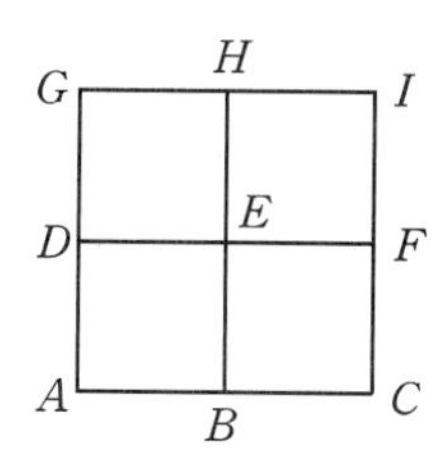

(a) $\overrightarrow{BC}=q$ (b) $\overrightarrow{EF}=p$ (c) $\overrightarrow{HE}=-q$ (d) $\overrightarrow{HI}=p$
(e) $\overrightarrow{FE}=p$ (f) $\overrightarrow{DG}=q$ (g) $\overrightarrow{CB}=-p$ (h) $\overrightarrow{FI}=q$

3. 벡터 $u=(1, -2, 3)$, $v=(-2, 5, 3)$, $w=(4, 2, 7)$에 대해 다음 벡터를 구하라.

(a) $3u+2v$
(b) $-4u+2v+3w$
(c) $5u-4w$
(d) $2u+3v=4w+x$일 때 x
(e) $4u+2(-3v+5w)$

4. 다음 문장이 참인지 거짓인지 판단하고, 거짓인 경우 그 이유를 설명하라.

(a) 모든 벡터공간에는 영벡터가 포함된다.
(b) 벡터공간은 벡터 합과 스칼라배 연산에 대해 닫혀있지 않을 수도 있다.
(c) n차원 실수벡터로 구성된 $\mathbb{R}^n$ 공간은 벡터공간이다.
(d) 벡터공간의 벡터에 대한 선형결합의 결과는 해당 벡터공간에 포함된다.
(e) 벡터공간의 기저는 영벡터를 생성할 수 있다.
(f) 벡터공간의 기저를 사용하여 선형결합으로 벡터를 표현하는 방법은 유일하다.
(g) 벡터공간의 기저에 있는 벡터의 개수는 해당 벡터공간의 차원보다 작거나 같다.
(h) n차 이하의 다항식의 집합은 벡터공간이다.
(i) 2×3 행렬의 집합은 행렬의 합과 스칼라배 연산에 대해 닫혀있다.

5. 다음 집합 S가 $\mathbb{R}^3$의 벡터공간인지 아닌지 판단하라.

$$S=\left\{\begin{bmatrix} x_1 \\ x_2 \\ x_3 \end{bmatrix} \in \mathbb{R}^3 \mid x_1 \geq 0\right\}$$

6. 다음 2×2 행렬의 집합인 S가 벡터공간인지 아닌지 판단하라.

$$S=\{A \in M_{2\times 2} \mid \det(A)=0\}$$

7. 집합 $S=\{\boldsymbol{x}=(x_1, x_2, x_3) \in \mathbb{R}^3 \mid x_1-4x_2+5x_3=2\}$가 벡터공간인지 아닌지 판단하라.

8. 다항식 $f(x)=2+3x-x^2$을 기저 $\{1,\ 1+x,\ (1+x)^2\}$의 선형결합으로 표현하라.

9. 벡터 $\begin{bmatrix} 1 \\ 3 \\ -1 \end{bmatrix}$을 기저 $\left\{\begin{bmatrix} 1 \\ 0 \\ 0 \end{bmatrix}, \begin{bmatrix} 2 \\ -2 \\ 1 \end{bmatrix}, \begin{bmatrix} 2 \\ 0 \\ 4 \end{bmatrix}\right\}$의 선형결합으로 표현하라.

10. 다음 벡터들이 각각 $\mathbb{R}^2$ 공간의 기저가 될 수 있는지 확인하라.

(a) $\begin{bmatrix} 1 \\ 2 \end{bmatrix}, \begin{bmatrix} 2 \\ -1 \end{bmatrix}$

(b) $\begin{bmatrix} 2 \\ 1 \end{bmatrix}, \begin{bmatrix} 4 \\ 2 \end{bmatrix}$

(c) $\begin{bmatrix} 1 \\ 0 \end{bmatrix}, \begin{bmatrix} 0 \\ -1 \end{bmatrix}$

(d) $\begin{bmatrix} 2 \\ 1 \end{bmatrix}, \begin{bmatrix} -2 \\ -1 \end{bmatrix}$

11. 다음 벡터들이 $\mathbb{R}^3$ 공간을 생성하는지 확인하라.

(a) $\begin{bmatrix} 1 \\ 0 \\ -2 \end{bmatrix}, \begin{bmatrix} 0 \\ 1 \\ 2 \end{bmatrix}, \begin{bmatrix} -2 \\ 3 \\ 0 \end{bmatrix}$ (b) $\begin{bmatrix} 1 \\ 0 \\ 0 \end{bmatrix}, \begin{bmatrix} 0 \\ 1 \\ 0 \end{bmatrix}, \begin{bmatrix} 2 \\ 4 \\ 0 \end{bmatrix}$ (c) $\begin{bmatrix} 1 \\ 3 \\ 0 \end{bmatrix}, \begin{bmatrix} 0 \\ 1 \\ 0 \end{bmatrix}, \begin{bmatrix} 2 \\ 4 \\ 4 \end{bmatrix}$

12. 벡터 $\boldsymbol{b}$가 벡터 $\boldsymbol{a}_1$과 $\boldsymbol{a}_2$의 선형결합이 되도록 하는 a의 값을 구하라.

$$\boldsymbol{a}_1 = \begin{bmatrix} 1 \\ 2 \\ 3 \end{bmatrix}, \quad \boldsymbol{a}_2 = \begin{bmatrix} 2 \\ -1 \\ 4 \end{bmatrix}, \quad \boldsymbol{b} = \begin{bmatrix} 0 \\ a \\ 2 \end{bmatrix}$$

13. 벡터 $\boldsymbol{a}_1 = \begin{bmatrix} 1 \\ 3 \\ -1 \end{bmatrix}$과 $\boldsymbol{a}_2 = \begin{bmatrix} -5 \\ -8 \\ 2 \end{bmatrix}$가 있을 때, 두 벡터가 $\boldsymbol{b} = \begin{bmatrix} 3 \\ -5 \\ h \end{bmatrix}$를 생성하도록 하는 h 값을 구하라.

14. 벡터 $\boldsymbol{v}_1 = \begin{bmatrix} 1 \\ 0 \\ -2 \end{bmatrix}$와 $\boldsymbol{v}_2 = \begin{bmatrix} -2 \\ 1 \\ 7 \end{bmatrix}$이 있을 때, 두 벡터가 $\boldsymbol{y} = \begin{bmatrix} h \\ -3 \\ -5 \end{bmatrix}$를 생성하도록 하는 h 값을 구하라.

15. 다음 벡터방정식을 연립선형방정식으로 나타내라.

(a) $x_1\begin{bmatrix} 3 \\ -2 \\ 8 \end{bmatrix} + x_2\begin{bmatrix} 5 \\ 0 \\ -9 \end{bmatrix} = \begin{bmatrix} 2 \\ -3 \\ 8 \end{bmatrix}$ (b) $x_1\begin{bmatrix} 3 \\ -2 \end{bmatrix} + x_2\begin{bmatrix} 7 \\ 3 \end{bmatrix} + x_3\begin{bmatrix} -2 \\ 1 \end{bmatrix} = \begin{bmatrix} 0 \\ 0 \end{bmatrix}$

16. 다음 연립선형방정식을 벡터방정식으로 나타내라.

(a) $\begin{cases} x_2 + 5x_3 = 0 \\ 4x_1 + 6x_2 - x_3 = 0 \\ -x_1 + 3x_2 - 8x_3 = 0 \end{cases}$ (b) $\begin{cases} 3x_1 - 2x_2 + 4x_3 = 3 \\ -2x_1 - 7x_2 + 5x_3 = 1 \\ 5x_1 + 4x_2 - 3x_3 = 2 \end{cases}$

17. 다음 벡터집합 S가 생성하는 공간의 기저를 찾으라.

$$S = \left\{ \begin{bmatrix} 1 \\ 2 \\ 1 \end{bmatrix}, \begin{bmatrix} -1 \\ -2 \\ -1 \end{bmatrix}, \begin{bmatrix} 2 \\ 6 \\ -2 \end{bmatrix}, \begin{bmatrix} 1 \\ 1 \\ 3 \end{bmatrix} \right\}$$

18. $\mathbb{R}^3$의 세 벡터로 구성된 $A = \{\boldsymbol{v}_1, \boldsymbol{v}_2, \boldsymbol{v}_3\}$가 선형독립이면, A는 $\mathbb{R}^3$의 기저가 됨을 증명하라.

19. 다음 문장이 참인지 거짓인지 판단하고, 거짓인 경우 그 이유를 설명하라.

(a) 노름이 0인 벡터는 영벡터뿐이다.
(b) 정방행렬 A의 열벡터가 선형독립이면, A의 역행렬이 항상 존재한다.
(c) 두 벡터를 내적한 결과가 0이라면, 두 벡터는 서로 직교한다.
(d) 사잇각이 θ인 두 개의 단위벡터를 내적하면 $\cos\theta$ 값을 얻는다.
(e) 내적공간에 있는 두 벡터의 내적은 항상 0 이상의 값을 갖는다.

20. 다음 벡터의 단위벡터를 구하라.

(a) $\begin{bmatrix} 3 \\ -4 \end{bmatrix}$ (b) $\begin{bmatrix} 3 \\ 4 \\ 5 \end{bmatrix}$ (c) $\begin{bmatrix} -1 \\ 2 \\ -2 \end{bmatrix}$ (d) $\begin{bmatrix} 1 \\ 0 \\ 2 \\ 1 \end{bmatrix}$

21. 다음 벡터의 노름을 계산하라.

(a) $\begin{bmatrix} 2 \\ -1 \end{bmatrix}$ (b) $\begin{bmatrix} 4 \\ 2 \\ 3 \end{bmatrix}$ (c) $\begin{bmatrix} 1 \\ -1 \\ 1 \end{bmatrix}$ (d) $\begin{bmatrix} a \\ b \\ c \end{bmatrix}$

22. 주어진 두 벡터의 내적을 구하라.

(a) $\boldsymbol{u} = (2, -2)$, $\boldsymbol{v} = (1, 3)$
(b) $\boldsymbol{u} = (2, -2, 3)$, $\boldsymbol{v} = (-2, 1, 3)$
(c) $\boldsymbol{u} = (1, 2, -1, 3)$, $\boldsymbol{v} = (2, -3, 1, 4)$
(d) $\boldsymbol{u} = (2, -2, 4)$, $\boldsymbol{v} = (-1, 1, 1)$

23. 다음 벡터 $\boldsymbol{u}$와 $\boldsymbol{v}$의 사잇각 θ에 대하여 $\cos\theta$를 구하라.

(a) $\boldsymbol{u} = \begin{bmatrix} 2 \\ 4 \\ 1 \end{bmatrix}$, $\boldsymbol{v} = \begin{bmatrix} 1 \\ -1 \\ 3 \end{bmatrix}$ (b) $\boldsymbol{u} = \begin{bmatrix} 3 \\ 1 \\ -1 \end{bmatrix}$, $\boldsymbol{v} = \begin{bmatrix} 2 \\ 1 \\ -3 \end{bmatrix}$

24. 벡터 $\boldsymbol{u}$의 벡터 $\boldsymbol{v}$ 위로의 정사영을 구하라.

(a) $\boldsymbol{u} = (2, -1)$, $\boldsymbol{v} = (1, 3)$
(b) $\boldsymbol{u} = (2, -2, 4)$, $\boldsymbol{v} = (-1, 1, 2)$
(c) $\boldsymbol{u} = (1, 2, 1, 3)$, $\boldsymbol{v} = (1, -3, 3, 2)$
(d) $\boldsymbol{u} = (2, -2, 4)$, $\boldsymbol{v} = (-1, 1, 1)$

25. $\boldsymbol{u} = (1, 0, 4)$, $\boldsymbol{w} = (2, 1, 0)$이고 $\boldsymbol{u} + 2\boldsymbol{v} = \boldsymbol{w}$일 때, $\|\boldsymbol{v}\|$를 구하라.

26. 벡터 $(x^2-1,\ 2,\ x+1)$이 두 벡터 $(x-2,\ -5,\ -6x-1)$, $(x+25,\ 35x,\ -36x-11)$와 직교할 때의 x 값을 구하라.

27. $\boldsymbol{u}=(2,\ 3)$과 $\boldsymbol{v}=(x,\ 2)$에 대해, $\boldsymbol{u}+\boldsymbol{v}$와 $\boldsymbol{u}-\boldsymbol{v}$가 직교할 때의 실수 x 값을 구하라.

28. $\boldsymbol{u}=(2,\ 3)$과 $\boldsymbol{v}=(x,\ -6)$이 서로 평행할 때의 x 값을 구하라.

29. 행렬 $\begin{bmatrix} 1 & 2 \\ x & y \end{bmatrix}$의 역행렬은 존재하지 않고, $x+y<0$이다. $\boldsymbol{u}=(x,\ y)$와 $\boldsymbol{v}=(1,\ 2)$의 사잇각이 θ라고 할 때 $\cos\theta$를 구하라.

30. $\|\boldsymbol{u}\|=2$, $\|\boldsymbol{v}\|=1$이고, 이들 벡터의 사잇각이 60°일 때, $(\boldsymbol{u}+2\boldsymbol{v})\cdot(2\boldsymbol{u}-\boldsymbol{v})$를 구하라.

31. 구간 $[-\pi,\pi]$에서 연속인 함수 $f(x)$, $g(x)$에 대하여 내적을 다음과 같이 정의한다고 하자.

$$\langle f(x), g(x) \rangle = \frac{1}{\pi}\int_{-\pi}^{\pi} f(x)g(x)dx$$

이때 서로 다른 양의 정수 m과 n에 대하여, 함수 $\sin mx$와 $\cos nx$의 내적을 계산하고 각 함수의 노름을 구하라.

32. 정육면체에서 한 꼭짓점과 가장 멀리 떨어진 꼭짓점을 연결한 직선과 정육면체의 한 면이 이루는 각 θ에 대해 $\cos\theta$를 구하라.

33. 벡터공간 P_2가 실수 계수를 갖는 2차 이하의 다항식들로 구성된 벡터공간이라 하고, 다항식 $f(x)$, $g(x)$에 대한 내적은 $\langle f(x),\ g(x) \rangle = \int_{-1}^{1} f(x)g(x)dx$로 정의된다고 하자.

(a) 다항식 1과 x가 직교함을 보여라.

(b) 다항식 x의 노름을 구하라.

(c) 다항식 $x-1$의 다항식 x 위로의 정사영을 구하라.

34. 집합 $\{(a,\ b,\ c,\ d),\ (1,\ 0,\ 1,\ 2),\ (1,\ 1,\ -1,\ 0),(1,\ -2,\ -1,\ 0)\}$의 벡터들이 서로 직교할 때, $(a,\ b,\ c,\ d)$를 구하라.

35. $u=(x,y,z)$가 벡터 $\boldsymbol{a}=(1,4,5)$와 $\boldsymbol{b}=(-1,-2,-3)$에 대하여 $(\boldsymbol{u}-\boldsymbol{a})\cdot(\boldsymbol{u}-\boldsymbol{b})=0$을 만족할 때, 벡터 $\boldsymbol{u}$를 구하라.

36. $\boldsymbol{u}=(1,3,2)$, $\boldsymbol{v}=(x,1,0)$, $\boldsymbol{w}=(0,x,1)$이 선형종속일 때의 x 값을 구하라.

37. 항구에서 배가 동쪽에서 30° 방향으로 40 km를 항해한 다음, 동쪽 방향으로 30 km를 항해하였다. 이 위치에서 항구까지의 거리를 구하라.

38. 진흙에 빠진 트럭을 견인 트럭 두 대가 각각 30° 방향으로 100 N, 60° 방향으로 120 N의 힘으로 견인할 경우, 진흙에 빠진 트럭에 실제 작용하는 힘의 크기와 방향을 구하라.

Section 6.4

39. 다음 문장이 참인지 거짓인지 판단하고, 거짓인 경우 그 이유를 설명하라.

(a) $\mathbb{R}^3$ 공간의 두 벡터 $\boldsymbol{u}$와 $\boldsymbol{v}$에 대해 외적을 한 결과는 $\mathbb{R}^3$ 공간의 벡터이다.

(b) $\mathbb{R}^3$ 공간의 두 벡터 $\boldsymbol{u}$와 $\boldsymbol{v}$에 대해, $\boldsymbol{u}\times\boldsymbol{v}=-\boldsymbol{v}\times\boldsymbol{u}$이다.

(c) $\mathbb{R}^3$ 공간의 벡터 $\boldsymbol{u}$, $\boldsymbol{v}$의 외적의 크기 $\|\boldsymbol{u}\times\boldsymbol{v}\|$는 $\boldsymbol{u}$와 $\boldsymbol{v}$가 만드는 삼각형의 넓이와 같다.

(d) $\mathbb{R}^3$ 공간의 벡터 $\boldsymbol{u}$, $\boldsymbol{v}$, $\boldsymbol{w}$에 대한 연산 $\boldsymbol{u}\times(\boldsymbol{v}\cdot\boldsymbol{w})$를 스칼라 삼중적이라고 한다.

(e) $\mathbb{R}^3$ 공간의 벡터 $\boldsymbol{u}$, $\boldsymbol{v}$, $\boldsymbol{w}$에 대하여 $|\boldsymbol{u}\cdot(\boldsymbol{v}\times\boldsymbol{w})|$는 이들 벡터로 만들어지는 평행육면체의 부피와 같다.

40. 다음 벡터 $\boldsymbol{u}$와 $\boldsymbol{v}$에 대해 외적 $\boldsymbol{u}\times\boldsymbol{v}$를 계산하라.

(a) $\boldsymbol{u}=(2,-1,4)$, $\boldsymbol{v}=(-1,2,5)$

(b) $\boldsymbol{u}=(-1,2,5)$, $\boldsymbol{v}=(2,-1,4)$

(c) $\boldsymbol{u}=(0,0,0)$, $\boldsymbol{v}=(1,2,1)$

(d) $\boldsymbol{u}=(2,1,-1)$, $\boldsymbol{v}=(-1,2,-2)$

41. $\mathbb{R}^3$ 공간의 벡터 $\boldsymbol{u}$, $\boldsymbol{v}$에 대하여, $(\boldsymbol{u}-2\boldsymbol{v})\times(2\boldsymbol{u}+\boldsymbol{v})$를 간단하게 정리하라.

42. $\mathbb{R}^3$ 공간의 표준기저 $\boldsymbol{i}$, $\boldsymbol{j}$, $\boldsymbol{k}$에 대하여, $(2\boldsymbol{i}\times\boldsymbol{j})\cdot(3\boldsymbol{j}\times\boldsymbol{i})$의 값을 계산하라.

43. 세 점 $A=(4,2,1)$, $B=(1,3,2)$, $C=(2,2,5)$를 꼭짓점으로 하는 삼각형의 넓이를 구하라.

44. 네 점 $O=(0,\ 0,\ 0)$, $A=(1,\ 1,\ 0)$, $B=(0,\ 1,\ 1)$, $C=(1,\ 2,\ 1)$을 꼭짓점으로 하는 평행사변형의 넓이를 구하라.

45. 네 점 $O=(0,\ 0,\ 0)$, $A=(4,\ 2,\ 1)$, $B=(1,\ 3,\ 2)$, $C=(2,\ 2,\ 5)$에 대해, 선분 $\overline{OA}$, $\overline{OB}$, $\overline{OC}$로 만들어지는 평행육면체의 부피를 구하라.

46. 네 점 $O=(0,\ 0,\ 0)$, $A=(1,\ 1,\ 1)$, $B=(2,\ 1,\ 5)$, $C=(-1,\ 1,\ 3)$에 대해, 선분 $\overline{OA}$, $\overline{OB}$, $\overline{OC}$로 만들어지는 평행육면체의 부피를 구하라.

47. 다음 벡터 $\boldsymbol{u}, \boldsymbol{v}, \boldsymbol{w}$에 대해, $\boldsymbol{u} \cdot (\boldsymbol{v} \times \boldsymbol{w})$를 계산하라.

(a) $\boldsymbol{u}=(2,\ 0,\ 3)$, $\boldsymbol{v}=(0,\ 6,\ 2)$, $\boldsymbol{w}=(3,\ 3,\ 0)$
(b) $\boldsymbol{u}=(1,\ 1,\ 0)$, $\boldsymbol{v}=(-1,\ 0,\ 1)$, $\boldsymbol{w}=(2,\ 3,\ 4)$
(c) $\boldsymbol{u}=(0,\ 1,\ 1)$, $\boldsymbol{v}=(1,\ 2,\ 3)$, $\boldsymbol{w}=(0,\ 0,\ 0)$
(d) $\boldsymbol{u}=(0,\ 0,\ 0)$, $\boldsymbol{v}=(1,\ 2,\ 3)$, $\boldsymbol{w}=(2,\ 3,\ 4)$

48. $\mathbb{R}^3$ 공간의 세 점 $O=(0,\ 0,\ 0)$, $A=(2,\ 2,\ 2)$, $B=(3,\ 2,\ -1)$을 포함하는 평면에 수직인 벡터를 구하라.

49. $\boldsymbol{u}=(-2,\ 4)$의 $\boldsymbol{v}=(1,\ -1)$ 위로의 정사영을 $\boldsymbol{w}$라고 할 때, $\boldsymbol{u}$와 $\boldsymbol{w}$를 두 변으로 하는 평행사변형의 넓이를 구하라.

Section 6.5

50. 다음 문장이 참인지 거짓인지 판단하고, 거짓인 경우 그 이유를 설명하라.

(a) 평면상의 벡터와 해당 평면의 법선벡터의 내적은 0이다.
(b) $\mathbb{R}^3$ 공간의 어떤 벡터 $\boldsymbol{v}$의 방향코사인들의 합은 1이다.
(c) 직선의 방향벡터와 직선과 평행한 벡터의 내적은 0이다.

51. 벡터 $(1,\ 0,\ -2)$와 직교하면서, 점 $(1,\ 1,\ 3)$을 지나는 평면의 방정식을 구하라.

52. 벡터 $(2,\ 3,\ -1)$과 직교하면서, 점 $(1,\ 1,\ 1)$을 지나는 평면의 방정식을 구하라.

53. 평면 $x+y+z=3$에 직교하는 단위벡터를 구하라.

54. 점 $(3, -2, 4)$를 지나고 평면 $2x+y-3z-4=0$과 평행인 평면의 방정식을 구하라.

55. $\mathbb{R}^3$ 공간에서 벡터 $(1, 2, 4)$의 방향코사인들을 구하라.

56. 점 A, B, C에 대하여, $\overrightarrow{AB}=\boldsymbol{a}$, $\overrightarrow{AC}=\boldsymbol{b}$, $\overrightarrow{AC}$의 중점을 D라 하자. $\overrightarrow{BD}$를 $3:1$로 내분하는 점을 F라고 할 때, $\overrightarrow{AF}$를 a와 b로 나타내라.

57. 점 $(3, 2, 5)$를 지나고 법선벡터가 $(1, -2, 4)$인 평면과 점 $(1, 0, 2)$ 사이의 거리를 구하라.

Section 6.6

58. 다음 문장이 참인지 거짓인지 판단하고, 거짓인 경우 그 이유를 설명하라.

(a) 다변수함수의 그래디언트는 벡터이다.

(b) 변수벡터에 대한 벡터함수의 미분을 야코비안 행렬이라 한다.

(c) 다변수함수의 변수벡터에 대한 2차 미분을 헤시안 행렬이라 한다.

(d) 벡터 $\boldsymbol{v}, \boldsymbol{w}$에 대해, $\dfrac{\partial \boldsymbol{v}^\top \boldsymbol{w}}{\partial \boldsymbol{v}} = \dfrac{\partial \boldsymbol{w}^\top \boldsymbol{v}}{\partial \boldsymbol{v}} = \boldsymbol{w}$이다.

(e) 벡터 $\boldsymbol{v}, \boldsymbol{w}$와 행렬 A에 대해, $\dfrac{\partial \boldsymbol{v}^\top A \boldsymbol{w}}{\partial A} = \boldsymbol{v}\boldsymbol{w}^\top$이다.

59. 함수 $f(x_1, x_2) = 3x_1^2 + 2x_2^2 - 4x_1x_2$의 그래디언트 ∇f를 구하고, $(1,2)$에서의 그래디언트를 계산하라.

60. 벡터함수 $F(x_1, x_2) = \begin{bmatrix} 3x_1^2 + 2x_1x_2 \\ 4x_1x_2^2 + x_2^2 \end{bmatrix}$의 야코비안 행렬 J_F를 구하고, $(1,2)$에서의 야코비안 행렬을 계산하라.

61. 다변수함수 $f(x_1, x_2) = 2x_1^3 + x_1 + 4x_1x_2 + 2x_2^2 - 3x_2 + 4$의 헤시안 행렬 $H(f)$를 구하고, $(2,1)$에서의 헤시안 행렬을 계산하라.

Chapter

06 프로그래밍 실습

1. 다음과 같이 방향과 크기가 주어진 $\mathbb{R}^2$ 공간의 두 힘을 결합한 힘의 방향과 크기를 구하라.

연계 : 6.1절

$$30^\circ \text{ 방향으로 } 100\text{N의 힘}$$
$$60^\circ \text{ 방향으로 } 120\text{N의 힘}$$

문제 해석

방향과 크기로부터 벡터를 구한다. 그리고 두 벡터의 합을 구한 다음, 합 벡터의 방향과 크기를 구한다. 크기가 m이고 방향이 θ인 벡터는 $(m\cos\theta, m\sin\theta)$가 된다. 한편, 벡터 (a, b)의 크기는 $\sqrt{a^2+b^2}$이고, 방향에 해당하는 각은 $\tan^{-1}\left(\frac{b}{a}\right)$이다.

코딩 실습

【 파이썬 코드 】

```
1    import numpy as np
2
3    def getVector(mag, deg): # 주어진 크기와 방향에 대응하는 벡터 생성
4        vec = np.zeros(2)
5        vec[0] = mag*np.cos(deg*2*np.pi/360)
6        vec[1] = mag*np.sin(deg*2*np.pi/360)
7        return vec
8
9    def getMagDeg(vec):  # 벡터의 크기와 방향 계산
10       mag = np.sqrt(vec[0]*vec[0]+vec[1]*vec[1])
11       deg = np.arctan(vec[1]/vec[0]) * 360/(2*np.pi)
12       return mag, deg
13
14   F1 = getVector(100, 30)  # 크기 100N, 방향 30°인 힘
15   F2 = getVector(120, 60)  # 크기 120N, 방향 60°인 힘
16   Fsum = F1 + F2
17   magn, angle = getMagDeg(Fsum)
18   print("결합한 힘의 크기 : ", magn)
19   print("결합한 힘의 방향 : ", angle)
```

프로그램 설명

3행의 함수 getVector( )는 주어진 크기와 방향을 갖는 2차원 공간의 벡터를 생성한다. 사인과 코사인을 계산하는 numpy의 함수 sin( )과 cos( )은 라디안 값을 입력으로 받

으므로, 각도 θ를 $\theta \cdot 2\pi/360$로 변환해서 사용해야 한다. 9행의 함수 getMagDeg( )는 주어진 벡터의 크기와 방향을 계산한다. $\tan^{-1}$를 계산하는 arctan( )는 라디안 값을 반환하므로, 반환된 값 r을 $r \cdot 360/2\pi$로 변환하여 계산해야 방향을 구할 수 있다.

2. 다음 벡터 A, B의 사잇각과, A의 B 위로의 정사영을 구하라. 연계 : 6.3절

$$A = \begin{bmatrix} 2 \\ 4 \\ 1 \end{bmatrix},\ B = \begin{bmatrix} 1 \\ -1 \\ 3 \end{bmatrix}$$

문제 해석

두 벡터의 사잇각은 $\theta = \frac{A \cdot B}{\|A\|\|B\|}$로 구하고, A의 B 위로의 정사영은 $\frac{A \cdot B}{B \cdot B}B$로 구한다.

코딩 실습

【 파이썬 코드 】

```
1   import numpy as np
2
3   def angle2vectors(v, w):  # 두 벡터의 사잇각 계산
4       vnorm = np.linalg.norm(v)
5       wnorm = np.linalg.norm(w)
6       vwdot = np.dot(v.T, w)
7       angle = np.arctan(vwdot/(vnorm*wnorm))*360/np.pi
8       return angle
9
10  def orthProj(u, x):       # 정사영 계산
11      xu_dot = np.dot(x.T, u)
12      uu_dot = np.dot(u.T, u)
13      projux = (xu_dot/uu_dot)*u
14      return projux
15
16  A = np.array([[2], [4], [1]])
17  B = np.array([[1], [-1], [3]])
18  angle = angle2vectors(A, B)
19  projAB = orthProj(B, A)
20  print("A와 B의 사잇각 : ", angle)
21  print("A의 B 위로의 정사영 : \n", projAB)
```

프로그램 설명

3행의 함수 angle2vectors(**v**, **w**)는 두 벡터 **v**와 **w**의 사잇각을 계산한다. 4 ~ 5행의 함수 np.linalg.norm( )은 벡터의 노름을 계산한다. 6행의 함수 np.dot(**v**.**T**, **w**)는 열벡터인 **v**와 **w**의 내적을 계산한다. 여기서 **v**.**T**는 열벡터 **v**를 행벡터로 전치한다. 10행의 함수 orthProj(**u**, **x**)는 **x**의 **u** 위로의 정사영을 계산한다.

3. 다음의 네 점 A, B, C, D에 대해, 선분 $\overline{AB}$, $\overline{AC}$, $\overline{AD}$로 만들어지는 평행육면체의 부피를 구하라. 연계 : 6.4절

$$A=(1,\ 2,\ 3),\ \ B=(0,\ 5,\ 2),\ \ C=(2,\ 2,\ 4),\ \ D=(2,\ 4,\ 1)$$

문제 해석

스칼라 삼중적의 절댓값이 평행육면체의 부피에 해당하므로, 다음과 같은 식을 사용한다.

$$\text{평행육면체의 부피} = \overrightarrow{AB} \cdot (\overrightarrow{AC} \times \overrightarrow{AD})$$

코딩 실습

【 파이썬 코드 】

```
1    import numpy as np
2
3    def tripleProduct(u, v, w):  # 스칼라 삼중적 u·(v×w) 계산
4        M = np.zeros((3,3))
5        M[0:] = u
6        M[1:] = v
7        M[2:] = w
8        val = np.linalg.det(M) # 행벡터가 u, v, w인 행렬의 행렬식 계산
9        return val
10
11   A = np.array([1, 2, 3])
12   B = np.array([0, 5, 2])
13   C = np.array([2, 2, 4])
14   D = np.array([2, 4, 1])
15   u = B-A
16   v = C-A
17   w = D-A
18   val = tripleProduct(u, v, w)
19   print("부피 : ", np.absolute(val))
```

프로그램 설명

3행의 함수 tripleProduct(**u**, **v**, **w**)는 스칼라 삼중적 $\mathbf{u} \cdot (\mathbf{v} \times \mathbf{w})$를 계산한다. 스칼라 삼중적을 계산할 때는 8행과 같이 행렬식을 구하는 np.linalg.det( )를 이용한다. 평행육면체의 부피는 스칼라 삼중적의 절댓값이므로, 19행의 함수 np.absolute( )를 이용하여 구한다.

4. 다음과 같은 점 A를 포함하고 법선벡터가 W인 평면과 점 P 사이의 거리를 계산하라.

연계 : 6.5절

$$A = (2,3,4),\ W = (1,2,3),\ P = (0,1,2)$$

문제 해석

평면과 점 사이의 거리는 다음과 같은 식을 이용하여 계산한다.

$$거리 = \frac{|(P-A) \cdot W|}{\|W\|}$$

코딩 실습

【 파이썬 코드 】

```
1    import numpy as np
2
3    def distPt2Pl(A, W, P):  # 거리 계산
4        num = np.dot((P-A).T, W)
5        deno = np.linalg.norm(W)
6        val = np.absolute(num)/deno
7        return val
8
9    A = np.array([2, 3, 4])
10   W = np.array([1, 2, 3])
11   P = np.array([0, 1, 2])
12   print("거리 : ", distPt2Pl(A, W, P))
```

프로그램 설명

3행의 함수 distPt2Pl(A, W, P)는 점 A를 포함하고 법선벡터가 W인 평면과 점 P 사이의 거리를 계산한다.

Chapter

07

선형변환

Linear Transformation

Contents

다시보기 Review

■ 사상과 함수

함수 또는 사상은 어떤 공간의 각 원소를 다른 공간의 원소로 대응시킨다. 집합 A에서 집합 B로의 사상 $f: A \rightarrow B$가 있을 때, 집합 A를 정의역이라 하고, 집합 B를 공역이라 한다. 사상이 되기 위해서는 A의 각 원소는 집합 B에 대응하는 원소를 반드시 하나 가져야 한다. 정의역의 원소에 대응하는 공역의 원소들의 집합을 치역이라 한다. 치역과 공역이 같은 사상을 전사라 한다. 치역의 각 원소에 대응하는 정의역의 원소가 한 개씩만 있을 때, 이러한 사상을 단사라 한다. 집합 A에서 집합 B로의 사상 $f: A \rightarrow B$가 전사이면서 단사이면, 전단사라 한다. 사상이 전단사이면, 집합 B에서 A로의 사상 $f^{-1}: B \rightarrow A$도 존재한다. 이러한 사상을 역사상이라고 한다.

정의역과 공역의 집합이 수의 집합인 사상을 함수라 한다. 함수는 정의역의 원소에 대한 특정 연산을 통해 공역의 원소를 결정한다. 함수가 전단사인 경우에는 역사상에 해당하는 역함수가 존재한다.

함수가 행렬과 정의역에 해당하는 벡터의 곱으로 표현되는 경우도 있다. 이러한 함수는 7장에서 학습할 선형변환의 성질을 만족한다. 행렬과 정의역 벡터의 곱으로 표현되는 사상이 전단사일 때 역사상이 존재한다. 즉, 공역의 벡터와 곱해져서 대응하는 정의역의 벡터를 결정하는 행렬이 존재한다. 이 행렬은 정의역에서 공역으로 사상할 때 사용된 행렬의 역행렬이다.

벡터를 스칼라배한 것의 합을 선형결합이라 한다. 행렬과 벡터의 곱은 행렬의 열벡터에 대응하는 벡터의 성분을 각각 스칼라배하여 더한 것과 같다. 따라서 행렬과 벡터의 곱으로 표현되는 선형변환은 벡터들의 선형결합으로 볼 수도 있다.

미리보기 Overview

■ 선형변환을 왜 배워야 하는가?

벡터공간인 정의역의 벡터에서 공역의 벡터로의 사상 중 특정 조건을 만족하는 것을 **선형변환**이라 한다. 선형변환은 비교적 단순한 변환임에도, 다양한 공학 시스템과 데이터 분석의 기본 동작 또는 처리 기법에서 사용된다. 따라서 선형변환의 특성을 이해해야 한다. 특히 행렬로 표현되는 선형변환은 다양한 분야에서 사용되므로, 관련 성질을 명확히 이해해야 한다.

■ 선형변환의 응용 분야는?

기하학적 물체의 변환을 선형변환으로 표현할 수 있으므로, 선형변환은 컴퓨터 그래픽스 분야에서의 객체 변환, 항법navigation에서의 좌표계 변환 등에 널리 사용된다. 행렬과 벡터를 사용하여 시스템을 모델링하는 경우, 행렬로 표현되는 선형변환의 특성은 시스템의 특성을 해석하거나 분석하는 데 유용하게 사용된다. 특히, 행렬로 표현되는 선형변환에서 부분공간의 특성은 시스템 분석이나 행렬을 이용한 연산 처리에서 유용한 정보를 제공한다. 한편, 연립선형방정식의 해의 개수 판단, 선형변환에 따른 치역의 형태 판단, 선형시스템의 제어 가능성 판단, 통신시스템의 통신 복잡도 판단 등 다양한 분야에서 선형변환 관련 이론이 활용된다.

■ 이 장에서 배우는 내용은?

먼저 선형변환의 의미와 행렬로 표현되는 선형변환의 개념을 알아본다. 그 다음 선형변환으로 표현할 수 없는 아핀변환에 대해 알아보고, 기하학적 변형에 대한 선형변환의 표준행렬과, 아핀변환을 표현하기 위한 동차 좌표 표현 방법을 살펴본다. 또한 동일한 실벡터공간으로 사상하는 선형연산자의 특성을 알아본다. 그리고 n차원 공간에서 m차원 공간으로 가는 선형변환에서의 열공간, 영공간, 행공간, 좌영공간 등의 부분공간의 성질을 알아본다. 또한 부분공간의 크기를 나타내는 차원인 행렬의 계수 관점에서 행렬의 특성을 살펴본다.

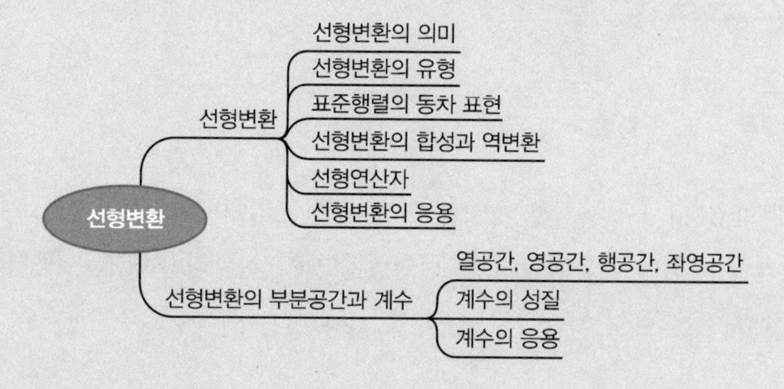

SECTION

7.1 선형변환

선형변환의 의미

사상은 한 집합의 원소를 다른 집합의 원소로 대응시키는 것을 말한다. 선형변환은 사상에 의해 대응되는 두 집합이 벡터공간인 특별한 사상으로, 다음과 같이 정의한다.

정의 7-1 선형변환

벡터공간 V에서 벡터공간 W로 가는 사상 $L: V \to W$가 다음 두 조건을 만족하면, 이를 **선형변환**linear transformation 또는 **선형사상**linear mapping이라 한다.

(1) $L(u+v) = L(u) + L(v)$

(2) $L(cu) = cL(u)$

여기서 u와 v는 V에 속한 임의의 벡터이고, c는 임의의 스칼라이다.

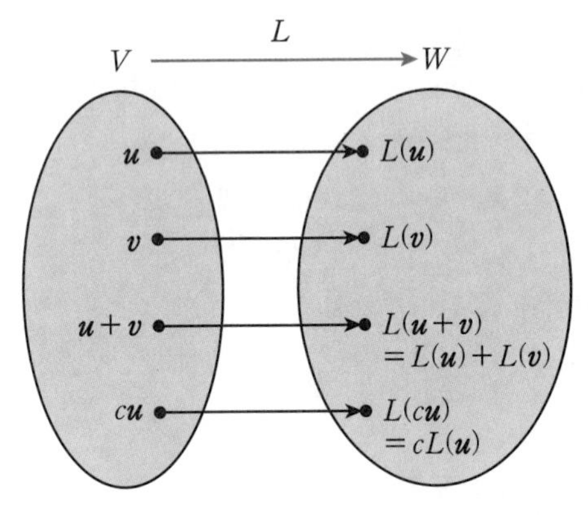

[그림 7-1] 선형변환

벡터공간은 [정의 6-8]에서 소개한 것처럼 합 연산과 스칼라배 연산이 정의되고 이들 연산에 대해 닫혀있는 벡터들의 집합이다. 선형변환인 사상은 다양하지만, 공학에서는 실벡터공간 $\mathbb{R}^n$에서 $\mathbb{R}^m$으로 가는 사상을 주로 사용한다.

예제 7-1 선형변환 판별

벡터공간 $\mathbb{R}^n$의 벡터 $\boldsymbol{x}$에 대해 $L(\boldsymbol{x}) = 2\boldsymbol{x}$인 사상이 선형변환인지 확인하라.

> **Tip** [정의 7-1]에서 선형변환의 두 가지 조건을 확인한다.

풀이

$\mathbb{R}^n$의 임의의 벡터 $\boldsymbol{u}$와 $\boldsymbol{v}$에 대해 다음이 성립한다.

$$L(\boldsymbol{u}+\boldsymbol{v}) = 2(\boldsymbol{u}+\boldsymbol{v}) = 2\boldsymbol{u}+2\boldsymbol{v}$$
$$L(\boldsymbol{u})+L(\boldsymbol{v}) = 2\boldsymbol{u}+2\boldsymbol{v}$$

따라서 $L(\boldsymbol{u}+\boldsymbol{v}) = L(\boldsymbol{u})+L(\boldsymbol{v})$이다. 또한 임의의 스칼라 c에 대해 다음이 성립한다.

$$L(c\boldsymbol{u}) = 2c\boldsymbol{u}$$
$$cL(\boldsymbol{u}) = 2c\boldsymbol{u}$$

따라서 $L(c\boldsymbol{u}) = cL(\boldsymbol{u})$이다. 그러므로 L은 선형변환이다.

예제 7-2 선형변환 판별

다음과 같이 정의된 함수 $L: \mathbb{R}^2 \to \mathbb{R}^2$이 선형변환인지 확인하라.

$$L\left(\begin{bmatrix} a \\ b \end{bmatrix}\right) = \begin{bmatrix} 2a \\ b+3 \end{bmatrix}$$

> **Tip** [정의 7-1]에서 선형변환의 두 가지 조건을 확인한다.

풀이

$\mathbb{R}^2$의 임의의 벡터 $\boldsymbol{u} = \begin{bmatrix} a_1 \\ b_1 \end{bmatrix}$과 $\boldsymbol{v} = \begin{bmatrix} a_2 \\ b_2 \end{bmatrix}$에 대해 각각 다음이 성립한다.

$$L(\boldsymbol{u}+\boldsymbol{v}) = L\left(\begin{bmatrix} a_1 \\ b_1 \end{bmatrix}+\begin{bmatrix} a_2 \\ b_2 \end{bmatrix}\right) = L\left(\begin{bmatrix} a_1+a_2 \\ b_1+b_2 \end{bmatrix}\right) = \begin{bmatrix} 2(a_1+a_2) \\ (b_1+b_2)+3 \end{bmatrix} = \begin{bmatrix} 2a_1+2a_2 \\ b_1+b_2+3 \end{bmatrix}$$

$$L(\boldsymbol{u})+L(\boldsymbol{v}) = L\left(\begin{bmatrix} a_1 \\ b_1 \end{bmatrix}\right)+L\left(\begin{bmatrix} a_2 \\ b_2 \end{bmatrix}\right) = \begin{bmatrix} 2a_1 \\ b_1+3 \end{bmatrix}+\begin{bmatrix} 2a_2 \\ b_2+3 \end{bmatrix} = \begin{bmatrix} 2a_1+2a_2 \\ b_1+b_2+6 \end{bmatrix}$$

따라서 $L(\boldsymbol{u}+\boldsymbol{v}) \neq L(\boldsymbol{u})+L(\boldsymbol{v})$이다. 그러므로 L은 선형변환이 아니다.

정리 7-1 행렬로 표현되는 선형변환

모든 성분이 실수인 $m \times n$ 행렬 A와 실벡터공간 $\mathbb{R}^n$의 벡터 $\boldsymbol{x}$에 대하여, 사상 $L(\boldsymbol{x}) = A\boldsymbol{x}$는 실벡터공간 $\mathbb{R}^n$에서 $\mathbb{R}^m$으로의 선형변환이다. 즉 행렬에 벡터를 곱하는 것은 선형변환이다.

증명

$m \times n$ 행렬 A와 실벡터공간 $\mathbb{R}^n$의 벡터 $\boldsymbol{x}_1$, $\boldsymbol{x}_2$와 스칼라 c에 대하여, 다음이 성립한다.

$$L(\boldsymbol{x}_1 + \boldsymbol{x}_2) = A(\boldsymbol{x}_1 + \boldsymbol{x}_2) = A\boldsymbol{x}_1 + A\boldsymbol{x}_2 = L(\boldsymbol{x}_1) + L(\boldsymbol{x}_2)$$
$$L(c\boldsymbol{x}_1) = A(c\boldsymbol{x}_1) = c(A\boldsymbol{x}_1) = cL(\boldsymbol{x}_1)$$

한편, $A\boldsymbol{x}_1$과 $A\boldsymbol{x}_2$는 $m \times n$ 행렬과 n차원 벡터를 곱하는 것이므로, 연산 결과는 m차원 벡터이다. 따라서 $m \times n$ 행렬 A에 $\mathbb{R}^n$의 벡터 $\boldsymbol{x}$를 곱하는 변환은 $\mathbb{R}^n$에서 $\mathbb{R}^m$으로의 선형변환이다.

■

예제 7-3 선형변환 판별

다음과 같이 정의된 사상 $L: \mathbb{R}^2 \to \mathbb{R}^2$가 선형변환인지 확인하라.

$$L(\boldsymbol{x}) = A\boldsymbol{x} + \boldsymbol{b}, \quad A = \begin{bmatrix} a & b \\ c & d \end{bmatrix}, \quad \boldsymbol{b} = \begin{bmatrix} 1 \\ 2 \end{bmatrix}$$

Tip
[정의 7-1]에서 선형변환의 두 가지 조건을 확인한다.

풀이

$\mathbb{R}^2$의 임의의 벡터 $\boldsymbol{x}_1 = \begin{bmatrix} x_{11} \\ x_{21} \end{bmatrix}$과 $\boldsymbol{x}_2 = \begin{bmatrix} x_{12} \\ x_{22} \end{bmatrix}$에 대해 다음이 성립한다.

$$L(\boldsymbol{x}_1 + \boldsymbol{x}_2) = L\left(\begin{bmatrix} x_{11} \\ x_{21} \end{bmatrix} + \begin{bmatrix} x_{12} \\ x_{22} \end{bmatrix}\right) = L\left(\begin{bmatrix} x_{11} + x_{12} \\ x_{21} + x_{22} \end{bmatrix}\right) = A\begin{bmatrix} x_{11} + x_{12} \\ x_{21} + x_{22} \end{bmatrix} + \boldsymbol{b}$$

$$\begin{aligned} L(\boldsymbol{x}_1) + L(\boldsymbol{x}_2) &= L\left(\begin{bmatrix} x_{11} \\ x_{21} \end{bmatrix}\right) + L\left(\begin{bmatrix} x_{12} \\ x_{22} \end{bmatrix}\right) = A\begin{bmatrix} x_{11} \\ x_{21} \end{bmatrix} + \boldsymbol{b} + A\begin{bmatrix} x_{12} \\ x_{22} \end{bmatrix} + \boldsymbol{b} \\ &= A\begin{bmatrix} x_{11} + x_{21} \\ x_{21} + x_{22} \end{bmatrix} + 2\boldsymbol{b} \end{aligned}$$

따라서 $L(\boldsymbol{x}_1 + \boldsymbol{x}_2) \neq L(\boldsymbol{x}_1) + L(\boldsymbol{x}_2)$이다. 그러므로 L은 선형변환이 아니다.

참고 아핀변환

[예제 7-3]과 같은 $L(\boldsymbol{x}) = A\boldsymbol{x} + \boldsymbol{b}$ 형태의 변환을 **아핀변환** affine transform이라 한다. 아핀변환과 같이, 행렬과 벡터를 곱한 결과에 다른 상수벡터를 더한 변환은 선형변환이 아니다. 아핀변환은 컴퓨터 그래픽스, 시뮬레이션, CAD/CAM 등 다양한 분야에서 활용된다.

정리 7-2 $\mathbb{R}^n$에서 $\mathbb{R}^m$으로의 선형변환과 행렬

$\mathbb{R}^n$에서 $\mathbb{R}^m$으로의 모든 선형변환은 행렬에 벡터를 곱하는 변환이다.

증명

$L: \mathbb{R}^n \to \mathbb{R}^m$이 $\mathbb{R}^n$에서 $\mathbb{R}^m$으로의 임의의 선형변환이고, $\boldsymbol{e}_1, \boldsymbol{e}_2, \cdots, \boldsymbol{e}_n$이 $\mathbb{R}^n$의 표준기저벡터라 하자. 이때 $\mathbb{R}^n$의 임의의 벡터 $\boldsymbol{x}$는 표준기저벡터를 사용하여 다음과 같이 표현할 수 있다.

$$\boldsymbol{x} = \begin{bmatrix} x_1 \\ x_2 \\ \vdots \\ x_n \end{bmatrix} = x_1 \begin{bmatrix} 1 \\ 0 \\ \vdots \\ 0 \end{bmatrix} + x_2 \begin{bmatrix} 0 \\ 1 \\ \vdots \\ 0 \end{bmatrix} + \cdots + x_n \begin{bmatrix} 0 \\ 0 \\ \vdots \\ 1 \end{bmatrix} = x_1\boldsymbol{e}_1 + x_2\boldsymbol{e}_2 + \cdots + x_n\boldsymbol{e}_n$$

한편, L은 선형변환이므로 $\boldsymbol{x}$를 L로 선형변환하면 다음과 같다.

$$\begin{aligned} L\boldsymbol{x} &= L(x_1\boldsymbol{e}_1 + x_2\boldsymbol{e}_2 + \cdots + x_n\boldsymbol{e}_n) \\ &= x_1L(\boldsymbol{e}_1) + x_2L(\boldsymbol{e}_2) + \cdots + x_nL(\boldsymbol{e}_n) \quad (\because \text{ 선형변환의 정의}) \\ &= [L(\boldsymbol{e}_1)\ \ L(\boldsymbol{e}_2)\ \ \cdots\ \ L(\boldsymbol{e}_n)] \begin{bmatrix} x_1 \\ x_2 \\ \vdots \\ x_n \end{bmatrix} \\ &= A\boldsymbol{x} \quad (\because\ [L(e_1)\ \ L(e_2)\ \ \cdots\ \ L(e_n)] = A\text{로 표현}) \end{aligned}$$

$A = [L(\boldsymbol{e}_1)\ \ L(\boldsymbol{e}_2)\ \ \cdots\ \ L(\boldsymbol{e}_n)]$의 열벡터 $L(\boldsymbol{e}_i)$는 대응하는 표준기저벡터 $\boldsymbol{e}_i$를 선형변환한 것이다. 이러한 행렬 A를 선형변환 L의 **표준행렬**standard matrix이라 한다. 이와 같이 $\mathbb{R}^n$에서 $\mathbb{R}^m$으로의 모든 선형변환은 표준행렬로 나타낼 수 있다. 즉 $\mathbb{R}^n$에서 $\mathbb{R}^m$으로의 모든 선형변환은 행렬에 벡터를 곱하는 변환이다.

■

선형변환의 유형

$\mathbb{R}^2$ 또는 $\mathbb{R}^3$ 공간에서 기하학적 형태의 변환 중 선형변환인 것이 있다. 대표적으로 확대 및 축소, 반사, 회전, 층밀림 등이다.

■ 확대변환과 축소변환

표준행렬 $A = \begin{bmatrix} \alpha & 0 \\ 0 & \beta \end{bmatrix}$에 대한 선형변환을 도형에 적용하면, 도형이 **확대**dilation 또는 **축소**contraction된다.

$$\begin{bmatrix} x_2 \\ y_2 \end{bmatrix} = \begin{bmatrix} \alpha & 0 \\ 0 & \beta \end{bmatrix} \begin{bmatrix} x_1 \\ y_1 \end{bmatrix}, \qquad \begin{aligned} x_2 &= \alpha x_1 \\ y_2 &= \beta y_1 \end{aligned}$$

이 선형변환은 [그림 7-2]와 같이 x축 방향으로 α배, y축 방향으로 β배를 한다. α나 β의 값이 1보다 크면 해당 축 방향으로 도형이 확대되고, 1보다 작으면 축소된다.

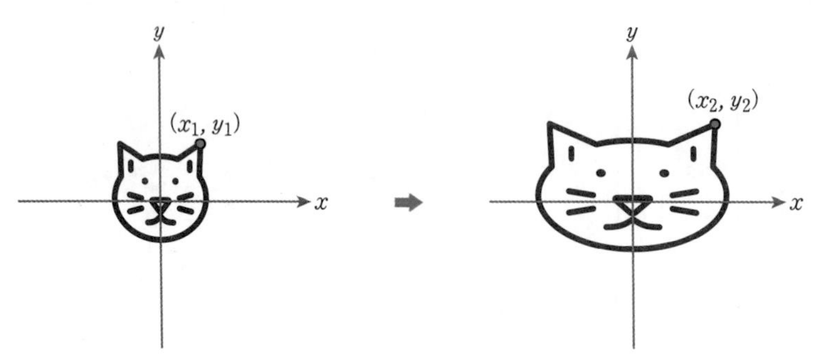

[그림 7-2] **확대변환의 예**

예제 7-4 확대변환과 축소변환

$\mathbb{R}^2$ 공간에서 점 (3, 2)를 x축 방향으로 3배, y축 방향으로 0.5배 했을 때 변환된 위치를 찾으라.

Tip
확대 및 축소변환의 표준 행렬을 이용한다.

풀이

$\mathbb{R}^2$ 공간에서 변환 전의 위치 $\boldsymbol{x} = (a,\ b)$와 x축 방향으로 α배, y축 방향으로 β배한 후의 위치 $\boldsymbol{x}' = (a',\ b')$은 다음과 같은 관계를 만족한다.

$$\begin{bmatrix} a' \\ b' \end{bmatrix} = \begin{bmatrix} \alpha & 0 \\ 0 & \beta \end{bmatrix} \begin{bmatrix} a \\ b \end{bmatrix}$$

따라서 다음과 같이 변환된 위치를 결정할 수 있다,

$$\begin{bmatrix} a' \\ b' \end{bmatrix} = \begin{bmatrix} 3 & 0 \\ 0 & 0.5 \end{bmatrix} \begin{bmatrix} 3 \\ 2 \end{bmatrix} = \begin{bmatrix} 9 \\ 1 \end{bmatrix}$$

■ 회전변환

표준행렬 $A = \begin{bmatrix} \cos\theta & -\sin\theta \\ \sin\theta & \cos\theta \end{bmatrix}$에 대한 선형변환을 도형에 적용하면, [그림 7-3]과 같이 도형이 원점을 중심으로 반시계방향으로 θ만큼 **회전**rotation한다.

$$\begin{bmatrix} x_2 \\ y_2 \end{bmatrix} = \begin{bmatrix} \cos\theta & -\sin\theta \\ \sin\theta & \cos\theta \end{bmatrix} \begin{bmatrix} x_1 \\ y_1 \end{bmatrix}, \qquad \begin{aligned} x_2 &= x_1\cos\theta - y_1\sin\theta \\ y_2 &= x_1\sin\theta + y_1\cos\theta \end{aligned}$$

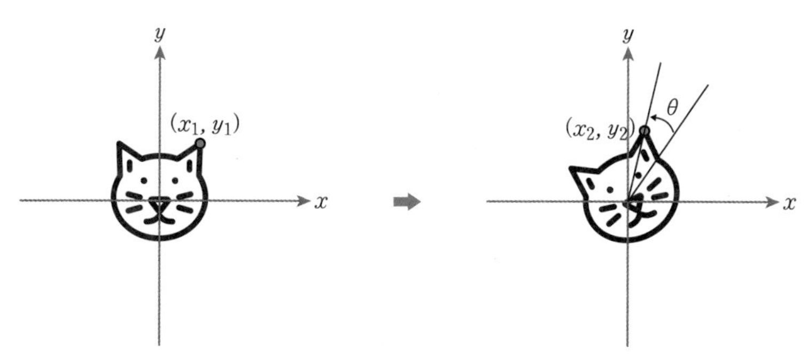

[그림 7-3] **회전변환의 예**

참고 회전변환의 표준행렬 유도

$\mathbb{R}^2$ 공간에서 [그림 7-4]와 같이 변환 전의 위치를 $P(x_1, y_1)$, θ만큼 회전변환한 후의 위치를 $Q(x_2, y_2)$라 하자. 원점과 P를 연결한 길이가 l인 선분과 x축이 이루는 각도를 σ라고 하면, P는 다음과 같이 표현할 수 있다.

$$x_1 = l\cos\sigma$$

$$y_1 = l\sin\sigma$$

한편 원점과 Q를 연결한 길이가 l인 선분과 x축이 이루는 각도는 $\theta+\sigma$가 된다. 이때 Q는 다음과 같이 표현할 수 있다.

$$x_2 = l\cos(\theta+\sigma) = l\cos\theta\cos\sigma - l\sin\theta\sin\sigma = x_1\cos\theta - y_1\sin\theta$$

$$y_2 = l\sin(\theta+\sigma) = l\sin\theta\cos\sigma + l\cos\theta\sin\sigma = x_1\sin\theta + y_1\cos\theta$$

위 관계를 행렬로 표현하면 다음과 같다.

$$\begin{bmatrix} x_2 \\ y_2 \end{bmatrix} = \begin{bmatrix} \cos\theta & -\sin\theta \\ \sin\theta & \cos\theta \end{bmatrix} \begin{bmatrix} x_1 \\ y_1 \end{bmatrix}$$

따라서 표준행렬은 다음과 같다.

$$\begin{bmatrix} \cos\theta & -\sin\theta \\ \sin\theta & \cos\theta \end{bmatrix}$$

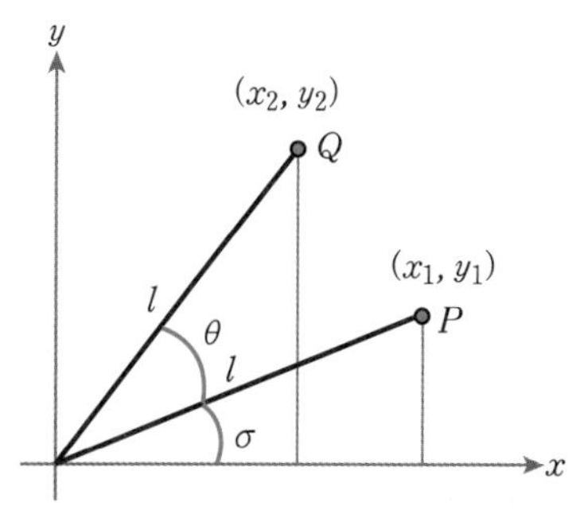

[그림 7-4] **점 P의 반시계방향으로 θ만큼의 회전**

예제 7-5 **회전변환**

$\mathbb{R}^2$ 공간에서 점 (1, 2)를 원점을 중심으로 반시계방향으로 30° 만큼 회전했을 때 변환된 위치를 찾으라.

Tip 반시계방향으로의 30° 회전에 대한 표준행렬을 구한 다음, 이 행렬에 점에 대한 벡터를 곱한다.

풀이

$\mathbb{R}^2$ 공간에서 변환 전의 위치 $\boldsymbol{x} = (a,\ b)$와 θ만큼의 회전변환한 후의 위치 $\boldsymbol{x}' = (a',\ b')$은 다음과 같은 관계를 만족한다.

$$\begin{bmatrix} a' \\ b' \end{bmatrix} = \begin{bmatrix} \cos\theta & -\sin\theta \\ \sin\theta & \cos\theta \end{bmatrix} \begin{bmatrix} a \\ b \end{bmatrix}$$

따라서 다음과 같이 변환된 위치를 결정할 수 있다.

$$\begin{aligned} \begin{bmatrix} a' \\ b' \end{bmatrix} &= \begin{bmatrix} \cos 30° & -\sin 30° \\ \sin 30° & \cos 30° \end{bmatrix} \begin{bmatrix} 1 \\ 2 \end{bmatrix} \\ &= \begin{bmatrix} \frac{\sqrt{3}}{2} & -\frac{1}{2} \\ \frac{1}{2} & \frac{\sqrt{3}}{2} \end{bmatrix} \begin{bmatrix} 1 \\ 2 \end{bmatrix} = \begin{bmatrix} \frac{\sqrt{3}}{2} - 1 \\ \frac{1}{2} + \sqrt{3} \end{bmatrix} \end{aligned}$$

■ 반사변환

행렬 $A = \begin{bmatrix} 1 & 0 \\ 0 & -1 \end{bmatrix}$로 표현되는 선형변환은 [그림 7-5]와 같이 도형을 x축 기준으로 **반사** reflection한다.

$$\begin{bmatrix} x_2 \\ y_2 \end{bmatrix} = \begin{bmatrix} 1 & 0 \\ 0 & -1 \end{bmatrix} \begin{bmatrix} x_1 \\ y_1 \end{bmatrix}, \quad \begin{aligned} x_2 &= x_1 \\ y_2 &= -y_1 \end{aligned}$$

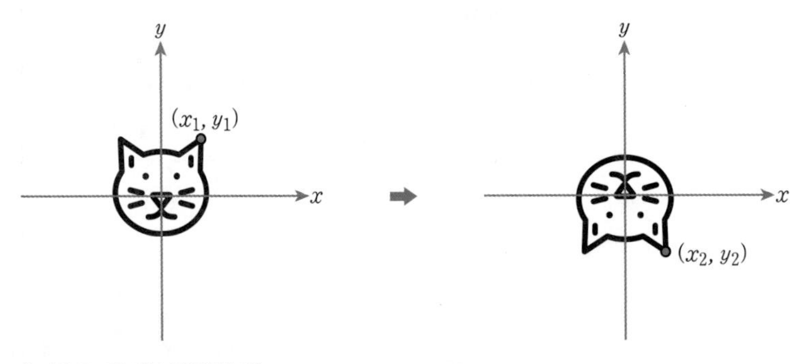

[그림 7-5] **반사변환의 예**

한편, y축을 기준으로 반사하는 선형변환의 표준행렬 B는 다음과 같다.

$$B = \begin{bmatrix} -1 & 0 \\ 0 & 1 \end{bmatrix}$$

예제 7-6 반사변환

$\mathbb{R}^2$ 공간에서 점 $(1, -2)$를 x축 기준으로 반사했을 때와 y축 기준으로 반사했을 때의 변환된 위치를 각각 찾으라.

Tip 반사변환의 표준행렬을 이용한다.

풀이

$\mathbb{R}^2$ 공간에서 x축을 기준으로 반사하는 변환의 표준행렬은 $\begin{bmatrix} 1 & 0 \\ 0 & -1 \end{bmatrix}$이다. 따라서 다음과 같이 변환된 위치를 결정할 수 있다.

$$\begin{bmatrix} x' \\ y' \end{bmatrix} = \begin{bmatrix} 1 & 0 \\ 0 & -1 \end{bmatrix}\begin{bmatrix} 1 \\ -2 \end{bmatrix} = \begin{bmatrix} 1 \\ 2 \end{bmatrix}$$

$\mathbb{R}^2$ 공간에서 y축을 기준으로 반사하는 변환의 표준행렬은 $\begin{bmatrix} -1 & 0 \\ 0 & 1 \end{bmatrix}$이다. 따라서 다음과 같이 변환된 위치를 결정할 수 있다.

$$\begin{bmatrix} x' \\ y' \end{bmatrix} = \begin{bmatrix} -1 & 0 \\ 0 & 1 \end{bmatrix}\begin{bmatrix} 1 \\ -2 \end{bmatrix} = \begin{bmatrix} -1 \\ -2 \end{bmatrix}$$

■ 층밀림변환

행렬 $A = \begin{bmatrix} 1 & k \\ 0 & 1 \end{bmatrix}$로 표현되는 선형변환은 [그림 7-6]과 같이 도형의 x축 방향으로 y의 k배만큼 **층밀림**shear이 일어나도록 한다.

$$\begin{bmatrix} x_2 \\ y_2 \end{bmatrix} = \begin{bmatrix} 1 & k \\ 0 & 1 \end{bmatrix}\begin{bmatrix} x_1 \\ y_1 \end{bmatrix}, \quad \begin{aligned} x_2 &= x_1 + ky_1 \\ y_2 &= y_1 \end{aligned}$$

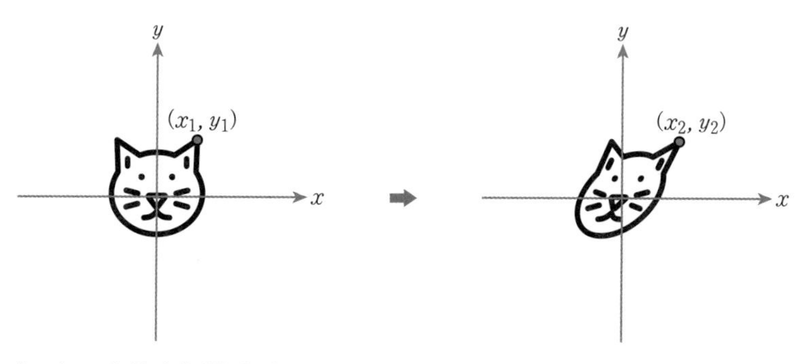

[그림 7-6] **층밀림변환의 예**

행렬 $A = \begin{bmatrix} 1 & 0 \\ k & 1 \end{bmatrix}$로 표현되는 선형변환은 [그림 7-7]과 같이 도형의 y축 방향으로 x의 k배만큼 층밀림이 일어나도록 한다.

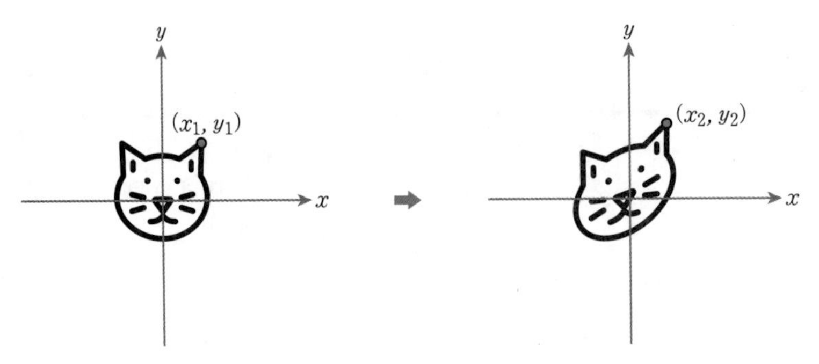

[그림 7-7] **층밀림변환의 예**

예제 7-7 층밀림변환

$\mathbb{R}^2$ 공간에 꼭짓점 $(0,0)$, $(3,0)$, $(0,2)$, $(3,2)$로 구성된 직사각형이 있다.

> **Tip**
> 층밀림변환의 표준행렬을 이용한다.

(a) 이 직사각형의 x축 방향으로 y의 2배만큼 층밀림이 일어날 때, 각 꼭짓점의 좌표를 구하라.

(b) 이 직사각형의 y축 방향으로 x의 -1배만큼 층밀림이 일어날 때, 각 꼭짓점의 좌표를 구하라.

풀이

(a) $\mathbb{R}^2$ 공간에서 x축 방향으로 y의 2배만큼 층밀림이 일어나도록 하는 변환의 표준행렬은 $\begin{bmatrix} 1 & 2 \\ 0 & 1 \end{bmatrix}$이다. 따라서 다음과 같이 각 꼭짓점의 변환된 위치를 결정할 수 있다.

$$\begin{bmatrix} 0 \\ 0 \end{bmatrix} \to \begin{bmatrix} 1 & 2 \\ 0 & 1 \end{bmatrix}\begin{bmatrix} 0 \\ 0 \end{bmatrix} = \begin{bmatrix} 0 \\ 0 \end{bmatrix} \qquad \begin{bmatrix} 3 \\ 0 \end{bmatrix} \to \begin{bmatrix} 1 & 2 \\ 0 & 1 \end{bmatrix}\begin{bmatrix} 3 \\ 0 \end{bmatrix} = \begin{bmatrix} 3 \\ 0 \end{bmatrix}$$

$$\begin{bmatrix} 0 \\ 2 \end{bmatrix} \to \begin{bmatrix} 1 & 2 \\ 0 & 1 \end{bmatrix}\begin{bmatrix} 0 \\ 2 \end{bmatrix} = \begin{bmatrix} 4 \\ 2 \end{bmatrix} \qquad \begin{bmatrix} 3 \\ 2 \end{bmatrix} \to \begin{bmatrix} 1 & 2 \\ 0 & 1 \end{bmatrix}\begin{bmatrix} 3 \\ 2 \end{bmatrix} = \begin{bmatrix} 7 \\ 2 \end{bmatrix}$$

(b) $\mathbb{R}^2$ 공간에서 y축 방향으로 x의 -1배만큼 층밀림이 일어나도록 하는 변환의 표준행렬은 $\begin{bmatrix} 1 & 0 \\ -1 & 1 \end{bmatrix}$이다. 따라서 다음과 같이 각 꼭짓점의 변환된 위치를 결정할 수 있다.

$$\begin{bmatrix} 0 \\ 0 \end{bmatrix} \to \begin{bmatrix} 1 & 0 \\ -1 & 1 \end{bmatrix}\begin{bmatrix} 0 \\ 0 \end{bmatrix} = \begin{bmatrix} 0 \\ 0 \end{bmatrix} \qquad \begin{bmatrix} 3 \\ 0 \end{bmatrix} \to \begin{bmatrix} 1 & 0 \\ -1 & 1 \end{bmatrix}\begin{bmatrix} 3 \\ 0 \end{bmatrix} = \begin{bmatrix} 3 \\ -3 \end{bmatrix}$$

$$\begin{bmatrix} 0 \\ 2 \end{bmatrix} \to \begin{bmatrix} 1 & 0 \\ -1 & 1 \end{bmatrix}\begin{bmatrix} 0 \\ 2 \end{bmatrix} = \begin{bmatrix} 0 \\ 2 \end{bmatrix} \qquad \begin{bmatrix} 3 \\ 2 \end{bmatrix} \to \begin{bmatrix} 1 & 0 \\ -1 & 1 \end{bmatrix}\begin{bmatrix} 3 \\ 2 \end{bmatrix} = \begin{bmatrix} 3 \\ -1 \end{bmatrix}$$

■ 선형변환이 아닌 이동변환

2차원 평면에서 [그림 7-8]처럼 도형을 **평행이동**translation하는 이동변환은 다음과 같이 표현할 수 있다.

$$\begin{cases} x_2 = x_1 + a \\ y_2 = y_1 + b \end{cases}$$

여기서 a와 b는 각각 x축과 y축 방향으로 이동한 양을 나타낸다.

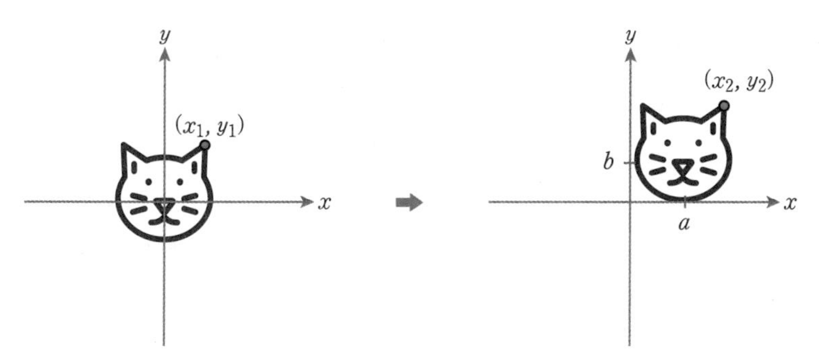

[그림 7-8] **평행이동하는 이동변환의 예**

위 연립선형방정식은 다음과 같은 행렬방정식으로 표현할 수 있다.

$$\begin{bmatrix} x_2 \\ y_2 \end{bmatrix} = \begin{bmatrix} 1 & 0 \\ 0 & 1 \end{bmatrix} \begin{bmatrix} x_1 \\ y_1 \end{bmatrix} + \begin{bmatrix} a \\ b \end{bmatrix}$$

위 행렬방정식은 $A\boldsymbol{x} + \boldsymbol{b}$의 형태이므로, 이동변환은 앞서 소개한 아핀변환 중 하나이다. 즉, 이동변환은 선형변환이 아니다. 다음 절에서는 이처럼 선형변환이 아닌 변환을 선형변환처럼 행렬과 벡터의 곱으로 표현하는 방법을 알아본다.

예제 7-8 이동변환

$\mathbb{R}^2$ 공간에서 점 (3, 4)를 x축 방향으로 -1, y축 방향으로 2만큼 평행이동할 때 변환된 위치를 찾으라.

> **Tip**
> 이동변환의 행렬방정식을 이용한다.

풀이

$\mathbb{R}^2$ 공간에서 점 (3, 4)의 이동변환 후 위치를 행렬방정식을 이용하여 구하면 다음과 같다.

$$\begin{bmatrix} x' \\ y' \end{bmatrix} = \begin{bmatrix} 1 & 0 \\ 0 & 1 \end{bmatrix} \begin{bmatrix} 3 \\ 4 \end{bmatrix} + \begin{bmatrix} -1 \\ 2 \end{bmatrix} = \begin{bmatrix} 2 \\ 6 \end{bmatrix}$$

표준행렬의 동차 표현

이동변환은 앞에서 살펴본 바와 같이 행렬과 벡터의 곱으로 표현할 수 없다. 이후 [정리 7-4]에서 살펴보겠지만, 벡터에 여러 선형변환을 순차적으로 적용하는 경우, 각 변환에 대한 표준행렬을 곱하여 하나의 행렬로 만들면 더 간단히 계산할 수 있다. 그러나 벡터에 적용된 변환 중 하나가 이동변환이라면 이를 행렬과 벡터의 곱으로 표현할 수 없어 불편하다. 이러한 문제는 다음과 같이 정의되는 벡터의 동차 좌표로 해결할 수 있다.

정의 7-2 2차원 및 3차원 벡터의 동차 좌표

$\mathbb{R}^2$의 벡터 $\begin{bmatrix} v_1 \\ v_2 \end{bmatrix}$의 세 번째 좌표로 h를 추가하여 $\mathbb{R}^3$의 벡터 $\begin{bmatrix} v_1 h \\ v_2 h \\ h \end{bmatrix}$로 표현하거나, $\mathbb{R}^3$의 벡터 $\begin{bmatrix} v_1 \\ v_2 \\ v_3 \end{bmatrix}$의 네 번째 좌표로 h를 추가하여 $\mathbb{R}^4$의 벡터 $\begin{bmatrix} v_1 h \\ v_2 h \\ v_3 h \\ h \end{bmatrix}$로 표현한 것을 **동차 좌표** homogeneous coordinate라고 한다.

동차 좌표에서 원래 좌표를 구하려면, 동차 좌표의 마지막 좌푯값 h로 각 좌푯값을 나누면 된다. 그래서 일반적으로 $h=1$인 동차 좌표를 사용한다.

예를 들어 $\mathbb{R}^2$의 벡터 $\begin{bmatrix} 2 \\ 3 \end{bmatrix}$을 동차 좌표로 표현하면 $\begin{bmatrix} 2h \\ 3h \\ h \end{bmatrix}$인데, 이 값은 $h=1$이면 $\begin{bmatrix} 2 \\ 3 \\ 1 \end{bmatrix}$, $h=2$이면 $\begin{bmatrix} 4 \\ 6 \\ 2 \end{bmatrix}$이다. 동차 좌표로 표현된 벡터를 원래 좌표의 벡터로 변환하려면 마지막 좌푯값으로 각 좌푯값을 나누어야 한다. 즉, $\begin{bmatrix} 2h/h \\ 3h/h \\ h/h \end{bmatrix} = \begin{bmatrix} 2 \\ 3 \\ 1 \end{bmatrix}$을 계산하면 동차 좌표로부터 원래 좌표의 벡터 $\begin{bmatrix} 2 \\ 3 \end{bmatrix}$을 구할 수 있다.

$\mathbb{R}^2$ 공간의 벡터를 동차 좌표로 표현할 때, $\mathbb{R}^2$ 공간의 표준행렬을 3×3 행렬로 표현해야 한다. 이동변환 $\begin{bmatrix} x_2 \\ y_2 \end{bmatrix} = \begin{bmatrix} 1 & 0 \\ 0 & 1 \end{bmatrix}\begin{bmatrix} x_1 \\ y_1 \end{bmatrix} + \begin{bmatrix} a \\ b \end{bmatrix}$에 대해, 다음과 같은 행렬이 있다고 하자.

$$\begin{bmatrix} 1 & 0 & a \\ 0 & 1 & b \\ 0 & 0 & 1 \end{bmatrix}$$

$\mathbb{R}^2$ 공간의 벡터 $\begin{bmatrix} x_1 \\ y_1 \end{bmatrix}$을 동차 좌표 $\begin{bmatrix} x_1 \\ y_1 \\ 1 \end{bmatrix}$로 표현하여, 행렬 $\begin{bmatrix} 1 & 0 & a \\ 0 & 1 & b \\ 0 & 0 & 1 \end{bmatrix}$에 곱해보자.

$$\begin{bmatrix} x_2 \\ y_2 \\ 1 \end{bmatrix} = \begin{bmatrix} 1 & 0 & a \\ 0 & 1 & b \\ 0 & 0 & 1 \end{bmatrix} \begin{bmatrix} x_1 \\ y_1 \\ 1 \end{bmatrix}, \qquad \begin{aligned} x_2 &= x_1 + a \\ y_2 &= y_1 + b \end{aligned}$$

$\mathbb{R}^2$ 공간 벡터의 동차 좌표를 위 행렬에 곱하면, 이동변환과 동일한 결과를 얻는다. 즉, 이동변환을 선형변환으로 표현할 수 있다. 이와 같이 원래 벡터를 동차 좌표로 나타내고, 동차 좌표에 맞춰 표준행렬의 차원을 늘려 행렬 곱으로 표현한 것을 **동차 표현** homogeneous representaton이라 한다.

이제 $\mathbb{R}^2$ 공간과 $\mathbb{R}^3$ 공간에서의 동차 표현에 따른 표준행렬의 형태를 살펴보자.

■ 2차원 공간의 벡터에 대한 표준행렬의 동차 표현

$\mathbb{R}^2$ 공간의 벡터에 대한 동차 표현은 3차원 벡터이므로, 이에 대한 표준행렬은 3×3 행렬이다. $\mathbb{R}^2$ 공간에서의 전형적인 선형변환인 확대 및 축소, 회전, 반사, 층밀림과, 아핀변환인 이동에 대한 표준행렬의 동차 표현은 다음과 같다.

❶ 확대변환과 축소변환

$$\begin{bmatrix} \alpha & 0 \\ 0 & \beta \end{bmatrix} \quad \Rightarrow \quad \begin{bmatrix} \alpha & 0 & 0 \\ 0 & \beta & 0 \\ 0 & 0 & 1 \end{bmatrix}$$

여기서 α와 β는 각각 x축과 y축 방향의 크기 확대 비 또는 축소 비를 나타낸다.

❷ 회전변환

$$\begin{bmatrix} \cos\theta & -\sin\theta \\ \sin\theta & \cos\theta \end{bmatrix} \quad \Rightarrow \quad \begin{bmatrix} \cos\theta & -\sin\theta & 0 \\ \sin\theta & \cos\theta & 0 \\ 0 & 0 & 1 \end{bmatrix}$$

여기서 θ는 반시계방향의 회전 각도를 나타낸다.

❸ 반사변환

x축에 대한 반사 : $\begin{bmatrix} 1 & 0 \\ 0 & -1 \end{bmatrix} \quad \Rightarrow \quad \begin{bmatrix} 1 & 0 & 0 \\ 0 & -1 & 0 \\ 0 & 0 & 1 \end{bmatrix}$

y축에 대한 반사 : $\begin{bmatrix} -1 & 0 \\ 0 & 1 \end{bmatrix} \quad \Rightarrow \quad \begin{bmatrix} -1 & 0 & 0 \\ 0 & 1 & 0 \\ 0 & 0 & 1 \end{bmatrix}$

❹ 층밀림변환

x축 방향의 층밀림 : $\begin{bmatrix} 1 & k \\ 0 & 1 \end{bmatrix}$ ⇨ $\begin{bmatrix} 1 & k & 0 \\ 0 & 1 & 0 \\ 0 & 0 & 1 \end{bmatrix}$

y축 방향의 층밀림 : $\begin{bmatrix} 1 & 0 \\ k & 1 \end{bmatrix}$ ⇨ $\begin{bmatrix} 1 & 0 & 0 \\ k & 1 & 0 \\ 0 & 0 & 1 \end{bmatrix}$

❺ 선형변환이 아닌 이동변환

$x_2 = x_1 + a$
$y_2 = y_1 + b$ ⇨ $\begin{bmatrix} 1 & 0 & a \\ 0 & 1 & b \\ 0 & 0 & 1 \end{bmatrix}$

여기서 a, b는 각각 x축, y축 방향으로의 이동 거리를 나타낸다.

컴퓨터 그래픽스 등에서는 다음과 같이 3차원 벡터 또는 점의 변환에 대한 동차 표현을 사용한다.

■ 3차원 공간의 벡터에 대한 표준행렬의 동차 표현

$\mathbb{R}^3$ 공간의 벡터에 대한 동차 표현은 4차원 벡터이므로, 이에 대한 표준행렬은 4×4 행렬이다. $\mathbb{R}^3$ 공간에서의 확대 및 축소, 회전, 반사, 층밀림과, 아핀변환인 이동에 대한 표준행렬의 동차 표현은 다음과 같다.

❶ 확대변환과 축소변환

$\begin{bmatrix} \alpha & 0 & 0 \\ 0 & \beta & 0 \\ 0 & 0 & \gamma \end{bmatrix}$ ⇨ $\begin{bmatrix} \alpha & 0 & 0 & 0 \\ 0 & \beta & 0 & 0 \\ 0 & 0 & \gamma & 0 \\ 0 & 0 & 0 & 1 \end{bmatrix}$

여기서 α, β, γ는 각각 x축, y축, z축 방향의 크기 확대 비 또는 축소 비를 나타낸다.

❷ 회전변환

x축 방향의 θ 각도 회전 : $\begin{bmatrix} 1 & 0 & 0 \\ 0 & \cos\theta & -\sin\theta \\ 0 & \sin\theta & \cos\theta \end{bmatrix}$ ⇨ $\begin{bmatrix} 1 & 0 & 0 & 0 \\ 0 & \cos\theta & -\sin\theta & 0 \\ 0 & \sin\theta & \cos\theta & 0 \\ 0 & 0 & 0 & 1 \end{bmatrix}$

y축 방향의 θ 각도 회전 : $\begin{bmatrix} \cos\theta & 0 & \sin\theta \\ 0 & 1 & 0 \\ -\sin\theta & 0 & \cos\theta \end{bmatrix}$ ⇨ $\begin{bmatrix} \cos\theta & 0 & \sin\theta & 0 \\ 0 & 1 & 0 & 0 \\ -\sin\theta & 0 & \cos\theta & 0 \\ 0 & 0 & 0 & 1 \end{bmatrix}$

z축 방향의 θ 각도 회전 : $\begin{bmatrix} \cos\theta & -\sin\theta & 0 \\ \sin\theta & \cos\theta & 0 \\ 0 & 0 & 1 \end{bmatrix}$ ⇨ $\begin{bmatrix} \cos\theta & -\sin\theta & 0 & 0 \\ \sin\theta & \cos\theta & 0 & 0 \\ 0 & 0 & 1 & 0 \\ 0 & 0 & 0 & 1 \end{bmatrix}$

여기서 θ는 x축, y축, z축을 중심으로 한 반시계방향의 회전 각도를 나타낸다.

❸ 반사변환

xy평면에 대한 반사 : $\begin{bmatrix} 1 & 0 & 0 \\ 0 & 1 & 0 \\ 0 & 0 & -1 \end{bmatrix}$ ⇨ $\begin{bmatrix} 1 & 0 & 0 & 0 \\ 0 & 1 & 0 & 0 \\ 0 & 0 & -1 & 0 \\ 0 & 0 & 0 & 1 \end{bmatrix}$

xz평면에 대한 반사 : $\begin{bmatrix} 1 & 0 & 0 \\ 0 & -1 & 0 \\ 0 & 0 & 1 \end{bmatrix}$ ⇨ $\begin{bmatrix} 1 & 0 & 0 & 0 \\ 0 & -1 & 0 & 0 \\ 0 & 0 & 1 & 0 \\ 0 & 0 & 0 & 1 \end{bmatrix}$

yz평면에 대한 반사 : $\begin{bmatrix} -1 & 0 & 0 \\ 0 & 1 & 0 \\ 0 & 0 & 1 \end{bmatrix}$ ⇨ $\begin{bmatrix} -1 & 0 & 0 & 0 \\ 0 & 1 & 0 & 0 \\ 0 & 0 & 1 & 0 \\ 0 & 0 & 0 & 1 \end{bmatrix}$

❹ 층밀림변환

x축 방향의 층밀림 : $\begin{bmatrix} 1 & 0 & 0 \\ a & 1 & 0 \\ b & 0 & 1 \end{bmatrix}$ ⇨ $\begin{bmatrix} 1 & 0 & 0 & 0 \\ a & 1 & 0 & 0 \\ b & 0 & 1 & 0 \\ 0 & 0 & 0 & 1 \end{bmatrix}$

y축 방향의 층밀림 : $\begin{bmatrix} 1 & a & 0 \\ 0 & 1 & 0 \\ 0 & b & 1 \end{bmatrix}$ ⇨ $\begin{bmatrix} 1 & a & 0 & 0 \\ 0 & 1 & 0 & 0 \\ 0 & b & 1 & 0 \\ 0 & 0 & 0 & 1 \end{bmatrix}$

z축 방향의 층밀림 : $\begin{bmatrix} 1 & 0 & a \\ 0 & 1 & b \\ 0 & 0 & 1 \end{bmatrix}$ ⇨ $\begin{bmatrix} 1 & 0 & a & 0 \\ 0 & 1 & b & 0 \\ 0 & 0 & 1 & 0 \\ 0 & 0 & 0 & 1 \end{bmatrix}$

❺ 아핀변환인 이동변환

$$\begin{aligned} x_2 &= x_1 + a \\ y_2 &= y_1 + b \\ z_2 &= z_1 + c \end{aligned} \quad ⇨ \quad \begin{bmatrix} 1 & 0 & 0 & a \\ 0 & 1 & 0 & b \\ 0 & 0 & 1 & c \\ 0 & 0 & 0 & 1 \end{bmatrix}$$

여기서 a, b, c는 각각 x축, y축, z축 방향으로의 이동 거리를 나타낸다.

선형변환의 합성과 역변환

선형변환을 연달아 하는 경우가 있는데, 이는 선형변환의 합성으로 표현할 수 있다. 한편, 정의역에서 공역으로의 선형변환에 대응하는 공역에서 정의역으로의 변환을 역변환이라 한다. 먼저 선형변환의 합성에 대해 알아본다.

■ 선형변환의 합성

정의 7-3 선형변환의 합성

$L_1 : U \to V$와 $L_2 : V \to W$가 선형변환일 때, L_1을 사용하여 벡터공간 U의 벡터 $\boldsymbol{u}$를 벡터공간 V의 벡터 $\boldsymbol{v}$로 변환한 다음, L_2를 사용하여 $\boldsymbol{v}$를 벡터공간 W의 벡터 $\boldsymbol{w}$로 변환하는 것을 **L_2와 L_1의 합성**composition of L2 with L1이라 하고, $L_2 \circ L_1$로 나타낸다.

$$L_2 \circ L_1(\boldsymbol{u}) = L_2(L_1(\boldsymbol{u}))$$

$L_2(L_1(\boldsymbol{u}))$는 $\boldsymbol{u}$에 선형변환 L_1을 적용한 결과에 다시 선형변환 L_2를 적용함을 의미한다.

Note $L_2 \circ L_1$는 L_2 circle L_1이라고 읽는다.

선형변환의 합성 $L_2 \circ L_1$은 [그림 7-9]와 같이 L_1으로 선형변환한 다음, L_2로 선형변환하는 것을 나타낸다. 합성을 표기할 때는 선형변환의 순서가 중요하다. 선형변환의 배치 순서가 바뀌면 선형변환의 적용 순서도 바뀐다.

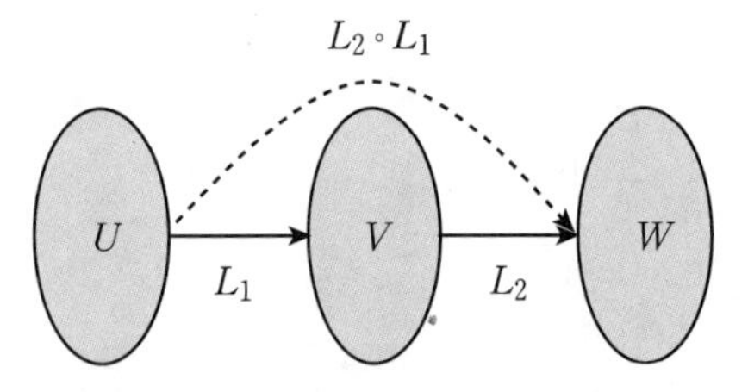

[그림 7-9] **선형변환의 합성** $L_2 \circ L_1(\boldsymbol{u}) = L_2(L_1(\boldsymbol{u}))$

예제 7-9 동차 표현을 이용한 회전변환과 이동변환의 합성

$\mathbb{R}^2$ 공간에서 점 (1, 2)를 원점을 중심으로 반시계방향으로 30° 만큼 회전한 다음, x축 방향으로 2, y축 방향으로 3만큼 평행이동한 후의 위치를 찾으라.

> **Tip** 회전변환의 표준행렬과 이동변환의 표준행렬의 동차 표현의 합성을 이용한다.

풀이

$\mathbb{R}^2$ 공간에서 반시계방향으로의 30° 회전에 대한 표준행렬의 동차 표현은 다음과 같다.

$$L_1 = \begin{bmatrix} \cos 30° & -\sin 30° & 0 \\ \sin 30° & \cos 30° & 0 \\ 0 & 0 & 1 \end{bmatrix} = \begin{bmatrix} \frac{\sqrt{3}}{2} & -\frac{1}{2} & 0 \\ \frac{1}{2} & \frac{\sqrt{3}}{2} & 0 \\ 0 & 0 & 1 \end{bmatrix}$$

x축 방향으로 2, y축 방향으로 3만큼의 평행이동에 대한 표준행렬의 동차 표현은 다음과 같다.

$$L_2 = \begin{bmatrix} 1 & 0 & 2 \\ 0 & 1 & 3 \\ 0 & 0 & 1 \end{bmatrix}$$

두 변환을 합성하면 다음과 같다.

$$L_2 \circ L_1\left(\begin{bmatrix} 1 \\ 2 \\ 1 \end{bmatrix}\right) = \begin{bmatrix} 1 & 0 & 2 \\ 0 & 1 & 3 \\ 0 & 0 & 1 \end{bmatrix}\begin{bmatrix} \frac{\sqrt{3}}{2} & -\frac{1}{2} & 0 \\ \frac{1}{2} & \frac{\sqrt{3}}{2} & 0 \\ 0 & 0 & 1 \end{bmatrix}\begin{bmatrix} 1 \\ 2 \\ 1 \end{bmatrix} = \begin{bmatrix} \frac{\sqrt{3}}{2}+1 \\ \frac{7}{2}+\sqrt{3} \\ 1 \end{bmatrix}$$

따라서 변환 후 위치는 $\left(\frac{\sqrt{3}}{2}+1,\ \frac{7}{2}+\sqrt{3}\right) \approx (1.87,\ 5.23)$이다.

정리 7-3 선형변환의 합성의 선형성

$L_1 : U \to V$와 $L_2 : V \to W$가 선형변환일 때, 두 선형변환의 합성 $L_2 \circ L_1$은 벡터공간 U의 벡터를 벡터공간 W의 벡터로 변환하는 선형변환이다.

$$L_2 \circ L_1 : U \to W$$

증명

두 선형변환의 합성 $L_2 \circ L_1$이 선형변환이라면, 임의의 벡터 $\mathbf{u}_1$, $\mathbf{u}_2 \in U$와 스칼라 c에 대해 [정의 7-1]의 두 조건을 만족해야 한다.

(1) $L_2 \circ L_1(\boldsymbol{u}_1+\boldsymbol{u}_2) = L_2(L_1(\boldsymbol{u}_1+\boldsymbol{u}_2)) = L_2(L_1(\boldsymbol{u}_1)+L_1(\boldsymbol{u}_2))$
$= L_2(L_1(\boldsymbol{u}_1))+L_2(L_1(\boldsymbol{u}_2)) = L_2 \circ L_1(\boldsymbol{u}_1)+L_2 \circ L_1(\boldsymbol{u}_2)$

(2) $L_2 \circ L_1(c\boldsymbol{u}_1) = L_2(L_1(c\boldsymbol{u}_1)) = L_2(cL_1(\boldsymbol{u}_1)) = cL_2(L_1(\boldsymbol{u}_1))$
$= cL_2 \circ L_1(\boldsymbol{u}_1)$

따라서 선형변환의 합성 $L_2 \circ L_1$은 선형변환이다.

■

예제 7-10 선형변환의 합성

선형변환 $L_1\left(\begin{bmatrix} x_1 \\ x_2 \end{bmatrix}\right) = \begin{bmatrix} x_1 \\ x_1+x_2 \end{bmatrix}$와 $L_2\left(\begin{bmatrix} x_1 \\ x_2 \end{bmatrix}\right) = \begin{bmatrix} 3x_1+x_2 \\ 2x_1-x_2 \end{bmatrix}$의 합성 $L_2 \circ L_1$이 선형변환임을 보여라.

Tip
먼저 선형변환의 합성을 구한 다음, 합성이 선형변환의 조건을 만족하는지 확인한다.

풀이

두 선형변환의 합성 $L_2 \circ L_1$은 다음과 같다.

$$L_2 \circ L_1\left(\begin{bmatrix} x_1 \\ x_2 \end{bmatrix}\right) = L_2\left(\begin{bmatrix} x_1 \\ x_1+x_2 \end{bmatrix}\right) = \begin{bmatrix} 3x_1+x_1+x_2 \\ 2x_1-x_1-x_2 \end{bmatrix} = \begin{bmatrix} 4x_1+x_2 \\ x_1-x_2 \end{bmatrix}$$

$L_2 \circ L_1$이 선형변환임을 보이기 위해 [정의 7-1]의 두 조건을 만족함을 보인다.
$\boldsymbol{u}_1 = \begin{bmatrix} a \\ b \end{bmatrix}$, $\boldsymbol{u}_2 = \begin{bmatrix} c \\ d \end{bmatrix}$라고 하자.

(1) $L_2 \circ L_1\left(\begin{bmatrix} a \\ b \end{bmatrix}+\begin{bmatrix} c \\ d \end{bmatrix}\right) = L_2 \circ L_1\left(\begin{bmatrix} a+c \\ b+d \end{bmatrix}\right) = \begin{bmatrix} 4a+b+4c+d \\ a-b+c-d \end{bmatrix}$

$L_2 \circ L_1\left(\begin{bmatrix} a \\ b \end{bmatrix}\right)+L_2 \circ L_1\left(\begin{bmatrix} c \\ d \end{bmatrix}\right) = \begin{bmatrix} 4a+b \\ a-b \end{bmatrix}+\begin{bmatrix} 4c+d \\ c-d \end{bmatrix} = \begin{bmatrix} 4a+b+4c+d \\ a-b+c-d \end{bmatrix}$

그러므로 $L_2 \circ L_1(\boldsymbol{u}_1+\boldsymbol{u}_2) = L_2 \circ L_1(\boldsymbol{u}_1)+L_2 \circ L_1(\boldsymbol{u}_2)$이다.

(2) $L_2 \circ L_1\left(k\begin{bmatrix} a \\ b \end{bmatrix}\right) = L_2 \circ L_1\left(\begin{bmatrix} ka \\ kb \end{bmatrix}\right) = \begin{bmatrix} 4ka+kb \\ ka-kb \end{bmatrix}$

$kL_2 \circ L_1\left(\begin{bmatrix} a \\ b \end{bmatrix}\right) = k\begin{bmatrix} 4a+b \\ a-b \end{bmatrix} = \begin{bmatrix} 4ka+kb \\ ka-kb \end{bmatrix}$

그러므로 $L_2 \circ L_1(k\boldsymbol{u}_1) = kL_2 \circ L_1(\boldsymbol{u}_1)$이다.

따라서 $L_2 \circ L_1$은 선형변환이다.

정리 7-4 선형변환 합성의 행렬 곱 표현

행렬로 표현되는 선형변환의 합성은 하나의 행렬로 나타낼 수 있다. 이 행렬은 각 선형변환의 표준행렬의 곱과 같다.

증명

선형변환 L_1과 L_2의 표준행렬을 각각 M_1과 M_2라고 하자.

$$L_1(\boldsymbol{u}) = M_1\boldsymbol{u},\ L_2(\boldsymbol{v}) = M_2\boldsymbol{v}$$

이때 선형변환의 합성 $L_2 \circ L_1(\boldsymbol{u})$는 다음과 같이 전개할 수 있다.

$$L_2 \circ L_1(\boldsymbol{u}) = L_2(L_1(\boldsymbol{u})) = L_2(M_1\boldsymbol{u}) = M_2M_1\boldsymbol{u} = M\boldsymbol{u}$$

여기서 행렬 곱 $M_2M_1 = M$을 통해 선형변환의 합성을 하나의 행렬로 나타낼 수 있다. 즉 두 선형변환의 합성 $L_2 \circ L_1(\boldsymbol{u})$에 의한 변환은 하나의 행렬과 벡터의 곱으로 표현할 수 있다. 또한 행렬로 표현되는 여러 선형변환을 합성할 경우에는 이들 행렬 곱을 먼저 계산한 후 벡터에 적용하면, 선형변환을 순차적으로 적용한 결과를 얻는다.

■

예제 7-11 선형변환 합성의 행렬 곱 표현과 점의 변환

3차원 공간의 벡터를 x축 방향으로 3, z축 방향으로 10만큼 평행이동한 다음, x축 방향으로 $90°$ 만큼 회전하고 나서, x축 방향으로 3배, y축 방향으로 2배 확대하는 표준행렬의 동차 표현을 찾으라. 또한 이 표준행렬을 사용하여 점 $(-3,\ 2,\ 0)$의 변환 후 위치를 찾으라.

> **Tip** 각 변환에 대한 행렬의 동차 표현을 구한 다음, 전체 변환에 대한 동차 표현을 구하여 점의 변환 위치를 찾는다.

풀이

x축 방향으로 3, z축 방향으로 10만큼 평행이동하는 표준행렬의 동차 표현 M_T는 다음과 같다.

$$M_T = \begin{bmatrix} 1 & 0 & 0 & 3 \\ 0 & 1 & 0 & 0 \\ 0 & 0 & 1 & 10 \\ 0 & 0 & 0 & 1 \end{bmatrix}$$

x축 방향으로 $90°$ 만큼 회전하는 표준행렬의 동차 표현 M_R은 다음과 같다.

$$M_R = \begin{bmatrix} 1 & 0 & 0 & 0 \\ 0 & \cos 90° & -\sin 90° & 0 \\ 0 & \sin 90° & \cos 90° & 0 \\ 0 & 0 & 0 & 1 \end{bmatrix} = \begin{bmatrix} 1 & 0 & 0 & 0 \\ 0 & 0 & -1 & 0 \\ 0 & 1 & 0 & 0 \\ 0 & 0 & 0 & 1 \end{bmatrix}$$

x축 방향으로 3배, y축 방향으로 2배 확대하는 표준행렬의 동차 표현 M_S는 다음과 같다.

$$M_S = \begin{bmatrix} 3 & 0 & 0 & 0 \\ 0 & 2 & 0 & 0 \\ 0 & 0 & 1 & 0 \\ 0 & 0 & 0 & 1 \end{bmatrix}$$

이들 변환을 순차적으로 적용하는 표준행렬 $M = M_S M_R M_T$는 다음과 같이 계산된다.

$$M = M_S M_R M_T = \begin{bmatrix} 3 & 0 & 0 & 0 \\ 0 & 2 & 0 & 0 \\ 0 & 0 & 1 & 0 \\ 0 & 0 & 0 & 1 \end{bmatrix} \begin{bmatrix} 1 & 0 & 0 & 0 \\ 0 & 0 & -1 & 0 \\ 0 & 1 & 0 & 0 \\ 0 & 0 & 0 & 1 \end{bmatrix} \begin{bmatrix} 1 & 0 & 0 & 3 \\ 0 & 1 & 0 & 0 \\ 0 & 0 & 1 & 10 \\ 0 & 0 & 0 & 1 \end{bmatrix}$$

$$= \begin{bmatrix} 3 & 0 & 0 & 0 \\ 0 & 0 & -2 & 0 \\ 0 & 1 & 0 & 0 \\ 0 & 0 & 0 & 1 \end{bmatrix} \begin{bmatrix} 1 & 0 & 0 & 3 \\ 0 & 1 & 0 & 0 \\ 0 & 0 & 1 & 10 \\ 0 & 0 & 0 & 1 \end{bmatrix} = \begin{bmatrix} 3 & 0 & 0 & 9 \\ 0 & 0 & -2 & -20 \\ 0 & 1 & 0 & 0 \\ 0 & 0 & 0 & 1 \end{bmatrix}$$

한편 점 $(-3,\ 2,\ 0)$에 이들 변환을 적용한 결과는 다음과 같다.

$$M \begin{bmatrix} -3 \\ 2 \\ 0 \\ 1 \end{bmatrix} = \begin{bmatrix} 3 & 0 & 0 & 9 \\ 0 & 0 & -2 & -20 \\ 0 & 1 & 0 & 0 \\ 0 & 0 & 0 & 1 \end{bmatrix} \begin{bmatrix} -3 \\ 2 \\ 0 \\ 1 \end{bmatrix} = \begin{bmatrix} 0 \\ -20 \\ 2 \\ 1 \end{bmatrix}$$

따라서 변환 후 $(-3,\ 2,\ 0)$의 위치는 $(0,\ -20,\ 2)$이다.

■ 역변환

정의 7-4 항등 선형변환

벡터공간 V의 **항등 선형변환** identity linear transformation I_V는 다음과 같이 정의된다.

$$I_V :\ V \to V, \quad I_V(\boldsymbol{v}) = \boldsymbol{v}$$

항등 선형변환은 벡터 $\boldsymbol{v}$를 동일한 벡터 $\boldsymbol{v}$로 사상하는 것으로 '아무 일도 하지 않는 사상'이다. 항등 선형변환은 단사와 전사의 성질을 모두 만족하는 전단사 선형변환이다.

정의 7-5 역변환

선형변환 $L_1 : V \to W$와 선형변환 $L_2 : W \to V$에 대해, $L_2 \circ L_1 = I_V$이고 $L_1 \circ L_2 = I_W$인 성질이 성립한다면, L_1은 **가역 선형변환** invertible linear transformation이라 하고, L_1과 L_2는 서로의 **역변환** inverse transformation이라 한다. 여기서 I_V와 I_W는 각각 벡터 공간 V와 W에 정의된 항등 선형변환이다. 서로의 역변환인 L_1과 L_2는 다음과 같이 표현한다.

$$L_2^{-1} = L_1, \quad L_1^{-1} = L_2$$

예제 7-12 역변환

다음 선형변환 L_1과 L_2가 서로의 역변환임을 보여라.

$$L_1\left(\begin{bmatrix} x_1 \\ x_2 \end{bmatrix}\right) = \begin{bmatrix} 4 & -3 \\ -1 & 1 \end{bmatrix}\begin{bmatrix} x_1 \\ x_2 \end{bmatrix}$$

$$L_2\left(\begin{bmatrix} x_1 \\ x_2 \end{bmatrix}\right) = \begin{bmatrix} 1 & 3 \\ 1 & 4 \end{bmatrix}\begin{bmatrix} x_1 \\ x_2 \end{bmatrix}$$

Tip

선형변환의 합성 $L_1 \circ L_2$와 $L_2 \circ L_1$이 항등 선형변환임을 확인한다.

풀이

L_1과 L_2가 서로의 역변환이면, $L_1 \circ L_2$와 $L_2 \circ L_1$은 각각 항등 선형변환이어야 한다. 이들 선형변환의 합성을 구하면 다음과 같다.

$$L_1 \circ L_2\left(\begin{bmatrix} x_1 \\ x_2 \end{bmatrix}\right) = \begin{bmatrix} 4 & -3 \\ -1 & 1 \end{bmatrix}\begin{bmatrix} 1 & 3 \\ 1 & 4 \end{bmatrix}\begin{bmatrix} x_1 \\ x_2 \end{bmatrix} = \begin{bmatrix} x_1 \\ x_2 \end{bmatrix}$$

$$L_2 \circ L_1\left(\begin{bmatrix} x_1 \\ x_2 \end{bmatrix}\right) = \begin{bmatrix} 1 & 3 \\ 1 & 4 \end{bmatrix}\begin{bmatrix} 4 & -3 \\ -1 & 1 \end{bmatrix}\begin{bmatrix} x_1 \\ x_2 \end{bmatrix} = \begin{bmatrix} x_1 \\ x_2 \end{bmatrix}$$

따라서 L_1과 L_2가 서로 역변환 관계임을 알 수 있다.

정리 7-5 행렬로 표현되는 선형변환이 가역이기 위한 필요조건

증명

행렬로 표현되는 선형변환이 가역 선형변환이면, 표준행렬은 정방행렬이다.

예제 7-13 역변환

다음 선형변환 L이 가역 선형변환인지 확인하라.

$$L\left(\begin{bmatrix} x_1 \\ x_2 \end{bmatrix}\right) = \begin{bmatrix} 3 & -2 & -1 \\ 1 & 0 & 5 \end{bmatrix}\begin{bmatrix} x_1 \\ x_2 \end{bmatrix}$$

Tip
회전변환과 반사변환의 각 표준행렬에 대해 해당 행렬과 전치행렬의 곱이 단위행렬인지 확인한다.

풀이

선형변환을 나타내는 행렬의 크기가 2×3이므로, 정방행렬이 아니다. 따라서 [정리 7-5]에 따라 선형변환 L은 가역 선형변환이 아니다.

선형연산자

동일한 벡터공간을 정의역과 공역으로 갖는 선형변환을 선형연산자라 한다. 여기서는 선형연산자인 직교연산자와 노름보존 선형연산자에 대해 알아본다.

정의 7-6 선형연산자

선형변환 $L: V \rightarrow W$에서 벡터공간 V와 W가 같으면, 즉 $V = W$이면, 이 선형변환 L을 **선형연산자** linear operator라 한다.

[정의 7-6]에 의하면 $\mathbb{R}^n$ 공간에서 $\mathbb{R}^n$ 공간으로 사상하는 선형변환은 선형연산자이다. [정리 7-1]에 따르면 $\mathbb{R}^n$ 공간에서 $\mathbb{R}^n$ 공간으로의 선형변환인 선형연산자는 $n\times n$ 크기의 표준행렬로 표현할 수 있다.

정의 7-7 직교연산자

선형연산자 $L: V \rightarrow V$가 모든 벡터 $\boldsymbol{x}$, $\boldsymbol{y} \in V$에 대해 다음 성질을 만족하면 **직교연산자** orthogonal operator라 한다.

$$L(\boldsymbol{x}) \cdot L(\boldsymbol{y}) = \boldsymbol{x} \cdot \boldsymbol{y}$$

예제 7-14 **직교연산자**

다음 선형연산자 L이 직교연산자인지 확인하라.

$$L\left(\begin{bmatrix} x_1 \\ x_2 \end{bmatrix}\right) = \begin{bmatrix} 1 & 0 \\ 0 & -1 \end{bmatrix}\begin{bmatrix} x_1 \\ x_2 \end{bmatrix}$$

Tip
$L(\boldsymbol{x}) \cdot L(\boldsymbol{y}) = \boldsymbol{x} \cdot \boldsymbol{y}$의 성질을 만족하는지 확인한다.

풀이

$\boldsymbol{x} = \begin{bmatrix} x_1 \\ x_2 \end{bmatrix}$, $\boldsymbol{y} = \begin{bmatrix} y_1 \\ y_2 \end{bmatrix}$, $A = \begin{bmatrix} 1 & 0 \\ 0 & -1 \end{bmatrix}$이라 하고, $L(\boldsymbol{x}) \cdot L(\boldsymbol{y})$를 계산해보자.

$$\begin{aligned} L(\boldsymbol{x}) \cdot L(\boldsymbol{y}) &= (A\boldsymbol{x}) \cdot (A\boldsymbol{y}) = (A\boldsymbol{x})^\top (A\boldsymbol{y}) = \boldsymbol{x}^\top A^\top A\boldsymbol{y} \\ &= \boldsymbol{x}^\top \begin{bmatrix} 1 & 0 \\ 0 & -1 \end{bmatrix}\begin{bmatrix} 1 & 0 \\ 0 & -1 \end{bmatrix}\boldsymbol{y} = \boldsymbol{x}^\top \begin{bmatrix} 1 & 0 \\ 0 & 1 \end{bmatrix}\boldsymbol{y} = \boldsymbol{x}^\top \boldsymbol{y} \\ &= \boldsymbol{x} \cdot \boldsymbol{y} \end{aligned}$$

따라서 선형연산자 L은 직교연산자이다.

정리 7-6 **노름보존 선형연산자**

선형연산자 $L : \mathbb{R}^n \to \mathbb{R}^n$에 대해서 다음 두 문장은 서로 동치이다.

(1) 모든 $\boldsymbol{x} \in \mathbb{R}^n$에 대해서 $\|L(\boldsymbol{x})\| = \|\boldsymbol{x}\|$이다.

(2) 모든 $\boldsymbol{x}, \boldsymbol{y} \in \mathbb{R}^n$에 대해서 $L(\boldsymbol{x}) \cdot L(\boldsymbol{y}) = \boldsymbol{x} \cdot \boldsymbol{y}$이다.

이러한 성질을 만족하는 선형연산자를 **노름보존 선형연산자** norm-preserving linear operator라 한다.

증명

(1) ⇒ (2)

임의의 두 벡터 $\boldsymbol{x}, \boldsymbol{y} \in \mathbb{R}^n$에 대해 다음 등식이 성립한다.

$$\boldsymbol{x} \cdot \boldsymbol{y} = \frac{1}{4}\left(\|\boldsymbol{x}+\boldsymbol{y}\|^2 - \|\boldsymbol{x}-\boldsymbol{y}\|^2\right) \qquad \cdots ①$$

이 등식은 노름의 정의를 사용하여 다음과 같이 확인할 수 있다.

$$\begin{aligned} \frac{1}{4}\left(\|\boldsymbol{x}+\boldsymbol{y}\|^2 - \|\boldsymbol{x}-\boldsymbol{y}\|^2\right) &= \frac{1}{4}\{(\boldsymbol{x}+\boldsymbol{y}) \cdot (\boldsymbol{x}+\boldsymbol{y}) - (\boldsymbol{x}-\boldsymbol{y}) \cdot (\boldsymbol{x}-\boldsymbol{y})\} \\ &= \frac{1}{4}\left\{\left(\|\boldsymbol{x}\|^2 + 2\boldsymbol{x} \cdot \boldsymbol{y} + \|\boldsymbol{y}\|^2\right) - \left(\|\boldsymbol{x}\|^2 - 2\boldsymbol{x} \cdot \boldsymbol{y} + \|\boldsymbol{y}\|^2\right)\right\} \\ &= \boldsymbol{x} \cdot \boldsymbol{y} \end{aligned}$$

선형변환의 성질, (1)의 조건, 식 ①을 이용하면 $L(\boldsymbol{x}) \cdot L(\boldsymbol{y})$를 다음과 같이 전개할 수 있다.

$$\begin{aligned} L(\boldsymbol{x}) \cdot L(\boldsymbol{y}) &= \frac{1}{4}\left(\|L(\boldsymbol{x})+L(\boldsymbol{y})\|^2 - \|L(\boldsymbol{x})-L(\boldsymbol{y})\|^2\right) \\ &= \frac{1}{4}\left(\|L(\boldsymbol{x}+\boldsymbol{y})\|^2 - \|L(\boldsymbol{x}-\boldsymbol{y})\|^2\right) \quad (\because \text{ 선형변환의 성질}) \\ &= \frac{1}{4}\left(\|\boldsymbol{x}+\boldsymbol{y}\|^2 - \|\boldsymbol{x}-\boldsymbol{y}\|^2\right) \quad (\because \text{ (1)의 조건}) \\ &= \boldsymbol{x} \cdot \boldsymbol{y} \quad (\because \text{ 식 ①}) \end{aligned}$$

따라서 (1)이 참이면, (2)도 참이다.

(2) $\Rightarrow$ (1)

[정의 6-19]의 노름 정의에 의해 $\|\boldsymbol{x}\| = \sqrt{\boldsymbol{x} \cdot \boldsymbol{x}}$ 이다. L에 의한 선형변환의 노름은 노름 정의와 (2)의 조건을 이용하면 다음과 같이 표현할 수 있다.

$$\|L(\boldsymbol{x})\| = \sqrt{L(\boldsymbol{x}) \cdot L(\boldsymbol{x})} = \sqrt{\boldsymbol{x} \cdot \boldsymbol{x}} = \|\boldsymbol{x}\|$$

따라서 (2)가 참이면, (1)도 참이다.

■

정리 7-7 직교연산자와 노름보존 선형연산자

직교연산자는 노름보존 선형연산자이다.

증명

[정의 7-7]에 의해 직교연산자 L은 벡터 $\boldsymbol{x}$와 $\boldsymbol{y}$에 대해 $L(\boldsymbol{x}) \cdot L(\boldsymbol{y}) = \boldsymbol{x} \cdot \boldsymbol{y}$의 성질을 만족한다. 이는 [정리 7-6]의 (2)에 해당하므로, [정리 7-6]의 (1)도 성립한다. 따라서 직교연산자 L은 노름보존 선형연산자이다.

■

정리 7-8 행렬로 표현되는 직교연산자

증명

직교연산자 $L: \mathbb{R}^n \to \mathbb{R}^n$을 나타내는 행렬 A의 열벡터는 서로 직교하는 단위벡터이다.

예제 7-15 **행렬로 표현되는 직교연산자**

다음 행렬 A의 변환에 해당하는 선형변환이 직교연산자인지 확인하라.

> **Tip**
> $A^{\top}A=I$의 성질을 만족하는지 확인한다.

$$A=\begin{bmatrix}\frac{3}{7} & \frac{2}{7} & \frac{6}{7}\\ -\frac{6}{7} & \frac{3}{7} & \frac{2}{7}\\ \frac{2}{7} & \frac{6}{7} & -\frac{3}{7}\end{bmatrix}$$

풀이

[정리 7-8]에 따르면, 행렬과 벡터의 곱으로 표현되는 직교연산자에서는 행렬의 열벡터가 서로 직교하는 단위벡터이다. 이러한 행렬 A는 $A^{\top}A=I$를 만족하므로, 다음 계산을 통해 확인한다.

$$A^{\top}A=\begin{bmatrix}\frac{3}{7} & -\frac{6}{7} & \frac{2}{7}\\ \frac{2}{7} & \frac{3}{7} & \frac{6}{7}\\ \frac{6}{7} & \frac{2}{7} & -\frac{3}{7}\end{bmatrix}\begin{bmatrix}\frac{3}{7} & \frac{2}{7} & \frac{6}{7}\\ -\frac{6}{7} & \frac{3}{7} & \frac{2}{7}\\ \frac{2}{7} & \frac{6}{7} & -\frac{3}{7}\end{bmatrix}=\begin{bmatrix}1 & 0 & 0\\ 0 & 1 & 0\\ 0 & 0 & 1\end{bmatrix}=I$$

$A^{\top}A=I$가 성립하므로, 행렬 A의 변환에 대응하는 선형변환은 직교연산자이다.

예제 7-16 **회전 및 반사변환에 대한 표준행렬과 직교연산자**

$\mathbb{R}^2$ 공간에서 원점에 대한 회전변환과 x축을 기준으로 한 반사변환이 직교연산자인지 확인하라.

> **Tip**
> 회전변환과 반사변환의 각 표준행렬에 대해 해당 행렬과 전치행렬의 곱이 단위행렬인지 확인한다.

풀이

$\mathbb{R}^2$ 공간에서 원점에 대한 회전변환에 대응하는 행렬 A에 대해 다음이 성립하므로, A의 열벡터는 서로 직교하는 단위벡터이다.

$$A=\begin{bmatrix}\cos\theta & -\sin\theta\\ \sin\theta & \cos\theta\end{bmatrix} \quad\Rightarrow\quad A^{\top}A=\begin{bmatrix}\cos\theta & \sin\theta\\ -\sin\theta & \cos\theta\end{bmatrix}\begin{bmatrix}\cos\theta & -\sin\theta\\ \sin\theta & \cos\theta\end{bmatrix}=\begin{bmatrix}1 & 0\\ 0 & 1\end{bmatrix}=I$$

한편, x축을 기준으로 한 반사변환에 대응하는 행렬 B에 대해 다음이 성립하므로, B의 열벡터는 서로 직교하는 단위벡터이다.

$$B=\begin{bmatrix}1 & 0\\ 0 & -1\end{bmatrix} \quad\Rightarrow\quad B^{\top}B=\begin{bmatrix}1 & 0\\ 0 & -1\end{bmatrix}\begin{bmatrix}1 & 0\\ 0 & -1\end{bmatrix}=\begin{bmatrix}1 & 0\\ 0 & 1\end{bmatrix}=I$$

따라서 회전변환 및 반사변환에 대응하는 선형변환은 직교연산자이다.

앞서 소개한 $\mathbb{R}^2$와 $\mathbb{R}^3$ 공간의 축소 및 확대, 회전, 반사, 층밀림에 대한 선형변환은 선형연산자이다. 한편, [예제 7-16]에서 살펴본 것과 같이 $\mathbb{R}^2$ 공간에서 회전과 반사에 대응하는 선형변환은 직교연산자이다. 또한 $\mathbb{R}^3$ 공간에서 원점에 대한 회전과 반사에 대응하는 선형변환도 직교연산자이다.

선형변환의 응용

선형변환의 전형적인 응용 사례로 컴퓨터 그래픽스와 항공기 좌표계를 살펴보자.

■ 컴퓨터 그래픽스

컴퓨터 그래픽스computer graphics는 물체의 면을 구성하는 꼭짓점의 위치와 속성에 대한 데이터 처리를 통해 2차원 또는 3차원 영상을 생성하는 기술을 말한다. 컴퓨터 그래픽스에서는 기본적으로 물체를 면으로 구성하며, 면은 꼭짓점의 좌표로 표현한다.

[그림 7-10]은 $\mathbb{R}^2$ 공간에 있는 하나의 면을 나타내며, 이 면은 꼭짓점의 좌표를 이용하여 다음과 같이 행렬 A로 표현할 수 있다.

$$A = \begin{bmatrix} 1 & 2 & 1 & 0 \\ 0 & 1 & 2 & 1 \end{bmatrix}$$

행렬 A의 각 열벡터는 하나의 꼭짓점을 나타낸다. [그림 7-10]과 같이 면의 꼭짓점을 선분으로 연결하여 물체를 표현한 것을 **와이어프레임**wireframe **모델**이라 한다. 컴퓨터 그래픽스에서는 물체의 꼭짓점의 좌표를 선형변환하여 물체의 위치를 변경하고, 변경된 위치 정보를 이용하여 영상을 생성한다.

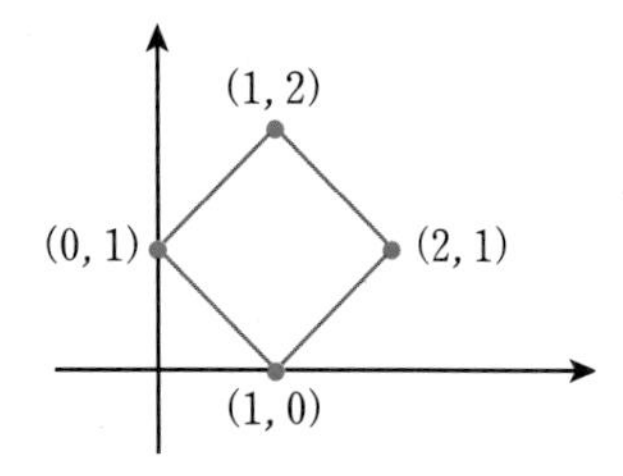

[그림 7-10] **꼭짓점을 이용하여 표현한 도형의 와이어프레임 모델**

예제 7-17 도형의 변환

[그림 7-11]의 도형의 꼭짓점을 열벡터로 하는 행렬을 구하고, 임의의 수직선이 x축의 오른쪽 방향으로 15° 만큼 기울어지도록 하는 층밀림변환을 적용한 결과를 행렬로 나타내라.

Tip
층밀림변환의 표준행렬을 구하고, 이 행렬에 각 꼭짓점을 열벡터로 하는 행렬을 곱한다.

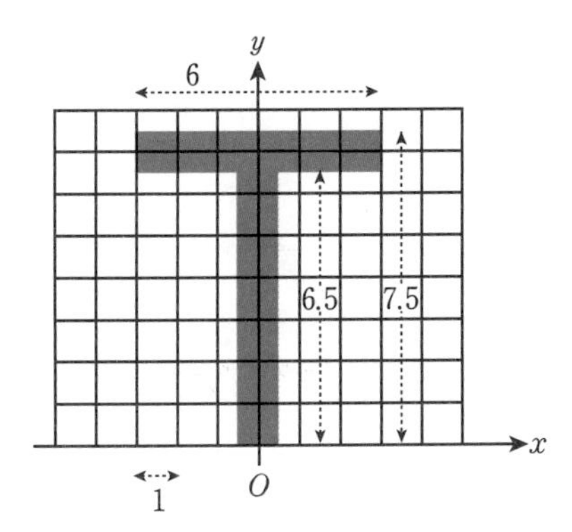

[그림 7-11] T 모양의 도형

풀이

꼭짓점을 열벡터로 하는 행렬 V를 나타내면 다음과 같다.

$$V=\begin{bmatrix}0.5 & 0.5 & 3 & 3 & -3 & -3 & -0.5 & -0.5\\ 0 & 6.5 & 6.5 & 7.5 & 7.5 & 6.5 & 6.5 & 0\end{bmatrix}$$

x축 방향으로 밀면 x축 방향으로는 층밀림이 일어나만, y축 방향으로는 변화가 없다. 층밀림 이전의 좌표를 (x, y), 이후의 좌표를 (x', y')이라 할 때, 수직선이 x축의 오른쪽 방향으로 15° 만큼 기울어지는 층밀림변환에서 $x'=x+y\tan 15^\circ$, $y'=y$이다. 이 식은 다음과 같이 표현할 수 있다.

$$\begin{bmatrix}x'\\ y'\end{bmatrix}=\begin{bmatrix}1 & \tan 15^\circ\\ 0 & 1\end{bmatrix}\begin{bmatrix}x\\ y\end{bmatrix}$$

그러므로 표준행렬 A는 다음과 같다.

$$A\approx\begin{bmatrix}1 & 0.26\\ 0 & 1\end{bmatrix}$$

따라서 V의 각 열벡터에 층밀림변환을 적용하는 AV의 결과는 다음과 같다.

$$\begin{aligned}AV&\approx\begin{bmatrix}1 & 0.26\\ 0 & 1\end{bmatrix}\begin{bmatrix}0.5 & 0.5 & 3 & 3 & -3 & -3 & -0.5 & -0.5\\ 0 & 6.5 & 6.5 & 7.5 & 7.5 & 6.5 & 6.5 & 0\end{bmatrix}\\ &=\begin{bmatrix}0.5 & 2.19 & 4.69 & 4.95 & -1.05 & -1.31 & 1.19 & -0.5\\ 0 & 6.5 & 6.5 & 7.5 & 7.5 & 6.5 & 6.5 & 0\end{bmatrix}\end{aligned}$$

이와 같이 층밀림변환을 한 결과는 다음과 같은 형태이다.

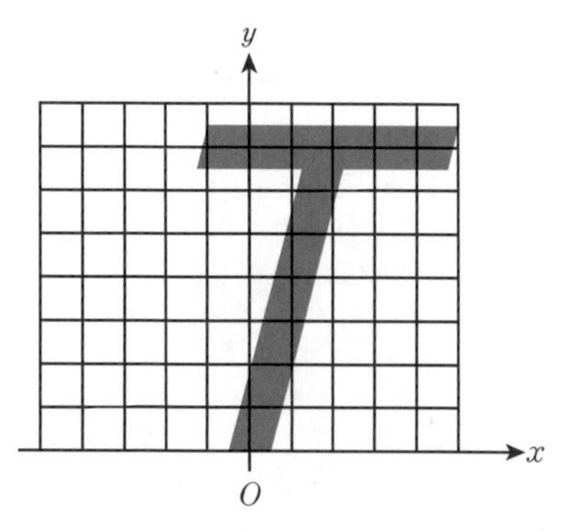

[그림 7-12] **층밀림변환 이후의 도형**

3차원 컴퓨터 그래픽스에서는 $\mathbb{R}^3$ 공간의 물체를 꼭짓점의 좌표로 정의한 면으로 표현한 다음, 이를 $\mathbb{R}^2$ 공간인 모니터 화면에 투영project하여 보여준다. 대표적인 투영 방법으로 직교투영orthogonal projection과 원근투영perspective projection이 있다. **직교투영**은 $\mathbb{R}^3$ 공간에 있는 물체의 좌표 (x, y, z)를 [그림 7-13]과 같이 $z = 0$인 평면에 수직으로 투영하는 것으로, 투영된 좌표 (x', y', z')은 $(x, y, 0)$이 된다. 따라서 직교투영을 하는 행렬 P_O는 다음과 같다.

$$P_O = \begin{bmatrix} 1 & 0 & 0 \\ 0 & 1 & 0 \\ 0 & 0 & 0 \end{bmatrix}$$

한편 물체의 좌표 (x, y, z)를 투영된 좌표 (x', y', z')으로 변환하는 선형변환을 동차 표현으로 나타내면 다음과 같다.

$$\begin{bmatrix} x' \\ y' \\ z' \\ 1 \end{bmatrix} = \begin{bmatrix} 1 & 0 & 0 & 0 \\ 0 & 1 & 0 & 0 \\ 0 & 0 & 0 & 0 \\ 0 & 0 & 0 & 1 \end{bmatrix} \begin{bmatrix} x \\ y \\ z \\ 1 \end{bmatrix}$$

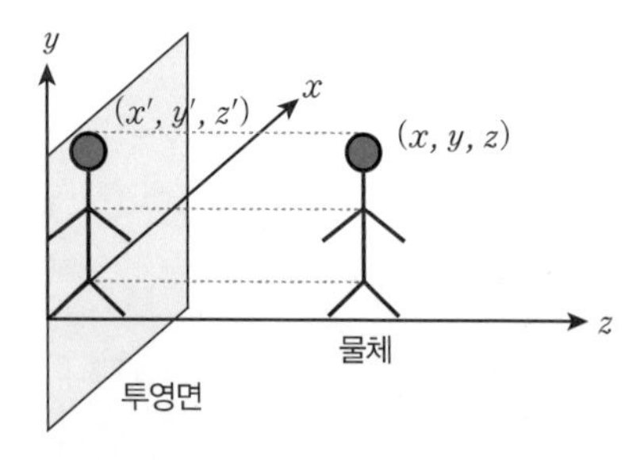

[그림 7-13] **직교투영**

예제 7-18 직교투영

$\mathbb{R}^3$ 공간에서 좌표 (2, 3, 5)를 $z=0$인 평면에 직교투영한 좌표를 구하라.

Tip
직교투영의 동차 표현 행렬을 사용한다.

풀이

좌표 (2, 3, 5)를 $z=0$인 평면에 직교투영하는 선형변환의 동차 표현은 다음과 같다.

$$\begin{bmatrix} x' \\ y' \\ z' \\ 1 \end{bmatrix} = \begin{bmatrix} 1 & 0 & 0 & 0 \\ 0 & 1 & 0 & 0 \\ 0 & 0 & 0 & 0 \\ 0 & 0 & 0 & 1 \end{bmatrix} \begin{bmatrix} 2 \\ 3 \\ 5 \\ 1 \end{bmatrix} = \begin{bmatrix} 2 \\ 3 \\ 0 \\ 1 \end{bmatrix}$$

따라서 (2, 3, 5)를 $z=0$인 평면에 직교투영한 좌표는 (2, 3, 0)이다.

원근투영은 원근법에 따라 멀리 있는 것은 작게, 가까이 있는 것은 상대적으로 크게 투영하는 방법이다. [그림 7-14]와 같이 투영면을 $z=z'$인 평면, 투영중심을 $(0, 0, z_p)$라 하고, 물체의 좌표 (x, y, z)를 투영면의 좌표 (x', y', z')으로 원근투영하는 경우를 살펴보자.

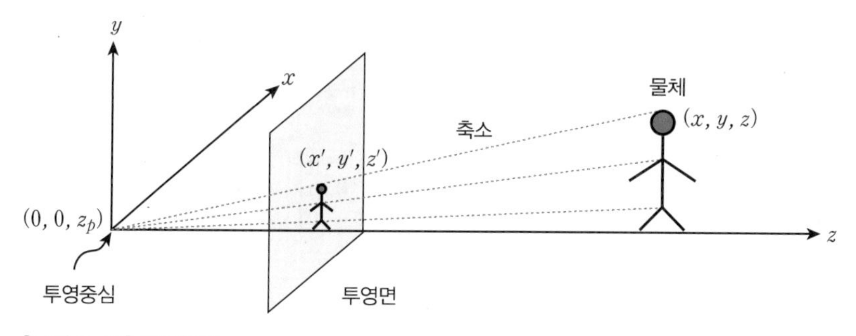

[그림 7-14] **원근투영**

[그림 7-14]에서는 삼각형의 닮음 성질에 의해 다음 관계식이 성립한다.

$$x : x' = z - z_p : z' - z_p \quad \Rightarrow \quad x' = \frac{(z' - z_p)x}{z - z_p}$$

$$y : y' = z - z_p : z' - z_p \quad \Rightarrow \quad y' = \frac{(z' - z_p)y}{z - z_p}$$

앞의 관계식을 동차 표현으로 나타내면 다음과 같다.

$$\begin{bmatrix} \tilde{x} \\ \tilde{y} \\ \tilde{z} \\ w \end{bmatrix} = \begin{bmatrix} z'-z_p & 0 & 0 & 0 \\ 0 & z'-z_p & 0 & 0 \\ 0 & 0 & z' & -z'z_p \\ 0 & 0 & 1 & -z_p \end{bmatrix} \begin{bmatrix} x \\ y \\ z \\ 1 \end{bmatrix}$$

위 식을 전개하면 다음과 같다.

$$\tilde{x} = (z'-z_p)x, \quad \tilde{y} = (z'-z_p)y, \quad \tilde{z} = z'(z-z_p), \quad w = z-z_p$$

동차 표현에 대한 점의 좌표는 $w=1$이 되도록 해야 하므로, $\tilde{x}$, $\tilde{y}$, $\tilde{z}$ 각각을 다음과 같이 w로 나눈 것이 원근투영한 좌푯값 x', y', z'이 된다.

$$x' = \frac{\tilde{x}}{w} = \frac{(z'-z_p)x}{z-z_p}, \quad y' = \frac{\tilde{y}}{w} = \frac{(z'-z_p)y}{z-z_p}, \quad z' = \frac{\tilde{z}}{w} = \frac{z'(z-z_p)}{z-z_p}$$

예제 7-19 원근투영

$\mathbb{R}^3$ 공간에서 투영중심이 $(0,\ 0,\ -5)$이고 투영면이 $z=0$인 원근투영을 사용하여 $(2,\ 3,\ 5)$를 투영한 좌표를 구하라.

> **Tip**
> 원근투영의 동차 표현 행렬을 사용한다.

풀이

투영중심에서 $z_p = -5$이므로, 원근투영을 동차 표현으로 나타내면 다음과 같다.

$$\begin{bmatrix} \tilde{x} \\ \tilde{y} \\ \tilde{z} \\ w \end{bmatrix} = \begin{bmatrix} z'-z_p & 0 & 0 & 0 \\ 0 & z'-z_p & 0 & 0 \\ 0 & 0 & z' & -z'z_p \\ 0 & 0 & 1 & -z_p \end{bmatrix} \begin{bmatrix} x \\ y \\ z \\ 1 \end{bmatrix} = \begin{bmatrix} 5 & 0 & 0 & 0 \\ 0 & 5 & 0 & 0 \\ 0 & 0 & 0 & 0 \\ 0 & 0 & 1 & 5 \end{bmatrix} \begin{bmatrix} 2 \\ 3 \\ 5 \\ 1 \end{bmatrix} = \begin{bmatrix} 10 \\ 15 \\ 0 \\ 10 \end{bmatrix}$$

$$x' = \frac{\tilde{x}}{w} = \frac{10}{10} = 1, \quad y' = \frac{\tilde{y}}{w} = \frac{15}{10} = 1.5, \quad z' = 0$$

따라서 $(2,\ 3,\ 5)$를 원근투영한 좌표는 $(1,\ 1.5,\ 0)$이다.

컴퓨터 그래픽스에는 원근법을 사용하지 않는 투영으로 직교투영 이외에도 등축투영 axonometric projection, 경사투영 oblique projection 등이 있으며, 원근투영에도 투영중심을 임의의 위치로 하고 시야의 범위를 지정하는 투영이 있다.

여기에서는 투영 중심이 z축 위에 있고 투영면이 z축에 수직인 원근투영을 소개하였지만, 투영중심과 투영면, 시야의 범위를 임의로 지정하는 원근투영도 있다. 컴퓨터 그래픽스에서는 이러한 원근투영을 통해 임의의 위치에서 원하는 방향과 시야를 설정하여 카메라로 찍은 것 같은 영상을 만들어낸다.

■ 항공기 좌표계

비행기나 드론과 같은 항공기를 조종할 때, [그림 7-15]와 같이 항공기의 정면 방향을 양의 x축, 왼쪽 날개 방향을 양의 y축, 몸체의 위쪽 방향을 양의 z축으로 하는 xyz-좌표계를 가정한다. 항공기를 조종할 때 이 좌표계의 각 축의 방향에 대해 조금씩 회전하면 항공기의 방향이 변한다. 항공기가 움직이면 좌표축은 항공기와 함께 움직인다. x축 방향의 회전은 **롤**roll, y축 방향의 회전은 **피치**pitch, z축 방향의 회전은 **요**yaw라고 한다.

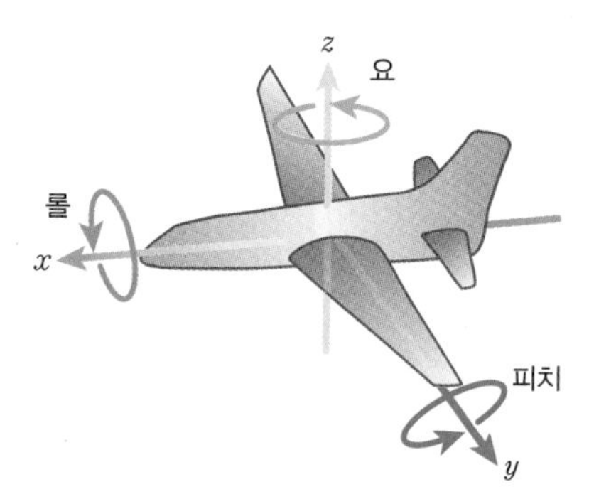

[그림 7-15] **항공기 좌표계**

롤은 x축 방향의 회전이므로, x축 방향으로 θ만큼 회전하는 표준행렬 $R(\theta)$를 다음과 같이 나타낼 수 있다.

$$R(\theta)=\begin{bmatrix}1 & 0 & 0\\ 0 & \cos\theta & -\sin\theta\\ 0 & \sin\theta & \cos\theta\end{bmatrix}$$

피치는 y축 방향의 회전이므로, y축 방향으로 θ만큼 회전하는 표준행렬 $P(\theta)$를 다음과 같이 나타낼 수 있다.

$$P(\theta)=\begin{bmatrix}\cos\theta & 0 & \sin\theta\\ 0 & 1 & 0\\ -\sin\theta & 0 & \cos\theta\end{bmatrix}$$

요는 z축 방향의 회전이므로, z축 방향으로 θ만큼 회전하는 표준행렬 $Y(\theta)$를 다음과 같이 나타낼 수 있다.

$$Y(\theta)=\begin{bmatrix}\cos\theta & -\sin\theta & 0\\ \sin\theta & \cos\theta & 0\\ 0 & 0 & 1\end{bmatrix}$$

롤, 피치, 요는 행렬을 사용하여 표현할 수 있는 선형변환이다. 항공기 조종 과정에서 롤, 피치, 요 변환을 하면 이들 행렬의 곱을 통해 초기 좌표계를 기준으로 항공기의 위치를 계산할 수 있다. 예를 들어 θ_1만큼 롤을 적용한 다음, θ_2만큼 요를 적용한다면, 초기 좌표계의 좌표 $(x,\ y,\ z)$는 다음과 같이 좌표 $(x',\ y',\ z')$으로 이동한다.

$$\begin{bmatrix} x' \\ y' \\ z' \end{bmatrix} = Y(\theta_2)R(\theta_1)\begin{bmatrix} x \\ y \\ z \end{bmatrix}$$

예제 7-20 항공기의 좌표

$\mathbb{R}^3$ 공간의 초기 좌표계에서 항공기에 롤을 45°, 피치를 45°, 요를 45°로 순차적으로 적용할 때 처음 좌표 $(1,\ 0,\ 0)$의 변환된 좌표를 구하라.

> **Tip** 롤, 피치, 요의 표준행렬을 사용한다.

풀이

회전각도가 각각 45°이므로 롤, 피치, 요에 대한 표준행렬은 다음과 같다.

$$R(45^\circ) = \begin{bmatrix} 1 & 0 & 0 \\ 0 & \frac{1}{\sqrt{2}} & -\frac{1}{\sqrt{2}} \\ 0 & \frac{1}{\sqrt{2}} & \frac{1}{\sqrt{2}} \end{bmatrix}$$

$$P(45^\circ) = \begin{bmatrix} \frac{1}{\sqrt{2}} & 0 & \frac{1}{\sqrt{2}} \\ 0 & 1 & 0 \\ -\frac{1}{\sqrt{2}} & 0 & \frac{1}{\sqrt{2}} \end{bmatrix}$$

$$Y(45^\circ) = \begin{bmatrix} \frac{1}{\sqrt{2}} & -\frac{1}{\sqrt{2}} & 0 \\ \frac{1}{\sqrt{2}} & \frac{1}{\sqrt{2}} & 0 \\ 0 & 0 & 1 \end{bmatrix}$$

따라서 변환된 좌표는 다음과 같이 계산할 수 있다.

$$\begin{bmatrix} x \\ y \\ z \end{bmatrix} = Y(45^\circ)P(45^\circ)R(45^\circ)\begin{bmatrix} 1 \\ 0 \\ 0 \end{bmatrix} = \begin{bmatrix} \frac{1}{2} & \frac{\sqrt{2}}{4}-\frac{1}{2} & \frac{\sqrt{2}}{4}+\frac{1}{2} \\ \frac{1}{2} & \frac{\sqrt{2}}{4}+\frac{1}{2} & \frac{\sqrt{2}}{4}-\frac{1}{2} \\ -\frac{1}{\sqrt{2}} & \frac{1}{2} & \frac{1}{2} \end{bmatrix}\begin{bmatrix} 1 \\ 0 \\ 0 \end{bmatrix} = \begin{bmatrix} \frac{1}{2} \\ \frac{1}{2} \\ -\frac{1}{\sqrt{2}} \end{bmatrix}$$

그러므로 좌표 $(1,\ 0,\ 0)$의 변환된 좌표는 $\left(\frac{1}{2},\ \frac{1}{2},\ -\frac{1}{\sqrt{2}}\right)$이다.

SECTION

7.2 선형변환의 부분공간과 계수

행렬로 표현되는 선형변환은 정의역의 벡터공간을 공역의 벡터공간으로 사상한다. 이 선형변환에 대한 정의역과 공역의 부분공간으로 열공간, 영공간, 행공간, 좌영공간 등이 있다. 이 절에서는 이러한 부분공간의 의미와 특성에 대해 알아본다.

선형변환의 부분공간

■ 열공간

행렬로 표현되는 선형변환의 열공간은 다음과 같이 정의된다.

정의 7-8 열공간

임의의 $m \times n$ 행렬 $A = [\boldsymbol{a}_1\ \boldsymbol{a}_2\ \cdots\ \boldsymbol{a}_n]$의 열벡터 $\boldsymbol{a}_i$의 선형결합으로 구성된 집합을 행렬 A의 **열공간** column space, **상공간** image space 또는 **치역** range이라 한다. A의 열공간은 $\mathrm{Col}(A)$로 나타낸다.

$m \times n$ 행렬 A는 [정리 7-1]에서 살펴본 것처럼, 실벡터공간 $\mathbb{R}^n$에서 $\mathbb{R}^m$으로 선형변환하는 사상 역할을 한다. 여기서 $\boldsymbol{x}$는 $\mathbb{R}^n$의 벡터, $\boldsymbol{y}$는 $\mathbb{R}^m$의 벡터라 하자.

$$A = \begin{bmatrix} a_{11} & a_{12} & \cdots & a_{1n} \\ a_{21} & a_{22} & \cdots & a_{2n} \\ \vdots & \vdots & \ddots & \vdots \\ a_{m1} & a_{m2} & \cdots & a_{mn} \end{bmatrix}, \quad \boldsymbol{x} = \begin{bmatrix} x_1 \\ x_2 \\ \vdots \\ x_n \end{bmatrix}, \quad \boldsymbol{y} = \begin{bmatrix} y_1 \\ y_2 \\ \vdots \\ y_m \end{bmatrix}$$

$\boldsymbol{y} = A\boldsymbol{x}$는 다음과 같이 전개할 수 있다.

$$\begin{bmatrix} y_1 \\ y_2 \\ \vdots \\ y_m \end{bmatrix} = \begin{bmatrix} a_{11} & a_{12} & \cdots & a_{1n} \\ a_{21} & a_{22} & \cdots & a_{2n} \\ \vdots & \vdots & \ddots & \vdots \\ a_{m1} & a_{m2} & \cdots & a_{mn} \end{bmatrix} \begin{bmatrix} x_1 \\ x_2 \\ \vdots \\ x_n \end{bmatrix}$$

$$= \begin{bmatrix} a_{11} & a_{12} & \cdots & a_{1n} \\ a_{21} & a_{22} & \cdots & a_{2n} \\ \vdots & \vdots & \ddots & \vdots \\ a_{m1} & a_{m2} & \cdots & a_{mn} \end{bmatrix} \left(x_1 \begin{bmatrix} 1 \\ 0 \\ \vdots \\ 0 \end{bmatrix} + x_2 \begin{bmatrix} 0 \\ 1 \\ \vdots \\ 0 \end{bmatrix} + \cdots + x_n \begin{bmatrix} 0 \\ 0 \\ \vdots \\ 1 \end{bmatrix} \right)$$

$$= x_1 \begin{bmatrix} a_{11} \\ a_{21} \\ \vdots \\ a_{m1} \end{bmatrix} + x_2 \begin{bmatrix} a_{12} \\ a_{22} \\ \vdots \\ a_{m2} \end{bmatrix} + \cdots + x_n \begin{bmatrix} a_{1n} \\ a_{2n} \\ \vdots \\ a_{mn} \end{bmatrix}$$

$$= x_1 \boldsymbol{a}_1 + x_2 \boldsymbol{a}_2 + \cdots + x_n \boldsymbol{a}_n$$

여기서 $\boldsymbol{a}_i$는 행렬 A의 i번째 열벡터를 나타낸다. 이처럼 행렬 A에 의한 선형변환으로 생성되는 벡터 $\boldsymbol{y}$는 A의 열벡터 $\boldsymbol{a}_i$의 선형결합으로 표현된다.

예제 7-21 열공간

다음 행렬 A에 의한 선형변환의 열공간에 있는 벡터를 선형결합으로 표현하라.

> **Tip**
> 행렬 A의 열벡터의 선형결합을 사용하여 표현한다.

$$A = \begin{bmatrix} 1 & 8 & 13 \\ 13 & 11 & 2 \\ 4 & 5 & 16 \\ 15 & 10 & 3 \end{bmatrix}$$

풀이

행렬 A에 의한 선형변환의 정의역인 벡터공간의 벡터 $\boldsymbol{x}$와 열공간의 벡터 $\boldsymbol{y}$가 다음과 같이 표현된다고 하자.

$$\boldsymbol{x} = \begin{bmatrix} x_1 \\ x_2 \\ x_3 \end{bmatrix}, \quad \boldsymbol{y} = \begin{bmatrix} y_1 \\ y_2 \\ y_3 \\ y_4 \end{bmatrix}$$

선형변환 $\boldsymbol{y} = A\boldsymbol{x}$에 의해, $\boldsymbol{y}$는 다음과 같이 A의 열벡터의 선형결합으로 표현된다.

$$\begin{bmatrix} y_1 \\ y_2 \\ y_3 \\ y_4 \end{bmatrix} = x_1 \begin{bmatrix} 1 \\ 13 \\ 4 \\ 15 \end{bmatrix} + x_2 \begin{bmatrix} 8 \\ 11 \\ 5 \\ 10 \end{bmatrix} + x_3 \begin{bmatrix} 13 \\ 2 \\ 16 \\ 3 \end{bmatrix}$$

예제 7-22 행렬로 표현되는 선형변환의 열공간

다음 벡터 $\boldsymbol{b}$가 행렬 A의 열공간에 존재하는지 확인하라.

$$A=\begin{bmatrix}1&-3&-4\\-4&6&-2\\-3&7&6\end{bmatrix},\ \boldsymbol{b}=\begin{bmatrix}3\\3\\-4\end{bmatrix}$$

> **Tip**
> $A\boldsymbol{x}=\boldsymbol{b}$를 만족하는 $\boldsymbol{x}$가 존재하는지 확인한다.

풀이

$A\boldsymbol{x}=\boldsymbol{y}$의 관계를 만족하는 $\boldsymbol{y}$의 집합이 A의 열공간이다. $\boldsymbol{b}$가 A의 열공간에 포함되는지 확인하기 위해서는 $A\boldsymbol{x}=\boldsymbol{b}$를 만족하는 $\boldsymbol{x}$가 존재하는지 확인하면 된다. 이를 위해 첨가행렬을 만들어 행 연산을 해보자.

$$\left[\begin{array}{ccc|c}1&-3&-4&3\\-4&6&-2&3\\-3&7&6&-4\end{array}\right]\xrightarrow{(R_3\leftarrow 3R_1+R_3)}\left[\begin{array}{ccc|c}1&-3&-4&3\\-4&6&-2&3\\0&-2&-6&5\end{array}\right]$$

$$\xrightarrow{(R_2\leftarrow 4R_1+R_2)}\left[\begin{array}{ccc|c}1&-3&-4&3\\0&-6&-18&15\\0&-2&-6&5\end{array}\right]$$

$$\xrightarrow{\left(R_3\leftarrow -\frac{1}{3}R_2+R_3\right)}\left[\begin{array}{ccc|c}1&-3&-4&3\\0&-6&-18&15\\0&0&0&0\end{array}\right]$$

마지막 첨가행렬의 3행이 모두 0이므로, $A\boldsymbol{x}=\boldsymbol{b}$의 해는 무수히 많다. 따라서 $\boldsymbol{b}$는 A의 열공간에 존재한다.

정리 7-9 공역의 부분공간인 열공간

열공간은 공역에서 벡터공간을 구성한다. 즉 열공간은 영벡터를 포함하고, 벡터 합과 스칼라배 연산에 대해 닫혀 있다.

증명

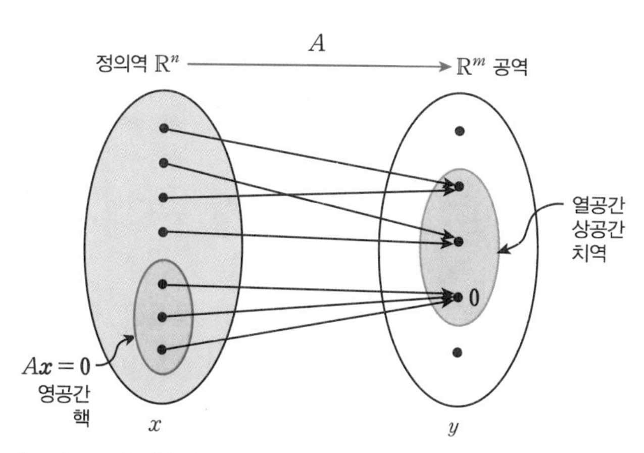

[그림 7-16] 선형변환의 부분공간

정의 7-9 행렬의 계수

행렬 A의 열공간의 차원을 A의 **계수**rank 또는 **랭크**라 하고 $\mathrm{rank}(A)$로 나타낸다. 즉 $\mathrm{rank}(A) = \dim(\mathrm{Col}(A))$이다.

다음과 같은 행렬 A가 있다고 하자.

$$A = \begin{bmatrix} 2 & 4 & -3 & -6 \\ 7 & 14 & -3 & -6 \\ -2 & -4 & 1 & 2 \\ 2 & 4 & -2 & -4 \end{bmatrix}$$

A의 2열 벡터는 1열 벡터의 2배이고, 4열 벡터는 3열 벡터의 2배이므로, 각 쌍의 벡터는 서로 선형종속이다. 한편, 1열 벡터와 3열 벡터는 선형독립이므로, 두 열벡터가 A의 열공간을 생성한다. 즉 A의 열공간의 차원이 2이므로, A의 계수는 $\mathrm{rank}(A) = 2$이다.

정리 7-10 기약행 사다리꼴 행렬의 추축열과 행렬의 계수

행렬의 기약행 사다리꼴 행렬에 있는 추축열의 개수와 행렬의 계수는 같다. 여기서 **추축열**pivotal column은 기약행 사다리꼴 행렬에서 추축성분을 포함하는 열을 의미한다.

증명

행렬 A의 기약행 사다리꼴 행렬을 B라고 하자. 동차 연립선형방정식 $A\boldsymbol{x} = \mathbf{0}$와 $B\boldsymbol{x} = \mathbf{0}$는 동일한 해를 갖는다. 따라서 영벡터가 아닌 해에 대해 이들 동차 연립선형방정식은 열벡터의 선형결합이 동일한 형태이다. 즉 $A = [\boldsymbol{a}_1\ \boldsymbol{a}_2 \cdots\ \boldsymbol{a}_n]$, $B = [\boldsymbol{b}_1\ \boldsymbol{b}_2 \cdots\ \boldsymbol{b}_n]$에 대한 동차 연립선형방정식의 해가 $\boldsymbol{x} = [x_1\ x_2 \cdots\ x_n]^\top$라면 다음과 같이 동일한 형태의 선형결합으로 표현할 수 있다.

$$x_1\boldsymbol{a}_1 + x_2\boldsymbol{a}_2 + \cdots + x_n\boldsymbol{a}_n = \mathbf{0} \qquad \cdots ①$$

$$x_1\boldsymbol{b}_1 + x_2\boldsymbol{b}_2 + \cdots + x_n\boldsymbol{b}_n = \mathbf{0} \qquad \cdots ②$$

기약행 사다리꼴 행렬 B의 추축열은 각각 하나의 요소만 1이고 나머지는 모두 0이므로, 추축열은 선형독립이다. 식 ①과 ②의 관계에 의해, B의 추축열에 해당하는 위치의 A의 열벡터도 선형독립이다.

행렬 B의 열벡터 $\boldsymbol{b}_k$가 추축열이 아니라고 하면, $\boldsymbol{b}_k$는 $\boldsymbol{b}_k$의 왼쪽에 있는 추축열 벡터의 선형결합으로 표현할 수 있다. A의 열벡터가 B의 열벡터와 동일한 관계를 가지므로, A의 추축열이 아닌 열벡터 $\boldsymbol{a}_k$는 $\boldsymbol{a}_k$의 왼쪽에 있는 추축열 위치의 벡터의 선형결합으로 표현할 수 있다. 추축열 위치의 열벡터가 다른 열벡터를 표현할 수 있으므로, 추축열 위치의 벡터의 선형결합은 열공간을 생성할 수 있다. 그러므로 추축열 위치의 열벡터가 열공간의 기저가 된다. 한편, 기저에 있는 벡터 개수가 차원이고 열공간의 차원이 계수이다. 따라서 행렬의 기약행 사다리꼴 행렬에 있는 추축열의 개수와 행렬의 계수는 같다.

■

예제 7-23 추축열과 선형독립

행렬 B는 행렬 A의 기약행 사다리꼴 행렬이다. B의 추축열과 A의 선형독립인 열벡터를 찾으라.

$$A=\begin{bmatrix}1&1&4&1&2\\0&1&2&1&1\\0&0&0&1&2\\1&-1&0&0&2\\2&1&6&0&1\end{bmatrix},\quad B=\begin{bmatrix}1&1&4&1&2\\0&1&2&1&1\\0&0&0&1&2\\0&0&0&0&0\\0&0&0&0&0\end{bmatrix}$$

Tip 행렬 A와 B 사이의 관계를 파악하고 [정리 7-10]의 증명에서 다룬 내용을 이용한다.

풀이

추축성분은 행렬에서 행의 맨 왼쪽에 있는 0이 아닌 성분을 말하고, 추축열은 추축성분을 포함하는 열을 가리킨다. 행렬 B에서 추축열은 1열, 2열, 4열이다. B가 A의 기약행 사다리꼴 행렬이므로, A의 1열, 2열, 4열은 선형독립인 열벡터이다.

예제 7-24 행렬의 계수

다음 행렬 A의 계수를 구하라.

$$A=\begin{bmatrix}2&5&-3&-4&8\\4&7&-4&-3&9\\6&9&-5&2&4\\0&-9&6&5&-6\end{bmatrix}$$

Tip 기약행 사다리꼴 행렬 형태로 변환하여 추축열의 개수를 확인한다.

풀이

행렬 A를 기약행 사다리꼴 행렬로 바꾸면 다음과 같은 형태가 된다.

$$\begin{bmatrix}1&0&\frac{1}{6}&0&\frac{17}{12}\\0&1&-\frac{2}{3}&0&-\frac{1}{6}\\0&0&0&1&-\frac{3}{2}\\0&0&0&0&0\end{bmatrix}$$

여기서 1열, 2열, 4열이 추축열이다. 한편 추축열의 개수와 행렬의 계수는 같으므로, A의 계수는 $\text{rank}(A)=3$이다.

■ 영공간

행렬로 표현되는 선형변환을 통해 공역의 영벡터로 사상되는 정의역의 벡터는 특별한 의미를 갖는다. 이러한 벡터의 집합을 다음과 같이 정의한다.

정의 7-10 영공간

임의의 $m \times n$ 행렬 A에 의한 선형변환을 통해, 공역의 영벡터로 사상되는 정의역의 벡터집합을 행렬 A의 **영공간**null space 또는 **핵**kernel이라 한다. 즉 $A\boldsymbol{x} = 0$를 만족하는 해의 집합이 영공간이다. A의 영공간은 $\mathrm{Nul}(A)$ 또는 $\mathrm{Ker}(A)$로 나타낸다.

$$\mathrm{Nul}(A) = \{\boldsymbol{x} \mid \boldsymbol{x} \in \mathbb{R}^n,\ A\boldsymbol{x} = 0\}$$

다음 행렬 A에 대하여 $A\boldsymbol{x} = 0$의 해는 다음과 같다.

$$A = \begin{bmatrix} 1 & 1 & 0 \\ 1 & 1 & 0 \end{bmatrix} \quad \Rightarrow \quad \boldsymbol{x} = s\begin{bmatrix} -1 \\ 1 \\ 0 \end{bmatrix} + t\begin{bmatrix} 0 \\ 0 \\ 1 \end{bmatrix}, \quad s,\ t \in \mathbb{R}$$

즉, A의 영공간 $\mathrm{Nul}(A)$는 다음과 같이 나타낼 수 있다.

$$\mathrm{Nul}(A) = \left\{ \boldsymbol{x} \,\middle|\, \boldsymbol{x} = s\begin{bmatrix} -1 \\ 1 \\ 0 \end{bmatrix} + t\begin{bmatrix} 0 \\ 0 \\ 1 \end{bmatrix},\ s,\ t \in \mathbb{R} \right\} = \mathrm{span}\left\{ \begin{bmatrix} -1 \\ 1 \\ 0 \end{bmatrix}, \begin{bmatrix} 0 \\ 0 \\ 1 \end{bmatrix} \right\}$$

정리 7-11 정의역의 부분공간인 영공간

증명

영공간은 정의역에서 벡터공간을 구성한다. 즉 영공간은 영벡터를 포함하고, 벡터 합 연산과 스칼라배 연산에 대해 닫혀 있다.

예제 7-25 영공간의 기저 및 차원

다음 행렬 A에 대하여, 영공간의 기저와 차원을 구하라.

$$A = \begin{bmatrix} -3 & 6 & -1 & 1 & -7 \\ 1 & -2 & 2 & 3 & -1 \\ 2 & -4 & 5 & 8 & -4 \end{bmatrix}$$

Tip
$A\boldsymbol{x} = 0$를 만족하는 $\boldsymbol{x}$를 찾는다.

풀이

A의 영공간은 $A\boldsymbol{x} = 0$를 만족하는 해집합이다. 해집합을 찾기 위해 첨가행렬을 만들어서 행 연산을 해보자.

$$\left[\begin{array}{ccccc|c} -3 & 6 & -1 & 1 & -7 & 0 \\ 1 & -2 & 2 & 3 & -1 & 0 \\ 2 & -4 & 5 & 8 & -4 & 0 \end{array}\right] \xrightarrow{(R_1 \leftrightarrow R_2)} \left[\begin{array}{ccccc|c} 1 & -2 & 2 & 3 & -1 & 0 \\ -3 & 6 & -1 & 1 & -7 & 0 \\ 2 & -4 & 5 & 8 & -4 & 0 \end{array}\right]$$

$$\xrightarrow{(R_2 \leftarrow 3R_1 + R_2)} \left[\begin{array}{ccccc|c} 1 & -2 & 2 & 3 & -1 & 0 \\ 0 & 0 & 5 & 10 & -10 & 0 \\ 2 & -4 & 5 & 8 & -4 & 0 \end{array}\right]$$

$$\xrightarrow{(R_3 \leftarrow -2R_1 + R_3)} \left[\begin{array}{ccccc|c} 1 & -2 & 2 & 3 & -1 & 0 \\ 0 & 0 & 5 & 10 & -10 & 0 \\ 0 & 0 & 1 & 2 & -2 & 0 \end{array}\right]$$

$$\xrightarrow{\left(R_2 \leftarrow \frac{1}{5}R_2\right)} \left[\begin{array}{ccccc|c} 1 & -2 & 2 & 3 & -1 & 0 \\ 0 & 0 & 1 & 2 & -2 & 0 \\ 0 & 0 & 1 & 2 & -2 & 0 \end{array}\right]$$

$$\xrightarrow{(R_3 \leftarrow -R_2 + R_3)} \left[\begin{array}{ccccc|c} 1 & -2 & 2 & 3 & -1 & 0 \\ 0 & 0 & 1 & 2 & -2 & 0 \\ 0 & 0 & 0 & 0 & 0 & 0 \end{array}\right]$$

$$\xrightarrow{(R_1 \leftarrow -2R_2 + R_1)} \left[\begin{array}{ccccc|c} 1 & -2 & 0 & -1 & 3 & 0 \\ 0 & 0 & 1 & 2 & -2 & 0 \\ 0 & 0 & 0 & 0 & 0 & 0 \end{array}\right]$$

위 첨가행렬로부터 다음 연립선형방정식을 얻는다.

$$\begin{cases} x_1 - 2x_2 \quad - x_4 + 3x_5 = 0 \\ \qquad\qquad x_3 + 2x_4 - 2x_5 = 0 \end{cases}$$

x_2, x_4, x_5에 각각 자유변수 r, s, t를 대응하면, 다음 관계식을 얻는다.

$$x_1 = 2r + s - 3t$$

$$x_2 = r$$

$$x_3 = -2s + 2t$$

$$x_4 = s$$

$$x_5 = t$$

이를 벡터방정식으로 표현하면 다음과 같은 벡터의 선형결합 형태이다.

$$\begin{bmatrix} x_1 \\ x_2 \\ x_3 \\ x_4 \\ x_5 \end{bmatrix} = r\begin{bmatrix} 2 \\ 1 \\ 0 \\ 0 \\ 0 \end{bmatrix} + s\begin{bmatrix} 1 \\ 0 \\ -2 \\ 1 \\ 0 \end{bmatrix} + t\begin{bmatrix} -3 \\ 0 \\ 2 \\ 0 \\ 1 \end{bmatrix}$$

따라서 A의 영공간은 다음 세 열벡터가 생성하는 공간이다.

$$\mathrm{Nul}(A) = \mathrm{span}\left\{\begin{bmatrix} 2 \\ 1 \\ 0 \\ 0 \\ 0 \end{bmatrix}, \begin{bmatrix} 1 \\ 0 \\ -2 \\ 1 \\ 0 \end{bmatrix}, \begin{bmatrix} -3 \\ 0 \\ 2 \\ 0 \\ 1 \end{bmatrix}\right\}$$

벡터공간의 기저벡터는 선형독립이면서 벡터공간을 생성한다. A의 영공간은 서로 선형 독립인 이들 세 벡터를 기저벡터로 갖는다. 즉 A의 영공간의 기저는 다음과 같다.

$$\left\{ \begin{bmatrix} 2 \\ 1 \\ 0 \\ 0 \\ 0 \end{bmatrix}, \begin{bmatrix} 1 \\ 0 \\ -2 \\ 1 \\ 0 \end{bmatrix}, \begin{bmatrix} -3 \\ 0 \\ 2 \\ 0 \\ 1 \end{bmatrix} \right\}$$

벡터공간의 차원은 기저에 있는 벡터 개수이므로, A의 영공간의 차원은 3이다. 즉 $\dim(\mathrm{Nul}(A)) = 3$이다.

정의 7-11 퇴화차수

행렬 A의 영공간의 차원을 **퇴화차수** nullity라 한다. 행렬 A의 퇴화차수는 $\mathrm{nullity}(A)$로 나타낸다. 즉 $\mathrm{nullity}(A) = \dim(\mathrm{Nul}(A))$이다.

행렬 A의 영공간이 영벡터만을 포함한다면, A의 퇴화차수는 0이다.

Note nullity를 퇴화차수로 번역하지만, 영공간의 차원이나 nullity로 부르는 경우도 있다.

정리 7-12 기약행 사다리꼴 행렬과 영공간의 차원

증명

영공간의 차원은 기약행 사다리꼴 행렬에서 추축열이 아닌 열의 개수와 같다.

정리 7-13 행 동치 행렬의 영공간

증명

행 동치인 행렬은 서로 동일한 영공간을 갖는다.

정리 7-14 차원정리 dimension theorem

$m \times n$ 행렬 A에 대하여, 열공간의 차원과 영공간의 차원의 합은 A의 열의 개수 n과 같다.

$$\dim(\mathrm{Col}(A)) + \dim(\mathrm{Nul}(A)) = n$$

위 식은 다음과 같이 계수와 퇴화차수의 합으로 바꾸어 표현할 수 있으므로 **계수-퇴화차수 정리** rank-nullity theorem라고도 한다.

$$\mathrm{rank}(A) + \mathrm{nullity}(A) = n$$

증명

[정리 7-10]에 따르면, 행렬의 열공간의 차원은 기약행 사다리꼴 행렬의 추축열의 개수와 같다. 또한 [정리 7-12]에 따르면 행렬의 영공간의 차원은 기약행 사다리꼴 행렬의 추축열이 아닌 열의 개수와 같다. 따라서 행렬의 열공간의 차원과 영공간의 차원의 합은 행렬의 열의 개수와 같다.

■

예제 7-26 열공간과 영공간의 차원

다음 행렬 A에 대하여, 열공간과 영공간의 차원을 구하라.

$$A = \begin{bmatrix} 3 & 6 \\ 1 & 2 \end{bmatrix}$$

Tip 열공간과 영공간을 구한 다음 기저벡터를 확인한다.

풀이

열공간은 열벡터의 선형결합에 의해 생성된다. A의 첫 번째 열벡터와 두 번째 열벡터의 선형결합은 다음과 같이 표현할 수 있다.

$$a\begin{bmatrix} 3 \\ 1 \end{bmatrix} + b\begin{bmatrix} 6 \\ 2 \end{bmatrix} = \begin{bmatrix} 3a \\ a \end{bmatrix} + \begin{bmatrix} 6b \\ 2b \end{bmatrix} = (a+2b)\begin{bmatrix} 3 \\ 1 \end{bmatrix}$$

즉 열공간은 벡터 $\begin{bmatrix} 3 \\ 1 \end{bmatrix}$을 기저벡터로 갖는 공간이다.

따라서 열공간의 차원은 $\dim(\mathrm{Col}(A)) = 1$이다.

영공간은 $A\boldsymbol{x} = \mathbf{0}$를 만족하는 $\boldsymbol{x}$의 공간이다.

$$\begin{bmatrix} 3 & 6 \\ 1 & 2 \end{bmatrix}\begin{bmatrix} x_1 \\ x_2 \end{bmatrix} = \begin{bmatrix} 0 \\ 0 \end{bmatrix}$$

계수행렬을 첨가행렬로 변환하여 행 연산을 적용해보자.

$$\left[\begin{array}{cc|c} 3 & 6 & 0 \\ 1 & 2 & 0 \end{array}\right] \xrightarrow[(R_2 \leftarrow -R_1 + R_2)]{\left(R_1 \leftarrow \frac{1}{3}R_1\right)} \left[\begin{array}{cc|c} 1 & 2 & 0 \\ 0 & 0 & 0 \end{array}\right]$$

x_2를 자유변수 s로 설정하면, $x_1 = -2s$, $x_2 = s$가 되어 영공간은 $\boldsymbol{x} = s\begin{bmatrix} -2 \\ 1 \end{bmatrix}$로 구성된다. 영공간이 하나의 벡터만을 기저벡터로 가지므로, 영공간의 차원은 $\dim(\text{Nul}(A)) = 1$이다.

여기서 열공간의 차원과 영공간의 차원의 합은 $1+1=2$로 A의 열의 개수와 같다. 즉 차원정리가 성립함을 확인할 수 있다.

정리 7-15 퇴화차수 0인 행렬과 선형독립

퇴화차수가 0인 행렬의 모든 열벡터는 선형독립이다.

증명

정리 7-16 퇴화차수 0인 정방행렬의 가역성

퇴화차수가 0인 정방행렬은 가역행렬이다.
즉 퇴화차수가 0인 정방행렬은 역행렬을 갖는다.

증명

예제 7-27 열공간과 영공간의 그래프 표현

다음 행렬 A의 열공간과 영공간을 그래프로 표현하라.

$$A = \begin{bmatrix} 1 & -1 & 2 \\ -2 & 2 & -4 \end{bmatrix}$$

Tip
영공간과 열벡터의 선형결합에 의해 생성되는 열공간을 그래프로 표현한다.

풀이

영공간은 $A\boldsymbol{x} = 0$를 만족하는 $\boldsymbol{x}$의 집합이다.

$$\begin{bmatrix} 1 & -1 & 2 \\ -2 & 2 & -4 \end{bmatrix}\begin{bmatrix} x_1 \\ x_2 \\ x_3 \end{bmatrix} = \begin{bmatrix} 0 \\ 0 \end{bmatrix}$$

계수행렬을 첨가행렬로 변환하여 행 연산을 적용해보자.

$$\left[\begin{array}{ccc|c} 1 & -1 & 2 & 0 \\ -2 & 2 & -4 & 0 \end{array}\right] \xrightarrow{(R_2 \leftarrow 2R_1 + R_2)} \left[\begin{array}{ccc|c} 1 & -1 & 2 & 0 \\ 0 & 0 & 0 & 0 \end{array}\right]$$

x_2와 x_3를 각각 자유변수 s와 t로 설정하면, $x_1 = s - 2t$, $x_2 = s$, $x_3 = t$가 되어, 영공간은 $\boldsymbol{x} = s\begin{bmatrix}1\\1\\0\end{bmatrix} + t\begin{bmatrix}-2\\0\\1\end{bmatrix}$로 구성된다. 이 영공간은 [그림 7-17(a)]와 같이 $\begin{bmatrix}1\\1\\0\end{bmatrix}$과 $\begin{bmatrix}-2\\0\\1\end{bmatrix}$을 포함하는 평면이다.

열공간은 열벡터의 선형결합에 의해 생성되는 공간이다. 따라서 A의 열공간은 다음과 같이 표현할 수 있다.

$$a\begin{bmatrix}1\\-2\end{bmatrix} + b\begin{bmatrix}-1\\2\end{bmatrix} + c\begin{bmatrix}2\\-4\end{bmatrix} = (a-b+2c)\begin{bmatrix}1\\-2\end{bmatrix}$$

즉 열공간은 벡터 $\begin{bmatrix}1\\-2\end{bmatrix}$를 기저벡터로 갖는 공간이다. 이 열공간은 [그림 7-17(b)]와 같이 원점을 지나는 벡터 $\begin{bmatrix}1\\-2\end{bmatrix}$를 방향으로 하는 직선에 해당한다.

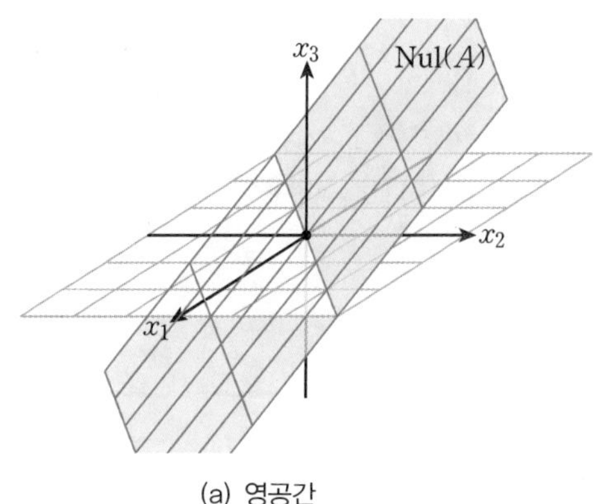

(a) 영공간

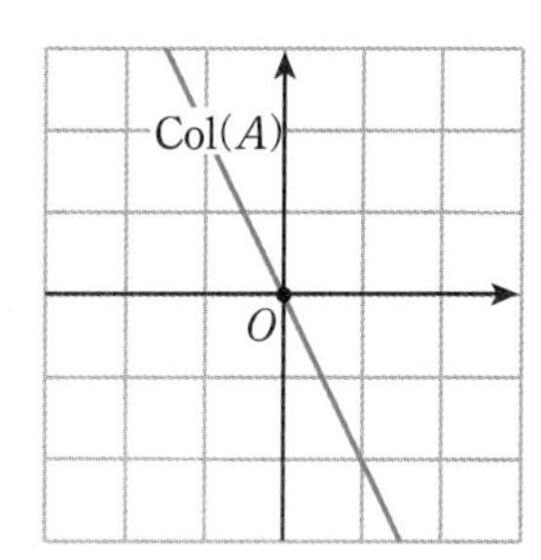

(b) 열공간

[그림 7-17] **행렬 $\begin{bmatrix}1 & -1 & 2\\-2 & 2 & -4\end{bmatrix}$의 영공간과 열공간**

정리 7-17 행렬방정식과 영공간

$\boldsymbol{x}'$이 행렬 A의 영공간의 벡터, 즉 $A\boldsymbol{x} = \boldsymbol{0}$의 해이고, $\boldsymbol{y}$가 $A\boldsymbol{x} = \boldsymbol{b}$의 해일 때, $\boldsymbol{x}' + \boldsymbol{y}$도 $A\boldsymbol{x} = \boldsymbol{b}$의 해이다.

증명

$\boldsymbol{x}' + \boldsymbol{y}$를 $A\boldsymbol{x} = \boldsymbol{b}$에 대입하면 다음과 같다.

$$A(\boldsymbol{x}' + \boldsymbol{y}) = A\boldsymbol{x}' + A\boldsymbol{y} = \boldsymbol{0} + \boldsymbol{b} = \boldsymbol{b}$$

따라서 A의 영공간의 벡터를 $A\boldsymbol{x} = \boldsymbol{b}$의 해에 더해도 $A\boldsymbol{x} = \boldsymbol{b}$의 해가 된다.

■

참고 행렬방정식으로 표현되는 시스템의 설계와 영공간

행렬방정식 $A\boldsymbol{x} = \boldsymbol{b}$로 표현되는 시스템이 있다고 하자. 행렬 A의 퇴화차수가 0보다 크면, [정리 7-17]에 따라 이 시스템에는 해가 될 수 있는 값이 많다. 따라서 이러한 시스템을 설계할 때는 다른 제약 조건을 최적으로 만족하는 해를 찾을 가능성이 크다.

■ 행공간

행렬의 행벡터로 생성되는 공간을 다음과 같이 정의한다.

정의 7-12 행공간

임의의 $m \times n$ 행렬 $A = \begin{bmatrix} - & \boldsymbol{a}_1^\top & - \\ - & \boldsymbol{a}_2^\top & - \\ & \vdots & \\ - & \boldsymbol{a}_m^\top & - \end{bmatrix}$의 행벡터 $\boldsymbol{a}_i^\top$의 선형결합으로 구성된 집합을 **행공간** row space 이라 한다. 행렬 A의 행공간은 $\text{Row}(A)$로 나타낸다.

예제 7-28 행공간

다음 행렬 A에 대한 행공간의 형태를 구하라.

$$A = \begin{bmatrix} 1 & 0 & 2 \\ 0 & 1 & 0 \end{bmatrix}$$

> **Tip**
> 행벡터가 생성하는 공간을 구한다.

풀이

행공간은 다음과 같이 행벡터의 선형결합으로 구성된다.

$$c_1[1\ \ 0\ \ 2] + c_2[0\ \ 1\ \ 0] = [c_1\ \ c_2\ \ 2c_1]$$

따라서 행공간은 $\text{Row}(A) = \{(c_1, c_2, 2c_1) \mid c_1, c_2 \in \mathbb{R}\}$이다.

정리 7-18 행공간과 열공간의 차원

증명

임의의 행렬 A에 대해 행공간과 열공간의 차원은 같다.
즉, $\dim(\text{Row}(A)) = \dim(\text{Col}(A))$이다.

[정리 7-18]에 따라 행공간과 열공간의 차원이 같으므로, [정의 7-9]의 행렬의 계수를 열공간의 차원 대신 행공간의 차원으로 정의해도 된다. 즉 $\text{rank}(A) = \dim(\text{Row}(A))$로 정의할 수 있다.

예제 7-29 행공간과 열공간의 차원

다음 행렬 A의 행공간과 열공간의 차원을 계산하라.

$$A = \begin{bmatrix} 1 & 1 & 0 \\ 2 & 3 & -2 \\ -1 & -4 & 6 \end{bmatrix}$$

Tip
기약행 사다리꼴 행렬로 변환한 다음 추축성분과 추축열의 개수를 계산한다.

풀이

행 연산을 통해 행렬 A를 기약행 사다리꼴 행렬로 변환한다.

$$A = \begin{bmatrix} 1 & 1 & 0 \\ 2 & 3 & -2 \\ -1 & -4 & 6 \end{bmatrix} \xrightarrow[(R_3 \leftarrow R_1 + R_3)]{(R_2 \leftarrow -2R_1 + R_2)} \begin{bmatrix} 1 & 1 & 0 \\ 0 & 1 & -2 \\ 0 & -3 & 6 \end{bmatrix}$$

$$\xrightarrow{(R_3 \leftarrow 3R_2 + R_3)} \begin{bmatrix} 1 & 1 & 0 \\ 0 & 1 & -2 \\ 0 & 0 & 0 \end{bmatrix}$$

$$\xrightarrow{(R_1 \leftarrow -R_2 + R_1)} \begin{bmatrix} 1 & 0 & 2 \\ 0 & 1 & -2 \\ 0 & 0 & 0 \end{bmatrix}$$

위 기약행 사다리꼴 행렬의 1행과 2행에만 추축성분이 있으므로, 행공간의 차원은 2이다. 한편, 기약행 사다리꼴 행렬의 1열과 2열만 추축열이므로, 열공간의 차원도 2이다.

정의 7-13 공간의 직교

한 공간의 모든 벡터가 다른 공간의 모든 벡터와 직교할 때, 두 공간은 **직교** orthogonal한다고 한다.

공간 V와 W가 직교한다고 하면, V에 포함된 임의의 벡터 $\boldsymbol{v}$와 W에 포함된 임의의 벡터 $\boldsymbol{w}$의 내적은 항상 0이다. 즉 $\boldsymbol{v} \cdot \boldsymbol{w} = 0$이다.

정리 7-19 행공간과 영공간의 직교성

증명

$m \times n$ 행렬 A의 행공간 $\text{Row}(A)$와 영공간 $\text{Nul}(A)$는 직교한다.

정리 7-20 행렬의 열공간과 전치행렬의 행공간

증명

행렬 A의 열공간 $\mathrm{Col}(A)$는 A의 전치행렬 $A^\top$의 행공간 $\mathrm{Row}(A^\top)$와 같다.

$$\mathrm{Col}(A) = \mathrm{Row}(A^\top)$$

■ 좌영공간

행렬의 전치행렬에 대해 정의되는 부분공간으로 좌영공간이 있다.

정의 7-14 좌영공간

행렬 A의 **좌영공간** left null space 은 전치행렬 $A^\top$의 영공간이다. 즉 행렬 A의 좌영공간은 $\mathrm{Nul}(A^\top)$이다.

예제 7-30 좌영공간

다음 행렬 A의 좌영공간을 구하라.

$$A = \begin{bmatrix} 1 & 2 & 3 \\ 4 & 5 & 6 \end{bmatrix}$$

Tip
행렬 A의 전치행렬에 대한 행렬방정식의 해를 구한다.

풀이

행렬 A의 전치행렬 $A^\top = \begin{bmatrix} 1 & 4 \\ 2 & 5 \\ 3 & 6 \end{bmatrix}$에 대하여, $A^\top \boldsymbol{x} = \mathbf{0}$의 해 $\boldsymbol{x} = \begin{bmatrix} x_1 \\ x_2 \end{bmatrix}$를 구해보자.

$A^\top \boldsymbol{x} = \mathbf{0}$를 열벡터로 전개하면 다음과 같다.

$$x_1 \begin{bmatrix} 1 \\ 2 \\ 3 \end{bmatrix} + x_2 \begin{bmatrix} 4 \\ 5 \\ 6 \end{bmatrix} = \begin{bmatrix} 0 \\ 0 \\ 0 \end{bmatrix}$$

위 벡터방정식을 만족하는 해는 $x_1 = 0$, $x_2 = 0$뿐이다. 따라서 A의 좌영공간은 영벡터만으로 구성된다. 즉 $\mathrm{Nul}(A^\top) = \left\{ \begin{bmatrix} 0 \\ 0 \end{bmatrix} \right\}$이다.

■ 행렬 표현이 불가능한 선형변환의 부분공간

행렬로 표현할 수 없는 선형변환에는 다음과 같은 부분공간이 정의된다.

정의 7-15 선형변환의 상공간 또는 치역

벡터공간 V에서 벡터공간 W로 사상하는 선형변환 L의 **상공간** 또는 **치역** $\mathrm{im}(L)$은 공역 W의 부분집합으로 다음과 같이 정의된다.

$$\mathrm{im}(L) = \{L(f) \mid f \in V\}$$

선형변환이 행렬로 표현되는 경우, 선형변환의 상공간은 행렬의 열공간에 해당한다.

정의 7-16 선형변환의 영공간 또는 핵

벡터공간 V에서 벡터공간 W로 사상하는 선형변환 L의 **영공간** 또는 **핵** $\ker(L)$은 영벡터로 사상되는 정의역 V의 부분집합으로 다음과 같이 정의된다.

$$\ker(L) = \{f \mid L(f) = \mathbf{0},\ f \in V\}$$

계수의 성질

행렬의 계수에 대한 여러 성질은 행렬의 특성을 파악하는 데 유용하다.

정리 7-21 전치행렬의 계수

행렬 A와 전치행렬 $A^\top$의 계수는 같다.

$$\mathrm{rank}(A) = \mathrm{rank}(A^\top)$$

증명

행렬의 계수는 열공간의 차원이다. 즉 $\mathrm{rank}(A) = \dim(\mathrm{Col}(A))$이다.
[정리 7-18]에 따라 $\dim(\mathrm{Row}(A)) = \dim(\mathrm{Col}(A))$이고, [정리 7-20]에 따라 $\mathrm{Col}(A) = \mathrm{Row}(A^\top)$이므로, $\dim(\mathrm{Row}(A)) = \dim(\mathrm{Row}(A^T))$이다.
따라서 $\mathrm{rank}(A) = \mathrm{rank}(A^\top)$이다.

■

정리 7-22 행렬 곱의 계수 (1)

$m \times n$ 행렬 A, B에 대해 $\text{rank}(AB) \leq \text{rank}(A)$이고, $\text{rank}(AB) \leq \text{rank}(B)$이다.

정리 7-23 행렬 곱의 계수 (2)

$m \times n$ 행렬 A, B에 대해 $\text{rank}(AB) \leq \min\{\text{rank}(A), \text{rank}(B)\}$이다.

정리 7-24 행렬과 가역행렬 곱의 계수

$m \times n$ 행렬 A와 가역행렬 B에 대하여, $\text{rank}(AB) = \text{rank}(A)$이다.

정리 7-25 행렬과 전치행렬 곱의 계수

$m \times n$ 행렬 A에 대하여, $\text{rank}(A^{\top} A) = \text{rank}(AA^{\top}) = \text{rank}(A)$이다.

정리 7-26 행렬과 가역행렬 곱의 계수

$m \times n$ 행렬 A와 가역행렬 B, C에 대하여, $\text{rank}(BAC) = \text{rank}(A) = \text{rank}(BA) = \text{rank}(AC)$이다.

계수의 응용

행렬의 계수는 선형변환의 부분공간인 열공간과 행공간의 차원을 확인하거나, 정방행렬의 가역성을 판정하는 데 사용한다. 이밖에도 행렬의 계수에 대한 여러 응용 사례가 있는데, 여기서 몇 가지를 소개한다.

■ 연립선형방정식 해의 개수

주어진 연립선형방정식에 대한 계수행렬과 첨가행렬은 다음과 같다.

$$\begin{cases} x+\ \ y+2z=3 \\ x+\ \ y+\ \ z=1 \\ 2x+2y+2z=5 \end{cases} \Rightarrow \begin{bmatrix} 1 & 1 & 2 \\ 1 & 1 & 1 \\ 2 & 2 & 2 \end{bmatrix} \qquad \left[\begin{array}{ccc|c} 1 & 1 & 2 & 3 \\ 1 & 1 & 1 & 1 \\ 2 & 2 & 2 & 5 \end{array}\right]$$

연립선형방정식의 계수행렬coefficient matrix과 첨가행렬의 계수rank를 비교하면 해의 개수에 관한 성질을 알 수 있다. 첨가행렬의 계수가 계수행렬의 계수보다 크면, 이 연립선형방정식의 해는 존재하지 않는다. 즉 불능이다. 첨가행렬과 계수행렬의 계수가 같으면, 이 연립선형방정식은 적어도 하나의 해를 갖는다. 특히, 두 행렬의 계수가 같고, 계수와 연립선형방정식의 미지수 개수가 같으면, 연립선형방정식은 단 하나의 해를 갖는다. 행렬의 계수가 같고 자유변수가 있다면, 연립선형방정식은 무수히 많은 해를 갖는다. 즉 부정이다.

위 연립선형방정식은 계수행렬의 계수가 2이고, 첨가행렬의 계수가 3이다. 따라서 이 연립선형방정식의 해는 존재하지 않는다.

■ 행렬로 표현되는 선형변환의 치역 형태

$m \times n$ 행렬 M을 통해 $\mathbb{R}^n$ 공간의 벡터 $\boldsymbol{x}$를 선형변환할 때, 치역 $M\boldsymbol{x}$는 행렬 M의 계수에 따라 결정된다. 즉 행렬 M을 통해 $\mathbb{R}^n$ 공간의 벡터를 $\mathbb{R}^m$ 공간으로 사상할 때, M의 계수가 r이면 치역은 $\mathbb{R}^m$ 공간의 r차원 부분공간이 된다.

예를 들어 다음 행렬 M의 계수는 2이다.

$$M = \begin{bmatrix} 1 & 2 & 0 & -1 \\ -2 & -3 & 4 & 5 \\ 2 & 4 & 0 & -2 \end{bmatrix}$$

행렬 M을 통해 선형변환하면, M의 계수가 2이므로, $\mathbb{R}^4$ 공간의 벡터가 $\mathbb{R}^3$ 공간에 있는 2차원 평면으로 사상된다.

■ 선형시스템의 제어 가능성

제어 이론control theory에서 **이산 선형 시불변**discrete Linear Time-Invariant(LTI) **시스템**은 다음 상태방정식으로 표현된다.

$$\boldsymbol{x}(t+1) = A\boldsymbol{x}(t) + B\boldsymbol{u}(t)$$

여기서 A는 $n\times n$ 행렬, B는 $n\times r$ 행렬, $\boldsymbol{u}$는 $r\times 1$ 벡터로서 입력에 해당하고, $\boldsymbol{x}(t)$는 시점 t에서의 상태를 나타내는 $n\times 1$ 벡터이다. 이러한 상태방정식을 갖는 제어 시스템에서 입력 $\boldsymbol{u}$를 조절함으로써 상태변수 $\boldsymbol{x}$를 조절할 수 있을 때, 이 상태변수가 **제어 가능**controllable하다고 한다. 이러한 시스템에서 **제어 가능성 행렬**controllability matrix M_c를 다음과 같이 정의한다.

$$M_c \equiv [B \quad AB \quad A^2B \quad \cdots \quad A^{n-1}B]$$

제어 가능성 행렬 M_c의 계수가 n이면, 해당 선형시스템은 제어 가능하다. 예를 들어 이산 선형 시불변 시스템의 행렬 A와 B가 다음과 같다고 하자.

$$A = \begin{bmatrix} 1 & 2 & -1 \\ 0 & 1 & 0 \\ 1 & -4 & 3 \end{bmatrix}, \quad B = \begin{bmatrix} 0 \\ 0 \\ 1 \end{bmatrix}$$

이때 제어 가능성 행렬 M_c는 다음과 같다.

$$M_c = [B \quad AB \quad A^2B] = \begin{bmatrix} 0 & -1 & -4 \\ 0 & 0 & 0 \\ 1 & 3 & 8 \end{bmatrix}$$

행렬 M_c의 계수는 2이므로, 해당 이산 선형 시불변 시스템은 제어 가능하지 않다.

■ 통신시스템의 통신 복잡도

어떤 한 상대는 값 x를 알고 다른 상대는 값 y를 알고 있을 때, 이진수 값을 갖는 함수 $f(x, y)$를 계산하기 위해 두 상대가 서로 교환해야 하는 정보량을 **통신 복잡도**communication complexity라 한다. 여기서 이진 함수인 $f: X\times Y \rightarrow \{0, 1\}$을 $|X|\times|Y|$ 행렬로 나타낸 것을 M이라 하자. 행렬 M에서 (x, y) 위치의 원소는 함숫값으로 $f(x, y)$를 갖는다. 이때 통신 복잡도의 하한lower bound이 M의 계수이다.

Chapter

07 연습문제

Section 7.1

1. 다음 문장이 참인지 거짓인지 판단하고, 거짓인 경우 그 이유를 설명하라.

(a) 벡터공간 V에서 벡터공간 W로 가는 사상이 선형변환이면, 임의의 벡터 $\boldsymbol{u}$, $\boldsymbol{v}$와 스칼라 c에 대하여 $L(\boldsymbol{u}+\boldsymbol{v}) = L(\boldsymbol{u}) + L(\boldsymbol{v})$와 $L(c\boldsymbol{u}) = cL(\boldsymbol{u})$가 성립한다.

(b) 행렬 A와 벡터 $\boldsymbol{x}$에 대한 사상 $L(\boldsymbol{x}) = A\boldsymbol{x}$는 선형변환이다.

(c) 행렬 A와 벡터 $\boldsymbol{x}$와 $\boldsymbol{b}$에 대한 사상 $L(\boldsymbol{x}) = A\boldsymbol{x}+\boldsymbol{b}$는 선형변환이 아니다.

(d) 행렬 $A = \begin{bmatrix} \alpha & 0 \\ 0 & \beta \end{bmatrix}$는 층밀림변환을 수행하는 표준행렬이다(여기서 α, β는 스칼라이다).

(e) 도형의 확대, 회전, 이동은 선형변환이다.

(f) 선형변환 $L: \mathbb{R}^n \to \mathbb{R}^m$은 행렬변환으로 표현할 수 있다.

2. 다음과 같이 정의된 사상 $L: \mathbb{R}^2 \to \mathbb{R}^2$가 선형변환인지 확인하라.

$$L\left(\begin{bmatrix} x \\ y \end{bmatrix}\right) = \begin{bmatrix} x+2 \\ 2y \end{bmatrix}$$

3. 다음 사상이 선형변환인지 확인하라.

(a) $L(x_1,\ x_2) = (x_1+x_2,\ 2x_2)$

(b) $L(x_1,\ x_2) = (x_1, x_1+x_2,\ 3x_2)$

(c) $L(x_1,\ x_2,\ x_3) = (2x_1+x_2,\ x_2+3x_3,\ x_1+4x_3)$

(d) $L(x_1,\ x_2) = (x_1,\ 2x_1x_2)$

(e) $L\left(\begin{bmatrix} x_1 \\ x_2 \\ x_3 \end{bmatrix}\right) = \begin{bmatrix} 1 & 2 & 1 \\ 3 & 1 & 0 \end{bmatrix}\begin{bmatrix} x_1 \\ x_2 \\ x_3 \end{bmatrix}$

(f) $L\left(\begin{bmatrix} x_1 \\ x_2 \\ x_3 \end{bmatrix}\right) = \begin{bmatrix} x_1+x_2 \\ 2x_2 \\ 3x_3 \end{bmatrix}$

4. $C[0,\ 1]$을 구간 $[0,\ 1]$에서 $\mathbb{R}$로 사상하는 모든 연속함수의 집합이라 하자. 함수 $f \in C[0,\ 1]$에 대하여, 다음 변환 L이 선형변환인지 확인하라.

$$L(f) = \int_0^1 f(x)dx$$

5. 다음 선형변환의 표준행렬을 구하라.

(a) $L(x_1,\ x_2) = (-3x_1,\ 2x_2)$

(b) $L(x_1,\ x_2) = (x_1+x_2,\ 3x_1-4x_2)$

(c) $L(x_1, x_2, x_3) = (2x_1 + x_2 + x_3, 2x_2 - 4x_3)$

(d) $L(x_1, x_2, x_3) = (2x_1 + 3x_2, 2x_2 - x_3, x_1 + 2x_3, x_2 + 2x_3)$

(e) $L(x_1, x_2, x_3, x_4) = (x_1 + 2x_2, 0, 2x_2 + x_4, 2x_2 - x_4)$

(f) $L(x_1, x_2) = (x_1 + 2x_2, 0, x_1 - 3x_2, 2x_1)$

(g) $L(x_1, x_2, x_3) = (x_1 - 5x_2 + 4x_3, x_2 - 6x_3)$

(h) $L(x_1, x_2, x_3, x_4) = 3x_1 + 4x_3 - 5x_4$

6. $L: \mathbb{R}^3 \to \mathbb{R}^2$가 선형변환이고 $L(1, 0, 0) = (2, 3)$, $L(0, 1, 0) = (2, 1)$, $L(0, 0, 1) = (1, -1)$일 때, 다음을 구하라.

(a) $L(1, 2, 3)$ (b) $L(1, 0, -1)$ (c) $L(2, 3, 1)$ (d) $L(x, y, z)$

7. 다음 행렬의 비어있는 부분을 채워 넣으라.

(a) $\begin{bmatrix} \square & \square & \square \\ \square & \square & \square \\ \square & \square & \square \end{bmatrix} \begin{bmatrix} x_1 \\ x_2 \\ x_3 \end{bmatrix} = \begin{bmatrix} 2x_1 - 4x_2 \\ x_1 - x_3 \\ -x_2 + 3x_3 \end{bmatrix}$ (b) $\begin{bmatrix} \square & \square \\ \square & \square \\ \square & \square \end{bmatrix} \begin{bmatrix} x_1 \\ x_2 \end{bmatrix} = \begin{bmatrix} 3x_1 - 2x_2 \\ x_1 + 4x_2 \\ x_2 \end{bmatrix}$

8. $\mathbb{R}^2$ 공간에서 벡터 $v = \begin{bmatrix} 1 \\ 2 \end{bmatrix}$를 $30°$ 만큼 회전할 때 만들어지는 벡터를 구하라.

9. 다음 중에서 선형변환이 아닌 변환을 선택하라.

① 회전 ② 이동 ③ 확대 ④ 반사

10. $\mathbb{R}^2$ 공간의 좌표 (a, b)를 x축 방향으로 2, y축 방향으로 3만큼 평행이동하는 표준행렬의 동차 표현을 구하라.

11. $\mathbb{R}^3$ 공간의 좌표 (a, b, c)를 x축 방향으로 2, y축 방향으로 -1, z축 방향으로 5만큼 평행이동하는 표준행렬의 동차 표현을 구하라.

12. $\mathbb{R}^3$ 공간에서 y축을 기준으로 $45°$ 만큼 반시계방향으로 회전할 때, 점 $(1, 2, 1)$이 이동한 위치를 구하라.

13. $\mathbb{R}^2$ 공간에서 원점을 중심으로 $30°$ 만큼 반시계방향으로 회전한 다음, x축을 기준으로 반사하는 선형변환의 표준행렬을 구하라.

14. $\mathbb{R}^2$ 공간에서 벡터 $\boldsymbol{x}$의 길이를 2배로 확대하고, 반시계방향으로 $30°$ 회전하는 선형변환의 표준행렬을 구하라.

15. $\mathbb{R}^2$ 공간에서 x축 방향으로 y의 3배만큼 층밀림이 일어나도록 하는 선형변환의 표준행렬을 구하라.

16. $\mathbb{R}^3$ 공간에서 x축 방향으로 3배, y축 방향으로 0.5배, z축 방향으로 2배 확대 및 축소하는 선형변환의 표준행렬을 구하라.

17. 표준행렬 $A=\begin{bmatrix} 1 & 2 \\ -1 & 3 \end{bmatrix}$에 대한 선형변환 $L: \mathbb{R}^2 \to \mathbb{R}^2$가 아래의 각 위치를 변환한 결과를 구하라.

(a) $\begin{bmatrix} 1 \\ 1 \end{bmatrix}$ (b) $\begin{bmatrix} 2 \\ -1 \end{bmatrix}$ (c) $\begin{bmatrix} -2 \\ -2 \end{bmatrix}$ (d) $\begin{bmatrix} 1 \\ -2 \end{bmatrix}$

18. $\mathbb{R}^2$ 공간에서 꼭짓점이 (0, 0), (1, 0), (1, 1), (0, 1)인 사각형에 대해, 다음 행렬 A를 표준행렬로 갖는 선형변환을 적용한 결과를 좌표평면에 그려라.

(a) $A=\begin{bmatrix} 1 & 4 \\ 0 & 1 \end{bmatrix}$ (b) $A=\begin{bmatrix} 4 & 0 \\ 0 & -2 \end{bmatrix}$ (c) $A=\begin{bmatrix} 1 & 1 \\ -1 & 1 \end{bmatrix}$

19. 선형변환 $L_1(x, y)=(2x+y, x+2y)$와 $L_2(x, y)=(-x+y, 2y)$에 대하여, 선형변환의 합성 $L_2 \circ L_1$을 구하라.

20. 선형변환 L_1과 L_2의 표준행렬이 각각 A와 B일 때, $L_2 \circ L_1$의 표준행렬을 구하라.

$$A=\begin{bmatrix} 2 & 3 \\ 1 & 4 \end{bmatrix}, \quad B=\begin{bmatrix} -1 & 2 \\ 3 & 1 \end{bmatrix}$$

21. 다음 행렬 A를 표준행렬로 갖는 선형변환이 노름보존 선형연산자인지 확인하라.

(a) $A=\begin{bmatrix} \frac{2}{3} & -\frac{2}{3} & \frac{1}{3} \\ \frac{1}{3} & \frac{2}{3} & \frac{2}{3} \\ \frac{2}{3} & -\frac{1}{3} & -\frac{2}{3} \end{bmatrix}$ (b) $A=\begin{bmatrix} 1 & 0 & 0 \\ 0 & \frac{\sqrt{3}}{2} & -\frac{1}{2} \\ 0 & \frac{1}{2} & \frac{\sqrt{3}}{2} \end{bmatrix}$

22. $\mathbb{R}^3$ 공간에서 다음 선형변환에 대해 교환법칙이 성립하는지 확인하라.

(a) 2회 연속의 평행이동

(b) 2회 연속의 확대

(c) 동일한 좌표축을 기준으로 한 2회 연속의 회전

23. $\mathbb{R}^3$ 공간의 네 점 $P_1(0,\ 0,\ 0)$, $P_2(\sqrt{3},\ 0,\ 0)$, $P_3(0,\ 2,\ 0)$, $P_4(0,\ 0,\ 1)$을 꼭짓점으로 하는 사각뿔에 대하여 다음 물음에 답하라.

(a) x축으로 기준으로 y축 방향으로 3, z축 방향으로 2만큼 층밀림변환한 사각뿔의 각 꼭짓점을 구하라.

(b) x축 방향으로 2, y축 방향으로 -1, z축 방향으로 3만큼 평행이동한 사각뿔의 각 꼭짓점을 구하라.

24. 행렬 $A=\begin{bmatrix} 3/5 & 4/5 & 0 \\ -4/5 & 3/5 & 0 \\ 0 & 0 & 1 \end{bmatrix}$의 변환에 해당하는 선형변환이 노름보존 선형연산자임을 보여라.

25. $\mathbb{R}^3$ 공간의 초기 좌표계에서 항공기에 피치 30°, 롤 60°를 순차적으로 적용할 때, 처음 좌표 $(0,\ 1,\ 0)$의 변환된 좌표를 구하라.

26. 다음 각 표준행렬에 대한 선형변환의 결과를 기하학적으로 설명하라.

(a) $A=\begin{bmatrix} \frac{1}{2} & 0 & 0 \\ 0 & \frac{1}{2} & 0 \\ 0 & 0 & 1 \end{bmatrix}$ (b) $A=\begin{bmatrix} \frac{1}{\sqrt{2}} & \frac{1}{\sqrt{2}} & 0 \\ -\frac{1}{\sqrt{2}} & \frac{1}{\sqrt{2}} & 0 \\ 0 & 0 & 1 \end{bmatrix}$ (c) $A=\begin{bmatrix} 1 & 0 & 2 \\ 0 & 1 & -3 \\ 0 & 0 & 1 \end{bmatrix}$

27. $\mathbb{R}^3$ 공간에서 투영중심이 $(0,\ 0,\ -10)$이고 투영면은 $z=0$인 원근투영을 사용하여 점 $(4,\ 2,\ 3)$을 투영한 좌표를 구하라.

Section 7.2

28. 다음 문장이 참인지 거짓인지 판단하고, 거짓인 경우 그 이유를 설명하라.

(a) 7×9 행렬의 계수가 5이면 퇴화차수는 4이다.

(b) 3×4 행렬의 퇴화차수가 1이면 행공간의 차원은 3이다.

(c) 퇴화차수가 0인 행렬의 열벡터는 선형독립이다.

(d) 행렬의 행공간과 열공간은 직교한다.

(e) 두 행렬의 곱의 계수는 각 행렬의 계수보다 클 수 없다.

(f) 행렬에 다른 가역행렬을 곱해도 계수는 변하지 않는다.

(g) 행렬 A와 전치행렬 $A^{\top}$의 계수는 다를 수 있다.

(h) 영공간의 차원이 0이 아닌 행렬 A에 대하여, 행렬방정식 $A\boldsymbol{x}=\boldsymbol{b}$의 해가 존재한다면 여러 해를 가질 수 있다.

(i) 2×4 행렬의 영공간의 차원은 1보다 크다.

29. 다음 행렬의 계수를 구하라.

(a) $\begin{bmatrix} 1 & 2 & 4 & 4 \\ 3 & 4 & 8 & 0 \end{bmatrix}$ (b) $\begin{bmatrix} 1 & 2 & 3 \\ 2 & 3 & 5 \\ 3 & 4 & 7 \\ 4 & 5 & 9 \end{bmatrix}$

30. 다음 행렬의 계수와 퇴화차수를 구하라.

(a) $\begin{bmatrix} 1 & 2 & 1 & 5 \\ 2 & 4 & -3 & 0 \\ -3 & 1 & 2 & -1 \\ 1 & 2 & -1 & 1 \end{bmatrix}$ (b) $\begin{bmatrix} 1 & -2 & 1 \\ 1 & -1 & 3 \\ 1 & 1 & 7 \end{bmatrix}$

31. 다음 행렬 A의 열공간과 영공간의 기저를 구하라.

(a) $A = \begin{bmatrix} 1 & 2 & -6 \\ -2 & -4 & 12 \end{bmatrix}$ (b) $A = \begin{bmatrix} 1 & 1 & 0 \\ 1 & 1 & 0 \end{bmatrix}$

32. 다음 행렬 A의 열공간의 기저를 구하고, 이 기저를 사용하여 벡터 $\boldsymbol{b}$를 나타내라.

$$A = \begin{bmatrix} 1 & 3 & 4 \\ 2 & 3 & 1 \\ 3 & 6 & 2 \end{bmatrix}, \qquad \boldsymbol{b} = \begin{bmatrix} 2 \\ 3 \\ 1 \end{bmatrix}$$

33. 다음 선형변환 $L(\boldsymbol{x}) = A\boldsymbol{x}$에 대하여, 열공간의 벡터 $\boldsymbol{b}$에 사상되는 정의역의 벡터 $\boldsymbol{x}$가 유일한지 확인하라.

(a) $A = \begin{bmatrix} 1 & 0 & -3 \\ -3 & 1 & 6 \\ 2 & -2 & -1 \end{bmatrix}$, $\boldsymbol{b} = \begin{bmatrix} -2 \\ 3 \\ -1 \end{bmatrix}$ (b) $A = \begin{bmatrix} 1 & -2 & 3 \\ 0 & 1 & -3 \\ 2 & -5 & 6 \end{bmatrix}$, $\boldsymbol{b} = \begin{bmatrix} -6 \\ -4 \\ -5 \end{bmatrix}$

(c) $A = \begin{bmatrix} 1 & -5 & -7 \\ -3 & 7 & 5 \end{bmatrix}$, $\boldsymbol{b} = \begin{bmatrix} -2 \\ -2 \end{bmatrix}$ (d) $A = \begin{bmatrix} 1 & -3 & 2 \\ 3 & -8 & 8 \\ 0 & 1 & 2 \\ 1 & 0 & 8 \end{bmatrix}$, $\boldsymbol{b} = \begin{bmatrix} 1 \\ 6 \\ 3 \\ 4 \end{bmatrix}$

34. 다음 벡터 $\boldsymbol{v}_1$, $\boldsymbol{v}_2$, $\boldsymbol{v}_3$, $\boldsymbol{v}_4$에 의해 생성된 $\mathbb{R}^4$의 부분공간의 차원을 구하라.

$$\boldsymbol{v}_1 = \begin{bmatrix} 1 \\ 2 \\ -1 \\ 0 \end{bmatrix}, \ \boldsymbol{v}_2 = \begin{bmatrix} 2 \\ 5 \\ -3 \\ 2 \end{bmatrix}, \ \boldsymbol{v}_3 = \begin{bmatrix} 2 \\ 4 \\ -2 \\ 0 \end{bmatrix}, \ \boldsymbol{v}_4 = \begin{bmatrix} 3 \\ 8 \\ -5 \\ 4 \end{bmatrix}$$

35. 다음 행렬 A의 계수와 퇴화차수를 구하라.

$$A = \begin{bmatrix} 2 & 5 & -3 & -4 & 8 \\ 4 & 7 & -4 & -3 & 9 \\ 6 & 9 & -5 & 2 & 4 \\ 0 & -9 & 6 & 5 & -6 \end{bmatrix}$$

36. 다음 행렬 A의 열공간과 영공간을 그래프로 표현하라.

$$A=\begin{bmatrix} 2 & -2 & 4 \\ 1 & -1 & 2 \end{bmatrix}$$

37. 다음 행렬 A의 행공간과 좌영공간을 구하라.

$$A=\begin{bmatrix} 4 & 5 & 6 \\ 1 & 2 & 3 \end{bmatrix}$$

38. $\mathbb{R}^4$에서 $\mathbb{R}^2$로의 선형변환 $L(x_1,\ x_2,\ x_3,\ x_4)=(x_1+x_2,\ x_3+x_4)$의 영공간을 구하라.

39. 선형변환 $L: \mathbb{R}^4 \rightarrow \mathbb{R}^8$에 대한 표준행렬의 계수가 3일 때 퇴화차수를 구하라.

40. 다음 행렬 A의 열공간, 영공간, 행공간, 좌영공간의 차원과 기저를 구하라.

$$A=\begin{bmatrix} 1 & 0 & 2 & 1 \\ 0 & 1 & 1 & 0 \\ 1 & 0 & 2 & 1 \end{bmatrix}$$

41. 다음 연립선형방정식의 해의 개수를 행렬의 계수를 이용하여 구하라.

$$\begin{cases} 2x_1+2x_2-\ x_3=1 \\ 4x_1 \qquad\quad +2x_3=2 \\ \qquad\ \ 6x_2-3x_3=4 \end{cases}$$

42. 다음 행렬 A를 표준행렬로 갖는 선형변환의 치역 형태를 행렬의 계수를 이용하여 설명하라.

$$A=\begin{bmatrix} 2 & 3 & 4 & 5 \\ 3 & 4 & 5 & 6 \\ 4 & 5 & 6 & 7 \\ 9 & 10 & 11 & 12 \end{bmatrix}$$

43. $\operatorname{rank}(AB) \le \min\{\operatorname{rank}(A), \operatorname{rank}(B)\}$를 만족하는 행렬 A와 B의 예를 찾으라.

Chapter

07 프로그래밍 실습

1. http://www.hanbit.co.kr → [SUPPORT] → [자료실] → [파이썬 실습 이미지 파일]에서 Cat.jpg를 다운받아 소스코드와 동일한 폴더에 저장한 다음, 이미지 파일을 읽어들여서, 아래 변환을 수행한 결과를 출력하라. 연계 : 7.1절

- x축 방향으로 1.5배 확대, y축 방향으로 0.8배 축소
- 반시계방향으로 45° 회전
- x축을 기준으로 반사
- x축 방향으로 $+\frac{y}{2}$만큼 층밀림
- x축 방향으로 40, y축 방향으로 20만큼 평행이동

문제 해석

이미지를 선형변환할 때는 이미지의 각 픽셀 위치에 선형변환의 표준행렬을 적용해 변환 후의 위치를 구하고, 변환된 위치에 이미지의 픽셀 값을 설정하면 된다. 그런데 변환된 이미지를 특정 사각형 영역 안에 표시해야 하는 경우, 변환된 위치가 해당 영역을 벗어날 수 있으므로, 사각형 영역의 각 위치에 해당 표준행렬의 역행렬을 적용하여, 원래 이미지의 픽셀 위치를 찾아 해당 위치의 픽셀 값을 채우면 된다. 이동변환은 선형변환이 아니므로 역행렬이 존재하지 않는다. 따라서 각 픽셀의 이동 위치가 사각형 영역 안에 있는지 확인하여 해당 영역에 픽셀 값을 채운다.

코딩 실습

【 파이썬 코드 】

```
1    import numpy as np
2    import matplotlib.pyplot as plt
3    import imageio as im
4
5    def linear_transformation(src, a):   # 선형변환 수행 함수
6        M, N, _ = src.shape           # M : y축 방향 크기, N : x축 방향 크기
7        corners = np.array([[0, 0, N-1, N-1], [0, M-1, 0, M-1]]) # 이미지 코너 위치
8        new_points = a.dot(corners).astype(int)  # 코너 위치의 선형변환 결과
9
10       xcoord = new_points[0,:]    # x축 좌푯값
11       ycoord = new_points[1,:]    # y축 좌푯값
12       minx = np.amin(xcoord)
13       maxx = np.amax(xcoord)
14       miny = np.amin(ycoord)
```

```
15        maxy = np.amax(ycoord)
16
17        newN = maxx-minx+1    # 선형변환 후 x축 방향 이미지 크기
18        newM = maxy-miny+1    # 선형변환 후 y축 방향 이미지 크기
19        dest = np.full((newM, newN, 3), 200)    # 출력 이미지 생성
20        y = miny
21        for i in range(newM):
22            x = minx
23            for j in range(newN):
24                pts = np.array([[x],[y]])
25                # 출력 이미지의 (x,y) 위치에 대응하는 원본 이미지의 위치 계산 : 역행렬 사용
26                newpts = np.linalg.inv(a).dot(pts).round().astype(int)
27                if (newpts[0] >= 0 and newpts[0] < N and newpts[1] >= 0
28                    and newpts[1] < M):
29                    dest[i,j,:] = src[newpts[1],newpts[0],:]
30                x = x+1
31            y = y+1
32        return dest
33
34    def translate(src, d):     # d[0]: x축 이동,  d[1]: y축 이동
35        M, N, _ = src.shape    # N : x축,  M : y축
36        steps = np.absolute(d)
37
38        newM = M + 2*steps[1]
39        newN = N + 2*steps[0]
40        dest = np.full((newM, newN, 3), 200)        # 출력 이미지 생성
41        for i in range(newM):
42            for j in range(newN):
43                yp = i-d[0]
44                xp = j-d[1]
45                if xp >= 0 and xp < N and yp >= 0 and yp < M:
46                    dest[i,j,:] = src[yp, xp, :]
47        return dest
48
49    src = im.imread('Cat.jpg')              # 이미지 파일 읽기
50    plt.subplot(3,2,1)                      # 3행 2열로 분할하여 첫 번째 위치 선택
51    plt.title('original')                   # 제목 출력
52    plt.imshow(src)                         # 이미지 출력
53
54    # x축 방향으로 1.5배 확대, y축 방향으로 0.8배 축소
55    a = np.array([[1.5, 0],[0, 0.8]])
56    dst = linear_transformation(src, a)
57    plt.subplot(3,2,2)
58    plt.title('scaled by 1.5 and 0.8')
59    plt.imshow(dst)
60
61    # 반시계방향으로 45° 회전
62    alpha = np.pi/4
63    a = np.array([[np.cos(alpha), -np.sin(alpha)], [np.sin(alpha), np.cos(alpha)]])
64    dst = linear_transformation(src, a)
65    plt.subplot(3,2,3)
66    plt.title('Rotation by 45° counterclockwise')
67    plt.imshow(dst)
68
```

```
69  # x축을 기준으로 반사
70  a = np.array([[1, 0], [0, -1]])
71  dst = linear_transformation(src, a)
72  plt.subplot(3,2,4)
73  plt.title('Reflection about the x-axis')
74  plt.imshow(dst)
75
76  # x축 방향으로 +y/2만큼 층밀림
77  a = np.array([[1, .5], [0, 1]])
78  dst = linear_transformation(src, a)
79  plt.subplot(3,2,5)
80  plt.title('shearing in the x-axis with +y/2')
81  plt.imshow(dst)
82
83  # x축 방향으로 40, y축 방향으로 20만큼 평행이동
84  dst = translate(src, [40, 20])
85  plt.subplot(3,2,6)
86  plt.title('translate by(40, 20)')
87  plt.imshow(dst)
88  plt.show()                      # 화면에 보이기
```

프로그램 설명

이미지 파일을 읽어 화면에 출력하기 위해 명령 프롬프트 창에 다음을 입력하여 imageio와 matplotlib 패키지를 설치한다.

```
> pip install imageio
> pip install matplotlib
```

5행의 linear_transformation(src, a)는 선형변환의 표준행렬 a를 사용하여 src의 이미지를 변환하여 반환하는 함수이다. 이 함수는 26 ~ 29행에서 표준행렬의 역행렬을 사용하여 변환된 이미지의 각 픽셀 위치에 해당하는 원본 이미지의 픽셀 값을 선택한다. 34행의 translate(src, d)는 이동벡터 d를 사용하여 src의 이미지를 이동하는 함수이다. 49행의 im.imread('Cat.jpg')는 Cat.jpg라는 이미지 파일을 읽어오는 부분이다.

2. 다음 행렬 A, B, C, $C^{\top}$의 계수를 구하라. 연계 : 7.2절

$$A = \begin{bmatrix} 1 & 0 & 0 & 0 \\ 0 & 1 & 0 & 0 \\ 0 & 0 & 1 & 0 \\ 0 & 0 & 0 & 1 \end{bmatrix}, \quad B = \begin{bmatrix} 0 & 0 & 0 \\ 0 & 0 & 0 \\ 0 & 0 & 0 \end{bmatrix}, \quad C = \begin{bmatrix} 2 & 5 & -3 & -4 & 8 \\ 4 & 7 & -4 & -3 & 9 \\ 6 & 9 & -5 & 2 & 4 \\ 0 & -9 & 6 & 5 & -6 \end{bmatrix}$$

문제 해석

행렬의 계수를 구하는 numpy의 linalg.matrix_rank()를 사용한다.

코딩 실습

【 파이썬 코드 】

```
1    import numpy as np
2
3    # 행렬 A를 출력하는 함수
4    def pprint(msg, A):
5        print("---", msg, "---")
6        (n,m) = A.shape
7        for i in range(0, n):
8            line = ""
9            for j in range(0, m):
10               line += "{0:.2f}".format(A[i,j]) + "\t"
11           print(line)
12       print("")
13
14   A = np.eye(4)
15   pprint("A", A)
16   print("rank(A) =", np.linalg.matrix_rank(A))  # 행렬 A의 계수 계산
17
18   B = np.zeros((3,3))
19   pprint("B", B)
20   print("rank(B) =", np.linalg.matrix_rank(B))  # 행렬 B의 계수 계산
21
22   C = np.array([[2, 5, -3, -4, 8],
23                 [4, 7, -4, -3, 9],
24                 [6, 9, -5, 2, 4],
25                 [0, -9, 6, 5, -6]]);
26   pprint("C", C)
27   print("rank(C) =", np.linalg.matrix_rank(C))  # 행렬 C의 계수 계산
28
29
30   CT = np.transpose(C)
31   pprint("C^T", CT)
32   print("rank(C^T) =", np.linalg.matrix_rank(CT))  # 행렬 C^T의 계수 계산
```

프로그램 설명

14행의 np.eye(4)는 4×4 단위행렬을 생성한다. 18행의 np.zeros((3,3))은 3×3 영행렬을 생성한다. 30행의 np.transpose(C)는 행렬 C의 전치행렬을 생성한다. 한편 16행의 np.linalg.matrix_rank(A)는 행렬 A의 계수를 계산한다.

Chapter

08

고윳값과 고유벡터

Eigenvalue and Eigenvector

Contents

다시보기 Review

■ 선형변환

선형변환 L은 벡터공간 V에서 벡터공간 W로 가는 사상으로, $L(u+v)=L(u)+L(v)$와 $L(cu)=cL(u)$의 성질을 만족한다. $\mathbb{R}^n$ 공간에서 $\mathbb{R}^m$ 공간으로의 모든 선형변환은 행렬과 벡터의 곱으로 표현할 수 있다. 특히 $\mathbb{R}^n$ 공간에서 $\mathbb{R}^n$ 공간으로의 선형변환은 정방행렬에 의해 표현된다. $\mathbb{R}^n$ 공간에서 $\mathbb{R}^n$ 공간으로의 선형변환은 동일 공간으로의 변환으로, 특히 2, 3차원 공간에서 직관적인 변환을 보여준다.

$\mathbb{R}^n$ 공간에서 $\mathbb{R}^m$ 공간으로의 선형변환은 정의역과 공역의 대응관계를 만든다. 선형변환에 사용되는 행렬의 특성에 따라 대응관계가 결정되며, 행렬로부터 대응관계와 관련된 부분공간들을 결정할 수 있다. 대응관계에 따른 대표적인 부분공간으로 열공간, 영공간, 행공간, 좌영공간 등이 있다.

■ 행렬식

행렬식은 정방행렬 A에 실숫값을 대응시키는 함수로, 역행렬이 존재하지 않으면 $\det(A)=0$이다. 행렬식은 기본적으로 역행렬의 존재 여부를 판단하기 위해 사용되지만, 2, 3차원 공간에서의 선형변환에 대한 기하학적인 정보를 제공하기도 한다. 행렬식은 또한 역행렬 계산, 연립선형방정식의 풀이 등에도 활용된다. n차 정방행렬의 행렬식은 다음과 같은 성질을 만족한다.

$$\det(cA)=c^n\det(A)$$
$$\det(AB)=\det(A)\det(B)$$
$$\det(A)=\det(A^\top)$$

미리보기 Overview

■ 고윳값과 고유벡터를 왜 배워야 하는가?

고윳값과 고유벡터는 정방행렬에 의한 선형변환에 대해 정의되는 개념이다. 행렬을 사용하여 선형변환할 때, 크기 비율만 바뀔 뿐 방향은 바뀌지 않는 벡터를 **고유벡터**라 하고, 이때 크기 변화 비율을 **고윳값**이라 한다. 따라서 고윳값과 고유벡터는 기본적으로 선형변환의 사상 과정에서 만들어지는 왜곡 distortion에 대한 정보를 제공한다. 행렬과 고윳값, 고유벡터가 만드는 관계는 행렬이 만드는 사상에 대한 기하학적인 정보뿐만 아니라, 행렬 자체에 대한 중요한 정보를 제공한다. 고윳값과 고유벡터는 단순히 정방행렬에 대해 정의된 수학적인 성질로서도 중요하지만, 실제 공학 및 과학에서 다양한 문제 해결에 활용되므로 그 의미와 성질을 제대로 이해해야 한다. 8장 이후부터는 기본적으로 고윳값과 고유벡터에 대한 이해를 전제하고 선형대수학의 주요 주제를 다룬다.

■ 고윳값과 고유벡터의 응용 분야는?

행렬에 의한 선형변환에서 고유벡터와 고윳값은 특정 성질을 만족하는 벡터와 이와 관련된 스칼라 값을 의미하는 단순한 개념이다. 그런데 고윳값과 고유벡터의 다양한 성질이 실제 공학 및 과학의 다양한 문제 해결에 적용되면서, 고윳값과 고유벡터는 선형대수학에서 하나의 핵심 요소로 자리 잡았다. 고윳값과 고유벡터는 데이터 분석 및 신호 처리 등에서 기본 요소로서 널리 사용된다. 예를 들면, 정보 손실을 최소화하면서 고차원 데이터를 저차원 데이터로 변환하는 주성분 분석, 웹 페이지의 중요도를 결정하는 페이지랭크 알고리즘 등이 있다. 8장 이후에 다루는 직교, 대각화와 대칭, 특잇값 분해를 전개할 때도 고윳값과 고유벡터 개념을 이용하므로, 이와 관련된 분야에도 역시 고윳값과 고유벡터가 응용된다.

■ 이 장에서 배우는 내용은?

먼저 고윳값과 고유벡터의 의미를 소개하고, 특성방정식을 통해서 고윳값과 고유벡터를 구하는 방법을 알아본다. 또한 고윳값과 고유벡터에 관한 여러 성질을 소개하여 나중에 이 성질들을 활용할 수 있도록 한다. 고윳값과 고유벡터를 활용하는 사례로서 주성분 분석, 웹 페이지의 중요도 계산 방법을 소개한다.

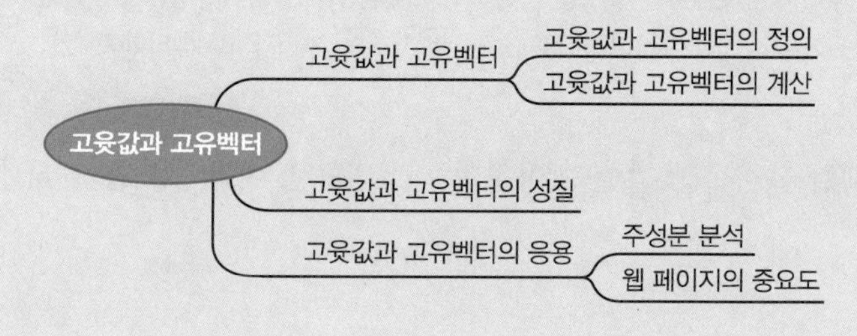

SECTION
8.1 고윳값과 고유벡터

7장에서 살펴본 바와 같이 정방행렬은 정의역과 공역이 동일한 선형변환을 표현할 수 있다. 정방행렬을 사용하여 선형변환할 때, 크기는 변하더라도 방향이 변하지 않는 벡터를 고유벡터라 하고, 이때 크기 변화의 비율을 고윳값이라 한다.

Note 고윳값은 음수일 수 있으므로 행렬을 사용하여 선형변환할 때 방향이 바뀌지 않는 벡터가 고유벡터라는 것은 엄밀한 표현은 아니다. 정확하게는 선형변환할 때 자신의 스칼라배가 되는 벡터가 고유벡터이다.

고윳값과 고유벡터는 정방행렬에 대해서만 정의되는 특별한 값과 벡터로, 선형변환의 기하학적 특성을 파악하는 데 활용된다. 뿐만 아니라 신호 처리, 데이터 분석 등 여러 분야에서도 활용된다.

고윳값과 고유벡터의 정의

고윳값과 고유벡터는 정방행렬에 대해 다음과 같이 정의된다.

정의 8-1 고윳값과 고유벡터

n차 정방행렬 A를 통해 영벡터가 아닌 벡터 $\boldsymbol{x}$를 선형변환할 때, $\boldsymbol{x}$의 상 image이 $\lambda\boldsymbol{x}$이면 λ를 A의 **고윳값** eigenvalue이라 하고, $\boldsymbol{x}$를 λ에 대한 **고유벡터** eigenvector라 한다. 즉 다음 관계를 만족하는 λ와 $\boldsymbol{x}$를 각각 고윳값과 고유벡터라고 한다.

$$A\boldsymbol{x} = \lambda\boldsymbol{x} \ \ (\text{단, } \boldsymbol{x} \neq \mathbf{0})$$

Note 고윳값은 영어로 eigenvalue(아이겐밸류)라 하고, 고유벡터는 eigenvector(아이겐벡터)라 한다. eigen–은 독일어 접두사로, '자신의', '고유한', '특정한' 등을 의미한다.

Note 고윳값은 음수가 될 수도 있으므로, 행렬로 선형변환하더라도 방향이 바뀌지 않는 벡터가 고유벡터라는 표현은 엄밀하게 맞는 표현은 아니다. 선형변환하면 자신의 스칼라배가 되는 벡터가 고유벡터이다.

[그림 8-1]은 행렬 $A = \begin{bmatrix} 2 & 1 \\ 1 & 2 \end{bmatrix}$를 사용하여 선형변환한 여러 벡터를 나타낸다.

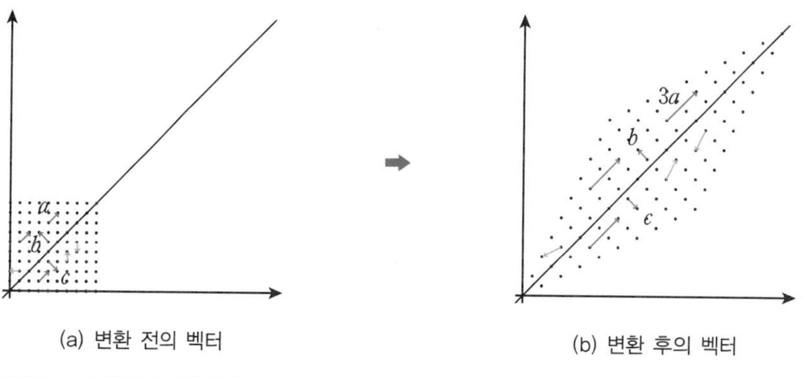

(a) 변환 전의 벡터 (b) 변환 후의 벡터

[그림 8-1] **벡터의 선형변환**

[그림 8-1]에서 $\boldsymbol{a}=\begin{bmatrix}1\\1\end{bmatrix}$, $\boldsymbol{b}=\begin{bmatrix}-1\\1\end{bmatrix}$, $\boldsymbol{c}=\begin{bmatrix}1\\-1\end{bmatrix}$의 선형변환 결과는 다음과 같이 원래 벡터의 스칼라배임을 알 수 있다.

$$A\boldsymbol{a}=\begin{bmatrix}2&1\\1&2\end{bmatrix}\begin{bmatrix}1\\1\end{bmatrix}=\begin{bmatrix}3\\3\end{bmatrix}=3\boldsymbol{a}$$

$$A\boldsymbol{b}=\begin{bmatrix}2&1\\1&2\end{bmatrix}\begin{bmatrix}-1\\1\end{bmatrix}=\begin{bmatrix}-1\\1\end{bmatrix}=\boldsymbol{b}$$

$$A\boldsymbol{c}=\begin{bmatrix}2&1\\1&2\end{bmatrix}\begin{bmatrix}1\\-1\end{bmatrix}=\begin{bmatrix}1\\-1\end{bmatrix}=\boldsymbol{c}$$

따라서 $\boldsymbol{a}$, $\boldsymbol{b}$, $\boldsymbol{c}$는 행렬 A의 고유벡터이다. 한편 고윳값은 선형변환할 때 고유벡터에 곱해지는 스칼라 값이므로, $\boldsymbol{a}$에 대한 고윳값은 3, $\boldsymbol{b}$와 $\boldsymbol{c}$에 대한 고윳값은 각각 1이다.

[그림 8-2]는 바로 세운 피사의 사탑 사진을 행렬 $A=\begin{bmatrix}1&0.2\\0&1\end{bmatrix}$을 사용하여 선형변환한 결과를 나타낸다.

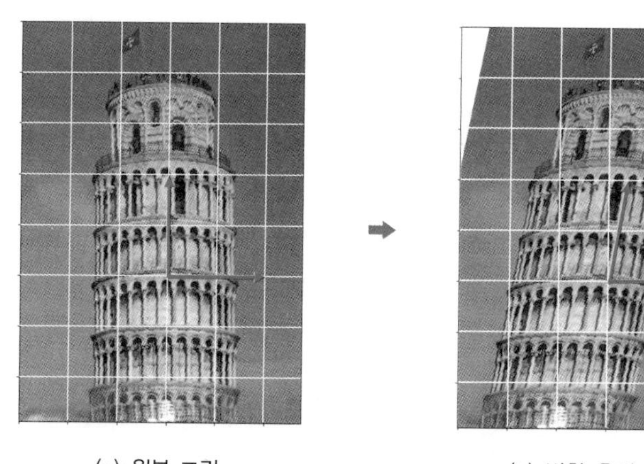

(a) 원본 그림 (b) 변환 후의 그림

[그림 8-2] **선형변환과 고유벡터**

[그림 8-2(b)]의 두 화살표는 $\boldsymbol{a} = \begin{bmatrix} 1 \\ 0 \end{bmatrix}$과 $\boldsymbol{b} = \begin{bmatrix} 0 \\ 1 \end{bmatrix}$을 A에 의해 선형변환한 결과를 나타낸다. $\boldsymbol{a}$와 $\boldsymbol{b}$에 대한 선형변환을 계산하면 다음과 같다.

$$A\boldsymbol{a} = \begin{bmatrix} 1 & 0.2 \\ 0 & 1 \end{bmatrix} \begin{bmatrix} 1 \\ 0 \end{bmatrix} = \begin{bmatrix} 1 \\ 0 \end{bmatrix} = \boldsymbol{a}$$

$$A\boldsymbol{b} = \begin{bmatrix} 1 & 0.2 \\ 0 & 1 \end{bmatrix} \begin{bmatrix} 0 \\ 1 \end{bmatrix} = \begin{bmatrix} 0.2 \\ 1 \end{bmatrix}$$

$\boldsymbol{a}$의 선형변환 결과는 $\boldsymbol{a}$의 스칼라배이지만, $\boldsymbol{b}$는 방향이 바뀐다. 따라서 $\boldsymbol{a}$는 고유벡터이고, $\boldsymbol{b}$는 고유벡터가 아니다.

참고 고유벡터 개념의 확장

고유벡터 개념이 벡터가 아닌 다른 객체에도 적용되는 몇 가지 사례가 있다. 예를 들어 함수에 대한 고유함수eigenfunction, 사람 얼굴 영상에 대한 고유얼굴eigenface, 시스템의 진동에 대한 고유모드eigenmode, 물리적 상태와 관련된 고유상태eigenstate 등은 고유벡터 개념을 확장한 것이다.

예제 8-1 고유벡터 여부의 판정

다음 행렬 A에 대해 $\boldsymbol{a}$와 $\boldsymbol{b}$가 각각 고유벡터인지 확인하라.

$$A = \begin{bmatrix} 1 & 6 \\ 5 & 2 \end{bmatrix}, \quad \boldsymbol{a} = \begin{bmatrix} 6 \\ -5 \end{bmatrix}, \quad \boldsymbol{b} = \begin{bmatrix} 3 \\ -2 \end{bmatrix}$$

Tip $A\boldsymbol{x} = \lambda\boldsymbol{x}$를 만족하는 λ가 있는지 확인한다.

풀이

$A\boldsymbol{x} = \lambda\boldsymbol{x}$를 만족하는 λ가 있는지 확인한다. 먼저 $A\boldsymbol{a}$를 계산해보자.

$$A\boldsymbol{a} = \begin{bmatrix} 1 & 6 \\ 5 & 2 \end{bmatrix} \begin{bmatrix} 6 \\ -5 \end{bmatrix} = \begin{bmatrix} -24 \\ 20 \end{bmatrix} = -4 \begin{bmatrix} 6 \\ -5 \end{bmatrix} = -4\boldsymbol{a}$$

따라서 $\boldsymbol{a}$는 고윳값 -4에 대한 고유벡터이다. 이제 $A\boldsymbol{b}$를 계산해보자.

$$A\boldsymbol{b} = \begin{bmatrix} 1 & 6 \\ 5 & 2 \end{bmatrix} \begin{bmatrix} 3 \\ -2 \end{bmatrix} = \begin{bmatrix} -9 \\ 11 \end{bmatrix}$$

여기서 $A\boldsymbol{b}$는 $\boldsymbol{b}$의 스칼라배가 아니므로, $\boldsymbol{b}$는 A의 고유벡터가 아니다.

고윳값과 고유벡터의 계산

이제 행렬에 대한 고윳값과 고유벡터를 계산하는 방법을 알아보자. 먼저 고윳값이 주어진 상황에서 고유벡터를 계산하는 방법을 살펴보자.

예를 들어 7이 다음 행렬 A의 고윳값임을 알고 있을 때, 7에 대한 고유벡터를 찾아보자.

$$A = \begin{bmatrix} 1 & 6 \\ 5 & 2 \end{bmatrix}$$

7이 고윳값이므로, 행렬 A와 고유벡터 $\boldsymbol{x}$는 다음 관계를 만족한다.

$$\begin{aligned} A\boldsymbol{x} = 7\boldsymbol{x} \quad &\Rightarrow \quad 7\boldsymbol{x} - A\boldsymbol{x} = \mathbf{0} \\ &\Rightarrow \quad (7I - A)\boldsymbol{x} = \mathbf{0} \end{aligned}$$

행렬방정식 $(7I - A)\boldsymbol{x} = \mathbf{0}$의 해를 구해보자. 영벡터는 고유벡터가 될 수 없으므로, 자명해인 $\boldsymbol{x} = \mathbf{0}$가 아닌 해를 찾아야 한다. 우선 $7I - A$를 계산한다.

$$7I - A = 7\begin{bmatrix} 1 & 0 \\ 0 & 1 \end{bmatrix} - \begin{bmatrix} 1 & 6 \\ 5 & 2 \end{bmatrix} = \begin{bmatrix} 6 & -6 \\ -5 & 5 \end{bmatrix}$$

$(7I - A)\boldsymbol{x} = \mathbf{0}$를 첨가행렬로 표현하여 해를 찾아보자.

$$\left[\begin{array}{cc|c} 6 & -6 & 0 \\ -5 & 5 & 0 \end{array}\right] \xrightarrow{\left(R_1 \leftarrow \frac{1}{6}R_1\right)} \left[\begin{array}{cc|c} 1 & -1 & 0 \\ -5 & 5 & 0 \end{array}\right]$$

$$\xrightarrow{(R_2 \leftarrow 5R_1 + R_2)} \left[\begin{array}{cc|c} 1 & -1 & 0 \\ 0 & 0 & 0 \end{array}\right]$$

$x_1 - x_2 = 0$인 관계식을 얻으므로, 행렬방정식의 해는 $\begin{bmatrix} x_1 \\ x_2 \end{bmatrix} = \begin{bmatrix} 1 \\ 1 \end{bmatrix}$이다. 따라서 고유벡터는 $\begin{bmatrix} 1 \\ 1 \end{bmatrix}$이다.

[정리 4-8]에 따르면, 행렬방정식 $(7I - A)\boldsymbol{x} = \mathbf{0}$는 $7I - A$가 가역행렬일 때 영벡터를 유일한 해로 갖는다. 즉 $\boldsymbol{x} = \mathbf{0}$이다. 그런데, 고유벡터 $\boldsymbol{x}$는 영벡터가 아니어야 하므로, $7I - A$는 역행렬을 갖지 않아야 한다. 따라서 $7I - A$의 행렬식은 0이어야 한다. $7I - A$의 행렬식을 계산하면, 다음과 같이 0임을 확인할 수 있다.

$$\det(7I - A) = \begin{vmatrix} 6 & -6 \\ -5 & 5 \end{vmatrix} = 0$$

$\lambda I - A$의 행렬식이 0임을 이용하면, 행렬 A의 고윳값과 고유벡터를 찾을 수 있다.

정의 8-2 행렬의 특성방정식과 특성다항식

n차 정방행렬 A에 대하여, $\det(\lambda I - A) = 0$을 A의 **특성방정식**characteristic equation이라 한다. 여기서 $\det(\lambda I - A)$를 **특성다항식**characteristic polynomial이라 한다.

Note 행렬 A의 특성다항식을 $\det(A - \lambda I)$로 정의하는 경우도 있는데, 이 경우 행과 열의 개수가 짝수이면 최고차항의 계수가 1이고, 홀수이면 계수가 -1이 된다. 최고차항의 계수가 항상 1이 되도록, 일반적으로 특성다항식을 $\det(\lambda I - A)$로 정의한다.

예제 8-2 특성방정식과 특성다항식

다음 행렬 A의 특성방정식과 특성다항식을 구하라.

$$A = \begin{bmatrix} 2 & 1 \\ 4 & 3 \end{bmatrix}$$

Tip $\det(\lambda I - A) = 0$을 계산한다.

풀이

A의 특성방정식과 특성다항식을 구하기 위해 다음을 계산한다.

$$\lambda I - A = \lambda \begin{bmatrix} 1 & 0 \\ 0 & 1 \end{bmatrix} - \begin{bmatrix} 2 & 1 \\ 4 & 3 \end{bmatrix} = \begin{bmatrix} \lambda - 2 & -1 \\ -4 & \lambda - 3 \end{bmatrix}$$

$$\det(\lambda I - A) = (\lambda - 2)(\lambda - 3) - 4 = \lambda^2 - 5\lambda + 2$$

따라서 특성방정식은 $\lambda^2 - 5\lambda + 2 = 0$이고, 특성다항식은 $\lambda^2 - 5\lambda + 2$이다.

이제 행렬만 주어진 상황에서 행렬의 고윳값과 고유벡터를 계산하는 방법을 살펴보자.

정리 8-1 행렬의 고윳값과 고유벡터 계산

n차 정방행렬 A에 대해, 특성방정식 $\det(\lambda I - A) = 0$을 만족하는 λ가 A의 고윳값이고, $(\lambda I - A)\boldsymbol{x} = \boldsymbol{0}$를 만족하는 영벡터가 아닌 해 $\boldsymbol{x}$가 λ에 대한 고유벡터이다.

증명

[정의 8-1]에 의해, 고유벡터는 $A\boldsymbol{x} = \lambda\boldsymbol{x}$의 관계를 만족하는 영벡터가 아닌 벡터 $\boldsymbol{x}$이다. $A\boldsymbol{x} = \lambda\boldsymbol{x}$의 해를 찾아보자.

$$\begin{aligned} A\boldsymbol{x} = \lambda\boldsymbol{x} \quad &\Rightarrow \quad \lambda\boldsymbol{x} - A\boldsymbol{x} = \boldsymbol{0} \\ &\Rightarrow \quad (\lambda I - A)\boldsymbol{x} = \boldsymbol{0} \end{aligned}$$

동차 연립선형방정식이 영벡터가 아닌 해를 가지려면, $\lambda I - A$가 역행렬을 갖지 않아야 한다. 즉 $\lambda I - A$의 행렬식이 0이 되어야 한다.

$$\det(\lambda I - A) = 0$$

따라서 A의 특성방정식 $\det(\lambda I - A) = 0$의 해인 λ가 고윳값이 되고, $(\lambda I - A)\boldsymbol{x} = \mathbf{0}$를 만족하는 영벡터가 아닌 벡터 $\boldsymbol{x}$가 λ에 대한 고유벡터가 된다.

■

예제 8-3 고윳값과 고유벡터

다음 행렬 A의 고윳값과 고유벡터를 구하라.

$$A = \begin{bmatrix} 2 & 3 \\ 3 & -6 \end{bmatrix}$$

Tip
$A\boldsymbol{x} = \lambda\boldsymbol{x}$를 만족하는 λ를 찾고, 결정된 λ에 대해 $A\boldsymbol{x} = \lambda\boldsymbol{x}$를 만족하는 해 $\boldsymbol{x}$를 찾는다.

풀이

$\det(\lambda I - A) = 0$을 만족하는 고윳값 λ를 찾기 위해 다음을 계산한다.

$$\lambda I - A = \lambda\begin{bmatrix} 1 & 0 \\ 0 & 1 \end{bmatrix} - \begin{bmatrix} 2 & 3 \\ 3 & -6 \end{bmatrix} = \begin{bmatrix} \lambda-2 & -3 \\ -3 & \lambda+6 \end{bmatrix}$$

$$\det(\lambda I - A) = \begin{vmatrix} \lambda-2 & -3 \\ -3 & \lambda+6 \end{vmatrix} = 0 \quad \Rightarrow \quad (\lambda-2)(\lambda+6) - 9 = 0$$

$$\Rightarrow \quad \lambda^2 + 4\lambda - 21 = (\lambda-3)(\lambda+7) = 0$$

$$\Rightarrow \quad \lambda = 3,\ -7$$

따라서 고윳값은 3, -7이다. 이제 각 고윳값에 대한 고유벡터를 계산해보자.

① $\lambda_1 = 3$일 때,

$3I - A = \begin{bmatrix} 1 & -3 \\ -3 & 9 \end{bmatrix}$이므로, $(3I - A)\boldsymbol{x} = \mathbf{0}$를 첨가행렬로 변환하여 해를 찾는다.

$$\left[\begin{array}{cc|c} 1 & -3 & 0 \\ -3 & 9 & 0 \end{array}\right] \xrightarrow{(R_2 \leftarrow 3R_1 + R_2)} \left[\begin{array}{cc|c} 1 & -3 & 0 \\ 0 & 0 & 0 \end{array}\right]$$

$x_1 - 3x_2 = 0$인 관계식을 얻으므로, $\lambda = 3$일 때의 고유벡터는 $\begin{bmatrix} 3 \\ 1 \end{bmatrix}$이다.

② $\lambda_2 = -7$일 때,

$-7I - A = \begin{bmatrix} -9 & -3 \\ -3 & -1 \end{bmatrix}$이므로, $(-7I - A)\boldsymbol{x} = \mathbf{0}$를 첨가행렬로 변환하여 해를 찾는다.

$$\left[\begin{array}{cc|c} -9 & -3 & 0 \\ -3 & -1 & 0 \end{array}\right] \xrightarrow{\left(R_2 \leftarrow -\frac{1}{3}R_1 + R_2\right)} \left[\begin{array}{cc|c} -9 & -3 & 0 \\ 0 & 0 & 0 \end{array}\right]$$

$-9x_1 - 3x_2 = 0$인 관계식을 얻으므로, $\lambda = -7$일 때의 고유벡터는 $\begin{bmatrix} -\frac{1}{3} \\ 1 \end{bmatrix}$이다.

정리 8-2 고윳값에 대한 고유벡터

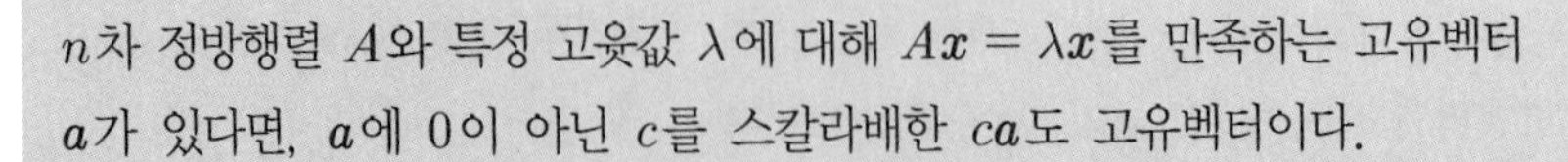
n차 정방행렬 A와 특정 고윳값 λ에 대해 $A\boldsymbol{x} = \lambda\boldsymbol{x}$를 만족하는 고유벡터 $\boldsymbol{a}$가 있다면, $\boldsymbol{a}$에 0이 아닌 c를 스칼라배한 $c\boldsymbol{a}$도 고유벡터이다.

[예제 8-3]에서 A의 고윳값이 $\lambda=3$일 때의 고유벡터를 $\begin{bmatrix}3\\1\end{bmatrix}$, $\lambda=-7$일 때의 고유벡터를 $\begin{bmatrix}-\frac{1}{3}\\1\end{bmatrix}$로 구했다. 그런데 실제로는 0이 아닌 실수 s, t에 대해, $s\begin{bmatrix}3\\1\end{bmatrix}$과 $t\begin{bmatrix}-\frac{1}{3}\\1\end{bmatrix}$이 각각 고윳값 3, -7에 대한 고유벡터이다. 예를 들어, $s=2$를 대입한 $\begin{bmatrix}6\\2\end{bmatrix}$도 고윳값 $\lambda=3$에 대한 고유벡터이다.

예제 8-4 서로 다른 고윳값을 갖는 행렬

다음 행렬 A의 고윳값과 고유벡터를 구하라.

$$A=\begin{bmatrix}6&-3&5\\-1&4&-5\\-3&3&-4\end{bmatrix}$$

Tip
특성방정식의 해인 고윳값을 찾고, 각 고윳값에 대한 고유벡터를 찾는다.

풀이

A의 특성다항식을 구하면 다음과 같다.

$$\begin{aligned}\det(\lambda I-A)&=\begin{vmatrix}\lambda-6&3&-5\\1&\lambda-4&5\\3&-3&\lambda+4\end{vmatrix}\\&=(\lambda-6)(\lambda-4)(\lambda+4)+3(5)(3)+(-5)(1)(-3)\\&\quad-(-5)(\lambda-4)(3)-(\lambda-6)(5)(-3)-(3)(1)(\lambda+4)\\&=\lambda^3-6\lambda^2+11\lambda-6\\&=(\lambda-1)(\lambda-2)(\lambda-3)\end{aligned}$$

따라서 특성방정식 $\det(\lambda I-A)=0$의 해인 1, 2, 3이 고윳값이다. 각 고윳값에 대하여, $(\lambda I-A)\boldsymbol{x}=\mathbf{0}$의 해인 고유벡터를 구한다.

① $\lambda_1=1$일 때,

$1I-A=\begin{bmatrix}-5&3&-5\\1&-3&5\\3&-3&5\end{bmatrix}$이므로, $(1I-A)\boldsymbol{x}=\mathbf{0}$를 첨가행렬로 변환 후 행 연산하여 해를 찾는다.

$$\left[\begin{array}{ccc|c}-5&3&-5&0\\1&-3&5&0\\3&-3&5&0\end{array}\right]\Rightarrow\left[\begin{array}{ccc|c}1&0&0&0\\0&1&-\frac{5}{3}&0\\0&0&0&0\end{array}\right]$$

$x_1 = 0,\ x_2 - \frac{5}{3}x_3 = 0$인 관계식을 얻으므로, 고윳값 1에 대한 고유벡터는 $\begin{bmatrix} 0 \\ 5 \\ 3 \end{bmatrix}$이다.

② $\lambda_2 = 2$일 때,

$2I - A = \begin{bmatrix} -4 & 3 & -5 \\ 1 & -2 & 5 \\ 3 & -3 & 6 \end{bmatrix}$이므로, $(2I - A)\boldsymbol{x} = \mathbf{0}$를 첨가행렬로 변환 후 행 연산하여 해를 찾는다.

$$\left[\begin{array}{rrr|r} -4 & 3 & -5 & 0 \\ 1 & -2 & 5 & 0 \\ 3 & -3 & 6 & 0 \end{array}\right] \quad \Rightarrow \quad \left[\begin{array}{rrr|r} 1 & 0 & -1 & 0 \\ 0 & 1 & -3 & 0 \\ 0 & 0 & 0 & 0 \end{array}\right]$$

$x_1 - x_3 = 0,\ x_2 - 3x_3 = 0$인 관계식을 얻으므로, $x_1 = x_3,\ x_2 = 3x_3$이다.

따라서 고윳값 2에 대한 고유벡터는 $\begin{bmatrix} 1 \\ 3 \\ 1 \end{bmatrix}$이다.

③ $\lambda_3 = 3$일 때,

$3I - A = \begin{bmatrix} -3 & 3 & -5 \\ 1 & -1 & 5 \\ 3 & -3 & 7 \end{bmatrix}$이므로, $(3I - A)\boldsymbol{x} = \mathbf{0}$를 첨가행렬로 변환 후 행 연산하여 해를 찾는다.

$$\left[\begin{array}{rrr|r} -3 & 3 & -5 & 0 \\ 1 & -1 & 5 & 0 \\ 3 & -3 & 7 & 0 \end{array}\right] \quad \Rightarrow \quad \left[\begin{array}{rrr|r} 1 & -1 & 0 & 0 \\ 0 & 0 & 1 & 0 \\ 0 & 0 & 0 & 0 \end{array}\right]$$

$x_1 - x_2 = 0,\ x_3 = 0$인 관계식을 얻으므로, $x_1 = x_2, x_3 = 0$이다.

따라서 고윳값 3에 대한 고유벡터는 $\begin{bmatrix} 1 \\ 1 \\ 0 \end{bmatrix}$이다.

예제 8-5 중복된 고윳값을 갖는 행렬

다음 행렬 A의 고윳값과 고유벡터를 구하라.

$$A = \begin{bmatrix} 2 & -3 & 1 \\ 1 & -2 & 1 \\ 1 & -3 & 2 \end{bmatrix}$$

> **Tip**
> 특성방정식이 중근을 갖는 경우, 중근인 고윳값에 대한 고유벡터가 생성하는 공간의 기저 벡터를 고유벡터로 선택한다.

풀이

A의 특성다항식을 구하면 다음과 같다.

$$\det(\lambda I - A) = \begin{vmatrix} \lambda-2 & 3 & -1 \\ -1 & \lambda+2 & -1 \\ -1 & 3 & \lambda-2 \end{vmatrix} = \lambda(\lambda-1)^2$$

특성방정식 $\det(\lambda I - A) = 0$의 해가 0과 1(중근)이므로, 고윳값은 $\lambda_1 = 0,\ \lambda_2 = \lambda_3 = 1$이다.

각 고윳값에 대하여, $(\lambda I - A)\boldsymbol{x} = \mathbf{0}$의 해인 고유벡터를 구해보자.

① $\lambda_1 = 0$일 때,

$0I - A = \begin{bmatrix} -2 & 3 & -1 \\ -1 & 2 & -1 \\ -1 & 3 & -2 \end{bmatrix}$이므로, $(0I - A)\boldsymbol{x} = \mathbf{0}$를 첨가행렬로 변환 후 행 연산하여 해를 찾는다.

$$\left[\begin{array}{ccc|c} -2 & 3 & -1 & 0 \\ -1 & 2 & -1 & 0 \\ -1 & 3 & -2 & 0 \end{array}\right] \Rightarrow \left[\begin{array}{ccc|c} 1 & 0 & -1 & 0 \\ 0 & 1 & -1 & 0 \\ 0 & 0 & 0 & 0 \end{array}\right]$$

$x_1 - x_3 = 0$, $x_2 - x_3 = 0$인 관계식을 얻으므로, $x_1 = x_3$, $x_2 = x_3$이다.

따라서 고윳값 $\lambda_1 = 0$에 대한 고유벡터는 $\begin{bmatrix} 1 \\ 1 \\ 1 \end{bmatrix}$이다.

② $\lambda_2 = \lambda_3 = 1$일 때,

$1I - A = \begin{bmatrix} -1 & 3 & -1 \\ -1 & 3 & -1 \\ -1 & 3 & -1 \end{bmatrix}$이므로, $(1I - A)\boldsymbol{x} = \mathbf{0}$를 첨가행렬로 변환 후 행 연산하여 해를 찾는다.

$$\left[\begin{array}{ccc|c} -1 & 3 & -1 & 0 \\ -1 & 3 & -1 & 0 \\ -1 & 3 & -1 & 0 \end{array}\right] \Rightarrow \left[\begin{array}{ccc|c} 1 & -3 & 1 & 0 \\ 0 & 0 & 0 & 0 \\ 0 & 0 & 0 & 0 \end{array}\right]$$

$x_1 - 3x_2 + x_3 = 0$인 관계식을 얻으므로, $x_2 = s$, $x_3 = t$라고 하면, $x_1 = 3s - t$가 된다. 따라서 고유벡터는 다음과 같은 형태이다.

$$\begin{bmatrix} 3s - t \\ s \\ t \end{bmatrix} = s\begin{bmatrix} 3 \\ 1 \\ 0 \end{bmatrix} + t\begin{bmatrix} -1 \\ 0 \\ 1 \end{bmatrix}$$

그러므로 고윳값 $\lambda_2 = \lambda_3 = 1$에 대한 고유벡터는 $\left\{\begin{bmatrix} 3 \\ 1 \\ 0 \end{bmatrix}, \begin{bmatrix} -1 \\ 0 \\ 1 \end{bmatrix}\right\}$을 기저로 하는 공간에서 선택할 수 있다. $s = 1$, $t = 0$ 그리고 $s = 0$, $t = 1$이라 할 때, 고유벡터는 $\begin{bmatrix} 3 \\ 1 \\ 0 \end{bmatrix}$, $\begin{bmatrix} -1 \\ 0 \\ 1 \end{bmatrix}$이다.

정의 8-3 고유공간

n차 정방행렬 A의 특정 고윳값 λ에 대한 고유벡터가 생성하는 공간을 **고유공간** eigenspace 이라 한다. 이 공간은 영벡터를 포함한다.

[예제 8-5]에서 고윳값 0에 대한 고유공간은 $\begin{bmatrix} 1 \\ 1 \\ 1 \end{bmatrix}$이 생성하는 공간, 즉 $span\left\{\begin{bmatrix} 1 \\ 1 \\ 1 \end{bmatrix}\right\}$이고, 고윳값 1에 대한 고유공간은 $span\left\{\begin{bmatrix} 3 \\ 1 \\ 0 \end{bmatrix}, \begin{bmatrix} -1 \\ 0 \\ 1 \end{bmatrix}\right\}$이다.

예제 8-6 고유공간

다음 행렬 A의 고윳값 $\lambda = 2$에 대한 고유공간을 구하라.

$$A = \begin{bmatrix} 4 & -1 & 6 \\ 2 & 1 & 6 \\ 2 & -1 & 8 \end{bmatrix}$$

Tip 고윳값에 대한 고유공간의 기저를 구한다.

풀이

고윳값 2에 대한 A의 고유벡터를 구한다.

$$2I - A = 2\begin{bmatrix} 1 & 0 & 0 \\ 0 & 1 & 0 \\ 0 & 0 & 1 \end{bmatrix} - \begin{bmatrix} 4 & -1 & 6 \\ 2 & 1 & 6 \\ 2 & -1 & 8 \end{bmatrix} = \begin{bmatrix} -2 & 1 & -6 \\ -2 & 1 & -6 \\ -2 & 1 & -6 \end{bmatrix}$$

$(2I - A)\boldsymbol{x} = \mathbf{0}$를 첨가행렬로 변환 후 행 연산하여 해를 찾는다.

$$\left[\begin{array}{ccc|c} -2 & 1 & -6 & 0 \\ -2 & 1 & -6 & 0 \\ -2 & 1 & -6 & 0 \end{array}\right] \Rightarrow \left[\begin{array}{ccc|c} 2 & -1 & 6 & 0 \\ 0 & 0 & 0 & 0 \\ 0 & 0 & 0 & 0 \end{array}\right]$$

$2x_1 - x_2 + 6x_3 = 0$인 관계식을 얻으므로, $x_2 = s$, $x_3 = t$라고 하면, $x_1 = 0.5s - 3t$가 된다. 따라서 고유벡터는 다음과 같다.

$$\begin{bmatrix} x_1 \\ x_2 \\ x_3 \end{bmatrix} = \begin{bmatrix} 0.5s - 3t \\ s \\ t \end{bmatrix} = s\begin{bmatrix} 0.5 \\ 1 \\ 0 \end{bmatrix} + t\begin{bmatrix} -3 \\ 0 \\ 1 \end{bmatrix}$$

그러므로 고윳값 $\lambda = 2$에 대한 고유공간은 다음과 같다.

$$span\left\{\begin{bmatrix} 0.5 \\ 1 \\ 0 \end{bmatrix}, \begin{bmatrix} -3 \\ 0 \\ 1 \end{bmatrix}\right\}$$

Note 어떤 미지수를 자유변수로 선택하느냐에 따라 고유벡터는 달라질 수 있다.

고윳값은 n차 정방행렬의 특성방정식의 해이므로, 고윳값이 복소수인 경우도 있다. 이때 고유벡터는 복소수를 요소에 포함한다. 다음 [예제 8-7]은 고윳값이 복소수인 행렬을 보여준다.

예제 8-7 복소수 고윳값을 갖는 행렬

다음 행렬 A의 고윳값과 고유벡터를 구하라.

$$A=\begin{bmatrix} 1 & 2 \\ -2 & 1 \end{bmatrix}$$

> **Tip**
> 고윳값 λ가 복소수인 경우에도 $(\lambda I-A)\boldsymbol{x}=\mathbf{0}$의 해로부터 고유벡터를 구한다.

풀이

A의 특성다항식을 구하면 다음과 같다.

$$\begin{aligned}\det(\lambda I-A)&=\begin{vmatrix} \lambda-1 & -2 \\ 2 & \lambda-1 \end{vmatrix}=(\lambda-1)^2+4\\ &=\lambda^2-2\lambda+5\end{aligned}$$

특성방정식 $\det(\lambda I-A)=0$의 해는 복소수인 $1+2i$, $1-2i$이므로, 고윳값은 $\lambda_1=1+2i$, $\lambda_2=1-2i$이다.

① $\lambda_1=1+2i$일 때,

$\lambda_1 I-A=\begin{bmatrix} 2i & -2 \\ 2 & 2i \end{bmatrix}$이므로, $(\lambda_1 I-A)\boldsymbol{x}=\mathbf{0}$를 첨가행렬로 변환 후 행 연산하여 해를 찾는다.

$$\left[\begin{array}{cc|c} 2i & -2 & 0 \\ 2 & 2i & 0 \end{array}\right] \quad\Rightarrow\quad \left[\begin{array}{cc|c} i & -1 & 0 \\ 0 & 0 & 0 \end{array}\right]$$

$ix-y=0$인 관계식을 얻으므로, $ix=y$이다.

따라서 고윳값 $\lambda_1=1+2i$에 대한 고유벡터는 $\begin{bmatrix} 1 \\ i \end{bmatrix}$이다.

② $\lambda_2=1-2i$일 때,

$\lambda_2 I-A=\begin{bmatrix} -2i & -2 \\ 2 & -2i \end{bmatrix}$이므로, $(\lambda_2 I-A)\boldsymbol{x}=\mathbf{0}$를 첨가행렬로 변환 후 행 연산하여 해를 찾는다.

$$\left[\begin{array}{cc|c} -2i & -2 & 0 \\ 2 & -2i & 0 \end{array}\right] \quad\Rightarrow\quad \left[\begin{array}{cc|c} i & 1 & 0 \\ 0 & 0 & 0 \end{array}\right]$$

$ix+y=0$인 관계식을 얻으므로, $-ix=y$이다.

따라서 고윳값 $\lambda_2=1-2i$에 대한 고유벡터는 $\begin{bmatrix} 1 \\ -i \end{bmatrix}$이다.

SECTION
8.2 고윳값과 고유벡터의 성질

고윳값과 고유벡터는 선형대수학의 응용 분야에서 빈번하게 사용하는 중요한 개념이다. 행렬을 다룰 때, 고윳값과 고유벡터의 성질을 사용하는 것이 유용할 때가 많다. 여기서는 몇 가지 중요한 고윳값과 고유벡터의 성질에 대해 알아본다.

정리 8-3 고윳값의 개수

n차 정방행렬은 n개의 고윳값을 갖는다.

증명

n차 정방행렬 A에 대한 특성방정식 $\det(\lambda I - A) = 0$은 n차 다항식이다. 대수학의 기본정리에 의해 n차 다항식은 복소수 범위에서 n개의 근을 갖는다. 따라서 동일한 고윳값이 나타나는 횟수인 **중복도**multiplicity와 복소수 근까지 고려하면, n차 정방행렬 A는 n개의 고윳값을 갖는다.

■

정리 8-4 삼각행렬의 고윳값

삼각행렬의 고윳값은 주대각 성분이다.

예제 8-8 고윳값 계산

다음 행렬 A와 B의 고윳값을 구하라.

$$A = \begin{bmatrix} 2 & 4 & 8 \\ 0 & 0 & 4 \\ 0 & 0 & -3 \end{bmatrix}, \quad B = \begin{bmatrix} 4 & 0 & 0 \\ 2 & 2 & 0 \\ 0 & 2 & 5 \end{bmatrix}$$

Tip
[정리 8-4]를 이용한다.

풀이

삼각행렬의 고윳값은 주대각 성분이다. 따라서 A의 고윳값은 $2,\ 0,\ -3$이고, B의 고윳값은 $4,\ 2,\ 5$이다.

정리 8-5 고유벡터의 선형독립

n차 정방행렬 A의 서로 다른 r개의 고윳값 λ_1, λ_2, $\cdots$, λ_r에 대한 고유벡터 $\boldsymbol{v}_1$, $\boldsymbol{v}_2$, $\cdots$, $\boldsymbol{v}_r$은 선형독립이다.

예제 8-9 고유벡터의 선형독립

다음 행렬 A의 고유벡터가 선형독립임을 보여라.

$$A=\begin{bmatrix}1 & -1 & -2\\ -1 & 1 & -2\\ -2 & -2 & -7\end{bmatrix}$$

> **Tip**
> 행렬 A의 고유벡터를 구하고 $c_1\boldsymbol{v}_1+c_2\boldsymbol{v}_2+\cdots+c_p\boldsymbol{v}_p=\mathbf{0}$를 만족하는 c_i가 모두 0인지 확인한다.

풀이

A의 특성방정식은 $\det(\lambda I-A)=\lambda^3+5\lambda^2-22\lambda+16=(\lambda+8)(\lambda-1)(\lambda-2)=0$이다. 따라서 행렬 A의 고윳값은 $\lambda_1=-8$, $\lambda_2=1$, $\lambda_3=2$이다. 한편 A에 대한 고유벡터를 구하면 다음과 같다.

① $\lambda_1=-8$일 때,

$(-8I-A)\boldsymbol{x}=\mathbf{0}$를 첨가행렬로 변환하여 해를 찾는다.

$$\left[\begin{array}{ccc|c}-9 & 1 & 2 & 0\\ 1 & -9 & 2 & 0\\ 2 & 2 & -1 & 0\end{array}\right] \Rightarrow \left[\begin{array}{ccc|c}1 & 0 & -0.25 & 0\\ 0 & 1 & -0.25 & 0\\ 0 & 0 & 0 & 0\end{array}\right]$$

$x_1-0.25x_3=0$, $x_2-0.25x_3=0$인 관계식을 얻으므로, 고윳값 $\lambda_1=-8$에 대한 고유벡터는 다음과 같다.

$$\begin{bmatrix}x_1\\x_2\\x_3\end{bmatrix}=\begin{bmatrix}0.25x_3\\0.25x_3\\x_3\end{bmatrix}=x_3\begin{bmatrix}0.25\\0.25\\1\end{bmatrix} \Rightarrow \begin{bmatrix}0.25\\0.25\\1\end{bmatrix}$$

② $\lambda_2=1$일 때,

$(1I-A)\boldsymbol{x}=\mathbf{0}$를 첨가행렬로 변환하여 해를 찾는다.

$$\left[\begin{array}{ccc|c}0 & 1 & 2 & 0\\ 1 & 0 & 2 & 0\\ 2 & 2 & 8 & 0\end{array}\right] \Rightarrow \left[\begin{array}{ccc|c}1 & 0 & 2 & 0\\ 0 & 1 & 2 & 0\\ 0 & 0 & 0 & 0\end{array}\right]$$

$x_1+2x_3=0$, $x_2+2x_3=0$인 관계식을 얻으므로, 고윳값 $\lambda_2=1$에 대한 고유벡터는 다음과 같다.

$$\begin{bmatrix}x_1\\x_2\\x_3\end{bmatrix}=\begin{bmatrix}-2x_3\\-2x_3\\x_3\end{bmatrix}=x_3\begin{bmatrix}-2\\-2\\1\end{bmatrix} \Rightarrow \begin{bmatrix}-2\\-2\\1\end{bmatrix}$$

③ $\lambda_3 = 2$일 때,

$(2I - A)\boldsymbol{x} = \mathbf{0}$를 첨가행렬로 변환하여 해를 찾는다.

$$\left[\begin{array}{ccc|c} 1 & 1 & 2 & 0 \\ 1 & 1 & 2 & 0 \\ 2 & 2 & 9 & 0 \end{array}\right] \quad \Rightarrow \quad \left[\begin{array}{ccc|c} 1 & 1 & 0 & 0 \\ 0 & 0 & 1 & 0 \\ 0 & 0 & 0 & 0 \end{array}\right]$$

$x_1 + x_2 = 0$, $x_3 = 0$인 관계식을 얻으므로, 고윳값 $\lambda_3 = 2$에 대한 고유벡터는 다음과 같다.

$$\begin{bmatrix} x_1 \\ x_2 \\ x_3 \end{bmatrix} = \begin{bmatrix} -x_2 \\ x_2 \\ 0 \end{bmatrix} = x_2\begin{bmatrix} -1 \\ 1 \\ 0 \end{bmatrix} \quad \Rightarrow \quad \begin{bmatrix} -1 \\ 1 \\ 0 \end{bmatrix}$$

이제 서로 다른 3개의 고윳값에 대한 고유벡터가 선형독립임을 보이자.

$\begin{bmatrix} 0.25 \\ 0.25 \\ 1 \end{bmatrix}$, $\begin{bmatrix} -2 \\ -2 \\ 1 \end{bmatrix}$, $\begin{bmatrix} -1 \\ 1 \\ 0 \end{bmatrix}$이 선형독립이면, $c_1\begin{bmatrix} 0.25 \\ 0.25 \\ 1 \end{bmatrix} + c_2\begin{bmatrix} -2 \\ -2 \\ 1 \end{bmatrix} + c_3\begin{bmatrix} -1 \\ 1 \\ 0 \end{bmatrix} = \mathbf{0}$를 만족하는 해는 $c_1 = c_2 = c_3 = 0$으로 유일해야 한다. 위 식을 첨가행렬로 표현하여 해를 구하면 다음과 같다.

$$\left[\begin{array}{ccc|c} 0.25 & -2 & -1 & 0 \\ 0.25 & -2 & 1 & 0 \\ 1 & 1 & 0 & 0 \end{array}\right] \quad \Rightarrow \quad \left[\begin{array}{ccc|c} 1 & 0 & 0 & 0 \\ 0 & 1 & 0 & 0 \\ 0 & 0 & 1 & 0 \end{array}\right]$$

따라서 위 식의 해는 $c_1 = c_2 = c_3 = 0$으로 유일하므로, 세 고유벡터는 선형독립이다.

정리 8-6 행렬 거듭제곱의 고윳값

$A\boldsymbol{x} = \lambda\boldsymbol{x}$인 고유벡터 $\boldsymbol{x}$와 고윳값 λ, 임의의 양수 n에 대해 A^n의 고윳값은 λ^n이다. 따라서 $A^n\boldsymbol{x} = \lambda^n\boldsymbol{x}$가 성립한다.

증명

고윳값 λ를 갖는 행렬 A는 다음과 같은 성질을 만족한다.

$$A^2\boldsymbol{x} = A(A\boldsymbol{x}) = A(\lambda\boldsymbol{x}) = \lambda A\boldsymbol{x} = \lambda^2\boldsymbol{x}$$
$$A^3\boldsymbol{x} = A^2(A\boldsymbol{x}) = A^2(\lambda\boldsymbol{x}) = \lambda A^2\boldsymbol{x} = \lambda^3\boldsymbol{x}$$

임의의 n에 대해서 $A^{n-1}\boldsymbol{x} = \lambda^{n-1}\boldsymbol{x}$라면, 다음이 성립한다.

$$A^n\boldsymbol{x} = A^{n-1}(A\boldsymbol{x}) = A^{n-1}(\lambda\boldsymbol{x}) = \lambda A^{n-1}\boldsymbol{x} = \lambda^n\boldsymbol{x}$$

따라서 임의의 n에 대해서 $A^n\boldsymbol{x} = \lambda^n\boldsymbol{x}$이다.

■

예제 8-10 행렬 거듭제곱의 고윳값 계산

다음 행렬 A에 대해서 A^7의 고윳값을 구하라.

$$A=\begin{bmatrix}1 & 4 & 5\\0 & 2 & 6\\0 & 0 & 3\end{bmatrix}$$

> **Tip**
> 행렬 A의 고윳값을 구하고, [정리 8-6]을 이용한다.

풀이

A는 삼각행렬이므로 A의 고윳값은 $\lambda_1=1$, $\lambda_2=2$, $\lambda_3=3$이다. [정리 8-6]에 따르면, A^7의 고윳값은 A의 고윳값 λ에 대해서 λ^7이다. 따라서 A^7의 고윳값은 다음과 같다.

$$\lambda_1^7=1^7=1,\ \lambda_2^7=2^7=128,\ \lambda_3^7=3^7=2187$$

정리 8-7 역행렬의 고윳값

n차 정방행렬 A가 가역일 때, λ가 A의 고윳값이면 $\frac{1}{\lambda}$은 역행렬 A^{-1}의 고윳값이다.

증명

A가 가역행렬이면, $A\boldsymbol{x}=\lambda\boldsymbol{x}$의 관계로부터 다음 방정식을 유도할 수 있다.

$$A\boldsymbol{x}=\lambda\boldsymbol{x} \quad\Rightarrow\quad \boldsymbol{x}=\lambda A^{-1}\boldsymbol{x}$$
$$\Rightarrow\quad A^{-1}\boldsymbol{x}=\frac{1}{\lambda}\boldsymbol{x}$$

따라서 λ가 A의 고윳값이면, $\frac{1}{\lambda}$은 역행렬 A^{-1}의 고윳값이다. ■

예제 8-11 역행렬의 고윳값

다음 행렬 A의 역행렬 A^{-1}의 고윳값을 구하라.

$$A=\begin{bmatrix}1 & 4 & 5\\0 & 2 & 6\\0 & 0 & 3\end{bmatrix}$$

> **Tip**
> 행렬 A의 고윳값을 구하고, [정리 8-7]을 이용한다.

풀이

행렬 A는 삼각행렬이므로, A의 고윳값은 주대각 성분인 1, 2, 3이다. [정리 5-17]에 따르면, 삼각행렬의 행렬식은 주대각 성분의 곱인 $1\times2\times3=6$이다. 즉, A는 가역행렬이다. [정리 8-7]에 따라, 역행렬 A^{-1}의 고윳값은 A의 고윳값의 역수이므로 1, $\frac{1}{2}$, $\frac{1}{3}$이다.

정리 8-8 정방행렬의 고윳값을 이용한 행렬식과 대각합 계산

증명

n차 정방행렬 A에 대하여, 행렬식 $\det(A)$는 A의 고윳값 λ_i의 곱이고, 대각합 $tr(A)$는 A의 고윳값 λ_i의 합이다.

$$\det(A) = \lambda_1 \lambda_2 \cdots \lambda_n$$
$$tr(A) = \lambda_1 + \lambda_2 + \cdots + \lambda_n$$

예제 8-12 고윳값을 이용한 행렬식 계산

다음 행렬 A의 고윳값과 행렬식을 구하라.

$$A = \begin{bmatrix} 4 & 1 & 1 \\ 0 & 2 & 5 \\ 0 & 0 & 6 \end{bmatrix}$$

Tip
[정리 8-8]을 이용한다.

풀이

A는 삼각행렬이므로 고윳값은 주대각 성분인 4, 2, 6이다. [정리 8-8]에 의해, 행렬식은 고윳값의 곱이므로, $\det(A) = 4 \times 2 \times 6 = 48$이다.

예제 8-13 특성다항식을 이용한 대각합과 행렬식 계산

다음 특성다항식을 갖는 행렬의 대각합과 행렬식을 구하라.

$$p(\lambda) = \lambda^3 - \lambda^2 - 12\lambda + 26$$

Tip
주어진 특성다항식의 최고차항 차수가 3이므로, 3×3 행렬에 대한 특성다항식이다.

풀이

$p(\lambda)$가 3차 다항식이므로, $p(\lambda)$는 3×3 행렬의 특성다항식이다. 3×3 행렬의 특성다항식은 고윳값 λ_1, λ_2, λ_3를 사용하여 다음과 같이 표현할 수 있다.

$$\begin{aligned} p(\lambda) &= (\lambda - \lambda_1)(\lambda - \lambda_2)(\lambda - \lambda_3) \\ &= \lambda^3 - (\lambda_1 + \lambda_2 + \lambda_3)\lambda^2 + (\lambda_1\lambda_2 + \lambda_2\lambda_3 + \lambda_3\lambda_1)\lambda - \lambda_1\lambda_1\lambda_3 \end{aligned}$$

[정리 8-8]에 의하면 고윳값의 합이 대각합이므로, 대각합은 $\lambda_1 + \lambda_2 + \lambda_3 = 1$이다. 또한 고윳값의 곱이 행렬식이므로, 행렬식은 $\lambda_1 \lambda_2 \lambda_3 = -26$이다.

정리 8-9 행렬과 단위행렬 합의 고윳값

증명

n차 정방행렬 A와 $n \times n$ 단위행렬 I_n에 대하여, $A + cI_n$의 고윳값은 A의 고윳값 λ와 c의 합, 즉 $\lambda + c$이다.

예제 8-14 행렬과 단위행렬 합의 고윳값 계산

다음 행렬 $A+3I_3$의 고윳값을 구하라.

$$A+3I_3 = \begin{bmatrix} 1 & 4 & 5 \\ 0 & 2 & 6 \\ 0 & 0 & 3 \end{bmatrix} + 3\begin{bmatrix} 1 & 0 & 0 \\ 0 & 1 & 0 \\ 0 & 0 & 1 \end{bmatrix}$$

Tip
행렬 A의 고윳값을 구하고, [정리 8-9]를 이용한다.

풀이

A는 삼각행렬이므로, A의 고윳값은 주대각 성분인 1, 2, 3이다. [정리 8-9]에 의해서 $A+3I_3$의 고윳값은 A의 고윳값에 3을 더한 것이므로, $A+3I_3$의 고윳값은 4, 5, 6이다.

정리 8-10 전치행렬의 고윳값

증명

행렬 A와 전치행렬 $A^\top$의 고윳값은 동일하다.

예제 8-15 전치행렬의 고윳값과 고유벡터

다음 행렬 A와 $A^\top$의 고윳값과 고유벡터를 구하라.

$$A = \begin{bmatrix} 6 & -1 \\ 2 & 3 \end{bmatrix}$$

Tip
A, $A^\top$의 고윳값과 고유벡터를 각각 구한다.

풀이

행렬 A의 특성다항식은 $\det(\lambda I - A) = (\lambda-6)(\lambda-3)+2 = \lambda^2 - 9\lambda + 20 = (\lambda-4)(\lambda-5)$이다. 따라서 행렬 A의 고윳값은 $\lambda_1 = 4$, $\lambda_2 = 5$이다. 각 고윳값에 대한 고유벡터를 구하면, $\lambda_1 = 4$에 대한 고유벡터는 $\begin{bmatrix} 1 \\ 2 \end{bmatrix}$이고, $\lambda_2 = 5$에 대한 고유벡터는 $\begin{bmatrix} 1 \\ 1 \end{bmatrix}$이다.

한편 전치행렬 $A^\top$의 특성다항식은 $\det(\lambda I - A^\top) = (\lambda-6)(\lambda-3)+2 = \lambda^2 - 9\lambda + 20 = (\lambda-4)(\lambda-5)$이다. 따라서 전치행렬 $A^\top$의 고윳값은 $\lambda_1 = 4$, $\lambda_2 = 5$이다. 각 고윳값에 대한 고유벡터를 구하면, $\lambda_1 = 4$에 대한 고유벡터는 $\begin{bmatrix} -1 \\ 1 \end{bmatrix}$이고, $\lambda_2 = 5$에 대한 고유벡터는 $\begin{bmatrix} -2 \\ 1 \end{bmatrix}$이다.

따라서 행렬 A와 $A^\top$의 고윳값은 동일하지만, 고유벡터는 동일하지 않을 수 있다.

정리 8-11 케일리-해밀턴 정리 Cayley-Hamilton theorem

다음 식을 n차 정방행렬 A의 특성방정식이라 하자.

$$p(\lambda) = \det(\lambda I - A) = \lambda^n + a_{n-1}\lambda^{n-1} + a_{n-2}\lambda^{n-2} + \cdots + a_1\lambda + a_n = 0$$

이때 다음 행렬방정식은 항상 성립한다.

$$p(A) = A^n + a_{n-1}A^{n-1} + a_{n-2}A^{n-2} + \cdots + a_1 A + a_n I = \mathbf{0}$$

케일리-해밀턴 정리는 특성방정식 $p(\lambda) = 0$에 λ 대신 A를 대입하는 것처럼 보이지만, 실제로 이런 방법으로 증명되지는 않는다. 이 정리의 증명 과정은 다소 복잡하므로, 여기서는 증명을 생략한다. 케일리-해밀턴 정리는 역행렬을 계산하거나 행렬의 거듭제곱을 포함한 행렬 다항식 등을 계산할 때 유용하게 사용된다.

예제 8-16 케일리-해밀턴 정리를 이용한 역행렬 계산

케일리-해밀턴 정리를 이용하여 다음 행렬 A의 역행렬을 구하라.

$$A = \begin{bmatrix} 1 & 1 & 2 \\ 9 & 2 & 0 \\ 5 & 0 & 3 \end{bmatrix}$$

Tip
[정리 8-11]의 케일리-해밀턴 정리를 이용한다.

풀이

A의 특성방정식 $p(\lambda) = 0$을 구하면 다음과 같다.

$$p(\lambda) = \det(\lambda I - A) = \lambda^3 - 6\lambda^2 - 8\lambda + 41 = 0$$

케일리-해밀턴 정리를 이용하면 다음 행렬방정식을 얻는다.

$$p(A) = A^3 - 6A^2 - 8A + 41I = \mathbf{0}$$

위 행렬방정식은 다음과 같이 전개할 수 있다.

$$41I = -A^3 + 6A^2 + 8A = A(-A^2 + 6A + 8I)$$

$$\Rightarrow \quad I = \frac{1}{41}A(-A^2 + 6A + 8I) = A\left\{\frac{1}{41}(-A^2 + 6A + 8I)\right\}$$

따라서 A의 역행렬은 다음 관계를 만족한다.

$$A^{-1} = \frac{1}{41}(-A^2 + 6A + 8I)$$

A^2을 계산하여 위 식에 대입하면 다음과 같다.

$$A^2 = \begin{bmatrix} 20 & 3 & 8 \\ 27 & 13 & 18 \\ 20 & 5 & 19 \end{bmatrix} \quad \Rightarrow \quad -A^2+6A+8I = -\begin{bmatrix} 20 & 3 & 8 \\ 27 & 13 & 18 \\ 20 & 5 & 19 \end{bmatrix} + 6\begin{bmatrix} 1 & 1 & 2 \\ 9 & 2 & 0 \\ 5 & 0 & 3 \end{bmatrix} + 8\begin{bmatrix} 1 & 0 & 0 \\ 0 & 1 & 0 \\ 0 & 0 & 1 \end{bmatrix}$$

$$= \begin{bmatrix} -6 & 3 & 4 \\ 27 & 7 & -18 \\ 10 & -5 & 7 \end{bmatrix}$$

따라서 A의 역행렬은 다음과 같다.

$$A^{-1} = \frac{1}{41}\begin{bmatrix} -6 & 3 & 4 \\ 27 & 7 & -18 \\ 10 & -5 & 7 \end{bmatrix}$$

예제 8-17 케일리-해밀턴 정리를 이용한 행렬 연산의 단순화

다음 행렬 A에 대해, $A^8 - 4A^2 + 4I$를 계산하라.

$$A = \begin{bmatrix} 1 & 0 & 0 & 0 \\ 2 & -1 & 0 & 0 \\ 3 & 4 & 1 & 0 \\ 4 & 5 & 6 & -1 \end{bmatrix}$$

Tip

A의 고윳값을 이용하여 특성방정식을 구하고, 이에 케일리-해밀턴 정리를 적용하여 행렬방정식을 얻는다.

풀이

A는 삼각행렬이므로, A의 고윳값은 1, -1, 1, -1이다. A의 특성방정식 $p(\lambda)=0$을 구하면 다음과 같다.

$$p(\lambda) = (\lambda+1)^2(\lambda-1)^2 = \lambda^4 - 2\lambda^2 + 1 = 0$$

케일리-해밀턴 정리를 이용하면, 다음 행렬방정식을 얻는다.

$$A^4 - 2A^2 + I = 0$$

위 행렬방정식의 $A^4 = 2A^2 - I$를 이용하면, A^8을 다음과 같이 전개할 수 있다.

$$\begin{aligned} A^8 &= (A^4)^2 = (2A^2 - I)^2 = 4A^4 - 4A^2 + I \\ &= 4(2A^2 - I) - 4A^2 + I = 4A^2 - 3I \end{aligned}$$

위 결과를 이용하면 $A^8 - 4A^2 + 4I$는 다음과 같다.

$$A^8 - 4A^2 + 4I = 4A^2 - 3I - 4A^2 + 4I = I$$

정리 8-12 행렬다항식의 고윳값

λ가 n차 정방행렬 A의 고윳값일 때, 다음과 같은 행렬다항식 $q(A)$가 있다고 하자.

$$q(A) = a_m A^m + a_{m-1} A^{m-1} + \cdots + a_1 A + a_0 I$$

이때 $q(\lambda) = a_m \lambda^m + a_{m-1}\lambda^{m-1} + \cdots + a_1 \lambda + a_0$는 $q(A)$의 고윳값이다.

증명

A의 고윳값 λ에 대한 고유벡터를 $\boldsymbol{x}$라 하자. 이때 $q(A)\boldsymbol{x}$는 다음과 같이 전개할 수 있다.

$$\begin{aligned} q(A)\boldsymbol{x} &= \left(a_m A^m + a_{m-1} A^{m-1} + \cdots + a_1 A + a_0 I\right)\boldsymbol{x} \\ &= \left(a_m A^m\right)\boldsymbol{x} + \left(a_{m-1} A^{m-1}\right)\boldsymbol{x} + \cdots + \left(a_1 A\right)\boldsymbol{x} + \left(a_0 I\right)\boldsymbol{x} \\ &= a_m\left(A^m \boldsymbol{x}\right) + a_{m-1}\left(A^{m-1}\boldsymbol{x}\right) + \cdots + a_1(A\boldsymbol{x}) + a_0(I\boldsymbol{x}) \\ &= a_m\left(\lambda^m \boldsymbol{x}\right) + a_{m-1}\left(\lambda^{m-1}\boldsymbol{x}\right) + \cdots + a_1(\lambda\boldsymbol{x}) + a_0(I\boldsymbol{x}) \\ &= \left(a_m \lambda^m + a_{m-1}\lambda^{m-1} + \cdots + a_1\lambda + a_0\right)\boldsymbol{x} \\ &= q(\lambda)\boldsymbol{x} \end{aligned}$$

즉 $q(A)\boldsymbol{x} = q(\lambda)\boldsymbol{x}$이다. 따라서 $q(\lambda)$는 행렬다항식 $q(A)$의 고윳값이다.

■

예제 8-18 행렬다항식의 고윳값 계산

다음 행렬 A에 대해, $3A^2+4A$의 고윳값을 구하라.

$$A = \begin{bmatrix} 1 & 4 & 1 \\ 2 & 1 & 0 \\ -1 & 3 & 1 \end{bmatrix}$$

Tip
[정리 8-12]를 이용한다.

풀이

A의 특성방정식을 사용하여 고윳값을 구하면 다음과 같다.

$$\det(\lambda I - A) = \lambda(\lambda+1)(\lambda-4) = 0 \quad \Rightarrow \quad \lambda = 0,\ -1,\ 4$$

[정리 8-12]에 따르면, $3A^2+4A$의 고윳값은 $3\lambda^2+4\lambda$이다. 따라서 $3A^2+4A$의 고윳값은 0, -1, 64이다.

SECTION 8.3

고윳값과 고유벡터의 응용

주성분 분석

신호 처리나 데이터 분석에서는 가능하면 많은 정보를 유지하면서 고차원의 데이터를 저차원의 데이터로 변환하는 **차원 축소** dimensionality reduction를 하는 경우가 있다. 차원 축소에 사용하는 대표적인 방법으로 **주성분 분석(PCA)** principal component analysis이 있다.

주성분 분석의 전처리 과정에서 사용하는 평균벡터와 공분산 행렬에 대해 알아보자.

정의 8-4 평균벡터와 공분산 행렬

n차원의 데이터 $\{\boldsymbol{x}_1, \boldsymbol{x}_2, \cdots, \boldsymbol{x}_k\}$에 대해 **평균벡터** mean vector $\boldsymbol{m}$과 **공분산 행렬** covariance matrix C는 다음과 같이 정의된다. 여기서 $\boldsymbol{m}$은 n차원 벡터, C는 $n \times n$ 행렬이다.

$$\boldsymbol{m} = \frac{1}{k}\sum_{i=1}^{k}\boldsymbol{x}_i \qquad C = \frac{1}{k}\sum_{i=1}^{k}(\boldsymbol{x}_i - \boldsymbol{m})(\boldsymbol{x}_i - \boldsymbol{m})^{\top}$$

공분산 행렬을 계산할 때, 분모를 데이터 개수인 k로 사용하지 않고, 다음과 같이 $k-1$로 사용하는 경우도 있다.

$$C = \frac{1}{k-1}\sum_{i=1}^{k}(\boldsymbol{x}_i - \boldsymbol{m})(\boldsymbol{x}_i - \boldsymbol{m})^{\top}$$

예제 8-19 평균벡터와 공분산 행렬 계산

다음 4개의 데이터에 대한 평균벡터와 공분산 행렬을 구하라.

$$\boldsymbol{x}_1 = \begin{bmatrix} 2 \\ 1 \end{bmatrix}, \quad \boldsymbol{x}_2 = \begin{bmatrix} 2 \\ 3 \end{bmatrix}, \quad \boldsymbol{x}_3 = \begin{bmatrix} 4 \\ 1 \end{bmatrix}, \quad \boldsymbol{x}_4 = \begin{bmatrix} 4 \\ 5 \end{bmatrix}$$

Tip
[정의 8-4]를 이용한다.

풀이

[정의 8-4]에 따라, 평균벡터 $\boldsymbol{m}$과 공분산 행렬 C를 구하면 다음과 같다.

$$\boldsymbol{m} = \frac{1}{k}\sum_{i=1}^{k}\boldsymbol{x}_i = \frac{1}{4}\left(\begin{bmatrix}2\\1\end{bmatrix}+\begin{bmatrix}2\\3\end{bmatrix}+\begin{bmatrix}4\\1\end{bmatrix}+\begin{bmatrix}4\\5\end{bmatrix}\right)=\begin{bmatrix}3\\2.5\end{bmatrix}$$

$$\begin{aligned}C &= \frac{1}{k}\sum_{i=1}^{k}(\boldsymbol{x}_i-\boldsymbol{m})(\boldsymbol{x}_i-\boldsymbol{m})^\top \\ &= \frac{1}{4}\left(\begin{bmatrix}-1\\-1.5\end{bmatrix}[-1\ \ -1.5]+\begin{bmatrix}-1\\0.5\end{bmatrix}[-1\ \ 0.5]+\begin{bmatrix}1\\-1.5\end{bmatrix}[1\ \ -1.5]+\begin{bmatrix}1\\2.5\end{bmatrix}[1\ \ 2.5]\right) \\ &= \frac{1}{4}\left(\begin{bmatrix}1 & 1.5\\1.5 & 2.25\end{bmatrix}+\begin{bmatrix}1 & -0.5\\-0.5 & 0.25\end{bmatrix}+\begin{bmatrix}1 & -1.5\\-1.5 & 2.25\end{bmatrix}+\begin{bmatrix}1 & 2.5\\2.5 & 6.25\end{bmatrix}\right) \\ &= \frac{1}{4}\begin{bmatrix}4 & 2\\2 & 11\end{bmatrix}=\begin{bmatrix}1 & 0.5\\0.5 & 2.75\end{bmatrix}\end{aligned}$$

주성분 분석에서는 기존 데이터의 평균벡터가 영벡터가 되도록 데이터를 변환한다. 다음과 같이 각 데이터 $\boldsymbol{x}_i$에서 평균벡터 $\boldsymbol{m}$을 빼면, 변환된 데이터의 평균벡터는 영벡터가 된다.

$$\boldsymbol{x}_i \leftarrow \boldsymbol{x}_i - \boldsymbol{m}$$

변환된 데이터 : $\boldsymbol{x}_1 = \begin{bmatrix}2\\1\end{bmatrix}-\begin{bmatrix}3\\2.5\end{bmatrix}=\begin{bmatrix}-1\\-1.5\end{bmatrix}$ $\qquad \boldsymbol{x}_2 = \begin{bmatrix}2\\3\end{bmatrix}-\begin{bmatrix}3\\2.5\end{bmatrix}=\begin{bmatrix}-1\\0.5\end{bmatrix}$

$\boldsymbol{x}_3 = \begin{bmatrix}4\\1\end{bmatrix}-\begin{bmatrix}3\\2.5\end{bmatrix}=\begin{bmatrix}1\\-1.5\end{bmatrix}$ $\qquad \boldsymbol{x}_4 = \begin{bmatrix}4\\5\end{bmatrix}-\begin{bmatrix}3\\2.5\end{bmatrix}=\begin{bmatrix}1\\2.5\end{bmatrix}$

변환된 데이터의 평균벡터 : $\frac{1}{4}\left(\begin{bmatrix}-1\\-1.5\end{bmatrix}+\begin{bmatrix}-1\\0.5\end{bmatrix}+\begin{bmatrix}1\\-1.5\end{bmatrix}+\begin{bmatrix}1\\2.5\end{bmatrix}\right)=\begin{bmatrix}0\\0\end{bmatrix}$

다음 [그림 8-3(a)]는 [예제 8-19]의 데이터 4개를 나타낸 것이고, [그림 8-3(b)]는 평균벡터가 영벡터가 되도록 변환한 결과를 나타낸 것이다.

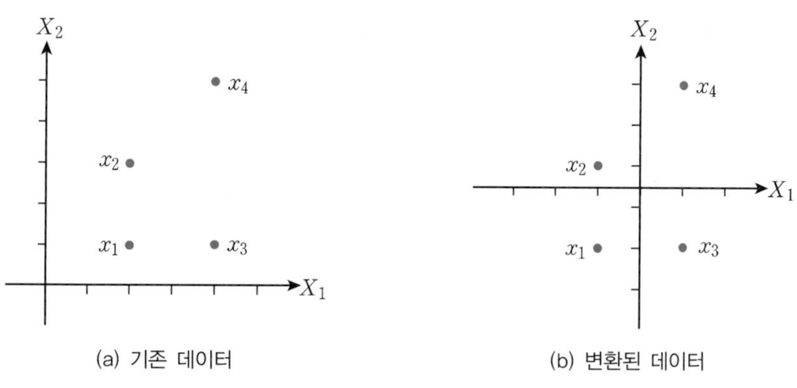

(a) 기존 데이터 (b) 변환된 데이터

[그림 8-3] 주성분 분석에서의 데이터 변환

데이터의 차원을 줄이면 **정보 손실** information loss이 발생한다. 즉 기존 데이터에 포함된 정보를 그대로 유지할 수 없다. 따라서 차원 축소를 할 때 가능하면 정보 손실을 최소화하는 것이 바람직하다.

[그림 8-3(b)]의 좌표에 해당하는 2차원 데이터를 1차원으로 차원 축소한 [그림 8-4]의 사례를 살펴보자. [그림 8-4(a)]는 4개의 서로 다른 데이터를 $\boldsymbol{u} = \begin{bmatrix} 1 \\ 0 \end{bmatrix}$에 사영하여 2개의 위치로 변환된 경우이고, [그림 8-4(b)]는 $\boldsymbol{u} = \begin{bmatrix} 0 \\ 1 \end{bmatrix}$에 사영하여 3개의 위치로 변환된 경우이며, [그림 8-4(c)]는 $\boldsymbol{u} = \begin{bmatrix} \frac{1}{\sqrt{2}} \\ \frac{1}{\sqrt{2}} \end{bmatrix}$에 사영하여 4개의 위치로 변환된 경우이다.

2차원 데이터를 1차원에 표현해야 한다면, [그림 8-4(c)]의 경우 사영한 후 데이터가 서로 다른 위치를 가지므로 [그림 8-4(a)]나 [그림 8-4(b)]의 경우보다 정보 손실이 적다.

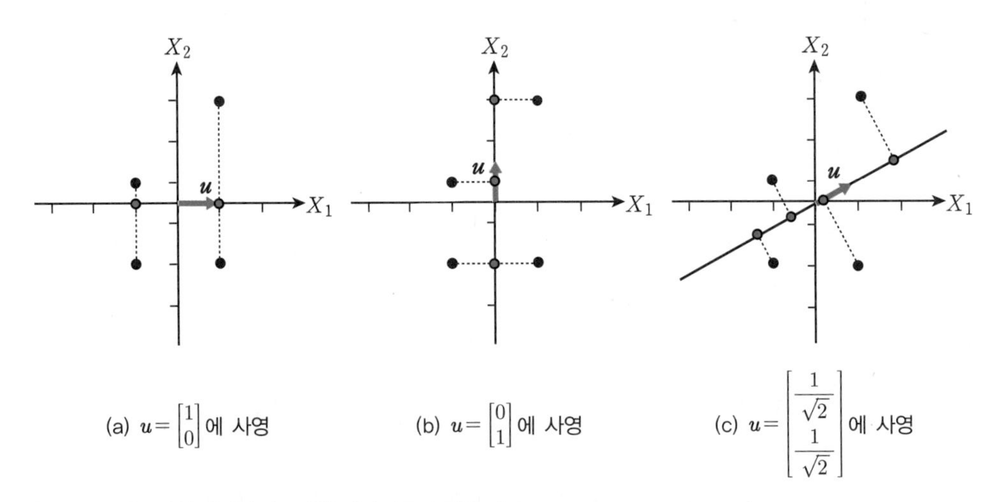

[그림 8-4] 2차원 데이터의 1차원 데이터로의 차원 축소

이제 주성분 분석의 아이디어를 본격적으로 살펴보자. 평균벡터가 영벡터인 n차원 데이터 $\{\boldsymbol{x}_1, \boldsymbol{x}_2, \cdots, \boldsymbol{x}_m\}$을 새로운 기저 $\{\boldsymbol{u}_1, \boldsymbol{u}_2, \cdots, \boldsymbol{u}_n\}$(단, $u_j(i = 1, 2, \cdots, n)$는 직교하는 단위벡터)의 좌표계로 선형변환한다고 하자. 이때 임의의 n차원 데이터 $\boldsymbol{x}$는 다음과 같이 기저벡터들의 선형결합으로 나타낼 수 있다.

$$\boldsymbol{x} = \sum_{i=1}^{n} (\boldsymbol{x}^{\top} \boldsymbol{u}_i) \boldsymbol{u}_i$$

여기서 $\boldsymbol{x}^{\top} \boldsymbol{u}_i = \boldsymbol{x} \cdot \boldsymbol{u}_i$는 $\boldsymbol{x}$를 $\boldsymbol{u}_i$ 방향으로 정사영한 벡터의 크기에 해당한다. 새로운 기저로 표현한 n차원 좌표계에서 처음 K개의 기저벡터만을 사용하여 다음과 같이 $\boldsymbol{x}$를 $\hat{\boldsymbol{x}}$으로 근사하여 표현할 수 있다.

$$\hat{\boldsymbol{x}} = \sum_{i=1}^{K} (\boldsymbol{x}^\top \boldsymbol{u}_i)\boldsymbol{u}_i$$

이와 같이 n차원 데이터 $\boldsymbol{x}$를 K개의 기저벡터만을 사용하여, 즉 K차원으로 근사하여 나타낼 때 발생하는 오차를 정보 손실 J라고 한다. J는 다음과 같이 표현할 수 있다.

$$\begin{aligned}
J &= \frac{1}{n}\sum_{i=1}^{n} \left\| \boldsymbol{x}_i - \hat{\boldsymbol{x}}_i \right\|^2 = \frac{1}{n}\sum_{i=1}^{n} \left\| \sum_{j=1}^{n} (\boldsymbol{x}_i^\top \boldsymbol{u}_j)\boldsymbol{u}_j - \sum_{j=1}^{K} (\boldsymbol{x}_i^\top \boldsymbol{u}_j)\boldsymbol{u}_j \right\|^2 \\
&= \frac{1}{n}\sum_{i=1}^{n} \left\| \sum_{j=K+1}^{n} (\boldsymbol{x}_i^\top \boldsymbol{u}_j)\boldsymbol{u}_j \right\|^2 \\
&= \frac{1}{n}\sum_{i=1}^{n} \sum_{j=K+1}^{n} (\boldsymbol{x}_i^\top \boldsymbol{u}_j)^2 \quad (\because \boldsymbol{x}_i^\top \boldsymbol{u}_j\text{는 스칼라, } \boldsymbol{u}_j\text{는 단위벡터}) \\
&= \frac{1}{n}\sum_{i=1}^{n} \sum_{j=K+1}^{n} (\boldsymbol{x}_i^\top \boldsymbol{u}_j)^\top (\boldsymbol{x}_i^\top \boldsymbol{u}_j) \\
&= \frac{1}{n}\sum_{i=1}^{n} \sum_{j=K+1}^{n} \boldsymbol{u}_j^\top \boldsymbol{x}_i \boldsymbol{x}_i^\top \boldsymbol{u}_j \\
&= \sum_{j=K+1}^{n} \boldsymbol{u}_j^\top \left(\frac{1}{n}\sum_{i=1}^{n} \boldsymbol{x}_i \boldsymbol{x}_i^\top \right) \boldsymbol{u}_j \\
&= \sum_{j=K+1}^{n} \boldsymbol{u}_j^\top C \boldsymbol{u}_j \quad (\because \text{평균벡터가 영벡터이므로, } \frac{1}{n}\sum_{i=1}^{n} \boldsymbol{x}_i \boldsymbol{x}_i^\top = C)
\end{aligned}$$

한편, $\boldsymbol{u}_j^\top C \boldsymbol{u}_j$는 데이터를 $\boldsymbol{u}_j$로 투영하여 표현할 때, 데이터의 분산에 해당한다.

$$\begin{aligned}
\boldsymbol{u}_j^\top C \boldsymbol{u}_j &= \boldsymbol{u}_j^\top \left(\frac{1}{n}\sum_{i=1}^{n} \boldsymbol{x}_i \boldsymbol{x}_i^\top \right) \boldsymbol{u}_j = \frac{1}{n}\sum_{i=1}^{n} \boldsymbol{u}_j^\top \boldsymbol{x}_i \boldsymbol{x}_i^\top \boldsymbol{u}_j \\
&= \frac{1}{n}\sum_{i=1}^{n} (\boldsymbol{x}_i^\top \boldsymbol{u}_j)^\top (\boldsymbol{x}_i^\top \boldsymbol{u}_j) = \sigma_j^2
\end{aligned}$$

따라서 위와 같이 새로운 기저를 사용하여 n차원 데이터를 K차원으로 차원 축소를 할 때, 정보 손실 J를 줄이려면 분산이 작은 $(n-K)$개의 기저벡터에 해당하는 차원을 제거해야 한다. 즉 분산이 큰 K개의 기저벡터를 선택해서 데이터를 표현해야 한다.

주성분 분석은 이와 같이 분산을 가장 크게 하는 K개의 기저벡터를 사용하여 차원 축소를 하는 방법이다. 분산을 가장 크게 하는 기저벡터 $\boldsymbol{u}$를 찾는 문제는 다음과 같이 최적화 문제로 표현하여 풀 수 있다.

$\boldsymbol{u}^\top C \boldsymbol{u}$를 최대화하는 $\boldsymbol{u}$를 찾으라.

(제한 조건 : $\|\boldsymbol{u}\|^2 = 1$)

이 최적화 문제에서 **라그랑주 승수** Lagrange mulitplier λ를 사용하여 목적함수 $\tilde{J}$를 표현하면 다음과 같다.

$$\tilde{J} = \boldsymbol{u}^\top C\boldsymbol{u} - \lambda(\boldsymbol{u}^\top \boldsymbol{u} - 1)$$

이 목적함수의 해는 다음과 같이 $\boldsymbol{u}$에 대한 목적함수 $\tilde{J}$의 도함수가 영벡터가 되도록 하는 $\boldsymbol{u}$이다.

$$C\boldsymbol{u} - \lambda\boldsymbol{u} = 0 \qquad \Rightarrow \qquad C\boldsymbol{u} = \lambda\boldsymbol{u}$$

$C\boldsymbol{u} = \lambda\boldsymbol{u}$에서 기저벡터 $\boldsymbol{u}$는 데이터의 공분산 행렬 C의 고유벡터이고, λ는 고윳값이다. 단위벡터인 기저벡터 $\boldsymbol{u}$를 전치한 $\boldsymbol{u}^\top$를 $C\boldsymbol{u} = \lambda\boldsymbol{u}$의 양변 앞에 다음과 같이 곱하면, 고윳값 λ가 데이터를 $\boldsymbol{u}$에 투영한 것의 분산임을 알 수 있다.

$$\boldsymbol{u}^\top C\boldsymbol{u} = \lambda\boldsymbol{u}^\top \boldsymbol{u} = \lambda = \sigma^2$$

따라서 주성분 분석에서는 데이터의 공분산 행렬 C로부터 고윳값이 큰 순서대로 K의 고유벡터 $\{\boldsymbol{u}_1, \boldsymbol{u}_2, \cdots, \boldsymbol{u}_K\}$를 선택한다.

$$\{\boldsymbol{u}_1, \boldsymbol{u}_2, \cdots, \boldsymbol{u}_K\} \quad (\lambda_1 \geq \lambda_2 \geq \cdots \geq \lambda_K)$$

이때 선택된 축을 **주성분 축** principal axis 또는 **주성분 벡터** principal vector라고 한다.

이와 같이 K개의 기저 $\{\boldsymbol{u}_1, \boldsymbol{u}_2, \cdots, \boldsymbol{u}_K\}$가 선택되면, 데이터 $\{\boldsymbol{x}_1, \boldsymbol{x}_2, \cdots, \boldsymbol{x}_m\}$은 다음과 같이 K차원의 데이터로 차원 축소하여 표현된다.

$$\hat{\boldsymbol{x}} = \sum_{i=1}^{K}(\boldsymbol{x}^\top \boldsymbol{u}_i)\boldsymbol{u}_i$$

한편, 정보 손실에 해당하는 $\sum_{j=K+1}^{n} \boldsymbol{u}_j^\top C\boldsymbol{u}_j$는 다음과 같이 가장 작은 $(n-K)$개의 고윳값의 합 또는 분산의 합이 된다.

$$\sum_{j=K+1}^{n} \boldsymbol{u}_j^\top C\boldsymbol{u}_j = \sum_{j=K+1}^{n} \boldsymbol{u}_j^\top (\lambda_j \boldsymbol{u}_j) = \sum_{j=K+1}^{n} \lambda_j \boldsymbol{u}_j^\top \boldsymbol{u}_j = \sum_{j=K+1}^{n} \lambda_j = \sum_{j=K+1}^{n} \sigma_j^2$$

예제 8-20 주성분 분석

다음 4개의 데이터를 주성분 분석을 사용하여 1차원 데이터로 차원 축소하여 표현하라.

> **Tip** 공분산 행렬의 고유벡터를 구하여 표현한다.

$$\boldsymbol{x}_1 = \begin{bmatrix} 2 \\ 1 \end{bmatrix},\ \boldsymbol{x}_2 = \begin{bmatrix} 2 \\ 3 \end{bmatrix},\ \boldsymbol{x}_3 = \begin{bmatrix} 4 \\ 1 \end{bmatrix},\ \boldsymbol{x}_4 = \begin{bmatrix} 4 \\ 5 \end{bmatrix}$$

풀이

[예제 8-19]에서 계산한 평균벡터 $\boldsymbol{m} = \begin{bmatrix} 3 \\ 2.5 \end{bmatrix}$와 공분산 행렬 $C = \begin{bmatrix} 1 & 0.5 \\ 0.5 & 2.75 \end{bmatrix}$를 사용한다. C에 대한 고윳값과 고유벡터를 계산하면 다음과 같다.

$$\lambda_1 = \frac{15+\sqrt{65}}{8}, \qquad \boldsymbol{u}_1 = \begin{bmatrix} \dfrac{\sqrt{65}-7}{4} \\ 1 \end{bmatrix} \approx \begin{bmatrix} 0.27 \\ 1 \end{bmatrix}$$

$$\lambda_2 = \frac{15-\sqrt{65}}{8}, \qquad \boldsymbol{u}_2 = \begin{bmatrix} -\dfrac{\sqrt{65}+7}{4} \\ 1 \end{bmatrix} \approx \begin{bmatrix} -3.77 \\ 1 \end{bmatrix}$$

$\lambda_1 > \lambda_2$이므로, 다음과 같이 $\boldsymbol{u}_1$을 사용하여 데이터를 변환할 수 있다. $\hat{\boldsymbol{x}}_i = (\boldsymbol{x}_i - \boldsymbol{m})^{\mathrm{T}} \boldsymbol{u}_1$임을 이용한다.

$$\hat{\boldsymbol{x}}_1 = (\boldsymbol{x}_1 - \boldsymbol{m})^{\mathrm{T}} \boldsymbol{u}_1 \approx [-1\ \ -1.5] \begin{bmatrix} 0.27 \\ 1 \end{bmatrix} = -1.77$$

$$\hat{\boldsymbol{x}}_2 = (\boldsymbol{x}_2 - \boldsymbol{m})^{\mathrm{T}} \boldsymbol{u}_1 \approx [-1\ \ \ 0.5] \begin{bmatrix} 0.27 \\ 1 \end{bmatrix} = 0.23$$

$$\hat{\boldsymbol{x}}_3 = (\boldsymbol{x}_3 - \boldsymbol{m})^{\mathrm{T}} \boldsymbol{u}_1 \approx [1\ \ -1.5] \begin{bmatrix} 0.27 \\ 1 \end{bmatrix} = -1.23$$

$$\hat{\boldsymbol{x}}_4 = (\boldsymbol{x}_4 - \boldsymbol{m})^{\mathrm{T}} \boldsymbol{u}_1 \approx [1\ \ \ 2.5] \begin{bmatrix} 0.27 \\ 1 \end{bmatrix} = 2.77$$

웹 페이지의 중요도

웹에서 어떤 정보를 찾으려고 하면 관련 정보를 포함한 웹 페이지가 수천, 수백만 개까지도 나올 수 있다. 검색 엔진은 사용자가 입력한 단어를 포함하는 웹 페이지를 찾아서 관련도가 높은 웹 페이지만을 선별해 보여준다. 웹 페이지의 관련도를 평가할 때는 웹 페이지의 중요도를 함께 고려하는데, 이때 사용하는 대표적인 알고리즘으로 구글의 공동 창업자인 래리 페이지Larry Page가 개발한 **페이지랭크**PageRank가 있다. 페이지랭크는 [그림 8-5]와 같이 웹 페이지는 노드로, 다른 페이지를 가리키는 하이퍼링크hyperlink는 에지로 나타낸 그래프의 연결 관계를 통해 각 웹 페이지의 중요도를 결정한다. 이때, 각 웹 페이지의 중요도는 0 이상이면서 전체 웹 페이지의 중요도의 합은 1이 되도록 한다.

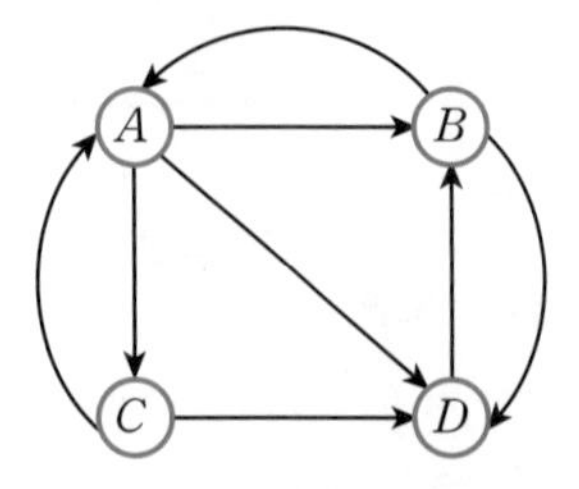

[그림 8-5] **웹 페이지의 연결 관계를 나타내는 그래프**

페이지랭크는 사람들이 자주 방문하는 페이지가 중요한 정보를 포함하고 있다는 가정을 하고, 각 페이지의 방문 비율을 페이지의 중요도로 사용한다. 페이지 방문 비율을 계산하기 위해, 페이지랭크는 무작위로 웹 페이지를 돌아다니는 **랜덤 서퍼**random suffer라는 개념을 사용한다. 랜덤 서퍼는 특정 웹 페이지에서 연결된 다른 웹 페이지로 이동할 때, 동일한 확률로 이동한다. [그림 8-5]에서 웹 페이지 A에는 B, C, D로 가는 에지가 있으므로, A에 있던 랜덤 서퍼는 각각 $\frac{1}{3}$의 확률로 웹 페이지 B, C, D로 이동한다. [그림 8-5]의 각 페이지에서 다른 페이지로 이동하는 **전이확률**transition probability을 다음과 같이 행렬 M으로 표현할 수 있다.

$$M = \begin{array}{c} \\ A \\ B \\ C \\ D \end{array} \begin{array}{c} \begin{matrix} A & B & C & D \end{matrix} \\ \begin{bmatrix} 0 & \frac{1}{2} & \frac{1}{2} & 0 \\ \frac{1}{3} & 0 & 0 & 1 \\ \frac{1}{3} & 0 & 0 & 0 \\ \frac{1}{3} & \frac{1}{2} & \frac{1}{2} & 0 \end{bmatrix} \end{array}$$

전이확률 행렬 M에서 각 열벡터는 해당 웹 페이지에서 랜덤 서퍼가 다른 웹 페이지로 이동할 확률을 나타낸다. 예를 들면, 첫 번째 열벡터는 웹 페이지 A에 있던 랜덤 서퍼가 각각 $\frac{1}{3}$의 확률로 웹 페이지 B, C, D로 이동함을 나타낸다.

랜덤 서퍼는 처음에는 동일한 확률로 각 페이지에 위치한다고 가정한다. n개의 페이지가 있다면 시작할 때의 확률분포는 $\boldsymbol{v}_0 = \begin{bmatrix} \frac{1}{n} & \frac{1}{n} & \cdots & \frac{1}{n} \end{bmatrix}^\top$이다. 시작 확률분포 $\boldsymbol{v}_0$에서 전이확률 행렬 M을 적용하여 변환된 확률분포 $\boldsymbol{v}_1$은 다음과 같이 계산된다.

$$\boldsymbol{v}_1 = M\boldsymbol{v}_0$$

마찬가지 방법으로, 두 번째 이동을 한 이후의 확률분포는 $\boldsymbol{v}_2 = M\boldsymbol{v}_1$이 되고, k번째 이동 이후의 확률분포는 $\boldsymbol{v}_k = M\boldsymbol{v}_{k-1}$로 계산된다. 페이지랭크 알고리즘은 이러한 일련의 이동을 통해 확률분포가 수렴하는 상황, 즉 확률분포가 더 이상 변하지 않는 시점에서의 확률분포 값을 웹 페이지의 중요도로 사용한다. 전이확률에 따른 이동에 의해 확률분포가 수렴하는 상황은 다음과 같이 표현할 수 있다.

$$Mv = v$$

웹 페이지의 연결 관계를 표현한 그래프가 [그림 8-5]와 같이 **강한 연결**strongly connected 상태(각 노드 간의 연결 경로가 존재하는 상태)인 경우에는 이와 같이 수렴한다는 것이 보장된다. 한편, $Mv = v$를 만족하는 v는 M의 고윳값 1에 대한 고유벡터이다. 즉 웹 페이지에 대한 그래프가 강한 연결 상태이면, 전이확률 행렬 M의 고유벡터로 각 웹 페이지의 중요도를 결정할 수 있다. 이때, 웹 페이지의 중요도의 합은 1이다.

[그림 8-6]은 강한 연결 상태가 아닌 그래프를 나타낸다. [그림 8-6(a)]의 노드 E는 다른 노드로 가는 에지가 없는 **데드 엔드**dead end **노드**이다. [그림 8-6(b)]의 노드 D는 자기 자신으로 가는 에지만 있고 다른 노드로 가는 에지가 없는 **스파이더 트랩**spider trap **노드**이다. 데드 엔드 노드나 스파이더 트랩 노드를 포함하는 그래프는 강한 연결이 아니므로, $Mv = v$가 되는 의미 있는 수렴 상태를 찾을 수 없다.

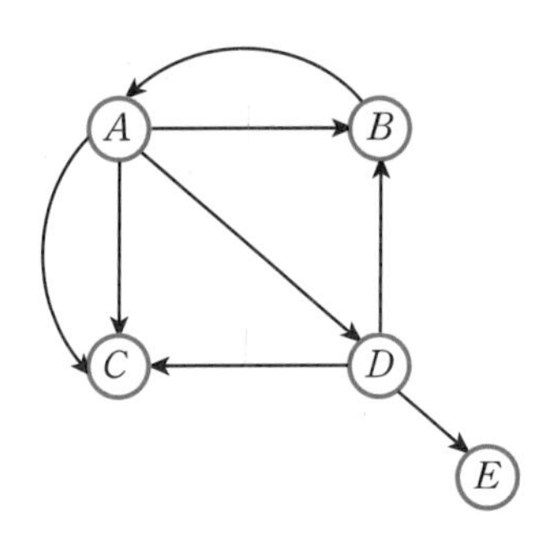

(a) 데드 엔드 노드를 포함한 그래프

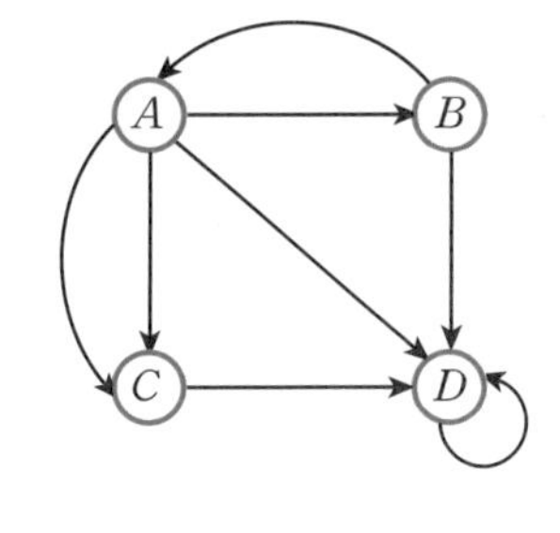

(b) 스파이더 트랩 노드를 포함한 그래프

[그림 8-6] **강한 연결이 아닌 그래프**

실제 웹에는 데드 엔드 노드나 스파이더 트랩 노드에 해당하는 웹 페이지가 있으므로, 전이확률 행렬 M의 고유벡터를 사용하여 각 웹 페이지의 중요도를 결정할 수 없다. 그래서 실제 웹 페이지의 중요도는 다음과 같은 계산 과정을 충분히 반복하여 결정한다.

$$v_{t+1} = \beta M v_t + \frac{1-\beta}{n} e$$

여기서 n은 전체 페이지의 수이고, $e = [1\ 1\ \cdots\ 1]^{\top}$이다. 그리고 β는 1보다는 작지만 1에 가까운 양수이다. 구글의 검색 엔진은 페이지랭크뿐만 아니라 다른 여러 요소를 함께 고려하여 검색된 웹 페이지의 중요도를 결정하며, 중요도가 높은 순으로 검색된 웹 페이지를 제공한다.

예제 8-21 웹 페이지의 중요도 계산

[그림 8-5]의 연결 관계를 갖는 웹 페이지 A, B, C, D의 중요도를 페이지랭크 방법으로 계산하라.

> **Tip**
> 전이확률 행렬의 고유벡터를 이용한다.

풀이

[그림 8-5]의 그래프에 대한 전이확률 행렬 M은 다음과 같다.

$$M = \begin{bmatrix} 0 & \frac{1}{2} & \frac{1}{2} & 0 \\ \frac{1}{3} & 0 & 0 & 1 \\ \frac{1}{3} & 0 & 0 & 0 \\ \frac{1}{3} & \frac{1}{2} & \frac{1}{2} & 0 \end{bmatrix}$$

M의 고윳값 1에 대한 고유벡터는 $\boldsymbol{v} = \begin{bmatrix} 3 \\ 5 \\ 1 \\ 4 \end{bmatrix}$이다. 중요도의 합이 1이어야 하므로, $\boldsymbol{v}$의 각 요소를 전체 요소의 합으로 나누면 다음과 같다.

$$\boldsymbol{v} \approx \begin{bmatrix} 0.23 \\ 0.38 \\ 0.08 \\ 0.31 \end{bmatrix}$$

따라서 웹 페이지 A, B, C, D의 중요도는 각각 0.23, 0.38, 0.08, 0.31이다.

Chapter

08 연습문제

Section 8.1

1. 다음 문장이 참인지 거짓인지 판단하고, 거짓인 경우 그 이유를 설명하라.

(a) 고윳값과 고유벡터는 정방행렬에 대해서만 정의된다.
(b) 고윳값은 복소수가 될 수 없다.
(c) 어떤 행렬의 특정 고윳값에 대한 고유벡터는 하나씩만 존재한다.
(d) 행렬 A의 고윳값이 1과 2일 때, 행렬 $2A$의 고윳값은 2와 4이다.
(e) 모든 n차 정방행렬은 n개의 고윳값을 갖는다.
(f) 정방행렬은 고윳값으로 0을 가질 수 있다.
(g) n차 정방행렬의 모든 성분이 실수이면, 고윳값도 실수이다.
(h) $\boldsymbol{x}$가 행렬 A의 고유벡터이면, $\boldsymbol{x}$는 A^2의 고유벡터이다.
(i) 어떤 λ에 대해서 $A\boldsymbol{x} = \lambda\boldsymbol{x}$이면, $\boldsymbol{x}$는 고유벡터이다.
(j) 행렬에 행 연산을 적용해도 고윳값은 동일하다.
(k) $(cI - A)\boldsymbol{x} = \boldsymbol{0}$가 비자명해를 갖는다면, c는 행렬 A의 고윳값이다.

2. 다음 벡터 $\boldsymbol{a}$와 $\boldsymbol{b}$가 행렬 A의 고유벡터인지 확인하라.

$$A = \begin{bmatrix} 1 & 4 \\ 2 & 3 \end{bmatrix}, \quad \boldsymbol{a} = \begin{bmatrix} 1 \\ 1 \end{bmatrix}, \quad \boldsymbol{b} = \begin{bmatrix} 2 \\ 1 \end{bmatrix}$$

3. 다음 벡터 $\boldsymbol{a}$와 $\boldsymbol{b}$가 행렬 A의 고유벡터인지 확인하라.

$$A = \begin{bmatrix} 3 & 0 \\ 2 & 2 \end{bmatrix}, \quad \boldsymbol{a} = \begin{bmatrix} 1 \\ 1 \end{bmatrix}, \quad \boldsymbol{b} = \begin{bmatrix} 0 \\ 1 \end{bmatrix}$$

4. 다음 행렬의 특성다항식을 구하라.

(a) $A = \begin{bmatrix} 2 & 1 \\ -1 & 0 \end{bmatrix}$

(b) $B = \begin{bmatrix} 2 & 27 & 0 \\ 0 & 4 & 40 \\ 0 & 3 & 30 \end{bmatrix}$

5. 다음 행렬 A의 고윳값을 구하라.

(a) $A=\begin{bmatrix}3 & 3\\3 & 1\end{bmatrix}$ (b) $A=\begin{bmatrix}1 & 5\\6 & 2\end{bmatrix}$

(c) $A=\begin{bmatrix}1 & 2 & 1\\6 & -1 & 0\\-1 & -2 & -1\end{bmatrix}$ (d) $A=\begin{bmatrix}1 & 2 & 3\\1 & 2 & 3\\1 & 2 & 3\end{bmatrix}$

6. 다음 행렬 A의 고윳값과 고유벡터를 구하라.

(a) $A=\begin{bmatrix}0 & 1\\-2 & -3\end{bmatrix}$ (b) $A=\begin{bmatrix}1 & -1\\2 & 4\end{bmatrix}$ (c) $A=\begin{bmatrix}1 & 2 & 2\\0 & 2 & 1\\-1 & 2 & 2\end{bmatrix}$

(d) $A=\begin{bmatrix}1 & 0 & -1\\1 & 2 & 1\\2 & 2 & 3\end{bmatrix}$ (e) $A=\begin{bmatrix}1 & -3 & 3\\3 & -5 & 3\\6 & -6 & 4\end{bmatrix}$ (f) $A=\begin{bmatrix}1 & -1 & 0\\-1 & 2 & -1\\0 & -1 & 1\end{bmatrix}$

7. 고윳값 1에 대한 고유벡터가 $\boldsymbol{v}=[1\ \ 0]^{\top}$인 2×2 행렬의 예를 들어라.

8. 고윳값 -1에 대한 고유벡터가 $\boldsymbol{v}=[2\ \ 3]^{\top}$인 2×2 행렬의 예를 들어라.

9. 다음 행렬 A의 각 고윳값에 대한 고유공간을 구하라.

$$A=\begin{bmatrix}1 & 0 & 2\\0 & 3 & 0\\2 & 0 & 1\end{bmatrix}$$

10. 행렬 A의 고윳값이 $\lambda_i\ (i=1,\ 2,\ \ldots,\ n)$이고, 행렬 B의 고윳값이 $\mu_i\ (i=1,\ 2,\ \cdots,\ n)$일 때, 행렬 AB의 행렬식을 구하라.

11. n차 정방행렬 A, B에 대해, AB와 BA는 동일한 고윳값을 가짐을 증명하라.

Section 8.2

12. 다음 문장이 참인지 거짓인지 판단하고, 거짓인 경우 그 이유를 설명하라.

(a) 대각행렬의 고윳값은 행렬의 주대각 성분이다.
(b) 3×3 행렬의 고윳값이 0, 2, 3이면, 이 행렬은 가역행렬이다.
(c) 행렬 A와 전치행렬 $A^{\top}$의 고윳값은 서로 같다.
(d) λ가 행렬 A의 고윳값, μ가 행렬 B의 고윳값일 때, $\lambda\mu$는 AB의 고윳값이다.
(e) λ가 행렬 A의 고윳값, μ가 행렬 B의 고윳값일 때, $\lambda+\mu$는 $A+B$의 고윳값이다.
(f) 행렬 A의 특성다항식이 $p(\lambda)=\lambda^4-3\lambda^3+2\lambda^2+6\lambda+12$이면, A의 행렬식은 12이다.

(g) v가 행렬 A의 고유벡터이면, v는 $A-2I$의 고유벡터이다.
(h) 3이 행렬 A의 고윳값이면, 5는 $A+2I$의 고윳값이다.
(i) 2가 행렬 A의 고윳값이면, 16은 A^4의 고윳값이다.
(j) v_1과 v_2가 행렬 A의 고유벡터이면서 선형독립이면, 이에 대응하는 고윳값은 서로 다르다.
(k) 행렬 A가 0을 고윳값으로 가지면, A는 비가역행렬이다.
(l) 행렬 A의 모든 고유벡터가 서로 다르면, A는 가역행렬이다.

13. 다음 행렬의 고윳값을 구하라.

(a) $A=\begin{bmatrix} 5 & 0 \\ 0 & 1 \end{bmatrix}$ (b) $B=\begin{bmatrix} 1 & 0 & 0 \\ 1 & 5 & 0 \\ -2 & 2 & 3 \end{bmatrix}$

14. 다음 행렬의 고윳값의 합을 구하라.

(a) $A=\begin{bmatrix} 1 & 4 \\ 5 & 1 \end{bmatrix}$ (b) $A=\begin{bmatrix} 1 & 3 & 4 \\ 4 & 2 & 5 \\ 2 & 3 & 3 \end{bmatrix}$

15. 다음 행렬의 고윳값과 행렬식을 구하라.

(a) $A=\begin{bmatrix} 2 & 4 \\ 5 & 1 \end{bmatrix}$ (b) $A=\begin{bmatrix} 1 & 2 & 9 \\ 12 & 11 & 2 \\ 0 & 0 & 4 \end{bmatrix}$

16. 다음과 같은 행렬 A에 대해, A^3의 고윳값을 구하라.

(a) $A=\begin{bmatrix} 3 & -2 \\ 1 & 0 \end{bmatrix}$ (b) $A=\begin{bmatrix} 6 & -3 & 5 \\ -1 & 4 & -5 \\ -3 & 3 & -4 \end{bmatrix}$

17. 다음 행렬 A에 대하여, 역행렬의 고윳값을 구하라.

(a) $A=\begin{bmatrix} 1 & 2 \\ 0 & 3 \end{bmatrix}$ (b) $A=\begin{bmatrix} 4 & 2 & 2 \\ 2 & 4 & 2 \\ 2 & 2 & 4 \end{bmatrix}$

18. 2×2 행렬 A에 대하여, $tr(A)=5$이고 $\det(A)=-14$일 때, A의 고윳값을 구하라.

19. 2×2 행렬 A에 대하여, $tr(A)=5$이고 $\det(A)=6$일 때, A의 고윳값을 구하라.

20. 다음 행렬 A의 고윳값이 $-2,\ 0,\ 2$일 때, $a+b$의 값을 구하라.

$$A=\begin{bmatrix}1 & 0 & 1\\ 4 & a & 3\\ 1 & 0 & b\end{bmatrix}$$

21. 다음 행렬 A의 행렬식을 구하라.

$$A=\begin{bmatrix}1 & 2 & 2\\ 1 & 2 & -1\\ 3 & -3 & 0\end{bmatrix}$$

22. 다음 행렬 A와 4×4 단위행렬 I에 대하여, 다항식 $p(\lambda)=\det(\lambda I-A)=0$의 모든 해의 합을 구하라.

$$A=\begin{bmatrix}1 & 1 & 0 & 1\\ 1 & 1 & 1 & 0\\ 0 & 1 & 1 & 1\\ 1 & 0 & 1 & 1\end{bmatrix}$$

23. 특성다항식이 $p(\lambda)=\lambda^3-4\lambda^2-4\lambda+16$인 3×3 행렬의 행렬식을 구하라.

24. 케일리-해밀턴 정리를 이용하여 다음 행렬 A의 역행렬을 구하라.

$$A=\begin{bmatrix}7 & 2 & -2\\ -6 & -1 & 2\\ 6 & 2 & -1\end{bmatrix}$$

25. 행렬 A가 다음과 같이 주어질 때, 케일리-해밀턴 정리를 이용하여 행렬 B의 고윳값과 고유벡터를 구하라.

$$A=\begin{bmatrix}1 & -1\\ 2 & 3\end{bmatrix},\quad B=A^4-3A^3+3A^2-2A+8I$$

26. 다음 행렬 A에 대하여, A^{200}을 구하라.

$$A=\begin{bmatrix}3 & -2\\ 2 & -3\end{bmatrix}$$

27. 다음 행렬 A에 대해, $3A^3-2A^2+A+4I$의 고윳값을 구하라.

$$A=\begin{bmatrix}1 & 0 & 1\\ 2 & 2 & 0\\ 8 & 0 & 3\end{bmatrix}$$

28. 행렬 A가 가역이고 $\boldsymbol{x}$가 0이 아닌 고윳값에 대응하는 A의 고유벡터이면, $\boldsymbol{x}$는 A^{-1}의 고유벡터임을 보여라.

29. n차 정방행렬 A가 고윳값으로 0을 가지면, A가 가역행렬이 아님을 보여라.

Section 8.3

30. 다음 문장이 참인지 거짓인지 판단하고, 거짓인 경우 그 이유를 설명하라.

(a) 주성분 분석을 할 때 데이터의 평균벡터를 영벡터로 변환한다.

(b) 주성분 분석에서는 데이터의 공분산 행렬로부터 고윳값이 큰 순서대로 고유벡터를 선택한다.

(c) 주성분 분석의 결과에서 가장 큰 고윳값에 대한 고유벡터가 가장 많은 정보를 나타낼 수 있다.

(d) 페이지랭크 알고리즘은 어떠한 그래프에 대해서도 확률의 합이 1인 분포로 수렴하는 결과를 만든다.

(e) 스파이더 트랩 노드가 있는 그래프에 대해, 페이지랭크 알고리즘을 적용하면 확률의 합이 1인 분포로 수렴한다.

31. 다음 5개의 데이터에 대한 평균벡터와 공분산 행렬을 구하라.

$$\boldsymbol{x}_1 = \begin{bmatrix} 1 \\ 3 \end{bmatrix},\ \boldsymbol{x}_2 = \begin{bmatrix} -2 \\ 2 \end{bmatrix},\ \boldsymbol{x}_3 = \begin{bmatrix} 3 \\ 4 \end{bmatrix},\ \boldsymbol{x}_4 = \begin{bmatrix} 0 \\ 6 \end{bmatrix},\ \boldsymbol{x}_5 = \begin{bmatrix} 3 \\ 0 \end{bmatrix}$$

32. [연습문제 31]의 데이터에 주성분 분석을 하여 1차원으로 변환할 때 주성분 축으로 사용되는 벡터를 구하라.

33. 다음 그래프에 페이지랭크 알고리즘을 적용할 때의 전이확률 행렬을 구하고, 각 노드의 중요도를 결정하라.

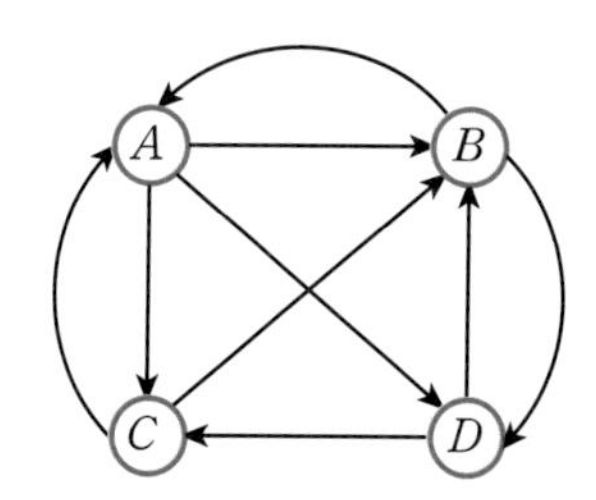

Chapter

08 프로그래밍 실습

1. 다음 행렬 A와 B의 고윳값과 고유벡터를 출력하라. 연계 : 8.1절

$$A = \begin{bmatrix} 2 & 3 \\ 3 & -6 \end{bmatrix} \qquad B = \begin{bmatrix} 5 & 2 & 0 \\ 2 & 5 & 0 \\ -3 & 4 & 6 \end{bmatrix}$$

문제 해석

numpy의 linalg 서브패키지에 있는 eig( ) 함수를 사용하여 고윳값과 고유벡터를 구한다. eig( ) 함수는 고윳값은 벡터의 형태로, 고유벡터는 고유벡터 행렬의 형태로 반환하는데, 고유벡터는 단위벡터로 정규화되어 있다. 실수인 고윳값이 존재하지 않는 행렬에 대해서는 복소수인 고윳값과 고유벡터를 반환한다.

코딩 실습

【 파이썬 코드 】

```
1    import numpy as np
2
3    A = np.array([[2, 3], [3, -6]])
4    w1, V1 = np.linalg.eig(A)   # A의 고윳값과 고유벡터 계산
5
6    print("A의 고윳값 = ", w1)
7    print("A의 고유벡터 = ", V1)
8
9    B = np.array([[5,2,0], [2,5,0], [-3,4,6]])
10   w2, V2 = np.linalg.eig(B)   # B의 고윳값과 고유벡터 계산
11
12   print("\nB의 고윳값 = ", w2)
13   print("B의 고유벡터 = ", V2)
```

프로그램 설명

4, 10행의 eig( ) 함수가 반환하는 고유벡터 행렬의 열은 각각 A, B의 고유벡터이다. A의 고윳값 3에 대한 고유벡터는 $\begin{bmatrix} 0.9486833 \\ 0.31622777 \end{bmatrix}$, 고윳값 -7에 대한 고유벡터는 $\begin{bmatrix} -0.31622777 \\ 0.9486833 \end{bmatrix}$이다. 한편, B의 고윳값 6에 대한 고유벡터는 $\begin{bmatrix} 0 \\ 0 \\ 1 \end{bmatrix}$, 고윳값 7에 대한 고유벡터는 $\begin{bmatrix} 0.57735027 \\ 0.57735027 \\ 0.57735027 \end{bmatrix}$, 고윳값 3에 대한 고유벡터는 $\begin{bmatrix} 0.36650833 \\ -0.36650833 \\ 0.85518611 \end{bmatrix}$이다. 수치 계

산의 오차로 인해 고윳값과 고유벡터는 미세하게 다른 값이 나올 수 있다.

2. https://archive.ics.uci.edu/ml/machine-learning-databases/iris/iris.data에서 4차원 데이터인 붓꽃[iris] 데이터를 읽고, 주성분 분석(PCA)을 적용하여 2차원 데이터로 차원 축소를 한 결과를 출력하라. 연계 : 8.3절

〈출처〉 https://www.pixabay.com

붓꽃 데이터는 유명한 통계학자이자 생물학자인 로널드 피셔[Ronald Fisher]가 캐나다 퀘벡 주에서 관측한 붓꽃 모양에 대한 데이터로, 통계학 및 머신러닝에서 사용하는 대표적인 벤치마크 데이터 중 하나이다. 붓꽃 데이터는 4가지 속성(꽃받침[sepal]의 길이와 너비, 꽃잎[petal]의 길이와 너비)을 갖는 3가지 종류의 붓꽃(부채붓꽃[iris-setosa], 북방푸른꽃창포[iris-versicolor], 버지니카 붓꽃[iris-virginica])에 대한 데이터로 구성된다.

문제 해석

온라인에 있는 데이터를 가져와 처리하기 위해 pandas 패키지를 설치하고, 주성분 분석을 위해 sklearn 패키지를 설치한다.

```
> pip install pandas
> pip install sklearn
```

주성분 분석을 위해 sklearn에서 제공하는 PCA( )를 사용한다. 주성분 분석을 하려면 데이터의 평균벡터가 영벡터이어야 하므로 전처리 과정에서 데이터의 평균벡터를 영벡터로 만드는 처리를 한다. 이를 위해 sklearn에서 제공하는 StandardScaler( )를 사용한다.

코딩 실습

【 파이썬 코드 】

```
1   import numpy as np
2   import matplotlib.pyplot as plt
3   from sklearn.decomposition import PCA
4   import pandas as pd
5   from sklearn.preprocessing import StandardScaler
6
7   # iris 데이터의 위치 URL
8   url = "https://archive.ics.uci.edu/ml/machine-learning-databases/iris/iris.data"
9   # Pandas DataFrame으로 읽어들이기
10  df = pd.read_csv(url, names=['sepal length','sepal width','petal length','petal width','target'])
11
12  nrow, ncol = df.shape
13  print("Iris data set :", nrow, "records with", ncol, "attributes\n")
14  print("First 5 records in iris data\n", df.head(5))
```

```
15  features = ['sepal length', 'sepal width', 'petal length', 'petal width']
16  x = df.loc[:, features].values          # 데이터의 속성값
17  y = df.loc[:,['target']].values         # 데이터의 부류
18  x = StandardScaler().fit_transform(x)  # 평균 0, 분산 1인 데이터로 변환
19
20  pca = PCA(n_components=2)                # PCA를 적용하여 2개의 주성분만 추출
21  principalComponents = pca.fit_transform(x)
22                                   # 주성분 축 2개를 이용하여 2차원 데이터로 변환
23  print("\nFirst principal axis:", pca.components_[0])
24  print("Second principal axis:", pca.components_[1])
25
26  principalDf = pd.DataFrame(data = principalComponents,
27              columns = ['principal component 1', 'principal component 2'])
28  finalDf = pd.concat([principalDf, df[['target']]], axis = 1)
29
30  print("\nFirst 5 Transformed records\n", finalDf.head(5))
31  fig = plt.figure(figsize = (8,8))
32  ax = fig.add_subplot(1,1,1)
33  ax.set_xlabel('principal component 1', fontsize = 12)
34  ax.set_ylabel('principal component 2', fontsize = 12)
35  ax.set_title('PCA with 2 components', fontsize = 15)
36
37  targets = ['Iris-setosa', 'Iris-versicolor', 'Iris-virginica'] # iris 데이터의 부류 이름
38  colors = ['r', 'g', 'b']   # 부류별로 지정된 색상
39  for target, color in zip(targets,colors):
40      indicesToKeep = finalDf['target'] == target
41      ax.scatter(finalDf.loc[indicesToKeep, 'principal component 1']
42        , finalDf.loc[indicesToKeep, 'principal component 2'], c = color, s = 40)
43  ax.legend(targets)
44  ax.grid()
45  fig.show()
```

프로그램 설명

10행은 pandas의 read_csv( ) 함수를 사용하여 주어진 url의 파일을 읽는 역할을 한다. 18행은 StandardScaler( )의 fit_transform(x) 함수를 사용하여 속성값을 평균 0, 분산 1인 데이터로 변환한다. 20행은 2개의 주성분을 추출하는 주성분 분석을 하는 객체를 만든다. 21행의 fit_transform(x)는 주어진 데이터 x에 대해 주성분 분석을 하고, 고윳값이 가장 큰 2개의 주성분 축에 대해 데이터를 투영하여 변환하는 역할을 한다. 26~28행은 변환된 데이터를 읽어 데이터프레임 finalDf에 저장한다. 31~45행은 붓꽃을 부류별로 색상을 다르게 나타내 2차원 평면에서 산점도scatter plot를 보여준다.

Chapter

09

직교성

Orthogonality

Contents

다시보기 Review

■ 기저

벡터공간 V를 생성하는 선형독립인 벡터의 집합을 기저라 한다. $\mathbb{R}^n$ 공간의 대표적인 기저는 $n \times n$ 단위행렬의 각 열벡터를 기저벡터로 하는 표준기저이며, 이때 각 기저벡터를 $\boldsymbol{e}_i$로 나타낸다. 기저에 있는 벡터 개수를 해당 벡터공간의 차원이라 한다. 벡터공간의 기저가 바뀌면, 벡터는 변환된 기저를 기준으로 표현해야 한다. 예를 들어, 회전에 대한 선형변환은 기저를 변환하는 상황으로 볼 수 있다.

■ 부분공간

벡터공간의 성질을 만족하는 부분집합을 부분공간이라 한다. 선형변환에서는 각각 정의역과 공역에 해당하는 벡터공간이 있다. 선형변환의 대표적인 부분공간으로 열공간, 영공간, 행공간, 좌영공간 등이 있다. 열공간은 공역의 부분공간으로 정의역의 벡터가 사상되는 치역이다. 영공간은 공역의 영벡터에 사상되는 정의역의 부분공간이다. 행공간은 선형변환하는 행렬의 행벡터가 생성하는 정의역의 부분공간이다. 좌영공간은 선형변환하는 행렬의 전치행렬에 대한 영공간으로 공역의 부분공간이다.

■ 벡터의 내적과 정사영

$\mathbb{R}^n$ 공간에서 임의의 두 벡터 $\boldsymbol{x}$와 $\boldsymbol{y}$의 내적은 $\boldsymbol{x} \cdot \boldsymbol{y} = \|\boldsymbol{x}\|\|\boldsymbol{y}\|\cos\theta$의 관계를 만족한다. 벡터 $\boldsymbol{x}$의 $\boldsymbol{y}$ 방향의 성분을 $\boldsymbol{x}$의 $\boldsymbol{y}$ 위로의 정사영이라 하고 $\mathrm{proj}_{\boldsymbol{y}}\boldsymbol{x}$로 나타낸다. 이때 $\mathrm{proj}_{\boldsymbol{y}}\boldsymbol{x}$는 $\mathrm{proj}_{\boldsymbol{y}}\boldsymbol{x} = \dfrac{\boldsymbol{x} \cdot \boldsymbol{y}}{\boldsymbol{y} \cdot \boldsymbol{y}}\boldsymbol{y}$로 계산할 수 있다.

■ 연립선형방정식의 불능과 부정

연립선형방정식이 해를 갖지 않으면, 이 연립선형방정식은 불능 또는 모순이라고 한다. 연립선형방정식이 무수히 많은 해를 가지면, 이 연립선형방정식은 부정이라고 한다.

미리보기 Overview

■ 직교를 왜 배워야 하는가?

직교는 내적 연산 결과가 0인 경우를 말한다. 벡터는 기저로 표현할 수 있는데, 이때 기저 벡터가 서로 직교하면 벡터의 표현, 연산, 분해가 간단해진다. 또한 벡터를 부분공간에서 근사적으로 표현할 때 직교 개념이 중요하게 사용된다. 한편, 해가 존재하지 않는 연립선형방정식의 근사해를 찾는 데 직교의 성질을 이용한다. 이밖에도 여러 공학 이론을 전개할 때 직교 개념을 사용한다.

■ 직교의 응용 분야는?

직교 개념은 벡터를 좌표벡터로 표현하기 위한 기저변환, 벡터의 부분공간에 대한 정사영 등 여러 이론 전개에 활용된다. 벡터를 부분공간에서 근사적으로 표현함으로써, 벡터 또는 데이터의 차원 축소, 불능인 연립선형방정식의 근사해 계산 등이 가능하다. 또한 데이터를 표현하는 함수를 찾는 선형 회귀, 신호를 주기함수로 표현하는 푸리에 변환 등에서 직교의 성질이 응용된다.

■ 이 장에서 배우는 내용은?

벡터공간에서 직교기저를 사용하면 벡터를 유일하게 표현할 수 있다. 이 장에서는 직교기저와 정규직교기저의 개념을 소개하고, 복소벡터공간에서의 내적과 직교에 대해 알아본다. 그리고 벡터를 부분공간 위로 정사영하여 분해하고 표현하는 방법을 살펴본다. 또한 선형독립인 기저로부터 직교기저를 만드는 그람-슈미트 과정을 살펴보고, 이를 통해 행렬을 분해하여 표현하는 QR 분해를 알아본다. 다음으로 해가 존재하지 않는 행렬방정식의 최적근사해를 찾는 최소제곱해 문제를 소개하고, 직교 개념을 응용한 선형 회귀와 푸리에 해석을 다룬다.

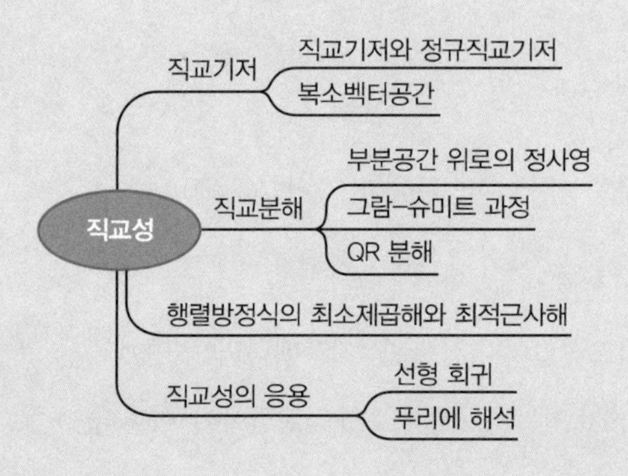

SECTION 9.1 직교기저

기저는 벡터공간을 생성하는 벡터의 집합이다. 따라서 벡터공간의 벡터는 기저의 선형결합으로 표현할 수 있다. 이 절에서는 바람직한 기저의 특성인 직교에 대해 알아본다.

직교기저와 정규직교기저

두 벡터의 내적이 0이면 두 벡터는 서로 직교한다고 한다. 직교기저를 살펴보기 전에 직교집합에 대해 알아보자.

정의 9-1 직교집합과 정규직교집합

벡터 $\mathbf{x}_1, \mathbf{x}_2, \cdots, \mathbf{x}_k$로 구성된 집합 $S = \{\mathbf{x}_1, \mathbf{x}_2, \cdots, \mathbf{x}_k\}$의 각 벡터가 서로 직교하면, S를 **직교집합** orthogonal set이라 한다. 이때 직교집합의 모든 벡터가 단위벡터이면 **정규직교집합** orthonormal set이라 한다.

예제 9-1 직교집합 및 정규직교집합 판별

다음 벡터 $\mathbf{x}_1$, $\mathbf{x}_2$, $\mathbf{x}_3$로 구성된 집합 $S = \{\mathbf{x}_1, \mathbf{x}_2, \mathbf{x}_3\}$가 직교집합인지, 정규직교집합인지 확인하라.

$$\mathbf{x}_1 = \begin{bmatrix} -3 \\ 1 \\ 2 \end{bmatrix} \qquad \mathbf{x}_2 = \begin{bmatrix} 2 \\ 4 \\ 1 \end{bmatrix} \qquad \mathbf{x}_3 = \begin{bmatrix} 1 \\ -1 \\ 2 \end{bmatrix}$$

Tip
벡터 간의 내적이 0인지 먼저 확인하고, 각 벡터의 노름이 1인지 확인한다.

풀이

각 벡터의 내적을 쌍별로 계산하면 다음과 같이 모두 0이다.

$$\mathbf{x}_1 \cdot \mathbf{x}_2 = 0 \qquad \mathbf{x}_1 \cdot \mathbf{x}_3 = 0 \qquad \mathbf{x}_2 \cdot \mathbf{x}_3 = 0$$

따라서 집합 S는 직교집합이다. 반면 각 벡터의 노름 즉, 크기는 $\|\mathbf{x}_1\| = \sqrt{14}$, $\|\mathbf{x}_2\| = \sqrt{21}$, $\|\mathbf{x}_3\| = \sqrt{6}$ 이므로, S는 정규직교집합이 아니다.

예제 9-2 **정규직교집합 판별**

다음 벡터 $\boldsymbol{x}_1$, $\boldsymbol{x}_2$, $\boldsymbol{x}_3$로 구성된 집합 $S = \{\boldsymbol{x}_1, \boldsymbol{x}_2, \boldsymbol{x}_3\}$가 정규직교집합인지 확인하라.

$$\boldsymbol{x}_1 = \begin{bmatrix} -2/\sqrt{6} \\ 1/\sqrt{6} \\ -1/\sqrt{6} \end{bmatrix} \qquad \boldsymbol{x}_2 = \begin{bmatrix} 0 \\ 1/\sqrt{2} \\ 1/\sqrt{2} \end{bmatrix} \qquad \boldsymbol{x}_3 = \begin{bmatrix} 1/\sqrt{3} \\ -1/\sqrt{3} \\ 1/\sqrt{3} \end{bmatrix}$$

Tip
벡터 간의 내적이 0이고, 각 벡터의 노름이 1인지 확인한다.

풀이

각 벡터의 내적을 쌍별로 계산하면 다음과 같이 모두 0이므로 이들은 서로 직교한다.

$$\boldsymbol{x}_1 \cdot \boldsymbol{x}_2 = 0 \qquad \boldsymbol{x}_1 \cdot \boldsymbol{x}_3 = 0 \qquad \boldsymbol{x}_2 \cdot \boldsymbol{x}_3 = 0$$

한편, $\|\boldsymbol{x}_1\| = 1$, $\|\boldsymbol{x}_2\| = 1$, $\|\boldsymbol{x}_3\| = 1$이므로, S는 정규직교집합이다.

두 벡터가 직교하면 이들 벡터는 선형독립이다. [정리 9-1]은 직교집합에서도 선형독립에 관한 성질이 성립함을 보여준다.

정리 9-1 **직교집합과 선형독립**

영벡터 아닌 벡터의 집합 $S = \{\boldsymbol{x}_1, \boldsymbol{x}_2, \cdots, \boldsymbol{x}_k\}$가 직교집합이면, S의 벡터는 선형독립이다.

증명

$S = \{\boldsymbol{x}_1, \boldsymbol{x}_2, \cdots, \boldsymbol{x}_k\}$가 직교집합이고, $\alpha_1\boldsymbol{x}_1 + \alpha_2\boldsymbol{x}_2 + \cdots + \alpha_k\boldsymbol{x}_k = \boldsymbol{0}$를 만족하는 $\alpha_1, \alpha_2, \cdots, \alpha_k$가 있다고 가정하자. 이때 α_i가 모두 0이어야 한다면 S는 선형독립이다. S에 있는 임의의 벡터 $\boldsymbol{x}_i$와 위 벡터방정식의 내적을 계산해보자.

$$\begin{aligned} 0 &= \boldsymbol{x}_i \cdot (\alpha_1\boldsymbol{x}_1 + \alpha_2\boldsymbol{x}_2 + \cdots + \alpha_k\boldsymbol{x}_k) \\ &= \alpha_1(\boldsymbol{x}_i \cdot \boldsymbol{x}_1) + \cdots + \alpha_i(\boldsymbol{x}_i \cdot \boldsymbol{x}_i) + \alpha_k(\boldsymbol{x}_i \cdot \boldsymbol{x}_k) \\ &= \alpha_i\|\boldsymbol{x}_i\|^2 \end{aligned}$$

S의 모든 벡터 $\boldsymbol{x}_i$는 영벡터가 아니므로 $\|\boldsymbol{x}_i\| \neq 0$이다. 따라서 위 식이 성립하려면 $\alpha_i = 0$이어야 한다. 위 식은 S의 모든 벡터 $\boldsymbol{x}_i$에 대해 성립하므로, $\alpha_1\boldsymbol{x}_1 + \alpha_2\boldsymbol{x}_2 + \cdots \alpha_k\boldsymbol{x}_k = \boldsymbol{0}$이면 $\alpha_1 = \alpha_2 = \cdots = \alpha_k = 0$이다. 따라서 직교집합 S의 벡터는 선형독립이다.

■

정의 9-2 직교기저와 정규직교기저

어떤 벡터공간의 기저 B가 직교집합이면 B를 **직교기저**orthogonal basis라고 한다. 한편, 정규직교집합인 기저는 **정규직교기저**orthonormal basis라고 한다.

실벡터공간 $\mathbb{R}^n$의 표준기저 $B = \{\boldsymbol{e}_1, \boldsymbol{e}_2, \cdots, \boldsymbol{e}_k\}$는 대표적인 정규직교기저이다. 표준기저 B에서 $\boldsymbol{e}_i$는 i번째 성분만 1이고 나머지는 0인 벡터이다. $\mathbb{R}^2$와 $\mathbb{R}^3$의 표준기저는 다음 [그림 9-1]과 같이 2차원 평면과 3차원 공간에서 각 축 방향의 단위벡터를 나타낸다. $\mathbb{R}^3$ 공간의 단위벡터 $\boldsymbol{e}_1, \boldsymbol{e}_2, \boldsymbol{e}_3$는 각각 $\boldsymbol{i}, \boldsymbol{j}, \boldsymbol{k}$로 나타내기도 한다.

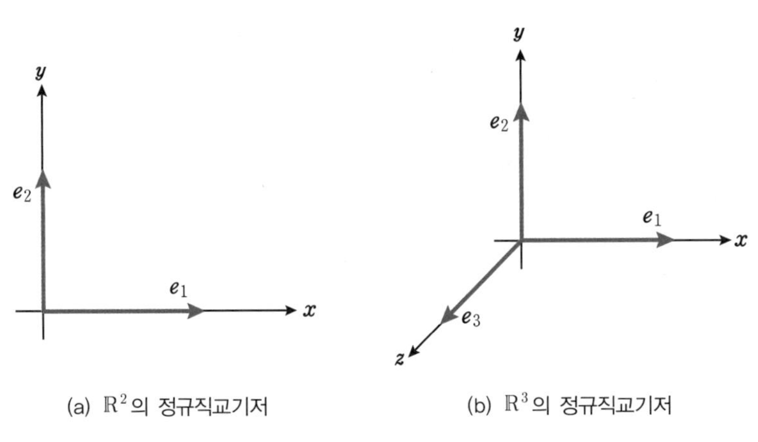

[그림 9-1] $\mathbb{R}^2$와 $\mathbb{R}^3$의 정규직교기저

정리 9-2 직교기저를 이용한 벡터 표현의 유일성

벡터 $\boldsymbol{v}$를 직교기저 $B = \{\boldsymbol{b}_1, \boldsymbol{b}_2, \cdots, \boldsymbol{b}_n\}$의 선형결합으로 표현하는 방법은 유일하다. 벡터 $\boldsymbol{v}$를 $B = \{\boldsymbol{b}_1, \boldsymbol{b}_2, \cdots, \boldsymbol{b}_n\}$의 선형결합 $\boldsymbol{v} = \sum_{i=1}^{n} c_i \boldsymbol{b}_i$로 표현하면 $c_i = \dfrac{\boldsymbol{v} \cdot \boldsymbol{b}_i}{\boldsymbol{b}_i \cdot \boldsymbol{b}_i}$이다.

증명

벡터 $\boldsymbol{v}$가 다음과 같이 직교기저 $B = \{\boldsymbol{b}_1, \boldsymbol{b}_2, \cdots, \boldsymbol{b}_n\}$의 선형결합으로 표현된다고 하자.

$$\boldsymbol{v} = c_1\boldsymbol{b}_1 + c_2\boldsymbol{b}_2 + \cdots + c_n\boldsymbol{b}_n$$

B는 직교기저이므로, $i \neq j$일 때 $\boldsymbol{b}_i \cdot \boldsymbol{b}_j = 0$이다. 따라서 임의의 i에 대해 다음 식이 성립한다.

$$\boldsymbol{v} \cdot \boldsymbol{b}_i = (c_1\boldsymbol{b}_1 + c_2\boldsymbol{b}_2 + \cdots + c_i\boldsymbol{b}_i + \cdots + c_n\boldsymbol{b}_n) \cdot \boldsymbol{b}_i = c_i(\boldsymbol{b}_i \cdot \boldsymbol{b}_i)$$

따라서 기저벡터 $\boldsymbol{b}_i$의 계수 c_i는 다음과 같이 결정된다.

$$c_i = \frac{\boldsymbol{v} \cdot \boldsymbol{b}_i}{\boldsymbol{b}_i \cdot \boldsymbol{b}_i}$$

이와 같이 벡터를 직교기저의 선형결합으로 표현할 때 각 계수가 하나의 값으로 결정된다. 따라서 벡터를 직교기저의 선형결합으로 표현하는 방법은 유일하다.

■

예제 9-3 직교기저를 이용한 벡터의 선형결합 표현

다음과 같은 직교기저 $B = \{\boldsymbol{b}_1, \boldsymbol{b}_2, \boldsymbol{b}_3\}$와 벡터 $\boldsymbol{v}$가 있을 때, 벡터 $\boldsymbol{v}$를 직교기저 B를 사용하여 표현하라.

Tip
[정리 9-2]를 이용한다.

$$\boldsymbol{b}_1 = \begin{bmatrix} 3 \\ 1 \\ 1 \end{bmatrix} \quad \boldsymbol{b}_2 = \begin{bmatrix} -1 \\ 2 \\ 1 \end{bmatrix} \quad \boldsymbol{b}_3 = \begin{bmatrix} -1/2 \\ -2 \\ 7/2 \end{bmatrix} \quad \boldsymbol{v} = \begin{bmatrix} 6 \\ 1 \\ -8 \end{bmatrix}$$

풀이

벡터 $\boldsymbol{v}$를 $\boldsymbol{v} = c_1\boldsymbol{b}_1 + c_2\boldsymbol{b}_2 + c_3\boldsymbol{b}_3$ 형태의 선형결합으로 표현해보자. [정리 9-2]에 따라 계수 c_i를 $c_i = \dfrac{\boldsymbol{v} \cdot \boldsymbol{b}_i}{\boldsymbol{b}_i \cdot \boldsymbol{b}_i}$로 구하면 다음과 같은 선형결합으로 표현할 수 있다.

$$\begin{aligned} \boldsymbol{v} &= c_1\boldsymbol{b}_1 + c_2\boldsymbol{b}_2 + c_3\boldsymbol{b}_3 = \frac{\boldsymbol{v} \cdot \boldsymbol{b}_1}{\boldsymbol{b}_1 \cdot \boldsymbol{b}_1}\boldsymbol{b}_1 + \frac{\boldsymbol{v} \cdot \boldsymbol{b}_2}{\boldsymbol{b}_2 \cdot \boldsymbol{b}_2}\boldsymbol{b}_2 + \frac{\boldsymbol{v} \cdot \boldsymbol{b}_3}{\boldsymbol{b}_3 \cdot \boldsymbol{b}_3}\boldsymbol{b}_3 \\ &= \frac{11}{11}\boldsymbol{b}_1 + \frac{-12}{6}\boldsymbol{b}_2 + \frac{-33}{33/2}\boldsymbol{b}_3 \\ &= \boldsymbol{b}_1 - 2\boldsymbol{b}_2 - 2\boldsymbol{b}_3 \end{aligned}$$

[정리 9-2]에서는 벡터를 직교기저의 선형결합으로 표현하는 방법을 살펴봤다. 이때 [정리 9-3]과 같이 정규직교기저를 사용하면 벡터를 더 쉽게 선형결합으로 표현할 수 있다.

정리 9-3 정규직교기저를 이용한 벡터 표현

벡터 $\boldsymbol{v}$를 정규직교기저 $B = \{\boldsymbol{u}_1, \boldsymbol{u}_2, \cdots, \boldsymbol{u}_n\}$의 선형결합인 $\boldsymbol{v} = \sum_{i=1}^{n} c_i\boldsymbol{u}_i$로 표현하면, $c_i = \boldsymbol{v} \cdot \boldsymbol{u}_i$이다.

증명

B가 정규직교기저이므로 $i = j$이면 $\boldsymbol{u}_i \cdot \boldsymbol{u}_j = 1$이고, $i \neq j$이면 $\boldsymbol{u}_i \cdot \boldsymbol{u}_j = 0$이다. 벡터 $\boldsymbol{v}$를 선형결합인 $\boldsymbol{v} = \sum_{i=1}^{n} c_i\boldsymbol{u}_i$로 표현한다고 하자. 임의의 k에 대해 $\boldsymbol{v}$와 $\boldsymbol{u}_k$의 내적을 구

하면 다음과 같다.

$$\boldsymbol{v} \cdot \boldsymbol{u}_k = \left(\sum_{i=1}^{n} c_i \boldsymbol{u}_i\right) \cdot \boldsymbol{u}_k = \sum_{i=1}^{n} c_i \boldsymbol{u}_i \cdot \boldsymbol{u}_k = c_k$$

따라서 벡터 $\boldsymbol{v}$의 선형결합 표현 $\boldsymbol{v} = \sum_{i=1}^{n} c_i \boldsymbol{u}_i$에서 계수 c_i는 $c_i = \boldsymbol{v} \cdot \boldsymbol{u}_i$이다.

■

예제 9-4 정규직교기저를 이용한 벡터 표현

다음 벡터 $\boldsymbol{v}$를 정규직교기저 $B = \{\boldsymbol{u}_1, \boldsymbol{u}_2, \boldsymbol{u}_3\}$를 사용하여 표현하라.

> **Tip**
> [정리 9-3]을 이용한다.

$$\boldsymbol{u}_1 = \begin{bmatrix} -2/\sqrt{6} \\ 1/\sqrt{6} \\ -1/\sqrt{6} \end{bmatrix} \qquad \boldsymbol{u}_2 = \begin{bmatrix} 0 \\ 1/\sqrt{2} \\ 1/\sqrt{2} \end{bmatrix} \qquad \boldsymbol{u}_3 = \begin{bmatrix} 1/\sqrt{3} \\ -1/\sqrt{3} \\ 1/\sqrt{3} \end{bmatrix} \qquad \boldsymbol{v} = \begin{bmatrix} 1 \\ 2 \\ 3 \end{bmatrix}$$

풀이

벡터 $\boldsymbol{v}$를 $\boldsymbol{v} = c_1\boldsymbol{u}_1 + c_2\boldsymbol{u}_2 + c_3\boldsymbol{u}_3$ 형태의 선형결합으로 표현해보자. [정리 9-3]에 따라 계수 c_i를 $c_i = \boldsymbol{v} \cdot \boldsymbol{u}_i$로 구하면, 다음과 같은 선형결합으로 표현할 수 있다.

$$\boldsymbol{v} = c_1\boldsymbol{u}_1 + c_2\boldsymbol{u}_2 + c_3\boldsymbol{u}_3 = (\boldsymbol{v} \cdot \boldsymbol{u}_1)\boldsymbol{u}_1 + (\boldsymbol{v} \cdot \boldsymbol{u}_2)\boldsymbol{u}_2 + (\boldsymbol{v} \cdot \boldsymbol{u}_3)\boldsymbol{u}_3$$

선형결합에서 계수를 각각 구하면 다음과 같다.

$$c_1 = \boldsymbol{v} \cdot \boldsymbol{u}_1 = -\frac{3}{\sqrt{6}}, \qquad c_2 = \boldsymbol{v} \cdot \boldsymbol{u}_2 = \frac{5}{\sqrt{2}}, \qquad c_3 = \boldsymbol{v} \cdot \boldsymbol{u}_3 = \frac{2}{\sqrt{3}}$$

따라서 벡터 $\boldsymbol{v}$는 다음과 같이 표현할 수 있다.

$$\boldsymbol{v} = -\frac{3}{\sqrt{6}}\boldsymbol{u}_1 + \frac{5}{\sqrt{2}}\boldsymbol{u}_2 + \frac{2}{\sqrt{3}}\boldsymbol{u}_3$$

정규직교기저의 선형결합으로 표현한 두 벡터의 내적은 [정리 9-4]와 같이 간단히 구할 수 있다.

정리 9-4 정규직교기저로 표현한 벡터의 내적

증명

정규직교기저 $B = \{\boldsymbol{u}_1, \boldsymbol{u}_2, \cdots, \boldsymbol{u}_n\}$의 선형결합으로 표현한 벡터 $\boldsymbol{v} = \sum_{i=1}^{n} c_i\boldsymbol{u}_i$와 $\boldsymbol{w} = \sum_{i=1}^{n} d_i\boldsymbol{u}_i$의 내적은 $\boldsymbol{v} \cdot \boldsymbol{w} = \sum_{i=1}^{n} c_i d_i$이다.

예제 9-5 정규직교기저로 표현한 벡터의 내적

다음과 같이 정규직교기저 $B=\{\boldsymbol{u}_1, \boldsymbol{u}_2, \boldsymbol{u}_3\}$를 사용하여 표현한 벡터 $\boldsymbol{v}$와 $\boldsymbol{w}$의 내적을 구하라.

> **Tip**
> [정리 9-4]를 이용하여 내적을 계산한다.

$$\boldsymbol{v}=3\boldsymbol{u}_1+4\boldsymbol{u}_2+2\boldsymbol{u}_3$$
$$\boldsymbol{w}=2\boldsymbol{u}_1-4\boldsymbol{u}_2+3\boldsymbol{u}_3$$

풀이

[정리 9-4]에 따르면 $\boldsymbol{v}\cdot\boldsymbol{w}=\sum_{i=1}^{n} c_i d_i$이므로, $\boldsymbol{v}\cdot\boldsymbol{w}$는 다음과 같이 구할 수 있다.

$$\boldsymbol{v}\cdot\boldsymbol{w}=3\cdot 2+4\cdot(-4)+2\cdot 3=-4$$

정규직교기저 $B=\{\boldsymbol{u}_1, \boldsymbol{u}_2, \cdots, \boldsymbol{u}_n\}$을 순서기저로 사용하여, 벡터 $\boldsymbol{v}$를 B의 선형결합인 $\boldsymbol{v}=\sum_{i=1}^{n} c_i\boldsymbol{u}_i$로 표현할 때, $\boldsymbol{v}$의 좌표벡터는 $[\boldsymbol{v}]_B=\begin{bmatrix} c_1 \\ c_2 \\ \vdots \\ c_n \end{bmatrix}$이다.

[정리 9-4]에서 살펴본 정규직교기저 B의 선형결합으로 표현한 두 벡터 $\boldsymbol{v}=\sum_{i=1}^{n} c_i\boldsymbol{u}_i$와 $\boldsymbol{w}=\sum_{i=1}^{n} d_i\boldsymbol{u}_i$의 내적 $\boldsymbol{v}\cdot\boldsymbol{w}$는 $\boldsymbol{v}$의 좌표벡터 $[\boldsymbol{v}]_B$와 $\boldsymbol{w}$의 좌표벡터 $[\boldsymbol{w}]_B$의 내적으로 다음과 같이 표현할 수 있다.

$$\boldsymbol{v}\cdot\boldsymbol{w}=[\boldsymbol{v}]_B\cdot[\boldsymbol{w}]_B=\begin{bmatrix} c_1 \\ c_2 \\ \vdots \\ c_n \end{bmatrix}\cdot\begin{bmatrix} d_1 \\ d_2 \\ \vdots \\ d_n \end{bmatrix}=\sum_{i=1}^{n} c_i d_i$$

예제 9-6 정규직교기저에 대한 좌표벡터를 이용한 내적

다음과 같이 정규직교기저 $B=\{\boldsymbol{u}_1, \boldsymbol{u}_2, \boldsymbol{u}_3, \boldsymbol{u}_4\}$를 사용하여 표현한 벡터 $\boldsymbol{v}$와 $\boldsymbol{w}$를 좌표벡터로 나타내서 내적 $\boldsymbol{v}\cdot\boldsymbol{w}$를 구하라.

> **Tip**
> 기저에 대한 좌표벡터를 구한 다음, 벡터 내적을 계산한다.

$$\boldsymbol{v}=3\boldsymbol{u}_1+2\boldsymbol{u}_2-2\boldsymbol{u}_3+2\boldsymbol{u}_4$$
$$\boldsymbol{w}=3\boldsymbol{u}_1-5\boldsymbol{u}_2-2\boldsymbol{u}_3+3\boldsymbol{u}_4$$

풀이

v와 w의 좌표벡터는 다음과 같다.

$$[v]_B = \begin{bmatrix} 3 \\ 2 \\ -2 \\ 2 \end{bmatrix} \qquad [w]_B = \begin{bmatrix} 3 \\ -5 \\ -2 \\ 3 \end{bmatrix}$$

좌표벡터를 사용하여 $v \cdot w$를 구하면 다음과 같다.

$$v \cdot w = \begin{bmatrix} 3 \\ 2 \\ -2 \\ 2 \end{bmatrix} \cdot \begin{bmatrix} 3 \\ -5 \\ -2 \\ 3 \end{bmatrix} = 9 - 10 + 4 + 6 = 9$$

정규직교기저를 사용하여 벡터를 표현하면, 벡터의 노름을 쉽게 계산할 수 있다.

정리 9-5 정규직교기저로 표현한 벡터의 노름

정규직교기저 $B = \{u_1, u_2, \cdots, u_n\}$을 사용하여 표현한 벡터 $v = \sum_{i=1}^{n} c_i u_i$의 노름 제곱 $\|v\|^2$은 다음과 같다.

$$\|v\|^2 = \sum_{i=1}^{n} c_i^2$$

증명

[정리 9-4]에서 $w = v$로 간주하여 전개하면, $\|v\|^2 = v \cdot v = \sum_{i=1}^{n} c_i^2$이다.

■

예제 9-7 정규직교기저로 표현한 벡터의 노름

다음과 같이 정규직교기저 $S = \{u_1, u_2, u_3\}$를 사용하여 표현한 벡터 v의 노름을 구하라.

$$v = 2u_1 + 4u_2 - u_3$$

> **Tip** [정리 9-5]를 이용하여 노름을 계산한다.

풀이

[정리 9-5]를 이용하면, $\|v\| = \sqrt{2^2 + 4^2 + (-1)^2} = \sqrt{21}$이다.

정의 9-3 직교행렬

n차 정방행렬의 열벡터가 $\mathbb{R}^n$에서 정규직교집합을 이룰 때, 이 행렬을 **직교행렬**orthogonal matrix이라 한다.

예를 들어, 다음과 같은 행렬 U는 열벡터가 정규직교기저를 이루는 직교행렬이다.

$$U = \begin{bmatrix} 3/\sqrt{11} & -1/\sqrt{6} & -1/\sqrt{66} \\ 1/\sqrt{11} & 2/\sqrt{6} & -1/\sqrt{66} \\ 1/\sqrt{11} & 1/\sqrt{6} & 7/\sqrt{66} \end{bmatrix}$$

직교행렬의 열벡터가 정규직교집합을 이루지만, 이를 정규직교행렬이라고 하지는 않는다.

정리 9-6 직교행렬의 성질

직교행렬 U, V에 대하여, 다음 성질이 성립한다.

(1) $U^\top U = I$

(2) $UU^\top = I$

(3) $U^\top = U^{-1}$

(4) $U\boldsymbol{x} \cdot U\boldsymbol{y} = \boldsymbol{x} \cdot \boldsymbol{y}$

(5) $\|U\boldsymbol{x}\| = \|\boldsymbol{x}\|$

(6) UV는 직교행렬이다.

증명

(1) 직교행렬 U를 열벡터 $\boldsymbol{u}_i (i = 1, \cdots, n)$를 사용하여 $U = [\boldsymbol{u}_1 \ \boldsymbol{u}_2 \ \cdots \ \boldsymbol{u}_n]$으로 나타내자. [정의 9-3]에 의해, 직교행렬의 열벡터는 정규직교집합을 이루므로, $i \neq j$일 때 $\boldsymbol{u}_i \cdot \boldsymbol{u}_j = 0$이고, $i = j$일 때 $\boldsymbol{u}_i \cdot \boldsymbol{u}_j = 1$이다. 즉 $\boldsymbol{u}_i^\top \boldsymbol{u}_j = 0 \ (i \neq j)$이고 $\boldsymbol{u}_i^\top \boldsymbol{u}_j = 1 \ (i = j)$이므로, $U^\top U$를 계산하면 다음과 같다.

$$U^\top U = \begin{bmatrix} \boldsymbol{u}_1^\top \\ \boldsymbol{u}_2^\top \\ \vdots \\ \boldsymbol{u}_n^\top \end{bmatrix} [\boldsymbol{u}_1 \ \boldsymbol{u}_2 \ \cdots \ \boldsymbol{u}_n] = \begin{bmatrix} \boldsymbol{u}_1^\top \boldsymbol{u}_1 & \boldsymbol{u}_1^\top \boldsymbol{u}_2 & \cdots & \boldsymbol{u}_1^\top \boldsymbol{u}_n \\ \boldsymbol{u}_2^\top \boldsymbol{u}_1 & \boldsymbol{u}_2^\top \boldsymbol{u}_2 & \cdots & \boldsymbol{u}_2^\top \boldsymbol{u}_n \\ \vdots & \vdots & \ddots & \vdots \\ \boldsymbol{u}_n^\top \boldsymbol{u}_1 & \boldsymbol{u}_n^\top \boldsymbol{u}_2 & \cdots & \boldsymbol{u}_n^\top \boldsymbol{u}_n \end{bmatrix} = \begin{bmatrix} 1 & 0 & \cdots & 0 \\ 0 & 1 & \cdots & 0 \\ \vdots & \vdots & \ddots & \vdots \\ 0 & 0 & \cdots & 1 \end{bmatrix} = I$$

(2) (1)에서 증명한 $U^\top U = I$의 양변 앞에 U를 곱하면 다음과 같다.

$$UU^\top U = UI = U$$

위 식의 양변 뒤에 U의 역행렬 U^{-1}를 곱하면 다음과 같다.

$$UU^\top UU^{-1} = UU^{-1}$$

$UU^{-1} = I$이므로, 위 식을 통해 $UU^\top = I$가 성립함을 알 수 있다.

(3) (1), (2)에 따라 $U^\top U = UU^\top = I$이므로 $U^\top = U^{-1}$이다.

(4) $U\boldsymbol{x} \cdot U\boldsymbol{y} = (U\boldsymbol{x})^\top (U\boldsymbol{y}) = \boldsymbol{x}^\top U^\top U\boldsymbol{y} = \boldsymbol{x}^\top I\boldsymbol{y} = \boldsymbol{x}^\top \boldsymbol{y} = \boldsymbol{x} \cdot \boldsymbol{y}$

(5) $\|U\boldsymbol{x}\|^2 = (U\boldsymbol{x})^\top (U\boldsymbol{x}) = \boldsymbol{x}^\top U^\top U\boldsymbol{x} = \boldsymbol{x}^\top \boldsymbol{x} = \|\boldsymbol{x}\|^2$이므로, $\|U\boldsymbol{x}\| = \|\boldsymbol{x}\|$이다.

(6) U, V가 각각 직교행렬이므로, $(UV)^\top (UV) = (V^\top U^\top)(UV) = V^\top U^\top UV$ $= V^\top V = I$가 성립한다. 따라서 UV는 직교행렬이다.

■

Note 'U는 직교행렬'이라는 명제는 [정리 9-6]의 성질 (1)~(5)와 동치이다. 즉, 성질 (1)~(5)를 만족하는 모든 n차 정방행렬은 직교행렬이다.

예제 9-8 직교행렬의 성질

다음 2차원 행렬의 회전에 대한 표준행렬 A의 역행렬 A^{-1}를 구하고, $AA^{-1} = I$임을 보여라.

$$A = \begin{bmatrix} \cos\theta & -\sin\theta \\ \sin\theta & \cos\theta \end{bmatrix}$$

Tip [정리 9-6]의 (3)을 이용한다.

풀이

A의 열벡터를 각각 $\boldsymbol{a}_1 = \begin{bmatrix} \cos\theta \\ \sin\theta \end{bmatrix}$, $\boldsymbol{a}_2 = \begin{bmatrix} -\sin\theta \\ \cos\theta \end{bmatrix}$라 하자.

이때 $\|\boldsymbol{a}_1\| = 1$, $\|\boldsymbol{a}_2\| = 1$이고 $\boldsymbol{a}_1 \cdot \boldsymbol{a}_2 = 0$이다. A의 열벡터가 단위벡터이면서 서로 직교하므로, A는 직교행렬이다. [정리 9-6]의 (3)에 따르면, 직교행렬 A의 역행렬 A^{-1}는 $A^\top$이다. 따라서 $A^{-1} = A^\top = \begin{bmatrix} \cos\theta & \sin\theta \\ -\sin\theta & \cos\theta \end{bmatrix}$이다. 이제 AA^{-1}를 구하면 다음과 같다.

$$AA^{-1} = \begin{bmatrix} \cos\theta & -\sin\theta \\ \sin\theta & \cos\theta \end{bmatrix} \begin{bmatrix} \cos\theta & \sin\theta \\ -\sin\theta & \cos\theta \end{bmatrix} = \begin{bmatrix} 1 & 0 \\ 0 & 1 \end{bmatrix} = I$$

복소벡터공간

신호 처리, 통신시스템 등에서 복소수로 데이터를 처리하는 경우가 있다. 여기에서는 복소수를 성분으로 갖는 벡터인 복소벡터와 이로 구성되는 복소벡터공간에 대해 알아본다. n차원 복소벡터로 구성된 벡터공간을 **복소벡터공간**complex vector space이라 하며, $\mathbb{C}^n$으로 나타낸다. 복소수 $a+ib$는 $b=0$일 때 실수 a를 나타내므로, 복소벡터공간 $\mathbb{C}^n$은 실벡터공간 $\mathbb{R}^n$을 포함한다.

실수의 크기 및 실벡터의 노름에 대응하는 복소수의 크기 및 복소벡터의 노름을 다음과 같이 정의한다.

정의 9-4 복소수의 크기와 복소벡터의 노름

복소수 $\alpha = a+ib$의 **크기** $|\alpha|$는 다음과 같이 정의한다.

$$|\alpha| = \sqrt{\overline{\alpha}\alpha} = \sqrt{a^2+b^2} \text{ 이다.}$$

여기서 a와 b는 실수이고, $\overline{\alpha} = a-ib$는 α의 **켤레복소수**conjugate complex이다.

$\mathbb{C}^n$에 속하는 복소벡터 $\boldsymbol{z} = (z_1, z_2, \cdots, z_n)^\top$의 **노름** $\|\boldsymbol{z}\|$는 다음과 같이 정의한다.

$$\|\boldsymbol{z}\| = \left(|z_1|^2 + |z_2|^2 + \cdots + |z_n|^2\right)^{1/2} = \left(\overline{z_1}z_1 + \overline{z_2}z_2 + \cdots + \overline{z_n}z_n\right)^{1/2} = \left(\overline{\boldsymbol{z}}^\top \boldsymbol{z}\right)^{1/2}$$

여기서 $\overline{\boldsymbol{z}}$는 $\boldsymbol{z}$의 켤레복소벡터이며, $\overline{\boldsymbol{z}} = \left(\overline{z_1}, \overline{z_2}, \cdots, \overline{z_n}\right)^\top$를 의미한다.

켤레복소벡터 $\overline{\boldsymbol{z}}$는 복소벡터 $\boldsymbol{z}$를 구성하는 복소수를 켤레복소수로 대체한 것이다. 다음은 복소벡터 $\boldsymbol{z}$와 켤레복소벡터 $\overline{\boldsymbol{z}}$의 예이다.

$$\boldsymbol{z} = \begin{bmatrix} 1+2i \\ 3-2i \\ 5+3i \end{bmatrix} \qquad \overline{\boldsymbol{z}} = \begin{bmatrix} 1-2i \\ 3+2i \\ 5-3i \end{bmatrix}$$

켤레복소벡터 $\overline{\boldsymbol{z}}$의 전치 $\overline{\boldsymbol{z}}^\top$는 보통 $\boldsymbol{z}^H$로 표기한다. 따라서 [정의 9-4]의 복소벡터의 크기 $\|\boldsymbol{z}\|$는 다음과 같이 나타낼 수도 있다.

$$\|\boldsymbol{z}\| = \left(\boldsymbol{z}^H \boldsymbol{z}\right)^{1/2}$$

예제 9-9 복소수의 크기와 복소벡터의 노름

다음 복소수 α의 크기와 복소벡터 $\boldsymbol{z}$의 노름을 구하라.

$$\alpha = 5+3i \qquad \boldsymbol{z} = \begin{bmatrix} 1+2i \\ 3-4i \end{bmatrix}$$

Tip [정의 9-4]를 이용한다.

풀이

α의 크기 $|\alpha|$를 계산하면 다음과 같다.

$$|\alpha| = \sqrt{\overline{\alpha}\alpha} = \sqrt{(5-3i)(5+3i)} = \sqrt{34}$$

$\boldsymbol{z}$의 노름 $\|\boldsymbol{z}\|$를 계산하면 다음과 같다.

$$\begin{aligned}\|\boldsymbol{z}\| &= \left(\overline{\boldsymbol{z}}^\top \boldsymbol{z}\right)^{1/2} = \left(\begin{bmatrix} 1-2i & 3+4i \end{bmatrix}\begin{bmatrix} 1+2i \\ 3-4i \end{bmatrix}\right)^{1/2} \\ &= ((1+4)+(9+16))^{1/2} = \sqrt{30}\end{aligned}$$

참고 **복소벡터의 노름에서 켤레복소수를 사용하는 이유**

실벡터 $\boldsymbol{z}$의 노름(크기)은 $\|\boldsymbol{z}\| = \left(\sum_{i=1}^{n} z_i^2\right)^{1/2}$ 으로 정의된다. 실벡터에 정의된 노름을 복소벡터 $\boldsymbol{z} = [1 \ \ i]^\top$ 에 적용하여 구하면, $1^2 + i^2 = 1-1 = 0$이다. 그런데 노름은 영벡터일 때만 0이므로, 영벡터가 아닌 $\boldsymbol{z} = [1 \ \ i]^\top$ 의 노름을 0으로 만드는 실벡터의 노름을 복소벡터에 적용할 수 없다. 그래서 복소벡터의 노름은 켤레복소수를 사용하여 노름의 성질을 만족하는 $\|\boldsymbol{z}\| = \left(\overline{\boldsymbol{z}}^\top \boldsymbol{z}\right)^{1/2}$ 으로 정의한다.

Note 켤레는 '신발 한 켤레'처럼 '둘로 된 짝'을 나타내는 순우리말이다. 켤레복소수를 공액복소수라 부르기도 한다.

복소벡터공간에 대한 내적은 다음과 같이 정의한다.

정의 9-5 복소벡터공간의 내적

복소벡터공간 $\mathbb{C}^n$의 벡터 $\boldsymbol{z}$와 $\boldsymbol{w}$에 대하여 다음 성질이 성립하는 연산 $\boldsymbol{z} \cdot \boldsymbol{w}$를 **내적**inner product이라 한다.

(1) $\boldsymbol{z} \cdot \boldsymbol{z} \geq 0$이고, $\boldsymbol{z} = 0$일 때만 $\boldsymbol{z} \cdot \boldsymbol{z} = 0$이다.

(2) $\mathbb{C}^n$의 모든 벡터 $\boldsymbol{w}$, $\boldsymbol{z}$에 대해, $\boldsymbol{w} \cdot \boldsymbol{z} = \overline{\boldsymbol{z} \cdot \boldsymbol{w}}$이다.

(3) $(\alpha \boldsymbol{z} + \beta \boldsymbol{w}) \cdot \boldsymbol{u} = \alpha \boldsymbol{z} \cdot \boldsymbol{u} + \beta \boldsymbol{w} \cdot \boldsymbol{u}$(단, α, β는 복소수)

Note 복소벡터 z와 w의 내적 $z \cdot w$를 $\langle z, w \rangle$로 표현하기도 한다.

[정의 9-5]의 내적의 성질이 성립하는 복소벡터공간의 내적을 다음과 같이 정의한다.

정리 9-7 복소벡터공간 $\mathbb{C}^n$의 내적

복소벡터공간 $\mathbb{C}^n$의 벡터 $\mathbf{w}$와 $\mathbf{z}$에 대하여, $\mathbf{w} \cdot \mathbf{z} = \mathbf{z}^H \mathbf{w}$는 내적이다.

증명

Note 복소벡터 $w = (w_1, w_2, \cdots, w_n)^\top$와 $z = (z_1, z_2, \cdots, z_n)^\top$에 대해 $w \cdot z = z^H w$이므로, $w \cdot z = \sum_{k=1}^{n} \overline{z_k} w_k$이다.

$\mathbf{z} = (a + ib)$, $\mathbf{w} = (c + id)$와 같이 1차원 복소벡터인 경우, $\mathbf{z}$와 $\mathbf{w}$의 내적은 $\mathbf{z} \cdot \mathbf{w} = \mathbf{w}^H \mathbf{z} = (ac + bd) + i(bc - ad)$이다. 한편, $\mathbf{w}$와 $\mathbf{z}$의 내적은 $\mathbf{w} \cdot \mathbf{z} = \mathbf{z}^H \mathbf{w} = (ac + bd) + i(-bc + ad)$이다. 따라서 $\mathbf{z} \cdot \mathbf{w} \neq \mathbf{w} \cdot \mathbf{z}$이다. 즉 복소벡터의 내적은 교환법칙이 성립하지 않는다.

예제 9-10 복소벡터의 내적과 노름

다음 복소벡터 $\mathbf{w}$와 $\mathbf{z}$에 대해, 내적 $\mathbf{w} \cdot \mathbf{z}$와 노름 $\|\mathbf{w}\|$를 구하라.

Tip $\mathbf{w} \cdot \mathbf{z} = \mathbf{z}^H \mathbf{w}$를 이용한다.

$$\mathbf{w} = \begin{bmatrix} 1 - 3i \\ 5 + i \end{bmatrix} \qquad \mathbf{z} = \begin{bmatrix} -2 + 3i \\ 2 + i \end{bmatrix}$$

풀이

$$\mathbf{w} \cdot \mathbf{z} = [-2 - 3i \quad 2 - i] \begin{bmatrix} 1 - 3i \\ 5 + i \end{bmatrix} = (-11 + 3i) + (11 - 3i) = 0$$

$$\|\mathbf{w}\| = \sqrt{\mathbf{w}^H \mathbf{w}} = \sqrt{[1 + 3i \quad 5 - i] \begin{bmatrix} 1 - 3i \\ 5 + i \end{bmatrix}}$$

$$= \sqrt{(1 + 3i)(1 - 3i) + (5 - i)(5 + i)} = \sqrt{10 + 26} = 6$$

복소수를 성분으로 갖는 행렬을 복소행렬이라 하며, 복소행렬에 대한 켤레행렬, 켤레전치행렬을 다음과 같이 정의한다.

정의 9-6 복소행렬, 켤레행렬, 켤레전치행렬

복소행렬complex matrix $M = (m_{ij})_{m \times n}$은 성분 m_{ij}에 복소수 $a_{ij} + ib_{ij}$를 포함하는 행렬이다. **켤레행렬**conjugate matrix은 복소행렬의 성분 m_{ij}에 포함된 복소수 $a_{ij} + ib_{ij}$를 켤레복소수 $a_{ij} - ib_{ij}$로 바꾼 행렬이다. M의 켤레행렬은 $\overline{M}$로 나타내고, 성분은 m_{ij}의 켤레복소수 $\overline{m}_{ij}$로 나타낸다. **켤레전치행렬**conjugate transpose matrix은 켤레행렬의 전치행렬이다. M의 켤레전치행렬은 M^H 또는 M^*로 나타낸다. 켤레전치행렬의 성분은 m_{ij}^*로 나타내며, $m_{ij}^* = \overline{m}_{ji}$이다.

예제 9-11 복소행렬의 켤레행렬과 켤레전치행렬

다음 복소행렬 M의 켤레행렬 $\overline{M}$와 켤레전치행렬 M^H를 구하라.

> **Tip**
> [정의 9-6]을 이용한다.

$$M = \begin{bmatrix} 1-3i & 2-4i \\ 3+2i & 5 \end{bmatrix}$$

풀이

$$\overline{M} = \begin{bmatrix} 1+3i & 2+4i \\ 3-2i & 5 \end{bmatrix}$$

$$M^H = \overline{M}^\top = \begin{bmatrix} 1+3i & 2+4i \\ 3-2i & 5 \end{bmatrix}^\top = \begin{bmatrix} 1+3i & 3-2i \\ 2+4i & 5 \end{bmatrix}$$

복소수 성분으로 구성된 모든 $m \times n$ 행렬로 이루어진 벡터공간은 $\mathbb{C}^{m\times n}$으로 나타낸다.

정리 9-8 복소행렬 연산의 성질

복소행렬 $A, B \in \mathbb{C}^{m\times n}$, $C \in \mathbb{C}^{n\times r}$, 복소수 α, β에 대해 다음 성질이 성립한다.

(1) $(A^H)^H = A$

(2) $(\alpha A + \beta B)^H = \overline{\alpha} A^H + \overline{\beta} B^H$

(3) $(AC)^H = C^H A^H$

예제 9-12 복소행렬 연산의 성질

다음 복소행렬 A에 대해 $(A^H)^H$를 구하라.

> **Tip**
> 켤레전치행렬의 정의와 [정리 9-8]의 (1)을 이용한다.

$$A = \begin{bmatrix} 1+8i & 2-i & 3 \\ 2+3i & 4-6i & 1-2i \\ 5+2i & 3+4i & 3+4i \end{bmatrix}$$

풀이

직접 A^H의 켤레전치행렬 $(A^H)^H$를 구해보자.

$$A^H = \begin{bmatrix} 1-8i & 2-3i & 5-2i \\ 2+i & 4+6i & 3-4i \\ 3 & 1+2i & 3-4i \end{bmatrix} \text{이므로, } (A^H)^H = \begin{bmatrix} 1+8i & 2-i & 3 \\ 2+3i & 4-6i & 1-2i \\ 5+2i & 3+4i & 3+4i \end{bmatrix} = A\text{이다.}$$

$(A^H)^H = A$의 성질을 이용하면, 계산 과정 없이 결과가 A임을 알 수 있다.

자신의 켤레전치행렬과 같은 복소행렬을 다음과 같이 정의한다.

정의 9-7 에르미트 행렬

복소행렬 M에 대하여 $M = M^H$이면, M을 **에르미트 행렬**Hermitian matrix이라고 한다.

예제 9-13 에르미트 행렬 판별

다음 행렬 M이 에르미트 행렬인지 확인하라.

$$M = \begin{bmatrix} 4 & 3+5i \\ 3-5i & 6 \end{bmatrix}$$

Tip
$M = M^H$가 성립하는지 확인한다.

풀이

$$M^H = \overline{M}^\top = \begin{bmatrix} \overline{4} & \overline{3+5i} \\ \overline{3-5i} & \overline{6} \end{bmatrix}^\top = \begin{bmatrix} 4 & 3-5i \\ 3+5i & 6 \end{bmatrix}^\top = \begin{bmatrix} 4 & 3+5i \\ 3-5i & 6 \end{bmatrix} = M$$

따라서 $M^H = M$이므로, M은 에르미트 행렬이다.

행렬 M의 성분이 모두 실수이면 $M^H = M^\top$이다. 따라서 모든 성분이 실수인 에르미트 행렬 M은 $M^\top = M$을 만족하므로 대칭행렬이다. 그러므로 복소행렬에서 에르미트 행렬은 실수행렬에서 대칭행렬에 해당한다.

이제 에르미트 행렬의 고윳값과 고유벡터에 대해 알아보자.

정리 9-9 에르미트 행렬의 고윳값과 고유벡터

에르미트 행렬의 고윳값은 모두 실수이다. 이때, 고윳값이 서로 다를 경우 대응하는 고유벡터는 서로 직교한다.

증명

예제 9-14 에르미트 행렬의 고윳값과 고유벡터

다음 행렬 A의 고윳값과 고유벡터를 구하고 고유벡터가 직교하는지 확인하라.

$$A = \begin{bmatrix} 1 & 1-i \\ 1+i & -1 \end{bmatrix}$$

Tip
행렬식을 이용하여 고윳값을 계산하고, 고윳값을 이용하여 고유벡터를 구한다.

풀이

먼저 A의 고윳값을 구하기 위해 특성방정식을 구한다.

$$\det(\lambda I-A)=\begin{vmatrix}\lambda-1 & -1+i\\ -1-i & \lambda+1\end{vmatrix}=0 \quad\Rightarrow\quad \lambda^2-3=0$$
$$\Rightarrow\quad \lambda=\pm\sqrt{3}$$

따라서 A의 고윳값은 $\sqrt{3}$과 $-\sqrt{3}$이다.

$\sqrt{3}$에 대한 고유벡터 $\boldsymbol{x}_1$은 $A\boldsymbol{x}_1=\sqrt{3}\,\boldsymbol{x}_1$을 만족하는 벡터이다.

$$(A-\sqrt{3}\,I)\boldsymbol{x}_1=\begin{bmatrix}1-\sqrt{3} & 1-i\\ 1+i & -1-\sqrt{3}\end{bmatrix}\begin{bmatrix}x_{11}\\ x_{21}\end{bmatrix}=0 \quad\Rightarrow\quad x_{11}=\frac{-1+i}{1-\sqrt{3}}x_{21}$$

따라서 고유벡터 $\boldsymbol{x}_1$은 $\boldsymbol{x}_1=\begin{bmatrix}\dfrac{-1+i}{1-\sqrt{3}}\\ 1\end{bmatrix}$이다.

$-\sqrt{3}$에 대한 고유벡터 $\boldsymbol{x}_2$는 $A\boldsymbol{x}_2=-\sqrt{3}\,\boldsymbol{x}_2$를 만족하는 벡터이다.

$$(A+\sqrt{3}\,I)\boldsymbol{x}_2=\begin{bmatrix}1+\sqrt{3} & 1-i\\ 1+i & -1+\sqrt{3}\end{bmatrix}\begin{bmatrix}x_{12}\\ x_{22}\end{bmatrix}=0 \quad\Rightarrow\quad x_{12}=\frac{-1+i}{1+\sqrt{3}}x_{22}$$

따라서 고유벡터 $\boldsymbol{x}_2$는 $\boldsymbol{x}_2=\begin{bmatrix}\dfrac{-1+i}{1+\sqrt{3}}\\ 1\end{bmatrix}$이다.

[정리 9-7]에 따라, 고유벡터 $\boldsymbol{x}_1$과 $\boldsymbol{x}_2$의 내적 $\boldsymbol{x}_1\cdot\boldsymbol{x}_2=\boldsymbol{x}_2^H\boldsymbol{x}_1$을 계산해보자.

$$\boldsymbol{x}_1\cdot\boldsymbol{x}_2=\boldsymbol{x}_2^H\boldsymbol{x}_1=\begin{bmatrix}\dfrac{-1+i}{1+\sqrt{3}}\\ 1\end{bmatrix}^H\begin{bmatrix}\dfrac{-1+i}{1-\sqrt{3}}\\ 1\end{bmatrix}=\begin{bmatrix}\dfrac{-1-i}{1+\sqrt{3}} & 1\end{bmatrix}\begin{bmatrix}\dfrac{-1+i}{1-\sqrt{3}}\\ 1\end{bmatrix}=0$$

따라서 고유벡터 $\boldsymbol{x}_1$과 $\boldsymbol{x}_2$는 직교한다.

[정의 9-8]과 같이 복소벡터공간에는 실벡터공간의 직교행렬에 해당하는 유니타리 행렬이 있다.

정의 9-8 유니타리 행렬

n차 정방행렬 U의 열벡터가 $\mathbb{C}^n$에서 정규직교집합을 이룰 때 U를 **유니타리 행렬**unitary matrix이라고 한다. 즉, $U^HU=I$를 만족하는 행렬 U가 유니타리 행렬이다.

n차 정방행렬 U가 유니타리 행렬이라면 열벡터가 서로 정규직교하므로, U의 계수는 n이다. 따라서 U의 역행렬 U^{-1}가 존재한다. $U^H U = I$의 성질을 이용하면, U^{-1}에 대해 다음 관계가 성립한다.

$$U^{-1} = IU^{-1} = U^H UU^{-1} = U^H$$

따라서 $U^{-1} = U^H$이다.

예제 9-15 유니타리 행렬과 역행렬

다음 행렬 U가 유니타리 행렬인지 확인하고, U의 역행렬을 구하라.

$$U = \frac{1}{2}\begin{bmatrix} 1 & -i & -1+i \\ i & 1 & 1+i \\ 1+i & -1+i & 0 \end{bmatrix}$$

> **Tip**
> $U^H U = I$가 성립하는지 확인한다. 역행렬은 $U^{-1} = U^H$의 성질을 이용하여 구한다.

풀이

$$U^H U = \frac{1}{4}\begin{bmatrix} 1 & -i & 1-i \\ i & 1 & -1-i \\ -1-i & 1-i & 0 \end{bmatrix}\begin{bmatrix} 1 & -i & -1+i \\ i & 1 & 1+i \\ 1+i & -1+i & 0 \end{bmatrix} = \begin{bmatrix} 1 & 0 & 0 \\ 0 & 1 & 0 \\ 0 & 0 & 1 \end{bmatrix} = I \text{ 이므로,}$$

U는 유니타리 행렬이다. 역행렬은 $U^{-1} = U^H$인 성질을 이용하여 다음과 같이 바로 구할 수 있다.

$$U^{-1} = U^H = \frac{1}{2}\begin{bmatrix} 1 & -i & 1-i \\ i & 1 & -1-i \\ -1-i & 1-i & 0 \end{bmatrix}$$

유니타리 행렬의 모든 성분이 실수이면, $U^H = U^\top$이다. 이 경우 $U^\top U = I$를 만족하므로 유니타리 행렬은 직교행렬이다. 다음 행렬 A는 직교행렬이면서 유니타리 행렬의 성질도 만족한다.

$$A = \frac{1}{3}\begin{bmatrix} 2 & -2 & 1 \\ 1 & 2 & 2 \\ 2 & -1 & -2 \end{bmatrix}$$

실제로 계산하면, $A^H = A^\top$이고, $A^\top A = AA^\top = I$이다.

SECTION

9.2 직교분해

하나의 벡터는 여러 벡터로 분해해서 표현할 수 있다. 특히 서로 직교하는 벡터로 분해해서 표현하면 유용한 경우가 많다. 이 절에서는 벡터를 부분공간 위로 정사영하는 방법, 벡터를 직교분해하는 방법, 기저를 직교기저로 변환하는 방법, 직교기저의 성질을 이용하여 행렬을 분해하는 방법을 알아본다.

부분공간 위로의 정사영

정의 9-9 부분공간 위로의 정사영

$\mathbb{R}^n$에 있는 벡터 $\boldsymbol{x}$를 부분공간 W에 정사영하는 것을 **$\boldsymbol{x}$의 부분공간 W 위로의 정사영** orthogonal projection of x onto W이라 하고 $\hat{\boldsymbol{x}} = \text{proj}_W \boldsymbol{x}$로 나타낸다.

부분공간 위로의 정사영은 [정의 6-24]의 벡터에 대한 정사영을 부분공간에 대한 정사영으로 확장한 것이다. [그림 9-2]에서 $\hat{\boldsymbol{x}}$은 부분공간 W 위로 벡터 $\boldsymbol{x}$를 정사영한 것이다.

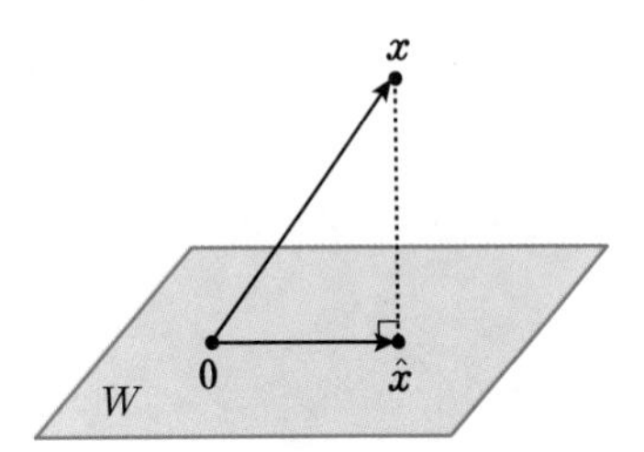

[그림 9-2] 부분공간 W 위로의 벡터 $\boldsymbol{x}$의 정사영 $\hat{\boldsymbol{x}}$

정리 9-10 부분공간 위로의 정사영 표현

부분공간 W 위로의 벡터 $\boldsymbol{x}$의 정사영 $\hat{\boldsymbol{x}}$은 W의 직교기저 $\{\boldsymbol{u}_1, \boldsymbol{u}_2, \cdots, \boldsymbol{u}_p\}$를 사용하여 다음과 같이 표현할 수 있다.

$$\hat{\boldsymbol{x}} = \frac{\boldsymbol{x} \cdot \boldsymbol{u}_1}{\boldsymbol{u}_1 \cdot \boldsymbol{u}_1}\boldsymbol{u}_1 + \frac{\boldsymbol{x} \cdot \boldsymbol{u}_2}{\boldsymbol{u}_2 \cdot \boldsymbol{u}_2}\boldsymbol{u}_2 + \cdots + \frac{\boldsymbol{x} \cdot \boldsymbol{u}_p}{\boldsymbol{u}_p \cdot \boldsymbol{u}_p}\boldsymbol{u}_p$$

이때 $\{\boldsymbol{u}_1, \boldsymbol{u}_2, \cdots, \boldsymbol{u}_p\}$가 정규직교기저라면 $\boldsymbol{u}_i \cdot \boldsymbol{u}_i = 1$이므로, $\hat{\boldsymbol{x}}$을 다음과 같이 더 간략하게 표현할 수 있다.

$$\hat{\boldsymbol{x}} = (\boldsymbol{x} \cdot \boldsymbol{u}_1)\boldsymbol{u}_1 + (\boldsymbol{x} \cdot \boldsymbol{u}_2)\boldsymbol{u}_2 + \cdots + (\boldsymbol{x} \cdot \boldsymbol{u}_p)\boldsymbol{u}_p$$

[그림 9-3]과 같이 임의의 벡터 $\boldsymbol{x}$를 부분공간 W 위로 정사영한 것을 $\hat{\boldsymbol{x}}$이라 할 때, W와 직교하는 $\boldsymbol{x}$의 성분인 $\boldsymbol{x} - \hat{\boldsymbol{x}}$을 부분공간 W에 대한 $\boldsymbol{x}$의 **직교성분**이라고 한다.

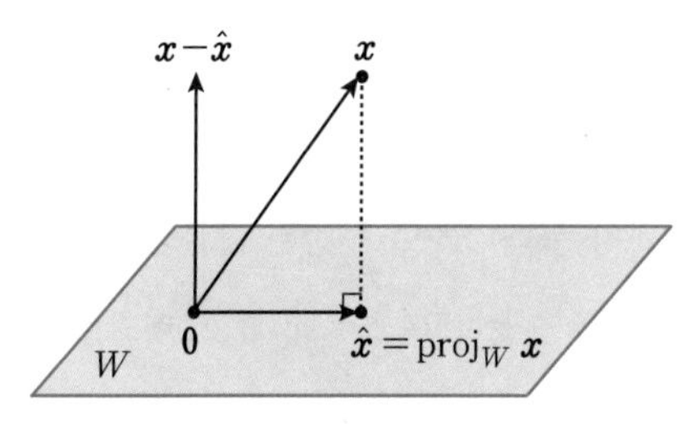

[그림 9-3] **벡터의 직교분해**

예제 9-16 직교기저를 이용한 정사영 표현

다음 $\{\boldsymbol{u}_1, \boldsymbol{u}_2\}$를 직교기저로 하는 부분공간 W 위로의 벡터 $\boldsymbol{x}$의 정사영 $\hat{\boldsymbol{x}}$을 구하라. 또한 부분공간 W에 대한 $\boldsymbol{x}$의 직교성분 $\boldsymbol{z}$를 구하라.

Tip [정리 9-10]을 이용한다.

$$\boldsymbol{u}_1 = \begin{bmatrix} -2 \\ 1 \\ 1 \end{bmatrix} \qquad \boldsymbol{u}_2 = \begin{bmatrix} 2 \\ 5 \\ -1 \end{bmatrix} \qquad \boldsymbol{x} = \begin{bmatrix} 1 \\ 2 \\ 3 \end{bmatrix}$$

풀이

[정리 9-10]에 따르면, 정사영 $\hat{\boldsymbol{x}}$은 다음과 같이 표현할 수 있다.

$$\hat{\boldsymbol{x}} = \frac{\boldsymbol{x} \cdot \boldsymbol{u}_1}{\boldsymbol{u}_1 \cdot \boldsymbol{u}_1}\boldsymbol{u}_1 + \frac{\boldsymbol{x} \cdot \boldsymbol{u}_2}{\boldsymbol{u}_2 \cdot \boldsymbol{u}_2}\boldsymbol{u}_2$$

$\dfrac{x \cdot u_1}{u_1 \cdot u_1} = \dfrac{3}{6} = \dfrac{1}{2}$, $\dfrac{x \cdot u_2}{u_2 \cdot u_2} = \dfrac{9}{30} = \dfrac{3}{10}$ 이므로, 정사영 $\hat{x}$은 다음과 같다.

$$\hat{x} = \frac{1}{2}u_1 + \frac{3}{10}u_2 = \frac{1}{2}\begin{bmatrix} -2 \\ 1 \\ 1 \end{bmatrix} + \frac{3}{10}\begin{bmatrix} 2 \\ 5 \\ -1 \end{bmatrix} = \begin{bmatrix} -2/5 \\ 2 \\ 1/5 \end{bmatrix}$$

한편, 직교성분은 [그림 9-3]과 같이 $z = x - \hat{x}$이므로 다음과 같이 계산할 수 있다.

$$z = x - \hat{x} = \begin{bmatrix} 1 \\ 2 \\ 3 \end{bmatrix} - \begin{bmatrix} -2/5 \\ 2 \\ 1/5 \end{bmatrix} = \begin{bmatrix} 7/5 \\ 0 \\ 14/5 \end{bmatrix}$$

정리 9-11 직교분해 정리 orthogonal decomposition theorem

벡터 x를 부분공간 W 위로의 정사영 $\hat{x}$과 직교성분 $z = x - \hat{x}$으로 분해하는 직교분해는 유일하다.

증명

벡터의 부분공간 W에 대한 직교분해가 유일함을 보이기 위해, 주어진 직교분해 $x = \hat{x} + z$와 다른 직교분해 $x = \hat{x}_1 + z_1$이 있다고 가정해보자. 이때 $\hat{x}_1 \in W$이고 $\hat{z}_1 \in W^{\perp}$이다. 여기에서 $W^{\perp}$는 부분공간 W와 직교하는 벡터들로 구성된 부분공간으로, 이를 **직교 여공간** orthogonal complement 이라 한다. $x = \hat{x} + z$이고 $x = \hat{x}_1 + z_1$이므로 $\hat{x} + z = \hat{x}_1 + z_1$이다. 따라서 $\hat{x} - \hat{x}_1 = z_1 - z$이다. 한편, $\hat{x} \in W$이고 $\hat{x}_1 \in W$이므로, $\hat{x} - \hat{x}_1 = v$라 하면 $v \in W$이다. 또한, $\hat{z} \in W^{\perp}$이고 $\hat{z}_1 \in W^{\perp}$이므로, $z_1 - z = w$라 하면 $w \in W^{\perp}$이다. 이제 $\hat{x} - \hat{x}_1 = z_1 - z$에 $\hat{x} - \hat{x}_1 = v$와 $z_1 - z = w$를 대입하면 $v = w$이다. 그러므로 $v \in W$이면서 $v \in W^{\perp}$인 관계를 만족해야 한다. 이러한 조건을 만족하려면 $v = w = 0$이어야 한다. 즉, $\hat{x} - \hat{x}_1 = z_1 - z = 0$이므로, $\hat{x} = \hat{x}_1$이고 $z_1 = z$이다. 따라서 직교분해는 유일하다.

■

정사영은 공간상에서 점과 부분공간 사이의 최단 거리 또는 최근접 위치를 찾을 때 사용한다.

정리 9-12 최적근사 정리 best approximation theorem

$\mathbb{R}^n$에서 부분공간 W 위로의 벡터 x의 정사영이 $\hat{x}$일 때, x와 가장 가까운 거리에 있는 W상의 벡터는 $\hat{x}$이다.

증명

[그림 9-4]와 같이 $\boldsymbol{x}$의 부분공간 W 위로의 정사영 $\hat{\boldsymbol{x}}$과 W상의 벡터 $\boldsymbol{v}$가 있다고 하자. 즉, $\boldsymbol{v} \in W$이고 $\boldsymbol{v} \neq \hat{\boldsymbol{x}}$이다. 한편, $\hat{\boldsymbol{x}} - \boldsymbol{v} \in W$이고 $\boldsymbol{x} - \hat{\boldsymbol{x}} \in W^{\perp}$이므로, $(\hat{\boldsymbol{x}} - \boldsymbol{v}) \perp (\boldsymbol{x} - \hat{\boldsymbol{x}})$이다.

$\boldsymbol{x} - \boldsymbol{v} = (\hat{\boldsymbol{x}} - \boldsymbol{v}) + (\boldsymbol{x} - \hat{\boldsymbol{x}})$이고, $(\hat{\boldsymbol{x}} - \boldsymbol{v}) \perp (\boldsymbol{x} - \hat{\boldsymbol{x}})$이므로, 피타고라스 정리에 의해 다음 관계가 성립한다.

$$\|\boldsymbol{x} - \boldsymbol{v}\|^2 = \|\hat{\boldsymbol{x}} - \boldsymbol{v}\|^2 + \|\boldsymbol{x} - \hat{\boldsymbol{x}}\|^2$$

한편, $\hat{\boldsymbol{x}} \neq \boldsymbol{v}$이므로 $\|\hat{\boldsymbol{x}} - \boldsymbol{v}\|^2 > 0$이다. 따라서 $\|\boldsymbol{x} - \boldsymbol{v}\|^2 > \|\boldsymbol{x} - \hat{\boldsymbol{x}}\|^2$이다. 그러므로 부분공간 W에서 $\boldsymbol{x}$와 가장 가까운 거리에 있는 벡터는 $\hat{\boldsymbol{x}}$이다.

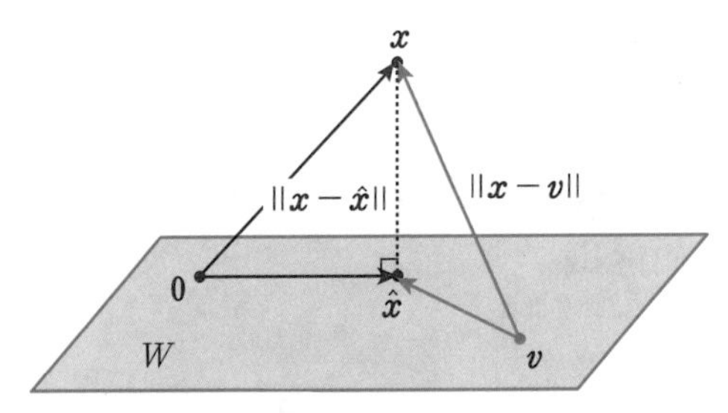

[그림 9-4] **직교분해와 최적근사**

■

예제 9-17 최근접 위치와 거리

$\{\boldsymbol{u}_1, \boldsymbol{u}_2\}$를 직교기저로 하는 부분공간 W에서 벡터 $\boldsymbol{x}$와 가장 가까운 거리에 있는 벡터와 그 거리를 구하라.

> Tip
> 최적근사 정리를 이용한다.

$$\boldsymbol{u}_1 = \begin{bmatrix} -2 \\ 5 \\ 1 \end{bmatrix} \qquad \boldsymbol{u}_2 = \begin{bmatrix} 2 \\ 1 \\ -1 \end{bmatrix} \qquad \boldsymbol{x} = \begin{bmatrix} -5 \\ -1 \\ 10 \end{bmatrix}$$

풀이

최적근사 정리에 따르면 정사영 $\hat{\boldsymbol{x}}$은 부분공간 W에서 벡터 $\boldsymbol{x}$와 가장 가까운 벡터에 해당한다. [정리 9-10]에 따르면, 정사영 $\hat{\boldsymbol{x}}$은 다음과 같이 표현할 수 있다.

$$\hat{\boldsymbol{x}} = \frac{\boldsymbol{x} \cdot \boldsymbol{u}_1}{\boldsymbol{u}_1 \cdot \boldsymbol{u}_1}\boldsymbol{u}_1 + \frac{\boldsymbol{x} \cdot \boldsymbol{u}_2}{\boldsymbol{u}_2 \cdot \boldsymbol{u}_2}\boldsymbol{u}_2$$

$\dfrac{\boldsymbol{x} \cdot \boldsymbol{u}_1}{\boldsymbol{u}_1 \cdot \boldsymbol{u}_1} = \dfrac{15}{30} = \dfrac{1}{2}$, $\dfrac{\boldsymbol{x} \cdot \boldsymbol{u}_2}{\boldsymbol{u}_2 \cdot \boldsymbol{u}_2} = \dfrac{-21}{6} = -\dfrac{7}{2}$이므로, $\boldsymbol{x}$와 가장 가까운 거리에 있는 벡터 $\hat{\boldsymbol{x}}$은 다음과 같다.

$$\hat{x} = \frac{1}{2}u_1 - \frac{7}{2}u_2 = \frac{1}{2}\begin{bmatrix} -2 \\ 5 \\ 1 \end{bmatrix} - \frac{7}{2}\begin{bmatrix} 2 \\ 1 \\ -1 \end{bmatrix} = \begin{bmatrix} -8 \\ -1 \\ 4 \end{bmatrix}$$

거리는 $\|x - \hat{x}\|$이므로 다음과 같이 계산한다.

$$x - \hat{x} = \begin{bmatrix} -5 \\ -1 \\ 10 \end{bmatrix} - \begin{bmatrix} -8 \\ -1 \\ 4 \end{bmatrix} = \begin{bmatrix} 3 \\ 0 \\ 6 \end{bmatrix} \quad \Rightarrow \quad \|x - \hat{x}\| = \sqrt{3^2 + 0^2 + 6^2} = \sqrt{45} = 3\sqrt{5}$$

따라서 벡터 x의 끝점과 부분공간 W 사이의 가장 가까운 거리인 $\|x - \hat{x}\|$은 $3\sqrt{5}$이다.

그람-슈미트 과정

직교기저의 벡터는 서로 직교하므로, 기저를 이용하여 벡터를 표현하고 연산할 때 편리하다. 또한 [정리 9-10]과 같이 정규직교기저의 벡터는 계산을 간단하게 만드는 경우가 많다. 따라서 벡터공간에서 임의의 선형독립인 기저로부터 직교기저를 만들면 상당히 유용한데, 이때 사용하는 방법이 그람-슈미트 과정이다.

정리 9-13 그람-슈미트 과정

$\mathbb{R}^n$에서 선형독립인 기저 $\{x_1, x_2, \cdots, x_n\}$에 대해 다음과 같이 정의되는 $\{v_1, v_2, \cdots, v_n\}$은 직교기저이고, $\{u_1, u_2, \cdots, u_n\}$은 정규직교기저이다.

$$v_1 = x_1 \quad \Rightarrow \quad u_1 = \frac{v_1}{\|v_1\|}$$

$$v_2 = x_2 - \frac{x_2 \cdot v_1}{v_1 \cdot v_1}v_1 \quad \Rightarrow \quad u_2 = \frac{v_2}{\|v_2\|}$$

$$v_3 = x_3 - \frac{x_3 \cdot v_1}{v_1 \cdot v_1}v_1 - \frac{x_3 \cdot v_2}{v_2 \cdot v_2}v_2 \quad \Rightarrow \quad u_3 = \frac{v_3}{\|v_3\|}$$

$$\vdots$$

$$v_n = x_n - \frac{x_n \cdot v_1}{v_1 \cdot v_1}v_1 - \frac{x_n \cdot v_2}{v_2 \cdot v_2}v_2 - \cdots - \frac{x_n \cdot v_{n-1}}{v_{n-1} \cdot v_{n-1}}v_{n-1} \quad \Rightarrow \quad u_n = \frac{v_n}{\|v_n\|}$$

v_n의 이전 단계에서 $u_1, u_2, \cdots, u_{n-1}$이 결정되므로, 정규직교기저를 이용하여 다음과 같이 v_n을 계산할 수 있다.

$$v_n = x_n - (x_n \cdot u_1)u_1 - (x_n \cdot u_2)u_2 - \cdots - (x_n \cdot u_{n-1})u_{n-1}$$

위 순서로 직교기저 $\{v_1, v_2, \cdots, v_n\}$ 또는 정규직교기저 $\{u_1, u_2, \cdots, u_n\}$의 기저벡터를 구하는 과정을 **그람-슈미트 과정**Gram-Schmidt process이라 한다.

증명

v_2에서 $\frac{x_2 \cdot v_1}{v_1 \cdot v_1}v_1$은 x_2의 v_1 위로의 정사영이므로, $x_2 - \frac{x_2 \cdot v_1}{v_1 \cdot v_1}v_1$은 v_1과 직교하는 성분이다. 따라서 v_2는 v_1과 직교한다. v_3에서 $\frac{x_3 \cdot v_1}{v_1 \cdot v_1}v_1 + \frac{x_3 \cdot v_2}{v_2 \cdot v_2}v_2$는 x_3의 $\{v_1, v_2\}$를 기저로 하는 부분공간 위로의 정사영이므로, $x_3 - \frac{x_3 \cdot v_1}{v_1 \cdot v_1}v_1 - \frac{x_3 \cdot v_2}{v_2 \cdot v_2}v_2$는 $\{v_1, v_2\}$와 직교하는 성분이다. 따라서 v_3는 $\{v_1, v_2\}$와 직교한다. 마찬가지로 모든 벡터 v_i는 $\{v_1, v_2, \cdots, v_{i-1}\}$과 직교한다. 그러므로 그람-슈미트 과정을 통해 선형독립인 기저로부터 직교기저를 얻는다. 또한 직교기저 $\{v_1, v_2, \cdots, v_n\}$에 있는 각 벡터의 크기가 1이 되도록 정규화한 $\{u_1, u_2, \cdots, u_n\}$은 정규직교기저이다.

■

예제 9-18 그람-슈미트 과정을 통한 직교기저와 정규직교기저 계산

$\mathbb{R}^2$에서 선형독립인 기저 $\{x_1, x_2\}$로부터 직교기저와 정규직교기저를 구하라.

$$x_1 = \begin{bmatrix} 1 \\ 3 \end{bmatrix} \qquad x_2 = \begin{bmatrix} -1 \\ 2 \end{bmatrix}$$

Tip
그람-슈미트 과정을 이용한다.

풀이

다음과 같이 그람-슈미트 과정을 적용하여 직교기저를 찾는다.

$$v_1 = x_1 = \begin{bmatrix} 1 \\ 3 \end{bmatrix}, \quad v_2 = x_2 - \frac{x_2 \cdot v_1}{v_1 \cdot v_1}v_1 = \begin{bmatrix} -1 \\ 2 \end{bmatrix} - \frac{5}{10}\begin{bmatrix} 1 \\ 3 \end{bmatrix} = \begin{bmatrix} -1.5 \\ 0.5 \end{bmatrix}$$

따라서 직교기저는 $\{v_1, v_2\} = \left\{\begin{bmatrix} 1 \\ 3 \end{bmatrix}, \begin{bmatrix} -1.5 \\ 0.5 \end{bmatrix}\right\}$이고,

정규직교기저는 $\{u_1, u_2\} = \left\{\frac{1}{\sqrt{10}}\begin{bmatrix} 1 \\ 3 \end{bmatrix}, \frac{2}{\sqrt{10}}\begin{bmatrix} -1.5 \\ 0.5 \end{bmatrix}\right\}$이다.

예제 9-19 그람-슈미트 과정을 통한 직교기저 계산

$\mathbb{R}^4$에서 기저 $\{x_1, x_2, x_3\}$로 생성된 부분공간의 직교기저를 구하라.

> **Tip** 그람-슈미트 과정을 이용한다.

$$x_1 = \begin{bmatrix}1\\2\\3\\0\end{bmatrix} \quad x_2 = \begin{bmatrix}1\\2\\0\\0\end{bmatrix} \quad x_3 = \begin{bmatrix}1\\0\\0\\1\end{bmatrix}$$

풀이

다음과 같이 그람-슈미트 과정을 적용하여 직교기저를 찾는다.

$$v_1 = x_1 = \begin{bmatrix}1\\2\\3\\0\end{bmatrix}, \quad v_2 = x_2 - \frac{x_2 \cdot v_1}{v_1 \cdot v_1} v_1 = \begin{bmatrix}1\\2\\0\\0\end{bmatrix} - \frac{5}{14}\begin{bmatrix}1\\2\\3\\0\end{bmatrix} = \begin{bmatrix}9/14\\9/7\\-15/14\\0\end{bmatrix}$$

편의상 v_2에 14를 곱해 $v_2 \leftarrow 14v_2$로 변경하면 다음과 같다.

$$v_2 = \begin{bmatrix}9\\18\\-15\\0\end{bmatrix}, \quad v_3 = x_3 - \frac{x_3 \cdot v_1}{v_1 \cdot v_1} v_1 - \frac{x_3 \cdot v_2}{v_2 \cdot v_2} v_2 = \begin{bmatrix}1\\0\\0\\1\end{bmatrix} - \frac{1}{14}\begin{bmatrix}1\\2\\3\\0\end{bmatrix} - \frac{9}{630}\begin{bmatrix}9\\18\\-15\\0\end{bmatrix} = \begin{bmatrix}4/5\\-2/5\\0\\1\end{bmatrix}$$

편의상 v_3에 5를 곱해 $v_3 \leftarrow 5v_3$로 변경하면 다음과 같다.

$$v_3 = \begin{bmatrix}4\\-2\\0\\5\end{bmatrix}$$

따라서 직교기저는 $\{v_1, v_2, v_3\} = \left\{\begin{bmatrix}1\\2\\3\\0\end{bmatrix}, \begin{bmatrix}9\\18\\-15\\0\end{bmatrix}, \begin{bmatrix}4\\-2\\0\\5\end{bmatrix}\right\}$이다.

예제 9-20 그람-슈미트 과정을 통한 직교기저 계산

일차다항식에 대한 벡터공간의 선형독립인 벡터집합 $\{1, x\}$로부터 직교기저를 구하라. 이때 일차다항식 $p(x)$와 $q(x)$의 내적 $\langle p(x), q(x) \rangle$는 다음과 같이 정의한다.

> **Tip** 그람-슈미트 과정을 이용한다.

$$\langle p(x), q(x) \rangle = \int_0^1 p(x)q(x)dx$$

풀이

다음과 같이 그람-슈미트 과정을 적용하여 직교기저를 찾는다.

$\boldsymbol{x}_1 = 1$, $\boldsymbol{x}_2 = x$라 하면, $\boldsymbol{v}_1 = \boldsymbol{x}_1 = 1$이다. $\langle \boldsymbol{v}_1, \boldsymbol{v}_1 \rangle$, $\langle \boldsymbol{x}_2, \boldsymbol{v}_1 \rangle$을 계산하면 다음과 같다.

$$\langle \boldsymbol{v}_1, \boldsymbol{v}_1 \rangle = \int_0^1 1 \cdot 1 dx = 1$$

$$\langle \boldsymbol{x}_2, \boldsymbol{v}_1 \rangle = \int_0^1 x \cdot 1 dx = \left. \frac{x^2}{2} \right|_0^1 = \frac{1}{2}$$

따라서 $\boldsymbol{v}_2 = \boldsymbol{x}_2 - \dfrac{\langle \boldsymbol{x}_2, \boldsymbol{v}_1 \rangle}{\langle \boldsymbol{v}_1, \boldsymbol{v}_1 \rangle} \boldsymbol{v}_1 = x - \dfrac{1/2}{1}(1) = x - \dfrac{1}{2}$이다.

그러므로 직교기저는 $\{\boldsymbol{v}_1, \boldsymbol{v}_2\} = \left\{1, x - \dfrac{1}{2}\right\}$이다.

QR 분해

행렬을 다른 행렬의 곱으로 나타내는 것을 **행렬 분해**matrix decomposition라 한다. 직교분해의 성질을 이용하여 행렬을 분해하는 방법으로 QR 분해가 있다.

정리 9-14 QR 분해QR decomposition

$m \times n$ 행렬 A의 열벡터가 선형독립이면, A는 정규직교인 열벡터로 구성된 행렬 Q와 상삼각행렬 R을 사용하여 $A = QR$로 분해할 수 있다.

증명

$\{\boldsymbol{x}_1, \boldsymbol{x}_2, \cdots, \boldsymbol{x}_n\}$이 선형독립인 벡터이고, 행렬 $A = [\boldsymbol{x}_1\ \boldsymbol{x}_2\ \cdots\ \boldsymbol{x}_n]$이 이들 벡터를 열벡터로 갖는 행렬이라 하자. 그람-슈미트 과정을 이용하여 정규직교기저 $\{\boldsymbol{u}_1, \boldsymbol{u}_2, \cdots, \boldsymbol{u}_n\}$을 구한 다음, $\{\boldsymbol{x}_1, \boldsymbol{x}_2, \cdots, \boldsymbol{x}_n\}$에 대한 식으로 전개해보자.

$$\boldsymbol{v}_1 = \boldsymbol{x}_1 \quad \Rightarrow \quad \boldsymbol{u}_1 = \frac{\boldsymbol{v}_1}{\|\boldsymbol{v}_1\|}$$

$$\boldsymbol{x}_1 = \|\boldsymbol{v}_1\| \boldsymbol{u}_1 = r_{11} \boldsymbol{u}_1$$

$$\boldsymbol{v}_2 = \boldsymbol{x}_2 - \frac{\boldsymbol{x}_2 \cdot \boldsymbol{v}_1}{\boldsymbol{v}_1 \cdot \boldsymbol{v}_1} \boldsymbol{v}_1 \quad \Rightarrow \quad \boldsymbol{u}_2 = \frac{\boldsymbol{v}_2}{\|\boldsymbol{v}_2\|}$$

$$\boldsymbol{x}_2 = \frac{\boldsymbol{x}_2 \cdot \boldsymbol{v}_1}{\boldsymbol{v}_1 \cdot \boldsymbol{v}_1} \|\boldsymbol{v}_1\| \boldsymbol{u}_1 + \|\boldsymbol{v}_2\| \boldsymbol{u}_2 = r_{12} \boldsymbol{u}_1 + r_{22} \boldsymbol{u}_2$$

$$v_3 = x_3 - \frac{x_3 \cdot v_1}{v_1 \cdot v_1} v_1 - \frac{x_3 \cdot v_2}{v_2 \cdot v_2} v_2 \quad \Rightarrow \quad u_3 = \frac{v_3}{\|v_3\|}$$

$$x_3 = \frac{x_3 \cdot v_1}{v_1 \cdot v_1} \|v_1\| u_1 + \frac{x_3 \cdot v_2}{v_2 \cdot v_2} \|v_2\| u_2 + \|v_3\| u_3 = r_{13} u_1 + r_{23} u_2 + r_{33} u_3$$

$$\vdots$$

$$v_n = x_n - \frac{x_n \cdot v_1}{v_1 \cdot v_1} v_1 - \frac{x_n \cdot v_2}{v_2 \cdot v_2} v_2 - \cdots - \frac{x_n \cdot v_{n-1}}{v_{n-1} \cdot v_{n-1}} v_{n-1} \quad \Rightarrow \quad u_n = \frac{v_n}{\|v_n\|}$$

$$\begin{aligned} x_n &= \frac{x_n \cdot v_1}{v_1 \cdot v_1} \|v_1\| u_1 + \frac{x_n \cdot v_2}{v_2 \cdot v_2} \|v_2\| u_2 + \cdots + \frac{x_n \cdot v_{n-1}}{v_{n-1} \cdot v_{n-1}} \|v_{n-1}\| u_{n-1} + \|v_n\| u_n \\ &= r_{1n} u_1 + r_{2n} u_2 + \cdots + r_{n-1\,n} u_{n-1} + r_{nn} u_n \end{aligned}$$

앞에서 유도한 관계를 정리하면 다음과 같다.

$$\begin{aligned} x_1 &= r_{11} u_1 \\ x_2 &= r_{12} u_1 + r_{22} u_2 \\ x_3 &= r_{13} u_1 + r_{23} u_2 + r_{33} u_3 \\ &\vdots \\ x_n &= r_{1n} u_1 + r_{2n} u_2 + \cdots + r_{n-1\,n} u_{n-1} + r_{nn} u_n \end{aligned}$$

이 관계를 행렬방정식으로 표현하면 다음과 같다.

$$\begin{bmatrix} x_1 & x_2 & x_3 & \cdots & x_n \end{bmatrix} = \begin{bmatrix} u_1 & u_2 & u_3 & \cdots & u_n \end{bmatrix} \begin{bmatrix} r_{11} & r_{12} & r_{13} & \cdots & r_{1n} \\ 0 & r_{22} & r_{23} & \cdots & r_{2n} \\ \vdots & \vdots & \vdots & \ddots & \vdots \\ 0 & 0 & 0 & \cdots & r_{nn} \end{bmatrix} \quad \Rightarrow \quad A = QR$$

여기에서 $Q = \begin{bmatrix} u_1 & u_2 & u_3 & \cdots & u_n \end{bmatrix}$은 그람-슈미트 과정으로 구한 정규직교인 열벡터로 구성된 행렬이고, R은 위 행렬방정식에서 상삼각행렬이다.

■

선형독립인 열벡터로 구성된 $m \times n$ 행렬 A를 $A = QR$ 형태로 QR 분해할 때, 그람-슈미트 과정으로 Q, R을 구할 수 있다. Q는 그람-슈미트 과정에서 구한 정규직교기저를 열벡터로 갖는다. R의 성분은 [정리 9-14]의 증명에 따라 $r_{ii} = \| v_i \|$, $r_{ij} = \frac{x_j \cdot v_i}{v_i \cdot v_i} \| v_i \| = u_i \cdot x_j$를 만족하며, 이 값들은 그람-슈미트 과정으로 계산된다. 한편, A가 정방행렬이면 Q가 직교행렬이므로 $Q^{-1} = Q^{\top}$를 만족한다. 따라서 R은 다음과 같이 구할 수도 있다.

$$A = QR \quad \Rightarrow \quad R = Q^{-1} A = Q^{\top} A$$

Note QR 분해는 직교행렬과 상삼각행렬의 곱으로 나타낸다. QR 분해에서 Q는 직교행렬(orthogonal matrix)의 영문표기의 첫 글자인 o와 유사한 문자로 나타낸 것이고, R은 상삼각행렬(upper triangular matrix)의 다른 표현인 우삼각행렬(right triangular matrix)의 영문표기의 첫 글자이다.

예제 9-21 QR 분해

선형독립인 열벡터로 구성된 다음 행렬 A를 QR 분해하여 표현하라.

$$A=\begin{bmatrix}1&0&0\\1&1&0\\1&1&1\end{bmatrix}$$

Tip
그람-슈미트 과정을 이용하여 직교행렬 Q를 구한 다음 행렬 R을 구한다.

풀이

다음과 같이 그람-슈미트 과정을 적용하여 직교기저를 찾는다.

$$\boldsymbol{v}_1=\boldsymbol{x}_1=\begin{bmatrix}1\\1\\1\end{bmatrix}\quad\Rightarrow\quad\boldsymbol{u}_1=\frac{1}{\sqrt{3}}\begin{bmatrix}1\\1\\1\end{bmatrix}$$

$$\boldsymbol{v}_2=\boldsymbol{x}_2-\frac{\boldsymbol{x}_2\cdot\boldsymbol{v}_1}{\boldsymbol{v}_1\cdot\boldsymbol{v}_1}\boldsymbol{v}_1=\begin{bmatrix}0\\1\\1\end{bmatrix}-\frac{2}{3}\begin{bmatrix}1\\1\\1\end{bmatrix}=\begin{bmatrix}-2/3\\1/3\\1/3\end{bmatrix}\quad\Rightarrow\quad\boldsymbol{u}_2=\frac{1}{\sqrt{6}}\begin{bmatrix}-2\\1\\1\end{bmatrix}$$

$$\boldsymbol{v}_3=\boldsymbol{x}_3-\frac{\boldsymbol{x}_3\cdot\boldsymbol{v}_1}{\boldsymbol{v}_1\cdot\boldsymbol{v}_1}\boldsymbol{v}_1-\frac{\boldsymbol{x}_3\cdot\boldsymbol{v}_2}{\boldsymbol{v}_2\cdot\boldsymbol{v}_2}\boldsymbol{v}_2=\begin{bmatrix}0\\0\\1\end{bmatrix}-\frac{1}{3}\begin{bmatrix}1\\1\\1\end{bmatrix}-\frac{1}{2}\begin{bmatrix}-2/3\\1/3\\1/3\end{bmatrix}=\begin{bmatrix}0\\-1/2\\1/2\end{bmatrix}\quad\Rightarrow\quad\boldsymbol{u}_3=\frac{1}{\sqrt{2}}\begin{bmatrix}0\\-1\\1\end{bmatrix}$$

따라서 $Q=[\boldsymbol{u}_1\ \boldsymbol{u}_2\ \boldsymbol{u}_3]=\begin{bmatrix}\frac{1}{\sqrt{3}}&-\frac{2}{\sqrt{6}}&0\\\frac{1}{\sqrt{3}}&\frac{1}{\sqrt{6}}&-\frac{1}{\sqrt{2}}\\\frac{1}{\sqrt{3}}&\frac{1}{\sqrt{6}}&\frac{1}{\sqrt{2}}\end{bmatrix}$이다.

한편, $R=Q^{\top}A$의 관계를 이용하여 R을 구하면 다음과 같다.

$$R=\begin{bmatrix}\frac{1}{\sqrt{3}}&\frac{1}{\sqrt{3}}&\frac{1}{\sqrt{3}}\\-\frac{2}{\sqrt{6}}&\frac{1}{\sqrt{6}}&\frac{1}{\sqrt{6}}\\0&-\frac{1}{\sqrt{2}}&\frac{1}{\sqrt{2}}\end{bmatrix}\begin{bmatrix}1&0&0\\1&1&0\\1&1&1\end{bmatrix}=\begin{bmatrix}\sqrt{3}&\frac{2}{\sqrt{3}}&\frac{1}{\sqrt{3}}\\0&\frac{2}{\sqrt{6}}&\frac{1}{\sqrt{6}}\\0&0&\frac{1}{\sqrt{2}}\end{bmatrix}$$

따라서 $A=QR$은 다음과 같다.

$$\begin{bmatrix}1&0&0\\1&1&0\\1&1&1\end{bmatrix}=\begin{bmatrix}\frac{1}{\sqrt{3}}&-\frac{2}{\sqrt{6}}&0\\\frac{1}{\sqrt{3}}&\frac{1}{\sqrt{6}}&-\frac{1}{\sqrt{2}}\\\frac{1}{\sqrt{3}}&\frac{1}{\sqrt{6}}&\frac{1}{\sqrt{2}}\end{bmatrix}\begin{bmatrix}\sqrt{3}&\frac{2}{\sqrt{3}}&\frac{1}{\sqrt{3}}\\0&\frac{2}{\sqrt{6}}&\frac{1}{\sqrt{6}}\\0&0&\frac{1}{\sqrt{2}}\end{bmatrix}$$

SECTION 9.3 행렬방정식의 최소제곱해와 최적근사해

실제 데이터 분석에서 연립선형방정식을 사용할 때 해가 없는 불능인 경우가 많다. 이 경우 오차를 최소로 하는 값을 해로 사용한다. 연립선형방정식을 행렬방정식으로 표현할 때, 불능인 행렬방정식의 오차를 최소로 만드는 것을 다음과 같이 최소제곱해라고 정의한다.

정의 9-10 행렬방정식의 최소제곱해

행렬방정식 $A\boldsymbol{x}=\boldsymbol{b}$를 만족하는 해가 없을 때, 즉 불능일 때, $\|\boldsymbol{b}-A\hat{\boldsymbol{x}}\|$을 최소로 만드는 $\hat{\boldsymbol{x}}$을 $A\boldsymbol{x}=\boldsymbol{b}$의 근사해로 사용하며, 이러한 해를 **최소제곱해** least square solution 라고 한다.

연립선형방정식 또는 행렬방정식이 불능인 경우, 최소제곱해를 **최적근사해** best approximate solution 로 사용하는 것이 일반적이다. 행렬방정식의 최소제곱해는 행렬의 열공간 위로의 벡터의 정사영과 관련지을 수 있다.

정리 9-15 행렬방정식의 최소제곱해와 열공간 위로의 정사영

행렬방정식 $A\boldsymbol{x}=\boldsymbol{b}$의 해가 없을 때, 최소제곱해 $\hat{\boldsymbol{x}}$에 대하여 $A\hat{\boldsymbol{x}}$은 A의 열공간 $\mathrm{Col}(A)$ 위로의 $\boldsymbol{b}$의 정사영이다.

증명

$A\boldsymbol{x}$는 A의 열공간 $\mathrm{Col}(A)$에 있는 벡터이다. 한편, $A\boldsymbol{x}=\boldsymbol{b}$를 만족하는 $\boldsymbol{x}$가 없으므로 $\boldsymbol{b}$는 [그림 9-5]와 같이 열공간 $\mathrm{Col}(A)$에 위치하지 않는다. $A\boldsymbol{x}=\boldsymbol{b}$의 최소제곱해 $\hat{\boldsymbol{x}}$은 $\|\boldsymbol{b}-A\hat{\boldsymbol{x}}\|$을 최소로 만드므로, [정리 9-12]에 의해 $A\hat{\boldsymbol{x}}$은 A의 열공간 $\mathrm{Col}(A)$ 위로의 $\boldsymbol{b}$의 정사영이다.

■

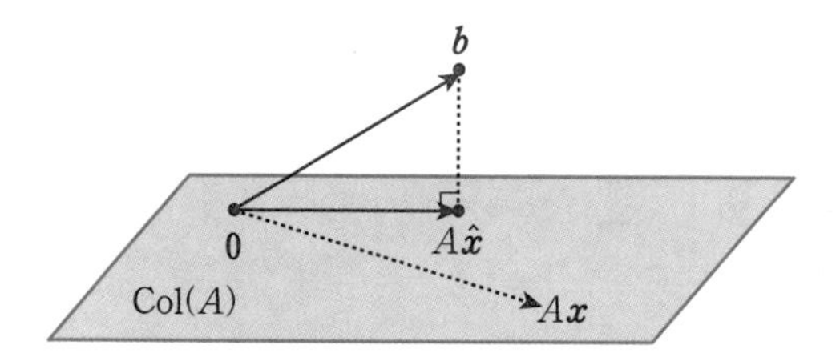

[그림 9-5] 행렬방정식 $Ax = b$의 공간적 표현

예제 9-22 정사영을 이용한 연립선형방정식 풀이

다음 연립선형방정식의 최소제곱해를 구하라.

$$\begin{cases} -x_1 + \ x_2 = 10 \\ 2x_1 + \ x_2 = \ 5 \\ \ x_1 - 2x_2 = 20 \end{cases}$$

> **Tip**
> 연립선형방정식을 행렬방정식으로 표현하고, 계수행렬의 열공간 위로 상수벡터를 정사영하여 최소제곱해를 구한다.

풀이

연립선형방정식을 행렬방정식으로 표현하면 다음과 같다.

$$\begin{bmatrix} -1 & 1 \\ 2 & 1 \\ 1 & -2 \end{bmatrix} \begin{bmatrix} x_1 \\ x_2 \end{bmatrix} = \begin{bmatrix} 10 \\ 5 \\ 20 \end{bmatrix}$$

A와 $\boldsymbol{b}$를 각각 다음과 같이 두면, 위 행렬방정식은 $A\boldsymbol{x} = \boldsymbol{b}$로 표현할 수 있다.

$$A = \begin{bmatrix} -1 & 1 \\ 2 & 1 \\ 1 & -2 \end{bmatrix} \qquad \boldsymbol{b} = \begin{bmatrix} 10 \\ 5 \\ 20 \end{bmatrix}$$

최소제곱해 $\hat{\boldsymbol{x}}$은 Col(A) 위로의 $\boldsymbol{b}$의 정사영이므로, 먼저 Col(A)의 열벡터로부터 직교기저를 구한다. $A = [\boldsymbol{a}_1 \ \boldsymbol{a}_2]$라 할 때, Col$(A)$의 직교기저 $\{\boldsymbol{v}_1, \boldsymbol{v}_2\}$를 그람-슈미트 과정으로 다음과 같이 구한다.

$$\boldsymbol{v}_1 = \boldsymbol{a}_1 = \begin{bmatrix} -1 \\ 2 \\ 1 \end{bmatrix}$$

$$\boldsymbol{v}_2 = \boldsymbol{a}_2 - \frac{\boldsymbol{a}_2 \cdot \boldsymbol{v}_1}{\boldsymbol{v}_1 \cdot \boldsymbol{v}_1}\boldsymbol{v}_1 = \begin{bmatrix} 1 \\ 1 \\ -2 \end{bmatrix} + \frac{1}{6}\begin{bmatrix} -1 \\ 2 \\ 1 \end{bmatrix} = \frac{1}{6}\begin{bmatrix} 5 \\ 8 \\ -11 \end{bmatrix}$$

[정리 9-10]에 따라 Col(A) 위로의 $\boldsymbol{b}$의 정사영을 구하면 다음과 같다.

$$\begin{aligned} \hat{\boldsymbol{b}} &= \frac{\boldsymbol{b} \cdot \boldsymbol{v}_1}{\boldsymbol{v}_1 \cdot \boldsymbol{v}_1}\boldsymbol{v}_1 + \frac{\boldsymbol{b} \cdot \boldsymbol{v}_2}{\boldsymbol{v}_2 \cdot \boldsymbol{v}_2}\boldsymbol{v}_2 = \frac{20}{6}\begin{bmatrix} -1 \\ 2 \\ 1 \end{bmatrix} - \frac{130/6}{210/36}\begin{bmatrix} 5/6 \\ 8/6 \\ -11/6 \end{bmatrix} \\ &= \frac{10}{3}\begin{bmatrix} -1 \\ 2 \\ 1 \end{bmatrix} - \frac{13}{21}\begin{bmatrix} 5 \\ 8 \\ -11 \end{bmatrix} = \frac{1}{21}\begin{bmatrix} -135 \\ 36 \\ 213 \end{bmatrix} \end{aligned}$$

이제 $A\boldsymbol{x}=\hat{\boldsymbol{b}}$을 만족하는 $\boldsymbol{x}$를 최소제곱해로 구한다.

$$\begin{bmatrix} -1 & 1 \\ 2 & 1 \\ 1 & -2 \end{bmatrix}\begin{bmatrix} x_1 \\ x_2 \end{bmatrix} = \frac{1}{21}\begin{bmatrix} -135 \\ 36 \\ 213 \end{bmatrix}$$

위 행렬방정식을 연립선형방정식으로 나타내면 다음과 같다.

$$\begin{cases} -x_1 + x_2 = -\dfrac{45}{7} \\ 2x_1 + x_2 = \dfrac{12}{7} \\ x_1 - 2x_2 = \dfrac{71}{7} \end{cases}$$

위 연립선형방정식을 풀면, $x_1 = \dfrac{19}{7}$, $x_2 = -\dfrac{26}{7}$이다.

[예제 9-22]에서는 정사영을 이용한 다소 번거로운 과정으로 $A\boldsymbol{x}=\boldsymbol{b}$의 최적근사해를 구했다. 다음 [정리 9-16]의 행렬 연산을 사용하면 보다 간단히 $A\boldsymbol{x}=\boldsymbol{b}$의 최적근사해를 구할 수 있다.

정리 9-16 행렬방정식의 최적근사해

선형독립인 열벡터로 구성된 행렬 A에 대하여, 행렬방정식 $A\boldsymbol{x}=\boldsymbol{b}$의 최적근사해 $\hat{\boldsymbol{x}}$은 다음과 같다. 단, 이때 $A^{\top}A$는 가역행렬이어야 한다.

$$\hat{\boldsymbol{x}} = (A^{\top}A)^{-1}A^{\top}\boldsymbol{b}$$

증명

[그림 9-6]과 같이 A의 열공간 $\mathrm{Col}(A)$ 위로의 $\boldsymbol{b}$의 정사영 $\hat{\boldsymbol{b}}$에 대응하는 $\boldsymbol{x}$를 $\hat{\boldsymbol{x}}$이라 하자. 즉, $\hat{\boldsymbol{b}} = A\hat{\boldsymbol{x}}$이다.

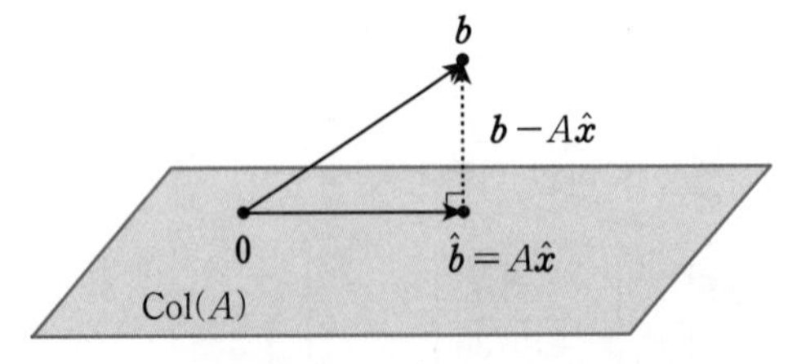

[그림 9-6] 행렬방정식 $A\boldsymbol{x}=\boldsymbol{b}$에 대한 열공간 $\mathrm{Col}(A)$와 정사영 $\hat{\boldsymbol{b}}$

$\hat{\boldsymbol{b}}$이 $\mathrm{Col}(A)$ 위로의 $\boldsymbol{b}$의 정사영이므로, $\boldsymbol{b}-\hat{\boldsymbol{b}}=\boldsymbol{b}-A\hat{\boldsymbol{x}}$은 $\mathrm{Col}(A)$와 직교한다. 그러므로 $\boldsymbol{b}-A\hat{\boldsymbol{x}}$은 A의 각 열벡터 $\boldsymbol{a}_i$와 직교한다. 즉, $\boldsymbol{a}_i \cdot (\boldsymbol{b}-A\hat{\boldsymbol{x}})=0$이다. 이러한 관계를 행렬방정식으로 나타내면 다음과 같다.

$$[\boldsymbol{a}_1\ \boldsymbol{a}_2\ \cdots\ \boldsymbol{a}_n] \cdot (\boldsymbol{b}-A\hat{\boldsymbol{x}}) = \begin{bmatrix} 0 \\ 0 \\ \vdots \\ 0 \end{bmatrix} \quad \Rightarrow \quad A^\top(\boldsymbol{b}-A\hat{\boldsymbol{x}}) = \boldsymbol{0}$$

$$\Rightarrow \quad A^\top\boldsymbol{b} - A^\top A\hat{\boldsymbol{x}} = \boldsymbol{0}$$

$$\Rightarrow \quad A^\top A\hat{\boldsymbol{x}} = A^\top\boldsymbol{b}$$

$A^\top A\hat{\boldsymbol{x}} = A^\top\boldsymbol{b}$를 **정규방정식**normal equation이라 한다. 만약 $A^\top A$가 가역행렬이면, 최적근사해는 $\hat{\boldsymbol{x}} = (A^\top A)^{-1}A^\top\boldsymbol{b}$이다. $(A^\top A)^{-1}A^\top$를 A의 **무어-펜로즈 의사 역행렬**Moore-Penrose pseudo inverse matrix이라 한다.

■

예제 9-23 행렬 연산을 통한 최적근사해 계산

다음 연립선형방정식의 최적근사해를 구하라.

> **Tip**
> [정리 9-16]을 이용한다.

$$\begin{cases} x_1 + x_2 = 3.5 \\ 2x_1 + x_2 = 4.3 \\ 3x_1 + x_2 = 7.2 \\ 4x_1 + x_2 = 8.0 \end{cases}$$

풀이

주어진 연립선형방정식을 행렬방정식으로 표현하면 다음과 같다.

$$\begin{bmatrix} 1 & 1 \\ 2 & 1 \\ 3 & 1 \\ 4 & 1 \end{bmatrix}\begin{bmatrix} x_1 \\ x_2 \end{bmatrix} = \begin{bmatrix} 3.5 \\ 4.3 \\ 7.2 \\ 8.0 \end{bmatrix}$$

이때, $A=\begin{bmatrix} 1 & 1 \\ 2 & 1 \\ 3 & 1 \\ 4 & 1 \end{bmatrix}$, $\boldsymbol{b}=\begin{bmatrix} 3.5 \\ 4.3 \\ 7.2 \\ 8.0 \end{bmatrix}$이라 하자. [정리 9-16]을 이용하여 최적근사해 $\hat{\boldsymbol{x}}$을 계산하면 다음과 같다.

$$A^\top A = \begin{bmatrix} 1 & 2 & 3 & 4 \\ 1 & 1 & 1 & 1 \end{bmatrix}\begin{bmatrix} 1 & 1 \\ 2 & 1 \\ 3 & 1 \\ 4 & 1 \end{bmatrix} = \begin{bmatrix} 30 & 10 \\ 10 & 4 \end{bmatrix} \quad \Rightarrow \quad (A^\top A)^{-1} = \begin{bmatrix} 0.2 & -0.5 \\ -0.5 & 1.5 \end{bmatrix}$$

$$\Rightarrow \quad (A^\top A)^{-1}A^\top = \begin{bmatrix} -0.3 & -0.1 & 0.1 & 0.3 \\ 1 & 0.5 & 0 & -0.5 \end{bmatrix}$$

$$\Rightarrow \quad \hat{\boldsymbol{x}} = (A^\top A)^{-1}A^\top\boldsymbol{b} = \begin{bmatrix} 1.64 \\ 1.65 \end{bmatrix}$$

행렬방정식의 최적근사해는 다음 [정리 9-17]과 같이 QR 분해를 이용하여 구할 수도 있다.

정리 9-17 QR 분해와 행렬방정식의 최적근사해

증명

선형독립인 열벡터로 구성된 행렬 A의 QR 분해 $A = QR$에 대하여, 행렬방정식 $A\boldsymbol{x} = \boldsymbol{b}$의 최적근사해 $\hat{\boldsymbol{x}}$은 다음과 같다.

$$\hat{\boldsymbol{x}} = R^{-1}Q^{\top}\boldsymbol{b}$$

[정리 9-17]은 A를 $A = QR$ 형태로 나타낸 다음, R^{-1}와 $Q^{\top}$를 이용하여 $A\boldsymbol{x} = \boldsymbol{b}$의 최적근사해를 구할 수 있음을 의미한다.

예제 9-24 QR 분해를 이용한 최적근사해 계산

QR 분해를 이용하여 다음 A, $\boldsymbol{b}$에 대한 행렬방정식 $A\boldsymbol{x} = \boldsymbol{b}$의 최적근사해를 구하라.

Tip
[정리 9-17]을 이용한다.

$$A = \begin{bmatrix} 1 & 3 & 5 \\ 1 & 1 & 0 \\ 1 & 1 & 2 \\ 1 & 3 & 3 \end{bmatrix} \qquad \boldsymbol{b} = \begin{bmatrix} 3 \\ 5 \\ 7 \\ -3 \end{bmatrix}$$

풀이

행렬 A를 QR 분해하여 표현하면 다음과 같다.

$$A = QR = \begin{bmatrix} 1/2 & 1/2 & 1/2 \\ 1/2 & -1/2 & -1/2 \\ 1/2 & -1/2 & 1/2 \\ 1/2 & 1/2 & -1/2 \end{bmatrix} \begin{bmatrix} 2 & 4 & 5 \\ 0 & 2 & 3 \\ 0 & 0 & 2 \end{bmatrix}$$

[정리 9-17]에 따라, $\hat{\boldsymbol{x}} = R^{-1}Q^{\top}\boldsymbol{b}$를 이용하여 최적근사해를 구하면 다음과 같다.

$$\hat{\boldsymbol{x}} = R^{-1}Q^{\top}\boldsymbol{b} = \begin{bmatrix} 1/2 & -1 & 1/4 \\ 0 & 1/2 & -3/4 \\ 0 & 0 & 1/2 \end{bmatrix} \begin{bmatrix} 1/2 & 1/2 & 1/2 & 1/2 \\ 1/2 & -1/2 & -1/2 & 1/2 \\ 1/2 & -1/2 & 1/2 & -1/2 \end{bmatrix} \begin{bmatrix} 3 \\ 5 \\ 7 \\ -3 \end{bmatrix} = \begin{bmatrix} 10 \\ -6 \\ 2 \end{bmatrix}$$

SECTION

9.4 직교성의 응용

직교성은 데이터와 신호를 다루는 다양한 분야에서 활용된다. 이 절에서는 선형 회귀 문제와 푸리에 해석에서의 직교성의 응용에 대해 살펴본다.

선형 회귀

입력 $\boldsymbol{x}$와 출력 y의 데이터가 주어질 때, 입력으로부터 출력을 계산하는 함수 $y=f(\boldsymbol{x})$를 찾는 것을 **회귀**regression 또는 **회귀 분석**regression analysis이라 한다. 이때 입력에 해당하는 변수 $\boldsymbol{x}$를 **독립변수**independent variable 또는 **설명변수**explanatory variable라 하고, 출력을 나타내는 변수 y를 **종속변수**dependent variable 또는 **반응변수**response variable라 한다. 회귀에서 사용하는 함수가 **모델 매개변수**model parameter에 대한 선형 모델이면 **선형 회귀**linear regression라 하고, 모델 매개변수에 대한 비선형 모델이면 **비선형 회귀**nonlinear regression라 한다.

선형 회귀에서 독립변수를 $\boldsymbol{x}=\{x_1, x_2, \cdots, x_m\}$이라 하고, 모델 매개변수를 $\boldsymbol{\beta}=\{\beta_0, \beta_1, \cdots, \beta_m\}$이라 할 때, 회귀 함수의 형태는 $y=\beta_0+\beta_1 x_1+\beta_2 x_2+\cdots+\beta_n x_n$과 같은 선형방정식이다. 선형 회귀에서 데이터는 다음과 같이 입력과 출력 값의 쌍들로 주어진다.

$$\{(5,5),(15,20),(25,14),(35,32),(45,22),(55,38)\}$$

[그림 9-7(b)]와 같이 이러한 데이터를 근사하여 나타내는 함수식 $y=f(x)=5.63+0.54x$를 찾는 것이 선형 회귀이다.

주어진 데이터 $(\boldsymbol{x}_i, y_i)_{i=1,\ldots,n}$에 대해, 선형 회귀로 구한 함숫값 $f(\boldsymbol{x}_i)$와 실제 데이터인 값 y_i가 일치하지 않을 수 있다. 즉, 선형 회귀한 값과 실제 값의 차이 $|f(\boldsymbol{x}_i)-y_i|$인 오차가 발생할 수 있다. 선형 회귀에서는 이러한 오차를 최소화하는 모델 매개변수 β_i의 값들을 구한다.

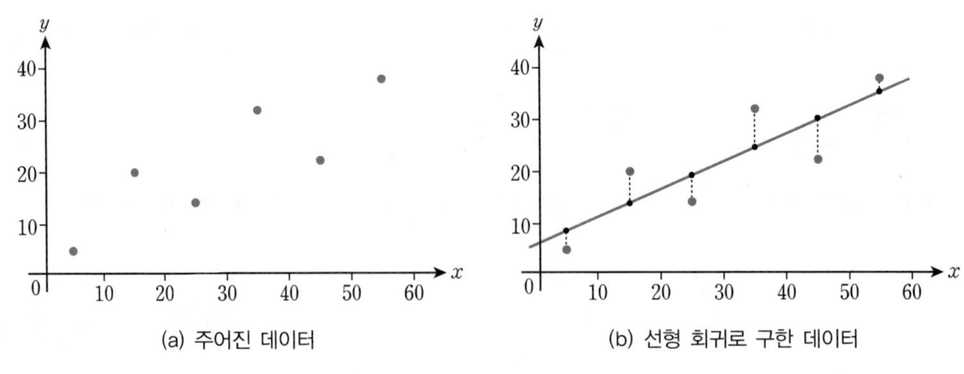

[그림 9-7] **선형 회귀**

■ 연립선형방정식의 최적근사해를 이용한 선형 회귀

선형 회귀 문제는 연립선형방정식의 문제로 간주하여 해결할 수 있다. [그림 9-7(a)]와 같은 데이터에 대해, $y = \beta_0 + \beta_1 x$ 형태의 함수를 찾는다고 하자. 각 데이터를 함수의 입력 x와 출력 y에 대입하면 다음과 같은 연립선형방정식이 만들어진다.

$$\begin{cases} \beta_0 + \ \ 5\beta_1 = \ \ 5 \\ \beta_0 + 15\beta_1 = 20 \\ \beta_0 + 25\beta_1 = 14 \\ \beta_0 + 35\beta_1 = 32 \\ \beta_0 + 45\beta_1 = 22 \\ \beta_0 + 55\beta_1 = 38 \end{cases}$$

위 연립선형방정식은 미지수가 2개(β_0, β_1), 방정식이 6개로, 미지수 개수보다 방정식 개수가 많다. 이러한 상황을 **과결정**overdetermined **상태**라고 한다. 회귀에서는 일반적으로 과결정 상태의 문제를 다룬다.

앞에서 만든 연립선형방정식을 행렬방정식으로 표현하면 다음과 같다.

$$A\boldsymbol{\beta} = \boldsymbol{b}, \qquad A = \begin{bmatrix} 1 & 5 \\ 1 & 15 \\ 1 & 25 \\ 1 & 35 \\ 1 & 45 \\ 1 & 55 \end{bmatrix}, \ \boldsymbol{\beta} = \begin{bmatrix} \beta_0 \\ \beta_1 \end{bmatrix}, \ \boldsymbol{b} = \begin{bmatrix} 5 \\ 20 \\ 14 \\ 32 \\ 22 \\ 38 \end{bmatrix}$$

과결정 상태인 회귀 문제에 대한 행렬방정식에서 계수행렬은 행의 개수가 열의 개수보다 많은 형태, 즉 **키 큰 행렬**tall matrix이다. 이러한 선형 회귀 문제는 [정리 9-16]의 행렬방정식에 대한 최적근사해 방법을 적용할 수 있다. $\hat{\boldsymbol{\beta}} = (A^\top A)^{-1} A^\top \boldsymbol{b}$를 이용하여 행렬방정식 $A\boldsymbol{\beta} = \boldsymbol{b}$의 최적근사해를 구하면 다음과 같다.

$$A^{\top}A = \begin{bmatrix} 6 & 180 \\ 180 & 7150 \end{bmatrix}$$

$$\Rightarrow \quad (A^{\top}A)^{-1} \approx \begin{bmatrix} 0.6810 & -0.0171 \\ -0.0171 & 0.0006 \end{bmatrix}$$

$$\Rightarrow \quad (A^{\top}A)^{-1}A^{\top} \approx \begin{bmatrix} 0.595 & 0.424 & 0.252 & 0.081 & -0.090 & -0.262 \\ -0.014 & -0.009 & -0.003 & 0.003 & 0.009 & 0.014 \end{bmatrix}$$

$$\Rightarrow \quad \hat{\boldsymbol{\beta}} = (A^{\top}A)^{-1}A^{\top}\boldsymbol{b} \approx \begin{bmatrix} 5.63 \\ 0.54 \end{bmatrix}$$

따라서 선형 회귀 함수는 $y = 5.63 + 0.54x$ 이다.

예제 9-25 선형 회귀

다음과 같이 입력과 출력의 쌍으로 주어진 데이터를 $y = \beta_0 + \beta_1 x$ 형태로 선형 회귀한 함수를 구하라.

$$\{(-1,0), (0,2), (1,4), (2,5)\}$$

> **Tip** 주어진 문제를 행렬방정식으로 표현한 다음, 최적근사해를 찾는다.

풀이

주어진 데이터를 함수의 입력 x와 출력 y에 대입하면, 다음과 같은 연립선형방정식이 만들어진다.

$$\begin{cases} \beta_0 - \beta_1 = 0 \\ \beta_0 = 2 \\ \beta_0 + \beta_1 = 4 \\ \beta_0 + 2\beta_1 = 5 \end{cases}$$

위 연립선형방정식은 다음과 같이 행렬방정식으로 표현할 수 있다.

$$A\boldsymbol{\beta} = \boldsymbol{b}, \qquad A = \begin{bmatrix} 1 & -1 \\ 1 & 0 \\ 1 & 1 \\ 1 & 2 \end{bmatrix}, \ \boldsymbol{\beta} = \begin{bmatrix} \beta_0 \\ \beta_1 \end{bmatrix}, \ \boldsymbol{b} = \begin{bmatrix} 0 \\ 2 \\ 4 \\ 5 \end{bmatrix}$$

$\hat{\boldsymbol{\beta}} = (A^{\top}A)^{-1}A^{\top}\boldsymbol{b}$를 이용하여 행렬방정식의 최적근사해를 구하면 다음과 같다.

$$A^{\top}A = \begin{bmatrix} 4 & 2 \\ 2 & 6 \end{bmatrix} \quad \Rightarrow \quad (A^{\top}A)^{-1} = \begin{bmatrix} 0.3 & -0.1 \\ -0.1 & 0.2 \end{bmatrix}$$

$$\Rightarrow \quad (A^{\top}A)^{-1}A^{\top} = \begin{bmatrix} 0.4 & 0.3 & 0.2 & 0.1 \\ -0.3 & -0.1 & 0.1 & 0.3 \end{bmatrix}$$

$$\Rightarrow \quad \hat{\boldsymbol{\beta}} = (A^{\top}A)^{-1}A^{\top}\boldsymbol{b} = \begin{bmatrix} 1.9 \\ 1.7 \end{bmatrix}$$

따라서 주어진 데이터에 대한 선형 회귀 함수는 $y = 1.9 + 1.7x$ 이다.

■ 선형 회귀와 최적화 문제의 풀이법

선형 회귀는 최적화 문제로 간주할 수도 있다. [그림 9-7(b)]와 같이 선형 회귀로 구한 값 $A\beta$와 실제 값 $\boldsymbol{b}$의 차이, 즉 오차 $\|\boldsymbol{b}-A\beta\|$를 최소화하는 β를 찾으면 된다. 이러한 최적화 문제의 목적함수 $J(\beta)$는 오차 $\|\boldsymbol{b}-A\beta\|$를 이용하여 다음과 같이 정의한다.

$$J(\beta)=\|\boldsymbol{b}-A\beta\|^2$$

$J(\beta)$를 전개하면 다음과 같다.

$$\begin{aligned}J(\beta)&=(\boldsymbol{b}-A\beta)^\top(\boldsymbol{b}-A\beta)\\&=\boldsymbol{b}^\top\boldsymbol{b}-\boldsymbol{b}^\top A\beta-\beta^\top A^\top\boldsymbol{b}+\beta^\top A^\top A\beta\end{aligned}$$

$J(\beta)$를 최소화하는 $\hat{\beta}$을 찾아야 하므로 다음과 같이 도함수를 구한다. 이때 $\boldsymbol{b}^\top\boldsymbol{b}$를 β에 대해 미분하면 0이다. [정리 6-26]의 (1)에 따르면 $\boldsymbol{b}^\top A$는 행벡터이므로 $\frac{\partial(-\boldsymbol{b}^\top A\beta)}{\partial\beta}=-(\boldsymbol{b}^\top A)^\top=-A^\top\boldsymbol{b}$이고, 마찬가지로 $A^\top\boldsymbol{b}$는 열벡터이므로 $\frac{\partial(-\beta^\top A^\top\boldsymbol{b})}{\partial\beta}=-A^\top\boldsymbol{b}$이다. 또한 [정리 6-26]의 (6)에 따라 $\frac{\partial\beta^\top A^\top A\beta}{\partial\beta}=A^\top A\beta+A^\top A\beta=2A^\top A\beta$이다. 따라서 $J(\beta)$의 도함수는 다음과 같다.

$$\frac{\partial}{\partial\beta}J(\beta)=-2A^\top\boldsymbol{b}+2A^\top A\beta$$

이 도함수를 영벡터로 만드는 $\hat{\beta}$이 목적함수를 최소화하는 해이다.

$$\begin{aligned}\frac{\partial}{\partial\beta}J(\beta)=-2A^\top\boldsymbol{b}+2A^\top A\beta=0\quad&\Rightarrow\quad 2A^\top A\hat{\beta}=2A^\top\boldsymbol{b}\\&\Rightarrow\quad A^\top A\hat{\beta}=A^\top\boldsymbol{b}\\&\Rightarrow\quad \hat{\beta}=(A^\top A)^{-1}A^\top\boldsymbol{b}\end{aligned}$$

이와 같이 최적화 문제로 선형 회귀 함수에 대한 모델 매개변수 $\hat{\beta}$을 구해도 무어-펜로즈 의사 역행렬에 대응하는 $\hat{\beta}=(A^\top A)^{-1}A^\top\boldsymbol{b}$가 나온다. 따라서 선형 회귀의 풀이법은 다음 [정리 9-18]과 같다.

정리 9-18 선형 회귀의 풀이법

데이터 $\{(\boldsymbol{x}_i, y_i) \mid i = 1, \dots, n\}$을 $y = \beta \boldsymbol{x}$ 형태의 함수로 선형 회귀할 때, 최적근사해 $\hat{\beta}$은 다음과 같다.

$$\hat{\beta} = (A^\top A)^{-1} A^\top \boldsymbol{b}$$

여기에서 $A = \begin{bmatrix} \boldsymbol{x}_1 \\ \boldsymbol{x}_2 \\ \vdots \\ \boldsymbol{x}_n \end{bmatrix}$, $\boldsymbol{b} = \begin{bmatrix} y_1 \\ y_2 \\ \vdots \\ y_n \end{bmatrix}$ 이다.

입력이 벡터로 주어지는 경우의 선형 회귀를 **다중 선형 회귀**multiple linear regression라고 한다. 다중 선형 회귀 문제도 [정리 9-18]을 적용하여 해결할 수 있다.

예제 9-26 다중 선형 회귀

다음과 같이 2차원 입력과 출력의 쌍으로 주어진 데이터를 $y = \beta_0 + \beta_1 x_1 + \beta_2 x_2$ 형태로 선형 회귀한 함수를 구하라.

> **Tip** 문제를 행렬방정식으로 표현한 다음, 최적근사해를 찾는다.

$$\{(45, 20, 2), (38, 30, 1), (50, 30, 3), (48, 28, 2), (55, 30, 3), (53, 34, 3), (55, 36, 4)\}$$

풀이

주어진 데이터를 행렬방정식으로 표현하면 다음과 같다.

$$A\beta = \boldsymbol{b}, \qquad A = \begin{bmatrix} 1 & 45 & 20 \\ 1 & 38 & 30 \\ 1 & 50 & 30 \\ 1 & 48 & 28 \\ 1 & 55 & 30 \\ 1 & 53 & 34 \\ 1 & 55 & 36 \end{bmatrix}, \quad \beta = \begin{bmatrix} \beta_0 \\ \beta_1 \\ \beta_2 \end{bmatrix}, \quad \boldsymbol{b} = \begin{bmatrix} 2 \\ 1 \\ 3 \\ 2 \\ 3 \\ 3 \\ 4 \end{bmatrix}$$

A의 무어-펜로즈 의사 역행렬을 이용하여 $\hat{\beta} = (A^\top A)^{-1} A^\top \boldsymbol{b}$ 를 구한다.

$$A^\top A = \begin{bmatrix} 7 & 344 & 208 \\ 344 & 17132 & 10316 \\ 208 & 10316 & 6336 \end{bmatrix} \Rightarrow \quad (A^\top A)^{-1} \approx \begin{bmatrix} 11.531 & -0.183 & -0.080 \\ -0.183 & 0.006 & -0.004 \\ -0.080 & -0.004 & 0.009 \end{bmatrix}$$

$$\Rightarrow \quad \hat{\beta} = (A^\top A)^{-1} A^\top \boldsymbol{b} \approx \begin{bmatrix} -4.93 \\ 0.14 \\ 0.03 \end{bmatrix}$$

따라서 선형 회귀 함수는 $y = -4.93 + 0.14x_1 + 0.03x_2$ 이다.

■ 정규화 항을 포함한 선형 회귀

선형 회귀를 할 때는 단순히 오차 $\|\boldsymbol{b}-A\boldsymbol{\beta}\|$의 최소화뿐만 아니라, 선형 회귀 함수 $y=\boldsymbol{\beta x}$의 형태에 대한 특정 제약 조건을 요구하기도 한다. 대표적인 제약 조건은 모델 매개변수 $\boldsymbol{\beta}$의 크기를 작게 하는 것이다. 이 경우 선형 회귀 문제를 최적화 문제로 표현할 때 목적함수 $J(\boldsymbol{\beta})$는 다음과 같다.

$$J(\boldsymbol{\beta})=\|\boldsymbol{b}-A\boldsymbol{\beta}\|^2+\alpha\|\boldsymbol{\beta}\|^2$$

여기에서 α는 양수이며, $\|\boldsymbol{\beta}\|$는 **정규화 항**regularization term이라 한다.

$J(\boldsymbol{\beta})=\|\boldsymbol{b}-A\boldsymbol{\beta}\|^2+\alpha\|\boldsymbol{\beta}\|^2=(\boldsymbol{b}-A\boldsymbol{\beta})^\top(\boldsymbol{b}-A\boldsymbol{\beta})+\alpha\boldsymbol{\beta}^\top\boldsymbol{\beta}$이다. 선형 회귀와 최적화 문제의 풀이법에 따라 $\|\boldsymbol{b}-A\boldsymbol{\beta}\|^2$의 도함수는 $-2A^\top\boldsymbol{b}+2A^\top A\boldsymbol{\beta}$이고, [정리 6-26]의 (2)에 따라 $\dfrac{\partial\boldsymbol{\beta}^\top\boldsymbol{\beta}}{\partial\boldsymbol{\beta}}=2\boldsymbol{\beta}$이므로, $J(\boldsymbol{\beta})$의 도함수는 다음과 같다.

$$\frac{\partial}{\partial\boldsymbol{\beta}}J(\boldsymbol{\beta})=-2A^\top\boldsymbol{b}+2A^\top A\boldsymbol{\beta}+2\alpha\boldsymbol{\beta}$$

이 도함수를 영벡터로 만드는 $\hat{\boldsymbol{\beta}}$을 구하면 다음과 같다.

$$\begin{aligned}\frac{\partial}{\partial\boldsymbol{\beta}}J(\boldsymbol{\beta})=-2A^\top\boldsymbol{b}+2A^\top A\boldsymbol{\beta}+2\alpha\boldsymbol{\beta}=0 \quad&\Rightarrow\quad 2A^\top A\hat{\boldsymbol{\beta}}+2\alpha\hat{\boldsymbol{\beta}}=2A^\top\boldsymbol{b}\\ &\Rightarrow\quad (A^\top A+\alpha I)\hat{\boldsymbol{\beta}}=A^\top\boldsymbol{b}\\ &\Rightarrow\quad \hat{\boldsymbol{\beta}}=(A^\top A+\alpha I)^{-1}A^\top\boldsymbol{b}\end{aligned}$$

따라서 $\boldsymbol{\beta}$의 최적근사해는 $\hat{\boldsymbol{\beta}}=(A^\top A+\alpha I)^{-1}A^\top\boldsymbol{b}$ 이다.

선형 회귀는 데이터에 대한 회귀 분석뿐만 아니라, 신호 처리에서 선형 함수를 통해 다음 시점의 신호를 추정하는 선형 예측linear prediction, 잡음 신호를 줄이기 위한 스무딩smoothing, 출력 신호로부터 입력 신호를 추정하는 디컨볼루션deconvolution, 입출력으로부터 시스템의 동작 특성을 결정하는 시스템 동정system identification, 통신 과정에서 손실된 신호를 추정하는 결손 표본 추정missing sample estimation 등 다양한 분야에서 활용된다.

푸리에 해석

푸리에 해석 Fourier analysis은 함수를 사인함수, 코사인함수와 같은 삼각함수 또는 e^{ix}과 같은 복소 지수함수complex exponential function의 합으로 표현하거나 근사하는 기법으로, 공학이나 과학에서 널리 사용한다. 푸리에 해석의 이론은 벡터공간에서의 직교 성질을 이용한다. 푸리에 해석에서 가장 기본적인 개념인 푸리에 급수에 대해 먼저 알아보자.

정의 9-11 푸리에 급수

푸리에 급수 Fourier series 는 주기함수 periodic function 를 주파수가 다른 여러 주기함수의 선형결합으로 나타내는 것이다.

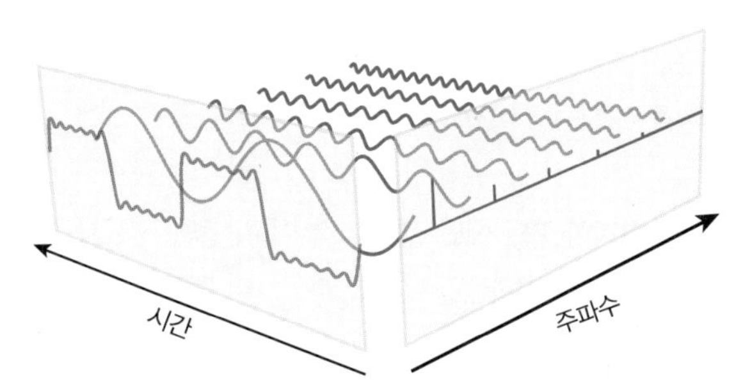

[그림 9-8] **푸리에 급수의 예**

주기함수는 일정한 주기마다 모양이 반복된다. [그림 9-8]은 주기함수를 주파수가 다른 여러 주기함수의 선형결합으로 표현한 푸리에 급수의 예이다. 예를 들어, 푸리에 급수는 어떤 주기함수 $f(x)$를 다음과 같이 여러 삼각함수의 합으로 표현한 것을 말한다.

$$f(x) = a_0 + a_1 \sin x + b_1 \cos x + a_2 \sin 2x + b_2 \cos 2x + \cdots$$

위 함수 $f(x)$는 $\sin nx$, $\cos nx$로 구성된 기저 B의 원소로 표현한 선형결합으로 볼 수 있다.

정리 9-19 사인함수와 코사인함수로 구성된 직교기저

기저 $B = \{\sin nx, \cos nx \mid n \in \mathbb{N} \cup \{0\}\}$에 대하여, 다음과 같이 정의한 내적 $\langle p(x), q(x) \rangle$로 구성된 내적공간 V에서 B는 직교기저이다.

$$\langle p(x), q(x) \rangle = \int_{-\pi}^{\pi} p(x) q(x) dx, \qquad p(x), q(x) \in V$$

증명

$\sin nx$와 $\cos mx$의 내적을 각각 구해보자.

$$\begin{aligned} \langle \sin nx, \sin mx \rangle &= \int_{-\pi}^{\pi} (\sin nx)(\sin mx) dx \\ &= \frac{1}{2} \int_{-\pi}^{\pi} (\cos(n-m)x - \cos(n+m)x) dx = \begin{cases} 0, & n \neq m \\ \pi, & n = m \end{cases} \end{aligned}$$

$$\langle \cos nx, \cos mx \rangle = \int_{-\pi}^{\pi} (\cos nx)(\cos mx)dx$$

$$= \frac{1}{2}\int_{-\pi}^{\pi} (\cos(n+m)x + \cos(n-m)x)dx = \begin{cases} 0, & n \neq m \\ \pi, & n = m \end{cases}$$

$$\langle \sin nx, \cos mx \rangle = \int_{-\pi}^{\pi} (\sin nx)(\cos mx)dx$$

$$= \frac{1}{2}\int_{-\pi}^{\pi} (\sin(n+m)x + \sin(n-m)x)dx = 0$$

사인함수와 코사인함수는 동일한 함수끼리 내적한 경우에만 결과가 π이고, 그렇지 않은 경우에는 0이다. 따라서 서로 다른 사인함수와 코사인함수는 직교한다. 그러므로 기저 B는 직교기저이다. 한편, $\cos 0x = 1$이므로 기저 B에는 1도 포함된다.

■

정리 9-20 함수의 푸리에 급수

증명

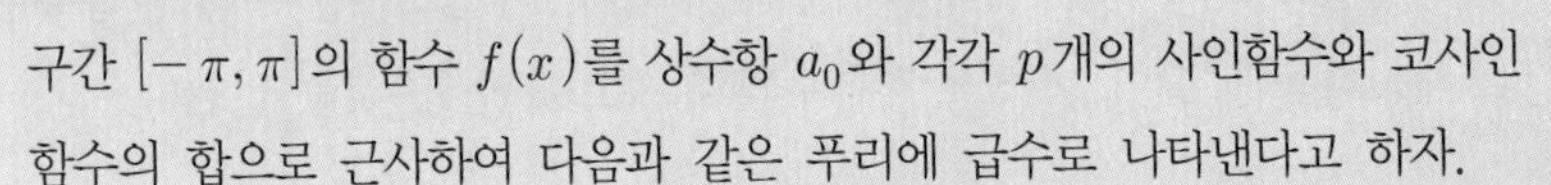

구간 $[-\pi, \pi]$의 함수 $f(x)$를 상수항 a_0와 각각 p개의 사인함수와 코사인 함수의 합으로 근사하여 다음과 같은 푸리에 급수로 나타낸다고 하자.

$$f(x) \approx a_0 + \sum_{k=1}^{p} a_k \sin kx + \sum_{k=1}^{p} b_k \cos kx$$

푸리에 급수에서 a_0, a_k, b_k를 **푸리에 계수**Fourier coefficient라 하고, 다음과 같이 구한다.

$$a_0 = \frac{1}{2\pi}\int_{-\pi}^{\pi} f(x)dx, \quad a_k = \frac{1}{\pi}\int_{-\pi}^{\pi} f(x)\sin kx\,dx, \quad b_k = \frac{1}{\pi}\int_{-\pi}^{\pi} f(x)\cos kx\,dx$$

예제 9-27 푸리에 급수

함수 $f(x) = \begin{cases} 0, & -\pi \leq x < 0 \\ 1, & 0 \leq x < \pi \end{cases}$를 다음과 같은 푸리에 급수로 근사하여 표현하라.

Tip
[정리 9-20]을 이용하여 푸리에 계수를 구한다.

$$f(x) \approx a_0 + \sum_{k=1}^{p} a_k \sin kx + \sum_{k=1}^{p} b_k \cos kx$$

풀이

[정리 9-20]을 이용하여 푸리에 계수를 구하면 다음과 같다.

$$a_0 = \frac{1}{2\pi}\int_{-\pi}^{\pi} f(x)dx = \frac{1}{2\pi}\int_{-\pi}^{0} 0dx + \frac{1}{2\pi}\int_{0}^{\pi} 1dx = \frac{1}{2}$$

$$\begin{aligned} a_k &= \frac{1}{\pi}\int_{-\pi}^{\pi} f(x)\sin kx\, dx = \frac{1}{\pi}\int_{-\pi}^{0} 0 \cdot \sin kx dx + \frac{1}{\pi}\int_{0}^{\pi} \sin kx dx \\ &= 0 - \frac{1}{\pi}\frac{\cos kx}{k}\Big|_0^{\pi} = -\frac{1}{k\pi}(\cos k\pi - \cos 0) \\ &= \begin{cases} 0 \ , & k\text{가 짝수} \\ \dfrac{2}{k\pi} \ , & k\text{가 홀수} \end{cases} \end{aligned}$$

$$\begin{aligned} b_k &= \frac{1}{\pi}\int_{-\pi}^{\pi} f(x)\cos kx\, dx = \frac{1}{\pi}\int_{-\pi}^{0} 0 \cdot \cos kx dx + \frac{1}{\pi}\int_{0}^{\pi} \cos kx dx \\ &= 0 + \frac{1}{\pi}\frac{\sin kx}{k}\Big|_0^{\pi} = \frac{1}{k\pi}(\sin k\pi - \sin 0) = 0 \end{aligned}$$

따라서 $f(x)$를 푸리에 급수로 근사하여 표현하면 다음과 같다.

$$f(x) \approx \frac{1}{2} + \sum_{k=1}^{\lfloor p/2 \rfloor} \frac{2}{(2k-1)\pi}\sin(2k-1)x$$

■ 복소 지수함수를 이용한 푸리에 급수

푸리에 급수는 복소 지수함수를 이용하여 표현할 수 있다. 복소 지수함수 e^{ix}은 오일러 정리에 따라 다음과 같은 복소수를 표현한다.

정리 9-21 오일러 정리 Euler's theorem

$$e^{ix} = \cos x + i\sin x$$

증명

테일러 정리Tayler's theorem에 따르면, $x=0$에서 미분 가능한 함수 $f(x)$는 다음과 같이 테일러 급수로 표현할 수 있다.

$$f(x) = f(0) + f'(0)x + \frac{f''(0)}{2!}x^2 + \frac{f^{(3)}(0)}{3!}x^3 + \frac{f^{(4)}(0)}{4!}x^4 + \cdots$$

$\sin x$, $\cos x$, e^{ix}은 테일러 급수 형태로 다음과 같이 표현할 수 있다.

$$\sin x = x - \frac{x^3}{3!} + \frac{x^5}{5!} - \frac{x^7}{7!} + \frac{x^9}{9!} - \frac{x^{11}}{11!} + \cdots$$

$$\cos x = 1 - \frac{x^2}{2!} + \frac{x^4}{4!} - \frac{x^6}{6!} + \frac{x^8}{8!} - \frac{x^{10}}{10!} + \cdots$$

$$\begin{aligned} e^{ix} &= 1 + ix - \frac{x^2}{2!} - \frac{ix^3}{3!} + \frac{x^4}{4!} + \frac{ix^5}{5!} - \frac{x^6}{6!} - \frac{ix^7}{7!} + \frac{x^8}{8!} + \cdots \\ &= \left(1 - \frac{x^2}{2!} + \frac{x^4}{4!} - \frac{x^6}{6!} + \frac{x^8}{8!} - \cdots\right) + i\left(x - \frac{x^3}{3!} + \frac{x^5}{5!} - \frac{x^7}{7!} + \cdots\right) \\ &= \cos x + i\sin x \end{aligned}$$

따라서 $e^{ix} = \cos x + i\sin x$이다.

■

푸리에 급수를 표현할 때 사용하는 사인함수와 코사인함수는 다음과 같이 복소 지수함수를 이용하여 표현할 수 있다.

$$\sin nx = i\frac{e^{-inx} - e^{inx}}{2} \qquad \cos nx = \frac{e^{inx} + e^{-inx}}{2}$$

사인함수와 코사인함수처럼 복소 지수함수에서도 다음과 같은 직교 성질이 성립한다.

정리 9-22 복소 지수함수의 직교성

복소 지수함수 e^{inx}과 e^{imx}에 대한 내적 $\langle e^{inx}, e^{imx} \rangle$을 다음과 같이 정의할 때, 이들 복소 지수함수는 직교한다. 여기에서 n과 m은 정수이다.

$$\langle e^{inx}, e^{imx} \rangle = \int_{-\pi}^{\pi} \overline{e^{imx}}\, e^{inx} dx$$

증명

복소 지수함수 e^{inx}과 e^{imx}의 내적을 구하면 다음과 같다.

$$\begin{aligned} \langle e^{inx}, e^{imx} \rangle &= \int_{-\pi}^{\pi} \overline{e^{imx}}\, e^{inx} dx = \int_{-\pi}^{\pi} e^{-imx + inx} dx \\ &= \int_{-\pi}^{\pi} e^{i(-mx + nx)} dx = \int_{-\pi}^{\pi} \{\cos(-mx + nx) + i\sin(-mx + nx)\} dx \end{aligned}$$

$$= \begin{cases} 2\pi, & m = n \\ 0, & m \neq n \end{cases}$$

따라서 복소 지수함수는 구간 $[-\pi, \pi]$에서 직교한다.

■

정리 9-23 복소 지수함수를 이용한 푸리에 급수

증명

구간 $[-\pi, \pi]$의 함수 $f(x)$는 복소 지수함수 e^{ikx}을 이용하여 푸리에 급수로 근사하여 표현할 수 있다.

$$f(x) \approx \sum_{k=-p}^{p} c_k e^{ikx}$$

이때 푸리에 계수는 $c_k = \dfrac{1}{2\pi}\displaystyle\int_{-\pi}^{\pi} f(x)e^{-ikx}dx$이다.

예제 9-28 푸리에 급수

함수 $f(x) = \begin{cases} 0, & -\pi \leq x < 0 \\ 1, & 0 \leq x < \pi \end{cases}$를 다음과 같은 푸리에 급수로 근사하여 표현하라.

Tip
[정리 9-23]을 이용하여 푸리에 계수를 구한다.

$$f(x) \approx \sum_{k=-p}^{p} c_k e^{ikx}$$

풀이

[정리 9-23]을 이용하여 푸리에 계수를 구하면 다음과 같다.

$$c_k = \frac{1}{2\pi}\int_{-\pi}^{\pi} f(x)e^{-ikx}dx = \frac{1}{2\pi}\left(\int_{-\pi}^{0} 0 \cdot e^{-ikx}dx + \int_{0}^{\pi} 1 \cdot e^{-ikx}dx\right)$$

$$= \frac{1}{2\pi}\int_{0}^{\pi} e^{-ikx}dx = \left(\frac{1}{2\pi}\right)\frac{i}{k}e^{-ikx}\Big|_{0}^{\pi} = \frac{i}{2\pi k}(e^{-i\pi k} - 1) = \frac{i}{2\pi k}\{(-1)^k - 1\}$$

따라서 $f(x)$를 푸리에 급수로 근사하여 표현하면 다음과 같다.

$$f(x) \approx \sum_{k=-p}^{p} \frac{i}{2\pi k}\{(-1)^k - 1\}e^{ikx}$$

■ 푸리에 변환

지금까지 소개한 푸리에 급수는 구간 $[-\pi, \pi]$에서의 함수 형태가 반복되는 주기함수에 적용하는데, 대부분의 함수나 신호는 비주기적이다. 비주기함수는 반복 구간을 $(-\infty, \infty)$로 간주하면, 푸리에 급수를 적용할 수 있다. 비주기함수에 푸리에 급수를 적용하는 것이 푸리에 변환이다.

정리 9-24 푸리에 변환과 역 푸리에 변환

푸리에 변환 Fourier transform은 $\int_{-\infty}^{\infty} f(x)dx < \infty$인 비주기함수 $f(x)$를 다음과 같이 정의되는 $F(\omega)$로 표현하는 변환이다.

$$F(\omega) = \int_{-\infty}^{\infty} f(x)e^{-i\omega x}dx$$

이때 $f(x)$는 $F(\omega)$로부터 다음과 같이 복원할 수 있다.

$$f(x) = \frac{1}{2\pi}\int_{-\infty}^{\infty} F(\omega)e^{i\omega x}d\omega$$

이와 같이 $F(\omega)$로부터 $f(x)$를 만들어내는 것을 **역 푸리에 변환** inverse Fourier transform이라 한다.

증명

복소 지수함수 $e^{i\omega x}$을 구간 $(-\infty, \infty)$에서 ω에 대해 적분하면 다음과 같다.

$$\int_{-\infty}^{\infty} e^{i\omega x}d\omega = 2\pi\delta(x)$$

$\delta(x)$는 디랙 델타 함수 Dirac delta function로 $x = 0$이면 1, $x \neq 0$이면 0인 함수이다. 역 푸리에 변환은 다음과 같이 전개할 수 있다.

$$\begin{aligned}
\frac{1}{2\pi}\int_{-\infty}^{\infty} F(\omega)e^{i\omega x}d\omega &= \frac{1}{2\pi}\int_{-\infty}^{\infty}\int_{-\infty}^{\infty} f(t)e^{-i\omega t}dt\, e^{i\omega x}d\omega \\
&= \frac{1}{2\pi}\int_{-\infty}^{\infty}\int_{-\infty}^{\infty} f(t)e^{-i\omega t}e^{i\omega x}d\omega dt \\
&= \frac{1}{2\pi}\int_{-\infty}^{\infty} f(t)\int_{-\infty}^{\infty} e^{i\omega(x-t)}d\omega dt \\
&= \frac{1}{2\pi}\int_{-\infty}^{\infty} f(t)\,2\pi\delta(x-t)dt
\end{aligned}$$

$$= \int_{-\infty}^{\infty} f(t)\,\delta(x-t)dt$$

$$= f(x) \quad \left(\because \delta(x-t) = \begin{cases} 1, & x=t \\ 0, & x \neq t \end{cases}\right)$$

■

참고 **역 푸리에 변환과 직교성**

복수 지수함수 $e^{i\omega x}$과 $e^{i\omega' x}$의 내적 $\langle e^{i\omega x}, e^{i\omega' x}\rangle$을 다음과 같이 정의하자.

$$\langle e^{i\omega x}, e^{i\omega' x}\rangle = \int_{-\infty}^{\infty} e^{i(\omega-\omega')x}dx = 2\pi\,\delta(\omega-\omega')$$

이때 $\omega=\omega'$이면 $\langle e^{i\omega x}, e^{i\omega' x}\rangle = 2\pi$이고 $\omega \neq \omega'$이면 $\langle e^{i\omega x}, e^{i\omega' x}\rangle = 0$이므로, 서로 다른 $e^{i\omega x}$과 $e^{i\omega' x}$은 이러한 내적에 대해 직교한다. $e^{i\omega x}$을 원소로 갖는 직교기저 $\{e^{i\omega x} \mid -\infty < \omega < \infty\}$를 사용하면, $f(x)$를 다음과 같이 나타낼 수 있다.

$$f(x) = \int_{-\infty}^{\infty} \frac{\langle f(x), e^{i\omega x}\rangle}{\langle e^{i\omega x}, e^{i\omega x}\rangle} e^{i\omega x}d\omega$$

여기에서 $\langle e^{i\omega x}, e^{i\omega x}\rangle = 2\pi\delta(\omega-\omega) = 2\pi$이고, $\langle f(x), e^{i\omega x}\rangle = \int_{-\infty}^{\infty} f(x)e^{-i\omega x}dx$이다. 그러므로 $f(x)$는 다음과 같이 나타낼 수 있다.

$$\begin{aligned} f(x) &= \int_{-\infty}^{\infty} \frac{\langle f(x), e^{i\omega x}\rangle}{\langle e^{i\omega x}, e^{i\omega x}\rangle} e^{i\omega x}d\omega \\ &= \int_{-\infty}^{\infty} \frac{1}{2\pi}\int_{-\infty}^{\infty} f(t)e^{-i\omega t}dt\, e^{i\omega x}d\omega \\ &= \frac{1}{2\pi}\int_{-\infty}^{\infty} F(\omega)e^{i\omega x}d\omega \quad \left(\because F(\omega) = \int_{-\infty}^{\infty} f(t)e^{-i\omega t}dt\right) \end{aligned}$$

따라서 역 푸리에 변환은 $f(x)$를 직교기저 $\{e^{i\omega x} \mid -\infty < \omega < \infty\}$로 표현한 것에 해당한다.

예제 9-29 **푸리에 변환**

함수 $f(x)=\begin{cases}1, & -1\le x\le 1\\ 0, & \text{그외의 경우}\end{cases}$를 푸리에 변환한 결과를 구하라.

Tip
[정리 9-24]를 이용한다.

풀이

$$F(\omega) = \int_{-1}^{1} 1e^{-i\omega x}dx = \int_{-1}^{1}(\cos\omega x - i\sin\omega x)dx$$

$$= \int_{-1}^{1}\cos\omega x\, dx = \begin{cases}\dfrac{2\sin\omega}{\omega}, & \omega\neq 0\\ 2, & \omega = 0\end{cases}$$

■ 이산 푸리에 변환

일반적으로 컴퓨터에서 다루는 데이터는 연속이 아니라 일정 간격으로 표본 추출한 이산 데이터이다. 이산 데이터에 대한 푸리에 변환을 이산 푸리에 변환이라 한다.

일정 간격으로 표본 추출한 N개의 데이터를 $f[0], f[1], \cdots, f[N-1]$로 나타낸다고 하자. 이때 이산 푸리에 변환에서는 표본 추출 구간에서 첨자 0에 해당하는 위치부터 첨자 N(실제로는 없지만 $N-1$의 다음 위치)에 해당하는 위치까지의 전체 구간에서 값이 1인 함수(즉, 주기가 무한대인 성분 또는 상수 성분)와 각각 1, 2, $\cdots$, $N-1$개의 주기를 만드는 복소 지수함수(즉, 주파수가 각각 1, 2, $\cdots$, $N-1$인 함수)를 기저벡터로 사용한다. 이때 주파수 n인 주기함수에 해당하는 벡터 $W_N^n = (W_N^n[0], W_N^n[1], \cdots, W_N^n[N-1])^\top$는 다음과 같이 정의한다.

$$W_N^n[k] = e^{i2\pi nk/N}$$

여기에서 k는 데이터 위치를 나타내는 첨자로, 0, 1, $\cdots$, $N-1$의 값을 갖는다.

정리 9-25 **이산 푸리에 변환의 기저벡터**

증명

다음과 같이 정의되는 벡터 W_N^n은 서로 직교한다.

$$W_N^n = (W_N^n[0], W_N^n[1], \cdots, W_N^n[N-1])^\top \ (n = 0, \cdots, N-1)$$

이때, 벡터 W_N^n의 성분은 $W_N^n[k] = e^{i2\pi nk/N}$이다.

이산 푸리에 변환은 표본 추출한 데이터를 나타내는 벡터 $\boldsymbol{f} = (f[0], \cdots, f[N-1])^\top$를 직교벡터 W_N^n의 선형결합으로 나타낸다.

정리 9-26 이산 푸리에 변환

벡터 $\boldsymbol{f} = (f[0], \cdots, f[N-1])^{\top}$는 다음과 같이 직교벡터 $W_N^n\,(n=0, \cdots, N-1)$의 선형결합으로 표현할 수 있다.

$$\boldsymbol{f} = \frac{1}{N}\sum_{n=0}^{N-1} F[n]\, W_N^n$$

이때 $F[n] = \sum_{k=0}^{N-1} f[k]\,\overline{W_N^n}[k] = \sum_{k=0}^{N-1} f[k] e^{-i2\pi nk/N}$이며, $F[n]$을 **푸리에 계수**라고 한다. 이와 같이 벡터 $\boldsymbol{f} = (f[0], \cdots, f[N-1])^{\top}$를 $(F[0], \cdots, F[N-1])^{\top}$로 표현하는 것을 **이산 푸리에 변환** discrete Fourier transform이라고 한다.

[정리 9-26]의 이산 푸리에 변환에서 $F[n] = \sum_{k=0}^{N-1} f[k]\,\overline{W_N^n}[k]\;\; (n=0, \cdots, N-1)$은 다음과 같이 표현할 수 있다.

$$\begin{bmatrix} F[0] \\ F[1] \\ F[2] \\ \vdots \\ F[N-1] \end{bmatrix} = \left[\overline{W_N^0}\;\overline{W_N^1}\;\cdots\;\overline{W_N^{N-1}}\right]^{\top} \begin{bmatrix} f[0] \\ f[1] \\ f[2] \\ \vdots \\ f[N-1] \end{bmatrix}$$

$$= \begin{bmatrix} \overline{W_N^0}[0] & \overline{W_N^0}[1] & \overline{W_N^0}[2] & \overline{W_N^0}[3] & \cdots & \overline{W_N^0}[N-1] \\ \overline{W_N^1}[0] & \overline{W_N^1}[1] & \overline{W_N^1}[2] & \overline{W_N^1}[3] & \cdots & \overline{W_N^1}[N-1] \\ \overline{W_N^2}[0] & \overline{W_N^2}[1] & \overline{W_N^2}[2] & \overline{W_N^2}[3] & \cdots & \overline{W_N^2}[N-1] \\ \vdots & \vdots & \vdots & \vdots & \ddots & \vdots \\ \overline{W_N^{N-1}}[0] & \overline{W_N^{N-1}}[1] & \overline{W_N^{N-1}}[2] & \overline{W_N^{N-1}}[3] & \cdots & \overline{W_N^{N-1}}[N-1] \end{bmatrix} \begin{bmatrix} f[0] \\ f[1] \\ f[2] \\ \vdots \\ f[N-1] \end{bmatrix}$$

$\overline{W_N^n}[k] = e^{-i2\pi nk/N}$에 대해, $\omega = e^{-i2\pi/N}$이라 하면, $\overline{W_N^n}[k] = \omega^{nk}$가 된다. ω를 사용하면, 위 행렬방정식을 다음과 같이 표현할 수 있다.

$$\begin{bmatrix} F[0] \\ F[1] \\ F[2] \\ \vdots \\ F[N-1] \end{bmatrix} = \begin{bmatrix} 1 & 1 & 1 & 1 & \cdots & 1 \\ 1 & \omega & \omega^2 & \omega^3 & \cdots & \omega^{N-1} \\ 1 & \omega^2 & \omega^4 & \omega^6 & \cdots & \omega^{2(N-1)} \\ \vdots & \vdots & \vdots & \vdots & \ddots & \vdots \\ 1 & \omega^{N-1} & \omega^{2(N-1)} & \omega^{3(N-1)} & \cdots & \omega^{(N-1)^2} \end{bmatrix} \begin{bmatrix} f[0] \\ f[1] \\ f[2] \\ \vdots \\ f[N-1] \end{bmatrix}$$

위 식을 간단히 표현하면 다음과 같다.

$$\boldsymbol{F} = W_N \boldsymbol{f}$$

위 식에서 이산 푸리에 변환을 수행하는 행렬 W_N을 **푸리에 행렬** Fourier matrix이라 한다.

예제 9-30 푸리에 행렬

데이터 4개를 표본 추출할 때, 즉 $N=4$일 때의 푸리에 행렬을 구하라.

> **Tip**
> 푸리에 행렬의 정의를 이용한다.

풀이

$\omega = e^{-i2\pi/N}$에 대하여, $N=4$이므로 $\omega = e^{-i2\pi/4} = -i$, $\omega^2 = (e^{-i2\pi/4})^2 = -1$, $\omega^4 = (e^{-i2\pi/4})^4 = 1$이다. 따라서 푸리에 행렬은 다음과 같다.

$$W_4 = \begin{bmatrix} 1 & 1 & 1 & 1 \\ 1 & \omega & \omega^2 & \omega^3 \\ 1 & \omega^2 & \omega^4 & \omega^6 \\ 1 & \omega^3 & \omega^6 & \omega^9 \end{bmatrix} = \begin{bmatrix} 1 & 1 & 1 & 1 \\ 1 & -i & -1 & i \\ 1 & -1 & 1 & -1 \\ 1 & i & -1 & -i \end{bmatrix}$$

예제 9-31 이산 푸리에 변환

표본 추출한 데이터 $(1, 0, 2, 1)$을 이산 푸리에 변환한 결과를 구하라.

> **Tip**
> 푸리에 행렬을 이용한다.

풀이

$N=4$이므로, 푸리에 행렬 W_4는 [예제 9-30]에서 구한 것과 같다.

$$\boldsymbol{F} = \begin{bmatrix} F[0] \\ F[1] \\ F[2] \\ F[3] \end{bmatrix} \qquad W_4 = \begin{bmatrix} 1 & 1 & 1 & 1 \\ 1 & -i & -1 & i \\ 1 & -1 & 1 & -1 \\ 1 & i & -1 & -i \end{bmatrix} \qquad \boldsymbol{f} = \begin{bmatrix} 1 \\ 0 \\ 2 \\ 1 \end{bmatrix}$$

푸리에 계수에 대응하는 행렬 $\boldsymbol{F}$는 $\boldsymbol{F} = W_4\boldsymbol{f}$를 이용하여 다음과 같이 구한다.

$$\boldsymbol{F} = \begin{bmatrix} 1 & 1 & 1 & 1 \\ 1 & -i & -1 & i \\ 1 & -1 & 1 & -1 \\ 1 & i & -1 & -i \end{bmatrix} \begin{bmatrix} 1 \\ 0 \\ 2 \\ 1 \end{bmatrix} = \begin{bmatrix} 4 \\ -1+i \\ 2 \\ -1-i \end{bmatrix}$$

정리 9-27 역 이산 푸리에 변환

증명

N개의 성분으로 구성된 벡터 $\boldsymbol{f}$에 대한 이산 푸리에 변환 결과 $\boldsymbol{F}$가 주어지면, 벡터 $\boldsymbol{f}$는 다음과 같이 구할 수 있다.

$$\boldsymbol{f} = \frac{1}{N} W_N^H \boldsymbol{F}$$

여기서 W_N^H는 W_N의 켤레전치행렬이다. 이와 같이 이산 푸리에 변환 결과로부터 원래 데이터를 구하는 것을 **역 이산 푸리에 변환**inverse discrete Fourier transform이라 한다.

예제 9-32 역이산 푸리에 변환

이산 푸리에 변환 결과가 $[4, -1+i, 2, -1-i]^\top$일 때, 원래 데이터를 구하라.

> **Tip**
> [정리 9-27]의 역 이산 푸리에 변환을 이용한다.

풀이

$N=4$이므로, 푸리에 행렬 W_4는 [예제 9-30]에서 구한 것과 같다. W_4^H와 이산 푸리에 변환 결과인 $\boldsymbol{F}$는 다음과 같다.

$$W_4 = \begin{bmatrix} 1 & 1 & 1 & 1 \\ 1 & -i & -1 & i \\ 1 & -1 & 1 & -1 \\ 1 & i & -1 & -i \end{bmatrix} \qquad W_4^H = \begin{bmatrix} 1 & 1 & 1 & 1 \\ 1 & i & -1 & -i \\ 1 & -1 & 1 & -1 \\ 1 & -i & -1 & i \end{bmatrix} \qquad \boldsymbol{F} = \begin{bmatrix} 4 \\ -1+i \\ 2 \\ -1-i \end{bmatrix}$$

[정리 9-27]을 이용하여 $\boldsymbol{f}$를 계산하면 다음과 같다.

$$\boldsymbol{f} = \frac{1}{4} W_4^H \boldsymbol{F} = \frac{1}{4} \begin{bmatrix} 1 & 1 & 1 & 1 \\ 1 & i & -1 & -i \\ 1 & -1 & 1 & -1 \\ 1 & -i & -1 & i \end{bmatrix} \begin{bmatrix} 4 \\ -1+i \\ 2 \\ -1-i \end{bmatrix} = \begin{bmatrix} 1 \\ 0 \\ 2 \\ 1 \end{bmatrix}$$

따라서 원래 데이터는 $(1, 0, 2, 1)$이다.

이산 푸리에 변환을 $\boldsymbol{F} = W_N \boldsymbol{f}$를 통해 수행하면, $N \times N$ 크기의 푸리에 행렬을 곱해야 하므로, $O(N^2)$의 시간이 걸린다. 한편, $\omega^N = (e^{-i2\pi/N})^N = 1$의 성질과 푸리에 행렬의 구조적 특성을 이용한 이산 푸리에 변환을 수행하는 **동적 계획법**dynamic programming 기반의 알고리즘인 **고속 푸리에 변환**fast Fourier transform, FFT을 사용하면, 이산 푸리에 변환을 수행하는 데 $O(N \log N)$의 시간이 걸린다.

푸리에 변환은 1차원인 벡터뿐만 아니라, 영상과 같은 2차원 데이터에도 적용할 수 있다. $N \times N$ 크기의 2차원 데이터 $f(p, q)$가 주어질 때, 이산 푸리에 변환 결과 $F(k,l)$은 다음과 같이 계산한다. 이때 k와 l의 범위는 각각 0부터 $N-1$까지이다.

$$F(k,l) = \sum_{p=1}^{N-1} \sum_{q=1}^{N-1} f(p,q) e^{-i2\pi(kp/N + lq/N)}$$

> **참고** 함수의 점근적 표기법
>
> 함수 $f(n)$이 $O(g(n))$의 시간이 걸린다는 것은 $\lim_{n\to\infty} \frac{f(n)}{g(n)} = a$($a$는 0 이상의 실수)가 성립한다는 의미이다. 즉, n이 커지면 $f(n)$의 값이 $g(n)$의 값에 비례한다는 의미이다. 따라서 실행 시간이 $O(N \log N)$이라는 것은 $N \log N$에 비례하는 시간이 걸린다는 의미이다.

Chapter

09 연습문제

Section 9.1

1. 다음 문장이 참인지 거짓인지 판단하고, 거짓인 경우 그 이유를 설명하라.

(a) n차원 공간의 직교집합에는 최대 n개의 영벡터가 아닌 벡터가 있다.

(b) 정규직교집합은 직교집합이다.

(c) 직교집합의 벡터 중 선형독립이 아닌 것이 있을 수 있다.

(d) 직교기저를 통해 두 벡터가 동일한 선형결합으로 표현된다면, 두 벡터는 동일하다.

(e) 직교행렬의 행벡터는 서로 직교한다.

(f) 정규직교기저를 사용하여 표현한 벡터의 좌표벡터는 벡터를 기저의 선형결합으로 표현할 때의 계수로 구성된다.

(g) 직교행렬의 전치행렬은 직교행렬의 역행렬과 같다.

(h) 복소벡터 $\boldsymbol{u}$와 $\boldsymbol{v}$의 내적은 $\boldsymbol{u}^\top \boldsymbol{v}$이다.

(i) 복소행렬 A에 대해 $(A^H)^H = A$가 성립한다.

(j) 복소벡터의 내적은 교환법칙이 성립한다.

(k) 에르미트 행렬의 고윳값은 복소수이다.

2. 다음 벡터집합이 직교기저인지, 정규직교기저인지 확인하라.

(a) $\left\{\begin{bmatrix}1\\-3\end{bmatrix}, \begin{bmatrix}3\\-1\end{bmatrix}\right\}$

(b) $\left\{\frac{1}{5}\begin{bmatrix}3\\4\end{bmatrix}, \frac{1}{5}\begin{bmatrix}4\\-3\end{bmatrix}\right\}$

(c) $\left\{\begin{bmatrix}0\\1\\0\end{bmatrix}, \begin{bmatrix}1\\0\\-2\end{bmatrix}, \begin{bmatrix}2\\0\\1\end{bmatrix}\right\}$

(d) $\left\{\begin{bmatrix}0\\1\\0\end{bmatrix}, \begin{bmatrix}1/\sqrt{5}\\0\\-2/\sqrt{5}\end{bmatrix}, \begin{bmatrix}2/\sqrt{5}\\0\\1/\sqrt{5}\end{bmatrix}\right\}$

(e) $\left\{\frac{1}{\sqrt{2}}\begin{bmatrix}1\\i\end{bmatrix}, \frac{1}{\sqrt{2}}\begin{bmatrix}1\\-i\end{bmatrix}\right\}$

(f) $\left\{\begin{bmatrix}-3+i\\2+4i\end{bmatrix}, \begin{bmatrix}3-i\\1+2i\end{bmatrix}\right\}$

(g) $\left\{\begin{bmatrix}i\\2+i\\-1-6i\end{bmatrix}, \begin{bmatrix}1\\2+2i\\i\end{bmatrix}\right\}$

(h) $\left\{\begin{bmatrix}2+i\\1+i\\3i\end{bmatrix}, \begin{bmatrix}1+i\\2+i\\-2i\end{bmatrix}\right\}$

(i) $\left\{\begin{bmatrix}1\\3\\1\\1\end{bmatrix}, \begin{bmatrix}-3\\1\\-1\\1\end{bmatrix}, \begin{bmatrix}1\\1\\-3\\-1\end{bmatrix}, \begin{bmatrix}-1\\1\\1\\-3\end{bmatrix}\right\}$

3. 직교기저 $\{\boldsymbol{x}_1, \boldsymbol{x}_2, \boldsymbol{x}_3\}$를 사용하여 다음 벡터를 표현하라.

$$\boldsymbol{x}_1 = \begin{bmatrix} -1 \\ 0 \\ 1 \end{bmatrix} \qquad \boldsymbol{x}_2 = \begin{bmatrix} 3 \\ 4 \\ 1 \end{bmatrix} \qquad \boldsymbol{x}_3 = \begin{bmatrix} 3 \\ -3 \\ 3 \end{bmatrix}$$

(a) $\begin{bmatrix} 1 \\ 2 \\ 3 \end{bmatrix}$ (b) $\begin{bmatrix} 4 \\ -1 \\ 5 \end{bmatrix}$

4. 직교기저 $\{\boldsymbol{x}_1, \boldsymbol{x}_2, \boldsymbol{x}_3\}$를 사용하여 다음 벡터를 표현하라.

$$\boldsymbol{x}_1 = \begin{bmatrix} 1 \\ -1 \\ 0 \end{bmatrix} \qquad \boldsymbol{x}_2 = \begin{bmatrix} 2 \\ 2 \\ -1 \end{bmatrix} \qquad \boldsymbol{x}_3 = \begin{bmatrix} 1 \\ 1 \\ 4 \end{bmatrix}$$

(a) $\begin{bmatrix} 7 \\ 1 \\ 7 \end{bmatrix}$ (b) $\begin{bmatrix} -1 \\ -3 \\ 19 \end{bmatrix}$

5. 다음 행렬이 직교행렬인지 확인하라.

$$\begin{bmatrix} 1/\sqrt{3} & -1/\sqrt{2} & 1/\sqrt{6} \\ 1/\sqrt{3} & 1/\sqrt{2} & 1/\sqrt{6} \\ 1/\sqrt{3} & 0 & -2/\sqrt{6} \end{bmatrix}$$

6. 행렬 A와 B가 직교행렬일 때, 다음 행렬이 직교행렬인지를 확인하라.

(a) $2A$ (b) $-B$ (c) AB (d) $A+B$

(e) A^{-1} (f) B^T (g) $B^{-1}AB$

7. 복소벡터 $\boldsymbol{u}$, $\boldsymbol{v}$에 대해 다음 연산을 수행하라.

$$\boldsymbol{u} = \begin{bmatrix} 1-2i \\ -3i \\ 2+4i \end{bmatrix} \qquad \boldsymbol{v} = \begin{bmatrix} 4i \\ 1+3i \\ 2-4i \end{bmatrix}$$

(a) $\overline{\boldsymbol{u}}$ (b) $\boldsymbol{u}+\boldsymbol{v}$ (c) $(1-3i)\boldsymbol{v}$ (d) $(2i)\boldsymbol{u}+(-3)\boldsymbol{v}$

8. 다음 복소벡터 $\boldsymbol{x}$, $\boldsymbol{y}$의 내적 $\boldsymbol{x} \cdot \boldsymbol{y}$와 $\boldsymbol{x}$, $\boldsymbol{y}$의 노름을 각각 구하라.

(a) $\boldsymbol{x} = \begin{bmatrix} 4+2i \\ 3 \end{bmatrix} \quad \boldsymbol{y} = \begin{bmatrix} 2-i \\ 3+4i \end{bmatrix}$ (b) $\boldsymbol{x} = \begin{bmatrix} 3-4i \\ 1+6i \\ 2+2i \end{bmatrix} \quad \boldsymbol{y} = \begin{bmatrix} 1-i \\ 2-4i \\ 5 \end{bmatrix}$

9. 다음 행렬이 에르미트 행렬인지 확인하라.

(a) $\begin{bmatrix} 2+4i & 3 \\ 3 & 2i \end{bmatrix}$ (b) $\begin{bmatrix} 1 & 1-3i \\ 1-3i & 2+2i \end{bmatrix}$

(c) $\begin{bmatrix} 2i & 2 & -3-i \\ -2 & 3i & 1+2i \\ -3+i & 1+2i & 1+4i \end{bmatrix}$ (d) $\begin{bmatrix} 3 & 1+2i & 4i \\ 1-2i & 2 & 3-5i \\ -4i & 3+5i & 1 \end{bmatrix}$

10. 복소수 $\alpha = 2-3i$와 $\beta = 1+i$에 대해 다음 연산을 수행하라.

(a) $\overline{\alpha}$ (b) $\alpha\beta$ (c) $|\alpha|$ (d) $\beta\overline{\beta}$

11. 기저 $B = \{v_1, v_2, v_3\}$를 사용하여 w의 좌표벡터를 구하라.

$$v_1 = \begin{bmatrix} 3 \\ 1 \\ 1 \end{bmatrix},\quad v_2 = \begin{bmatrix} -1 \\ 2 \\ 1 \end{bmatrix},\quad v_3 = \begin{bmatrix} -1 \\ -4 \\ 7 \end{bmatrix},\quad w = \begin{bmatrix} 6 \\ 1 \\ -8 \end{bmatrix}$$

12. 집합 $\{u_1, u_2, u_3\}$를 정규직교기저로 하는 내적공간에 다음과 같은 벡터 u와 v가 있다고 하자. 이때 $\langle u, v \rangle$와 $\|u\|$를 각각 구하라.

$$u = 2u_1 + 3u_2 - 4u_3 \qquad v = 5u_1 - 2u_2 + 3u_3$$

13. 집합 $\{u_1, u_2, u_3\}$를 정규직교기저로 하는 내적공간에 있는 벡터 $v = au_1 + bu_2 + cu_3$는 $\|v\| = 5$, $\langle u_1, v \rangle = 4$이고, $v \cdot u_2 = 0$을 만족한다. 이때 a, b, c를 구하라.

14. 다음 행렬이 에르미트 행렬일 때, a, b, c, d를 구하라.

$$\begin{bmatrix} 1 & a+bi & 3i \\ 2+3i & 4 & 3-2i \\ c+di & 3+2i & 5 \end{bmatrix}$$

15. 다음 행렬의 고윳값을 구하라.

(a) $\begin{bmatrix} 1 & i \\ -i & 1 \end{bmatrix}$ (b) $\begin{bmatrix} 1 & 1+i \\ 1-i & 2 \end{bmatrix}$

16. 다음 행렬의 고윳값을 구하라.

$$\begin{bmatrix} 3 & 2-i & -3i \\ 2+i & 0 & 1-i \\ 3i & 1+i & 0 \end{bmatrix}$$

17. 다음 행렬의 역행렬을 구하라.

$$\frac{1}{2}\begin{bmatrix} 1+i & 1-i \\ 1-i & 1+i \end{bmatrix}$$

18. 다음 행렬이 유니타리 행렬인지 확인하라.

(a) $\begin{bmatrix} \frac{1}{2}i & \frac{1}{2}\sqrt{3} \\ \frac{1}{2}\sqrt{3} & \frac{1}{2}i \end{bmatrix}$ (b) $\begin{bmatrix} \frac{1+i}{2} & \frac{1+i}{2} \\ \frac{1-i}{2} & \frac{-1+i}{2} \end{bmatrix}$

19. 다음 행렬이 유니타리 행렬인지 확인하라.

$$\begin{bmatrix} 1 & -i & -1+i \\ i & 1 & 1+i \\ 1+i & -1+i & 0 \end{bmatrix}$$

Section 9.2

20. 다음 문장이 참인지 거짓인지 판단하고, 거짓인 경우 그 이유를 설명하라.

(a) 부분공간 위로 벡터를 정사영한 것의 크기가 원래 벡터의 크기보다 클 수 있다.

(b) 부분공간 위로 벡터를 정사영한 것은 부분공간의 기저의 선형결합으로 표현할 수 있다.

(c) 그람-슈미트 과정을 통해 기저로부터 직교기저를 구할 수 있다.

(d) QR 분해는 행렬을 대각행렬과 정규직교인 열벡터로 구성된 행렬의 곱으로 분해하여 표현한다.

21. 벡터 $\begin{bmatrix} 2 \\ 3 \end{bmatrix}$을 직선 $y=2x$에 정사영한 벡터를 구하라.

22. 벡터 $\begin{bmatrix} 1 \\ 3 \\ 5 \end{bmatrix}$를 평면 $x+2y+z=0$에 정사영한 벡터를 구하라.

23. $\{\boldsymbol{u}_1, \boldsymbol{u}_2\}$를 직교기저로 하는 부분공간 W 위로의 벡터 $\boldsymbol{x}$의 정사영 $\hat{\boldsymbol{x}}$을 구하라. 또한 부분공간 W에 대한 $\boldsymbol{x}$의 직교성분 $\boldsymbol{z}$를 구하라.

(a) $\boldsymbol{u}_1 = \begin{bmatrix} 3 \\ 0 \\ 1 \end{bmatrix}$ $\boldsymbol{u}_2 = \begin{bmatrix} 0 \\ 1 \\ 0 \end{bmatrix}$ $\boldsymbol{x} = \begin{bmatrix} 0 \\ 3 \\ 10 \end{bmatrix}$ (b) $\boldsymbol{u}_1 = \begin{bmatrix} 2 \\ 3 \\ 6 \end{bmatrix}$ $\boldsymbol{u}_2 = \begin{bmatrix} 3 \\ -6 \\ 2 \end{bmatrix}$ $\boldsymbol{x} = \begin{bmatrix} 49 \\ 49 \\ 49 \end{bmatrix}$

(c) $\boldsymbol{u}_1 = \begin{bmatrix} 1 \\ 3 \\ 2 \end{bmatrix}$ $\boldsymbol{u}_2 = \begin{bmatrix} 2 \\ -2 \\ 2 \end{bmatrix}$ $\boldsymbol{x} = \begin{bmatrix} 6 \\ 0 \\ -6 \end{bmatrix}$

24. $\{u_1, u_2\}$를 직교기저로 하는 부분공간 W 위로의 벡터 x의 정사영 $\hat{x}$을 구하라.

(a) $u_1 = \begin{bmatrix} 3 \\ 1 \\ 1 \end{bmatrix}$ $u_2 = \begin{bmatrix} -1 \\ 2 \\ 1 \end{bmatrix}$ $x = \begin{bmatrix} 2 \\ 3 \\ -1 \end{bmatrix}$ (b) $u_1 = \begin{bmatrix} 2 \\ 0 \\ 1 \\ 2 \end{bmatrix}$ $u_2 = \begin{bmatrix} 2 \\ -1 \\ 0 \\ -2 \end{bmatrix}$ $x = \begin{bmatrix} 9 \\ 0 \\ 0 \\ 0 \end{bmatrix}$

25. $\{u_1, u_2, u_3\}$를 직교기저로 하는 부분공간 W 위로의 벡터 x의 정사영 $\hat{x}$을 구하라.

$$u_1 = \begin{bmatrix} 1 \\ 0 \\ 0 \\ 1 \end{bmatrix} \quad u_2 = \begin{bmatrix} 0 \\ -1 \\ 0 \\ 0 \end{bmatrix} \quad u_3 = \begin{bmatrix} 0 \\ 0 \\ 1 \\ 0 \end{bmatrix} \quad x = \begin{bmatrix} 1 \\ 3 \\ 1 \\ -1 \end{bmatrix}$$

26. [연습문제 23(a)]의 부분공간 W와 벡터 x 사이의 거리를 구하라.

27. [연습문제 24(b)]의 부분공간 W와 벡터 x 사이의 거리를 구하라.

28. [연습문제 25]의 부분공간 W와 벡터 x 사이의 거리를 구하라.

29. 그람-슈미트 과정을 이용하여 기저 $\{u_1, u_2\}$에 대한 정규직교기저를 구하라.

(a) $u_1 = \begin{bmatrix} 2 \\ 1 \\ -2 \end{bmatrix}$ $u_2 = \begin{bmatrix} 2 \\ 7 \\ -8 \end{bmatrix}$ (b) $u_1 = \begin{bmatrix} 1 \\ 1 \\ 0 \end{bmatrix}$ $u_2 = \begin{bmatrix} 2 \\ 2 \\ 3 \end{bmatrix}$

30. 기저 $\{v_1, v_2, v_3\}$에 대한 정규직교기저를 구하라.

(a) $v_1 = \begin{bmatrix} 1 \\ 2 \\ 3 \\ 0 \end{bmatrix}$ $v_2 = \begin{bmatrix} 1 \\ 2 \\ 0 \\ 0 \end{bmatrix}$ $v_3 = \begin{bmatrix} 1 \\ 0 \\ 0 \\ 1 \end{bmatrix}$ (b) $v_1 = \begin{bmatrix} 1 \\ 2 \\ 2 \end{bmatrix}$ $v_2 = \begin{bmatrix} -1 \\ 0 \\ 2 \end{bmatrix}$ $v_3 = \begin{bmatrix} 0 \\ 0 \\ 1 \end{bmatrix}$

(c) $v_1 = \begin{bmatrix} 1 \\ -1 \\ 1 \\ -1 \end{bmatrix}$ $v_2 = \begin{bmatrix} 1 \\ 1 \\ 3 \\ -1 \end{bmatrix}$ $v_3 = \begin{bmatrix} -3 \\ 7 \\ 1 \\ -1 \end{bmatrix}$

31. 다음 행렬 A의 열공간에 대한 정규직교기저를 구하라.

$$A = \begin{bmatrix} 1 & -1 & 4 \\ 1 & 4 & -2 \\ 1 & 4 & 2 \\ 1 & -1 & 0 \end{bmatrix}$$

32. 다음 행렬 A를 QR 분해하여 표현하라.

(a) $A = \begin{bmatrix} 1 & 2 \\ 1 & 2 \\ 0 & 3 \end{bmatrix}$ (b) $A = \begin{bmatrix} -1 & -1 & 1 \\ 1 & 3 & 3 \\ -1 & -1 & 5 \\ 1 & 3 & 7 \end{bmatrix}$

33. 선형독립인 열벡터로 구성된 다음 행렬 A를 QR 분해하여 표현하라.

$$A=\begin{bmatrix}1 & 0 & 2\\1 & 1 & 0\\3 & 1 & 1\end{bmatrix}$$

34. 함수 $p(x), q(x)$에 대한 내적 $\langle p(x), q(x)\rangle=\int_0^1 p(x)q(x)dx$를 사용하는 내적공간에서 $\{1, x\}$에 의해 생성되는 공간의 정규직교기저를 구하라.

35. 함수 $p(x), q(x)$에 대한 내적 $\langle p(x), q(x)\rangle=\int_{-1}^1 p(x)q(x)dx$를 사용하는 내적공간에서 $\{1, x, x^2\}$에 의해 생성되는 공간의 정규직교기저를 구하라.

Section 9.3

36. 다음 문장이 참인지 거짓인지 판단하고, 거짓인 경우 그 이유를 설명하라.

(a) 불능인 연립선형방정식의 최소제곱해는 최적근사해로 사용할 수 있다.

(b) 행렬방정식 $A\boldsymbol{x}=\boldsymbol{b}$의 최적근사해는 $A^{\top}A$가 가역일 때 무어-펜로즈 의사 역행렬을 사용하여 구할 수 있다.

(c) 행렬 A를 QR 분해할 수 있으면, 행렬방정식 $A\boldsymbol{x}=\boldsymbol{b}$의 최적근사해를 구할 수 있다.

37. 다음 행렬 A와 벡터 $\boldsymbol{b}$에 대하여, $A\boldsymbol{x}=\boldsymbol{b}$의 최적근사해를 구하라.

$$A=\begin{bmatrix}4 & 0\\0 & 2\\1 & 1\end{bmatrix} \qquad \boldsymbol{b}=\begin{bmatrix}2\\0\\11\end{bmatrix}$$

38. 다음 연립선형방정식의 최적근사해를 구하라.

(a) $\begin{cases} x_1-x_2=2\\ x_1+x_2=4\\ 2x_1+x_2=8\end{cases}$ (b) $\begin{cases} x_1+x_2=2\\ x_1-x_2=1\\ x_1+x_2=3\end{cases}$ (c) $\begin{cases} -x_1+x_2=10\\ 2x_1+x_2=5\\ x_1-2x_2=20\end{cases}$

39. 다음 행렬 A와 벡터 $\boldsymbol{b}$에 대하여, $A\boldsymbol{x}=\boldsymbol{b}$의 최적근사해를 QR 분해를 사용하여 구하라.

$$A=\begin{bmatrix}2 & 1\\1 & 1\\2 & 1\end{bmatrix} \qquad \boldsymbol{b}=\begin{bmatrix}12\\6\\18\end{bmatrix}$$

40. 다음 문장이 참인지 거짓인지 판단하고, 거짓인 경우 그 이유를 설명하라.

(a) 과결정 상태인 연립선형방정식의 해는 선형 회귀 문제로 간주할 수 있다.

(b) 푸리에 급수는 비주기함수를 표현하는 데 사용한다.

(c) 삼각함수로 표현된 푸리에 급수는 복소 지수함수로 표현된 푸리에 급수로 변환할 수 있다.

(d) 이산 푸리에 변환은 n개의 요소로 구성된 데이터를 $n-1$개의 기저를 사용하여 표현한다.

(e) 고속 푸리에 변환은 이산 푸리에 변환을 수행하는 알고리즘이다.

41. 데이터 $(x, f(x))$가 $\{(1,1),(2,10),(3,9),(4,16)\}$일 때, 주어진 데이터를 $f(x)=\beta_0+\beta_1 x+\beta_2 x^2$으로 선형 회귀한 함수를 구하라.

42. $\{\sin x, \cos x\}$는 구간 $[-\pi, \pi]$에서 함수 $p(x), q(x)$에 대한 내적 $\langle p(x), q(x)\rangle$를 다음과 같이 정의한 내적공간에서 정규직교집합이다.

$$\langle p(x), q(x)\rangle=\frac{1}{\pi}\int_{-\pi}^{\pi} p(x)q(x)dx$$

이때 $p(x)=3\cos x+2\sin x$와 $q(x)=4\cos x+6\sin x$의 내적 $\langle p(x), q(x)\rangle$를 구하라.

43. 함수 $f(x)=x$를 구간 $[-\pi, \pi]$에서 사인함수와 코사인함수를 사용한 푸리에 급수로 근사하여 표현하라.

44. 데이터 $(8,4,8,0)$을 이산 푸리에 변환한 결과를 구하라.

45. 데이터 $(1,2,6,1)$을 이산 푸리에 변환한 결과를 구하라.

Chapter

09 프로그래밍 실습

1. 다음 행렬 A, B, C에 대하여, 그람-슈미트 과정을 통해 직교기저를 구하라. 또한 행렬 C를 QR 분해하라. 연계 : 9.2절

$$A=\begin{bmatrix}3&1\\2&2\end{bmatrix}\qquad B=\begin{bmatrix}1&1&0\\1&3&1\\2&-1&1\end{bmatrix}\qquad C=\begin{bmatrix}1&1&1\\2&2&0\\3&0&0\\0&0&1\end{bmatrix}$$

문제 해석

[정리 9-13]의 그람-슈미트 과정을 구현하여, 직교기저를 구한다. 한편, QR 분해는 numpy에 있는 함수 linalg.qr( )을 이용하여 수행한다.

코딩 실습

【 파이썬 코드 】

```
1   import numpy as np
2
3   # 행렬 A를 출력하는 함수
4   def pprint(msg, A):
5       print("---", msg, "---")
6       (n,m) = A.shape
7       for i in range(0, n):
8           line = ""
9           for j in range(0, m):
10              line += "{0:.2f}".format(A[i,j]) + "\t"
11          print(line)
12      print("")
13
14  # A의 열벡터에 대한 단위벡터로 구성된 직교기저를 구하는 그람-슈미트 과정
15  def gramSchmidt(A):
16      basis = []
17      for v in A.T:
18          w = v - sum(np.dot(v,b)*b  for b in basis )
19          if (np.abs(w) > 1e-10).any():
20              basis.append(w/np.linalg.norm(w))
21      return np.array(basis).T
22
23  print("그람-슈미트 과정을 이용한 직교기저\n")
24  A = np.array([[3, 1], [2, 2]])
25  pprint("열벡터", A)
26  pprint("직교기저", gramSchmidt(A))
27
```

```
28  B = np.array([[1, 1, 0], [1, 3, 1], [2, -1, 1]])
29  pprint("열벡터", B)
30  pprint("직교기저", gramSchmidt(B))
31
32  C = np.array([[1, 1, 1], [2, 2, 0], [3, 0, 0], [0, 0, 1]])
33  pprint("열벡터", C)
34  pprint("직교기저", gramSchmidt(C))
35
36  # QR 분해
37  print("\nQR 분해\n")
38  C = np.array([[1, 1, 1], [2, 2, 0], [3, 0, 0], [0, 0, 1]])
39  Q, R = np.linalg.qr(C)
40
41  pprint("C", C)
42  pprint("Q", Q)
43  pprint("R", R)
44  pprint("Q*R", np.matmul(Q,R))
```

프로그램 설명

15행의 gramSchmidt(A)는 행렬 A의 열벡터에 그람-슈미트 과정을 구현한 함수이다.
39행의 np.linalg.qr(C)는 행렬 C를 QR 분해하여 반환하는 함수이다.

2. 무어-펜로즈 의사 역행렬을 이용하여 행렬방정식 $Ax=b$의 해를 구하고, QR 분해를 이용하여 행렬방정식 $Cx=d$의 해를 구하라. 연계 : 9.3절

$$Ax=b, \qquad A=\begin{bmatrix}1&1\\2&1\\3&1\\4&1\end{bmatrix}, \quad B=\begin{bmatrix}3.5\\4.3\\7.2\\8.0\end{bmatrix}$$

$$Cx=d, \qquad C=\begin{bmatrix}1&3&5\\1&1&0\\1&1&2\\1&3&3\end{bmatrix}, \quad D=\begin{bmatrix}3\\5\\7\\-3\end{bmatrix}$$

문제 해석

무어-펜로즈 의사 역행렬을 이용할 때는 [정리 9-16]을 이용하여 최적근사해를 구한다. QR 분해를 이용할 때는 먼저 numpy에 있는 함수 linalg.qr( )을 이용하여 Q, R을 구한 다음, [정리 9-17]을 이용하여 최적근사해를 구한다.

코딩 실습

【 파이썬 코드 】

```
1   import numpy as np
2
3   # 행렬 A를 출력하는 함수
4   def pprint(msg, A):
5       print("---", msg, "---")
6       (n,m) = A.shape
7       for i in range(0, n):
8           line = ""
9           for j in range(0, m):
10              line += "{0:.2f}".format(A[i,j]) + "\t"
11          print(line)
12      print("")
13
14  # 최적근사해
15  print("\n행렬방정식의 최적근사해\n")
16  A = np.array([[1,1], [2,1], [3,1], [4,1]])
17  b = np.array([[3.5], [4.3], [7.2], [8.0]])
18  x = np.matmul(np.matmul(np.linalg.inv(np.matmul(A.T, A)), A.T), b)
19
20  pprint("Ax = b의 A", A)
21  pprint("Ax = b의 b", b)
22  pprint("Ax = b의 해(x))", x)
23
24  print("\nQR 분해를 이용한 행렬방정식의 최적근사해\n")
25  C = np.array([[1,3,5], [1,1,0], [1,1,2], [1,3,3]])
26  d = np.array([[3], [5], [7], [-3]])
27  Q, R = np.linalg.qr(C)
28  x = np.matmul(np.matmul(np.linalg.inv(R), Q.T), d)
29
30  pprint("Cx = d의 C", C)
31  pprint("Cx = d의 d", d)
32  pprint("Cx = d의 해(x))", x)
```

프로그램 설명

18행은 무어-펜로즈 의사 역행렬 공식 $(A^\top A)^{-1}A^\top$에 따라 A.T를 이용하여 $A^\top$를 구하고, np.linalg.inv( )를 이용하여 역행렬을 계산해서, 행렬방정식의 최적근사해를 구한다. 27행은 np.linalg.qr( )을 이용하여 행렬 C를 QR 분해하고, 28행은 QR 분해 결과를 사용하여 행렬방정식의 최적근사해 $R^{-1}Q^\top d$를 구한다.

3. 다음 벡터 d를 이산 푸리에 변환한 다음, 다시 역 이산 푸리에 변환하라. 연계 : 9.4절

$$d = \begin{bmatrix} 1 \\ 0 \\ 2 \\ 1 \end{bmatrix}$$

문제 해석

[정리 9-26]의 $F[n]$에 관한 식을 이용하여 벡터 d를 이산 푸리에 변환하고, 그 결과를 [정리 9-27]의 $\boldsymbol{f}$에 관한 식을 이용하여 다시 역 이산 푸리에 변환한다.

코딩 실습

【 파이썬 코드 】

```
1    import numpy as np
2
3    def DFT(x): # 이산 푸리에 변환
4        N = x.shape[0]
5        n = np.arange(N)
6        k = n.reshape((N, 1))
7        M = np.exp(-2j * np.pi * k * n / N)
8        return np.dot(M, x)
9
10   def IDFT(x): # 역 이산 푸리에 변환
11       N = x.shape[0]
12       n = np.arange(N)
13       k = n.reshape((N, 1))
14       M = np.exp(2j * np.pi * k * n / N)/N
15       return np.dot(M, x)
16
17   d = np.array([1, 0, 2, 1])
18   F = DFT(d)
19   print('이산 푸리에 변환 결과 : ', F)
20   D = IDFT(F)
21   print('역 이산 푸리에 변환 결과: ', D)
```

프로그램 설명

3행의 DFT( )는 이산 푸리에 변환을 하는 함수로, 7행에서 푸리에 행렬이 계산된다. 10행의 IDFT( )는 역 이산 푸리에 변환을 하는 함수로, 14행에서 푸리에 행렬의 켤레전치행렬이 계산된다. 이산 푸리에 변환 결과는 [4.+0.0000000e+00j -1.+1.0000000e+00j 2.+1.2246468e-16j -1.-1.0000000e+00j]인데, 여기에서 j는 허수단위 i를 의미한다.

Chapter

10

대각화와 대칭

Diagonalization and Symmetry

Contents

다시보기 Review

■ 대칭행렬과 반대칭행렬

정방행렬 A가 자신의 전치행렬 $A^{\top}$와 같으면, 즉 $A = A^{\top}$이면 A를 대칭행렬이라 한다. 한편, $A^{\top} = -A$인 행렬을 반대칭행렬이라 한다. 정방행렬은 대칭행렬과 반대칭행렬의 합으로 표현할 수 있다.

■ 대각행렬

주대각 성분 이외의 모든 성분이 0인 정방행렬을 대각행렬이라 한다. 대각행렬은 주대각 성분만을 사용하여 $diag(a_{11}, a_{22}, \cdots, a_{nn})$으로 표현할 수 있다. 크기가 같은 두 대각행렬을 곱하면 역시 대각행렬이다. 이때 두 대각행렬에서 동일한 위치의 주대각 성분을 서로 곱하여 곱 연산 결과인 행렬의 주대각 성분을 얻는다.

■ 행렬 분해

행렬을 다른 행렬의 곱으로 표현하는 것을 행렬 분해라고 한다. LU 분해는 행렬을 하삼각행렬과 상삼각행렬의 곱으로 표현한다. QR 분해는 행렬을 직교행렬과 상삼각행렬의 곱으로 표현한다. 이외에도 다양한 행렬 분해 방법이 있다. 10장에서는 고윳값 분해, 촐레스키 분해, 11장에서는 특잇값 분해를 소개한다.

■ 고윳값과 고유벡터

정방행렬 A에 대해 $A\boldsymbol{x} = \lambda\boldsymbol{x}$를 만족하는 λ를 고윳값이라 하고, $\boldsymbol{x}$를 λ에 대한 고유벡터라 한다. 고윳값과 고유벡터는 행렬로 표현한 변환에 대한 중요한 정보를 제공한다. 따라서 정방행렬의 고윳값과 고유벡터에 대한 다양한 특성은 여러 응용 분야에서 사용한다. 이 장에서는 레일리 몫의 최댓값 또는 최솟값을 구하거나, 그래프 분할과 선형판별분석을 할 때 고윳값과 고유벡터를 적용하는 사례를 알아본다.

미리보기 Overview

■ 대각화와 대칭은 왜 배워야 하는가?

선형대수학에서는 행렬로 표현한 데이터나 시스템을 주로 다루는데, 이때 대칭행렬을 자주 사용한다. 따라서 대칭행렬의 중요한 성질과 그 활용 분야에 대한 이해가 필요하다. 한편, 행렬의 닮음과 대각화라는 행렬 간의 관계와 변환에 대한 중요한 개념이 있다. **닮음행렬**이란 서로 특성이 유사한 행렬이고, **대각화**란 특정 행렬을 어떤 행렬과 그 행렬의 역행렬을 사용하여 대각행렬로 만드는 과정이다. 대각행렬과 닮음인 행렬은 **대각화 가능 행렬**이라 한다. 대각화 가능 행렬은 다른 행렬의 곱으로 표현할 수도 있다. 흥미롭게도 대칭행렬은 대각화 가능 행렬이다. 대칭행렬은 이차형식인 다항함수와도 밀접한 관계가 있다.

■ 대각화와 대칭의 응용 분야는?

행렬로 표현되는 데이터나 시스템을 분석 및 이용할 때는 해당 행렬의 특성을 잘 활용해야 한다. 두 행렬이 닮음행렬이면, 한 행렬의 특정 성질을 다른 행렬에 바로 적용할 수 있다. 행렬의 대각화는 고윳값 및 고유벡터와 관련이 있으므로, 고윳값 문제 해결에 대각화 개념을 활용한다. 대칭행렬로 표현되는 데이터를 다룰 때는 대칭행렬의 특성을 활용한다. 이차형식을 표현할 때 대칭행렬을 사용하므로, 이차형식의 특성과 대칭행렬의 특성은 연관지어 설명할 수 있다. 대칭행렬과 대각화의 성질은 행렬 분해에도 사용된다.

■ 이 장에서 배우는 내용은?

먼저 닮음행렬의 특성에 대해 알아본다. 그 다음 대각행렬과 닮음인 행렬의 특성, 직교행렬을 이용한 대각화 방법, 그리고 행렬의 고윳값 분해에 대해 살펴본다. 또한 대칭행렬의 중요한 특성을 알아본 다음 이차형식의 특성, 이차형식과 대칭행렬의 관련성, 대칭행렬의 정부호 성질 등을 알아본다. 끝으로 대칭행렬의 응용 사례로 그래프 분할과 선형판별분석 문제의 풀이법을 살펴본다.

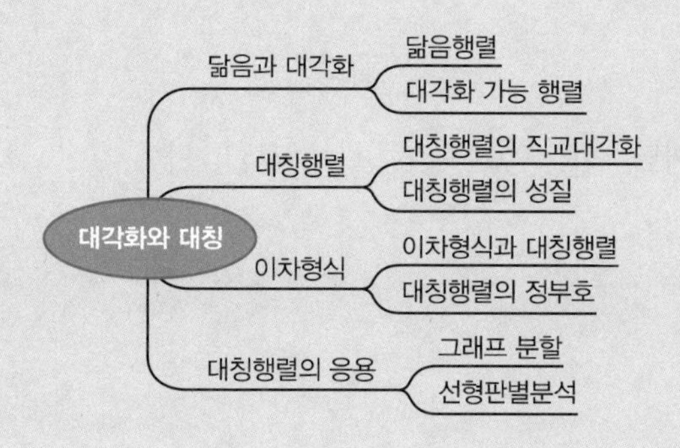

SECTION

10.1 닮음과 대각화

이 절에서는 닮음행렬의 의미와 성질, 대각행렬과 닮음인 대각화 가능 행렬의 성질 그리고 행렬 분해 방법의 하나인 고윳값 분해에 대해 살펴본다.

닮음행렬

서로 다른 행렬이지만 특성이 동일하거나 유사한 닮음행렬이 있다. 닮음행렬은 고윳값과 계수가 서로 일치하는 등의 특성을 갖는다. 닮음행렬은 다음과 같이 정의된다.

정의 10-1 닮음행렬

n차 정방행렬 A와 B에 대해 $B=S^{-1}AS$를 만족하는 행렬 S가 있으면, A와 B는 서로 **닮음행렬**similar matrix 또는 **상사행렬**이라 한다.

Note 상사행렬에서 상사(相似)는 서로 닮았다는 의미이다.

$A=\begin{bmatrix}2 & -3\\1 & -1\end{bmatrix}$, $B=\begin{bmatrix}0 & -1\\1 & -1\end{bmatrix}$, $S=\begin{bmatrix}2 & 1\\1 & 1\end{bmatrix}$에 대해 다음 관계가 성립한다.

$$S^{-1}AS=\begin{bmatrix}1 & -1\\-1 & 2\end{bmatrix}\begin{bmatrix}2 & -3\\1 & -1\end{bmatrix}\begin{bmatrix}2 & 1\\1 & 1\end{bmatrix}=\begin{bmatrix}0 & -1\\1 & -1\end{bmatrix}=B$$

따라서 A와 B는 닮음행렬이다.

$B=S^{-1}AS$일 때, 이 식의 양변 앞에 S를 곱하면 다음과 같이 전개할 수 있다.

$$SB=AS$$

따라서 $B=S^{-1}AS$이면, $SB=AS$이며 $A=SBS^{-1}$이다.

예제 10-1 **닮음행렬**

다음 행렬 A의 닮음행렬의 예를 들어라.

$$A = \begin{bmatrix} 1 & 2 \\ 3 & 4 \end{bmatrix}$$

Tip
닮음행렬의 정의를 이용한다.

풀이

임의의 가역행렬 S를 사용하여 $B = S^{-1}AS$를 계산하면, 닮음행렬 B를 얻는다. 다음 행렬 S는 가역행렬이다.

$$S = \begin{bmatrix} -8 & 3 \\ 5 & -2 \end{bmatrix}, \qquad S^{-1} = \begin{bmatrix} -2 & -3 \\ -5 & -8 \end{bmatrix}$$

따라서 다음과 같이 계산되는 B는 A의 닮음행렬이다.

$$B = S^{-1}AS = \begin{bmatrix} -2 & -3 \\ -5 & -8 \end{bmatrix}\begin{bmatrix} 1 & 2 \\ 3 & 4 \end{bmatrix}\begin{bmatrix} -8 & 3 \\ 5 & -2 \end{bmatrix} = \begin{bmatrix} 8 & -1 \\ 22 & -3 \end{bmatrix}$$

한편, S와 같은 2×2 가역행렬은 매우 많으므로, A와 닮음인 행렬은 매우 많다.

예제 10-2 **닮음행렬 판별**

다음 행렬 A와 B가 닮음행렬인지 확인하라.

$$A = \begin{bmatrix} 6 & -1 \\ 4 & -1 \end{bmatrix} \qquad B = \begin{bmatrix} 1 & 2 \\ 3 & 4 \end{bmatrix}$$

Tip
$B = S^{-1}AS$를 만족하는 S를 구한다.

풀이

A와 B가 닮음행렬이라면 $B = S^{-1}AS$이므로, $SB = AS$가 성립한다.

S를 $S = \begin{bmatrix} a & b \\ c & d \end{bmatrix}$로 나타내고, $SB = AS$를 전개하여 a, b, c, d를 구해보자.

$$\begin{bmatrix} a & b \\ c & d \end{bmatrix}\begin{bmatrix} 1 & 2 \\ 3 & 4 \end{bmatrix} = \begin{bmatrix} 6 & -1 \\ 4 & -1 \end{bmatrix}\begin{bmatrix} a & b \\ c & d \end{bmatrix} \quad \Rightarrow \quad \begin{bmatrix} a+3b & 2a+4b \\ c+3d & 2c+4d \end{bmatrix} = \begin{bmatrix} 6a-c & 6b-d \\ 4a-c & 4b-d \end{bmatrix}$$

위 식을 연립선형방정식으로 나타내면 다음과 같다.

$$\begin{cases} a+3b = 6a-c \\ 2a+4b = 6b-d \\ c+3d = 4a-c \\ 2c+4d = 4b-d \end{cases} \quad \Rightarrow \quad \begin{cases} -5a+3b+c = 0 \\ 2a-2b+d = 0 \\ -4a+2c+3d = 0 \\ -4b+2c+5d = 0 \end{cases}$$

위 식을 행렬방정식으로 나타내면 다음과 같다.

$$\begin{bmatrix} -5 & 3 & 1 & 0 \\ 2 & -2 & 0 & 1 \\ -4 & 0 & 2 & 3 \\ 0 & -4 & 2 & 5 \end{bmatrix}\begin{bmatrix} a \\ b \\ c \\ d \end{bmatrix} = \begin{bmatrix} 0 \\ 0 \\ 0 \\ 0 \end{bmatrix} \quad \Rightarrow \quad \begin{bmatrix} a \\ b \\ c \\ d \end{bmatrix} = \begin{bmatrix} 4 \\ 6 \\ 2 \\ 4 \end{bmatrix}$$

따라서 $B = S^{-1}AS$를 만족하는 S가 다음과 같이 존재한다.

$$S = \begin{bmatrix} 4 & 6 \\ 2 & 4 \end{bmatrix}$$

그러므로 A와 B는 닮음행렬이다.

정리 10-1 닮음행렬의 계수와 행렬식

닮음행렬의 계수는 서로 같다. 또한 닮음행렬의 행렬식도 서로 같다.

증명

닮음행렬 A와 B에 대하여, $B = S^{-1}AS$를 만족하는 S가 존재한다. S가 가역행렬이므로, [정리 7-26]에 의해 $\text{rank}(B) = \text{rank}(S^{-1}AS) = \text{rank}(A)$이다. 그러므로 $\text{rank}(A) = \text{rank}(B)$이다. $B = S^{-1}AS$의 행렬식을 구하면 다음과 같다.

$$\det(B) = \det(S^{-1}AS) = \det(S^{-1})\det(A)\det(S)$$

[정리 5-20]에 의하면 $\det(S^{-1})\det(S) = 1$이다. 따라서 $\det(A) = \det(B)$이다. 따라서 닮음행렬의 계수와 행렬식은 서로 같다.

■

예제 10-3 닮음행렬 판별

다음 행렬 A와 B가 닮음행렬인지 확인하라.

$$A = \begin{bmatrix} -1 & 6 \\ -2 & 6 \end{bmatrix} \qquad B = \begin{bmatrix} 1 & 2 \\ -1 & 3 \end{bmatrix}$$

Tip
[정리 10-1]의 닮음행렬의 성질을 이용한다.

풀이

닮음행렬의 행렬식은 서로 같다. A와 B의 행렬식을 구해보자.

$$\det(A) = (-1)6 - 6(-2) = 6, \quad \det(B) = (1)(3) - 2(-1) = 5$$

A와 B의 행렬식이 다르므로, A와 B는 닮음행렬이 아니다.

정리 10-2 닮음행렬의 특성다항식과 고윳값

닮음행렬의 특성다항식과 고윳값은 서로 같다. 닮음행렬의 고유벡터는 서로 다를 수 있지만, 고유벡터 개수는 서로 같다.

증명

닮음행렬 A와 B에 대해 $B = S^{-1}AS$가 성립한다. 이때 B와 $S^{-1}AS$에 대한 특성다항식 $\det(\lambda I - B)$와 $\det(\lambda I - S^{-1}AS)$는 서로 같으므로, 다음이 성립한다.

$$\begin{aligned}\det(\lambda I - B) &= \det(\lambda I - S^{-1}AS) \\ &= \det(\lambda S^{-1}S - S^{-1}AS) \quad (\because I\text{에 } S^{-1}S\text{를 대입}) \\ &= \det(S^{-1}(\lambda I - A)S) \\ &= \det(S^{-1})\det(\lambda I - A)\det(S) \\ &= \det(\lambda I - A) \quad (\because \det(S^{-1})\det(S) = 1)\end{aligned}$$

즉, $\det(\lambda I - A) = \det(\lambda I - B)$이다. 그러므로 닮음행렬의 특성다항식은 서로 같다. 따라서 닮음행렬의 고윳값 역시 서로 같다.

한편, $B = S^{-1}AS$로부터 $SB = AS$의 관계를 얻는다. 이때 양변 뒤에 벡터 $\boldsymbol{x}$를 곱하면 $SB\boldsymbol{x} = AS\boldsymbol{x}$가 된다. B의 고윳값을 λ, 고유벡터를 $\boldsymbol{x}$라 하자. 즉, $B\boldsymbol{x} = \lambda\boldsymbol{x}$라 하자. $SB\boldsymbol{x} = AS\boldsymbol{x}$에서 $B\boldsymbol{x} = \lambda\boldsymbol{x}$이므로, $\lambda S\boldsymbol{x} = AS\boldsymbol{x}$, 즉 $AS\boldsymbol{x} = \lambda S\boldsymbol{x}$가 된다. 이때 $S\boldsymbol{x}$를 벡터 $\boldsymbol{y}$로 나타내면, $A\boldsymbol{y} = \lambda\boldsymbol{y}$가 된다. 그러므로 λ는 A의 고윳값이고, $\boldsymbol{y}$는 고유벡터이다.

닮음행렬 A와 B는 동일한 고윳값을 갖고, B의 고유벡터 $\boldsymbol{x}$에 대해 A의 고유벡터 $\boldsymbol{y} = S\boldsymbol{x}$가 존재한다. 따라서 닮음행렬의 고유벡터 개수는 서로 같다.

■

예제 10-4 닮음행렬의 특성다항식과 고윳값

닮음행렬인 A와 B의 특성다항식과 고윳값을 구하라.

$$A = \begin{bmatrix} 5 & 4 \\ 0 & 3 \end{bmatrix} \qquad B = \begin{bmatrix} 3 & 0 \\ 2 & 5 \end{bmatrix}$$

Tip
특성다항식으로부터 고윳값을 구한다.

풀이

A의 특성다항식을 구하면 다음과 같다.

$$\det(\lambda I - A) = \begin{vmatrix} \lambda-5 & -4 \\ 0 & \lambda-3 \end{vmatrix} = (\lambda-5)(\lambda-3) = \lambda^2 - 8\lambda + 15$$

그러므로 A의 고윳값은 $3, 5$이다. A와 B는 닮음행렬이므로 [정리 10-2]에 의해, B의 특성다항식과 고윳값은 A와 동일하다. 실제로 B의 특성다항식을 구하면 다음과 같다.

$$\det(\lambda I - B) = \begin{vmatrix} \lambda-3 & 0 \\ -2 & \lambda-5 \end{vmatrix} = (\lambda-3)(\lambda-5) = \lambda^2 - 8\lambda + 15$$

그러므로 B의 고윳값은 $3, 5$이다.

정리 10-3 닮음행렬의 대각합

닮음행렬의 대각합은 서로 같다.

증명

예제 10-5 닮음행렬 판정

다음 행렬 A와 B가 닮음행렬인지 확인하라.

$$A = \begin{bmatrix} 1 & 0 \\ -2 & 6 \end{bmatrix} \qquad B = \begin{bmatrix} 3 & 0 \\ 0 & 2 \end{bmatrix}$$

Tip
닮음행렬은 행렬식과 대각합이 각각 서로 같다는 성질을 이용한다.

풀이

A와 B의 행렬식을 구하면 다음과 같다.

$$\det(A) = (1)(6) - (0)(-2) = 6, \quad \det(B) = (3)(2) = 6$$

행렬식이 동일하므로 A와 B가 닮음행렬일 가능성이 있다. 그러나 A와 B의 대각합을 구하면, $tr(A) = 7$과 $tr(B) = 5$로 서로 다르다. 따라서 A와 B는 닮음행렬이 아니다.

참고 닮음행렬과 기저변환

표준기저 $E = \{e_1, e_2, \cdots, e_n\}$과 기저 $B = \{v_1, v_2, \cdots, v_n\}$이 있다고 하자. 이때 B의 기저벡터를 열벡터로 하는 행렬 $P = [v_1\ v_2 \cdots\ v_n]$이 있다고 하자. B의 기저벡터 v_i를 표준기저 E에 대한 좌표벡터로 표현하면 v_i이다. 그러므로 기저 B에서의 좌표벡터 $[x]_B$를 $P[x]_B$와 같이 P와 곱하면, E를 기저로 한 좌표벡터가 된다. 따라서 P는 기저를 B에서 E로 변환하는 **기저변환행렬** change-of-basis matrix이다. 반면 P^{-1}는 기저를 E에서 B로 변환하는 기저변환행렬이다. 따라서 $[A]_B = P^{-1}AP$는 P를 통해 기저를 B에서 E로 변환한 다음, A를 사용하여 선형변환하고, 다시 기저를 E에서 B로 변환한다. 이는 B를 기저로 하는 공간에서의 행렬 $[A]_B$를 사용한 선형변환이다. 한편, $[A]_B = P^{-1}AP$는 $[A]_B$와 A가 닮음행렬임을 의미한다. 그러므로 닮음행렬은 원래 기저에서의 선형변환과 변환된 기저에서의 선형변환의 관계를 나타낸다.

대각화 가능 행렬

닮음행렬의 특별한 형태로 대각화 가능 행렬이 있다. 대각화 가능 행렬은 대각행렬에 대한 닮음행렬을 말한다.

정의 10-2 대각화 가능 행렬

n차 정방행렬 A에 어떤 가역행렬 S를 $\Lambda = S^{-1}AS$와 같이 적용하여 대각행렬 Λ가 만들어지면, A를 **대각화 가능 행렬** diagonalizable matrix 이라 한다.

다음과 같은 행렬 A와 S가 있다고 하자.

$$A = \begin{bmatrix} 1 & 2 & 0 \\ 0 & 3 & 0 \\ 2 & -4 & 2 \end{bmatrix} \qquad S = \begin{bmatrix} -1 & 0 & -1 \\ -1 & 0 & 0 \\ 2 & 1 & 2 \end{bmatrix}$$

이때 $S^{-1}AS$를 계산하면 다음과 같이 대각행렬이 된다.

$$S^{-1}AS = \begin{bmatrix} 0 & -1 & 0 \\ 2 & 0 & 1 \\ -1 & 1 & 0 \end{bmatrix} \begin{bmatrix} 1 & 2 & 0 \\ 0 & 3 & 0 \\ 2 & -4 & 2 \end{bmatrix} \begin{bmatrix} -1 & 0 & -1 \\ -1 & 0 & 0 \\ 2 & 1 & 2 \end{bmatrix} = \begin{bmatrix} 3 & 0 & 0 \\ 0 & 2 & 0 \\ 0 & 0 & 1 \end{bmatrix}$$

따라서 A는 대각화 가능 행렬이다.

정리 10-4 대각화 가능 행렬의 선형독립인 고유벡터

n차 정방행렬 A가 대각화 가능하면, A는 n개의 선형독립인 고유벡터를 갖는다.

증명

A가 대각화 가능 행렬이면, [정의 10-2]를 만족하는 가역행렬 $S = [\boldsymbol{s}_1\ \boldsymbol{s}_2\ \cdots\ \boldsymbol{s}_n]$이 존재한다. 이때 $\Lambda = S^{-1}AS$로 만들어지는 대각행렬을 $\Lambda = diag(\lambda_1, \lambda_2, \cdots, \lambda_n)$이라 하자. $\Lambda = S^{-1}AS$의 양변 앞에 S를 곱하면, $AS = S\Lambda$를 얻는다. $AS = S\Lambda$는 다음과 같이 나타낼 수 있다.

$$A[\boldsymbol{s}_1\ \boldsymbol{s}_2\ \cdots\ \boldsymbol{s}_n] = [\boldsymbol{s}_1\ \boldsymbol{s}_2\ \cdots\ \boldsymbol{s}_n] \begin{bmatrix} \lambda_1 & 0 & \cdots & 0 \\ 0 & \lambda_2 & \cdots & 0 \\ \vdots & \vdots & \ddots & \vdots \\ 0 & 0 & \cdots & \lambda_n \end{bmatrix}$$

위 행렬방정식을 열벡터 $\boldsymbol{s}_i$별로 전개하면 다음 관계가 성립한다.

$$A\boldsymbol{s}_1 = \lambda_1\boldsymbol{s}_1,\ A\boldsymbol{s}_2 = \lambda_2\boldsymbol{s}_2,\ \cdots,\ A\boldsymbol{s}_n = \lambda_n\boldsymbol{s}_n$$

[정리 4-8]에 따르면 가역행렬의 열벡터는 선형독립이다. 따라서 $\boldsymbol{s}_1, \boldsymbol{s}_2, \cdots, \boldsymbol{s}_n$은 선형독립이다. 한편, $A\boldsymbol{s}_i = \lambda_i\boldsymbol{s}_i$에서 λ_i는 A의 고윳값이고 $\boldsymbol{s}_i$는 이에 대응하는 고유벡터이다. 따라서 대각화 가능한 n차 정방행렬 A는 n개의 선형독립인 고유벡터를 갖는다. 한편, 대각화로 만들어지는 대각행렬의 주대각 성분은 고윳값에 해당한다.

■

예제 10-6 **행렬의 대각화**

다음 행렬 A를 대각화하는 행렬 S를 구하고, 이를 이용하여 대각화한 결과인 Λ를 구하라.

> **Tip**
> 행렬 A의 고윳값과 고유벡터를 구한다.

$$A=\begin{bmatrix}1&2&0\\2&1&0\\0&0&-3\end{bmatrix}$$

풀이

먼저 행렬 A의 고윳값을 계산한다.

$$\det(\lambda I-A)=0 \quad\Rightarrow\quad \det\left(\begin{bmatrix}\lambda&0&0\\0&\lambda&0\\0&0&\lambda\end{bmatrix}-\begin{bmatrix}1&2&0\\2&1&0\\0&0&-3\end{bmatrix}\right)=\det\left(\begin{bmatrix}\lambda-1&-2&0\\-2&\lambda-1&0\\0&0&\lambda+3\end{bmatrix}\right)=0$$

$$\Rightarrow\quad (\lambda-1)(\lambda-1)(\lambda+3)-(-2)(-2)(\lambda+3)=0$$

$$\Rightarrow\quad (\lambda+3)(\lambda^2-2\lambda-3)=(\lambda+3)(\lambda+1)(\lambda-3)=0$$

따라서 A의 고윳값은 $\lambda=-3,-1,3$이다.

$(\lambda I-A)\boldsymbol{x}=\mathbf{0}$에 각 고윳값에 대입해서 고유벡터를 계산한다.

$\lambda=-3$일 때, $(-3I-A)\boldsymbol{x}=\mathbf{0}$는 다음과 같다.

$$(-3I-A)\boldsymbol{x}=\begin{bmatrix}-4&-2&0\\-2&-4&0\\0&0&0\end{bmatrix}\begin{bmatrix}x_1\\x_2\\x_3\end{bmatrix}=\begin{bmatrix}0\\0\\0\end{bmatrix}$$

위 행렬방정식의 계수행렬에 행 연산을 수행하면 다음 식을 얻는다.

$$\begin{bmatrix}1&0&0\\0&1&0\\0&0&0\end{bmatrix}\begin{bmatrix}x_1\\x_2\\x_3\end{bmatrix}=\begin{bmatrix}0\\0\\0\end{bmatrix}$$

따라서 $\lambda=-3$에 대한 고유벡터는 $\begin{bmatrix}0\\0\\1\end{bmatrix}$이다. 마찬가지 방법으로 $\lambda=-1,3$에 대한 고유벡터를 구하면 각각 $\begin{bmatrix}-1\\1\\0\end{bmatrix}$, $\begin{bmatrix}1\\1\\0\end{bmatrix}$이다. 따라서 A를 대각화하는 행렬 S는 다음과 같다.

$$S=\begin{bmatrix}0&-1&1\\0&1&1\\1&0&0\end{bmatrix}$$

행렬 Λ는 $S^{-1}AS$를 통해 계산할 수도 있지만, Λ의 주대각 성분이 A의 고윳값임을 이용하여 다음과 같이 대각행렬을 바로 구할 수 있다.

$$\Lambda=\begin{bmatrix}-3&0&0\\0&-1&0\\0&0&3\end{bmatrix}$$

정리 10-5 고윳값과 대각화 가능 행렬

n차 정방행렬 A가 n개의 서로 다른 고윳값을 가지면, A는 대각화 가능하다.

예제 10-7 대각화 불가능 행렬

다음 행렬 A가 대각화 가능한지 판정하라.

$$A=\begin{bmatrix}1 & 0\\ 1 & 1\end{bmatrix}$$

> **Tip**
> 고유벡터의 개수와 행렬 A의 열 개수를 비교한다.

풀이

먼저 A의 고윳값을 구한다.

$$\det(\lambda I-A)=0 \quad\Rightarrow\quad \det\left(\begin{bmatrix}\lambda & 0\\ 0 & \lambda\end{bmatrix}-\begin{bmatrix}1 & 0\\ 1 & 1\end{bmatrix}\right)=\det\begin{bmatrix}\lambda-1 & 0\\ -1 & \lambda-1\end{bmatrix}=0$$

$$\Rightarrow\quad (\lambda-1)^2=0$$

따라서 A의 고윳값은 $\lambda=1$(중근)이다.

$(\lambda I-A)\boldsymbol{x}=\mathbf{0}$의 λ에 고윳값 1을 대입해서 고유벡터를 계산한다.

$$(I-A)\boldsymbol{x}=\begin{bmatrix}0 & 0\\ -1 & 0\end{bmatrix}\begin{bmatrix}x_1\\ x_2\end{bmatrix}=\begin{bmatrix}0\\ 0\end{bmatrix} \quad\rightarrow\quad \left\{\begin{bmatrix}0\\ 1\end{bmatrix}\right\}$$

고유벡터가 한 개뿐이므로, A를 대각화하는 2×2 행렬 S를 만들 수 없다. 따라서 A는 대각화 가능 행렬이 아니다. 그러므로 [정리 10-5]가 성립함을 알 수 있다.

예제 10-8 중근 고윳값을 갖는 행렬의 대각화

다음 행렬 A를 대각화하는 행렬 S를 구하고, 이를 이용하여 대각화한 결과인 Λ를 구하라.

> **Tip**
> 고유벡터를 구하여, A를 대각화하는 행렬 S를 만든다.

$$A=\begin{bmatrix}4 & -3 & -3\\ 3 & -2 & -3\\ -1 & 1 & 2\end{bmatrix}$$

풀이

먼저 A의 고윳값을 구한다.

$$\det(\lambda I-A)=0 \quad\Rightarrow\quad \det\left(\begin{bmatrix}\lambda & 0 & 0\\ 0 & \lambda & 0\\ 0 & 0 & \lambda\end{bmatrix}-\begin{bmatrix}4 & -3 & -3\\ 3 & -2 & -3\\ -1 & 1 & 2\end{bmatrix}\right)=\det\begin{bmatrix}\lambda-4 & 3 & 3\\ -3 & \lambda+2 & 3\\ 1 & -1 & \lambda-2\end{bmatrix}=0$$

$$\Rightarrow\quad (\lambda-1)^2(\lambda-2)=0$$

따라서 A의 고윳값은 $\lambda=1$(중근), 2이다.

$(\lambda I - A)\boldsymbol{x} = \mathbf{0}$에 각 고윳값을 대입해서 고유벡터를 구한다.

$\lambda = 1$일 때 $I - A$에 대한 고유벡터를 구하면 다음과 같다.

$$(I - A)\boldsymbol{x} = \begin{bmatrix} -3 & 3 & 3 \\ -3 & 3 & 3 \\ 1 & -1 & -1 \end{bmatrix} \begin{bmatrix} x_1 \\ x_2 \\ x_3 \end{bmatrix} = \begin{bmatrix} 0 \\ 0 \\ 0 \end{bmatrix} \quad \rightarrow \quad \left\{ \begin{bmatrix} 1 \\ 1 \\ 0 \end{bmatrix}, \begin{bmatrix} 1 \\ 0 \\ 1 \end{bmatrix} \right\}$$

마찬가지 방법으로 $\lambda = 2$에 대한 고유벡터를 구하면 다음과 같다.

$$(2I - A)\boldsymbol{x} = \begin{bmatrix} -2 & 3 & 3 \\ -3 & 4 & 3 \\ 1 & -1 & 0 \end{bmatrix} \begin{bmatrix} x_1 \\ x_2 \\ x_3 \end{bmatrix} = \begin{bmatrix} 0 \\ 0 \\ 0 \end{bmatrix} \quad \rightarrow \quad \left\{ \begin{bmatrix} -3 \\ -3 \\ 1 \end{bmatrix} \right\}$$

따라서 A를 대각화하는 행렬 S는 고유벡터를 사용하여 다음과 같이 구할 수 있다.

$$S = \begin{bmatrix} 1 & 1 & -3 \\ 1 & 0 & -3 \\ 0 & 1 & 1 \end{bmatrix}$$

S를 사용하여 A를 대각화한 결과인 대각행렬 Λ는 $S^{-1}AS$를 통해 계산할 수 있지만, A의 고윳값을 주대각 성분으로 사용하여 다음과 같이 바로 구할 수도 있다.

$$\Lambda = \begin{bmatrix} 1 & 0 & 0 \\ 0 & 1 & 0 \\ 0 & 0 & 2 \end{bmatrix}$$

정리 10-6 고윳값 분해

증명

대각화 가능한 n차 정방행렬 A는 자신의 고유벡터를 열벡터로 하는 행렬 S와 A의 고윳값을 주대각 성분으로 하는 대각행렬 Λ를 사용하여 $A = S\Lambda S^{-1}$로 분해할 수 있다. 이를 **고윳값 분해**eigen decomposition, spectral decomposition라고 한다.

예제 10-9 고윳값 분해

다음 행렬 A를 고윳값 분해하여 표현하라.

$$A = \begin{bmatrix} 1 & 3 & 3 \\ -3 & -5 & -3 \\ 3 & 3 & 1 \end{bmatrix}$$

Tip
행렬 A의 고윳값과 고유벡터를 구한다.

풀이

먼저 행렬 A의 고윳값을 구한다.

$$\det(\lambda I - A) = 0 \quad \Rightarrow \quad \lambda^3 + 3\lambda^2 - 4 = (\lambda - 1)(\lambda + 2)^2 = 0$$
$$\Rightarrow \quad \lambda = 1, -2(\text{중근})$$

각 고윳값에 대응하는 선형독립인 고유벡터를 구하면 다음과 같다.

$$\lambda = 1\text{일 때, } \boldsymbol{s}_1 = \begin{bmatrix} 1 \\ -1 \\ 1 \end{bmatrix}$$
$$\lambda = -2\text{일 때, } \boldsymbol{s}_2 = \begin{bmatrix} -1 \\ 1 \\ 0 \end{bmatrix}, \ \boldsymbol{s}_3 = \begin{bmatrix} -1 \\ 0 \\ 1 \end{bmatrix}$$

고유벡터를 사용하여 행렬 $S = [\boldsymbol{s}_1 \ \boldsymbol{s}_2 \ \boldsymbol{s}_3]$를 구성하고, S의 역행렬 S^{-1}를 구한다.

$$S = \begin{bmatrix} 1 & -1 & -1 \\ -1 & 1 & 0 \\ 1 & 0 & 1 \end{bmatrix} \qquad S^{-1} = \begin{bmatrix} 1 & 1 & 1 \\ 1 & 2 & 1 \\ -1 & -1 & 0 \end{bmatrix}$$

고윳값을 주대각 성분으로 하는 대각행렬 Λ를 구성한다.

$$\Lambda = \begin{bmatrix} 1 & 0 & 0 \\ 0 & -2 & 0 \\ 0 & 0 & -2 \end{bmatrix}$$

A의 고윳값 분해인 $A = S\Lambda S^{-1}$는 다음과 같다.

$$A = S\Lambda S^{-1} = \begin{bmatrix} 1 & -1 & -1 \\ -1 & 1 & 0 \\ 1 & 0 & 1 \end{bmatrix} \begin{bmatrix} 1 & 0 & 0 \\ 0 & -2 & 0 \\ 0 & 0 & -2 \end{bmatrix} \begin{bmatrix} 1 & 1 & 1 \\ 1 & 2 & 1 \\ -1 & -1 & 0 \end{bmatrix}$$

정리 10-7 대각화 가능 행렬의 역행렬

증명

가역인 대각화 가능 행렬 $A = S\Lambda S^{-1}$의 역행렬 A^{-1}는 $S\Lambda^{-1}S^{-1}$와 같다. 즉, $A^{-1} = S\Lambda^{-1}S^{-1}$이다. 또한, A^{-1}는 대각화 가능 행렬이다.

예제 10-10 대각화 가능 행렬의 역행렬

다음과 같이 분해되는 행렬 A의 역행렬을 구하라.

$$A = \begin{bmatrix} 4 & 0 & -2 \\ 2 & 5 & 4 \\ 0 & 0 & 5 \end{bmatrix} = \begin{bmatrix} -2 & 0 & -1 \\ 0 & 1 & 2 \\ 1 & 0 & 0 \end{bmatrix} \begin{bmatrix} 5 & 0 & 0 \\ 0 & 5 & 0 \\ 0 & 0 & 4 \end{bmatrix} \begin{bmatrix} 0 & 0 & 1 \\ 2 & 1 & 4 \\ -1 & 0 & -2 \end{bmatrix}$$

Tip
[정리 10-7]을 이용한다.

풀이

$\Lambda = \begin{bmatrix} 5 & 0 & 0 \\ 0 & 5 & 0 \\ 0 & 0 & 4 \end{bmatrix}$라 할 때, $\Lambda^{-1} = \begin{bmatrix} 1/5 & 0 & 0 \\ 0 & 1/5 & 0 \\ 0 & 0 & 1/4 \end{bmatrix}$이다.

따라서 $A^{-1} = \begin{bmatrix} -2 & 0 & -1 \\ 0 & 1 & 2 \\ 1 & 0 & 0 \end{bmatrix} \begin{bmatrix} 1/5 & 0 & 0 \\ 0 & 1/5 & 0 \\ 0 & 0 & 1/4 \end{bmatrix} \begin{bmatrix} 0 & 0 & 1 \\ 2 & 1 & 4 \\ -1 & 0 & -2 \end{bmatrix} = \begin{bmatrix} 1/4 & 0 & 1/10 \\ -1/10 & 1/5 & -1/5 \\ 0 & 0 & 1/5 \end{bmatrix}$

정리 10-8 대각화 가능 행렬의 거듭제곱

$n \times n$ 대각화 가능 행렬 $A = S\Lambda S^{-1}$에 대하여, $A^k = S\Lambda^k S^{-1}$이다.

증명

대각화 가능 행렬 A의 고윳값 분해 $A = S\Lambda S^{-1}$로 A^k을 표현하면 다음과 같다.

$$A^k = AA \cdots A = (S\Lambda S^{-1})(S\Lambda S^{-1}) \cdots (S\Lambda S^{-1}) = S\Lambda I\Lambda \cdots I\Lambda S^{-1} = S\Lambda^k S^{-1}$$

한편 Λ는 대각행렬이므로, A의 고윳값 $\lambda_1, \lambda_2, \cdots, \lambda_n$에 대해 $\Lambda^k = \begin{bmatrix} \lambda_1^k & 0 & \cdots & 0 \\ 0 & \lambda_2^k & \cdots & 0 \\ \vdots & \vdots & \ddots & \vdots \\ 0 & 0 & \cdots & \lambda_n^k \end{bmatrix}$이다. ■

예제 10-11 행렬의 거듭제곱

다음 행렬 A에 대해 A^4을 구하라.

$$A = \begin{bmatrix} 1 & 3 & 3 \\ -3 & -5 & -3 \\ 3 & 3 & 1 \end{bmatrix}$$

Tip
행렬 A를 고윳값 분해한 다음 [정리 10-8]을 이용한다.

풀이

[예제 10-9]에서 A를 고윳값 분해한 결과는 다음과 같다.

$$A = S\Lambda S^{-1} = \begin{bmatrix} 1 & -1 & -1 \\ -1 & 1 & 0 \\ 1 & 0 & 1 \end{bmatrix} \begin{bmatrix} 1 & 0 & 0 \\ 0 & -2 & 0 \\ 0 & 0 & -2 \end{bmatrix} \begin{bmatrix} 1 & 1 & 1 \\ 1 & 2 & 1 \\ -1 & -1 & 0 \end{bmatrix}$$

[정리 10-8]에 따라 $A^4 = S\Lambda^4 S^{-1}$의 관계를 이용하여 A^4을 계산한다.

$$A^4 = \begin{bmatrix} 1 & -1 & -1 \\ -1 & 1 & 0 \\ 1 & 0 & 1 \end{bmatrix} \begin{bmatrix} 1^4 & 0 & 0 \\ 0 & (-2)^4 & 0 \\ 0 & 0 & (-2)^4 \end{bmatrix} \begin{bmatrix} 1 & 1 & 1 \\ 1 & 2 & 1 \\ -1 & -1 & 0 \end{bmatrix} = \begin{bmatrix} 1 & -15 & -15 \\ 15 & 31 & 15 \\ -15 & -15 & 1 \end{bmatrix}$$

SECTION

10.2 대칭행렬

대칭행렬은 마치 데칼코마니처럼 주대각 성분을 기준으로 서로 마주보는 성분이 일치하는 행렬이다. 대칭행렬은 대각화 가능 행렬의 대표적인 예이다. 이 절에서는 대칭행렬의 중요 성질에 대해 알아본다.

대칭행렬의 직교대각화

대칭행렬은 다음과 같이 $A = A^{\top}$의 성질을 만족하는 정방행렬이다.

$$\begin{bmatrix} 1 & 0 \\ 0 & -4 \end{bmatrix} \quad \begin{bmatrix} 2 & -1 & 0 \\ -1 & 4 & 8 \\ 0 & 8 & 3 \end{bmatrix} \quad \begin{bmatrix} 1 & 1 & 1 \\ 1 & 1 & 1 \\ 1 & 1 & 1 \end{bmatrix} \quad \begin{bmatrix} a & b & c \\ b & d & e \\ c & e & f \end{bmatrix}$$

다양한 분야의 데이터가 대칭행렬로 표현된다. 예를 들면 노드와 에지로 구성되는 자료구조인 무향그래프를 표현하는 인접행렬, 위치 간의 거리를 나타내는 거리행렬, 10.3절의 이차형식을 나타내는 행렬, 데이터의 공분산 행렬, $AA^{\top}$ 또는 $A^{\top}A$ 형태의 행렬 등이 있다.

정리 10-9 대칭행렬의 고윳값

$\mathbb{R}^{n \times n}$에 있는 대칭행렬의 고윳값은 모두 실수이다.

증명

예제 10-12 대칭행렬의 고윳값

다음 행렬 A, B의 대칭 여부를 판단하고 고윳값이 모두 실수인지 확인하라.

$$A = \begin{bmatrix} 1 & 2 \\ 2 & 1 \end{bmatrix} \qquad B = \begin{bmatrix} 0 & 1 \\ -1 & 0 \end{bmatrix}$$

Tip

$A = A^{\top}$, $B = B^{\top}$ 인지 확인하고, 두 행렬의 고윳값을 구한다.

풀이

$A = A^{\top}$이므로, A는 대칭행렬이다. A의 고윳값은 다음과 같다.

$$\det(\lambda I - A) = \begin{vmatrix} \lambda-1 & -2 \\ -2 & \lambda-1 \end{vmatrix} = (\lambda-1)(\lambda-1)-4=0 \quad \Rightarrow \quad \lambda^2-2\lambda-3=(\lambda+1)(\lambda-3)=0$$
$$\Rightarrow \quad \lambda = -1, 3$$

따라서 대칭행렬 A의 고윳값은 모두 실수이다.

한편 $B \neq B^{\top}$이므로, B는 대칭행렬이 아니다. B의 고윳값은 다음과 같이 $-i, i$이다.

$$\det(\lambda I - B) = \begin{vmatrix} \lambda & -1 \\ 1 & \lambda \end{vmatrix} = \lambda^2+1=0 \quad \Rightarrow \quad \lambda = -i, i$$

따라서 B의 고윳값은 실수가 아니다.

정리 10-10 대칭행렬의 고유벡터

대칭행렬에서 서로 다른 고윳값에 대응하는 고유벡터는 서로 직교한다.

증명

예제 10-13 대칭행렬의 고유벡터의 직교

다음 행렬 A의 고유벡터를 구하고, 서로 다른 고윳값에 대응하는 고유벡터의 직교 여부를 확인하라.

$$A = \begin{bmatrix} 3 & 2 & 4 \\ 2 & 0 & 2 \\ 4 & 2 & 3 \end{bmatrix}$$

Tip
고유벡터를 구한 다음, 고유벡터의 내적을 계산한다.

풀이

먼저 A의 고윳값을 구한다.

$$\det(\lambda I - A) = \begin{vmatrix} \lambda-3 & -2 & -4 \\ -2 & \lambda & -2 \\ -4 & -2 & \lambda-3 \end{vmatrix} = \lambda^3-6\lambda^2-15\lambda-8=(\lambda+1)^2(\lambda-8)=0$$

따라서 A의 고윳값은 $\lambda = -1$(중근), 8이다.

$\lambda = -1$에 대한 고유벡터를 구하면 다음과 같다.

$$(-I-A)\boldsymbol{x} = \begin{bmatrix} -4 & -2 & -4 \\ -2 & -1 & -2 \\ -4 & -2 & -4 \end{bmatrix}\boldsymbol{x} = 0 \quad \Rightarrow \quad \boldsymbol{x}_1 = \begin{bmatrix} 1 \\ -2 \\ 0 \end{bmatrix}, \ \boldsymbol{x}_2 = \begin{bmatrix} 0 \\ -2 \\ 1 \end{bmatrix}$$

$\lambda = 8$에 대한 고유벡터를 구하면 다음과 같다.

$$(8I-A)\boldsymbol{x}=\begin{bmatrix}5 & -2 & -4\\ -2 & 8 & -2\\ -4 & -2 & 5\end{bmatrix}\boldsymbol{x}=0 \quad\Rightarrow\quad \boldsymbol{x}_3=\begin{bmatrix}2\\1\\2\end{bmatrix}$$

서로 다른 고윳값에 대응하는 고유벡터 간의 내적을 구하면 다음과 같다.

$$\boldsymbol{x}_1\cdot\boldsymbol{x}_3=(1)(2)+(-2)(1)+(0)(2)=0$$
$$\boldsymbol{x}_2\cdot\boldsymbol{x}_3=(0)(2)+(-2)(1)+(1)(2)=0$$

따라서 대칭행렬 A의 서로 다른 고윳값에 대응하는 고유벡터는 서로 직교한다.

정의 10-3 직교대각화 가능 행렬

n차 정방행렬 A에 어떤 직교행렬 P를 $P^{-1}AP$와 같이 적용하여 대각행렬 Λ가 만들어지면, A를 **직교대각화 가능 행렬**orthogonally diagonalizable matrix이라 한다. 이때 P가 A를 **직교대각화한다**고 말한다. 한편, 직교행렬 P는 $P^{-1}=P^{\top}$이므로, 직교대각화 가능 행렬 A는 $A=P\Lambda P^{\top}$ 또는 $\Lambda=P^{\top}AP$로 나타낼 수 있다.

예를 들어, $A=\begin{bmatrix}3 & -6 & 0\\ -6 & 0 & 6\\ 0 & 6 & -3\end{bmatrix}$에 대해 직교행렬 $P=\begin{bmatrix}2/3 & -2/3 & -1/3\\ 1/3 & 2/3 & -2/3\\ 2/3 & 1/3 & 2/3\end{bmatrix}$를 사용하여 $P^{\top}AP$를 계산하면 다음과 같이 대각행렬을 얻는다.

$$\begin{bmatrix}2/3 & 1/3 & 2/3\\ -2/3 & 2/3 & 1/3\\ -1/3 & -2/3 & 2/3\end{bmatrix}\begin{bmatrix}3 & -6 & 0\\ -6 & 0 & 6\\ 0 & 6 & -3\end{bmatrix}\begin{bmatrix}2/3 & -2/3 & -1/3\\ 1/3 & 2/3 & -2/3\\ 2/3 & 1/3 & 2/3\end{bmatrix}=\begin{bmatrix}0 & 0 & 0\\ 0 & 9 & 0\\ 0 & 0 & -9\end{bmatrix}$$

따라서 A는 직교대각화 가능 행렬이고, P는 A를 직교대각화한다.

정리 10-11 기저변환과 대칭행렬

정규직교기저 $B=\{\boldsymbol{u}_1,\boldsymbol{u}_2,\cdots,\boldsymbol{u}_n\}$을 열벡터로 하는 행렬 $P=[\boldsymbol{u}_1\,\boldsymbol{u}_2\,\cdots\,\boldsymbol{u}_n]$과 대칭행렬 A가 있을 때, $[A]_B=P^{-1}AP$는 대칭행렬이다.

예를 들어, 직교행렬 $P=\begin{bmatrix}2/3 & -2/3 & -1/3\\ 1/3 & 2/3 & -2/3\\ 2/3 & 1/3 & 2/3\end{bmatrix}$과 대칭행렬 $A=\begin{bmatrix}1 & 2 & 0\\ 2 & 2 & 0\\ 0 & 0 & 3\end{bmatrix}$에 대해 $P^{-1}AP$를 구해보자.

$$P^{-1}AP = P^{\top}AP$$

$$= \begin{bmatrix} 2/3 & 1/3 & 2/3 \\ -2/3 & 2/3 & 1/3 \\ -1/3 & -2/3 & 2/3 \end{bmatrix} \begin{bmatrix} 1 & 2 & 0 \\ 2 & 2 & 0 \\ 0 & 0 & 3 \end{bmatrix} \begin{bmatrix} 2/3 & -2/3 & -1/3 \\ 1/3 & 2/3 & -2/3 \\ 2/3 & 1/3 & 2/3 \end{bmatrix} = \begin{bmatrix} 26/9 & 10/9 & -4/9 \\ 10/9 & -1/9 & 4/9 \\ -4/9 & 4/9 & 29/9 \end{bmatrix}$$

대칭행렬 A에 대해 $P^{-1}AP$를 계산한 결과는 대칭행렬이다.

정리 10-12 대칭행렬과 직교대각화 가능 행렬

대칭행렬은 직교대각화 가능 행렬이며, 그 역도 성립한다.

증명

'A는 대칭행렬이다 ⇔ A는 직교대각화 가능 행렬이다'를 증명해보자.

(⇒) 수학적 귀납법을 이용하여 증명한다.

(i) $\mathbb{R}^{1\times 1}$의 대칭행렬 $A=[a]$는 $A = PAP^{\top} = [1][a][1]$로 직교대각화 가능하다.

(ii) $n>1$일 때, $\mathbb{R}^{(n-1)\times(n-1)}$의 대칭행렬 A_1이 직교대각화 가능하다고 가정하자. 또한 $\mathbb{R}^{n\times n}$의 대칭행렬 A에 대해 λ_1이 고윳값이고 $\boldsymbol{u}_1$이 λ_1에 대응하는 단위벡터인 고유벡터라 하자. 즉, $\|\boldsymbol{u}_1\| = 1$이다. 그람-슈미트 과정을 통해 $\boldsymbol{u}_1$을 포함한 정규직교기저 $B = \{\boldsymbol{u}_1, \boldsymbol{u}_2, \cdots, \boldsymbol{u}_n\}$을 구성하여 행렬 $S = [\boldsymbol{u}_1\ \boldsymbol{u}_2\ \cdots\ \boldsymbol{u}_n]$을 생각해보자. $[A]_B = S^{\top}AS$라 할 때, [정리 10-11]에 의해 $[A]_B$는 대칭행렬이다. $A\boldsymbol{u}_1 = \lambda_1\boldsymbol{u}_1$이므로 $[A]_B$는 다음과 같다.

$$[A]_B = S^{\top}AS = \begin{bmatrix} \boldsymbol{u}_1^{\top} \\ \boldsymbol{u}_2^{\top} \\ \vdots \\ \boldsymbol{u}_n^{\top} \end{bmatrix} A\,[\boldsymbol{u}_1\ \boldsymbol{u}_2\ \cdots\ \boldsymbol{u}_n] = \begin{bmatrix} \boldsymbol{u}_1^{\top} \\ \boldsymbol{u}_2^{\top} \\ \vdots \\ \boldsymbol{u}_n^{\top} \end{bmatrix} [A\boldsymbol{u}_1\ A\boldsymbol{u}_2\ \cdots\ A\boldsymbol{u}_n]$$

$$= \begin{bmatrix} \boldsymbol{u}_1^{\top} \\ \boldsymbol{u}_2^{\top} \\ \vdots \\ \boldsymbol{u}_n^{\top} \end{bmatrix} [\lambda_1\boldsymbol{u}_1\ \cdots\ A\boldsymbol{u}_n] = \begin{bmatrix} \lambda_1 & * & \cdots & * \\ 0 & & & \\ \vdots & & A_1 & \\ 0 & & & \end{bmatrix}$$

$[A]_B$가 대칭행렬이므로, $[A]_B$의 형태는 다음과 같다.

$$[A]_B = \begin{bmatrix} \lambda_1 & * & \cdots & * \\ 0 & & & \\ \vdots & & A_1 & \\ 0 & & & \end{bmatrix} = \begin{bmatrix} \lambda_1 & 0 & \cdots & 0 \\ 0 & & & \\ \vdots & & A_1 & \\ 0 & & & \end{bmatrix}$$

따라서 $[A]_B$의 A_1도 $(n-1)\times(n-1)$ 대칭행렬이다. 가정에 의해 A_1은 직교대각화 가능하기 때문에, 직교행렬 P_1과 대각행렬 Λ_1을 사용하여 $A_1 = P_1\Lambda_1 P_1^\top$ 형태로 표현할 수 있다. 이때 Q와 Λ를 다음과 같이 정의하자.

$$Q = \begin{bmatrix} 1 & 0 \cdots 0 \\ 0 & \\ \vdots & P_1 \\ 0 & \end{bmatrix} \qquad \Lambda = \begin{bmatrix} \lambda_1 & 0 \cdots 0 \\ 0 & \\ \vdots & \Lambda_1 \\ 0 & \end{bmatrix}$$

이때 P_1이 직교행렬이므로 Q도 직교행렬이다. 한편, $Q\Lambda Q^\top$를 계산하면 다음과 같이 $[A]_B$가 된다.

$$\begin{aligned} Q\Lambda Q^\top &= \begin{bmatrix} 1 & 0 \cdots 0 \\ 0 & \\ \vdots & P_1 \\ 0 & \end{bmatrix} \begin{bmatrix} \lambda_1 & 0 \cdots 0 \\ 0 & \\ \vdots & \Lambda_1 \\ 0 & \end{bmatrix} \begin{bmatrix} 1 & 0 \cdots 0 \\ 0 & \\ \vdots & P_1^\top \\ 0 & \end{bmatrix} \\ &= \begin{bmatrix} 1 & 0 \cdots 0 \\ 0 & \\ \vdots & P_1\Lambda_1 P_1^\top \\ 0 & \end{bmatrix} = \begin{bmatrix} 1 & 0 \cdots 0 \\ 0 & \\ \vdots & A_1 \\ 0 & \end{bmatrix} = [A]_B \end{aligned}$$

즉, $[A]_B = Q\Lambda Q^\top$이다. $[A]_B = S^\top AS$의 양변 앞에 S, 뒤에 $S^\top$를 곱하면 다음 관계가 성립한다.

$$A = S[A]_B S^\top = SQ\Lambda Q^\top S^\top = SQ\Lambda(SQ)^\top$$

이때 [정리 9-6]의 (6)에 따르면, SQ는 직교행렬의 곱이므로 직교행렬이다. SQ에 P를 대입하면 $A = SQ\Lambda(SQ)^\top = P\Lambda P^\top$가 된다. 따라서 $(n-1)\times(n-1)$ 대칭행렬이 직교대각화 가능하면, $n\times n$ 대칭행렬도 직교대각화 가능하다.

(i)과 (ii)에 의해 모든 대칭행렬은 직교대각화 가능 행렬이다.

($\Leftarrow$) 직교대각화 가능 행렬 A는 어떤 직교행렬 P와 대각행렬 Λ를 사용하여 $A = P\Lambda P^\top$로 표현할 수 있다. 이때 A의 고윳값 분해($A = P\Lambda P^\top$)를 전치하면 다음과 같다.

$$A^\top = (P\Lambda P^\top)^\top = P\Lambda^\top P^\top = P\Lambda P^\top = A$$

따라서 직교대각화 가능 행렬은 대칭행렬이다.

■

예제 10-14 **직교대각화 가능 행렬**

다음 행렬 A가 직교대각화 가능 행렬인지 확인하라.

$$A = \begin{bmatrix} 6 & -2 & -1 \\ -2 & 6 & -1 \\ -1 & -1 & 5 \end{bmatrix}$$

> **Tip**
> [정리 10-12]를 이용하여 직교대각화 가능 행렬인지 확인한다.

풀이

[정리 10-12]에 따라 A는 대칭행렬이므로, A는 직교대각화 가능 행렬이다.

정리 10-13 **직교대각화 가능 행렬의 고유벡터**

$n \times n$ 직교대각화 가능 행렬은 n개의 직교하는 고유벡터를 가지며, 그 역도 성립한다.

증명

'$n \times n$ 행렬 A는 직교대각화 가능하다 $\Leftrightarrow$ A는 n개의 직교하는 고유벡터를 갖는다'를 증명해보자.

($\Rightarrow$) A가 직교대각화가 가능하므로 $P^{-1}AP = \Lambda$인 직교행렬 P와 대각행렬 Λ가 존재한다. P의 열벡터는 서로 직교하며 $AP = P\Lambda$이므로, P의 각 열벡터는 A의 고유벡터가 된다. 따라서 A가 직교대각화 가능하면, n개의 직교하는 고유벡터를 갖는다.

($\Leftarrow$) 단위벡터인 A의 n개의 직교하는 고유벡터를 $\boldsymbol{v}_1, \boldsymbol{v}_2, \cdots, \boldsymbol{v}_n$이라 하고, 이에 대응하는 고윳값을 $\lambda_1, \lambda_2, \cdots, \lambda_n$이라 하자. 한편, 행렬 $P = [\boldsymbol{v}_1 \ \boldsymbol{v}_2 \ \cdots \ \boldsymbol{v}_n]$에서 열벡터가 서로 직교하므로 P는 직교행렬이다. 또한 $A\boldsymbol{v}_i = \lambda_i \boldsymbol{v}_i (i = 1, \cdots, n)$가 성립하므로, $\Lambda = diag(\lambda_1, \lambda_2, \cdots, \lambda_n)$에 대해 $AP = P\Lambda$가 성립한다. 따라서 $P^{-1}AP = \Lambda$이므로, A는 직교대각화 가능하다.

■

$n \times n$ 대칭행렬은 직교대각화 가능 행렬이고, 직교대각화 가능 행렬은 n개의 직교하는 고유벡터를 갖는다. 따라서 $n \times n$ 대칭행렬은 n개의 직교하는 고유벡터를 갖는다.

예제 10-15 **행렬의 직교대각화**

다음 행렬 A를 직교대각화하라.

$$A = \begin{bmatrix} 3 & -2 & 4 \\ -2 & 6 & 2 \\ 4 & 2 & 3 \end{bmatrix}$$

> **Tip**
> 중복도 2 이상인 고윳값에 대응하는 고유벡터는 그람-슈미트 과정을 이용하여 구한다.

풀이

행렬 A의 고윳값을 구하면 다음과 같다.

$$\det(\lambda I - A) = \lambda^3 - 12\lambda^2 + 21\lambda + 98 = (\lambda - 7)^2(\lambda + 2) = 0 \quad \Rightarrow \quad \lambda = 7(\text{중근}),\ -2$$

$\lambda = 7$일 때, 고유벡터는 $\boldsymbol{x}_1 = \begin{bmatrix} 1 \\ 0 \\ 1 \end{bmatrix}$과 $\boldsymbol{x}_2 = \begin{bmatrix} 0 \\ 1 \\ 1/2 \end{bmatrix}$이다. 이때 $\boldsymbol{x}_1$과 $\boldsymbol{x}_2$는 직교하지 않으므로 그람-슈미트 과정을 사용하여 다음과 같이 직교화한다.

$$\boldsymbol{y}_2 = \boldsymbol{x}_2 - \frac{\boldsymbol{x}_2 \cdot \boldsymbol{x}_1}{\boldsymbol{x}_1 \cdot \boldsymbol{x}_1}\boldsymbol{x}_1 = \begin{bmatrix} 0 \\ 1 \\ 1/2 \end{bmatrix} - \frac{1/2}{2}\begin{bmatrix} 1 \\ 0 \\ 1 \end{bmatrix} = \begin{bmatrix} -1/4 \\ 1 \\ 1/4 \end{bmatrix}$$

$\lambda = -2$일 때, 고유벡터는 $\boldsymbol{x}_3 = \begin{bmatrix} -1 \\ -1/2 \\ 1 \end{bmatrix}$이다. 세 고유벡터를 단위벡터로 만들면 다음과 같다.

$$\boldsymbol{u}_1 = \frac{\boldsymbol{x}_1}{\|\boldsymbol{x}_1\|} = \begin{bmatrix} \sqrt{2}/2 \\ 0 \\ \sqrt{2}/2 \end{bmatrix} \qquad \boldsymbol{u}_2 = \frac{\boldsymbol{y}_2}{\|\boldsymbol{y}_2\|} = \begin{bmatrix} -\sqrt{2}/6 \\ 2\sqrt{2}/3 \\ \sqrt{2}/6 \end{bmatrix} \qquad \boldsymbol{u}_3 = \frac{\boldsymbol{x}_3}{\|\boldsymbol{x}_3\|} = \begin{bmatrix} -2/3 \\ -1/3 \\ 2/3 \end{bmatrix}$$

직교행렬 $P = [\boldsymbol{u}_1\, \boldsymbol{u}_2\, \boldsymbol{u}_3]$를 사용하여 A를 직교대각화하면 다음과 같다.

$$\begin{aligned} P^\top AP &= \begin{bmatrix} \sqrt{2}/2 & 0 & \sqrt{2}/2 \\ -\sqrt{2}/6 & 2\sqrt{2}/3 & \sqrt{2}/6 \\ -2/3 & -1/3 & 2/3 \end{bmatrix}\begin{bmatrix} 3 & -2 & 4 \\ -2 & 6 & 2 \\ 4 & 2 & 3 \end{bmatrix}\begin{bmatrix} \sqrt{2}/2 & -\sqrt{2}/6 & -2/3 \\ 0 & 2\sqrt{2}/3 & -1/3 \\ \sqrt{2}/2 & \sqrt{2}/6 & 2/3 \end{bmatrix} \\ &= \begin{bmatrix} 7\sqrt{2}/2 & 0 & 7\sqrt{2}/2 \\ -7\sqrt{2}/6 & 14\sqrt{2}/3 & 7\sqrt{2}/6 \\ 4/3 & 2/3 & -4/3 \end{bmatrix}\begin{bmatrix} \sqrt{2}/2 & -\sqrt{2}/6 & -2/3 \\ 0 & 4\sqrt{2}/6 & -1/3 \\ \sqrt{2}/2 & \sqrt{2}/6 & 2/3 \end{bmatrix} = \begin{bmatrix} 7 & 0 & 0 \\ 0 & 7 & 0 \\ 0 & 0 & -2 \end{bmatrix} \end{aligned}$$

대칭행렬의 성질

대칭행렬의 몇 가지 중요한 성질을 알아보자.

정리 10-14 대칭행렬과 벡터의 곱

벡터 $\boldsymbol{v}, \boldsymbol{w} \in \mathbb{R}^n$과 대칭행렬 $A \in \mathbb{R}^{n \times n}$에 대해, $\boldsymbol{v}^\top A\boldsymbol{w} = \boldsymbol{w}^\top A\boldsymbol{v}$이다.

증명

$\boldsymbol{v}^\top A\boldsymbol{w}$는 스칼라이므로, $\boldsymbol{v}^\top A\boldsymbol{w} = (\boldsymbol{v}^\top A\boldsymbol{w})^\top = \boldsymbol{w}^\top A^\top \boldsymbol{v}$이다. A는 대칭행렬이므로 $\boldsymbol{w}^\top A^\top \boldsymbol{v} = \boldsymbol{w}^\top A\boldsymbol{v}$이다. 그러므로 A가 대칭행렬이면 $\boldsymbol{v}^\top A\boldsymbol{w} = \boldsymbol{w}^\top A\boldsymbol{v}$이다.

■

예를 들어 $v=\begin{bmatrix}1\\2\\3\end{bmatrix}$, $w=\begin{bmatrix}1\\0\\1\end{bmatrix}$, $A=\begin{bmatrix}1&2&1\\2&0&3\\1&3&2\end{bmatrix}$에 대해, $v^\top Aw$와 $w^\top Av$를 구해보자.

$$v^\top Aw=[1\,2\,3]\begin{bmatrix}1&2&1\\2&0&3\\1&3&2\end{bmatrix}\begin{bmatrix}1\\0\\1\end{bmatrix}=[8\,11\,13]\begin{bmatrix}1\\0\\1\end{bmatrix}=21$$

$$w^\top Av=[1\,0\,1]\begin{bmatrix}1&2&1\\2&0&3\\1&3&2\end{bmatrix}\begin{bmatrix}1\\2\\3\end{bmatrix}=[2\,5\,3]\begin{bmatrix}1\\2\\3\end{bmatrix}=21$$

따라서 $v^\top Aw=w^\top Av$임을 알 수 있다.

정리 10-15 대칭행렬의 역행렬

대칭행렬의 역행렬은 대칭행렬이다.

증명

A가 대칭행렬이면 $A=A^\top$이다. A의 역행렬을 B라 하면 다음이 성립한다.

$$\begin{aligned}AB=BA=I\quad&\Rightarrow\quad(AB)^\top=(BA)^\top=I\\&\Rightarrow\quad B^\top A^\top=A^\top B^\top=I\\&\Rightarrow\quad B^\top A=AB^\top=I\end{aligned}$$

그러므로 B와 $B^\top$는 A의 역행렬이다. 즉, $B=B^\top$이다. 따라서 대칭행렬의 역행렬이 존재한다면, 그 역행렬도 대칭행렬이다.

■

예제 10-16 대칭행렬의 역행렬

다음 행렬 A의 역행렬을 구하고, 대칭행렬인지 확인하라.

$$A=\begin{bmatrix}1&1&2\\1&2&1\\2&1&1\end{bmatrix}$$

Tip
$[A|I]\sim[I|A^{-1}]$가 되도록 행 연산하여 역행렬을 구한다.

풀이

$[A|I]$가 $[I|A^{-1}]$가 되도록 행 연산을 수행한다.

$$\left[\begin{array}{ccc|ccc}1&1&2&1&0&0\\1&2&1&0&1&0\\2&1&1&0&0&1\end{array}\right]\sim\left[\begin{array}{ccc|ccc}1&0&0&-1/4&-1/4&3/4\\0&1&0&-1/4&3/4&-1/4\\0&0&1&3/4&-1/4&-1/4\end{array}\right]$$

따라서 역행렬 $A^{-1} = -\frac{1}{4}\begin{bmatrix} 1 & 1 & -3 \\ 1 & -3 & 1 \\ -3 & 1 & 1 \end{bmatrix}$ 이며, 이 행렬은 대칭행렬이다.

정리 10-16 대칭행렬의 고윳값과 고유벡터를 이용한 행렬 전개

$n \times n$ 대칭행렬 A의 고윳값 $\lambda_1, \lambda_2, \cdots, \lambda_n$과 이에 대응하는 단위벡터인 고유벡터 $\boldsymbol{x}_1, \boldsymbol{x}_2, \cdots, \boldsymbol{x}_n$에 대해, $A = \lambda_1 \boldsymbol{x}_1 \boldsymbol{x}_1^\top + \lambda_2 \boldsymbol{x}_2 \boldsymbol{x}_2^\top + \cdots + \lambda_n \boldsymbol{x}_n \boldsymbol{x}_n^\top$ 이다.

증명

$P = [\boldsymbol{x}_1 \; \boldsymbol{x}_2 \; \cdots \; \boldsymbol{x}_n]$ 이라 하자. A는 대칭행렬이므로 [정리 10-12]와 [정리 10-13]에 의해 P는 직교행렬이다. $\Lambda = diag(\lambda_1, \lambda_2, \cdots, \lambda_n)$이라 하고, $A = P\Lambda P^\top$ 를 전개하면 다음과 같다.

$$A = P\Lambda P^\top = [\boldsymbol{x}_1 \; \boldsymbol{x}_2 \; \cdots \; \boldsymbol{x}_n] \begin{bmatrix} \lambda_1 & 0 & \cdots & 0 \\ 0 & \lambda_2 & \cdots & 0 \\ \vdots & \vdots & \ddots & \vdots \\ 0 & 0 & \cdots & \lambda_n \end{bmatrix} \begin{bmatrix} \boldsymbol{x}_1^\top \\ \boldsymbol{x}_2^\top \\ \vdots \\ \boldsymbol{x}_n^\top \end{bmatrix}$$

$$= \lambda_1 \boldsymbol{x}_1 \boldsymbol{x}_1^\top + \lambda_2 \boldsymbol{x}_2 \boldsymbol{x}_2^\top + \cdots + \lambda_n \boldsymbol{x}_n \boldsymbol{x}_n^\top$$

■

예제 10-17 행렬의 고윳값과 고유벡터를 이용한 행렬 전개

다음 행렬 A를 고윳값과 고유벡터를 이용하여 전개하라.

$$A = \begin{bmatrix} 7 & 2 \\ 2 & 4 \end{bmatrix}$$

Tip
[정리 10-16]을 이용한다.

풀이

A의 고윳값을 구하면 다음과 같다.

$$\det(\lambda I - A) = (\lambda - 7)(\lambda - 4) - 4 = (\lambda - 8)(\lambda - 3) = 0 \quad \Rightarrow \quad \lambda_1 = 8, \lambda_2 = 3$$

고윳값에 대응하는 고유벡터를 구하면 다음과 같다.

$$\boldsymbol{x}_1 = \begin{bmatrix} 2/\sqrt{5} \\ 1/\sqrt{5} \end{bmatrix}, \quad \boldsymbol{x}_2 = \begin{bmatrix} -1/\sqrt{5} \\ 2/\sqrt{5} \end{bmatrix}$$

$\boldsymbol{x}_1 \boldsymbol{x}_1^\top$와 $\boldsymbol{x}_2 \boldsymbol{x}_2^\top$를 계산하면 다음과 같다.

$$\boldsymbol{x}_1 \boldsymbol{x}_1^\top = \begin{bmatrix} 2/\sqrt{5} \\ 1/\sqrt{5} \end{bmatrix} [2/\sqrt{5} \quad 1/\sqrt{5}] = \begin{bmatrix} 4/5 & 2/5 \\ 2/5 & 1/5 \end{bmatrix}$$

$$x_2 x_2^\top = \begin{bmatrix} -1/\sqrt{5} \\ 2/\sqrt{5} \end{bmatrix} \begin{bmatrix} -1/\sqrt{5} & 2/\sqrt{5} \end{bmatrix} = \begin{bmatrix} 1/5 & -2/5 \\ -2/5 & 4/5 \end{bmatrix}$$

따라서 A의 고윳값과 고유벡터를 이용하여 행렬을 전개하면 다음과 같다.

$$A = 8x_1 x_1^\top + 3x_2 x_2^\top = 8\begin{bmatrix} 4/5 & 2/5 \\ 2/5 & 1/5 \end{bmatrix} + 3\begin{bmatrix} 1/5 & -2/5 \\ -2/5 & 4/5 \end{bmatrix}$$

정리 10-17 대칭행렬의 계수와 고윳값 개수

대칭행렬 A의 계수는 0이 아닌 고윳값 개수와 같다.

증명

대칭행렬 A는 고윳값 분해에 따라 $A = S\Lambda S^\top$로 표현될 수 있다. S는 직교행렬이므로 가역행렬이다. [정리 7-26]에 따르면 가역행렬 B, C에 대해 $\text{rank}(BAC) = \text{rank}(A)$이므로, $\text{rank}(A) = \text{rank}(S\Lambda S^\top) = \text{rank}(\Lambda)$이다. Λ는 A의 고윳값을 주대각 성분으로 갖는 대각행렬이다. 한편, 행렬의 계수는 추축열의 개수이므로 $\text{rank}(\Lambda)$는 Λ의 0이 아닌 고윳값 개수와 같다. $\text{rank}(A) = \text{rank}(\Lambda)$이고, A와 Λ의 0이 아닌 고윳값 개수가 같으므로, 대칭행렬 A의 계수는 A의 0이 아닌 고윳값 개수와 같다.

■

예제 10-18 대칭행렬의 계수와 고윳값 개수

다음 행렬 A의 계수와 고윳값 개수를 구하라.

$$A = \begin{bmatrix} 1 & 1 & 0 \\ 1 & 1 & 0 \\ 0 & 0 & 2 \end{bmatrix}$$

Tip
주어진 행렬을 기약행 사다리꼴 행렬로 변환하여 계수를 구한다.

풀이

A의 계수는 행 연산을 통해 A를 기약행 사다리꼴 행렬로 변환할 때 모든 성분이 0인 행을 제외한 행의 개수에 해당한다. A를 기약행 사다리꼴 행렬로 바꾸면 다음과 같다.

$$\begin{bmatrix} 1 & 1 & 0 \\ 1 & 1 & 0 \\ 0 & 0 & 2 \end{bmatrix} \xrightarrow{(R_2 \leftarrow -R_1 + R_2)} \begin{bmatrix} 1 & 1 & 0 \\ 0 & 0 & 0 \\ 0 & 0 & 2 \end{bmatrix}$$

$$\xrightarrow{(R_2 \leftrightarrow R_3)} \begin{bmatrix} 1 & 1 & 0 \\ 0 & 0 & 2 \\ 0 & 0 & 0 \end{bmatrix}$$

$$\xrightarrow{(R_2 \leftarrow 1/2R_2)} \begin{bmatrix} 1 & 1 & 0 \\ 0 & 0 & 1 \\ 0 & 0 & 0 \end{bmatrix}$$

따라서 A의 계수는 2이다. A의 고윳값을 구하면 다음과 같다.

$$\det(\lambda I - A) = \begin{vmatrix} \lambda-1 & -1 & 0 \\ -1 & \lambda-1 & 0 \\ 0 & 0 & \lambda-2 \end{vmatrix} = 0 \quad \Rightarrow \quad (\lambda-1)^2(\lambda-2)-(\lambda-2) = \lambda(\lambda-2)^2 = 0$$

$$\Rightarrow \quad \lambda = 0, 2(\text{중근})$$

따라서 A의 계수와 0이 아닌 고윳값 개수는 2로 같다.

정리 10-18 $A^\top A$**와** $AA^\top$**의 대칭성**

$\mathbb{R}^{m \times n}$의 행렬 A에 대하여, $A^\top A$와 $AA^\top$는 대칭행렬이다.

증명

$(A^\top A)^\top = A^\top A$이고 $(AA^\top)^\top = AA^\top$이다. 따라서 $A^\top A$와 $AA^\top$는 대칭행렬이다.

■

예제 10-19 $A^\top A$**와** $AA^\top$**의 대칭성**

$A = \begin{bmatrix} 2 & 0 & 1 \\ 1 & 2 & 0 \end{bmatrix}$에 대해 $A^\top A$와 $AA^\top$를 구하고, 두 행렬이 대칭행렬인지 확인하라.

Tip
$A^\top A$와 $AA^\top$를 계산하여 대칭 여부를 확인한다.

풀이

$A^\top A$와 $AA^\top$를 계산하면 다음과 같다.

$$A^\top A = \begin{bmatrix} 2 & 1 \\ 0 & 2 \\ 1 & 0 \end{bmatrix} \begin{bmatrix} 2 & 0 & 1 \\ 1 & 2 & 0 \end{bmatrix} = \begin{bmatrix} 5 & 2 & 2 \\ 2 & 4 & 0 \\ 2 & 0 & 1 \end{bmatrix} \qquad AA^\top = \begin{bmatrix} 2 & 0 & 1 \\ 1 & 2 & 0 \end{bmatrix} \begin{bmatrix} 2 & 1 \\ 0 & 2 \\ 1 & 0 \end{bmatrix} = \begin{bmatrix} 5 & 2 \\ 2 & 5 \end{bmatrix}$$

$A^\top A$와 $AA^\top$는 대칭행렬이다.

SECTION

10.3 이차형식

이 절에서는 이차형식과 이에 대한 대칭행렬의 특성 및 응용에 대해 알아본다.

이차형식과 대칭행렬

정의 10-4 이차형식

2차인 항으로만 구성된 다항식을 **이차형식**quadratic form이라 한다. n개 변수의 이차형식은 $n\times n$ 대칭행렬 A를 이용하여 $\boldsymbol{x}^\top A\boldsymbol{x}$의 형태로 표현할 수 있다.

예를 들면, $4x_1^2+5x_2^2$, $3x_1^2-6x_1x_2+7x_2^2$과 같은 식이 이차형식이다.

이차형식 $a_1x_1^2+a_2x_2^2+a_3x_3^2+a_4x_1x_2+a_5x_2x_3+a_6x_1x_3$는 대칭행렬 A를 사용하여 $\boldsymbol{x}^\top A\boldsymbol{x}$의 형태로 표현할 수 있다.

$$\begin{aligned} a_1x_1^2+a_2x_2^2+a_3x_3^2+a_4x_1x_2+a_5x_2x_3+a_6x_1x_3 &= \begin{bmatrix} x_1 \ x_2 \ x_3 \end{bmatrix} \begin{bmatrix} a_1 & a_4/2 & a_6/2 \\ a_4/2 & a_2 & a_5/2 \\ a_6/2 & a_5/2 & a_3 \end{bmatrix} \begin{bmatrix} x_1 \\ x_2 \\ x_3 \end{bmatrix} \\ &= \boldsymbol{x}^\top A\boldsymbol{x} \end{aligned}$$

이와 같이 이차형식은 벡터와 행렬의 곱을 사용하여 표현할 수 있다.

Note 이차형식(quadratic form)은 $3x^2+4xy+y^2$과 같이 모든 항의 차수가 2인 반면, 이차식(quadratic expression)은 $3x^2+2xy+5x-6y+3$과 같이 최고차항의 차수가 2이다. 따라서 이차형식은 이차식이지만, 이차식이 항상 이차형식인 것은 아니다.

예제 10-20 이차형식 표현

대칭행렬 A를 사용하여 다음 이차형식을 $\boldsymbol{x}^{\top}A\boldsymbol{x}$ 형태로 표현하라.

> **Tip**
> x_i^2의 계수를 a_{ii}에, x_ix_j의 계수의 1/2을 a_{ij}와 a_{ji}에 넣는다.

(a) $4x_1^2+5x_2^2$

(b) $3x_1^2-6x_1x_2+7x_2^2$

(c) $5x_1^2-x_1x_2+3x_2^2+8x_2x_3+2x_3^2$

풀이

(a) $\boldsymbol{x}^{\top}A\boldsymbol{x}=[x_1\ x_2]\begin{bmatrix}4 & 0\\ 0 & 5\end{bmatrix}\begin{bmatrix}x_1\\ x_2\end{bmatrix}$

(b) $\boldsymbol{x}^{\top}A\boldsymbol{x}=[x_1\ x_2]\begin{bmatrix}3 & -3\\ -3 & 7\end{bmatrix}\begin{bmatrix}x_1\\ x_2\end{bmatrix}$

(c) $\boldsymbol{x}^{\top}A\boldsymbol{x}=[x_1\ x_2\ x_3]\begin{bmatrix}5 & -1/2 & 0\\ -1/2 & 3 & 4\\ 0 & 4 & 2\end{bmatrix}\begin{bmatrix}x_1\\ x_2\\ x_3\end{bmatrix}$

정리 10-19 주축정리 principal axis theorem

이차형식 $\boldsymbol{x}^{\top}A\boldsymbol{x}$에서 대칭행렬 A를 직교대각화하는 직교행렬 P를 사용하여, 이차형식의 벡터 $\boldsymbol{x}$를 $P\boldsymbol{y}$로 대체하면 혼합항이 없는 이차형식이 된다.

증명

이차형식 $\boldsymbol{x}^{\top}A\boldsymbol{x}$의 $\boldsymbol{x}$에 $P\boldsymbol{y}$를 대입하여 전개하면 다음과 같다.

$$\boldsymbol{x}^{\top}A\boldsymbol{x}=(P\boldsymbol{y})^{\top}A(P\boldsymbol{y})=\boldsymbol{y}^{\top}P^{\top}AP\boldsymbol{y}=\boldsymbol{y}^{\top}(P^{\top}AP)\boldsymbol{y}=\boldsymbol{y}^{\top}\Lambda\boldsymbol{y}$$

위 식에서 P는 직교행렬이므로 $P^{\top}=P^{-1}$이고, 따라서 $P^{\top}AP=\Lambda$이다. Λ가 대각행렬이므로, $\boldsymbol{y}^{\top}\Lambda\boldsymbol{y}$는 y_1y_2와 같은 혼합항이 없는 이차형식이다.

■

예제 10-21 주축정리의 적용

이차형식 $x_1^2 - 8x_1x_2 - 5x_2^2$을 변수변환하여 혼합항이 없는 이차형식으로 나타내라.

> **Tip**
> 이차형식의 대칭행렬 A를 직교대각화하는 직교행렬을 이용한다.

풀이

우선 이차형식을 $\boldsymbol{x}^\top A\boldsymbol{x}$ 형태로 나타내면 다음과 같다.

$$x_1^2 - 8x_1x_2 - 5x_2^2 = [x_1\ x_2]\begin{bmatrix} 1 & -4 \\ -4 & -5 \end{bmatrix}\begin{bmatrix} x_1 \\ x_2 \end{bmatrix}$$

여기에서 A는 $A = \begin{bmatrix} 1 & -4 \\ -4 & -5 \end{bmatrix}$로 대칭행렬이다. A의 고윳값과 고유벡터를 구하면 다음과 같다.

$$\lambda_1 = 3\text{일 때,}\quad \boldsymbol{u}_1 = \begin{bmatrix} 2/\sqrt{5} \\ -1/\sqrt{5} \end{bmatrix}$$

$$\lambda_2 = -7\text{일 때,}\quad \boldsymbol{u}_2 = \begin{bmatrix} 1/\sqrt{5} \\ 2/\sqrt{5} \end{bmatrix}$$

따라서 직교행렬 P와 대각행렬 Λ는 다음과 같다.

$$P = \begin{bmatrix} 2/\sqrt{5} & 1/\sqrt{5} \\ -1/\sqrt{5} & 2/\sqrt{5} \end{bmatrix}, \qquad \Lambda = \begin{bmatrix} 3 & 0 \\ 0 & -7 \end{bmatrix}$$

$\boldsymbol{x} = P\boldsymbol{y}$로 변수변환하여 $\boldsymbol{x}^\top A\boldsymbol{x}$에 넣으면 다음과 같이 $\boldsymbol{y}^\top \Lambda\boldsymbol{y}$를 얻는다.

$$\boldsymbol{x}^\top A\boldsymbol{x} = (P\boldsymbol{y})^\top A(P\boldsymbol{y}) = \boldsymbol{y}^\top \Lambda\boldsymbol{y} = 3y_1^2 - 7y_2^2$$

[예제 10-21]에서 $\boldsymbol{x} = \begin{bmatrix} 1 \\ -1 \end{bmatrix}$에서의 이차형식 값을 계산하려면, 다음과 같이 $\boldsymbol{y} = P^{-1}\boldsymbol{x} = P^\top\boldsymbol{x}$를 계산하여 $\boldsymbol{y}^\top \Lambda\boldsymbol{y}$에 대입하면 된다.

$$\boldsymbol{y} = P^\top\boldsymbol{x} = \begin{bmatrix} 2/\sqrt{5} & -1/\sqrt{5} \\ 1/\sqrt{5} & 2/\sqrt{5} \end{bmatrix}\begin{bmatrix} 1 \\ -1 \end{bmatrix} = \begin{bmatrix} 3/\sqrt{5} \\ -1/\sqrt{5} \end{bmatrix}$$

$$\Rightarrow\quad 3y_1^2 - 7y_2^2 = 3(3/\sqrt{5})^2 - 7(-1/\sqrt{5})^2 = 4$$

그러므로 $\boldsymbol{x} = \begin{bmatrix} 1 \\ -1 \end{bmatrix}$에서의 이차형식 값은 4이다.

혼합항이 없는 이차형식은 [그림 10-1]의 x_1, x_2와 같은 주축 principal axis에 대해 대칭인 그래프에 해당한다. [그림 10-1(a)]는 타원을 나타내는 이차형식이고, [그림 10-1(b)]는 쌍곡선을 나타내는 이차형식이다.

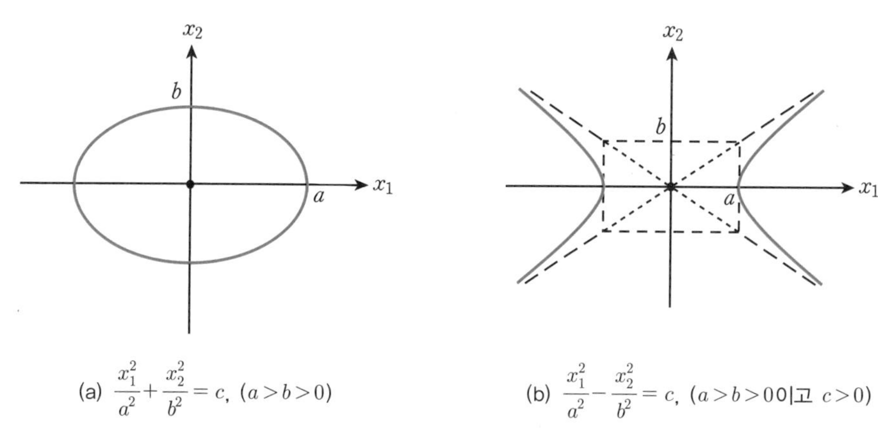

(a) $\frac{x_1^2}{a^2}+\frac{x_2^2}{b^2}=c$, $(a>b>0)$ (b) $\frac{x_1^2}{a^2}-\frac{x_2^2}{b^2}=c$, $(a>b>0$이고 $c>0)$

[그림 10-1] **혼합항이 없는 이차형식의 예**

혼합항이 있는 이차형식은 [그림 10-2]의 주축을 벗어난 y_1, y_2와 같은 축에 대해 대칭인 그래프에 해당한다.

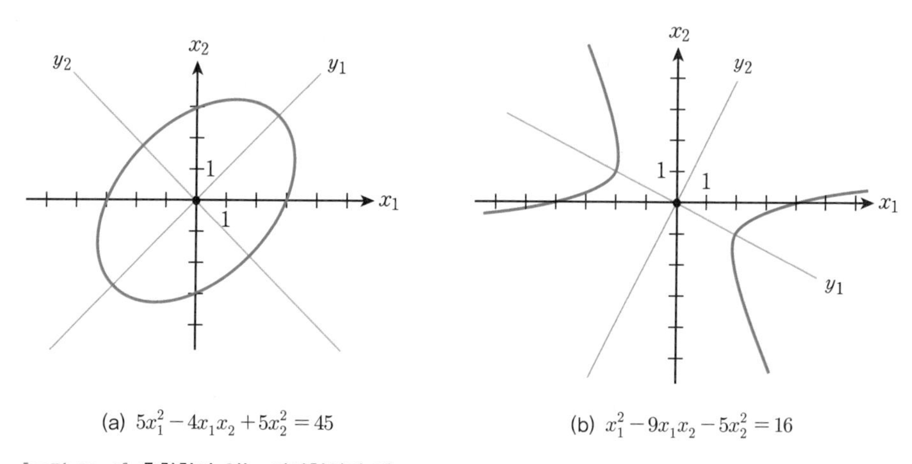

(a) $5x_1^2-4x_1x_2+5x_2^2=45$ (b) $x_1^2-9x_1x_2-5x_2^2=16$

[그림 10-2] **혼합항이 있는 이차형식의 예**

정리 10-20 이차형식의 최댓값과 대칭행렬의 최대 고윳값

대칭행렬 A에 대해 $\|\boldsymbol{x}\|=1$일 때, $\boldsymbol{x}^\top A\boldsymbol{x}$의 최댓값은 A의 가장 큰 고윳값 λ_1이다. 즉, $\lambda_1=\max_{\boldsymbol{x}\in\mathbb{R}^n,\ \|\boldsymbol{x}\|=1}\boldsymbol{x}^\top A\boldsymbol{x}$이다.

증명

예제 10-22 이차형식의 최댓값과 대칭행렬의 최대 고윳값

$\|\boldsymbol{x}\| = 1$ 일 때, 이차형식 $x_1^2 - 4x_1x_2 - 2x_2^2$의 최댓값을 구하라.

Tip
[정리 10-20]을 이용한다.

풀이

$x_1^2 - 4x_1x_2 - 2x_2^2$은 다음과 같이 $\boldsymbol{x}^\top A\boldsymbol{x}$ 형태로 표현할 수 있다.

$$x_1^2 - 4x_1x_2 - 2x_2^2 = [x_1\ x_2]\begin{bmatrix} 1 & -2 \\ -2 & -2 \end{bmatrix}\begin{bmatrix} x_1 \\ x_2 \end{bmatrix}$$

$A = \begin{bmatrix} 1 & -2 \\ -2 & -2 \end{bmatrix}$의 고윳값은 다음과 같다.

$$\det(\lambda I - A) = (\lambda - 1)(\lambda + 2) - 4 = (\lambda + 3)(\lambda - 2) = 0 \quad \Rightarrow \quad \lambda = -3, 2$$

[정리 10-20]에 따라 $\|\boldsymbol{x}\| = 1$ 일 때, $\boldsymbol{x}^\top A\boldsymbol{x}$ 의 최댓값은 A의 가장 큰 고윳값 2이다.

정리 10-21 이차형식의 최솟값과 대칭행렬의 최소 고윳값

증명

대칭행렬 A에 대해 $\|\boldsymbol{x}\| = 1$ 일 때, $\boldsymbol{x}^\top A\boldsymbol{x}$의 최솟값은 A의 가장 작은 고윳값 λ_n이다. 즉, $\lambda_n = \min_{\boldsymbol{x} \in \mathbb{R}^n,\ \|\boldsymbol{x}\| = 1} \boldsymbol{x}^\top A\boldsymbol{x}$이다.

예제 10-23 이차형식의 최솟값과 대칭행렬의 최소 고윳값

$\|\boldsymbol{x}\| = 1$ 일 때, 이차형식 $3x_1^2 + 3x_2^2 + 5x_3^2 + 2x_1x_2 - 2x_1x_3 - 2x_2x_3$의 최솟값을 구하라.

Tip
[정리 10-21]을 이용한다.

풀이

$3x_1^2 + 3x_2^2 + 5x_3^2 + 2x_1x_2 - 2x_1x_3 - 2x_2x_3$는 다음과 같이 $\boldsymbol{x}^\top A\boldsymbol{x}$ 형태로 표현할 수 있다.

$$3x_1^2 + 3x_2^2 + 5x_3^2 + 2x_1x_2 - 2x_1x_3 - 2x_2x_3 = [x_1\ x_2\ x_3]\begin{bmatrix} 3 & 1 & -1 \\ 1 & 3 & -1 \\ -1 & -1 & 5 \end{bmatrix}\begin{bmatrix} x_1 \\ x_2 \\ x_3 \end{bmatrix}$$

$A = \begin{bmatrix} 3 & 1 & -1 \\ 1 & 3 & -1 \\ -1 & -1 & 5 \end{bmatrix}$의 고윳값은 다음과 같다.

$$\det(\lambda I - A) = (\lambda - 2)(\lambda - 3)(\lambda - 6) = 0 \quad \Rightarrow \quad \lambda = 2, 3, 6$$

[정리 10-21]에 따라 $\|\boldsymbol{x}\| = 1$ 일 때, $\boldsymbol{x}^\top A\boldsymbol{x}$ 의 최솟값은 A의 가장 작은 고윳값 2이다.

대칭행렬의 정부호

실수 대칭행렬은 대응하는 이차형식의 값에 따라 양의 정부호 행렬, 양의 준정부호 행렬, 음의 정부호 행렬, 음의 준정부호 행렬, 부정부호 행렬로 분류된다.

정의 10-5 양의 정부호 행렬

실수 대칭행렬 A와 영벡터가 아닌 모든 $\boldsymbol{x}$에 대해 $\boldsymbol{x}^\top A\boldsymbol{x} > 0$이면, A를 **양의 정부호 행렬**positive definite matrix 또는 **양정치 행렬**이라고 한다.

[그림 10-3]과 같이 아래로 볼록convex하면서 영벡터가 아닌 모든 $\boldsymbol{x}$의 함숫값이 항상 양수인 이차형식 $Q(\boldsymbol{x})= \boldsymbol{x}^\top A\boldsymbol{x} = 4x_1^2+8x_2^2 = [x_1\ x_2]\begin{bmatrix}4 & 0\\0 & 8\end{bmatrix}\begin{bmatrix}x_1\\x_2\end{bmatrix}$에 대응하는 대칭행렬 $A = \begin{bmatrix}4 & 0\\0 & 8\end{bmatrix}$은 양의 정부호 행렬이다.

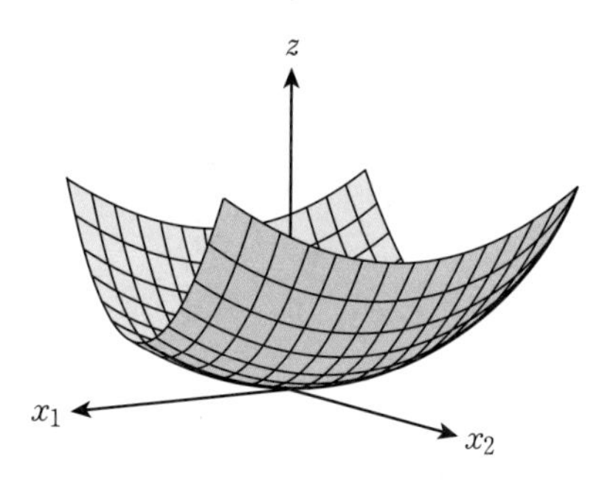

[그림 10-3] 양의 정부호 행렬 A에 대응하는 이차형식의 그래프 형태

정의 10-6 양의 준정부호 행렬

실수 대칭행렬 A와 영벡터가 아닌 모든 $\boldsymbol{x}$에 대해 $\boldsymbol{x}^\top A\boldsymbol{x} \geq 0$이면, A를 **양의 준정부호 행렬**semi-positive definite matrix 또는 **양반정치 행렬**이라고 한다.

[그림 10-4]와 같이 아래로 볼록하면서 모든 $\boldsymbol{x}$의 함숫값이 음수가 아닌 이차형식 $Q(\boldsymbol{x})= \boldsymbol{x}^\top A\boldsymbol{x} = 5x_1^2= [x_1\ x_2]\begin{bmatrix}5 & 0\\0 & 0\end{bmatrix}\begin{bmatrix}x_1\\x_2\end{bmatrix}$에 대응하는 대칭행렬 $A = \begin{bmatrix}5 & 0\\0 & 0\end{bmatrix}$은 양의 준정부호 행렬이다.

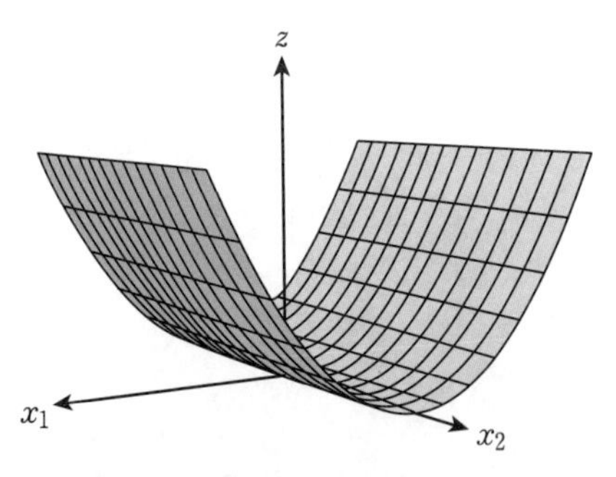

[그림 10-4] 양의 준정부호 행렬 A에 대응하는 이차형식의 그래프 형태

정의 10-7 음의 정부호 행렬

실수 대칭행렬 A와 영벡터가 아닌 모든 $\boldsymbol{x}$에 대해 $\boldsymbol{x}^\top A\boldsymbol{x} < 0$이면, A를 **음의 정부호 행렬**negative definite matrix 또는 **음정치 행렬**이라고 한다.

[그림 10-5]와 같이 아래로 오목concave하면서 영벡터가 아닌 모든 $\boldsymbol{x}$의 함숫값이 항상 음수인 이차형식 $Q(\boldsymbol{x}) = \boldsymbol{x}^\top A\boldsymbol{x} = -4x_1^2 - 5x_2^2 = [x_1\, x_2]\begin{bmatrix}-4 & 0\\ 0 & -5\end{bmatrix}\begin{bmatrix}x_1\\ x_2\end{bmatrix}$에 대응하는 대칭행렬 $A = \begin{bmatrix}-4 & 0\\ 0 & -5\end{bmatrix}$는 음의 정부호 행렬이다.

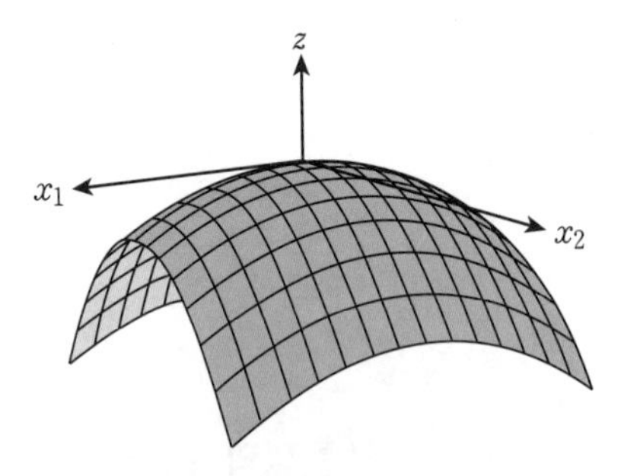

[그림 10-5] 음의 정부호 행렬 A에 대응하는 이차형식의 그래프 형태

정의 10-8 음의 준정부호 행렬

실수 대칭행렬 A와 영벡터가 아닌 모든 $\boldsymbol{x}$에 대해 $\boldsymbol{x}^\top A\boldsymbol{x} \le 0$이면, A를 **음의 준정부호 행렬**semi-negative definite matrix 또는 **음반정치 행렬**이라고 한다.

[그림 10-6]과 같이 아래로 오목하면서 모든 $\boldsymbol{x}$의 함숫값이 양수가 아닌 이차형식 $Q(\boldsymbol{x}) = \boldsymbol{x}^\top A\boldsymbol{x} = -5x_1^2 = [x_1\ x_2]\begin{bmatrix} -5 & 0 \\ 0 & 0 \end{bmatrix}\begin{bmatrix} x_1 \\ x_2 \end{bmatrix}$에 대응하는 대칭행렬 $A = \begin{bmatrix} -5 & 0 \\ 0 & 0 \end{bmatrix}$은 음의 준정부호 행렬이다.

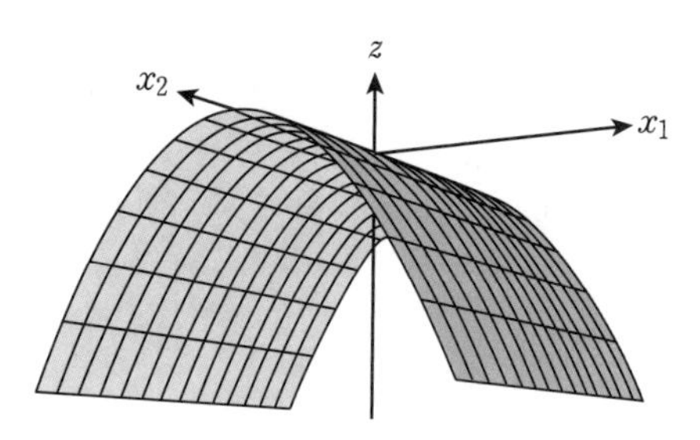

[그림 10-6] 음의 준정부호 행렬 A에 대응하는 이차형식의 그래프 형태

정의 10-9 부정부호 행렬

대칭행렬 A에 대한 이차형식 $\boldsymbol{x}^\top A\boldsymbol{x}$가 양수와 음수를 모두 가지면, A를 **부정부호 행렬** indefinite matrix이라고 한다.

Note 부정부호(不定符號)는 함숫값의 부호가 정해져 있지 않다는 의미이다.

[그림 10-7]과 같이 양수와 음수를 모두 함숫값으로 갖는 이차형식 $Q(\boldsymbol{x}) = \boldsymbol{x}^\top A\boldsymbol{x} = 4x_1^2 - 6x_2^2 = [x_1\ x_2]\begin{bmatrix} 4 & 0 \\ 0 & -6 \end{bmatrix}\begin{bmatrix} x_1 \\ x_2 \end{bmatrix}$에 대응하는 대칭행렬 $A = \begin{bmatrix} 4 & 0 \\ 0 & -6 \end{bmatrix}$은 부정부호 행렬이다.

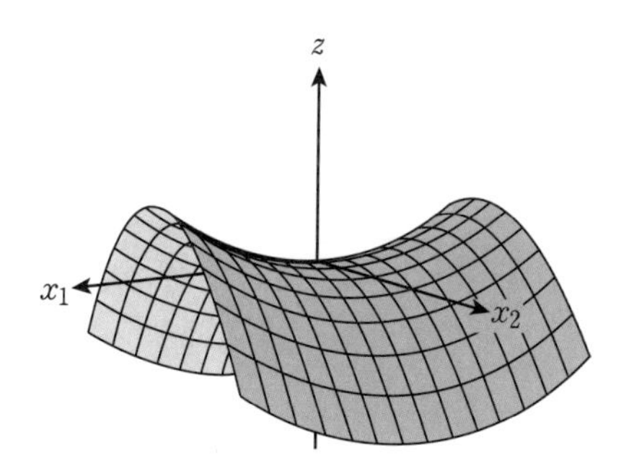

[그림 10-7] 부정부호 행렬 A에 대응하는 이차형식의 그래프 형태

정리 10-22 정부호 행렬과 고윳값

실수 대칭행렬 A에 대하여 다음이 성립한다.

(1) 모든 고윳값이 양수이면, A는 양의 정부호 행렬이다.

(2) 모든 고윳값이 0 이상이면, A는 양의 준정부호 행렬이다.

(3) 모든 고윳값이 음수이면, A는 음의 정부호 행렬이다.

(4) 모든 고윳값이 0 이하이면, A는 음의 준정부호 행렬이다.

(5) 양의 고윳값과 음의 고윳값을 모두 가지면, A는 부정부호 행렬이다.

증명

대칭행렬 A는 직교행렬 P를 사용하여 $A = P\Lambda P^\top$로 표현할 수 있고, $\boldsymbol{y} = P^\top\boldsymbol{x}$를 사용하면 다음과 같은 식을 유도할 수 있다.

$$\boldsymbol{x}^\top A\boldsymbol{x} = \boldsymbol{x}^\top P\Lambda P^\top\boldsymbol{x} = \boldsymbol{y}^\top\Lambda\boldsymbol{y} = \sum_i \lambda_i y_i^2$$

$y_i^2 \geq 0$이므로, 고윳값 λ_i에 따라서 $\boldsymbol{x}^\top A\boldsymbol{x}$의 부호가 결정된다.

(1) 모든 $\lambda_i > 0$이면, $\boldsymbol{x}^\top A\boldsymbol{x} = \sum_i \lambda_i y_i^2 > 0$이므로 A는 양의 정부호 행렬이다.

(2) 모든 $\lambda_i \geq 0$이면, $\boldsymbol{x}^\top A\boldsymbol{x} = \sum_i \lambda_i y_i^2 \geq 0$이므로 A는 양의 준정부호 행렬이다.

(3) 모든 $\lambda_i < 0$이면, $\boldsymbol{x}^\top A\boldsymbol{x} = \sum_i \lambda_i y_i^2 < 0$이므로 A는 음의 정부호 행렬이다.

(4) 모든 $\lambda_i \leq 0$이면, $\boldsymbol{x}^\top A\boldsymbol{x} = \sum_i \lambda_i y_i^2 \leq 0$이므로 A는 음의 준정부호 행렬이다.

(5) 고윳값 λ_i가 양수와 음수 모두 가능하면, $\boldsymbol{x}^\top A\boldsymbol{x} = \sum_i \lambda_i y_i^2$도 양수와 음수 모두 가능하다. 따라서 A는 부정부호 행렬이다.

■

예제 10-24 정부호 행렬

다음 행렬이 어떤 정부호 행렬인지 확인하라.

(a) $A = \begin{bmatrix} 2 & -1 \\ -1 & 2 \end{bmatrix}$ (b) $B = \begin{bmatrix} 2 & 3 & 0 \\ 3 & 1 & 2 \\ 0 & 2 & 1 \end{bmatrix}$

Tip
[정리 10-22]를 이용한다.

풀이

(a) $\det(\lambda I - A) = (\lambda-2)^2 - 1 = \lambda^2 - 4\lambda + 3 = (\lambda-1)(\lambda-3) = 0$이므로, A의 고윳값은 $\lambda = 1, 3$으로 모두 양수이다. 따라서 A는 양의 정부호 행렬이다.

(b) $\det(\lambda I - B) = (\lambda-2)(\lambda-1)^2 - 8 - 9 = \lambda^3 - 4\lambda^2 - 8\lambda + 15 = 0$이므로, B의 고윳값은 $\lambda = 5,\ \dfrac{-1+\sqrt{13}}{2},\ \dfrac{-1-\sqrt{13}}{2}$으로 양수와 음수를 모두 갖는다. 따라서 B는 부정부호 행렬이다.

정리 10-23 정부호 행렬의 역행렬

양의 정부호 행렬과 음의 정부호 행렬의 역행렬은 존재한다. 이때 양의 정부호 행렬의 역행렬은 양의 정부호 행렬, 음의 정부호 행렬의 역행렬은 음의 정부호 행렬이다.

예제 10-25 공분산 행렬과 양의 준정부호 행렬

공분산 행렬이 양의 준정부호 행렬임을 확인하라.

Tip
[정의 8-4]와 [정의 10-6]을 이용한다.

풀이

[정의 8-4]에 따르면 데이터 $\{\boldsymbol{d}_1, \boldsymbol{d}_2, \cdots, \boldsymbol{d}_k\}$에 대한 평균벡터 $\boldsymbol{m}$과 공분산 행렬 C는 다음과 같이 정의된다.

$$\boldsymbol{m} = \frac{1}{k}\sum_{i=1}^{k}\boldsymbol{d}_i \qquad C = \frac{1}{k}\sum_{i=1}^{k}(\boldsymbol{d}_i - \boldsymbol{m})(\boldsymbol{d}_i - \boldsymbol{m})^\top$$

공분산 행렬 C의 전치행렬을 구하면 다음과 같다.

$$C^\top = \frac{1}{k}\sum_{i=1}^{k}\left((\boldsymbol{d}_i - \boldsymbol{m})(\boldsymbol{d}_i - \boldsymbol{m})^\top\right)^\top = \frac{1}{k}\sum_{i=1}^{k}(\boldsymbol{d}_i - \boldsymbol{m})(\boldsymbol{d}_i - \boldsymbol{m})^\top = C$$

위 결과에 따라 C는 대칭행렬이다. 이제 $m \times 1$ 벡터 $\boldsymbol{x}$에 대해 $\boldsymbol{x}^\top C\boldsymbol{x}$를 전개해보자.

$$\begin{aligned}\boldsymbol{x}^\top C\boldsymbol{x} &= \frac{1}{k}\sum_{i=1}^{k}\boldsymbol{x}^\top(\boldsymbol{d}_i - \boldsymbol{m})(\boldsymbol{d}_i - \boldsymbol{m})^\top\boldsymbol{x} \\ &= \frac{1}{k}\sum_{i=1}^{k}\left((\boldsymbol{d}_i - \boldsymbol{m})^\top\boldsymbol{x}\right)^\top\left((\boldsymbol{d}_i - \boldsymbol{m})^\top\boldsymbol{x}\right) \\ &= \frac{1}{k}\sum_{i=1}^{k}\|(\boldsymbol{d}_i - \boldsymbol{m})^\top\boldsymbol{x}\|^2 \geq 0\end{aligned}$$

$\boldsymbol{x}^\top C\boldsymbol{x} \geq 0$이므로, [정의 10-6]에 따라 공분산 행렬 C는 양의 준정부호 행렬이다.

정리 10-24 양의 준정부호 행렬 $A^\top A$와 $AA^\top$

$A^\top A$와 $AA^\top$는 양의 준정부호 행렬이다.

증명

임의의 벡터 $\boldsymbol{x}$와 $A^\top A$, $AA^\top$에 대해 다음 관계가 성립한다.

$$\boldsymbol{x}^\top A^\top A\boldsymbol{x} = (A\boldsymbol{x})^\top(A\boldsymbol{x}) = \|A\boldsymbol{x}\|^2 \geq 0$$
$$\boldsymbol{x}^\top AA^\top\boldsymbol{x} = (A^\top\boldsymbol{x})^\top(A^\top\boldsymbol{x}) = \|A^\top\boldsymbol{x}\|^2 \geq 0$$

따라서 $A^\top A$와 $AA^\top$는 양의 준정부호 행렬이다.

■

정의 10-10 제곱근 행렬

행렬 A와 B에 대해 $A = B^2$이면, B를 A의 **제곱근 행렬**square root matrix이라 한다.

예를 들어, $A = \begin{bmatrix} 7 & 10 \\ 15 & 22 \end{bmatrix}$와 $B = \begin{bmatrix} 1 & 2 \\ 3 & 4 \end{bmatrix}$에 대해 $\begin{bmatrix} 7 & 10 \\ 15 & 22 \end{bmatrix} = \begin{bmatrix} 1 & 2 \\ 3 & 4 \end{bmatrix}\begin{bmatrix} 1 & 2 \\ 3 & 4 \end{bmatrix}$이므로, B는 A의 제곱근 행렬이다.

정리 10-25 양의 준정부호 행렬의 제곱근 행렬

양의 준정부호 행렬 A에 대하여, 양의 준정부호인 제곱근 행렬이 존재한다.

증명

[정리 10-6]에 따르면 대각화 가능 행렬 A는 $A = S\Lambda S^{-1}$ 형태로 나타낼 수 있다. 여기에서 S는 A의 고유벡터를 열벡터로 하는 행렬이고, Λ는 A의 고윳값을 주대각 성분으로 하는 대각행렬이다. A가 양의 준정부호 행렬이므로 A의 모든 고윳값 λ_i는 0 이상이다. 따라서 $\Lambda = diag(\lambda_1, \lambda_2, \cdots, \lambda_n)$에 대하여, $\Lambda^{1/2} = diag(\sqrt{\lambda_1}, \sqrt{\lambda_2}, \cdots, \sqrt{\lambda_n})$이라 하면, $\Lambda^{1/2}\Lambda^{1/2} = \Lambda$이다. 따라서 A는 다음과 같이 나타낼 수 있다.

$$\begin{aligned} A^{1/2}A^{1/2} = A = S\Lambda S^{-1} &= S\Lambda^{1/2}\Lambda^{1/2}S^{-1} = S\Lambda^{1/2}S^{-1}S\Lambda^{1/2}S^{-1} \\ &= (S\Lambda^{1/2}S^{-1})(S\Lambda^{1/2}S^{-1}) \end{aligned}$$

즉, $A^{1/2} = S\Lambda^{1/2}S^{-1}$이다. 이때 $\Lambda^{1/2}$의 주대각 성분이 모두 0 이상이므로, $A^{1/2}$의 고윳값은 모두 0 이상이다. 따라서 A의 제곱근 행렬 $A^{1/2}$은 양의 준정부호 행렬이다.

■

예제 10-26 제곱근 행렬

다음 행렬 A의 제곱근 행렬을 구하라.

> **Tip**
> [정리 10-25]를 이용한다.

$$A = \begin{bmatrix} 2 & 2 \\ 2 & 2 \end{bmatrix}$$

풀이

A의 고윳값을 구하면 다음과 같다.

$$\det(\lambda I - A) = (\lambda-2)^2 - 4 = \lambda(\lambda-4) = 0 \quad \Rightarrow \quad \lambda = 0, 4$$

두 고윳값에 대응하는 고유벡터는 $\begin{bmatrix} 1 \\ -1 \end{bmatrix}$, $\begin{bmatrix} 1 \\ 1 \end{bmatrix}$이다. 이 고유벡터를 열벡터로 하는 직교행렬 P, P의 역행렬 P^{-1}, A의 고윳값을 주대각 성분으로 하는 대각행렬 Λ는 다음과 같다.

$$P = \begin{bmatrix} 1 & 1 \\ -1 & 1 \end{bmatrix} \qquad P^{-1} = \frac{1}{2}\begin{bmatrix} 1 & -1 \\ 1 & 1 \end{bmatrix} \qquad \Lambda = \begin{bmatrix} 0 & 0 \\ 0 & 4 \end{bmatrix}$$

제곱근 행렬 B는 $B = P\Lambda^{1/2}P^{-1}$이므로, 다음과 같이 계산한다.

$$B = P\Lambda^{1/2}P^{-1} = \begin{bmatrix} 1 & 1 \\ -1 & 1 \end{bmatrix}\begin{bmatrix} 0 & 0 \\ 0 & 2 \end{bmatrix}\frac{1}{2}\begin{bmatrix} 1 & -1 \\ 1 & 1 \end{bmatrix} = \begin{bmatrix} 1 & 1 \\ 1 & 1 \end{bmatrix}$$

$$B = P\Lambda^{1/2}P^{-1} = \begin{bmatrix} 1 & 1 \\ -1 & 1 \end{bmatrix}\begin{bmatrix} 0 & 0 \\ 0 & -2 \end{bmatrix}\frac{1}{2}\begin{bmatrix} 1 & -1 \\ 1 & 1 \end{bmatrix} = \begin{bmatrix} -1 & -1 \\ -1 & -1 \end{bmatrix}$$

따라서 A의 제곱근 행렬은 $\begin{bmatrix} 1 & 1 \\ 1 & 1 \end{bmatrix}$, $\begin{bmatrix} -1 & -1 \\ -1 & -1 \end{bmatrix}$이다.

정리 10-26 양의 정부호 행렬의 촐레스키 분해

증명

양의 정부호 행렬 A는 하삼각행렬 B와 그 전치행렬 $B^\top$의 곱으로, 즉 $A = BB^\top$로 분해할 수 있다. 이를 **촐레스키 분해**Cholesky decomposition라고 한다.

Note 촐레스키 분해는 앙드레 루이 숄레스키(André-Louis Cholesky)가 만든 행렬 분해로, 숄레스키 분해라고도 한다.

예를 들어, 행렬 $A = \begin{bmatrix} 4 & 12 & -16 \\ 12 & 37 & -43 \\ -16 & -43 & 98 \end{bmatrix}$을 촐레스키 분해하면 다음과 같다.

$$A = \begin{bmatrix} 4 & 12 & -16 \\ 12 & 37 & -43 \\ -16 & -43 & 98 \end{bmatrix} = \begin{bmatrix} 2 & 0 & 0 \\ 6 & 1 & 0 \\ -8 & 5 & 3 \end{bmatrix}\begin{bmatrix} 2 & 6 & -8 \\ 0 & 1 & 5 \\ 0 & 0 & 3 \end{bmatrix}$$

정리 10-27 촐레스키 분해의 하삼각행렬

양의 정부호 행렬 A를 $A = BB^{\top}$로 촐레스키 분해할 때, 하삼각행렬 B는 다음과 같이 결정할 수 있다.

$$A = \begin{bmatrix} a_{11} & a_{12} & \cdots & a_{1n} \\ a_{21} & a_{22} & \cdots & a_{2n} \\ \vdots & \vdots & \ddots & \vdots \\ a_{n1} & a_{n2} & \cdots & a_{nn} \end{bmatrix}, \quad B = \begin{bmatrix} b_{11} & 0 & \cdots & 0 \\ b_{21} & b_{22} & \cdots & 0 \\ \vdots & \vdots & \ddots & \vdots \\ b_{n1} & b_{n2} & \cdots & b_{nn} \end{bmatrix}$$

$$i = j\text{일 때, } b_{ii} = \sqrt{a_{ii} - \sum_{k=1}^{i-1} b_{ik}^2} \quad (\text{단, } b_{11} = \sqrt{a_{11}})$$

$$i > j\text{일 때, } b_{ij} = \left(a_{ij} - \sum_{k=1}^{j-1} b_{ik}b_{jk}\right) \Big/ b_{jj} \quad (\text{단, } j = 1\text{이면 } b_{i1} = a_{i1}/b_{11})$$

증명

$A = BB^{\top}$에서 a_{ij}는 B의 i행과 $B^{\top}$의 j열, 즉 B의 i행과 B의 j행을 곱한 결과이다.

$i = j$일 때는 $a_{ii} = \sum_{k=1}^{i} b_{ik}^2$이므로, $b_{ii} = \sqrt{a_{ii} - \sum_{k=1}^{i-1} b_{ik}^2}$이다.

$i > j$일 때는 $a_{ij} = \sum_{k=1}^{j} b_{ik}b_{jk}$이므로, $b_{ij} = \left(a_{ij} - \sum_{k=1}^{j-1} b_{ik}b_{jk}\right) \Big/ b_{jj}$이다.

■

예제 10-27 촐레스키 분해

다음 행렬 A를 촐레스키 분해하여 표현하라.

$$A = \begin{bmatrix} 4 & -2 & -6 \\ -2 & 10 & 9 \\ -6 & 9 & 14 \end{bmatrix}$$

> **Tip**
> [정리 10-27]을 이용하여 하삼각행렬 B의 각 성분을 구한다.

풀이

[정리 10-27]을 이용하여 하삼각행렬 B의 성분 b_{ij}를 결정한다. 단, B의 성분 b_{ij}를 계산할 때 사용할 다른 성분을 먼저 결정해야 하므로 다음 순서에 따라 각 성분을 결정한다.

$$b_{11} = \sqrt{a_{11}} = \sqrt{4} = 2$$

$$b_{21} = a_{21}/b_{11} = (-2)/2 = -1$$

$$b_{22} = \sqrt{a_{22} - b_{21}^2} = \sqrt{10 - (-1)^2} = 3$$

$$b_{31} = a_{31}/b_{11} = (-6)/2 = -3$$

$$b_{32} = (a_{32} - b_{31}b_{21})/b_{22} = (9 - (-3)(-1))/3 = 2$$

$$b_{33} = \sqrt{a_{33} - b_{31}^2 - b_{32}^2} = \sqrt{14 - (-3)^2 - 2^2} = 1$$

따라서 $B = \begin{bmatrix} 2 & 0 & 0 \\ -1 & 3 & 0 \\ -3 & 2 & 1 \end{bmatrix}$ 이고, A는 다음과 같이 촐레스키 분해된다.

$$\begin{bmatrix} 4 & -2 & -6 \\ -2 & 10 & 9 \\ -6 & 9 & 14 \end{bmatrix} = \begin{bmatrix} 2 & 0 & 0 \\ -1 & 3 & 0 \\ -3 & 2 & 1 \end{bmatrix} \begin{bmatrix} 2 & -1 & -3 \\ 0 & 3 & 2 \\ 0 & 0 & 1 \end{bmatrix}$$

정의 10-11 레일리 몫

대칭행렬 A에 대한 이차형식 $\boldsymbol{x}^\top A\boldsymbol{x}$를 $\boldsymbol{x}^\top \boldsymbol{x}$로 나눈 몫을 **레일리 몫** Rayleigh quotient $R(A;\boldsymbol{x})$라고 한다.

$$R(A;\boldsymbol{x}) = \frac{\boldsymbol{x}^\top A\boldsymbol{x}}{\boldsymbol{x}^\top \boldsymbol{x}}$$

Note 레일리 몫은 1904년 노벨 물리학상을 수상한 영국의 물리학자 존 윌리엄 스트럿 3대 남작 레일리(John William Strutt 3rd Baron Rayleigh)의 이름에 따른 용어이다.

정리 10-28 레일리 몫과 최적화 문제

레일리 몫의 최댓값 $\max_{\boldsymbol{x}} \frac{\boldsymbol{x}^\top A\boldsymbol{x}}{\boldsymbol{x}^\top \boldsymbol{x}}$와 최솟값 $\min_{\boldsymbol{x}} \frac{\boldsymbol{x}^\top A\boldsymbol{x}}{\boldsymbol{x}^\top \boldsymbol{x}}$는 각각 다음과 같은 최적화 문제의 해이다.

$$\boldsymbol{x}^\top \boldsymbol{x} = 1\text{일 때, } \max_{\boldsymbol{x}} \boldsymbol{x}^\top A\boldsymbol{x}$$

$$\boldsymbol{x}^\top \boldsymbol{x} = 1\text{일 때, } \min_{\boldsymbol{x}} \boldsymbol{x}^\top A\boldsymbol{x}$$

증명

0이 아닌 실수 c에 대해 $\boldsymbol{x}' = c\boldsymbol{x}$일 때, $\frac{\boldsymbol{x}'^\top A\boldsymbol{x}'}{\boldsymbol{x}'^\top \boldsymbol{x}'} = \frac{(c\boldsymbol{x}^\top)A(c\boldsymbol{x})}{(c\boldsymbol{x}^\top)(c\boldsymbol{x})} = \frac{c^2\boldsymbol{x}^\top A\boldsymbol{x}}{c^2\boldsymbol{x}^\top \boldsymbol{x}} = \frac{\boldsymbol{x}^\top A\boldsymbol{x}}{\boldsymbol{x}^\top \boldsymbol{x}}$이다. 즉, $\|\boldsymbol{x}\|^2 = 1$인 $\boldsymbol{x}$에 대해 $\frac{\boldsymbol{x}^\top A\boldsymbol{x}}{\boldsymbol{x}^\top \boldsymbol{x}}$의 최댓값 또는 최솟값을 구하는 것과, $\|\boldsymbol{x}\|^2$의 값에 상관없이 $\frac{\boldsymbol{x}^\top A\boldsymbol{x}}{\boldsymbol{x}^\top \boldsymbol{x}}$의 최댓값 또는 최솟값을 구하는 것이 같다는 의미이다. 한편, $\|\boldsymbol{x}\|^2 = 1$이면 $\boldsymbol{x}^\top \boldsymbol{x} = 1$이므로 $\frac{\boldsymbol{x}^\top A\boldsymbol{x}}{\boldsymbol{x}^\top \boldsymbol{x}} = \boldsymbol{x}^\top A\boldsymbol{x}$이다. 따라서 $\boldsymbol{x}^\top \boldsymbol{x} = 1$인 단위벡터 $\boldsymbol{x}$에 대해 $\max_{\boldsymbol{x}} \boldsymbol{x}^\top A\boldsymbol{x}$와 $\max_{\boldsymbol{x}} \frac{\boldsymbol{x}^\top A\boldsymbol{x}}{\boldsymbol{x}^\top \boldsymbol{x}}$의 결과는 동일하다. 마찬가지로, $\boldsymbol{x}^\top \boldsymbol{x} = 1$인 단위벡터 $\boldsymbol{x}$에 대해 $\min_{\boldsymbol{x}} \boldsymbol{x}^\top A\boldsymbol{x}$와 $\min_{\boldsymbol{x}} \frac{\boldsymbol{x}^\top A\boldsymbol{x}}{\boldsymbol{x}^\top \boldsymbol{x}}$의 결과는 동일하다.

■

정리 10-29 레일리 몫과 고윳값 문제

레일리 몫 $R(A;\boldsymbol{x})=\dfrac{\boldsymbol{x}^\top A\boldsymbol{x}}{\boldsymbol{x}^\top \boldsymbol{x}}$의 최댓값과 최솟값은 각각 A의 가장 큰 고윳값과 가장 작은 고윳값과 같다.

증명

레일리 몫의 최댓값 또는 최솟값을 구하는 문제는 [정리 10-28]에 따르면 다음과 같은 최적화 문제로 나타낼 수 있다.

$$\boldsymbol{x}^\top \boldsymbol{x}=1\text{일 때, } \max_{\boldsymbol{x}} \boldsymbol{x}^\top A\boldsymbol{x}$$

$$\boldsymbol{x}^\top \boldsymbol{x}=1\text{일 때, } \min_{\boldsymbol{x}} \boldsymbol{x}^\top A\boldsymbol{x}$$

이들 최적화 문제에 대한 라그랑주Lagrange 함수 $L(\boldsymbol{x})$를 다음과 같이 정의한다.

$$L(\boldsymbol{x}) = \boldsymbol{x}^\top A\boldsymbol{x}+\lambda(\boldsymbol{x}^\top \boldsymbol{x}-1)$$

여기서 λ는 라그랑주 승수Lagrange multiplier라고 한다.

$L(\boldsymbol{x})$를 $\boldsymbol{x}$에 대해 미분한 결과를 0으로 만드는 $\boldsymbol{x}$에서 $L(\boldsymbol{x})$의 최댓값 또는 최솟값이 존재한다.

$$\begin{aligned}\frac{\partial L(\boldsymbol{x})}{\partial \boldsymbol{x}}=\boldsymbol{x}^\top(A+A^\top)+2\lambda\boldsymbol{x}^\top=0 \quad &\Rightarrow \boldsymbol{x}^\top(A+A^\top)=-2\lambda\boldsymbol{x}^\top \\ &\Rightarrow 2\boldsymbol{x}^\top(A^\top)=-2\lambda\boldsymbol{x}^\top \quad (\because A\text{는 대칭행렬}) \\ &\Rightarrow A\boldsymbol{x}=-\lambda\boldsymbol{x} \\ &\Rightarrow A\boldsymbol{x}=\hat{\lambda}\boldsymbol{x} \quad (\because \hat{\lambda}=-\lambda)\end{aligned}$$

이들 최적화 문제의 해는 $A\boldsymbol{x}=\hat{\lambda}\boldsymbol{x}$를 만족하는 $\boldsymbol{x}$가 되는데, 여기에서 $\boldsymbol{x}$는 A의 고유벡터이고 $\hat{\lambda}$은 고윳값에 해당한다.

$\boldsymbol{x}^\top \boldsymbol{x}=1$인 벡터 중 $\boldsymbol{x}^\top A\boldsymbol{x}$가 최댓값 또는 최솟값을 갖도록 만드는 $\boldsymbol{x}$는 $A\boldsymbol{x}=\hat{\lambda}\boldsymbol{x}$를 만족한다. $A\boldsymbol{x}=\hat{\lambda}\boldsymbol{x}$의 양변 앞에 $\boldsymbol{x}^\top$를 곱하면 다음과 같다.

$$\boldsymbol{x}^\top A\boldsymbol{x}=\hat{\lambda}\boldsymbol{x}^\top \boldsymbol{x}=\hat{\lambda}$$

따라서 레일리 몫 $R(A;\boldsymbol{x})=\dfrac{\boldsymbol{x}^\top A\boldsymbol{x}}{\boldsymbol{x}^\top \boldsymbol{x}}$의 최댓값과 최솟값은 각각 A의 가장 큰 고윳값과 가장 작은 고윳값이 된다. 즉, 레일리 몫의 최댓값 또는 최솟값을 찾는 문제는 **고윳값 문제**eigenvalue problem로 변환하여 해결할 수 있다.

■

참고 제약 조건이 있는 최적화 문제의 라그랑주 함수

다음과 같이 제약 조건 $g(\boldsymbol{x})=0$을 만족하면서 목적함수 $f(\boldsymbol{x})$를 최소화하는 $\boldsymbol{x}$를 찾는 최적화 문제가 있다고 하자.

$$\text{Find } \boldsymbol{x} \text{ which minimizes } f(\boldsymbol{x})$$
$$\text{subject to } g(\boldsymbol{x})=0$$

이러한 최적화 문제의 목적함수 $f(\boldsymbol{x})$와 제약 조건 $g(\boldsymbol{x})=0$을 결합하여 다음과 같이 표현한 식을 **라그랑주 함수** $L(\boldsymbol{x})$라고 한다.

$$L(\boldsymbol{x})=f(\boldsymbol{x})+\lambda g(\boldsymbol{x})$$

이때 λ를 **라그랑주 승수**라고 한다. 제약 조건이 있는 최적화 문제의 최적해는 라그랑주 함수 $L(\boldsymbol{x})$를 최적화하는 방법으로 구할 수 있다.

예제 10-28 레일리 몫의 최댓값과 최솟값

다음 대칭행렬 A에 대해 $\frac{\boldsymbol{x}^\top A\boldsymbol{x}}{\boldsymbol{x}^\top\boldsymbol{x}}$의 최댓값과 최솟값을 구하라.

Tip
행렬 A의 고윳값을 구한 다음, [정리 10-29]를 이용한다.

$$A=\begin{bmatrix}3&1&1\\1&2&2\\1&2&2\end{bmatrix}$$

풀이

[정리 10-29]에 따르면, 레일리 몫 $\frac{\boldsymbol{x}^\top A\boldsymbol{x}}{\boldsymbol{x}^\top\boldsymbol{x}}$의 최댓값과 최솟값은 A의 최대 고윳값과 최소 고윳값에 해당한다.

$$\det(\lambda I-A)=\lambda(\lambda-2)(\lambda-5)=0 \quad\Rightarrow\quad \lambda=0,2,5$$

A의 고윳값은 $0,2,5$이므로, 레일리 몫의 최댓값은 5, 최솟값은 0이다.

정의 10-12 일반화된 레일리 몫

대칭행렬 A와 양의 정부호 행렬 B에 대해 이차형식 $\boldsymbol{x}^\top A\boldsymbol{x}$를 이차형식 $\boldsymbol{x}^\top B\boldsymbol{x}$로 나눈 몫을 **일반화된 레일리 몫** generalized Rayleigh quotient $R(A, B;\boldsymbol{x})$라고 한다.

$$R(A, B;\boldsymbol{x})=\frac{\boldsymbol{x}^\top A\boldsymbol{x}}{\boldsymbol{x}^\top B\boldsymbol{x}}$$

정리 10-30 일반화된 레일리 몫과 일반화된 고윳값 문제

일반화된 레일리 몫 $R(A, B; \boldsymbol{x}) = \dfrac{\boldsymbol{x}^\top A\boldsymbol{x}}{\boldsymbol{x}^\top B\boldsymbol{x}}$의 최댓값과 최솟값은 각각 $B^{-1}A$의 가장 큰 고윳값과 가장 작은 고윳값과 같다.

증명

일반화된 레일리 몫은 변수변환을 통해서 레일리 몫의 형태로 나타낼 수 있다. B가 양의 정부호 행렬이므로 직교행렬 P와 대각행렬 Λ를 사용하여 다음과 같이 표현할 수 있다.

$$B = P\Lambda P^\top = P\Lambda^{1/2}\Lambda^{1/2}P^\top = (P\Lambda^{1/2})(P\Lambda^{1/2})^\top$$

$P\Lambda^{1/2} = D^\top$라고 하면 $B = D^\top D$로 표현할 수 있다. $\boldsymbol{y} = D\boldsymbol{x}$이고 $C = (D^\top)^{-1}AD^{-1}$라 하면, 일반화된 레일리 몫은 다음과 같이 표현할 수 있다.

$$\begin{aligned}\frac{\boldsymbol{x}^\top A\boldsymbol{x}}{\boldsymbol{x}^\top B\boldsymbol{x}} &= \frac{\boldsymbol{x}^\top D^\top (D^\top)^{-1}AD^{-1}D\boldsymbol{x}}{\boldsymbol{x}^\top D^\top D\boldsymbol{x}} \\ &= \frac{(\boldsymbol{x}^\top D^\top)((D^\top)^{-1}AD^{-1})(D\boldsymbol{x})}{(\boldsymbol{x}^\top D^\top)(D\boldsymbol{x})} = \frac{\boldsymbol{y}^\top C\boldsymbol{y}}{\boldsymbol{y}^\top \boldsymbol{y}}\end{aligned}$$

$C^\top = ((D^\top)^{-1}AD^{-1})^\top = (D^\top)^{-1}A^\top D^{-1} = (D^\top)^{-1}AD^{-1} = C$이므로, C는 대칭행렬이다. 또한 $\boldsymbol{y}^\top\boldsymbol{y} = \boldsymbol{x}^\top D^\top D\boldsymbol{x} = \boldsymbol{x}^\top B\boldsymbol{x} = 1$이 되도록 만들 수 있다. 따라서 $\dfrac{\boldsymbol{y}^\top C\boldsymbol{y}}{\boldsymbol{y}^\top\boldsymbol{y}}$는 레일리 몫이다. 그러므로 $\dfrac{\boldsymbol{x}^\top A\boldsymbol{x}}{\boldsymbol{x}^\top B\boldsymbol{x}}$의 최댓값, 최솟값은 각각 $\dfrac{\boldsymbol{y}^\top C\boldsymbol{y}}{\boldsymbol{y}^\top\boldsymbol{y}}$의 최댓값, 최솟값과 같다. 즉, C의 최대 고윳값, 최소 고윳값과 같다. C의 고윳값 λ와 이에 대응하는 고유벡터 $\boldsymbol{y}$가 있다고 하자. 즉, $C\boldsymbol{y} = \lambda\boldsymbol{y}$라 하자. 이때 $C\boldsymbol{y} = \lambda\boldsymbol{y}$는 다음과 같이 전개할 수 있다.

$$\begin{aligned} C\boldsymbol{y} = \lambda\boldsymbol{y} \quad &\Rightarrow \quad (D^\top)^{-1}AD^{-1}\boldsymbol{y} = \lambda\boldsymbol{y} \quad (\because C = (D^\top)^{-1}AD^{-1}) \\ &\Rightarrow \quad AD^{-1}\boldsymbol{y} = \lambda D^\top\boldsymbol{y} \quad (\because \text{양변 앞에 } D^\top\text{를 곱한다}) \\ &\Rightarrow \quad A\boldsymbol{x} = \lambda D^\top D\boldsymbol{x} \quad (\because \boldsymbol{y} = D\boldsymbol{x}) \\ &\Rightarrow \quad A\boldsymbol{x} = \lambda B\boldsymbol{x} \quad (\because B = D^\top D) \\ &\Rightarrow \quad B^{-1}A\boldsymbol{x} = \lambda\boldsymbol{x} \end{aligned}$$

따라서 $\dfrac{\boldsymbol{x}^\top A\boldsymbol{x}}{\boldsymbol{x}^\top B\boldsymbol{x}}$의 최댓값과 최솟값을 구하기 위해 $C = (D^\top)^{-1}AD^{-1}$의 고윳값을 구하는 대신 $B^{-1}A$의 고윳값을 구하면 된다.

한편 $A\boldsymbol{x} = \lambda B\boldsymbol{x}$와 같은 조건을 만족하는 λ와 $\boldsymbol{x}$를 찾는 문제를 **일반화된 고윳값 문제** generalized eigenvalue problem라고 한다.

■

예제 10-29 **일반화된 레일리 몫의 최댓값과 최솟값**

다음 대칭행렬 A와 B에 대해 $\dfrac{x^\top Ax}{x^\top Bx}$의 최댓값과 최솟값을 구하라.

$$A=\begin{bmatrix}3&1&1\\1&2&2\\1&2&2\end{bmatrix}\qquad B=\begin{bmatrix}3&1&-1\\1&3&-1\\-1&-1&5\end{bmatrix}$$

> **Tip** 행렬 $B^{-1}A$의 고윳값을 구한 다음, [정리 10-30]을 이용한다.

풀이

[정리 10-30]에 따르면 일반화된 레일리 몫 $\dfrac{x^\top Ax}{x^\top Bx}$의 최댓값과 최솟값은 $B^{-1}A$의 최대 고윳값과 최소 고윳값에 해당한다. $B^{-1}A$는 다음과 같다.

$$B^{-1}A=\begin{bmatrix}7/18&-1/9&1/18\\-1/9&7/18&1/18\\1/18&1/18&2/9\end{bmatrix}\begin{bmatrix}3&1&1\\1&2&2\\1&2&2\end{bmatrix}=\begin{bmatrix}10/9&5/18&5/18\\1/9&7/9&7/9\\4/9&11/18&11/18\end{bmatrix}$$

$B^{-1}A$의 고윳값은 $0, \dfrac{5}{6}, \dfrac{5}{3}$이므로, 일반화된 레일리 몫의 최댓값은 $\dfrac{5}{3}$, 최솟값은 0이다.

SECTION 10.4

대칭행렬의 응용

대칭행렬은 다양한 공학 및 과학 분야에서 많이 사용된다. 이 절에서는 대칭행렬이 사용되는 그래프 분할과 선형판별분석에 대해 소개한다.

그래프 분할

그래프 분할graph partition은 [그림 10-8(a)]와 같이 노드를 연결하는 에지에 방향이 없는 무향그래프undirected graph를 [그림 10-8(b)]와 같이 두 개의 부분그래프subgraph로 분할할 때, 서로 다른 부분그래프에 속하는 노드를 연결하는 에지의 개수를 최소로 하려는 문제이다.

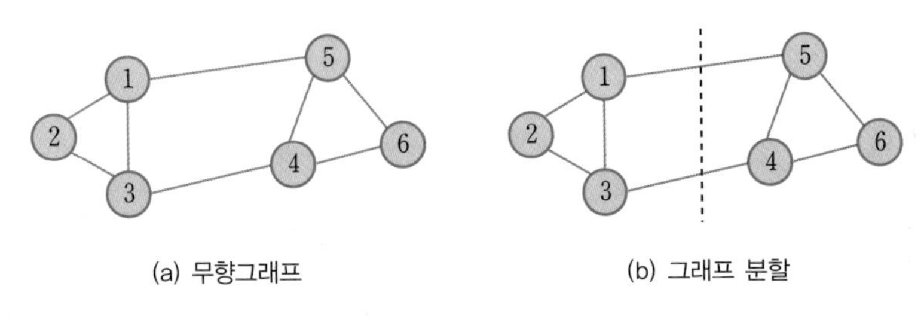

[그림 10-8] **그래프 분할**

무향그래프는 인접행렬로 표현할 수 있다. **인접행렬**adjacency matrix $A=(a_{ij})$는 성분 a_{ij}가 노드 i와 j 사이에 에지가 있으면 1, 그렇지 않으면 0인 행렬이다. [그림 10-8(a)]의 무향그래프를 인접행렬로 표현하면 [그림 10-9(a)]와 같다.

무향그래프에 대한 **차수행렬**degree marix D는 주대각 성분 d_{ii}가 노드 i에 연결된 에지의 개수인 대각행렬이다. [그림 10-8(a)]의 무향그래프에 대한 차수행렬은 [그림 10-9(b)]와 같다.

무향그래프에 대한 **라플라시안 행렬**Laplacian matrix L은 차수행렬 D에서 인접행렬 A를 뺀 것, 즉 $L=D-A$이다. [그림 10-8(a)]의 무향그래프에 대한 라플라시안 행렬은 [그림 10-9(c)]와 같다. [그림 10-9]에서 보는 바와 같이 무향그래프에 대한 인접행렬, 차수행렬, 라플라시안 행렬은 모두 대칭행렬이다.

	1	2	3	4	5	6
1	0	1	1	0	1	0
2	1	0	1	0	0	0
3	1	1	0	1	0	0
4	0	0	1	0	1	1
5	1	0	0	1	0	1
6	0	0	0	1	1	0

(a) 인접행렬 A

	1	2	3	4	5	6
1	3	0	0	0	0	0
2	0	2	0	0	0	0
3	0	0	3	0	0	0
4	0	0	0	3	0	0
5	0	0	0	0	3	0
6	0	0	0	0	0	2

(b) 차수행렬 D

	1	2	3	4	5	6
1	3	−1	−1	0	−1	0
2	−1	2	−1	0	0	0
3	−1	−1	3	−1	0	0
4	0	0	−1	3	−1	−1
5	−1	0	0	−1	3	−1
6	0	0	0	−1	−1	2

(c) 라플라시안 행렬 L

[그림 10-9] **무향그래프에 대한 인접행렬, 차수행렬, 라플라시안 행렬**

정리 10-31 라플라시안 행렬과 양의 준정부호 행렬

라플라시안 행렬 $L = D - A$는 양의 준정부호 행렬이다.

증명

n개의 노드가 있는 무향그래프의 인접행렬 $A = (a_{ij})$와 차수행렬 $D = (d_{ij})$로 정의되는 라플라시안 행렬 $L = D - A$가 있다고 하자. n차원 벡터 $\boldsymbol{x} = [x_1\, x_2 \cdots x_n]^\top$에 대해 $L = (l_{ij})$의 이차형식 $\boldsymbol{x}^\top L\boldsymbol{x}$를 전개하면 다음과 같다. 아래 식에서 세 번째 줄의 $(i, j) \in E$는 노드 i와 j를 연결하는 에지가 에지의 집합 E에 있음을 의미한다.

$$\begin{aligned}
\boldsymbol{x}^\top L\boldsymbol{x} &= \sum_{i=1}^{n}\sum_{j=1}^{n} l_{ij}x_i x_j = \sum_{i=1}^{n}\sum_{j=1}^{n}(d_{ij} - a_{ij})x_i x_j \\
&= \sum_{i=1}^{n} d_{ii}x_i^2 - \sum_{i=1}^{n}\sum_{j=1}^{n} a_{ij}x_i x_j \qquad (\because i \neq j \text{일 때, } d_{ij} = 0) \\
&= \sum_{i=1}^{n} d_{ii}x_i^2 - \sum_{(i,j)\in E} 2x_i x_j \\
&= \sum_{(i,j)\in E} (x_i^2 + x_j^2 - 2x_i x_j) \\
&= \sum_{(i,j)\in E} (x_i - x_j)^2 \geq 0
\end{aligned}$$

$\boldsymbol{x}^\top L\boldsymbol{x} \geq 0$이므로 라플라시안 행렬 L은 양의 준정부호 행렬이다.

■

정리 10-32 라플라시안 행렬에 대한 이차형식의 최솟값

라플라시안 행렬 L에 대한 이차형식 $\boldsymbol{x}^\top L\boldsymbol{x}$는 $\boldsymbol{x} = [1\,1 \cdots 1]^\top$일 때 최솟값 0을 갖는다. 이때 $\boldsymbol{x} = [1\,1 \cdots 1]^\top$는 L의 고유벡터이고, 0은 $\boldsymbol{x}$에 대한 고윳값이다.

증명

[정리 10-31]의 증명에 의하면 $\boldsymbol{x}^\top L\boldsymbol{x} = \sum_{(i,j)\in E}(x_i - x_j)^2$이고, 라플라시안 행렬은 양의 준정부호 행렬이므로 $\boldsymbol{x}^\top L\boldsymbol{x} \geq 0$이다. 한편, $\boldsymbol{x} = [1\,1 \cdots 1]^\top$일 때, $L\boldsymbol{x} = (D - A)\boldsymbol{x}$를 전개하면 다음과 같이 영벡터이다.

$$L\begin{bmatrix}1\\1\\\vdots\\1\end{bmatrix} = \begin{bmatrix}\sum_{j=1}^{n}(d_{1j}-a_{1j})\\\sum_{j=1}^{n}(d_{2j}-a_{2j})\\\vdots\\\sum_{j=1}^{n}(d_{nj}-a_{nj})\end{bmatrix} = \begin{bmatrix}d_{11}-\sum_{j=1}^{n}a_{1j}\\d_{22}-\sum_{j=1}^{n}a_{2j}\\\vdots\\d_{nn}-\sum_{j=1}^{n}a_{nj}\end{bmatrix} = \begin{bmatrix}0\\0\\\vdots\\0\end{bmatrix}$$

$L\begin{bmatrix}1\\1\\\vdots\\1\end{bmatrix} = \begin{bmatrix}0\\0\\\vdots\\0\end{bmatrix}$이므로, $L\begin{bmatrix}1\\1\\\vdots\\1\end{bmatrix} = 0\begin{bmatrix}1\\1\\\vdots\\1\end{bmatrix}$이 된다. 따라서 L은 고윳값 0에 대한 고유벡터 $\begin{bmatrix}1\\1\\\vdots\\1\end{bmatrix}$을 갖는다. $\boldsymbol{x} = \begin{bmatrix}1\\1\\\vdots\\1\end{bmatrix}$일 때, $L\begin{bmatrix}1\\1\\\vdots\\1\end{bmatrix} = 0\begin{bmatrix}1\\1\\\vdots\\1\end{bmatrix}$이므로, 양변 앞에 $\boldsymbol{x}^\top$를 곱하면 $\boldsymbol{x}^\top L\boldsymbol{x} = 0$이다. 그러므로 $\boldsymbol{x} = [1\,1 \cdots 1]^\top$일 때 $\boldsymbol{x}^\top L\boldsymbol{x}$의 최솟값은 0이다.

■

정리 10-33 라플라시안 행렬의 두 번째로 작은 고윳값에 대한 고유벡터

라플라시안 행렬 L의 두 번째로 작은 고윳값 λ_2에 대한 고유벡터 $\boldsymbol{x}$는 $\boldsymbol{x} \cdot \mathbf{1} = 0$을 만족한다.

증명

L이 대칭행렬이므로, [정리 10-12]와 [정리 10-13]에 의해 L의 고유벡터는 서로 직교한다. [정리 10-32]에 따르면 $\mathbf{1} = [1\,1 \cdots 1]^\top$는 L의 가장 작은 고윳값 0에 대한 고유벡터이다. 따라서 L의 두 번째로 작은 고윳값 λ_2에 대한 고유벡터 $\boldsymbol{x}$는 $\mathbf{1}$과 직교한다. 즉, $\boldsymbol{x} \cdot \mathbf{1} = 0$이다.

■

■ 그래프 분할과 라플라시안 행렬

그래프 분할에서는 주어진 그래프를 두 개의 부분그래프로 분할했을 때, 분할된 두 부분그래프를 서로 연결하는 에지의 개수를 최소로 하고자 한다. 그래프 분할에서는 라플라시안 행렬 L의 이차형식 $\boldsymbol{x}^\top L\boldsymbol{x} = \sum_{(i,j)\in E}(x_i - x_j)^2$을 다음과 같이 해석한다. $\boldsymbol{x}$의 각 성분 x_i는 노드 i에 부여되는 값으로, 부여된 값의 부호가 같은 노드는 동일한 부분그래프에 속한다. $\sum_{(i,j)\in E}(x_i - x_j)^2$은 각 에지 (i,j)에 대한 노드 i, j에 부여된 값의 차인 $x_i - x_j$의 제곱을 모두 더한 것이다. 동일한 부분그래프에 속하는 노드를 연결하는 에지 (i,j)에 대한 $(x_i - x_j)^2$의 값은 x_i와 x_j의 부호가 서로 같으므로 상대적으로 작은 값이다. 반면, 서로 다른 부분그래프의 노드를 연결하는 에지 (i,j)에 대한 $(x_i - x_j)^2$의 값은 x_i와 x_j의 부호가 서로 다르므로 상대적으로 큰 값이다. 서로 다른 부호를 갖는 노드를 연결하는 에지가 많을수록, 즉 분할된 부분그래프들을 서로 연결하는 에지가 많을수록 $\boldsymbol{x}^\top L\boldsymbol{x} = \sum_{(i,j)\in E}(x_i - x_j)^2$의 값이 커진다.

[정리 10-32]에 따르면 $\boldsymbol{x}^\top L\boldsymbol{x} = \sum_{(i,j)\in E}(x_i - x_j)^2$의 최솟값은 0으로, L의 최소 고윳값인 0에 해당한다. 고윳값 0에 대한 고유벡터는 $\boldsymbol{x} = [1\,1 \cdots 1]^\top$이다. 이때 노드에 부여되는 값 x_i의 부호가 모두 +이므로, 모든 노드가 하나의 그래프에 포함된다. 이 경우에는 그래프가 분할되지 않는다. 따라서 그래프 분할에서는 최소 고윳값 0에 대한 고유벡터 $\mathbf{1} = [1\,1 \cdots 1]^\top$와 직교하면서, 즉 $\boldsymbol{x} \cdot \mathbf{1} = 0$이면서 $\sum_{(i,j)\in E}(x_i - x_j)^2$의 값을 작게 만드는 L의 두 번째로 작은 고윳값 λ_2에 대한 고유벡터 $\boldsymbol{x}$를 이용한다. 이 고유벡터 $\boldsymbol{x}$의 성분 중 x_i와 x_j의 부호가 동일하면, 노드 i와 j가 동일한 부분그래프에 포함되도록 그래프를 분할한다. 이러한 방법으로 그래프를 분할하면, 두 부분그래프에 포함된 노드의 개수가 비슷해지며, 두 부분그래프를 연결하는 에지의 개수도 최소화되는 경향을 보인다.

예제 10-30 **그래프 분할**

라플라시안 행렬을 이용하여 [그림 10-8(a)]의 그래프를 두 개의 부분그래프로 분할하라.

Tip
라플라시안 행렬의 두 번째로 작은 고윳값에 대한 고유벡터를 구한다.

풀이

[그림 10-8(a)]의 그래프에 대한 라플라시안 행렬 L을 구하면 [그림 10-9(c)]와 같다. L의 고윳값을 구하면 $0, 1, 3$(중근)$, 4, 5$이다.

가장 작은 고윳값 $\lambda_1 = 0$과 두 번째로 작은 고윳값 $\lambda_2 = 1$에 대한 고유벡터 $\boldsymbol{x}_1$과 $\boldsymbol{x}_2$는 다음과 같다.

$$\boldsymbol{x}_1 = \begin{bmatrix} 1 \\ 1 \\ 1 \\ 1 \\ 1 \\ 1 \end{bmatrix} \qquad \boldsymbol{x}_2 = \begin{bmatrix} -0.5 \\ -1 \\ -0.5 \\ 0.5 \\ 0.5 \\ 1 \end{bmatrix}$$

$\boldsymbol{x}_2$에서 처음 세 개의 성분이 음수이므로, 음수 성분에 해당하는 노드 1, 2, 3을 하나의 부분그래프에 포함하고, 양수 성분에 해당하는 노드 4, 5, 6을 다른 하나의 부분그래프에 포함한다. 이러한 그래프 분할의 결과는 [그림 10-8(b)]와 같다.

선형판별분석

선형판별분석Linear Discriminant Analysis, LDA은 두 부류의 데이터를 가장 잘 분류할 수 있도록 데이터 벡터 $\boldsymbol{x}$를 정사영하는 벡터 $\boldsymbol{w}$를 찾아 정사영된 데이터에 대해 분류하는 것을 말한다. [그림 10-10]과 같이 부류 C_1과 C_2의 데이터가 있을 때, 이들 데이터를 벡터 $\boldsymbol{w}_1$에 정사영하면 두 부류가 잘 분리된다. 반면, 벡터 $\boldsymbol{w}_2$에 정사영하면 두 부류가 뒤섞여서 분리되지 않는다. 데이터를 정사영하여 두 부류를 분류classification하는 경우라면 $\boldsymbol{w}_1$과 같은 벡터를 사용하는 것이 바람직하다.

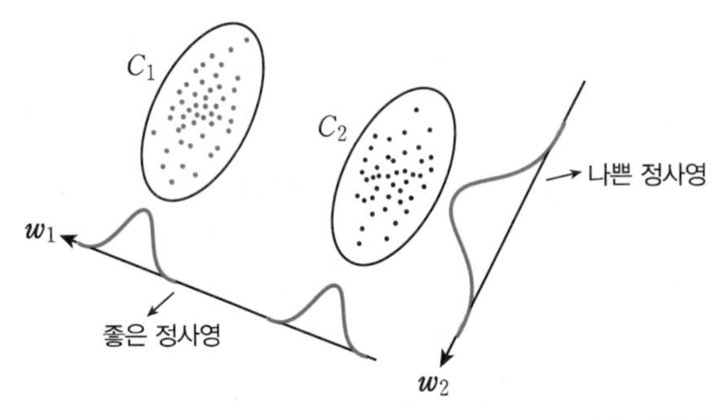

[그림 10-10] 선형판별분석에서 벡터 w_1과 w_2에 대한 데이터의 정사영

두 부류의 데이터를 선형판별분석하여 분류할 때, [그림 10-11(a)]와 같이 **부류 간의 분산**between-class variance은 크고 **부류 내의 분산**within-class variance은 작을수록 부류의 판별이 쉽다. 반면 [그림 10-11(b)]와 같이 부류 간의 분산은 작고 부류 내의 분산은 클수록 부류의 판별이 어렵다. 따라서 선형판별분석에서는 부류 간의 분산은 크게 하고 부류 내의 분산은 작게 하는 정사영벡터를 찾는다.

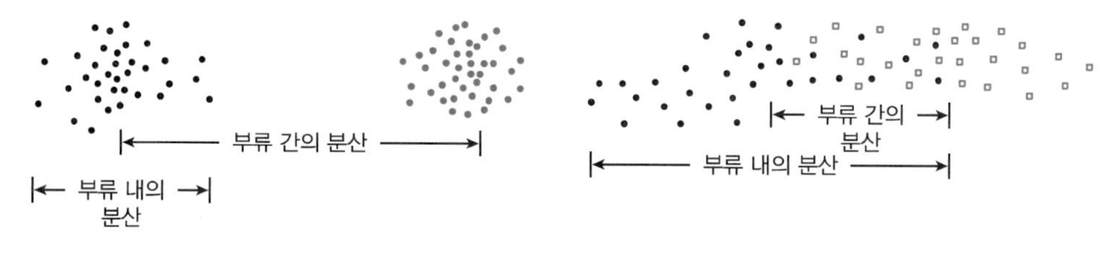

[그림 10-11] **부류별 데이터 분포에 따른 부류 판별의 용이성**

■ 두 부류의 데이터에 대한 선형판별분석

데이터 집합 $D=\{\boldsymbol{x}_1, \boldsymbol{x}_2, \cdots, \boldsymbol{x}_n | \boldsymbol{x}_i \in \mathbb{R}^n\}$의 데이터 $\boldsymbol{x}_i$와 정사영벡터 $\boldsymbol{w}$를 내적한 결과를 y_i라 하자. 즉, $y_i = \boldsymbol{w}^\top \boldsymbol{x}_i$이다. 이때 부류 C_1에 속하는 데이터의 평균벡터를 $\boldsymbol{\mu}_1$이라 하고, 이들 데이터와 정사영벡터 $\boldsymbol{w}$의 내적의 평균을 m_1이라 하자. 또한 부류 C_2에 속하는 데이터의 평균벡터를 $\boldsymbol{\mu}_2$라 하고, 이들 데이터와 정사영벡터 $\boldsymbol{w}$의 내적의 평균을 m_2라 하자.

$$m_1 = \frac{1}{n_1}\sum_{\boldsymbol{x}_i \in C_1} y_i = \frac{1}{n_1}\sum_{\boldsymbol{x}_i \in C_1} \boldsymbol{w}^\top \boldsymbol{x}_i = \boldsymbol{w}^\top\left(\frac{1}{n_1}\sum_{\boldsymbol{x}_i \in C_1} \boldsymbol{x}_i\right) = \boldsymbol{w}^\top \boldsymbol{\mu}_1$$

$$m_2 = \frac{1}{n_2}\sum_{\boldsymbol{x}_i \in C_2} y_i = \frac{1}{n_2}\sum_{\boldsymbol{x}_i \in C_2} \boldsymbol{w}^\top \boldsymbol{x}_i = \boldsymbol{w}^\top\left(\frac{1}{n_2}\sum_{\boldsymbol{x}_i \in C_2} \boldsymbol{x}_i\right) = \boldsymbol{w}^\top \boldsymbol{\mu}_2$$

여기에서 n_1과 n_2는 각각 부류 C_1과 C_2에 속하는 데이터의 개수를 나타낸다. 이때 $(m_1 - m_2)^2$은 다음과 같이 전개할 수 있다.

$$\begin{aligned}(m_1 - m_2)^2 &= (\boldsymbol{w}^\top \boldsymbol{\mu}_1 - \boldsymbol{w}^\top \boldsymbol{\mu}_2)^2 \\ &= \left(\boldsymbol{w}^\top(\boldsymbol{\mu}_1 - \boldsymbol{\mu}_2)\right)^2 \\ &= \boldsymbol{w}^\top(\boldsymbol{\mu}_1 - \boldsymbol{\mu}_2)(\boldsymbol{\mu}_1 - \boldsymbol{\mu}_2)^\top \boldsymbol{w} \quad (\because \boldsymbol{w}^\top(\boldsymbol{\mu}_1 - \boldsymbol{\mu}_2)\text{는 스칼라}) \\ &= \boldsymbol{w}^\top S_B \boldsymbol{w}\end{aligned}$$

여기에서 $S_B = (\boldsymbol{\mu}_1 - \boldsymbol{\mu}_2)(\boldsymbol{\mu}_1 - \boldsymbol{\mu}_2)^\top$는 데이터 집합 D에서 부류 C_1과 C_2의 평균벡터 간의 분산에 해당하는 **부류 간의 산포 행렬**between-class scatter matrix이다. $\left((\boldsymbol{\mu}_1 - \boldsymbol{\mu}_2)(\boldsymbol{\mu}_1 - \boldsymbol{\mu}_2)^\top\right)^\top = (\boldsymbol{\mu}_1 - \boldsymbol{\mu}_2)(\boldsymbol{\mu}_1 - \boldsymbol{\mu}_2)^\top$이므로, S_B는 대칭행렬이다. 참고로 이 산포 행렬을 데이터 개수의 역수와 곱하면 공분산 행렬이 된다.

부류 C_1의 데이터 $\boldsymbol{x}_i$와 정사영벡터 $\boldsymbol{w}$의 내적인 y_i의 분산 s_1^2을 계산해보자. 실제 분산

은 s_1^2을 데이터 개수 n_i로 나눈 s_1^2/n_i이지만, $J(\boldsymbol{w})$를 최대로 하는 $\boldsymbol{w}$를 찾는 데 n_i는 영향을 주지 않으므로 편의상 s_1^2을 이용하여 계산한다.

$$\begin{aligned} s_1^2 &= \sum_{\boldsymbol{x}_i \in C_1} (y_i - m_1)^2 = \sum_{\boldsymbol{x}_i \in C_1} \left(\boldsymbol{w}^\top \boldsymbol{x}_i - \boldsymbol{w}^\top \boldsymbol{\mu}_1\right)^2 \\ &= \sum_{\boldsymbol{x}_i \in C_1} \left(\boldsymbol{w}^\top (\boldsymbol{x}_i - \boldsymbol{\mu}_1)\right)^2 \\ &= \sum_{\boldsymbol{x}_i \in C_1} \left(\boldsymbol{w}^\top (\boldsymbol{x}_i - \boldsymbol{\mu}_1)\right)\left(\boldsymbol{w}^\top (\boldsymbol{x}_i - \boldsymbol{\mu}_1)\right)^\top \quad (\because \boldsymbol{w}^\top (\boldsymbol{x}_i - \boldsymbol{\mu}_1)\text{은 스칼라}) \\ &= \sum_{\boldsymbol{x}_i \in C_1} \boldsymbol{w}^\top (\boldsymbol{x}_i - \boldsymbol{\mu}_1)(\boldsymbol{x}_i - \boldsymbol{\mu}_1)^\top \boldsymbol{w} \\ &= \boldsymbol{w}^\top S_1 \boldsymbol{w} \end{aligned}$$

여기에서 $S_1 = \sum_{\boldsymbol{x}_i \in C_1} (\boldsymbol{x}_i - \boldsymbol{\mu}_1)(\boldsymbol{x}_i - \boldsymbol{\mu}_1)^\top$는 부류 C_1에 대한 **부류 내의 산포 행렬**within-class scatter matrix이다. 한편 s_2^2은 s_1^2과 같이 $s_2^2 = \boldsymbol{w}^\top S_2 \boldsymbol{w}$로 계산한다.

여기서 $S_2 = \sum_{\boldsymbol{x}_i \in C_2} (\boldsymbol{x}_i - \boldsymbol{\mu}_2)(\boldsymbol{x}_i - \boldsymbol{\mu}_2)^\top$는 부류 C_2에 대한 부류 내의 산포 행렬이다.

$\left((\boldsymbol{x}_i - \boldsymbol{\mu}_1)(\boldsymbol{x}_i - \boldsymbol{\mu}_1)^\top\right)^\top = (\boldsymbol{x}_i - \boldsymbol{\mu}_1)(\boldsymbol{x}_i - \boldsymbol{\mu}_1)^\top$이므로 S_1은 대칭행렬이고, $\left((\boldsymbol{x}_i - \boldsymbol{\mu}_2)(\boldsymbol{x}_i - \boldsymbol{\mu}_2)^\top\right)^\top = (\boldsymbol{x}_i - \boldsymbol{\mu}_2)(\boldsymbol{x}_i - \boldsymbol{\mu}_2)^\top$이므로 S_2도 대칭행렬이다.

따라서 $S_W = S_1 + S_2$는 대칭행렬이다. 한편 $s_1^2 + s_2^2$은 다음과 같이 나타낼 수 있다.

$$s_1^2 + s_2^2 = \boldsymbol{w}^\top S_1 \boldsymbol{w} + \boldsymbol{w}^\top S_2 \boldsymbol{w} = \boldsymbol{w}^\top S_W \boldsymbol{w}$$

선형판별분석은 부류의 판별이 용이한 정사영벡터 $\boldsymbol{w}$를 찾기 위해, 다음과 같은 **분리 측도**measure of separation $J(\boldsymbol{w})$를 사용한다.

$$J(\boldsymbol{w}) = \frac{(m_1 - m_2)^2}{s_1^2 + s_2^2}$$

$J(\boldsymbol{w})$에서 분자 $(m_1 - m_2)^2$은 부류 간의 분산에 해당하고, 분모 $s_1^2 + s_2^2$은 부류 내의 분산에 해당한다. 따라서 $J(\boldsymbol{w})$의 값이 큰 $\boldsymbol{w}$일수록 좋은 정사영벡터이다. 앞에서 구한 $(m_1 - m_2)^2 = \boldsymbol{w}^\top S_B \boldsymbol{w}$와 $s_1^2 + s_2^2 = \boldsymbol{w}^\top S_W \boldsymbol{w}$를 이용하면 분리 측도 $J(\boldsymbol{w})$는 다음과 같이 표현할 수 있다.

$$J(\boldsymbol{w}) = \frac{(m_1 - m_2)^2}{s_1^2 + s_2^2} = \frac{\boldsymbol{w}^\top S_B \boldsymbol{w}}{\boldsymbol{w}^\top S_W \boldsymbol{w}}$$

두 부류의 데이터에 대한 선형판별분석에서는 $J(\boldsymbol{w})$를 최대로 만드는 다음과 같은 정사영벡터 $\boldsymbol{w}^*$를 찾는다.

$$\boldsymbol{w}^* = \arg\max_{\boldsymbol{w}} J(\boldsymbol{w}) = \arg\max_{\boldsymbol{w}} \frac{\boldsymbol{w}^\top S_B \boldsymbol{w}}{\boldsymbol{w}^\top S_W \boldsymbol{w}}$$

여기에서 $\arg\max_{\boldsymbol{w}} J(\boldsymbol{w})$는 $J(\boldsymbol{w})$를 최대로 만드는 $\boldsymbol{w}$의 값을 의미한다.

한편, [예제 10-25]에 따르면 공분산 행렬은 양의 준정부호 행렬이고, S_W는 공분산 행렬에 대응하는 두 행렬의 합이다. 실제 데이터에서는 $\boldsymbol{w}^\top S_W \boldsymbol{w}$를 0이 되도록 만드는 영벡터가 아닌 $\boldsymbol{w}$가 매우 희소하므로 S_W는 양의 정부호 행렬이라 가정한다. 이러한 가정하에 $\frac{\boldsymbol{w}^\top S_B \boldsymbol{w}}{\boldsymbol{w}^\top S_W \boldsymbol{w}}$는 일반화된 레일리 몫이다. 따라서 $\boldsymbol{w}^*$는 일반화된 레일리 몫 $\frac{\boldsymbol{w}^\top S_B \boldsymbol{w}}{\boldsymbol{w}^\top S_W \boldsymbol{w}}$가 가장 클 때의 $\boldsymbol{w}$이다. 그러므로 [정리 10-30]에 따르면 선형판별분석에서 찾는 정사영벡터 $\boldsymbol{w}^*$는 $S_W^{-1} S_B$의 가장 큰 고윳값에 대한 고유벡터이다.

한편, $J(\boldsymbol{w})$를 최대로 하는 $\boldsymbol{w}^*$는 $J(\boldsymbol{w})$를 $\boldsymbol{w}$에 대해 미분한 결과를 $\mathbf{0}$으로 만드는 $\boldsymbol{w}$로 다음과 같이 구할 수도 있다.

$$\frac{dJ(\boldsymbol{w})}{d\boldsymbol{w}} = \frac{d}{d\boldsymbol{w}}\left(\frac{\boldsymbol{w}^\top S_B \boldsymbol{w}}{\boldsymbol{w}^\top S_W \boldsymbol{w}}\right) = \mathbf{0}$$

$$\Rightarrow \frac{d(\boldsymbol{w}^\top S_B \boldsymbol{w})}{d\boldsymbol{w}}(\boldsymbol{w}^\top S_W \boldsymbol{w}) - (\boldsymbol{w}^\top S_B \boldsymbol{w})\frac{d(\boldsymbol{w}^\top S_W \boldsymbol{w})}{d\boldsymbol{w}} = \mathbf{0}$$

$$\left(\because \left(\frac{f}{g}\right)' = \frac{f'g - g'f}{g^2} = 0 \Rightarrow f'g - g'f = 0\right)$$

$$\Rightarrow 2S_B\boldsymbol{w}(\boldsymbol{w}^\top S_W \boldsymbol{w}) - (\boldsymbol{w}^\top S_B \boldsymbol{w})2S_W\boldsymbol{w} = \mathbf{0} \quad \left(\because S_B\text{는 대칭행렬이므로 } \frac{d(\boldsymbol{w}^\top S_B \boldsymbol{w})}{d\boldsymbol{w}} = 2S_B\boldsymbol{w}\right)$$

$$\Rightarrow S_B\boldsymbol{w}\left(\frac{\boldsymbol{w}^\top S_W \boldsymbol{w}}{\boldsymbol{w}^\top S_W \boldsymbol{w}}\right) - \left(\frac{\boldsymbol{w}^\top S_B \boldsymbol{w}}{\boldsymbol{w}^\top S_W \boldsymbol{w}}\right)S_W \boldsymbol{w} = \mathbf{0} \quad (\because 2\boldsymbol{w}^\top S_W \boldsymbol{w}\text{는 스칼라})$$

$$\Rightarrow S_B\boldsymbol{w} - J(\boldsymbol{w})\, S_W \boldsymbol{w} = \mathbf{0}$$

위 식의 양변 앞에 S_W^{-1}를 곱하면 다음 결과를 얻는다.

$$S_W^{-1} S_B \boldsymbol{w} - J(\boldsymbol{w})\, \boldsymbol{w} = \mathbf{0}$$

$S_W^{-1} S_B = M$이고 $J(\boldsymbol{w}) = \lambda$라고 하면, 위 식은 $M\boldsymbol{w} = \lambda\boldsymbol{w}$가 된다. 즉, 고윳값 문제가

된다. 따라서 선형판별분석에서 찾는 정사영벡터 w^*는 $S_W^{-1}S_B$의 가장 큰 고윳값에 대한 고유벡터이다.

■ 두 부류의 데이터에 대한 선형판별분석의 다른 풀이법

위에서 살펴본 바와 같이 $J(w)$를 최대로 하는 w는 $S_W^{-1}S_Bw - J(w)w = 0$를 만족한다. $S_W^{-1}S_Bw - J(w)w = 0$를 만족하는 해 w는 다음과 같은 방법으로도 구할 수 있다.

$$\begin{aligned}
& S_W^{-1}S_Bw = J(w)w \\
\Rightarrow\ & S_W^{-1}S_Bw = \left(\frac{w^\top S_B w}{w^\top S_W w}\right)w \\
\Rightarrow\ & S_W S_W^{-1}S_Bw = \left(\frac{w^\top S_B w}{w^\top S_W w}\right)S_W w \quad (\because w^\top S_B w\text{와 } w^\top S_W w\text{는 스칼라}) \\
\Rightarrow\ & (w^\top S_W w)S_Bw = (w^\top S_B w)S_W w \\
\Rightarrow\ & (w^\top S_B w)S_W w = (w^\top S_W w)S_Bw \quad (\because \text{좌변과 우변을 교환}) \\
\Rightarrow\ & S_W w = \frac{(w^\top S_W w)}{(w^\top S_B w)}S_B w
\end{aligned}$$

$S_Bw = (\mu_1 - \mu_2)(\mu_1 - \mu_2)^\top w$에서 $(\mu_1 - \mu_2)^\top w$는 스칼라이므로, 벡터 S_Bw는 벡터 $(\mu_1 - \mu_2)$의 스칼라배이다. 따라서 $S_Bw = \alpha_1(\mu_1 - \mu_2)$라 하자. 또한 $w^\top S_B w$와 $w^\top S_W w$가 스칼라이므로 $\frac{(w^\top S_W w)}{(w^\top S_B w)} = \alpha_2$라 하자. 따라서 위의 S_Ww는 다음과 같이 표현할 수 있다.

$$S_W w = \frac{(w^\top S_W w)}{(w^\top S_B w)}S_B w = \alpha_2\alpha_1(\mu_1 - \mu_2)$$

$S_W w = \alpha_2\alpha_1(\mu_1 - \mu_2)$로부터 정사영벡터 w를 구하면 다음과 같다.

$$w = \alpha_2\alpha_1 S_W^{-1}(\mu_1 - \mu_2)$$

정사영벡터의 크기는 중요하지 않으므로 $\alpha_2\alpha_1$을 무시하여 해 w^*를 다음과 같이 나타낼 수 있다.

$$w^* = \arg\max_w \frac{w^\top S_B w}{w^\top S_W w} = S_W^{-1}(\mu_1 - \mu_2)$$

예제 10-31 선형판별분석

다음 부류 C_1과 C_2의 2차원 데이터에 대한 선형판별분석을 할 때 사용되는 정사영벡터를 구하라.

$$C_1 = \{(2,3), (2,4), (3,6), (4,1), (4,4)\}$$
$$C_2 = \{(6,8), (8,7), (9,5), (9,10), (10,8)\}$$

Tip
부류 간의 산포 행렬과 부류 내의 산포 행렬을 구하여, 선형판별분석에 따른 정사영벡터를 구한다.

풀이

부류 C_1과 C_2에 대한 평균벡터 μ_1과 μ_2는 다음과 같다.

$$\mu_1 = [3.0 \ \ 3.6] \qquad \mu_2 = [8.4 \ \ 7.6]$$

부류 C_1과 C_2에 대한 부류 내의 산포 행렬 S_1과 S_2를 구하면 다음과 같다.

$$S_1 = \begin{bmatrix} -1.0 \\ -0.6 \end{bmatrix} [-1.0 \ \ -0.6] + \begin{bmatrix} -1.0 \\ 0.4 \end{bmatrix} [-1.0 \ \ 0.4] + \begin{bmatrix} 0 \\ 2.4 \end{bmatrix} [0 \ \ 2.4] + \begin{bmatrix} 1.0 \\ -2.6 \end{bmatrix} [1.0 \ \ -2.6] + \begin{bmatrix} 1.0 \\ 0.4 \end{bmatrix} [1.0 \ \ 0.4]$$
$$= \begin{bmatrix} 4.0 & -2.0 \\ -2.0 & 13.2 \end{bmatrix}$$

$$S_2 = \begin{bmatrix} -2.4 \\ 0.4 \end{bmatrix} [-2.4 \ \ 0.4] + \begin{bmatrix} -0.4 \\ -0.6 \end{bmatrix} [-0.4 \ \ -0.6] + \begin{bmatrix} 0.6 \\ -2.6 \end{bmatrix} [0.6 \ \ -2.6] + \begin{bmatrix} 0.6 \\ 2.4 \end{bmatrix} [0.6 \ \ 2.4] + \begin{bmatrix} 1.6 \\ 0.4 \end{bmatrix} [1.6 \ \ 0.4]$$
$$= \begin{bmatrix} 9.2 & -0.2 \\ -0.2 & 13.2 \end{bmatrix}$$

부류 내의 산포 행렬 S_1과 S_2의 합 $S_W = S_1 + S_2$는 $S_W = \begin{bmatrix} 13.2 & -2.2 \\ -2.2 & 26.4 \end{bmatrix}$이다.

$w^* = S_W^{-1}(\mu_1 - \mu_2)$를 이용하여 해 w^*를 구하면 다음과 같다.

$$w^* = S_W^{-1}(\mu_1 - \mu_2) \approx \begin{bmatrix} 0.077 & 0.006 \\ 0.006 & 0.038 \end{bmatrix} \begin{bmatrix} -5.4 \\ -4.0 \end{bmatrix} \approx \begin{bmatrix} -0.440 \\ -0.184 \end{bmatrix}$$

[그림 10-12]는 부류 C_1과 C_2의 데이터와 선형판별분석에서의 정사영벡터 w^*를 보여준다. 그림에서 w^*는 위에서 구한 벡터에 -10을 곱해서 나타낸 것이다.

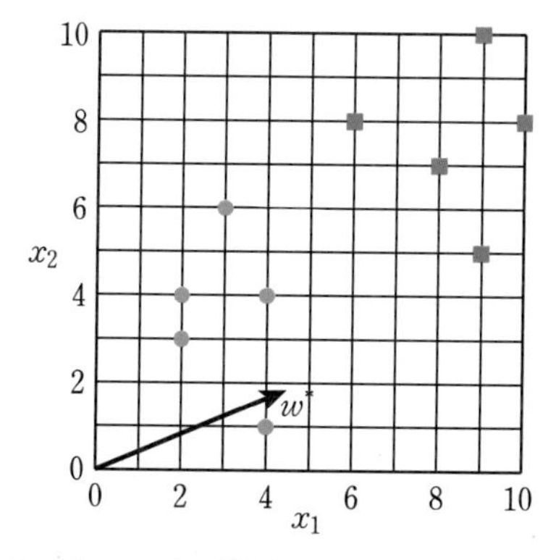

[그림 10-12] 선형판별분석에 따른 정사영벡터 w^*

Chapter

10 연습문제

Section 10.1

1. 다음 문장이 참인지 거짓인지 판단하고, 거짓인 경우 그 이유를 설명하라.

(a) 두 행렬이 닮음행렬이면, 이들은 동일한 크기의 정방행렬이다.

(b) 닮음행렬인 두 행렬의 행렬식은 동일하다.

(c) 닮음행렬인 두 행렬의 계수는 동일하다.

(d) 대각합이 동일한 두 행렬은 닮음행렬이다.

(e) 닮음행렬인 두 행렬은 동일한 특성다항식과 동일한 고윳값을 갖는다.

(f) 대각화 가능 행렬은 대각행렬과 닮음행렬이다.

(g) $n \times n$ 대각화 가능 행렬은 n개의 서로 다른 고윳값을 갖는다.

(h) 중근인 고윳값을 갖는 행렬은 대각화 가능 행렬이 될 수 없다.

(i) 대각화 가능 행렬의 역행렬은 대각화 가능 행렬이다.

(j) 대각화 가능 행렬은 고윳값 분해하여 나타낼 수 있다.

2. 다음 두 행렬이 닮음행렬인지 확인하라.

(a) $A = \begin{bmatrix} 2 & 1 \\ 0 & 3 \end{bmatrix}$ $\quad B = \begin{bmatrix} -1 & -2 \\ 6 & 6 \end{bmatrix}$

(b) $A = \begin{bmatrix} 3 & -1 \\ 4 & 1 \end{bmatrix}$ $\quad B = \begin{bmatrix} -2 & -2 \\ 5 & 5 \end{bmatrix}$

3. 다음 행렬 A를 대각화하는 행렬 P와 대각화한 결과 Λ를 구하라.

(a) $A = \begin{bmatrix} 6 & -1 \\ 2 & 3 \end{bmatrix}$

(b) $A = \begin{bmatrix} 1 & 3 & 0 \\ 3 & 1 & 0 \\ 0 & 0 & -2 \end{bmatrix}$

(c) $A = \begin{bmatrix} 2 & -1 & -1 \\ -1 & 2 & -1 \\ -1 & -1 & 2 \end{bmatrix}$

(d) $A = \begin{bmatrix} 1 & 1 & 1 \\ 1 & 1 & 1 \\ 1 & 1 & 1 \end{bmatrix}$

(e) $A = \begin{bmatrix} 3 & 1 & -1 \\ 1 & 3 & -1 \\ -1 & -1 & 5 \end{bmatrix}$

4. 다음 행렬 A를 고윳값 분해하여 표현하라.

(a) $A = \begin{bmatrix} -3 & -2 \\ 2 & 2 \end{bmatrix}$

(b) $A = \begin{bmatrix} 1 & 2 & 1 \\ 6 & -1 & 0 \\ -1 & -2 & -1 \end{bmatrix}$

5. 다음 행렬 A에 대하여 A^{100}을 구하라.

$$A=\begin{bmatrix}1 & 2\\4 & 3\end{bmatrix}$$

6. 다음 행렬 A에 대하여 A^4을 구하라.

$$A=\begin{bmatrix}5 & 2 & 0\\2 & 5 & 0\\4 & -1 & 4\end{bmatrix}$$

7. 행렬 $A=\begin{bmatrix}0 & 0 & -2\\1 & 2 & 1\\1 & 0 & 3\end{bmatrix}$과 닮음인 대각행렬 Λ의 주대각 성분의 합을 구하라.

8. A와 B가 닮음행렬이면, $A^{\top}$와 $B^{\top}$도 닮음행렬임을 증명하라.

9. A가 대각화 가능 행렬이면, $A^{\top}$도 대각화 가능 행렬임을 증명하라.

Section 10.2

10. 다음 문장이 참인지 거짓인지 판단하고, 거짓인 경우 그 이유를 설명하라.

(a) $AA^{\top}$는 대칭행렬이다.
(b) 대칭행렬의 고윳값은 실수이다.
(c) 대칭행렬에서 고윳값이 다른 고유벡터는 선형독립이지만 직교라는 보장은 없다.
(d) 직교대각화 가능 행렬은 대칭행렬이다.
(e) 대칭행렬의 역행렬은 대칭행렬이 아닐 수 있다.
(f) 대칭행렬의 계수는 0이 아닌 고윳값의 개수와 같다.

11. 다음 행렬이 직교대각화 가능 행렬인지 확인하라.

(a) $A=\begin{bmatrix}1 & 1 & 1\\1 & 0 & 1\\1 & 1 & 1\end{bmatrix}$ (b) $B=\begin{bmatrix}5 & 2 & 1\\2 & 1 & 8\\-1 & 8 & 1\end{bmatrix}$

12. 다음 행렬 A가 직교대각화 가능 행렬인지 확인하고, 고윳값 분해하여 표현하라.

$$A=\begin{bmatrix}2 & -1 & -2\\-1 & 2 & -2\\-2 & -2 & 3\end{bmatrix}$$

13. 다음 행렬 A를 직교대각화하는 행렬 P와 직교대각화한 결과를 구하라.

(a) $A=\begin{bmatrix} 4 & 2 & 2 \\ 2 & 4 & 2 \\ 2 & 2 & 4 \end{bmatrix}$ (b) $A=\begin{bmatrix} 0 & 0 & -2 \\ 0 & -2 & 0 \\ -2 & 0 & 3 \end{bmatrix}$

14. 다음 행렬 A의 고윳값 분해를 행렬 전개하여 표현하라.

$$A=\begin{bmatrix} 3 & 4 \\ 4 & 9 \end{bmatrix}$$

15. $A=\begin{bmatrix} 3 & -2 & 0 \\ -2 & 3 & 0 \\ 0 & 0 & 5 \end{bmatrix}$, $P=\begin{bmatrix} \frac{1}{\sqrt{2}} & -\frac{1}{\sqrt{2}} & 0 \\ \frac{a}{\sqrt{2}} & \frac{1}{\sqrt{2}} & 0 \\ 0 & 0 & 1 \end{bmatrix}$, $P^{-1}AP=\begin{bmatrix} b & 0 & 0 \\ 0 & c & 0 \\ 0 & 0 & d \end{bmatrix}$ 일 때, a, b, c, d의 합을 구하라. 여기에서 P는 A를 직교대각화하는 직교행렬이다.

Section 10.3

16. 다음 문장이 참인지 거짓인지 판단하고, 거짓인 경우 그 이유를 설명하라.

(a) 대칭행렬 A에 대하여, $\boldsymbol{x}^\top A\boldsymbol{x}$의 최댓값은 $\|\boldsymbol{x}\|=1$일 때 A의 가장 큰 고윳값과 같다.

(b) 양의 정부호 행렬 A에 대해, $\boldsymbol{x}$가 영벡터가 아니면 $\boldsymbol{x}^\top A\boldsymbol{x} \geq 0$이다.

(c) 음의 준정부호 행렬 A에 대해, $\boldsymbol{x}$가 영벡터가 아니면 $\boldsymbol{x}^\top A\boldsymbol{x} \leq 0$이다.

(d) 실수 대칭행렬 A의 모든 고윳값이 양수이면, A는 양의 정부호 행렬이다.

(e) 실수 대칭행렬 A의 모든 고윳값이 0 이하이면, A는 음의 준정부호 행렬이다.

(f) 양의 정부호 행렬은 역행렬을 갖는다.

(g) 양의 정부호 행렬의 역행렬은 음의 정부호 행렬이다.

(h) 공분산 행렬은 양의 준정부호 행렬이다.

17. 다음 이차형식을 $\boldsymbol{x}^\top A\boldsymbol{x}$ 형태로 표현할 때, 각 이차형식에 대응되는 대칭행렬을 구하라.

(a) $3x_1^2+9x_2^2$

(b) $-x_1^2+x_2^2-3x_1x_2$

(c) $5x_1^2+4x_2^2-3x_3^2+6x_1x_2-8x_2x_3+2x_1x_3$

(d) $x_1^2+2x_2^2+3x_3^2-5x_1x_3$

18. $3x_1^2+2x_1x_2+3x_2^2$을 변수변환하여 혼합항이 없는 이차형식으로 나타내라.

19. 행렬 $A=\begin{bmatrix} 1 & 0 & -1 \\ 0 & 1 & 0 \\ -1 & 0 & 1 \end{bmatrix}$과 $\|\boldsymbol{x}\|=1$에 대하여, $\boldsymbol{x}^\top A\boldsymbol{x}$의 최댓값을 구하라.

20. 다음 행렬이 어떤 정부호 행렬인지 확인하라.

(a) $A=\begin{bmatrix} 1 & 2 & 1 \\ 2 & 1 & 2 \\ 1 & 2 & 1 \end{bmatrix}$

(b) $B=\begin{bmatrix} 2 & 0 & 1 \\ 0 & 1 & 1 \\ 1 & 1 & 2 \end{bmatrix}$

21. $m\times n$ 실수행렬 A에 대하여, 함수 $Q(\boldsymbol{x})=\|A\boldsymbol{x}\|^2$이 이차형식이고, 이차형식을 표현하는 행렬이 양의 준정부호임을 보여라.

22. $A=\begin{bmatrix} 4 & 11 & 14 \\ 8 & 7 & -2 \end{bmatrix}$이고 $\|\boldsymbol{x}\|=1$일 때, $\|A\boldsymbol{x}\|^2$의 최댓값을 구하라.

23. $A=\begin{bmatrix} 2 & -1 \\ -1 & 2 \end{bmatrix}$의 제곱근 행렬을 구하라.

24. $A=\begin{bmatrix} 4 & 12 & -16 \\ 12 & 37 & -43 \\ -16 & -43 & 98 \end{bmatrix}$을 촐레스키 분해하여 나타내라.

Section 10.4

25. 다음 문장이 참인지 거짓인지 판단하고, 거짓인 경우 그 이유를 설명하라.

(a) 라플라시안 행렬은 양의 준정부호 행렬이다.

(b) 라플라시안 행렬 L에 대해 $\boldsymbol{x}^\top L\boldsymbol{x}$로 표현된 이차형식의 최솟값은 0이다.

(c) 그래프 분할에서는 그래프에 대한 라플라시안 행렬의 두 번째로 작은 고윳값에 대한 고유벡터를 이용하여 부분그래프를 결정한다.

(d) 선형판별분석에서는 부류 내의 분산은 크고 부류 간의 분산은 작은 정사영벡터를 이용한다.

(e) 부류 간의 산포 행렬은 대칭행렬이다.

(f) 선형판별분석에서는 일반화된 레일리 몫을 최대로 만드는 정사영벡터를 찾는다.

Chapter

10 프로그래밍 실습

1. 다음 행렬 A와 B를 고윳값 분해하는 코드를 작성하라. 연계 : 10.1절

$$A = \begin{bmatrix} 3 & 1 \\ 2 & 2 \end{bmatrix} \qquad B = \begin{bmatrix} 1 & 1 & 0 \\ 1 & 3 & 1 \\ 2 & -1 & 1 \end{bmatrix}$$

문제 해석

행렬의 고윳값과 고유벡터는 numpy에 있는 함수 linalg.eig( )를 이용하여 구한다. 고윳값 분해를 위해 고유벡터를 열벡터로 하는 행렬 S와 고윳값을 주대각 성분으로 하는 대각행렬 L을 만들어서 SLS^{-1}형태로 나타낸다.

코딩 실습

【 파이썬 코드 】

```
1   import numpy as np
2
3   # 행렬 A를 출력하는 함수
4   def pprint(msg, A):
5       print("---", msg, "---")
6       (n,m) = A.shape
7       for i in range(0, n):
8           line = ""
9           for j in range(0, m):
10              line += "{0:.2f}".format(A[i,j]) + "\t"
11          print(line)
12      print("")
13
14  print("고윳값 분해\n")
15  A = np.array([[3.0, 1.0], [2.0, 2.0]])
16  w, S = np.linalg.eig(A)
17  L = np.diag(w)
18  pprint("행렬 A", A)
19  pprint("고윳값 행렬 L", L)
20  pprint("고유벡터 행렬 S", S)
21  pprint("S*L*S^{-1}", np.matmul(np.matmul(S,L), np.linalg.inv(S)))
22
23  B = np.array([[1.0, 1.0, 0.0], [1.0, 3.0, 1.0], [2.0, -1.0, 1.0]])
24  w, S = np.linalg.eig(B)
25  L = np.diag(w)
26  pprint("행렬 B", B)
27  pprint("고윳값 행렬 L", L)
```

```
28    pprint("고유벡터 행렬 S", S)
29    pprint("S*L*S^{-1}", np.matmul(np.matmul(S,L), np.linalg.inv(S)))
```

프로그램 설명

16행의 w, S = np.linalg.eig(A)는 행렬 A의 고윳값을 1차원 배열 w로, 고유벡터를 2차원 배열 S로 반환한다. 이 함수는 고윳값이나 고유벡터의 성분이 복소수인 경우도 처리할 수 있다. 행렬 B의 경우, 고윳값 행렬과 고유벡터 행렬의 성분에 복소수가 나타난다. 17행의 L = np.diag(w)는 1차원 배열 w의 성분, 즉 고윳값을 주대각 성분으로 하는 대각행렬을 생성하여 L에 반환한다.

2. 다음 부류 C_1과 C_2의 2차원 데이터에 대해 선형판별분석을 할 때 사용되는 정사영벡터를 [예제 10-31]에서 구하였다. 이를 시각화하는 코드를 작성하라. 연계 : 10.4절

$$C_1 = \{(2,3),(2,4),(3,6),(4,1),(4,4)\}$$
$$C_2 = \{(6,8),(8,7),(9,5),(9,10),(10,8)\}$$

문제 해석

선형판별분석을 하기 위해 C_1과 C_2에 대한 부류 내의 산포 행렬의 합 S_W와 부류 간의 산포 행렬 S_B를 구한 다음, $S_W^{-1}S_B$의 가장 큰 고윳값에 대한 고유벡터를 찾는다. 이 고유벡터가 정사영벡터로 사용된다.

코딩 실습

【 파이썬 코드 】

```
1     import numpy as np
2     from numpy.matlib import repmat
3     import matplotlib.pyplot as plt
4     from scipy import linalg
5
6     C1 = np.array([[2.,3.], [2.,4.], [3.,6.], [4.,1.], [4.,4.]])
7     C2 = np.array([[6.,8.], [8.,7.], [9.,5.], [9.,10.], [10.,8.]])
8
9     mu1 = np.mean(C1, axis=0)  # C1의 데이터의 평균벡터 계산
10    mu2 = np.mean(C2, axis=0)  # C2의 데이터의 평균벡터 계산
11
12    print("C1의 평균벡터 =", mu1)
13    print("C2의 평균벡터 =", mu2)
14
15    S1 = np.cov(C1.T)*(C1.shape[0]-1)
16    S2 = np.cov(C2.T)*(C2.shape[0]-1)
17    Sw = S1 + S2  # C1, C2에 대한 부류 내의 산포 행렬의 합
18    print("C1에 대한 부류 내의 산포 행렬 = ", S1)
19    print("C2에 대한 부류 내의 산포 행렬 = ", S2)
```

```
20  print("C1, C2에 대한 부류 내의 산포 행렬의 합 = ", Sw)
21
22  Sb = (mu1 - mu2).reshape(2,1).dot((mu1 - mu2).reshape(1,2))
23  # 부류 간의 산포 행렬 계산
24  print("부류 간의 산포 행렬 = ", Sb)
25
26  D, U = linalg.eig(linalg.inv(Sw).dot(Sb))  # Sw^-1Sb의 고윳값 계산
27  print("Sw^{-1}*Sb의 고윳값 = ", D)
28  wLDA = U[:,0]
29  print("LDA 정사영벡터 = ", wLDA)
30
31  plt.figure(1)
32  plt.plot(C1[:,0], C1[:,1], 'bd')
33  plt.plot(C2[:,0], C2[:,1], 'ko')
34  plt.plot([0, wLDA[0]*15], [0,wLDA[1]*15], 'r')
35  plt.show()
```

프로그램 설명

15행은 C_1에 대한 부류 내의 산포 행렬을 구하기 위해 np.cov(C1.T)를 사용하여 공분산 행렬을 구한 다음, C1.shape[0]-1을 곱한다. numpy에서 공분산 행렬을 구할 때는 (데이터 개수-1)이 분모에 들어가므로, 산포 행렬을 얻기 위해 C1.shape[0]-1을 곱한다. 15~17행을 통해 C_1, C_2에 대한 부류 내의 산포 행렬의 합 S_W를 구하고, 22행에서 부류 간의 산포 행렬을 구한다. 26행에서 $S_W^{-1}S_B$의 고윳값을 구하고, 28행에서 가장 큰 고윳값에 대한 고유벡터를 선형판별분석을 위한 정사영벡터로 선택한다. 시각화 출력에서 부류 C_1의 데이터는 다이아몬드 모양, 부류 C_2의 데이터는 굵은 점, 정사영벡터는 직선으로 나타난다.

Chapter

11

특잇값 분해

Singular Value Decomposition

Contents

다시보기 Review

■ 행렬 분해

지금까지 살펴본 행렬 분해로는 LU 분해, QR 분해, 고윳값 분해, 촐레스키 분해가 있다. LU 분해는 행렬 A를 하삼각행렬 L과 상삼각행렬 U의 곱, 즉 $A=LU$로 표현한다. 행렬에 대한 LU 분해는 유일하지 않다. QR 분해는 열벡터가 선형독립인 행렬에 적용되는데, 행렬 A를 직교행렬 Q와 상삼각행렬 R의 곱, 즉 $A=QR$로 나타낸다. 고윳값 분해는 대각화 가능 행렬 A를 고유벡터를 열벡터로 하는 행렬 S, 고윳값을 주대각 성분으로 하는 대각행렬 Λ, S의 역행렬 S^{-1}의 곱, 즉 $A=S\Lambda S^{-1}$로 표현한다. 대칭행렬 A를 고윳값 분해하면, A는 직교하는 고유벡터로 구성된 직교행렬 P, 고윳값을 주대각 성분으로 하는 대각행렬 Λ, P의 전치행렬 $P^\top$의 곱, 즉 $A=P\Lambda P^\top$로 표현할 수 있다. 촐레스키 분해는 양의 정부호인 대칭행렬 A를 하삼각행렬 B와 그 전치행렬 $B^\top$의 곱, 즉 $A=BB^\top$로 표현한다.

■ 고윳값과 고유벡터

정방행렬 A에 대해 $A\boldsymbol{x}=\lambda\boldsymbol{x}$를 만족하는 스칼라 λ를 고윳값이라 하고, 영벡터가 아닌 $\boldsymbol{x}$를 λ에 대한 고유벡터라 한다. 고윳값이 다르면 해당 고유벡터는 서로 선형독립이다. 대칭행렬의 고유벡터는 서로 직교한다. 따라서 대칭행렬 A는 $A=S\Lambda S^\top$ 형태로 고윳값 분해할 수 있다.

■ 행렬의 계수

행렬 A의 열공간의 차원을 A의 계수라고 한다. 계수는 행렬의 기약행 사다리꼴 행렬에 있는 추축열 개수와 같다. $m\times n$ 행렬 A의 열공간의 차원 $\dim(\mathrm{Col}(A))$와 영공간의 차원 $\dim(\mathrm{Nul}(A))$의 합은 A의 열의 개수 n과 같다.

또한 행렬 A와 전치행렬 $A^\top$의 계수는 같다. 행렬 A와 가역행렬 B에 대해 $\mathrm{rank}(AB)=\mathrm{rank}(A)$이고, $m\times n$ 행렬 A와 가역행렬 B, C에 대해 $\mathrm{rank}(BAC)=\mathrm{rank}(A)=\mathrm{rank}(BA)=\mathrm{rank}(AC)$이다.

■ 행렬방정식의 최소제곱해

행렬방정식 $A\boldsymbol{x}=\boldsymbol{b}$가 불능인 경우에는 $\|\boldsymbol{b}-A\boldsymbol{x}\|^2$을 최소로 하는 값을 찾는데, 이러한 값을 최소제곱해라 하며, 최소제곱해를 찾는 방법을 최소제곱법이라 한다.

미리보기 Overview

■ 특잇값 분해는 왜 배워야 하는가?

행렬을 다른 행렬의 곱으로 표현하는 것을 행렬 분해라고 한다. 지금까지 살펴본 행렬 분해는 행렬이 정방행렬이어야 하는지 등의 제약이 있었다. **특잇값 분해**는 대상 행렬에 대한 제약이 없는 행렬 분해 방법이다. 특잇값 분해는 실수행렬뿐만 아니라 복소행렬에 대해서도 적용 가능하며, 정방행렬이 아닌 경우에도 가능하다. 실제로 다양한 공학 분야에서 특잇값 분해를 활용한다.

■ 특잇값 분해의 응용 분야는?

특잇값 분해는 행렬을 3개의 행렬 곱으로 표현한다. 또한 특잇값 분해를 통해 행렬을 계수가 1인 행렬의 합으로 표현할 수 있다. 행렬을 이렇게 표현할 때 중요한 역할을 하는 특잇값만을 이용해 행렬을 근사하여 표현할 수 있는데, 이를 낮은 계수 근사라고 한다. 낮은 계수 근사는 데이터 압축이나 데이터 차원 축소 등에 활용된다. 한편, 정방행렬이 아닌 행렬에 대해 역행렬 역할을 하는 의사 역행렬을 정의하거나, 불능인 행렬방정식의 최소제곱해를 구할 때도 역시 특잇값 분해를 적용할 수 있다. 또한 정보 검색 분야에서 단어와 문서를 의미 있는 벡터로 표현하는 잠재적 의미 지수화, 주성분 분석, 원근투영된 영상을 정면에서 바라본 영상으로 변환하는 호모그래피에도 특잇값 분해를 사용한다.

■ 이 장에서 배우는 내용은?

11장에서는 행렬의 특잇값과 특잇값 분해 방법에 대해 먼저 살펴본다. 다음으로 특잇값 분해의 대표적인 적용 분야인 낮은 계수 근사의 의미와 방법을 알아보고, 이를 데이터 압축에 활용하는 것을 소개한다. 또한 의사 역행렬의 성질과 구하는 방법을 알아보고, 이를 불능인 행렬방정식의 최소제곱해를 구하는 데 사용하는 방법을 살펴본다. 마지막으로 정보 검색 분야에서 유사도에 따른 검색을 지원하기 위해 사용하는 잠재적 의미 지수화 방법과 주성분 분석 및 영상에 대한 호모그래피에 특잇값 분해를 적용하는 방법을 알아본다.

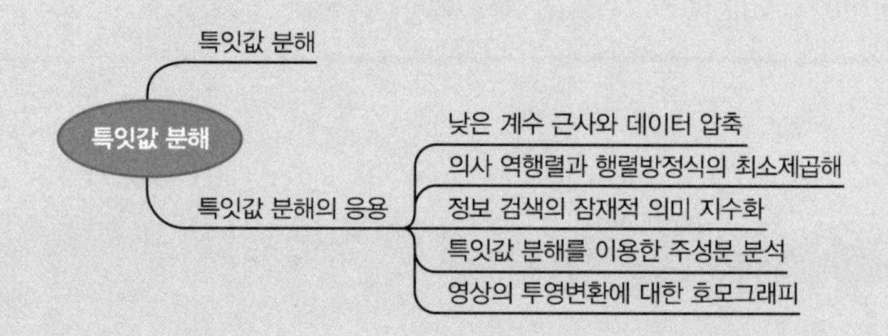

SECTION 11.1

특잇값 분해

행렬을 다른 행렬의 곱으로 표현하는 것을 행렬 분해라고 한다. 이 절에서는 임의의 $m \times n$ 행렬에 적용할 수 있는 특잇값 분해에 대해 소개한다. 특잇값 분해는 적용 대상 행렬에 대한 제약 조건이 없기 때문에 널리 사용되는 대표적인 행렬 분해 방법이다.

정의 11-1 특잇값

$m \times n$ 실수행렬 A의 **특잇값** singular value 은 $A^{\top}A$에 대한 고윳값의 양의 제곱근이다. 즉, A의 특잇값 σ_i는 $A^{\top}A$에 대한 고윳값 λ_i의 양의 제곱근 $\sqrt{\lambda_i}$이다.

Note [정리 10-24]에 따르면 $A^{\top}A$는 양의 준정부호 행렬이므로, 모든 고윳값이 0 이상이다.

예제 11-1 행렬의 특잇값

다음 행렬 A의 특잇값을 구하라.

$$A = \begin{bmatrix} 3 & 1 & 1 \\ -1 & 3 & 1 \end{bmatrix}$$

Tip
[정의 11-1]을 이용한다.

풀이

먼저 $A^{\top}A$를 계산하면 다음과 같다.

$$A^{\top}A = \begin{bmatrix} 3 & -1 \\ 1 & 3 \\ 1 & 1 \end{bmatrix} \begin{bmatrix} 3 & 1 & 1 \\ -1 & 3 & 1 \end{bmatrix} = \begin{bmatrix} 10 & 0 & 2 \\ 0 & 10 & 4 \\ 2 & 4 & 2 \end{bmatrix}$$

$A^{\top}A$의 특성방정식은 $\det(\lambda I - A^{\top}A) = \lambda(\lambda - 10)(\lambda - 12) = 0$이므로, $A^{\top}A$의 고윳값은 $\lambda_1 = 12, \lambda_2 = 10, \lambda_3 = 0$이다. 그러므로 A의 특잇값은 $\sigma_1 = 2\sqrt{3}, \sigma_2 = \sqrt{10}, \sigma_3 = 0$이다.

정의 11-2 실수행렬의 특잇값 분해

$m \times n$ 실수행렬 A를 $A = U\Sigma V^{\top}$로 표현한 것을 **특잇값 분해**Singular Value Decomposition, SVD라고 한다. 이때 U는 $m \times m$ 직교행렬, V는 $n \times n$ 직교행렬, Σ는 주대각 성분에 A의 특잇값을 큰 것부터 차례대로 넣은 $m \times n$ 직사각 대각행렬이다.

Note 특잇값 분해 $A = U\Sigma V^{\top}$ 에서 Σ는 주대각 성분에 특잇값이 위치하고 나머지 성분은 모두 0인 직사각각행렬로, 이러한 행렬을 직사각 대각행렬(rectangular diagonal matrix)이라 한다. 기본적으로 대각행렬은 주대각 성분에만 0이 아닌 값이 허용되는 정방행렬을 말한다.

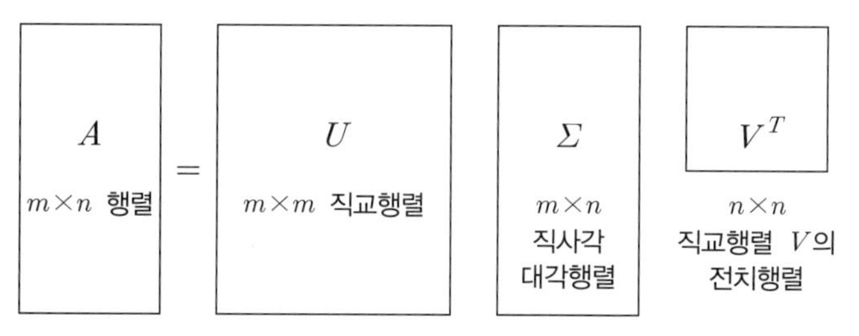

[그림 11-1] **특잇값 분해**

특잇값 분해는 [그림 11-1]과 같이 $m \times n$ 행렬 A를 $m \times m$ 직교행렬 U, $m \times n$ 직사각 대각행렬 Σ, $n \times n$ 직교행렬 V의 전치행렬 $V^{\top}$의 곱으로 표현한다. 특잇값 분해는 행렬의 크기나 특성에 상관없이 적용할 수 있다. 다음은 4×5 행렬 A를 특잇값 분해한 예이다.

$$A = U\Sigma V^{\top} \Rightarrow \begin{bmatrix} 1 & 0 & 0 & 0 & 2 \\ 0 & 0 & 3 & 0 & 0 \\ 0 & 0 & 0 & 0 & 0 \\ 0 & 4 & 0 & 0 & 0 \end{bmatrix} = \begin{bmatrix} 0 & 0 & 1 & 0 \\ 0 & 1 & 0 & 0 \\ 0 & 0 & 0 & -1 \\ 1 & 0 & 0 & 0 \end{bmatrix} \begin{bmatrix} 4 & 0 & 0 & 0 & 0 \\ 0 & 3 & 0 & 0 & 0 \\ 0 & 0 & \sqrt{5} & 0 & 0 \\ 0 & 0 & 0 & 0 & 0 \end{bmatrix} \begin{bmatrix} 0 & 1 & 0 & 0 & 0 \\ 0 & 0 & 1 & 0 & 0 \\ \sqrt{0.2} & 0 & 0 & 0 & \sqrt{0.8} \\ 0 & 0 & 0 & 1 & 0 \\ -\sqrt{0.8} & 0 & 0 & 0 & \sqrt{0.2} \end{bmatrix}$$

여기서 U는 4×4 직교행렬, Σ는 A의 특잇값을 주대각 성분으로 갖는 4×5 직사각 대각행렬, V는 5×5 직교행렬이다.

참고 특잇값 분해의 기하학적 의미

행렬 A를 $f(\boldsymbol{x}) = A\boldsymbol{x}$와 같은 좌표공간에서의 선형변환에 대한 행렬로 볼 때, 직교행렬은 회전변환에 해당하고, 대각행렬은 각 기저벡터 방향으로의 확대 또는 축소변환을 나타낸다.

특잇값 분해 $A = U\Sigma V^{\top}$에서 U와 V는 직교행렬이고, Σ는 직사각 대각행렬이다. 따라서 $A\boldsymbol{x}$는 [그림 11-2]와 같이 $\boldsymbol{x}$를 먼저 $V^{\top}$에 의해 회전한 후, Σ로 확대 또는 축소하고, 다시 U에 의해 회전하는 것과 같다. 행렬의 특잇값 σ_1, σ_2는 선형변환에서 확대 또는 축소의 비율을 의미한다.

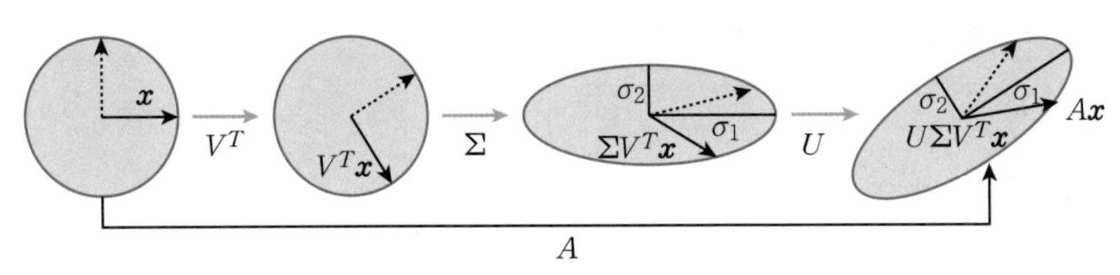

[그림 11-2] **특잇값 분해의 기하학적 의미**

정리 11-1 $A^{\top}A$의 고윳값과 고윳값 분해

$m \times n$ 행렬 A에 대하여, $A^{\top}A$의 고윳값은 모두 0 이상이고, $A^{\top}A$는 직교행렬 V를 사용하여 $A^{\top}A = V\Sigma V^{\top}$ 형태로 고윳값 분해할 수 있다.

증명

[정리 10-24]에 따르면 $A^{\top}A$는 양의 준정부호 행렬이다. 따라서 $A^{\top}A$의 고윳값은 모두 0 이상이다. 따라서 A의 특잇값은 모두 0 이상이다.

한편, $(A^{\top}A)^{\top} = A^{\top}A$이므로, $A^{\top}A$는 대칭행렬이다. [정리 10-12]에 따르면 대칭행렬인 $A^{\top}A$는 직교대각화 가능 행렬이다. 또한 [정리 10-13]에 따르면 $n \times n$ 직교대각화 가능 행렬은 n개의 직교하는 고유벡터를 가지므로, $A^{\top}A$의 고유벡터로 구성된 직교행렬 V를 사용하여 고윳값 분해할 수 있다. 따라서 $A^{\top}A = V\Sigma V^{\top}$ 형태로 나타낼 수 있다.

■

예제 11-2 행렬의 고윳값 분해와 특잇값

행렬 A에 대하여, $A^\top A$를 고윳값 분해하고 A의 특잇값을 구하라.

Tip
[정리 11-1]을 이용한다.

$$A=\begin{bmatrix}-3 & 1\\ 6 & -2\\ 6 & -2\end{bmatrix}$$

풀이

$A^\top A=\begin{bmatrix}-3 & 6 & 6\\ 1 & -2 & -2\end{bmatrix}\begin{bmatrix}-3 & 1\\ 6 & -2\\ 6 & -2\end{bmatrix}=\begin{bmatrix}81 & -27\\ -27 & 9\end{bmatrix}$이다.

$A^\top A$의 특성방정식은 $\det(\lambda I-A^\top A)=\lambda^2-90\lambda=\lambda(\lambda-90)=0$이므로, $A^\top A$의 고윳값은 $\lambda_1=90$, $\lambda_2=0$이다. 한편, $\lambda_1=90$에 대한 고유벡터는 $\boldsymbol{v}_1=\frac{1}{\sqrt{10}}\begin{bmatrix}-3\\ 1\end{bmatrix}$이고, $\lambda_2=0$에 대한 고유벡터는 $\boldsymbol{v}_2=\frac{1}{\sqrt{10}}\begin{bmatrix}1\\ 3\end{bmatrix}$이다. 이 고유벡터를 열벡터로 갖는 직교행렬 V는 $V=\frac{1}{\sqrt{10}}\begin{bmatrix}-3 & 1\\ 1 & 3\end{bmatrix}$으로 표현할 수 있다. 따라서 $A^\top A$의 고윳값 분해는 다음과 같다.

$$A^\top A=V\Sigma V^\top=\frac{1}{10}\begin{bmatrix}-3 & 1\\ 1 & 3\end{bmatrix}\begin{bmatrix}90 & 0\\ 0 & 0\end{bmatrix}\begin{bmatrix}-3 & 1\\ 1 & 3\end{bmatrix}$$

한편, A의 특잇값은 $3\sqrt{10}$과 0이다.

정리 11-2 $A^\top A$의 고유벡터의 성질

증명

$m\times n$ 행렬 A에 대하여, $A^\top A$의 고윳값 $\lambda_i(i=1,\cdots,n)$와 $\|\boldsymbol{v}_i\|=1$인 고유벡터 $\boldsymbol{v}_i$에 대해서 $\{A\boldsymbol{v}_1, A\boldsymbol{v}_2,\cdots,A\boldsymbol{v}_n\}$은 직교집합이고, $\|A\boldsymbol{v}_i\|=\sqrt{\lambda_i}=\sigma_i(i=1,\cdots,n)$이다.

예제 11-3 행렬 $A^\top A$의 고윳값과 A의 특잇값

행렬 A에 대하여 $A^\top A$의 고유벡터가 $\boldsymbol{v}$일 때, $\|A\boldsymbol{v}\|$와 A의 특잇값을 비교하라.

Tip
[정리 11-2]를 이용한다.

$$A=\begin{bmatrix}-3 & 1\\ 6 & -2\\ 6 & -2\end{bmatrix}$$

풀이

[예제 11-2]에서 구한 $A^\top A$의 고윳값과 고유벡터는 다음과 같다.

$$\lambda_1 = 90, \quad \boldsymbol{v}_1 = \frac{1}{\sqrt{10}}\begin{bmatrix}-3\\1\end{bmatrix} \qquad \lambda_2 = 0, \quad \boldsymbol{v}_2 = \frac{1}{\sqrt{10}}\begin{bmatrix}1\\3\end{bmatrix}$$

$\|A\boldsymbol{v}_1\|$과 $\|A\boldsymbol{v}_2\|$를 구하면 다음과 같다.

$$A\boldsymbol{v}_1 = \frac{1}{\sqrt{10}}\begin{bmatrix}-3 & 1\\6 & -2\\6 & -2\end{bmatrix}\begin{bmatrix}-3\\1\end{bmatrix} = \frac{1}{\sqrt{10}}\begin{bmatrix}10\\-20\\-20\end{bmatrix}, \quad A\boldsymbol{v}_2 = \frac{1}{\sqrt{10}}\begin{bmatrix}-3 & 1\\6 & -2\\6 & -2\end{bmatrix}\begin{bmatrix}1\\3\end{bmatrix} = \begin{bmatrix}0\\0\\0\end{bmatrix}$$

$$\Rightarrow \|A\boldsymbol{v}_1\| = \sqrt{\frac{1}{10}(10^2 + (-20)^2 + (-20)^2)} = 3\sqrt{10}, \quad \|A\boldsymbol{v}_2\| = 0$$

한편, $A^\top A$의 고윳값이 $90, 0$이므로 A의 특잇값은 $3\sqrt{10}$과 0이다.
따라서 $\|A\boldsymbol{v}_1\|$과 $\|A\boldsymbol{v}_2\|$는 A의 특잇값과 같다.

정리 11-3 특잇값 분해의 존재

$m \times n$ 행렬 A의 특잇값 분해 $A = U\Sigma V^\top$는 항상 존재한다.

증명

$m \times n$ 행렬 A에 대하여, $A^\top A$는 대칭행렬이므로 직교 대각화 가능하다. $A^\top A$의 고윳값 $\lambda_i = \sigma_i^2$과 $\|\boldsymbol{v}_i\| = 1$인 고유벡터 $\boldsymbol{v}_i (i = 1, \cdots, n)$가 존재한다.

$\text{rank}(A^\top A) = r$이라면 r개의 0이 아닌 고윳값 $\lambda_i = \sigma_i^2$과 고유벡터 $\boldsymbol{v}_i (i = 1, \cdots, r)$가 다음과 같이 존재한다.

$$A^\top A\boldsymbol{v}_1 = \sigma_1^2\boldsymbol{v}_1, \quad \cdots, \quad A^\top A\boldsymbol{v}_r = \sigma_r^2\boldsymbol{v}_r$$

한편, 고윳값 0에 대한 $n - r$개의 고유벡터도 다음과 같이 존재한다.

$$A^\top A\boldsymbol{v}_{r+1} = \mathbf{0}, \quad \cdots, \quad A^\top A\boldsymbol{v}_n = \mathbf{0}$$

0이 아닌 고윳값 $\lambda_i = \sigma_i^2$과 고유벡터 $\boldsymbol{v}_i (i = 1, \cdots, r)$에 대해 r개의 벡터 $\boldsymbol{u}_i$를 다음과 같이 정의하자.

$$\boldsymbol{u}_i = \frac{1}{\sigma_i}A\boldsymbol{v}_i \quad (i = 1, \cdots, r)$$

한편, $\{\boldsymbol{u}_1, \boldsymbol{u}_2, \cdots, \boldsymbol{u}_r\}$은 [정리 11-2]에 의해 다음과 같이 서로 직교하며 크기가 1이다.

$$\boldsymbol{u}_i \cdot \boldsymbol{u}_j = \frac{1}{\sigma_i}(A\boldsymbol{v}_i) \cdot \frac{1}{\sigma_j}(A\boldsymbol{v}_j) = \frac{1}{\sigma_i \sigma_j}\boldsymbol{v}_i^\top A^\top A\boldsymbol{v}_j = \frac{\sigma_j^2}{\sigma_i \sigma_j}\boldsymbol{v}_i^\top \boldsymbol{v}_j$$

즉, $i = j$일 때, $\boldsymbol{u}_i \cdot \boldsymbol{u}_j = \boldsymbol{v}_i \cdot \boldsymbol{v}_j = 1$이고, 따라서 $\|\boldsymbol{u}_i\| = 1\,(i = 1, \cdots, r)$이다. 또한 $i \neq j$일 때, $\boldsymbol{u}_i \cdot \boldsymbol{u}_j = 0$이다. $\boldsymbol{u}_i = \dfrac{1}{\sigma_i}A\boldsymbol{v}_i\,(i = 1, \cdots, r)$로부터 $A\boldsymbol{v}_i = \sigma_i \boldsymbol{u}_i$가 성립하고, 이를 행렬방정식으로 표현하면 다음과 같다.

$$\begin{aligned} A\left[\boldsymbol{v}_1 \cdots \ \boldsymbol{v}_r \ \boldsymbol{v}_{r+1} \cdots \boldsymbol{v}_n\right] &= \left[\sigma_1 \boldsymbol{u}_1 \ \cdots \ \sigma_r \boldsymbol{u}_r \ \boldsymbol{0} \ \cdots \ \boldsymbol{0}\right] \\ &= \left[\boldsymbol{u}_1 \ \cdots \ \boldsymbol{u}_r \ \boldsymbol{0} \ \cdots \ \boldsymbol{0}\right] \begin{bmatrix} \sigma_1 & & & 0 & \cdots & 0 \\ & \ddots & & \vdots & \ddots & \vdots \\ & & \sigma_r & 0 & \cdots & 0 \\ 0 & \cdots & 0 & 0 & \cdots & 0 \end{bmatrix} \end{aligned}$$

위 식에서 $\left[\boldsymbol{u}_1 \ \cdots \ \boldsymbol{u}_r \ \boldsymbol{0} \ \cdots \ \boldsymbol{0}\right]$의 열벡터가 $\mathbb{R}^m$ 공간을 생성하도록 $\boldsymbol{u}_1, \cdots, \boldsymbol{u}_r$에 그람-슈미트 과정을 적용하면 추가로 $\boldsymbol{u}_{r+1}, \cdots, \boldsymbol{u}_m$을 만들 수 있다. $\boldsymbol{u}_1, \cdots, \boldsymbol{u}_r$, $\boldsymbol{u}_{r+1}, \cdots, \boldsymbol{u}_m$을 열벡터로 하는 행렬 $\left[\boldsymbol{u}_1 \ \cdots \ \boldsymbol{u}_r \ \ \boldsymbol{u}_{r+1} \cdots \ \boldsymbol{u}_m\right]$을 만들어서 $\left[\boldsymbol{u}_1 \ \cdots \ \boldsymbol{u}_r \ \boldsymbol{0} \ \cdots \ \boldsymbol{0}\right]$ 대신 넣어도 다음 관계는 성립한다.

$$A\left[\boldsymbol{v}_1 \cdots \ \boldsymbol{v}_r \ \boldsymbol{v}_{r+1} \cdots \boldsymbol{v}_n\right] = \left[\boldsymbol{u}_1 \ \cdots \ \boldsymbol{u}_r \ \boldsymbol{u}_{r+1} \ \cdots \ \boldsymbol{u}_m\right] \begin{bmatrix} \sigma_1 & & & 0 & \cdots & 0 \\ & \ddots & & \vdots & \ddots & \vdots \\ & & \sigma_r & 0 & \cdots & 0 \\ 0 & \cdots & 0 & 0 & \cdots & 0 \end{bmatrix}$$

위 행렬방정식에서 $\boldsymbol{u}_i\,(i = 1, \cdots, m)$를 **좌특이벡터**left singular vector, $\boldsymbol{v}_i\,(i = 1, \cdots, n)$를 **우특이벡터**right singular vector라 한다. 좌특이벡터와 우특이벡터를 통틀어 **특이벡터**singular vector라 한다.

$$V = \left[\boldsymbol{v}_1 \cdots \ \boldsymbol{v}_r \ \boldsymbol{v}_{r+1} \cdots \boldsymbol{v}_n\right]$$
$$U = \left[\boldsymbol{u}_1 \ \cdots \ \boldsymbol{u}_r \ \boldsymbol{u}_{r+1} \ \cdots \ \boldsymbol{u}_m\right]$$
$$\Sigma = \begin{bmatrix} \sigma_1 & & & 0 & \cdots & 0 \\ & \ddots & & \vdots & \ddots & \vdots \\ & & \sigma_r & 0 & \cdots & 0 \\ 0 & \cdots & 0 & 0 & \cdots & 0 \end{bmatrix}$$

이라 하면, 위 행렬방정식은 $AV = U\Sigma$가 된다. 여기에서 V는 $A^\top A$로부터 만들어진 직교행렬이고, U는 고윳값이 0이 아닌 V의 고유벡터에 대한 그람-슈미트 과정으로 구성한 직교행렬이다. Σ는 $A^\top A$로부터 구한 A의 특잇값으로 구성한 행렬이다. 따라서 $AV = U\Sigma$로부터 $A = U\Sigma V^\top$를 얻는다. 따라서 임의의 $m \times n$ 행렬 A의 특잇값 분해 $A = U\Sigma V^\top$는 항상 존재한다.

■

예제 11-4 특잇값 분해

다음 행렬 A를 특잇값 분해하라.

$$A=\begin{bmatrix}1&-1\\-2&2\\2&-2\end{bmatrix}$$

> **Tip** [정리 11-3]의 증명 과정에 따라 특잇값 분해한다.

풀이

$A^\top A=\begin{bmatrix}9&-9\\-9&9\end{bmatrix}$이므로, $A^\top A$의 고윳값과 고유벡터는 다음과 같다.

$$\lambda_1=18,\ \boldsymbol{v}_1=\begin{bmatrix}1/\sqrt{2}\\-1/\sqrt{2}\end{bmatrix}\qquad \lambda_2=0,\ \boldsymbol{v}_2=\begin{bmatrix}1/\sqrt{2}\\1/\sqrt{2}\end{bmatrix}$$

따라서 $A^\top A$로부터 직교행렬 V를 구하면, $V=[\boldsymbol{v}_1\ \boldsymbol{v}_2]=\begin{bmatrix}1/\sqrt{2}&1/\sqrt{2}\\-1/\sqrt{2}&1/\sqrt{2}\end{bmatrix}$이다.

한편 $\sigma_1=\sqrt{18}$, $\sigma_2=0$이므로, $\Sigma=\begin{bmatrix}\sqrt{18}&0\\0&0\\0&0\end{bmatrix}$이다. $A\boldsymbol{v}_i=\sigma_i\boldsymbol{u}_i$의 관계를 이용하여 $\boldsymbol{u}_i$를 계산한다.

$$A\boldsymbol{v}_1=\begin{bmatrix}2/\sqrt{2}\\-4/\sqrt{2}\\4/\sqrt{2}\end{bmatrix}\quad\Rightarrow\quad \boldsymbol{u}_1=A\boldsymbol{v}_1/\sigma_1=\begin{bmatrix}1/3\\-2/3\\2/3\end{bmatrix}$$

$$A\boldsymbol{v}_2=\begin{bmatrix}0\\0\\0\end{bmatrix}\quad\Rightarrow\quad \text{영벡터이므로 } \boldsymbol{u}_2\text{를 구할 수 없다.}$$

직교기저를 구성하기 위해 필요한 나머지 직교벡터는 그람-슈미트 과정을 통해 만든다. $\boldsymbol{u}_1$과 직교하는 즉, $\boldsymbol{u}_1\cdot\boldsymbol{w}_i=0\,(i=1,2)$인 두 벡터 $\boldsymbol{w}_2$, $\boldsymbol{w}_3$를 다음과 같이 무작위로 선택한다.

$$\boldsymbol{w}_2=\begin{bmatrix}2\\1\\0\end{bmatrix},\ \boldsymbol{w}_3=\begin{bmatrix}-2\\0\\1\end{bmatrix}$$

$\boldsymbol{w}_2$와 $\boldsymbol{w}_3$에 그람-슈미트 과정을 적용하여 다음과 같이 직교벡터 $\boldsymbol{u}_2$, $\boldsymbol{u}_3$를 만든다.

$$\boldsymbol{u}_2=\frac{\boldsymbol{w}_2}{\|\boldsymbol{w}_2\|}=\begin{bmatrix}2/\sqrt{5}\\1/\sqrt{5}\\0\end{bmatrix}$$

$$\boldsymbol{u}_3{}'=\boldsymbol{w}_3-(\boldsymbol{w}_3\cdot\boldsymbol{u}_2)\boldsymbol{u}_2=\begin{bmatrix}-2\\0\\1\end{bmatrix}-\left(\frac{-4}{\sqrt{5}}\right)\begin{bmatrix}2/\sqrt{5}\\1/\sqrt{5}\\0\end{bmatrix}=\begin{bmatrix}-2/5\\4/5\\1\end{bmatrix}$$

$$\boldsymbol{u}_3=\frac{\boldsymbol{u}'_3}{\|\boldsymbol{u}'_3\|}=\begin{bmatrix}-2/\sqrt{45}\\4/\sqrt{45}\\5/\sqrt{45}\end{bmatrix}$$

따라서 $U = [\boldsymbol{u}_1\ \boldsymbol{u}_2\ \boldsymbol{u}_3] = \begin{bmatrix} 1/3 & 2/\sqrt{5} & -2/\sqrt{45} \\ -2/3 & 1/\sqrt{5} & 4/\sqrt{45} \\ 2/3 & 0 & 5/\sqrt{45} \end{bmatrix}$ 이다.

그러므로 $A = U\Sigma V^\top = \begin{bmatrix} 1/3 & 2/\sqrt{5} & -2/\sqrt{45} \\ -2/3 & 1/\sqrt{5} & 4/\sqrt{45} \\ 2/3 & 0 & 5/\sqrt{45} \end{bmatrix} \begin{bmatrix} \sqrt{18} & 0 \\ 0 & 0 \\ 0 & 0 \end{bmatrix} \begin{bmatrix} 1/\sqrt{2} & -1/\sqrt{2} \\ 1/\sqrt{2} & 1/\sqrt{2} \end{bmatrix}$ 이다.

정리 11-4 특잇값 분해 계산

$m \times n$ 행렬 A의 특잇값 분해 $A = U\Sigma V^\top$에서 V는 $A^\top A$의 고유벡터로 구성한 직교행렬, Σ는 A의 특잇값으로 주대각 성분을 구성한 직사각 대각행렬, U는 $AA^\top$의 고유벡터로 구성한 직교행렬과 같다.

예제 11-5 특잇값 분해

다음 행렬 A를 특잇값 분해하라.

$$A = \begin{bmatrix} 0 & 1 & 0 & 0 \\ 0 & 0 & 2 & 0 \\ 0 & 0 & 0 & 3 \\ 0 & 0 & 0 & 0 \end{bmatrix}$$

Tip
[정리 11-4]에 따라 특잇값 분해한다.

풀이

$A^\top A$와 $AA^\top$를 구하면 다음과 같다.

$$A^\top A = \begin{bmatrix} 0 & 0 & 0 & 0 \\ 0 & 1 & 0 & 0 \\ 0 & 0 & 4 & 0 \\ 0 & 0 & 0 & 9 \end{bmatrix} \qquad AA^\top = \begin{bmatrix} 1 & 0 & 0 & 0 \\ 0 & 4 & 0 & 0 \\ 0 & 0 & 9 & 0 \\ 0 & 0 & 0 & 0 \end{bmatrix}$$

$A^\top A$의 특성방정식이 $\det(\lambda I - A^\top A) = \lambda(\lambda-1)(\lambda-4)(\lambda-9) = 0$이므로 $A^\top A$의 고윳값은 $9, 4, 1, 0$이다. $A^\top A$의 고윳값에 대응하는 고유벡터는 다음과 같다.

$$\lambda_1 = 9,\ \boldsymbol{v}_1 = \begin{bmatrix} 0 \\ 0 \\ 0 \\ 1 \end{bmatrix} \qquad \lambda_2 = 4,\ \boldsymbol{v}_2 = \begin{bmatrix} 0 \\ 0 \\ 1 \\ 0 \end{bmatrix}$$

$$\lambda_3 = 1,\ \boldsymbol{v}_3 = \begin{bmatrix} 0 \\ 1 \\ 0 \\ 0 \end{bmatrix} \qquad \lambda_4 = 0,\ \boldsymbol{v}_4 = \begin{bmatrix} 1 \\ 0 \\ 0 \\ 0 \end{bmatrix}$$

앞에서 구한 고유벡터들을 열벡터로 하는 행렬 V는 다음과 같다.

$$V = \begin{bmatrix} 0 & 0 & 0 & 1 \\ 0 & 0 & 1 & 0 \\ 0 & 1 & 0 & 0 \\ 1 & 0 & 0 & 0 \end{bmatrix}$$

$AA^\top$의 특성방정식이 $\det(\lambda I - AA^\top) = \lambda(\lambda-1)(\lambda-4)(\lambda-9) = 0$이므로 $AA^\top$의 고윳값은 $9, 4, 1, 0$이다. $AA^\top$의 고윳값에 대응하는 고유벡터는 다음과 같다.

$$\lambda_1 = 9,\ \boldsymbol{u}_1 = \begin{bmatrix} 0 \\ 0 \\ 1 \\ 0 \end{bmatrix} \qquad \lambda_2 = 4,\ \boldsymbol{u}_2 = \begin{bmatrix} 0 \\ 1 \\ 0 \\ 0 \end{bmatrix}$$

$$\lambda_3 = 1,\ \boldsymbol{u}_3 = \begin{bmatrix} 1 \\ 0 \\ 0 \\ 0 \end{bmatrix} \qquad \lambda_4 = 0,\ \boldsymbol{u}_4 = \begin{bmatrix} 0 \\ 0 \\ 0 \\ 1 \end{bmatrix}$$

이 고유벡터들을 열벡터로 하는 행렬 U는 다음과 같다.

$$U = \begin{bmatrix} 0 & 0 & 1 & 0 \\ 0 & 1 & 0 & 0 \\ 1 & 0 & 0 & 0 \\ 0 & 0 & 0 & 1 \end{bmatrix}$$

$A^\top A$의 고윳값의 양의 제곱근으로 구성되는 Σ는 다음과 같다.

$$\Sigma = \begin{bmatrix} 3 & 0 & 0 & 0 \\ 0 & 2 & 0 & 0 \\ 0 & 0 & 1 & 0 \\ 0 & 0 & 0 & 0 \end{bmatrix}$$

따라서 A의 특잇값 분해 결과는 다음과 같다.

$$A = U\Sigma V^\top = \begin{bmatrix} 0 & 0 & 1 & 0 \\ 0 & 1 & 0 & 0 \\ 1 & 0 & 0 & 0 \\ 0 & 0 & 0 & 1 \end{bmatrix} \begin{bmatrix} 3 & 0 & 0 & 0 \\ 0 & 2 & 0 & 0 \\ 0 & 0 & 1 & 0 \\ 0 & 0 & 0 & 0 \end{bmatrix} \begin{bmatrix} 0 & 0 & 0 & 1 \\ 0 & 0 & 1 & 0 \\ 0 & 1 & 0 & 0 \\ 1 & 0 & 0 & 0 \end{bmatrix}$$

정리 11-5 복수의 특잇값 분해 존재 가능성

증명

$m \times n$ 행렬 A의 특잇값 분해 $A = U\Sigma V^\top$에서 Σ는 유일하지만 U와 V는 여러 개 존재할 수 있다. 즉, A의 특잇값 분해는 유일하지 않다.

정리 11-6 특잇값 분해와 행렬의 계수

증명

$m \times n$ 행렬 A를 $A = U\Sigma V^\top$로 특잇값 분해할 때, A의 계수는 A의 0이 아닌 특잇값 개수이다. 이때 동일한 특잇값은 중복해서 세어야 한다.

예제 11-6 특잇값 분해와 행렬의 계수

특잇값 분해를 이용하여 다음 행렬 A의 계수를 구하라.

Tip
[정리 11-6]을 이용하여 계수를 구한다.

$$A = \begin{bmatrix} 0 & 1 & 0 & 0 \\ 0 & 0 & 2 & 0 \\ 0 & 0 & 0 & 3 \\ 0 & 0 & 0 & 0 \end{bmatrix}$$

풀이

[예제 11-5]에서 A를 특잇값 분해한 결과는 다음과 같다.

$$A = U\Sigma V^\top = \begin{bmatrix} 0 & 0 & 1 & 0 \\ 0 & 1 & 0 & 0 \\ 1 & 0 & 0 & 0 \\ 0 & 0 & 0 & 1 \end{bmatrix} \begin{bmatrix} 3 & 0 & 0 & 0 \\ 0 & 2 & 0 & 0 \\ 0 & 0 & 1 & 0 \\ 0 & 0 & 0 & 0 \end{bmatrix} \begin{bmatrix} 0 & 0 & 0 & 1 \\ 0 & 0 & 1 & 0 \\ 0 & 1 & 0 & 0 \\ 1 & 0 & 0 & 0 \end{bmatrix}$$

Σ에서 A의 0이 아닌 특잇값은 3, 2, 1로 3개이다. [정리 11-6]에 따르면 A의 계수는 특잇값 개수와 같다. 따라서 A의 계수는 3이다.

정리 11-7 특잇값 분해의 행렬 전개

$m \times n$ 행렬 A를 $A = U\Sigma V^\top$로 특잇값 분해할 때, A는 다음과 같이 표현할 수 있다.

$$A = U\Sigma V^\top = \sum_{i=1}^{r} \sigma_i \boldsymbol{u}_i \boldsymbol{v}_i^\top$$

여기에서 r은 A의 계수이다.

증명

$$A = [\boldsymbol{u}_1\ \boldsymbol{u}_2 \cdots\ \boldsymbol{u}_m] \begin{bmatrix} \sigma_1 & & & 0 & \cdots & 0 \\ & \ddots & & \vdots & \ddots & \vdots \\ & & \sigma_r & 0 & \cdots & 0 \\ 0 & \cdots & 0 & 0 & \cdots & 0 \end{bmatrix} \begin{bmatrix} \boldsymbol{v}_1^\top \\ \boldsymbol{v}_2^\top \\ \vdots \\ \boldsymbol{v}_n^\top \end{bmatrix}$$

$$= \sigma_1 \boldsymbol{u}_1 \boldsymbol{v}_1^\top + \cdots + \sigma_r \boldsymbol{u}_r \boldsymbol{v}_r^\top + 0 + \cdots + 0$$

그러므로 $A = \sum_{i=1}^{r} \sigma_i \boldsymbol{u}_i \boldsymbol{v}_i^\top$ 이다.

■

[정리 11-7]에서 $\boldsymbol{u}_i = \begin{bmatrix} u_{1i} \\ u_{2i} \\ \vdots \\ u_{mi} \end{bmatrix}$ 이고 $\boldsymbol{v}_j = \begin{bmatrix} v_{1j} \\ v_{2j} \\ \vdots \\ v_{nj} \end{bmatrix}$ 라고 할 때,

$\boldsymbol{u}_i\boldsymbol{v}_j^\top = \begin{bmatrix} u_{1i}v_{1j} & u_{1i}v_{2j} & \cdots & u_{1i}v_{nj} \\ u_{2i}v_{1j} & u_{2i}v_{2j} & \cdots & u_{2i}v_{nj} \\ \vdots & \vdots & \ddots & \vdots \\ u_{mi}v_{1j} & u_{mi}v_{2j} & \cdots & u_{mi}v_{nj} \end{bmatrix}$ 이므로, $\boldsymbol{u}_i\boldsymbol{v}_j^\top$ 의 각 행은 $\boldsymbol{v}_j^\top$ 의 스칼라배이다. 따라서 $\boldsymbol{u}_i\boldsymbol{v}_j^\top$ 는 계수가 1인 행렬이다. 그러므로 [정리 11-7]은 특잇값 분해를 통해 주어진 행렬을 계수 1인 행렬의 합으로 표현할 수 있음을 의미한다.

예제 11-7 특잇값 분해의 행렬 전개

다음 행렬 A를 계수 1인 행렬의 합으로 표현하라.

$$A = \begin{bmatrix} 6 & 2 \\ -7 & 6 \end{bmatrix}$$

> **Tip** [정리 11-4]와 [정리 11-7]을 이용한다.

풀이

[정리 11-4]를 이용하여 A를 특잇값 분해하면 다음과 같다.

$$A = U\Sigma V^\top = \left(\frac{1}{\sqrt{5}}\begin{bmatrix} 1 & 2 \\ -2 & 1 \end{bmatrix}\right)\begin{bmatrix} 10 & 0 \\ 0 & 5 \end{bmatrix}\left(\frac{1}{\sqrt{5}}\begin{bmatrix} 2 & -1 \\ 1 & 2 \end{bmatrix}\right)$$

[정리 11-7]에 따르면 다음과 같이 $A = \sigma_1\boldsymbol{u}_1\boldsymbol{v}_1^\top + \sigma_2\boldsymbol{u}_2\boldsymbol{v}_2^\top$ 형태로 나타낼 수 있다.

$$A = \frac{10}{5}\begin{bmatrix} 1 \\ -2 \end{bmatrix}[2\ \ -1] + \frac{5}{5}\begin{bmatrix} 2 \\ 1 \end{bmatrix}[1\ \ 2] = \begin{bmatrix} 4 & -2 \\ -8 & 4 \end{bmatrix} + \begin{bmatrix} 2 & 4 \\ 1 & 2 \end{bmatrix}$$

정리 11-8 복소행렬의 특잇값 분해

$m \times n$ 복소행렬 A는 $A = U\Sigma V^H$로 특잇값 분해할 수 있다. 여기서 U는 $m \times m$ 유니타리 행렬, V^H는 $n \times n$ 유니타리 행렬의 켤레전치행렬, Σ는 주대각 성분에 A의 특잇값을 큰 것부터 차례대로 넣은 $m \times n$ 직사각 대각행렬이다.

[정리 11-3]의 증명에서 직교행렬은 유니타리 행렬, 전치행렬은 켤레전치행렬로 대체하면, 복소행렬의 특잇값 분해가 존재함을 보일 수 있다.

Note 복소행렬 A에 대해 $\boldsymbol{x}^H A^H A\boldsymbol{x} = (A\boldsymbol{x})^H(A\boldsymbol{x}) \geq 0$이므로, A^HA는 양의 준정부호 행렬이다. 따라서 A^HA의 고윳값은 0 이상이다. 그러므로 A^HA의 고윳값의 양의 제곱근인 A의 특잇값은 0 이상의 실수이다. 즉, 복소행렬 A의 특잇값 분해 $A = U\Sigma V^H$에서 Σ의 주대각 성분은 0 이상의 실수이다.

SECTION 11.2 특잇값 분해의 응용

특잇값 분해는 다양한 분야에 응용된다. 이 절에서는 데이터의 저장 공간을 줄이는 데이터 압축, 정방행렬이 아닌 행렬에 대해 역행렬의 역할을 하는 의사 역행렬, 정보 검색에서 사용하는 잠재적 의미 지수화, 주성분 분석, 영상의 투영변환에 대한 호모그래피 등에 특잇값 분해가 응용되는 사례를 소개한다.

낮은 계수 근사와 데이터 압축

행렬 A를 특잇값 분해하면 $A = U\Sigma V^\top$로 표현할 수 있다. 또한 [정리 11-7]에 의해 행렬 A를 $A = \sum_{i=1}^{r} \sigma_i \boldsymbol{u}_i \boldsymbol{v}_i^\top$로 표현할 수 있다. 이는 A를 r개 행렬의 합으로 표현함을 의미한다. 특잇값 분해에서 특잇값은 $\sigma_1 \geq \sigma_2 \geq \cdots \geq \sigma_r > 0$ 순으로 지정되므로, $\sum_{i=1}^{r} \sigma_i \boldsymbol{u}_i \boldsymbol{v}_i^\top$에서 뒤쪽에 더해지는 행렬일수록 σ_i 값이 작아져 행렬에 미치는 영향력이 작다.

정의 11-3 낮은 계수 근사

계수가 r인 $m \times n$ 행렬 A를 k개($k < r$)의 특잇값만 고려하는 $\hat{A}_k = \sum_{i=1}^{k} \sigma_i \boldsymbol{u}_i \boldsymbol{v}_i^\top \approx A$로 표현하는 것을 **낮은 계수 근사** low rank approximation라고 한다.

낮은 계수 근사는 [그림 11-3]에서 네모 표시된 부분을 고려하지 않으므로 해당 부분을 제거하는 효과가 있다.

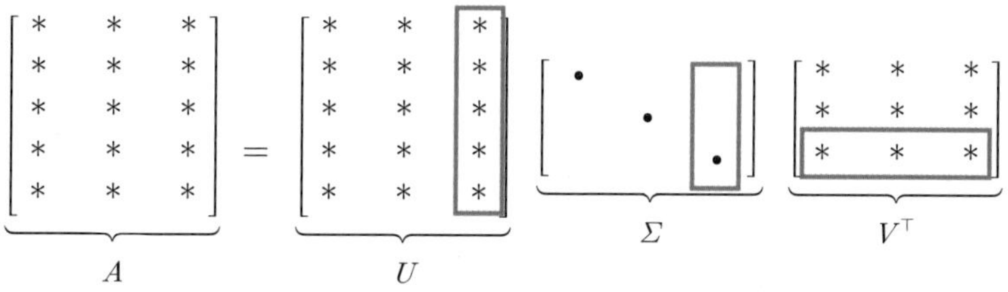

$$\underbrace{\begin{bmatrix} * & * & * \\ * & * & * \\ * & * & * \\ * & * & * \\ * & * & * \end{bmatrix}}_{A} = \underbrace{\begin{bmatrix} * & * & * \\ * & * & * \\ * & * & * \\ * & * & * \\ * & * & * \end{bmatrix}}_{U} \underbrace{\begin{bmatrix} \bullet & & \\ & \bullet & \\ & & \bullet \end{bmatrix}}_{\Sigma} \underbrace{\begin{bmatrix} * & * & * \\ * & * & * \\ * & * & * \end{bmatrix}}_{V^\top}$$

[그림 11-3] 특잇값 분해에서의 낮은 계수 근사

예제 11-8 행렬의 낮은 계수 근사

다음 행렬 A를 영향력이 큰 2개의 특잇값만을 고려한 낮은 계수 근사로 표현하라.

> **Tip**
> [정리 11-4], [정리 11-7], [정의 11-3]을 이용한다.

$$A=\begin{bmatrix}1&0&0&0&2\\0&0&3&0&0\\0&0&0&0&0\\0&4&0&0&0\end{bmatrix}$$

풀이

[정리 11-4]를 이용해 A를 특잇값 분해하면 다음과 같다.

$$A=U\Sigma V^{\top}=\begin{bmatrix}0&0&1&0\\0&1&0&0\\0&0&0&-1\\1&0&0&0\end{bmatrix}\begin{bmatrix}4&0&0&0&0\\0&3&0&0&0\\0&0&\sqrt{5}&0&0\\0&0&0&0&0\end{bmatrix}\begin{bmatrix}0&1&0&0&0\\0&0&1&0&0\\\sqrt{0.2}&0&0&0&\sqrt{0.8}\\0&0&0&1&0\\-\sqrt{0.8}&0&0&0&\sqrt{0.2}\end{bmatrix}$$

[정리 11-7]에 따라 A를 $A=\sum_{i=1}^{r}\sigma_i\boldsymbol{u}_i\boldsymbol{v}_i^{\top}$ 형태로 표현하면 다음과 같다.

$$A=4\begin{bmatrix}0\\0\\0\\1\end{bmatrix}[0\,1\,0\,0\,0]+3\begin{bmatrix}0\\1\\0\\0\end{bmatrix}[0\,0\,1\,0\,0]+\sqrt{5}\begin{bmatrix}1\\0\\0\\0\end{bmatrix}[\sqrt{0.2}\,0\,0\,0\,\sqrt{0.8}]+0\begin{bmatrix}0\\0\\-1\\0\end{bmatrix}[0\,0\,0\,1\,0]$$

위 식에서 특잇값은 $4, 3, \sqrt{5}, 0$이므로, [정의 11-3]에 따라 영향력이 상대적으로 작은 특잇값 $\sqrt{5}$와 0은 무시하고, 2개의 특잇값 4와 3만 고려하여 A를 근사하여 표현하면 다음과 같다.

$$\hat{A}_2=4\begin{bmatrix}0\\0\\0\\1\end{bmatrix}[0\,1\,0\,0\,0]+3\begin{bmatrix}0\\1\\0\\0\end{bmatrix}[0\,0\,1\,0\,0]$$

위의 $\hat{A}_2$을 행렬 곱 형태로 나타내면 다음과 같다.

$$\hat{A}_2=\begin{bmatrix}0&0\\0&1\\0&0\\1&0\end{bmatrix}\begin{bmatrix}4&0\\0&3\end{bmatrix}\begin{bmatrix}0&1&0&0&0\\0&0&1&0&0\end{bmatrix}=\begin{bmatrix}0&0&0&0&0\\0&0&3&0&0\\0&0&0&0&0\\0&4&0&0&0\end{bmatrix}$$

즉, 특잇값 분해 $A=U\Sigma V^{\top}$에서 U의 왼쪽 열벡터 2개로 구성된 행렬, Σ에서 왼쪽 윗부분의 2×2 부분행렬, $V^{\top}$에서 위쪽 행벡터 2개로 구성된 행렬의 곱으로 표현된다.

영향력이 큰 k개의 특잇값만 고려한다는 것은 계수 k까지 낮은 계수 근사함을 의미한다. 특정 데이터를 나타내는 행렬 A를 원본 그대로 저장하지 않고 특잇값 분해한 후 낮은 계수 근사하여 저장하면 저장 공간을 절약할 수 있다. [그림 11-4]는 600×465 크기의 회색조영상 데이터를 원본으로 저장할 때와 낮은 계수 근사하여 저장할 때의 성분 개수를 나타낸 것이다.

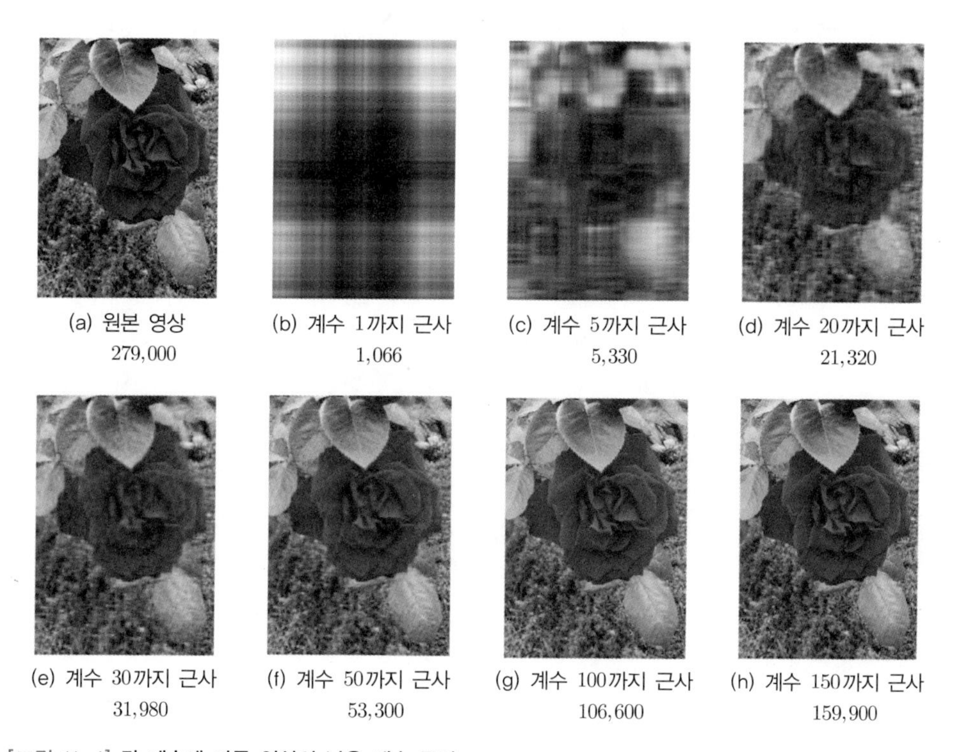

(a) 원본 영상 279,000
(b) 계수 1까지 근사 1,066
(c) 계수 5까지 근사 5,330
(d) 계수 20까지 근사 21,320
(e) 계수 30까지 근사 31,980
(f) 계수 50까지 근사 53,300
(g) 계수 100까지 근사 106,600
(h) 계수 150까지 근사 159,900

[그림 11-4] **각 계수에 따른 영상의 낮은 계수 근사**

[그림 11-4(a)]의 원본 영상은 600×465 행렬로 나타낼 수 있으며, 이 행렬을 특잇값 분해하면 600×600 행렬 U, 600×465 행렬 Σ, 465×465 행렬 $V^{\top}$로 표현된다. [그림 11-4(a)]의 원본 영상 데이터는 $600 \times 465 = 279{,}000$개의 성분을 포함한다. [그림 11-4(b)]와 같이 계수 1까지 근사하는 경우 저장되는 성분은 $600 \times 1 + 1 + 465 \times 1 = 1{,}066$개이다. [그림 11-4(c)]와 같이 계수 5까지 근사하는 경우 저장되는 성분은 $600 \times 5 + 5 + 465 \times 5 = 5{,}330$개이다. [그림 11-4(h)]와 같이 계수 150까지 근사하는 경우 저장되는 성분은 $600 \times 150 + 150 + 465 \times 150 = 159{,}900$개이다. [그림 11-4]에서 보는 바와 같이 많은 수의 계수로 근사할수록 원본에 가까워지며 저장해야 하는 성분 개수는 증가한다. [그림 11-4(f)]의 영상은 [그림 11-4(a)]의 원본과 유사하지만 성분 개수는 원본의 $53{,}300/279{,}000 \times 100 \approx 19.10\%$에 불과하다. 이와 같이 특잇값 분해를 이용하여 데이터를 압축할 수 있다.

정의 11-4 프로베니우스 노름

$m \times n$ 행렬 $A = [a_{ij}]$의 **프로베니우스 노름** Frobenius norm은 $\|A\|_F = \sqrt{\sum_{i=1}^{m}\sum_{j=1}^{n} a_{ij}^2}$ 이다.

$B = A^\top A = [b_{ij}]$ 라고 할 때, B의 각 성분은 $b_{ij} = \sum_{k=1}^{m} a_{ki}a_{kj}$이다. 따라서 $tr(A^\top A) = \sum_{p=1}^{n} b_{pp} = \sum_{i=1}^{m}\sum_{j=1}^{n} a_{ij}^2$이다. 그러므로 프로베니우스 노름은 $\|A\|_F = \sqrt{tr(A^\top A)}$ 로도 표현할 수 있다.

예를 들어, 행렬 $A = \begin{bmatrix} 1 & 2 \\ 3 & 4 \end{bmatrix}$에 대한 프로베니우스 노름 $\|A\|_F$는 다음과 같이 계산된다.

$$\|A\|_F = \sqrt{1^2 + 2^2 + 3^2 + 4^2} = \sqrt{30}$$

정리 11-9 낮은 계수 근사의 오차

계수가 r인 $m \times n$ 행렬 A를 $\widehat{A}_k = \sum_{i=1}^{k} \sigma_i \boldsymbol{u}_i \boldsymbol{v}_i^\top \ (k < r)$로 표현하는 낮은 계수 근사를 할 때 오차는 $\|A - \widehat{A}_k\|_F^2 = \sum_{i=k+1}^{r} \sigma_i^2$이다.

증명

$$\begin{aligned}
\|A - \widehat{A}_k\|_F^2 &= tr\left((A - \widehat{A}_k)^\top (A - \widehat{A}_k)\right) \\
&= tr\left((U\Sigma V^\top - U_k \Sigma_k V_k^\top)^\top (U\Sigma V^\top - U_k \Sigma_k V_k^\top)\right) \\
&= tr\left((U\Sigma V^\top - U\Sigma_k V^\top)^\top (U\Sigma V^\top - U\Sigma_k V^\top)\right) \\
&\qquad\qquad (\because U_k\Sigma_k V_k^\top = U\Sigma_k V^\top) \\
&= tr\left(V(\Sigma - \Sigma_k)^\top U^\top U(\Sigma - \Sigma_k) V^\top\right) \\
&= tr\left(V(\Sigma - \Sigma_k)^\top (\Sigma - \Sigma_k) V^\top\right) \\
&= tr\left(V^\top V(\Sigma - \Sigma_k)^\top (\Sigma - \Sigma_k)\right) \quad (\because tr(BC) = tr(CB)) \\
&= tr\left((\Sigma - \Sigma_k)^\top (\Sigma - \Sigma_k)\right) \\
&= \sum_{i=k+1}^{r} \sigma_i^2
\end{aligned}$$

■

예제 11-9 낮은 계수 근사의 오차

다음 행렬 A를 계수 2까지만 고려하여 낮은 계수 근사로 표현할 때 발생하는 오차를 구하라.

> **Tip**
> [정의 11-4] 또는 [정리 11-9]를 이용한다.

$$A=\begin{bmatrix}1&0&0&0&2\\0&0&3&0&0\\0&0&0&0&0\\0&4&0&0&0\end{bmatrix}$$

풀이

[예제 11-8]에서 구한 A를 계수 2까지만 고려하여 근사한 행렬 $\hat{A}_2$은 다음과 같다.

$$\hat{A}_2=\begin{bmatrix}0&0&0&0&0\\0&0&3&0&0\\0&0&0&0&0\\0&4&0&0&0\end{bmatrix}$$

[정의 11-4]를 이용하여 A와 $\hat{A}_2$ 사이의 오차인 $\|A-\hat{A}_2\|_F^2$을 계산하면 다음과 같다.

$$A-\hat{A}_2=\begin{bmatrix}1&0&0&0&2\\0&0&3&0&0\\0&0&0&0&0\\0&4&0&0&0\end{bmatrix}-\begin{bmatrix}0&0&0&0&0\\0&0&3&0&0\\0&0&0&0&0\\0&4&0&0&0\end{bmatrix}=\begin{bmatrix}1&0&0&0&2\\0&0&0&0&0\\0&0&0&0&0\\0&0&0&0&0\end{bmatrix}$$

$$\Rightarrow \|A-\hat{A}_2\|_F^2=1^2+2^2=5$$

한편, 낮은 계수 근사를 하면서 포함되지 않는 특잇값이 $\sqrt{5}$와 0이므로, [정리 11-9]에 따라 두 값을 제곱을 해서 $(\sqrt{5})^2+0^2=5$로 오차를 구할 수도 있다.

의사 역행렬과 행렬방정식의 최소제곱해

의사 역행렬은 정방행렬이 아닌 행렬에 대해 역행렬의 역할을 하는 것으로, 정방행렬의 역행렬을 확장한 개념이다. 의사 역행렬은 특잇값 분해를 이용하여 다음과 같이 정의한다.

정의 11-5 의사 역행렬

$m \times n$ 행렬 A를 특잇값 분해하여 $A = U\Sigma V^\top$로 표현할 때, A의 **의사 역행렬** pseudo-inverse은 다음과 같이 정의한다.

$$A^+ = V\Sigma^+ U^\top$$

여기서 Σ^+는 $\sigma_i > 0$에 대해 다음과 같이 정의된 $n \times m$ 행렬이다.

$$\Sigma^+ = diag(1/\sigma_1, \cdots, 1/\sigma_r, 0, \cdots, 0)$$

의사 역행렬을 **무어-펜로즈** Moore-Penrose **의사 역행렬**이라고도 한다.

예제 11-10 의사 역행렬

다음 행렬 A의 의사 역행렬을 구하라.

$$A = \begin{bmatrix} -1 & 1 & 0 \\ 0 & -1 & 1 \end{bmatrix}$$

Tip
[정의 11-5]를 이용한다.

풀이

[정리 11-4]를 이용해 A를 $A = U\Sigma V^\top$로 특잇값 분해하면, 곱해진 행렬은 다음과 같다.

$$U = \frac{1}{\sqrt{2}}\begin{bmatrix} -1 & 1 \\ 1 & 1 \end{bmatrix} \qquad \Sigma = \begin{bmatrix} \sqrt{3} & 0 & 0 \\ 0 & 1 & 0 \end{bmatrix} \qquad V = \begin{bmatrix} \frac{1}{\sqrt{6}} & -\frac{1}{\sqrt{2}} & \frac{1}{\sqrt{3}} \\ -\frac{2}{\sqrt{6}} & 0 & \frac{1}{\sqrt{3}} \\ \frac{1}{\sqrt{6}} & \frac{1}{\sqrt{2}} & \frac{1}{\sqrt{3}} \end{bmatrix}$$

A의 의사 역행렬 $A^+ = V\Sigma^+ U^\top$를 구성하는 Σ^+는 $\Sigma^+ = \begin{bmatrix} 1/\sqrt{3} & 0 \\ 0 & 1 \\ 0 & 0 \end{bmatrix}$이다.

따라서 A^+를 구하면 다음과 같다.

$$A^+ = V\Sigma^+ U^\top = \begin{bmatrix} \frac{1}{\sqrt{6}} & -\frac{1}{\sqrt{2}} & \frac{1}{\sqrt{3}} \\ -\frac{2}{\sqrt{6}} & 0 & \frac{1}{\sqrt{3}} \\ \frac{1}{\sqrt{6}} & \frac{1}{\sqrt{2}} & \frac{1}{\sqrt{3}} \end{bmatrix} \begin{bmatrix} 1/\sqrt{3} & 0 \\ 0 & 1 \\ 0 & 0 \end{bmatrix} \left(\frac{1}{\sqrt{2}}\begin{bmatrix} -1 & 1 \\ 1 & 1 \end{bmatrix} \right) = \begin{bmatrix} -\frac{2}{3} & -\frac{1}{3} \\ \frac{1}{3} & -\frac{1}{3} \\ \frac{1}{3} & \frac{2}{3} \end{bmatrix}$$

의사 역행렬은 다음 [정리 11-10]의 성질을 만족한다.

정리 11-10 의사 역행렬의 성질

$m \times n$ 행렬 A에 대해 의사 역행렬 A^+는 다음 성질을 만족한다.

(1) $AA^+A = A$

(2) $A^+AA^+ = A^+$

(3) $(AA^+)^H = AA^+$

(4) $(A^+A)^H = A^+A$

이들 성질을 **무어-펜로즈 조건**Moore-Penrose condition이라고 한다.

증명

특잇값 분해 $A = U\Sigma V^\top$와 의사 역행렬의 정의에 따른 $A^+ = V\Sigma^+ U^\top$가 있다고 하자. Σ는 $m \times n$ 행렬이고, Σ^+는 Σ의 주대각 성분의 역수를 주대각 성분으로 갖는 $n \times m$ 행렬이므로 $\Sigma\Sigma^+ = I_m$이다. 따라서 AA^+를 계산하면 다음과 같이 $m \times m$ 단위행렬 I_m이다.

$$AA^+ = U\Sigma V^\top V\Sigma^+ U^\top = U\Sigma\Sigma^+ U^\top = UU^\top = I_m$$

마찬가지로 A^+A를 계산하면 다음과 같이 $n \times n$ 단위행렬 I_n이다.

$$A^+A = V\Sigma^+ U^\top U\Sigma V^\top = V\Sigma^+\Sigma V^\top = VV^\top = I_n$$

(1) $AA^+A = AI_n = A$

(2) $A^+AA^+ = A^+I_m = A^+$

(3) 행렬 A는 복소수를 허용하므로, $U^\top$와 $V^\top$ 대신 켤레전치행렬 U^H와 V^H를 사용하여, 복소행렬 A와 의사 역행렬 A^+를 각각 $A = U\Sigma V^H$와 $A^+ = V\Sigma^+ U^H$로 표현한다. 여기에서 AA^+의 켤레전치행렬 $(AA^+)^H$를 전개하면 다음과 같다.

$$\begin{aligned}(AA^+)^H &= (U\Sigma V^H V\Sigma^+ U^H)^H = (U\Sigma\Sigma^+ U^H)^H \\ &= U(\Sigma\Sigma^+)U^H = U\Sigma V^H V\Sigma^+ U^H = AA^+\end{aligned}$$

(4) $$\begin{aligned}(A^+A)^H &= (V\Sigma^+ U^H U\Sigma V^H)^H = (V\Sigma^+\Sigma V^H)^H \\ &= V(\Sigma^+\Sigma)V^H = V\Sigma^+ U^H U\Sigma V^H = A^+A\end{aligned}$$

■

참고 의사 역행렬의 정의

[정의 11-5]에서는 행렬의 특잇값 분해를 이용하여 의사 역행렬을 정의하지만, 원래는 의사 역행렬을 [정리 11-10]의 무어-펜로즈 조건을 만족하는 행렬로 정의한다. 그런데 [정의 11-5]에서 정의한 행렬이 무어-펜로즈 조건을 만족하므로, 의사 역행렬을 [정의 11-5]와 같이 정의할 수 있다.

$m \times n$ 행렬 A의 열벡터가 선형독립이면 A의 계수가 n이므로, [정리 7-25]에 의해 $n \times n$ 행렬 $A^\top A$의 계수가 n이 되어 역행렬이 존재한다. 이 경우 의사 역행렬 A^+는 $A^+ = (A^\top A)^{-1} A^\top$로 계산할 수도 있다. A가 복소행렬인 경우에는 $A^+ = (A^H A)^{-1} A^H$이다. 이렇게 정의된 A^+는 [정리 11-10]을 만족한다.

한편, A의 행벡터가 선형독립이면 $AA^\top$의 역행렬이 존재한다. 이 경우 의사 역행렬 A^+는 $A^+ = A^\top (AA^\top)^{-1}$로 계산할 수 있다. 복소행렬인 경우에는 $A^+ = A^H (AA^H)^{-1}$이다.

영행렬에 대해서도 의사 역행렬은 정의된다. 다음 영행렬 A의 의사 역행렬 A^+는 영행렬이고, [정리 11-10]의 (1), (2)가 성립한다.

$$A = \begin{bmatrix} 0 & 0 \\ 0 & 0 \end{bmatrix}, \ A^+ = \begin{bmatrix} 0 & 0 \\ 0 & 0 \end{bmatrix} \quad \Rightarrow \quad AA^+A = \mathbf{0} = A, \ A^+AA^+ = \mathbf{0} = A^+$$

다음 행렬 B와 의사 역행렬 B^+에 대해 BB^+와 B^+B를 구하면 다음과 같이 서로 다르며 단위행렬도 아니다.

$$B = \begin{bmatrix} 1 & 0 \\ 1 & 0 \end{bmatrix}, \ B^+ = \begin{bmatrix} 0.5 & 0.5 \\ 0 & 0 \end{bmatrix} \quad \Rightarrow \quad BB^+ = \begin{bmatrix} 0.5 & 0.5 \\ 0.5 & 0.5 \end{bmatrix}, \ B^+B = \begin{bmatrix} 1 & 0 \\ 0 & 0 \end{bmatrix}$$

그런데 BB^+와 B^+B를 B 또는 B^+에 곱하면 다음과 같이 단위행렬과 같은 역할을 하며, [정리 11-10]의 (1), (2)가 성립한다.

$$BB^+B = \begin{bmatrix} 1 & 0 \\ 1 & 0 \end{bmatrix} = B, \ B^+BB^+ = \begin{bmatrix} 0.5 & 0.5 \\ 0 & 0 \end{bmatrix} = B^+$$

다른 예로 정방행렬이 아닌 C와 의사 역행렬 C^+의 곱인 CC^+와 C^+C를 구하고, CC^+C와 C^+CC^+를 계산하면 다음과 같다.

$$C = \begin{bmatrix} 1 & 0 \\ 0 & 1 \\ 0 & 1 \end{bmatrix}, \ C^+ = \begin{bmatrix} 1 & 0 & 0 \\ 0 & 0.5 & 0.5 \end{bmatrix} \quad \Rightarrow \quad CC^+ = \begin{bmatrix} 1 & 0 & 0 \\ 0 & 0.5 & 0.5 \\ 0 & 0.5 & 0.5 \end{bmatrix}, \ C^+C = \begin{bmatrix} 1 & 0 \\ 0 & 1 \end{bmatrix}$$

$$\Rightarrow \quad CC^+C = C, \ C^+CC^+ = C^+$$

다음 행렬 D와 의사 역행렬 D^+에 대해 DD^+와 D^+D는 단위행렬이다.

$$D = \begin{bmatrix} 2 & 3 \\ 1 & 2 \end{bmatrix},\ D^+ = \begin{bmatrix} 2 & -3 \\ -1 & 2 \end{bmatrix} \quad \Rightarrow \quad DD^+ = I,\ D^+D = I$$

D와 같이 선형독립인 열벡터로 구성된 정방행렬에서는 의사 역행렬이 역행렬과 같다.

정리 11-11 의사 역행렬의 유일성

행렬의 의사 역행렬은 유일하다.

증명

실수행렬 A, B에 대해 $(AB)^\top = B^\top A^\top$인 것처럼, 복소행렬 A, B에 대해 $(AB)^H = B^H A^H$이다. 복소행렬 A에 대해 두 의사 역행렬 A_1^+와 A_2^+가 있다고 가정하고 AA_1^+를 전개하자.

$$\begin{aligned}
AA_1^+ &= (AA_2^+A)A_1^+ \quad (\because AA_2^+A = A) \\
&= (AA_2^+)(AA_1^+) \\
&= (AA_2^+)^H(AA_1^+) \quad (\because (AA_2^+)^H = AA_2^+) \\
&= (A_2^+)^H(A^H(AA_1^+)^H) \quad (\because (AA_2^+)^H = (A_2^+)^H A^H) \\
&= (A_2^+)^H(AA_1^+A)^H \\
&= (A_2^+)^H A^H \quad (\because AA_1^+A = A) \\
&= (AA_2^+)^H \\
&= AA_2^+ \quad (\because (AA_2^+)^H = AA_2^+)
\end{aligned}$$

즉, $AA_1^+ = AA_2^+$이다. 마찬가지로 A_1^+A를 전개하면 $A_1^+A = A_2^+A$를 얻는다. 이 관계를 이용하면 다음과 같이 $A_1^+ = A_2^+$임을 알 수 있다.

$$A_1^+ = A_1^+AA_1^+ = A_1^+AA_2^+ = A_2^+AA_2^+ = A_2^+$$

따라서 A의 의사 역행렬은 유일하다.

■

행렬의 특잇값 분해는 여러 가지가 존재할 수 있지만, 이 경우에도 의사 역행렬은 유일하다.

9.3절에서는 행렬방정식 $A\boldsymbol{x} = \boldsymbol{b}$가 불능인 경우, $\|\boldsymbol{b} - A\hat{\boldsymbol{x}}\|^2$을 최소로 하는 $\hat{\boldsymbol{x}}$을 찾아 이를 **최소제곱해**라 정의했으며, 이러한 최소제곱해를 구하는 방법을 **최소제곱법** least square method이라 한다. 행렬방정식의 최소제곱해는 의사 역행렬을 이용하여 구할 수도 있다.

정리 11-12 의사 역행렬을 이용한 행렬방정식의 최소제곱해

실수행렬 A에 대하여, 행렬방정식 $A\boldsymbol{x} = \boldsymbol{b}$의 최소제곱해는 $A^+\boldsymbol{b}$와 같다.

증명

$A\boldsymbol{x}$는 A의 열공간 $\mathrm{Col}(A)$의 벡터에 해당한다. $\|\boldsymbol{b} - A\hat{\boldsymbol{x}}\|^2$이 최소가 되려면, 최소제곱해 $\hat{\boldsymbol{x}}$은 $\boldsymbol{b}$의 $\mathrm{Col}(A)$ 위로의 정사영에 해당하는 벡터이어야 한다. 따라서 $\boldsymbol{b} - A\hat{\boldsymbol{x}}$은 $\mathrm{Col}(A)$상의 모든 벡터와 직교한다. 따라서 $\boldsymbol{b} - A\hat{\boldsymbol{x}}$은 A의 모든 열벡터와 직교한다. 그러므로 $A^\top(\boldsymbol{b} - A\hat{\boldsymbol{x}}) = \boldsymbol{0}$이다. $A^\top(\boldsymbol{b} - A\hat{\boldsymbol{x}}) = \boldsymbol{0}$를 전개하면 다음과 같다.

$$A^\top A\hat{\boldsymbol{x}} = A^\top \boldsymbol{b}$$

A의 특잇값 분해 $A = U\Sigma V^\top$와 의사 역행렬 $A^+ = V\Sigma^+ U^\top$를 사용하여 $A^\top A\hat{\boldsymbol{x}} = A^\top \boldsymbol{b}$를 전개하면 다음과 같다.

$$\begin{aligned}
A^\top A\hat{\boldsymbol{x}} = A^\top \boldsymbol{b} \quad & \Rightarrow \quad (U\Sigma V^\top)^\top U\Sigma V^\top \hat{\boldsymbol{x}} = (U\Sigma V^\top)^\top \boldsymbol{b} \\
& \Rightarrow \quad V\Sigma^\top U^\top U\Sigma V^\top \hat{\boldsymbol{x}} = V\Sigma^\top U^\top \boldsymbol{b} \\
& \Rightarrow \quad V\Sigma^\top \Sigma V^\top \hat{\boldsymbol{x}} = V\Sigma^\top U^\top \boldsymbol{b} \\
& \Rightarrow \quad V^\top V\Sigma^\top \Sigma V^\top \hat{\boldsymbol{x}} = V^\top V\Sigma^\top U^\top \boldsymbol{b} \\
& \Rightarrow \quad \Sigma^\top \Sigma V^\top \hat{\boldsymbol{x}} = \Sigma^\top U^\top \boldsymbol{b} \\
& \Rightarrow \quad (\Sigma^\top)^+ \Sigma^\top \Sigma V^\top \hat{\boldsymbol{x}} = (\Sigma^\top)^+ \Sigma^\top U^\top \boldsymbol{b} \\
& \Rightarrow \quad \Sigma V^\top \hat{\boldsymbol{x}} = U^\top \boldsymbol{b} \quad (\because (\Sigma^\top)^+ \Sigma^\top = I_m) \\
& \Rightarrow \quad \Sigma^+ \Sigma V^\top \hat{\boldsymbol{x}} = \Sigma^+ U^\top \boldsymbol{b} \\
& \Rightarrow \quad V^\top \hat{\boldsymbol{x}} = \Sigma^+ U^\top \boldsymbol{b} \quad (\because \Sigma^+ \Sigma = I_n) \\
& \Rightarrow \quad VV^\top \hat{\boldsymbol{x}} = V\Sigma^+ U^\top \boldsymbol{b} \\
& \Rightarrow \quad \hat{\boldsymbol{x}} = V\Sigma^+ U^\top \boldsymbol{b} \\
& \Rightarrow \quad \hat{\boldsymbol{x}} = A^+ \boldsymbol{b}
\end{aligned}$$

■

Note [정리 9-16]에 따르면 A의 열벡터가 서로 선형독립일 때, $A\boldsymbol{x} = \boldsymbol{b}$의 최소제곱해 $\hat{\boldsymbol{x}}$은 $\hat{\boldsymbol{x}} = (A^\top A)^{-1} A^\top \boldsymbol{b}$이다.

예제 11-11 **행렬방정식의 최소제곱해**

다음 행렬 A와 벡터 $\boldsymbol{b}$에 대하여, 의사 역행렬을 이용하여 $A\boldsymbol{x}=\boldsymbol{b}$의 최소제곱해를 구하라.

Tip
[정리 11-12]를 이용한다.

$$A=\begin{bmatrix}4 & 0\\0 & 2\\1 & 1\end{bmatrix} \qquad \boldsymbol{b}=\begin{bmatrix}2\\0\\11\end{bmatrix}$$

풀이

아래 [Note]의 웹 사이트를 이용하여 A를 특잇값 분해하면 다음과 같다.
U, Σ, $V^{\top}$의 각 성분은 소수점 아래 둘째 자리까지의 근삿값이다.

$$A=U\Sigma V^{\top}\approx\begin{bmatrix}0.96 & -0.15 & -0.22\\0.04 & 0.90 & -0.44\\0.26 & 0.41 & 0.87\end{bmatrix}\begin{bmatrix}4.13 & 0\\0 & 2.22\\0 & 0\end{bmatrix}\begin{bmatrix}1.00 & 0.08\\-0.08 & 1.00\end{bmatrix}$$

이때 A^{+}를 구하면 다음과 같다.

$$\begin{aligned}A^{+}=V\Sigma^{+}U^{\top}&\approx\begin{bmatrix}1.00 & -0.08\\0.08 & 1.00\end{bmatrix}\begin{bmatrix}0.24 & 0 & 0\\0 & 0.45 & 0\end{bmatrix}\begin{bmatrix}0.96 & 0.04 & 0.26\\-0.15 & 0.90 & 0.41\\-0.22 & -0.44 & 0.87\end{bmatrix}\\&\approx\begin{bmatrix}0.24 & -0.02 & 0.05\\-0.05 & 0.40 & 0.19\end{bmatrix}\end{aligned}$$

[정리 11-12]에 따라 최소제곱해 $\hat{\boldsymbol{x}}$은 다음과 같다.

$$\hat{\boldsymbol{x}}=A^{+}\boldsymbol{b}\approx\begin{bmatrix}0.24 & -0.02 & 0.05\\-0.05 & 0.40 & 0.19\end{bmatrix}\begin{bmatrix}2\\0\\11\end{bmatrix}\approx\begin{bmatrix}1.0\\2.0\end{bmatrix}$$

Note [예제 11-11]과 같이 특잇값 분해를 직접 계산하기 어려운 경우에는 웹 사이트 https://www.wolframalpha.com/input/?i=SVD에 들어가 'a computation'을 눌러 특잇값 분해하려는 행렬을 입력하여 계산한다. 'Approximate forms'를 누르면 근삿값이 계산된다.

최소제곱법은 다항식 근사, 영상 처리에서의 영상 밝기 보정, 모션 추정 등 다양한 분야에서 활용된다.

정보 검색의 잠재적 의미 지수화

텍스트 데이터는 [예제 11-12]의 [그림 11-5]와 같이 행렬로 표현할 수 있는데, 이러한 행렬을 **단어-문서 행렬**term-document matrix이라 한다. 정보 검색information retrieval 분야에서 주로 사용하는 **잠재적 의미 지수화**Latent Semantic Indexing,LSI는 단어-문서 행렬을 낮은 계수 근사하여 각 단어와 문서를 벡터로 표현하는 방법이다. 잠재적 의미 지수화는 **잠재적 의미 분석**Latent Semantic Analysis,LSA이라고도 한다.

$m \times n$ 크기의 단어-문서 행렬 A를 $A = U\Sigma V^{\top}$로 특잇값 분해하고, 계수 k까지만 고려한 낮은 계수 근사를 $\widehat{A}_k = U_k \Sigma_k V_k^{\top}$와 같이 한다고 하자. 이때 U_k는 $m \times k$ 행렬, Σ_k는 $k \times k$ 행렬, $V_k^{\top}$는 $k \times n$ 행렬이다. 잠재적 의미 지수화에서는 $m \times k$ 행렬 $U_k \Sigma_k$의 행벡터를 사용하여 단어를 나타내고, $k \times n$ 행렬 $\Sigma_k V_k^{\top}$의 열벡터를 사용하여 문서를 나타낸다.

예제 11-12 잠재적 의미 지수화

다음과 같은 5개의 문서에 대해 각 단어와 문서를 2차원으로 표현하라.

Tip 단어-문서 행렬을 특잇값 분해한 다음, 계수 2까지만 고려한 낮은 계수 근사를 한다.

d_1 : Romeo and Juliet.

d_2 : Juliet: Oh happy dagger!

d_3 : Romeo died by dagger.

d_4 : "Live or die", that's the New-Hampshire's motto.

d_5 : New-Hampshire is in New-England.

풀이

주어진 문서를 단어-문서 행렬 A로 표현하면 [그림 11-5]와 같다. 이때 접속사, 전치사, 관사, 감탄사, 조동사, 빈발하는 단어 등은 무시한다.

	d_1	d_2	d_3	d_4	d_5
romeo	1	0	1	0	0
juliet	1	1	0	0	0
happy	0	1	0	0	0
dagger	0	1	1	0	0
live	0	0	0	1	0
die	0	0	1	1	0
motto	0	0	0	1	0
new-england	0	0	0	0	1
new-hampshire	0	0	0	1	1

[그림 11-5] **단어-문서 행렬**

A를 $A = U\Sigma V^\top$로 특잇값 분해하면 곱해진 행렬은 각각 다음과 같다. 이와 같이 큰 행렬에 대한 특잇값 분해는 11장 [프로그래밍 실습 1]을 이용하여 수행할 수 있다. U, Σ, $V^\top$의 각 성분은 소수점 아래 둘째 자리까지의 근삿값이다.

$$U \approx \begin{bmatrix} -0.38 & 0.30 & -0.41 & -0.56 & -0.24 & -0.48 & 0.01 & -0.03 & -0.02 \\ -0.30 & 0.45 & 0.41 & -0.03 & -0.56 & 0.48 & -0.01 & 0.03 & 0.02 \\ -0.17 & 0.27 & 0.41 & 0.37 & 0.13 & -0.51 & -0.27 & -0.19 & -0.46 \\ -0.43 & 0.38 & 0.00 & 0.21 & 0.58 & 0.04 & 0.28 & 0.16 & 0.44 \\ -0.27 & -0.32 & -0.00 & 0.27 & -0.27 & -0.23 & -0.37 & 0.64 & 0.27 \\ -0.52 & -0.20 & -0.41 & 0.11 & 0.18 & 0.44 & -0.29 & -0.13 & -0.42 \\ -0.27 & -0.32 & -0.00 & 0.27 & -0.27 & -0.14 & 0.78 & -0.01 & -0.23 \\ -0.08 & -0.15 & 0.41 & -0.53 & 0.32 & 0.07 & 0.11 & 0.50 & -0.38 \\ -0.35 & -0.47 & 0.41 & -0.26 & 0.05 & -0.07 & -0.11 & -0.50 & 0.38 \end{bmatrix}$$

$$\Sigma \approx \begin{bmatrix} 2.29 & 0.00 & 0.00 & 0.00 & 0.00 \\ 0.00 & 2.03 & 0.00 & 0.00 & 0.00 \\ 0.00 & 0.00 & 1.41 & 0.00 & 0.00 \\ 0.00 & 0.00 & 0.00 & 1.22 & 0.00 \\ 0.00 & 0.00 & 0.00 & 0.00 & 1.08 \\ 0.00 & 0.00 & 0.00 & 0.00 & 0.00 \\ 0.00 & 0.00 & 0.00 & 0.00 & 0.00 \\ 0.00 & 0.00 & 0.00 & 0.00 & 0.00 \\ 0.00 & 0.00 & 0.00 & 0.00 & 0.00 \end{bmatrix} \qquad V^\top \approx \begin{bmatrix} -0.30 & -0.39 & -0.58 & -0.62 & -0.19 \\ 0.37 & 0.54 & 0.23 & -0.65 & -0.31 \\ 0.00 & 0.58 & -0.58 & -0.00 & 0.58 \\ -0.48 & 0.45 & -0.20 & 0.33 & -0.65 \\ -0.74 & 0.14 & 0.48 & -0.29 & 0.35 \end{bmatrix}$$

계수 2까지만 고려하여 낮은 계수 근사를 하는 경우, 각 행렬은 다음과 같다.

$$U_2 \approx \begin{bmatrix} -0.38 & 0.30 \\ -0.30 & 0.45 \\ -0.17 & 0.27 \\ -0.43 & 0.38 \\ -0.27 & -0.32 \\ -0.52 & -0.20 \\ -0.27 & -0.32 \\ -0.08 & -0.15 \\ -0.35 & -0.47 \end{bmatrix}$$

$$\Sigma_2 \approx \begin{bmatrix} 2.29 & 0.00 \\ 0.00 & 2.03 \end{bmatrix}$$

$$V_2^\top \approx \begin{bmatrix} -0.30 & -0.39 & -0.58 & -0.62 & -0.19 \\ 0.37 & 0.54 & 0.23 & -0.65 & -0.31 \end{bmatrix}$$

$U_2\Sigma_2$를 계산하면 다음과 같다.

$$U_2\Sigma_2 \approx \begin{bmatrix} -0.87 & 0.61 \\ -0.69 & 0.91 \\ -0.39 & 0.55 \\ -0.98 & 0.77 \\ -0.62 & -0.65 \\ -1.19 & -0.40 \\ -0.62 & -0.65 \\ -0.18 & -0.30 \\ -0.80 & -0.95 \end{bmatrix}$$

$U_2\Sigma_2$의 결과에 따라 각 단어를 다음과 같이 2차원 벡터로 표현한다.

$$\text{romeo} \approx \begin{bmatrix} -0.87 \\ 0.61 \end{bmatrix} \quad \text{juliet} \approx \begin{bmatrix} -0.69 \\ 0.91 \end{bmatrix} \quad \text{happy} \approx \begin{bmatrix} -0.39 \\ 0.55 \end{bmatrix}$$

$$\text{dagger} \approx \begin{bmatrix} -0.98 \\ 0.77 \end{bmatrix} \quad \text{live} \approx \begin{bmatrix} -0.62 \\ -0.65 \end{bmatrix} \quad \text{die} \approx \begin{bmatrix} -1.19 \\ -0.40 \end{bmatrix}$$

$$\text{motto} \approx \begin{bmatrix} -0.62 \\ -0.65 \end{bmatrix} \quad \text{new-england} \approx \begin{bmatrix} -0.18 \\ -0.30 \end{bmatrix} \quad \text{new-hampshire} \approx \begin{bmatrix} -0.80 \\ -0.95 \end{bmatrix}$$

$\Sigma_2 V_2^\top$를 계산하면 다음과 같다

$$\Sigma_2 V_2^\top \approx \begin{bmatrix} -0.69 & -0.89 & -1.33 & -1.42 & -0.44 \\ 0.75 & 1.10 & 0.47 & -1.32 & -0.63 \end{bmatrix}$$

$\Sigma_2 V_2^\top$의 결과에 따라 각 문서를 다음과 같이 2차원 벡터로 표현한다.

$$d_1 \approx \begin{bmatrix} -0.69 \\ 0.75 \end{bmatrix} \quad d_2 \approx \begin{bmatrix} -0.89 \\ 1.10 \end{bmatrix} \quad d_3 \approx \begin{bmatrix} -1.33 \\ 0.47 \end{bmatrix} \quad d_4 \approx \begin{bmatrix} -1.42 \\ -1.32 \end{bmatrix} \quad d_5 \approx \begin{bmatrix} -0.44 \\ -0.63 \end{bmatrix}$$

[예제 11-12]와 같이 잠재적 의미 지수화는 단어와 문서의 정보를 벡터로 표현한다. 이러한 벡터를 사용하여 질문을 할 때는 질문에 사용된 단어에 해당하는 벡터의 평균벡터를 이용한다. 예를 들어, 'dagger'와 'die'로 구성된 질문 $\boldsymbol{q}$는 두 단어의 평균벡터로 다음과 같이 표현한다.

$$\boldsymbol{q} = \frac{1}{2}\left(\begin{bmatrix} -0.98 \\ 0.77 \end{bmatrix} + \begin{bmatrix} -1.19 \\ -0.40 \end{bmatrix}\right) \approx \begin{bmatrix} -1.09 \\ 0.19 \end{bmatrix}$$

한편, 질문 $\boldsymbol{q}$와 문서 d_i 사이의 유사도인 $sim(\boldsymbol{q}, d_i)$는 다음과 같은 **코사인 거리** cosine distance로 구한다.

$$sim(\boldsymbol{q}, d_i) = \frac{\boldsymbol{q} \cdot d_i}{\|\boldsymbol{q}\|\|d_i\|}$$

질문 $\boldsymbol{q}$와 문서 d_1과 d_5의 거리를 각각 구하면 다음과 같다.

$$sim(\boldsymbol{q}, d_1) = \frac{\boldsymbol{q} \cdot d_1}{\|\boldsymbol{q}\|\|d_1\|} = \frac{(-1.09)(-0.69) + (0.19)(0.75)}{\sqrt{(-1.09)^2 + (0.19)^2}\ \sqrt{(-0.69)^2 + (0.75)^2}} \approx 1.15$$

$$sim(\boldsymbol{q}, d_5) = \frac{\boldsymbol{q} \cdot d_5}{\|\boldsymbol{q}\|\|d_5\|} = \frac{(-1.09)(-0.44) + (0.19)(-0.63)}{\sqrt{(-1.09)^2 + (0.19)^2}\ \sqrt{(-0.44)^2 + (-0.63)^2}} \approx 0.47$$

$sim(\boldsymbol{q}, d_1) > sim(\boldsymbol{q}, d_5)$ 이므로, 'dagger'와 'die'로 구성된 질문에 대해 문서 d_1이 d_5보다 더 관련이 있다고 판단한다. 그러나 d_1과 d_5에 'dagger'와 'die'가 포함되지는 않으

므로, 문서만 봐서는 질문과의 관련성을 알 수 없다. 따라서 잠재적 의미 지수화 방법이 단어와 문서의 숨겨진(즉, 잠재된) 의미를 효과적으로 추출하여 표현한다고 볼 수 있다.

특잇값 분해를 이용한 주성분 분석

8.3절에서 살펴본 주성분 분석은 n차원의 데이터 m개를 열벡터로 갖는 $n \times m$ 크기의 데이터 행렬 X에 대한 공분산 행렬 C를 구한 다음, C의 고윳값이 큰 고유벡터들을 주성분 벡터로 사용하여 데이터를 변환한다.

주성분 분석은 특잇값 분해를 통해 수행할 수도 있다. 우선 평균벡터가 영벡터라 가정하자. 평균벡터가 영벡터가 아니면 평균벡터를 구한 다음, 각 데이터에서 평균벡터를 뺀 행렬을 특잇값 분해하면 된다. 여기서는 n차원의 데이터 m개를 행벡터로 갖는 $m \times n$ 크기의 데이터 행렬 X를 다음과 같이 특잇값 분해한다.

$$X = U\Sigma V^\top$$

이때 공분산 행렬 C는 다음과 같이 표현할 수 있다.

$$\begin{aligned}
C = \frac{1}{m-1}X^\top X &= \frac{1}{m-1}(U\Sigma V^\top)^\top U\Sigma V^\top \\
&= \frac{1}{m-1}V\Sigma^\top U^\top U\Sigma V^\top \\
&= \frac{1}{m-1}V\Sigma^\top \Sigma V^\top \\
&= VSV^\top \quad \left(S = \frac{1}{m-1}\Sigma^\top \Sigma\right)
\end{aligned}$$

따라서 $C = VSV^\top$는 C의 고윳값 분해에 해당한다. 그러므로 C의 고유벡터인 V의 열벡터는 주성분 벡터이고, C의 고윳값 λ_i는 특잇값 σ_i에 대해 $\lambda_i = \sigma_i^2/(m-1)$이다. 한편, $X = U\Sigma V^\top$에서 V의 각 열벡터는 주성분 벡터를 나타내고, $U\Sigma$의 계산 결과에서 각 행벡터는 각 주성분 벡터에 대응하는 해당 데이터의 성분을 나타낸다.

주성분 분석을 할 때는 V에서 왼쪽에 있는 k개의 열벡터를 주성분 벡터로 사용한다. 따라서 주성분 분석에 의해 변환되는 데이터는 $U_k\Sigma_k$에 해당한다. 여기서 U_k는 U의 왼쪽 k개의 열벡터로 구성된 행렬이고, Σ_k은 Σ의 왼쪽 위에 있는 $k \times k$ 크기의 부분행렬이다. 한편, 평균벡터가 영벡터가 되도록 데이터 행렬 X를 변환한 경우라면 원본 데이터를 나타내는 행벡터 $\boldsymbol{x}$와, V의 왼쪽 k개의 열벡터로 구성된 V_k의 곱으로 주성분 분석에 의한 차원 축소 결과를 구한다. 즉, $\boldsymbol{x}V_k$를 통해 차원 축소 결과를 구한다.

예제 11-13 특잇값 분해를 이용한 주성분 분석

특잇값 분해를 이용하여 다음 4개의 데이터를 1차원 데이터로 차원 축소하여 표현하라.

$$\boldsymbol{x}_1=\begin{bmatrix}2\\1\end{bmatrix}\quad \boldsymbol{x}_2=\begin{bmatrix}2\\3\end{bmatrix}\quad \boldsymbol{x}_3=\begin{bmatrix}4\\1\end{bmatrix}\quad \boldsymbol{x}_4=\begin{bmatrix}4\\5\end{bmatrix}$$

Tip 특잇값 분해를 이용하여 주성분 벡터를 결정하고, 각 데이터와 주성분 벡터의 내적을 통해 차원을 축소한다.

풀이

먼저 데이터 행렬 X를 구성하고, 평균벡터 $\boldsymbol{m}$을 구한다. 평균벡터가 영벡터가 되도록 각 데이터에서 평균벡터를 뺀 행렬 X'은 다음과 같다.

$$X=\begin{bmatrix}2&1\\2&3\\4&1\\4&5\end{bmatrix}\qquad \boldsymbol{m}=[3\ \ 2.5]\qquad X'=\begin{bmatrix}-1&-1.5\\-1&0.5\\1&-1.5\\1&2.5\end{bmatrix}$$

[예제 11-11] 아래 [Note]의 웹 사이트를 이용하여 $X'=U\Sigma V^{\top}$로 특잇값 분해하면 U, Σ, V는 다음과 같다. U, Σ, V의 각 성분은 소수점 아래 둘째 자리까지의 근삿값이다.

$$U\approx\begin{bmatrix}-0.50&-0.31&0.08&0.80\\0.07&-0.59&0.76&-0.26\\-0.35&0.73&0.59&0.01\\0.79&0.17&0.25&0.54\end{bmatrix}\qquad \Sigma\approx\begin{bmatrix}3.40&0\\0&1.86\\0&0\\0&0\end{bmatrix}\qquad V\approx\begin{bmatrix}0.26&0.97\\0.97&-0.26\end{bmatrix}$$

주성분 벡터는 V의 열벡터에 해당하고 1차원으로 차원 축소해야 하므로, 다음과 같이 V의 첫 번째 열벡터를 주성분 벡터 $\boldsymbol{v}$로 선택한다.

$$\boldsymbol{v}=\begin{bmatrix}0.26\\0.97\end{bmatrix}$$

따라서 각 데이터와 주성분 벡터의 내적을 구하면 1차원으로 차원 축소한 데이터는 각각 다음과 같다.

$$[2\ 1]\begin{bmatrix}0.26\\0.97\end{bmatrix}=1.49\qquad [2\ 3]\begin{bmatrix}0.26\\0.97\end{bmatrix}=3.43$$

$$[4\ 1]\begin{bmatrix}0.26\\0.97\end{bmatrix}=2.01\qquad [4\ 5]\begin{bmatrix}0.26\\0.97\end{bmatrix}=5.89$$

Note [예제 8-20]과 [예제 11-13]의 결과에 차이가 있는 이유는 각 방법에서 구한 주성분 벡터의 방향은 일치하지만 크기에 약간의 차이가 있기 때문이다.

영상의 투영변환에 대한 호모그래피

영상 처리에서 **호모그래피**homography는 원근투영된 2차원 영상의 특정 평면을 정면에서 바라본 평면으로 변환하는 것을 가리킨다. [그림 11-6(a)]와 같이 원근투영된 왜곡된 2차원 모양을 [그림 11-6(b)]와 같이 정면에서 본 모양으로 만드는 것이 호모그래피 변환이다.

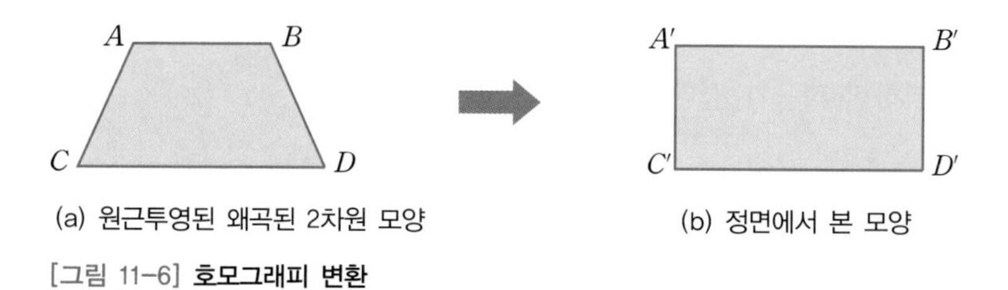

(a) 원근투영된 왜곡된 2차원 모양 (b) 정면에서 본 모양

[그림 11-6] **호모그래피 변환**

호모그래피 변환에서는 [그림 11-6(a)]의 점 A, B, C, D를 각각 [그림 11-6(b)]의 점 A', B', C', D'으로 변환하기 위해 다음과 같은 호모그래피 행렬 H를 사용한다.

$$H = \begin{bmatrix} h_{11} & h_{12} & h_{13} \\ h_{21} & h_{22} & h_{23} \\ h_{31} & h_{32} & h_{33} \end{bmatrix}$$

원근투영된 위치 $\boldsymbol{x}$는 동차 좌표 $\boldsymbol{x} = \begin{bmatrix} x \\ y \\ 1 \end{bmatrix}$로 표현하고, 정면에서 본 위치 $\boldsymbol{x}'$은 $\boldsymbol{x}' = \begin{bmatrix} x' \\ y' \end{bmatrix}$으로 표현한다. 이때 호모그래피 변환은 다음 관계를 나타낸다.

H와 $\boldsymbol{x}$의 곱을 $\boldsymbol{x}''$이라 하자.

$$\boldsymbol{x}'' = H\boldsymbol{x} \quad \Rightarrow \quad \begin{bmatrix} x'' \\ y'' \\ w \end{bmatrix} = \begin{bmatrix} h_{11} & h_{12} & h_{13} \\ h_{21} & h_{22} & h_{23} \\ h_{31} & h_{32} & h_{33} \end{bmatrix} \begin{bmatrix} x \\ y \\ 1 \end{bmatrix}$$

위 행렬방정식을 전개하면 다음과 같다.

$$\begin{aligned} x'' &= h_{11}x + h_{12}y + h_{13} \\ y'' &= h_{21}x + h_{22}y + h_{23} \\ w &= h_{31}x + h_{32}y + h_{33} \end{aligned}$$

x'', y'', w에 대한 식으로부터 $\boldsymbol{x}' = \begin{bmatrix} x' \\ y' \end{bmatrix}$을 다음과 같이 구한다.

$$x' = \frac{x''}{w} = \frac{h_{11}x + h_{12}y + h_{13}}{h_{31}x + h_{32}y + h_{33}}$$

$$y' = \frac{y''}{w} = \frac{h_{21}x + h_{22}y + h_{23}}{h_{31}x + h_{32}y + h_{33}}$$

위 식을 h_{ij}에 대해 정리하면 다음과 같다.

$$\begin{aligned} & x'(h_{31}x + h_{32}y + h_{33}) = h_{11}x + h_{12}y + h_{13} \\ \Rightarrow & -h_{11}x - h_{12}y - h_{13} + xx'h_{31} + yx'h_{32} + x'h_{33} = 0 \end{aligned}$$

$$\begin{aligned} & y'(h_{31}x + h_{32}y + h_{33}) = h_{21}x + h_{22}y + h_{23} \\ \Rightarrow & -h_{21}x - h_{22}y - h_{23} + xy'h_{31} + yy'h_{32} + y'h_{33} = 0 \end{aligned}$$

이를 행렬방정식으로 표현하면 다음과 같다.

$$\begin{bmatrix} -x & -y & -1 & 0 & 0 & 0 & xx' & yx' & x' \\ 0 & 0 & 0 & -x & -y & -1 & xy' & yy' & y' \end{bmatrix} \begin{bmatrix} h_{11} \\ h_{12} \\ h_{13} \\ h_{21} \\ h_{22} \\ h_{23} \\ h_{31} \\ h_{32} \\ h_{33} \end{bmatrix} = \mathbf{0}$$

네 개의 점 $\boldsymbol{x}_1 = \begin{bmatrix} x_1 \\ y_1 \end{bmatrix}$, $\boldsymbol{x}_2 = \begin{bmatrix} x_2 \\ y_2 \end{bmatrix}$, $\boldsymbol{x}_3 = \begin{bmatrix} x_3 \\ y_3 \end{bmatrix}$, $\boldsymbol{x}_4 = \begin{bmatrix} x_4 \\ y_4 \end{bmatrix}$가 각각 $\boldsymbol{x}_1' = \begin{bmatrix} x_1' \\ y_1' \end{bmatrix}$, $\boldsymbol{x}_2' = \begin{bmatrix} x_2' \\ y_2' \end{bmatrix}$, $\boldsymbol{x}_3' = \begin{bmatrix} x_3' \\ y_3' \end{bmatrix}$, $\boldsymbol{x}_4' = \begin{bmatrix} x_4' \\ y_4' \end{bmatrix}$에 대응한다면 다음과 같은 행렬방정식을 얻는다.

$$\begin{bmatrix} -x_1 & -y_1 & -1 & 0 & 0 & 0 & x_1x_1' & y_1x_1' & x_1' \\ 0 & 0 & 0 & -x_1 & -y_1 & -1 & x_1y_1' & y_1y_1' & y_1' \\ -x_2 & -y_2 & -1 & 0 & 0 & 0 & x_2x_2' & y_2x_2' & x_2' \\ 0 & 0 & 0 & -x_2 & -y_2 & -1 & x_2y_2' & y_2y_2' & y_2' \\ -x_3 & -y_3 & -1 & 0 & 0 & 0 & x_3x_3' & y_3x_3' & x_3' \\ 0 & 0 & 0 & -x_3 & -y_3 & -1 & x_3y_3' & y_3y_3' & y_3' \\ -x_4 & -y_4 & -1 & 0 & 0 & 0 & x_4x_4' & y_4x_4' & x_4' \\ 0 & 0 & 0 & -x_4 & -y_4 & -1 & x_4y_4' & y_4y_4' & y_4' \end{bmatrix} \begin{bmatrix} h_{11} \\ h_{12} \\ h_{13} \\ h_{21} \\ h_{22} \\ h_{23} \\ h_{31} \\ h_{32} \\ h_{33} \end{bmatrix} = \mathbf{0}$$

위 행렬방정식을 $A\boldsymbol{h}=0$로 나타낼 때, $\boldsymbol{h}$의 스칼라배도 해가 된다. 한편, 위의 호모그래피 변환에 대한 행렬방정식은 불능인 경우가 대부분이다. 따라서 호모그래피 변환에서는 $\|\boldsymbol{h}\|=1$이면서 $\|A\boldsymbol{h}-0\|^2$이 최소가 되는 다음과 같은 최소제곱해 $\hat{\boldsymbol{h}}$을 구한다.

$$\|\boldsymbol{h}\|=1\text{에 대하여, } \hat{\boldsymbol{h}}=\operatorname{argmin}_{\boldsymbol{h}}\|A\boldsymbol{h}-0\|^2$$

위 식 $\operatorname{argmin}_{\boldsymbol{h}}\|A\boldsymbol{h}-0\|^2$에서 $\operatorname{argmin}_{\boldsymbol{h}}$는 $\|A\boldsymbol{h}-0\|^2$의 값을 최소로 하는 $\boldsymbol{h}$를 선택한다는 의미이다.

$\|A\boldsymbol{h}-0\|^2=\|A\boldsymbol{h}\|^2=\boldsymbol{h}^\top A^\top A\boldsymbol{h}$이므로, [정리 10-28]에 따르면 위 문제는 $A^\top A$에 대한 레일리 몫의 최솟값을 해로 갖는 최적화 문제에 해당한다. [정리 10-29]에 따르면 레일리 몫의 최솟값에 해당하는 해는 $A^\top A$의 가장 작은 고윳값에 대응하는 고유벡터이다. 즉, A의 가장 작은 특잇값에 해당하는 벡터이다.

A를 $A=U\Sigma V^\top$로 특잇값 분해하면 $AV=U\Sigma$이다. 그러므로 호모그래피 행렬 H에 대한 해 $\hat{\boldsymbol{h}}$은 V의 열벡터 중 가장 작은 특잇값에 대응하는 것이다.

실제 호모그래피 변환에서는 4개 이상의 대응 위치를 사용한다. n개의 대응 위치를 사용한다면, A는 $2n\times 9$ 행렬이며, $\boldsymbol{h}$는 9×1 벡터이다.

예제 11-14 호모그래피 변환

다음 4개의 $\boldsymbol{x}_i\,(i=1,\cdots,4)$를 $\boldsymbol{x}_i'\,(i=1,\cdots,4)$으로 대응시키는 호모그래피 행렬 H를 구하라.

$$\boldsymbol{x}_1=\begin{bmatrix}1\\1\end{bmatrix}\quad \boldsymbol{x}_2=\begin{bmatrix}4\\1\end{bmatrix}\quad \boldsymbol{x}_3=\begin{bmatrix}2\\2\end{bmatrix}\quad \boldsymbol{x}_4=\begin{bmatrix}5\\2\end{bmatrix}$$

$$\boldsymbol{x}_1'=\begin{bmatrix}2\\2\end{bmatrix}\quad \boldsymbol{x}_2'=\begin{bmatrix}5\\2\end{bmatrix}\quad \boldsymbol{x}_3'=\begin{bmatrix}2\\4\end{bmatrix}\quad \boldsymbol{x}_4'=\begin{bmatrix}5\\4\end{bmatrix}$$

Tip
호모그래피 변환에 대한 행렬방정식 $A\boldsymbol{h}=0$에서 행렬 A를 구하고, A를 특잇값 분해한다.

풀이

호모그래피 변환에 대한 행렬방정식 $A\boldsymbol{h}=0$에서 행렬 A를 구하면 다음과 같다.

$$A=\begin{bmatrix}-x_1 & -y_1 & -1 & 0 & 0 & 0 & x_1x_1' & y_1x_1' & x_1'\\ 0 & 0 & 0 & -x_1 & -y_1 & -1 & x_1y_1' & y_1y_1' & y_1'\\ -x_2 & -y_2 & -1 & 0 & 0 & 0 & x_2x_2' & y_2x_2' & x_2'\\ 0 & 0 & 0 & -x_2 & -y_2 & -1 & x_2y_2' & y_2y_2' & y_2'\\ -x_3 & -y_3 & -1 & 0 & 0 & 0 & x_3x_3' & y_3x_3' & x_3'\\ 0 & 0 & 0 & -x_3 & -y_3 & -1 & x_3y_3' & y_3y_3' & y_3'\\ -x_4 & -y_4 & -1 & 0 & 0 & 0 & x_4x_4' & y_4x_4' & x_4'\\ 0 & 0 & 0 & -x_4 & -y_4 & -1 & x_4y_4' & y_4y_4' & y_4'\end{bmatrix}=\begin{bmatrix}-1 & -1 & -1 & 0 & 0 & 0 & 2 & 2 & 2\\ 0 & 0 & 0 & -1 & -1 & -1 & 2 & 2 & 2\\ -4 & -1 & -1 & 0 & 0 & 0 & 20 & 5 & 5\\ 0 & 0 & 0 & -4 & -1 & -1 & 8 & 2 & 2\\ -2 & -2 & -1 & 0 & 0 & 0 & 4 & 4 & 2\\ 0 & 0 & 0 & -2 & -2 & -1 & 8 & 8 & 4\\ -5 & -2 & -1 & 0 & 0 & 0 & 25 & 10 & 5\\ 0 & 0 & 0 & -5 & -2 & -1 & 20 & 8 & 4\end{bmatrix}$$

A를 $A = U\Sigma V^{\top}$로 특잇값 분해하면 곱해진 행렬은 다음과 같다. U, Σ, $V^{\top}$의 각 성분은 소수점 아래 둘째 자리까지의 근삿값이다.

$$U \approx \begin{bmatrix} 0.07 & 0.02 & 0.31 & -0.45 & -0.09 & 0.58 & -0.06 & -0.60 \\ 0.07 & -0.23 & 0.16 & -0.34 & 0.34 & -0.45 & 0.66 & -0.21 \\ 0.48 & 0.43 & -0.18 & -0.39 & 0.48 & 0.17 & -0.07 & 0.37 \\ 0.20 & -0.33 & -0.38 & -0.50 & -0.30 & -0.40 & -0.45 & -0.10 \\ 0.13 & 0.05 & 0.50 & -0.27 & -0.58 & -0.02 & 0.20 & 0.52 \\ 0.25 & -0.52 & 0.54 & 0.16 & 0.39 & -0.02 & -0.42 & 0.15 \\ 0.63 & 0.39 & 0.17 & 0.36 & -0.20 & -0.34 & -0.04 & -0.38 \\ 0.50 & -0.49 & -0.36 & 0.23 & -0.17 & 0.40 & 0.37 & 0.06 \end{bmatrix}$$

$$\Sigma \approx \begin{bmatrix} 44.32 & 0 & 0 & 0 & 0 & 0 & 0 & 0 \\ 0 & 7.90 & 0 & 0 & 0 & 0 & 0 & 0 \\ 0 & 0 & 6.14 & 0 & 0 & 0 & 0 & 0 \\ 0 & 0 & 0 & 2.61 & 0 & 0 & 0 & 0 \\ 0 & 0 & 0 & 0 & 1.98 & 0 & 0 & 0 \\ 0 & 0 & 0 & 0 & 0 & 0.78 & 0 & 0 \\ 0 & 0 & 0 & 0 & 0 & 0 & 0.34 & 0 \\ 0 & 0 & 0 & 0 & 0 & 0 & 0 & 0.18 \end{bmatrix}$$

$$V^{\top} \approx \begin{bmatrix} -0.12 & -0.05 & -0.03 & -0.09 & -0.04 & -0.02 & 0.89 & 0.36 & 0.21 \\ -0.48 & -0.17 & -0.11 & 0.63 & 0.33 & 0.20 & 0.18 & -0.37 & -0.12 \\ -0.23 & -0.24 & -0.13 & 0.34 & -0.02 & 0.01 & -0.38 & 0.72 & 0.30 \\ 0.29 & 0.25 & 0.29 & 0.35 & 0.03 & 0.18 & 0.10 & 0.40 & -0.67 \\ 0.17 & 0.59 & 0.20 & 0.48 & -0.24 & -0.13 & 0.03 & -0.14 & 0.51 \\ 0.56 & -0.06 & -0.51 & 0.08 & 0.10 & 0.60 & 0.05 & -0.03 & 0.20 \\ 0.41 & -0.56 & -0.09 & 0.34 & -0.34 & -0.49 & 0.11 & -0.14 & -0.10 \\ -0.13 & -0.30 & 0.46 & -0.02 & -0.59 & 0.56 & -0.01 & -0.11 & 0.07 \\ -0.30 & 0.30 & -0.60 & 0.00 & -0.60 & 0.00 & 0.00 & 0.00 & -0.30 \end{bmatrix}$$

가장 작은 특잇값인 0.18에 대응하는 V의 열벡터는 다음과 같다.

$$\boldsymbol{h} = \begin{bmatrix} -0.30 \\ 0.30 \\ -0.60 \\ 0.00 \\ -0.60 \\ 0.00 \\ 0.00 \\ 0.00 \\ -0.30 \end{bmatrix}$$

따라서 호모그래피 행렬 H는 다음과 같다.

$$H = \begin{bmatrix} h_{11} & h_{12} & h_{13} \\ h_{21} & h_{22} & h_{23} \\ h_{31} & h_{32} & h_{33} \end{bmatrix} = \begin{bmatrix} -0.30 & 0.30 & -0.60 \\ 0.00 & -0.60 & 0.00 \\ 0.00 & 0.00 & -0.30 \end{bmatrix}$$

Chapter

11 연습문제

Section 11.1

1. 다음 문장이 참인지 거짓인지 판단하고, 거짓인 경우 그 이유를 설명하라.

(a) 행렬 A의 특잇값은 $A^{\top}A$의 고윳값의 제곱근이다.

(b) 특잇값 분해는 정방행렬에는 적용할 수 없다.

(c) 특잇값 분해는 행렬의 행의 개수가 열의 개수보다 적지 않아야 적용할 수 있다.

(d) 행렬 $A^{\top}A$는 직교대각화 가능 행렬이다.

(e) 특잇값 분해는 회전변환, 확대 및 축소변환, 회전변환을 순서대로 적용하는 것으로 해석할 수 있다.

(f) 특정 행렬에 대한 특잇값 분해는 단 한 가지만 존재한다.

(g) $A = U\Sigma V^{\top}$로 특잇값 분해할 때, Σ의 주대각 성분에 있는 0이 아닌 특잇값의 개수가 A의 계수와 같다.

2. 다음 행렬 A의 특잇값을 구하라.

(a) $A = \begin{bmatrix} 1 & 2 \\ 2 & 1 \end{bmatrix}$ (b) $A = \begin{bmatrix} 0 & -1 & 1 \\ 1 & 1 & 0 \end{bmatrix}$ (c) $A = \begin{bmatrix} 4 & -2 \\ 2 & -1 \\ 0 & 0 \end{bmatrix}$

3. 다음 행렬 A를 특잇값 분해하라.

(a) $A = \begin{bmatrix} 3 & 2 & 2 \\ 2 & 3 & -2 \end{bmatrix}$ (b) $A = \begin{bmatrix} 2 & 2 \\ 1 & -1 \end{bmatrix}$

(c) $A = \begin{bmatrix} 0 & 3 & 0 \\ -1 & 0 & 2 \\ 0 & 0 & 0 \end{bmatrix}$ (d) $A = \begin{bmatrix} 2 & 2 \\ 1 & -1 \\ -1 & 1 \end{bmatrix}$

(e) $A = \begin{bmatrix} 2 & 1 & 1 \\ 1 & 1 & 2 \end{bmatrix}$ (f) $A = \begin{bmatrix} 6 & 2 \\ -7 & 6 \\ 0 & 0 \\ 0 & 0 \end{bmatrix}$

(g) $A = \begin{bmatrix} 0 & 1 & 1 \\ 1 & 1 & 0 \end{bmatrix}$

4. 특잇값 분해를 이용하여 다음 행렬 A의 계수를 구하라.

(a) $A = \begin{bmatrix} 0 & 1 & -4 \\ 5 & 0 & 0 \\ 0 & 4 & -1 \end{bmatrix}$ (b) $A = \begin{bmatrix} 3 & 0 & 0 \\ -3 & 4 & -1 \\ -3 & -4 & 1 \end{bmatrix}$

5. 행렬 $A=\begin{bmatrix} 6 & 3 \\ -2 & 6 \end{bmatrix}$을 $A=\sigma_1 \boldsymbol{u}_1 \boldsymbol{v}_1^{\top}+\sigma_2 \boldsymbol{u}_2 \boldsymbol{v}_2^{\top}$ 형태로 표현하라.

6. 행렬 $A=\begin{bmatrix} 1 & 0 & 0 \\ 1 & 0 & 0 \\ 1 & 1 & 1 \end{bmatrix}$을 $A=\sigma_1 \boldsymbol{u}_1 \boldsymbol{v}_1^{\top}+\sigma_2 \boldsymbol{u}_2 \boldsymbol{v}_2^{\top}+\sigma_3 \boldsymbol{u}_3 \boldsymbol{v}_3^{\top}$ 형태로 표현하라.

7. 2×2 실수행렬 A의 특잇값이 각각 σ_1, σ_2일 때, $\mathbb{R}^2$ 공간의 단위벡터 $\boldsymbol{u}$에 대하여 $\sigma_2^2 \le \|A\boldsymbol{u}\|^2 \le \sigma_1^2$이 성립함을 증명하라.

8. 다음 행렬 A에 대하여 $A^{\top}A$의 고유벡터가 $\boldsymbol{v}$이고 $\|\boldsymbol{v}\|=1$이라 할 때, $\|A\boldsymbol{v}\|$의 값을 구하라.

(a) $A=\begin{bmatrix} 1 & 1 \\ 2 & 2 \end{bmatrix}$

(b) $A=\begin{bmatrix} 1 & 0 & 1 \\ 0 & 0 & 0 \\ 3 & 0 & 3 \end{bmatrix}$

9. 다음 복소행렬 A를 특잇값 분해하라.

(a) $A=\begin{bmatrix} -1 & -i \\ -i & -1 \end{bmatrix}$

(b) $A=\begin{bmatrix} -1 & -i & 1 \\ -i & -1 & i \\ 1 & -i & 1 \end{bmatrix}$

Section 11.2

10. 다음 문장이 참인지 거짓인지 판단하고, 거짓인 경우 그 이유를 설명하라.

(a) 특잇값 분해를 통해 낮은 계수 근사를 하면 원래 행렬보다 작은 저장 공간을 사용하여 유사한 정보를 표현할 수 있다.

(b) 의사 역행렬 A^+는 $AA^+A=A$와 $A^+AA^+=A^+$의 성질을 항상 만족한다.

(c) 어떤 행렬의 의사 역행렬은 여러 개 있을 수 있다.

(d) 잠재적 의미 지수화는 단어와 문서를 벡터로 표현한다.

(e) 주성분 분석은 특잇값 분해를 통해 할 수 있다.

11. 다음 행렬 A의 의사 역행렬을 구하라.

(a) $A=\begin{bmatrix} -1 & 1 & 0 \\ 0 & 2 & 1 \end{bmatrix}$

(b) $A=\begin{bmatrix} -\sqrt{2} & \sqrt{2} \\ 2 & 2 \end{bmatrix}$

12. 다음 행렬 A와 벡터 $\boldsymbol{b}$에 대하여, $A\boldsymbol{x}=\boldsymbol{b}$의 최소제곱해를 구하라.

(a) $A=\begin{bmatrix} 1 & 1 \\ -1 & 1 \\ 1 & 0 \end{bmatrix}$, $\boldsymbol{b}=\begin{bmatrix} 1 \\ 2 \\ 1 \end{bmatrix}$

(b) $A=\begin{bmatrix} 10 & -5 \\ 10 & -5 \\ 2 & -11 \\ 2 & -11 \end{bmatrix}$, $\boldsymbol{b}=\begin{bmatrix} 2 \\ 2 \\ 4 \\ 0 \end{bmatrix}$

13. 다음 행렬 A를 계수 2까지만 고려하여 낮은 계수 근사로 표현하라(단, 특잇값 분해는 웹 사이트 https://www.wolframalpha.com/input/?i=SVD를 이용하여 계산한다).

(a) $A=\begin{bmatrix} 2 & 0 & 1 & 0 & 5 \\ 3 & 0 & 3 & 4 & 0 \\ 0 & 2 & 3 & 1 & 3 \\ 3 & 4 & 0 & 1 & 0 \\ 0 & 2 & 3 & 4 & 5 \end{bmatrix}$

(b) $A=\begin{bmatrix} 1 & 1 & 1 & 0 & 0 \\ 3 & 3 & 3 & 0 & 0 \\ 1 & 2 & 3 & 1 & 1 \\ 3 & 4 & 2 & 1 & 0 \\ 0 & 2 & 1 & 4 & 5 \\ 0 & 0 & 2 & 5 & 5 \end{bmatrix}$

14. 특잇값 분해를 이용하여 다음 4개의 데이터를 1차원 데이터로 차원 축소하여 표현하라(단, 특잇값 분해는 웹 사이트 https://www.wolframalpha.com/input/?i=SVD를 이용하여 계산한다).

$$\boldsymbol{x}_1=\begin{bmatrix} 1 \\ 2 \\ 3 \\ 0 \end{bmatrix} \quad \boldsymbol{x}_2=\begin{bmatrix} 0 \\ 1 \\ 3 \\ 0 \end{bmatrix} \quad \boldsymbol{x}_3=\begin{bmatrix} 0 \\ 1 \\ 4 \\ 1 \end{bmatrix} \quad \boldsymbol{x}_4=\begin{bmatrix} 3 \\ 4 \\ 1 \\ 5 \end{bmatrix}$$

15. 특잇값 분해를 이용하여 다음 5개의 데이터를 1차원 데이터로 차원 축소하여 표현하라(단, 특잇값 분해는 웹 사이트 https://www.wolframalpha.com/input/?i=SVD를 이용하여 계산한다).

$$\boldsymbol{x}_1=\begin{bmatrix} 2 \\ 1 \\ 0 \end{bmatrix} \quad \boldsymbol{x}_2=\begin{bmatrix} 0 \\ 1 \\ 3 \end{bmatrix} \quad \boldsymbol{x}_3=\begin{bmatrix} 1 \\ 4 \\ 1 \end{bmatrix} \quad \boldsymbol{x}_4=\begin{bmatrix} 3 \\ 4 \\ 5 \end{bmatrix} \quad \boldsymbol{x}_5=\begin{bmatrix} 1 \\ 0 \\ 5 \end{bmatrix}$$

Chapter

11 프로그래밍 실습

1. 다음 행렬 A를 특잇값 분해하고, 계수 2까지만 고려하여 낮은 계수 근사하는 코드를 작성하라. 연계 : 11.2절

$$A = \begin{bmatrix} 1 & 2 & 3 & 4 & 5 & 6 & 7 & 8 & 9 & 10 \\ 11 & 12 & 13 & 14 & 15 & 16 & 17 & 18 & 19 & 20 \\ 21 & 22 & 23 & 24 & 25 & 26 & 27 & 28 & 29 & 30 \end{bmatrix}$$

문제 해석

특잇값 분해를 하는 numpy 함수 np.linalg.svd( )를 사용한다.

코딩 실습

【파이썬 코드】

```
1   import numpy as np
2
3   # 행렬 A를 출력하는 함수
4   def pprint(msg, A):
5       print("---", msg, "---")
6       (n,m) = A.shape
7       for i in range(0, n):
8           line = ""
9           for j in range(0, m):
10              line += "{0:.2f}".format(A[i,j]) + "\t"
11          print(line)
12      print("")
13
14  print("특잇값 분해\n")
15  A = np.array([
16      [1,2,3,4,5,6,7,8,9,10],
17      [11,12,13,14,15,16,17,18,19,20],
18      [21,22,23,24,25,26,27,28,29,30]])
19  pprint("데이터", A)
20
21  U, s, VT = np.linalg.svd(A)  # 특잇값 분해
22  pprint("U", U)
23
24  m, n = A.shape
25  Sigma = np.zeros((m, n))      # mxn 행렬 sigma
26  k = np.size(s)
27  Sigma[:k, :k] = np.diag(s)   # 특잇값
28  pprint("Sigma", Sigma)
29  pprint("V^T", VT)             # nxn 행렬 V^T
30
```

```
31    # 2개의 특잇값 선택
32    n_elements = 2
33    Sigma = Sigma[:, :n_elements]
34    VT = VT[:n_elements, :]
35
36    # 낮은 계수 근사하여 재구성한 데이터
37    B = np.matmul(U, np.matmul(Sigma, VT))
38    pprint("재구성한 데이터", B)
```

프로그램 설명

21행의 np.linalg.svd(A)는 A를 특잇값 분해한다. 32~34행에서 계수 2에 해당하는 부분을 선택한다. 37행은 선택된 계수의 특이벡터를 사용하여 원래 행렬 A를 낮은 계수 근사하여 재구성한다.

2. http://www.hanbit.co.kr → [SUPPORT] → [자료실] → [파이썬 실습 이미지 파일]에서 flower3.jpg를 다운받아 소스코드와 동일한 폴더에 저장한다. 영상 파일을 읽어 들여 특잇값 분해를 하고, 고려하는 계수가 1, 5, 20, 30, 50, 100, 150, 200이 되도록 낮은 계수 근사하여 출력하는 코드를 작성하라. 연계 : 11.2절

문제 해석

영상을 읽어 들이는 imageio 패키지와 영상을 출력하는 matplotlib 패키지를 설치한다.

```
> pip install imageio
> pip install matplotlib
```

특잇값 분해는 np.linalg.svd( )를 사용한다.

코딩 실습

【 파이썬 코드 】

```
1     import numpy as np
2     import matplotlib.pyplot as plt
3     import imageio as im
4
5     src = im.imread('flower3.jpg')
6     A = src[:,:,0]
7
8     # n_elements 개수만큼의 계수에 해당하는 요소를 사용하는 재구성
9     def reconstruct(U, Sigma, VT, n_elements):
10        Sigma = Sigma[:, :n_elements]
11        VT = VT[:n_elements, :]
12        B = np.matmul(U, np.matmul(Sigma, VT))
13        return B
14
15    plt.rcParams.update({'xtick.major.width': 0,
16                         'xtick.labelsize': 0,
```

```
17                        'ytick.major.width': 0,
18                        'ytick.labelsize': 0,
19                        'axes.linewidth': 0})
20
21  U, s, VT = np.linalg.svd(A)  # 특잇값 분해
22  m, n = A.shape
23  Sigma = np.zeros((m, n))     # mxn 행렬 sigma
24  k = np.size(s)
25  Sigma[:k, :k] = np.diag(s)   # 특잇값
26
27  plt.subplot(3,3,1)
28  plt.title('original')
29  plt.imshow(A)
30
31  plt.subplot(3,3,2)
32  plt.title('rank 1')
33  B = reconstruct(U, Sigma, VT, 1)
34  plt.imshow(B, cmap = 'gray')
35
36  plt.subplot(3,3,3)
37  plt.title('upto rank 5')
38  B = reconstruct(U, Sigma, VT, 5)
39  plt.imshow(B, cmap = 'gray')
40
41  plt.subplot(3,3,4)
42  plt.title('upto rank 20')
43  B = reconstruct(U, Sigma, VT, 20)
44  plt.imshow(B, cmap = 'gray')
45
46  plt.subplot(3,3,5)
47  plt.title('upto rank 30')
48  B = reconstruct(U, Sigma, VT, 30)
49  plt.imshow(B, cmap = 'gray')
50
51  plt.subplot(3,3,6)
52  plt.title('upto rank 50')
53  B = reconstruct(U, Sigma, VT, 50)
54  plt.imshow(B, cmap = 'gray')
55
56  plt.subplot(3,3,7)
57  plt.title('upto rank 100')
58  B = reconstruct(U, Sigma, VT, 100)
59  plt.imshow(B, cmap = 'gray')
60
61  plt.subplot(3,3,8)
62  plt.title('upto rank 150')
63  B = reconstruct(U, Sigma, VT, 150)
64  plt.imshow(B, cmap = 'gray')
65
66  plt.subplot(3,3,9)
67  plt.title('upto rank 200')
68  B = reconstruct(U, Sigma, VT, 200)
69  plt.imshow(B, cmap = 'gray')
70  plt.show()
```

프로그램 설명

5행은 영상 파일을 읽어 들인다. 9~13행은 주어진 계수만큼 고려한 낮은 계수 근사를 하여 영상을 재구성한다. 13행 이후의 코드는 화면에 재구성된 영상을 출력하는 역할을 한다.

3. http://www.hanbit.co.kr → [SUPPORT] → [자료실] → [파이썬 실습 이미지 파일]에서 cameraman1.png를 다운받아 소스코드와 동일한 폴더에 저장한다. 영상 파일을 읽어 들여 다음과 같이 $\boldsymbol{x}_i(i=1,\cdots,4)$를 $\boldsymbol{x}_i'(i=1,\cdots,4)$으로 대응하는 호모그래피 변환을 출력하는 코드를 작성하라. 연계 : 11.2절

$$\boldsymbol{x}_1=\begin{bmatrix}122\\51\end{bmatrix}\quad \boldsymbol{x}_2=\begin{bmatrix}26\\300\end{bmatrix}\quad \boldsymbol{x}_3=\begin{bmatrix}454\\131\end{bmatrix}\quad \boldsymbol{x}_4=\begin{bmatrix}330\\414\end{bmatrix}$$
$$\boldsymbol{x}_1'=\begin{bmatrix}50\\50\end{bmatrix}\quad \boldsymbol{x}_2'=\begin{bmatrix}50\\450\end{bmatrix}\quad \boldsymbol{x}_3'=\begin{bmatrix}450\\50\end{bmatrix}\quad \boldsymbol{x}_4'=\begin{bmatrix}450\\450\end{bmatrix}$$

문제 해석

영상을 호모그래피 변환하는 것으로, 11.2절의 호모그래피 변환에 대하여 행렬방정식 $A\boldsymbol{h}=0$가 되는 $\boldsymbol{h}$를 구하기 위해 np.linalg.svd( )를 사용하여 $A=U\Sigma V^{\top}$의 가장 작은 특잇값에 해당하는 V의 특이벡터를 구한다. 영상 파일을 읽어 들여 영상을 변환하고 출력하기 위해 OpenCV를 사용한다. OpenCV 패키지는 다음과 같이 설치한다.

```
> pip install opencv-python
```

코딩 실습

【 파이썬 코드 】

```
1   import cv2
2   import numpy as np
3   import matplotlib.pyplot as plt
4
5   # corners1의 좌표를 corners2의 좌표로 변환하는 호모그래피 행렬 xform 구하기
6   def compute_xform(corners1, corners2):
7       A = [ ]
8       for i in range(4):
9           x1, y1 = corners1[i]
10          x2, y2 = corners2[i]
11          A.append([x1, y1, 1, 0, 0, 0, -x2*x1, -x2*y1, -x2])
12          A.append([0, 0, 0, x1, y1, 1, -y2*x1, -y2*y1, -y2])
13
14      A = np.asarray(A)
15      U, S, V = np.linalg.svd(A)
16      xform = V[-1, :]
17      xform = np.reshape(xform, (3, 3))
18
```

```
19      return xform
20
21   def transform_image(xform, image1, corners1, corners2):
22      # 호모그래피 행렬 xform을 통한 영상 image1의 변환
23      warped = cv2.warpPerspective(image1, xform, (500, 500))
24
25      h1, w1 = image1.shape[:2]    # 원본 영상의 높이와 폭
26      h2, w2 = warped.shape[:2]    # 변환된 영상의 높이와 폭
27
28      out_image = np.zeros((max(h1, h2), w1+w2, 3), dtype=np.uint8)
29      out_image[:h1, :w1, :3] = image1
30      out_image[:h2, w1:w1+w2, :3] = warped
31
32      for i in range(4):   # 대응 위치 표시
33         c1 = corners1[i]
34         c2 = (corners2[i][0] + w1, corners2[i][1])
35         cv2.circle(out_image, c1, radius = 2, color = (0, 255, 0),
36   thickness = 2)
37         cv2.circle(out_image, c2, radius = 2, color = (30, 255, 255),
38   thickness = 2)
39         cv2.line(out_image, c1, c2, color = (0, 0, 255), thickness = 1)
40
41      cv2.imshow('original and transformed images', out_image)
42      cv2.waitKey(0)
43
44   def main():
45      img_path1 = 'cameraman1.png'    # 입력 영상 파일명
46      img1 = cv2.imread(img_path1, cv2.IMREAD_COLOR) # 영상 파일 읽어들이기
47      corners1 = [(122, 51), (26, 300), (454, 131), (330, 414)]
48                                                 # 원본 영상의 꼭짓점 위치
49      corners2 = [(50, 50), (50, 450), (450, 50), (450, 450)]
50                                                   # 변환 영상의 대응 위치
51      xform = compute_xform(corners1, corners2)  # 변환 행렬 계산
52      print(xform)                               # 호모그래피 행렬 출력
53      transform_image(xform, img1, corners1, corners2)  # 영상 변환
54
55   if __name__ == '__main__':
56      main()
```

프로그램 설명

6~19행의 compute_xform( )은 47~49행에서 원본 영상의 네 꼭짓점에 대응하는 corners1[0], corners1[1], corners1[2], corners1[3]과 변환된 영상의 네 꼭짓점에 대응하는 corners2[0], corners2[1], corners2[2], corners2[3]으로부터 호모그래피 행렬을 계산한다. 21~41행의 transform_image( )는 호모그래피 행렬로 영상을 변환하여 대응하는 위치와 함께 원본 영상과 변환된 영상을 출력한다. 출력된 수치는 호모그래피 행렬이다. 코드 결과에서 왼쪽 영상은 원본 영상이고, 오른쪽 영상은 호모그래피 변환을 통해 정면에서 바라본 모양으로 변환한 영상이다. 47~49행의 corners1과 corners2는 각각 원본 영상과 변환 영상의 꼭짓점 좌표를 나타낸다.

ㅇ

ㅈ

ㅊ